U0296338

基于压电晶片主动传感器的
结构健康监测

（原书第二版）

〔美〕Victor Giurgiutiu　著

袁慎芳　译

科学出版社

北京

图字：01-2018-0602

内 容 简 介

本书英文原著由美国南卡罗来纳大学机械工程系 Victor Giurgiutiu 教授撰写。中文译本由南京航空航天大学机械结构力学及控制国家重点实验室教育部"长江学者"特聘教授袁慎芳完成。本书循序渐进地讲解了基于压电晶片主动传感器的结构健康监测理论、方法和案例，所涉及内容包括结构健康监测相关基本概念、电主动材料和磁主动材料、结构振动及其分析方法、弹性波理论和建模方法、压电晶片主动传感器及其与结构的耦合分析、压电晶片谐振器、基于结构机电阻抗的结构健康监测方法、压电弹性波调制方法、压电导波结构健康监测方法、压电在线相控阵方法和压电结构健康监测信号处理与模式识别方法，最后介绍了基于压电晶片主动传感器的结构健康监测研究案例。

本书内容全面，通俗易懂，既有专业性，又兼具可读性，特别适合读者学习有关结构健康监测的概念、原理和方法，为他们在该领域开展深入研究奠定基础。

图书在版编目（CIP）数据

基于压电晶片主动传感器的结构健康监测：原书第二版／（美）维克托·久次楚（Victor Giurgiutiu）著；袁慎芳译. —北京：科学出版社，2018.2
书名原文：Structural Health Monitoring with Piezoelectric Wafer Active Sensors
ISBN 978-7-03-029190-5

Ⅰ. ①基… Ⅱ. ①维… ②袁… Ⅲ. ①压电晶体换能器-监测 Ⅳ. ①TN712

中国版本图书馆 CIP 数据核字（2018）第 028099 号

责任编辑：徐杨峰
责任印制：谭宏宇／封面设计：殷 靓

科学出版社 出版
北京东黄城根北街 16 号
邮政编码：100717
http://www.sciencep.com
广东虎彩云印刷有限公司印刷
科学出版社发行 各地新华书店经销
*
2018 年 2 月第 一 版 开本：787×1092 1/16
2022 年 7 月第五次印刷 印张：43 1/4
字数：980 000
定价：228.00 元
（如有印装质量问题，我社负责调换）

Structural Health Monitoring with Piezoelectric Wafer Active Sensors，2nd edition

Victor Giurgiutiu

ISBN：9780124186910

Copyright © 2014 Elsevier Inc. All rights reserved.

Authorized Chinese translation published by China Science Publishing & Media Ltd.

《基于压电晶片主动传感器的结构健康监测》（第 2 版）（袁慎芳译）

ISBN：9787030291905

This edition of *Structural Health Monitoring with Piezoelectric Wafer Active Sensors*，*2nd edition* by Victor Giurgiutiu is published by arrangement with ELSEVIER INC/LTD/BV.

译 者 的 话

结构健康监测是智能结构研究的一个重要组成部分，是一个多学科综合交叉的前沿领域。利用结构健康监测技术可以在工程结构的设计、实验和服役全过程中对结构的健康状态进行监测，从而保障新材料、新工艺的应用，并指导结构设计和维护。利用结构健康监测技术实现结构的在线监测，有助于提高结构的安全性，降低维护成本，延长结构寿命。结构健康监测技术在航空航天、土木工程、大型机械装备等很多领域具有重要应用价值。

《基于压电晶片主动传感器的结构健康监测》由美国南卡罗来纳大学机械工程系Victor Giurgiutiu 教授撰写。Giurgiutiu 教授多年来致力于结构健康监测方面的研究，是该领域世界著名的专家。Giurgiutiu 教授总结国际上压电结构健康监测理论和方法的进展及其所领导团队多年的研究积累，撰写了此书。本书循序渐进地讲解了压电结构健康监测技术所涉及的力学分析基础、导波理论、传感器原理及基于压电传感器的各类监测方法和应用实例，内容全面，通俗易懂，既有专业性，又兼具可读性，特别适合读者学习有关结构健康监测的概念、原理和方法，为他们在该领域开展深入研究奠定基础。

南京航空航天大学结构健康监测与预测研究中心主任袁慎芳教授组织翻译了全书，历时一年半，部分团队教师和研究生参与了各章翻译，包括：王卉（第 1 章）；李龙杰（第 2 章）；陆红伟（第 3 章）；陶静雅（第 4 章）；刘凌峰、许沛（第 5 章）；范澎澎（第 6 章）；郭方宇（第 7 章）；刘凌峰、赵玮（第 8 章）；刘凌峰（第 9 章）；梅寒飞、房芳、陶静雅（第 10 章）；蔡建、张申宇（第 11 章）；蔡建、王卉、陆红伟、范澎澎（第 12 章）；鲍峤（第 13 章）；陈健、张巾巾（第 14 章）；张巾巾、陈健（第 15 章）。本书的翻译还得到上海交通大学密西根学院申岩峰博士的热情帮助，他协助校订了第 2 章及第 7 章。邱雷教授、研究生徐亮参加了本书的样稿校对。为忠于原文，本书的公式符号尽量和原著保持一致。

2016 年 5 月，Giurgiutiu 教授访问了南京航空航天大学结构健康监测与预测研究中心，面向航空宇航学院硕士研究生、博士研究生开设了全英文结构健康监测课程。原著被用作教材，其中文译本已作为参考资料提供给学生，便于他们更好地理解课程内容。中文译本也是中心全体团队成员为 Giurgiutiu 教授精心准备的一份真诚礼物！之后，团队对全书翻译再次进行了全面修改和校订，于 2017 年 4 月 6 日完成。

由于译者水平有限，书中难免有不足之处，恳请读者批评指正。

袁慎芳

2017 年 4 月 6 日

于南京航空航天大学

机械结构力学及控制国家重点实验室

目　　录

第 1 章　绪　　论

1.1　结构健康监测基础和概念

结构健康监测（structural health monitoring，SHM）是一个越来越受到关注并蕴含创新的领域。美国每年在维修装备上的花费超过 2000 亿美元，维护和修理费用占美国商业飞机运营成本的四分之一。列在美国国家清单中的近 576 600 座桥梁中 1/3 因结构性缺陷而需要维修或因功能缺失需要重造，与之相关的老化基础设施维护费用问题也很突出。

现存基础设施的老化使得维护和修理的费用越来越不容忽视，结构健康监测运用视情维护（condition-based maintenance，CBM）替代计划维修来缓解上述问题，一方面可以减少不必要的维修费用，另一方面可以避免结构突发问题引起的临时检修。对于新结构，在设计阶段就集成结构健康监测传感器及其系统，可有效减少服役周期费用。更重要的是，结构健康监测可以在减少维护费用的情况下保证结构的安全性和可靠性。

结构健康监测应用广泛，该技术可以评估结构健康状态，通过合理的数据处理与解释分析预估结构剩余寿命。在实际应用中，很多航空航天军用和民用基础设施系统在超过设计寿命后仍能继续使用，所以人们希望可以延长这些设施的使用寿命。结构健康监测是可实现该目的的技术之一，它可以找出老化结构问题所在，而这正是工程界所关心的。结构健康监测可以让视情维护替代传统的计划维护。结构健康监测的另一种应用前景是与结构融为一体，也就是将结构健康监测传感器和相关的传感系统嵌入新结构中，从而改变设计模式，大幅减少结构的重量、尺寸和费用。图 1-1 是通用结构健康监测系统的示意图。

图 1-1　通用结构健康监测系统示意图

结构健康监测的实现主要有两种方法：被动监测和主动监测。被动监测关注的是各种运行参数测量并通过这些参数来评估结构健康状况。例如，通过监测飞行器的飞行参数（空速、空气扰动、过载系数、重要部位应力等），然后运用飞机设计算法推断已消耗的使用寿命和剩余寿命。被动监测方式的结构健康监测非常有用，但它不能直接检查出结构是否破坏。主动结构健康监测可以直接发现现有与潜在的结构损伤，从而评估结构的健康状况。

从这个方面来说，主动 SHM 与无损评估（non-destructive evaluation，NDE）所用方法相似，但主动 SHM 在 NDE 的基础上又前进了一步：主动方法尝试发展可以永久安装于结构中的损伤监测传感器和可以提供按需结构健康检测的方法。近年来，运用导波 NDE 来发现结构损伤的方法正引起人们的重视。导波（如板中的 Lamb 波）是一种在薄板结构中能进行长距离传播且振幅损失较小的弹性扰动，因此在 Lamb 波无损检测（non-destructive inspection，NDI）中，所需传感器数量会大大减少。运用导波相控阵技术，在固定位置扫描大范围的结构区域也成为可能。然而，将传统 NDE 技术转变成 SHM 技术存在一个明显的限制，那就是传统的 NDE 传感器都存在尺寸大和费用高的问题。将传统无损检测传感器永久安装在结构中也不太适用，尤其是在重量和费用严格限制的航空领域。最近发展起来的压电晶片主动传感器（piezoelectric wafer active sensors，PWAS）对于结构健康监测、损伤诊断和无损检测技术的优化具有良好的发展前景。PWAS 具有体积小、重量轻、价格便宜和便于加工成形等优点。PWAS 可以安装在结构的表面也可以安装在结构的内部，甚至可以嵌入结构层与非结构层之间，尽管这样有可能带来对结构强度和损伤容限的影响，这些问题还在研究中。

基于 PWAS 的结构损伤诊断方法主要有以下几种：①波的传播法；②频率响应传递函数法；③机电阻抗法（electromechanical，E/M）。其他运用 PWAS 进行监测的方法还在研究和发展中，但通过表面粘贴或者埋入 PWAS 实现 Lamb 波激励和传感的模型建立与特征分析的研究仍有很长道路要走。评估结构健康状态的损伤因子也不完全可靠。将 PWAS 集成在结构中实现 Lamb 波损伤诊断的方法还在研究中。研发结构健康监测系统还缺乏用以选择各种相关监测参数的数学理论基础，如传感器的几何特征、维数、位置、材料、激励频率和带宽等。

不可否认，结构健康监测领域涉及的内容很多，存在不同类型的传感器、方法和数据压缩技术可以用于查询"结构有何感觉"，并确定其状态"健康否"，包括结构的完整性、可能存在的损伤和剩余寿命。本书目的不是提供此类百科全书式的叙述。本书主要以基于 PWAS 的结构健康监测的综合性方法为例，引导读者一步一步了解如何运用 PWAS 来评估和诊断给定结构的健康状况。本书从易到难，从简单到复杂，从对实验室简单试件的建模和测试过渡到评估大型真实结构。本书可用为课堂教材，也可用作相关领域感兴趣读者的自学书籍，或者作为相关领域专家需要运用主动结构健康监测方法时的参考书。

1.2 结构的断裂与失效

1.2.1 线弹性断裂力学概述

裂纹尖端应力强度因子通常表示为

$$K(\sigma,a) = C\sigma\sqrt{\pi a} \qquad (1\text{-}1)$$

式中，σ 为外加应力；a 为裂纹长度；C 是取决于试件几何尺寸和载荷分布的常数。应力强度因子和应力 σ 有关；也和裂纹长度 a 有关，随着裂纹扩展，应力强度因子相应增加。裂纹快速扩展到不可控时，会达到临界状态。和裂纹快速扩展有关的变量 K 称作临界应

力强度因子 K_c，是反映材料抵抗脆性断裂能力的参数。也就是说，对于同一材料，裂纹的快速扩展总是开始于同一应力强度。对不同样品试件、不同的裂纹长度、不同的几何尺寸，裂纹快速扩展的情况是不一样的，但 K_c 不变。K_c 是反映材料抵抗脆性断裂能力的参数，是材料的一种属性。发生断裂是因为当前应力强度超过 K_c，即

$$K(\sigma, a) \geqslant K_c \tag{1-2}$$

K_c 为断裂预测提供了单参数断裂准则。虽然 $K(\sigma, a)$ 具体的计算和 K_c 的确定在某些时候比较困难，但是用 K_c 去预测脆性断裂是可行的。K_c 的概念可以用于具有延展性的材料，比如高强度合金。在这种情况下，$K(\sigma, a)$ 的表达式（1-1）可以改进为描述裂纹尖端塑性区域 r_γ 的应力强度表达：

$$K(\sigma, a) = C\sigma\sqrt{\pi(a + r_\gamma)} \tag{1-3}$$

r_γ 的最大值可以估计为

$$r_{\gamma\sigma} = \frac{1}{2\pi}\sqrt{\frac{K_c}{Y}} \text{（平面应力状态）} \tag{1-4}$$

$$r_{\gamma\sigma} = \frac{1}{6\pi}\sqrt{\frac{K_c}{Y}} \text{（平面应变状态）} \tag{1-5}$$

式中，Y 是材料的屈服应力。研究材料的行为发现，平面应变状态的 K_c 是最小的，而平面应力状态的 K_c 是平面应变状态的 2～10 倍。这种影响与施加在材料上的约束程度有关。材料约束越多，K_c 越小。平面应变状态约束最多，平面应变状态下的 K_c 也叫作材料断裂韧性 K_{Ic}。标准测试方法可以确定材料的断裂韧性。设计中使用时，断裂韧性准则比弹塑性断裂力学的方法要安全得多，比如：①裂纹尖端张开位移量方法（crack tip opening displacement，CTOD）；②R 曲线法；③J 积分法。断裂韧性的方法比较保守，更安全，但更繁琐。设计者应该考虑以下两点：①脆性断裂可能的失效形式；②柔性屈服可能的失效形式。

1.2.2 裂纹扩展的断裂力学进展

线性断裂力学概念可用于分析特定结构，并且可以预测在特定载荷下裂纹自发扩展到失效时的裂纹长度大小。临界裂纹的大小可以由式（1-3）中定义的临界应力强度因子确定。循环载荷或其他损伤机理引起的疲劳裂纹在持续的循环载荷作用下会不断扩展，直到扩展到临界裂纹长度，此时裂纹快速扩展造成灾难性的失效。其中给定的裂纹损伤扩展到临界值所需要的时间是典型的结构健康寿命重要指标。为了测定结构的使用寿命，需掌握以下几点：①理解裂纹萌生机制；②定义临界裂纹长度，当超过临界裂纹长度时，结构将发生灾难性破坏；③理解裂纹从亚临界状态到临界裂纹长度的力学扩展原理。

大量循环载荷下裂纹扩展的实验表明：循环载荷越大，裂纹扩展得越快；循环载荷越小，裂纹扩展得越慢[1]。裂纹扩展现象有明显的几个区间，如图 1-2 所示：①区间 I 被称为裂纹萌生区，在初始阶段，裂纹扩展缓慢；②区间 II 为稳定扩展区，裂纹扩展速率与循环次数的对数成正比，呈线性；③区间 III 为快速扩展区，当应力强度因子大于阈值强度因子 ΔK_{TH} 时，裂纹扩展快速直至破坏失效，呈现非线性。

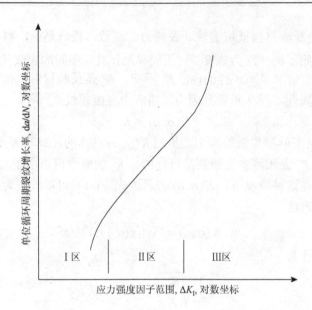

图 1-2　金属材料的疲劳裂纹扩展示意图

为了分析裂纹疲劳扩展，Paris 和 Erdogan[2]定义疲劳裂纹扩展依赖于交变应力和裂纹长度：

$$\frac{\mathrm{d}a}{\mathrm{d}N} = f(\Delta\sigma, a, C) \qquad (1\text{-}6)$$

式中，$\Delta\sigma$ 为循环应力中最大值与最小值之间的差值；a 为裂纹长度；C 为依赖于载荷、材料性能和其他次要变量的常数。

考虑式（1-1），可以假定裂纹扩展速率依赖于循环应力强度因子 ΔK，如

$$\frac{\mathrm{d}a}{\mathrm{d}N} = g(\Delta K) \qquad (1\text{-}7)$$

式中，ΔK 为应力强度因子的最大值与最小值之差。实验表明，对于不同的应力等级和裂纹长度，裂纹扩展速率与应力强度因子之间的关系服从同一准则[1]。这个标志性的行为现象后来被称为 Paris 规则，它与图 1-2 中稳定扩展区 II 是一致的，疲劳裂纹扩展速率规则适用于大量工程材料。Paris 规则适用于常幅载荷。图 1-2 中第二区域的线性曲线是式（1-7）取对数后的曲线，可以写为

$$\frac{\mathrm{d}a}{\mathrm{d}N} = C_{\mathrm{EP}}(\Delta K)^n \qquad (1\text{-}8)$$

式中，n 是 log-log 曲线的斜率；C_{EP} 是和材料性质、测试频率、均布载荷和一些次要变量有关的经验参数。如果 n 和 C_{EP} 已知，裂纹经 N 次循环后的扩展长度可以计算为

$$a(N) = a_0 + \int_1^N C_{\mathrm{EP}}(\Delta K)^n \mathrm{d}N \qquad (1\text{-}9)$$

式中，a_0 是原始裂纹长度。

Paris 规则表示图 1-2 中第二区域的线性曲线，但是完整的裂纹扩展行为有独立的三种相态：①裂纹形成；②在 log-log 坐标下成稳定的线性裂纹扩展；③转变到不稳定的快速裂纹扩展及断裂状态。三种相态分别对应于图 1-2 中的区间 I、区间 II 和区间 III。研究

发现，存在可以表征裂纹所在扩展区域的 ΔK 临界值，但不同材料之间的应力强度因子临界值相差很大。

Paris 规则广泛应用于工程实践，应用时要考虑以下因素：①循环应力比对 ΔK 临界值的影响；②常幅载荷和复杂载荷谱下的区别；③载荷谱上最大应力的影响；④过载带来的迟滞和加速的影响。

考虑应力比和临界值的影响，Paris 规则可修正为[3]

$$\frac{\mathrm{d}a}{\mathrm{d}N} = \frac{C_{\mathrm{HS}}(\Delta K - \Delta K_{\mathrm{TH}})^m}{(1-R)K_c - \Delta K} \tag{1-10}$$

式中，R 为应力比 $\sigma_{\max}/\sigma_{\min}$；$K_c$ 为临界应力强度因子；ΔK_{TH} 是阈值应力强度因子幅；C_{HS}、m 为经验参数。

常幅载荷和复杂载荷谱下裂纹扩展的不同之处主要取决于最大应力值。如果所加的常幅载荷和复杂载荷谱下最大应力值相同，裂纹扩展速率将会遵循同一规则。但是，如果最大应力不同，复杂载荷谱下的结果更依赖于所加循环载荷的顺序。值得注意的是，复杂载荷谱下总体裂纹扩展速率比常幅载荷快[4]。有研究者将过载引起的迟滞效应理解为疲劳损伤和裂纹的扩展与循环载荷历史的相互影响。最有可能的相互影响是裂纹的迟滞效应，裂纹尖端循环载荷过载就会引起迟滞效应。迟滞效应定义为裂纹扩展速率的减缓，由于载荷峰值逐渐减小，裂纹扩展速率减缓。文献[4]解释迟滞效应：过载使得裂纹尖端产生塑性区，引起局部塑性变形。去除过载后，塑性区转变为残余压应力区，因此会阻碍裂纹扩展。另一方面，裂纹加速也会出现在裂纹闭合过载后。在这种情况下，过载屈服区域会产生残余拉伸应力，会产生额外载荷，进而引起裂纹扩展加速。

对于简单几何形状试件，可以通过分析，预测出其应力强度因子，其预测可以通过大量实验、制作成图表以供设计时查阅。例如，一个有中心裂纹的矩形试件，在 I 型裂纹下的应力强度因子为

$$K_{\mathrm{I}} = \beta\sigma\sqrt{\pi a} \tag{1-11}$$

式中，σ 是拉应力；a 是裂纹长度的一半；$\beta = K_{\mathrm{I}}/K_0$，$K_0$ 是有中心裂纹无限大板的理想应力强度因子；β 表示有限尺寸板的影响，即板的边界距离裂纹不是无限远时弹性场的变化，如图 1-3 所示。文献中可以查阅到大量不同几何尺寸试件的 β 值。

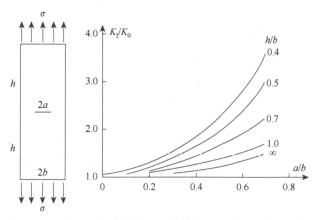

图 1-3 带有 $2a$ 长度的中心裂纹的长 $2h$、宽 $2b$ 的矩形板

1.3 飞机结构完整性大纲

美国空军在 20 世纪 70 年代提出飞机结构完整性大纲（aircraft structural integrity program, ASIP）[5-8]。ASIP 的基本假设是所有在役飞机的结构（机身）都存在现有无损检测技术检测不到的内在损伤，由于机身结构具有损伤容限，因此飞机能够带着这些"初始缺陷"安全飞行。ASIP 同时假设这些初始缺陷会在正常飞行的服役循环和腐蚀作用下不断扩展直至达到能够被无损检测方法检测到的长度。

损伤容限理论的基本前提是飞机结构存在现有无损检测技术检测不到的内在损伤，但仍能够继续安全的飞行。ASIP 制定了一套定期检测和维修活动，目的是发现和修复那些已经增长到可以通过无损检测方法检出的损伤。一旦损伤被修复，在下次检测和维修活动前，飞机重新给定寿命。

ASIP 的持续应用避免了结构由于疲劳、应力腐蚀和腐蚀疲劳而产生失效的现象[9]。现存的结构制造质量缺陷（例如划痕、瑕疵、毛边、微裂纹等），服役引起的损伤（如腐蚀斑点），还有维修引起的损伤都有可能成为裂纹扩张的开端。这些缺陷对飞机安全的影响取决于它们的初始尺寸、服役中的扩展速度、关键缺陷尺寸、结构的可检性和初始结构设计时的损伤容限能力等。

飞机的可靠性、疲劳和损伤容限[9]需要保障结构可能存在的初始最大损伤在飞机服役过程中，不会扩展至影响飞机安全的尺寸。同时也要尽可能减缓疲劳和腐蚀作用下在役飞行器结构裂纹的产生及结构特性的减退。

1.3.1 专业术语

以下专业术语从参考文献[6]中摘录。

①损伤：缺陷、裂纹、空隙、分层等，在生产制造或使用过程中出现在结构中的问题。在金属机身中，损伤往往被考虑成尖角裂纹。

②损伤容限：在规定的寿命增量内，结构能成功遏制损伤而无损于飞行安全的能力。

③安全性：在预计服役寿命下，每架飞机的重要结构（例如机身上对于飞行十分重要的结构）可以维持特定强度水平（在未知损伤出现的情况下）的保障。

④耐久性：在常规裂纹、腐蚀、磨损等影响下，采用最少的结构维护、检测、停场时间、翻新、维修和替换主要结构的情况下，保障飞机可以有效服役的能力。

⑤寿命管理：维护每架飞机或者整个机群的安全性和耐久性所需要的行动。

⑥确定性分析方法/进展：通过考虑所有离散量输入数据来预测寿命和损伤水平（如裂纹长度）的方法。对一组给定数据，预测是单一值。

⑦概率分析方法/进展：通过考虑一个或多个输入变量的统计特性来预测寿命的分布或损伤水平分布（如裂纹尺寸分布）的方法。对于一个给定的数据集，结果表示为等于或超过某给定值的概率。

⑧可靠性（结构的）：在承受载荷或者其他恶劣环境作用下，结构仍能不失效、完成

既定任务的概率。

⑨风险（结构的）：当承受载荷或者其他恶劣环境作用下，结构会失效从而不能完成既定任务的概率。

⑩剩余强度（要求的）：结构可以承受损伤的出现而不危害飞机安全的最小载荷间隔数 P。

1.3.2　损伤容限和断裂控制

经损伤容限设计的结构，可以减少由于未检出缺陷、裂纹及其他损伤的扩展对飞机所造成的损失。生产损伤容限结构，有两条设计准则必须满足：①可控的、安全的缺陷扩展，或者带裂纹下的安全寿命；②具备安全剩余强度。

结构重要组合部位必须同时满足上面两条准则才可以保证结构破坏控制的有效性。损伤容限设计和破坏控制包括以下方面：①运用抗断裂性能较好的材料和生产工艺；②设计检查流程；③运用损伤容限结构设计，如多路径加载设计或者裂纹闭锁装置（图 1-4）。

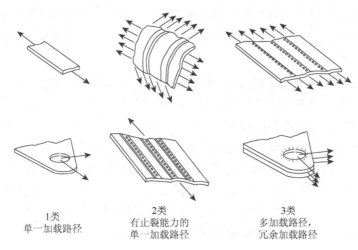

1类
单一加载路径　　　2类
有止裂能力的
单一加载路径　　　3类
多加载路径，
冗余加载路径

图 1-4　基于不同加载路径的结构类型

在断裂控制的应用中，基本假设就是无论多新的结构中都存在缺陷，而且这些缺陷可能不可检。因此，任何结构都必须在裂纹出现时具有安全寿命。此外，飞机的重要部件必须具备自动防故障功能。安全寿命概念是指飞机通过安全系数设计和全机疲劳试验所达到预期寿命。安全系数设计考虑了不确定性和分散性。失效-安全假设飞机关键部件绝不允许出现失效，因此备用的加载路径必须通过冗余部件提供。这些备用的加载路径必须保证可以承受载荷直到主要部件的损伤被发现和被维修。飞机结构联合服务规范指南[10]规定在正常使用和服役过程中，在损伤被周期性计划检修检出之前，涉及飞行安全和指定关键机身结构部件在材料、制造和处理过程中出现缺陷或损伤时，仍应当具备足够的剩余强度。

飞行安全结构被分成两类：①缓慢的裂纹扩展；②失效-安全。单一的加载路径由于没有止裂特性，如图 1-4，应该被设计成缓慢裂纹扩展结构。那些设计有多种加载路径和拥有止裂特性的结构本质上都是失效-安全的。但是，它们需要周期性检测，从而产生较高的维护费用。因此，只有在结构性能和寿命的优势与增加的维护费用和检测费用相匹配时，才有必要将结构设计成失效-安全的。否则，缓慢裂纹扩展设计就已经能够满足要求。

1.3.3　部件寿命预测

部件寿命预测基于裂纹扩展理论。裂纹长度表征损伤程度，而裂纹扩展速率可以衡量损伤累积率[6]。图 1-5 所示是裂纹从萌生、扩展至结构失效（结构安全丧失）的整个典型扩展过程。其中，横坐标表示加载过程中的失效时间（t），或者加载的载荷数（N）。纵坐标表示结构上观测到的裂纹长度。一般，失效时间以飞机飞行时长表征，载荷数通过计算飞机飞行次数确定。

给结构施加循环载荷，裂纹开始扩展。循环载荷每增加 ΔN 时，长度为 a 的裂纹相应扩展 Δa，其扩展的速率可以用 $\Delta a/\Delta N$ 表示。当裂纹扩展到临界长度 a_{cr} 时，裂纹的扩展将不稳定，进而导致结构失效。当裂纹长度达到临界长度时，累积载荷达到结构寿命的极限 t_f 或 N_f。结构的寿命极限就是根据裂纹初始长度 a_0 到 a_{cr} 可承受的最大服役时间来衡量的。结构损伤容限设计目的就是保证裂纹不会在寿命 t_s 或 N_s 内达到损害飞机安全的长度，即 $t_s < t_f$ 或 $N_s < N_f$。

观察图 1-5，当裂纹非常小的时候，裂纹增长速度十分缓慢，可以用式（1-8）与式（1-9）线性能量法则表示。当裂纹变长，裂纹会快速地增长到临界值 a_{cr}，随之结构发生断裂。亚临界裂纹的增长过程也许会持续 20～30 年，而结构的断裂却往往是瞬间发生的。失效过程的研究表明裂纹长度和引发瞬间断裂的载荷或应力之间的关系紧密。

图 1-6 所示剩余强度图表明，在结构使用初期，即 $t \ll t_f$，此时裂纹的长度很短且裂纹的增长速度很慢，结构的剩余强度几乎没有衰减。使用一段时间后，结构的剩余强度就开始呈现下降趋势。当临近结构失效时，因为此时裂纹的扩展很迅速，剩余强度急剧下降。当结构剩余强度与最大的应力等级相等时，结构发生失效。

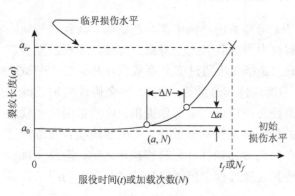

图 1-5　典型结构的裂纹扩展过程[6]

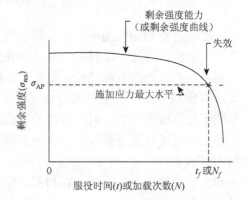

图 1-6　剩余强度曲线表明剩余强度与时间的关系[6]

1.3.4 机身寿命预测

机身寿命预测方法[6]是基于全部飞机结构裂纹的扩展损伤情况,同时考虑以下相互作用关系进行的综合考虑:①初始裂纹的分布,包括给定结构中裂纹的长度和位置;②描述飞机使用的载荷谱数据;③常幅裂纹扩展率、影响应力比的材料特性、环境效应和材料属性变化;④考虑裂纹长度、形状和结构相互作用等因素的裂纹尖端应力强度因子分析;⑤损伤累积模型,对给定加载应力,该模型给出相应的裂纹扩展水平;⑥机身断裂或寿命极限准则,用于建立寿命结束判据。

飞机部件的初始质量由初始裂纹的统计分布评价。对于安全限值预计,初始长度大于无损检测方法可检出长度的裂纹是主要关注对象。无损检测技术的检测能力由检测概率(probability of detection,POD)的曲线统计表征,如图 1-7 所示[11, 12]。

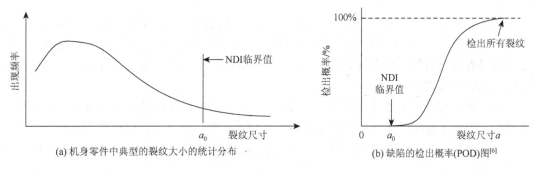

(a) 机身零件中典型的裂纹大小的统计分布   (b) 缺陷的检出概率(POD)图[6]

图 1-7 裂纹长度相关示意图

1.3.5 飞机的使用

飞机在服役期间所经历的所有载荷级别之和由飞机在其全寿命中所规划的各种任务决定,如训练时长、空空作战、侦查和武器运输等。混合任务还包括在每个任务中消耗的相对时长。加载顺序对裂纹扩展的损伤累积分析十分重要。目前采用基于飞行状态的方法模拟飞机整个寿命。在设计、分析或者载荷谱测试中,每次飞行都包括一系列的载荷循环,分别模拟飞行任务中的各类确定性和概率事件。确定性事件包括每次飞行中的起飞、着陆和基本操作载荷。概率事件包括随机发生的阵风和在粗糙场地滑行等情况。尽管事件发生的次数可以评估,但它们在载荷谱中出现的顺序只能采用概率方式确定。不同的飞行任务导致的裂纹扩展情况往往差别很大,所以合理安排事件顺序非常重要。例如,以空战或者空战训练为主的飞机,在相同时间内比以侦查为主的飞机会累积更多的损伤[6]。

1.3.6 在役 NDI/NDE

在役检测过程在失效-安全概念中扮演重要角色。根据不同 NDI/NDE 敏感度,可以将结构区域和单元进行分类。检测间隔是根据初始裂纹长度信息和可检裂纹长度 a_{det} 来确定的,后者取决于可用的 NDI/NDE 过程和装备水平。长度大于 a_{det} 的裂纹应当被检测到并进行维修。检测间隔必须确保下一次检测前,那些未被发现的裂纹不会增加到临界长度。建立检测间隔的假设有:①每一次检测都检测到所有重要部位;②所有长度大于 a_{det} 的裂纹都能在检测过程中被发现;③所有检测都是按期进行;④检测技术不会对结构造成损害。

事实上,以上假设在操作过程中不可能全部满足。检测方法是基于外观检测或者其他的无损检测方法。Berens 等[13]给出了飞机不同 NDI 方法的对比,包括最小实际可检测损伤尺寸和各自优缺点。

很多检测方法都要求结构充分拆解,但在拆卸或者组装过程很可能导致裂纹萌生。现在的检测基本依靠人工检测,检测人员在飞机上爬行检测。大型飞机的一个下机翼可能就有近 20000 个重要紧固孔需要检查[14],这种涉及大量检测点的繁琐检查工作不仅非常枯燥和耗时,而且一旦疏漏一个带有严重裂纹的点,就会带来严重错误(称这种裂纹为"流氓"裂纹)。

尽管如此,NDI/NDE 技术的运用以及理想检测间隔的建立取得了很大的进步。在飞机上最常用的两种 NDI 方法是超声检测和电涡流检测。超声检测法往往检测腐蚀、黏结层缺陷或者复合材料结构中的缺陷,而电涡电流检测法一般用于疲劳损伤检测或结构因腐蚀而发生的变薄现象。

用机器人代替人力的技术正不断地发展,已研发出的系统可以在飞机蒙皮上自动爬行检测,特别是在铆接线部位,装置中电涡流和超声探头用于检测,相机用于导航。爬行照相机器人可用于视觉检测(商用飞机 90%的检测工作都是视觉检测):一位拥有 10～15 年经验的监测员可以通过屏幕观察来检查重要损伤部位,而不需要亲自爬在飞机上进行检查。先进检测技术包括双重和多重频率的电涡流方法、磁光成像法、增强光学方法、先进超声技术等。最新的发展包括自动扫描系统和模式识别方法,使人们从枯燥和需要专注的判断和决策中解放出来,进而关注那些真正困难的地方。尽管如此,现有的定期 NDI/NDE 检测还有很大的优化空间。

1.3.7　飞机结构完整性大纲检测间隔

安全性检测是为了在已知区域中发现潜在的裂纹而设计的[6, 7]。飞机结构完整性大纲的检测间隔由裂纹扩展至临界值所需的时间除以一个安全系数 $SF = 2$ 来确定[6]。如图 1-8a 所示,初始检测间隔 T_1 依据初始裂纹长度 a_0 扩展至临界长度 a_{cr} 所需时间 T_f 决定,因此,$T_1 = T_f / 2$。同时,在飞机结构完整性大纲中能发现的最小裂纹长度 a_{ASIP} 可能大于裂纹初始长度 a_0,即 $a_0 < a_{ASIP}$,因为 ASIP 应用中,环境不再是初始裂纹产生时的工厂环境。

图 1-8a 表示检测间隔由 a_{ASIP} 裂纹长度和可能扩展到临界长度 a_{cr} 所需时间 T_3 决定。因此,下次检测的间隔时间 T_2 应该为 T_1 和 T_3 的中间值,即 $T_2 = (T_1 + T_3) / 2$。图 1-8b 表示临界错失裂纹长度 $a_{cr\text{-}miss}$,如果裂纹长度 $a_{cr\text{-}miss}$ 在 T_1 检测时间未被检测出来,那该裂纹很可能在 T_2 时间内扩展至失效[7]。

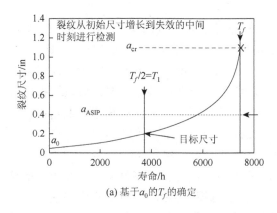

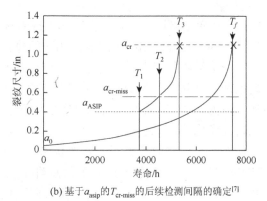

(a) 基于 a_0 的 T_f 的确定　　　　　　　(b) 基于 a_{asip} 的 $T_{cr\text{-}miss}$ 的后续检测间隔的确定[7]

图 1-8　ASIP 检测时间间隔

1.3.8　疲劳试验和寿命周期预测

飞机的设计寿命估计是采用完整试件,通过施加模拟疲劳载荷进行全尺寸疲劳试验确定的。主要的机身疲劳试验（major airframe fatigue test,MAFT）及其分析在飞机投入飞行之前进行。在这类分析中,损伤分类为:①结构中的疲劳损伤;②紧固件的失效（螺栓、铆钉等）;③磨损;④静力失效（静力试验中）;⑤其他（辅助结构的损坏）。疲劳裂纹可以分为:①几何结构变化较大的地方（刚度瞬间改变处）;②切断（开口等）;③接头、螺栓、紧固件和凸耳的孔。内圆角半径、接头和紧固件的孔是产生疲劳断裂的主要地方。在疲劳试验中,良好的损伤识别记录可以为结构重新设计时优化重要部位处的疲劳特性提供依据。

全尺寸疲劳试验的优点包括:①发现重要疲劳部位和设计的不足;②确定检测的时间间隔;③收集裂纹扩展数据;④确定带裂纹结构的剩余寿命;⑤确定剩余强度;⑥为建立适合的检测周期提供依据;⑦发展修复方法。

通过仿真实验得到的飞机寿命至少是设计寿命的 2～4 倍。全尺寸疲劳试验需要长期进行,这样可以保证试验样本中的疲劳失效会在其他飞机发生灾难性失效之前出现,以保证有足够时间对其他飞机进行重新设计和装配。然而,新设计的飞机结构进行全尺寸疲劳试验十分昂贵,此外,现役飞机都已超过设计的疲劳寿命,不能依据几十年前开展的全机疲劳试验数据评估。因此,为对老龄飞机进行延寿,需要开展新的疲劳实验。

1.4　基于 SHM 的优化诊断和预测

结构健康监测有力推动了结构诊断和预测方法的发展。近年来,NDI/NDE 方法和应用有显著的进步,但是其内在局限性仍然存在。当检测实际飞机结构时,其灵敏度和可靠性受一些现场因素影响较大,同实验室相比,现场检测的条件有很大不同。

现有 NDI/NDE 方法最大的局限性是其不能对结构材料的状态进行连续的评估。这是由 NDI/NDE 检测方法的实现方式决定的:飞机必须停飞,并拆卸到一定的程度,采用无损检测传感器进行扫查,这个过程耗时且昂贵。采用结构健康监测系统可以显著改善这种情况。传感器可以永久安装在结构上或者埋入，根据需要随时查询结构状态。同时，采用安装在同一位置的相同传感器、相同的检查策略可以有效积累结构的连续历史数据。

结构健康监测应用了先进的现有传感器技术，以提供不断变化的结构信息，便于更好地推测部件状态并预测其未来安全应用能力[15]。通过监测结构健康状态，可以获得结构历史数据，并获取其变化信息以实现更好地预测。先进信号处理方法应用于提取结构状态的特征变化，从而使系统能够使用这些提取出来的信息进行预测。变化监测是通过识别与存储在数据库并周期更新的参考状态之间的变化特征来表征材料状态。将该方法与现有NDI/NDE配合，结构健康监测信息将在现有检查间隔之间提供更多信息，使得历史信息数据库更完备。但将SHM应用于实际飞机时，需要谨慎：SHM系统的损伤灵敏度必须了解清楚，同时其POD指标也必须确认[16]。在这方面，发展结构损伤传感的有效建模算法至关重要。有效建模算法不仅能预测损伤所引起的传感器信号变化，还能评估环境变化（温度波动、飞行载荷、振动等）对传感器信号的影响。在此基础上，可以区分由损伤所引起的信号变化和由服役环境所引起的信号变化。

SHM系统的另一个优点是与结构裂纹扩展的非线性特性相关。多数当前的寿命预测是基于完备控制条件下的实验室测试所给出的线性假设，然而实际的服役条件与理想状态相距甚远，并且受到许多未知因素影响，如约束、载荷谱变化、过载等，这些影响属于非线性断裂力学领域，使得预测非常困难。SHM系统收集的大量数据可以作为裂纹增长率的反馈信息，此外，还可以调整基本假设以优化裂纹扩展预测准则。

1.5 关于本书

本书共15章。第1章介绍结构健康监测，说明该技术产生的原因和主要进展。第2章讲述能够进行电磁能和机械振动、波能双向相互转换的主动材料，例如压电材料、电致伸缩、磁致伸缩材料等，它们是实现SHM应用的主动传感器的基本组成。第3～6章详细讲述振动和波传播的基本概念，以便更好地理解结构健康监测方法。第3～6章采用统一符号表示。作者认为振动和波传导现象本质上是相同的，因此应该采用统一的符号，这和常规教材有所不同。第7～13章阐述各种利用PWAS实现结构健康监测的方法：第7章介绍PWAS的实现以及它们的工作原理；第8章介绍PWAS和所监测结构之间的耦合；第9章讨论压电传感器谐振，并对自由边界和有约束PWAS研究了机电抗阻法与导纳法则；第10章讨论采用PWAS作为高频模态传感器的驻波技术；第11章讨论通过调谐PWAS及结构中传播的导波，以获得单模式波激励的方法，采用该方法，通过观察由机电抗阻法测量出的振动高频谱变化，可以检测损伤；第12章阐述采用PWAS作为传感器进行导波的激发与接收，并且分析信号的反射、散射和波信号的变化来进行损伤诊断；第13章讲述基于PWAS方法实现相控阵，在单一位置可以通过电控制实现波束扫描，实现大区域的监测。第14章研究结构健康监测中的信号处理方法。第15章介绍基于PWAS的多种结构健康监测案例，以及如何基于实验SHM信号识别损伤。

本书不仅为学生、工程师和其他感兴趣的专业人员提供理解现代SHM传感器的基本知识和必要工具，也介绍了在实际工程应用中如何应用这些知识。本书提供了完备的教学资料（示例、实验、问题与练习），可用于指导各级学生（本科、硕士和博士）。出版商的网站上公布了包含讲座计划和习题解答的在线指导手册，欢迎读者下载，并用于教学、研究或自学。

参 考 文 献

第 2 章　电主动和磁主动材料

2.1　引　言

在电场或磁场激励下能够改变自身形状的材料称为电主动材料或磁主动材料。这类材料不仅可以产生受激驱动应变，而且可以进行应变传感，这对 SHM 系统非常重要。一方面受激应变驱动基于电场或磁场能量和机械能间的直接转化，是一种固态驱动，比传统驱动系统零件少、可靠性高，这一特点使得 SHM 能够做到小型、快捷、高效。另一方面电主动或磁主动材料可实现机械能和电、磁能的直接转换。采用压电传感器不需要测量电桥、信号调节器以及信号放大器等中间环节即可直接得到较强、较清晰的电压信号。这种直接传感特性在动态和振动应用中尤其重要，因为快速连续的交变作用能够避免压电器件的电荷泄漏。主动材料还用作声呐和超声波传感的换能器。换能器既是传感器也是驱动器，它先发射声呐信号或脉冲波形，然后探测从缺陷或目标反射的回波。

本章将讨论以下几种主动材料：压电陶瓷、电致伸缩陶瓷、压电薄膜和磁致伸缩聚合物，这些材料的很多配方都有商业化的产品出售，PZT（压电陶瓷）、PMN（电致动陶瓷）、Terfenol-D（磁致伸缩聚合物）和 PVDF（压电薄膜）等名称也广泛使用。本章将综述各种主要主动材料，并依次分别介绍其重要特征，给出模型方程。本章首先从与钙钛矿晶体结构相关的压电材料和铁电陶瓷的一般特征开始，解释其重要特征背后的物理行为，以后分别介绍已广泛应用并商业化的压电陶瓷和电主动陶瓷。随后重点讨论压电聚合物的一些有趣特性，例如 PVDF，包括其柔韧性、弹性和耐用性，这些特性使得它们在某些应用中比铁电陶瓷表现更好。本章中主动材料综述的最后部分讨论了磁致伸缩材料（如 Terfenol-D），为下一章讨论基于主动材料实现 SHM 应用中的主动传感器做铺垫。

2.2　压 电 效 应

材料受到应力时产生电场（正效应），反之，处在电场中的材料产生机械应变的现象就是压电效应。正压电效应可以预测给定机械外力时所产生电场的大小，压电传感器正是基于这种效应。逆压电效应可以计算给定电场下会产生多少机械应变，这种驱动效应用于压电应变驱动器的实现。压电效应在某些晶体材料中自然存在，例如石英（SiO_2）和 Rochelle 盐，后者是天然铁电材料，在外加电场下具有电畴方向排列的导向特性，因此增强了其压电特性。某些极化后的多晶材料也具有压电效应，如压电陶瓷。

2.2.1　驱动方程

线性压电材料中，电场和机械力的相互关系可以用线性关系描述[1]，力学变量和电学变量的本构关系可以用张量形式表示：

$$S_{ij} = s_{ijkl}^E T_{kl} + d_{kij} E_k + \delta_{ij} \alpha_i^E \theta \ (\delta_{ij} \alpha_i^E \theta \text{ 中不需要对 } i \text{ 求和}) \tag{2-1}$$

$$D_i = d_{ikl} T_{kl} + \varepsilon_{ik}^T E_k + \tilde{D}_i \theta \tag{2-2}$$

式中，S_{ij}、T_{kl}、E_k、D_i 分别表示应变、应力、电场强度、电位移，应力和应变变量是二阶张量，而电场强度和电位移是一阶张量；θ 是温度；s_{ijkl}^E 是柔度系数，表示单位应力下产生的应变；ε_{ik}^T 是介电常数，表示单位电场强度产生的电位移；d_{ikl} 和 d_{kij} 是电参数和机械参数之间的耦合系数，表示单位应力下产生的电荷和单位电场强度产生的应变；α_i 是热膨胀系数；$\tilde{D}_i$ 是电位移温度系数，因为热效应仅仅影响对角线项，独立系数 α_i 和 $\tilde{D}_i$ 只有一个下标；δ_{ij} 是 Kronecker 函数（当 $i=j$ 时 $\delta_{ij}=1$，否则等于 0）。张量下标重复的均采用 Einstein 求和约定[2]。上标 T、D、E 出现在此方程和其他压电方程中，表示某个值是在零应力（$T=0$）、零电位移（$D=0$）、零电场强度（$E=0$）情况下测得，实际上，零电位移就是开路（没有电流流过电极），零电场就是短路（电极间电压为零）。应变定义成

$$S_{ij} = \frac{1}{2}(u_{i,j} + u_{j,i}) \tag{2-3}$$

其中，u_i 是位移，逗号后面的序号表示空间坐标相对于该变量的偏微分。

式（2-1）是驱动方程，用于计算在给定的应力、电场和温度下产生多少应变。在经典热弹性方程中，应变是同应力和温度成正比的，仅在压电现象中应变与电场成正比，且代表了受激应变驱动（induced-strain actuation，ISA）即

$$S_{ij}^{\text{ISA}} = d_{kij} E_k \tag{2-4}$$

因此，d_{kij} 可以理解成压电应变系数。

式（2-2）用来预测在应力、电场和温度同时作用下能产生多少电位移，电位移指单位面积上的电荷。$d_{ikl} T_{kl}$ 表示在应力 T_{kl} 作用下产生多少电荷，从这个角度看，d_{ikl} 可以理解为压电电荷系数。需要注意的是，d_{kij} 和 d_{ikl} 代表同一个三阶张量，但是在不同的方程中要选择合适的下标。

2.2.2　传感方程

迄今为止，压电本构方程采用张量形式的式（2-1）和式（2-2）及其协同矩阵表示在外加应力、电场和温度作用下产生的应变和电位移。这些方程可以表示为突出传感效应的等价方程，即在给定应力、电位移和温度状态下产生多大的电场（因为电压是和电场强度紧密相关的，这种表达更适用于传感应用），因此式（2-1）和式（2-2）可以改写为

$$S_{ij} = s_{ijkl}^D T_{kl} + g_{kij} D_k + \delta_{ij} \alpha_i^D \theta \ (\delta_{ij} \alpha_i^D \theta \text{ 中不需要对 } i \text{ 求和}) \tag{2-5}$$

$$E_i = -g_{ikl} T_{kl} + \beta_{ik}^T D_k + \tilde{E}_i \theta \tag{2-6}$$

其中，g_{ikl} 是压电电压系数，表示单位应力下产生的电场强度；β_{ik}^T 是倒介电系数；$\tilde{E}_i$ 是热释电系数，表示单位温度变化产生的电场强度。

式（2-6）表示"挤压"压电材料会产生多少电场，也就是单位厚度上电压的大小，即正压电效应。此方程常用于设计压电传感器，称为传感器方程。

2.2.3   应力方程

压电基本方程还可以用应变和电场来表示应力和电位移,这种方程在应力分析中特别有用。压电基本方程的应力方程可以写成

$$T_{ij} = c_{ijkl}^E S_{kl} - e_{kij} E_k - c_{ijkl}^E \delta_{kl} \alpha_k^E \theta \ (\delta_{kl} \alpha_k^E \theta \ \text{中不需要对} \ k \ \text{求和}) \qquad (2\text{-}7)$$

$$D_i = e_{ikl} S_{kl} + \varepsilon_{ik}^T E_k + \tilde{D}_i \theta \qquad (2\text{-}8)$$

式中, c_{ijkl}^E 是刚度张量; e_{kij} 是压电应力常数; $c_{ijkl}^E \delta_{kl} \alpha_k^E$ 表示材料被完全约束、应变为零时温度变化产生的应力,是完全由温度效应产生的应力,即所谓的残余热应力,此概念在计算压电材料强度时(尤其是高温状态)非常重要。

2.2.4   以极化项表达的驱动方程

在实际压电传感器和驱动器设计中,用电场 E_i 和电位移 D_i 非常方便,因为它们和实验中可以测量的电压和电流密切相关。但是用极化系数 P_i 代替电位移 D_i,用固体物理解释所观察到的现象会更直观。极化、电位移、电场强度的关系表示为

$$D_i = \varepsilon_0 E_i + P_i \qquad (2\text{-}9)$$

式中, ε_0 是真空介电常数。电场强度和电位移的关系可以表示成

$$D_i = \varepsilon_{ik} E_k \qquad (2\text{-}10)$$

式中, ε_{ik} 是材料的介电常数,因此极化和电场强度的关系可表示为

$$P_i = (\varepsilon_{ik} - \delta_{ik} \varepsilon_0) E_k = \kappa_{ik} E_k \qquad (2\text{-}11)$$

式(2-1)、式(2-2)可用极化系数 P_i 和系数 $\kappa_{ik} = (\varepsilon_{ik} - \delta_{ik} \varepsilon_0)$ 改写为

$$S_{ij} = s_{ijkl}^E T_{kl} + d_{kij} E_k + \delta_{ij} \alpha_i \theta \ (\delta_{ij} \alpha_i^D \theta \ \text{中不需要对} \ i \ \text{求和}) \qquad (2\text{-}12)$$

$$P_i = d_{ikl} T_{kl} + \kappa_{ik}^T E_k + \tilde{P}_i \theta \qquad (2\text{-}13)$$

式中, $\tilde{P}_i$ 是热释电极化系数。应当注意在式(2-13)中,系数 d_{ikl} 表示单位应力产生的极化,因此它可以看成极化系数。

2.2.5   压缩矩阵表示法(Voigt 表示法)

为了把弹性和压电张量写成矩阵形式,引入压缩矩阵表示法(Voigt 表示法)代替张量表示。压缩矩阵表示法利用张量的对称性,用 p 或 q 代替 ij 或 kl。根据表 2-1, $i, j, k, l = 1, 2, 3$, $p, q = 1, 2, 3, 4, 5, 6$,可以用 6 阶列矩阵 T_p 和 S_p 代替 3×3 的应力张量 T_{ij} 和应变张量 S_{ij}, $3 \times 3 \times 3 \times 3$ 的四阶刚度和柔度张量 c_{ijkl}^E 和 s_{ijkl}^E 用元素为 c_{pq}^E 和 s_{pq}^E 的 6×6 刚度和柔度矩阵代替。类似地, c_{ijkl}^D 和 s_{ijkl}^D 分别用 c_{pq}^D 和 s_{pq}^D 替换, $3 \times 3 \times 3$ 的压电张量 d_{ikl}、 e_{ikl}、 g_{ikl} 和 h_{ikl} 用元素为 d_{ip}、 e_{ip}、 g_{ip} 和 h_{ip} 的 3×6 矩阵代替,规则如下:

$$T_p = T_{ij}, p = 1, 2, 3, 4, 5, 6, \text{式中} \ i, j = 1, 2, 3 (\text{应力}) \qquad (2\text{-}14)$$

$$\begin{cases} S_p = S_{ij}, & i = j, \quad p = 1,2,3 \\ S_p = 2S_{ij} & i \neq j, \quad p = 4,5,6 \end{cases}, 式中 i,j = 1,2,3(应变) \tag{2-15}$$

式中的因子 2 是因为张量定义的剪切应变是矩阵应变定义的 1/2。

$$c_{pq}^E = c_{ijkl}^E, c_{pq}^D = c_{ijkl}^D, \quad p = 1,2,3,4,5,6(刚度系数) \tag{2-16}$$

$$\begin{cases} s_{pq}^E = s_{ijkl}^E, & i = j 且 k = l, \quad p,q = 1,2,3 \\ s_{pq}^E = 2s_{ijkl}^E, & i = j 且 k \neq l, \quad p,q = 1,2,3, \quad q = 4,5,6 \ (柔度系数) \\ s_{pq}^E = 4s_{ijkl}^E, & i \neq j 且 k \neq l, \quad p,q = 4,5,6 \end{cases} \tag{2-17}$$

用 s_{pq}^D 可以推导出相似的表达式，因子 2 和 4 是和应变方程中的因子 2 相关联的。

$$e_{ip} = e_{ikl}, h_{ip} = h_{ikl}(压电应力常数) \tag{2-18}$$

$$\begin{cases} d_{iq} = d_{ikl}, & k = l, \quad q = 1,2,3 \\ d_{iq} = 2d_{ikl}, & k \neq l, \quad q = 4,5,6 \end{cases}(压电应变常数) \tag{2-19}$$

$$\begin{cases} g_{iq} = g_{ikl}, & k = l, \quad q = 1,2,3 \\ g_{iq} = 2g_{ikl}, & k \neq l, \quad q = 4,5,6 \end{cases}(压电电压常数) \tag{2-20}$$

表 2-1　用 Voigt 表示法把张量下标转换成矩阵下标

ij 或 kl	p 或 q	ij 或 kl	p 或 q
11	1	23 或 32	4
22	2	31 或 13	5
33	3	12 或 21	6

压缩矩阵表示法公式简洁，常用于工程应用，厂家给出主动材料的弹性常数和压电常数值等参数时大多用压缩矩阵表示法表示。

2.2.6　压缩矩阵方法表示的压电方程

在工程中，张量方程式（2-1）和式（2-2）可以用压缩矩阵表示法写成矩阵形式，这里应力和应变张量写成 6 维列向量，前 3 项代表正应力和正应变，后三项代表剪应力和剪应变，即

$$\begin{Bmatrix} S_{11} \\ S_{22} \\ S_{33} \\ S_{23} \\ S_{31} \\ S_{12} \end{Bmatrix} \Rightarrow \begin{Bmatrix} S_1 \\ S_2 \\ S_3 \\ \frac{1}{2}S_4 \\ \frac{1}{2}S_5 \\ \frac{1}{2}S_6 \end{Bmatrix}, \quad \begin{Bmatrix} T_{11} \\ T_{22} \\ T_{33} \\ T_{23} \\ T_{31} \\ T_{12} \end{Bmatrix} \Rightarrow \begin{Bmatrix} T_1 \\ T_2 \\ T_3 \\ T_4 \\ T_5 \\ T_6 \end{Bmatrix} \tag{2-21}$$

式（2-1）和式（2-2）写成矩阵形式：

$$\begin{Bmatrix} S_1 \\ S_2 \\ S_3 \\ S_4 \\ S_5 \\ S_6 \end{Bmatrix} = \begin{bmatrix} s_{11}^E & s_{12}^E & s_{13}^E & 0 & 0 & 0 \\ s_{21}^E & s_{22}^E & s_{23}^E & 0 & 0 & 0 \\ s_{31}^E & s_{32}^E & s_{33}^E & 0 & 0 & 0 \\ 0 & 0 & 0 & s_{44}^E & 0 & 0 \\ 0 & 0 & 0 & 0 & s_{55}^E & 0 \\ 0 & 0 & 0 & 0 & 0 & s_{66}^E \end{bmatrix} \begin{Bmatrix} T_1 \\ T_2 \\ T_3 \\ T_4 \\ T_5 \\ T_6 \end{Bmatrix} + \begin{bmatrix} d_{11} & d_{21} & d_{31} \\ d_{12} & d_{22} & d_{32} \\ d_{13} & d_{23} & d_{33} \\ d_{14} & d_{24} & d_{34} \\ d_{15} & d_{25} & d_{35} \\ d_{16} & d_{26} & d_{36} \end{bmatrix} \begin{Bmatrix} E_1 \\ E_2 \\ E_3 \end{Bmatrix} + \begin{Bmatrix} \alpha_1 \\ \alpha_2 \\ \alpha_3 \\ 0 \\ 0 \\ 0 \end{Bmatrix} \theta \quad (2\text{-}22)$$

$$\begin{Bmatrix} D_1 \\ D_2 \\ D_3 \end{Bmatrix} = \begin{bmatrix} d_{11} & d_{12} & d_{13} & d_{14} & d_{15} & d_{16} \\ d_{21} & d_{22} & d_{23} & d_{24} & d_{25} & d_{26} \\ d_{31} & d_{32} & d_{33} & d_{34} & d_{35} & d_{36} \end{bmatrix} \begin{Bmatrix} T_1 \\ T_2 \\ T_3 \\ T_4 \\ T_5 \\ T_6 \end{Bmatrix} + \begin{bmatrix} \varepsilon_{11}^T & \varepsilon_{12}^T & \varepsilon_{13}^T \\ \varepsilon_{21}^T & \varepsilon_{22}^T & \varepsilon_{23}^T \\ \varepsilon_{31}^T & \varepsilon_{32}^T & \varepsilon_{33}^T \end{bmatrix} \begin{Bmatrix} E_1 \\ E_2 \\ E_3 \end{Bmatrix} + \begin{Bmatrix} \tilde{D}_1 \\ \tilde{D}_2 \\ \tilde{D}_3 \end{Bmatrix} \theta \quad (2\text{-}23)$$

注意到式（2-22）中的压电矩阵是式（2-23）压电矩阵的转置，写成紧凑形式，式（2-22）式（2-23）变成

$$S_p = s_{pq}^E T_q + d_{kp} E_k + \delta_{pq} \alpha_q^E \theta, \quad p, q = 1, 2, \cdots, 6; \ k = 1, 2, 3 \quad (2\text{-}24)$$

$$D_i = d_{iq} T_q + \varepsilon_{ik}^T E_k + \tilde{D}_i \theta, \quad q = 1, 2, \cdots, 6; \ i, \ k = 1, 2, 3 \quad (2\text{-}25)$$

式（2-22）和式（2-23）也可以写成矩阵形式，即

$$\{S\} = [s^E]\{T\} + [d]^t\{E\} + \{\alpha\}\theta \quad (2\text{-}26)$$

$$\{D\} = [d]\{T\} + [\varepsilon^T]\{E\} + \{\tilde{D}\}\theta \quad (2\text{-}27)$$

和式（2-22）～式（2-27）类似，推导出其他本构方程的压缩矩阵表示，例如式（2-5）～式（2-8）、式（2-12）～式（2-13）等。

不同材料的压电耦合系数是不同的，本书关注的压电材料是晶体，既可能是单晶材料（天然的或合成的），也可能是多晶材料（如铁电陶瓷）。对于特定晶体的压电材料，其压电系数 d_{ij}（$i = 1, 2, \cdots, 6$，$j = 1, 2, 3$）在不同的晶体切割方向上，可能增加也可能减小。压电陶瓷是多晶材料，具有随机极化的微观性质，烧制好的压电陶瓷因为微观极化的随机性宏观上不显示压电性，极化过程可以改变压电陶瓷状态。极化过程就是应用高温强电场使多晶压电陶瓷表现出类似单晶的宏观压电性。

实际应用中，很多压电系数 d_{ij} 的值是可以忽略的，这是因为压电材料优先沿着内部（自发）极化方向响应，例如图 2-1 中压电片情况。为了图解说明 d_{33} 和 d_{31} 的作用，假定外加电场 E_3 和自发极化方向 P_s 相同，见图 2-1a。如果 P_s 方向沿着 x_3 轴，图 2-1a 中阴影部分所示的上下电极上施加电压 V 即可得到垂直电场 E_3，这个电场方向和自发极化方向是平行的（$E_3 \parallel P_s$），结果得到垂直方向（厚度方向）的扩展 $\varepsilon_3 = d_{33} E_3$ 和侧向（板内）收缩 $\varepsilon_1 = d_{31} E_3$ 和 $\varepsilon_2 = d_{32} E_3$（侧向应变收缩是因为系数 d_{31}、d_{32} 和系数 d_{33} 符号相反），此时压电片应变是正向应变，这种情况可以产生晶片厚度方向和平面内振动。

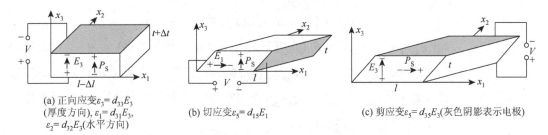

(a) 正向应变 $\varepsilon_3 = d_{33}E_3$
(厚度方向), $\varepsilon_1 = d_{31}E_3$,
$\varepsilon_2 = d_{32}E_3$(水平方向)

(b) 切应变 $\varepsilon_5 = d_{15}E_1$

(c) 剪应变 $\varepsilon_5 = d_{35}E_3$(灰色阴影表示电极)

图 2-1　压电材料的基本应变响应

如果外加电场方向和极化方向垂直,即把电极放在压电片侧面,产生的就是剪切应变。图 2-1b 所示为电压加在侧面电极上,则水平方向上的电场方向和极化方向垂直 $E_3 \perp P_S$,这种情况下产生切应变 $\varepsilon_5 = d_{15}E_1$。如果电极是施加在压电片的前后面上,则电场是 E_2,切应变是 $\varepsilon_4 = d_{24}E_2$。这里讨论切应变结构是为了用于在压电片上产生切向振动,压电晶片比较薄时不方便使用侧面电极,此时可以采用顶部、底部设置电极的方法,但压电片的自发极化方向应当是水平方向。如图 2-1c 所示,自发极化方向沿着 x_1 方向,外加电场方向沿着 x_3 方向,这种结构产生的切应变为 $\varepsilon_5 = d_{35}E_3$。

对于横向各向同性的压电材料, $d_{32} = d_{31}, d_{24} = d_{15}, \varepsilon_{22} = \varepsilon_{11}$,常见的压电陶瓷就是横向各向同性压电材料,其极化方向 P_S 沿着 x_3 方向,基本压电方程变为

$$
\begin{Bmatrix} S_1 \\ S_2 \\ S_3 \\ S_4 \\ S_5 \\ S_6 \end{Bmatrix} = \begin{bmatrix} s_{11}^E & s_{12}^E & s_{13}^E & 0 & 0 & 0 \\ s_{12}^E & s_{11}^E & s_{13}^E & 0 & 0 & 0 \\ s_{13}^E & s_{13}^E & s_{33}^E & 0 & 0 & 0 \\ 0 & 0 & 0 & s_{55}^E & 0 & 0 \\ 0 & 0 & 0 & 0 & s_{55}^E & 0 \\ 0 & 0 & 0 & 0 & 0 & s_{66}^E \end{bmatrix} \begin{Bmatrix} T_1 \\ T_2 \\ T_3 \\ T_4 \\ T_5 \\ T_6 \end{Bmatrix} + \begin{bmatrix} 0 & 0 & d_{31} \\ 0 & 0 & d_{31} \\ 0 & 0 & d_{33} \\ 0 & d_{15} & 0 \\ d_{15} & 0 & 0 \\ 0 & 0 & 0 \end{bmatrix} \begin{Bmatrix} E_1 \\ E_2 \\ E_3 \end{Bmatrix} + \begin{Bmatrix} \alpha_1 \\ \alpha_2 \\ \alpha_3 \\ 0 \\ 0 \\ 0 \end{Bmatrix} \theta \quad (2\text{-}28)
$$

$$
\begin{Bmatrix} D_1 \\ D_2 \\ D_3 \end{Bmatrix} = \begin{bmatrix} 0 & 0 & 0 & 0 & d_{15} & 0 \\ 0 & 0 & 0 & d_{15} & 0 & 0 \\ d_{31} & d_{31} & d_{33} & 0 & 0 & 0 \end{bmatrix} \begin{Bmatrix} T_1 \\ T_2 \\ T_3 \\ T_4 \\ T_5 \\ T_6 \end{Bmatrix} + \begin{bmatrix} \varepsilon_{11}^T & 0 & 0 \\ 0 & \varepsilon_{11}^T & 0 \\ 0 & 0 & \varepsilon_{33}^T \end{bmatrix} \begin{Bmatrix} E_1 \\ E_2 \\ E_3 \end{Bmatrix} + \begin{Bmatrix} \tilde{D}_1 \\ \tilde{D}_2 \\ \tilde{D}_3 \end{Bmatrix} \theta \quad (2\text{-}29)
$$

同式 (2-28) 和式 (2-29) 类似,可以推导式 (2-5)～式 (2-8)、式 (2-12)～式 (2-13) 的压缩矩阵表达式。

2.2.7　常数间的关系

前面方程中所出现的常数相互之间是相关的,例如刚度张量 c_{ijkl} 就是应变张量 s_{ijkl} 的逆,同样可以得到其他常数或系数的相似关系。下面给出用压缩矩阵表示法表示的系数关系,即 $i, j, k, l = 1, 2, 3$,而 $p, q, r = 1, 2, \cdots, 6$,采用 3×3 的单位矩阵 δ_{ij} 和 6×6 的单位矩阵 δ_{pq}。对重复下标项采用 Einstein 求和约定逐项求和。

$$c_{pr}^E s_{qr}^E = \delta_{pq},\ c_{pr}^D s_{qr}^D = \delta_{pq}\ (\text{刚度与柔度的关系}) \qquad (2\text{-}30)$$

$$\varepsilon_{ik}^S s_{jk}^S = \delta_{ij},\ \varepsilon_{ik}^T \beta_{jk}^T = \delta_{ij}\ (\text{介电常数与倒介电常数的关系}) \qquad (2\text{-}31)$$

$$c_{pq}^D = c_{pq}^E + e_{kp}h_{kq},\ s_{pq}^D = s_{pq}^E - d_{kp}g_{kq}\ (\text{弹性常数的闭路与开路效应}) \qquad (2\text{-}32)$$

$$\varepsilon_{ij}^T = \varepsilon_{ij}^S + d_{iq}e_{jq},\ \beta_{ij}^T = \beta_{ij}^S - g_{iq}h_{jq}\ (\text{介电常数的应力与应变效应}) \qquad (2\text{-}33)$$

$$\begin{cases} e_{ip} = d_{iq}c_{qp}^E,\ d_{ip} = \varepsilon_{ik}^T g_{kp} \\ g_{ip} = \beta_{ik}^T d_{kp},\ h_{ip} = g_{iq}\varepsilon_{qp}^D \end{cases} (\text{压电常数的关系}) \qquad (2\text{-}34)$$

2.2.8　机电耦合系数

机电耦合系数定义为压电材料上施加的电能与存储的机械能之比的平方根，即

$$k^2 = \frac{\text{存储的机械能}}{\text{施加的电能}} \qquad (2\text{-}35)$$

对于正向驱动有

$$k_{33}^2 = \frac{d_{33}^2}{s_{33}\varepsilon_{33}} \qquad (2\text{-}36)$$

对于横向驱动有

$$k_{31}^2 = \frac{d_{31}^2}{s_{11}\varepsilon_{33}} \qquad (2\text{-}37)$$

对于剪切驱动有

$$k_{15}^2 = \frac{d_{15}^2}{s_{55}\varepsilon_{11}} \qquad (2\text{-}38)$$

对于统一的面内驱动，表示为平面耦合系数：

$$k_p = k_{13}\sqrt{\frac{2}{1-\nu}} \qquad (2\text{-}39)$$

其中，ν 是泊松比。

2.2.9　电主动响应的高阶模型

电主动陶瓷的高阶模型包含线性项和二次项，线性项对应传统的压电效应，二次项则表示外加电场在某个方向上诱导（压缩）材料结构产生的电致伸缩效应。电致伸缩效应不光存在于压电材料，所有材料都存在幅度不同的电致伸缩效应。电致伸缩和电场具有二次方关系，因此当电场极性改变时，电致伸缩方向不变。结合压电和电致伸缩效应的本构方程形式如下：

$$S_{ij} = s_{klij}^E T_{kl} + d_{kij}E_k + M_{klij}E_k E_l \qquad (2\text{-}40)$$

应注意前两项和压电效应是相同的，第三项对应于电致伸缩效应，M_{klij} 是电致伸缩系数。

2.3　压　电　现　象

本节从现象学角度解释压电效应并讨论极化、顺电、铁电、压电、热释电等问题。

极化是电介质处于外加电场下使正负电荷分离在电介质两端的现象,典型例子就是在电容两极板上施加外电压时,电容中间电介质会产生极化,这就是电介质电容比真空电容能容纳更多电荷的原因,因为

$$D = \varepsilon_0 E + P \tag{2-41}$$

其中,D 是电位移,代表单位面积上的电荷;E 是电场强度,代表电容极板间的电压;ε_0 是真空介电常数。很明显,式(2-41)中极化 P 代表真空电容中电介质储存的电荷。

自发极化是在没有外加电场的情况下产生极化的现象,某些晶体的正负电荷中心不重合则产生自发极化。根据晶体学对称性可以把晶体划分为 32 种点群(国际和 Schoenflies 晶体学符号),这 32 种点群可分为两大类,一类包含中心对称的点群,另一种包含非中心对称点群,这种不对称增强了自发极化。在没有对称中心的 21 种点群中,20 种点群的晶体材料都有自发极化,其中钙钛矿晶体结构更容易产生自发极化现象。

永久极化是指在外加电场撤去的情况下极化仍然保留下来的现象,这个永久极化过程就是材料的极化处理。

顺电材料不产生极化,即撤去外加电场其极化为零,当施加外加电场时其极化强度和场强基本成正比。电场增加则极化增加,电场减少到零则极化降低到零,如果此时电场反转,则极化也反转,如图 2-2a 所示,大多数电介质都具有顺电相特点。

铁电材料施加外加电场可以得到永久极化。术语"铁电材料"可以类比于"铁磁材料",后者的永磁化可以在外加磁场中得到。图 2-2b 给出了在循环电场作用下的铁电材料特性,当电场增加超过一个称为矫顽电场的临界值 E_c 时,极化会迅速增加到很高水平,此时电场开始减小,但极化值几乎不变,电场继续减小到零,材料保留永久极化 P_S。当电场继续减小超过负矫顽电场 $-E_c$ 时,极化会突然变成一个很高的负值,此时电场往正向回复时极化值基本不变(图 2-2b 中观察到的稍微倾斜的水平线就是总极化中顺电成分的极化)。当回复至零时,永久极化值为 $-P_S$,继续增加电场超过 E_c 时,极化会也成正值。这种行为特点在一个周期内构成一个迟滞环,铁电行为可以通过强电场下内部电偶转变来解释。

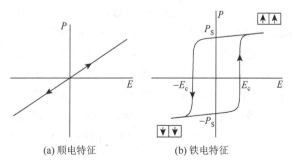

(a) 顺电特征　　　　　　(b) 铁电特征

图 2-2　两种材料的极化和外加电场比较

压电性（piezoelectricity）[1]是在外加机械应力作用下材料表面产生电荷的特性，即压电材料在外力作用下极化发生了改变。压电是和永极化相关的，可以解释为因机械外力产生变形导致永极化改变，反过来永极化的改变也产生机械变形，即应变。

热释电性（pyroelectricity）[2]即材料在温度改变时表面产生电荷的性质，即温度改变时材料的永极化改变。热释电现象和永极化相关，可以解释为由温度变化产生的几何变化所导致的永极化改变。如果热释电材料又是压电材料且边界存在约束，则温度改变产生的热应力会通过压电效应产生较高的极化。

Rochelle 盐是第一批被观察到的铁电材料中的一种，大多数铁电材料同时具有压电性和热释电性，Rochelle 盐是其中比较突出的，因为其压电系数比石英大很多，但是石英的永极化更稳定、更持久。

2.4　钙钛矿陶瓷

本节从各种温度区间和纳米尺度考察外加电场和机械应力使特定材料晶格微观结构发生变化的角度来解释压电现象，典型代表材料是钙钛矿材料。

钙钛矿材料是金属与氧原子的比例为 2∶3 的晶体氧化物家族，其得名于特殊矿物钛酸钙。最简单的钙钛矿晶格都可以写成 X_mY_n 的形式，X 原子成四方体紧密堆积，Y 原子在八面体间的空隙中，四方体堆积的 X 原子可能是几种离子的组合，如 X^1、X^2、X^3 等。以钛酸钡为例，X^1 是 Ba^{2+}，X^2 是 Ti^{4+}，O^{2-} 是 Y，结构如图 2-3 所示。

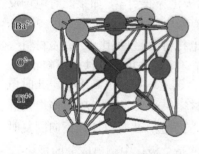

在晶格结构中，Ba^{2+} 离子在角顶点，Ti^{4+} 在八面体中心，O^{2-} 离子在六面体表面。Ba^{2+} 离子比 Ti^{4+} 大，决定整个晶格的大小。钙钛矿型结构中和 $BaTiO_3$ 结构相似的物质都可以写成形如 ABO_3 的表达式。它们都有较大的二价阳离子，例如铅、钡和氧离子，都有较小的四价阳离子，例如钛、锆，这种情况使得四方体和斜方六面体都具有对称性，每一个晶胞都有一个偶极矩。

图 2-3　典型钙钛矿物锆酸钡的晶体结构：$BaTiO_3$ 钡离子在晶格顶点，钛离子在晶格中心，氧离子在晶格表面

2.4.1　钙钛矿型结构的自发应变和自发极化

在温度比较高时，钙钛矿型结构是对称的面心立方体（face-centered cubic，FCC）并且不表现出电极性，如图 2-4a 所示。这种对称的晶格结构叫做钙钛矿的顺电相，出现在高温情况下。随着温度下降，晶格收缩，对称结构变得不稳定。以钛酸钡为例，Ti^{4+} 将从结构中心移动到一个偏离中心的低能量位置，同时伴随着 O^{2-} 阴离子的移动。Ti^{4+} 和 O^{2-} 的移动引起结构变化，产生应变和电偶，晶格发生畸变，如在某个方向上稍稍变长成四方体，如图 2-4b 所示。在钛酸钡晶格中，畸变率为 $c/a=1.01$，相当于 c 方向相对于 a 方向产生 1%的应变。这种沿着 c 轴的大小变化叫做自发应变，即

---

1 前缀 piezo 来源于希腊语中的力。

2 前缀 pyro 来源于希腊语中的火。

S_s。斜面四方体结构因为正负电荷中心不重合而产生电极性，即净电偶 P_s，晶格的这种结构叫做钙钛矿的铁电相，出现于室温情况下。从某个相变化到另外一个相时的温度通常称为居里温度 T_C，钛酸钡的相变温度大约是 130℃。当钙钛矿冷却到低于相变温度时，顺电相变成铁电相，同时产生自发应变 S_s 和自发极化 P_s。相反，当钙钛矿加热到相变温度之上，铁电相变为顺电相，自发应变和自发极化消失。

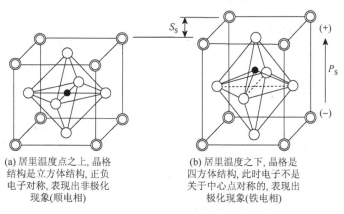

(a) 居里温度点之上, 晶格结构是立方体结构, 正负电子对称, 表现出非极化现象(顺电相)

(b) 居里温度之下, 晶格是四方体结构, 此时电子不是关于中心点对称的, 表现出极化现象(铁电相)

图 2-4　自发应变和自发极化

2.4.2　受激应变和受激极化

钙钛矿物质在铁电相情况下，外加电场可以使其产生应变和极化。如果外加电场方向和自发极化方向相同，净极化会随着外加电场的增强而增加，晶格畸变程度也会增加，产生的应变和极化称为受激应变和受激极化。初始时，受激应变和受激极化随电场的增加线性增长，但电场增加到一定值后，进入非线性饱和受激状态，晶格最大畸变所对应的极化称为饱和极化。

如果外加电场和自发极化方向相反（加反向电场），铁电相钙钛矿陶瓷的受激应变和受激极化与原有的自发应变和自发极化代数相加，因此总应变和总极化降低。随着反转电场强度的增加，应变和极化会突然反转和外加电场保持一致，自发极化和自发应变的这种反转是因为中心原子忽然跳变到反方向偏离中心位置，并和外加电场保持一致。外加电场导致自发极化反向的现象称为极化反转，这是钙钛矿材料的重要特性。极化反转时的电场强度称为矫顽电场，极化反转同时伴随着大应变，因此会有较大的滞回曲线。由于转变剧烈，如果多次极化反转会使晶格承受较大的内应力，将增加晶格疲劳，减少铁电材料的寿命。

顺电相的钙钛矿材料没有线性压电现象，但是应变依然可以通过电致伸缩现象产生，此时应变和电场的二次方成正比。

2.4.3　多晶钙钛矿陶瓷的极化

前两节用晶胞内单个晶格的变化来解释压电现象，本节将这个简单概念扩展到多晶钙钛矿陶瓷。其复杂性的增加表现在两个方面：一是多晶材料中每个独立的晶体颗粒都和其他晶粒方向不同；二是在每个晶体中，从一点到另一点的极化方向和应变也是不同的。此处引入电畴的概念，在一个电畴中，自发极化和应变的方向排列是一致的，但是在晶体中，每个电畴的应变和极化方向排列是不同的。

钙钛矿陶瓷在烧制过程中经历从顺电相状态到铁电相状态的转变，转变过程发生在材料冷却到居里温度点 T_C 之下的时刻，这个转变过程使钙钛矿陶瓷中每个铁电畴的方向都是随机的多晶结构（晶粒）。如果晶粒比较大，每个晶粒就可能是个铁电畴，如图 2-5 所示。由于电畴的方向随机，每个电畴极化和其他极化相互抵消，此时铁电陶瓷整体极化为零。

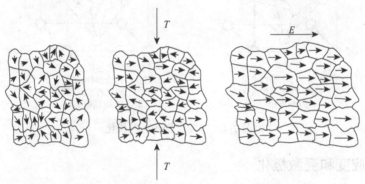

(a) 没有电场和外力　(b) 外力作用下，电畴方向和　(c) 外加电场使电畴
作用，电畴方向随机　外力方向垂直，产生极化　方向一致，产生受激应变

图 2-5　多晶钙钛矿陶瓷的压电效果

极化处理使材料内部随机方向的电畴导向排列。极化处理重新排列了电偶方向，使材料净极化，极化后铁电陶瓷的表现和单晶体相似。压电陶瓷的极化是在高温、强电场情况下获得，晶畴在高温和强电场作用下导向排列，陶瓷冷却后这种排列就固定了（永极化）。极化过程中，压电畴取向排列也产生机械变形，陶瓷冷却后，这种变形也会固定下来（永应变）。极化处理过程一般浸泡在高温硅油中进行，外加直流电场，强度为 1～3kV/mm。

极化后的铁电陶瓷对外加电场或机械应力的响应是典型的压电效应，此时外加电场和机械应变影响电畴状态并改变机械变形和极化间的相互作用。对材料施加机械应变，极化发生变化，这就是正压电效应；对材料施加电场，应变发生变化，这就是逆压电效应，也就是受激应变驱动。在极化后的铁电陶瓷中，电畴发生两种主要变化：①极化过程中，一部分电畴受电场影响进行导向排列，这些电畴极化后的方向在极化方向上产生分量；②极化过程中，和外加电场成 90°的电畴在极化过程中方向不改变，极化后和自发极化方向垂直。如果外加电场方向和自发极化方向相同，受激应变可以分为三个主要阶段，如图 2-6 所示。首先，通过本征效应（内在影响），在外加电场影响下压电畴的应变增加，如图 2-6 中的曲线 a 和 b，这种影响具有非常好的线性，这部分与常说的压电效压相关。受激应变与极化过程中产生的自发应变叠加，如图 2-6 所示，大约是 0.275%。

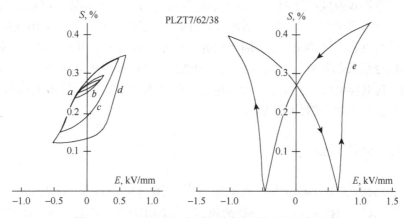

图 2-6　PLZT7/62/38 在不同电场强度下的应变曲线

在本征效应阶段，因为电场力在每个电畴方向都存在一个投射角，所以电场强度越大，电畴的导向排列越好，反之则导向排列就差。此外，每个电畴上所产生的应变都映射到主应变上，主应变在四方体晶格上和电场方向保持一致，因此总应变取决于电畴取向排列的百分比。毫无疑问，同一个材料配方中，铁电陶瓷的压电应变系数小于同等的单晶体。

进一步增加电场强度会触发非本征效应：电畴旋转，起初没有随外加电场改变方向的铁电畴此时也会沿着电场方向导向排列。排列方向变化最剧烈的方向是电畴与极化方向成90°时，此时存在90°电畴中晶格电畴发生旋转，导致原来自发应变方向上产生更大的应变（例如，钛酸钡存在 1%的自发应变，电畴旋转带来的局部应变也是 1%）。当然这些局部应变会与临近电畴的弹性应变混合作用，但总效应仍然很大，图 2-6 中的曲线 c 和 d 就是非本征效应的体现。受激应变变大的过程中，非本征效应产生了非常明显的应变，在图 2-6 中，受激应变上升了 0.15%，但在电场强度减弱过程中，永久应变保留下来，因为之前的 90°电畴不会发生回旋。非本征效应被认为是导致压电陶瓷非线性和迟滞损耗产生的原因。

第三种就是材料的电致伸缩，电致伸缩是一种体积效应，它与电场的二次方成正比。在传统压电陶瓷中，电致伸缩效应可以忽略，但是在电致伸缩陶瓷中，这种现象非常明显。2.4.6 节将讨论电致伸缩效应。

如果电场减小到零后反向增加，应变持续减小直到极化应变与自发应变相抵消，总应变为零。如果电场继续增加，就会发生电畴改变现象，这是因为晶格向另外一个方向畸变和电场保持一致，此时我们得到反向矫顽电场 $-E_C$。如果电场继续增加，由于本征效应和电致伸缩，小应变会产生，这是一个渐变过程。如果电场强度减小到零，应变减小，明显的永久应变会保留下来，这时电场沿正方向增加，电畴则会在正向矫顽电场 $+E_C$ 作用下发生改变，并得到蝴蝶曲线，如图 2-6 中的曲线 e 所示。

强电场非线性行为与频率相关，典型的蝴蝶曲线如图 2-6 曲线 e 所示，只能在准静态外加电场下得到，即有充足的时间让电畴的变化扩大到整个压电陶瓷。如果频率增加，电场反转前，电畴的再取向和反向变化不能完全完成，结果就是随着频率增加，可达到的最大应变逐渐变小，而迟滞也随之降低。

　　线性压电方程仅仅能描述材料在整个使用范围内的一部分情况,在线性范围外,必须引入先进的微观力学来解释。线性范围内,压电陶瓷产生的应变和外加电场或电压成正比,受激应变大约为 0.1%(1000με)[1]。因为电介质的非线性特性,其介电常数、压电系数、损耗系数和耦合系数都随外加电场和机械应力变化,例如采用不同频率、不同电压对压电片进行驱动,其电容电压正比增加,可知电介质的介电常数取决于外加电场和应力,这种电容变化影响到压电驱动器的驱动功率。

2.4.4　常见钙钛矿陶瓷

　　钙钛矿型结构,如 $BaTiO_3$,化学式通常写作 $A^{2+}B^{4+}O_3^{2-}$。在 $BaTiO_3$ 中,A^{2+} 就是 Ba^{2+},B^{4+} 就是 Ti^{4+}。A^{2+}、B^{4+} 也可以代表别的相似大小的阳离子,例如,A^{2+} 还可能是其他较大的二价阳离子,如 $A^{2+}=Ba^{2+}$、Sr^{2+}、Pb^{2+}、Sn^{2+} 等,B^{4+} 代表其他比较小的四价金属阳离子,如 $B^{4+}=Ti^{4+}$、Zr^{4+} 等,通过这种替换就可以得到其他钙钛矿材料。

　　除了在化学式 $A^{2+}B^{4+}O_3^{2-}$ 中的简单替换,也可以是不同比例掺杂的固溶合金阳离子。例如固溶合金中,B 可以写成下面这种组合形式 $A^{2+}(B_{1-x}^{4+}B_x'^{4+})O_3^{2-}$。在固溶体中,B 和 B′ 的分布可以是有序的也可以是无序的,固溶态的钙钛矿材料可以有多个铁电相,固溶合金中,B 和 B′ 的掺杂比例会影响所出现相的类型。商用压电陶瓷既有传统的简单钙钛矿陶瓷,也有固溶体合金钙钛矿陶瓷。典型的简单钙钛矿材料有:钛酸钡(BT),化学式为 $BaTiO_3$;钛酸铅(PT),化学式为 $PbTiO_3$。典型的钙钛矿固溶合金有:锆钛酸铅(PZT),化学式为 $Pb(Zr,Ti)O_3$;锆钛酸铅镧(PLZT),化学式为 $(Pb,La)(Zr,Ti)O_3$;三元系陶瓷像 $BaO\text{-}TiO_2\text{-}R_2O_3$,此处 R 是稀土元素。

2.4.5　压电陶瓷

　　压电陶瓷是主要表现为线性压电特征的一类钙钛矿材料。在低场强电场中,线性方程可以准确地描述压电陶瓷的压电现象。压电陶瓷可以按照受激应变的矫顽电场进行分类,主要分为两种:如果矫顽电场较大,比如大于 1kV/mm,称为硬压电陶瓷,硬压电陶瓷表现出较宽的线性驱动范围,但应变相对较小;如果矫顽电场中等,比如 0.1~1kV/mm,称为软压电陶瓷,软压电陶瓷在电场作用下可以产生较大的应变,但是迟滞也很大。材料的"硬"和"软"同居里温度有关,硬压电陶瓷一般有更高的居里点,通常高于 250℃,而软压电陶瓷的居里点要低一些,通常为 150~250℃。参考文献[3]定义了六种陶瓷类型,即 Navy Types I~VI,这个标准也被陶瓷生产商和供应商用作产品的质量标准。

　　固溶体陶瓷中应用比较广泛的锆钛酸铅[$Pb(Zr_{1-x}Ti_x)O_3$],也就是常说的 PZT。在 PZT 的钙钛矿型晶胞中,Pb^{2+} 在顶点,O^{2-} 在表面,Zr^{4+}/Ti^{4+} 在八面体中间。迄今为止,已经有很多种 PZT 类型,它们的主要区别就是"软"(如 PZT5-H)和"硬"(如 PZT8)。PZT 的最高压电耦合系数和最大介电常数接近准同型相界(morphotropic phase boundary,

---

1　$με$=1 微应变=10^{-6} 单位应变。

MPB)，这种响应把晶格结构从四方体变成斜面六方体，一般发生在 Zr/Ti 比例大约为 53/47 时。对此现象发生原因的解释是：当温度高于居里温度时，PZT 是顺电相立方体晶格结构，居里温度随着掺杂比例不断变化，从纯净 $PbZrO_3$ 的居里温度 ≈250℃ 到纯净 $PbTiO_3$ 的居里温度 ≈500℃ 之间。温度低于居里温度时，PZT 是铁电相，但是不同的掺杂比例使晶格可能是四方体或者斜方六面体结构，在相图上，区分两种相态的线称为 MPB 线。四方体晶格有 6 个变形变量，中心阳离子在四方体的三个轴上有 6 个可以移动的位置。斜方六面体晶格有 8 个变形分量，中心阳离子在平行于四条对角线有 8 个位置可以移动。在相图中，两个相的区分线即 MPB 线上，四方体晶格或者斜方六面体晶格都可能存在，因此在 MPB 上总的变形变量有 14 个。变形分量数目的增加可带来材料更明显的响应，因为材料在外界作用下，如电场或机械应力作用下，可以有更多变形的可能。在室温下，掺杂比为 47/53 时可能出现 MPB。很多不同配方的 PZT 已经投入商用，表 2-2 给出了美国压电陶瓷公司（American Piezo Ceramics. Inc.）的几种商用压电晶片的性质。

表 2-2　几种 APC 压电陶瓷的性质（www.americanpiezo.com）

性质	APC 840	APC 841	APC 850	APC 855	APC 880
$\rho / (\mathrm{kg/m^3})$	7600	7600	7600	7600	7600
$d_{33} / (10^{-12}\,\mathrm{m/V})$	290	300	400	630	215
$d_{31} / (10^{-12}\,\mathrm{m/V})$	−125	−109	−175	−270	−95
$d_{15} / (10^{-12}\,\mathrm{m/V})$	480	450	590	720	330
$g_{33} / (10^{-3}\,\mathrm{m^2/V})$	26.5	25.5	24.8	21.0	25.0
$g_{31} / (10^{-3}\,\mathrm{m^2/V})$	−11.0	−10.5	−12.4	−9.0	−10.0
$g_{15} / (10^{-3}\,\mathrm{m^2/V})$	38.0	35.0	36.0	27.0	28.0
$s_{11}^{E} / (10^{-12}\,\mathrm{m^2/V})$	11.8	11.7	15.3	14.8	10.8
$s_{33}^{E} / (10^{-12}\,\mathrm{m^2/V})$	17.4	17.3	17.3	16.7	15.0
$\varepsilon_{33}^{T} / \varepsilon_0$	1275	1375	1900	3300	1050
k_{33}	0.72	0.68	0.72	0.76	0.62
k_{31}	0.35	0.33	0.36	0.40	0.30
k_{15}	0.70	0.67	0.68	0.66	0.55
泊松比，σ	0.30	0.40	0.35	0.32	0.28
杨氏模量 γ_{11}^{E}/GPa	80	76	63	59	90
杨氏模量/GPa	68	63	54	51	72
居里温度/℃	325	320	360	200	310
耗散因数 $\tan\delta$ /%	0.60	0.40	≤2.00	≤2.50	0.40
机械品质因数 Q_m	500	1400	80	65	1000

2.4.6　电致伸缩陶瓷

钙钛矿材料中,电致伸缩效应为主的材料称为电致伸缩陶瓷,矫顽电场低于 0.1kV/mm 的钙钛矿材料就是电致伸缩器件,其应变近似正比于电场强度的二次方。电致伸缩效应显著的都是无序钙钛矿材料,有较高的电致伸缩系数和分散相变温度(居里温度)。

(1)弛豫铁电体

电致伸缩陶瓷也称为弛豫铁电体,因为它们都表现出较大的介电弛豫,例如在弛豫铁电体中,介电系数受频率影响,随着频率升高,介电系数降低。此外,介电常数达到峰值点的温度会随频率增加而上升,这与传统电致伸缩材料的特性明显不同,后者在介电常数极值点温度基本不随频率而改变。介电弛豫现象可以归因于晶体结构中存在微畴,考虑 <111> 型的锆铌酸铅单晶 $Pb(Zr_{1/3}Nb_{2/3})O_3$,在两种状态下测量其介电常数:①未极化状态;②极化状态。在未极化状态,晶体结构内部只有微畴存在,表现出介电弛豫现象,极化状态下,外加电场使材料受激成为一个大电畴,不存在介电弛豫现象,其特性和传统介电材料相同。弛豫材料从压电状态向非压电状态转变不是发生在某个明确的温度点(居里点),而是发生在一定温度范围内,通过改变掺杂比可以获得比室温还低的温度范围,因此电致伸缩陶瓷的相变温度范围是围绕相变温度的一个扩展了的温度范围,这种材料在相变温度附近的温度相关性明显比传统的钙钛矿固溶合金要低。

目前,铅镁铌酸盐、铅镁铌酸盐/镧制剂以及铅镍铌酸盐是研究最多的弛豫材料,这些电致伸缩铁电材料具有很高的介电常数和良好的极化特性。电致伸缩铁电体的介电系数一般较高,因此广泛应用在贴片电容上。电致伸缩陶瓷的矫顽电场远低于压电陶瓷,常见的电致伸缩陶瓷是铌酸铅镁 $Pb(Mg_{1/3}Nb_{2/3})O_3$,即 PMN,另一种是钛酸铅 $PbTiO_3$,即 PT,两者结合也是一种常见材料,写作 PMN-PT,如图 2-7 所示。电致伸缩陶瓷还包括锆钛酸铅镧陶瓷 $(Pb,La)(Zr,Ti)O_3$,称为 PLZT。其他被配比成具有很强电致伸缩特性的铁电陶瓷系包括锆钛酸铅钡 $(Pb,Ba)(Zr,Ti)O_3$,即 PBZT、锡钛酸钡 $Ba(Sn,Ti)O_3$,称为 BST。能否获得明显的电致伸缩效应最重要的因素是铁电陶瓷的微畴结构生成,一般是通过掺杂不同价的离子或不同半径的离子,或者创建空穴,引入空间微观不均匀性。

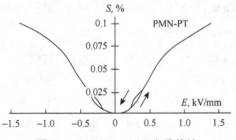

图 2-7　90-10PMN-PT 电致伸缩
陶瓷中的受激应变场曲线

(2)电致伸缩陶瓷的本构方程

电致伸缩陶瓷的应变场曲线具有典型的二次特征,因此在这个曲线上无论电场正负,机械应变都是正的。因为其具有二次性,该曲线非线性很强,电致伸缩陶瓷比较明显的特征是迟滞效应低。电致伸缩陶瓷的基本方程除了包含明显的二次项外,和压电陶瓷的基本方程相似:

$$S_{ij} = s_{ijkl}^E T_{kl} + d_{kij}E_k + m_{klij}E_k E_l \tag{2-42}$$

$$D_m = d_{mkl}T_{kl} + 2m_{mnij}E_nT_{ij} + \varepsilon_{mn}^T E_n \qquad (2\text{-}43)$$

式（2-42）和式（2-43）中，前两项和线性压电现象的特征方程相同，第三项表示电致伸缩效应，其中，m_{klij} 表示电致伸缩系数。式（2-42）表明，电致伸缩表现为在线性压电效应之外的二次附加效应。事实上两者是可区分的，因为压电效应只可能出现在非中心对称材料上，而电致伸缩效应不受对称性制约，可以出现在所有材料上。除了正电致伸缩效应，逆电致伸缩效应也存在。

商用 PMN 配方通过内部偏置和优化获得准线性行为，这种改进 PMN 比起常见的二次型电致伸缩有更好的线性特征，和传统压电效应更相似。线性电致伸缩陶瓷保留了传统电致陶瓷的低迟滞特性，从这一点来讲，要优于传统的压电陶瓷，但是线性电致伸缩陶瓷不支持场反转。经过线性化后，电致伸缩陶瓷的基本方程和传统压电陶瓷很相似：

$$S_{ij} = s_{ijkl}^E T_{kl} + \tilde{d}_{ijk}E_k \qquad (2\text{-}44)$$

$$D_m = \tilde{d}_{mkl}T_{kl} + \varepsilon_{mn}^T E_n \qquad (2\text{-}45)$$

符号~表示式（2-44）、式（2-45）中的压电常数 $\tilde{d}_{ijk}$ 和初始式（2-42）、式（2-43）中对应的常数 d_{kij} 不同，这是因为 $\tilde{d}_{ijk}$ 进行了线性化。在式（2-42）、式（2-43）中，常数 d_{kij} 非常小，因为主要效应是由 m_{klij} 常数产生的二次效应，而在式（2-44）、式（2-45）中，$\tilde{d}_{ijk}$ 的作用就比较明显了，因为它表示对式（2-42）、式（2-43）进行了线性化处理。

2.5　压电聚合物

压电聚合物是跟石英和压电陶瓷一样具有压电特性的聚合物，压电聚合物一般制作成薄膜，它们有很好的柔韧性和很高的柔度系数。相对于压电陶瓷来说，压电聚合物便宜且易于生产、加工，其柔韧性也能克服压电陶瓷的脆性所带来的很多不足。聚偏二氟乙烯是比较典型的压电聚合物，简写为 PVDF 或者 PVF2，它具有很强的压电性和热释电性，其化学式为—$(CH_2—CF_2)_n$—，结晶度为 40%～50%。PVDF 晶体是二相的，我们称其为 I 型（或 β）和 II 型（或 α）。在 β 相（即 I 型）时，PVDF 表现出极性和压电特性，而在 α 相的时候，PVDF 不显示极性，常用于其他物体间的绝缘。为了使 PVDF 表现压电性，需要进行极化处理，使它从 α 相变成 β 相，α 相材料经过拉伸得到 β 相材料。

2.5.1　压电聚合物的性质和基本方程

表 2-3 比较了压电聚合物和压电陶瓷的性质，PVDF 的弹性模量比压电陶瓷低得多，压电聚合物热释电常数很大，特别适合做成红外传感器，PVDF 的另一个优点是可以用在高应变场合，已有将其用于高达 0.2%的应变的报道。压电聚合物的基本方程为

$$S_{ij} = s_{ijkl}^E T_{kl} + d_{kij}E_k + \delta_{ij}\alpha_i^E\theta \quad (\delta_{ij}\alpha_i^E\theta \text{ 中不需要对 } i \text{ 求和}) \qquad (2\text{-}46)$$

$$D_j = d_{jkl}T_{kl} + \varepsilon_{jk}^T E_k + \tilde{D}_j\theta$$

式中，S_{ij} 是机械应变；T_{kl} 是机械应力；E_k 是电场强度；D_j 是电位移（单位面积上的电荷）；s_{ijkl}^E 是零电场下（$E=0$）测得的材料柔度系数；ε_{jk}^T 是零机械应力下（$T=0$）测得

的介电常数；d_{jkl} 是压电应变常数（也称压电电荷常数），它是机械和电变量耦合系数，表示单位电场产生的应变；θ 是绝对温度；α_i^E 是恒定电场下的热膨胀系数；$\tilde{D}_j$ 是电位移的温度系数。

表 2-3　PVDF 和压电陶瓷的性质比较

性质	单位	PVDF 薄膜	PZT（PbZrTiO$_3$）	BaTiO$_3$
密度	kg/m^3	1780	7500	5700
介电系数（ε/ε$_0$）	/	12	1200	1700
d31	10^{-12} C/N	23	110	78
g31	10^{-3} V·m/N	216	10	5
k31	kHz	0.12	0.30	0.21
杨氏模量	GPa	≈3	≈60	≈110
声阻抗	10^{6}kg/(m^2·s)	2.7	30	30

注：真空介电常数取值 $\varepsilon_0 \approx 8.85 \times 10^{-12}$ F/m。

2.5.2　压电聚合物的典型应用

PVDF 材料具有柔性，不像压电陶瓷较脆，这在复杂形状或者大应变情况下非常重要，在制作传感器的时候可以灵活地改变外形，因此压电聚合物比压电陶瓷更适合制作传感器。作为传感器，PVDF 材料在同等应变下比陶瓷材料产生的电压/电场更高，其压电常数 g（即单位应力产生的电压）的典型值是压电陶瓷的 10～20 倍。因为热释电系数高，PVDF 薄膜在红外线照射下能产生电荷，所以用其制作的传感器应用广泛。

压电聚合物常用于传感，PVDF 制成的薄膜可以粘贴在多种材质的表面。单一方向极化的单轴薄膜能够测量一维应力，而双向极化的二维薄膜可以测量一个面内的应力。PVDF 传感器可以作为应变片使用，不需要额外调理电源，传感器的输出就和普通应变片产生的放大信号相当，高灵敏度源于 PVDF 薄膜厚度非常小（25μm）。PVDF 有非常好的传感器特性（如重量轻、弹性好、柔韧性好、g 常数高），因此很多传感器都采用 PVDF 材料。PVDF 传感器作为驱动器时，因其弹性模量小，能提供的机械力比陶瓷传感器低得多，这种执行器更适用于驱动微观、小刚度结构，而不适合驱动传统材料结构。

2.6　磁致伸缩材料

磁致伸缩效应简单来说就是某些材料在外加磁场的驱动下会改变自身形状的现象。磁致伸缩材料在磁场下之所以会变形，是因为它们的磁畴会沿着磁力线方向做导向排列。磁致伸缩效应最初在镍、钴、铁以及它们的合金中观察到，但是应变值非常小（<50με），比较大的磁致伸缩应变（≈1000με）是由稀土元素铽（Tb）和镝（Dy）在低温下（<180K）获得的，铽铁合金 TbFe$_2$ 在室温下也存在较大的磁致伸缩。艾姆斯实验室和海军军械实验室（现在的海军水面武器中心）研制的二元合金 Terfenol-D（Tb$_{0.3}$Dy$_{0.7}$Fe$_{1.9}$）在室温到 80℃甚至更高温度范围中的磁致伸缩高达 2000με。现在 Terfenol-D 的配比方程式写作

$Tb_{1-x}Dy_xFe_{1.9}$，这里 x 是镝的相对比例，铁的比例为 1.9～2。在下面的讨论中，写作通用值 2，其实际值根据 Terfenol-D 合金的配比式具体确定。

2.6.1　磁致伸缩方程

磁致伸缩基本方程包含两个线性项，一个二次项：

$$S_{ij} = s_{ijkl}^E T_{kl} + d_{ijk}H_k + m_{klij}H_k H_l \tag{2-47}$$

$$B_j = d_{jkl}T_{kl} + \mu_{jk}^T H_k \tag{2-48}$$

式中，除了已经定义了的变量之外，H_k 是磁场密度；B_j 磁通密度；μ_{jk}^T 是恒定应力下的磁导率；系数 d_{ijk} 和 m_{klij} 是在磁单位下的定义。螺线管中磁场密度 H 和单位长度线圈的圈数 n 以及线圈中电流的关系为

$$H = nI \tag{2-49}$$

2.6.2　压磁效应的线性方程

磁致伸缩材料的响应和磁场强度基本上是二次方关系，即当磁场反转时，磁致伸缩响应不改变方向。工作点的非线性磁致伸缩特征可以通过偏置磁场进行线性化处理，这种情况下可以得到随着磁场反转而反转的压磁效应。线性压磁效应方程的压缩矩阵形式如下：

$$S_p = s_{pq}^E T_q + d_{kp}H_k, \quad p,q = 1,\cdots,6; \quad k = 1,2,3 \tag{2-50}$$

$$B_i = d_{iq}T_q + \mu_{ik}^T H_k, \quad p,q = 1,\cdots,6; \quad k = 1,2,3 \tag{2-51}$$

式中，S_p 是机械应变；T_q 是机械应力；H_k 是磁场强度；B_i 是磁通密度；μ_{ik}^T 是零机械应力下（$T = 0$）测得的磁导率；s_{pq}^E 是零磁场下（$M = 0$）测得的机磁耦合系数；d_{iq} 是压磁常数，它是一个磁力耦合变量，表示单位磁场下得到应变的大小。对于普通磁致伸缩材料，方向 1 和 2 是等效的（横向各向同性），式（2-50）和式（2-51）的展开形式为

$$\begin{Bmatrix} S_1 \\ S_2 \\ S_3 \\ S_4 \\ S_5 \\ S_6 \end{Bmatrix} = \begin{bmatrix} s_{11}^H & s_{12}^H & s_{13}^H & 0 & 0 & 0 \\ s_{12}^H & s_{11}^H & s_{13}^H & 0 & 0 & 0 \\ s_{13}^H & s_{13}^H & s_{33}^H & 0 & 0 & 0 \\ 0 & 0 & 0 & s_{55}^H & 0 & 0 \\ 0 & 0 & 0 & 0 & s_{55}^H & 0 \\ 0 & 0 & 0 & 0 & 0 & s_{66}^H \end{bmatrix} \begin{Bmatrix} T_1 \\ T_2 \\ T_3 \\ T_4 \\ T_5 \\ T_6 \end{Bmatrix} + \begin{bmatrix} 0 & 0 & d_{31} \\ 0 & 0 & d_{31} \\ 0 & 0 & d_{33} \\ 0 & d_{15} & 0 \\ d_{15} & 0 & 0 \\ 0 & 0 & 0 \end{bmatrix} \begin{Bmatrix} H_1 \\ H_2 \\ H_3 \end{Bmatrix} \tag{2-52}$$

$$\begin{Bmatrix} B_1 \\ B_2 \\ B_3 \end{Bmatrix} = \begin{bmatrix} 0 & 0 & 0 & 0 & d_{15} & 0 \\ 0 & 0 & 0 & d_{15} & 0 & 0 \\ d_{31} & d_{31} & d_{33} & 0 & 0 & 0 \end{bmatrix} \begin{Bmatrix} T_1 \\ T_2 \\ T_3 \\ T_4 \\ T_5 \\ T_6 \end{Bmatrix} + \begin{bmatrix} \mu_{11}^T & 0 & 0 \\ 0 & \mu_{11}^T & 0 \\ 0 & 0 & \mu_{33}^T \end{bmatrix} \begin{Bmatrix} H_1 \\ H_2 \\ H_3 \end{Bmatrix} \tag{2-53}$$

机磁耦合系数 k 定义为弹性能量和磁能的几何平均与磁弹性能量之比：

$$k^2 = \frac{U_{me}}{\sqrt{U_e U_m}}$$　　　　　　　　（2-54）

式中，U_e 是弹性能量；U_m 是磁能；U_{me} 是材料中的磁弹性能量。表 2-4 列出了 Terfenol-D 材料的典型物理性质。

表 2-4　Terfenol-D 的物理性质

标称成分	$Tb_{0.3}Dy_{0.7}Fe_{1.92}$
力学特性	
杨氏模量	25～35GPa
声速	1640～1940m/s
拉伸强度	28MPa
耐压强度	700MPa
热学性质	
热膨胀系数	12ppm/℃
比热容	0.35kJ/(kg·℃)
热传导	13.5W/(m·℃)
电学性质	
电阻率	$58 \times 10^{28} \Omega \cdot m$
居里温度	380℃
磁致伸缩性质	
应变（线性估计）	800～1200ppm
能量密度	14～25kJ/m³
磁-机械性质	
相对介磁系数	3～10
耦合因子	0.75

注：1ppm=10^{-6}。

2.7　总　结

本章简要讨论了几种基本类型的电致伸缩和磁致伸缩材料，电致伸缩和磁致伸缩材料就是在电场和磁场驱动下能改变自身形状的材料，这些材料既能驱动应变也能传感应变，这一点对于主动 SHM 应用非常重要。

一方面，应变驱动器基于电场、磁场或温度场作用下主动材料的尺寸变化工作，分析了压电、电致伸缩、磁致伸缩材料，其中比较常用的是压电材料 PZT、电致伸缩材料 PMN、磁致伸缩材料 Terfenol-D。另一方面，利用电致伸缩和磁致伸缩材料进行应变传感时，传感器直接把机械能转化为电能，直接得到高强和清晰的电压信号，不需要测量电桥、信号放大器、信号调节器等中间环节。

图 2-8 比较了部分商用的压电、电致伸缩、磁致伸缩材料的受激应变响应的区别，包括 PZT、PMN、Terfenol-D。可以看出，电致伸缩材料迟滞性小但是线性差，电致伸缩陶瓷的低迟滞在某些应用中非常重要，尤其是高频情况。但是，这种低迟滞非常依赖于温度

变化，如果温度降低，则迟滞增加，在某些温度下，电致伸缩陶瓷的迟滞性甚至超过压电陶瓷的水平。一般来说，电致伸缩陶瓷的这些有用特性是和弛豫范围内的扩散相变有关，如果温度超出了弛豫范围，则其性能下降。

综上所述可以得出结论，主动材料在传感和驱动方面的潜能已经在一些应用中成功体现，但这一领域的研究还处于起步阶段，主动材料的可靠性、耐用性和大规模工程应用的成本效益等方面还需要深入的研究和发展。

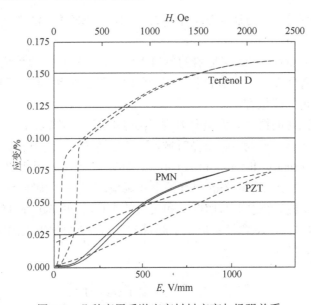

图 2-8 几种商用受激应变材料应变与场强关系

2.8 问题和练习

1. 解释在书写柔度和刚度矩阵时张量符号与矩阵符号的区别。

2. 解释以下下标用法的不同：在柔度矩阵（1，3）项中写成 s_{13}，而在压电系数矩阵中（1，3）项写成 d_{13}。

3. 计算图 2-9 中钛酸钡晶格中的自发应变和自发极化。

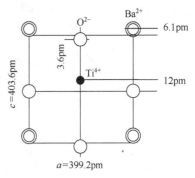

图 2-9 离子移动诱发钛酸钡的
自发应变和自发极化

参 考 文 献

第3章 振动基础

3.1 引　言

本章介绍振动理论，因为后续章节中所讨论的很多 SHM 方法都要使振动理论的相关概念及公式。

首先介绍包含质量块-弹簧-阻尼器的单自由度（1-DOF）振动系统，介绍振动理论的基本概念，如运动微分方程、基本的谐波解、自由与受迫振动、阻尼和无阻尼振动等，同时也将讨论振动分析的能量方法。

其次介绍连续系统的振动。偏微分方程（partial differential equation，PDE）在空间域和时间域上可以表示这类振动。假设在时域，振动是谐波，运动方程在空间域上可简化为一个常微分方程（ordinary differential equation，ODE）。这是一个边界值问题，它导出了特征值和本征模态，以及与之相关的固有频率及振型，包括杆的轴向振动、梁的弯曲振动、轴的扭转振动、弹性长条的水平剪切振动和短梁的垂直剪切振动。每种情况都先研究自由振动，然后研究受迫振动。本章最后提供了题目和练习，帮助学生巩固所理解的基本概念，并将理论应用到实际情况。

3.2　单自由度振动分析

讨论一个由刚度为 k 的弹簧和质量为 m 的支撑质量块组成的单自由度振动系统。初始状态下，质量块不动，处在平衡条件下，如图 3-1a 所示。

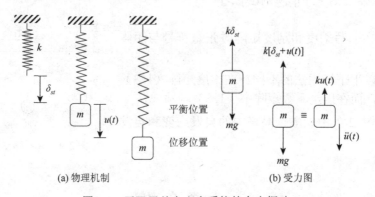

(a) 物理机制　　　　　　　　　　　　(b) 受力图

图 3-1　无阻尼单自由度系统的自由振动

在平衡状态下，重力 $W = mg$ 被弹簧上的弹力 $k\delta_{st}$ 平衡，这里 δ_{st} 是在重力 $W = mg$ 作用下弹簧的静态位移，即

$$\delta_{st} = \frac{mg}{k} \tag{3-1}$$

　　如果质量块被释放，它会沿着平衡位置上下摆动，也就是说，它会经历一段位移 $u(t)$ 随时间改变的自由振动状态，如图 3-1b 所示。由于存在摩擦阻力，振动逐渐减弱并最终消失，这是有阻尼自由振动的情况。在这种情况下，振动的初始能量通过摩擦或另外的阻尼机制逐渐消散。在无摩擦的理想情况下，振动将无限期等幅值地进行下去，这是无阻尼自由振动的情况。无阻尼自由振动更容易分析，但通常在实际中不会出现。阻尼振动涉及到更为复杂的分析，但结果更为实际可用。

　　当振动不是自主进行，而是存在外部激励时，称为受迫振动。根据能量耗散机制的存在与否，可以将受迫振动分为阻尼受迫振动和无阻尼受迫振动。同样，无阻尼受迫振动更容易分析，但阻尼受迫振动更能代表实际情况。

3.2.1　单自由度系统的自由振动

（1）振动

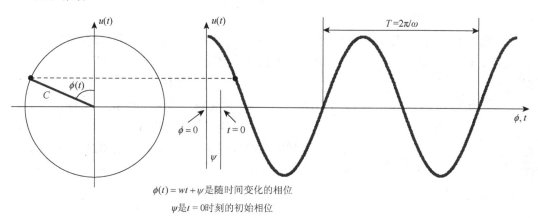

$\phi(t) = wt + \psi$ 是随时间变化的相位

ψ 是 $t = 0$ 时刻的初始相位

图 3-2　振幅为 C、角频率为 ω、初始相位为 ψ 的振动示意图

　　振荡运动可由下式定义：

$$u(t) = C\cos(\omega t + \psi) \tag{3-2}$$

其中，C 表示振幅，单位是米（m）；ω 表示角频率，单位弧度每秒（rad/s）；ψ 表示初始相位，单位为弧度（rad），如图 3-2 所示。

　　频率 f 的单位是周期每秒（c/s）或赫兹（Hz），与角频率的关系可用如下公式表示：

$$f = \frac{1}{2\pi}\omega \tag{3-3}$$

　　周期 τ 的单位是秒（s），与频率的关系可用如下公式表示：

$$\tau = \frac{1}{f} \tag{3-4}$$

　　1）振荡运动的相量表示

　　在相量表示法中，振动由相量 $C\angle\psi$ 来表示，其中 C 是幅值，ψ 是相位角。

　　2）振荡运动的复数表示

　　已知欧拉公式（本章参考文献[1]第 24 页）

$$e^{i\alpha} = \cos\alpha + i\sin\alpha, \ \alpha \in \mathbb{R} \tag{3-5}$$

使用式（3-5）的欧拉公式时，可以把余弦函数视作复指数函数的实部，即

$$\cos\alpha = \text{Re}\,e^{i\alpha} \tag{3-6}$$

故式（3-2）描述的振动方程可以视作复指数函数的实部，即

$$u(t) = C\cos(\omega t + \psi) = C\,\text{Re}\,e^{i(\omega t + \psi)} \tag{3-7}$$

所以，只要谨记实际的物理运动是实部，即 $u(t) = \text{Re}\,\tilde{u}(t)$，就可以简单地处理一个复变函数 $\tilde{u}(t)$，则

$$\tilde{u}(t) = Ce^{i\psi}e^{i\omega t} = \tilde{C}e^{i\omega t} \tag{3-8}$$

在式（3-8）中

$$\tilde{C} = Ce^{i\psi} \tag{3-9}$$

是复振幅。常数 C 和 ψ 分别是复振幅的振幅和相位，即

$$C = |\tilde{C}|, \ \psi = \arg\tilde{C} \tag{3-10}$$

（2）无阻尼自由振动

考虑到质量块 m 偏离平衡位置的位移 $u(t)$ 随时间变化。由此位移引起的附加弹力为 $ku(t)$，加速度为 $\ddot{u}(t)$，如图 3-3 所示。由牛顿运动定律和式（3-1）可得

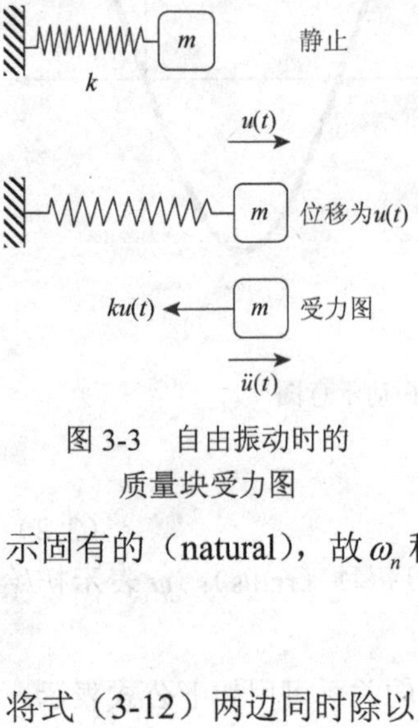

$$m\ddot{u}(t) = -ku(t) \tag{3-11}$$

式（3-11）可被整理成常微分方程（ODE）的形式：

$$m\ddot{u}(t) + ku(t) = 0 \tag{3-12}$$

常微分方程解的形式是 e^{rt}（本章参考文献[2]第 53 页），故式（3-12）可简化为

$$mr^2 + k = 0 \tag{3-13}$$

其解为

$$r_1 = +i\sqrt{\frac{k}{m}}, \ r_2 = -i\sqrt{\frac{k}{m}} \tag{3-14}$$

图 3-3 自由振动时的
质量块受力图

刚度和质量比值的平方根，通常是由 ω_n 表示，其中下标 n 表示固有的（natural），故 ω_n 称为振动的固有角频率，即

$$\omega_n = \sqrt{\frac{k}{m}}, \text{或} \ \omega_n{}^2 = \frac{k}{m} \text{(固有角频率)} \tag{3-15}$$

将式（3-12）两边同时除以质量 m，然后代入式（3-15）定义的固有角频率可以得到

$$\ddot{u}(t) + \omega_n{}^2 u(t) = 0 \tag{3-16}$$

1）无阻尼自由振动的通解

式（3-16）的通解可以表示为以下复指数形式：

$$u(t) = C_1 e^{i\omega_n t} + C_2 e^{-i\omega_n t} \tag{3-17}$$

结合式（3-5）给出的欧拉方程，可以将上式表示为三角形式：

$$u(t) = A\cos\omega_n t + B\sin\omega_n t \tag{3-18}$$

显然，以上两式中的常数 C_1 和 C_2 与 A 和 B 相互关联，式（3-18）还可写为

$$u(t) = C\cos(\omega_n t + \psi) \tag{3-19}$$

其中

$$A = C\cos\psi, \ B = -C\sin\psi \tag{3-20}$$

$$C = \sqrt{A^2 + B^2}, \ \psi = \tan^{-1}\left(\frac{B}{A}\right) \tag{3-21}$$

在复数域内，无阻尼自由振动的解可表示为

$$\tilde{u}(t) = Ce^{i\psi}e^{i\omega_n t} = \tilde{C}e^{i\omega_n t} \tag{3-22}$$

其中

$$\tilde{C} = Ce^{i\psi} \tag{3-23}$$

是复振幅。常数 C 和 ψ 是复振幅的振幅和相位，即

$$C = \left|\tilde{C}\right|, \ \psi = \arg\tilde{C} \tag{3-24}$$

综合式（3-5）、式（3-20）和式（3-23）可得

$$A = \text{Re}\,\tilde{C}, \ B = -\text{Im}\,\tilde{C} \tag{3-25}$$

2）已知初始位移和初始速度时的通解

假设初始位移 u_0 和初始速度 $\dot{u}_0$ 已知，由式（3-18）可得

$$u_0 = u(0) = A\cos\omega_n t + B\sin\omega_n t\big|_{t=0} = A$$
$$\dot{u}_0 = \dot{u}(0) = -\omega_n A\sin\omega_n t + \omega_n B\cos\omega_n t\big|_{t=0} = \omega_n B \tag{3-26}$$

由上式解出 A 和 B，得

$$A = u_0, \ B = \frac{\dot{u}_0}{\omega_n} \tag{3-27}$$

把式（3-27）代入式（3-18），可解得在已知初始位移和初始速度时无阻尼自由振动的通解形式：

$$u(t) = u_0\cos\omega_n t + \frac{\dot{u}_0}{\omega_n}\sin\omega_n t \tag{3-28}$$

（3）阻尼自由振动

考虑一个由刚度为 k 的弹簧、质量为 m 的质量块、阻尼系数为 c 的黏滞阻尼器组成的单自由度阻尼系统，如图 3-4a 所示。

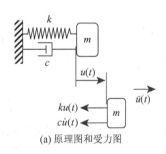 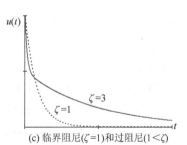

(a) 原理图和受力图　　　　(b) 欠阻尼($\zeta<1$)　　　　(c) 临界阻尼($\zeta=1$)和过阻尼($1<\zeta$)

图 3-4　不同阻尼比时的振动响应

阻尼自由振动的方程可以表示为线性常微分方程：

$$m\ddot{u}(t) + c\dot{u}(t) + ku(t) = 0 \tag{3-29}$$

将其转化为易于研究的标准方程:

$$\ddot{u}(t) + 2\zeta\omega_n\dot{u}(t) + \omega_n^2 u(t) = 0 \qquad (3\text{-}30)$$

式中, 固有角频率 ω_n 已由式(3-15)定义; ζ 是阻尼比, 定义为

$$\zeta = c/c_{cr}, \quad c_{cr} = 2\omega_n m = 2\sqrt{mk} \qquad (3\text{-}31)$$

其中, c_{cr} 为临界阻尼值。

二阶常微分方程解的形式为 e^{rt} (本章参考文献[2]第 53 页)。代入式(3-30)中可得特征方程:

$$r^2 + 2\zeta\omega_n r + \omega_n^2 = 0 \qquad (3\text{-}32)$$

其复数解为

$$r_1 = -\zeta\omega_n + i\omega_n\sqrt{1-\zeta^2}, \quad r_2 = -\zeta\omega_n - i\omega_n\sqrt{1-\zeta^2} \qquad (3\text{-}33)$$

式(3-33)可以改写为

$$\lambda_{1,2} = \sigma \pm i\omega_d \qquad (3\text{-}34)$$

其中, σ 是阻尼系数

$$\sigma = -\zeta\omega_n \qquad (3\text{-}35)$$

ω_d 是阻尼固有频率

$$\omega_d = \omega_n\sqrt{1-\zeta^2} \qquad (3\text{-}36)$$

1) 阻尼自由振动的通解

利用式(3-33), 可以解出式(3-29)的通解为如下复指数形式:

$$u(t) = C_1 e^{(-\zeta\omega_n + i\omega_n\sqrt{1-\zeta^2})t} + C_2 e^{(-\zeta\omega_n - i\omega_n\sqrt{1-\zeta^2})t} \qquad (3\text{-}37)$$

代入式(3-36), 上式可变为

$$u(t) = C_1 e^{(-\zeta\omega_n + i\omega_d)t} + C_2 e^{(-\zeta\omega_n - i\omega_d)t} \qquad (3\text{-}38)$$

利用欧拉方程(本章参考文献[1]第 24 页)和三角运算, 式(3-37)可化为

$$u(t) = C e^{-\zeta\omega_n t} \cos(\omega_d t + \psi) \qquad (3\text{-}39)$$

常数 C 和 ψ, 就像 C_1 和 C_2 一样, 取决于初始条件。在复数域, 阻尼自由振动的解可表示为

$$\tilde{u}(t) = \tilde{C} e^{-\zeta\omega_n t} e^{i\omega_d t} \qquad (3\text{-}40)$$

其中

$$\tilde{C} = C e^{i\psi} \qquad (3\text{-}41)$$

是复振幅。

2) 阻尼对振动响应的影响

根据阻尼比的不同, 振动响应可以分类如下: ①欠阻尼响应, $\zeta < 1$, 即 $c < c_{cr}$; ②临界阻尼响应, $\zeta = 1$, 即 $c = c_{cr}$; ③过阻尼响应, $\zeta > 1$, 即 $c > c_{cr}$。欠阻尼响应表现为减幅震荡, 如图 3-4b 所示。幅度衰减是由于式(3-40)中存在指数衰减因子。在实际应用中, 阻尼比较小($\zeta < 5\%$)。对于小阻尼结构, ω_d 和 ω_n 相差不大。因此, 阻尼响应和无阻尼响应情况类似, 只是振幅呈指数衰减。

随着阻尼的增大, ω_d 和 ω_n 差异变大, 阻尼响应与无阻尼响应的差异也更明显。当阻

尼超过临界阻尼时,即为过阻尼的情况,此时阻尼响应不再是振荡,如图 3-4c 所示($\zeta = 3$)。实际上,对式(3-36)和式(3-37)的分析都表明在过阻尼情况下,其响应表现为两个衰减的指数函数:

$$u(t) = C_1 e^{-(\zeta - \sqrt{\zeta^2 - 1})\omega_n t} + C_2 e^{-(\zeta + \sqrt{\zeta^2 - 1})\omega_n t} \tag{3-42}$$

当阻尼等于临界阻尼时($\zeta = 1$),特征方程的两个根相等,$r_1 = r_2 = -\zeta \omega_n$,解的形式为

$$u(t) = (C_1 + C_2 t) e^{-\omega_n t} \tag{3-43}$$

在式(3-43)中,当 $\zeta = 1$ 时,其图形如图 3-4c 所示,这在一定程度上与过阻尼响应($\zeta = 3$)相似,区别是临界阻尼情况只包含一个指数衰减而非两个。由图 3-4c 明显可以看出开始时过阻尼响应衰减地更快,但其稳定所需时间更长。临界阻尼响应开始时衰减速度较慢,但其稳定地更快。

3)对数衰减率,δ

通过几种实验方法,可以确定阻尼大小。例如,测量自由振动响应连续两峰值大小,然后利用公式求得阻尼比,这种方法为对数衰减法。定义对数衰减率 δ 为自由衰减振动响应连续两峰值之间比值的对数,即

$$\delta = \ln\left(\frac{u_1}{u_2}\right) \tag{3-44}$$

为了说明对数衰减率的计算原理,假设已经测出了两个连续波峰峰值 u_1 和 u_2,如图 3-5 所示,波峰出现的时间分别为 t_1 和 t_2,其中 $t_2 = t_1 + \tau_d$,τ_d 是周期:

$$\tau_d = 2\pi / \omega_d \tag{3-45}$$

把 t_1 和 t_2 代入式(3-39)得

$$
\begin{aligned}
u_1 &= u(t_1) = C e^{-\zeta \omega_n t_1} \cos(\omega_d t_1 + \psi) \\
u_2 &= u(t_2) = C e^{-\zeta \omega_n t_2} \cos(\omega_d t_2 + \psi) \\
&= u(t_1 + t_d) = C e^{-\zeta \omega_n (t_1 + \tau_d)} \cos[\omega_d (t_1 + \tau_d) + \psi] \\
&= C e^{-\zeta \omega_n (t_1 + \tau_d)} \cos(\omega_d t_1 + \psi)
\end{aligned} \tag{3-46}
$$

由上式可以求得两峰值的比值为

$$\frac{u_1}{u_2} = \frac{e^{-\zeta \omega_n t_1}}{e^{-\zeta \omega_n (t_1 + \tau_d)}} = e^{\zeta \omega_n \tau_d} \tag{3-47}$$

显然,其中变化的部分被消去。综合式(3-36)、式(3-44)和式(3-47)可得

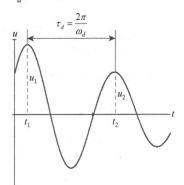

图 3-5　对数衰减率的测定

$$\delta = \ln\left(\frac{u_1}{u_2}\right) = \ln e^{\zeta \omega_n \tau_d} = \zeta \omega_n \tau_d = \zeta \omega_n \frac{2\pi}{\omega_d} = 2\pi \frac{\zeta}{\sqrt{1 - \zeta^2}} \tag{3-48}$$

解之得

$$\zeta = \frac{\delta}{\sqrt{(2\pi)^2 + \delta^2}} \tag{3-49}$$

对于 $\zeta \ll 1$ 的小阻尼系统,式(3-48)可以简化为

$$\delta \cong 2\pi \zeta, \quad \zeta \ll 1 \tag{3-50}$$

因此，对于小阻尼系统，阻尼比和对数衰减率的关系为

$$\zeta = \frac{\delta}{2\pi}, \ \zeta \ll 1 \qquad (3\text{-}51)$$

对小阻尼系统，这些公式可以扩展到当 t_1 和 t_2 之间不止存在一个周期时的情况。

4）滞后阻尼

在实际中经常遇到的另一种阻尼形式是滞后阻尼。滞后阻尼通常与结构接头处或材料内的静摩擦有关[3]。分析滞后阻尼时假定刚度是复数，即

$$\bar{k} = k' + ik'' = k(1 + ig) \qquad (3\text{-}52)$$

刚度的实部 k' 为储存刚度，虚部 k'' 为损失刚度，g 是滞后阻尼系数。滞后阻尼运动方程为

$$m\ddot{u}(t) + c\dot{u}(t) + k(1 + ig)u(t) = 0 \qquad (3\text{-}53)$$

此式表明，阻尼系数和滞后阻尼系数之间的关系是

$$\zeta = \frac{g}{2} \qquad (3\text{-}54)$$

3.2.2　单自由度系统的受迫振动

本节分析单自由度系统在外部激励下的响应特性。首先介绍外部激励为力 $F(t)$ 的情况。为了简化分析，假设外部激励是谐波的，即

$$F(t) = \hat{F}\cos(\omega t) \qquad (3\text{-}55)$$

其中 ω 是激励频率，也称为驱动频率。如果有需要，对单一频率激励的响应分析可以通过傅里叶变换扩展到更为复杂的时变激励的响应分析（本章参考文献[2]第 473 页）。接下来首先介绍简单的无阻尼单自由度系统，然后分析有阻尼的单自由度系统。

（1）无阻尼受迫振动

考虑在谐波激励下无阻尼受迫振动的微分方程：

$$m\ddot{u}(t) + ku(t) = \hat{F}\cos(\omega t) \qquad (3\text{-}56)$$

消去 m，得

$$\ddot{u}(t) + \omega_n^2 u(t) = \hat{f}\cos(\omega t) \qquad (3\text{-}57)$$

其中

$$\hat{f} = \frac{\hat{F}}{m} \qquad (3\text{-}58)$$

$$f(t) = \hat{f}\cos(\omega t) \qquad (3\text{-}59)$$

是强迫函数。

式（3-57）是一个非齐次线性微分方程。这类方程的解由对应的齐次微分方程的通解和非齐次微分方程的特解组成（本章参考文献[2]第 79 页）。通解的求法在上一节式（3-17）与式（3-19）中已讨论过。特解的求法是寻找与强迫函数形式相同的函数，因而得到

$$u_p(t) = \frac{1}{-\omega^2 + \omega_n^2} \hat{f} \cos(\omega t) \tag{3-60}$$

由式（3-19）和式（3-60）可得到无阻尼受迫振动的最终解：

$$u(t) = C\cos(\omega_n t + \psi) + u_p(t) \tag{3-61}$$

其中，常数 C 和 ψ 由初始条件确定。

在式（3-61）中，$C\cos(\omega_n t + \psi)$ 表征瞬态响应，$u_p(t)$ 表征受迫响应。在稳态条件下，只关注受迫响应，故上式可简化为

$$u(t) = \frac{\hat{f}}{-\omega^2 + \omega_n^2} \cos(\omega t) \tag{3-62}$$

方便起见，可以把式（3-62）简单地表示为振幅和谐波函数的乘积，即

$$u_p(t) = \hat{u}_p \cos(\omega t) \tag{3-63}$$

其中，受迫振动振幅为

$$\hat{u}_p = \frac{\hat{f}}{-\omega^2 + \omega_n^2} \tag{3-64}$$

振动系统突然受载时，系统中的应力和应变大于缓慢施加负载时的应力和应变，换言之，动载荷比同样大小的静载荷作用更为强烈，这就存在所谓的动态放大系数。在简单的振动系统中，动态放大系数的值为 2，即由于突然受载所引起的动载荷是准静态受载所引起的静载荷强度的 2 倍。对于更为复杂的振动系统，动态放大系数的值可能会有所不同。接下来分析简单振动系统的动态放大系数。

考虑一个简单的无阻尼振动系统，如图 3-6a 所示。在 $t = 0$ 时，系统是静止（$u_0 = 0$，$\dot{u}_0 = 0$）。此时突然施加力 F_0，作出受力平衡图，当 $t > 0$ 时，微分方程为

$$m\ddot{u}(t) + ku(t) = F_0, \ t > 0 \tag{3-65}$$

其解中包含了一个通解 $u_c(t)$ 和一个特解 $u_p(t)$，即

$$u(t) = u_c(t) + u_p(t) \tag{3-66}$$

(a) 简单振动系统   (b) 突然施加的载荷   (c) 系统响应

图 3-6 动态放大系数

通解的形式由式（3-18）可知。特解的最简单形式为

$$u_p(t) = \frac{F_0}{k}, \ t > 0 \tag{3-67}$$

易证上式满足式（3-65）。把式（3-18）、式（3-67）代入式（3-66）可得最终解为

$$u(t) = A\cos\omega_n t + B\sin\omega_n t + \frac{F_0}{k}, t > 0 \qquad (3\text{-}68)$$

代入"静止"的初始条件：

$$u(0) = A\cos\omega_n t + B\sin\omega_n t + \frac{F_0}{k}\big|_{t=0} = A + \frac{F_0}{k} = 0 \qquad (3\text{-}69)$$

$$\dot{u}(0) = -\omega_n A\sin\omega_n t + \omega_n B\cos\omega_n t\big|_{t=0} = \omega_n B = 0$$

解之得

$$A = -\frac{F_0}{k}, \ B = 0 \qquad (3\text{-}70)$$

因此，式（3-68）可化为

$$u(t) = \frac{F_0}{k}(1 - \cos\omega_n t), \ t > 0 \qquad (3\text{-}71)$$

式（3-71）的图像如图 3-6c 所示。显然，位移从零开始，增大到最大值，然后减小到零，并连续作周期振荡运动。同时可以看出最大位移是

$$u_{\max} = 2\frac{F_0}{k} \qquad (3\text{-}72)$$

最大位移出现在余弦函数为-1 时。式（3-72）证明动位移是静位移的两倍，同时静位移 $u_{st} = F_0 / k$。在无阻尼振动情况下，动态放大系数等于 2。若系统中阻尼存在，由于在最大振幅点之前会有振动衰减，故动态放大系数会减小。

（2）阻尼受迫振动

讨论一个如图 3-7 所示的包含质量块、弹簧和阻尼器的单自由度振动系统。受力 $F(t)$ 时，系统满足方程：

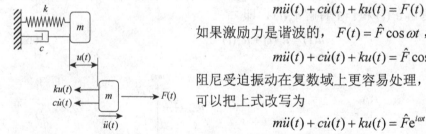

$$m\ddot{u}(t) + c\dot{u}(t) + ku(t) = F(t) \qquad (3\text{-}73)$$

如果激励力是谐波的，$F(t) = \hat{F}\cos\omega t$，得到微分方程：

$$m\ddot{u}(t) + c\dot{u}(t) + ku(t) = \hat{F}\cos\omega t \qquad (3\text{-}74)$$

阻尼受迫振动在复数域上更容易处理，利用 $\cos\omega t = \mathrm{Re}\,\mathrm{e}^{i\omega t}$ 可以把上式改写为

$$m\ddot{u}(t) + c\dot{u}(t) + ku(t) = \hat{F}\mathrm{e}^{i\omega t} \qquad (3\text{-}75)$$

图 3-7　有阻尼单自由度系统受力图

消去 m，得

$$\ddot{u}(t) + 2\zeta\omega_n\dot{u}(t) + \omega_n^2 u(t) = \hat{f}\mathrm{e}^{i\omega t} \qquad (3\text{-}76)$$

其中，由式（3-58）可知 $\hat{f} = \hat{F} / m$。函数

$$\tilde{f}(t) = \hat{f}\mathrm{e}^{i\omega t} \qquad (3\text{-}77)$$

是复强迫函数。式（3-76）是一个齐次线性常微分方程，其解包含由式（3-40）、式（3-41）确定的通解和一个特解。找到和强迫函数形式相同的特解，即

$$u_p(t) = \hat{u}_p\mathrm{e}^{i\omega t} \qquad (3\text{-}78)$$

其一阶导数和二阶导数分别为

$$\dot{u}_p(t) = \hat{u}_p i\omega e^{i\omega t} = i\omega u_p(t)$$

$$\ddot{u}_p(t) = \hat{u}_p (i\omega)^2 e^{i\omega t} = -\omega^2 u_p(t) \tag{3-79}$$

把式（3-78）和式（3-79）代入式（3-76），得

$$u_p(t) = \frac{1}{-\omega^2 + i2\zeta\omega_n\omega + \omega_n^2} \hat{f} e^{i\omega t} \tag{3-80}$$

将式（3-40）给出的通解和式（3-80）给出的特解叠加可得阻尼受迫振动的解为

$$u(t) = Ce^{-\zeta\omega_n t} e^{i(\omega_d t + \psi)} + \frac{1}{-\omega^2 + i2\zeta\omega_n\omega + \omega_n^2} \hat{f} e^{i\omega t} \tag{3-81}$$

其中，常数 C 和 ψ 由初始条件确定。

利用傅里叶级数可以将式（3-81）扩展到一般的激励函数情况：

$$\tilde{f}(t) = \sum_{-\infty}^{+\infty} \tilde{f}_k e^{i\omega_k} \tag{3-82}$$

把式（3-76）写作一般形式：

$$\ddot{u}(t) + 2\zeta\omega_n\dot{u}(t) + \omega_n^2 u(t) = \tilde{f}(t) \tag{3-83}$$

对其进行傅里叶展开，得到式（3-76）的形式。然后计算每一个谐波激励的频率 ω_k 和振幅 $\tilde{f}_k$，再利用傅里叶求和求出总响应。

1）稳态阻尼受迫振动的解

式（3-81）表明通解 $Ce^{-\zeta\omega_n t} e^{i(\omega_d t + \psi)}$ 只在受迫振动刚开始时发挥作用，随后很快因为阻尼的存在而消失。因此通解也被称为瞬态解。一段时间后，阻尼受迫振动将达到稳定状态，此时解中只包含特解。大多数的受迫振动研究只考虑稳态解，而非瞬态解。因此，仅考虑稳态解

$$u(t) = \frac{1}{-\omega^2 + i2\zeta\omega_n\omega + \omega_n^2} \hat{f} e^{i\omega t} \tag{3-84}$$

简写为

$$u(t) = \hat{u}(\omega) e^{i\omega t} \tag{3-85}$$

其中，$\hat{u} = \hat{u}(\omega)$ 是随频率变化的振幅

$$\hat{u}(\omega) = \frac{1}{-\omega^2 + i2\zeta\omega_n\omega + \omega_n^2} \hat{f} \tag{3-86}$$

注意到式（3-86）给出的振幅 $\hat{u}(\omega)$ 是随频率变化的复函数，故其可以表示如下：

$$\hat{u}(\omega) = |\hat{u}(\omega)| e^{i\phi(\omega)} \tag{3-87}$$

相位角 $\phi(\omega) = \arg \hat{u}(\omega)$，表示强迫函数和振动响应之间的相位差。

2）动态刚度和机械阻抗

将式（3-15）、式（3-31）和式（3-58）代入式（3-86）得到稳态阻尼受迫振动振幅的形式：

$$\hat{u}(\omega) = \frac{\hat{F}}{-\omega^2 m + ic\omega + k} \tag{3-88}$$

式（3-88）可以视作力 F 和随频率变化的动态刚度 $k_{\mathrm{dyn}}(\omega)$ 的比值，即

$$\hat{u}(\omega) = \frac{\hat{F}}{k_{\text{dyn}}(\omega)} \tag{3-89}$$

其中

$$k_{\text{dyn}}(\omega) = -\omega^2 m + ic\omega + k \tag{3-90}$$

是单自由度系统的随频率变化的动态刚度。

类似地，可以用激励力与速度响应的比值来定义机械阻抗。由式（3-85）可得速度响应：

$$\dot{u}(t) = i\omega u(t) \tag{3-91}$$

其振幅是 $\hat{\dot{u}} = i\omega \hat{u}$。因此，式（3-88）可写为

$$\hat{\dot{u}} = i\omega \frac{\hat{F}}{-\omega^2 m + ic\omega + k} = \frac{\hat{F}}{i\omega m + c + \dfrac{k}{i\omega}} \tag{3-92}$$

上式可转化为

$$\hat{\dot{u}}(\omega) = \frac{\hat{F}}{Z(\omega)} \tag{3-93}$$

其中，$Z(\omega)$ 是单自由度系统的机械阻抗：

$$Z(\omega) = i\omega m + c + \frac{k}{i\omega} \tag{3-94}$$

3）频率响应函数

式（3-88）可改写为

$$\hat{u}(\omega) = \frac{\hat{F}}{k} \frac{1}{-\left(\dfrac{\omega}{\omega_n}\right)^2 + i2\zeta \dfrac{\omega}{\omega_n} + 1} \tag{3-95}$$

或

$$\hat{u}(p) = u_{\text{st}} \frac{1}{-p^2 + i2\zeta p + 1} \tag{3-96}$$

其中

$$u_{\text{st}} = \frac{\hat{F}}{k} \tag{3-97}$$

是静挠度，即当施加的力静止时弹簧的挠度。

$$p = \frac{\omega}{\omega_n} \tag{3-98}$$

式（3-98）表示归一化频率。式（3-96）的随频率变化的部分称为单自由度系统的频率响应函数（frequency response function，FRF），表示为

$$H(p) = \frac{1}{-p^2 + i2\zeta p + 1} \tag{3-99}$$

不同阻尼下频率响应函数和归一化频率如图 3-8 所示。综合式（3-96）和式（3-99）可得

$$\hat{u}(p) = u_{st}H(p) \tag{3-100}$$

频率响应函数的幅度也被称为放大系数 M ，表达式为

$$M(p) = |H(p)| = \frac{1}{\sqrt{(1-p^2)^2 + 4\zeta^2 p^2}} \tag{3-101}$$

图 3-8a 表示放大系数和归一化频率的图像。该图像以 $p=1$ 为分界点分为左右两个区域。 $p=1$ （ $\omega = \omega_n$ ）点左右时响应振幅达到峰值。这种情况下的最大响应通常称为机械共振。图 3-8a 表明当阻尼减小时共振的振幅增加。零阻尼时（无阻尼受迫振动），根据式（3-60）可知在共振时分母过零点，即在共振时响应无限大。然而，实际系统中总有一定的阻尼，因此"无限大"的响应在实际中是不存在的。尽管如此，小阻尼系统的共振响应可能非常大，如果控制不正确可能危及动态系统的安全运行。

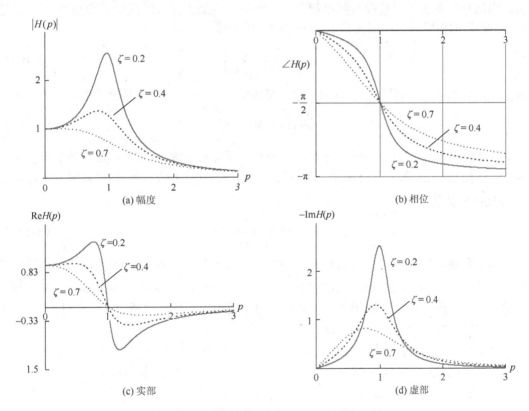

图 3-8 有阻尼单自由度系统的频率响应函数

关于共振点的确切位置，观察图 3-8a 和式（3-99）可以发现当且仅当阻尼为零时，响应最大点在 $p=1$ 点处。当阻尼不为零时，最大响应点偏离 $p=1$ 点。共振的准确位置可表示为

$$p_r = \sqrt{1-2\zeta^2} \tag{3-102}$$

在物理条件下，上式可转化为

$$\omega_r = \omega_n\sqrt{1-2\zeta^2} \tag{3-103}$$

注意，式（3-103）给出的阻尼共振频率与式（3-36）给出的阻尼固有频率不同。在低阻尼比的情况下，阻尼共振频率 ω_r、阻尼固有频率 ω_d 与无阻尼固有频率 ω_n 三者差别不大。然而，随着阻尼比增加，这三个频率差异逐渐增大。式（3-99）的频率响应函数的相位可以计算如下：

$$\phi(p) = \arg H(p) = \arg\left(\frac{1}{-p^2 + i2\zeta p + 1}\right) \tag{3-104}$$

相位角 $\phi(p)$ 表示响应和激励之间的相位差。如图 3-8b 所示，相位和频率图显示相位角总是负的，也就是说，响应总是落后于激励。此图还表明相位角与频率正相关，即激励和响应之间的滞后随频率的增加而增大。当激励频率从零增加到正无穷时，相位角经过 180°（π 弧度）的变化。从图 3-8b 还可以看出在 $p=1$ 点时相位角等于–90°（$\pi/2$ 弧度）。这表明，当激励频率和无阻尼固有频率相等时，响应与激励正交（即滞后于激励 90°）。这是式（3-99）的粗略估计，因为当 $p=1$ 时频率响应函数不存在，即

$$H(1) = \frac{1}{-p^2 + i2\zeta p + 1}\bigg|_{p=1} = \frac{1}{i2\zeta} \tag{3-105}$$

满足相位角为–90°。利用式（3-105）很容易求得 $p=1$ 点处的响应幅度，即

$$|H(1)| = M_{90} = \frac{1}{2\zeta} \tag{3-106}$$

其中，M_{90} 表示在正交点的放大系数，同时也表示激励频率与无阻尼固有频率相等（即 $p=1$）时的放大系数。综合式（3-15）、式（3-31）、式（3-97）和式（3-106）可得正交点的响应振幅为

$$|\hat{u}_{90}| = \frac{\hat{F}}{c\omega_n} \tag{3-107}$$

综上所述，在小阻尼系统中无阻尼共振点 $p=1$ 和实际共振点 p_r 差别不大。在这种情况下，相位是-90°时共振频率，比较接近实际。这一理论在小阻尼系统实验中特别有用，可用于在相位图中估计共振频率。但是对于阻尼较大的系统，此理论不再适用。

4）频率响应函数估计系统阻尼

在实验测量时，可以使用放大系数与频率来估计系统的阻尼。这样的方法有很多，其中比较常见的有：①正交（90°相位角）法；②共振峰法；③品质因数法。

5）阻尼估计的正交法

正交法依赖于响应与激励正交时频率响应的振幅。由式（3-106）得

$$M_{90} = \frac{1}{2\zeta} \tag{3-108}$$

解出阻尼比

$$\zeta = \frac{1}{2M_{90}} \tag{3-109}$$

6）阻尼估计的共振峰法

共振峰法利用共振时，共振峰具有表达式

$$M_r = M(p_r) = \left.\frac{1}{\sqrt{(1-p_r{}^2)^2 + 4\zeta^2 p_r{}^2}}\right|_{p_r{}^2 = 1-2\zeta^2} = \frac{1}{2\zeta\sqrt{1-\zeta^2}} \tag{3-110}$$

对于小阻尼系统（$\zeta \ll 1$）来说，式（3.110）可化为

$$\zeta \cong \frac{1}{2M_r} \tag{3-111}$$

式（3-111）与式（3-109）类似。随着阻尼增大，式（3-111）不再适用，此时就要用到式（3-110）求出准确解。此外，如图 3-8a 所示，共振峰变得越来越平坦。因此，仅对小阻尼系统来说，共振峰法是行之有效的。

7）阻尼估计的品质因数法

由图 3-8a 可以看出阻尼不同时，共振峰的宽度也不同，阻尼越小，共振峰越窄且越高。这说明通过测量共振峰的宽度来计算系统阻尼是可行的。该方法中采用了品质因数 Q，品质因数的概念起源于电子工程，通常用来评价窄带带通滤波器的性能。如被用于调谐无线电接收机，好的带通滤波器，必须在调谐频率时响应强烈，离开调谐频率时响应快速减弱。

最简单的带通滤波器是与阻尼振动系统频率响应非常相似的二阶谐振电路。因此，用于描述二阶带通滤波器性能的电气工程术语在小阻尼振动系统分析中同样可行。带通滤波器调谐频率附近频率响应的宽度由频率带宽决定，定义为

$$\Delta\omega = \omega_U - \omega_L \tag{3-112}$$

其中，ω_U 和 ω_L 分别是电路谐振频率的上、下半功率频率点（3dB 点）。由于功率与振幅的平方成正比，半功率点对应于 $\frac{\sqrt{2}}{2}$ 幅值的点，即下降 3dB。对于小阻尼系统，带宽的表达式为

$$\omega_U - \omega_L \cong 2\zeta\omega_n \tag{3-113}$$

在电气工程的教科书中（例如本章参考文献[4]），带通滤波器的品质因数定义为共振频率与频率带宽的比，即

$$Q = \frac{\omega_r}{\Delta\omega} = \frac{\omega_r}{\omega_U - \omega_L} \tag{3-114}$$

对于小阻尼振动系统来说，共振频率近似等于无阻尼固有频率，即 $\omega_r = \omega_n$。代入式（3-114）中：

$$Q = \frac{\omega_n}{2\zeta\omega_n} = \frac{1}{2\zeta} \tag{3-115}$$

式（3-114）、式（3-115）可用来估算阻尼比，即

$$\zeta \cong \frac{1}{2}\frac{\omega_U - \omega_L}{\omega_n} = \frac{1}{2}\frac{\Delta\omega}{\omega_n} \tag{3-116}$$

由式（3-54）知 $\zeta = g/2$，可以估计滞后阻尼系数 g：

$$g = 2\zeta \;\rightarrow\; g \cong \frac{\omega_U - \omega_L}{\omega_n} = \frac{\Delta\omega}{\omega_n} \tag{3-117}$$

品质因数的另一个重要特征是它等于一个周期内最大存储能量和每个周期损耗总能量的比值的 2π 倍（本章参考文献[5]第 542 页），即

$$Q = 2\pi \frac{\text{一个周期内存储的最大能量}}{\text{每个周期损耗的总能量}} \tag{3-118}$$

8）机电等效

电气 RLC 电路和机械弹簧-质量块-阻尼系统之间存在一个重要的类比。图 3-9 显示了

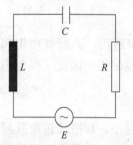

一个由频率为 ω 的交流电源 $v(t)$、电阻 R、电感 L、和电容 C 组成的串联电路。流过回路的电流为 $i(t)$，故电路中的电荷 $q(t) = \int i(t)\mathrm{d}t$。对电路分析（参考文献[6]第 109 页）可得

$$L\ddot{q}(t) + R\dot{q}(t) + \frac{1}{C}q(t) = v(t) \tag{3-119}$$

式（3-119）和式（3-75）所表示的阻尼受迫振动方程形式相同。通过简单的符号交换，如表 3-1 所示，即可把电路的知识用来推理机械系统的知识，包括采用电气系统的分析模型和预测软件来分析机械系统的特性，以及利用由机电等效搭建的电路来实验模拟机械系统的特性。

图 3-9　典型交流电路图

这样的电路是模拟计算机的基本电路。

表 3-1　机电当量

机械			电子		
单位	符号	名称	名称	符号	单位
m（米）	u	位移	电荷	q	C（库伦）
m/s（米/秒）	$\dot{u}$	速度	电流	i	A（安培）
N（牛顿）	F	力	电压	v	V（伏特）
kg（千克）	m	质量	电感	L	H（亨利）
N/m（牛顿/米）	k	刚度	1/电容	$1/C$	F（法拉）
N·s/m（牛·秒/米）	c	阻尼	电阻	R	Ω（欧姆）

如果电压是谐波的，即 $v(t) = \hat{V}\mathrm{e}^{i\omega t}$，那么其响应也是谐波的，$q(t) = \hat{Q}\mathrm{e}^{i\omega t}$，式（3-119）可化为

$$\left(-\omega^2 L + i\omega R + \frac{1}{C}\right)\hat{Q} = \hat{V} \tag{3-120}$$

已知电流 i 是单位时间内流过电路的电荷量：

$$i(t) = \dot{q}(t) = i\omega i(t) \tag{3-121}$$

故式（3-120）可化为

$$\left(i\omega L + R + \frac{1}{i\omega C}\right)\hat{I} = \hat{V} \tag{3-122}$$

其中，$i(t) = \hat{I}\mathrm{e}^{i\omega t}$，$\hat{I} \in \mathbb{C}$。式（3-122）可以写成一般式：

$$Z(\omega)\hat{I} = \hat{V} \tag{3-123}$$

其中，$Z(\omega)$ 是电阻抗，表示为

$$Z(\omega) = i\omega L + R + \frac{1}{i\omega C} \tag{3-124}$$

比较式（3-124）和式（3-94）可知电阻抗和机械阻抗之间的对应关系。

3.2.3 单自由度系统振动的能量分析方法

3.2.1 节和 3.2.2 节推导了单自由度弹簧质量块系统的运动方程,采用分离体分析方法,基于牛顿第二定律推导的。在这种方法中,把所有作用于质量块上的力的合力等效为质量乘以加速度。推导方程的另一种方法是能量方法,接下来将用几个简单的例子来说明。能量方法的优势体现在分析难以细化分析的复杂机械系统上,甚至包括一些基本的单自由度系统。

（1）无阻尼单自由度振动系统的能量分析

考虑一个由弹簧连接质量块的单自由度振动系统，如图 3-10a 所示。

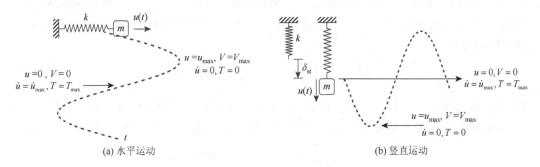

图 3-10 质量块-弹簧系统的无阻尼振动能量分析

质量块离开平衡位置产生水平位移 $u(t)$ 。运动质量块的动能 T 由下式给出

$$T(t) = \frac{1}{2}m\dot{u}^2(t) \tag{3-125}$$

而变形弹簧中储存的弹性势能 V 为

$$V(t) = \frac{1}{2}ku^2(t) \tag{3-126}$$

故系统总能量为

$$E = T(t) + V(t) = \frac{1}{2}m\dot{u}^2(t) + \frac{1}{2}ku^2(t) \tag{3-127}$$

代入 $u(t) = \hat{u}\cos\omega t$

$$E = T(t) + V(t) = \frac{1}{2}m\omega^2\hat{u}^2\sin^2\omega t + \frac{1}{2}k\hat{u}^2\cos^2\omega t \tag{3-128}$$

由式（3-15）已知 $k = \omega_n^2 m$ ，故上式可写为

$$E = T(t) + V(t) = \frac{1}{2}m\hat{u}^2(\omega^2\sin^2\omega t + \omega_n^2\cos^2\omega t) \tag{3-129}$$

1）能量法推导运动方程

由能量守恒原则得

$$E = E_0 = \text{const} \tag{3-130}$$

因此，能量对时间的导数应该是零。即

$$\frac{\mathrm{d}}{\mathrm{d}t}[T(t) + V(t)] = \frac{\mathrm{d}}{\mathrm{d}t}\left[\frac{1}{2}m\dot{u}^2(t) + \frac{1}{2}ku^2(t)\right] = 0 \tag{3-131}$$

简化得

$$m\ddot{u}(t)\dot{u}(t) + k\dot{u}(t)u(t) = 0 \tag{3-132}$$

消去 $\dot{u}(t)$ 得

$$m\ddot{u}(t) + ku(t) = 0 \tag{3-133}$$

式（3-133）与式（3-12）一样，都是根据牛顿运动定律求得的。

2）能量方法估算固有频率

能量方法可用于估计振动系统的固有频率。分析振动时，尤其注意两点：①峰值位置；②平衡位置。假设单自由度系统自由振动，即处在其固有频率位置。已知振动表达式 $u(t) = C\cos\omega_n t$，则 $\dot{u}(t) = -\omega_n C\sin\omega_n t$。当质量块位移到达峰值时，余弦函数达到极值，正弦函数为零，位移达到最大值，速度变为零。此时，动能为零而弹性势能达到最大值。由能量守恒：

$$E\Big|_{\substack{u=u_{\max}\\ \dot{u}=0}} = V_{\max} = \frac{1}{2}ku^2_{\max} = \frac{1}{2}k\hat{u}^2 = E_0 \tag{3-134}$$

当质量块到达平衡位置时，它的位移为零，弹簧未变形故没有储存能量。此时弹性势能为零，并且由于正弦函数取极值，速度达到最大值，动能也达到最大值。由能量守恒得

$$E\Big|_{\substack{u=0\\ \dot{u}=\dot{u}_{\max}}} = T_{\max} = \frac{1}{2}m\dot{u}^2_{\max} = \frac{1}{2}m\omega^2_n\hat{u}^2 = E_0 \tag{3-135}$$

综合式（3-134）和式（3-135）得

$$V_{\max} = T_{\max}, \text{即} \frac{1}{2}m\omega^2_n\hat{u}^2 = \frac{1}{2}k\hat{u}^2 \tag{3-136}$$

简化得

$$\omega^2_n = \frac{k}{m}, \text{或} \omega_n = \sqrt{\frac{k}{m}} \tag{3-137}$$

式（3-137）建立了固有频率和能量之间的关系。由此公式可推导出用于复杂振动系统固有频率估计的瑞利熵和瑞利-里兹法（本章参考文献[7]第270～274页）。

3）重力场对振动分析能量法的影响

考虑有重力场影响的垂直振动情况，如图 3-10b 所示。假设振动开始于平衡位置 δ_{st} 处，于是振动过程中的势能可表示为

$$V(t) = \frac{1}{2}k[\delta_{\text{st}} + u(t)]^2 - \frac{1}{2}k\delta^2_{\text{st}} - mgu(t) \tag{3-138}$$

其中，弹簧的势能 $\frac{1}{2}k[\delta_{\text{st}} + u(t)]^2$ 减去其原有势能 $\frac{1}{2}k\delta^2_{\text{st}}$，得到其变形产生的势能；$-mgu(t)$ 是重力势能。展开后得

$$V(t) = \frac{1}{2}k\delta^2_{\text{st}} + \frac{1}{2}2k\delta_{\text{st}}u(t) + \frac{1}{2}ku^2(t) - \frac{1}{2}k\delta^2_{\text{st}} - mgu(t) \qquad (3\text{-}139)$$

已知平衡条件下 $k\delta_{\text{st}} = mg$，上式可化为

$$V(t) = \frac{1}{2}ku^2(t) \qquad (3\text{-}140)$$

显然与水平运动的公式相同。因此从平衡位置开始记录振动数据时可以忽略重力场的影响。

（2）有阻尼单自由度振动系统的能量法分析

能量法还可用于有阻尼系统的分析。在此情况下，由于阻尼会耗散能量，故系统总能量不守恒。这里会着重介绍两种情形：①由能量法推导有阻尼单自由度系统方程；②有阻尼单自由度系统在激励下的能量和功率求解。

1）能量法推导有阻尼单自由度系统方程

根据热力学第一定律，系统总能量的增量变化等于外力对系统所做的功，即

$$\delta E = \delta W \qquad (3\text{-}141)$$

由式（3-127）可得系统总能量的增量可表示为动能和势能的增量和。即

$$\delta E = \delta T(t) + \delta V(t) = m\dot{u}(\ddot{u}\delta t) + ku(\dot{u}\delta t) \qquad (3\text{-}142)$$

外力做功 δW 可表示为力乘以位移，即

$$\delta W = (-c\dot{u})\delta u = (-c\dot{u})\dot{u}\delta t \qquad (3\text{-}143)$$

综合以上三式可得

$$m\dot{u}(\ddot{u}\delta t) + ku(\dot{u}\delta t) = (-c\dot{u})\dot{u}\delta t \qquad (3\text{-}144)$$

简化得

$$m\ddot{u}(t) + c\dot{u}(t) + ku(t) = 0 \qquad (3\text{-}145)$$

2）谐波激励下有阻尼单自由度系统的功率和能量求解

由式（3-85）和式（3-91）可知稳态振动响应和用位移与激励频率表示的速度响应：

$$u(t) = \hat{u}(\omega)e^{i\omega t}, \quad \dot{u}(t) = i\omega u(t) \qquad (3\text{-}146)$$

复数运算时只保留实部，故上式可改写为

$$u(t) = |\hat{u}(\omega)|\cos(\omega t + \psi), \quad \dot{u}(t) = -\omega|\hat{u}(\omega)|\sin(\omega t + \psi) \qquad (3\text{-}147)$$

瞬时功率定义为力和速度的乘积，即

$$P(t) = F(t)\dot{u}(t) = \hat{F}\cos(\omega t)[-\omega|\hat{u}(\omega)|\sin(\omega t + \psi)] \qquad (3\text{-}148)$$

简化得

$$P(t) = -\omega\hat{F}|\hat{u}(\omega)|\cos(\omega t)\sin(\omega t + \psi) \qquad (3\text{-}149)$$

应用三角公式，上式可化为

$$P(t) = -\frac{1}{2}\omega\hat{F}|\hat{u}(\omega)|[\sin\psi + \sin(2\omega t + \psi)] \qquad (3\text{-}150)$$

每个振动周期的总能量是通过对一个周期内的能量叠加求和得到的，即

$$\Delta E_{\text{cyc}} = \int_0^{2\pi/\omega} P(t)\mathrm{d}t = -\frac{1}{2}\omega\hat{F}|\hat{u}(\omega)|\int_0^{2\pi/\omega}[\sin\psi + \sin(2\omega t + \psi)]\mathrm{d}t \qquad (3\text{-}151)$$

$$-\pi\hat{F}|\hat{u}(\omega)|\sin\psi$$

由式（3-88）知

$$\hat{u}(\omega) = \frac{\hat{F}}{-\omega^2 m + ic\omega + k} = \hat{F}\frac{(k-\omega^2 m) - ic\omega}{(k-\omega^2 m)^2 + (c\omega)^2} \tag{3-152}$$

幅值和相位分别为

$$|\hat{u}(\omega)| = \frac{\hat{F}}{\sqrt{(k-\omega^2 m)^2 + (c\omega)^2}}$$

$$\sin\psi = \frac{\mathrm{Im}\,\hat{u}(\omega)}{|\hat{u}(\omega)|} = \frac{-ic\omega}{\sqrt{(k-\omega^2 m)^2 + (c\omega)^2}} \tag{3-153}$$

把式（3-153）代入式（3-151）得

$$\Delta E_{\mathrm{cyc}} = \pi c\omega |\hat{u}(\omega)|^2 \tag{3-154}$$

上式表明每个周期所需的能量（即阻尼消耗的能量）与频率和幅值的平方线性相关。平均功率等于每个周期的能量除以周期时间 $\tau = 2\pi/\omega$，即

$$P_{\mathrm{av}}(\omega) = \frac{1}{2}c\omega^2 |\hat{u}(\omega)|^2 \tag{3-155}$$

可见功率与振幅的平方、阻尼和频率的平方成正比。响应振幅在共振时达到最大，此时，系统的功率也达到局部最大值，即

$$P_{\mathrm{max}} = \frac{1}{2}c\omega_r^2 |\hat{u}_r|^2 \tag{3-156}$$

对于小阻尼系统，共振点近似等于正交点，即 $\omega_r \cong \omega_{90} = \omega_n$，$\hat{u}_r \cong \hat{u}_{90}$，故

$$P_{\mathrm{max}} = \frac{1}{2}c\omega_n^2 |\hat{u}_{90}|^2 \tag{3-157}$$

其中，正交响应幅值 $\hat{u}_{90}$ 由式（3-107）确定。代入化简得

$$P_{\mathrm{max}} = \frac{1}{2}\frac{\hat{F}^2}{c} \tag{3-158}$$

共振时，响应幅值达到最大值，每个周期吸收的能量也达到最大值。

3.3　杆的轴向振动

之前已经讨论了简单的弹簧-质量块-阻尼的单自由度振动系统，这种振动在时域上表示为一个常微分方程。现在考虑无限自由度的实际结构，即连续系统的振动。连续系统的振动可在时间域和空间域上描述为偏微分方程（本章参考文献[2]第540页）。接下来从杆的轴向振动开始研究，然后研究梁的弯曲振动、轴的扭转振动等。

如图 3-11a 所示，研究一个长度为 l、横截面积为 A、密度为 ρ、弹性模量为 E、轴向刚度为 EA 的均匀杆，其作轴向振动，位移为 $u(x, t)$。假设在长度方向上的运动方程也为 $u(x, t)$。方便起见，使用符号：

$$\frac{\partial}{\partial x}u = u', \quad \frac{\partial}{\partial t}u = \dot{u} \tag{3-159}$$

3.3.1　两端固定轴的自由振动

如图 3-11b 所示，对微元 $\mathrm{d}x$ 分析得

$$N(x,\,t) + N'(x,\,t)\mathrm{d}x - N(x,\,t) = m\ddot{u}(x,\,t)\mathrm{d}x \tag{3-160}$$

其中，$N(x,\,t)$ 是轴向力的合力。简化得

$$N'(x,\,t) = m\ddot{u}(x,\,t) \tag{3-161}$$

应力合力 $N(x,\,t)$ 通过对整个横截面上的应力 $\sigma(x,\,z,\,t)$ 求和得到，如图 3-11c 所示，即

$$N(x,\,t) = \int_{A} \sigma(x,\,z,\,t)\mathrm{d}A \tag{3-162}$$

已知

$$\varepsilon = u' \tag{3-163}$$

$$\sigma = E\varepsilon \tag{3-164}$$

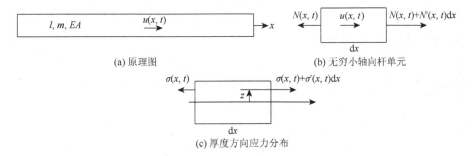

(a) 原理图　　　　　　　　　　　　　(b) 无穷小轴向杆单元

(c) 厚度方向应力分布

图 3-11　轴向振动的均匀杆

把式（3-163）、式（3-164）代入式（3-162）得

$$N(x,\,t) = \int_{A} Eu'(x,\,t)\mathrm{d}A = EAu'(x,\,t) \tag{3-165}$$

其中，EA 是轴向刚度。综合式（3-161）、式（3-165）可得轴向振动的运动方程：

$$EAu'' = m\ddot{u} \tag{3-166}$$

消去 m，得到轴向振动的波动方程为

$$c^2 u'' = \ddot{u} \tag{3-167}$$

其中，常数 c 是轴向波动速度，表示为

$$c = \sqrt{\frac{EA}{m}}\,或\,c^2 = \frac{EA}{m} \tag{3-168}$$

由于杆是均匀的，故单位长度上的质量 $m = \rho A$，上式可化为

$$c = \sqrt{\frac{E}{\rho}}\,或\,c^2 = \frac{E}{\rho} \tag{3-169}$$

（1）固有频率

式（3-167）在时间域和空间域上是一个偏微分方程。解法之一是变量分离，即假设：

$$u(x,\,t) = \hat{u}(x)\mathrm{e}^{i\omega t} \tag{3-170}$$

其中，$\hat{u}(x)$ 只与 x 有关，$e^{i\omega t}$ 只与 t 有关。这个假设默认了弹性体内部同步运动，即在一个振动周期中，只有振幅周期变化，弹性体本身并不发生变化。换言之，弹性体的所有点在时间上作相同的循环运动。这种情况很直观，尤其对于非耗散系统。将式（3-170）代入式（3-167）并简化得

$$c^2 \hat{u}'' + \omega^2 \hat{u} = 0 \tag{3-171}$$

引入符号

$$\gamma = \frac{\omega}{c} \tag{3-172}$$

故式（3-171）可化为

$$\hat{u}'' + \gamma^2 \hat{u} = 0 \tag{3-173}$$

式（3-173）解的形式为

$$\hat{u}(x) = e^{rx} \tag{3-174}$$

其中 r 有待确定。注意到 $\hat{u}' = re^{rx} = r\hat{u}$。将式（3-174）代入式（3-173）得

$$(r^2 + \gamma^2)\hat{u} = 0 \tag{3-175}$$

对 $\hat{u} \neq 0$，式（3-175）可化为

$$r^2 + \gamma^2 = 0 \tag{3-176}$$

式（3-176）是式（3-173）的特征方程；特征根为

$$r_1 = i\gamma, \ r_2 = -i\gamma \tag{3-177}$$

故一般解为

$$\hat{u}(x) = A_1 e^{i\gamma x} + A_2 e^{-i\gamma x} \tag{3-178}$$

可改写为

$$\hat{u}(x) = C_1 \sin \gamma x + C_2 \cos \gamma x \tag{3-179}$$

注意到，上式的振型是谐波的，只取决于关于 x 的正弦函数和余弦函数。这种振型的形状像波浪一样，如图 3-12 所示。因此，常量 γ 叫做波数。波长 λ 定义为

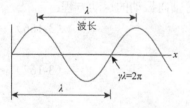

图 3-12　典型振型中波长与
　　　　　波数的关系

$$\lambda = \frac{2\pi}{\gamma} \tag{3-180}$$

常数 C_1 和 C_2 由边界条件确定。假设杆两端固定，即

$$u(0, t) = 0$$
$$u(l, t) = 0 \tag{3-181}$$

式（3-181）在任意时间都需成立，即

$$\hat{u}(0) = 0$$
$$\hat{u}(l) = 0 \tag{3-182}$$

把式（3-179）代入式（3-181）得

$$\begin{cases} C_1 \sin \gamma x + C_2 \cos \gamma x \big|_{x=0} = 0 \\ C_1 \sin \gamma x + C_2 \cos \gamma x \big|_{x=l} = 0 \end{cases} \Rightarrow \begin{cases} C_2 = 0 \\ C_1 \sin \gamma l + C_2 \cos \gamma l = 0 \end{cases} \tag{3-183}$$

根据式（3-183）的第一个式子可得 $C_2 = 0$，根据第二个式子可得

$$C_1 \sin \gamma l = 0 \tag{3-184}$$

式（3-184）存在非平凡解 $C_1 \neq 0$，$\sin \gamma l = 0$。综上，式（3-179）可化为

$$\hat{u}(x) = C_1 \sin \gamma x \tag{3-185}$$

在 $C_1 \neq 0$ 的情况下由式（3-184）可得

$$\sin \gamma l = 0 \tag{3-186}$$

引入符号

$$z = \gamma l \tag{3-187}$$

则

$$\sin z = 0 \tag{3-188}$$

式（3-188）称为本征方程，定义了方程（3-184）非平凡解存在时 z 的值。这些值是系统的特征值

$$z = \pi, 2\pi, 3\pi, \cdots \text{或} z_j = j\pi, j = 1, 2, 3, \cdots \tag{3-189}$$

把上式代入式（3-187）得波数：

$$\gamma_j = j\frac{\pi}{l}, j = 1, 2, 3, \cdots \tag{3-190}$$

综合式（3-190）、式（3-168）和式（3-172）得固有角频率：

$$\omega_j = j\frac{\pi}{l}\sqrt{\frac{EA}{m}}, j = 1, 2, 3, \cdots \tag{3-191}$$

因为 $\omega = 2\pi f$，则相应的循环频率 f_j 为

$$f_j = j\frac{1}{2l}\sqrt{\frac{EA}{m}}, j = 1, 2, 3, \cdots \tag{3-192}$$

由式（3-168）可将上式化为

$$f_j = j\frac{c}{2l}, j = 1, 2, 3, \cdots \tag{3-193}$$

注意到，式（3-190）和式（3-191）给出了波数和固有频率的无穷多解，这是典型的连续系统振动的情况。第一频率 ω_1，称为基波，其他频率（$\omega_j, j = 2, 3, \cdots$）被称为谐波。谐波频率是基波的整数倍。基波也被称为基本谐波，而谐波也被称为高次谐波。

综合式（3-180）、式（3-190）可得

$$\lambda_j = \frac{2\pi}{\gamma_j} = \frac{2\pi}{j\pi/l} = \frac{2l}{j}, j = 1, 2, 3, \cdots \tag{3-194}$$

从上式明显可以看出谐波频率越高波长越短。弹性体的振动可以用满足边界条件的驻波拟合来表示。两端固定的杆轴向振动时，杆的长度 l 是半波长 $\lambda_j / 2, j = 1, 2, 3, \cdots$ 的整数倍，即

$$l = j\frac{\lambda_j}{2}, j = 1, 2, 3, \cdots \tag{3-195}$$

振动频率越大，驻波波长越短。杆轴向振动的波数、共振频率和波长在表 3-2 中列出。

表 3-2　两端固定杆轴向振动的正交振型

模态	特征值 $z = \gamma l$ $z_j = j\pi$	共振频率	振型	波长
1	$z_1 = \pi$	$f_1 = \dfrac{c}{2l}$	$U_1 = \sin \pi \dfrac{x}{l}$	$l = \dfrac{\lambda_1}{2}$
2	$z_2 = 2\pi$	$f_2 = 2\dfrac{c}{2l}$	$U_2 = \sin 2\pi \dfrac{x}{l}$	$l = 2\dfrac{\lambda_2}{2}$
3	$z_3 = 3\pi$	$f_3 = 3\dfrac{c}{2l}$	$U_3 = \sin 3\pi \dfrac{x}{l}$	$l = 3\dfrac{\lambda_3}{2}$
4	$z_4 = 4\pi$	$f_4 = 4\dfrac{c}{2l}$	$U_4 = \sin 4\pi \dfrac{x}{l}$	$l = 4\dfrac{\lambda_4}{2}$
5	$z_5 = 5\pi$	$f_5 = 5\dfrac{c}{2l}$	$U_5 = \sin 5\pi \dfrac{x}{l}$	$l = 5\dfrac{\lambda_5}{2}$
6	$z_6 = 6\pi$	$f_6 = 6\dfrac{c}{2l}$	$U_6 = \sin 6\pi \dfrac{x}{l}$	$l = 6\dfrac{\lambda_6}{2}$

（2）振型

对每个特征值和固有频率，式（3-185）都定义了一个本征函数或者说振型，即

$$U_j(x) = C_j \sin \gamma_j x, \ j = 1,2,3,\cdots \tag{3-196}$$

应当注意到所有的振型都满足式（3-173）和式（3-182）的边界条件。之前提到过，常数 C_j 既不能由微分方程确定也不能由边界条件得到。这很容易证明，因为如果振型满足微分方程和边界条件，那么其倍数 $\alpha U_j(x)$，$\alpha \in \mathbb{R}$ 也同时满足。因此，常数 C_j 可为任意值。一般地，可以取 $C_j = 1$，此时振型绘图较为方便。

（3）振型的正交性

振型的正交性是一个重要的性质，它可以验证一些独立导出的函数是否可被视为振型。已知式（3-196）中的振型满足式（3-171），其可以用 m、EA 和 ω_j 表示，即

$$EAU_j'' + \omega_j^2 m U_j = 0, \ j = 1,2,3,\cdots \tag{3-197}$$

考虑振型 $U_p(x)$ 和 $U_q(x)$ 满足式（3-197），即

$$EAU_p'' = -\omega_p^2 m U_p$$

$$EAU_q'' = -\omega_q^2 m U_q \tag{3-198}$$

为分析关于分布质量的正交性，考虑积分：

$$\int_0^l mU_p(x)U_q(x)\mathrm{d}x \tag{3-199}$$

把式（3-196）代入式（3-199）可得

$$\int_0^l m(C_p \sin\gamma_p x)(C_q \sin\gamma_q x)\mathrm{d}x \tag{3-200}$$

利用三角公式，可改写为

$$\int_0^l (\sin\gamma_p x)(\sin\gamma_q x)\mathrm{d}x = \frac{1}{2}\int_0^l [\cos(\gamma_p-\gamma_q)x - \cos(\gamma_p+\gamma_q)x]\mathrm{d}x = \frac{l}{2}\delta_{pq} \tag{3-201}$$

式（3-190）可用来估计 γ_p 和 γ_q。δ_{pq} 是克罗内克符号（$p=q$ 时，$\delta_{pq}=1$；$p\neq q$ 时，$\delta_{pq}=0$）。

综合式（3-200）和式（3-201）并假设 $p\neq q$，可得

$$\int_0^l mU_p(x)U_q(x)\mathrm{d}x = 0, \quad p\neq q \tag{3-202}$$

注意，式（3-202）不仅仅适用于式（3-196）中的简单振型。为了证明这一点，由式（3-198）可得

$$\int_0^l EAU_p''(x)U_q(x)\mathrm{d}x = -\omega_p^2\int_0^l mU_p(x)U_q(x)\mathrm{d}x$$
$$\int_0^l EAU_q''(x)U_p(x)\mathrm{d}x = -\omega_q^2\int_0^l mU_q(x)U_p(x)\mathrm{d}x \tag{3-203}$$

处理得

$$-\int_0^l EAU_p''(x)U_q(x)\mathrm{d}x + \int_0^l EAU_q''(x)U_p(x)\mathrm{d}x = (\omega_p^2-\omega_q^2)\int_0^l mU_p(x)U_q(x)\mathrm{d}x \tag{3-204}$$

计算得

$$-[EAU_p'(x)U_q(x)]_0^l + \cancel{\int_0^l EAU_p'(x)U_q'(x)\mathrm{d}x} + [EAU_q'(x)U_p(x)]_0^l$$
$$-\cancel{\int_0^l EAU_q'(x)U_p'(x)\mathrm{d}x} = (\omega_p^2-\omega_q^2)\int_0^l mU_q(x)U_p(x)\mathrm{d}x \tag{3-205}$$

整理得

$$(\omega_p^2-\omega_q^2)\int_0^l mU_q(x)U_p(x)\mathrm{d}x = EA[U_q'(x)U_p(x) - U_p'(x)U_q(x)]_0^l \tag{3-206}$$

方程的右边是对积分的线性估计，其中包含振型 U_p、U_q 和它们的导数。已知振型满足式（3-182）中的边界条件，则式（3-206）可化为

$$[U_q'(x)U_p(x) - U_p'(x)U_q(x)]_0^l = 0 \tag{3-207}$$

把上式代入式（3-206）可得

$$(\omega_p^2-\omega_q^2)\int_0^l mU_q(x)U_p(x)\mathrm{d}x = 0 \tag{3-208}$$

当 $p\neq q$ 时，频率也不同，$\omega_p^2 \neq \omega_q^2$，因此上式可化为

$$\int_0^l mU_p(x)U_q(x)\mathrm{d}x = 0, \quad p\neq q \tag{3-209}$$

与式（3-202）所得出的正交条件一致。注意到上述推导是一般的，并且只要式（3-205）中的边界条件相关项能被消去，式（3-209）始终成立。

对于均匀杆，单位长度上质量恒定，$m = \rho A = \mathrm{const}$，因此可以将上式中的分布质量消去：

$$\int_0^l U_p(x)U_q(x)\mathrm{d}x = 0, \ p \neq q \text{(均匀杆正交条件)} \tag{3-210}$$

为分析关于刚度的正交条件，考虑：

$$\int_0^l [EAU_p''(x)]U_q(x)\mathrm{d}x \tag{3-211}$$

由式（3-203）可得

$$\int_0^l EAU_p''(x)U_q(x)\mathrm{d}x = -\int_0^l m\omega_p^2 U_p(x)U_q(x)\mathrm{d}x \tag{3-212}$$

代入式（3-209），上式变为

$$\int_0^l EAU_p''(x)U_q(x)\mathrm{d}x = 0, \ p \neq q \tag{3-213}$$

式（3-213）是关于刚度的正交条件。利用分部积分法求解得

$$\int_0^l EAU_p'(x)U_q'(x)\mathrm{d}x - [EAU_p'(x)U_q(x)]\big|_0^l = 0, \ p \neq q \tag{3-214}$$

上式包含两个部分：①两个振型一阶导数乘积的积分项；②一个振型与另一个振型一阶导数乘积的线性差。已知振型 U_q 满足式（3-182）中的边界条件，所以显然第二部分为零，故

$$\int_0^l EAU_p'(x)U_q'(x)\mathrm{d}x = 0, \ p \neq q \tag{3-215}$$

上式只在边界条件存在的情况下成立。如果不满足边界条件，那么就要用到式（3-213）。在实际应用中，用实验得到的振型来验证刚度正交性时，更倾向于使用式（3-214），因为计算一阶导数比二阶导数更容易。

（4）模态系数：模态质量和刚度

由式（3-208）注意到，当 $p = q$ 时，因为 $(\omega_p^2 - \omega_q^2)\big|_{p=q} = 0$，所以积分项 $\int_0^l mU_p(x)U_q(x)\mathrm{d}x$ 不需要消去。由于积分不可消去，故其值可用来计算模态质量 $m_j, j = 1, 2, 3, \cdots$。设 $p = q = j$，则

$$\int_0^l mU_p(x)U_q(x)\mathrm{d}x\bigg|_{p=q=j} = \int_0^l mU_j^2(x)\mathrm{d}x \tag{3-216}$$

所以，模态质量 m_j 定义为对质量加权积分：

$$m_j = \int_0^l mU_j^2(x)\mathrm{d}x, \ j = 1, 2, 3, \cdots \tag{3-217}$$

类似地，由式（3-211）可知模态刚度的定义：

$$k_j = -\int_0^l EAU_j''(x)U_j(x)\mathrm{d}x, \ j = 1, 2, 3, \cdots \tag{3-218}$$

模态刚度和模态质量可以通过模态频率 ω_j 联系起来，已知式（3-212），即

$$\int_0^l EAU_p''(x)U_q(x)\mathrm{d}x = -\int_0^l m\omega_p^2 U_p(x)U_q(x)\mathrm{d}x \tag{3-219}$$

代入 $p = q = j$ 得

$$\int_0^l EAU_j''(x)U_j(x)\mathrm{d}x = -\int_0^l m\omega_j^2 U_j(x)U_j(x)\mathrm{d}x = -\omega_j^2 \int_0^l mU_j^2(x)\mathrm{d}x = -\omega_j^2 m_j \tag{3-220}$$

由式（3-218）和式（3-220）可得模态刚度和模态质量与模态频率的关系：

$$k_j = \omega_j^2 m_j, \ j = 1, 2, 3, \cdots \tag{3-221}$$

接下来介绍模态刚度的另一种表达。注意到式（3-220）等式左边可化为

$$\int_0^l EAU_j''(x)U_j(x)\mathrm{d}x = [EAU_j'(x)U_j(x)]_0^l - \int_0^l EAU_j'(x)U_j'(x)\mathrm{d}x \qquad (3\text{-}222)$$

已知振型 $U_j(x)$ 满足式（3-218）的边界条件，显然式（3-222）中的边界相关项可以消去。因此上式可化为

$$\int_0^l EAU_j''(x)U_j(x)\mathrm{d}x = -\int_0^l EAU_j'(x)U_j'(x)\mathrm{d}x = -k_j \qquad (3\text{-}223)$$

于是，k_j 还可表达为

$$k_j = \int_0^l EAU_j'^2(x)\mathrm{d}x \qquad (3\text{-}224)$$

在实际应用中，当用独立求得的振型来计算模态刚度时，优先使用式（3-224），因为一阶导数比二阶导数的计算更容易。仅当边界条件满足时式（3-224）成立，除此之外，应当使用式（3-218）中初始定义的公式。

模态质量 m_j 和模态刚度 k_j 是模态系数。阻尼存在时，还派生出了模态阻尼 c_j。因此，一般地，需要用到 m_j, k_j, c_j 这三种模态系数。

（5）振型归一化：标准化振型

振型归一化可用来确定式（3-196）中的常数 C_j。确定 C_j 有很多方法，其中最简单的是取 $C_j=1$，这样振型绘图时也较为方便。其他更详细的归一化方法可由 3.3.1（3）节中介绍的正交公式推出。接下来还将介绍振型在杆长度上的求和。

1）长度归一化

均匀杆可以进行长度归一化。已知式（3-210）在 m 为常数时可写为

$$\int_0^l U_p(x)U_q(x)\mathrm{d}x = 0, \; p \neq q \qquad (3\text{-}225)$$

取 $p=q=j$，则把上式化为振型与自身乘积的积分，它是非零的，设积分值为 1，即

$$\int_0^l U_j^2(x)\mathrm{d}x = 1 \;(长度归一化) \qquad (3\text{-}226)$$

把式（3-196）代入式（3-226）得

$$\int_0^l (C_j \sin\gamma_j x)^2 \mathrm{d}x = 1 \qquad (3\text{-}227)$$

利用式（3-187）和式（3-189）简化上式得

$$\int_0^l (\sin\gamma_j x)^2 \mathrm{d}x = \frac{1}{2}\int_0^l (1-\cos 2\gamma_j x)\mathrm{d}x = \frac{1}{2}l - \left(\frac{1}{2}\frac{1}{2\gamma_j}\sin 2\gamma_j x\right)_0^l = \frac{1}{2}l \qquad (3\text{-}228)$$

把式（3-228）代入式（3-227）中得

$$\frac{1}{2}lC_j^2 = 1 \qquad (3\text{-}229)$$

解之得

$$C_j = \sqrt{\frac{2}{l}}, \; j=1,2,3,\cdots(长度归一化) \qquad (3\text{-}230)$$

把式（3-230）代入式（3-196）得到归一化振型，又叫标准化振型，即

$$U_j(x) = \sqrt{\frac{2}{l}}\sin\gamma_j x, \ j = 1,2,3,\cdots \text{(长度归一化振型)} \tag{3-231}$$

上式给出的长度归一化振型的图形在表 3-2 中给出。

2）质量归一化

对于非均匀杆，应当进行质量归一化。由式（3-217）已知

$$m_j = \int_0^l mU_j^2(x)\mathrm{d}x, \ j = 1,2,3,\cdots \tag{3-232}$$

对振型进行质量归一化，取模态质量为 1，即

$$m_j = 1, \ j = 1,2,3,\cdots \tag{3-233}$$

代入式（3-232）中

$$\int_0^l mU_j^2(x)\mathrm{d}x = 1, \ j = 1,2,3,\cdots \text{(质量归一化)} \tag{3-234}$$

把式（3-196）定义的振型表达式代入上式得

$$m_j = \int_0^l mU_j^2(x)\mathrm{d}x = \int_0^l m(C_j\sin\gamma_j x)^2\mathrm{d}x = C_j^2\int_0^l m(\sin\gamma_j x)^2\mathrm{d}x \tag{3-235}$$

如果质量是常数，上式可化为

$$m_j = C_j^2\int_0^l m(\sin\gamma_j x)^2\mathrm{d}x\bigg|_{m=\mathrm{const}} = C_j^2 m\int_0^l (\sin\gamma_j x)^2\mathrm{d}x = \frac{mlC_j^2}{2} \tag{3-236}$$

综合式（3-236）和式（3-233）可得

$$C_j = \sqrt{\frac{2}{ml}}\text{(质量归一化)} \tag{3-237}$$

把式（3-237）代入式（3-196）得到归一化振型，也叫标准化振型，即

$$U_j(x) = \sqrt{\frac{2}{ml}}\sin\gamma_j x, \ j = 1,2,3,\cdots \text{(质量归一化振型)} \tag{3-238}$$

之所以说它是质量归一化振型，是因为其满足式（3-234），即

$$\int_0^l mU_j^2(x)\mathrm{d}x = 1, \ j = 1,2,3,\cdots \tag{3-239}$$

注意，式（3-239）给出的归一化条件是一般的，并不局限于式（3-238）给出的振型。通常来说，任意满足式（3-239）的振型都可称为归一化振型或者标准化振型。这一理论可用来归一化实验得出的振型。

已知式（3-218）和式（3-221），即

$$k_j = -\int_0^l EAU_j''(x)U_j(x)\mathrm{d}x, \ j = 1,2,3,\cdots \tag{3-240}$$
$$k_j = \omega_j^2 m_j$$

把式（3-233）代入式（3-240）的第二个等式得

$$k_j = \omega_j^2, \ j = 1,2,3,\cdots \tag{3-241}$$

综合式（3-240）和式（3-241）得

$$\int_0^l EAU_j''(x)U_j(x)\mathrm{d}x = -\omega_j^2, \ j = 1,2,3,\cdots \tag{3-242}$$

把式（3-241）代入式（3-223）可得

$$\int_0^l EAU_j'^2(x)\mathrm{d}x = \omega_j^2 \tag{3-243}$$

标准化振型应同时满足式（3-234）和式（3-242）或式（3-243）的归一化条件。这在归一化实验得到振型时至关重要。

如果阻尼存在，将会产生另外一个参数，模态阻尼比 ζ_j。因此，对于归一化振型，模态系数只有模态频率 ω_j 和模态阻尼比 ζ_j。

（6）正交振型

目前已经了解了振型正交和归一化的条件，同时归一化和正交的振型称为正交归一化振型。

对于均匀杆（$m = \rho A = \mathrm{const}$），可以利用式（3-226）中简单的长度归一化得到正交条件：

$$\int_0^l U_p(x)U_q(x)\mathrm{d}x = \delta_{pq} = \begin{cases} 1, & p = q \\ 0, & p \neq q \end{cases} \quad （长度归一化） \tag{3-244}$$

对非均匀杆，可以利用式（3-234）中的质量归一化得到正交条件：

$$\int_0^l mU_p(x)U_q(x)\mathrm{d}x = \delta_{pq} = \begin{cases} 1, & p = q \\ 0, & p \neq q \end{cases}$$

$$（质量归一化）\tag{3-245}$$

$$\int_0^l EAU_p''(x)U_q(x)\mathrm{d}x = -\omega_p^2 \delta_{pq} = \begin{cases} -\omega_p^2, & p = q \\ 0, & p \neq q \end{cases}$$

代入边界条件可得

$$\int_0^l EAU_p'(x)U_q'(x)\mathrm{d}x = \omega_p^2 \delta_{pq} = \begin{cases} \omega_p^2, & p = q \\ 0, & p \neq q \end{cases} \tag{3-246}$$

处理实验得出的振型时需要同时应用正交和归一化条件。

（7）瑞利熵

已知模态刚度和模态质量时，式（3-221）可用来表示第 j 个固有振型的频率，即

$$\omega_j^2 = \frac{k_j}{m_j}, \quad j = 1, 2, 3, \cdots \tag{3-247}$$

代入式（3-217）和式（3-224），上式可写为

$$\omega_j^2 = \frac{\int_0^l EAU_j'^2(x)\mathrm{d}x}{\int_0^l mU_j^2(x)\mathrm{d}x}, \quad j = 1, 2, 3, \cdots \tag{3-248}$$

式（3-248）可用于估算测试函数 $X(x)$ 的固有频率，$X(x)$ 不是实际存在的但类似真实的振型。此时，式（3-248）成为瑞利熵的形式：

$$\omega_j^2 \cong \frac{\int_0^l EAX_j'^2(x)\mathrm{d}x}{\int_0^l mX_j^2(x)\mathrm{d}x}, \quad X_j(x) \cong U_j(x), \quad j = 1, 2, 3, \cdots \tag{3-249}$$

其中，$X_j(x)$ 约等于第 j 个振型 $U_j(x)$。瑞利熵普遍应用于估算基波频率 ω_1。

3.3.2　其他边界条件

（1）两端自由杆

考虑两端自由边界条件：

$$N(0, \ t) = 0$$
$$N(l, \ t) = 0 \tag{3-250}$$

把式（3-165）代入式（3-250）得到位移边界条件：

$$\hat{u}'(0) = 0$$
$$\hat{u}'(l) = 0 \tag{3-251}$$

由式（3-179）已知

$$\hat{u}(x) = C_1 \sin \gamma x + C_2 \cos \gamma x \tag{3-252}$$

把式（3-252）的微分式代入式（3-251）得

$$\begin{cases} C_1 \gamma \cos \gamma x - C_2 \gamma \sin \gamma x \big|_{x=0} = 0 \\ C_1 \gamma \cos \gamma x - C_2 \gamma \sin \gamma x \big|_{x=l} = 0 \end{cases} \Rightarrow \begin{cases} C_1 = 0 \\ C_1 \cos \gamma l - C_2 \sin \gamma l = 0 \end{cases} \tag{3-253}$$

简化得

$$C_2 \sin \gamma l = 0 \tag{3-254}$$

上式存在非平凡解 $C_2 \neq 0$，$\sin \gamma l = 0$。这和两端固定杆的情况有相同的特征值、固有频率和波数：

$$\gamma_j = j\frac{\pi}{l}, \ \omega_j = j\frac{\pi}{l}\sqrt{\frac{EA}{m}}, j = 1,2,3,\cdots \tag{3-255}$$

对于均匀杆，$m = \rho A$，上式可化为

$$\gamma_j = j\frac{\pi}{l}, \ \omega_j = j\frac{\pi}{l}\sqrt{\frac{E}{\rho}}, j = 1,2,3,\cdots \tag{3-256}$$

综上，振型为

$$U_j(x) = C_j \cos \gamma_j x, j = 1,2,3,\cdots \tag{3-257}$$

质量归一化得 $C_j = \sqrt{2/ml}$，故

$$U_j(x) = \sqrt{\frac{2}{ml}} \cos \gamma_j x, j = 1,2,3,\cdots \quad \text{（质量归一化振型）} \tag{3-258}$$

对于均匀杆，长度归一化得

$$U_j(x) = \sqrt{\frac{2}{l}} \cos \gamma_j x, j = 1,2,3,\cdots \quad \text{（长度归一化振型）} \tag{3-259}$$

两端自由杆的振型图和对应的固有频率列在表 3-3 中。位移在端点处达到最大值。$j = 1,3,\cdots$ 时的奇数振型是反对称的，即两端位移反向，中间位移为零。$j = 2,4,\cdots$ 时的偶数振型是对称的，即两端位移同向，中间位移非零。

表 3-3　两端自由杆轴向振动的正交振型

模态	特征值 $z = \gamma l$ $z_j = j\pi$	共振频率	振型	波长
1	$z_1 = \pi$	$f_1 = \dfrac{c}{2l}$	$U_1 = \cos\pi\dfrac{x}{l}$	$l = \dfrac{\lambda_1}{2}$
2	$z_2 = 2\pi$	$f_2 = 2\dfrac{c}{2l}$	$U_2 = \cos 2\pi\dfrac{x}{l}$	$l = 2\dfrac{\lambda_2}{2}$
3	$z_3 = 3\pi$	$f_3 = 3\dfrac{c}{2l}$	$U_3 = \cos 3\pi\dfrac{x}{l}$	$l = 3\dfrac{\lambda_3}{2}$
4	$z_4 = 4\pi$	$f_4 = 4\dfrac{c}{2l}$	$U_4 = \cos 4\pi\dfrac{x}{l}$	$l = 4\dfrac{\lambda_4}{2}$
5	$z_5 = 5\pi$	$f_5 = 5\dfrac{c}{2l}$	$U_5 = \cos 5\pi\dfrac{x}{l}$	$l = 5\dfrac{\lambda_5}{2}$
6	$z_6 = 6\pi$	$f_6 = 6\dfrac{c}{2l}$	$U_6 = \cos 6\pi\dfrac{x}{l}$	$l = 6\dfrac{\lambda_6}{2}$

（2）一端固定一端自由的杆

一端固定一端自由杆的边界条件为

$$u(0,\ t) = 0$$
$$N(l,\ t) = 0 \tag{3-260}$$

把式（3-165）代入上式得

$$\hat{u}(0) = 0$$
$$\hat{u}'(l) = 0 \tag{3-261}$$

由式（3-179）已知

$$\hat{u}(x) = C_1 \sin\gamma x + C_2 \cos\gamma x \tag{3-262}$$

把式（3-262）代入式（3-261）得

$$\begin{cases} C_1 \sin\gamma x + C_2 \cos\gamma x\big|_{x=0} = 0 \\ C_1\gamma\cos\gamma x - C_2\gamma\sin\gamma x\big|_{x=l} = 0 \end{cases} \Rightarrow \begin{cases} C_2 = 0 \\ C_1\cos\gamma l - C_2\sin\gamma l = 0 \end{cases} \tag{3-263}$$

简化得

$$C_1 \cos\gamma l = 0 \tag{3-264}$$

上式有非平凡解，即 $C_1 \neq 0$ 时：

$$\cos\gamma l = 0 \tag{3-265}$$

把式（3-187）中的 $z = \gamma l$ 代入式（3-265）得到特征方程：

$$\cos z = 0 \tag{3-266}$$

其解为

$$z = \frac{\pi}{2}, 3\frac{\pi}{2}, 5\frac{\pi}{2}, \cdots \text{ 或 } z_j = (2j-1)\frac{\pi}{2}, \ j = 1, 2, 3, \cdots \tag{3-267}$$

对应的波数和固有频率为

$$\gamma_j = (2j-1)\frac{\pi}{2l}, \ \omega_j = (2j-1)\frac{\pi}{2}\frac{1}{l}\sqrt{\frac{EA}{m}}, \ j = 1, 2, 3, \cdots \tag{3-268}$$

注意到在杆一端固定一端自由的情况下，波数和固有频率都是 $\pi/2$ 的奇数倍，而在两端固定和两端自由的情况下，波数和固有频率是 $\pi/2$ 的偶数倍。相应的振型为

$$U_j(x) = C_j \sin \gamma_j x, \ j = 1, 2, 3, \cdots \tag{3-269}$$

其中，γ_j 由式（3-268）给出。代入 $C_j = \sqrt{2/ml}$，可得归一化振型为

$$U_j(x) = \sqrt{\frac{2}{ml}} \sin \gamma_j x, \ j = 1, 2, 3, \cdots \tag{3-270}$$

振型图像和对应的固有频率都列在表 3-4 中。

表 3-4 一端固定一端自由杆轴向振动的正交振型

模态	特征值 $z = \gamma l$ $z_j = (2j-1)\pi/2$	共振频率	振型	波长
1	$z_1 = \frac{\pi}{2}$	$f_1 = \frac{c}{4l}$ 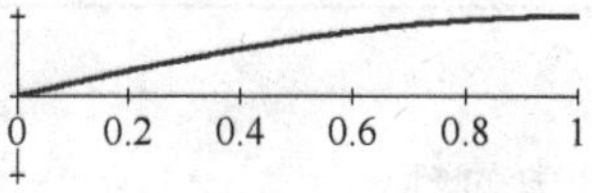	$U_1 = \sin\frac{\pi x}{2l}$	$l = \frac{\lambda_1}{4}$
2	$z_2 = 3\frac{\pi}{2}$	$f_2 = 3\frac{c}{4l}$ 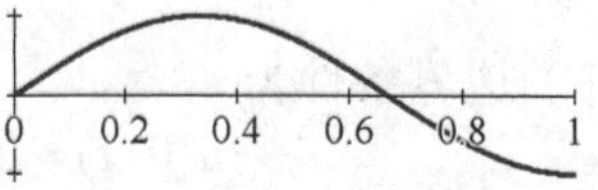	$U_3 = \sin 3\frac{\pi x}{2l}$	$l = 3\frac{\lambda_2}{4}$
3	$z_3 = 5\frac{\pi}{2}$	$f_3 = 5\frac{c}{4l}$ 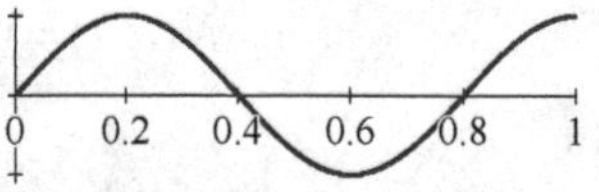	$U_5 = \sin 5\frac{\pi x}{2l}$	$l = 5\frac{\lambda_3}{4}$
4	$z_4 = 7\frac{\pi}{2}$	$f_4 = 7\frac{c}{4l}$ 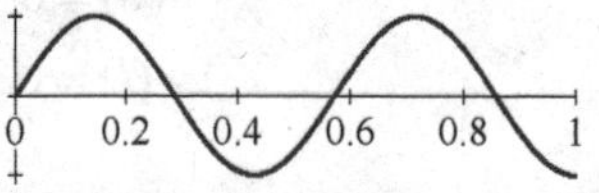	$U_5 = \sin 7\frac{\pi x}{2l}$	$l = 7\frac{\lambda_4}{4}$
5	$z_5 = 9\frac{\pi}{2}$	$f_5 = 9\frac{c}{4l}$ 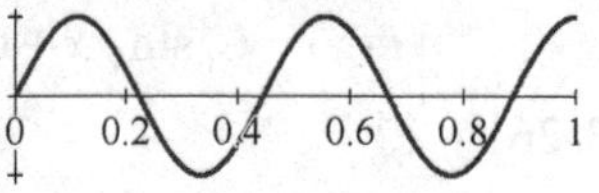	$U_5 = \sin 9\frac{\pi x}{2l}$	$l = 9\frac{\lambda_5}{4}$
6	$z_6 = 11\frac{\pi}{2}$	$f_6 = 11\frac{c}{4l}$ 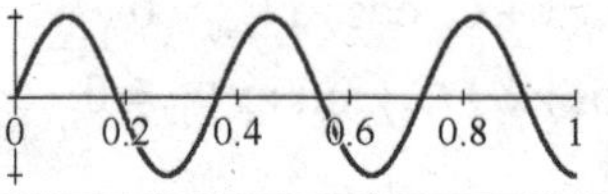	$U_5 = \sin 11\frac{\pi x}{2l}$	$l = 11\frac{\lambda_6}{4}$

3.3.3 杆的受迫轴向振动

考虑在外部时变分布力 $f(x, t)$ 激励下轴向振动的均匀杆，如图 3-13 所示。$f(x, t)$ 的

单位是单位长度上的力，即 N/m。

对杆单元 dx 进行微元法分析得

$$N'(x, t) + f(x, t) = m\ddot{u}(x, t) \qquad (3\text{-}271)$$

由式（3-165）已知

$$N(x, t) = EAu'(x, t) \qquad (3\text{-}272)$$

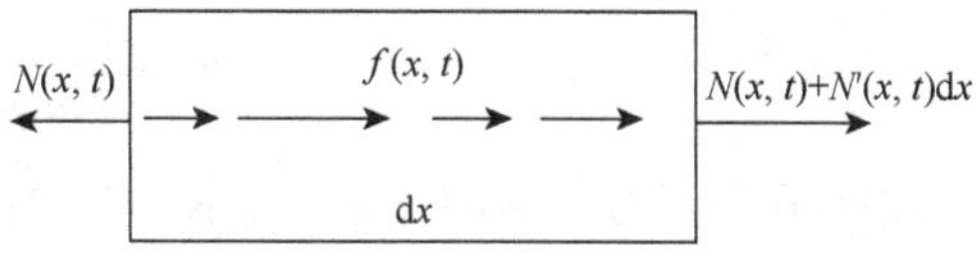

把式（3-272）代入式（3-271）得

图 3-13　受迫轴向振动杆的微元分析

$$m\ddot{u}(x, t) - EAu''(x, t) = f(x, t) \qquad (3\text{-}273)$$

假设外部激励是谐波的：

$$f(x, t) = \hat{f}(x)e^{i\omega t} \qquad (3\text{-}274)$$

把式（3-274）代入式（3-273）得

$$m\ddot{u}(x, t) - EAu''(x, t) = \hat{f}(x)e^{i\omega t} \qquad (3\text{-}275)$$

假设响应和激励的频率相同，即

$$u(x, t) = \hat{u}(x)e^{i\omega t} \qquad (3\text{-}276)$$

代入式（3-275）中简化得

$$-\omega^2 m\hat{u}(x) - EA\hat{u}''(x) = \hat{f}(x) \qquad (3\text{-}277)$$

（1）模态展开法

假设振动响应 $u(x, t)$ 可以展开为一系列振型之和，这些振型均满足式（3-197）的振动方程和式（3-209）、式（3-213）的正交条件：

$$u(x, t) = \sum_{j=1}^{\infty} \eta_j U_j(x)e^{i\omega t} \qquad (3\text{-}278)$$

常数 η_j 为模态参与因子。式（3-278）中的模态展开式中只包含激励频率 ω，因为只考虑稳态响应。把式（3-278）代入式（3-275）并简化得

$$-m\omega^2 \sum_{p=1}^{\infty} \eta_p U_p(x) - EA\sum_{p=1}^{\infty} \eta_p U_p''(x) = \hat{f}(x) \qquad (3\text{-}279)$$

其中，为方便起见，下标 j 改写为 p。上式方程两边同时乘以 $U_q(x)$ 并在长度上进行积分得

$$-\omega^2 \sum_{p=1}^{\infty} \eta_p \int_0^l mU_q(x)U_p(x)dx - \sum_{p=1}^{\infty} \eta_p \int_0^l EAU_p''(x)U_q(x)dx = \int_0^l \hat{f}(x)U_q(x)dx, \; q=1,2,3,\cdots \quad (3\text{-}280)$$

由式（3-209）和式（3-213）的正交条件已知 $p \neq q$ 时上式的所有项都为 0，只有当 $p = q$ 时上式各项才不为 0，因此上式变为

$$-\omega^2\eta_j \int_0^l mU_j(x)U_j(x)dx - \eta_j \int_0^l EAU_j''(x)U_j(x)dx = \int_0^l \hat{f}(x)U_j(x)dx, \; j=1,2,3,\cdots \quad (3\text{-}281)$$

为方便起见，下标 q 改写为 j。引入式（3-217）和式（3-218）中的 m_j 和 k_j 上式可改写为

$$\eta_j(-\omega^2 m_j + k_j) = f_j, \; j=1,2,3,\cdots \qquad (3\text{-}282)$$

其中，f_j 是模态激励

$$f_j = \int_0^l \hat{f}(x)U_j(x)dx, \; j=1,2,3,\cdots \qquad (3\text{-}283)$$

解式（3-282）可得

$$\eta_j = \frac{f_j}{-\omega^2 m_j + k_j}, j = 1,2,3,\cdots \tag{3-284}$$

如果对振型进行质量归一化，把式（3-233）和式（3-241）的归一化条件代入式（3-282）得

$$\eta_j(-\omega^2 + \omega_j^2) = f_j, j = 1,2,3,\cdots \tag{3-285}$$

变形求得模态参与因子：

$$\eta_j = \frac{f_j}{-\omega^2 + \omega_j^2}, j = 1,2,3,\cdots \tag{3-286}$$

式（3-286）给出的模态参与因子与式（3-64）给出的单自由度系统受迫振动的振幅相对应。

到目前为止，一直在考虑无阻尼振动情况。然而，现实中系统总是存在阻尼，会产生模态阻尼比 ζ_j。因此，对于阻尼系统来说，模态参与因子的表达式为

$$\eta_j = \frac{f_j}{-\omega^2 + 2i\zeta_j\omega_j\omega + \omega_j^2}, j = 1,2,3,\cdots \tag{3-287}$$

上式给出的模态响应类似于式（3-86）中的单自由度振动系统的响应。

（2）长度归一化振型的模态展开法

对于均匀杆来说，单位长度上的质量为定值，并且长度归一化振型满足式（3-244）。因此，模态质量和模态刚度可简化为

$$m_j = \int_0^l mU_j^2(x)\mathrm{d}x = m\int_0^l U_j^2(x)\mathrm{d}x = m = \rho A, j = 1,2,3,\cdots(长度归一化振型) \tag{3-288}$$

$$k_j = \omega_j^2 m_j = \omega_j^2 m = \omega_j^2 \rho A, j = 1,2,3,\cdots \tag{3-289}$$

把式（3-288）和式（3-289）代入式（3-284）得

$$\eta_j = \frac{1}{\rho A}\frac{f_j}{(-\omega^2 + \omega_j^2)}, j = 1,2,3,\cdots(长度归一化振型) \tag{3-290}$$

对应地，式（3-287）变为

$$\eta_j = \frac{1}{\rho A}\frac{f_j}{(-\omega^2 + 2i\zeta_j\omega_j\omega + \omega_j^2)}, j = 1,2,3,\cdots(长度归一化振型) \tag{3-291}$$

（3）模态响应分析

把式（3-286）代入式（3-278）得

$$u(x, t) = \sum_{j=1}^{\infty} \frac{f_j}{-\omega^2 + \omega_j^2}U_j(x)\mathrm{e}^{i\omega t} \tag{3-292}$$

当激励频率 ω 接近固有频率 ω_j 时，模态参与因子和第 j 个振型变得非常大，此时第 j 个振型占主导地位。换句话说，当 $\omega \to \omega_j$ 时，连续系统会产生共振并且会主要以固有振型 $U_j(x)$ 振动。在固有频率 ω_j 附近，连续系统或多或少地与对应振型为 $U_j(x)$ 的单自由度振动系统相类似。如果激励频率不唯一，那么会在相对应的几个固有频率和振型处产

生共振。

把式（3-287）代入式（3-278）中得到有阻尼轴向振动系统的频率响应：

$$u(x,\ t) = \sum_{j=1}^{\infty} \frac{f_j}{-\omega^2 + 2i\zeta_j \omega_j \omega + \omega_j^2} U_j(x) \mathrm{e}^{i\omega t} \qquad (3\text{-}293)$$

式（3-293）表示很多项的叠加，每一项都对应一个固有频率和标准化振型，可以用来确定连续结构受不同频率谐波激励时的响应，从而可以得到频率响应函数（frequency response function，FRF）。为了求出频率响应函数，可以根据条件选取几个单位激励函数。当激励频率接近固有频率时，对应项会变得很大。同时当结构经过结构共振点时，响应图像呈现为共振峰。在一个频率间隔内，对应于几次共振，响应就显示几个共振峰，如图 3-14 所示。

对于长度归一化振型，式（3-292）和式（3-293）变为

$$u(x,\ t) = \frac{1}{\rho A} \sum_{j=1}^{\infty} \frac{f_j}{-\omega^2 + \omega_j^2} U_j(x) \mathrm{e}^{i\omega t} \text{（长度归一化振型）} \qquad (3\text{-}294)$$

$$u(x,\ t) = \frac{1}{\rho A} \sum_{j=1}^{\infty} \frac{f_j}{-\omega^2 + 2i\zeta_j \omega_j \omega + \omega_j^2} U_j(x) \mathrm{e}^{i\omega t} \text{（长度归一化振型）} \qquad (3\text{-}295)$$

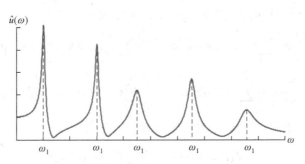

图 3-14　连续系统的多峰频率响应图

（4）广义坐标和模态方程

模态展开法不仅仅局限于谐波激励的情况。事实上，可以假设模态展开式为

$$u(x,\ t) = \sum_{j=1}^{\infty} \eta_j(t) U_j(x) \qquad (3\text{-}296)$$

其中，广义函数 $\eta_j(t)$ 是时变的模态（标准化）坐标。把式（3-296）代入式（3-273）得

$$EA \sum_{j=1}^{\infty} \eta_j(t) U_j''(x) + m \sum_{j=1}^{\infty} \ddot{\eta}_j(t) U_j(x) = f(x,\ t) \qquad (3\text{-}297)$$

与前文一样，代入式（3-245）和式（3-246）的正交条件整理得

$$m_j \ddot{\eta}_j(t) \omega_j^2 + k_j \eta_j(t) = f_j(t),\ j = 1, 2, 3, \cdots \qquad (3\text{-}298)$$

其中，$f_j(t)$ 是时变模态激励：

$$f_j(t) = \int_0^l f(x,\ t) U_j(x) \mathrm{d}x,\ j = 1, 2, 3, \cdots \qquad (3\text{-}299)$$

引入模态阻尼比 ζ_j，考虑到实际中系统固有的耗散损失，得到模态方程：

$$\ddot{\eta}_j(t) + 2\zeta_j\omega_j\dot{\eta}_j(t) + \eta_j(t)\omega_j^2 = f_j(t), \quad j = 1, 2, 3, \cdots \tag{3-300}$$

每一个 j 值对应的式（3-300）都类似于单自由度系统中的式（3-83）。由于模态方程是非耦的，故每个方程都可单独求解，然后通过模态求和得到总响应。

3.3.4　轴向振动时杆的能量

由单自由度系统的学习已经知道振动总能量等于动能 T 加上弹性势能 V，即

$$E = T(t) + V(t) = \frac{1}{2}m\dot{u}^2(t) + \frac{1}{2}ku^2(t) \tag{3-301}$$

为了在弹性杆的情形下研究这些原理，考虑杆中的动能和弹性势能，即

$$T(t) = \int_\Omega \frac{1}{2}\rho\dot{u}^2(x,\,t)\mathrm{d}\Omega = \int_0^l \frac{1}{2}m\dot{u}^2(x,\,t)\mathrm{d}x$$
$$\text{（杆轴向振动）} \tag{3-302}$$
$$V(t) = \int_\Omega \frac{1}{2}\sigma(x,\,t)\varepsilon(x,\,t)\mathrm{d}\Omega = \int_0^l \frac{1}{2}EAu'^2(x,\,t)\mathrm{d}x$$

其中，Ω 是杆的体积。利用式（3-278），上式可化为

$$T(t) = \int_0^l \frac{1}{2}m\left[\sum_{p=1}^\infty C_p U_p(x)(-\omega\sin\omega t)\right]\left[\sum_{q=1}^\infty C_q U_q(x)(-\omega\sin\omega t)\right]\mathrm{d}x \text{ （动能）} \tag{3-303}$$

$$V(t) = \int_0^l \frac{1}{2}EA\left[\sum_{p=1}^\infty C_p U_p'(x)\cos\omega t\right]\left[\sum_{q=1}^\infty C_q U_q'(x)\cos\omega t\right]\mathrm{d}x \text{ （弹性势能）} \tag{3-304}$$

应用正交条件及引入模态质量和模态刚度可将上式化为

$$T(t) = \omega^2\sin^2\omega t\sum_{j=1}^\infty \frac{1}{2}C_j^2 m_j \text{ （动能）} \tag{3-305}$$

$$V(t) = \cos^2\omega t\sum_{j=1}^\infty \frac{1}{2}k_j C_j^2 = \cos^2\omega t\sum_{j=1}^\infty \frac{1}{2}m_j\omega_j^2 C_j^2 \text{ （弹性势能）} \tag{3-306}$$

故，总能量为

$$E(t) = T(t) + V(t) = \omega^2\sin^2\omega t\sum_{p=1}^\infty \frac{1}{2}C_j^2 m_j + \cos^2\omega t\sum_{p=1}^\infty \frac{1}{2}C_j^2 k_j \tag{3-307}$$

$$= \sum_{p=1}^\infty \frac{1}{2}m_j C_j^2(\omega^2\sin^2\omega t + \omega_j^2\cos^2\omega t)$$

如果系统以某一共振频率振动，即 $\omega = \omega_j$，那么与单自由度系统类似，动能和弹性势能仅仅取决于这一种振型，即

$$T_j(t) = \frac{1}{2}m_j\omega_j^2 C_j^2\sin^2\omega_j t \text{ （模态动能）} \tag{3-308}$$

$$V_j(t) = \frac{1}{2}k_j C_j^2\cos^2\omega t = \frac{1}{2}m_j\omega_j^2 C_j^2\cos^2\omega_j t \text{ （模态弹性势能）} \tag{3-309}$$

此时总能量为

$$E_j = T_j(t) + V_j(t) = \frac{1}{2}m_j\omega_j^2 C_j^2 \sin^2 \omega_j t + \frac{1}{2}m_j\omega_j^2 C_j^2 \cos^2 \omega_j t$$

（模态振动总能量）（3-310）

$$= \frac{1}{2}m_j\omega_j^2 C_j^2$$

在振动周期内，振动的总能量 E_j 是个定值，但动能和势能不是定值。位移最大时，弹性势能最大，动能为零。位移为零时，弹性势能为零，动能最大。根据之前的猜想，模态振型是整根杆都在进行振动，也就是说，杆上的所有点都同时达到振幅最大值和最小值。

3.4　梁的弯曲振动

3.4.1　两端固定梁的自由弯曲振动

考虑一个长度为 l、分布质量为 m、弯曲刚度为 EI 的均匀梁在经历位移为 $w(x, t)$ 的弯曲振动，如图 3-15a 所示，假设是形心轴。长度为 $\mathrm{d}x$ 的无穷小梁承受弯矩 $M(x, t)$、$M(x, t)+M'(x, t)\mathrm{d}x$，轴力 $N(x, t)$、$N(x, t)+N'(x, t)\mathrm{d}x$ 和剪力 $V(x, t)$、$V(x, t)+V'(x, t)\mathrm{d}x$，如图 3-15b 所示。

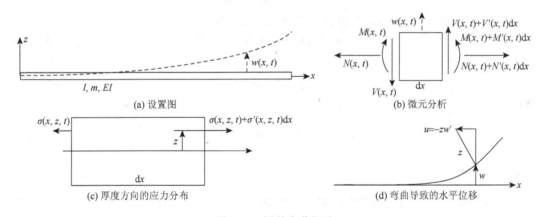

(a) 设置图　　　　　　　　　　(b) 微元分析

(c) 厚度方向的应力分布　　　　(d) 弯曲导致的水平位移

图 3-15　梁的弯曲振动

简要回顾欧拉-伯努利弯曲理论（忽略剪切变形和旋转惯性效应）。由图 3-15b 中的微元分析可得

$$N'(x, t) = 0 \tag{3-311}$$

$$V'(x, t) = m\ddot{w}(x, t) \tag{3-312}$$

$$M'(x, t) + V(x, t) = 0 \tag{3-313}$$

由以上两式可得

$$M''(x, t) + m\ddot{w}(x, t) = 0 \tag{3-314}$$

如图 3-15c 所示，对截面上的正应力积分可得 N 和 M，即

$$N(x, t) = \int_A \sigma(x, z, t)\mathrm{d}A \tag{3-315}$$

$$M(x, t) = -\int_A \sigma(x, z, t)z\mathrm{d}A \tag{3-316}$$

利用式（3-164）中的应力应变关系，轴力和弯矩可以表示为

$$N(x, t) = E \int_A \varepsilon(x, z, t) \mathrm{d}A \tag{3-317}$$

$$M(x, t) = -E \int_A \varepsilon(x, z, t) z \mathrm{d}A \tag{3-318}$$

如图 3-15d 所示，进行运动学分析可得到正应变 $\varepsilon(x, z, t)$ 与弯曲位移 $w(x, t)$ 和厚度 z 的关系：

$$u(x, z, t) = -zw'(x, t)$$
$$\varepsilon(x, z, t) = u'(x, z, t) = -zw''(x, t) \tag{3-319}$$

把式（3-319）代入式（3-317）和式（3-318）可得

$$N(x, t) = -Ew''(x, t) \int_A z \mathrm{d}A = 0 \tag{3-320}$$

$$M(x, t) = Ew''(x, t) \int_A z^2 \mathrm{d}A \tag{3-321}$$

注意到，式（3-320）表明形心轴假定，故轴向应力和为零，即 $N(x, t) = 0$。式（3-321）可化为

$$M(x, t) = EIw''(x, t) \tag{3-322}$$

把上式代入式（3-313）得

$$V(x, t) = -EIw'''(x, t) \tag{3-323}$$

把式（3-322）代入式（3-314）得到自由弯曲振动梁的运动方程：

$$EIw''''(x, t) + m\ddot{w}(x, t) = 0 \tag{3-324}$$

消去 m 简化得

$$a^4 w'''' + \ddot{w} = 0 \tag{3-325}$$

其中

$$a = \left(\frac{EI}{m} \right)^{1/4} \text{或} a^4 = \frac{EI}{m} \tag{3-326}$$

（1）固有频率

弯曲振动的固有频率和振型的研究遵循轴向振动的一般规律。式（3-325）在时间域和空间域上是一个偏微分方程。类似地，假设

$$w(x, t) = \hat{w}(x) \mathrm{e}^{i\omega t} \tag{3-327}$$

把式（3-327）代入式（3-325）可得四阶常微分方程：

$$a^4 \hat{w}'''' - \omega^2 \hat{w} = 0 \tag{3-328}$$

消去 a^4 简化得

$$\hat{w}'''' - \gamma^4 \hat{w} = 0 \tag{3-329}$$

其中 γ 是弯曲波数：

$$\gamma^4 = \frac{\omega^2}{a^4} = \frac{m}{EI} \omega^2 \text{或} \gamma = \left(\frac{m}{EI} \right)^{1/4} \sqrt{\omega} \tag{3-330}$$

式（3-329）的解为

$$\hat{w}(x) = \mathrm{e}^{rx} \tag{3-331}$$

其中 r 有待确定。注意到 $\hat{w}' = r\mathrm{e}^{rx} = r\hat{w}$，把式（3-331）代入式（3-329）得

$$(r^4 - \gamma^4)\hat{w} = 0 \tag{3-332}$$

由于 $\hat{\omega} \neq 0$，由上式可得

$$r^4 - \gamma^4 = 0 \tag{3-333}$$

式（3-333）是式（3-329）的特征方程，其解为

$$r_1 = i\gamma, \quad r_2 = -i\gamma, \quad r_3 = \gamma, \quad r_4 = -\gamma \tag{3-334}$$

故最终解为

$$\hat{w}(x) = A_1 e^{i\gamma x} + A_2 e^{-i\gamma x} + A_3 e^{\gamma x} + A_4 e^{-\gamma x} \tag{3-335}$$

还可写为

$$\hat{w}(x) = C_1 \sin \gamma x + C_2 \cos \gamma x + C_3 \sinh \gamma x + C_4 \cosh \gamma x \tag{3-336}$$

常数 C_1、C_2、C_3、C_4 由边界条件确定。为方便说明，假设边界条件为两端固定，即

$$w(0,\ t) = 0 \qquad M(0,\ t) = 0$$
$$w(l,\ t) = 0 \qquad M(l,\ t) = 0 \tag{3-337}$$

利用式（3-322）和式（3-327）上式可化为

$$\hat{w}(0) = 0 \qquad \hat{w}''(0) = 0$$
$$\hat{w}(l) = 0 \qquad \hat{w}''(l) = 0 \tag{3-338}$$

把式（3-336）代入式（3-338）得

$$C_1 \sin \gamma x + C_2 \cos \gamma x + C_3 \sinh \gamma x + C_4 \cosh \gamma x \big|_{x=0} = 0$$
$$\gamma^2 (-C_1 \sin \gamma x - C_2 \cos \gamma x + C_3 \sinh \gamma x + C_4 \cosh \gamma x) \big|_{x=0} = 0$$
$$C_1 \sin \gamma x + C_2 \cos \gamma x + C_3 \sinh \gamma x + C_4 \cosh \gamma x \big|_{x=l} = 0$$
$$\gamma^2 (-C_1 \sin \gamma x - C_2 \cos \gamma x + C_3 \sinh \gamma x + C_4 \cosh \gamma x) \big|_{x=l} = 0 \tag{3-339}$$

简化得

$$C_2 + C_4 = 0$$
$$-C_2 + C_4 = 0$$
$$C_1 \sin \gamma l + C_2 \cos \gamma l + C_3 \sinh \gamma l + C_4 \cosh \gamma l = 0$$
$$-C_1 \sin \gamma l - C_2 \cos \gamma l + C_3 \sinh \gamma l + C_4 \cosh \gamma l = 0 \tag{3-340}$$

进一步简化

$$C_2 = C_4 = 0$$
$$C_1 \sin \gamma l + C_3 \sinh \gamma l = 0$$
$$-C_1 \sin \gamma l + C_3 \sinh \gamma l = 0 \tag{3-341}$$

上式后面两行左右两边同时相加得

$$2C_3 \sinh \gamma l = 0 \tag{3-342}$$

$\gamma l \neq 0$，故 $\sin \gamma l \neq 0$，所以

$$C_3 = 0 \tag{3-343}$$

式（3-341）后面两行左右同时相减得

$$C_1 \sin \gamma l = 0 \tag{3-344}$$

注意到 C_1 有解当且仅当

$$\sin \gamma l = 0 \tag{3-345}$$

引入符号

$$z = \gamma l \qquad (3\text{-}346)$$

代入式（3-345）中得到特征方程

$$\sin z = 0 \qquad (3\text{-}347)$$

解为

$$z = \pi, 2\pi, 3\pi, \cdots \text{ 或 } z_j = j\pi, \, j = 1, 2, 3, \cdots \qquad (3\text{-}348)$$

把上式代入式（3-346）中得波数

$$\gamma_j = j\frac{\pi}{l}, \, j = 1, 2, 3, \cdots \qquad (3\text{-}349)$$

综合式（3-349）和式（3-330）得到固有频率

$$\omega_j = \gamma_j^2 \sqrt{\frac{EI}{m}} \text{ 或 } \omega_j = \left(j\frac{\pi}{l}\right)^2 \sqrt{\frac{EI}{m}} = (j\pi)^2 \sqrt{\frac{EI}{ml^4}}, \, j = 1, 2, 3, \cdots \qquad (3\text{-}350)$$

为了方便起见，引入弯曲波速

$$c_F = \frac{\omega}{\gamma} = \frac{\omega}{\frac{\sqrt{\omega}}{a}} = a\sqrt{\omega} = \left(\frac{EI}{m}\right)^{1/4} \sqrt{\omega} \qquad (3\text{-}351)$$

（2）振型

对于每一个特征值和固有频率，都可以得到一个特征方程或振型，即

$$W_j(x) = C_j \sin \gamma_j x, \, j = 1, 2, 3, \cdots \qquad (3\text{-}352)$$

应当注意到，所有的振型 $W_j(x)$ 都满足式（3-329）和式（3-338）的边界条件。常数 C_j 不能由微分方程和边界条件得到。这很容易证明，假如 $W_j(x)$ 满足微分方程和边界条件，那么它的任意倍数 $\alpha W_j(x), \, \alpha \in \mathbb{R}$ 也同时满足。因此，C_j 的值可以任意取。例如 $C_j = 1$，这样振型绘图时会很方便。

（3）振型的正交性

已知振型满足式（3-329），即

$$EIW_j'''' - \omega_j^2 mW_j = 0, \, j = 1, 2, 3, \cdots \qquad (3\text{-}353)$$

考虑两个不同的振型 $W_p(x)$ 和 $W_q(x)$，满足：

$$\begin{aligned} EIW_p'''' &= \omega_p^2 mW_p \\ EIW_q'''' &= \omega_q^2 mW_q \end{aligned} \qquad (3\text{-}354)$$

为了分析有关质量的正交性，考虑

$$\int_0^l mW_p(x)W_q(x)\mathrm{d}x \qquad (3\text{-}355)$$

把式（3.352）代入式（3.355）得

$$\int_0^l m(C_p \sin \gamma_p x)(C_q \sin \gamma_q x)\mathrm{d}x \qquad (3\text{-}356)$$

利用三角公式

$$\int_0^l (\sin \gamma_p x)(\sin \gamma_q x)\mathrm{d}x = \frac{1}{2}\int_0^l [\cos(\gamma_p - \gamma_q)x - \cos(\gamma_p + \gamma_q)x]\mathrm{d}x = \frac{l}{2}\delta_{pq} \qquad (3\text{-}357)$$

式（3-349）可用来估计 γ_p 和 γ_q。δ_{pq} 为克罗内克符号（ $p = q$ 时 $\delta_{pq} = 1$ ，$p \ne q$ 时 $\delta_{pq} = 0$ ）。利用式（3-356）和式（3.357）并假设 $p \ne q$ ，由式（3-355）可得关于质量的正交条件：

$$\int_0^l mW_p(x)W_q(x)\mathrm{d}x = 0, \; p \ne q \qquad (3\text{-}358)$$

此正交条件不仅仅适用于式（3-352）表示的简单振型。为了说明这一点，代入式（3-354）并整理得

$$\int_0^l EIW_p''''(x)W_q(x)\mathrm{d}x = \omega_p^2 \int_0^l mW_p(x)W_q(x)\mathrm{d}x$$
$$\int_0^l EIW_q''''(x)W_p(x)\mathrm{d}x = \omega_q^2 \int_0^l mW_q(x)W_p(x)\mathrm{d}x \qquad (3\text{-}359)$$

两式相减

$$\int_0^l EIW_p''''(x)W_q(x)\mathrm{d}x - \int_0^l EIW_q''''(x)W_p(x)\mathrm{d}x = (\omega_p^2 - \omega_q^2)\int_0^l mW_p(x)W_q(x)\mathrm{d}x \qquad (3\text{-}360)$$

计算

$$[EIW_p'''(x)W_q(x)]_0^l - [EIW_p''(x)W_q'(x)]_0^l + \int_0^l \cancel{EIW_p''(x)W_q''(x)}\mathrm{d}x$$
$$- [EIW_q'''(x)W_p(x)]_0^l + [EIW_q''(x)W_p'(x)]_0^l - \int_0^l \cancel{EIW_p''(x)W_q''(x)}\mathrm{d}x \qquad (3\text{-}361)$$
$$= (\omega_p^2 - \omega_q^2)\int_0^l mW_p(x)W_q(x)\mathrm{d}x$$

整理得

$$(\omega_p^2 - \omega_q^2)\int_0^l mW_p(x)W_q(x)\mathrm{d}x =$$
$$[EIW_p'''(x)W_q(x) - EIW_q'''(x)W_p(x)]_0^l - [EIW_p''(x)W_q'(x) - EIW_q''(x)W_p'(x)]_0^l \qquad (3\text{-}362)$$

等式右边是边界上的双线性差值，其中包含振型和导数。已知振型满足式（3-338）的边界条件，那么显然等式（3-362）右边为零，因此式（3-362）可写为

$$(\omega_p^2 - \omega_q^2)\int_0^l mW_p(x)W_q(x)\mathrm{d}x = 0 \qquad (3\text{-}363)$$

当 $p \ne q$ 时，$\omega_p^2 \ne \omega_q^2$ ，因此上式可化为

$$\int_0^l mW_p(x)W_q(x)\mathrm{d}x = 0 \qquad (3\text{-}364)$$

这与式（3-358）中的正交条件完全相同。注意到上述推导是在一般情况下进行的，只要边界条件存在，式（3-364）始终成立。

对于均匀梁来说，分布质量是常数，$m = \rho A = \mathrm{const}$ ，因此式（3-364）可简化为

$$\int_0^l W_p(x)W_q(x)\mathrm{d}x = 0, \; p \ne q(均匀梁正交条件) \qquad (3\text{-}365)$$

为分析关于刚度的正交条件，考虑积分：

$$\int_0^l EIW_p''''(x)W_q(x)\mathrm{d}x, \; p \ne q \qquad (3\text{-}366)$$

由式（3-359）可将上式写为

$$\int_0^l EIW_p''''(x)W_q(x)\mathrm{d}x = \omega_p^2 \int_0^l mW_p(x)W_q(x)\mathrm{d}x \qquad (3\text{-}367)$$

代入式（3-364）

$$\int_0^l EIW_p''''(x)W_q(x)\mathrm{d}x = 0,\ p \neq q \qquad (3\text{-}368)$$

式（3-368）是关于刚度的正交条件。应用分步积分法得

$$[EIW_p'''(x)W_q(x)]_0^l - [EIW_p''(x)W_q'(x)]_0^l + \int_0^l EIW_p''(x)W_q''(x)\mathrm{d}x = 0,\ p \neq q \qquad (3\text{-}369)$$

引入边界条件可将上式化为

$$\int_0^l EIW_p''(x)W_q''(x)\mathrm{d}x = 0,\ p \neq q \qquad (3\text{-}370)$$

式（3-370）仅在边界条件存在时成立。在实际应用中，当验证实验得到的振型刚度正交性时，常用式（3-370）而不是式（3-368），因为二阶导数比四阶导数更易计算。

（4）模态系数：模态质量和模态刚度

由式（3-363）可知，当 $p = q$ 时，$(\omega_p^2 - \omega_q^2)\big|_{p=q} = 0$，故无论积分 $\int_0^l mW_p(x)W_q(x)\mathrm{d}x$ 为何值，等式都成立。因此，$\int_0^l mW_p(x)W_q(x)\mathrm{d}x$ 的值可用来计算模态质量 m_j，$j = 1, 2, 3, \cdots$。令 $p = q = j$，则

$$\int_0^l mW_p(x)W_q(x)\mathrm{d}x\bigg|_{p=q=j} = \int_0^l mW_j^2(x)\mathrm{d}x \qquad (3\text{-}371)$$

因此，模态质量定义为

$$m_j = \int_0^l mW_j^2(x)\mathrm{d}x,\ j = 1, 2, 3, \cdots \qquad (3\text{-}372)$$

类似地，根据式（3-366）可以推出模态刚度的定义为

$$k_j = \int_0^l EIW_j''''(x)W_j(x)\mathrm{d}x \qquad (3\text{-}373)$$

模态质量和模态刚度可以通过模态频率 ω_j 联系起来，由式（3-367）可得

$$\int_0^l EIW_p''''(x)W_q(x)\mathrm{d}x = \omega_p^2 \int_0^l mW_p(x)W_q(x)\mathrm{d}x \qquad (3\text{-}374)$$

令 $p = q = j$ 得到

$$\int_0^l EIW_j''''(x)W_j(x)\mathrm{d}x = \omega_j^2 \int_0^l mW_j(x)W_j(x)\mathrm{d}x = \omega_j^2 \int_0^l mW_j^2(x)\mathrm{d}x = \omega_j^2 m_j \qquad (3\text{-}375)$$

综合式（3-373）和式（3-375）得到模态质量和模态刚度与模态频率的关系：

$$k_j = \omega_j^2 m_j,\ j = 1, 2, 3, \cdots \qquad (3\text{-}376)$$

对模态刚度定义式进行分步积分得

$$\int_0^l EIW_j''''(x)W_j(x)\mathrm{d}x = [EIW_j'''(x)W_j(x)]_0^l - [EIW_j''(x)W_j'(x)]_0^l + \int_0^l EIW_j''(x)W_j''(x)\mathrm{d}x \qquad (3\text{-}377)$$

已知振型满足式（3-338）中的边界条件，因此上式可化为

$$k_j = \int_0^l EIW_j''^2(x)\mathrm{d}x,\ j = 1, 2, 3, \cdots \qquad (3\text{-}378)$$

在实际应用中，当导出的振型被用于计算模态刚度时，常用式（3-378）而不是式（3-373），因为二阶导数比四阶导数更易计算。然而应当注意仅当边界条件存在时，式（3-378）才成立。如果边界条件不存在，就要用到式（3-373）。

模态质量 m_j 和模态刚度 k_j 都是模态系数。阻尼存在时，将会派生另一个模态系数：

模态阻尼 c_j，其推导类似前两种模态系数。因此，一般情况下，需要用到三个模态系数：m_j、k_j 和 c_j，$j = 1, 2, 3, \cdots$

（5）振型归一化：标准化振型

振型归一化有利于确定式（3-352）中的常数 C_j。确定 C_j 的方法很多，其中最简单的是取 $C_j = 1$，这也有利于振型的绘图。其他更精确的归一化方法列在 3.4.1（3）节中，都利用了长度上的振型积分，接下来将着重讨论。

1）长度归一化

长度归一化可用于均匀梁。由式（3-365）已知

$$\int_0^l W_p(x) W_q(x) \mathrm{d}x = 0, \ p \neq q \tag{3-379}$$

令 $p = q = j$，并假设积分值为 1，即

$$\int_0^l W_j^2(x) \mathrm{d}x = 1 \tag{3-380}$$

把式（3-352）代入式（3-226）得

$$\int_0^l (C_j \sin \gamma_j x)^2 \mathrm{d}x = 1 \tag{3-381}$$

类似于式（3-227），对式（3-381）进行同样的处理得

$$C_j = \sqrt{\frac{2}{l}}, \ j = 1, 2, 3, \cdots \tag{3-382}$$

2）质量归一化

对于非均匀杆，可以进行质量归一化。由式（3-372）已知模态质量的定义

$$m_j = \int_0^l m W_j^2(x) \mathrm{d}x, \ j = 1, 2, 3, \cdots \tag{3-383}$$

把式（3-352）中的振型表达式代入其中得

$$m_j = \int_0^l m W_j^2(x) \mathrm{d}x = \int_0^l m (C_j \sin \gamma_j x)^2 \mathrm{d}x = m C_j^2 \int_0^l (\sin \gamma_j x)^2 \mathrm{d}x = \frac{m l C_j^2}{2} \tag{3-384}$$

欲对振型进行质量归一化，需使模态质量为 1，即

$$m_j = 1, \ j = 1, 2, 3, \cdots \tag{3-385}$$

把式（3-383）代入式（3-385）中得

$$\int_0^l m W_j^2(x) \mathrm{d}x = 1, \ j = 1, 2, 3, \cdots \tag{3-386}$$

综合式（3-384）和式（3-386）可得

$$C_j = \sqrt{\frac{2}{ml}} \tag{3-387}$$

把式（3-387）代入式（3-352）中得到质量归一化振型，也称为标准化振型，即

$$W_j(x) = \sqrt{\frac{2}{ml}} \sin \gamma_j x, \ j = 1, 2, 3, \cdots \tag{3-388}$$

上述振型是质量归一化的，满足：

$$\int_0^l m W_j^2(x) \mathrm{d}x = 1, \ j = 1, 2, 3, \cdots \tag{3-389}$$

上式给出的质量归一化振型是一般的，它并不仅局限于式（3-388）给出的振型。一般来说所有满足式（3-389）的振型被称为归一化振型或标准化振型。这一理论可用于归一化实验得出的振型。

已知式（3-373）和式（3-376），即

$$k_j = \int_0^l EIW_j''''(x)W_j(x)\mathrm{d}x \qquad , \ j=1,2,3,\cdots \qquad (3\text{-}390)$$

$$k_j = \omega_j^2 m_j$$

把式（3-385）代入式（3-390）的第二个等式得

$$k_j = \omega_j^2, \ j=1,2,3,\cdots \qquad (3\text{-}391)$$

综合式（3-390）和式（3-391）可得

$$\int_0^l EIW_j''''(x)W_j(x)\mathrm{d}x = \omega_j^2, \ j=1,2,3,\cdots \qquad (3\text{-}392)$$

把式（3-391）代入式（3-378）可得

$$\int_0^l EIW_j''^2(x)\mathrm{d}x = \omega_j^2, \ j=1,2,3,\cdots \qquad (3\text{-}393)$$

在实际应用中，当导出的振型被用于计算模态刚度时，常用到式（3-393）而不是式（3-392），因为二阶导数比四阶导数更易准确计算。然而应当注意仅当边界条件存在时，式（3-393）才成立。如果边界条件不存在，就要用到式（3-392）。

标准化振型应同时满足式（3-386）和式（3-392）或式（3-393）的归一化条件，当对实验得到的振型进行归一化时，这一点很重要。

阻尼存在时，将会派生另一个模态系数：模态阻尼比 ζ_j，其推导类似前两种模态系数。因此，对于归一化振型，只需要用到两个模态系数：模态频率 ω_j 和模态阻尼比 ζ_j。

（6）正交振型

目前已经了解了振型正交和归一化的条件。同时归一化和正交的振型称为正交归一化振型。对于均匀梁，可以利用长度归一化得到正交条件

$$\int_0^l W_p(x)W_q(x)\mathrm{d}x = \delta_{pq} = \begin{cases} 1, \ p=q \\ 0, \ p \neq q \end{cases} \quad （长度归一化） \qquad (3\text{-}394)$$

对非均匀梁，可以利用质量归一化得到正交条件

$$\int_0^l mW_p(x)W_q(x)\mathrm{d}x = \delta_{pq} = \begin{cases} 1, \ p=q \\ 0, \ p \neq q \end{cases}$$

$$\int_0^l EAW_p''''(x)W_q(x)\mathrm{d}x = \omega_p^2 \delta_{pq} = \begin{cases} \omega_p^2, \ p=q \\ 0, \ p \neq q \end{cases} \quad （质量归一化） \qquad (3\text{-}395)$$

代入边界条件可得

$$\int_0^l EAW_p''(x)W_q''(x)\mathrm{d}x = \omega_p^2 \delta_{pq} = \begin{cases} \omega_p^2, \ p=q \\ 0, \ p \neq q \end{cases} \qquad (3\text{-}396)$$

处理实验得出的振型时都需要应用正交和归一化条件。

3.4.2 其他边界条件

（1）两端自由的梁

考虑两端自由梁的边界条件：

$$M(0, t) = 0 \qquad V(0, t) = 0$$
$$M(l, t) = 0 \qquad V(l, t) = 0 \tag{3-397}$$

利用式（3-322）、式（3-323）和式（3-327）可将上式化为

$$\hat{w}''(0) = 0 \qquad \hat{w}'''(0) = 0$$
$$\hat{w}''(l) = 0 \qquad \hat{w}'''(l) = 0 \tag{3-398}$$

把式（3-336）中的一般解代入式（3-398）可得

$$\gamma^2(-C_1 \sin \gamma x - C_2 \cos \gamma x + C_3 \sinh \gamma x + C_4 \cosh \gamma x)\big|_{x=0} = 0$$
$$\gamma^3(-C_1 \cos \gamma x + C_2 \sin \gamma x + C_3 \cosh \gamma x + C_4 \sinh \gamma x)\big|_{x=0} = 0$$
$$\gamma^2(-C_1 \sin \gamma x - C_2 \cos \gamma x + C_3 \sinh \gamma x + C_4 \cosh \gamma x)\big|_{x=l} = 0$$
$$\gamma^3(-C_1 \cos \gamma x + C_2 \sin \gamma x + C_3 \cosh \gamma x + C_4 \sinh \gamma x)\big|_{x=l} = 0 \tag{3-399}$$

简化得

$$-C_2 + C_4 = 0$$
$$-C_1 + C_3 = 0$$
$$-C_1 \sin \gamma l - C_2 \cos \gamma l + C_3 \sinh \gamma l + C_4 \cosh \gamma l = 0$$
$$-C_1 \cos \gamma l + C_2 \sin \gamma l + C_3 \cosh \gamma l + C_4 \sinh \gamma l = 0 \tag{3-400}$$

进一步简化得

$$C_4 = C_2$$
$$C_3 = C_1$$
$$C_1(-\sin \gamma l + \sinh \gamma l) + C_2(-\cos \gamma l + \cosh \gamma l) = 0$$
$$C_1(-\cos \gamma l + \cosh \gamma l) + C_2(\sin \gamma l + \sinh \gamma l) = 0 \tag{3-401}$$

式（3-401）的最后两行构成了关于 C_1 和 C_2 的齐次线性代数方程组：

$$(-\sin \gamma l + \sinh \gamma l)C_1 + (-\cos \gamma l + \cosh \gamma l)C_2 = 0$$
$$(-\cos \gamma l + \cosh \gamma l)C_1 + (\sin \gamma l + \sinh \gamma l)C_2 = 0 \tag{3-402}$$

上述方程组有解当且仅当其行列式值为零时，即

$$\begin{vmatrix} -\sin \gamma l + \sinh \gamma l & -\cos \gamma l + \cosh \gamma l \\ -\cos \gamma l + \cosh \gamma l & \sin \gamma l + \sinh \gamma l \end{vmatrix} = 0 \tag{3-403}$$

展开并简化得

$$\cos \gamma l \cosh \gamma l - 1 = 0 \tag{3-404}$$

引入符号

$$z = \gamma l \tag{3-405}$$

把式（3-405）代入式（3-404）中得特征方程：

$$\cos z \cosh z - 1 = 0 \tag{3-406}$$

式（3-406）是一个超越方程，由之可得到对应于两端自由梁弯曲振动时的特征值。表 3-5 给出了前 5 个特征值。随着 z 变大，特征值逐渐接近准确值。从第 6 个特征值开始近似为准确值：

$$z_j = (2j+1)\frac{\pi}{2}, \ j = 6,7,8,\cdots \tag{3-407}$$

已知式（3-330）和式（3-405），可计算出对应的固有频率：

$$\gamma_j = \frac{z_j}{l}, \ \omega_j = z_j^{\ 2}\sqrt{\frac{EI}{ml^4}}, \ f_j = \frac{1}{2\pi}z_j^{\ 2}\sqrt{\frac{EI}{ml^4}}, \ j = 1,2,3,\cdots \tag{3-408}$$

其中，z_j、ω_j 和 f_j 都在表 3-5 中给出。对于均匀梁来说，式（3-408）可简化为

$$\gamma_j = \frac{z_j}{l}, \ \omega_j = \gamma_j^{\ 2}\sqrt{\frac{EI}{\rho A}}, \ f_j = \frac{1}{2\pi}\gamma_j^{\ 2}\sqrt{\frac{EI}{\rho A}}, \ j = 1,2,3,\cdots \tag{3-409}$$

式（3-402）的解代入式（3-336）中得到两端自由梁的弯曲振动振型

$$W_j(x) = A_j[(\cosh\gamma_j x + \cos\gamma_j x) - \beta_j(\sinh\gamma_j x + \sin\gamma_j x)], \ j = 1,2,3,\cdots \tag{3-410}$$

其中，A_j 是比例因子；β_j 是式（3-402）两式之一的解确定的模态参数，即

$$\beta_j = -\left(\frac{C_1}{C_2}\right)_j = \frac{\cosh\gamma_j l - \cos\gamma_j l}{\sinh\gamma_j l - \sin\gamma_j l} = \frac{\sinh\gamma_j l + \sin\gamma_j l}{\cosh\gamma_j l - \cos\gamma_j l} \tag{3-411}$$

表 3-5　特征值 $z = \gamma l$、固有频率为 ω、模态参数为 β 的两端自由梁的弯曲振动

j	$z_j = (\gamma l)_j$	ω_j	f_j	β_j
1	4.73004074	$22.373287\sqrt{\dfrac{EI}{ml^4}}$	$3.5608190\sqrt{\dfrac{EI}{ml^4}}$	0.982502215
2	7.85320462	$61.673823\sqrt{\dfrac{EI}{ml^4}}$	$9.8155346\sqrt{\dfrac{EI}{ml^4}}$	1.000777312
3	10.9956078	$120.903391\sqrt{\dfrac{EI}{ml^4}}$	$19.2423723\sqrt{\dfrac{EI}{ml^4}}$	0.999966450
4	14.1371655	$199.859448\sqrt{\dfrac{EI}{ml^4}}$	$31.808619\sqrt{\dfrac{EI}{ml^4}}$	1.000001450
5	17.2787597	$298.55554\sqrt{\dfrac{EI}{ml^4}}$	$47.516591\sqrt{\dfrac{EI}{ml^4}}$	0.999999937
$6,7,8,\cdots$	$(2j+1)\dfrac{\pi}{2}$	$\left[(2j+1)\dfrac{\pi}{2}\right]^2\sqrt{\dfrac{EI}{ml^4}}$	$\left[(2j+1)\dfrac{\pi}{2}\right]^2\dfrac{\pi}{8}\sqrt{\dfrac{EI}{ml^4}}$	1.000000000

两端自由梁弯曲振动的前四个振型如图 3-16 所示。式（3-410）中的比例因子由归一化条件确定。两端自由梁的解析解不易求得。这种情形下，比例因子应该通过施加归一化条件分离出 A_j，然后解方程得出 A_j 的值。例如，质量已经归一化时，式（3-389）可化为

$$A_j = 1/\sqrt{\int_0^l mW_j^2(x)\mathrm{d}x} \tag{3-412}$$

对于均匀梁来说，可以由长度归一化方程（3-380）得到归一化因子的解析解：

$$A_j = \frac{1}{\sqrt{l}} \quad (m\text{为定值}) \tag{3-413}$$

上式的证明见本章参考文献[8]附录 C 第 342～346 页。

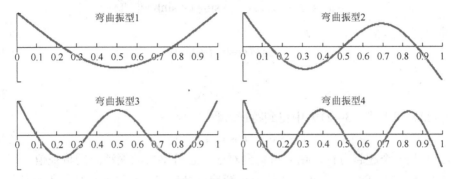

图 3-16　两端自由梁弯曲振动的前四个振型

（2）悬臂梁

悬臂梁是一端固定一端自由的梁，它的边界条件为

$$
\begin{aligned}
w(0,\,t) = 0 \qquad & w'(0,\,t) = 0 \qquad \text{固定端}\\
M(l,\,t) = 0 \qquad & V(l,\,t) = 0 \qquad \text{自由端}
\end{aligned} \tag{3-414}
$$

利用式（3-322）、式（3-323）和式（3-327）可将上式化为

$$
\begin{aligned}
\hat{w}(0) = 0 \qquad & \hat{w}'(0) = 0\\
\hat{w}''(l) = 0 \qquad & \hat{w}'''(l) = 0
\end{aligned} \tag{3-415}
$$

把式（3-336）中的通解代入式（3-415）可得

$$
\begin{aligned}
& C_1 \sin \gamma x + C_2 \cos \gamma x + C_3 \sinh \gamma x + C_4 \cosh \gamma x \big|_{x=0} = 0\\
& \gamma(C_1 \cos \gamma x - C_2 \sin \gamma x + C_3 \cosh \gamma x + C_4 \sinh \gamma x)\big|_{x=0} = 0\\
& \gamma^2(-C_1 \sin \gamma x - C_2 \cos \gamma x + C_3 \sinh \gamma x + C_4 \cosh \gamma x)\big|_{x=l} = 0\\
& \gamma^3(-C_1 \cos \gamma x + C_2 \sin \gamma x + C_3 \cosh \gamma x + C_4 \sinh \gamma x)\big|_{x=l} = 0
\end{aligned} \tag{3-416}
$$

简化得

$$
\begin{aligned}
& C_2 + C_4 = 0\\
& C_1 + C_3 = 0\\
& -C_1 \sin \gamma l - C_2 \cos \gamma l + C_3 \sinh \gamma l + C_4 \cosh \gamma l = 0\\
& -C_1 \cos \gamma l + C_2 \sin \gamma l + C_3 \cosh \gamma l + C_4 \sinh \gamma l = 0
\end{aligned} \tag{3-417}
$$

进一步简化得

$$
\begin{aligned}
& C_4 = -C_2\\
& C_3 = -C_1\\
& C_1(\sin \gamma l + \sinh \gamma l) + C_2(\cos \gamma l + \cosh \gamma l) = 0\\
& C_1(\cos \gamma l + \cosh \gamma l) + C_2(-\sin \gamma l + \sinh \gamma l) = 0
\end{aligned} \tag{3-418}
$$

式（3-418）的最后两行构成了关于 C_1 和 C_2 的齐次线性代数方程组

$$(\sin \gamma l + \sinh \gamma l)C_1 + (\cos \gamma l + \cosh \gamma l)C_2 = 0$$
$$(\cos \gamma l + \cosh \gamma l)C_1 + (-\sin \gamma l + \sinh \gamma l)C_2 = 0 \tag{3-419}$$

上述方程组有解当且仅当其行列式值为零，即

$$\begin{vmatrix} \sin \gamma l + \sinh \gamma l & \cos \gamma l + \cosh \gamma l \\ \cos \gamma l + \cosh \gamma l & -\sin \gamma l + \sinh \gamma l \end{vmatrix} = 0 \tag{3-420}$$

展开并简化得

$$\cos \gamma l \cosh \gamma l + 1 = 0 \tag{3-421}$$

引入符号

$$z = \gamma l \tag{3-422}$$

把式（3-422）代入式（3-421）中得到特征方程

$$\cos z \cosh z + 1 = 0 \tag{3-423}$$

式（3-423）是一个超越方程，由之可得到对应于悬臂梁弯曲振动时的特征值。表 3-6 给出了前 5 个特征值。随着 z 变大，特征值逐渐接近准确值。从第 6 个特征值开始近似为准确值：

$$z_j = (2j-1)\frac{\pi}{2}, \ j = 6, 7, 8, \cdots \tag{3-424}$$

表 3-6　特征值 $z = \gamma l$、固有频率为 ω、模态参数为 β 的悬臂梁的弯曲振动

j	$z_j = (\gamma l)_j$	$\omega_j /(\mathrm{rad/s})$	f_j /Hz	β_j
1	1.87510407	$3.51601527\sqrt{\dfrac{EI}{ml^4}}$	$0.55959121\sqrt{\dfrac{EI}{ml^4}}$	0.73409551
2	4.6940911	$22.0344916\sqrt{\dfrac{EI}{ml^4}}$	$3.5068983\sqrt{\dfrac{EI}{ml^4}}$	1.01846732
3	7.8547574	$61.697214\sqrt{\dfrac{EI}{ml^4}}$	$9.8194166\sqrt{\dfrac{EI}{ml^4}}$	0.99922450
4	10.9955407	$120.901916\sqrt{\dfrac{EI}{ml^4}}$	$19.2421376\sqrt{\dfrac{EI}{ml^4}}$	1.00003355
5	14.1371684	$199.859530\sqrt{\dfrac{EI}{ml^4}}$	$31.808632\sqrt{\dfrac{EI}{ml^4}}$	0.99999855
$6,7,8,\cdots$	$(2j-1)\dfrac{\pi}{2}$	$\left[(2j-1)\dfrac{\pi}{2}\right]^2\sqrt{\dfrac{EI}{ml^4}}$	$\left[(2j-1)\dfrac{\pi}{2}\right]^2\dfrac{\pi}{8}\sqrt{\dfrac{EI}{ml^4}}$	1.00000000

已知式（3-330），可计算出对应的固有频率为

$$\omega_j = z_j^2\sqrt{\frac{EI}{ml^4}}, \ f_j = \frac{1}{2\pi}z_j^2\sqrt{\frac{EI}{ml^4}}, \ j = 1,2,3,\cdots \tag{3-425}$$

其中，z_j、ω_j 和 f_j 在表 3-6 中给出。

代数式（3-419）的解代入式（3-336）中得到悬臂梁的弯曲振动振型为

$$W_j(x) = A_j[(\cosh \gamma_j x - \cos \gamma_j x) - \beta_j(\sinh \gamma_j x - \sin \gamma_j x)], \ j = 1,2,3,\cdots \tag{3-426}$$

其中 β_j 是式（3-419）两式之一解确定的模态参数，即

$$\beta_j = -\left(\frac{C_1}{C_2}\right) = \frac{\cosh\gamma_j l + \cos\gamma_j l}{\sinh\gamma_j l + \sin\gamma_j l} = \frac{\sinh\gamma_j l - \sin\gamma_j l}{\cosh\gamma_j l + \cos\gamma_j l} \tag{3-427}$$

（3）数值稳定的弯曲振型公式

当 γl 值很大时，由于 $\sinh\gamma l$ 和 $\cosh\gamma l$ 中隐含的 $e^{\gamma l}$ 使得式（3-426）的值可能不稳定，即

$$\lim_{\gamma l \to \infty} \sinh\gamma l = \lim_{\gamma l \to \infty} \frac{e^{\gamma l} - e^{-\gamma l}}{2} = \infty \tag{3-428}$$

$$\lim_{\gamma l \to \infty} \cosh\gamma l = \lim_{\gamma l \to \infty} \frac{e^{\gamma l} + e^{-\gamma l}}{2} = \infty \tag{3-429}$$

为了避免这种情况的发生，要寻找数值稳定的式（3-410）和式（3-426）的替代式。

1）数值稳定的两端自由梁弯曲振型

由式（3-411）可知

$$\lim_{\gamma l \to \infty} \beta = \lim_{\gamma l \to \infty} \frac{\cosh\gamma l - \cos\gamma_j l}{\sinh\gamma l - \sin\gamma_j l} = \lim_{\gamma l \to \infty} \frac{\sinh\gamma l + \sin\gamma l}{\cosh\gamma l - \cos\gamma l} = 1 \tag{3-430}$$

综合式（3-428）、式（3-429）和式（3-430），可将式（3-410）化为

$$\begin{aligned} W_j(x) &= A_j[(\cosh\gamma_j x + \cos\gamma_j x) - \beta_j(\sinh\gamma_j x + \sin\gamma_j x)] \\ &= A_j\left[\cos\gamma_j x - \beta_j \sin\gamma_j x + \frac{1}{2}(1-\beta_j)e^{\gamma_j x} + \frac{1}{2}(1+\beta_j)e^{-\gamma_j x}\right] \end{aligned} \tag{3-431}$$

图 3-17 说明式（3-431）是数值稳定的，式（3-410）数值不是稳定。图 3-17a 说明由式（3-410）得出的振型越高，数值越不稳定。

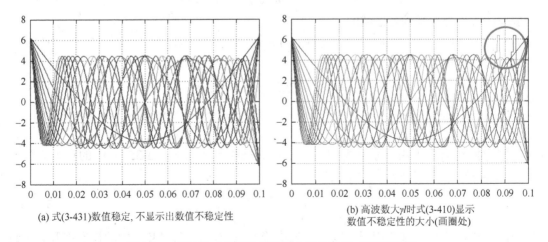

(a) 式(3-431)数值稳定, 不显示出数值不稳定性

(b) 高波数大 γl 时式(3-410)显示数值不稳定性的大小(画圈处)

图 3-17 高波数时振型数值不稳定性的比较（后附彩图）

2）数值稳定的悬臂梁振型

由式（3-427）可知

$$\lim_{\gamma l \to \infty} \beta_j = \lim_{\gamma l \to \infty} \frac{\cosh \gamma l + \cos \gamma l}{\sinh \gamma l + \sin \gamma l} = \lim_{\gamma l \to \infty} \frac{\sinh \gamma l - \sin \gamma l}{\cosh \gamma l + \cos \gamma l} = 1 \qquad (3\text{-}432)$$

综合式（3-428）、式（3-429）和式（3-432），可以把式（3-426）表达为

$$W_j(x) = A_j [(\cosh \gamma_j x - \cos \gamma_j x) - \beta_j (\sinh \gamma_j x - \sin \gamma_j x)]$$

$$= A_j \left[-\cos \gamma_j x + \beta_j \sin \gamma_j x + \frac{1}{2}(1-\beta_j) \mathrm{e}^{\gamma_j x} + \frac{1}{2}(1+\beta_j) \mathrm{e}^{-\gamma_j x} \right] \qquad (3\text{-}433)$$

3.4.3　梁的受迫弯曲振动

假设一根梁在时变横向分布激励力 $f(x, t)$ 下弯曲振动，如图 3-18 所示。$f(x,t)$ 的单位是单位长度上的力。类似图 3-15b 对其进行微元分析得

$$V'(x, t) + f(x, t) = m\ddot{w}(x, t) \qquad (3\text{-}434)$$

$$M'(x, t) + V(x, t) = 0 \qquad (3\text{-}435)$$

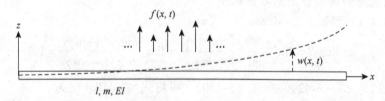

图 3-18　时变横向分布激励下均匀梁的弯曲振动

对式（3-435）求微分并代入式（3-434）中整理得

$$M''(x, t) + m\ddot{w}(x, t) = f(x, t) \qquad (3\text{-}436)$$

把式（3-322）代入式（3-436）中得到受迫弯曲振动的运动方程

$$EIw''''(x, t) + m\ddot{w}(x, t) = f(x, t) \qquad (3\text{-}437)$$

一般地，假设外部激励是谐波的

$$f(x, t) = \hat{f}(x) \mathrm{e}^{i\omega t} \qquad (3\text{-}438)$$

可得

$$m\ddot{w}(x, t) + EIw''''(x, t) = \hat{f}(x) \mathrm{e}^{i\omega t} \qquad (3\text{-}439)$$

（1）模态展开法

假设振动响应可用一系列振型来表示，这些振型满足式（3-353）中的振动方程和式（3-364）、式（3-368）中的正交条件，即

$$w(x, t) = \sum_{j=1}^{\infty} \eta_j W_j(x) \mathrm{e}^{i\omega t} \qquad (3\text{-}440)$$

其中，常数 η_j 为模态参与因子。因为只考虑稳态响应，式（3-440）中的模态展开式中只包含激励频率 ω。把式（3-440）代入式（3-439）并简化得

$$-m\omega^2 \sum_{p=1}^{\infty} \eta_p W_p(x) + EI \sum_{p=1}^{\infty} \eta_p W_p''''(x) = \hat{f}(x) \qquad (3\text{-}441)$$

方便起见，下标 j 改为 p。上式方程两边同时乘以 $W_q(x)$ 的积分得

$$-\omega^2 \sum_{p=1}^{\infty} \eta_p \int_0^l mW_q(x)W_p(x)\mathrm{d}x + \sum_{p=1}^{\infty} \eta_p \int_0^l EIW_p''''(x)W_q(x)\mathrm{d}x = \int_0^l \hat{f}(x)W_q(x)\mathrm{d}x, \ q=1,2,3,\cdots$$

$$(3\text{-}442)$$

由式（3-364）和式（3-368）的正交条件，已知 $p \neq q$ 时上式的所有项都为 0，只有当 $p=q$ 时上式各项才不为 0，此时上式变为

$$-\omega^2 \eta_j \int_0^l mW_j(x)W_j(x)\mathrm{d}x + \eta_j \int_0^l EIW_j''''(x)W_j(x)\mathrm{d}x = \int_0^l \hat{f}(x)W_j(x)\mathrm{d}x, \ j=1,2,3,\cdots \quad (3\text{-}443)$$

为了方便起见，下标 q 改写为 j。

引入式（3-372）和式（3-373）定义的模态质量 m_j 和模态刚度 k_j，上式可改写为解耦线性方程：

$$\eta_j(-m_j\omega^2 + k_j) = f_j, \ j=1,2,3,\cdots \qquad (3\text{-}444)$$

其中 f_j 是模态激励：

$$f_j = \int_0^l \hat{f}(x)W_j(x)\mathrm{d}x, \ j=1,2,3,\cdots \qquad (3\text{-}445)$$

如果振型是关于质量归一化的，把式（3-385）和式（3-391）的归一化条件代入式（3-444）得

$$\eta_j(-\omega^2 + \omega_j^2) = f_j, \ j=1,2,3,\cdots \qquad (3\text{-}446)$$

解之得模态参与因子

$$\eta_j = \frac{f_j}{-\omega^2 + \omega_j^2}, \ j=1,2,3,\cdots \qquad (3\text{-}447)$$

式（3-447）给出的模态参与因子与式（3-64）给出的单自由度系统受迫振动的振幅相对应。

到目前为止，一直都在考虑无阻尼振动情况。然而实际情况系统总是存在阻尼，从而会产生模态阻尼比 ζ_j。因此，对于阻尼系统来说，模态参与因子的表达式为

$$\eta_j = \frac{f_j}{-\omega^2 + 2i\zeta_j\omega_j\omega + \omega_j^2}, \ j=1,2,3,\cdots \qquad (3\text{-}448)$$

上式给出的模态响应类似于式（3-86）中的单自由度振动系统的响应。

（2）长度归一化振型的模态展开法

对于均匀梁来说，单位长度上的质量为定值，$m = \rho A = \mathrm{const}$，并且长度归一化振型满足式（3-394）。因此，模态质量和模态刚度可简化为

$$m_j = \int_0^l mW_j^2(x)\mathrm{d}x = m\int_0^l W_j^2(x)\mathrm{d}x = m = \rho A, \ j=1,2,3,\cdots（长度归一化振型）\quad (3\text{-}449)$$

$$k_j = \omega_j^2 m_j = \omega_j^2 m = \omega_j^2 \rho A, \ j=1,2,3,\cdots \qquad (3\text{-}450)$$

把式（3-449）和式（3-450）代入式（3-447）得

$$\eta_j = \frac{1}{\rho A} \frac{f_j}{(-\omega^2 + \omega_j^2)}, \ j=1,2,3,\cdots（长度归一化振型）\qquad (3\text{-}451)$$

对应地，式（3-448）变为

$$\eta_j = \frac{1}{\rho A} \frac{f_j}{(-\omega^2 + 2i\zeta_j\omega_j\omega + \omega_j^2)}, \quad j=1,2,3,\cdots \text{（长度归一化振型）} \qquad (3\text{-}452)$$

（3）模态响应分析

把式（3-447）代入式（3-440）得

$$w(x,\ t) = \sum_{j=1}^{\infty} \frac{f_j}{-\omega^2 + \omega_j^2} W_j(x) e^{i\omega t} \qquad (3\text{-}453)$$

当激励频率 ω 接近固有频率 ω_j 时，式（3-453）中乘以第 j 个模态 $W_j(x)$ 的因子变得很大，此时第 j 个振型占主导地位。换句话说，当 $\omega \to \omega_j$ 时，连续系统会产生共振并且会主要以固有振型 $W_j(x)$ 振动。在固有频率 ω_j 附近，连续系统与对应振型为 $W_j(x)$ 的单自由度振动系统相似。如果激励频率不唯一，那么将会在相对应的几个固有频率和振型处产生共振。

把式（3-448）代入式（3-440）中得有阻尼弯曲振动系统的频率响应：

$$w(x,\ t) = \sum_{j=1}^{\infty} \frac{f_j}{-\omega^2 + 2i\zeta_j\omega_j\omega + \omega_j^2} W_j(x) e^{i\omega t} \qquad (3\text{-}454)$$

式（3-454）表示很多项的叠加，每一项都对应一个固有频率和标准化振型，可以用来确定连续结构受不同频率谐波激励时的响应，从而得到频率响应函数（FRF）。为了求出频率响应函数，可以根据条件选择几个单位激励函数。当激励频率接近固有频率时，对应的响应会变得很大。同时当经过结构共振点时，响应会出现共振峰。在一个频率间隔内，对应于几次共振，响应就显示几个共振峰，如图 3-14 所示。

对于长度归一化振型，式（3-453）和式（3-454）变为

$$w(x,\ t) = \frac{1}{\rho A} \sum_{j=1}^{\infty} \frac{f_j}{-\omega^2 + \omega_j^2} W_j(x) e^{i\omega t} \text{（长度归一化振型）} \qquad (3\text{-}455)$$

$$w(x,\ t) = \frac{1}{\rho A} \sum_{j=1}^{\infty} \frac{f_j}{-\omega^2 + 2i\zeta_j\omega_j\omega + \omega_j^2} W_j(x) e^{i\omega t} \text{（长度归一化振型）} \qquad (3\text{-}456)$$

（4）广义弯曲激励

式（3-437）推导出了横向激励 $f(x,\ t)$ 的表达式，其他类型的激励也可引发弯曲振动。例如研究一个不产生横向力仅产生弯矩的外部激励，如图 3-19 所示。假设这一弯矩是 $m_e(x,\ t)$，单位是单位长度上的弯矩大小（即 N·m/m）。

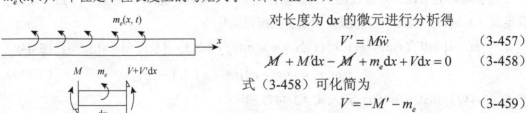

图 3-19　分布弯矩激励下的弯曲振动

对长度为 dx 的微元进行分析得

$$V' = M\ddot{w} \qquad (3\text{-}457)$$

$$M + M'dx - M + m_e dx + Vdx = 0 \qquad (3\text{-}458)$$

式（3-458）可化简为

$$V = -M' - m_e \qquad (3\text{-}459)$$

对式（3-459）求微分并代入式（3-457）整理得

$$M''(x,\ t) + m\ddot{w}(x,\ t) = -m_e'(x,\ t) \qquad (3\text{-}460)$$

把式（3-322）代入式（3-460）得分布弯矩作用下梁的受迫弯曲振动方程，即

$$EIw''''(x,\ t)+m\ddot{w}(x,\ t)=-m'_e(x,\ t) \tag{3-461}$$

之前已经介绍过，通过模态展开法解之得

$$w(x,\ t)=\frac{1}{\rho A}\sum_{j=1}^{\infty}\frac{f_j}{-\omega^2+2i\zeta_j\omega_j\omega+\omega_j^2}W_j(x)\mathrm{e}^{i\omega t} \tag{3-462}$$

其中，模态振型 f_j 为

$$f_j=\int_0^l -\hat{m}'_e(x)W_j(x)\mathrm{d}x,\ j=1,2,3,\cdots \tag{3-463}$$

对上式进行分部积分得

$$\int_0^l -\hat{m}'_e(x)W_j(x)\mathrm{d}x=[-\hat{m}_e(x)W_j(x)]_0^l+\int_0^l \hat{m}_e(x)W'_j(x)\mathrm{d}x \tag{3-464}$$

在 W_j 为零的边界条件下，上式可化为 $f_j=\int_0^l \hat{m}_e(x)W'_j(x)\mathrm{d}x$。

3.5 轴的扭转振动

3.5.1 轴的自由扭转振动

研究一个长度为 l、单位长度上的质量扭转惯性矩为 ρI_0、扭转刚度为 GJ 的均匀轴在经历位移为 $\phi(x,\ t)$ 的扭转振动，如图 3-20a 所示。长度为 $\mathrm{d}x$ 的无穷小轴承受扭矩 $T(x,\ t)$、$T(x,\ t)+T'(x,\ t)\mathrm{d}x$，如图 3-20b 所示。

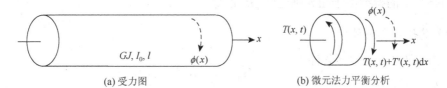

(a) 受力图　　　　　　　　　　　(b) 微元法力平衡分析

图 3-20　扭转振动的轴

对微元进行受力分析得

$$T'(x,\ t)=\rho I_0\ddot{\phi}(x,\ t) \tag{3-465}$$

简单的扭转分析得到扭矩与扭转刚度和位移对 x 的导数之间的关系为

$$T(x,\ t)=GJ\phi'(x,\ t) \tag{3-466}$$

把式（3-466）代入式（3-465）得到扭转振动的方程：

$$GJ\phi''(x,\ t)=\rho I_0\ddot{\phi}(x,\ t) \tag{3-467}$$

两边同时除以 ρI_0 并简化得

$$c_\phi^2\phi''=\ddot{\phi} \tag{3-468}$$

其中，常数 c_ϕ 是扭转波速，表示为

$$c_\phi=\sqrt{\frac{GJ}{\rho I_0}}\,或 c_\phi{}^2=\frac{GJ}{\rho I_0} \tag{3-469}$$

注意到式（3-468）与轴向振动分析得到的式（3-167）形式相同。因此，为避免重复计算，

可以把轴向振动的相关结论对应到扭转振动中。

（1）两端固定边界条件下的固有频率和振型

类似于轴向振动分析，假设

$$\phi(x,\ t) = \hat{\phi}(x)e^{i\omega t} \tag{3-470}$$

因此

$$\hat{\phi}(x) = C_1 \sin\gamma x + C_2 \cos\gamma x \tag{3-471}$$

其中

$$\gamma = \frac{\omega}{c_S} \tag{3-472}$$

对于两端固定的边界条件：

$$\phi(0,\ t) = 0$$
$$\phi(l,\ t) = 0 \tag{3-473}$$

可得到波数和固有频率为

$$\gamma_j = j\frac{\pi}{l},\ \omega_j = j\frac{\pi}{l}\sqrt{\frac{GJ}{\rho I_0}},\ j = 1,2,3,\cdots \tag{3-474}$$

正交振型为

$$\Phi_j(x) = \sqrt{\frac{2}{\rho I_0 l}}\sin\gamma_j x,\ j = 1,2,3,\cdots \tag{3-475}$$

式（3-475）中的振型关于扭转惯性矩 ρI_0 正交。

（2）其他边界条件

考虑两端自由的边界条件：

$$T(0,\ t) = 0$$
$$T(l,\ t) = 0 \tag{3-476}$$

把式（3-466）代入式（3-476）得到位移条件为

$$\hat{\phi}'(0) = 0$$
$$\hat{\phi}'(l) = 0 \tag{3-477}$$

对于这些边界条件，波数和固有频率已知

$$\gamma_j = j\frac{\pi}{l},\ \omega_j = j\frac{\pi}{l}\sqrt{\frac{GJ}{\rho I_0}},\ j = 1,2,3,\cdots \tag{3-478}$$

振型为

$$\Phi_j(x) = \sqrt{\frac{2}{\rho I_0 l}}\cos\gamma_j x,\ j = 1,2,3,\cdots \tag{3-479}$$

振型图和相应的固有频率都类似于轴向振动，列在表 3-3 中。

考虑一端固定一端自由的边界条件：

$$\phi(0,\ t) = 0$$
$$T(l,\ t) = 0 \tag{3-480}$$

把式（3-466）代入式（3-480）得到位移条件为

$$\hat{\phi}(0) = 0$$
$$\hat{\phi}'(l) = 0$$

$\qquad\qquad$ （3-481）

对于这些边界条件，波数和固有频率为

$$\gamma_j = (2j-1)\frac{\pi}{2l}, \ \omega_j = (2j-1)\frac{\pi}{2}\frac{1}{l}\sqrt{\frac{GJ}{\rho I_0}}, \ j=1,2,3,\cdots$$

$\qquad\qquad$ （3-482）

振型为

$$\Phi_j(x) = \sqrt{\frac{2}{\rho I_0 l}}\sin\gamma_j x, \ j=1,2,3,\cdots$$

$\qquad\qquad$ （3-483）

振型图和相应的固有频率都与轴向振动相同，列在表 3-4 中。

3.5.2　轴的受迫扭转振动

假设一根轴在单位时变扭矩 $f(x, t)$ 下进行扭转振动。考虑到内部应力合力 $T(x, t)$ 和外部激励 $f(x, t)$ 的综合影响，对微元进行受力分析得

$$T'(x, t) + f(x, t) = \rho I_0\ddot{\phi}(x, t)$$

$\qquad\qquad$ （3-484）

和之前一样，把应力合力用位移来表示，并假设外部激励是时间谐波的形式：

$$f(x, t) = \hat{f}(x)e^{i\omega t}$$

$\qquad\qquad$ （3-485）

可得

$$\rho I_0\ddot{\phi}(x, t) - GJ\phi''(x, t) = \hat{f}(x)e^{i\omega t}$$

$\qquad\qquad$ （3-486）

（1）模态展开法

假设模态展开式为

$$\phi(x, t) = \sum_{j=1}^{\infty}\eta_j\Phi_j(x)e^{i\omega t}$$

$\qquad\qquad$ （3-487）

其中，$\Phi_j(x)$ 是固有振型；常数 η_j 为模态参与因子。类似轴向振动的分析，把式（3-487）代入式（3-486）并应用正交条件简化得

$$\eta_j(-m_j\omega^2 + k_j) = f_j, \ j=1,2,3,\cdots$$

$\qquad\qquad$ （3-488）

其中，f_j 是模态激励，表示为

$$f_j = \int_0^l \hat{f}(x)\Phi_j(x)\mathrm{d}x, \ j=1,2,3,\cdots$$

$\qquad\qquad$ （3-489）

如果振型是关于扭转惯性矩 ρI_0 归一化的，式（3-488）可简化为

$$\eta_j(-\omega^2 + \omega_j^2) = f_j, \ j=1,2,3,\cdots$$

$\qquad\qquad$ （3-490）

解之得模态参与因子为

$$\eta_j = \frac{f_j}{-\omega^2 + \omega_j^2}, \ j=1,2,3,\cdots$$

$\qquad\qquad$ （3-491）

对于阻尼系统来说，模态参与因子的表达式为

$$\eta_j = \frac{f_j}{-\omega^2 + 2i\zeta_j\omega_j\omega + \omega_j^2}, \ j = 1, 2, 3, \cdots \tag{3-492}$$

（2）模态响应分析

把式（3-491）代入式（3-487）得

$$\phi(x,\ t) = \sum_{j=1}^{\infty} \frac{f_j}{-\omega^2 + \omega_j^2} \Phi_j(x) e^{i\omega t} \tag{3-493}$$

对于阻尼振动系统有

$$\phi(x,\ t) = \sum_{j=1}^{\infty} \frac{f_j}{-\omega^2 + 2i\zeta_j\omega_j\omega + \omega_j^2} \Phi_j(x) e^{i\omega t} \tag{3-494}$$

受迫轴向振动进行频率变化和结构共振的讨论也适用于扭转振动，在此不重复证明。

3.6 弹性长条的水平剪切振动

3.6.1 弹性长条的自由水平剪切振动

考虑一个长度为 l、横截面积为 A、密度为 ρ、分布质量 $m = \rho A$、剪切模量为 G、剪切刚度为 GA 的均匀弹性长条在经历位移为 $v(x,\ t)$ 的水平剪切振动，如图 3-21a 所示。假设变形是纯剪切变形，没有弯曲变形。长度为 $\mathrm{d}x$ 的微元所受到的剪力大小为 $V_y(x,\ t)$ 和 $V_y(x,\ t) + V_y'(x,\ t)\mathrm{d}x$，如图 3-21b 所示。

受力分析得

$$V_y'(x,\ t) = m\ddot{v}(x,\ t) \tag{3-495}$$

应力和 $V_y(x,\ t)$ 可以用剪应力 $\tau_{xy}(x,\ t)$ 在横截面上对面积的积分表示：

$$V_y(x,\ t) = \int_A \tau_{xy}(x,\ t)\mathrm{d}A \tag{3-496}$$

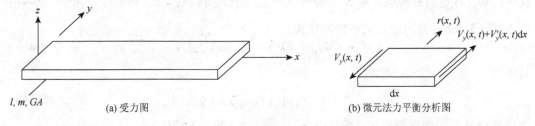

(a) 受力图　　　　　　　　(b) 微元法力平衡分析图

图 3-21　长条的水平剪切振动

注意到水平剪切振动的简化假设暗含着 $\tau_{xy}(x,\ t)$ 在厚度上是均匀的。因此式（3-496）可化为

$$V_y(x,\ t) = A\tau_{xy}(x,\ t) \tag{3-497}$$

已知应变位移关系为

$$\gamma_{xy} = \frac{\partial v}{\partial x} = v' \tag{3-498}$$

应力应变关系为

$$\tau_{xy} = G\gamma_{xy} \tag{3-499}$$

把式（3-498）和式（3-499）代入式（3-497）得

$$V_x(x, t) = GAv'(x, t) \tag{3-500}$$

其中，GA 是剪切刚度。式（3-500）对 x 求微分并代入式（3-495）得水平剪切振动方程：

$$GAv'' = m\ddot{v} \tag{3-501}$$

消去 m 可得剪切波方程

$$c_S{}^2 v'' = \ddot{v} \tag{3-502}$$

其中，c_S 是剪切波速，有

$$c_S = \sqrt{\frac{GA}{m}} \,或\, c_S{}^2 = \frac{GA}{m} \tag{3-503}$$

由于板是均匀的，$m = \rho A$，故上式可化为

$$c_S = \sqrt{\frac{G}{\rho}} \,或\, c_S{}^2 = \frac{G}{\rho} \tag{3-504}$$

注意到式（3-502）与轴向振动分析得到的式（3-167）形式相同。因此，为避免重复计算，可以把轴向振动的相关结论对应到水平剪切振动中。

（1）两端固定边界条件下的固有频率和振型

类似于轴向振动分析假设，有

$$v(x, t) = \hat{v}(x)\mathrm{e}^{i\omega t} \tag{3-505}$$

因此

$$\hat{v}(x) = C_1 \sin\gamma x + C_2 \cos\gamma x \tag{3-506}$$

其中

$$\gamma = \frac{\omega}{c_S} \tag{3-507}$$

对于两端固定的边界条件：

$$\begin{aligned} v(0, t) &= 0 \\ v(l, t) &= 0 \end{aligned} \tag{3-508}$$

可得到波数和固有频率为

$$\gamma_j = j\frac{\pi}{l},\ \omega_j = j\frac{\pi}{l}\sqrt{\frac{GA}{m}},\ f_j = \frac{\omega_j}{2\pi} = j\frac{1}{2l}\sqrt{\frac{GA}{m}},\ j = 1, 2, 3, \cdots \tag{3-509}$$

正交振型为

$$V_j(x) = \sqrt{\frac{2}{ml}}\sin\gamma_j x,\ j = 1, 2, 3, \cdots (质量归一化) \tag{3-510}$$

式（3-510）中的振型是关于分布质量 m 正交的。相应的长度归一化振型为

$$V_j(x) = \sqrt{\frac{2}{l}}\sin\gamma_j x,\ j = 1, 2, 3, \cdots (长度归一化) \tag{3-511}$$

（2）其他边界条件

考虑两端自由的边界条件：

$$V_y(0,\ t)=0$$
$$V_y(l,\ t)=0 \tag{3-512}$$

将式（3-500）和式（3-505）代入式（3-512）得到位移条件：

$$\hat{v}'(0)=0$$
$$\hat{v}'(l)=0 \tag{3-513}$$

对于这些边界条件，波数和固有频率已知：

$$\gamma_j=j\frac{\pi}{l},\ \omega_j=j\frac{\pi}{l}\sqrt{\frac{GA}{m}},f_j=\frac{\omega_j}{2\pi}=j\frac{1}{2l}\sqrt{\frac{GA}{m}},j=1,2,3,\cdots \tag{3-514}$$

振型为

$$V_j(x)=\sqrt{\frac{2}{ml}}\cos\gamma_j x,j=1,2,3,\cdots \tag{3-515}$$

振型图和相应的固有频率类似轴向振动，列在表 3-3 中。

考虑一端固定一端自由的边界条件：

$$v(0,\ t)=0$$
$$V_y(l,\ t)=0 \tag{3-516}$$

将式（3-500）和式（3-505）代入式（3-515）得到位移条件：

$$\hat{v}(0)=0$$
$$\hat{v}'(l)=0 \tag{3-517}$$

对于这些边界条件，波数和固有频率为

$$\gamma_j=(2j-1)\frac{\pi}{2l},\ \omega_j=(2j-1)\frac{\pi}{2}\frac{1}{l}\sqrt{\frac{GA}{m}},f_j=\frac{\omega_j}{2\pi}=(2j-1)\frac{1}{4l}\sqrt{\frac{GA}{m}},j=1,2,3,\cdots \tag{3-518}$$

振型为

$$V_j(x)=\sqrt{\frac{2}{ml}}\sin\gamma_j x,j=1,2,3,\cdots(质量归一化) \tag{3-519}$$

振型图和相应的固有频率都与轴向振动相同，列在表 3-4 中。

3.6.2　弹性长条的受迫水平剪切振动

假设一个长条在外部单位时变剪切力 $f(x,t)$ 下进行水平剪切振动。考虑到内部应力合力 $V_y(x,t)$ 和外部激励力 $f(x,t)$ 的综合影响，对微元进行受力分析得

$$V_y'(x,\ t)+f(x,\ t)=m\ddot{v}(x,\ t) \tag{3-520}$$

和之前一样，把应力合力用位移表示，并假设外部激励是时间谐波的形式：

$$f(x,\ t)=\hat{f}(x)e^{i\omega t} \tag{3-521}$$

可得

$$m\ddot{v}(x,\ t)-GAv''(x,\ t)=\hat{f}(x)e^{i\omega t} \tag{3-522}$$

（1）模态展开法

假设模态展开式：

$$v(x,\ t) = \sum_{j=1}^{\infty} \eta_j V_j(x) e^{i\omega t} \tag{3-523}$$

其中，$V_j(x)$ 是固有振型；常数 η_j 为模态参与因子。类似于轴向振动的分析，把式（3-523）代入式（3-522）并应用正交条件简化得

$$\eta_j(-m_j\omega^2 + k_j) = f_j,\ j = 1,2,3,\cdots \tag{3-524}$$

其中，f_j 是模态激励，有

$$f_j = \int_0^l \hat{f}(x) V_j(x) dx,\ j = 1,2,3,\cdots \tag{3-525}$$

如果振型是关于单位质量 m 归一化的，式（3-524）可简化为

$$\eta_j(-\omega^2 + \omega_j^2) = f_j,\ j = 1,2,3,\cdots \tag{3-526}$$

解之得模态参与因子为

$$\eta_j = \frac{f_j}{-\omega^2 + \omega_j^2},\ j = 1,2,3,\cdots \tag{3-527}$$

对于阻尼系统来说，模态参与因子的表达式为

$$\eta_j = \frac{f_j}{-\omega^2 + 2i\zeta_j\omega_j\omega + \omega_j^2},\ j = 1,2,3,\cdots \tag{3-528}$$

（2）模态响应分析

把式（3-528）代入式（3-523）得

$$v(x,\ t) = \sum_{j=1}^{\infty} \frac{f_j}{-\omega^2 + \omega_j^2} V_j(x) e^{i\omega t} \tag{3-529}$$

对于阻尼系统，有

$$v(x,\ t) = \sum_{j=1}^{\infty} \frac{f_j}{-\omega^2 + 2i\zeta_j\omega_j\omega + \omega_j^2} V_j(x) e^{i\omega t} \tag{3-530}$$

对受迫轴向振动进行频率变化和结构共振的讨论也适用于水平剪切振动，在此不重复证明。

对长度归一化振型，式（3-529）和式（3-530）可化为

$$v(x,\ t) = \frac{1}{\rho A} \sum_{j=1}^{\infty} \frac{f_j}{-\omega^2 + \omega_j^2} V_j(x) e^{i\omega t} （长度归一化振型） \tag{3-531}$$

$$v(x,\ t) = \frac{1}{\rho A} \sum_{j=1}^{\infty} \frac{f_j}{-\omega^2 + 2i\zeta_j\omega_j\omega + \omega_j^2} V_j(x) e^{i\omega t} （长度归一化振型） \tag{3-532}$$

3.7　梁的垂直剪切振动

考虑一个长度为 l、横截面积为 A、密度为 ρ、分布质量 $m = \rho A$、剪切模量为 G、

剪切刚度为 GA 的均匀梁在经历位移为 $\omega_s(x, t)$ 的垂直剪切振动，假设变形仅由剪切引起而没有弯曲变形。在这种情况下，梁的垂直剪切振动和弹性长条的水平剪切振动有相同的波动方程、波速、固有频率和振型，只有运动方向是垂直的而非水平的。

3.8　总　　结

本章简略介绍了振动理论的相关概念和公式，以便读者掌握后续章节中讨论的很多 SHM 方法。

本章首先介绍了包含质量块-弹簧-阻尼器的单自由度振动系统的振动分析，为学习本章后面更复杂的系统作铺垫。单自由度振动系统用于介绍最基本的概念，如运动微分方程、基本的谐波解、自由与受迫振动、阻尼和无阻尼振动等。本章还讨论了振动分析的能量方法。

本章的第二部分介绍连续系统的振动。偏微分方程在空间域和时间域上可以表示这类振动。假设在时域，振动是谐波，那么运动方程在空间域上可被简化为一个常微分方程（ODE）。这是一个边界值问题，可以导出特征值和本征模态，以及与之相关的固有频率和振型。杆的轴向振动、梁的弯曲振动、轴的扭转振动、弹性长条的水平剪切振动，以及短梁的垂直剪切振动都有涉及。在各种情况下，都先研究自由振动，然后研究受迫振动。

3.9　问题和练习

1. 证明：$u(t) = A\cos\omega_n t + B\sin\omega_n t$ 还可写为 $u(t) = C\cos(\omega_n t + \psi)$，并找出 A、B、C 与 ψ 的关系。

2. 证明：$m\ddot{u}(t) + c\dot{u}(t) + ku(t) = 0$ 还可以写为 $\ddot{u}(t) + 2\zeta\omega_n\dot{u}(t) + \omega_n^2 u(t) = 0$，并找出两式中常数项之间的关系。

3. 证明：$u(t) = C_1 e^{(-\zeta\omega_n + i\omega_d)t} + C_2 e^{(-\zeta\omega_n - i\omega_d)t}$ 可被改写为 $u(t) = C e^{-\omega_n\zeta t}\cos(\omega_d t + \psi)$，并找出两式中常数项之间的关系。

4. 证明：当阻尼等于临界阻尼即 $\zeta = 1$ 时，$\ddot{u}(t) + 2\zeta\omega_n\dot{u}(t) + \omega_n^2 u(t) = 0$ 的解为
$$u(t) = (C_1 + C_2)e^{-\omega_n t}。$$

5. 证明：$\ddot{u}(t) + \omega_n^2 u(t) = \hat{f}\cos\omega t$ 的解是 $u_p(t) = [1/(-\omega^2 + \omega_n^2)]\hat{f}\cos\omega t$。

6. 证明：利用式（3-106）、式（3-15）、式（3-31）、式（3-97）、式（3-98）和式（3-100）可得正交点处的振幅为 $|\hat{u}_{90}| = \hat{F}/c\omega_n$。

7. 证明：对于小阻尼系统，频率响应函数 $H(p) = 1/(-p^2 + i2\zeta p + 1)$ 的带宽为
$$\Delta\omega = \omega_U - \omega_L \cong 2\zeta\omega_n。$$

8. 证明：小阻尼单自由度系统共振时的能量为 $P_{\max} = \frac{1}{2}\hat{F}^2/c$。

9. 考虑一个厚度 $h_1 = 2.6$mm、宽度 $b_1 = 8$mm、长度 $l = 100$mm、弹性模量 $E = 200$GPa、密度 $\rho = 7750$kg/m³ 的钢筋，求其面内振动时的第一、第二和第三固有频率。钢筋两端自由。然后再分别考虑当厚度变为两倍（$h_2 = 5.2$mm）时，宽度变大（$b_1 = 19.6$mm）时以

及这两种情况同时存在时（其他条件不变）的情况。重新计算这些情况下的三种频率，比较得出的结果。

10. 考虑一个厚度 $h_1 = 2.6\text{mm}$ 、宽度 $b_1 = 8\text{mm}$ 、长度 $l = 100\text{mm}$ 、弹性模量 $E = 200\text{GPa}$ 、密度 $\rho = 7750\text{kg/m}^3$ 的钢筋，求其面内振动时在 $1 \sim 30\,\text{kHz}$ 的固有频率。钢筋两端自由。然后再分别考虑当厚度变为两倍（ $h_2 = 5.2\text{mm}$ ）、宽度变大（ $b_1 = 19.6\text{mm}$ ）时以及这两种情况同时存在时（其它条件不变）的情况。重新计算这些情况下的固有频率，比较得出的结果。

11. 考虑一个厚度 $h_1 = 2.6\text{mm}$ 、宽度 $b_1 = 8\text{mm}$ 、长度 $l = 100\text{mm}$ 、弹性模量 $E = 200\text{GPa}$ 、密度 $\rho = 7750\text{kg/m}^3$ 的梁，求其弯曲振动时的第一、第二和第三固有频率。梁两端自由。然后再分别考虑当厚度变为两倍（ $h_2 = 5.2\text{mm}$ ）时，宽度变大（ $b_1 = 19.6\text{mm}$ ）时以及这两种情况同时存在时（其他条件不变）的情况。重新计算这些情况下的三种频率，比较得出的结果。

12. 考虑一个厚度 $h_1 = 2.6\text{mm}$ 、宽度 $b_1 = 8\text{mm}$ 、长度 $l = 100\text{mm}$ 、弹性模量 $E = 200\text{GPa}$ 、密度 $\rho = 7750\text{kg/m}^3$ 的梁，梁两端自由，求其弯曲振动时在 $1 \sim 30\,\text{kHz}$ 的固有频率。然后再分别考虑当厚度增加一倍（ $h_2 = 5.2\text{mm}$ ）和宽度变大（ $b_1 = 19.6\text{mm}$ ）以及这两种情况同时存在时（其他条件不变）的情况。重新计算这些情况下的固有频率，比较得出的结果。

13. 考虑一个厚度 $h_1 = 2.6\text{mm}$ 、宽度 $b_1 = 8\text{mm}$ 、长度 $l = 100\text{mm}$ 、弹性模量 $E = 200\text{GPa}$ 、泊松比 $\nu = 0.29$ 、密度 $\rho = 7750\text{kg/m}^3$ 的钢板，板两端自由，求其水平剪切振动时的第一、第二和第三固有频率，并绘出其振型。然后再分别考虑当厚度增加一倍（ $h_2 = 5.2\text{mm}$ ）和宽度变大（ $b_1 = 19.6\text{mm}$ ）以及这两种情况同时存在时（其他条件不变）的情况。重新计算这些情况下的三种频率，比较得出的结果。

14. 考虑一个厚度 $h_1 = 2.6\text{mm}$ 、宽度 $b_1 = 8\text{mm}$ 、长度 $l = 100\text{mm}$ 、弹性模量 $E = 200\text{GPa}$ 、密度 $\rho = 7750\text{kg/m}^3$ 的钢筋，它受到一对作用在 $x_A = 40\text{mm}$ 和 $x_B = 47\text{mm}$ 的大小为 $\hat{F} = 100\text{N}$ 的轴向力激励，如图 3-22 所示。激励频率 $f = 0, \cdots, 100\text{kHz}$ （取 401 个等距值）。所有振型中假设有 1% 的模态阻尼。求在激励频率下轴向振动频率的指数 N_u ，同时求出在 x_A 和 x_B 点处的响应位移幅度 $u_A(\omega)$ 、 $u_B(\omega)$ 及其差值 $\Delta u(\omega) = u_B(\omega) - u_A(\omega)$ 并绘图。使用如图 3-8 所示的绘图格式。

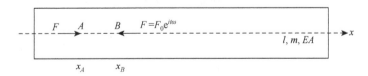

图 3-22　在一对自平衡轴向力作用下轴向振动的钢筋

15. 考虑一个厚度 $h_1 = 2.6\text{mm}$ 、宽度 $b_1 = 8\text{mm}$ 、长度 $l = 100\text{mm}$ 、弹性模量 $E = 200\text{GPa}$ 、密度 $\rho = 7750\text{kg/m}^3$ 的钢梁，它受到一对作用在 $x_A = 40\text{mm}$ 和 $x_B = 47\text{mm}$ 的大小为 $\hat{M} = 100\text{N} \cdot \text{m}$ 的弯矩激励，如图 3-23 所示。激励频率 $f = 0, \cdots, 40\text{kHz}$ （取 401 个等距值）。

所有振型中假设有 1%的模态阻尼。求在激励频率下弯曲振动频率的指数 N_ω，同时求出在 x_A 和 x_B 点处的响应位移幅度和斜率 $w_A(\omega)$, $w_A'(\omega)$、$w_B(\omega)$, $w_B'(\omega)$ 及其差值 $\Delta w(\omega) = w_B(\omega) - w_A(\omega)$、$\Delta w'(\omega) = w_B'(\omega) - w_A'(\omega)$ 并绘图。使用如图 3-8 所示的绘图格式。

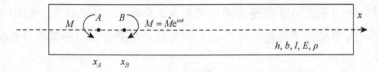

图 3-23　在一对自平衡弯矩作用下弯曲振动的梁

16. 考虑一个厚度 $h_1 = 2.6\text{mm}$、宽度 $b_1 = 8\text{mm}$、长度 $l = 100\text{mm}$、弹性模量 $E=200\text{GPa}$、密度 $\rho = 7750\text{kg/m}^3$ 的钢筋，它受到一对作用在 $x_A = 40\text{mm}$ 和 $x_B = 47\text{mm}$ 的大小为 $\hat{F} = 100\text{N}$ 的谐波力激励，力作用在梁表面，如图 3-24 所示。激励频率 $f = 0, \cdots, 100\text{kHz}$（取 401 个等距值）。在所有振型中假设有 1%的模态阻尼。求在激励频率下轴向振动频率的指数 N_u，同时求出在 x_A 和 x_B 点处的响应位移幅度 $u_A(\omega)$、$u_B(\omega)$ 及其差值 $\Delta u(\omega) = u_B(\omega) - u_A(\omega)$ 并绘图。使用如图 3-8 所示的绘图格式。提示：表面位移 u 通过轴向位移 u_0 和弯曲斜率 w' 计算，即 $u = u_0 - \dfrac{h}{2} w'$。

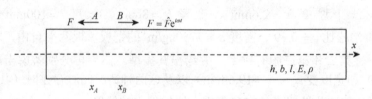

图 3-24　在一对作用于梁表面的力作用下轴向及弯曲振动的梁，力偏离中性轴引发轴向振动和弯曲振动

参 考 文 献

第 4 章 板 的 振 动

4.1 引 言

本章分析薄板的振动，首先回顾板振动的一般方程，随后考虑两种情况：①板的面内轴向振动；②板的面外弯曲振动。

4.2 板振动的弹性方程

板的上表面和下表面是自由的，因此表面牵引力为零，这表明 z 轴方向的应力 $\sigma_{zz} = 0$ 且表面切应力 $\sigma_{yz} = 0$ 和 $\sigma_{zx} = 0$。因为板很薄，平面应力条件（附录 B）和应力-应变方程可简化为

$$\varepsilon_{xx} = \frac{1}{E}\sigma_{xx} + \frac{-\nu}{E}\sigma_{yy}$$

$$\varepsilon_{yy} = \frac{-\nu}{E}\sigma_{xx} + \frac{1}{E}\sigma_{yy} \text{ 且 } \varepsilon_{xy} = \frac{1}{2G}\sigma_{xy} \tag{4-1}$$

$$\varepsilon_{zz} = \frac{-\nu}{E}\sigma_{xx} + \frac{-\nu}{E}\sigma_{yy}$$

分析中只关注 ε_{xx}、ε_{yy}、ε_{xy}，平面应变 ε_{zz} 忽略不计。解式（4-1）满足的平面-应力关系，即

$$\sigma_{xx} = \frac{E}{1-\nu^2}(\varepsilon_{xx} + \nu\varepsilon_{yy})$$

$$\sigma_{xy} = 2G\varepsilon_{xy} \tag{4-2}$$

$$\sigma_{yy} = \frac{E}{1-\nu^2}(\nu\varepsilon_{xx} + \varepsilon_{xy})$$

4.3 矩形板的轴向振动

轴向振动与板内的拉伸或压缩运动有关，即运动是面内进行的。

4.3.1 矩形板的轴向振动方程

假定面内位移为 $u_x(x,y,t)$、$u_y(x,y,t)$，跨板厚度均匀，参考附录 A 的应变-位移关系，应变为

$$\varepsilon_{xx} = \frac{\partial u_x}{\partial x} \quad \varepsilon_{yy} = \frac{\partial u_y}{\partial y} \quad \varepsilon_{yx} = \frac{1}{2}\left(\frac{\partial u_x}{\partial y} + \frac{\partial u_y}{\partial x}\right) \tag{4-3}$$

对于薄板，假定应变在沿板厚度方向上恒定，将式（4-3）代入式（4-2）得

$$\sigma_{xx} = \frac{E}{1-v^2}\left(\frac{\partial u_x}{\partial x} + v\frac{\partial u_y}{\partial y}\right) \quad \sigma_{xy} = G\left(\frac{\partial u_x}{\partial y} + \frac{\partial u_y}{\partial x}\right) \quad \sigma_{yy} = \frac{E}{1-v^2}\left(v\frac{\partial u_x}{\partial x} + \frac{\partial u_y}{\partial y}\right) \quad (4\text{-}4)$$

注意，应力在沿板厚度方向上也是常数。在板的厚度上对应力积分得到内力（单位长度受力）N_x、N_y、N_{xy}，如图 4-1 所示，即

$$N_x = \int_{-h/2}^{h/2} \sigma_{xx}\mathrm{d}z = \frac{Eh}{1-v^2}\left(\frac{\partial u_x}{\partial x} + v\frac{\partial u_y}{\partial y}\right)$$

$$N_y = \int_{-h/2}^{h/2} \sigma_{yy}\mathrm{d}z = \frac{Eh}{1-v^2}\left(v\frac{\partial u_x}{\partial x} + \frac{\partial u_y}{\partial y}\right) \quad (4\text{-}5)$$

$$N_{xy} = N_{yx} = \int_{-h/2}^{h/2} \sigma_{xy}\mathrm{d}z = Gh\left(\frac{\partial u_x}{\partial y} + \frac{\partial u_y}{\partial x}\right)$$

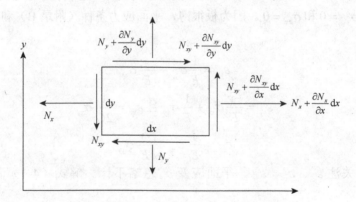

图 4-1　平面振动分析中直角坐标下的无穷小单元

对图 4-1 中的无穷小单元应用牛顿第二定律得

$$\frac{\partial N_x}{\partial x} + \frac{\partial N_{yx}}{\partial y} = \rho h \ddot{u}_x$$

$$\frac{\partial N_y}{\partial y} + \frac{\partial N_{xy}}{\partial x} = \rho h \ddot{u}_y \quad (4\text{-}6)$$

式（4-6）对应 x 和 y 方向的力。忽略面内转动惯量，因此力矩方程是不必要的，将式（4-5）代入式（4-6）中，得到在 u 和 v 方向上，取决于空间和时间的两个耦合二阶偏微分方程系统，即

$$\frac{E}{1-v^2}\left(\frac{\partial^2 u_x}{\partial x^2} + v\frac{\partial^2 u_y}{\partial x \partial y}\right) + G\left(\frac{\partial^2 u_x}{\partial y^2} + \frac{\partial^2 u_y}{\partial x \partial y}\right) = \rho\ddot{u}_x$$

$$\frac{E}{1-v^2}\left(v\frac{\partial^2 u_x}{\partial x \partial y} + \frac{\partial^2 u_y}{\partial y^2}\right) + G\left(\frac{\partial^2 u_x}{\partial x \partial y} + \frac{\partial^2 u_y}{\partial x^2}\right) = \rho\ddot{u}_y \quad (4\text{-}7)$$

将 $G = E/2(1+v)$ 代入式（4-7）满足

$$\frac{E}{1-\nu^2}\left(\frac{\partial^2 u_x}{\partial x^2}+\nu\frac{\partial^2 u_y}{\partial x\partial y}\right)+\frac{E}{2(1+\nu)}\left(\frac{\partial^2 u_x}{\partial y^2}+\frac{\partial^2 u_y}{\partial x\partial y}\right)=\rho\ddot{u}_x$$

$$\frac{E}{1-\nu^2}\left(\nu\frac{\partial^2 u_x}{\partial x\partial y}+\frac{\partial^2 u_y}{\partial y^2}\right)+\frac{E}{2(1+\nu)}\left(\frac{\partial^2 u_x}{\partial x\partial y}+\frac{\partial^2 u_y}{\partial x^2}\right)=\rho\ddot{u}_y$$

（4-8）

或

$$\frac{E}{1-\nu^2}\left[\left(\frac{\partial^2 u_x}{\partial x^2}+\frac{\partial^2 u_y}{\partial x\partial y}\right)+\frac{1-\nu}{2}\left(\frac{\partial^2 u_y}{\partial y^2}+\frac{\partial^2 u_x}{\partial x\partial y}\right)\right]=\rho\ddot{u}_x$$

$$\frac{E}{1-\nu^2}\left[\left(\nu\frac{\partial^2 u_x}{\partial x\partial y}+\frac{\partial^2 u_y}{\partial^2 y}\right)+\frac{1-\nu}{2}\left(\frac{\partial^2 u_x}{\partial x\partial y}+\frac{\partial^2 u_y}{\partial x^2}\right)\right]=\rho\ddot{u}_y$$

（4-9）

c_L 为板内轴向（又名板纵向）波速，表示为

$$c_L=\sqrt{\frac{1}{1-\nu^2}\frac{E}{\rho}},\ c_L^2=\frac{1}{1-\nu^2}\frac{E}{\rho}\text{（板的轴向波速）}$$

（4-10）

把式（4-10）代入式（4-9）得到

$$\frac{\partial^2 u_x}{\partial x^2}+\frac{1-\nu}{2}\frac{\partial^2 u_x}{\partial y^2}+\frac{1+\nu}{2}\frac{\partial^2 u_y}{\partial x\partial y}=\frac{1}{c_L^2}\ddot{u}_x$$

$$\frac{1+\nu}{2}\frac{\partial^2 u_x}{\partial x\partial y}+\frac{1-\nu}{2}\frac{\partial^2 u_y}{\partial x^2}+\frac{\partial^2 u_y}{\partial y^2}=\frac{1}{c_L^2}\ddot{u}_y$$

（4-11）

式（4-11）存在同时表示 x 和 y 方向板振动的通解，此耦合系统的微分方程组无解，此处不考虑这种情况。

当特定条件施加于振动模态时，方程组（4-11）可以解简单的非耦合情况。

4.3.2 正方形板的轴振动

由于正方形板具有关于其轴和对角线的固有对称性,研究这些对称条件所满足的情况很有意义,图 4-2 给出了采用有限元方法计算得到的一些这种模态的图解。

4.3.3 矩形板的直波峰轴向振动

考虑一种简化的情况,粒子沿任意平行于 y 轴方向的自相似运动。如果把板振动视为板中的驻波,那么这种情况可以被视为波峰沿 y 轴的直波峰轴向驻波系统,如图 4-3 所示。y 为固定量,因此仅取决于 x,即

$$u_x(x,y,t)\rightarrow u(x,t)\text{（板的直波峰轴向振动）}$$
$$u_y(x,y,t)\equiv 0$$

（4-12）

假设式（4-12）中的质点运动平行于 x 轴（纵向极化）。由于 y 为固定量,因此关于 y 的导数为零。在 y 为不变的条件下,将式（4-12）代入式（4-5）中得

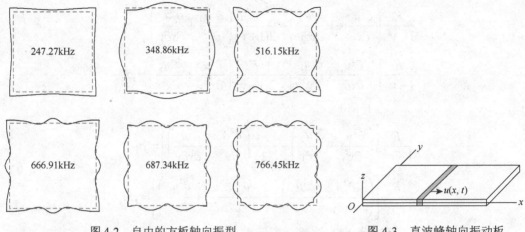

图 4-2　自由的方板轴向振型　　　　　图 4-3　直波峰轴向振动板

$$N_x = \frac{Eh}{1-v^2}\frac{\partial u}{\partial x}$$

$$N_y = \frac{Eh}{1-v^2}v\frac{\partial u}{\partial x} \tag{4-13}$$

$$N_{xy} = N_{yx} = 0$$

将方程（4-13）代入运动方程（4-6）得到

$$\frac{\partial N}{\partial x} + \frac{\partial N_{yx}}{\partial y} = \frac{Eh}{1-v^2}\frac{\partial^2 u}{\partial x^2} = ph\ddot{u} \tag{4-14}$$

因此，式（4-14）满足第 3 章所描述的轴向振动的波动方程，即

$$c_L^2 u'' = \ddot{u} \tag{4-15}$$

其中，u'' 是关于空间变量 x 的二阶导数。本节重复了杆中轴向振动的分析过程，不同之处在于使用由式（4-10）所定义的 c_L 来代替 $c = \sqrt{E/\rho}$。

4.4　圆板的轴向振动

本节考虑圆板的轴向运动，从直角坐标 (x,y) 变换到极坐标 (r,θ)，同样的，位移 (u_x, u_y) 被位移 (u_r, u_θ) 代替。

4.4.1　圆板的轴振动方程

根据附录 B 所给出的极坐标系中的应力-位移关系，即

$$\sigma_r = \frac{E}{1-v^2}\left(\frac{\partial u_r}{\partial r} + v\frac{u_r}{r} + v\frac{1}{r}\frac{\partial u_\theta}{\partial \theta}\right)$$

$$\sigma_\theta = \frac{E}{1-v^2}\left(v\frac{\partial u_r}{\partial r} + \frac{u_r}{r} + \frac{1}{r}\frac{\partial u_\theta}{\partial \theta}\right) \tag{4-16}$$

$$\sigma_{r\theta} = G\left(\frac{1}{r}\frac{\partial u_r}{\partial \theta} + \frac{\partial u_\theta}{\partial r} - \frac{u_\theta}{r}\right)$$

　　注意假设压力在沿板厚度方向上为常数，考虑图 4-4 所示极坐标中的无穷小板元。在图 4-4 沿厚度进行应力积分得到内力 N_r、N_θ、$N_{r\theta}$（单位长度上的受力），即

$$N_r = \int_{-h/2}^{h/2} \sigma_r \mathrm{d}z = \frac{Eh}{1-\nu^2}\left(\frac{\partial u_r}{\partial r} + \nu\frac{u_r}{r} + \nu\frac{1}{r}\frac{\partial u_\theta}{\partial \theta}\right)$$

$$N_\theta = \int_{-h/2}^{h/2} \sigma_\theta \mathrm{d}z = \frac{Eh}{1-\nu^2}\left(\nu\frac{\partial u_r}{\partial r} + \frac{u_r}{r} + \frac{1}{r}\frac{\partial u_\theta}{\partial \theta}\right) \qquad (4\text{-}17)$$

$$N_{r\theta} = \int_{-h/2}^{h/2} \sigma_{r\theta} \mathrm{d}z = Gh\left(\frac{1}{r}\frac{\partial u_r}{\partial \theta} + \frac{\partial u_\theta}{\partial r} - \frac{u_\theta}{r}\right)$$

　　通过 r 和 θ 方向的受力叠加对图 4-4 中的自由体微元进行分析。首先，把 r 方向的合力等价于同一方向质量与加速度的乘积，得到

$$r\text{ 方向：}\left(N_r\mathrm{d}r\mathrm{d}\theta + r\mathrm{d}\theta\frac{\partial N_r}{\partial r}\mathrm{d}r\right) + \left(\frac{\partial N_{\theta r}}{\partial \theta}\mathrm{d}\theta\right)\mathrm{d}r - N_\theta\mathrm{d}r\mathrm{d}\theta = (\rho h r\mathrm{d}r\mathrm{d}\theta)\ddot{u}_r \quad (4\text{-}18)$$

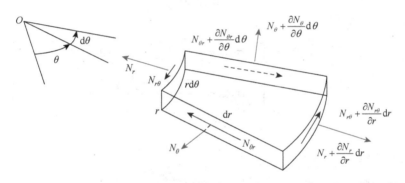

图 4-4　极坐标下平面板分析中的无穷小板元

对式（4-18）作简要说明：等号左侧第一个括号中的第一项是弧长的增量，第二项是 N_r 的增量；左侧中间项表示 $N_{\theta r}$ 的增量；左侧最后项表示 N_θ 内力产生沿 r 方向倾斜的投影。分别除以 $r\mathrm{d}r\mathrm{d}\theta$，根据 $N_{\theta r} = N_{r\theta}$，式（4-18）改写为

$$\frac{\partial N_r}{\partial r} + \frac{1}{r}\frac{\partial N_{\theta r}}{\partial \theta} + \frac{N_r - N_\theta}{r} = \rho h\ddot{u}_r \qquad (4\text{-}19)$$

　　θ 方向的分析过程的是一样，将 θ 方向的合力等价于同一方向质量与加速度的乘积，得到

$$\theta\text{ 方向：}\left(N_{r\theta}\mathrm{d}r\mathrm{d}\theta + r\mathrm{d}\theta\frac{\partial N_{r\theta}}{\partial r}\mathrm{d}r\right) + \left(\frac{\partial N_\theta}{\partial \theta}\mathrm{d}\theta\right)\mathrm{d}r + N_{\theta r}\mathrm{d}r\mathrm{d}\theta = (\rho h r\mathrm{d}r\mathrm{d}\theta)\ddot{u}_\theta \quad (4\text{-}20)$$

对式（4-20）作简要说明：括号中的第一项是弧长的增量，括号中的第二项是 $N_{r\theta}$ 的增量；中间项数表示 N_θ 的增量；最后项表示 $N_{\theta r}$ 内力产生沿 θ 方向倾斜的投影。分别除以 $r\mathrm{d}r\mathrm{d}\theta$，根据 $N_{\theta r} = N_{r\theta}$，式（4-20）最后变为

$$\frac{\partial N_{r\theta}}{\partial r} + \frac{1}{r}\frac{\partial N_\theta}{\partial \theta} + \frac{2}{r}N_{r\theta} = \rho h\ddot{u}_\theta \qquad (4\text{-}21)$$

　　如果将合力的表达式（4-17）代入式（4-19）和式（4-21）中，可以得到一组在时间和空间上耦合的、含有自变量 r、θ、t 和因变量 u_r、u_θ 的二阶偏微分方程。耦合系统偏微

分方程的解表示同时包含 u_r、u_θ 运动的板振动。此处忽略此耦合系统偏微分方程无解。当特定条件施加给振动模态时，耦合偏微分方程组可简化并满足简单的非耦合解，例如轴对称的轴向振动的圆板，接下来对此进行讨论。

4.4.2 圆板的轴对称振动

本节研究圆板的轴对称振动。振动方程与 θ 无关且 $\partial u_r / \partial \theta = 0$，轴对称振动表示该运动是完全径向的，即 $u_\theta = 0$。式（4-17）转变为

$$\sigma_r = \frac{E}{1-v^2}\left(\frac{\partial u_r}{\partial r} + v\frac{u_r}{r}\right)$$

$$\sigma_\theta = \frac{E}{1-v^2}\left(v\frac{\partial u_r}{\partial r} + \frac{u}{r}\right) \tag{4-22}$$

$$\sigma_{r\theta} = 0$$

因此，式（4-17）变为

$$N_r = \int_{-h/2}^{h/2} \sigma_r \mathrm{d}z = \frac{Eh}{1-v^2}\left(\frac{\partial u_r}{\partial r} + v\frac{u_r}{r}\right)$$

$$N_\theta = \int_{-h/2}^{h/2} \sigma_\theta \mathrm{d}z = \frac{Eh}{1-v^2}\left(v\frac{\partial u_r}{\partial r} + \frac{u_r}{r}\right) \tag{4-23}$$

$$N_{r\theta} = 0$$

（1）运动方程

在轴对称的假设下，式（4-18）在 r 方向可简化为

$$\left(N_r \mathrm{d}r\mathrm{d}\theta + r\mathrm{d}\theta\frac{\partial N_r}{\partial r}\mathrm{d}r\right) - N_\theta \mathrm{d}r\mathrm{d}\theta = (\rho h r\mathrm{d}r\mathrm{d}\theta)\ddot{u}_r \tag{4-24}$$

除以 $r\mathrm{d}r\mathrm{d}\theta$ 并整理，式（4-24）变为

$$\frac{\partial N_r}{\partial r} + \frac{N_r - N_\theta}{r} = \rho h \ddot{u}_r \tag{4-25}$$

将式（4-23）代入式（4-25）的左边，简化得到

$$\frac{\partial N_r}{\partial r} + \frac{N_r - N_\theta}{r} = \frac{Eh}{1-v^2}\left(\frac{\partial^2 u_r}{\partial r^2} + \frac{1}{r}\frac{\partial u_r}{\partial r} - \frac{u_r}{r^2}\right) \tag{4-26}$$

式（4-26）的证明：

$$\frac{\partial N_r}{\partial r} = \frac{Eh}{1-v^2}\left(\frac{\partial^2 u_r}{\partial r^2} + \frac{v}{r}\frac{\partial u_r}{\partial r} - v\frac{u_r}{r^2}\right)$$

$$\frac{N_r - N_\theta}{r} = \frac{Eh}{1-v^2}\left(\frac{1}{r}\frac{\partial u_r}{\partial r} - \frac{v}{r}\frac{\partial u_r}{\partial r} + v\frac{u_r}{r^2} - \frac{u_r}{r^2}\right) \tag{4-27}$$

将式（4-27）等式两边相加得到式（4-26）。

将式（4-26）代入式（4-25）中，通过 h 简化轴对称圆板轴向振动的运动方程式，即

$$\frac{E}{1-v^2}\left(\frac{\partial^2 u_r}{\partial r^2} + \frac{1}{r}\frac{\partial u_r}{\partial r} - \frac{u_r}{r^2}\right) - \rho\ddot{u}_r = 0 \tag{4-28}$$

根据式（4-10）关于板内的轴（即纵向）波速度 c_L 的定义，即

$$c_L^2 = \frac{E}{\rho(1-v^2)} \text{（板内轴向波速）} \tag{4-29}$$

将式（4-29）代入式（4-28）得

$$c_L^2 \left(\frac{\partial^2 u_r}{\partial r^2} + \frac{1}{r}\frac{\partial u}{\partial r} - \frac{u_r}{r^2} \right) - \ddot{u}_r = 0 \tag{4-30}$$

（2）通解

圆板的轴对称振动可以理解为环形驻波从板中心以同心圆模式传播并反射在板的周围。式（4-30）表示板内轴向环形波与轴向直波峰波以同样的波速 c_L 传播。假定是谐波运动，即

$$u_r(r,t) = \hat{u}(r)\mathrm{e}^{i\omega t} \tag{4-31}$$

将式（4-31）代入式（4-30）中，除以 $\mathrm{e}^{i\omega t}$ 后整理得

$$c_L^2 \left(\hat{u}_r'' + \frac{1}{r}\hat{u}_r' - \frac{1}{r^2}\hat{u}_r \right) + \omega^2 \hat{u}_r = 0 \tag{4-32}$$

根据波数的定义：

$$\gamma = \frac{\omega}{c_L} \tag{4-33}$$

式（4-32）除以 $c^2{}_L$，利用式（4-33）得到

$$\left(\hat{u}_r'' + \frac{1}{r}\hat{u}_r' - \frac{1}{r^2}\hat{u}_r \right) + \gamma^2 \hat{u}_r = 0 \tag{4-34}$$

作变量代换

$$x = \gamma r \tag{4-35}$$

将式（4-35）代入式（4-34）中，乘以 x^2，得到 Bessel 方程：

$$x^2 \frac{\mathrm{d}^2 \hat{u}}{\mathrm{d}x^2} + x\frac{\mathrm{d}\hat{u}}{\mathrm{d}x} + (x^2-1)\hat{u} = 0 \tag{4-36}$$

由附录 A 可知，式（4-36）的解为

$$\hat{u} = AJ_1(x) + B\Upsilon_1(x) \tag{4-37}$$

其中，$J_1(x)$ 是第一类一阶 Bessel 函数；$\Upsilon_1(x)$ 是第二类一阶 Bessel 函数。利用边界条件确定任意常数 A 和 B。将 $x = \gamma r$ 代入式（4-37）中得

$$\hat{u}(r) = AJ_1(\gamma r) + B\Upsilon_1(\gamma r) \tag{4-38}$$

第二类 Bessel 函数 $\Upsilon_1(\gamma r)$ 在 $r = 0$ 时有极大值且必须舍掉（除非板在 $r = 0$ 附近有一个孔，此处不讨论这种情况），式（4-38）变成

$$\hat{u}_r(r) = AJ_1(\gamma r) \tag{4-39}$$

因此，圆板的轴对称振动的通解可以给出

$$u_r(r,t) = AJ_1(\gamma r)\mathrm{e}^{i\omega t} \tag{4-40}$$

常数 A、波数 γ 和频率 ω 由边界条件确定。

（3）自由圆板的固有频率和振型

考虑半径为 a 的自由圆板进行轴对称轴向振动的情况，如图 4-5 所示。在 $r=a$ 处相应的牵引自由边界条件为

$$N_r(a)=0 (边界条件) \tag{4-41}$$

将式（4-23）代入式（4-31）中得

$$\left(\frac{\partial u_r}{\partial r}+\nu\frac{u_r}{r}\right)|_{r=a}=0 (边界条件) \tag{4-42}$$

将式（4-40）代入式（4-32）中并用 $e^{i\omega t}$ 简化得到

$$\left[A\frac{dJ_1(\gamma r)}{dr}+\nu\frac{AJ_1(\gamma r)}{r}\right]_{r=a}=0 \tag{4-43}$$

由附录 A 中 Bessel 函数性质：

$$\frac{dJ_1(\gamma r)}{dr}=\gamma J_0(\gamma r)-\frac{J_1(\gamma r)}{r} \tag{4-44}$$

将式（4-44）代入式（4-43）中得

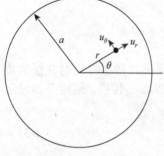

图 4-5　自由圆板平面内轴向
振动的坐标定义

$$A\left[\gamma J_0(\gamma a)-\frac{1}{a}J_1(\gamma a)+\frac{\nu}{a}J_1(\gamma a)\right]=0 \tag{4-45}$$

式（4-45）中的 A 应赋值。这是一个齐次方程，除非不加括号，否则平凡解 $A=0$ 均适用。因此，式（4-45）满足 A 为非平凡解的条件是去掉括号，即

$$\gamma J_0(\gamma a)-\frac{1}{a}J_1(\gamma a)+\frac{\nu}{a}J_1(\gamma a)=0 \tag{4-46}$$

定义无量纲变量 z 为

$$z=\gamma a \tag{4-47}$$

将式（4-46）乘以 a 并将它写成 z 的表达式，整理得

$$zJ_0(z)-(1-\nu)J_1(z)=0 \tag{4-48}$$

式（4-48）为特征方程，式（4-48）的解是自由圆板轴对称轴向振动中的特征值，方程可改写为

$$\frac{zJ_0(z)}{J_1(z)}=(1-\nu)\to z_1,z_2,z_3,\cdots \tag{4-49}$$

式（4-49）的左边称为改进系数的 Bessel 函数，定义为

$$\tilde{J}_1(z)=\frac{zJ_0(z)}{J_1(z)} \tag{4-50}$$

注意式（4-49）依赖于泊松比 ν。式（4-50）表示只有 z 为特定值时，A 才是非零值，即特征值。式（4-49）是关于 z 的超越方程，没有封闭解。在 $\nu=0.33$ 时，式（4-49）的数值解为

$$z=2.067364,5.395106,8.575401,11.734360\cdots \tag{4-51}$$

应当注意的是，因为这些特征值依赖于 ν，可以通过实验曲线拟合，用连续的特征值和基本特征值之间的比率确定泊松比。

对于每个特征值 z_j，可以用下面的公式确定相应的共振频率

$$\omega_j = \frac{c_L}{a} z_j \text{ 和 } f_j = \frac{1}{2\pi} \frac{c_L}{a} z_j, j = 1, 2, 3, \cdots \tag{4-52}$$

其中，c_L 由式（4-29）给出。可以用式（4-39）中波数 γ_j 对应的特征值 z_j 计算振型，即

$$\gamma_j = \frac{1}{a} z_j, j = 1, 2, 3, \cdots \tag{4-53}$$

因此，振型表示为

$$U_j(r) = A_j J_1(\gamma_j r), j = 1, 2, 3, \cdots \tag{4-54}$$

常数 A_j 通过模态标准化确定，并依赖于所使用的标准化过程。一种类似于动能参数的常见标准化过程使用如下公式：

$$\int_0^{2\pi} \int_0^a \rho h U^2(r, \theta) r \mathrm{d}r \mathrm{d}\theta = \rho \pi a^2 h = m \text{ (板的总质量)} \tag{4-55}$$

公式中隐含脚注 j，为了保持符号简单而省略。对式（4-55）关于 θ 积分再除以 $2\pi\rho h$ 得到模态标准化的公式：

$$\int_0^a U^2(r) r \mathrm{d}r = \frac{a^2}{2} \tag{4-56}$$

将式（4-54）代入式（4-56）中，得到

$$A_j^2 \int_0^a r J_1^2(\gamma_j r) \mathrm{d}r = \frac{a^2}{2} \tag{4-57}$$

根据附录 A 和本章参考文献[1]第 135 页（11）条，式（4-57）的积分形式为

$$\int_0^a r J_1^2(\gamma_j r) \mathrm{d}r = \frac{a^2}{2} \{ J_1^2(\gamma_j a) - J_0(\gamma_j a) J_2(\gamma_j a) \}, j = 1, 2, 3, \cdots \tag{4-58}$$

将式（4-58）代入式（4-57），并记 $z_j = \gamma_j a$，得到

$$A_j = 1 / \sqrt{J_1^2(z_j) - J_0(z_j) J_2(z_j)} \tag{4-59}$$

特征值 z_j 是式（4-49）的根。

另一种归一化方法是令 $A_j = 1$。振型的图形表示见表 4-1 和图 4-6。

表 4-1 自由弹性盘轴向振动的径向振型

振型	特征值	共振频率	振型
R_1	$z_1 = \gamma_1 a = 2.048652$	$f_2 = \frac{1}{2\pi} z_1 \frac{c}{a}$	$R_1 = J_1(z_1 r / a)$
R_2	$z_2 = \gamma_2 a = 5.389361$	$f_2 = \frac{1}{2\pi} z_2 \frac{c}{a}$	$R_2 = J_1(z_2 r / a)$

续表

振型	特征值	共振频率	振型
R_3	$z_3 = \gamma_3 a = 8.571860$	$f_2 = \dfrac{1}{2\pi} z_3 \dfrac{c}{a}$	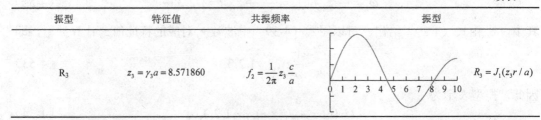 $R_3 = J_1(z_3 r / a)$

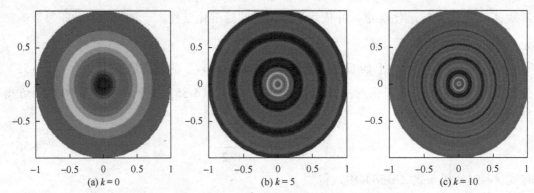

图 4-6　自由圆板轴振型；k=波节圆数（后附彩图）

式（4-54）给出的模态是正交的，即

$$\int_0^a U_p(r)U_q(r)r\mathrm{d}r = 0, \quad p \neq q \tag{4-60}$$

式（4-60）的证明如下：

将式（4-4）写成一般式 U，即

$$\left(\hat{u}_r'' + \frac{1}{r}\hat{u}_r' - \frac{1}{r^2}\hat{u}_r\right) + \gamma^2 \hat{u}_r = 0 \tag{4-61}$$

$$\left(U'' + \frac{1}{r}U' - \frac{1}{r^2}U\right) + \gamma^2 U = 0 \tag{4-62}$$

式（4-62）乘以 r 得到

$$rU'' + U' + (\gamma^2 r - r^{-1})U = 0 \tag{4-63}$$

整理后，式（4-63）可以被表示为 Sturm-Liouville 问题（本章参考文献[2]第 499 页），

$$(rU')' + (\gamma^2 r - r^{-1})U = 0 \ (\text{Sturm-Liouville 方程}) \tag{4-64}$$

将式（4-64）写成两种不同的模式，U_p 和 U_q，即

$$(rU_p')' + (\gamma_p^2 r - r^{-1})U_p = 0 \tag{4-65}$$

$$(rU_q')' + (\gamma_q^2 r - r^{-1})U_q = 0 \tag{4-66}$$

将式（4-65）乘以 U_q，式（4-66）乘以 U_p，然后相减得到

$$(rU_p')'U_q + (\gamma_p^2 r - \cancel{r^{-1}})U_pU_q - (rU_q')'U_p - (\gamma_q^2 r - \cancel{r^{-1}})U_pU_q = 0 \tag{4-67}$$

去掉相似项，整理得

$$(rU_p')'U_q - (rU_q')'U_p - r(\gamma_q^2 - \gamma_p^2)U_pU_q = 0 \tag{4-68}$$

注意扩展项

$$[(rU_p')U_q - (rU_q')U_p]' = (rU_p')'U_q + \cancel{(rU_p')U_q'} - (rU_q')'U_p - \cancel{(rU_q')U_p'}$$
$$= (rU_q')'U_p - (rU_p')'U_q \tag{4-69}$$

将式（4-69）代入式（4-68）中得

$$(\gamma_p^2 - \gamma_q^2)rU_pU_q = -[r(U_p'U_q - U_q'U_p)]' \tag{4-70}$$

对式（4-70）积分得

$$(\gamma_p^2 - \gamma_q^2)\int_0^a rU_pU_q dr = -[r(U_p'U_q - U_q'U_p)]_0^a = -a(U_p'(a)U_q(a) - U_q'(a)U_p(a)) \tag{4-71}$$

根据振型 U_p，U_q 满足式（4-42）的边界条件，即

$$U_p'(a) + \frac{\nu}{a}U_p(a) = 0 \tag{4-72}$$

$$U_q'(a) + \frac{\nu}{a}U_q(a) = 0 \tag{4-73}$$

将式（4-72）乘以 U_q，式（4-73）乘以 U_p，然后相减，得

$$U_p'(a)U_q(a) + \cancel{\frac{\nu}{a}U_p(a)U_q(a)} - U_q'(a)U_p(a) - \cancel{\frac{\nu}{a}U_p(a)U_q(a)} = 0 \tag{4-74}$$

去掉相似项，式（4-74）变为

$$U_p'(a)U_q(a) - U_q'(a)U_p(a) = 0 \tag{4-75}$$

将式（4-75）代入式（4-71）中得

$$(\gamma_p^2 - \gamma_q^2)\int_0^a U_pU_q rdr = 0 \tag{4-76}$$

若 $p \neq q$，则 $\gamma_p \neq \gamma_q$，得到

$$\int_0^a U_p(r)U_q(r)rdr = 0, p \neq q \tag{4-77}$$

式（4-77）具有模态正交性，这可以从 Sturm-Liouville 问题的一般理论中推出（本章参考文献[2]第 501 页）。式（4-56）、式（4-60）表示式（4-54）的模态关于权重函数 r 是正交的，即

$$\int_0^a rU_p(r)U_q(r)dr = \frac{a^2}{2}\delta_{pq} = \begin{cases} \dfrac{a^2}{2}, & p=q \\ 0, & 其他 \end{cases} \tag{4-78}$$

4.4.3　圆板的轴对称轴向受迫振动

考虑在时变的分布式轴向力 $f(r,t)$ 作用下，圆板作轴对称轴向振动，$f(r,t)$ 的单位是每单位面积上的力，力 $f(r,t)$ 沿径向，如图 4-7 所示。

（1）运动方程

自由体的无穷小板单元 $rdrd\theta$ 在 r 方向的分析满足：

$$\left(N_r(r,t)drd\theta + rd\theta\frac{\partial N_r(r,t)}{\partial r}dr\right) - N_\theta(r,t)drd\theta + f(r,t)rdrd\theta = (\rho hrdrd\theta)\ddot{u}_r(r,t) \tag{4-79}$$

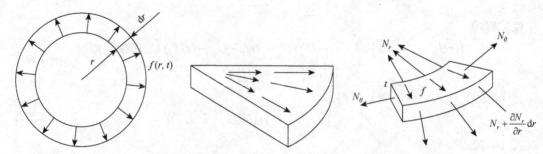

图 4-7　激振力 $f(r,t)$ 和圆板受迫振动分析中的无穷小元素 $r\mathrm{d}r\mathrm{d}\theta$

除以 $r\mathrm{d}r\mathrm{d}\theta$，整理为

$$\frac{\partial N_r}{\partial r}+\frac{N_r-N_\theta}{r}+f=\rho h\ddot{u}_r \tag{4-80}$$

将式（4-26）代入式（4-80）中得

$$\frac{Eh}{1-v^2}\left(\frac{\partial^2 u_r}{\partial r^2}+\frac{1}{r}\frac{\partial u_r}{\partial r}-\frac{u_r}{r^2}\right)+f=\rho h\ddot{u}_r \tag{4-81}$$

重新整理，式（4-81）变为

$$\frac{Eh}{1-v^2}\left(\frac{\partial^2 u_r}{\partial r^2}+\frac{1}{r}\frac{\partial u_r}{\partial r}-\frac{u_r}{r^2}\right)-\rho h\ddot{u}_r=-f \tag{4-82}$$

c_L 是式（4-10）定义的板内纵波速度，即

$$c_L^2=\frac{E}{\rho(1-v^2)} \tag{4-83}$$

将式（4-82）除以 ρh，并将式（4-83）代入，可得分布式激励下的圆板轴对称轴向受迫振动的运动方程，即

$$c_L^2\left(\frac{\partial^2 u_r}{\partial r^2}+\frac{1}{r}\frac{\partial u_r}{\partial r}-\frac{u_r}{r^2}\right)-\ddot{u}_r=-\frac{f}{\rho h} \tag{4-84}$$

（2）模态展开解

假定以时间谐波的形式激励：

$$f(r,t)=\hat{f}(r)\mathrm{e}^{i\omega t} \tag{4-85}$$

假设进行相同频率的振荡运动作为激励的响应：

$$u_r(r,t)=\hat{u}_r(r)\mathrm{e}^{i\omega t} \tag{4-86}$$

将式（4-85）、式（4-86）代入式（4-84）中，将 $\mathrm{e}^{i\omega t}$ 简化，得到

$$c_L^2\left(\frac{\partial^2 \hat{u}_r}{\partial r^2}+\frac{1}{r}\frac{\partial \hat{u}_r}{\partial r}-\frac{\hat{u}_r}{r^2}\right)+\omega^2\hat{u}_r=-\frac{\hat{f}}{\rho h} \tag{4-87}$$

模态展开得

$$\hat{u}(r)=\sum_j \eta_j U_j(r) \tag{4-88}$$

式（4-54）给出了 $U_j(r)$ 的模态，式（4-59）是第一类一阶 Bessel 方程 J_1 和波数 γ，即

$$U_j(r)=A_jJ_1(\gamma_jr),A_j=1/\sqrt{J_1^2(\gamma_ja)-J_0(\gamma_ja)J_2(\gamma_ja)},j=1,2,3,\cdots \tag{4-89}$$

波数 γ_j 通过式（4-47）和特征值 z_j 计算得到，即

$$\gamma_j = z_j / a, j = 1, 2, 3, \cdots \tag{4-90}$$

特征值 z_j 是特征方程的根，即

$$\frac{z J_0(z)}{J_1(z)} = (1 - \nu), \rightarrow z_1, z_2, z_3, \cdots \tag{4-91}$$

$U_j(r)$ 的形式满足运动齐次方程式（4-32）和正交条件式（4-78），即

$$c_L^2 \left(U_j'' + \frac{1}{r} U_j' - \frac{1}{r^2} U_j \right) + \omega^2 U_j = 0 \tag{4-92}$$

$$\int_0^a r U_p(r) U_q(r) \mathrm{d}r = \frac{a^2}{2} \delta_{pq} \tag{4-93}$$

将式（4-88）代入式（4-87）中得到

$$c_L^2 \sum_p \eta_p \left(U_p'' + \frac{1}{r} U_p' - \frac{1}{r^2} U_p \right) + \omega^2 \sum_p \eta_p U_p = -\frac{\hat{f}}{\rho h} \tag{4-94}$$

为了简便，用下标 p 代替下标 j，式（4-94）可被重新整理为

$$\sum_p \eta_p \left[c_L^2 \left(U_p'' + \frac{1}{r} U_p' - \frac{1}{r^2} U_p \right) + \omega^2 U_p \right] = -\frac{\hat{f}}{\rho h} \tag{4-95}$$

用式（4-92）代替式（4-95），整理得

$$\sum \eta_p (\omega_p^2 - \omega^2) U_p = \frac{1}{\rho h} \hat{f} \tag{4-96}$$

将式（4-96）乘以 $r U_q(r)$，然后积分得到

$$\int_0^a \sum \eta_p (\omega_p^2 - \omega^2) U_p r U_q \mathrm{d}r = \frac{1}{\rho h} \int_0^a \hat{f} U_q r \mathrm{d}r \tag{4-97}$$

提取积分内求和符号中的常数，得到式（4-97）的形式为

$$\sum \eta_p (\omega_p^2 - \omega^2) \int_0^a r U_p U_q \mathrm{d}r = \frac{1}{\rho h} \int_0^a \hat{f} U_q r \mathrm{d}r \tag{4-98}$$

将式（4-93）的边界条件带入式（4-98），消去所有的交叉项，只留下 $p = q$ 相对应项，即

$$\eta_j (\omega_j^2 - \omega^2) \frac{a^2}{2} = \frac{1}{\rho h} \int_0^a \hat{f} U_j r \mathrm{d}r, j = 1, 2, 3, \cdots \tag{4-99}$$

式中用 j 代替 p。

圆板轴对称振动的模态激励定义为

$$f_j = \int_0^a \hat{f}(r) U_j(r) r \mathrm{d}r, j = 1, 2, 3, \cdots \tag{4-100}$$

将式（4-100）代入式（4-99），解得模态参与因子，即

$$\eta_j = \frac{2}{\rho h a^2} \frac{f_j}{-\omega^2 + \omega_j^2}, j = 1, 2, 3, \cdots \tag{4-101}$$

若模态阻尼 ζ_j 已知，式（4-101）的阻尼受迫形式为

$$\eta_j = \frac{2}{\rho h a^2} \frac{f_j}{-\omega^2 + 2i\zeta_j \omega \omega_j + \omega_j^2}, j = 1, 2, 3, \cdots \tag{4-102}$$

将式（4-102）代入式（4-88）中，并利用式（4-86）得

$$u_r(r,t) = \frac{2}{\rho h a^2} \sum_j \frac{f_j}{-\omega^2 + 2i\zeta_j\omega\omega_j + \omega_j^2} U_j(r)e^{i\omega t} \qquad (4\text{-}103)$$

式（4-103）是轴对称轴力激励下的圆板受迫振动的解。式（4-89）给出了 $U_j(r)$ 的形式，式（4-100）给出了模态激励 f_j。

4.5　矩形板的弯曲振动

弯曲作用会产生弯曲振动，Love-Kirchhoff 板弯曲理论假设垂直于中性层的法线变形后仍为直线，这意味着厚度上的轴向位移呈线性分布。板的形变和应变都用中性层的挠度 w 和厚度坐标 z 表示。

4.5.1　矩形板的弯曲振动方程

板中性层的位移 w，板厚度上的任意位置坐标 z 可以表示为

$$u = -z\frac{\partial w}{\partial x}$$
$$v = -z\frac{\partial w}{\partial y} \qquad (4\text{-}104)$$
$$w = w$$

应变为

$$\varepsilon_{xx} = \frac{\partial u}{\partial x} = -z\frac{\partial^2 w}{\partial x^2}, \varepsilon_{yy} = \frac{\partial v}{\partial y} = -z\frac{\partial^2 w}{\partial y^2}, \varepsilon_{xy} = \frac{1}{2}\left(\frac{\partial u}{\partial y} + \frac{\partial v}{\partial x}\right) = -z\frac{\partial^2 w}{\partial x\partial y} \qquad (4\text{-}105)$$

将式（4-105）代入式（4-2）中得到

$$\sigma_{xx} = -z\frac{E}{1-v^2}\left(\frac{\partial^2 w}{\partial x^2} + v\frac{\partial^2 w}{\partial y^2}\right)$$
$$\sigma_{xy} = -2zG\frac{\partial^2 w}{\partial x\partial y} \qquad (4\text{-}106)$$
$$\sigma_{yy} = -z\frac{E}{1-v^2}\left(v\frac{\partial^2 w}{\partial x^2} + \frac{\partial^2 w}{\partial y^2}\right)$$

（1）采用位移表示的力矩

应力随板厚呈线性变化。如图 4-8 所示，对厚度进行应力积分得到内力 M_x、M_y、M_{xy}（单位长度的力矩），即

$$M_x = \int_{-h/2}^{h/2} \sigma_{xx} z\mathrm{d}z = -D\left(\frac{\partial^2 w}{\partial x^2} + v\frac{\partial^2 w}{\partial y^2}\right)$$
$$M_y \int_{h/2}^{h/2} \sigma_{yy} z\mathrm{d}z = -D\left(v\frac{\partial^2 w}{\partial x^2} + \frac{\partial^2 w}{\partial y^2}\right) \qquad (4\text{-}107)$$
$$M_{xy} = M_{yx} = \int_{h/2}^{h/2} \sigma_{xy} z\mathrm{d}z = -(1-v)D\frac{\partial^2 w}{\partial x\partial y}$$

其中，D 是弯曲板刚度，定义为

$$D = \frac{Eh^3}{12(1-\nu^2)} \tag{4-108}$$

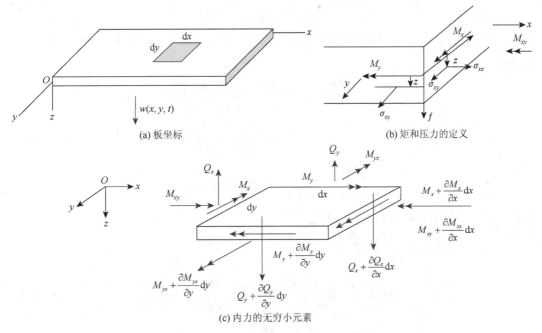

(a) 板坐标　　　　　　　　　　　　　　(b) 矩和压力的定义

(c) 内力的无穷小元素

图 4-8　用于矩形板弯曲振动分析的直角坐标系下的最小板单元

（2）运动方程的推导

图 4-8 中自由体的无穷小元素分析满足：

$$\text{垂直力：} \frac{\partial Q_x}{\partial x} + \frac{\partial Q_y}{\partial y} = \rho h \ddot{w}$$

$$M_x \text{ 的矩：} \frac{\partial M_x}{\partial x} + \frac{\partial M_{yx}}{\partial y} - Q_x = 0 \tag{4-109}$$

$$M_y \text{ 的矩：} \frac{\partial M_y}{\partial y} + \frac{\partial M_{xy}}{\partial x} - Q_y = 0$$

式（4-109）给出了采用弯矩 M_x、M_y、M_{xy} 表示的剪切力 Q_x、Q_y，即

$$Q_x = \frac{\partial M_x}{\partial x} + \frac{\partial M_{yx}}{\partial y} \tag{4-110}$$

$$Q_y = \frac{\partial M_x}{\partial y} + \frac{\partial M_{xy}}{\partial x} \tag{4-111}$$

对式（4-11）、式（4-111）求微分得

$$\frac{\partial Q_x}{\partial x} = \frac{\partial^2 M_x}{\partial x^2} + \frac{\partial^2 M_{yx}}{\partial x \partial y} \tag{4-112}$$

$$\frac{\partial Q_y}{\partial y} = \frac{\partial^2 M_y}{\partial y^2} + \frac{\partial^2 M_{xy}}{\partial x \partial y} \tag{4-113}$$

将式（4-112）、式（4-113）代入式（4-109）的第一行得

$$\frac{\partial^2 M_x}{\partial x^2} + \frac{\partial^2 M_{xy}}{\partial x \partial y} + \frac{\partial^2 M_{yx}}{\partial x \partial y} + \frac{\partial^2 M_y}{\partial y^2} = \rho h \ddot{w} \tag{4-114}$$

将式（4-107）代入式（4-114）中得到运动方程的一般式。首先，计算 M_x、M_{xy}、M_{yx}、M_y 的导数，即

$$\frac{\partial^2 M_x}{\partial x^2} = -D\left(\frac{\partial^4 w}{\partial x^4} + \nu \frac{\partial^4 w}{\partial x^2 \partial y^2}\right)$$

$$\frac{\partial^2 M_y}{\partial y^2} = -D\left(\nu \frac{\partial^4 w}{\partial x^2 \partial y^2} + \frac{\partial^4 w}{\partial y^4}\right) \tag{4-115}$$

$$\frac{\partial^2 M_{xy}}{\partial x \partial y} = \frac{\partial^2 M_{yx}}{\partial x \partial y} = -(1-\nu)D\frac{\partial^4 w}{\partial x^2 \partial y^2}$$

然后，计算式（4-114）的左边，即

$$\frac{\partial^2 M_x}{\partial x^2} + \frac{\partial^2 M_{xy}}{\partial x \partial y} + \frac{\partial^2 M_{yx}}{\partial x \partial y} + \frac{\partial^2 M_y}{\partial y^2}$$

$$= -D\left(\frac{\partial^4 w}{\partial x^4} + \nu \frac{\partial^4 w}{\partial x^2 \partial y^2} + (1-\nu)\frac{\partial^4 w}{\partial x^2 \partial y^2} + \nu \frac{\partial^4 w}{\partial x^2 \partial y^2} + \frac{\partial^4 w}{\partial y^4}\right) \tag{4-116}$$

$$= -D\left(\frac{\partial^4 w}{\partial x^4} + 2\frac{\partial^4 w}{\partial x^2 \partial y^2} + \frac{\partial^4 w}{\partial y^4}\right)$$

将式（4-116）代入式（4-114）中，得到板弯曲振动的运动方程，即

$$D\left(\frac{\partial^4 w}{\partial x^4} + 2\frac{\partial^4 w}{\partial x^2 \partial y^2} + \frac{\partial^4 w}{\partial y^4}\right) + \rho h \ddot{w} = 0 \tag{4-117}$$

用附录 B 中 z 不变运动的双调和算子表示式（4-117），即

$$\nabla^4 = \nabla^2 \nabla^2 = \frac{\partial^4}{\partial x^2} + 2\frac{\partial^4}{\partial x^2 \partial y^2} + \frac{\partial^4}{\partial y^4} \tag{4-118}$$

将式（4-118）代入式（4-117）中得

$$D\nabla^4 w + \rho h \ddot{w} = 0 \tag{4-119}$$

式（4-119）是板弯曲振动方程的一般表达式。

（3）采用位移表示剪力

根据式（4-110）、式（4-111），即

$$Q_x = \frac{\partial M_x}{\partial x} + \frac{\partial M_{yx}}{\partial y} \tag{4-120}$$

$$Q_y = \frac{\partial M_y}{\partial y} + \frac{\partial M_{xy}}{\partial x} \tag{4-121}$$

将式（4-107）代入式（4-120）、式（4-121）得

$$Q_x = -D\frac{\partial}{\partial x}\left(\frac{\partial^2 \omega}{\partial x^2} + \nu\frac{\partial^2 w}{\partial y^2}\right) - D(1-\nu)\frac{\partial}{\partial y}\frac{\partial^2 w}{\partial x\partial y}$$

$$= -D\frac{\partial}{\partial x}\left(\frac{\partial^2 w}{\partial x^2} + \nu\frac{\partial^2 w}{\partial y^2} + (1-\nu)\frac{\partial^2 w}{\partial y^2}\right) = -D\frac{\partial}{\partial x}\left(\frac{\partial^2 w}{\partial x^2} + \frac{\partial^2 w}{\partial y^2}\right)$$

（4-122）

$$Q_y = -D\frac{\partial}{\partial y}\left(\nu\frac{\partial^2 w}{\partial x^2} + \frac{\partial^2 w}{\partial y^2}\right) - D(1-\nu)\frac{\partial}{\partial x}\frac{\partial^2 w}{\partial x\partial y}$$

$$= -D\frac{\partial}{\partial y}\left(\nu\frac{\partial^2 w}{\partial x^2} + \frac{\partial^2 w}{\partial y^2} + (1-\nu)\frac{\partial^2 w}{\partial x^2}\right) = -D\frac{\partial}{\partial y}\left(\frac{\partial^2 w}{\partial x^2} + \frac{\partial^2 w}{\partial y^2}\right)$$

（4-123）

式（4-122）、式（4-123）可以利用形式简洁的拉普拉斯算子表示：

$$\nabla^2 = \frac{\partial^2}{\partial x^2} + \frac{\partial^2}{\partial y^2} \text{ (拉普拉斯微分算子)}$$

（4-124）

将式（4-124）代入式（4-122）、式（4-123）得到横向剪切力位移，即

$$Q_x = -D\frac{\partial}{\partial x}(\nabla^2 w)$$

$$Q_y = -D\frac{\partial}{\partial y}(\nabla^2 w)$$

（4-125）

Kelvin-Kirchhoff 边缘效应可以表示为

$$V_x = Q_x + \frac{\partial M_{xy}}{\partial y}$$

$$V_y = Q_y + \frac{\partial M_{xy}}{\partial x}$$

（4-126）

矩形板弯曲振动下的弯曲和扭转应变能可以表示为

$$U = \frac{1}{2}D\int_A\left\{\left(\frac{\partial^2 w}{\partial x^2} + \frac{\partial^2 w}{\partial y^2}\right)^2 - 2(1-\nu)\left[\frac{\partial^2 w}{\partial x^2}\frac{\partial^2 w}{\partial y^2} - \left(\frac{\partial^2 w}{\partial x\partial y}\right)^2\right]\right\}\mathrm{d}A$$

（4-127）

（4）运动方程的解

假定为谐波运动：

$$w(x, y, t) = \hat{w}(x, y)\mathrm{e}^{i\omega t}$$

（4-128）

式（4-119）变成

$$D\nabla^4\hat{w} - \rho h\omega^2\hat{w} = 0$$

（4-129）

将弯曲波数 γ 定义为

$$\gamma^4 = \frac{\rho h}{D}\omega^2$$

（4-130）

因此，式（4-129）变为

$$(\nabla^4 - \gamma^4)\hat{w} = 0$$

（4-131）

有时将式（4-131）改写为如下形式更为简便

$$(\nabla^2 + \gamma^2)(\nabla^2 - \gamma)\hat{w} = 0 \tag{4-132}$$

由微分方程理论，式（4-132）的全解可以通过下面的低阶微分系统方程的通解叠加得到

$$\begin{cases} (\nabla^2 + \gamma^2)\hat{w}_1 = 0 \\ (\nabla^2 - \gamma^2)\hat{w}_2 = 0 \end{cases} \tag{4-133}$$

4.5.2　矩形板的直波峰弯曲振动

式（4-117）的通解表示同时在 x 和 y 方向发生的弯曲振动，本节讨论某些条件存在时，该问题的简化和满足封闭形式的解。

考虑直波峰弯曲板振动，如果把板振动视为板内一系列的驻波，可以视为波峰沿 y 轴传播的直波峰弯曲驻波系统，如图 4-9 所示。在 y 为不变量时，沿 y 轴的波峰只取决于 x，即

$$w(x,y,t) \to w(x,t)\text{（直波峰弯曲板波）} \tag{4-134}$$

式（4-134）隐含 $\partial w / \partial y = 0$。将式（4-134）代入式（4-117）得

$$Dw'''' + \rho h \ddot{w} = 0 \tag{4-135}$$

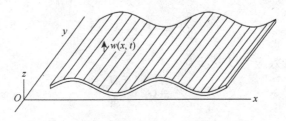

图 4-9　板的直波峰弯曲振动

其中，w'''' 是对空间变量 x 的四阶导数。式（4-135）与第 3 章提出的梁弯曲振动方程有相同的形式 $(D \leftrightarrow E, \rho h \leftrightarrow m)$，因此式（4-135）对梁的弯曲振动具有相同的通解，即

$$w(x,t) = A_1 e^{i(\gamma_F x + \omega t)} + A_2 e^{-i(\gamma_F x - \omega t)} + A_3 e^{\gamma_F x} e^{i\omega t} + A_4 e^{-\gamma_F x} e^{i\omega t} \tag{4-136}$$

其中，γ_F 可以表示为

$$\gamma^4{}_F = \frac{\rho h}{D} \omega^2 \tag{4-137}$$

根据表达式 $\gamma_F = \omega / c_F$，其中涉及波数 γ_F、角频率 ω、和波速 c_F。通过式（4-137）可以得到板的弯曲波速度 c_F 为

$$c_F = \sqrt{\omega}\left(\frac{D}{\rho h}\right)^{1/4} = \sqrt{\omega}\left[\frac{Eh^2}{12\rho h(1-\nu^2)}\right]^{1/4} \text{（板的弯曲波速度）} \tag{4-138}$$

利用半板厚 $d = h / 2$，式（4-138）变成

$$c_F = \left[\frac{Ed^2}{3\rho(1-\nu^2)}\right]^{1/4} \tag{4-139}$$

将式（4-137）与第 3 章提出的梁的相应方程相比较，可看出梁与板的弯曲振动之间唯一的不同是泊松校正项 $(1-\nu^2)$ 的存在，这是由板几何形状所附加的额外约束（纯应变

状态）造成的。

　　板的直波峰弯曲振动容易从数学上得出，但难以通过实验得到。对于有限长宽比矩形板，设计一种特殊的激励系统，该系统在板宽度方向施加一个平行于平面的运动，这样驻波运动仅沿长度方向传播。某些边界条件和板长宽比有利于在直波峰假设下的分析。如果长宽比值很大，使某个维度可以被近似（例如，长宽比为 10 或更大），那么直波峰分析预测的结果，至少在较低模态下，与梁的预测结果类似。例如通过适当改进梁的分析方法来预测自由长条板，在低频区域可以获得可接受的频率和振型。

4.5.3　矩形板的一般弯曲振动

　　如图 4-10 所示，矩形板的一般弯曲振动，通过特定边界条件下式（4-131）的通解获得。这里考虑两种特殊的边界条件：①简支矩形板；②自由边矩形板。

（1）简支矩形板的弯曲振动

　　四边简支矩形板的弯曲振动问题比较容易解决。简支边界条件是

$$w = 0, M_x = 0, \quad x = 0, x = a$$
$$w = 0, M_y = 0, \quad y = 0, y = b \qquad (4\text{-}140)$$

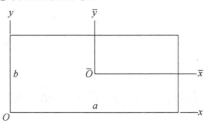

图 4-10　自由矩形板弯曲振动的坐标定义

利用式（4-107）表示这些边界条件得到

$$\frac{\partial^2 w}{\partial x^2} + \nu \frac{\partial^2 w}{\partial y^2} = 0, \quad x = 0, x = a$$

$$\nu \frac{\partial^2 \omega}{\partial x^2} + \frac{\partial^2 w}{\partial y^2} = 0, \quad y = 0, y = b \qquad (4\text{-}141)$$

　　假设时间谐波振动的分析不考虑时间和空间的相关性，则位移表示为

$$w(x, y, t) = \hat{w}(x, y) e^{i\omega t} \qquad (4\text{-}142)$$

剩下的问题是找到振型 $\hat{w}(x, y)$。通过式（4-140）、式（4-141）可知，两者都会满足在边界点的调和函数，因此，简支抗弯振动板的通解的形式为

$$\hat{w}_{mn} = A_{mn} \sin \frac{m\pi x}{a} \sin \frac{n\pi y}{b} \qquad (4\text{-}143)$$

式中，A_{mn} 是振幅。将通解式（4-143）代入式（4-129）得

$$D \left[\left(\frac{m\pi}{a} \right)^4 + 2 \left(\frac{m\pi}{a} \right)^2 \left(\frac{n\pi}{b} \right)^2 + \left(\frac{n\pi}{b} \right)^4 \right] \hat{w} - \rho h \omega^2 \hat{w} = 0 \qquad (4\text{-}144)$$

因此，可以得到频率方程为

$$\omega_{mn} = \sqrt{\frac{D}{\rho h} \left[\left(\frac{m\pi}{a} \right)^2 + \left(\frac{n\pi}{b} \right)^2 \right]} \qquad (4\text{-}145)$$

对于每个自然频率 ω_{mn}，一种是利用式（4-143）写出相应的振型，振幅 A_{mn} 通过标准化过程来确定。图 4-11a 给出了少数弯曲振型矩形板的原理图。在方板振动的情况下，x 和 y

方向是完全相同的，某些频率将重合，导致组合振型产生，如图 4-11b 所示。

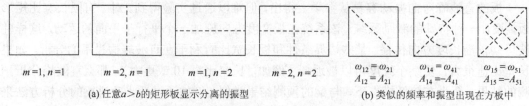

$m=1,n=1$　　　$m=2,n=1$　　　$m=1,n=2$　　　$m=2,n=2$　　　$\omega_{12}=\omega_{21}$　　$\omega_{14}=\omega_{41}$　　$\omega_{15}=\omega_{51}$
　　　　　　　　　　　　　　　　　　　　　　　　　　　　　　　　　　$A_{12}=A_{21}$　　$A_{14}=-A_{41}$　　$A_{15}=-A_{51}$

(a) 任意$a>b$的矩形板显示分离的振型　　　　　　　　(b) 类似的频率和振型出现在方板中

图 4-11　简支矩形板的弯曲振动模态振型

（2）自由矩形板的弯曲振动

自由矩形板的弯曲振动问题更难以解决且无法得到封闭解，这一问题一直受到人们的关注，并且激起了 Rayleigh[3]和 Ritz[4]的兴趣，这里介绍 Leissa[5]引用 Iguchi[6]的解决方案。

考虑图 4-10 中的矩形板，自由边界条件可以表示为

$$M_x=0, V_x=0 对于 \bar{x}=\pm\frac{1}{2}a$$

$$M_y=0, V_y=0 对于 \bar{y}=\pm\frac{1}{2}b \tag{4-146}$$

$$M_{xy}=0 (相交成角处)$$

利用式（4-107）、式（4-126）来表示这些边界条件：

$$\frac{\partial^2 w}{\partial \bar{x}^2}+\nu\frac{\partial^2 w}{\partial \bar{y}^2}=0, \quad \bar{x}=\pm\frac{1}{2}a$$

$$\nu\frac{\partial^2 w}{\partial \bar{x}^2}+\frac{\partial^2 w}{\partial \bar{y}^2}=0, \quad \bar{y}=\pm\frac{1}{2}b \tag{4-147}$$

$$\frac{\partial^2 w}{\partial \bar{x}\partial \bar{y}}=0$$

$$\frac{\partial}{\partial \bar{x}}\left[\frac{\partial^2 w}{\partial \bar{x}^2}+(2-\nu)\frac{\partial^2 w}{\partial \bar{y}^2}\right]=0, \quad \bar{x}=\pm\frac{1}{2}a$$

$$\frac{\partial}{\partial \bar{y}}\left[(2-\nu)\frac{\partial^2 w}{\partial \bar{x}^2}+\frac{\partial^2 w}{\partial \bar{y}^2}\right]=0, \quad \bar{y}=\pm\frac{1}{2}b \tag{4-148}$$

假设时间谐波振动，则可分开空间和时间依赖关系，位移表示为

$$w(\bar{x},\bar{y},t)=W(\bar{x},y)\mathrm{e}^{i\omega t} \tag{4-149}$$

Iguchi[6]以级数形式给出了解

$$W(\bar{x},\bar{y})=\sum_{n=0}^{\infty}X_n\cos n\pi\left(\frac{1}{2}+\eta\right)+\sum_{m=0}^{\infty}\Upsilon_m\cos m\pi\left(\frac{1}{2}+\xi\right) \tag{4-150}$$

这里$\xi=\bar{x}/a$，$\eta=\bar{y}/b$。函数X_n,Y_n用双曲线表示正弦和余弦，即

$$X_n=A_n\frac{\cosh\pi\lambda_{\alpha n}\xi}{\sinh\frac{\pi}{2}\lambda_{\alpha n}}+A_n^*\frac{\cosh\pi\lambda_{\alpha n}^*\xi}{\sinh\frac{\pi}{2}\lambda_{\alpha n}^*}+A_n^{**}\frac{\sinh\pi\lambda_{\alpha n}\xi}{\cosh\frac{\pi}{2}\lambda_{\alpha n}}+A_n^{***}\frac{\sinh\pi\lambda_{\alpha n}^*\xi}{\cosh\frac{\pi}{2}\lambda_{\alpha n}^*}$$

$$\Upsilon_m=B_m\frac{\cosh\pi\lambda_{\beta m}\eta}{\sinh\frac{\pi}{2}\lambda_{\beta m}}+B_m^*\frac{\cosh\pi\lambda_{\beta m}^*\eta}{\sinh\frac{\pi}{2}\lambda_{\beta m}^*}+B_m^{**}\frac{\sinh\pi\lambda_{\beta m}\eta}{\cosh\frac{\pi}{2}\lambda_{\beta m}}+B_m^{***}\frac{\sinh\pi\lambda_{\beta m}^*\eta}{\cosh\frac{\pi}{2}\lambda_{\beta m}^*} \tag{4-151}$$

其中

$$\lambda_{\alpha n}, \lambda_{\alpha n}^* = \sqrt{\alpha^2 n^2 \pm \mu}, \mu = \frac{\omega a^2}{\pi^2}\sqrt{\frac{\rho h}{D}}, \alpha = \frac{a}{b}$$

$$\lambda_{\beta m}, \lambda_{\beta m}^* = \sqrt{\beta^2 m^2 \pm \mu^*}, \mu^* = \frac{\omega b^2}{\pi^2}\sqrt{\frac{\rho h}{D}}, \beta = \frac{b}{a}$$

(4-152)

该方法的进一步细节可以查阅文献[5]和文献[6]。应用该方法得到一个无限行列式，该行列式能截取成有限形式，随着行列式阶数的增加，其特征值迅速收敛。图 4-12～图 4-14 给出了各种振型的频率、模态和常参数。

模态振型节点图案	$\omega a^2\sqrt{\rho/D}$	n	α_n	λ_n	λ_n^*
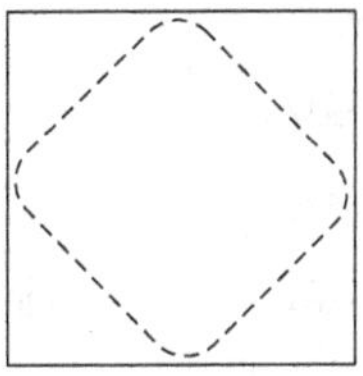		0	8.51935	—	—
		2	1.00000	2.54147	1.24133
	24.2702	4	0.04225	4.29641	3.67990
		6	0.01173	6.20154	5.79145
		8	0.00494	8.15225	7.84480
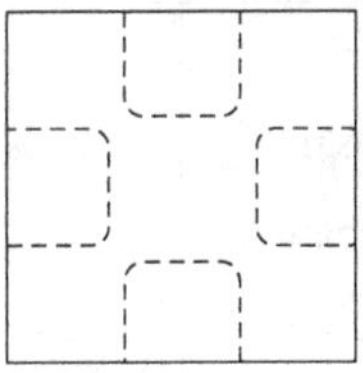		0	−0.11966	—	—
		2	1.00000	3.23309	1.56615i
	63.6870	4	0.03422	4.73844	3.08985
		6	0.01065	6.51558	5.43573
		8	0.00473	8.39362	7.58598
		0	−8.81714	—	—
		2	1.00000	4.05046	2.89935i
	122.4449	4	−1.19356	5.32975	1.89572
		6	−0.08213	6.95746	4.85734
		8	−0.02402	8.74107	7.18288
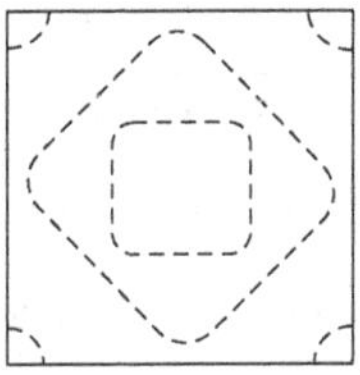		0	−0.07482	—	—
		2	1.00000	4.59037	3.61545i
	168.4888	4	0.44885	5.75078	1.03513i
		6	0.03590	7.28502	4.35069
		8	0.01347	9.00397	6.85044
		0	−8.90424	—	—
		2	1.00000	5.86426	5.13707i
	299.9325	4	−0.59521	6.81099	3.79335i
		6	−1.39192	8.14998	2.36864
		8	−0.13703	9.71543	5.79745

图 4-12　对称坐标轴和对称对角线下自由矩形板的振型和频率[6]

模态振型节点图案	$\omega a^2\sqrt{\rho/D}$	n	α_n	λ_n	λ_n^*
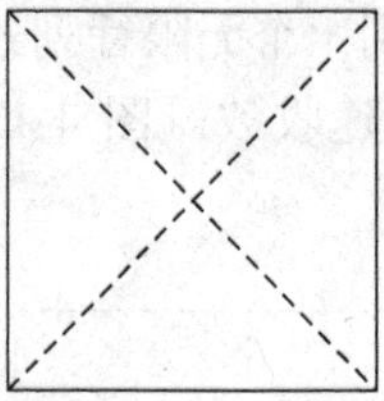	19.5961	0	−19.46060	—	—
		2	1.00000	2.44653	1.41933
		4	0.00264	4.24093	3.74359
		6	−0.00487	6.16324	5.83219
		8	−0.00290	8.12315	7.87493
	65.3680	0	3.93698	—	—
		2	1.00000	3.25932	1.61926i
		4	−0.09935	4.75638	3.06216
		6	−0.01507	6.53864	5.42004
		8	−0.00451	8.40376	7.57475
	117.1093	0	3.84826	—	—
		2	1.00000	3.98317	2.80458i
		4	−0.48091	5.27879	2.03331
		6	−0.02845	6.91850	4.91267
		8	−0.00453	8.71009	7.22041
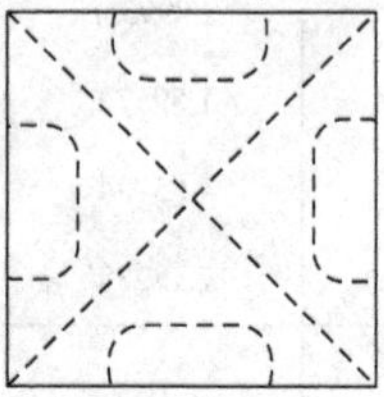	161.5049	0	−0.02833	—	—
		2	1.00000	4.51264	3.51623i
		4	−0.24428	5.68893	0.60322i
		6	−0.01363	7.23629	4.43127
		8	−0.00297	8.96459	6.90189
	293.7190	0	5.79354	—	—
		2	1.00000	5.81033	5.07543i
		4	0.66331	6.76461	3.70944i
		6	−0.61699	8.10925	2.49801
		8	−0.05732	9.68297	5.85150

图 4-13　关于坐标轴对称和对角线反对称的自由矩形板的振型和频率[6]

模态振型节点图案	$\omega a^2 \sqrt{\rho/D}$	n	α_n	λ_n	λ_n^*
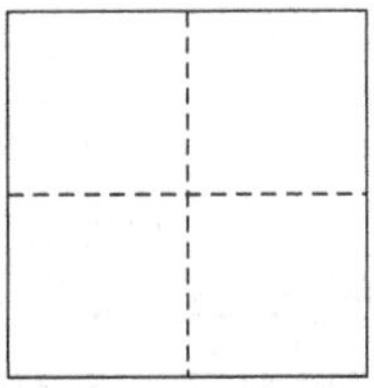	13.4728	1	1.00000	1.53788	0.06042i
		3	0.00766	3.21949	2.76314
		5	0.00100	5.13469	4.86158
		7	0.00041	7.09684	6.90181
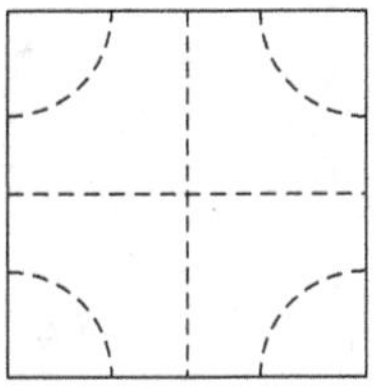	77.5897	1	1.00000	2.97685	2.61947i
		3	0.23339	4.10632	1.06694
		5	0.00888	5.73251	4.14985
		7	0.00178	7.54066	6.41392
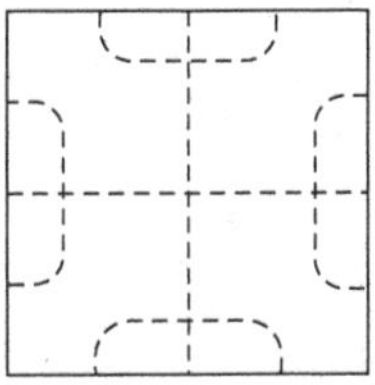	156.2387	1	1.00000	4.10247	3.85101i
		3	−4.56065	4.98299	2.61348i
		5	−0.05491	6.38986	3.02815
		7	−0.01457	8.05176	5.75931

(a) 模态关于坐标轴反对称, 关于对角线对称

模态振型节点图案	$\omega a^2 \sqrt{\rho/D}$	n	α_n	λ_n	λ_n^*
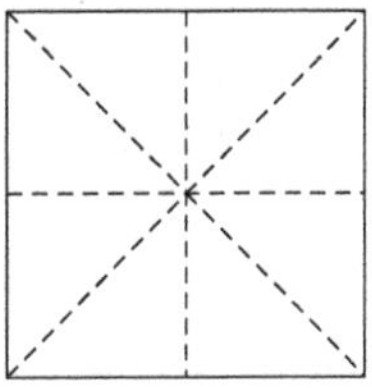	69.5020	1	1.00000	2.83585	2.45805i
		3	−0.12837	4.00525	1.29928
		5	−0.00557	5.66057	4.23769
		7	−0.00101	7.48612	6.47750
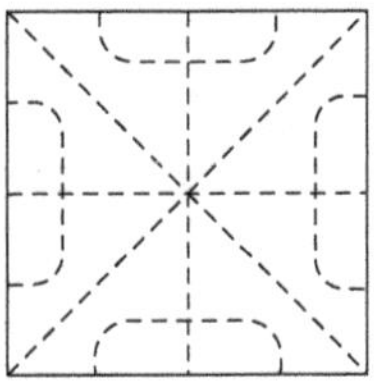	173.6954	1	1.00000	4.31266	4.07419i
		3	2.68336	5.15742	2.93241i
		5	−0.13566	6.52679	2.72047
		7	−0.02103	8.16082	5.60366
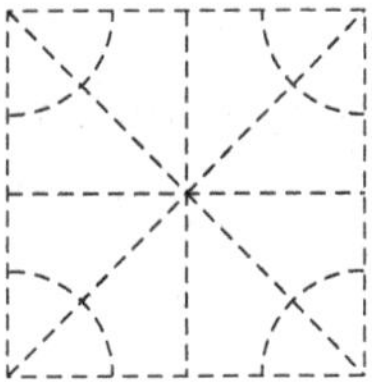	204.6527	1	1.00000	4.66215	4.44248i
		3	0.15411	5.45304	3.42573i
		5	−0.13841	6.76282	2.06503
		7	−0.01080	8.35079	5.31642

(b) 模态关于坐标轴和对角线反对称v=0.3

图 4-14　自由矩形板的振型和频率[6]

4.6 圆板的弯曲振动

4.6.1 圆板的弯曲振动方程

为了分析圆板的弯曲振动,从直角坐标系 (x, y, z) 变换到圆柱坐标系 (r, θ, z),如图 4-15a 所示。考虑图 4-15b 所示的圆板微元,在柱面坐标系下,微元的体积为 $\mathrm{d}V = hr\mathrm{d}r\mathrm{d}\theta$。力矩 M_r、M_θ、$M_{r\theta}$、$M_{\theta r}$ 与挠度 w 相关,如下所示[7]:

$$M_r = -D\left[\frac{\partial^2 w}{\partial r^2} + \upsilon\left(\frac{1}{r}\frac{\partial w}{\partial r} + \frac{1}{r^2}\frac{\partial^2 w}{\partial \theta^2}\right)\right]$$

$$M_\theta = -D\left(\frac{1}{r}\frac{\partial w}{\partial r} + \frac{1}{r^2}\frac{\partial^2 w}{\partial \theta^2} + \upsilon\frac{\partial^2 w}{\partial r^2}\right) \tag{4-153}$$

$$M_{r\theta} = M_{\theta r} = -(1-\upsilon)D\left(\frac{1}{r}\frac{\partial^2 w}{\partial r\partial \theta} - \frac{1}{r^2}\frac{\partial w}{\partial \theta}\right)$$

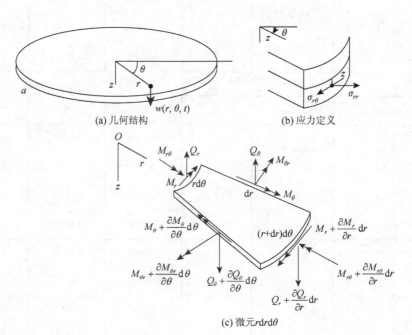

(a) 几何结构 (b) 应力定义

(c) 微元 $r\mathrm{d}r\mathrm{d}\theta$

图 4-15 半径为 a 的自由圆板弯曲振动分析

其中,D 为式(4-108)定义的弯曲板刚度 $D = Eh^3/12(1-\upsilon^2)$。剪力 Q_r、Q_θ 与挠度 w 有关,表示为

$$Q_r = -D\frac{\partial}{\partial r}(\nabla^2 w)$$

$$Q_\theta = -D\frac{1}{r}\frac{\partial}{\partial \theta}(\nabla^2 w) \tag{4-154}$$

其中，拉普拉斯算子∇^2极坐标下的形式为（附录 B）

$$\nabla^2 = \frac{\partial}{\partial r^2} + \frac{1}{r}\frac{\partial}{\partial r} + \frac{1}{r^2}\frac{\partial^2}{\partial \theta^2} \text{（拉普拉斯算子）} \tag{4-155}$$

极坐标下，Kelvin-Kirchhoff 边缘效应为

$$V_r = Q_r + \frac{1}{r}\frac{\partial M_{r\theta}}{\partial \theta}$$

$$V_\theta = Q_\theta + \frac{\partial M_{r\theta}}{\partial r} \tag{4-156}$$

弯曲振动圆板的弯曲和扭转应变能表示为

$$U = \frac{1}{2}D\int_A\left(\left(\frac{\partial^2 w}{\partial r^2} + \frac{1}{r}\frac{\partial w}{\partial r} + \frac{1}{r^2}\frac{\partial^2 w^2}{\partial \theta^2}\right) - 2(1-\upsilon)\left\{\frac{\partial^2 w}{\partial r^2}\left(\frac{1}{r}\frac{\partial w}{\partial r} + \frac{1}{r^2}\frac{\partial^2 w}{\partial \theta^2}\right) - \left[\frac{\partial}{\partial r}\left(\frac{1}{r}\frac{\partial w}{\partial \theta}\right)\right]^2\right\}\right)\mathrm{d}A \tag{4-157}$$

其中，$\mathrm{d}A = r\mathrm{d}r\mathrm{d}\theta$。

（1）圆板弯曲振动的运动方程

圆板弯曲振动的运动方程可以直接从矩形板弯曲振动的运动方程式（4-119）得到，取极坐标表达式，根据式（4-119），即

$$D\nabla^4 w + \rho h\ddot{w} = 0 \tag{4-158}$$

式（4-158）中的双调和算子∇^4表达为极坐标的形式。附录 B 给出了双调和算子在极坐标下的表示方式

$$\nabla^4 = \nabla^2\nabla^2$$

$$= \left(\frac{\partial^2}{\partial r^2} + \frac{1}{r}\frac{\partial}{\partial r} + \frac{1}{r^2}\frac{\partial^2}{\partial \theta^2}\right)\left(\frac{\partial^2}{\partial r^2} + \frac{1}{r}\frac{\partial}{\partial r} + \frac{1}{r^2}\frac{\partial^2}{\partial \theta^2}\right) \text{（双调和算子）} \tag{4-159}$$

将式（4-159）代入式（4-158）中得到

$$D\left(\frac{\partial^2}{\partial r^2} + \frac{1}{r}\frac{\partial}{\partial r} + \frac{1}{r^2}\frac{\partial^2}{\partial \theta^2}\right)\left(\frac{\partial^2}{\partial r^2} + \frac{1}{r}\frac{\partial}{\partial r} + \frac{1}{r^2}\frac{\partial^2}{\partial \theta^2}\right)w + \rho h\ddot{w} = 0 \tag{4-160}$$

（2）圆板弯曲振动的通解

假设为时间谐波振动，不考虑空间和时间的相关性，则位移表示为

$$w(r,\theta,t) = \hat{w}(r,\theta)\mathrm{e}^{i\omega t} \tag{4-161}$$

剩下的问题是找到空间相关解$\hat{\omega}(r,\theta)$，使其满足微分式（4-158）和边界条件。

式（4-158）变为

$$D\nabla^4\hat{w} - \rho h\omega^2\hat{w} = 0 \tag{4-162}$$

根据式（4-137）表示的波数，即

$$\gamma^4 = \frac{\rho h}{D}\omega^2 \tag{4-163}$$

因此，式（4-162）变为

$$(\nabla^4 - \gamma^4)\hat{w} = 0 \tag{4-164}$$

将式（4-164）的因子写为如下较为简便的形式：

$$(\nabla^2 + \gamma^2)(\nabla^2 - \gamma^2)\hat{w} = 0 \tag{4-165}$$

由微分方程理论，式（4-165）的通解可以通过下面两个低阶微分方程组解的叠加得到

$$\begin{cases} (\nabla^2 + \gamma^2)\hat{w}_1 = 0 \\ (\nabla^2 - \gamma^2)\hat{w}_2 = 0 \end{cases} \tag{4-166}$$

通过对周长应用傅里叶变换，式（4-158）的通解为（本章参考文献[5]第 2 页）

$$\hat{w}(r,\theta) = \sum_{n=0}^{\infty} W_n(r)\cos n\theta + \sum_{n=0}^{\infty} W_n^*(r)\sin n\theta \tag{4-167}$$

将式（4-167）代入式（4-166）得到

$$\frac{\partial^2 W_{1n}}{\partial r^2} + \frac{1}{r}\frac{\partial W_{1n}}{\partial r} - \left(\frac{n^2}{r^2} - \gamma^2\right)W_{1n} = 0$$

$$\frac{\partial^2 W_{2n}}{\partial r^2} + \frac{1}{r}\frac{\partial W_{2n}}{\partial r} - \left(\frac{n^2}{r^2} + \gamma^2\right)W_{2n} = 0 \tag{4-168}$$

关于 W_n^* 的其他两个类似方程采用 Bessel 方程表示，其解为

$$W_{1n} = A_n J_n(\gamma r) + B_n \Upsilon_n(\gamma r)$$

$$W_{2n} = C_n I_n(\gamma r) + D_n K_n(\gamma r) \tag{4-169}$$

其中，J_n 和 R_n 是第一类和第二类 n 阶 Bessel 函数；I_n 和 K_n 是第一类和第二类 n 阶改进 Bessel 函数。系数 A_n、B_n、C_n、D_n 通过给定边界和初始条件得到，对于 W_n^* 同理。因此，式（4-164）的通解为

$$\hat{w}(r,\theta) = \sum_{n=0}^{\infty}[A_n J_n(\gamma r) + B_n \Upsilon_n(\gamma r) + C_n I_n(\gamma r) + D_n K_n(\gamma r)]\cos n\theta \tag{4-170}$$

$$+ \sum_{n=0}^{\infty}[A_n^* J_n(\gamma r) + B_n^* \Upsilon_n(\gamma r) + C_n^* I_n(\gamma r) + D_n^* K_n(\gamma r)]\sin n\theta$$

然而，Bessel 方程 $\Upsilon_n(\gamma r)$ 和 $K_n(\gamma r)$ 在 $r = 0$ 处无穷大，可以舍去（除非板在 $r = 0$ 周围有孔，此处不考虑这种情况）。因此，对于没有中心孔的固体板，式（4-170）中含有 $\Upsilon_n(\gamma r)$ 和 $K_n(\gamma r)$ 的项将被舍去，因为它们在 $r = 0$ 是无限的。另外，如果边界条件关于至少一条直径对称，那么 $\sin n\theta$ 这一项是不需要的。当这些假设成立，式（4-170）可简化为（参考文献[5]第 7 页）

$$W_n = [A_n J_n(\gamma r) + C_n I_n(\gamma r)]\cos n\theta \tag{4-171}$$

其中 $n = 0,1,\cdots$，表示直径的节点数目。

4.6.2　自由圆板的弯曲振动

自由圆板弯曲振动的研究历史很长。Poisson[8]报告了有关圆板振动的第一项研究，计算了当振动板没有节点直径，只有 1 个或 2 个波节圆时，波节圆半径与板半径之比。考虑了三种边界条件：①固支；②简支；③自由边。Kirchhoff[9]拓展了 Poisson 关于自由圆板振动的研究且计算出当板以 1 个、2 个或 3 个结点直径振动时的 6 个半径比率。Airey[10]给出了这个问题的全面结果及其同 Bessel 函数的关系。有关固有频率和振型的更深入研

究见参考文献[11]。

对于外径为 a 的自由圆板的边界条件为

$$M_r(a) = 0$$
$$V_r(a) = 0$$

（4-172）

将边界条件（4-172）代入到式（4-153）、式（4-156），并利用式（4-154）得到特征方程（参考文献[6]第 10 页）：

$$\frac{\lambda^2 J_n(\lambda) + (1-\upsilon)[\lambda J_n'(\lambda) - n^2 J_n(\lambda)]}{\lambda^2 I_n(\lambda) - (1-\upsilon)[\lambda I_n'(\lambda) - n^2 I_n(\lambda)]} = \frac{\lambda^3 J_n'(\lambda) + (1-\upsilon)n^2[\lambda J_n'(\lambda) - J_n(\lambda)]}{\lambda^3 I_n(\lambda) - (1-\upsilon)n^2[\lambda I_n'(\lambda) - I_n(\lambda)]}$$

（4-173）

其中，$\lambda = \gamma a$。有关特征值方程（4-170）的特征根及相关模态振型的深入数值分析见参考文献[12]。式（4-173）的特征值以 $\lambda_{j,p}$ 的形式表示，这里 $p = 0,1,2,\cdots$ 是节点数，$j = 0,1,2,\cdots$ 是波节圆数（当 $j = 0$、$\lambda = 0$ 时，三刚体运动的自由板有三个根）。振型的表达式为

$$W_{j,p}(r,\theta) = A_{j,p}[J_p(\lambda_{j,p}r/a) + C_{j,p}I_p(\lambda_{j,p}r/a)]\cos p\theta$$

（4-174）

表 4-2 给出了特征值 $\lambda_{j,p}$ 的典型值、模型参数 $C_{j,p}$ 和振幅 $A_{j,p}$。如需更多数值可查询参考文献[12]。

表 4-2　用于计算自由圆板弯曲振动的特征值 $\lambda_{j,p}$、振型参数 $C_{j,p}$ 和振幅 $A_{j,p}$ [12]

	$j=0$				$j=1$		
p	$\lambda_{0,p}$	$C_{0,p}$	$A_{0,p}$	p	$\lambda_{1,p}$	$C_{1,p}$	$A_{1,p}$
0	—	—	—	0	3.01146	−0.83810E-01	0.21979E+01
1	—	—	—	1	4.52914	−0.19007E-01	0.38359E+01
2	2.29391	0.22191E+00	0.36597E+01	2	5.93654	−0.55654E-02	0.44282E+01
3	3.49913	0.96357E-01	0.45349E+01	3	7.27468	−0.18637E-02	0.49565E+01
4	4.63974	0.45825E-01	0.53282E+01	4	8.56611	−0.67890E-03	0.54428E+01
5	5.74994	0.22796E-01	0.60587E+01	5	9.82382	−0.26225E-03	0.58981E+01
6	6.84169	0.11661E-01	0.67422E+01	6	11.05592	−0.10584E-03	0.63291E+01
7	7.92082	0.60806E-02	0.73889E+01	7	12.26783	−0.44198E-04	0.67401E+01
8	8.99069	0.32162E-02	0.80058E+01	8	13.46335	−0.18972E-04	0.71345E+01
9	10.05343	0.17200E-02	0.85981E+01	9	14.64527	−0.83316E-05	0.75145E+01
10	11.11048	0.92790E-03	0.916994E+01	10	15.81570	−0.37296E-05	0.78820E+01

特征值和振型的固有频率的计算公式为

$$\omega_{j,p} = \lambda_{j,p}^2 \sqrt{\frac{D}{\rho h a^4}}$$

（4-175）

模型的振幅 $A_{j,p}$ 由质量归一化公式得到

$$\int_0^{2\pi}\int_0^a \rho h W_{j,p}^2(r,\theta)r\mathrm{d}r\mathrm{d}\theta = \rho\pi a^2 h = m$$

（4-176）

其中，m 是板的总质量。

式（4-174）表示的振型从某种意义上说是正交的，即

$$\int_0^{2\pi}\int_0^a \rho h W_{j,p} W_{i,q} r \mathrm{d}r \mathrm{d}\theta = m\delta_{ij}\delta_{pq} \tag{4-177}$$

其中，δ_{ij} 是 Kronecker 符号（$i=j$ 时，$\delta_{ij}=1$；其他情况，$\delta_{ij}=0$）。将式（4-174）代入式（4-176）中得到 $A_{j,p}$ 的显式表达式。参考文献[12]给出

$$A_{j,p}^{-2} = \begin{cases} 2\{[J_0(\lambda_{j,0}) + C_{j,0}I_0(\lambda_{j,0})]^2 + [J_0'(\lambda_{j,0})]^2 - [C_{j,0}I_0'(\lambda_{j,0})]^2\}, p=0 \\[2mm] 2\left\{\begin{array}{l}[J_p(\lambda_{j,p}) + C_{j,p}I_p(\lambda_{j,p})]^2 - \dfrac{p^2}{\lambda_{j,p}^2}[J_p^2(\lambda_{j,p}) + C_{j,p}^2 I_p^2(\lambda_{j,p})] \\[2mm] + [J_p'(\lambda_{j,p})]^2 - [C_{j,p}I_p'(\lambda_{j,p})]^2 \end{array}\right\}, p\neq 0 \end{cases} \tag{4-178}$$

式（4-178）的另一种形式为

$$A_{j,p} = \frac{1}{\sqrt{2}}\left\{\begin{array}{l}[J_p(\lambda_{j,p}) + C_{j,p}I_p(\lambda_{j,p})]^2 - \dfrac{p^2}{\lambda_{j,p}^2}[J_p^2(\lambda_{j,p}) + C_{j,p}^2 I_p(\lambda_{j,p})] \\[2mm] + [J_p'(\lambda_{j,p})]^2 - [C_{j,p}I_p'(\lambda_{j,p})]^2 \end{array}\right\}^{-\frac{1}{2}} \tag{4-179}$$

4.6.3　圆板轴对称弯曲振动

圆板轴对称弯曲振动可以理解为从板中心以同心圆形式传播且在板周围反射的环形驻波环形波。该问题与 θ 无关，即

$$\frac{\partial}{\partial \theta} = 0 \,(\text{轴对称运动}) \tag{4-180}$$

将式（4-180）代入到式（4-159），满足如下双调和算子的简单表达：

$$\nabla^4 = \nabla^2\nabla^2 = \left(\frac{\partial^2}{\partial r^2} + \frac{1}{r}\frac{\partial}{\partial r}\right)\left(\frac{\partial^2}{\partial r^2} + \frac{1}{r}\frac{\partial}{\partial r}\right) = \frac{\partial^4}{\partial r^4} + \frac{2}{r}\frac{\partial^3}{\partial r^3} - \frac{1}{r}\frac{\partial^2}{\partial r^2} + \frac{1}{r^3}\frac{\partial}{\partial r} \,(\text{双调和算子轴对称振动})$$

$$\tag{4-181}$$

（1）运动方程

将式（4-180）代入式（4-160）中得到圆板轴对称弯曲振动的运动方程，即

$$D\left(\frac{\partial^4 w}{\partial r^4} + \frac{2}{r}\frac{\partial^3 w}{\partial r^3} - \frac{1}{r^2}\frac{\partial^2 w}{\partial r^2} + \frac{1}{r^3}\frac{\partial w}{\partial r}\right) + \rho h\ddot{w} = 0 \,(\text{对称弯曲振动}) \tag{4-182}$$

假定以频率 ω 作简谐振动，即

$$w(r,t) = \hat{w}(r)\mathrm{e}^{i\omega t} \tag{4-183}$$

将式（4-183）代入式（4-158）得到

$$D\nabla^4\hat{w} - \omega^2\rho h\hat{w} = 0 \tag{4-184}$$

根据板弯曲振动波数的定义，即

$$\gamma^4 = \frac{\rho h}{D}\omega^2 \text{ 或 } \gamma = \left(\frac{\rho h}{D}\right)^{1/4}\sqrt{\omega} \tag{4-185}$$

将式（4-185）代入式（4-184）中得到

$$(\nabla^4 - \gamma^4)\hat{w} = 0 \tag{4-186}$$

也可以表示为

$$(\nabla^2 - \gamma^2)(\nabla^2 + \gamma^2)\hat{w} = 0 \tag{4-187}$$

当下面表达式满足其一时，式（4-187）成立：

$$(\nabla^2 - \gamma^2)\hat{w} = 0, \ (\nabla^2 - \gamma^2)\hat{w} = 0 \tag{4-188}$$

即

$$\left(\frac{\mathrm{d}^2}{\mathrm{d}r^2} + \frac{1}{r}\frac{\mathrm{d}}{\mathrm{d}r} + \gamma^2\right)\hat{w} = 0 \tag{4-189}$$

$$\left(\frac{\mathrm{d}^2}{\mathrm{d}r^2} + \frac{1}{r}\frac{\mathrm{d}}{\mathrm{d}r} - \gamma^2\right)\hat{w} = 0 \tag{4-190}$$

将式（4-189）、式（4-190）乘以 r^2，令 $x = \gamma r$，代入零阶 Bessel 方程和修正零阶 Bessel 方程（附录 A），即

$$x^2\frac{\mathrm{d}^2}{\mathrm{d}x^2} + x\frac{\mathrm{d}\hat{w}}{\mathrm{d}x} + x^2\hat{w} = 0 \tag{4-191}$$

$$x^2\frac{\mathrm{d}^2}{\mathrm{d}x^2} + x\frac{\mathrm{d}\hat{w}}{\mathrm{d}x} - x^2\hat{w} = 0 \tag{4-192}$$

（2）通解

式（4-191）的解是第一类和第二类零阶 Bessel 函数：$J_0(x)$ 和 $\Upsilon_0(x)$；式（4-192）的解是第一类和第二类改进零阶 Bessel 函数：$I_0(x)$ 和 $K_0(x)$。因此，式（4-186）的通解是这四个 Bessel 函数的线性组合，即

$$\hat{w} = DJ_0(x) + E\Upsilon_0(x) + FI_0(x) + GK_0(x) \tag{4-193}$$

常数项 D、E、F、G 通过初始条件和边界条件确定。在式（4-193）中令 $x = \gamma r$ 得

$$\hat{w}(r) = DJ_0(\gamma r) + E\Upsilon_0(\gamma r) + FI_0(\gamma r) + GK_0(\gamma r) \tag{4-194}$$

然而，Bessel 函数 $\Upsilon_0(\gamma r)$ 和 $K_0(\gamma r)$ 在 $r = 0$ 处无穷大，可以舍去（除非板在 $r = 0$ 周围有孔，此处不考虑这种情况）。因此，式（4-194）变为

$$\hat{w}(r) = DJ_0(\gamma r) + EI_0(\gamma r) \tag{4-195}$$

按照参考文献[12]，用振幅 A 和模型参数 C 来表示式（4-195），即

$$\hat{w}(r) = A[J_0(\gamma r) + CI_0(\gamma r)] \tag{4-196}$$

将式（4-196）代入到式（4-183）中，得到圆板对称弯曲振动的通解，即

$$\hat{w}(r,t) = A\big[J_0(\gamma r) + CI_0(\gamma r)\big]e^{i\omega t} \tag{4-197}$$

（3）自由圆板的固有频率和振型

外半径为 a 的自由圆板的边界条件为

$$\begin{aligned} M_r(a) &= 0 \\ V_r(a) &= 0 \end{aligned} \tag{4-198}$$

对于轴对称振动，式（4-153）、式（4-154）、式（4-156）去掉 θ，可简化为

$$M_r = -D\left(\frac{\partial^2 w}{\partial r^2} + \upsilon\frac{1}{r}\frac{\partial w}{\partial r}\right)$$

$$M_\theta = -D\left(\frac{1}{r}\frac{\partial w}{\partial r} + \upsilon\frac{\partial^2 w}{\partial r^2}\right) \tag{4-199}$$

$$M_{r\theta} = 0$$

$$Q_r = -D\frac{\partial}{\partial r}(\nabla^2 w) \tag{4-200}$$

$$Q_\theta = 0$$

其中轴对称运动中，极坐标下的拉普拉斯算子的形式为

$$\nabla^2 = \frac{\partial^2}{\partial r^2} + \frac{1}{r}\frac{\partial}{\partial r}\text{(轴对称拉普拉斯算子)} \tag{4-201}$$

对于轴对称振动，Kelvin-Kirchhoff 边缘效应表示为

$$V_r = Q_r = -D\frac{\partial}{\partial r}(\nabla^2 w) \tag{4-202}$$

$$V_\theta = Q_\theta = 0$$

将式（4-199）、式（4-200）、式（4-201）代入到边界条件式（4-198）得到[12]

$$\frac{\partial^2 w(a)}{\partial r^2} + \upsilon\frac{1}{a}\frac{\partial w(a)}{\partial r} = 0$$

$$\frac{\partial}{\partial r}[\nabla^2 w(a)] = 0 \tag{4-203}$$

将式（4-197）代入式（4-203），得到计算常数 A 和 C 的齐次代数系统。若行列式值为零，则该齐次代数系统存在非平凡解，得到关于 C 的两个等式，即

$$C = \frac{\lambda^2 J_0(\lambda) + (1-\upsilon)\lambda J_0'(\lambda)}{\lambda^2 I_0(\lambda) + (1-\upsilon)\lambda I_0'(\lambda)}$$

$$C = \frac{J_0'(\lambda)}{I_0'(\lambda)} \tag{4-204}$$

其中，$\lambda = \gamma a$。由式（4-204）中 C 的两个表达式相等，得到一个特征值方程，即

$$\frac{\lambda^2 J_0(\lambda) + (1-\upsilon)\lambda J_0'(\lambda)}{\lambda^2 I_0(\lambda) + (1-\upsilon)\lambda I_0'(\lambda)} = \frac{J_0'(\lambda)}{I_0'(\lambda)} \tag{4-205}$$

注意，式（4-205）由式（4-173）令 $n = 0$ 得到。式（4-205）是 z 上超越的，没有封闭解。根据附录 A 中 Bessel 函数性质：

$$J_0'(x) = -J_1(x), I_0'(x) = I_1(x) \tag{4-206}$$

将式（4-206）代入式（4-205），将等式左边通过 λ 简化，给出特征方程的形式：

$$\frac{\lambda J_0(\lambda) - (1-\upsilon)J_1(\lambda)}{\lambda I_0(\lambda) - (1-\upsilon)I_1(\lambda)} + \frac{J_1(\lambda)}{I_1(\lambda)} = 0 \rightarrow \lambda_1, \lambda_2, \lambda_3, \cdots \tag{4-207}$$

又 $\upsilon = 0.33$，式（4-207）的数值解为

$$\lambda = 3.011461, 6.205398, 9.370844, 12.525181, \cdots \tag{4-208}$$

每个特征值和振型的固有频率可以通过以下公式计算：

$$\omega_j = \lambda_j^2 \sqrt{\frac{D}{\rho h a^4}} \qquad (4\text{-}209)$$

对于每个特征值 λ_j，通过利用式（4-204）计算振型参数 C_j，得到相应的振型。利用式（4-206）、式（4-204）的第 2 行可以简化为

$$C_j = -J_1(\lambda_j)/I_1(\lambda_j), j=1,2,3,\cdots \qquad (4\text{-}210)$$

因此，得到振型表达式的一个通解为

$$W_j = A_j[J_0(\lambda_j r/a) + C_j I_0(\lambda_j r/a)], j=1,2,3\cdots \qquad (4\text{-}211)$$

振幅 A_j 可以通过标准过程计算。式（4-211）的振型相对于权重函数 r 是正交的，即

$$\int_0^a r W_p W_q \mathrm{d}r = 0, p \neq q \text{（模态正交性）} \qquad (4\text{-}212)$$

式（4-211）中的模型振幅 A_j 通过类似动能参数的标准化公式[12]得到，即

$$\int_0^{2\pi}\int_0^a W_j^2(r)\rho h r \mathrm{d}r\mathrm{d}\theta = \pi a^2 \rho h = m \text{（模态标准化）} \qquad (4\text{-}213)$$

其中，m 是板的总面积。对式（4-213）整理得到

$$\int_0^{2\pi}\int_0^a W_j^2(r)\rho h r \mathrm{d}r\mathrm{d}\theta = 2\pi\int_0^a W_j^2(r) r \mathrm{d}r = \pi a^2 \qquad (4\text{-}214)$$

将式（4-214）简化得到模态标准化公式为

$$\int_0^a W_j^2(r) r \mathrm{d}r = \frac{a^2}{2} \qquad (4\text{-}215)$$

将式（4-211）代入式（4-215）得到振幅 A_j 的显式表达式，即

$$\int_0^a W_j^2(r) r \mathrm{d}r = A_j^2\int_0^a [J_0(\lambda_j r/a) + C_j I_0(\lambda_j r/a)]^2 r \mathrm{d}r = \frac{a^2}{2} \qquad (4\text{-}216)$$

定义波数 γ 并列出它与特征值 λ 的关系：

$$\gamma_j = \lambda_j/a, \lambda_j = \gamma_j a, j=1,2,3,\cdots \qquad (4\text{-}217)$$

将式（4-217）代入式（4-216），在一般情况下满足：

$$A_j^2\int_0^a [J_0(\gamma_j r) + C_j I_0(\gamma_j r)]^2 r \mathrm{d}r = \frac{a^2}{2} \qquad (4\text{-}218)$$

因此

$$A_j = \frac{a}{\sqrt{2}} \Big/ \sqrt{\int_0^a [J_0(\gamma_j r) + C_j I_0(\gamma_j r)]^2 r \mathrm{d}r}, j=1,2,3,\cdots \qquad (4\text{-}219)$$

参考文献[12]给出了 A_j 的封闭形式表达式：

$$A_j^{-2} = 2\{[J_0(\lambda_j) + C_j I_0(\lambda_j)]^2 + [J_0'(\lambda_j)]^2 - [C_j I_0'(\lambda_j)]^2\}, j=1,2,3,\cdots \qquad (4\text{-}220)$$

表 4-3 给出了特征值 λ_j、振型参数 C_j 和振型振幅 A_j。图 4-16 给出了具有代表性的振型图。

表 4-3　用于计算自由圆板轴对称弯曲振动的特征值 λ_j、振型参数 C_j 和振幅 A_j[12]

j	λ_j	C_j	A_j
1	3.011461	−8.3810E-02	2.1979
2	6.205398	3.1191E-03	3.1389

续表

j	λ_j	C_j	A_j
3	9.370844	−1.2770E-04	3.8468
4	12.525181	5.3684E-06	4.4425
5	15.674661	−2.2815E-07	4.9671
6	18.821611	9.7495E-09	5.4413
7	21.967077	−4.1794E-10	5.8773
8	25.111601	1.7952E-11	6.2831

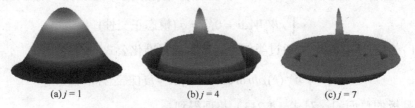

(a) $j=1$　　　　　　(b) $j=4$　　　　　　(c) $j=7$

图 4-16　轴对称振动下自由圆板的弯曲振型（后附彩图）

式（4-212）、式（4-215）表明式（4-211）所描述的振型服从以下的正交条件：

$$\int_0^a W_p W_q r \mathrm{d}r = \frac{a^2}{2}\delta_{pq} \text{（模态正交性）} \tag{4-221}$$

其中，δ_{pq} 为 Kronecker 符号（$i=j$ 时，$\delta_{ij}=1$；其他情况，$\delta_{ij}=0$）。

4.6.4　圆板的受迫轴对称弯曲振动

考虑承受轴对称弯曲振动的圆板，其外部受到图 4-17 所示的时间相关分布力矩 $m_e(r,t)$ 的激励，$m_e(r,t)$ 的单位为单位面积上的力矩（即 N·m/m²）。在 r 方向分析自由体板微元 $r\mathrm{d}r\mathrm{d}\theta$，得到运动方程。

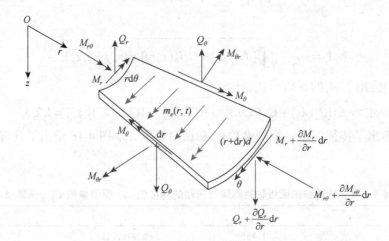

图 4-17　力矩激励下圆板受迫轴对称弯曲振动微元

（1）合力

由垂直 z 轴的自由体分析得到

$$\left(Q_r + \frac{\partial Q_r}{\partial r}\mathrm{d}r\right)(r + \mathrm{d}r)\mathrm{d}\theta - Q_r r\mathrm{d}\theta + Q_\theta \mathrm{d}r - Q_\theta \mathrm{d}r = (\rho h r\mathrm{d}r\mathrm{d}\theta)\ddot{w} \tag{4-222}$$

或

$$\left[\cancel{Q_r r} + \frac{\partial Q_r}{\partial r}r\mathrm{d}r + Q_r \mathrm{d}r + \frac{\partial Q_r}{\partial r}\cancel{(\mathrm{d}r)^2}\right]\mathrm{d}\theta + (\cancel{Q_\theta} - \cancel{Q_\theta})\mathrm{d}r = \rho h(r\mathrm{d}r\mathrm{d}\theta)\ddot{w} \tag{4-223}$$

去掉相似项及高阶项得到

$$\left(\frac{\partial Q_r}{\partial r}r + Q_r\right)\mathrm{d}r\mathrm{d}\theta = (\rho h r\mathrm{d}r\mathrm{d}\theta)\ddot{w} \tag{4-224}$$

式（4-223）除以 $r\mathrm{d}r\mathrm{d}\theta$ 得到

$$Q_r + r\frac{\partial Q_r}{\partial r} = \rho h r\ddot{w} \tag{4-225}$$

（2）合力矩

微分单元的外切合力矩为

$$\left(M_r + \frac{\partial M_r}{\partial r}\right)(r + \mathrm{d}r)\mathrm{d}\theta - M_r r\mathrm{d}\theta - M_\theta \mathrm{d}r\frac{\mathrm{d}\theta}{2}\mathrm{d}r$$
$$+ M_{\theta r}\mathrm{d}r - M_{\theta r}\mathrm{d}r - Q_r \mathrm{d}\theta\mathrm{d}r + Q_\theta \mathrm{d}r\frac{\mathrm{d}r}{2} - Q_\theta \mathrm{d}r\frac{\mathrm{d}r}{2} + m_e r\mathrm{d}r\mathrm{d}\theta = 0 \tag{4-226}$$

或

$$\left[\cancel{M_r r} + \frac{\partial M_r}{\partial r}r\mathrm{d}r + M_r \mathrm{d}r + \frac{\partial M_r}{\partial r}\cancel{(\mathrm{d}r)^2} - \cancel{M_r r}\right]\mathrm{d}\theta - M_\theta \mathrm{d}r\mathrm{d}\theta$$
$$+ (\cancel{M_{\theta r}} - \cancel{M_{\theta r}})\mathrm{d}r - (Q_r r)\mathrm{d}\theta\mathrm{d}r + (\cancel{Q_\theta} - \cancel{Q_\theta})\frac{(\mathrm{d}r)^2}{2} + m_e r\mathrm{d}r\mathrm{d}\theta = 0 \tag{4-227}$$

消去相似项及高阶项得到

$$\left(\frac{\partial M_r}{\partial r}r + M_r\right)\mathrm{d}r\mathrm{d}\theta - M_\theta \mathrm{d}r\mathrm{d}\theta - (Q_r r)\mathrm{d}r\mathrm{d}\theta + m_e r\mathrm{d}r\mathrm{d}\theta = 0 \tag{4-228}$$

式（4-228）除以 $r\mathrm{d}r\mathrm{d}\theta$，整理得到

$$Q_r = \frac{\partial M_r}{\partial r} + \frac{M_r - M_\theta}{r} + m_e = \frac{\partial M_r}{\partial r} + r^{-1}(M_r - M_\theta) + m_e \tag{4-229}$$

通过微元中心的径向合力矩表示为

$$-\left(M_{r\theta} + \frac{\partial M_{r\theta}}{\partial r}\mathrm{d}r\right)(r + \mathrm{d}r)\mathrm{d}\theta + M_{r\theta}r\mathrm{d}\theta - M_\theta \mathrm{d}r + M_\theta \mathrm{d}r$$
$$- M_{\theta r}\mathrm{d}r\frac{\mathrm{d}\theta}{2} - M_{\theta r}\mathrm{d}r\frac{\mathrm{d}\theta}{2} + Q_\theta \mathrm{d}r\frac{r\mathrm{d}\theta}{2} + Q_\theta \mathrm{d}r\frac{r\mathrm{d}\theta}{2} = 0 \tag{4-230}$$

或

$$
\begin{aligned}
&-\left(\cancel{M_{r\theta}r} + \frac{\partial M_{r\theta}}{\partial r}r\mathrm{d}r + M_{r\theta}\mathrm{d}r + \frac{\partial M_{r\theta}}{\partial r}(\mathrm{d}r)^2 - \cancel{M_{r\theta}r}\right)\mathrm{d}\theta - \left(\cancel{M_\theta} + \frac{\partial M_\theta}{\partial \theta} - \cancel{M_\theta}\right)\mathrm{d}r \\
&-\left(M_{\theta r}\mathrm{d}r + \frac{M_{\theta r}}{\partial \theta}\frac{(\mathrm{d}r)^2}{2}\right)\mathrm{d}\theta + \left(Q_\theta\mathrm{d}\theta + \frac{\partial Q_\theta}{\partial \theta}\frac{(\mathrm{d}\theta)^2}{2}\right)r\mathrm{d}r = 0
\end{aligned}
\tag{4-231}
$$

去掉相似项和高阶项得到

$$
-\left(\frac{\partial M_{r\theta}}{\partial r}r + M_{r\theta}\right)\mathrm{d}r\mathrm{d}\theta - M_{\theta r}\mathrm{d}r\mathrm{d}\theta + Q_\theta r\mathrm{d}r\mathrm{d}\theta = 0
\tag{4-232}
$$

将式（4-232）除以 $r\mathrm{d}r\mathrm{d}\theta$，应用式（4-153）中 $M_{\theta r} = M_{r\theta}$，重新整理得

$$
Q_\theta = \frac{\partial M_{r\theta}}{\partial r} + \frac{2M_{\theta r}}{r} = \frac{\partial M_{r\theta}}{\partial r} + 2r^{-1}M_{\theta r}
\tag{4-233}
$$

式（4-229）的微分形式为

$$
\frac{\partial Q_r}{\partial r} = \frac{\partial^2 M_r}{\partial r^2} - r^{-2}(M_r - M_\theta) + r^{-1}\left(\frac{\partial M_r}{\partial r} - \frac{\partial M_\theta}{\partial r}\right) + \frac{\partial m_e}{\partial r}
\tag{4-234}
$$

将式（4-229）、式（4-234）代入式（4-225）得到

$$
\begin{aligned}
Q_r + r\frac{\partial Q_r}{\partial r} &= \frac{\partial M_r}{\partial r} + r^{-1}(M_r - M_\theta) + m_e + r\frac{\partial^2 M_r}{\partial r^2} \\
&- r^{-1}(M_r - M_\theta) + \left(\frac{\partial M_r}{\partial r} - \frac{\partial M_\theta}{\partial r}\right) + r\frac{\partial m_e}{\partial r} = \rho h r\ddot{w}
\end{aligned}
\tag{4-235}
$$

或

$$
r\frac{\partial^2 M_r}{\partial r^2} + 2\frac{\partial M_r}{\partial r} - \frac{\partial M_\theta}{\partial r} + m_e + r\frac{\partial m_e}{\partial r} = \rho h r\ddot{w}
\tag{4-236}
$$

（3）运动方程

将式（4-199）代入式（4-236）中得

$$
\begin{aligned}
&-D\left[r\frac{\partial^2}{\partial r^2}\left(\frac{\partial^2 w}{\partial r^2} + \upsilon\frac{1}{r}\frac{\partial w}{\partial r}\right) + 2\frac{\partial}{\partial r}\left(\frac{\partial^2 w}{\partial r^2} + \upsilon\frac{1}{r}\frac{\partial w}{\partial r}\right) - \frac{\partial}{\partial r}\left(\frac{1}{r}\frac{\partial w}{\partial r} + \upsilon\frac{\partial^2 w}{\partial r^2}\right)\right] \\
&+ m_e + r\frac{\partial m_e}{\partial r} = \rho h r\ddot{w}
\end{aligned}
\tag{4-237}
$$

展开式（4-237）等式左边括号并消除同类项，重新整理得

$$
\begin{aligned}
&r\frac{\partial^2}{\partial r^2}\left(\frac{\partial^2 w}{\partial r^2} + \upsilon\frac{1}{r}\frac{\partial w}{\partial r}\right) + 2\frac{\partial}{\partial r}\left(\frac{\partial^2 w}{\partial r^2} + \upsilon\frac{1}{r}\frac{\partial w}{\partial r}\right) - \frac{\partial}{\partial r}\left(\frac{1}{r}\frac{\partial w}{\partial r} + \upsilon\frac{\partial^2 w}{\partial r^2}\right) \\
&= r\left(\frac{\partial^4 w}{\partial r^4} + \frac{2}{r}\frac{\partial^3 w}{\partial r^3} - \frac{1}{r^2}\frac{\partial^2 w}{\partial r^2} + \frac{1}{r^3}\frac{\partial w}{\partial r}\right)
\end{aligned}
\tag{4-238}
$$

式（4-238）的证明：

$$r\frac{\partial^2}{\partial r^2}\left(\frac{\partial^2 w}{\partial r^2}+\upsilon\frac{1}{r}\frac{\partial w}{\partial r}\right)+2\frac{\partial}{\partial r}\left(\frac{\partial^2 w}{\partial r^2}+\upsilon\frac{1}{r}\frac{\partial w}{\partial r}\right)-\frac{\partial}{\partial r}\left(\frac{1}{r}\frac{\partial w}{\partial r}+\upsilon\frac{\partial^2 w}{\partial r^2}\right)$$

$$=r\frac{\partial^2}{\partial r^2}\frac{\partial^2 w}{\partial r^2}+\upsilon r\frac{\partial^2}{\partial r^2}\left(\frac{1}{r}\frac{\partial w}{\partial r}\right)+2\frac{\partial}{\partial r}\frac{\partial^2 w}{\partial r^2}+2\upsilon\frac{\partial}{\partial r}\left(\frac{1}{r}\frac{\partial w}{\partial r}\right)-\frac{\partial}{\partial r}\left(\frac{1}{r}\frac{\partial w}{\partial r}\right)-\upsilon\frac{\partial}{\partial r}\frac{\partial^2 w}{\partial r^2}$$

$$=r\frac{\partial^4 w}{\partial r^4}+\upsilon r\frac{\partial^2}{\partial r^2}\left(r^{-1}\frac{\partial w}{\partial r}\right)+2\frac{\partial^3 w}{\partial r^3}+2\upsilon\frac{\partial}{\partial r}\left(r^{-1}\frac{\partial w}{\partial r}\right)-\frac{\partial}{\partial r}\left(r^{-1}\frac{\partial w}{\partial r}\right)-\upsilon\frac{\partial^3 w}{\partial r^3}$$ (4-239)

$$r\frac{\partial^4 w}{\partial r^4}+\upsilon r\frac{\partial}{\partial r}\left(-r^{-2}\frac{\partial w}{\partial r}+r^{-1}\frac{\partial^2 w}{\partial r^2}\right)+(2-\upsilon)\frac{\partial^3 w}{\partial r^3}+(2\upsilon-1)\left(-r^{-2}\frac{\partial w}{\partial r}+r^{-1}\frac{\partial^2 w}{\partial r^2}\right)$$

因此

$$r\frac{\partial^4 w}{\partial r^4}+\upsilon r\left(2r^{-3}\frac{\partial w}{\partial r}-r^{-2}\frac{\partial^2 w}{\partial r^2}-r^{-2}\frac{\partial^2 w}{\partial r^2}+r^{-1}\frac{\partial^3 w}{\partial r^3}\right)$$

$$+(2-\upsilon)\frac{\partial^3 w}{\partial r^3}+(2\upsilon-1)\left(-r^{-2}\frac{\partial w}{\partial r}+r^{-1}\frac{\partial^2 w}{\partial r^2}\right)$$ (证毕) (4-240)

$$=r\frac{\partial^4 w}{\partial r^4}+(\upsilon+2-\upsilon)\frac{\partial^3 w}{\partial r^3}+(-2\upsilon+2\upsilon-1)r^{-1}\frac{\partial^2 w}{\partial r^2}+(2\upsilon-2\upsilon+1)r^{-2}\frac{\partial w}{\partial r}$$

$$=r\frac{\partial^4 w}{\partial r^4}+2\frac{\partial^3 w}{\partial r^3}-r^{-1}\frac{\partial^2 w}{\partial r^2}+r^{-2}\frac{\partial w}{\partial r}=r\left(\frac{\partial^4 w}{\partial r^4}+\frac{2}{r}\frac{\partial^3 w}{\partial r^3}-\frac{1}{r^2}\frac{\partial^2 w}{\partial r^2}+\frac{1}{r^3}\frac{\partial w}{\partial r}\right)$$

将式（4-238）代入式（4-237）中得到

$$-Dr\left(\frac{\partial^4 w}{\partial r^4}+\frac{2}{r}\frac{\partial^3 w}{\partial r^3}-\frac{1}{r^2}\frac{\partial^2 w}{\partial r^2}+\frac{1}{r^3}\frac{\partial w}{\partial r}\right)+m_e+r\frac{\partial m_e}{\partial r}=\rho hr\ddot{w}$$ (4-241)

除以 r 并重新整理，得到圆板在分布式力矩激励下受迫轴对称弯曲振动的运动方程，即

$$-D\left(\frac{\partial^4 w}{\partial r^4}+\frac{2}{r}\frac{\partial^3 w}{\partial r^3}-\frac{1}{r^2}\frac{\partial^2 w}{\partial r^2}+\frac{1}{r^3}\frac{\partial w}{\partial r}\right)+\rho hr\ddot{w}=\frac{\partial m_e}{\partial r}+\frac{m_e}{r}$$ (4-242)

利用式（4-181）的双调和算子，可以简化式（4-242）得

$$D\nabla^4 w+\rho h\ddot{w}=\frac{\partial m_e}{\partial r}+\frac{m_e}{r}$$ (4-243)

（4）模态扩展解

假定激励是时间谐波的形式：

$$m_e(r,t)=\hat{m}_e(r)e^{i\omega t}$$ (4-244)

假设响应与激励相同，频率振荡为

$$w(r,t)=\hat{w}(r)e^{i\omega t}$$ (4-245)

将式（4-244）、式（4-245）代入式（4-243），得到

$$D\nabla^4\hat{w}-\omega^2\rho h\hat{w}=\hat{m}_e'+\frac{\hat{m}_e}{r}$$ (4-246)

假定振动响应 $\hat{w}(r)$ 表示为振动模态 $W_j(r)$ 的级数展开，满足式（4-184）自由振动运动方程和式（4-221）的正交条件，即

$$\hat{w}(r) = \sum_{j=1}^{\infty} \eta_j W_j(r) \tag{4-247}$$

其中，常数 η_j 是模态参与因子。模态 $W_j(r)$ 通过式（4-211）、式（4-210）、式（4-219）中第一类零阶 Bessel 函数 J_0、第一类零阶改进 Bessel 函数 I_0 和特征值 z 给出，即

$$W_j(r) = A_j[J_0(z_j r / a) + C_j I_0(z_j r / a)], C_j = -J_1(z_j) / I_1(z_j)$$
$$A_j = \frac{a}{\sqrt{2}} / \sqrt{\int_0^a [J_0(\gamma_j r) + C_j I_0(\gamma_j r)]^2 r \mathrm{d}r}, j = 1, 2, 3, \cdots \tag{4-248}$$

式（4-248）的特征值 z_j 是特征值方程的根

$$\frac{z J_0(z) - (1-\upsilon) J_1(z)}{z I_0(z) - (1-\upsilon) I_1(z)} + \frac{J_1(z)}{I_1(z)} = 0 \to z_1, z_2, z_3, \cdots \tag{4-249}$$

将式（4-247）代入式（4-246）再除以 $\mathrm{e}^{i\omega t}$ 得到

$$D\nabla^4 \sum_{p=1}^{\infty} \eta_p W_p(r) - \omega^2 \rho h \sum_{p=1}^{\infty} \eta_p W_p(r) = \hat{m}'_e + \frac{m_e}{r} \tag{4-250}$$

为了方便，用下标 p 取代 j，重新整理，式（4-250）可以表示为

$$\sum_{p=1}^{\infty} \eta_p (D\nabla^4 W_p - \omega^2 \rho h W_p) = \hat{m}'_e + \frac{\hat{m}_e}{r} \tag{4-251}$$

根据自由振动运动方程模态公式（4-184），即

$$D\nabla^4 W_p - \omega^2 \rho h W_p = 0 \tag{4-252}$$

将式（4-252）代入式（4-251）得到

$$\rho h \sum_{p=1}^{\infty} \eta_p (\omega_p^2 - \omega^2) W_p = \hat{m}'_e + \frac{\hat{m}_e}{r} \tag{4-253}$$

注：为了与本书的其他部分一致，此处将特征值的符号从 λ 转变成 z。

将式（4-253）乘以 $W_q(x)$ 并关于 $r\mathrm{d}r$ 积分，得到

$$\rho h \sum_{p=1}^{\infty} \eta_p (\omega_p^2 - \omega^2) \int_0^a W_p W_q r \mathrm{d}r = \int_0^a \left(\hat{m}'_e + \frac{\hat{m}_e}{r} \right) \hat{W}_q r \mathrm{d}r, \ q = 1, 2, 3, \cdots \tag{4-254}$$

根据正交条件式（4-221），注意到式（4-254）中的每个求和项中，所有 $p = q$ 相关项都为零，仅仅是 $p = q$ 的相关项留下，因此，式（4-254）变为

$$\frac{\rho h a^2}{2} \eta_j (\omega_j^2 - \omega^2) = \int_0^a \left(\hat{m}'_e + \frac{\hat{m}_e}{r} \right) W_j r \mathrm{d}r, j = 1, 2, 3, \cdots \tag{4-255}$$

此处下标 j 用来表示当 $p = q$ 时的值。定义圆板模态激励下轴对称弯曲振动为

$$f_j = \int_0^a \left(\hat{m}'_e + \frac{\hat{m}_e}{r} \right) W_j(r) r \mathrm{d}r, j = 1, 2, 3, \cdots \tag{4-256}$$

展开，式（4-256）变为

$$f_j = \int_0^a \hat{m}_e W_j \mathrm{d}r + \int_0^a \hat{m}'_e W_j r \mathrm{d}r, j = 1, 2, 3, \cdots \tag{4-257}$$

对式（4-257）的第二项进行积分，得到

$$\int_0^a r\hat{m}_e' W_j \mathrm{d}r = [r\hat{m}_e W_j]_0^a - \int_0^a \hat{m}_e (W_j + rW_j') \mathrm{d}r$$

$$= a\hat{m}_e(a)W_j(a) - \int_0^a \hat{m}_e W_j \mathrm{d}r - \int_0^a \hat{m}_e W_j' r\mathrm{d}r, j = 1,2,3,\cdots$$ (4-258)

将式（4-258）代入式（4-257）得到

$$f_j = \int_0^a \hat{m}_e W_j \mathrm{d}r + a\hat{m}_e(a)W_j(a) - \int_0^a \hat{m}_e W_j \mathrm{d}r - \int_0^a \hat{m}_e W_j' r\mathrm{d}r, j = 1,2,3,\cdots$$ (4-259)

去掉式（4-259）的相似项得到

$$f_j = a\hat{m}_e(a)W_j(a) - \int_0^a \hat{m}_e(r)W_j'(r)r\mathrm{d}r, j = 1,2,3,\cdots$$ (4-260)

将式（4-256）代入到式（4-255）中得到

$$\frac{\rho h a^2}{2}\eta_j(\omega_j^2 - \omega^2) = f_j, j = 1,2,3,\cdots$$ (4-261)

解式（4-261）得到振型参与系数为

$$\eta_j = \frac{2}{\rho h a^2}\frac{f_j}{-\omega^2 + \omega_j^2}, j = 1,2,3,\cdots$$ (4-262)

若已知模态阻尼 ζ_j，式（4-262）变为

$$\eta_j = \frac{2}{\rho h a^2}\frac{f_j}{-\omega^2 + 2i\zeta_j\omega\omega_j + \omega_j^2}, j = 1,2,3,\cdots$$ (4-263)

将式（4-263）代入到式（4-247）中得到

$$w(r,t) = \frac{2}{\rho h a^2}\sum_{j=1}^{\infty}\frac{f_j}{-\omega^2 + 2i\zeta_j\omega\omega_j + \omega_j^2}W_j(r)\mathrm{e}^{i\omega t}$$ (4-264)

式（4-264）是力矩激励下圆板轴对称受迫弯曲振动的解，式（4-260）给出模态激励 f_j。

4.7 总 结

本章讨论薄板的振动。在回顾了一般板方程后，分别讨论了两种情况：①板轴面内振动；②板的平面弯曲振动，根据具体情况使用了直角坐标或圆柱坐标。从文献中回顾了有关矩形板振动的经典结论，将矩形板直波峰振动情况作为极限情况进行了研究。讨论了矩形板直波峰轴向振动和杆轴向振动的相似性，基于泊松修正系数 $(1-\upsilon^2)$ 建立了板轴向波速度和杆轴向波速度之间的关系。类似地，对矩形板直波峰弯曲振动和梁弯曲振动进行了类比分析，并建立了板弯曲波速和梁波速间的联系。

本章重点研究了自由圆板的受迫振动，相关内容在第 9 章和第 11 章将会用到，自由圆板受迫轴向振动的封闭解通过一阶第一类 Bessel 函数 J_1 得出。自由圆板的弯曲振动情况更加复杂，且封闭解既包含零阶第一类 Bessel 函数 J_0 又包含零阶第一类修正 Bessel 函数 I_0。

4.8 问题和练习

1. 平面轴向振动的圆形铝板厚度为 0.8mm，直径为 100mm，系数 $E = 70\mathrm{Gpa}$，泊松

比 $\upsilon = 0.33$，密度为 $\rho = 2700\text{kg/m}^3$。求它的第一、第二和第三固有频率。

2. 平面轴向振动的圆形铝板厚度为 0.8mm，直径为 100mm，系数 $E = 70\text{Gpa}$，泊松比 $\upsilon = 0.33$，密度为 $\rho = 2700\text{kg/m}^3$。求它在 10～40kHz 之间的固有频率。

3. 平面外弯曲振动的圆形铝板厚度为 0.8mm，直径为 100mm，系数 $E = 70\text{Gpa}$，泊松比 $\upsilon = 0.33$，密度为 $\rho = 2700\text{kg/m}^3$。求它的第一，第二和第三固有频率。

4. 平面外弯曲振动的圆形铝板厚度为 0.8mm，直径为 100mm，系数 $E = 70\text{Gpa}$，泊松比 $\upsilon = 0.33$，密度为 $\rho = 2700\text{kg/m}^3$。求它在 10～40kHz 之间的固有频率。

5. 平面轴向振动的圆形压电陶瓷板厚度为 0.2mm，直径为 7mm，系数 $E = 65.4\text{Gpa}$，泊松比 $\upsilon = 0.35$，密度为 $\rho = 7700\text{kg/m}^3$。求它的第一，第二和第三固有频率。

6. 平面轴向振动的圆形压电陶瓷板厚度为 0.2mm，直径为 7mm，系数 $E = 65.4\text{Gpa}$，泊松比 $\upsilon = 0.35$，密度为 $\rho = 7700\text{kg/m}^3$。求它在 100～2000kHz 之间的固有频率。

参 考 文 献

第5章　弹　性　波

5.1　引　言

本章是弹性波在弹性介质中传播的综述。基于弹性波传播的结构健康监测技术多种多样，并取得了很多进展。只有掌握了波在固体介质中产生和传播的基本原理之后，才能很好地理解这些弹性波的传播方法。

本章采用逐步深入的方式来描述和演示波的传播问题，因为在某些情况下，波的传播会变得相当复杂。本章首先讨论最简单的波传播情况——直杆中轴向波的传播，通过这个简单的例子建立波传播的基本概念，如：波动方程和波速度、达朗贝尔（通）解和分离变量（谐波）解、波速度和粒子速度之间的对比以及在材料界面处波传播的介质声阻抗。然后介绍驻波的概念，建立驻波与结构振动之间的对应关系，同时介绍在简单杆中波传播的功率和能量。

研究了简单的轴向波在杆中传播问题之后，本章介绍了复杂的梁中弯曲波的传播问题。首先建立弯曲波的运动方程，推导传播波和消散波的通解，研究弯曲波的频散特性。本章引入群速度的概念，它不同于波速度（即相速度），并研究了群速度对波传播的影响。然后讨论了弯曲波的功率和能量，以及频散波的能量传播速度。

本章进一步讨论板波，考虑两种情形：①板中的轴向波；②板中的弯曲波。推导了板中波运动的一般方程，给出了几种典型情况的解，包括直波峰轴向波、直波峰横波、环形波峰轴向波、直波峰弯曲波和环形波峰弯曲波。讨论并确定了板中弯曲波的频散特性以及它与梁中弯曲波频散特性的关联。

本章最后一部分讨论存在于无界固体中的 3-D 波。从第一原理出发，建立无界固体介质中波传播的一般方程，确定了波方程的特征值和特征向量。分别讨论了压力波和横波，并进一步讨论了膨胀波、旋转波、无旋波与等体积波，介绍了 z 不变波传播的情况。

5.2　固体和结构中的弹性波传播概述

为了利用无损评估和结构健康监测中的超声波，必须研究不同类型的波，以了解其潜在的物理现象[1-7]。其目的是模拟不同类型超声波的传播，并使用可用的软件来可视化这些波。波从空间的一个区域传播到另一个区域时会受到干扰，表 5-1 给出了一些可能存在于固体中的波模式。

为了更好地了解这些波的波形，可以进行波形的可视化演示。将波动方程输入数学软件，计算粒子位移随空间和时间变化的函数，所得到的位移可以显示在一个向量组中，这就像是粒子在此刻的"快照"。通过在时间序列上显示"快照"，波的传播可以变为动画。后面章节中的波形是这种成果的一部分。网址 http://www.me.sc.edu/research/lamss/product 可以下载相关动画波软件。

表 5-1 弹性固体中的波

波类型	粒子运动，主要假设
压力波（即纵波、压缩波、膨胀波、P 波、轴向波）	与波传播的方向平行
剪切波（即横波、扭转波、S 波）	与波传播的方向垂直
弯曲波	椭圆，剖面仍然是平面
Rayleigh 波（即声表面波，SAW）	椭圆，幅值随厚度快速衰减
Lamb 波（即板中导波）	椭圆，板上下表面满足自由表面条件

5.3 杆中的轴向波

杆中的轴向波是最简单的概念化的弹性波运动。假设一个均质杆的轴向刚度为 EA，单位长度质量为 $m = \rho A$，其中 ρ 是质量密度，A 是横截面积，如图 5-1a 所示。杆的长度和边界条件未指定，并且假设杆为细长杆。杆随时间变化的轴向位移为 $u(x,t)$，考虑一个微元 $\mathrm{d}x$，从杆中切出，如图 5-1b 所示，假设应力在横截面均匀分布。

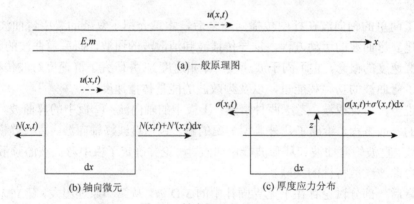

图 5-1 轴向振动的均匀杆

5.3.1 轴向波方程

对图 5-1b 中分离体微元 $\mathrm{d}x$ 分析得到

$$N(x,t) + N'(x,t)\mathrm{d}x - N(x,t) = m\ddot{u}(x,t)\mathrm{d}x \tag{5-1}$$

其中，$N(x,t)$ 是轴向力。化简得

$$N'(x,t) = m\ddot{u}(x,t) \tag{5-2}$$

应力合力 N 是直接应力在横截面积上的积分，如图 5-1c 所示，即

$$N(x,t) = \int_A \sigma(x,z,t)\mathrm{d}A \tag{5-3}$$

考虑应变-位移关系：

$$\varepsilon = u' \tag{5-4}$$

和应力-应变本构关系：

$$\sigma = E\varepsilon \tag{5-5}$$

其中，E 是弹性模量。将式（5-4）、式（5-5）代入式（5-3）中得

$$N(x,t) = \int_A Eu'(x,t)\mathrm{d}A = EAu'(x,t) \tag{5-6}$$

其中，EA 是轴向刚度。将式（5-6）对 x 求导，并代入式（5-2）中得到杆中轴向波的运动方程，即

$$EAu'' = m\tilde{u} \tag{5-7}$$

方程两边同除以 m，得到波动方程，即

$$c^2 u'' = \ddot{u} \tag{5-8}$$

其中，c 是杆中的波速，由下式得到：

$$c = \sqrt{\frac{EA}{m}} \quad 或 \quad c^2 = \frac{EA}{m} \tag{5-9}$$

对于一个均质杆，有 $m = \rho A$，因此式（5-9）可简化为

$$c = \sqrt{\frac{E}{\rho}} \quad 或 \quad c^2 = \frac{E}{\rho} \tag{5-10}$$

表 5-2 中给出了各种材料中波速 c 的典型值。

表 5-2 几种材料杆中的波速

材料	10^3 m/s	10^4 in/s	材料	10^3 m/s	10^4 in/s
铝	5.23	20.6	镁	4.90	19.3
黄铜	3.43	13.5	镍	4.75	18.7
镉	2.39	9.4	银	2.64	10.4
铜	3.58	14.1	钢	5.06	19.9
金	2.03	8.0	锡	2.72	10.7
铁	5.18	20.4	钨	4.29	16.9
铅	1.14	4.5	锌	3.81	15.0

5.3.2 波动方程的达朗贝尔解

波运动的传播特性由达朗贝尔解表征，根据式（5-8）并采用导数可表示如下：

$$c^2 \frac{\partial^2 u}{\partial x^2} = \frac{\partial^2 u}{\partial t^2} \tag{5-11}$$

（1）独立变量的替换

假设独立变量有如下变化：

$$\xi = x - ct \quad \eta = x + ct \tag{5-12}$$

求微分：

$$\frac{\partial \xi}{\partial x} = 1 \quad \frac{\partial \eta}{\partial x} = 1$$
$$\frac{\partial \xi}{\partial t} = -c \quad \frac{\partial \eta}{\partial t} = c \tag{5-13}$$

运用复合函数求导方法和式（5-13）的结果，得到

$$\frac{\partial u}{\partial x} = \frac{\partial u}{\partial \xi}\frac{\partial \xi}{\partial x} + \frac{\partial u}{\partial \eta}\frac{\partial \eta}{\partial x} = \frac{\partial u}{\partial \xi} + \frac{\partial u}{\partial \eta}$$

$$\frac{\partial u}{\partial t} = \frac{\partial u}{\partial \xi}\frac{\partial \xi}{\partial t} + \frac{\partial u}{\partial \eta}\frac{\partial \eta}{\partial t} = -c\frac{\partial u}{\partial \xi} + c\frac{\partial u}{\partial \eta}$$

（5-14）

进一步求导，化简得

$$\frac{\partial^2 u}{\partial x^2} = \frac{\partial^2 u}{\partial \xi^2} + 2\frac{\partial^2 u}{\partial \xi\partial \eta} + \frac{\partial^2 u}{\partial \eta^2}$$

$$\frac{\partial^2 u}{\partial t^2} = c^2\frac{\partial^2 u}{\partial \xi^2} - 2c^2\frac{\partial^2 u}{\partial \xi\partial \eta} + c^2\frac{\partial^2 u}{\partial \eta^2}$$

（5-15）

将式（5-15）代入式（5-11）中化简，得到由新的独立变量 ξ、η 表示的微分方程，即

$$\frac{\partial^2 u}{\partial \xi\partial \eta} = 0$$

（5-16）

（2）依据新独立变量 ξ、η 的解

式（5-16）的解是先对 η 积分，再对 ξ 积分得到，对 η 积分得

$$\frac{\partial u}{\partial \xi} = F(\xi)$$

（5-17）

其中，$F(\xi)$ 只是 ξ 的函数，再对式（5-17）关于 ξ 积分得到

$$u = \int F(\xi)\mathrm{d}\xi + g(\eta)$$

（5-18）

令 $f(\xi) = \int F(\xi)\mathrm{d}\xi$，式（5-17）改写为

$$u(\xi,\eta) = f(\xi) + g(\eta)$$

（5-19）

（3）依据原变量 x、t 的达朗贝尔解

用式（5-12）将原变量 x、t 代回，式（5-19）变为

$$u(x,t) = g(x+ct) + f(x-ct)$$

（5-20）

其中，函数 $f(x-ct)$ 和 $g(x+ct)$ 是有两个变量 x、t 的单参数函数。为了便于理解，将单参数符号用通用的任意参数 z 表示，上述函数就可写作 $f(z)$ 和 $g(z)$。可以通过绘制关于 z 的图像来更好地理解这两个函数的形状和形式。这些函数的变量可用关于 x 和 t 的适当表达式代换通用变量 z 得到，如采用 $x-ct$ 替换得到 $f(x-ct)$，采用 $x+ct$ 代换得到 $g(x+ct)$。

式（5-20）表征波动方程解的波动传播特性。函数 $f(x-ct)$ 表示一个正向传播波，而 $g(x+ct)$ 表示一个反向传播波。这很容易验证。比如，考虑向前传播的波脉冲 $f(x-ct)$，如图 5-2 所示，考虑三个时刻，$0 < t_1 < t_2$，并检验在这三个时刻的函数值 $f(x-ct)$。当 $t=0$ 时，函数位于原点，这是初始波。当 $t=t_1$ 时，始波的波峰移动到 $x_1 = ct_1$ 的位置，因为取这个值时函数 $f(z)$ 的参数 z 为零，即 $z_1 = x_1 - ct_1 = 0$。当 $t = t_2$ 时，波向右移动到更远的 $x_2 = ct_2$ 的位置，如此等等。这证明了 $f(x-ct)$ 向 x 轴正向以速度 c 传播。对于反向波 $g(x+ct)$，同理可分析，只是波的方向为反向，即向左。

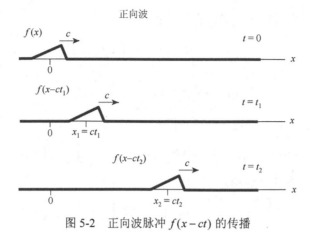

图 5-2　正向波脉冲 $f(x-ct)$ 的传播

（4）达朗贝尔解的其它形式

式（5-20）的达朗贝尔解也可用其他形式来表示，以满足特定问题的需要。下面给出表示形式：

$$u(x,t) = g(ct+x) + f(ct-x) \tag{5-21}$$

$$u(x,t) = g\left(\frac{x}{c}+t\right) + f\left(\frac{x}{c}-t\right) \tag{5-22}$$

$$u(x,t) = g\left(t+\frac{x}{c}\right) + f\left(t-\frac{x}{c}\right) \tag{5-23}$$

可以用式（5-21）～式（5-23）直接代入波动方程（5-11）来验证解的正确性，就像解式（5-20）一样。

5.3.3　波传播的初始值问题

波传播的初始值问题（柯西问题）是求满足以下初始条件的波动方程式（5-7）的解：

$$u(x,0) = u_0(x), \quad \text{杆的初始变形形状}$$
$$\dot{u}(x,0) = v_0(x), \quad \text{沿杆的点的初始速度} \tag{5-24}$$

将一般解（5-20）代入初始条件式（5-24）中。在此之前，首先要注意有

$$\dot{u}(x,t) = \frac{\partial}{\partial t}[f(x-ct) + g(x+ct)] = -cf'(x-ct) + cg'(x+ct) \tag{5-25}$$

再将式（5-20）、式（5-25）代入式（5-24）中得到

$$u(x,0) = f(x) + g(x) = u_0(x) \tag{5-26}$$

和

$$\dot{u}(x,0) = -cf'(x) + cg'(x) = v_0(x) \tag{5-27}$$

对式（5-27）关于 x 积分，整理得到

$$f(x) - g(x) = -\frac{1}{c}\int_b^x v_0(x^*)\mathrm{d}x^* \tag{5-28}$$

其中，b 是任意辅助常数；x^* 是辅助积分变量。结合式（5-26）、式（5-28），将表达式中

的 x 和 t 变化成单变量函数 $f(z)$ 和 $g(z)$，即

$$f(z) = \frac{1}{2}u_0(z) - \frac{1}{2c}\int_b^z v_0(z^*)\mathrm{d}z^*$$

（5-29）

$$g(z) = \frac{1}{2}u_0(z) + \frac{1}{2c}\int_b^z v_0(z^*)\mathrm{d}z^*$$

其中，z^* 是辅助积分变量。将式（5-29）代入式（5-20）中得

$$u(x,t) = \frac{1}{2}[u_0(x-ct) + u_0(x+ct)] + \frac{1}{2c}\int_{x-ct}^{x+ct} v_0(z^*)\mathrm{d}z^*$$

（5-30）

利用如下积分规则得到式（5-30）

$$-\int_b^{x-ct}(\ ) + \int_b^{x+ct}(\ ) = \int_{x-ct}^b(\ ) + \int_b^{x+ct}(\ ) = \int_{x-ct}^{x+ct}(\ )$$

（5-31）

5.3.4　应变波和应力波

到目前为止，已经讨论了波动现象中杆随时间变化的轴向位移 $u(x,t)$，其物理意义是位移扰动在介质中的传播。然而与同样的波动现象相关的还有应变扰动和应力扰动，因此，考虑波动现象中的应变 $\varepsilon(x,t)$ 和应力 $\sigma(x,t)$ 也是有必要的。

根据式（5-8），即

$$c^2 u'' = \ddot{u}$$

（5-32）

对 x 求导得

$$c^2 u''' = \ddot{u}'$$

（5-33）

根据式（5-4）定义的应变 $\varepsilon = u'$，将此代入式（5-33）中，得到应变波方程为

$$c^2 \varepsilon'' = \ddot{\varepsilon}$$

（5-34）

式（5-34）两边同时乘以 E 得到

$$c^2 E\varepsilon'' = E\ddot{\varepsilon}$$

（5-35）

根据应力-应变关系式（5-5），得到应力波方程为

$$c^2 \sigma'' = \ddot{\sigma}$$

（5-36）

注意，应变波方程式（5-34）和应力波方程式（5-36）都与位移波方程式（5-8）有完全相同的形式，所获得的位移波公式可以直接转换成应变波和应力波的公式。例如，很明显在式（5-8）、式（5-34）、式（5-36）中，位移波、应变波和应力波以相同的速度 c 传播，因为这三种波本质上是同一物理现象的不同表现，即一个扰动作为弹性波在杆中传播。

5.3.5　粒子速度与波速度的对比

由表 5-2 可知，波扰动在弹性介质中传播的速度很大，达每秒几公里或几英里的数量级，由此产生了关于实际介质的运动速度问题，该问题的答案由粒子速度的研究给出。在位移-波的公式中，位移 $u(x,t)$ 表示介质中粒子的物理运动。粒子的运动速度或粒子速度由 $\dot{u}(x,t) = \partial u(x,t)/\partial t$ 给出。为了论证，假设一个常规的正向波有以下位移形式：

$$u(x,t) = f(x-ct)$$

（5-37）

对 t 求导得到粒子速度为

$$\dot{u}(x,t) = -cf'(x-ct) \tag{5-38}$$

其中，f' 是单变量函数 f 的导数。此波产生的应力由下式得到

$$\sigma(x,t) = Eu'(x,t) = E\frac{\partial}{\partial x}f(x-ct) = Ef'(x-ct) \tag{5-39}$$

结合式（5-38）、式（5-39）得到与波的应力有关的粒子速度为

$$\dot{u}(x,t) = -\frac{c}{E}\sigma(x,t) \quad (\text{正向波}) \tag{5-40}$$

式（5-40）表明正向波的粒子速度与波应力的符号相反，压缩波将给予正向粒子速度。对于反向波，如 $u(x,t) = g(x+ct)$，类似的分析可得到与式（5-40）类似的表达式，但是符号相反，即

$$\dot{u}(x,t) = \frac{c}{E}\sigma(x,t) \quad (\text{反向波}) \tag{5-41}$$

示例

已知：钢介质有 $E = 207\text{GPa}$ 和波速 $c = 5.1\text{km/s}$。

求解：幅值为 $\sigma_{max} = -100\text{MPa}$ 的压缩波的粒子速度振幅。

解答：用（5-40）式可得

$$\dot{u}_{max} = -\frac{c}{E}\sigma_{max} = \frac{5.1\times10^3}{207\times10^9}\times100\times10^6 \cong 2.5\text{m/s}$$

显然，虽然波动扰动以 5km/s 的速度传播，但是每个参与波动现象的粒子的速度不超过 2.5m/s !这个数值例子强调了波速度（表示波信息和波能量传播的速度）和粒子速度（表示参与波现象中粒子的实际运动）之间的差异。两个物理量可以有不同的数量级，波能以很快的速度传播，而介质中粒子的运动却相当缓慢。

5.3.6 介质的声阻抗

波应力 $\sigma(x,t)$ 与粒子速度 $\dot{u}(x,t)$ 的关系可由声阻抗描述。再次考虑正向波 $u(x,t) = f(x-ct)$ 并根据式（5-40），可以发现粒子速度不仅依赖于应力，也依赖于比值 c/E。根据由式（5-9）给出的波速的定义：

$$\frac{E}{c} = \frac{\rho c^2}{c} = \rho c \tag{5-42}$$

式（5-40）可以写为

$$\sigma(x,t) = -\rho c\dot{u}(x,t) \quad (\text{正向波}) \tag{5-43}$$

类似地，式（5-41）可以写为

$$\sigma(x,t) = \rho c\dot{u}(x,t) \quad (\text{反向波}) \tag{5-44}$$

就应力与粒子位移幅值之间的关系，式（5-40）和式（5-41）给出

$$\sigma_{max} = \rho c\dot{u}_{max} \tag{5-45}$$

式中的 ρc 表示同介质相关的特性，称为声阻抗，表明需要多少应力才能赋予一个介质粒子规定的速度。声阻抗的常用符号是 Z。声阻抗也可以表示为

$$Z = \rho c = \sqrt{\rho E} = \frac{E}{c} \ \text{(介质的声阻抗)} \tag{5-46}$$

5.3.7　波动方程的谐波解

根据波动方程式（5-8），即

$$c^2 u''(x,t) = \ddot{u}(x,t) \tag{5-47}$$

式（5-47）是一个关于空间 x，时间 t 的偏微分方程。求解式（5-47）的方法之一是分离变量法，即用只依赖于 x 的函数 $X(x)$ 和只依赖于 t 的函数 $T(t)$ 表示解 $u(x,t)$，即

$$u(x,t) = X(x)T(t) \tag{5-48}$$

求导并代入波方程式（5-47）中，可以得到

$$c^2 X''(x)T(t) = X(x)\ddot{T}(t) \tag{5-49}$$

假设时间行为 $T(t)$ 是一个角频率为 ω 的连续谐波振动，即

$$T(t) = e^{-i\omega t} \tag{5-50}$$

将式（5-50）代入式（5-49）中得

$$c^2 X''(x)e^{-i\omega t} = -\omega^2 X(x)e^{-i\omega t} \tag{5-51}$$

消去 $e^{-i\omega t}$ 化简并重新组合，得到一个关于 x 的简单常微分方程，即

$$c^2 X''(x) + \omega^2 X(x) = 0 \tag{5-52}$$

定义波数 γ 为

$$\gamma = \frac{\omega}{c} \ \text{(波数)} \tag{5-53}$$

将式（5-53）代入式（5-52）中得

$$X''(x) + \gamma^2 X(x) = 0 \tag{5-54}$$

方程（5-54）有谐波解为

$$X(x) = Ae^{-i\gamma x} + Be^{i\gamma x} \tag{5-55}$$

式（5-55）给出的谐波解空间如图 5-3 所示，表明了波数 γ 的意义以及波数与波长 λ 的关系，即

$$\lambda = \frac{2\pi}{\gamma} \ \text{(波长-波数关系)} \tag{5-56}$$

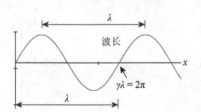

图 5-3　谐波中波数和波长的对应关系

图 5-3 表明了波长 λ 的直观定义，即作为波重复的长度尺度。这个一般定义取代了谐波的概念，可以适用于任何周期波。式（5-56）只适用于谐波。

波长的另一个定义是在一个周期中波的传播距离：

$$\lambda = cT \ \text{(波长-周期关系)} \tag{5-57}$$

由于周期 T 是频率 f 的倒数，$T = 1/f$，故波长也可以由频率表示，即

$$\lambda = c/f \ \text{(波长-频率关系)} \tag{5-58}$$

其中，$f = \omega/2\pi$。

将式（5-50）、式（5-55）代入式（5-49）中得到波动方程的谐波解为

$$u(x,t) = A\mathrm{e}^{-i(\gamma x+\omega t)} + B\mathrm{e}^{i(\gamma x-\omega t)} \tag{5-59}$$

其中，常数 A 和 B 必须视具体情况而定。

波动方程的谐波解式（5-59）是由达朗贝尔解式（5-20）得到的传播波通解的特殊情况。事实上，式（5-59）的第一部分代表一个反向波，而第二部分代表一个正向波。如果将式（5-53）代入式（5-59），结果更明显，得到如下形式：

$$u(x,t) = A\mathrm{e}^{-i\gamma(x+ct)} + B\mathrm{e}^{i\gamma(x-ct)} \tag{5-60}$$

波数 γ 与波长相关，$\lambda = cT$，其中 T 由 $T = 1/f = 2\pi/\omega$ 得到。一个正向谐波的替换形式可写成

$$^{+}u(x,t) = ^{+}\hat{u}\mathrm{e}^{i(\gamma x-\omega t)} = ^{+}\hat{u}\mathrm{e}^{i\omega\left(\frac{x}{c}-t\right)} = ^{+}\hat{u}\mathrm{e}^{i2\pi\left(\frac{x}{\lambda}-\frac{t}{T}\right)} \quad \text{（正向波）} \tag{5-61}$$

相应地，反向谐波的表达式为

$$^{-}u(x,t) = ^{-}\hat{u}\mathrm{e}^{-i(\gamma x+\omega t)} = ^{-}\hat{u}\mathrm{e}^{-i\omega\left(\frac{x}{c}+t\right)} = ^{-}\hat{u}\mathrm{e}^{-i2\pi\left(\frac{x}{\lambda}+\frac{t}{T}\right)} \quad \text{（反向波）} \tag{5-62}$$

由分离变量法得到的连续谐波解是一组更通用的周期波。分析复杂波形时，谐波解是很有用的。然而由于谐波解是一个连续的谐波，其适用范围相当有限，因为一般的波动解既不需要连续，也不需要是谐波。尽管如此，谐波解是波传播研究的核心方法。

5.3.8 驻波

驻波的概念搭建了波动分析与振动分析的桥梁。注意到振动杆的运动微分方程与波动方程有相同的形式，类似地，振动杆的通解与谐波在杆中传播的解也相同。振动和波传播之间的区别主要在于是否存在边界。在无边界的介质中，连续振动的扰动源会产生持续的谐波，持续向外传播到无穷。然而，如果介质是有界的，那么波将被边界反射回波源，并会干扰波源产生的波，在一定条件下导致一个复杂的过程，其结果是驻波或是结构振动。一个典型的例子是音叉发声运动。例如，在一个无限杆中，考虑两个在相反方向传播的相同谐波，即

$$u_1(x,t) = \frac{1}{2}\mathrm{e}^{i(\gamma x-\omega t)} \quad \text{（正向波）} \tag{5-63}$$

$$u_2(x,t) = \frac{1}{2}\mathrm{e}^{-i(\gamma x+\omega t)} \quad \text{（反向波）} \tag{5-64}$$

总运动是这两个波的叠加，即

$$u(x,t) = u_1(x,t) + u_2(x,t) = \frac{1}{2}\mathrm{e}^{i(\gamma x-\omega t)} + \frac{1}{2}\mathrm{e}^{-i(\gamma x+\omega t)}$$

$$= \frac{1}{2}(\mathrm{e}^{i\gamma x} + \mathrm{e}^{-i\gamma x})\mathrm{e}^{-i\omega t} \tag{5-65}$$

考虑欧拉公式 $\cos\alpha = \frac{1}{2}(\mathrm{e}^{i\alpha} + \mathrm{e}^{-i\alpha})$，因此式（5-65）变成

$$u(x,t) = (\cos\gamma x)\mathrm{e}^{-i\omega t} \quad \text{（驻波）} \tag{5-66}$$

式（5-66）表示一个空间形状为 $\cos\gamma x$，谐波变化的幅值为 $\mathrm{e}^{-i\omega t}$ 的驻波。驻波具有特定的

节点和反节点，在空间上有固定位置，如图 5-4a 所示。随着时间的推移，波弯曲的幅度会增加或减少，但是始终保持固定的节点。节点的位置 x_n 要求 γx_n 是 $\pi/2$ 的奇数倍，此时余弦函数值为零。

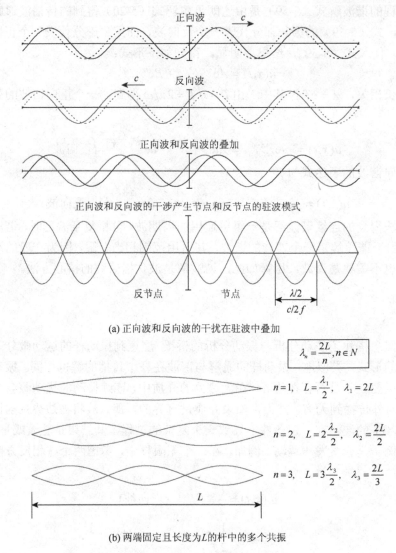

正向波

反向波

正向波和反向波的叠加

正向波和反向波的干涉产生节点和反节点的驻波模式

反节点　　　节点　　　$\lambda/2$　$c/2f$

(a) 正向波和反向波的干扰在驻波中叠加

$$\lambda_n = \frac{2L}{n}, n \in N$$

$n = 1, \quad L = \frac{\lambda_1}{2}, \quad \lambda_1 = 2L$

$n = 2, \quad L = 2\frac{\lambda_2}{2}, \quad \lambda_2 = \frac{2L}{2}$

$n = 3, \quad L = 3\frac{\lambda_3}{2}, \quad \lambda_3 = \frac{2L}{3}$

L

(b) 两端固定且长度为L的杆中的多个共振

图 5-4　驻波

节点的间距 $\Delta x = \pi / \gamma$。考虑式（5-66），则这个条件变为

$$\Delta x = \frac{\lambda}{2} \text{（节点间距）} \tag{5-67}$$

式（5-67）表明节点间距为半波长。

在一定条件下，可以在有限长的杆中构造驻波，例如，考虑一个两端固定的长度为 L 的杆。显然边界条件是杆两端的位移均为零，因此杆的两端必须在波的节点上。如果波的性质满足杆的长度是半波长的整数倍，那么此驻波可以存在于此杆中，即

$$L = j\frac{\lambda}{2}, \ j = 1, 2, 3, \cdots \tag{5-68}$$

式（5-68）的解释如图 5-4b 所示。存在几种可能性，杆的长度可调节为若干倍数的半波长。每种情况对应于一个不同的驻波。这些驻波实际上是第 3 章中讨论的固有振动振型。因此，有界对象建立了驻波和固有振动振型的联系。如果杆的长度和波的波长满足式（5-68），那么杆将产生共振。利用式（5-58），条件式（5-68）可以改写为

$$L = j\frac{c}{2f}, \ j = 1, 2, 3, \cdots \tag{5-69}$$

据式（5-69）可以设计一个在特定频率下会产生共振的杆，或者反过来预测杆会产生共振的频率。利用式（5-9）和式（5-69），可以写出一个两端固定的杆的共振轴向频率为

$$f = j\frac{1}{2L}\sqrt{\frac{E}{\rho}}, \ j = 1, 2, 3, \cdots \tag{5-70}$$

显然，式（5-70）与第 3 章相应的方程相同。

对于其他边界条件的杆，同理可求得，注意必须施加适当的边界条件。

5.3.9 轴向波的功率和能量

本节探讨与杆中轴向波传播相关的能量和功率问题。

（1）轴向波的能量

定义单位体积的动能和弹性势能为

$$k = \frac{1}{2}\rho \dot{u}^2 \ (\text{每单位体积的动能}) \tag{5-71}$$

$$v = \frac{1}{2}\sigma\varepsilon \ (\text{每单位体积的弹性势能}) \tag{5-72}$$

将式（5-71）、式（5-72）在横截面上积分，求得每单位长度杆的能量分布。与杆中轴向波传播相关的粒子运动在横截面处均匀分布，如图 5-5a 所示。因此

$$k(x,t) = \int_A \frac{1}{2}\rho \dot{u}^2(x,t)\mathrm{d}A = \frac{1}{2}m\dot{u}^2(x,t) \ (\text{每单位长度的动能}) \tag{5-73}$$

$$v(x,t) = \int_A \frac{1}{2}\sigma(x,t)\varepsilon(x,t)\mathrm{d}A = \frac{1}{2}(EA)u'^2(x,t) \ (\text{每单位长度的弹性势能}) \tag{5-74}$$

总能量为动能与弹性势能之和，即

$$e(x,t) = k(x,t) + v(x,t) \ (\text{每单位长度的总能量}) \tag{5-75}$$

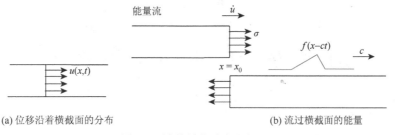

(a) 位移沿着横截面的分布　　　　　(b) 流过横截面的能量

图 5-5　波传播的功率和能量

考虑一个正向波，即

$$u(x,t) = f(x-ct) \quad (正向波) \tag{5-76}$$

将式（5-76）代入式（5-73）、式（5-74）中得

$$k(x,t) = \frac{1}{2}m(-c)^2 f'^2(x-ct) = \frac{1}{2}mc^2 f'^2(x-ct) \tag{5-77}$$

$$v(x,t) = \frac{1}{2}EAf'^2(x-ct) = \frac{1}{2}mc^2 f'^2(x-ct) \tag{5-78}$$

其中，应用了式（5-9）$EA = c^2 m$。显然，动能表达式（5-77）与弹性势能表达式（5-78）相同，即

$$k(x,t) = v(x,t) = \frac{1}{2}mc^2 f'^2(x-ct) \tag{5-79}$$

式（5-79）表明弹性波的能量均分为动能和弹性势能，将式（5-79）代入式（5-75）中，得到杆中每单位长度的轴向传播波的总能量为

$$e(x,t) = k(x,t) + v(x,t) = mc^2 f'^2(x-ct) \tag{5-80}$$

显然，对于简单的波，波的能量传播速度与波传播速度 c 相同。反向波可同理分析。

（2）轴向波的功率

波的功率是指在波传播过程中能量转移过某一确定点的速率。假设将杆从 $x = x_0$ 处切断，研究流过界面的能量，如图 5-5b 所示。考虑杆的右部（$x_0 \leqslant x$），用界面处的牵引力 $\boldsymbol{t} = -\sigma \boldsymbol{e}_x$ 代替移去杆的左部作用，其中 $\boldsymbol{e}_x$ 为 x 方向的单位矢量。界面处应力做的功代表输入杆中的能量。界面处做功的速度是输入杆中的能量流或输入杆中的功率。功率可以表示为牵引力与粒子速度 $\dot{\boldsymbol{u}} = \dot{u}\boldsymbol{e}_x$ 的乘积，即

$$P = \int_A \boldsymbol{t} \cdot \dot{\boldsymbol{u}} \, dA = -\sigma \dot{u} A = -EAu'\dot{u} = -mc^2 u'\dot{u} \tag{5-81}$$

其中运用了式（5-4）、式（5-5）、式（5-9）。

对于一个由式（5-76）给出的正向传播波，有 $u'(x,t) = f'(x-ct)$ 和 $\dot{u}(x,t) = -cf'(x-ct)$，因此式（5-81）变为

$$P(x,t) = -mc^2 f'(x-ct)[-cf'(x-ct)] = mc^3 f'^2(x-ct) \tag{5-82}$$

对比式（5-80）、式（5-82）可知，功率为能量与波速的乘积，即

$$P(x,t) = ce(x,t) \tag{5-83}$$

通过功率的定义，即能量从杆左端传递的速度，也可以得到式（5-83）的结论，即

$$P(x_0,t) = -\frac{\partial}{\partial t}\int_0^{x_0} e(x,t)dx = ce(x_0,t) \tag{5-84}$$

证明很简单，由式（5-82）可知能量是单参变量函数，形如 $e(x-ct)$，则

$$
\begin{aligned}
-\frac{\partial}{\partial t}\int_0^{x_0} e(x-ct)dx &= -\int_0^{x_0}\frac{\partial}{\partial t}e(x-ct)dx = -\int_0^{x_0}(-c)e'(x-ct)dx \\
&= c\int_0^{x_0} e'(x-ct)dx = ce(x_0-ct)
\end{aligned} \tag{5-85}
$$

其中，$e'(\ )$ 是单参变量函数 $e(\ )$ 的导数。

现在考虑反向传播波，规定用负号上标表示，即

$$\bar{u}(x,t) = g(x+ct) \quad (\text{反向波}) \tag{5-86}$$

这种情况下，有 $\bar{u}'(x,t) = g'(x+ct)$，$\dot{\bar{u}}(x,t) = cg'(x+ct)$，则式（5-81）变为

$$\bar{P}(x,t) = -mc^2 g'(x+ct)[cg'(x+ct)] = -mc^3 g'^2(x+ct) \,(\text{反向波的功率}) \tag{5-87}$$

很显然反向传播波的功率表达式有负号，但是注意到反向波的能量仍然是正的，即能量不随传播方向改变符号，但功率却改变符号。

（3）谐波的功率和能量

谐波是常规传播波的特例，因此 5.3.9（1）节与 5.3.9（2）节里的结论对谐波仍然适用。根据式（5-60）假设正向谐波形如

$$u(x,t) = \text{Re}[\hat{u}e^{i(\gamma x - \omega t)}] = \hat{u}\cos(\gamma x - \omega t) \tag{5-88}$$

对式（5-88）关于时间 t 和空间 x 求导，可以通过三角函数直接求导，或者对复指数函数求导保留实部。

对三角函数直接求导得

$$\begin{aligned}
\dot{u}(x,t) &= \hat{u}(-\omega)[-\sin(\gamma x - \omega t)] = \hat{u}\omega\sin(\gamma x - \omega t) \\
u'(x,t) &= \hat{u}(\gamma)[-\sin(\gamma x - \omega t)] = -\hat{u}\gamma\sin(\gamma x - \omega t)
\end{aligned} \tag{5-89}$$

对复指数函数求导，再应用欧拉公式，保留实部得

$$\begin{aligned}
\dot{u}(x,t) &= \text{Re}\left[\hat{u}\frac{\partial}{\partial t}e^{i(\gamma x - \omega t)}\right] = \hat{u}\,\text{Re}[-i\omega e^{i(\gamma x - \omega t)}] \\
&= \hat{u}\omega\,\text{Re}\{-i[\cos(\gamma x - \omega t) + i\sin(\gamma x - \omega t)]\} \\
&= \hat{u}\omega\,\text{Re}\{-i\cos(\gamma x - \omega t) + \sin(\gamma x - \omega t)\} = \hat{u}\omega\sin(\gamma x - \omega t) \\
u'(x,t) &= \text{Re}\left[\hat{u}\frac{\partial}{\partial x}e^{i(\gamma x - \omega t)}\right] = \hat{u}\,\text{Re}[i\gamma e^{i(\gamma x - \omega t)}] = -\hat{u}\gamma\sin(\gamma x - \omega t)
\end{aligned} \tag{5-90}$$

式（5-89）、式（5-90）最后的结果相同。实际上，计算中常常省去式（5-88）中的实部算子 $\text{Re}(\ )$。在这个例子中，正向谐波简写为

$$\begin{aligned}
u(x,t) &= \hat{u}e^{i(\gamma x - \omega t)} \\
u'(x,t) &= i\gamma\hat{u}e^{i(\gamma x - \omega t)} = i\gamma u(x,t) \\
\dot{u}(x,t) &= -i\omega\hat{u}e^{i(\gamma x - \omega t)} = -i\omega u(x,t)
\end{aligned} \tag{5-91}$$

其中，$i\gamma u(x,t) = -\hat{u}\sin(\gamma x - \omega t)$ 是隐含的，没有明确的表示。为了求得能量，将式（5-88）代入式（5-73）、式（5-74）中得

$$k(x,t) = \frac{1}{2}m\dot{u}^2(x,t) = \frac{1}{2}m\omega^2\hat{u}^2\sin^2(\gamma x - \omega t) \,(\text{动能密度}) \tag{5-92}$$

$$v(x,t) = \frac{1}{2}EAu'^2(x,t) = \frac{1}{2}EA\gamma^2\hat{u}^2\sin^2(\gamma x - \omega t) \,(\text{弹性势能密度}) \tag{5-93}$$

由式（5-90）可知，不能用式（5-91）直接计算波的能量，因为

$$\dot{u}^2(x,t) \neq \left[\frac{\partial}{\partial t}e^{i(\gamma x - \omega t)}\right]^2 = [-i\omega e^{i(\gamma x - \omega t)}]^2 = \omega^2 e^{2i(\gamma x - \omega t)} \,(\text{错误方法!}) \tag{5-94}$$

$$u'^2(x,t) \neq \left[\frac{\partial}{\partial x}e^{i(\gamma x - \omega t)}\right]^2 = [i\gamma e^{i(\gamma x - \omega t)}]^2 = -\gamma^2 e^{2i(\gamma x - \omega t)} \,(\text{错误方法!}) \tag{5-95}$$

当计算波的能量时，必须运用三角函数表达式（5-92）、式（5-93）。将式（5-9）、式（5-53）代入式（5-92）、式（5-93）中可以验证动能和弹性势能是相等的，即

$$v(x,t)=\frac{1}{2}EA\gamma^2\hat{u}^2\sin^2(\gamma x-\omega t)=\frac{1}{2}mc^2\frac{\omega^2}{c^2}\hat{u}^2\sin^2(\gamma x-\omega t)$$

$$=\frac{1}{2}m\omega^2\hat{u}^2\sin^2(\gamma x-\omega t)=k(x,t) \tag{5-96}$$

总能量为

$$e(x,t)=k(x,t)+v(x,t)=m\omega^2 u^2(x,t)=m\omega^2\hat{u}^2\sin^2(\gamma x-\omega t) \tag{5-97}$$

波能量的幅值为

$$\hat{e}=m\omega^2\hat{u}^2 \tag{5-98}$$

对于谐波，能量幅值和频率的平方成正比。

然而，复指数函数公式的表述在计算时间平均能量$\langle e\rangle$时方便有效。计算式（5-97）在一个周期内的平均值，其中$T=2\pi/\omega$，即

$$\langle e\rangle=\frac{1}{T}\int_0^T e(x,t)\mathrm{d}t=\frac{1}{T}\int_0^T m\omega^2 u^2(x,t)\mathrm{d}t \tag{5-99}$$

式（5-99）的积分可以用式（5-97）中详细的表达式。将式（5-97）代入式（5-99）中，再用三角函数积分得

$$\langle e\rangle=\frac{1}{T}m\omega^2\int_0^T u^2(x,t)\mathrm{d}t=\frac{1}{T}m\omega^2\hat{u}^2\int_0^T\sin^2(\gamma x-\omega t)\mathrm{d}t=\frac{1}{2}m\omega^2\hat{u}^2 \tag{5-100}$$

更加快速的计算方法是使用附录 A 中的结果，两个谐波变量的时间平均乘积是一个变量与另一个变量的共轭乘积实部的一半，即$\langle VI\rangle=\frac{1}{2}\mathrm{Re}(V\bar{I})=\frac{1}{2}\mathrm{Re}(\bar{V}I)$，式（5-99）应用此结论即得到时间平均能量为

$$\langle e\rangle=\frac{1}{2}m\omega^2\mathrm{Re}(u\bar{u})=\frac{1}{2}m\omega^2\hat{u}^2 \tag{5-101}$$

式（5-100）、式（5-101）表明一个周期内时间平均能量的幅值等于式（5-98）中能量函数幅值的一半且和频率的平方成正比。

将式（5-97）代入式（5-83）中可求得功率为

$$P(x,t)=ce(x,t)=mc\omega^2\hat{u}^2\sin^2(\gamma x-\omega t) \tag{5-102}$$

功率幅值为

$$\hat{P}=mc\omega^2\hat{u}^2 \tag{5-103}$$

应用式（5-81），求得时间平均功率为

$$P=\int_A\boldsymbol{t}\cdot\dot{\boldsymbol{u}}\mathrm{d}A=-\sigma\dot{u}A=-EAu'\dot{u}=-mc^2u'\dot{u} \tag{5-104}$$

式（5-104）应用时间平均公式$\langle VI\rangle=\frac{1}{2}\mathrm{Re}(V\bar{I})$得到

$$\langle P\rangle=\frac{1}{2}\mathrm{Re}(-mc^2u'\bar{\dot{u}})=-\frac{1}{2}mc^2\mathrm{Re}(u'\bar{\dot{u}}) \tag{5-105}$$

将式（5-91）代入式（5-105）中得

$$\langle P\rangle = -\frac{1}{2}mc^2\mathrm{Re}(u'\overline{u}) = -\frac{1}{2}mc^2\mathrm{Re}[(i\gamma u)(\overline{-i\omega u})] = -\frac{1}{2}mc^2\mathrm{Re}[(i\gamma u)(i\omega\overline{u})]$$

$$= \frac{1}{2}m\gamma\omega c^2\mathrm{Re}(u\overline{u}) = \frac{1}{2}m\gamma\omega c^2\hat{u}^2 \tag{5-106}$$

注意，在式（5-106）的推导中，运用了 $u\overline{u} = |\hat{u}|^2 = \hat{u}^2$，其中 $\hat{u} \in \mathbb{R}$，及 $\mathrm{Re}(u\overline{u}) = \mathrm{Re}(\hat{u}^2) = \hat{u}^2$。式（5-106）表明

$$\langle P\rangle = \frac{1}{2}mc\omega^2\hat{u}^2 \tag{5-107}$$

与前文推导的结果一致，时间平均功率是时间平均能量和波速的乘积，即

$$\langle P\rangle = c\left(\frac{1}{2}m\omega^2\hat{u}^2\right) = c\langle e\rangle \tag{5-108}$$

现在考虑反向传播波的例子。根据式（5-87）反向传播波 $\bar{u}(x,t)$ 的功率有负号，即

$$\langle\bar{P}\rangle = -\frac{1}{2}mc\omega^2\hat{u}^2 = -c\langle e\rangle \text{ （反向谐波的功率）} \tag{5-109}$$

显然，反向传播波功率的表达式有负号，但是反向波的能量仍然是正的，即能量不随传播方向改变符号，但功率却改变。

式（5-109）的证明可以考虑反向传播谐波 $\bar{u}(x,t)$ 和一个负的波数有关，且有如下形式：

$$\bar{u}(x,t) = \hat{u}\mathrm{e}^{i(-\gamma x-\omega t)}$$
$$\bar{u}'(x,t) = -i\gamma\hat{u}\mathrm{e}^{i(-\gamma x-\omega t)} = -i\gamma\bar{u}(x,t) \tag{5-110}$$
$$\dot{\bar{u}}(x,t) = -i\omega\hat{u}\mathrm{e}^{i(-\gamma x-\omega t)} = -i\omega\bar{u}(x,t)$$

将式（5-110）代入式（5-105）得反向传播波的时间平均功率为

$$\langle\bar{P}\rangle = -\frac{1}{2}mc^2\mathrm{Re}(\bar{u}'\overline{\bar{u}}) = -\frac{1}{2}mc^2\mathrm{Re}[(-i\gamma\bar{u})(\overline{-i\omega\bar{u}})]$$

$$= -\frac{1}{2}mc^2\mathrm{Re}[(-i\gamma\bar{u})(i\omega\overline{\bar{u}})] = -\frac{1}{2}m\gamma\omega c^2\mathrm{Re}(\bar{u}\overline{\bar{u}}) = -\frac{1}{2}m\gamma\omega c^2\hat{u}^2 \text{ （证毕）} \tag{5-111}$$

5.3.10 界面处的轴向谐波

如果介质不是无限长的，且在界面与其他介质满足一定的限制条件，那么就产生波在界面处如何运动的问题。例如，考虑一个在杆中传播的正向谐波 u_i，杆由两部分组成，一部分材料的属性为 E_1、ρ_1、c_1，横截面积 A_1，另一部分为 E_2、ρ_2、c_2、A_2，两个区域界面位置在 $x=0$ 处，如图 5-6a 所示。

由于界面的作用，波分成了两种：一种波 u_t 透射穿过界面仍为正向波，另一种波 u_r 由于界面的作用反射为反向传播波，如图 5-6b 所示，即

$$u_i(x,t) = \hat{u}_i\mathrm{e}^{i(\gamma_1 x-\omega t)} \text{ （入射波正向传播）} \tag{5-112}$$
$$u_r(x,t) = \hat{u}_r\mathrm{e}^{i(-\gamma_1 x-\omega t)} \text{ （反射波反向传播）} \tag{5-113}$$
$$u_t(x,t) = \hat{u}_t\mathrm{e}^{i(\gamma_2 x-\omega t)} \text{ （透射波正向传播）} \tag{5-114}$$

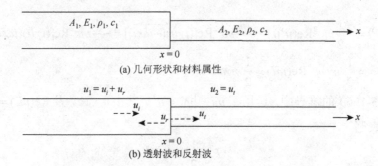

(a) 几何形状和材料属性

(b) 透射波和反射波

图 5-6　由两种材料组成的均质杆界面位于 x=0 处

其中 $\hat{u}_i$、$\hat{u}_r$、$\hat{u}_t$ 是波复数，包含幅度和相位信息。每一部分杆总波由波的叠加得到，即杆 1 中 $u_1 = u_i + u_r$，杆 2 中 $u_2 = u_t$，表示为

$$u_1(x,t) = u_i(x,t) + u_r(x,t) = \hat{u}_i e^{i(\gamma_1 x - \omega t)} + \hat{u}_r e^{i(-\gamma_1 x - \omega t)}$$
$$u_2(x,t) = u_t(x,t) = \hat{u}_t e^{i(\gamma_2 x - \omega t)}$$

(5-115)

（1）界面条件

在界面处，必须要满足位移连续和力平衡的条件，即

$$u_1(0,t) = u_2(0,t) \ (位移连续)$$

(5-116)

$$N_1(0,t) = N_2(0,t) \ (力平衡)$$

(5-117)

（2）位移的连续性

将式（5-115）代入式（5-116），并计算在界面 $x=0$ 的值，得

$$[\hat{u}_i e^{i(\gamma_1 x - \omega t)} + \hat{u}_r e^{i(-\gamma_1 x - \omega t)}]_{x=0} = \hat{u}_t e^{i(\gamma_2 x - \omega t)}\big|_{x=0}$$

(5-118)

或

$$\hat{u}_i e^{-i\omega t} + \hat{u}_r e^{-i\omega t} = \hat{u}_t e^{-i\omega t}$$

(5-119)

式（5-119）两边同时除以 $e^{-i\omega t}$ 得到界面处位移连续性条件，即

$$\hat{u}_i + \hat{u}_r = \hat{u}_t \ (位移的连续性)$$

(5-120)

（3）力平衡

由式（5-4）、式（5-5）、式（5-6）得

$$N_1(0,t) = \sigma_1 A_1 = A_1 E_1 \varepsilon_1(0,t) = E_1 A_1 u_1'(0,t)$$
$$N_2(0,t) = \sigma_2 A_2 = A_2 E_2 \varepsilon_2(0,t) = E_2 A_2 u_2'(0,t)$$

(5-121)

将式（5-115）代入式（5-121）中得

$$N_1(0,t) = E_1 A_1 [i\gamma_1 \hat{u}_i e^{i(\gamma_1 x - \omega t)} - i\gamma_1 \hat{u}_r e^{i(-\gamma_1 x - \omega t)}]\big|_{x=0} = E_1 A_1 (i\gamma_1 \hat{u}_i e^{-i\omega t} - i\gamma_1 \hat{u}_r e^{-i\omega t})$$
$$N_2(0,t) = E_2 A_2 i\gamma_2 \hat{u}_t e^{i(\gamma_2 x - \omega t)}\big|_{x=0} = E_2 A_2 i\gamma_2 \hat{u}_t e^{-i\omega t}$$

(5-122)

将式（5-122）代入式（5-117）中，并且两边同除以 $e^{-i\omega t}$ 得到力平衡条件为

$$E_1 A_1 (\gamma_1 \hat{u}_i - \gamma_1 \hat{u}_r) = E_2 A_2 \gamma_2 \hat{u}_t \ (力平衡)$$

(5-123)

（4）界面方程和位移解

调整式（5-120）、式（5-123）得到一系列用入射波幅 $\hat{u}_i$ 表示的未知反射和透射波幅 $\hat{u}_r$、$\hat{u}_t$ 的方程，即

$$-\hat{u}_r+\hat{u}_t=\hat{u}_i$$
$$E_1A_1\gamma_1\hat{u}_r+E_2A_2\gamma_2\hat{u}_t=E_1A_1\gamma_1\hat{u}_i \quad \text{（界面方程）} \tag{5-124}$$

得到式（5-124）用入射波波幅 $\hat{u}_i$ 表示的反射和透射波幅 $\hat{u}_r$、$\hat{u}_t$ 的解，即

$$\hat{u}_r=\frac{E_1A_1\gamma_1-E_2A_2\gamma_2}{E_1A_1\gamma_1+E_2A_2\gamma_2}\hat{u}_i$$
$$\hat{u}_t=\frac{2E_1A_1\gamma_1}{E_1A_1\gamma_1+E_2A_2\gamma_2}\hat{u}_i \tag{5-125}$$

式（5-125）中，$E_1\gamma_1$、$E_2\gamma_2$ 的乘积可以用声阻抗 Z_1、Z_2 表示，根据式（5-10）、式（5-46）、式（5-53）

$$c^2=\frac{E}{\rho},\ Z=\rho c,\ \gamma=\frac{\omega}{c} \tag{5-126}$$

因此

$$E\gamma=\rho c^2\frac{\omega}{c}=\rho c\omega=Z\omega \tag{5-127}$$

将式（5-127）代入式（5-125），两边同除以 ω 得到每个杆关于声阻抗 Z 和杆截面积 A 的位移解，即

$$\hat{u}_r=\frac{Z_1A_1-Z_2A_2}{Z_1A_1+Z_2A_2}\hat{u}_i$$
$$\hat{u}_t=\frac{2Z_1A_1}{Z_1A_1+Z_2A_2}\hat{u}_i \quad \text{（位移解）} \tag{5-128}$$

（5）应力解，反射和透射系数

在界面处传播波的反射和透射系数 R、T 以应力的形式定义为

$$R=\frac{\sigma_r}{\sigma_i}\Big|_{x=0}=\frac{\sigma_r(0,t)}{\sigma_i(0,t)} \quad \text{（反射系数）} \tag{5-129}$$

$$T=\frac{\sigma_t}{\sigma_i}\Big|_{x=0}=\frac{\sigma_t(0,t)}{\sigma_i(0,t)} \quad \text{（透射系数）} \tag{5-130}$$

应用式（5-4）、式（5-5），得到

$$\sigma=Eu' \tag{5-131}$$

利用式（5-112）、式（5-113）、式（5-114）、式（5-127），式（5-131）改写成

$$\sigma_i=E_1u_i'=E_1(i\gamma_1)u_i=(i\omega)Z_1u_i \quad \text{（入射应力）} \tag{5-132}$$

$$\sigma_r=E_1u_r'=E_1(-i\gamma_1)u_r=(-i\omega)Z_1u_r \quad \text{（反射应力）} \tag{5-133}$$

$$\sigma_t=E_2u_t'=E_2(i\gamma_2)u_t=(i\omega)Z_2u_t \quad \text{（透射应力）} \tag{5-134}$$

利用式（5-112）、式（5-113）、式（5-114）计算式（5-132）、式（5-133）、式（5-134）在

界面 $x = 0$ 处的值为

$$\sigma_i(0,t) = (i\omega) Z_1 u_i(0,t) = i\omega Z_1 \hat{u}_i e^{-i\omega t}$$

$$\sigma_r(0,t) = (-i\omega) Z_1 u_r(0,t) = -i\omega Z_1 \hat{u}_r e^{-i\omega t} \qquad (5\text{-}135)$$

$$\sigma_t(0,t) = (i\omega) Z_2 u_t(0,t) = i\omega Z_2 \hat{u}_t e^{-i\omega t}$$

将式（5-135）代入式（5-129）、式（5-130）中得

$$R = \frac{\sigma_r(0,t)}{\sigma_i(0,t)} = \frac{-i\omega Z_1 \hat{u}_r e^{-i\omega t}}{i\omega Z_1 \hat{u}_i e^{-i\omega t}} = -\frac{\hat{u}_r}{\hat{u}_i}$$

$$\qquad (5\text{-}136)$$

$$T = \frac{\sigma_t(0,t)}{\sigma_i(0,t)} = \frac{i\omega Z_2 \hat{u}_t e^{-i\omega t}}{i\omega Z_1 \hat{u}_i e^{-i\omega t}} = \frac{Z_2}{Z_1} \frac{\hat{u}_t}{\hat{u}_i}$$

将式（5-128）代入式（5-136）中得

$$R = \frac{\sigma_r}{\sigma_i}\Big|_{x=0} = \frac{-Z_1 A_1 + Z_2 A_2}{Z_1 A_1 + Z_2 A_2} \quad \text{(反射系数)} \qquad (5\text{-}137)$$

$$T = \frac{\sigma_t}{\sigma_i}\Big|_{x=0} = \frac{2 Z_2 A_1}{Z_1 A_1 + Z_2 A_2} \quad \text{(透射系数)} \qquad (5\text{-}138)$$

式（5-137）、式（5-138）可以用来求用入射应力波幅值 $\hat{\sigma}_i$ 表示的反射和透射应力波幅值 $\hat{\sigma}_r$、$\hat{\sigma}_t$。应力波表示为

$$\sigma_i(x,t) = \hat{\sigma}_i e^{i(\gamma_1 x - \omega t)} \qquad \text{(入射应力波正向传播)} \qquad (5\text{-}139)$$

$$\sigma_r(x,t) = \hat{\sigma}_r e^{i(-\gamma_1 x - \omega t)} \qquad \text{(反射应力波反向传播)} \qquad (5\text{-}140)$$

$$\sigma_t(x,t) = \hat{\sigma}_t e^{i(\gamma_2 x - \omega t)} \qquad \text{(透射应力波正向传播)} \qquad (5\text{-}141)$$

在界面处

$$\sigma_i(0,t) = \hat{\sigma}_i e^{-i\omega t}$$

$$\sigma_r(0,t) = \hat{\sigma}_r e^{-i\omega t} \quad \text{(界面处的应力波)} \qquad (5\text{-}142)$$

$$\sigma_t(0,t) = \hat{\sigma}_t e^{-i\omega t}$$

将式（5-142）代入式（5-137）、式（5-138），两边同除以 $e^{-i\omega t}$ 得到用入射应力波幅值 $\hat{\sigma}_i$ 表示的反射和透射应力波幅值 $\hat{\sigma}_r$、$\hat{\sigma}_t$，即

$$\hat{\sigma}_r = R \hat{\sigma}_i = -\frac{Z_1 A_1 - Z_2 A_2}{Z_1 A_1 + Z_2 A_2} \hat{\sigma}_i$$

$$\qquad (5\text{-}143)$$

$$\hat{\sigma}_t = T \hat{\sigma}_i = \frac{2 Z_2 A_1}{Z_1 A_1 + Z_2 A_2} \hat{\sigma}_i$$

（6）特殊情况

特殊界面情况包括：①声阻抗匹配界面；②柔性界面和自由端；③刚性界面和内嵌端。

①声阻抗匹配界面：如果 $Z_2 A_2 = Z_1 A_1$，由式（5-143）可知反射波变为 0，透射波功率等于入射波功率，这种情况称为声阻抗匹配界面。如果面积也相等，即 $A_1 = A_2$，$Z_1 = Z_2$，那么界面对入射波没有影响。

②柔性界面、自由端和内嵌端：如果 $Z_2 A_2 \ll Z_1 A_1$，式（5-143）表明透射波相较于反射波弱得多，$\sigma_t \ll \sigma_r$。在 $Z_2 \to 0$ 的极限情形下，会碰到自由端的情况，在此种条件下第

二介质全部消失。在自由端，反射波和入射波大小相等且方向相反，即：一个入射压缩波经过反射变成张力波。如果材料是易碎的，那么由反射形成的这种张力波可能导致自由端的碎裂。自由端反射的另一种特性（由以上的分析很容易证明）就是自由端粒子速度的幅值是杆其他区域粒子速度幅值的 2 倍。

③刚性界面：如果 $Z_2 A_2 \gg Z_1 A_1$，式（5-143）表明透射波相较于反射波要强得多。在 $Z_2 \to \infty$ 的极限情形下，会遇到刚性固定端的情况。在此种条件下反射应力波和入射波大小相等且方向相同，因此此时杆中总的应力幅值是入射波的两倍。这就解释了为什么大多数的失效都是发生在刚性固定端。考虑到固定支撑材料的影响，透射波幅值也是入射波幅值的两倍。

由不同材料组成的、截面积相同 $A_1 = A_2 = A$ 的均质杆中，反射和透射系数形式更简单，仅取决于声阻抗 Z_1, Z_2，即

$$R = \frac{-Z_1 + Z_2}{Z_1 + Z_2} \text{（均质杆的反射系数）} \tag{5-144}$$

$$T = \frac{\sigma_t}{\sigma_i}\Big|_{x=0} = \frac{2Z_2}{Z_1 + Z_2} \text{（均质杆的透射系数）} \tag{5-145}$$

在这种条件下：①声阻抗匹配界面满足 $Z_2 = Z_1$；②柔性界面满足 $Z_2 \ll Z_1$；③刚性界面满足 $Z_2 \gg Z_1$。

（7）透射入界面的功率和能量

根据式（5-101）、式（5-107）、式（5-108）、式（5-109）给出的正向传播和反向传播谐波的时间平均能量和功率，即

$$\langle e \rangle = \frac{1}{2} m\omega^2 \hat{u}^2, \quad \langle P \rangle = \frac{1}{2} mc\omega^2 \hat{u}^2 = c\langle e \rangle \text{（正向波）} \tag{5-146}$$

$$\langle e \rangle = \frac{1}{2} m\omega^2 \hat{u}^2, \quad \langle P \rangle = -\frac{1}{2} mc\omega^2 \hat{u}^2 = -c\langle e \rangle \text{（反向波）} \tag{5-147}$$

根据 $m = \rho A$，式（5-146）、式（5-147）变为

$$\langle e \rangle = \frac{1}{2} \rho A\omega^2 \hat{u}^2, \quad \langle P \rangle = \frac{1}{2} \rho c A\omega^2 \hat{u}^2 = \frac{1}{2} ZA\omega^2 \hat{u}^2 \text{（正向波）} \tag{5-148}$$

$$\langle e \rangle = \frac{1}{2} \rho A\omega^2 \hat{u}^2, \quad \langle P \rangle = -\frac{1}{2} \rho c A\omega^2 \hat{u}^2 = -\frac{1}{2} ZA\omega^2 \hat{u}^2 \text{（反向波）} \tag{5-149}$$

利用式（5-148）、式（5-149）表达入射、反射和透射时间平均功率值，有

$$\begin{aligned} P_i &= \frac{1}{2} \omega^2 Z_1 A_1 \hat{u}_i^2 \\ P_r &= -\frac{1}{2} \omega^2 Z_1 A_1 \hat{u}_r^2 \text{（时间平均功率）} \\ P_t &= \frac{1}{2} \omega^2 Z_2 A_2 \hat{u}_t^2 \end{aligned} \tag{5-150}$$

为了简化符号，省略时间平均符号〈 〉。注意到反射波功率有一个负号，因为波是反向传播的。

两种重要的功率守恒表述如下：①入射波功率$|P_i|$的幅值为反射波功率$|P_r|$和透射波功率$|P_t|$之和，即

$$|P_i| = |P_r| + |P_t| \tag{5-151}$$

证明式（5-151）。根据式（5-128），用入射波幅值$\hat{u}_i$表示反射和透射波幅值$\hat{u}_r$、$\hat{u}_t$，利用式（5-150）计算得

$$\frac{|P_r| + |P_t|}{\frac{1}{2}\omega^2} = Z_1 A_1 \hat{u}_r^{~2} + Z_2 A_2 \hat{u}_t^{~2} = Z_1 A_1 \left(\frac{Z_1 A_1 - Z_2 A_2}{Z_1 A_1 + Z_2 A_2}\right)^2 \hat{u}_i^{~2} + Z_2 A_2 \left(\frac{2 Z_1 A_1}{Z_1 A_1 + Z_2 A_2}\right)^2 \hat{u}_i^{~2} \tag{5-152}$$

式（5-152）右边展开得

$$Z_1 A_1 \left(\frac{Z_1 A_1 - Z_2 A_2}{Z_1 A_1 + Z_2 A_2}\right)^2 + Z_2 A_2 \left(\frac{2 Z_1 A_1}{Z_1 A_1 + Z_2 A_2}\right)^2 = \frac{Z_1 A_1 (Z_1 A_1 - Z_2 A_2)^2 + Z_2 A_2 (2 Z_1 A_1)^2}{(Z_1 A_1 + Z_2 A_2)^2}$$

$$= \frac{Z_1 A_1 \left[(Z_1 A_1)^2 - 2 Z_1 A_1 Z_2 A_2 + (Z_2 A_2)^2\right] + 4(Z_1 A_1 Z_2 A_2)(Z_1 A_1)}{(Z_1 A_1 + Z_2 A_2)^2} \tag{5-153}$$

$$= \frac{Z_1 A_1 \left[(Z_1 A_1)^2 + (4-2) Z_1 A_1 Z_2 A_2 + (Z_2 A_2)^2\right]}{(Z_1 A_1 + Z_2 A_2)^2} = \frac{Z_1 A_1 (Z_1 A_1 + Z_2 A_2)^2}{(Z_1 A_1 + Z_2 A_2)^2} = Z_1 A_1$$

将式（5-153）代入式（5-152）得

$$\frac{|P_r| + |P_t|}{\frac{1}{2}\omega^2} = Z_1 A_1 \hat{u}_i^{~2} = \frac{|P_i|}{\frac{1}{2}\omega^2} \quad （证毕） \tag{5-154}$$

由式（5-151）可知，当没有反射发生时，透射波的功率达到最大值，就声阻抗匹配界面而言（$Z_2 A_2 = Z_1 A_1$），这种情形是存在的。此时根据式（5-128）可以看出没有反射波产生。在这种情形下，透射波功率达到最大并且入射波完全穿过界面，功率没有损失。

②总功率在杆1和杆2中是一样的，即

$$P_1 = P_2 \tag{5-155}$$

证明式（5-155）。杆1区域的波是入射波和反射波的叠加，所以总功率P_1是入射波功率P_i和反射波功率P_r之和，即

$$P_1 = P_i + P_r \tag{5-156}$$

有

$$\frac{P_i + P_r}{\frac{1}{2}\omega^2} = Z_1 A_1 \hat{u}_i^{~2} - Z_1 A_1 \left(\frac{Z_1 A_1 - Z_2 A_2}{Z_1 A_1 + Z_2 A_2}\right)^2 \hat{u}_i^{~2}$$

$$= Z_1 A_1 \hat{u}_i^{~2}\left[1 - \left(\frac{Z_1 A_1 - Z_2 A_2}{Z_1 A_1 + Z_2 A_2}\right)^2\right] = Z_1 A_1 \hat{u}_i^{~2} \frac{(Z_1 A_1 + Z_2 A_2)^2 - (Z_1 A_1 - Z_2 A_2)^2}{(Z_1 A_1 + Z_2 A_2)^2} \quad （证毕）$$

$$= Z_1 A_1 \hat{u}_i^{~2} \frac{4(Z_1 A_1)(Z_2 A_2)}{(Z_1 A_1 + Z_2 A_2)^2} = Z_2 A_2 \hat{u}_i^{~2} \frac{4(Z_1 A_1)^2}{(Z_1 A_1 + Z_2 A_2)^2} = Z_2 A_2 \hat{u}_t^{~2} = \frac{P_t}{\frac{1}{2}\omega^2}$$

$$\tag{5-157}$$

5.3.11 界面处的一般轴向波

在一般情况下，考虑一个正向传播波脉冲 u_i，到达界面 $x=0$ 处后形成向前传播的透射波 u_t 和向后传播的反射波 u_r。这两种波在式（5-21）中用 $f(ct-x)$ 和 $g(ct+x)$ 表示。选用与波传播的介质一致的下标表示形式，写为

$$u_i(x,t) = f_1(c_1t - x)$$
$$u_r(x,t) = g_1(c_1t + x) \tag{5-158}$$
$$u_t(x,t) = f_2(c_2t - x)$$

应用应变-位移关系式（5-4），代入式（5-158）中得

$$\varepsilon_i(x,t) = u_i'(x,t) = -f_1'(c_1t - x)$$
$$\varepsilon_r(x,t) = u_r'(x,t) = g_1'(c_1t + x) \tag{5-159}$$
$$\varepsilon_t(x,t) = u_t'(x,t) = -f_2'(c_2t - x)$$

总的运动是初始运动的叠加，即

$$u_1(x,t) = u_i(x,t) + u_r(x,t) = f_1(c_1t - x) + g_1(c_1t + x)$$
$$u_2(x,t) = u_t(x,t) = f_2(c_2t - x) \tag{5-160}$$

类似地，总应变为

$$\varepsilon_1(x,t) = \varepsilon_i(x,t) + \varepsilon_r(x,t) = -f_1'(c_1t - x) + g_1'(c_1t + x) \tag{5-161}$$
$$\varepsilon_2(x,t) = \varepsilon_t(x,t) = -f_2'(c_2t - x)$$

（1）界面条件

界面处满足位移连续性和力平衡条件，即

$$u_1(0,t) = u_2(0,t) \quad (位移连续性) \tag{5-162}$$
$$N_1(0,t) = N_2(0,t) \quad (力平衡) \tag{5-163}$$

先讨论力平衡条件式（5-163），再讨论位移连续性条件式（5-162）。

（2）力平衡

根据式（5-6）有

$$N_1(x,t) = E_1 A_1 \varepsilon_1(x,t)$$
$$N_2(x,t) = E_2 A_2 \varepsilon_2(x,t) \tag{5-164}$$

将式（5-164）代入式（5-163）中，得到力平衡界面条件有如下形式：

$$E_1 A_1 \varepsilon_1(0,t) = E_2 A_2 \varepsilon_2(0,t) \tag{5-165}$$

用 $\varepsilon_{i0}(t)$、$\varepsilon_{r0}(t)$、$\varepsilon_{t0}(t)$ 表示界面处的应变。根据式（5-159），得到

$$\varepsilon_{i0}(t) = \varepsilon_i(0,t) = -f_1'(c_1t)$$
$$\varepsilon_{r0}(t) = \varepsilon_r(0,t) = g_1'(c_1t) \quad (界面处的应变) \tag{5-166}$$
$$\varepsilon_{t0}(t) = \varepsilon_t(0,t) = -f_2'(c_2t)$$

将式（5-166）代入式（5-161）得

$$\varepsilon_1(0,t) = \varepsilon_i(0,t) + \varepsilon_r(0,t) = \varepsilon_{i0}(t) + \varepsilon_{r0}(t)$$

$$\varepsilon_2(0,t) = \varepsilon_t(0,t) = \varepsilon_{t0}(t) \tag{5-167}$$

将式（5-167）代入式（5-165）得

$$E_1 A_1 [\varepsilon_{i0}(t) + \varepsilon_{r0}(t)] = E_2 A_2 \varepsilon_{t0}(t) \quad (\text{力平衡}) \tag{5-168}$$

（3）位移连续性和粒子速度

计算式（5-160）在界面 $x = 0$ 处的值为

$$u_1(0,t) = f_1(c_1 t) + g_1(c_1 t)$$

$$u_2(0,t) = f_2(c_2 t) \tag{5-169}$$

将式（5-169）代入式（5-162）得

$$f_1(c_1 t) + g_1(c_1 t) = f_2(c_2 t) \,(\text{位移连续性}) \tag{5-170}$$

对式（5-170）关于时间 t 求导得

$$c_1 f_1'(c_1 t) + c_1 g_1'(c_1 t) = c_2 f_2'(c_2 t) \,(\text{粒子速度连续性}) \tag{5-171}$$

将式（5-166）代入式（5-171），得到基于界面处应变 $\varepsilon_{i0}(t)$、$\varepsilon_{r0}(t)$、$\varepsilon_{t0}(t)$ 的粒子速度连续性条件为

$$-c_1 \varepsilon_{i0}(t) + c_1 \varepsilon_{r0}(t) = -c_2 \varepsilon_{t0}(t) \tag{5-172}$$

（4）界面方程

调整式（5-172）、式（5-168）得到方程组，用入射应变 $\varepsilon_{i0}(t)$ 表示未知反射和透射应变 $\varepsilon_{r0}(t)$、$\varepsilon_{t0}(t)$，即

$$c_1 \varepsilon_{r0}(t) + c_2 \varepsilon_{t0}(t) = c_1 \varepsilon_{i0}(t)$$

$$E_1 A_1 \varepsilon_{r0}(t) - E_2 A_2 \varepsilon_{t0}(t) = -E_1 A_1 \varepsilon_{i0}(t) \quad (\text{界面方程}) \tag{5-173}$$

（5）界面的应变解

式（5-173）的解为

$$\varepsilon_{r0}(t) = \frac{E_2 A_2 c_1 - E_1 A_1 c_2}{E_2 A_2 c_1 + E_1 A_1 c_2} \varepsilon_{i0}(t)$$

$$\varepsilon_{t0}(t) = \frac{2E_1 A_1 c_1}{E_2 A_2 c_1 + E_1 A_1 c_2} \varepsilon_{i0}(t) \quad (\text{应变解}) \tag{5-174}$$

（6）界面的应力解

利用式（5-5），即 $\sigma = E\varepsilon$ 去表达式（5-174）的界面的应力解，定义界面处的应力为

$$\sigma_{i0}(t) = E_1 \varepsilon_{i0}(t), \ \sigma_{t0}(t) = E_2 \varepsilon_{t0}(t), \ \sigma_{r0}(t) = E_1 \varepsilon_{r0}(t) \tag{5-175}$$

结合式（5-174）、式（5-175）得

$$\sigma_{r0}(t) = E_1 \frac{E_2 A_2 c_1 - E_1 A_1 c_2}{E_2 A_2 c_1 + E_1 A_1 c_2} \varepsilon_{i0}(t) = \frac{E_2 A_2 c_1 - E_1 A_1 c_2}{E_2 A_2 c_1 + E_1 A_1 c_2} \sigma_{i0}(t)$$

$$\sigma_{t0}(t) = E_2 \frac{2E_1 A_1 c_1}{E_2 A_2 c_1 + E_1 A_1 c_2} \varepsilon_{i0}(t) = \frac{2E_2 A_1 c_1}{E_2 A_2 c_1 + E_1 A_1 c_2} \sigma_{i0}(t) \tag{5-176}$$

已知波速定义 $c_1^2 = E_1/\rho_1$，$c_2^2 = E_2/\rho_2$，改写后为 $E_1 = c_1^2\rho_1$，$E_2 = c_2^2\rho_2$，代入式（5-176）得

$$\sigma_{r0}(t) = \frac{c_2^2\rho_2 A_2 c_1 - c_1^2\rho_1 A_1 c_2}{c_2^2\rho_2 A_2 c_1 + c_1^2\rho_1 A_1 c_2}\sigma_{i0}(t)$$

$$\sigma_{t0}(t) = \frac{2c_2^2\rho_2 A_1 c_1}{c_2^2\rho_2 A_2 c_1 + c_1^2\rho_1 A_1 c_2}\sigma_{i0}(t) \tag{5-177}$$

消去 c_1、c_2，式（5-177）化简得

$$\sigma_{r0}(t) = -\frac{c_1\rho_1 A_1 - c_2\rho_2 A_2}{c_1\rho_1 A_1 + c_2\rho_2 A_2}\sigma_{i0}(t)$$

$$\sigma_{t0}(t) = \frac{2c_2\rho_2 A_1}{c_1\rho_1 A_1 + c_2\rho_2 A_2}\sigma_{i0}(t) \tag{5-178}$$

假设波是自相似的传播，没有消散和损耗，式（5-178）可表示为杆中各处应力幅值的形式，即

$$\hat{\sigma}_r = -\frac{\rho_1 c_1 A_1 - \rho_2 c_2 A_2}{\rho_1 c_1 A_1 + \rho_2 c_2 A_2}\hat{\sigma}_i$$

$$\hat{\sigma}_t = \frac{2\rho_2 c_2 A_1}{\rho_1 c_1 A_1 + \rho_2 c_2 A_2}\hat{\sigma}_i \tag{5-179}$$

根据声阻抗的定义式（5-46），式（5-179）变为

$$\hat{\sigma}_r = -\frac{Z_1 A_1 - Z_2 A_2}{Z_2 A_2 + Z_1 A_1}\hat{\sigma}_i$$

$$\hat{\sigma}_t = \frac{2Z_2 A_1}{Z_1 A_1 + Z_2 A_2}\hat{\sigma}_i \tag{5-180}$$

比较式（5-143）、式（5-180），可以看出由谐波定义的式（5-137）、式（5-138）反射和透射系数 R、T 也适用于一般的波。

5.4 梁中的弯曲波

弯曲波产生于弯曲运动。在梁中，伯努利-欧拉梁弯曲理论假设弯曲变形后平面区域仍然是平面,表明轴向位移沿着厚度方向是线性分布的,同时忽略剪切变形和扭转的影响。

5.4.1 弯曲波方程

考虑一个匀质梁，每单位长度质量为 m，弯曲刚度为 EI，其进行弯曲波运动，从而产生垂直方向位移 $w(x,t)$，如图 5-7a 所示。从梁中取出一个长度为 dx 的微元，在弯曲运动时受力为：$M(x,t), M(x,t) + M'(x,t)dx$，剪切力 $V(x,t)$、$V(x,t) + V'(x,t)dx$，如图 5-7b 所示。

微元自由体分析，如图 5-7b 所示，得

$$N'(x,t) = 0 \tag{5-181}$$

$$V'(x,t) = m\ddot{w}(x,t) \tag{5-182}$$

$$M'(x,t) + V(x,t) = 0 \tag{5-183}$$

N 和 M 的合应力由如图 5-7c 所示的横截面处的应力直接积分得到，即

$$N(x,t) = \int_A \sigma(x,z,t)\,\mathrm{d}A \tag{5-184}$$

$$M(x,t) = -\int_A \sigma(x,z,t)z\,\mathrm{d}A \tag{5-185}$$

由式（5-5）的应力应变关系可知，式（5-184）的轴向力和式（5-185）的弯矩可以表示为

$$N(x,t) = E\int_A \varepsilon(x,z,t)\,\mathrm{d}A \tag{5-186}$$

$$M(x,t) = -E\int_A \varepsilon(x,z,t)z\,\mathrm{d}A \tag{5-187}$$

经过运动分析，如图 5-7d 所示，得到用弯曲运动 $w(x,t)$ 和厚度位置 z 的表示的应变 $\varepsilon(x,z,t)$

$$u(x,z,t) = -zw'(x,t)$$
$$\varepsilon(x,z,t) = u'(x,z,t) = -zw''(x,t) \tag{5-188}$$

将式（5-188）代入式（5-187）中积分得

$$N(x,t) = -Ew''(x,t)\int_A z\,\mathrm{d}A = 0 \tag{5-189}$$

$$M(x,t) = Ew''(x,t)\int_A z^2\,\mathrm{d}A \tag{5-190}$$

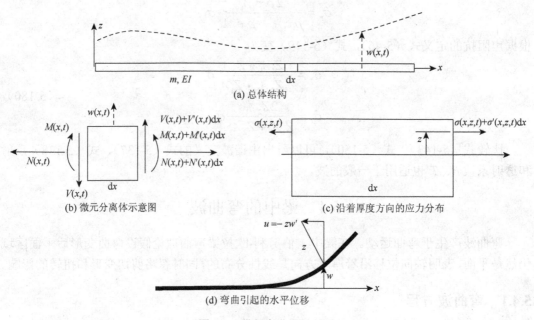

(a) 总体结构

(b) 微元分离体示意图　　　　　(c) 沿着厚度方向的应力分布

(d) 弯曲引起的水平位移

图 5-7　进行弯曲运动的梁

注意式（5-189）表明轴向合力为 0，$N(x,t) = 0$，由于中心轴线是人为假设的，式（5-190）变为

$$M(x,t) = EIw''(x,t) \tag{5-191}$$

将式（5-191）代入式（5-183）得

$$V(x,t) = -EIw'''(x,t) \tag{5-192}$$

式（5-192）关于 x 求导并代入式（5-182），得到运动方程为

$$EIw''''(x,t) + m\ddot{w}(x,t) = 0 \tag{5-193}$$

两边同除以 m 化简得

$$a^4 w'''' + \ddot{w} = 0 \tag{5-194}$$

其中常数 a^4 为

$$a^4 = \frac{EI}{m} \quad \text{或} \quad a = \left(\frac{EI}{m}\right)^{1/4} \tag{5-195}$$

高为 h、宽为 b 的矩形梁的单位长度质量 $m = \rho bh$，惯性矩 $I = bh^3/12$，式（5-195）变为

$$a^4 = \frac{Eh^2}{12\rho} \quad \text{或} \quad a = \left(\frac{Eh^2}{12\rho}\right)^{1/4} \tag{5-196}$$

假设变量分离为

$$w(x,t) = X(x)e^{-i\omega t} \tag{5-197}$$

将式（5-197）代入式（5-193），得到一个四次常微分方程：

$$a^4 X'''' - w^2 X = 0 \tag{5-198}$$

两边同除以 a^4，式（5-198）变为

$$X'''' - \gamma^4 X = 0 \tag{5-199}$$

其中

$$\gamma^4 = \frac{\omega^2}{a^4} = \frac{m}{EI}\omega^2 \quad \text{或} \quad \gamma = \frac{\sqrt{\omega}}{a} = \left(\frac{m}{EI}\right)^{1/4}\sqrt{\omega} \tag{5-200}$$

式（5-199）的特征方程为

$$\lambda^4 - \gamma^4 = 0 \tag{5-201}$$

方程（5-201）有四个根，两个纯虚根 $\lambda_{1,2} = \pm i\gamma$ 和两个实根 $\lambda_{3,4} = \pm \gamma$，则式（5-199）有如下形式的解：

$$X(x) = A_1 e^{-i\gamma x} + A_2 e^{i\gamma x} + A_3 e^{\gamma x} + A_4 e^{-\gamma x} \tag{5-202}$$

将式（5-202）代入式（5-197）得到通解：

$$w(x,t) = A_1 e^{-i(\gamma x + \omega t)} + A_2 e^{i(\gamma x - \omega t)} + A_3 e^{\gamma x}e^{-i\omega t} + A_4 e^{-\gamma x}e^{-i\omega t} \tag{5-203}$$

注意式（5-203）包含两种传播波的表达式 $A_1 e^{-i(\gamma x + \omega t)}$ 以及 $A_2 e^{i(\gamma x - \omega t)}$，和两个非传播波（消散波[1]）的表达式 $A_3 e^{\gamma x}e^{-i\omega t}$ 和 $A_4 e^{-\gamma x}e^{-i\omega t}$。传播的部分通过弹性波传播携带能量，而非传播的部分以局部振动的形式保留能量。常数 A_1、A_2、A_3、A_4 由传播条件决定，要求在长距离传播时幅值为有限值。故对于正向波（$0 < x$），保留常数 A_2、A_4，而对于反向波（$x < 0$），保留常数 A_1、A_3，得

$$^+w(x,t) = A_2 e^{i(\gamma x - \omega t)} + A_4 e^{-\gamma x}e^{-i\omega t} \quad (\text{正向弯曲波}) \tag{5-204}$$

$$^-w(x,t) = A_1 e^{-i(\gamma x + \omega t)} + A_3 e^{\gamma x}e^{-i\omega t} \quad (\text{反向弯曲波}) \tag{5-205}$$

在距离波源充分远时，消散波逐渐消散，只有传播波起主要作用，即

$$^+w(x,t) \simeq A_2 e^{i(\gamma x - \omega t)} \quad (\text{距离波源充分远的正向弯曲波}) \tag{5-206}$$

---

[1] 消失或像蒸汽一样消失。

$$\bar{w}(x,t) \simeq A_1 e^{-i(\gamma x + \omega t)} \text{（距离波源充分远的反向弯曲波）} \qquad (5\text{-}207)$$

弯曲波的波速由关系式（5-53）波数和频率确定：

$$\gamma = \frac{\omega}{c} \qquad (5\text{-}208)$$

故弯曲波波速，即弯曲波相速度为

$$c_F = \frac{\omega}{\gamma} = \frac{\omega}{\dfrac{\sqrt{\omega}}{a}} = a\sqrt{\omega} = \left(\frac{EI}{m}\right)^{1/4}\sqrt{\omega} \qquad (5\text{-}209)$$

对一个截面高度为 h 的矩形梁来说，式（5-209）变为

$$c_F = \left(\frac{Eh^2}{12\rho}\right)^{1/4}\sqrt{\omega} \qquad (5\text{-}210)$$

由式（5-209）可知波速与频率有关。图 5-8 为式（5-209）的示意图，注意到当频率为零时，弯曲波波速也为零。随着频率的增加，弯曲波波速以 $\sqrt{\omega}$ 的规律增加。当波速随着频率改变时，称为波的频散。图 5-8 称为波的频散曲线图。

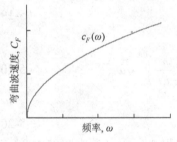

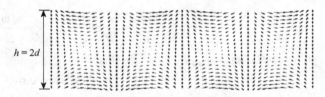

图 5-8　弯曲波波速频率关系图　　　　　　图 5-9　弯曲波的仿真

假设垂直位移满足正向谐波表达式：

$$w(x,y,t) = \hat{w}e^{i(\gamma x - \omega t)} \qquad (5\text{-}211)$$

得到沿弯曲梁厚度方向的位移场的表达式为

$$u(x,z,t) = -z\frac{\partial}{\partial x}\hat{w}e^{i(\gamma x - \omega t)} = -i\gamma z\hat{w}e^{i(\gamma x - \omega t)} = -i\gamma z w(x,t) \qquad (5\text{-}212)$$

式（5-211）、式（5-212）描述的粒子运动，如图 5-9 所示。很明显粒子运动轨迹为椭圆，椭圆的长短半轴之比在表面处取最大值，在横截面中间为零。

5.4.2　弯曲波的频散

研究单频率波包（也称脉冲）的传播最能描述波的频散现象。这种单频率波包由频率为 ω_c 的单频率载波组成，调制振幅形成脉冲（由常见的窗函数，如 Hanning 窗、Gaussian 窗、Hamming 窗等来实现调制）。

图 5-10 为脉冲在两种条件下传播的比较：①无频散波；②频散波。当波速恒定时，就是无频散波，例如轴向波。由于波速是常数（ $c = \text{const}$ ），波包在 $x = x_1$、$x = x_2$ 处与在初始位置 $x = x_0$ 处有相同的形状，如图 5-10a。但是，如果波速随着频率变化，$c = c(\omega)$，

波包的形状就会随着传播发生变化。因此，波包在 $x = x_1$、$x = x_2$ 处的形状与在初始位置 $x = x_0$ 处的形状有显著的差异。波包会延伸加长，即波包发生频散。这种现象的解释为：虽然波包是一个单频载波 ω_c，事实上其包含了由于加窗引入的多种频率波。图 5-11 表明如何应用窗函数产生一种集中于载频为 ω_c 的钟型频谱。

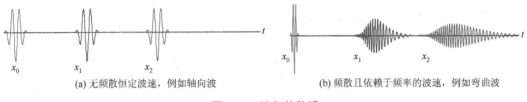

(a) 无频散恒定波速，例如轴向波　　　(b) 频散且依赖于频率的波速，例如弯曲波

图 5-10　波包的传播

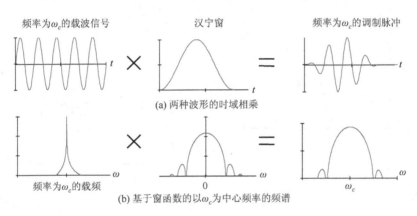

(a) 两种波形的时域相乘

(b) 基于窗函数的以 ω_c 为中心频率的频谱

图 5-11　时间窗调制的载波

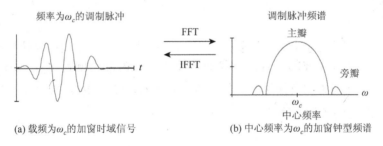

(a) 载频为 ω_c 的加窗时域信号　　　(b) 中心频率为 ω_c 的加窗钟型频谱

图 5-12　单频波包（脉冲）的频率成分

　　图 5-12 中进一步解释了波包中存在非单一的频率。不同频率的波以不同的波速传播，导致产生频散现象，如图 5-8 所示。因此，一个初始一致的波包向外传播，在通过频散介质后会发生频散。

　　频散的程度取决于波包的长度。脉冲长度和频谱宽度的关系，如图 5-13 所示。如果波包长度很长（即在波包中有很多波周期或"数"），那么频谱就会狭窄，和连续谐波的单频尖峰很相似。这种波的传播将发生弱频散。如果波包很短，即波包只有几个数，那么其频谱跨度很大，包含许多频率，脉冲将高度频散。显然，时域增量 Δt 和频域增量 $\Delta \omega$ 是反比例关系，其乘积为常数：

$$\Delta t \Delta \omega = \text{const} \qquad\qquad (5\text{-}213)$$

式（5-213）是海森堡不确定性原理的表达式。

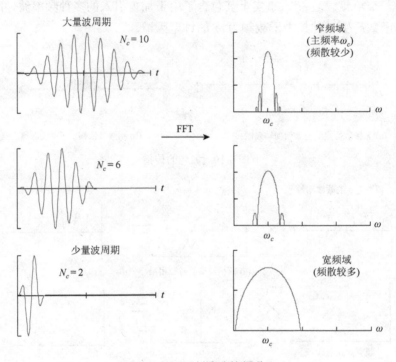

图 5-13　调制脉冲的频谱

5.4.3　群速度

当波传播呈现频散特性时，波包中不同频率的分量以各自不同的波速传播。由于波包实际上是各种频率分量波的集合，波包的传播速度称为群速度 $c_g(\omega)$。各频率波的波速 $c(\omega)$ 称为相速度，因为它直接影响波的相位，$\psi(x,t) = \gamma(x - ct)$。群速度和相速度相关，本节给出它们之间的各种关系式。

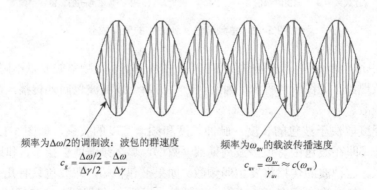

频率为 $\Delta\omega/2$ 的调制波：波包的群速度

$$c_g = \frac{\Delta\omega/2}{\Delta\gamma/2} = \frac{\Delta\omega}{\Delta\gamma}$$

频率为 ω_{av} 的载波传播速度

$$c_{av} = \frac{\omega_{av}}{\gamma_{av}} \approx c(\omega_{av})$$

图 5-14　两种频率很接近的波产生的拍频现象

（1）群速度的定义

群速度一般定义为

$$c_g = \frac{\mathrm{d}\omega}{\mathrm{d}\gamma} \tag{5-214}$$

为了证明式（5-214），考虑一个由 2 种幅值、相近频率 ω_1 和 ω_2 的波组成的波包，即

$$u(x,t)=\frac{1}{2}\left[\cos(\gamma_1 x - \omega_1 t) + \cos(\gamma_2 x - \omega_2 t)\right] \tag{5-215}$$

其中，$\Delta\omega=\omega_2 - \omega_1 \ll \omega_1, \omega_2$。应用波速 c 和频率 ω 之间的关系式（5-53），得到相应的波数为

$$\gamma_1 = \frac{\omega_1}{c_1}, \quad c_1 = c(\omega_1) \tag{5-216}$$

$$\gamma_2 = \frac{\omega_2}{c_2}, \quad c_2 = c(\omega_2) \tag{5-217}$$

波数显然是非常接近的，即 $\Delta\gamma=\gamma_2 - \gamma_1 \ll \gamma_2, \gamma_1$。应用三角函数公式：

$$\cos\alpha + \cos\beta = 2\cos\frac{\beta - \alpha}{2}\cos\frac{\beta + \alpha}{2} \tag{5-218}$$

式（5-215）写成

$$u(x,t)=\cos\left(\frac{\Delta\gamma}{2}x - \frac{\Delta\omega}{2}t\right)\cos\left(\gamma_{\mathrm{av}}x - \omega_{\mathrm{av}}t\right) \tag{5-219}$$

式（5-219）表示典型的拍频现象，如图 5-14 所示，其中快速变化的平均频率 $\omega_{\mathrm{av}} = (\omega_1 + \omega_2)/2$ 表示一个载波，而 $\Delta\omega/2$ 表示一个慢速变化的调制波。载波以平均相速度传播：

$$c_{\mathrm{av}} = \frac{\omega_{\mathrm{av}}}{\gamma_{\mathrm{av}}} \cong c(\omega_{\mathrm{av}}) \tag{5-220}$$

由调制波产生的波包以不同的速度传播，如下给出：

$$c_g = \frac{\Delta\omega/2}{\Delta\gamma/2} = \frac{\Delta\omega}{\Delta\gamma} \tag{5-221}$$

在极限情形下，即 $\frac{\Delta\omega}{\Delta\gamma}\xrightarrow[\substack{\Delta\omega\to0\\\Delta\gamma\to0}]{}\frac{\mathrm{d}\omega}{\mathrm{d}\gamma}$，式（5-221）变为

$$c_g = \frac{\mathrm{d}\omega}{\mathrm{d}\gamma} \quad (\text{证毕}) \tag{5-222}$$

计算群速度的其他形式有

$$c_g = c + \gamma\frac{\mathrm{d}c}{\mathrm{d}\gamma} \tag{5-223}$$

$$c_g = c - \lambda\frac{\partial c}{\partial \lambda} \tag{5-224}$$

$$c_g = c^2\left(c - \omega\frac{\mathrm{d}c}{\mathrm{d}\omega}\right)^{-1} \tag{5-225}$$

这些方程式的证明如下。式（5-223）由 $\lambda = 2\pi/\gamma$ 和式（5-222）群速度的定义证明，即

$$\omega = c\gamma \rightarrow c_g = \frac{\mathrm{d}\omega}{\mathrm{d}\gamma} = \frac{\mathrm{d}(c\gamma)}{\mathrm{d}\gamma} = c + \gamma\frac{\mathrm{d}c}{\mathrm{d}\gamma} \tag{5-226}$$

式（5-224）由（5-223）式，利用定义 $\lambda = 2\pi/\gamma$ 证明，即

$$\lambda = \frac{2\pi}{\gamma} \rightarrow \frac{\mathrm{d}c}{\mathrm{d}\gamma} = \frac{\mathrm{d}c}{\mathrm{d}\lambda}\frac{\mathrm{d}\lambda}{\mathrm{d}\gamma} = -\frac{2\pi}{\gamma^2}\frac{\mathrm{d}c}{\mathrm{d}\lambda} \tag{5-227}$$

$$c_g = c + \gamma\frac{\mathrm{d}c}{\mathrm{d}\gamma} = c - \gamma\frac{2\pi}{\gamma^2}\frac{\mathrm{d}c}{\mathrm{d}\lambda} = c - \frac{2\pi}{\gamma}\frac{\mathrm{d}c}{\mathrm{d}\lambda} = c - \lambda\frac{\mathrm{d}c}{\mathrm{d}\lambda}$$

式（5-225）由 $\gamma = \omega/c$ 和式（5-222）群速度的定义证明，即

$$\gamma = \frac{\omega}{c} = \omega c^{-1} \rightarrow \frac{\mathrm{d}\gamma}{\mathrm{d}\omega} = \frac{\mathrm{d}}{\mathrm{d}\omega}\left(\omega c^{-1}\right) = c^{-1} - \omega c^{-2}\frac{\mathrm{d}c}{\mathrm{d}\omega} = c^{-2}\left(c - \omega\frac{\mathrm{d}c}{\mathrm{d}\omega}\right) \tag{5-228}$$

$$c_g = \frac{\mathrm{d}\omega}{\mathrm{d}\gamma} = \left(\frac{\mathrm{d}\gamma}{\mathrm{d}\omega}\right)^{-1} = c^2\left(c - \omega\frac{\mathrm{d}c}{\mathrm{d}\omega}\right)^{-1}$$

（2）弯曲波的群速度

式（5-209）给出弯曲波的波速为

$$c_F = \frac{\omega}{\gamma} = a\sqrt{\omega} \tag{5-229}$$

群速度可以按照如下公式计算：

先简化式（5-229）得

$$\gamma = \frac{1}{a}\sqrt{\omega} \tag{5-230}$$

式（5-230）写成

$$\omega = a^2\gamma^2 \tag{5-231}$$

对（5-231）关于 γ 求导得

$$\frac{\mathrm{d}\omega}{\mathrm{d}\gamma} = a^2(2\gamma) \tag{5-232}$$

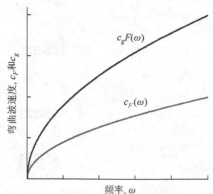

图 5-15　弯曲波的相速度和群速度

利用式（5-222）、式（5-232）得到弯曲波的群速度为

$$c_{gF} = \frac{\mathrm{d}\omega}{\mathrm{d}\gamma} = a^2(2\gamma) \tag{5-233}$$

将式（5-230）代入式（5-233）得

$$c_{gF} = 2a\sqrt{\omega} \tag{5-234}$$

比较式（5-229）和式（5-234）可知，对于弯曲波而言，群速度是波速的 2 倍，即

$$c_{gF} = 2c_F(\omega) \tag{5-235}$$

图 5-15 为群速度 $c_{gF}(\omega)$ 和波速 $c_F(\omega)$ 的对比图。

5.4.4　能量速度

　　能量速度表示能量在波运动中传输的速度。在无频散的情形下，波速和群速度是相等的，波包以唯一的速度传播并且波包的能量也以同样的速度传输。在频散的情形下，波包以群速度传播，波包的能量也以群速度传输，而不同频率的波分量以相速度传播，即相速度。证明如下。

　　考虑在 5.4.3（1）节推导群速度、频率略有不同的波的例子：

$$u(x,t)=\cos\left(\frac{\Delta\gamma}{2}x-\frac{\Delta\omega}{2}t\right)\cos(\gamma x-\omega t) \tag{5-236}$$

根据波的能量 e 为动能 k 和弹性势能 v 之和，且对于传播波而言，动能和势能是相等的，即

$$e=k+v,\quad k=\frac{1}{2}\rho\dot{u}^2,\quad v=\frac{1}{2}\sigma\varepsilon,\quad k=v=\frac{e}{2} \tag{5-237}$$

式（5-237）表示单位体积波的能量。利用式（5-237）可以用一般形式表示波的能量

$$e=\rho\dot{u}^2 \tag{5-238}$$

式（5-236）关于时间 t 求导得

$$\begin{aligned}\dot{u}(x,t)=&\cos\left(\frac{\Delta\gamma}{2}x-\frac{\Delta\omega}{2}t\right)(-\omega)[-\sin(\gamma x-\omega t)]\\&+\left(-\frac{\Delta\omega}{2}\right)\left[-\sin\left(\frac{\Delta\gamma}{2}x-\frac{\Delta\omega}{2}t\right)\right]\cos(\gamma x-\omega t)\end{aligned} \tag{5-239}$$

将式（5-239）代入式（5-238）中得

$$e(x,t)=\rho\omega^2\cos^2\left(\frac{\Delta\gamma}{2}x-\frac{\Delta\omega}{2}t\right)\sin^2(\gamma x-\omega t)+O(\Delta\omega^2) \tag{5-240}$$

其中，$O(\Delta\omega^2)$ 表示可忽略的高阶无穷小项。式（5-240）表明能量与快速变化的载频 ω 和慢速变化的调制频率 $\Delta\omega/2$ 有关。为了消去快速变化项，取一个周期 $T=2\pi/\omega$ 内频率为 ω 的快速变化项的平均值，得到

$$\frac{1}{T}\int_0^T\sin^2(\gamma x-\omega t)\mathrm{d}t=\frac{1}{2} \tag{5-241}$$

由于 $\Delta\omega\ll\omega$，故在很短时间内积分式（5-240）中的慢速变化项几乎不变。慢速变化项在时间平均能量中保持不变：

$$\langle e(x,t)\rangle_{T=\frac{2\pi}{\omega}}\cong\frac{1}{2}\rho\omega^2\cos^2\left(\frac{\Delta\gamma}{2}x-\frac{\Delta\omega}{2}t\right) \tag{5-242}$$

式（5-242）表明时间平均能量传播的速度为

$$c_e=\frac{\Delta\omega/2}{\Delta\gamma/2}=\frac{\Delta\omega}{\Delta\gamma}=c_g \tag{5-243}$$

式（5-243）和式（5-221）相同，这说明对于频散波而言，能量速度 c_e 和群速度 c_g 是相等的，即能量以群速度传播。

5.4.5　梁中弯曲波的功率和能量

（1）弯曲波的能量

已知每单位体积的动能和弹性势能为

$$k = \frac{1}{2}\rho(\dot{u}^2 + \dot{w}^2) \quad \text{（每单位体积的动能）} \tag{5-244}$$

$$v = \frac{1}{2}(\sigma_{xx}\varepsilon_{xx} + \sigma_{xz}\varepsilon_{xz}) \quad \text{（每单位体积的弹性势能）} \tag{5-245}$$

对式（5-244）、式（5-245）在梁的横截面上积分，求得每单位长度的能量密度为

$$k(x,t) = \int_A \frac{1}{2}\rho[\dot{u}^2(x,z,t) + \dot{w}^2(x,z,t)]\mathrm{d}A \tag{5-246}$$

$$v(x,t) = \int_A \frac{1}{2}[\sigma_{xx}(x,z,t)\varepsilon_{xx}(x,z,t) + \sigma_{xz}(x,z,t)\varepsilon_{xz}(x,z,t)]\mathrm{d}A \tag{5-247}$$

假设谐波以式（5-211）、式（5-212）所给的形式运动，即

$$w = \hat{w}\mathrm{e}^{i(\gamma x - \omega t)} \qquad w' = i\gamma\hat{w}\mathrm{e}^{i(\gamma x - \omega t)} = i\gamma w \qquad \dot{w} = -i\omega\hat{w}\mathrm{e}^{i(\gamma x - \omega t)} = -i\omega w$$

$$u = -zw' = -i\gamma zw \qquad \dot{u} = -i\gamma z\dot{w} = (-i\gamma z)(-i\omega w) = -\gamma\omega zw \tag{5-248}$$

实际上 $w = \mathrm{Re}(\hat{w}\mathrm{e}^{i(\gamma x - \omega t)})$，实部符号 $\mathrm{Re}(\ )$ 被省略，但这是隐含的。时间平均动能和弹性势能由附录 A 中的结果 $\langle VI \rangle = \mathrm{Re}\left(\frac{1}{2}V\bar{I}\right) = \mathrm{Re}\left(\frac{1}{2}\bar{V}I\right)$ 得到。故式（5-246）、式（5-247）的时间平均结果为

$$\langle k \rangle = \frac{1}{2}\mathrm{Re}\int_A \frac{1}{2}\rho(\dot{u}\bar{\dot{u}} + \dot{w}\bar{\dot{w}})\mathrm{d}A \quad \text{（时间平均动能）} \tag{5-249}$$

$$\langle v \rangle = \frac{1}{2}\mathrm{Re}\int_A \frac{1}{2}(\sigma_{xx}\bar{\varepsilon}_{xx} + \sigma_{xz}\bar{\varepsilon}_{xz})\mathrm{d}A \quad \text{（时间平均弹性势能）} \tag{5-250}$$

由于在这一节应用 Bernoulli-Euler 弯曲假设，故剪切变形和转动惯量可忽略，式（5-249）、（5-250）的动能和势能表达式只保留 $\dot{w}$ 和 $\sigma_{xx}\varepsilon_{xx}$。时间平均动能和弹性势能的表达式为

$$\langle k \rangle \simeq \frac{1}{4}m\omega^2\hat{w}^2 \tag{5-251}$$

$$\langle v \rangle = \frac{1}{4}EI\gamma^4\hat{w}^2 \tag{5-252}$$

式（5-208）、式（5-209）隐含 $EI\gamma^4 = m\omega^2$。因此，式（5-251）、式（5-252）有相同的值，即

$$\langle k \rangle = \langle v \rangle = \frac{1}{4}m\omega^2\hat{w}^2 \tag{5-253}$$

则总能量为

$$\langle e \rangle = \langle k \rangle + \langle v \rangle = \frac{1}{2}m\omega^2\hat{w}^2 \tag{5-254}$$

式（5-251）、式（5-252）的证明如下。将式（5-248）代入式（5-249）得到时间平均动能为

$$\langle k \rangle = \frac{1}{2} \mathrm{Re} \int_A \frac{1}{2} \rho (\dot{u}\bar{\dot{u}} + \dot{w}\bar{\dot{w}}) \mathrm{d}A$$

$$= \frac{1}{4} \mathrm{Re} \int_A \rho(-\gamma\omega zw)(-\gamma\omega z\bar{w}) \mathrm{d}A + \frac{1}{4} \mathrm{Re} \int_A \rho(-i\omega w)(-i\omega\bar{w}) \mathrm{d}A \qquad (5\text{-}255)$$

$$= \frac{1}{4} \rho\gamma^2\omega^2\hat{w}^2 \int_A z^2 \mathrm{d}A + \frac{1}{4} \rho\omega^2\hat{w}^2 \int_A \mathrm{d}A = \frac{1}{4} \rho I\gamma^2\omega^2\hat{w}^2 + \frac{1}{4} \rho A\omega^2\hat{w}^2$$

其中，$\mathrm{Re}(w\bar{w}) = \mathrm{Re}(\hat{w}^2) = \hat{w}^2$。式（5-255）的第一项与横截面转动惯量有关，第二项和平移惯量有关。对低频波长较长的运动而言，波数接近 0 且式（5-255）的第一项可以忽略。所以，Bernoulli-Euler 弯曲动能近似等于平移项，即

$$\langle k \rangle \simeq \frac{1}{4} m\omega^2\hat{w}^2, \quad m = \rho A \qquad (证毕) \qquad (5\text{-}256)$$

为了计算式（5-252）的时间平均弹性势能，先根据 Bernoulli-Euler 求得式（5-250）中的应力应变的值，由式（5-188）得

$$\varepsilon_{xx} = -zw'', \quad \sigma_{xx} = E\varepsilon_{xx} = -Ezw'' \qquad (5\text{-}257)$$

为了求 σ_{xz}、ε_{xz}，根据式（5-192）中的剪切力 $V = -EIw'''$，并假设剪切应力 σ_{xz} 沿着截面 A 均匀分布，得到

$$\sigma_{xz} = \frac{V}{A} = -\frac{EIw'''}{A}, \quad \varepsilon_{xz} = \frac{\sigma_{xz}}{G} = -\frac{EIw'''}{GA} \qquad (5\text{-}258)$$

将式（5-248）代入式（5-257）、式（5-258）中得

$$\varepsilon_{xx} = -zw'' = -z(i\gamma)^2 w = z\gamma^2 w, \quad \sigma_{xx} = E\varepsilon_{xx} = zE\gamma^2 w \qquad (5\text{-}259)$$

$$\sigma_{xz} = -\frac{EI}{A}(i\gamma)^3 w = i\frac{EI\gamma^3}{A}w, \quad \varepsilon_{xz} = \frac{\sigma_{xz}}{G} = i\frac{EI\gamma^3}{GA}w \qquad (5\text{-}260)$$

将式（5-259）、式（5-260）代入式（5-250）中得

$$\langle v \rangle = \frac{1}{2} \mathrm{Re} \int_A \frac{1}{2} (\sigma_{xx}\bar{\varepsilon}_{xx} + \sigma_{xz}\bar{\varepsilon}_{xz}) \mathrm{d}A$$

$$= \frac{1}{4} \mathrm{Re} \int_A (zE\gamma^2 w)(z\gamma^2\bar{w}) \mathrm{d}A + \frac{1}{4} \mathrm{Re} \int_A \left(i\frac{EI\gamma^3}{A}w \right)\left(-i\frac{EI\gamma^3}{GA}\bar{w} \right) \mathrm{d}A \qquad (5\text{-}261)$$

$$= \frac{1}{4} E\gamma^4\hat{w}^2 \int_A z^2 \mathrm{d}A + \frac{1}{4} \frac{EI\gamma^3}{A}\frac{EI\gamma^3}{GA}\hat{w}^2 \int_A \mathrm{d}A = \frac{1}{4} EI\gamma^4\hat{w}^2 + \frac{1}{4} EI\gamma^4 \frac{EI\gamma^2}{GA}\hat{w}^2$$

根据式（5-209）得到

$$EI\gamma^4 = m\omega^2 \qquad (5\text{-}262)$$

故式（5-261）变成

$$\langle v \rangle = \frac{1}{4} m\omega^2\hat{w}^2 + \frac{1}{4} m\omega^2 \frac{EI\gamma^2}{GA}\hat{w}^2 \qquad (5\text{-}263)$$

其中，第一项表示弯曲弹性能量；第二项表示和剪切变形有关的弹性能量。对于低频波长较长的运动，波数趋于 $0(\gamma \to 0)$，故式（5-263）中的第二项（剪切变形项）可以忽略。因此 Bernoulli-Euler 弯曲弹性能量近似于弯曲项，即

$$\langle v \rangle \simeq \frac{1}{4} m \omega^2 \hat{w}^2 \quad (\text{证毕}) \tag{5-264}$$

简化式（5-252）、式（5-263）时，使用了一个基本准则：Bernoulli-Euler 弯曲理论，但此理论（只是一个近似的理论）不满足所有的弹性方程。例如，根据附录 B 中的应变位移关系，即

$$\varepsilon_{xx} = \frac{\partial u_x}{\partial x}, \varepsilon_{xz} = \frac{1}{2}\left(\frac{\partial u_z}{\partial x} + \frac{\partial u_x}{\partial z}\right) \tag{5-265}$$

由式（5-248）可得 $u_x = u$，$u_z = w$。将式（5-248）代入式（5-265）得

$$\varepsilon_{xx} = -(i\gamma)^2 zw = \gamma^2 zw, \varepsilon_{zx} = \frac{1}{2}(i\gamma w - i\gamma w) = 0 \tag{5-266}$$

事实上，式（5-266）中得到的 $\varepsilon_{zx} = 0$ 和式（5-260）矛盾，式（5-260）表明 $\varepsilon_{zx} = 0$。后者隐含了 x 方向的微元运动方程的分析，如附录 B 所示：

$$\frac{\partial \sigma_{xx}}{\partial x} + \frac{\partial \sigma_{xy}}{\partial y} + \frac{\partial \sigma_{xz}}{\partial z} = \rho \ddot{u}_x \tag{5-267}$$

式（5-267）中剪切应力 σ_{xy} 很显然为 0（$\sigma_{xy} = 0$），因为在 y 方向上无运动且无约束。但是应力梯度 $\partial \sigma_{xz}/\partial z$ 不为 0，因为 $\partial \sigma_{xx}/\partial x \neq 0$ 并且 $\rho \ddot{u} \neq 0$，这些很容易证明。因此，根据式（5-267），$\partial \sigma_{xz}/\partial z = \rho \ddot{u}_x - \partial \sigma_{xx}/\partial x \neq 0$，其隐含 $\sigma_{xz} \neq 0$，所以 $\varepsilon_{xz} \neq 0$。对于低频波长较长的运动，剪切变形的影响可忽略，式（5-252）、式（5-263）的近似值可以适用。但是，随着频率和波数的增加，这些近似值就不准确了。一种改进的梁中弯曲波分析理论就是 Timoshenko 梁理论，考虑了剪切变形和转动惯量，更接近于由弹性理论得到的精确解。

（2）弯曲波的功率

弯曲波的功率可由牵引力向量 $\boldsymbol{t} = -\sigma_{xx}\boldsymbol{e}_x - \sigma_{xz}\boldsymbol{e}_z$ 和速度向量 $\dot{\boldsymbol{u}} = \dot{u}_x\boldsymbol{e}_x + \dot{u}_z\boldsymbol{e}_z$ 的点积在截面区域上积分得到

$$P(x,t) = \int_A \boldsymbol{t}(x,z,t) \cdot \dot{\boldsymbol{u}}(x,z,t)\mathrm{d}A = -\int_A [\sigma_{xx}(x,z,t)\dot{u}_x(x,z,t) + \sigma_{xz}(x,z,t)\dot{u}_z(x,z,t)]\mathrm{d}A \tag{5-268}$$

其中，由式（5-248）得到 $u_x = u$ 和 $u_z = w$。由力的符号约定，负号被隐含。计算时间平均功率为

$$\langle P \rangle = -\frac{1}{2}\mathrm{Re}\int_A (\sigma_{xx}\bar{\dot{u}}_x + \sigma_{xz}\bar{\dot{u}}_z)\mathrm{d}A \tag{5-269}$$

将式（5-248）、式（5-257）、式（5-258）代入式（5-269）中得

$$\begin{aligned}
\langle P \rangle &= -\frac{1}{2}\mathrm{Re}\int_A (\sigma_{xx})(\bar{\dot{u}}_x)\mathrm{d}A - \frac{1}{2}\mathrm{Re}\int_A (\sigma_{xz})(\bar{\dot{u}}_z)\mathrm{d}A \\
&= -\frac{1}{2}\mathrm{Re}\int_A (zE\gamma^2 w)(-\gamma\omega z\bar{w})\mathrm{d}A - \frac{1}{2}\mathrm{Re}\int_A \left(i\frac{EI\gamma^3}{A}w\right)(i\omega\bar{w})\mathrm{d}A \\
&= \frac{1}{2}E\gamma^3\omega\hat{w}^2\int_A z^2\mathrm{d}A + \frac{1}{2}EI\gamma^3\omega\hat{w}^2\frac{1}{A}\int_A \mathrm{d}A = \frac{1}{2}EI\gamma^3\omega\hat{w}^2 + \frac{1}{2}EI\gamma^3\omega\hat{w}^2 = EI\gamma^3\omega\hat{w}^2
\end{aligned} \tag{5-270}$$

注意到在式（5-270）中，轴向和剪切两个功率项是必需的。事实上，它们对总能量流动有相同的贡献。这个结论不同于式（5-263），式（5-263）表明在 Bernoulli-Euler 弯曲理论

中和剪切相关的弹性能量是可忽略的。

根据 $EI\gamma^4 = m\omega^2$，$\gamma = \omega/c_F$，$c_{gF} = 2c_F$ 得到

$$EI\gamma^3\omega = c_F m\omega^2 = \frac{1}{2}(2c_F)m\omega^2 = \frac{1}{2}c_{gF}m\omega^2 \qquad (5\text{-}271)$$

将式（5-271）代入式（5-270）中得

$$\langle P\rangle = \frac{1}{2}c_{gF}m\omega^2\hat{w}^2 \qquad (5\text{-}272)$$

比较式（5-254）和式（5-272）得

$$\langle P\rangle = c_{gF}\langle e\rangle \qquad (5\text{-}273)$$

式（5-273）表明弯曲波功率是能量和群速度的乘积。这个结论和式（5-108）相似，只是群速度 c_{gF} 用波速 c 代替。注意式（5-273）和 5.4.4 节中得出的结论一致：群速度就是能量速度，即波包的能量在频散介质中传播的速度。

5.4.6 界面处的弯曲波

考虑一个在杆中传播的正向弯曲波 w_i，由两个部分组成，一部分横截面积为 A_1，惯性矩为 I_1，材料属性为 E_1、ρ_1、c_1，对应的波数为 $\gamma_1 = \omega/c_1$；另一部分横截面积为 A_2，惯性矩为 I_2，材料属性为 E_2、ρ_2、c_2，对应的波数为 $\gamma_2 = \omega/c_2$。两个区域的交接处为界面，记为 $x = 0$，如图 5-16a 所示。

根据式（5-204）、式（5-205），给出弯曲波的通解为

$$^+w(x,t) = A_2\mathrm{e}^{i(\gamma x - \omega t)} + A_4\mathrm{e}^{-\gamma x}\mathrm{e}^{-i\omega t} \quad \text{（正向弯曲波）} \qquad (5\text{-}274)$$

$$^-w(x,t) = A_1\mathrm{e}^{-i(\gamma x + \omega t)} + A_3\mathrm{e}^{\gamma x}\mathrm{e}^{-i\omega t} \quad \text{（反向弯曲波）} \qquad (5\text{-}275)$$

式（5-274）、式（5-275）中的第一项是传播波：一个是正向波，一个是反向波。第二项是消散波，同样一个是正向波，一个是反向波。显然，对界面处交互现象的正确描述需要考虑透射波和反射波都具有的传播波和消散波成分。用波传播介质作为下标，写作

$$w_i(x,t) = \hat{w}_i\mathrm{e}^{i(\gamma_1 x - \omega t)} \quad \text{（入射波）} \qquad (5\text{-}276)$$

$$w_r(x,t) = \hat{w}_r\mathrm{e}^{i(-\gamma_1 x - \omega t)} \quad \text{（反射传播波）} \qquad (5\text{-}277)$$

$$e_r(x,t) = \hat{e}_r\mathrm{e}^{\gamma_1 x - i\omega t} \quad \text{（反射消散波）} \qquad (5\text{-}278)$$

$$w_t(x,t) = \hat{w}_t\mathrm{e}^{i(\gamma_2 x - \omega t)} \quad \text{（透射传播波）} \qquad (5\text{-}279)$$

$$e_t(x,t) = \hat{e}_t\mathrm{e}^{-\gamma_2 x - i\omega t} \quad \text{（透射消散波）} \qquad (5\text{-}280)$$

其中，w_i、w_r、w_t、e_r、e_t 是复数形式的波幅值，包含了大小和相位信息。杆每一部分的总波为波的叠加，即

$$w_1(x,t) = w_i(x,t) + w_r(x,t) + e_r(x,t)$$

$$w_2(x,t) = w_t(x,t) + e_t(x,t) \qquad (5\text{-}281)$$

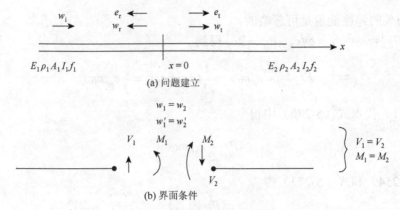

(a) 问题建立

(b) 界面条件

图 5-16　界面处的弯曲波

（1）界面条件

界面处满足位移连续性和力平衡条件，即

$$w_1(0,t) = w_2(0,t)$$
$$\text{（位移的连续性）}$$
$$w_1'(0,t) = w_2'(0,t)$$
（5-282）

$$M_1(0,t) = M_2(0,t)$$
$$\text{（力平衡）}$$
$$V_1(0,t) = V_2(0,t)$$
（5-283）

弯矩 M 和剪切力 V 可以用式（5-191）、式（5-192）的位移微分的形式表示

$$M(x,t) = EIw''(x,t) \tag{5-284}$$
$$V(x,t) = -EIw'''(x,t) \tag{5-285}$$

将式（5-284）、式（5-285）代入式（5-283）得

$$E_1 I_1 w_1''(0,t) = E_2 I_2 w_2''(0,t)$$
$$\text{（基于位移的力平衡）}$$
$$-E_1 I_1 w_1'''(0,t) = -E_2 I_2 w_2'''(0,t)$$
（5-286）

（2）波的导数

对式（5-276）～式（5-280）求导得

$$w_i' = i\gamma_1 \hat{w}_i e^{i(\gamma_1 x - \omega t)} = i\gamma_1 w_i \quad w_r' = -i\gamma_1 \hat{w}_r e^{i(-\gamma_1 x - \omega t)} = -i\gamma_1 w_r \quad e_r' = \gamma_1 \hat{e}_r e^{\gamma_1 x - i\omega t} = \gamma_1 e_r$$

$$w_i'' = (i\gamma_1)^2 w_i = -\gamma_1^2 w_i \qquad w_r'' = (-i\gamma_1)^2 w_r = -\gamma_1^2 w_r \qquad e_r'' = (\gamma_1)^2 e_r = \gamma_1^2 e_r \tag{5-287}$$

$$w_i''' = (i\gamma_1)^3 w_i = -i\gamma_1^3 w_i \qquad w_r''' = (-i\gamma_1)^3 w_r = i\gamma_1^3 w_r \qquad e_r''' = (\gamma_1)^3 e_r = \gamma_1^3 e_r$$

$$w_t' = i\gamma_2 \hat{w}_t e^{i(\gamma_2 x - \omega t)} = i\gamma_2 w_t \qquad e_t' = -\gamma_2 \hat{e}_t e^{-\gamma_2 x - i\omega t} = -\gamma_2 e_t$$

$$w_t'' = (i\gamma_2)^2 w_t = -\gamma_2^2 w_t \qquad e_t'' = (-\gamma_2)^2 e_t = \gamma_2^2 e_t \tag{5-288}$$

$$w_t''' = (i\gamma_2)^3 w_t = -i\gamma_2^3 w_t \qquad e_t''' = (-\gamma_2)^3 e_t = -\gamma_2^3 e_t$$

在界面处，位移及其导数为

$$w_i(0,t) = \hat{w}_i e^{i(\gamma_1 x - \omega t)}\Big|_{x=0} = \hat{w}_i e^{-i\omega t}$$

$$w_i'(0,t) = i\gamma_1 \hat{w}_i e^{-i\omega t}$$

$$w_i''(0,t) = -\gamma_1^2 \hat{w}_i e^{-i\omega t} \tag{5-289}$$

$$w_i'''(0,t) = -i\gamma_1^3 \hat{w}_i e^{-i\omega t}$$

$$w_r(0,t) = \hat{w}_r e^{i(-\gamma_1 x - \omega t)}\Big|_{x=0} = \hat{w}_r e^{-i\omega t} \qquad e_r(0,t) = \hat{e}_r e^{\gamma_1 x - i\omega t}\Big|_{x=0} = \hat{e}_r e^{-i\omega t}$$

$$w_r'(0,t) = -i\gamma_1 \hat{w}_r e^{-i\omega t} \qquad e_r'(0,t) = \gamma_1 \hat{e}_r e^{-i\omega t}$$

$$w_r''(0,t) = -\gamma_1^2 \hat{w}_r e^{-i\omega t} \qquad e_r''(0,t) = \gamma_1^2 \hat{e}_r e^{-i\omega t} \tag{5-290}$$

$$w_r'''(0,t) = i\gamma_1^3 \hat{w}_r e^{-i\omega t} \qquad e_r'''(0,t) = \gamma_1^3 \hat{e}_r e^{-i\omega t}$$

$$w_t(0,t) = \hat{w}_t e^{i(\gamma_2 x - \omega t)}\Big|_{x=0} = \hat{w}_t e^{-i\omega t} \qquad e_t(0,t) = \hat{e}_t e^{-\gamma_2 x - i\omega t}\Big|_{x=0} = \hat{e}_t e^{-i\omega t}$$

$$w_t'(0,t) = i\gamma_2 \hat{w}_t e^{-i\omega t} \qquad e_t'(0,t) = -\gamma_2 \hat{e}_t e^{-i\omega t}$$

$$w_t''(0,t) = -\gamma_2^2 \hat{w}_t e^{-i\omega t} \qquad e_t''(0,t) = \gamma_2^2 \hat{e}_t e^{-i\omega t} \tag{5-291}$$

$$w_t'''(0,t) = -i\gamma_2^3 \hat{w}_t e^{-i\omega t} \qquad e_t'''(0,t) = -\gamma_2^3 \hat{e}_t e^{-i\omega t}$$

将式（5-289）、式（5-290）、式（5-291）代入式（5-281）中得

$$w_1(0,t) = (\hat{w}_i + \hat{w}_r + \hat{e}_r)e^{-i\omega t}$$

$$w_1'(0,t) = (i\gamma_1 \hat{w}_i - i\gamma_1 \hat{w}_r + \gamma_1 \hat{e}_r)e^{-i\omega t} = \gamma_1(i\hat{w}_i - i\hat{w}_r + \hat{e}_r)e^{-i\omega t}$$

$$w_1''(0,t) = (-\gamma_1^2 \hat{w}_i - \gamma_1^2 \hat{w}_r + \gamma_1^2 \hat{e}_r)e^{-i\omega t} = \gamma_1^2(-\hat{w}_i - \hat{w}_r + \hat{e}_r)e^{-i\omega t} \tag{5-292}$$

$$w_1'''(0,t) = (-i\gamma_1^3 \hat{w}_i + i\gamma_1^3 \hat{w}_r + \gamma_1^3 \hat{e}_r)e^{-i\omega t} = \gamma_1^3(-i\hat{w}_i + i\hat{w}_r + \hat{e}_r)e^{-i\omega t}$$

$$w_2(0,t) = (\hat{w}_t + \hat{e}_t)e^{-i\omega t}$$

$$w_2'(0,t) = (i\gamma_2 \hat{w}_t - \gamma_2 \hat{e}_t)e^{-i\omega t} = \gamma_2(i\hat{w}_t - \hat{e}_t)e^{-i\omega t}$$

$$w_2''(0,t) = (-\gamma_2^2 \hat{w}_t + \gamma_2^2 \hat{e}_t)e^{-i\omega t} = \gamma_2^2(-\hat{w}_t + \hat{e}_t)e^{-i\omega t} \tag{5-293}$$

$$w_2'''(0,t) = (-i\gamma_2^3 \hat{w}_t - \gamma_2^3 \hat{e}_t)e^{-i\omega t} = \gamma_2^3(-i\hat{w}_t - \hat{e}_t)e^{-i\omega t}$$

（3）界面方程及其解

式（5-292）、式（5-293）代入式（5-282）、式（5-286）中得到界面方程为

$$(\hat{w}_i + \hat{w}_r + \hat{e}_r)e^{-i\omega t} = (\hat{w}_t + \hat{e}_t)e^{-i\omega t}$$

$$\gamma_1(i\hat{w}_i - i\hat{w}_r + \hat{e}_r)e^{-i\omega t} = \gamma_2(i\hat{w}_t - \hat{e}_t)e^{-i\omega t} \tag{5-294}$$

$$E_1 I_1 \gamma_1^2(-\hat{w}_i - \hat{w}_r + \hat{e}_r)e^{-i\omega t} = E_2 I_2 \gamma_2^2(-\hat{w}_t + \hat{e}_t)e^{-i\omega t}$$

$$-E_1 I_1 \gamma_1^3(-i\hat{w}_i + i\hat{w}_r + \hat{e}_r)e^{-i\omega t} = -E_2 I_2 \gamma_2^3(-i\hat{w}_t - \hat{e}_t)e^{-i\omega t} \tag{5-295}$$

消去式（5-294）、式（5-295）中的公因子 $e^{-i\omega t}$，整理式（5-294）、式（5-295）得

$$-\hat{w}_r + \hat{w}_t - \hat{e}_r + \hat{e}_t = \hat{w}_i$$

$$i\gamma_1\hat{w}_r + i\gamma_2\hat{w}_t - \gamma_1\hat{e}_r - \gamma_2\hat{e}_t = i\gamma_1\hat{w}_i$$

$$E_1I_1\gamma_1^2\hat{w}_r - E_2I_2\gamma_2^2\hat{w}_t - E_1I_1\gamma_1^2\hat{e}_r + E_2I_2\gamma_2^2\hat{e}_t = -E_1I_1\gamma_1^2\hat{w}_i \tag{5-296}$$

$$iE_1I_1\gamma_1^3\hat{w}_r + iE_2I_2\gamma_2^3\hat{w}_t + E_1I_1\gamma_1^3\hat{e}_r + E_2I_2\gamma_2^3\hat{e}_t = iE_1I_1\gamma_1^3\hat{w}_i$$

式（5-296）可以用矩阵的形式表示为

$$\begin{bmatrix} -1 & 1 & -1 & 1 \\ i\gamma_1 & i\gamma_2 & -\gamma_1 & -\gamma_2 \\ E_1I_1\gamma_1^2 & -E_2I_2\gamma_2^2 & -E_1I_1\gamma_1^2 & E_2I_2\gamma_2^2 \\ iE_1I_1\gamma_1^3 & iE_2I_2\gamma_2^3 & E_1I_1\gamma_1^3 & E_2I_2\gamma_2^3 \end{bmatrix} \begin{bmatrix} \hat{w}_r \\ \hat{w}_t \\ \hat{e}_r \\ \hat{e}_t \end{bmatrix} = \begin{bmatrix} \hat{w}_i \\ i\gamma_1\hat{w}_i \\ -E_1I_1\gamma_1^2\hat{w}_i \\ iE_1I_1\gamma_1^3\hat{w}_i \end{bmatrix} \tag{5-297}$$

式（5-297）的解为用 $\hat{w}_i$ 表示的四个未知量 $\hat{w}_r$、$\hat{w}_t$、$\hat{e}_r$、$\hat{e}_t$。注意这四个未知量是关于 $\hat{w}_i$ 的包含大小和相位信息的复数。

（4）界面处的功率平衡

5.3.10（7）节介绍了界面处的轴向波功率。本节讨论弯曲波在界面传播的功率。根据式（5-281）可知，传播弯曲波和消散弯曲波存在于界面附近，但是当波远离界面时，消散波快速消散。传播弯曲波的功率已经在 5.4.5（2）节推导，由式（5-270）、式（5-272）给出

$$\langle P \rangle_w = EI\gamma^3\omega|\hat{w}|^2 = \frac{1}{2}c_{gF}m\omega^2|\hat{w}|^2 \quad \text{(传播弯曲波的功率)} \tag{5-298}$$

由于消散波不携带能量，所以其功率为 0，即

$$\langle P \rangle_e = 0 \quad \text{(消散弯曲波功率为零)} \tag{5-299}$$

式（5-299）可以从头开始证明。根据式（5-270），将它以正向消散波的形式写出，即

$$\langle P \rangle_e = -\frac{1}{2}\text{Re}\int_A (\sigma_{xx})_e(\bar{\dot{u}}_x)_e\mathrm{d}A - \frac{1}{2}\text{Re}\int_A (\sigma_{xz})_e(\bar{\dot{u}}_z)_e\mathrm{d}A \tag{5-300}$$

其中

$$e(x,t) = \hat{e}\mathrm{e}^{-\gamma x - i\omega t}$$

$$e'(x,t) = -\gamma\hat{e}\mathrm{e}^{-\gamma x - i\omega t} = -\gamma e$$

$$e''(x,t) = (-\gamma)^2 e = \gamma^2 e \qquad \text{(正向消散波)} \tag{5-301}$$

$$e'''(x,t) = (-\gamma)^3 e = -\gamma^3 e$$

根据式（5-257）、式（5-258）得

$$(\sigma_{xx})_e = -Eze'' = -Ez\gamma^2 e, \quad (\sigma_{xz})_e = \frac{V}{A} = -\frac{EIe'''}{A} = -\frac{EI}{A}(-\gamma^3)e = \frac{EI}{A}\gamma^3 e \tag{5-302}$$

速度 $\dot{u}_x$、$\dot{u}_z$ 可以与式（5-248）类似计算得到

$$(\dot{u}_z)_e = \dot{e} = -i\omega\hat{e}e^{-\gamma x-\omega t} = -i\omega e$$

$$(u_x)_e = -ze' = -(-\gamma)ze = \gamma ze, \quad (\dot{u}_x)_e = \gamma z\dot{e} = \gamma z(-i\omega e) = -i\gamma z\omega e$$ （5-303）

将式（5-302）、式（5-303）代入式（5-300）中得

$$\langle P\rangle_e = -\frac{1}{2}\mathrm{Re}\int_A (\sigma_{xx})_e (\bar{u}_x)_e \mathrm{d}A - \frac{1}{2}\mathrm{Re}\int_A (\sigma_{xz})_e (\bar{u}_z)_e \mathrm{d}A$$

$$= -\frac{1}{2}\mathrm{Re}\int_A (-Ez\gamma^2 e)(\overline{-i\gamma z\omega e})\mathrm{d}A - \frac{1}{2}\mathrm{Re}\int_A \left(\frac{EI}{A}\gamma^3 e\right)(\overline{-i\omega e})\mathrm{d}A$$

$$= -\frac{1}{2}E\gamma^3 \mathrm{Re}[-(i\omega)(e\bar{e})]\int_A z^2 \mathrm{d}A - \frac{1}{2}\frac{E}{A}\gamma^3 \mathrm{Re}[(i\omega)(e\bar{e}s)]\int_A \mathrm{d}A$$ （5-304）

$$= -\frac{1}{2}EI\gamma^3 \omega\hat{e}^2(-i+i) = 0$$

总波功率等于传播波功率和消散波功率之和，即等于传播波功率：

$$\langle P\rangle_{w+e} = \langle P\rangle_w = EI\gamma^3 \omega|\hat{w}|^2 = \frac{1}{2}c_{gF}m\omega^2|\hat{w}|^2 \text{（总的弯曲波的功率）}$$ （5-305）

证明式（5-305）：将总波写成传播波和消散波之和 $w(x,t)+e(x,t)$，其中

$$w(x,t) = \hat{w}e^{i(\gamma x-\omega t)} \text{（正向传播波）}$$ （5-306）

$$e(x,t) = \hat{e}e^{(-\gamma x-i\omega t)} \text{（正向消散波）}$$ （5-307）

总波的时间平均功率为

$$\langle P\rangle_{w+e} = -\frac{1}{2}\mathrm{Re}\int_A [(\sigma_{xx})_w + (\sigma_{xx})_e][(\bar{u}_x)_w + (\bar{u}_x)_e]\mathrm{d}A$$

$$-\frac{1}{2}\mathrm{Re}\int_A [(\sigma_{xz})_w + (\sigma_{xz})_e][(\bar{u}_z)_w + (\bar{u}_z)_e]\mathrm{d}A$$ （5-308）

根据式（5-257）、式（5-258）得

$$(\sigma_{xx})_w = -Ezw'' = -Ez(i\gamma)^2 w = Ez\gamma^2 w \quad (\sigma_{xz})_w = -\frac{EIw'''}{A} = -\frac{EI}{A}(i\gamma)^3 w = i\frac{EI}{A}\gamma^3 w$$

$$(\sigma_{xx})_e = -Eze'' = -Ez(-\gamma)^2 e = -Ez\gamma^2 e \quad (\sigma_{xz})_e = -\frac{EIe'''}{A} = -\frac{EI}{A}(-\gamma)^3 e = \frac{EI}{A}\gamma^3 e$$ （5-309）

速度 $\dot{u}_x$、$\dot{u}_z$ 与式（5-248）、式（5-303）类似计算得到，即

$$(u_x)_w = -zw' = -(i\gamma)zw = -i\gamma zw, \quad (\dot{u}_x)_w = -i\gamma z\dot{w} = -i\gamma z(-i\omega w) = -\gamma\omega zw$$

$$(u_x)_e = -ze' = -(-\gamma)ze = \gamma ze, \quad\quad (\dot{u}_x)_e = \gamma z\dot{e} = \gamma z(-i\omega e) = -i\gamma\omega ze$$ （5-310）

因此

$$[(\sigma_{xx})_w + (\sigma_{xx})_e][(\bar{u}_x)_w + (\bar{u}_x)_e] = [Ez\gamma^2 w - Ez\gamma^2 e][-\overline{\gamma\omega zw} - \overline{i\gamma\omega ze}]$$

$$= -E\gamma^3 \omega z^2[w-e][\bar{w}-i\bar{e}] = -E\gamma^3 \omega z^2[w\bar{w} - e\bar{w} - iw\bar{e} + ie\bar{e}]$$ （5-311）

$$= E\gamma^3 \omega z^2[-|\hat{w}|^2 + e\bar{w} + iw\bar{e} - i|\hat{e}|^2]$$

$$[(\sigma_{xz})_w + (\sigma_{xz})_e][(\bar{u}_z)_w + (\bar{u}_z)_e] = [i\frac{EI}{A}\gamma^3 w + \frac{EI}{A}\gamma^3 e][-i\omega\bar{w} - i\omega\bar{e}]$$

$$= \frac{EI}{A}\gamma^3\omega[iw + e][i\bar{w} + i\bar{e}] = \frac{EI}{A}\gamma^3\omega[(iw)(i\bar{w}) + e(i\bar{w}) + (iw)(i\bar{e}) + e(i\bar{e})] \quad (5\text{-}312)$$

$$= \frac{EI}{A}\gamma^3\omega[-|\hat{w}|^2 + ie\bar{w} - w\bar{e} + i|\hat{e}|^2]$$

将式（5-311）、式（5-312）代入式（5-308）中得

$$\langle P\rangle_{w+e} = -\frac{1}{2}E\gamma^3\omega\,\mathrm{Re}[-|\hat{w}|^2 + e\bar{w} + iw\bar{e} - i|\hat{e}|^2]\int_A z^2\mathrm{d}A$$

$$-\frac{1}{2}\frac{EI}{A}\gamma^3\omega\,\mathrm{Re}[-|\hat{w}|^2 + ie\bar{w} - w\bar{e} + i|\hat{e}|^2]\int_A \mathrm{d}A \quad (5\text{-}313)$$

$$= -\frac{1}{2}E\gamma^3\omega\,\mathrm{Re}[-|\hat{w}|^2 + e\bar{w} + iw\bar{e} - i|\hat{e}|^2 - |\hat{w}|^2 + ie\bar{w} - w\bar{e} + i|\hat{e}|^2]$$

$$= -\frac{1}{2}E\gamma^3\omega\,\mathrm{Re}[-2|\hat{w}|^2 - (w\bar{e} - \bar{w}e) + i(w\bar{e} + \bar{w}e)]$$

对于一个任意复变量 $a\in\mathbb{C}$，根据 $a + \bar{a} = 2\mathrm{Re}(a)$，$a - \bar{a} = 2i\,\mathrm{Im}(a)$。由于 $\bar{w}e = \overline{w\bar{e}}$，有

$$w\bar{e} + \bar{w}e = 2\mathrm{Re}(w\bar{e})$$
$$(5\text{-}314)$$
$$w\bar{e} - \bar{w}e = 2i\,\mathrm{Im}(w\bar{e})$$

将式（5-314）代入式（5-313）得

$$\langle P\rangle_{w+e} = -\frac{1}{2}EI\gamma^3\omega\,\mathrm{Re}[-2|\hat{w}|^2 - 2i\,\mathrm{Im}(w\bar{e}) + i2\mathrm{Re}(w\bar{e})] = -EI\gamma^3\omega(-|\hat{w}|^2)$$
$$(5\text{-}315)$$
$$= EI\gamma^3\omega|\hat{w}|^2 = \langle P\rangle_w$$

利用（5-298），可以将入射波、反射波和透射波功率写成如下形式：

$$\langle P\rangle_i = E_1 I_1\gamma_1^3\omega|\hat{w}_i|^2 = \frac{1}{2}c_{1gF}m_1\omega^2|\hat{w}_i|^2 \quad \text{（入射弯曲波功率）} \quad (5\text{-}316)$$

$$\langle P\rangle_r = -E_1 I_1\gamma_1^3\omega|\hat{w}_r|^2 = -\frac{1}{2}c_{1gF}m_1\omega^2|\hat{w}_r|^2 \quad \text{（反射弯曲波功率）} \quad (5\text{-}317)$$

$$\langle P\rangle_t = E_2 I_2\gamma_2^3\omega|\hat{w}_t|^2 = \frac{1}{2}c_{2gF}m_2\omega^2|\hat{w}_t|^2 \quad \text{（透射弯曲波功率）} \quad (5\text{-}318)$$

其中，c_{1gF}、c_{2gF} 是群速度，每一部分杆的单位长度质量为 $m_1 = \rho_1 A_1$，$m_2 = \rho_2 A_2$。注意到功率是有符号的，由于正向波携带能量向前，所以增加了前梁部分的能量，而反向波携带能量向后，所以减少了能量。验证式（5-297）解的准确性时，应该考虑两个重要的功率平衡性质，即

①入射波功率大小 $|P_i|$ 为反射波和透射波功率大小 $|P_r|$、$|P_t|$ 之和，即

$$|P_i| = |P_r| + |P_t| \quad (5\text{-}319)$$

②杆 1 与杆 2 中总的波功率相等，即

$$P_1 = P_2 \quad (5\text{-}320)$$

5.5 轴中的扭转波

考虑一个长度为 l 的匀质轴，单位长度质量扭转惯性矩为 ρI_0，扭转刚度为 GJ，扭转位移为 $\phi(x,t)$，如图 5-17a 所示。一个长度为 $\mathrm{d}x$ 的微轴单元受力如图 5-17b 所示（弯矩和扭矩）。对微元自由体受力分析得

$$T'(x,t) = \rho I_0 \ddot{\phi}(x,t) \tag{5-321}$$

扭转分析中涉及扭转刚度，表示为扭转位移对 x 求导，即

$$T(x,t) = GJ\phi'(x,t) \tag{5-322}$$

将式（5-322）代入式（5-321）中得到扭转波的运动方程为

$$GJ\phi''(x,t) = \rho I_0 \ddot{\phi}(x,t) \tag{5-323}$$

两边同除 ρI_0 得到

$$c^2 \phi'' = \ddot{\phi} \tag{5-324}$$

其中扭转波速度为

$$c = \sqrt{\frac{GJ}{\rho I_0}} \text{ 或 } c^2 = \frac{GJ}{\rho I_0} \tag{5-325}$$

式（5-324）和杆中轴向波的分析推导结果式（5-8）相同。因此，可以通过简单地替换合适项，将轴向波的结果映射到扭转波的结果上，此处不重复推导，留给读者完成。

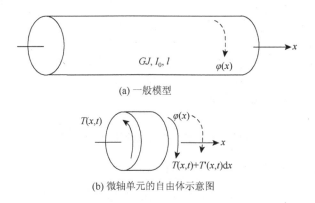

(a) 一般模型

(b) 微轴单元的自由体示意图

图 5-17 承受扭转振动的匀质轴

5.6 长条中的水平剪切波

考虑一个长度为 l 的匀质弹性长条，横截面积为 A，密度为 ρ，单位长度质量为 $m = \rho A$，剪切模量为 G，剪切刚度为 GA，做位移为 $v(x,t)$ 的水平剪切（shear-horizontal，SH）运动，如图 5-18a 所示。假设只有剪切变形，无弯曲发生，取出长度为 $\mathrm{d}x$ 的微元，受力图如 5-18b 所示，包括 $V_y(x,t)$ 和 $V_y(x,t) + V_y'(x,t)\mathrm{d}x$，分析微元自由体得

$$V'(x,t) = m\ddot{v}(x,t) \tag{5-326}$$

合应力 $V_y(x,t)$ 由横截面处水平剪切应力 $\tau_{xy}(x,t)$ 积分得

$$V_y(x,t) = \int_A \tau_{xy}(x,t)\mathrm{d}A \qquad (5\text{-}327)$$

注意到，SH 波采用的简化假设实际上隐含 $\tau_{xy}(x,t)$ 沿着长条厚度方向是均匀分布的。因此，式（5-327）为

$$V_y(x,t) = A\tau_{xy}(x,t) \qquad (5\text{-}328)$$

根据应变位移关系：

$$\gamma_{xy} = \frac{\partial v}{\partial x} = v' \qquad (5\text{-}329)$$

根据应力应变关系：

$$\tau_{xy} = G\gamma_{xy} \qquad (5\text{-}330)$$

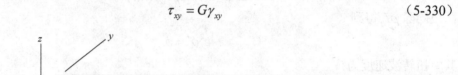

(a) 一般模型

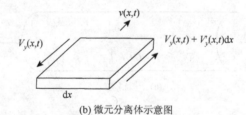

(b) 微元分离体示意图

图 5-18　承受水平剪切振动的均质弹性长条

将式（5-329）、式（5-330）代入式（5-328）中得

$$V_y(x,t) = GAv'(x,t) \qquad (5\text{-}331)$$

其中，GA 是剪切刚度。式（5-331）关于 x 微分再代入（5-326）中得到 SH 波运动方程为

$$GAv'' = m\ddot{v} \qquad (5\text{-}332)$$

两边同除以 m，得到剪切波方程表示长条结构中 SH 波运动方程为

$$c_S^2 v'' = \ddot{v} \qquad (5\text{-}333)$$

其中，常数 c_S 是剪切波速度，表示为

$$c_S = \sqrt{\frac{GA}{m}} \quad \text{或} \quad c_S^2 = \frac{GA}{m} \qquad (5\text{-}334)$$

由于长条是均匀的，单位长度质量为 $m = \rho A$ ，式（5-334）的替代形式有

$$c_S = \sqrt{\frac{G}{\rho}} \quad 或 \quad c_S{}^2 = \frac{G}{\rho} \tag{5-335}$$

式（5-333）和杆中轴向波分析推导的结果式（5-8）相同。所以为了避免重复的推导，可以通过简单地替代，将轴向波的结果映射到扭转波的结果中，这项工作留给读者完成。

5.7 梁中的纵向剪切波

考虑一个长度为 l ，横截面积为 A ，密度为 ρ ，单位长度质量为 $m = \rho A$ ，剪切模量为 G ，剪切刚度为 GA 的均质梁，进行纵向剪切（shear-vertical，SV）波运动 $w_s(x,t)$ 。假设只有剪切变形，无弯曲发生。在这些条件下，梁中 SV 波和弹性长条中 SH 波有同样的波方程和波速，只是运动方向一个是垂直的一个是水平的。

5.8 板 波

本节讨论板波的问题。首先复习一般板方程，然后分别讨论两种情形：①轴向板波；②弯曲板波。

由于板平面是自由的，z 方向的应力应为 0，所以 3-D 应力应变关系由附录 B 给出

$$\varepsilon_{xx} = \frac{1}{E}\sigma_{xx} + \frac{+v}{E}\sigma_{yy} \qquad \varepsilon_{xy} = \frac{1}{2G}\sigma_{xy}$$

$$\varepsilon_{yy} = \frac{-v}{E}\sigma_{xx} + \frac{1}{E}\sigma_{yy} \qquad \varepsilon_{yz} = \frac{1}{2G}\sigma_{yz} \tag{5-336}$$

$$\varepsilon_{zz} = \frac{-v}{E}\sigma_{xx} + \frac{-v}{E}\sigma_{yy} \qquad \varepsilon_{zy} = \frac{1}{2G}\sigma_{zx}$$

考虑到剪切应变的对称性 $\varepsilon_{xy} = \varepsilon_{yx}$ ，$\varepsilon_{yz} = \varepsilon_{zy}$ ，$\varepsilon_{zx} = \varepsilon_{xz}$ 。分析中只考虑 ε_{xx} 、ε_{yy} 、ε_{xy} 。式（5-336）变为

$$\sigma_{xx} = \frac{E}{1-v^2}(\varepsilon_{xx} + v\varepsilon_{yy})$$

$$\sigma_{xy} = 2G\varepsilon_{xy} \tag{5-337}$$

$$\sigma_{yy} = \frac{E}{1-v^2}(v\varepsilon_{xx} + \varepsilon_{yy})$$

注意，剪切应力是对称的（ $\sigma_{xy} = \sigma_{yx}$ ）。

5.8.1 板中的轴向波

板中的轴向波产生于伸长或收缩运动。假设平面内位移 $u(x,y,t)$ 和 $v(x,y,t)$ 沿厚度方向是均匀的。

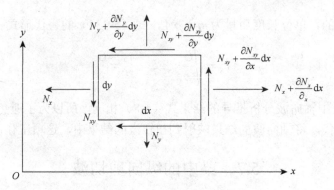

图 5-19　笛卡儿坐标系下无限小板单元的面内轴向波分析

（1）板中轴向波的运动方程

已知应变位移关系

$$\varepsilon_{xx} = \frac{\partial u_x}{\partial x} \qquad \varepsilon_{yy} = \frac{\partial u_y}{\partial y} \qquad \varepsilon_{xy} = \frac{1}{2}\left(\frac{\partial u_x}{\partial y} + \frac{\partial u_y}{\partial x}\right) \tag{5-338}$$

应变沿着板厚度方向是定值，式（5-338）代入式（5-337）得

$$\sigma_{xx} = \frac{E}{1-v^2}\left(\frac{\partial u_x}{\partial x} + v\frac{\partial u_y}{\partial y}\right) \qquad \sigma_{xy} = G\left(\frac{\partial u_x}{\partial y} + \frac{\partial u_y}{\partial x}\right) \qquad \sigma_{yy} = \frac{E}{1-v^2}\left(v\frac{\partial u_x}{\partial x} + \frac{\partial u_y}{\partial y}\right) \tag{5-339}$$

注意，应力在板厚度方向是常值。

应力沿厚度方向的积分得到单位长度的合力 N_x、N_y，如图 5-19 所示，有

$$N_x = \int_{-h/2}^{h/2} \sigma_{xx}\mathrm{d}z = \frac{Eh}{1-v^2}\left(\frac{\partial u_x}{\partial x} + v\frac{\partial u_y}{\partial y}\right)$$

$$N_y = \int_{-h/2}^{h/2} \sigma_{yy}\mathrm{d}z = \frac{Eh}{1-v^2}\left(v\frac{\partial u_x}{\partial x} + \frac{\partial u_y}{\partial y}\right) \tag{5-340}$$

$$N_{xy} = N_{yx} = \int_{-h/2}^{h/2} \sigma_{xy}\mathrm{d}z = Gh\left(\frac{\partial u_x}{\partial y} + \frac{\partial u_y}{\partial x}\right)$$

对图 5-19 中的微元，由牛顿第二定律可以得

$$\frac{\partial N_x}{\partial x} + \frac{\partial N_{yx}}{\partial y} = \rho h \ddot{u}_x$$

$$\frac{\partial N_y}{\partial y} + \frac{\partial N_{xy}}{\partial x} = \rho h \ddot{u}_y \tag{5-341}$$

式（5-341）对应于 x、y 方向的力。注意到，弯矩方程等于 0，因为面内旋转惯量等于 0。
式（5-340）代入式（5-341）得到一个在 u、v 方向上耦合的二阶偏微分方程：

$$\frac{E}{1-v^2}\left(\frac{\partial^2 u_x}{\partial x^2} + v\frac{\partial^2 u_y}{\partial x\partial y}\right) + G\left(\frac{\partial^2 u_x}{\partial y^2} + \frac{\partial^2 u_y}{\partial x\partial y}\right) = \rho \ddot{u}_x$$

$$\frac{E}{1-v^2}\left(v\frac{\partial^2 u_x}{\partial x\partial y} + \frac{\partial^2 u_y}{\partial y^2}\right) + G\left(\frac{\partial^2 u_x}{\partial x\partial y} + \frac{\partial^2 u_y}{\partial x^2}\right) = \rho \ddot{u}_y \tag{5-342}$$

将 $G=E/2(1+v)$ 代入式（5-342）得

$$\frac{E}{1-v^2}\left(\frac{\partial^2 u_x}{\partial x^2}+v\frac{\partial^2 u_y}{\partial x\partial y}\right)+\frac{E}{2(1+v)}\left(\frac{\partial^2 u_x}{\partial y^2}+\frac{\partial^2 u_y}{\partial x\partial y}\right)=\rho\ddot{u}_x$$

$$\frac{E}{1-v^2}\left(v\frac{\partial^2 u_x}{\partial x\partial y}+\frac{\partial^2 u_y}{\partial y^2}\right)+\frac{E}{2(1+v)}\left(\frac{\partial^2 u_x}{\partial x\partial y}+\frac{\partial^2 u_y}{\partial x^2}\right)=\rho\ddot{u}_y$$

（5-343）

$$\frac{E}{1-v^2}\left[\left(\frac{\partial^2 u_x}{\partial x^2}+v\frac{\partial^2 u_y}{\partial x\partial y}\right)+\frac{1-v}{2}\left(\frac{\partial^2 u_x}{\partial y^2}+\frac{\partial^2 u_y}{\partial x\partial y}\right)\right]=\rho\ddot{u}_x$$

$$\frac{E}{1-v^2}\left[\left(v\frac{\partial^2 u_x}{\partial x\partial y}+\frac{\partial^2 u_y}{\partial y^2}\right)+\frac{1-v}{2}\left(\frac{\partial^2 u_x}{\partial x\partial y}+\frac{\partial^2 u_y}{\partial x^2}\right)\right]=\rho\ddot{u}_y$$

（5-344）

板中轴向波速度 c_L 为

$$c_L^2=\frac{1}{1-v^2}\frac{E}{\rho},\qquad c_L=\sqrt{\frac{1}{1-v^2}\frac{E}{\rho}}$$

（5-345）

将式（5-345）代入式（5-344）得

$$\frac{\partial^2 u_x}{\partial x^2}+\frac{1-v}{2}\frac{\partial^2 u_x}{\partial y^2}+\frac{1+v}{2}\frac{\partial u_y^2}{\partial x\partial y}=\frac{1}{c_L^2}\ddot{u}_x$$

$$\frac{\partial^2 u_y}{\partial y^2}+\frac{1-v}{2}\frac{\partial^2 u_y}{\partial x^2}+\frac{1+v}{2}\frac{\partial u_x^2}{\partial x\partial y}=\frac{1}{c_L^2}\ddot{u}_y$$

（5-346）

式（5-346）所示方程组通解，这组解表示同时沿着 x、y 方向传播的面内板波。耦合系统微分方程的解无法直接给出解析解，此处不作讨论。

当给出确定条件下的振动模式时，式（5-346）所示的系统方程可以得到简单的非耦合解，本节后续展开讨论。

（2）直波峰轴向板波

考虑直波峰轴向板波，如图 5-20a 所示。研究在波传播方向上有粒子运动的波，例如纵波。取沿着波峰方向为 y 轴，得到一个仅与 x 有关的 y 不变问题：

$$u(x,y,t)\to u(x,t)$$
$$v(x,y,t)\equiv 0$$

（5-347）

假设粒子运动方向沿着 x 轴，式（5-347）代入式（5-340）、式（5-341）得

$$N_x=\frac{Eh}{1-v^2}\frac{\partial u}{\partial x}$$
$$N_y=\frac{Eh}{1-v^2}v\frac{\partial u}{\partial x}$$
$$N_{xy}=N_{yx}=0$$

（5-348）

以及

$$\frac{\partial N_x}{\partial x} + \frac{\partial N_{yx}}{\partial y} = \frac{Eh}{1-v^2}\frac{\partial^2 u}{\partial x^2} = \rho h\ddot{u} \tag{5-349}$$

简化后，得到波方程为

$$c_L^2 \frac{\partial^2 u}{\partial x^2} = \ddot{u} \tag{5-350}$$

其中，c_L 为式（5-345）给出的板内轴向波速度。下一节把分析杆中轴向波的方法应用到板中的轴向波，用式（5-345）给出的 c_L 代替 c [式（5-9）]。

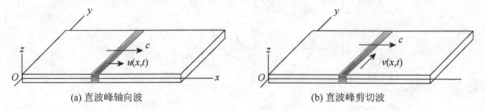

(a) 直波峰轴向波　　　　　　　　　　　　　(b) 直波峰剪切波

图 5-20　直波峰面内板波

（3）环形轴向板波

环形波产生于一个点源，这个点源产生的波以同心圆的形式传播。为了分析环形波，选用极坐标 (r,θ) 代替笛卡儿坐标 (x,y)，用 (u_r, u_θ) 来代替位移 (u,v)。假设只有径向运动，则 $u_\theta=0$。由于轴对称特性，有 $\partial u_r/\partial \theta = 0$。参考附录 B 中极坐标下的应变位移和应力应变关系，以及 $u_\theta=0$、$\partial u_r/\partial \theta = 0$，得

$$\sigma_r = \frac{E}{1-v^2}\left(\frac{\partial u_r}{\partial r} + v\frac{u_r}{r}\right)$$

$$\sigma_\theta = \frac{E}{1-v^2}\left(v\frac{\partial u_r}{\partial r} + \frac{u_r}{r}\right) \tag{5-351}$$

$$\sigma_{r\theta} = 0$$

注意，应力沿厚度方向是常值。

考虑极坐标下的无限小板单元，如图 5-21 所示，通过应力在厚度方向的积分得到单位长度的合力 N_r 和 N_θ，并有 $N_{r\theta} = N_{\theta r}$（线力，即单位长度的力），得

$$N_r = \int_{-h/2}^{h/2} \sigma_r \mathrm{d}z = \frac{Eh}{1-v^2}\left(\frac{\partial u_r}{\partial r} + v\frac{u_r}{r}\right)$$

$$N_\theta = \int_{-h/2}^{h/2} \sigma_\theta \mathrm{d}z = \frac{Eh}{1-v^2}\left(v\frac{\partial u_r}{\partial r} + \frac{u_r}{r}\right) \tag{5-352}$$

$$N_{r\theta} = N_{\theta r} = 0$$

图 5-21 所示的微元径向应用牛顿第二定律得

$$\frac{\partial N_r}{\partial r} + \frac{1}{r}\frac{\partial N_{\theta r}}{\partial \theta} + \frac{N_r - N_\theta}{r} = \rho h\ddot{u}_r \tag{5-353}$$

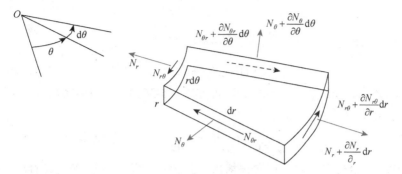

图 5-21　极坐标下的无限小板单元的面内波分析

对式（5-352）求偏微分得

$$\frac{\partial N_r}{\partial r} = \frac{Eh}{1-v^2}\left(\frac{\partial^2 u_r}{\partial r^2} + \frac{v}{r}\frac{\partial u_r}{\partial r} - v\frac{u_r}{r^2}\right)$$

$$\frac{\partial N_{\theta r}}{\partial \theta} = 0 \tag{5-354}$$

$$\frac{N_r - N_\theta}{r} = \frac{Eh}{1-v^2}\left(\frac{1}{r}\frac{\partial u_r}{\partial r} - \frac{v}{r}\frac{\partial u_r}{\partial r} + v\frac{u_r}{r^2} - \frac{u_r}{r^2}\right)$$

将式（5-354）代入式（5-353），简化后得

$$\frac{E}{1-v^2}\left(\frac{\partial^2 u_r}{\partial r^2} + \frac{1}{r}\frac{\partial u_r}{\partial r} - \frac{u_r}{r^2}\right) = \rho \ddot{u}_r \tag{5-355}$$

整理后，得到极坐标下的波方程为

$$c_L^2\left(\frac{\partial^2 u_r}{\partial r^2} + \frac{1}{r}\frac{\partial u_r}{\partial r} - \frac{u_r}{r^2}\right) = \ddot{u}_r \tag{5-356}$$

其中，c_L 是板中的轴向波速度，由式（5-345）给出。式（5-356）表明环形轴向板波和直波峰轴向板波有相同的传播速度。式（5-356）和第 4 章中推导出来的方程相同。

假设运动是谐波运动，式（5-356）的解可由 Bessel 函数解得

$$u_r(r,t) = \hat{u}(r)e^{-i\omega t} \tag{5-357}$$

将式（5-357）代入式（5-356），利用波数的定义 $\gamma = \omega/c_L$，以及变量代换 $x = \gamma r$，得到 Bessel 方程为

$$x^2\frac{\partial^2 \hat{u}}{\partial x^2} + x\frac{\partial \hat{u}}{\partial x} + (x^2 - 1)\hat{u} = 0 \tag{5-358}$$

式（5-358）的解可以用一阶 Hankel 函数表达为

$$\hat{u}(x) = AH_1^{(1)}(x) + BH_1^{(2)}(x) \tag{5-359}$$

任意常数 A、B 由初始条件和边界条件确定。把 $x = \gamma r$ 代入式（5-359），然后代入式（5-357）得

$$u(r,t) = AH_1^{(1)}(\gamma r)e^{-i\omega t} + BH_1^{(2)}(\gamma r)e^{-i\omega t} \tag{5-360}$$

如附录 A 所示，一阶 Hankel 函数在 $x \to \infty$ 处的值为

$$H_1^{(1)}(x) \xrightarrow[x \to \infty]{} \sqrt{2/\pi x} e^{i\left(x - \frac{3}{4}\pi\right)} \tag{5-361}$$

$$H_1^{(2)}(x) \xrightarrow[x \to \infty]{} \sqrt{2/\pi x} e^{-i\left(x - \frac{3}{4}\pi\right)} \tag{5-362}$$

把 $x = \gamma r$ 代入式（5-361）、式（5-362），再把式（5-361）、式（5-362）代入式（5-360），最后把式（5-360）代入式（5-357）得

$$u(r,t)\big|_{r \to \infty} = e^{-i\frac{3}{4}\pi} \sqrt{2/\pi \gamma r} [Ae^{i(\gamma r - \omega t)} + Be^{i(-\gamma r - \omega t)}] \tag{5-363}$$

式中，第一项 $[H_1^{(1)}]$ 代表轴向波正向传播远离起始点（发散波）；第二项 $[H_1^{(2)}]$ 代表轴向波反向传播靠近起始点（收敛波）。由于只关注前者，所以只保留式（5-360）中的第一项 $[H_1^{(1)}]$，环形轴向板波的通解写成如下形式：

$$u_r(r,t) = AH_1^{(1)}(\gamma r)e^{-i\omega t}, \qquad r > 0 \tag{5-364}$$

显然，式（5-364）在 $r = 0$ 处是奇异的，因为波源放在此处。

注意，第 4 章中关于板振动问题，式（5-358）的解用 Bessel 函数 $\hat{u} = AJ_1(x) + BY_1(x)$ 表示（Bessel 函数适合用来描述由振动产生的驻波），但是本节研究的是传播波，需要用到 Hankel 函数即方程（5-359）。如附录 A 所示，Bessel 函数和 Hankel 函数是直接相关的。

5.8.2　板中的弯曲波

弯曲波产生于弯曲运动。Kirchhoff 板理论假设中性层法线在变形后仍然是中性层法线，表示轴向位移沿厚度方向是线性分布的。

（1）板内弯曲波运动方程

板中性层位移为 w，则板厚度为 z 处的位移为

$$u = -z\frac{\partial w}{\partial x}$$
$$v = -z\frac{\partial w}{\partial y} \tag{5-365}$$
$$w = w$$

应变为

$$\varepsilon_{xx} = \frac{\partial u}{\partial x} = -z\frac{\partial^2 w}{\partial x^2} \qquad \varepsilon_{yy} = \frac{\partial v}{\partial y} = -z\frac{\partial^2 w}{\partial y^2} \qquad \varepsilon_{xy} = \frac{1}{2}\left(\frac{\partial u}{\partial y} + \frac{\partial v}{\partial x}\right) = -z\frac{\partial^2 w}{\partial x \partial y} \tag{5-366}$$

将式（5-366）代入式（5-337）得

$$\sigma_{xx} = -z\frac{E}{1-v^2}\left(\frac{\partial^2 w}{\partial x^2} + v\frac{\partial^2 w}{\partial y^2}\right)$$

$$\sigma_{xy} = -2zG\frac{\partial^2 w}{\partial x \partial y} \tag{5-367}$$

$$\sigma_{yy} = -z\frac{E}{1-v^2}\left(v\frac{\partial^2 w}{\partial x^2} + \frac{\partial^2 w}{\partial y^2}\right)$$

注意，应力沿厚度方向线性变化。应力在厚度方向积分得到弯矩 M_x、M_y 和扭矩 M_{xy}（单位长度），如图 5-22 所示，表示为

$$M_x = \int_{-h/2}^{h/2} \sigma_{xx} z \mathrm{d}z = -D\left(\frac{\partial^2 w}{\partial x^2} + v\frac{\partial^2 w}{\partial y^2}\right) \qquad M_y = \int_{-h/2}^{h/2} \sigma_{yy} z \mathrm{d}z = -D\left(v\frac{\partial^2 w}{\partial x^2} + \frac{\partial^2 w}{\partial y^2}\right)$$

(5-368)

$$M_{xy} = M_{yx} = \int_{-h/2}^{h/2} (-\sigma_{xy}) z \mathrm{d}z = -(1-v)D\frac{\partial^2 w}{\partial x \partial y}$$

其中，D 为弯曲刚度：

$$D = \frac{Eh^3}{12(1-v^2)}$$

(5-369)

对图 5-22 中的微元，应用牛顿第二定律得

$$\text{剪力}: \frac{\partial Q_x}{\partial x} + \frac{\partial Q_y}{\partial y} = \rho h \ddot{w}$$

$$M_x: \frac{\partial M_x}{\partial x} + \frac{\partial M_{yx}}{\partial y} - Q_x = 0$$

(5-370)

$$M_y: \frac{\partial M_y}{\partial y} + \frac{\partial M_{xy}}{\partial x} - Q_y = 0$$

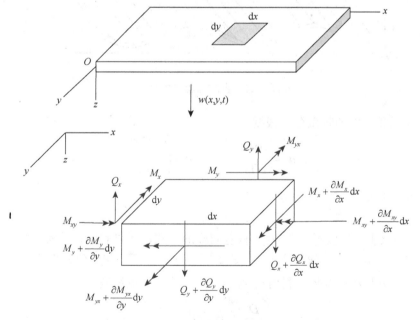

图 5-22 笛卡儿坐标下的无限小板单元的弯曲波分析

式（5-370）简化得

$$\frac{\partial^2 M_x}{\partial x^2} + \frac{\partial^2 M_{xy}}{\partial x \partial y} + \frac{\partial^2 M_{yx}}{\partial x \partial y} + \frac{\partial^2 M_y}{\partial y^2} = \rho h \ddot{w}$$

(5-371)

将式（5-368）代入式（5-371）得

$$D\left(\frac{\partial^4 w}{\partial x^4} + 2\frac{\partial^4 w}{\partial x^2 \partial y^2} + \frac{\partial^4 w}{\partial y^4}\right) + \rho h \ddot{w} = 0 \tag{5-372}$$

对于 z 不变的运动，式（5-372）可以用双调和算子（$\nabla^4 = \nabla^2 \nabla^2$）表示（附录 B），得

$$D\nabla^4 w + \rho h \ddot{w} = 0 \tag{5-373}$$

式（5-372）一个通解表示同时在 x、y 方向传播的弯曲板波。但是，当波传播模式有确定的条件时，方程会简化并得到非耦合解，下节展开讨论。

（2）直波峰弯曲板波

考虑直波峰弯曲板波，如图 5-23 所示。取沿波峰方向为 y 轴，得到一个仅和 x 有关的 y 不变问题：

$$w(x, y, t) \rightarrow w(x, t) \tag{5-374}$$

式（5-374）隐含 $\partial w / \partial y = 0$。式（5-374）代入式（5-372）得

$$Dw'''' + \rho h \ddot{w} = 0 \tag{5-375}$$

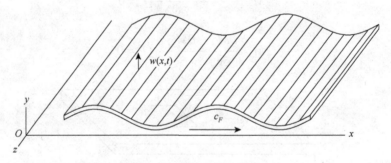

图 5-23　直波峰弯曲板波

其中，w'''' 是关于 x 的四阶微分。根据

$$a^4 = \frac{D}{\rho h} \quad \text{或} \quad a = \left(\frac{D}{\rho h}\right)^{1/4} \tag{5-376}$$

将式（5-376）代入式（5-375）得

$$a^4 w'''' + \ddot{w} = 0 \tag{5-377}$$

式（5-375）和梁中弯曲波式（5-194）有着同样的形式，所以有同样的解形式

$$w(x, t) = A_1 e^{i(-\gamma_F x - \omega t)} + A_2 e^{i(-\gamma_F x - \omega t)} + A_3 e^{\gamma_F x} e^{-i\omega t} + A_4 e^{-\gamma_F x} e^{-i\omega t} \tag{5-378}$$

其中，$\gamma_F = \sqrt{\omega}/a$ 是弯曲波数。利用 $\gamma_F = \omega/c_F$，计算弯曲板波波速为

$$c_F = \sqrt{\omega}\left(\frac{D}{\rho h}\right)^{1/4} = \sqrt{\omega}\left[\frac{Eh^2}{12\rho(1-v^2)}\right]^{1/4} \tag{5-379}$$

式（5-379）进一步简化得

$$c_F = \sqrt{\omega}\left[\frac{Ed^2}{3\rho(1-v^2)}\right]^{1/4} \tag{5-380}$$

其中，$d = h/2$。

比较式（5-379）和相对应的梁方程式（5-210），可以看出梁中和板中弯曲波唯一的不同就是修正项 $(1-v^2)$，这是由于板几何形状所引入的额外约束（平面应变状态）。正如梁中的弯曲波，板中的弯曲波也高度频散，前文的讨论同样适用。

（3）环形弯曲板波

环形波产生于一个点源，以同心圆形式传播。为了分析环形波，将笛卡儿坐标 (x,y,z) 换成柱坐标 (r,θ,z)。

式（5-373）运动方程的一般形式为

$$D\nabla^4 w + \rho h\ddot{w} = 0 \tag{5-381}$$

双调和算子选用极坐标下的形式（附录 B）：

$$\nabla^4 = \nabla^2\nabla^2 = \left(\frac{\partial^2}{\partial r^2}+\frac{1}{r}\frac{\partial}{\partial r}+\frac{1}{r^2}\frac{\partial^2}{\partial\theta^2}\right)\left(\frac{\partial^2}{\partial r^2}+\frac{1}{r}\frac{\partial}{\partial r}+\frac{1}{r^2}\frac{\partial^2}{\partial\theta^2}\right) \tag{5-382}$$

由于环形波的对称性，位移和 θ 无关，双调和算子简化为

$$
\begin{aligned}
\nabla^4 = \nabla^2\nabla^2 &= \left(\frac{\partial^2}{\partial r^2}+\frac{1}{r}\frac{\partial}{\partial r}\right)\left(\frac{\partial^2}{\partial r^2}+\frac{1}{r}\frac{\partial}{\partial r}\right) \\
&= \frac{\partial^2}{\partial r^2}\left(\frac{\partial^2}{\partial r^2}+\frac{1}{r}\frac{\partial}{\partial r}\right)+\frac{1}{r}\frac{\partial}{\partial r}\left(\frac{\partial^2}{\partial r^2}+\frac{1}{r}\frac{\partial}{\partial r}\right) \\
&= \left[\frac{\partial^4}{\partial r^4}+\frac{\partial}{\partial r}\left(\frac{1}{r}\frac{\partial^2}{\partial r^2}-\frac{1}{r^2}\frac{\partial}{\partial r}\right)\right]+\left[\frac{1}{r}\frac{\partial^3}{\partial r^3}+\frac{1}{r}\left(\frac{1}{r}\frac{\partial^2}{\partial r^2}-\frac{1}{r^2}\frac{\partial}{\partial r}\right)\right] \\
&= \left(\frac{\partial^4}{\partial r^4}+\frac{1}{r}\frac{\partial^3}{\partial r^3}-\frac{1}{r^2}\frac{\partial^2}{\partial r^2}+\frac{2}{r^3}\frac{\partial}{\partial r}-\frac{1}{r^2}\frac{\partial^2}{\partial r^2}\right)+\left(\frac{1}{r}\frac{\partial^3}{\partial r^3}+\frac{1}{r^2}\frac{\partial^2}{\partial r^2}-\frac{1}{r^3}\frac{\partial}{\partial r}\right) \\
&= \frac{\partial^4}{\partial r^4}+\frac{2}{r}\frac{\partial^3}{\partial r^3}-\frac{1}{r^2}\frac{\partial^2}{\partial r^2}+\frac{1}{r^3}\frac{\partial}{\partial r}
\end{aligned}
\tag{5-383}
$$

式（5-383）是轴对称的双调和算子，式（5-381）写成

$$D\left(\frac{\partial^4 w}{\partial r^4}+\frac{2}{r}\frac{\partial^3 w}{\partial r^3}-\frac{1}{r^2}\frac{\partial^2 w}{\partial r^2}+\frac{1}{r^3}\frac{\partial w}{\partial r}\right)+\rho h\ddot{w}=0 \tag{5-384}$$

假设谐波运动频率为 ω，得

$$w(r,t) = \hat{w}(r)\mathrm{e}^{-i\omega t} \tag{5-385}$$

将式（5-385）代入式（5-381）得

$$D\nabla^4\hat{w}-\omega^2\rho h\hat{w}=0 \tag{5-386}$$

定义波数为

$$\gamma=\sqrt{\omega}\left(\frac{\rho h}{D}\right)^{1/4} \quad\text{或}\quad \gamma^4=\frac{\rho h}{D}\omega^2 \tag{5-387}$$

将式（5-387）代入式（5-386）得

$$(\nabla^4-\gamma^4)\hat{w}=0 \tag{5-388}$$

式（5-388）可以表示为

$$(\nabla^2 - \gamma^2)(\nabla^2 + \gamma^2)\hat{w} = 0 \tag{5-389}$$

由于微分的顺序不影响最终结果，作如下分解：

$$(\nabla^2 + \gamma^2)\hat{w} = 0 \qquad 或 \qquad (\nabla^2 - \gamma^2)\hat{w} = 0 \tag{5-390}$$

式（5-390）可以表达为

$$\left(\frac{\partial^2}{\partial r^2} + \frac{1}{r}\frac{\partial}{\partial r} + \gamma^2\right)\hat{w} = 0 \qquad 或 \qquad \left(\frac{\partial^2}{\partial r^2} + \frac{1}{r}\frac{\partial}{\partial r} - \gamma^2\right)\hat{w} = 0 \tag{5-391}$$

定义变换为

$$x = \begin{cases} \gamma r & +\gamma^2 \\ i\gamma r & -\gamma^2 \end{cases} \tag{5-392}$$

式（5-392）代入式（5-391），因为 $\hat{w}$ 仅是空间变量的函数，偏微分实际上就是正常的求导，得到 Bessel 方程为

$$x^2 \frac{\mathrm{d}^2 \hat{w}}{\mathrm{d}x^2} + x \frac{\mathrm{d}\hat{w}}{\mathrm{d}x} + x^2 \hat{w} = 0 \tag{5-393}$$

式（5-393）的通解为

$$\hat{w} = A_1 H_0^{(1)}(x) + A_2 H_0^{(2)}(x) + A_3 I_0(x) + A_4 K_0(x) \tag{5-394}$$

其中，$H_0^{(1)}(x)$、$H_0^{(2)}(x)$ 是第一和第二类 Hankel 函数；$I_0(x)$、$K_0(x)$ 是修正后的第一和第二类 Bessel 函数（附录 A）。常数 A_1、A_2、A_3、A_4 由初始边界条件确定。式（5-394）只保留一部分项，消去 $K_0(x)$、$I_0(x)$，因为它们对传播波没有贡献（研究界面处的波时保留）。根据附录 A，$H_0^{(1)}(x)$、$H_0^{(2)}$ 的渐近特性有

$$H_0^{(1)}(x) \xrightarrow[x \to \infty]{} \sqrt{2/\pi x} \mathrm{e}^{i\left(x - \frac{1}{4}\pi\right)} \tag{5-395}$$

$$H_0^{(2)}(x) \xrightarrow[x \to \infty]{} \sqrt{2/\pi x} \mathrm{e}^{-i\left(x - \frac{1}{4}\pi\right)} \tag{5-396}$$

将 $x = \gamma r$ 代入式（5-395）、式（5-396），然后把式（5-395）、式（5-396）代入式（5-394），最后把式（5-394）代入式（5-385）得

$$w(r,t)\big|_{r \to \infty} = \mathrm{e}^{-i\frac{1}{4}\pi} \sqrt{2/\pi \gamma r} \left[A_1 \mathrm{e}^{i(\gamma r - i\omega)} + A_2 \mathrm{e}^{i(-\gamma r - i\omega)} \right] \tag{5-397}$$

式（5-397）的第一项（与 $H_0^{(1)}$ 有关）代表一个正向传播的弯曲波远离起始点（扩散波）；第二项与 $H_0^{(2)}$ 有关代表反向传播的弯曲波靠近起始点（收敛波）。由于只关注前者，保留式（5-394）中的 $H_0^{(1)}$ 项。环形波峰弯曲板波的通解为

$$w(r,t) = A H_0^{(1)}(\gamma r)\mathrm{e}^{-i\omega t}, \quad r > 0 \tag{5-398}$$

其中，常值 A_1 用 A 代替。式（5-398）在起始处（$r=0$）是奇异的，因为波源位于起始处。

　　注意，在第 4 章节讨论板振动，式（5-393）的解以 Bessel 函数的形式表示。但是本章讨论的是传播波，需要用 Hankel 函数方程式（5-398）表示。由附录 A 可知，Bessel 函数与 Hankel 函数是有关联的。

5.8.3　板中的 SH 波

本节考虑另一种直波峰板波，即直波峰 SH 波，如图 5-20b 所示。分析平行于波阵面的粒子运动，即垂直于波传播方向。波是剪切振动，取波峰方向为 y 轴，得到一个和 x 有关的 y 不变问题：

$$u(x,y,t) \equiv 0$$
$$v(x,y,t) \to v(x,t)$$

(5-399)

其中，假设粒子运动平行于 y 轴。式（5-399）代入式（5-340）、式（5-341）得

$$N_x = 0, \qquad N_y = 0$$
$$N_{xy} = N_{yx} = Gh\frac{\partial v}{\partial x}$$

(5-400)

以及

$$\frac{\partial N_{xy}}{\partial x} = Gh\frac{\partial^2 v}{\partial x^2} = \rho h\frac{\partial^2 v}{\partial t^2}$$

(5-401)

简化后，得到 SH 波方程为

$$c_S^2 v'' = \ddot{v}$$

(5-402)

其中，c_S 是剪切波波速，为

$$c_S = \sqrt{\frac{G}{\rho}}, \qquad c_S^2 = \frac{G}{\rho}$$

(5-403)

注意，式（5-402）、式（5-403）描述的 SH 板波与式（5-333）、式（5-335）描述的弹性长条中的 SH 波相同，得到结论：平面应变效应不影响 SH 波，板中 SH 波与长条中 SH 波相同。

5.8.4　扭转板波（环形 SH 波）

扭转板波可产生于点源，在板的轴法向施加谐波旋转激励（即垂直的柱形振荡），扭转波有一个环形波阵面，在极坐标下 (r,θ) 分析。运动完全是圆周的，即 $u_\theta \neq 0$ 而 $u_r = 0$。由于对称性，有 $\partial u_\theta/\partial\theta = 0$。根据极坐标下的应力位移关系（附录 B）：

$$\sigma_r = \frac{E}{1-v^2}\left(\frac{\partial u_r}{\partial r} + v\frac{u_r}{r} + v\frac{1}{r}\frac{\partial u_\theta}{\partial\theta}\right)$$
$$\sigma_\theta = \frac{E}{1-v^2}\left(v\frac{\partial u_r}{\partial r} + \frac{u_r}{r} + \frac{1}{r}\frac{\partial u_\theta}{\partial\theta}\right)$$
$$\sigma_{r\theta} = G\left(\frac{\partial u_\theta}{\partial r} - \frac{u_\theta}{r} + \frac{1}{r}\frac{\partial u_r}{\partial\theta}\right)$$

(5-404)

利用条件 $u_r = 0$ 和 $\partial u_\theta/\partial\theta = 0$，式（5-404）变为

$$\sigma_{r\theta} = G\left(\frac{\partial u_\theta}{\partial r} - \frac{u_\theta}{r}\right), \ \sigma_r = 0, \ \sigma_\theta = 0$$

(5-405)

根据附录 B 中的极坐标下的运动方程为

$$\frac{\partial \sigma_{rr}}{\partial r} + \frac{1}{r}\frac{\partial \sigma_{r\theta}}{\partial \theta} + \frac{\sigma_{rr} - \sigma_{\theta\theta}}{r} = \rho \ddot{u}_r$$

$$\frac{\partial \sigma_{r\theta}}{\partial r} + \frac{1}{r}\frac{\partial \sigma_{\theta\theta}}{\partial \theta} + \frac{2}{r}\sigma_{r\theta} = \rho \ddot{u}_\theta \qquad (5\text{-}406)$$

将式（5-405）代入式（5-406）得

$$\frac{\partial \sigma_{r\theta}}{\partial r} + \frac{2}{r}\sigma_{r\theta} = \rho \ddot{u}_\theta \qquad (5\text{-}407)$$

注意，应力沿板厚方向是常值，将式（5-405）代入式（5-407）和式（5-353）得

$$G\left(\frac{\partial^2 u_\theta}{\partial r^2} - \frac{1}{r}\frac{\partial u_\theta}{\partial r} + \frac{u_\theta}{r^2} + \frac{2}{r}\frac{\partial u_\theta}{\partial r} - \frac{2}{r}\frac{u_\theta}{r}\right) = \rho \ddot{u}_\theta \qquad (5\text{-}408)$$

整理后，得到极坐标下的波方程为

$$c_S^2\left(\frac{\partial^2 u_\theta}{\partial r^2} + \frac{1}{r}\frac{\partial u_\theta}{\partial r} - \frac{u_\theta}{r^2}\right) = \ddot{u}_\theta \qquad (5\text{-}409)$$

其中，c_S 是式（5-403）给出的剪切波速。式（5-409）表明扭转板波和式（5-402）描述的直波峰 SH 波有相同的传播速度（环形 SH 波）。对于环形波峰轴向波，式（5-405）和式（5-356）有相同的形式。所以，式（5-364）给出的 Bessel 函数法同样适用，此处不展开。

5.9 平面波、球波和环形波波阵面

本节通过研究波阵面的形状来分析波传播的形式，包括平面波、球波和环形波。

首先给出波方程：

$$\nabla^2 \Phi(\boldsymbol{r},t) = \frac{1}{c^2}\ddot{\Phi}(\boldsymbol{r},t) \qquad (5\text{-}410)$$

其中，$\Phi(\boldsymbol{r},t)$ 是一个通用的在空间传播的波扰动。

5.9.1 平面波

平面波是有平面波阵面的一类波，平面波可产生于片状扩散源，如图 5-24a 所示。假设所有波阵面的粒子都在法线单位向量为 $\boldsymbol{n} = \{n_x, n_y, n_z\}$ 的平面内，平面波沿着 $\boldsymbol{n}$ 以波速 c 移动。随着波阵面的传播，它形成一条轨迹 s，如图 5-24b 所示。

波阵面内粒子的运动是自相似的，Φ 沿着路径 s 在 $\boldsymbol{n}$ 方向的拉普拉斯运算为

$$\nabla^2 \Phi = \frac{\partial^2 \Phi}{\partial s^2} \qquad (5\text{-}411)$$

将式（5-411）代入式（5-410）得到平面波的波方程为

$$\frac{\partial^2 \Phi}{\partial s^2} = \frac{1}{c^2}\frac{\partial^2 \Phi}{\partial t^2} \qquad (5\text{-}412)$$

（1）一般平面波

类似式（5-20），式（5-412）的达朗贝尔解为

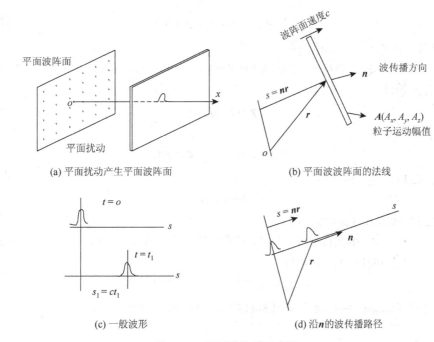

(a) 平面扰动产生平面波阵面　　　　　　　(b) 平面波波阵面的法线

(c) 一般波形　　　　　　　　　　　(d) 沿 **n** 的波传播路径

图 5-24　平面波传播示意图

$$\Phi(s,t) = f(s-ct) + g(s+ct) \tag{5-413}$$

只保留 $f(s-ct)$ 一项，其代表正向传播波，如图 5-24c 所示，即

$$\Phi(s,t) = f(s-ct) \tag{5-414}$$

如图 5-24d 所示，路径 s 是位置矢量 **r** 在传播方向 **n** 上的投影，有

$$s = \boldsymbol{n}\cdot\boldsymbol{r}, \quad \boldsymbol{n} = \{n_x, n_y, n_z\} \tag{5-415}$$

将式（5-415）代入式（5-414）得

$$\Phi(s,t) = f(\boldsymbol{n}\cdot\boldsymbol{r} - ct) = f(n_x x + n_y y + n_z z - ct) \tag{5-416}$$

平面波粒子运动由下式给出：

$$\boldsymbol{u}(\boldsymbol{r},t) = Af(\boldsymbol{n}\cdot\boldsymbol{r} - ct) = Af(n_x x + n_y y + n_z z - ct) \tag{5-417}$$

其中，**u** 是粒子运动；**A** 是运动幅值。**u** 和 **A** 均由 x, y, z 三个方向的元素组成，表示为

$$\boldsymbol{u} = \{u_x, u_y, u_z\}, \quad \boldsymbol{A} = \{A_x, A_y, A_z\} \tag{5-418}$$

（2）平面谐波

类似式（5-59），对式（5-412）使用分离变量法得

$$\Phi(s,t) = Be^{-i(\gamma s + \omega t)} + Ce^{i(\gamma s - \omega t)} \tag{5-419}$$

其中，$\gamma = \omega/c$ 是沿着路径 s 在传播方向 **n** 上的波数。只保留后一项 $e^{i(\gamma s - \omega t)}$，表示正向传播波，即

$$\Phi(s,t) = Ce^{i(\gamma s - \omega t)} \tag{5-420}$$

根据式（5-415）得

$$s = \boldsymbol{n} \cdot \boldsymbol{r} = n_x x + n_y y + n_z z \qquad (5\text{-}421)$$

将式（5-421）代入式（5-420）得

$$\gamma s = \gamma(\boldsymbol{n} \cdot \boldsymbol{r}) = \gamma(n_x x + n_y y + n_z z) = \gamma n_x x + \gamma n_y y + \gamma n_z z \qquad (5\text{-}422)$$

定义在 $\boldsymbol{n}$ 方向的波数矢量 $\boldsymbol{\gamma}$ 为

$$\boldsymbol{\gamma} = \{\xi,\ \eta,\ \varsigma\} \qquad (5\text{-}423)$$

波数矢量 $\boldsymbol{\gamma}$ 的元素为

$$\xi = \gamma n_x,\ \eta = \gamma n_y,\ \varsigma = \gamma n_z \qquad (5\text{-}424)$$

结合式（5-423）、式（5-424）得

$$\gamma s = \boldsymbol{\gamma} \cdot \boldsymbol{r} \qquad (5\text{-}425)$$

将式（5-425）代入式（5-420）得

$$\Phi(\boldsymbol{r},t) = C\mathrm{e}^{i(\boldsymbol{\gamma}\cdot\boldsymbol{r}-\omega t)} = C\mathrm{e}^{i(\xi x+\eta y+\varsigma z-\omega t)} \quad \text{（平面谐波）} \qquad (5\text{-}426)$$

平面谐波粒子运动通用的表达式为

$$\boldsymbol{u}(\boldsymbol{r},t) = A\mathrm{e}^{i(\boldsymbol{\gamma}\cdot\boldsymbol{r}-\omega t)} = A\mathrm{e}^{i(\xi x+\eta y+\varsigma z-\omega t)} \qquad (5\text{-}427)$$

其中，$\boldsymbol{u}$ 是粒子运动位移；A 是式（5-418）给出的粒子运动幅值。

5.9.2　球波

球波是波阵面为球面的一种波。球波产生于空间一点源，如图 5-25a 所示。球波以球对称形式传播，它们只与径向距离 r 有关。

式（5-410）只和半径 r 有关，即

$$\nabla^2 \Phi(r,t) = \frac{1}{c^2}\ddot{\Phi}(r,t) \quad \text{（波方程）} \qquad (5\text{-}428)$$

Φ 在球坐标下的拉普拉斯运算为

$$\nabla^2 \Phi = \frac{1}{r^2}\frac{\partial}{\partial r}\left(r^2\frac{\partial \Phi}{\partial r}\right) + \frac{1}{r^2\sin\theta}\frac{\partial}{\partial \theta}\left(\sin\theta\frac{\partial \Phi}{\partial \theta}\right) + \frac{1}{r^2\sin^2\theta}\frac{\partial^2 \Phi}{\partial \phi^2} \qquad (5\text{-}429)$$

由于球对称，式（5-429）只和 r 有关，得

$$\nabla^2 \Phi = \frac{1}{r^2}\frac{\partial}{\partial r}\left(r^2\frac{\partial \Phi}{\partial r}\right) \qquad (5\text{-}430)$$

式（5-430）可表示成

$$\nabla^2 \Phi = \frac{1}{r}\frac{\partial(\Phi r)}{\partial r^2} \qquad (5\text{-}431)$$

式（5-431）的证明：将式（5-431）的左边部分展开得

$$\nabla^2 \Phi = \frac{1}{r^2}\frac{\partial}{\partial r}\left(r^2\frac{\partial \Phi}{\partial r}\right) = \frac{1}{r^2}\left(2r\frac{\partial \Phi}{\partial r} + r^2\frac{\partial^2 \Phi}{\partial r^2}\right) = \frac{1}{r}\left(2\frac{\partial \Phi}{\partial r} + r\frac{\partial^2 \Phi}{\partial r^2}\right) \qquad (5\text{-}432)$$

将式（5-431）的右边部分展开得

$$\frac{1}{r}\frac{\partial(\Phi r)}{\partial r^2} = \frac{1}{r}\frac{\partial}{\partial r}\left[\frac{\partial(\Phi r)}{\partial r}\right] = \frac{1}{r}\frac{\partial}{\partial r}\left(\Phi + r\frac{\partial\Phi}{\partial r}\right)$$

$$= \frac{1}{r}\left[\frac{\partial\Phi}{\partial r} + \frac{\partial}{\partial r}\left(r\frac{\partial\Phi}{\partial r}\right)\right] = \frac{1}{r}\left(\frac{\partial\Phi}{\partial r} + \frac{\partial\Phi}{\partial r} + r\frac{\partial^2\Phi}{\partial r^2}\right) = \frac{1}{r}\left(2\frac{\partial\Phi}{\partial r} + r\frac{\partial^2\Phi}{\partial r^2}\right)$$

（5-433）

由于式（5-432）和式（5-433）有相同的表达式，证明完毕。

将式（5-431）代入式（5-428），两边同乘以 r 得到球波方程为

$$\frac{\partial^2(\Phi r)}{\partial r^2} = \frac{1}{c^2}\frac{\partial^2(\Phi r)}{\partial t^2}$$

（5-434）

其中，Φ 只和径向距离和时间有关，$\Phi = \Phi(r,t)$。

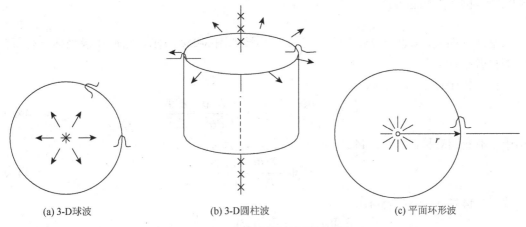

(a) 3-D球波　　　　　　　　　(b) 3-D圆柱波　　　　　　　　(c) 平面环形波

图 5-25　各类波的波阵面示意图

（1）一般球波

式（5-434）的达朗贝尔解为

$$r\Phi(r,t) = f(r-ct) + g(r+ct)$$

（5-435）

$g(r+ct)$ 项可以消掉因为它表示反向波。只保留前一项 $f(r-ct)$，其代表从点源向外传播的波。所以式（5-435）变为

$$\Phi(r,t) = \frac{1}{r}f(r-ct) \quad \text{（一般球波）}$$

（5-436）

一般球波的粒子位移为

$$\boldsymbol{u}(r,t) = \frac{\boldsymbol{A}}{r}f(r-ct)$$

（5-437）

其中，$\boldsymbol{u}$、$\boldsymbol{A}$ 有 r、θ、ϕ 方向三个分量，表示为

$$\boldsymbol{u} = \{u_r, u_\theta, u_\phi\}, \quad \boldsymbol{A} = \{A_r, A_\theta, A_\phi\}$$

（5-438）

（2）球面谐波

对式（5-434）使用分离变量法得

$$r\Phi(r,t)= Be^{-i(\gamma r-\omega t)} + Ce^{i(\gamma r-\omega t)} \tag{5-439}$$

将 $e^{-i(\gamma r-\omega t)}$ 这一项去掉因为它表示反向波，只保留后一项 $e^{i(\gamma r-\omega t)}$，其表示从起始处点源向外传播波。式（5-439）得

$$\Phi(r,t)=\frac{1}{r}Ce^{i(\gamma r-\omega t)} \tag{5-440}$$

球面谐波的粒子位移

$$\boldsymbol{u}(\boldsymbol{r},t) = \frac{\boldsymbol{A}}{r}e^{i(\gamma r-\omega t)} \tag{5-441}$$

其中，$\boldsymbol{u}$、$\boldsymbol{A}$ 有 r、θ、ϕ 三个方向的分量如式（5-438）所示。

5.9.3　环形波和柱面

空间柱面波，如图 5-25b 所示，平面环形波如图 5-25c 所示。它们在极坐标下有着同样的拉普拉斯运算。

根据极坐标下的拉普拉斯运算：

$$\nabla^2\Phi=\frac{\partial^2\Phi}{\partial r^2}+\frac{1}{r}\frac{\partial\Phi}{\partial r}+\frac{1}{r^2}\frac{\partial^2\Phi}{\partial\theta^2}+\frac{\partial^2\Phi}{\partial z^2} \tag{5-442}$$

由于 z 不变圆对称，式（5-442）只和 r 有关，表示为

$$\nabla^2\Phi=\frac{\partial^2\Phi}{\partial r^2}+\frac{1}{r}\frac{\partial\Phi}{\partial r} \tag{5-443}$$

将式（5-443）代入式（5-410）得

$$\frac{\partial^2\Phi(r,t)}{\partial r^2}+\frac{1}{r}\frac{\partial\Phi(r,t)}{\partial r}=\frac{1}{c^2}\ddot{\Phi}(r,t) \tag{5-444}$$

式（5-444）有一个基于 Bessel 函数的精确解，这种 Bessel 函数解法将在下一章讨论。本节讨论一种近似解法，描述的是 $r\to\infty$ 时的环形波和柱面波解。式（5-443）整理为

$$\nabla^2\Phi=\frac{\partial^2\Phi}{\partial r^2}+\frac{1}{r}\frac{\partial\Phi}{\partial r}=\frac{1}{\sqrt{r}}\frac{\partial^2(\Phi\sqrt{r})}{\partial r^2}+\frac{1}{4r^2}\Phi \tag{5-445}$$

式（5-445）的证明：计算 $\Phi\sqrt{r}$ 的一阶微分为

$$\frac{\partial(\Phi\sqrt{r})}{\partial r}=\frac{\partial(\Phi r^{1/2})}{\partial r}=\frac{\partial\Phi}{\partial r}r^{1/2}+\Phi\frac{1}{2}r^{-1/2} \tag{5-446}$$

计算 $\Phi\sqrt{r}$ 的二阶微分为

$$\frac{\partial^2(\Phi\sqrt{r})}{\partial r^2}=\frac{\partial}{\partial r}\left[\frac{\partial(\Phi r^{1/2})}{\partial r}\right]=\frac{\partial}{\partial r}\left(\frac{\partial\Phi}{\partial r}r^{1/2}+\Phi\frac{1}{2}r^{-1/2}\right)$$

$$=\frac{\partial^2\Phi}{\partial r^2}r^{1/2}+\frac{\partial\Phi}{\partial r}\frac{1}{2}r^{-1/2}+\frac{\partial\Phi}{\partial r}\frac{1}{2}r^{-1/2}-\Phi\frac{1}{4}r^{-3/2} \tag{5-447}$$

$$=\frac{\partial^2\Phi}{\partial r^2}r^{1/2}+\frac{\partial\Phi}{\partial r}r^{-1/2}-\Phi\frac{1}{4}r^{-3/2}=r^{1/2}\left(\frac{\partial^2\Phi}{\partial r^2}+\frac{\partial\Phi}{\partial r}r^{-1}-\frac{1}{4}\Phi r^{-2}\right)$$

式（5-447）除以 $\sqrt{r}$ 得

$$\frac{1}{\sqrt{r}}\frac{\partial^2(\Phi\sqrt{r})}{\partial r^2}=\frac{\partial^2\Phi}{\partial r^2}+\frac{1}{r}\frac{\partial\Phi}{\partial r}-\frac{1}{4}\Phi r^{-2}=\nabla^2\Phi-\frac{1}{4}\Phi r^{-2} \tag{5-448}$$

式（5-448）整理后得到式（5-445）。

r 很大时，式（5-445）的第二项可忽略，有

$$\nabla^2\Phi\big|_{r\to\infty}=\frac{1}{\sqrt{r}}\frac{\partial^2(\Phi\sqrt{r})}{\partial r^2}+\left\{\frac{1}{4r^2}\Phi\right\}\approx\frac{1}{\sqrt{r}}\frac{\partial^2(\Phi\sqrt{r})}{\partial r^2} \tag{5-449}$$

将式（5-449）代入式（5-410）得到环形波方程的近似表达式为

$$\frac{\partial^2(\Phi\sqrt{r})}{\partial r^2}\approx\frac{1}{c^2}\frac{\partial^2(\Phi\sqrt{r})}{\partial t^2} \tag{5-450}$$

其中，Φ 只和径向距离和时间有关，$\Phi=\Phi(r,t)$。

（1）一般环形波和柱面波

式（5-450）的达朗贝尔解为

$$\Phi(r,t)\sqrt{r}=f(r-ct)+g(r+ct) \tag{5-451}$$

和前文一样，只保留前一项 $f(r-ct)$，其表示从起始点开始向外传播的正向传播波。所以，式（5-451）变为

$$\Phi(r,t)=\frac{1}{\sqrt{r}}f(r-ct)\quad（一般环形波） \tag{5-452}$$

一般环形波的粒子位移为

$$\boldsymbol{u}(r,t)=\frac{\boldsymbol{A}}{\sqrt{r}}f(r-ct)\quad（一般环形波） \tag{5-453}$$

其中，$\boldsymbol{u}$、$\boldsymbol{A}$ 有 r、θ 方向的分量，表示为

$$\boldsymbol{u}=\{u_r,u_\theta\},\ \boldsymbol{A}=\{A_r,A_\theta\}\quad（环形波位移） \tag{5-454}$$

对于柱面波，矢量 $\boldsymbol{u}$、$\boldsymbol{A}$ 有 r、θ、z 三个方向的元素，表示为

$$\boldsymbol{u}=\{u_r,u_\theta,u_z\},\ \boldsymbol{A}=\{A_r,A_\theta,A_z\} \tag{5-455}$$

但是，柱面波的波阵面根据式（5-453）传播，因为柱面波沿着 z 轴是自相似的，所以柱面波位移为

$$\boldsymbol{u}(r,t)=\frac{\boldsymbol{A}}{\sqrt{r}}f(r-ct)\quad（柱面波位移） \tag{5-456}$$

（2）环形谐波和柱面谐波

式（5-450）的分离变量解为

$$\Phi(r,t)\sqrt{r}=Be^{-i(\gamma r+\omega t)}+Ce^{i(\gamma r-\omega t)} \tag{5-457}$$

和前文一样，只保留后一项 $e^{i(\gamma r-\omega t)}$ 其表示正向传播波，式（5-439）得

$$\Phi(r,t)=\frac{1}{\sqrt{r}}Ce^{i(\gamma r-\omega t)} \tag{5-458}$$

环形谐波的粒子位移为

$$u(r,t) = \frac{A}{\sqrt{r}} e^{i(\gamma r - \omega t)} \quad \text{（环形谐波）} \tag{5-459}$$

其中，u、A 有 r、θ 方向的分量如式（5-454）所示。

对于柱面波，矢量 u、A 有 r、θ、z 三个方向的元素，如式（5-455）所示，有

$$u(r,t) = \frac{A}{\sqrt{r}} e^{i(\gamma r - \omega t)} \quad \text{（柱面谐波）} \tag{5-460}$$

5.10 无限大弹性介质中的体波

在一个无边界弹性固体中，波可在任意方向上自由传播。为了分析在无边界弹性介质中的波，本节使用 3-D 弹性 Lame 常数关系（附录 B.5）。回顾式（5-417），描述一般平面波沿着方向 $n = n_1 e_1 + n_2 e_2 + n_3 e_3$ 传播

$$u = A f(n \cdot r - ct) \tag{5-461}$$

其中，A 是波幅值向量，表示为

$$A = A_1 e_1 + A_2 e_2 + A_3 e_3 \tag{5-462}$$

根据 Navier-Lame 关系（附录 B）得

$$(\lambda + \mu)\left(\frac{\partial^2 u_1}{\partial x_1^2} + \frac{\partial^2 u_2}{\partial x_1 \partial x_2} + \frac{\partial^2 u_3}{\partial x_1 \partial x_3}\right) + \mu\left(\frac{\partial^2 u_1}{\partial x_1^2} + \frac{\partial^2 u_1}{\partial x_2^2} + \frac{\partial^2 u_1}{\partial x_3^2}\right) = \rho \ddot{u}_1$$

$$(\lambda + \mu)\left(\frac{\partial^2 u_1}{\partial x_2 \partial x_1} + \frac{\partial^2 u_1}{\partial x_2^2} + \frac{\partial^2 u_3}{\partial x_2 \partial x_3}\right) + \mu\left(\frac{\partial^2 u_2}{\partial x_1^2} + \frac{\partial^2 u_2}{\partial x_2^2} + \frac{\partial^2 u_2}{\partial x_3^2}\right) = \rho \ddot{u}_2 \tag{5-463}$$

$$(\lambda + \mu)\left(\frac{\partial^2 u_3}{\partial x_3 \partial x_1} + \frac{\partial^2 u_2}{\partial x_3 \partial y} + \frac{\partial^2 u_1}{\partial x_3^2}\right) + \mu\left(\frac{\partial^2 u_3}{\partial x_1^2} + \frac{\partial^2 u_3}{\partial x_2^2} + \frac{\partial^2 u_3}{\partial x_3^2}\right) = \rho \ddot{u}_3$$

其中，符号 x、y、z 用 x_1、x_2、x_3 代替。为便于式（5-463）的计算，利用式（5-461）的结论：波阵面的相位是时间和空间的函数，作如下变换：

$$n \cdot r - ct = n_1 x_1 + n_2 x_2 + n_3 x_3 - ct \tag{5-464}$$

所以有

$$\frac{\partial(n \cdot r - ct)}{\partial x_i} = n_i \qquad \frac{\partial(n \cdot r - ct)}{\partial t} = -c \tag{5-465}$$

利用式（5-461）、式（5-465），有

$$\frac{\partial u}{\partial x_i} = A f'(n \cdot r - ct)\frac{\partial(n \cdot r - ct)}{\partial x_i} = A n_i f'(n \cdot r - ct)$$

$$\frac{\partial u}{\partial t} = A f'(n \cdot r - ct)\frac{\partial(n \cdot r - ct)}{\partial t} = A(-c) f'(n \cdot r - ct) \tag{5-466}$$

将式（5-466）和它的高阶微分代入式（5-463），约掉 f'' 得

$$(\lambda + \mu)(A_1 n_1^2 + A_2 n_1 n_2 + A_3 n_1 n_3) + \mu A_1 = \rho c^2 A_1$$

$$(\lambda + \mu)(A_2 n_2^2 + A_1 n_1 n_2 + A_3 n_2 n_3) + \mu A_2 = \rho c^2 A_2 \tag{5-467}$$

$$(\lambda + \mu)(A_3 n_3^2 + A_2 n_3 n_2 + A_1 n_1 n_3) + \mu A_3 = \rho c^2 A_3$$

整理式（5-467）得

$$\begin{bmatrix} (\lambda+\mu)n_1^2+(\mu-\rho c^2) & (\lambda+\mu)n_1n_2 & (\lambda+\mu)n_1n_3 \\ (\lambda+\mu)n_1n_2 & (\lambda+\mu)n_2^2+(\mu-\rho c^2) & (\lambda+\mu)n_2n_3 \\ (\lambda+\mu)n_1n_3 & (\lambda+\mu)n_2n_3 & (\lambda+\mu)n_3^2+(\mu-\rho c^2) \end{bmatrix}\begin{bmatrix} A_1 \\ A_2 \\ A_3 \end{bmatrix}=\begin{bmatrix} 0 \\ 0 \\ 0 \end{bmatrix} \tag{5-468}$$

若式（5-468）齐次线性代数方程有非平凡解，当且仅当系数矩阵的行列式为 0 时，有

$$\begin{vmatrix} (\lambda+\mu)n_1^2+(\mu-\rho c^2) & (\lambda+\mu)n_1n_2 & (\lambda+\mu)n_1n_3 \\ (\lambda+\mu)n_1n_2 & (\lambda+\mu)n_2^2+(\mu-\rho c^2) & (\lambda+\mu)n_2n_3 \\ (\lambda+\mu)n_1n_3 & (\lambda+\mu)n_2n_3 & (\lambda+\mu)n_3^2+(\mu-\rho c^2) \end{vmatrix}=0 \tag{5-469}$$

5.10.1 波方程的特征值和基本波速度

对式（5-469）展开化简得

$$[(\lambda+2\mu)-\rho c^2](\mu-\rho c^2)^2=0 \tag{5-470}$$

显然，式（5-470）有三个解，其中两个是相等的，即

$$c_1=c_P \tag{5-471}$$
$$c_2=c_3=c_S$$

其中

$$c_P=\sqrt{\frac{\lambda+2\mu}{\rho}}, \quad c_P^2=\frac{\lambda+2\mu}{\rho} \quad (压力波速度) \tag{5-472}$$

$$c_S=\sqrt{\frac{\mu}{\rho}}, \quad c_S^2=\frac{\mu}{\rho} \quad (剪切波速度) \tag{5-473}$$

注意，压力波波速和剪切波波速用符号 E、G、ν 表示

$$c_P=\sqrt{\frac{1-\nu}{(1+\nu)(1-2\nu)}\frac{E}{\rho}}, \quad c_P^2=\frac{1-\nu}{(1+\nu)(1-2\nu)}\frac{E}{\rho} \tag{5-474}$$

$$c_S=\sqrt{\frac{G}{\rho}}=\sqrt{\frac{1}{2(1+\nu)}\frac{E}{\rho}}, \quad c_S^2=\frac{G}{\rho}=\frac{1}{2(1+\nu)}\frac{E}{\rho} \tag{5-475}$$

注意，一些作者用 c_1、c_2 代替 c_P、c_S，还有作者用 c_L、c_T。在后者的情形下，不要把符号 c_L 和式（5-345）中的 c_L 弄混淆了，其表示板中的纵波波速。

5.10.2 波方程的特征向量

把式（5-471）的特征值代入式（5-468），得到线性系统式（5-468）的特征向量。可以得出，第 1 个特征值 $c_1=c_P$ 和压力波有关，其粒子运动和传播方向 $\boldsymbol{n}$ 平行。第 2 和第 3 特征值 $c_2=c_3=c_S$ 和剪切波有关，其粒子运动方向和传播方向 $\boldsymbol{n}$ 垂直。

除此之外，这两个剪切波有相同的波速，但它们有不同的偏振方式，而且相互正交。证明如下：不失一般性，假设波阵面传播平行于 x 轴，即

$$\boldsymbol{n} = \boldsymbol{e}_1 \tag{5-476}$$

此时有 $n_1 = 1$, $n_2 = 0$, $n_3 = 0$。在这种条件下，式（5-461）变为

$$\boldsymbol{u} = \boldsymbol{A}f(x_1 - ct) \tag{5-477}$$

而式（5-468）变为

$$\begin{bmatrix} (\lambda + 2\mu) - \rho c^2 & 0 & 0 \\ 0 & \mu - \rho c^2 & 0 \\ 0 & 0 & \mu - \rho c^2 \end{bmatrix} \begin{bmatrix} A_1 \\ A_2 \\ A_3 \end{bmatrix} = \begin{bmatrix} 0 \\ 0 \\ 0 \end{bmatrix} \tag{5-478}$$

显然，式（5-478）的特征值保持不变，和前文一样：$c_1 = c_P$，$c_2 = c_S$，$c_3 = c_S$。相对应的特征向量为 $\{A_1, 0, 0\}^T$、$\{0, A_2, 0\}^T$、$\{0, 0, A_3\}^T$。

得到三种波分别为

$$\boldsymbol{u}_P = A_1 \boldsymbol{e}_1 f(x_1 - c_P t) \quad （压力波） \tag{5-479}$$

$$\boldsymbol{u}_{SH} = A_2 \boldsymbol{e}_2 f(x_1 - c_S t) \quad （水平剪切波） \tag{5-480}$$

$$\boldsymbol{u}_{SV} = A_3 \boldsymbol{e}_3 f(x_1 - c_S t) \quad （垂直剪切波） \tag{5-481}$$

总波 $\boldsymbol{u}$ 是三者的叠加：

$$\boldsymbol{u} = \boldsymbol{u}_P + \boldsymbol{u}_{SH} + \boldsymbol{u}_{SV} \tag{5-482}$$

其中，系数 A_1、A_2、A_3 由初始条件和边界条件确定。反向波可同样分析。

压力波也叫压缩波、轴向波、膨胀波、纵波或者 P 波。压力波的主要特点是粒子运动平行于传播方向。剪切波也叫横波、畸变波或者 S 波。剪切波的主要特点是粒子运动垂直于传播方向。

在频率为 ω 的谐波例子中，粒子位移由式（5-427）给出

$$\boldsymbol{u}(\boldsymbol{r}, t) = A e^{i(\gamma \cdot \boldsymbol{r} - \omega t)} = A e^{i(\xi x + \eta y + \varsigma z - \omega t)} \quad （平面谐波） \tag{5-483}$$

其中，把 x、y、z 换成 $\boldsymbol{i}$、$\boldsymbol{j}$、$\boldsymbol{k}$。假设波阵面传播平行于 x 轴，$\boldsymbol{n} = \boldsymbol{i}$，$\gamma = \gamma\boldsymbol{i}$，式（5-483）变成

$$\boldsymbol{u}(\boldsymbol{r}, t) = A e^{i(\gamma x - \omega t)} \tag{5-484}$$

压力波和剪切波选取如下形式：

$$\boldsymbol{u}_P = A_x \boldsymbol{i} e^{i(\gamma_P x - \omega t)} \tag{5-485}$$

$$\boldsymbol{u}_{SH} = A_y \boldsymbol{j} e^{i(\gamma_S x - \omega t)} \tag{5-486}$$

$$\boldsymbol{u}_{SV} = A_z \boldsymbol{k} e^{i(\gamma_S x - \omega t)} \tag{5-487}$$

式（5-485）～式（5-487）波数 γ_P、γ_S 如下：

$$\gamma_P = \frac{\omega}{c_P}, \qquad \gamma_S = \frac{\omega}{c_S} \tag{5-488}$$

P 波和 S 波的示意图见图 5-26。

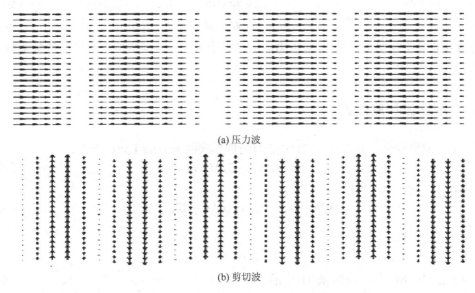

(a) 压力波

(b) 剪切波

图 5-26　板波仿真

5.10.3　波势

波势应用于几种波理论推导。假设位移可以用两个位函数表示，一个标量势函数 Φ 和一个矢量势函数 $\boldsymbol{H} = H_x\boldsymbol{i} + H_y\boldsymbol{j} + H_z\boldsymbol{k}$ ，得

$$\boldsymbol{u} = \mathrm{grad}\Phi + \mathrm{curl}\boldsymbol{H} = \nabla\Phi + \nabla\times\boldsymbol{H} \tag{5-489}$$

式（5-489）就是著名的 Helmholtz 解，它有唯一性条件：

$$\nabla\cdot\boldsymbol{H}=0 \tag{5-490}$$

根据 Navier-Lame 方程（附录 B），得

$$(\lambda + \mu)\nabla(\nabla\cdot\boldsymbol{u}) + \mu\nabla^2\boldsymbol{u} = \rho\ddot{\boldsymbol{u}} \tag{5-491}$$

利用式（5-489），将式（5-491）改写为

$$\nabla\cdot\boldsymbol{u} = \nabla\cdot(\nabla\Phi + \nabla\times\boldsymbol{H}) = (\nabla\cdot\nabla)\Phi + \nabla\cdot(\nabla\times\boldsymbol{H}) = \nabla^2\Phi \tag{5-492}$$

$$\nabla^2\boldsymbol{u} = \nabla^2(\nabla\Phi + \nabla\times\boldsymbol{H}) = \nabla^2\nabla\Phi + \nabla^2\nabla\times\boldsymbol{H} \tag{5-493}$$

$$\ddot{\boldsymbol{u}} = \nabla\ddot{\Phi} + \nabla\times\ddot{\boldsymbol{H}} \tag{5-494}$$

将上述三式代入式（5-491）得

$$(\lambda + \mu)\nabla(\nabla^2\Phi) + \mu(\nabla^2\nabla\Phi + \nabla^2\nabla\times\boldsymbol{H}) = \rho(\nabla\ddot{\Phi} + \nabla\times\ddot{\boldsymbol{H}}) \tag{5-495}$$

注意，$\nabla\nabla^2 = \nabla^2\nabla$ （微分顺序可交换），式（5-495）得

$$\nabla[(\lambda + 2\mu)\nabla^2\Phi - \rho\ddot{\Phi}] + \nabla\times(\mu\nabla^2\boldsymbol{H} - \rho\ddot{\boldsymbol{H}}) = \boldsymbol{0} \tag{5-496}$$

对于式（5-496）在任何位置和任意时刻是成立的，所以括号内分别为 0，即

$$(\lambda + 2\mu)\nabla^2\Phi - \rho\ddot{\Phi}=0 \tag{5-497}$$

$$\mu\nabla^2\boldsymbol{H} - \rho\ddot{\boldsymbol{H}} = \boldsymbol{0} \tag{5-498}$$

两边同除以 ρ，式（5-497）、式（5-498）变成基于标量势函数 Φ 和矢量势函数 $\boldsymbol{H}$ 的波方程：

$$c_P^2\nabla^2\Phi = \ddot{\Phi} \tag{5-499}$$

$$c_S^2\nabla^2\boldsymbol{H} = \ddot{\boldsymbol{H}} \tag{5-500}$$

式（5-499）表明标量势函数 Φ 以压力波波速 c_P 传播，式（5-500）表明矢量势函数 $\boldsymbol{H}$ 以剪切波波速 c_S 传播。

5.10.4　膨胀波和旋转波

为了计算膨胀波，根据附录 B 中给的矢量形式的 Navier-Lame 方程：

$$(\lambda+2\mu)\nabla\Delta - 2\mu\nabla\times\boldsymbol{\omega} = \rho\ddot{\boldsymbol{u}} \tag{5-501}$$

式（5-501）左边点乘 $\nabla\cdot$ 得

$$(\lambda+2\mu)\nabla\cdot\nabla\Delta - \underline{2\mu\nabla\cdot(\nabla\times\boldsymbol{\omega})} = \rho\nabla\cdot\ddot{\boldsymbol{u}} \tag{5-502}$$

简化后，式（5-502）得到膨胀波方程为

$$(\lambda+2\mu)\nabla^2\Delta = \rho\ddot{\Delta} \tag{5-503}$$

由于 $\boldsymbol{a}\cdot(\boldsymbol{a}\times\boldsymbol{b})=0$ 以及附录 B 中的定义 $\nabla^2=\nabla\cdot\nabla$，$\Delta=\nabla\cdot\boldsymbol{u}$，式（5-502）简化得到式（5-503）。式（5-503）两边同除以 ρ，再结合式（5-472）得

$$c_P^2\nabla^2\Delta = \ddot{\Delta} \tag{5-504}$$

结果表明膨胀波以压力波波速传播。

为了计算旋转波，根据附录 B 中的 Navier-Lame 方程：

$$(\lambda+2\mu)\nabla\Delta + \mu\nabla^2\boldsymbol{u} = \rho\ddot{\boldsymbol{u}} \tag{5-505}$$

式（5-505）左边叉乘 $\nabla\times$ 得

$$(\lambda+2\mu)\underline{\nabla\times\nabla}\Delta + \mu\nabla^2\nabla\times\boldsymbol{u} = \rho\nabla\times\ddot{\boldsymbol{u}} \tag{5-506}$$

简化后，式（5-506）得到旋转波方程为

$$\mu\nabla^2\boldsymbol{w} = \rho\ddot{\boldsymbol{w}} \tag{5-507}$$

由于 $\boldsymbol{a}\times\boldsymbol{a}=0$，由附录 B 中的定义 $\boldsymbol{w}=\dfrac{1}{2}\nabla\times\boldsymbol{u}$，式（5-506）经过简化后，得到式（5-507）。

式（5-503）两边同除以 ρ，同时结合式（5-473）得

$$c_S^2\nabla^2\boldsymbol{w} = \ddot{\boldsymbol{w}} \tag{5-508}$$

结果表明旋转波以剪切波波速传播。

标量方程式（5-503）和矢量方程式（5-507）表明，膨胀运动和旋转运动都遵循波方程并且在弹性体内传播。依赖于初始条件和边界条件，膨胀波和旋转波可以单独或共同存在于弹性体内。

5.10.5　无旋波和等体积波

压力波是无旋波，即 $\boldsymbol{\omega}=0$。剪切波是等体积波，即无膨胀度（$\Delta=\nabla\cdot\boldsymbol{u}=0$）。证明如下：

假设压力波形如式（5-479）为

$$\boldsymbol{u} = A_1 \boldsymbol{e}_1 f(x_1 - c_P t) \text{（压力波）} \tag{5-509}$$

计算自旋度，并证明其为 0

$$\boldsymbol{\omega} = \frac{1}{2} \nabla \times \boldsymbol{u} = \frac{1}{2} \nabla \times A_1 \boldsymbol{e}_1 f(x_1 - c_P t) = \frac{1}{2} A_1 \left(\boldsymbol{e}_2 \frac{\partial}{\partial x_3} - \boldsymbol{e}_3 \frac{\partial}{\partial x_2} \right) f(x_1 - c_P t) = \boldsymbol{0} \tag{5-510}$$

上式证明了压力波是无旋波。

膨胀度计算如下：

$$\Delta = \nabla \cdot \boldsymbol{u} = \nabla \cdot A_1 \boldsymbol{e}_1 f(x_1 - c_s t) = A_1 \frac{\partial}{\partial x_1} f(x_1 - c_s t) = A_1 f'(x_1 - c_s t) \neq 0 \tag{5-511}$$

上式证明了压力波是膨胀波。

膨胀应变为

$$\varepsilon_{11}^{\text{distorsion}} = \varepsilon_{11} - \frac{1}{3}\Delta = \frac{\partial u_1}{\partial x_1} - \frac{1}{3}\frac{\partial u_1}{\partial x_1} = \frac{2}{3}\frac{\partial u_1}{\partial x_1} = \frac{2}{3}A_1 f'(x_1 - ct) \neq 0 \tag{5-512}$$

上式表示压力波是畸变的。（本章参考文献[8]，13~15 页）

根据波势方程可以得到结论：只和标量势函数 Φ 有关的波是无旋波。证明如下：

$$\boldsymbol{u} = \nabla \Phi \tag{5-513}$$

计算自旋度为

$$\boldsymbol{\omega} = \frac{1}{2}\nabla \times \boldsymbol{u} = \frac{1}{2}(\nabla \times \nabla)\Phi = \boldsymbol{0} \tag{5-514}$$

由于 $\boldsymbol{a} \times \boldsymbol{a} = 0$，式（5-514）为 0。膨胀度如下计算：

$$\Delta = \nabla \cdot \boldsymbol{u} = \nabla \cdot \nabla \Phi = \nabla^2 \Phi \neq 0 \tag{5-515}$$

表明标量势函数 Φ 可以看成膨胀势。

假设形如式（5-480）的一个剪切波为

$$\boldsymbol{u} = A_2 \boldsymbol{e}_2 f(x_1 - c_s t) \tag{5-516}$$

计算膨胀度并证明其为 0：

$$\Delta = \nabla \cdot \boldsymbol{u} = \nabla \cdot A_2 \boldsymbol{e}_2 f(x_1 - c_s t) = A_2 \frac{\partial}{\partial x_2} f(x_1 - c_s t) = 0 \tag{5-517}$$

上式证明了剪切波是等体积波，因为膨胀度就是体积膨胀的直接测度。介质经历的唯一变形是畸变。这隐含等体积波也是畸变波。

根据波势方程得到结论：只和矢量势函数 $\boldsymbol{H}$ 有关的波是等体积波。证明如下：

$$\boldsymbol{u} = \nabla \times \boldsymbol{H} \tag{5-518}$$

计算膨胀度为

$$\Delta = \nabla \cdot \boldsymbol{u} = \nabla \cdot (\nabla \times \boldsymbol{H}) = 0 \tag{5-519}$$

由于 $\boldsymbol{a} \cdot (\boldsymbol{a} \times \boldsymbol{b}) = 0$，式（5-519）为 0。

自旋度计算如下：

$$\boldsymbol{\omega} = \frac{1}{2}\nabla \times \boldsymbol{u} = \frac{1}{2}\nabla \times (\nabla \times \boldsymbol{H}) \neq \boldsymbol{0} \tag{5-520}$$

上式表明矢量势函数 H 可以看成是自旋势。正如前文所示，等体积波也是畸变波。这隐含着矢量势函数 H 也可以作为畸变势。

以上分析可以得到一个有趣的结论：当畸变波不发生膨胀时，膨胀波也不会发生畸变。这个结果可以通过常数 $\lambda+2\mu$ 和体积弹性模量 B、剪切模量 μ 之间的关系证明（本章参考文献[8]第 14 页）。利用附录 B 中的定义，有

$$\lambda+2\mu=B+\frac{4}{3}\mu \tag{5-521}$$

显然，常数 $\lambda+2\mu$ 通过式（5-472）定义了压力波波速 c_P，其值取决于体积弹性模量 B 和剪切模量 μ。无旋波涉及体积膨胀和畸变。

5.10.6　z 不变波

3-D 平面波非常有趣，这种波沿着波阵面某方向不发生变化。这种情况实际存在，例如在直波峰波中，波峰平行于 z 轴。一般地（本章参考文献[5]），z 轴取为不变方向，因此称为 z 不变波。可以看出 z 不变条件所确定的简化非常有用，尤其在超声 SHM 检测中。

为了方便，用 x_1、x_2、x_3 代替 x、y、z。假设波阵面平行于 z 轴，且波的扰动沿着 z 轴是不变的，如图 5-27 所示。这意味着所有函数关于 z 的导数或偏导数为 0。除此之外，波阵面法向量 n 将和 z 轴正交，即 $n \perp k$，其中 k 为 z 方向的单位矢量。根据式（5-489）有

$$u = \nabla\Phi + \nabla \times H \tag{5-522}$$

势函数 Φ、H_x、H_y、H_z 满足波方程和唯一性条件：

$$c_P^2\nabla^2\Phi = \ddot{\Phi} \quad \begin{cases} c_S^2\nabla^2 H_x = \ddot{H}_x \\ c_S^2\nabla^2 H_y = \ddot{H}_y \\ c_S^2\nabla^2 H_z = \ddot{H}_z \end{cases} \quad \frac{\partial H_x}{\partial x} + \frac{\partial H_y}{\partial y} + \frac{\partial H_z}{\partial z} = 0 \tag{5-523}$$

根据 z 不变条件得

$$\frac{\partial}{\partial z} \equiv 0, \quad \nabla = i\frac{\partial}{\partial x} + j\frac{\partial}{\partial y} \tag{5-524}$$

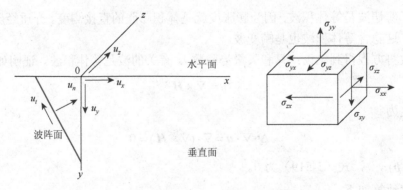

图 5-27　z 不变平面波研究的一般模型

将式（5-524）代入式（5-522）扩展后得

$$\boldsymbol{u} = \left(\frac{\partial \Phi}{\partial x} + \frac{\partial H_z}{\partial y}\right)\boldsymbol{i} + \left(\frac{\partial \Phi}{\partial y} - \frac{\partial H_z}{\partial x}\right)\boldsymbol{j} + \left(\frac{\partial H_y}{\partial x} - \frac{\partial H_x}{\partial y}\right)\boldsymbol{k} \qquad （5-525）$$

式（5-525）表明，尽管运动是 z 不变的，位移在三个方向上仍有分量，得

$$u_x = \frac{\partial \Phi}{\partial x} + \frac{\partial H_z}{\partial y}$$

$$u_y = \frac{\partial \Phi}{\partial y} - \frac{\partial H_z}{\partial x} \qquad （5-526）$$

$$u_z = \frac{\partial H_y}{\partial x} - \frac{\partial H_x}{\partial y}$$

式（5-526）表明把解分成两部分：①一个解 u_z，仅依赖于两个势函数 H_x 和 H_y；②解 u_x、u_y，依赖于另外两个势函数 Φ 和 H_z。第一个解是一个在水平面 Oxz 内偏振的剪切运动，只有 u_z 位移，例如 SH 波，由势函数 H_x 和 H_y 表示。第二个解是压力波（由 Φ 表示）和 SV 波（由 H_z 表示）的结合，记为 P+SV，存在 u_x、u_y 位移。注意第二个解的粒子运动受垂直平面的约束，所以相关的剪切波是垂直剪切波 SV 波。下面对这两个解分别进行求解。

回顾应力位移关系（附录 B）：

$$\sigma_{xx} = (\lambda + 2\mu)\frac{\partial u_x}{\partial x} + \lambda\frac{\partial u_y}{\partial y} + \lambda\frac{\partial u_z}{\partial z} \qquad \sigma_{xy} = \mu\left(\frac{\partial u_x}{\partial y} + \frac{\partial u_y}{\partial x}\right)$$

$$\sigma_{yy} = (\lambda + 2\mu)\frac{\partial u_y}{\partial y} + \lambda\frac{\partial u_x}{\partial x} + \lambda\frac{\partial u_z}{\partial z} \qquad \sigma_{yz} = \mu\left(\frac{\partial u_z}{\partial y} + \frac{\partial u_y}{\partial z}\right) \qquad （5-527）$$

$$\sigma_{zz} = (\lambda + 2\mu)\frac{\partial u_z}{\partial z} + \lambda\frac{\partial u_x}{\partial x} + \lambda\frac{\partial u_y}{\partial y} \qquad \sigma_{zx} = \mu\left(\frac{\partial u_z}{\partial x} + \frac{\partial u_x}{\partial z}\right)$$

利用 z 不变条件简化式（5-527）得

$$\sigma_{xx} = (\lambda + 2\mu)\frac{\partial u_x}{\partial x} + \lambda\frac{\partial u_y}{\partial y} \qquad \sigma_{xy} = \mu\left(\frac{\partial u_x}{\partial y} + \frac{\partial u_y}{\partial x}\right)$$

$$\sigma_{yy} = (\lambda + 2\mu)\frac{\partial u_y}{\partial y} + \lambda\frac{\partial u_x}{\partial x} \qquad \sigma_{yz} = \mu\left(\frac{\partial u_z}{\partial y}\right) \qquad （5-528）$$

$$\sigma_{zz} = \lambda\frac{\partial u_x}{\partial x} + \lambda\frac{\partial u_y}{\partial y} \qquad \sigma_{zx} = \mu\left(\frac{\partial u_z}{\partial x}\right)$$

SH 波解：运动局限于水平面，相关势函数是 H_x 和 H_y，有

$$u_x = u_y = 0, \ u_z \neq 0, \ \frac{\partial}{\partial z} = 0 \qquad （5-529）$$

式应力（5-528）简化得

$$\sigma_{xx} = 0 \qquad \sigma_{xy} = 0$$
$$\sigma_{yy} = 0 \qquad \sigma_{yz} = \mu\left(\frac{\partial u_z}{\partial y}\right) \tag{5-530}$$
$$\sigma_{zz} = 0 \qquad \sigma_{zx} = \mu\left(\frac{\partial u_z}{\partial x}\right)$$

非零位移 u_z 和它的偏导数为

$$u_z = \frac{\partial H_y}{\partial x} - \frac{\partial H_x}{\partial y} \qquad \frac{\partial u_z}{\partial x} = \frac{\partial^2 H_y}{\partial x^2} - \frac{\partial^2 H_x}{\partial x \partial y} \qquad \frac{\partial u_z}{\partial y} = \frac{\partial^2 H_y}{\partial x \partial y} - \frac{\partial^2 H_x}{\partial y^2} \tag{5-531}$$

将式（5-526）、式（5-529）代入式（5-530）应力位移关系得

$$\sigma_{yz} = \mu\left(\frac{\partial u_z}{\partial y}\right) = \mu\left(\frac{\partial^2 H_y}{\partial x \partial y} - \frac{\partial^2 H_x}{\partial y^2}\right) \quad (\text{SH 波}) \tag{5-532}$$

$$\sigma_{zx} = \mu\left(\frac{\partial u_z}{\partial x}\right) = \mu\left(\frac{\partial^2 H_y}{\partial x^2} - \frac{\partial^2 H_x}{\partial x \partial y}\right) \quad (\text{SH 波}) \tag{5-533}$$

可以看出其他的应力都是 0。

P+SV 波解：运动局限于垂直面内，相关势函数为 Φ 和 H_z，有

$$u_x \neq 0,\ u_y \neq 0,\ u_z = 0,\ \frac{\partial}{\partial z} = 0 \qquad (\Phi, H_z) \tag{5-534}$$

非零位移 u_x、u_y 和它们的偏导数为

$$u_x = \frac{\partial \Phi}{\partial x} + \frac{\partial H_z}{\partial y}, \quad \frac{\partial u_x}{\partial x} = \frac{\partial^2 \Phi}{\partial x^2} + \frac{\partial^2 H_z}{\partial x \partial y},$$
$$\frac{\partial u_x}{\partial y} = \frac{\partial^2 \Phi}{\partial x \partial y} + \frac{\partial^2 H_z}{\partial^2 y} u_y = \frac{\partial \Phi}{\partial y} - \frac{\partial H_z}{\partial x}, \quad \frac{\partial u_y}{\partial x} = \frac{\partial^2 \Phi}{\partial x \partial y} - \frac{\partial^2 H_z}{\partial x^2}, \qquad \frac{\partial u_y}{\partial y} = \frac{\partial^2 \Phi}{\partial y^2} - \frac{\partial^2 H_z}{\partial x \partial y} \tag{5-535}$$

将式（5-534）、式（5-535）代入式（5-528）得

$$\sigma_{xx} = (\lambda + 2\mu)\left(\frac{\partial^2 \Phi}{\partial x^2} + \frac{\partial^2 H_z}{\partial x \partial y}\right) + \lambda\left(\frac{\partial^2 \Phi}{\partial y^2} - \frac{\partial^2 H_z}{\partial x \partial y}\right) = (\lambda + 2\mu)\frac{\partial^2 \Phi}{\partial x^2} + \lambda\frac{\partial^2 \Phi}{\partial y^2} + 2\mu\frac{\partial^2 H_z}{\partial x \partial y}$$

$$\sigma_{yy} = (\lambda + 2\mu)\left(\frac{\partial^2 \Phi}{\partial y^2} - \frac{\partial^2 H_z}{\partial x \partial y}\right) + \lambda\left(\frac{\partial^2 \Phi}{\partial x^2} + \frac{\partial^2 H_z}{\partial x \partial y}\right) = \lambda\frac{\partial^2 \Phi}{\partial x^2} + (\lambda + 2\mu)\frac{\partial^2 \Phi}{\partial y^2} - 2\mu\frac{\partial^2 H_z}{\partial x \partial y}$$

$$\sigma_{zz} = \lambda\left(\frac{\partial^2 \Phi}{\partial x^2} + \frac{\partial^2 H_z}{\partial x \partial y}\right) + \lambda\left(\frac{\partial^2 \Phi}{\partial y^2} - \frac{\partial^2 H_z}{\partial x \partial y}\right) = \lambda\left(\frac{\partial^2 \Phi}{\partial x^2} + \frac{\partial^2 \Phi}{\partial y^2}\right)$$

$$\sigma_{xy} = \mu\left(2\frac{\partial^2 \Phi}{\partial x \partial y} - \frac{\partial^2 H_z}{\partial x^2} + \frac{\partial^2 H_z}{\partial y^2}\right)$$

$$\tag{5-536}$$

注意，$\sigma_{yz} = \sigma_{zx} = 0$。

式（5-536）中，σ_{xx}、σ_{yy} 的形式如下：

$$\sigma_{xx} = \lambda\left(\frac{\partial^2\Phi}{\partial x^2} + \frac{\partial^2\Phi}{\partial y^2}\right) + 2\mu\left(\frac{\partial^2\Phi}{\partial x^2} + \frac{\partial^2 H_z}{\partial x\partial y}\right)$$

$$= (\lambda + 2\mu)\left(\frac{\partial^2\Phi}{\partial x^2} + \frac{\partial^2\Phi}{\partial y^2}\right) - 2\mu\left(\frac{\partial^2\Phi}{\partial y^2} - \frac{\partial^2 H_z}{\partial x\partial y}\right) \tag{5-537}$$

$$\sigma_{yy} = \lambda\left(\frac{\partial^2\Phi}{\partial x^2} + \frac{\partial^2\Phi}{\partial y^2}\right) + 2\mu\left(\frac{\partial^2\Phi}{\partial y^2} - \frac{\partial^2 H_z}{\partial x\partial y}\right)$$

$$= (\lambda + 2\mu)\left(\frac{\partial^2\Phi}{\partial x^2} + \frac{\partial^2\Phi}{\partial y^2}\right) - 2\mu\left(\frac{\partial^2\Phi}{\partial x^2} + \frac{\partial^2 H_z}{\partial x\partial y}\right) \tag{5-538}$$

5.11　总　　结

　　本章综述了弹性波在弹性介质中传播的原理。在某些情况下，波传播问题的描述较为困难，故本章采用逐步深入的方式进行阐述。本章首先讨论最简单的波传播情况——直杆中轴向波的传播，通过这个简单的物理例子建立波传播的基本概念，如：波动方程和波速度、达朗贝尔（通）解和分离变量（谐波）解、波速度和粒子速度之间的对比、介质声阻抗以及在材料界面处的波传播。然后介绍驻波的概念，并建立驻波与结构振动之间的对应关系，并讨论了在简单杆中的波传播的功率和能量。

　　研究简单杆中轴向波的传播问题之后，本章讨论复杂的梁中弯曲波传播的问题，首先建立弯曲波的运动方程，推导传播波和消散波的通解，研究弯曲波的频散特性。在此背景下，引入群速度的概念，它不同于波速度（即相速度），并研究了群速度对波传播的影响。接着讨论了弯曲波的功率和能量，以及频散波的能量传播速度。

　　接下来讨论的是板波。考虑两种情形：①板中的轴向波；②板中的弯曲波。两种情况分别进行了讨论。推导了板中波运动的一般方程，获得了某些特定条件下的解，如直波峰轴向波、直波峰横波、环形波峰轴向波、直波峰弯曲波和环形波峰弯曲波。讨论并确定了板中弯曲波的频散特性以及它与梁中弯曲波频散特性的关联。

　　本章最后一部分讨论存在于无界固体中的 3-D 波。运用第一准则，建立无界固体介质中 3-D 波传播的一般方程，求解了波方程的特征值和特征向量，以及两种对应的基本波类型：压力波和横波。然后讨论了膨胀波、旋转波、无旋波与等体积波，介绍 z 不变波传播的情况。本章为下一章节的导波的学习（例如 Lamb 波）奠定了基础。

5.12　问题和练习

　　1. 考虑 1-D 波方程 $c^2 u'' = \ddot{u}$ 并根据达朗贝尔解，证明直接替换达朗贝尔解的方程 $f(x-ct)$ 和 $g(x+ct)$。找到 $f(x-ct)$ 和 $g(x+ct)$ 在初始条件 $t=0, u(x,0) = u_0(x), \dot{u}(x,0) = 0$ 下的表达式。简述 $f(x-ct)$ 和 $g(x+ct)$ 在 $t > 0$ 时的波动行为并判断是正向波或反向波。

　　2. 证明达朗贝尔解的替换形式，方程式（5-21）、式（5-22）、式（5-23）。

3. 对于表 5-3 给出的每种材料，找到①波速（波传播 10 米所需要的时间为多少？）；②需要达到最大应变 $1000\mu\varepsilon$ [1]（这可行吗？）时压力波的幅值（用绝对值和得到的应变百分比表示）；③介质的声阻抗；④幅值为 $p_{max}=1/2\Upsilon$ 的压力波的波速，对结果做评价；⑤需要达到最大波速为 25 m/s（这可行吗？）的压力波的幅值（用绝对值和得到的应变百分比表示）；⑥幅值为 $p_{max}=1/2\Upsilon$ 的 100kHz 谐波压力波的波幅的位移。

表 5-3　铝和钢的典型材料特征

	铝（7075 T6）	钢（AISI 4340）
模量，E	70GPa	200GPa
泊松比，ν	0.33	0.29
密度，ρ	2700kg/m³	7750kg/m³
屈服应力，Υ	500MPa	860MPa

4. 考虑一个半无限长的细长杆，满足位移的激励如：　$u(t,0)=u_0(t)=bt\,\exp(-t/\tau)$，$t>0$，式中 $\tau=50$ ms，$b=10^{-4}c$，c 是杆中的波速。杆由铝制造（表 5-3）。接触面的面积是 $A=25\text{mm}^2$。画出 u_0 以 1ms 为间距到 $t_{max}=10\tau$ 的值。预测 u_0 的最大值出现的时刻，并在图上证明这个点。找到解 $u(t,x)$。随着波传播到 $x_{max}=10\tau c$，简述 $t=0.1\tau,0.5\tau,1\tau,2\tau,3\tau,4\tau,6\tau,8\tau$ 的解。将 t 取不同值的结果绘在一张图上并分析结果。

5. 考虑一个分离的 Hopkinson 杆：一个细长的铝杆（$r_1=r_3=12$ mm）在中点分离且一个钢块（$r_2=10$ mm）插入中间，如图 5-28 所示。假设两个接触面完美衔接，并有一个突加的 400MPa 的压力冲击由杆 1 向前传播。在杆 2 的接触面（钢块），部分波透过继续传播，部分波反弹回去。透射波将冲击第二个接触面。同样，一部分透射波反射，另一部分透射。①求透射到杆 2 和杆 3 中的波的幅值，将应力值与得到的材料应力值比较做出评价，并解释其含义。②求钢块半径为多少时可以使得两接触面无反射发生，并且透射到杆 3 中的波的幅值与突加到杆 1 的波的幅值相等，找到半径值后，证明确实无反射发生。

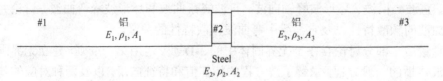

图 5-28　分离的 Hopkinson 杆

6. 考虑一个半无限大的铝棒起始位置为 $x=0$。一个矩形压力脉冲施加在起始处，$p(t)=p_0$，$0<t<T$，否则 $p(t)=0$。铝棒的截面积 $A=10\text{ mm}^2$，材料属性见表 5-3。压力脉冲 $p_0=-\Upsilon/2,T=10$ ms。求：①压力波表达式及其最大值；②粒子速度表达式及其最大值；③铝棒中的功率通量、铝棒每单位长度动能、弹性势能以及总的能量密度（表达式及其最大值）。

1　$1\mu\varepsilon=10^{-6}$ 单位应变。

7. 考虑一个半无限大铝棒,一端受 100kHz 的谐波压力激励。棒的截面积 $A = 10 \text{ mm}^2$,材料属性见表 5-3。压力幅值为 $p_0 = -\Upsilon/2$。求:①应力和粒子位移表达式及其最大值,应力和位移之间的相位关系;②粒子速度表达式和幅值的数值解,应力和粒子速度之间的相位关系;③铝棒中的功率通量(表达式和幅值的数值解);④铝棒每单位长度动能、弹性势能以及总的能量密度(表达式及其幅值的数值解)。

8. 考虑弹性波在一个有限细长棒中传播,长度为 L,在左端施加谐波压力激励。分析波在棒中的反射过程(边界条件:$x = 0$;反射在 $x = L$)。分析共振条件:计算特征值、特征频率、特征长度。计算棒中的共振解:①应力波解,绘出前三阶模态形状;②位移波解,绘出前三阶模态形状。

9. 考虑一无限细长棒中的谐波弹性波。①当两个相等的谐波相向传播时,推导驻波的表达式,附上推导过程;②确定棒的长度值使得频率为 f 的驻波可以产生;③确定频率值使得在长度为 L 的棒中可以产生驻波。

10. 板中弯曲波的波速给出 $c_F = a\sqrt{\omega}$,其中 $a = [Ed^2/3\rho(1-v^2)]^{1/4}$。证明群速度是波速的两倍,$c_g = 2c_F$,并计算能量速度。

11. 考虑铝板中的直波峰 SH 波,材料属性见表 5-3。计算 SH 波阵面的传播速度,并绘出粒子运动图以及波速矢量图。直波峰 SH 波的粒子运动和直波峰轴向波的粒子运动有什么不同?

12. 考虑表 5-3 给出的铝板和钢。写出弹性常数 λ、μ、体积模量 B 的表达式,计算它们的值。计算以下波速值:$c_L = \sqrt{(\lambda + 2\mu)/\rho}$(3-D 压力波);$c_S = \sqrt{\mu/\rho}$(剪切波);$c_P = \sqrt{E/\rho}$(1-D 压力波);$c_L = \sqrt{E/\rho(1-v^2)}$(板中轴向波);$c_R = c_S(0.87 + 1.12v)/(1+v)$(瑞利波)。讨论 c、c_P 为何有不同值?

13. 考虑一个 3-D 平面波,在任意方向 $\boldsymbol{n}$ 的传播速度为 c。求粒子运动的一般表达式 $\boldsymbol{u}$。将其代入 Navier-Lame 方程,推导波速 c 的特征方程,求解此方程,并解释有多少种类型的波可以在 3-D 材料中传播并给出合适的波速,绘出每一种波形的粒子运动图。

14. 考虑 z 不变 3-D 条件。解释 z 不变条件的含义并写出所有的相关条件。从一般 3-D 应变位移关系中推导 z 不变条件下的应变位移关系。从一般应力应变表达式中推导 z 不变条件下应力应变表达式(用拉梅常数表示)。利用这些结果,推导 z 不变条件下的应力位移表达式。

15. 考虑一个 3-D 平面波,传播方向 $\boldsymbol{n} \perp Oz$。假设运动为 z 不变的。利用 Φ、$\boldsymbol{H}$ 势函数求 3-D 介质中波传播的一般解。详细说明 z 不变平面波下的一般解。陈述哪种平面波在 z 不变假设下可以在 3-D 结构中传播。给出粒子运动的表达式和每一种波的应力(用 Φ、$\boldsymbol{H}$ 表示)。

16. 考虑群速度的定义 $c_g = \mathrm{d}\omega/\mathrm{d}\gamma$。证明下列计算群速度的公式等价:① $c_g = c + \gamma\dfrac{\mathrm{d}c}{\mathrm{d}\gamma}$;

② $c_g = c^2 \Big/ \left(c - \omega\dfrac{\mathrm{d}c}{\mathrm{d}\omega}\right)$,$c_g = c^2 \Big/ \left(c - f\dfrac{\mathrm{d}c}{\mathrm{d}f}\right)$;③ $c_g = c^2 \Big/ \left[c - (fd)\dfrac{\mathrm{d}c}{\mathrm{d}(fd)}\right]$。

17. 考虑一个一般球波 $\Phi(r,t)$，产生于能量为 E_0 的一点源。在 $r=r_0$ 处，波幅值为 $A(r_0)=A_0$。利用一般波方程，$\ddot{\Phi}=c^2\nabla^2\Phi$，求：①在上述条件下的波方程的扩展形式；②$\Phi(r,t)$ 的达朗贝尔解；③波幅值表达式 $A(r)$（r, A_0 的函数）；④波能量密度表达式 $e(r)$（r, E_0 的表达式）。

18. 考虑一个一般环形波 $\Phi(r,t)$，产生于能量为 E_0 的一点源。在 $r=r_0$ 处，波幅值为 $A(r_0)=A_0$。考虑 2-D 情形。利用一般波方程，$\ddot{\Phi}=c^2\nabla^2\Phi$，推导：①在上述条件下的波方程的扩展形式；②$\Phi(r,t)$ 的达朗贝尔解；③波幅值表达式 $A(r)$（r, A_0 的函数）；④波能量密度表达式 $e(r)$（r, E_0 的表达式）。

参 考 文 献

第6章 导 波

6.1 引 言

本章介绍在 SHM 领域广泛应用的一类重要波——导波。导波对 SHM 非常重要，它们能够在结构中传播较远的距离却仅损失少量的能量，从而可以在某个点实现大面积的 SHM。导波具有重要的性质，即其能够在薄壁墙结构内传播，且能传播很远的距离。此外，导波还可以在弯曲的薄壁内传播。这些特性使得它们非常适合于飞机、导弹、压力容器、油罐、管道等的超声波检查。

本章从 Rayleigh 波[1]开始讨论，即声表面波（surface acoustic waves，SAW）。Rayleigh 波是在有自由表面的固体中被发现的。Rayleigh 波的传播靠近固体的自由表面，而不深入固体内部，因此 Rayleigh 波也称为表面导波。

本章讨论板内导波。在平板中，超声导波以水平剪切波和 Lamb 波形式传播。SH 波与板表面相平行，而 Lamb 波与板表面相垂直。平板中的超声导波是由 Lamb[2]首先提出的，Viktorov[3]、Achenbach[4]、Graff[5]、Rose[6]、Royer 和 Dieulesaint[7]等人给出了 Lamb 波的全面分析。

导波的一种简单形式是水平剪切（shear-horizontal，SH）波。SH 波的质点运动方向与平板表面平行而与波的传播方向垂直。SH 波有对称和反对称两种类型。除了最基本的模式，SH 波模式都是频散的。

Lamb 波是更复杂的导波。Lamb 波有两种基本类型：对称 Lamb 波（S0、S1、S2…）和反对称 Lamb 波（A0、A1、A2…）。两种 Lamb 波类型都是显著频散的。对于任何给定的频厚积 fd，可能存在大量对称与反对称 Lamb 波。fd 值越高，可以测定的同时存在的 Lamb 波模式数量越大。当频厚积 fd 相对较小时，就只有基本的对称与反对称 Lamb 波模式（S0 和 A0）存在。当频厚积 fd 接近零时，S0 和 A0 模式退化为基本的轴向和弯曲板波模式，这已在第 5 章探讨。在另一个极端，如 $fd \to \infty$，Lamb 波 S0 和 A0 模式退化为局限于板表面的 Rayleigh 波。

在其他薄壁结构中也存在导波，如棒、管和壳，虽然导波传播的基本物理原理仍然适用，但是对它们的研究更复杂。为了说明这一点，本章简要介绍了在圆柱壳内的导波，表明频散的纵向（轴向）、弯曲和扭转多模式导波可以同时存在于这样的结构。

6.2 Rayleigh 波

Rayleigh 波有靠近物体表面传播的性质，其运动振幅随深度增加而快速减小，如图 6-1 所示。Rayleigh 波的偏振面垂直于其表面，其穿透有效深度小于波长。

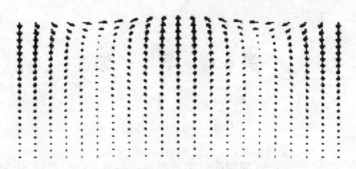

图 6-1　半无限介质中 Rayleigh 波的仿真模拟

6.2.1　Rayleigh 波方程

在 z 不变假设下分析，即 $\partial / \partial z = 0$。Rayleigh 波的质点运动在垂直平面上，因此 P+SV 波前一节的波解适用，即

$$u_x \neq 0, \quad u_y \neq 0, \quad u_z = 0 \tag{6-1}$$

根据第 5 章的 3-D 波理论，只需要用标量势函数 Φ 和矢量势函数 H_z 来描述这个运动。根据其应满足波动方程，即

$$c_P^2 \nabla^2 \Phi = \ddot{\Phi}, \quad c_S^2 \nabla^2 H_z = \ddot{H}_z \tag{6-2}$$

假设 Rayleigh 波的传播方向为 x 方向，波速为 c，波数为 ξ，Φ 和 H_z 可表示为

$$\Phi(x,y,t) = f(y)\mathrm{e}^{i(\xi x - \omega t)}, \quad H_z(x,y,t) = h(y)\mathrm{e}^{i(\xi x - \omega t)} \tag{6-3}$$

将式（6-3）代入式（6-2），再除以 $\mathrm{e}^{i(\xi x - \omega t)}$ 得

$$c_P^2 [(i\xi)^2 f(y) + f''(y)] = (-i\omega)^2 f(y), \quad c_S^2 [(i\xi)^2 h(y) + h''(y)] = (-i\omega)^2 h(y) \tag{6-4}$$

经整理，得

$$f''(y) - \left(\xi^2 - \frac{\omega^2}{c_P^2}\right) f(y) = 0, \quad h''(y) - \left(\xi^2 - \frac{\omega^2}{c_S^2}\right) h(y) = 0 \tag{6-5}$$

记

$$\alpha^2 = \xi^2 - \frac{\omega^2}{c_P^2}, \quad \beta^2 = \xi^2 - \frac{\omega^2}{c_S^2} \tag{6-6}$$

将式（6-6）代入式（6-5），得

$$f''(y) - \alpha^2 f(y) = 0, \quad h''(y) - \beta^2 h(y) = 0 \tag{6-7}$$

式（6-7）的解为

$$f(y) = A_1 \mathrm{e}^{\alpha y} + A_2 \mathrm{e}^{-\alpha y}, \quad h(y) = B_1 \mathrm{e}^{\beta y} + B_2 \mathrm{e}^{-\beta y} \tag{6-8}$$

式（6-8）给出的函数包含空间变量 y 的递增和递减指数，但是递增指数并不满足辐射条件，当 $y \to \infty$ 时，该部分也趋于无穷大。因此只保留递减指数，得

$$f(y) = A\mathrm{e}^{-\alpha y}, \quad h(y) = B\mathrm{e}^{-\beta y} \tag{6-9}$$

将式（6-9）代入式（6-3），得

$$\Phi(x,y,t) = A\mathrm{e}^{-\alpha y}\mathrm{e}^{i(\xi x - \omega t)}, \quad H_z(x,y,t) = B\mathrm{e}^{-\beta y}\mathrm{e}^{i(\xi x - \omega t)} \tag{6-10}$$

6.2.2 边界条件

Rayleigh 波的边界条件是一个无牵引力的半表面,即

$$\sigma_{yy}\big|_{y=0} = 0, \ \sigma_{xy}\big|_{y=0} = 0 \tag{6-11}$$

根据第 5 章给出的 z 不变运动应力方程组式(5-536)、式(5-538),即

$$\sigma_{yy} = (\lambda + 2\mu)\left(\frac{\partial^2 \Phi}{\partial x^2} + \frac{\partial^2 \Phi}{\partial y^2}\right) - 2\mu\left(\frac{\partial^2 \Phi}{\partial x^2} + \frac{\partial^2 H_z}{\partial x \partial y}\right) \tag{6-12}$$

$$\sigma_{xy} = \mu\left(2\frac{\partial^2 \Phi}{\partial x \partial y} - \frac{\partial^2 H_z}{\partial x^2} + \frac{\partial^2 H_z}{\partial y^2}\right) \tag{6-13}$$

将式(6-10)代入式(6-12)和式(6-13),得

$$\sigma_{yy} = \{(\lambda + 2\mu)[(i\xi)^2 + (-\alpha)^2]Ae^{-\alpha y} - 2\mu[(i\xi)^2 Ae^{-\alpha y} + i\xi(-\beta)Be^{-\beta y}]\}e^{i(\xi x - \omega t)} \tag{6-14}$$

$$\sigma_{xy} = \mu\{2i\xi(-\alpha)Ae^{-\alpha y} + [-(i\xi)^2 + (-\beta)^2]Be^{-\beta y}\}e^{i(\xi x - \omega t)} \tag{6-15}$$

经整理,式(6-14)和式(6-15)可化为

$$\sigma_{yy} = [(\lambda + 2\mu)(-\xi^2 + \alpha^2)Ae^{-\alpha y} + 2\mu\xi^2 Ae^{-\alpha y} + 2\mu i\xi\beta Be^{-\beta y}]e^{i(\xi x - \omega t)} \tag{6-16}$$

$$\sigma_{xy} = \mu[-2i\alpha\xi Ae^{-\alpha y} + (\xi^2 + \beta^2)Be^{-\beta y}]e^{i(\xi x - \omega t)} \tag{6-17}$$

式(6-16)可以进一步简化。根据压力和剪切波速的定义 $c_P^2 = (\lambda + 2\mu)/\rho$, $c_S^2 = \mu/\rho$,代入式(6-6),得

$$(\lambda + 2\mu)(-\xi^2 + \alpha^2) = -\rho\omega^2 \ \text{和} \ \mu\beta^2 = \mu\xi^2 - \rho\omega^2 \tag{6-18}$$

将式(6-18)代入式(6-16),得

$$\sigma_{yy} = [(-\rho\omega^2 + 2\mu\xi^2)Ae^{-\alpha y} + 2\mu i\xi Be^{-\beta y}]e^{i(\xi x - \omega t)}$$
$$= \mu[(\beta^2 + \xi^2)Ae^{-\alpha y} + 2\mu i\xi Be^{-\beta y}]e^{i(\xi x - \omega t)} \tag{6-19}$$

将式(6-19)和式(6-17)代入式(6-11)得齐次线性代数方程组为

$$(\beta^2 + \xi^2)A + 2i\xi\beta B = 0$$
$$-2i\alpha\xi A + (\beta^2 + \xi^2)B = 0 \tag{6-20}$$

6.2.3 Rayleigh 波的波速

当且仅当行列式为零时,式(6-20)存在非平凡解,即

$$\begin{vmatrix} \beta^2 + \xi^2 & 2i\xi\beta \\ -2i\alpha\xi & \beta^2 + \xi^2 \end{vmatrix} = 0 \tag{6-21}$$

由此得到特征方程为

$$(\beta^2 + \xi^2)^2 - 4\alpha\beta\xi^2 = 0 \tag{6-22}$$

如式(6-6)所示,α 和 β 取决于角频率 ω 和波数 ξ。对于给定的角频率,由式(6-22)的数值解可得相应的波数,波速可根据定义 $c = \omega/\xi$ 求得。理论上,式(6-22)有两个双根,然而,对应于 Rayleigh 波的波速只有一个实数根。

式（6-22）可以进一步转化为关于 c 的方程，根据定义 $\omega = \xi c$，代入式（6-6），得

$$\alpha^2 = \xi^2 \left(1 - \frac{c^2}{c_P^2}\right), \quad \beta^2 = \xi^2 \left(1 - \frac{c^2}{c_S^2}\right) \tag{6-23}$$

将式（6-23）代入式（6-22），再约去 ξ^4，得

$$\left(2 - \frac{c^2}{c_S^2}\right)^2 = 4\left(1 - \frac{c^2}{c_P^2}\right)^{1/2}\left(1 - \frac{c^2}{c_S^2}\right)^{1/2} \tag{6-24}$$

化简展开式（6-24）并且等式两端除以 $(c/c_S)^2$，得

$$\left(\frac{c^2}{c_S^2}\right)^3 - 8\left(\frac{c^2}{c_S^2}\right)^2 + 24\left(\frac{c^2}{c_S^2}\right) - 16\left(\frac{c^2}{c_P^2}\right) - 16 + 16\left(\frac{c_S^2}{c_P^2}\right) = 0 \tag{6-25}$$

注意式（6-25）同时包含 c_P 和 c_S，定义材料中的波速比为

$$k^2 = \frac{c_P^2}{c_S^2} = \frac{\lambda + 2\mu}{\mu} = \frac{2(1-\nu)}{1 - 2\nu} \tag{6-26}$$

将式（6-26）代入式（6-25），得

$$\left(\frac{c^2}{c_S^2}\right)^3 - 8\left(\frac{c^2}{c_S^2}\right)^2 + (24 - 16k^{-2})\left(\frac{c^2}{c_S^2}\right) - 16(1 - k^{-2}) = 0 \tag{6-27}$$

式（6-26）中，k 是关于 ν 的函数，式（6-27）是关于 (c^2/c_S^2) 的三次方程。式（6-27）只有一个实数根，即 Rayleigh 波速 c_R，c_R 取决于剪切波速 c_S 和泊松比 ν。下面给出通用的近似 Rayleigh 波波速的表达式：

$$c_R(\nu) = c_S \left(\frac{0.87 + 1.12\nu}{1 + \nu}\right) \tag{6-28}$$

一旦确定了 Rayleigh 波速 c_R，就可以计算 Rayleigh 波数 ξ_R，得

$$\xi_R = \frac{\omega}{c_R} \tag{6-29}$$

如图 6-2 所示为 Rayleigh 波速 c_R 随泊松比 ν 的变化关系，不难发现，对于一般的泊松比值，Rayleigh 波速 c_R 取值接近却又恰好小于剪切波速 c_S。

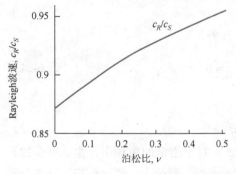

图 6-2 Rayleigh 波波速和泊松比关系图

6.2.4 Rayleigh 波的质点运动

要计算 Rayleigh 波的质点运动，根据式（5-526）质点运动的位移函数表达式，即

$$u_x = \frac{\partial \Phi}{\partial x} + \frac{\partial H_z}{\partial y}$$
$$u_y = \frac{\partial \Phi}{\partial y} - \frac{\partial H_z}{\partial x} \tag{6-30}$$

将式（6-10）代入式（6-30）可得

$$u_x(x,y,t) = (i\xi A e^{-\alpha y} - \beta B e^{-\beta y})e^{i(\xi x - \omega t)} = \hat{u}_x(y)e^{i(\xi x - \omega t)}$$
$$u_y(x,y,t) = (-\alpha A e^{-\alpha y} - i\xi B e^{-\beta y})e^{i(\xi x - \omega t)} = \hat{u}_y(y)e^{i(\xi x - \omega t)}$$
(6-31)

其中 $\xi = \xi_R$。式（6-20）中可以用 A 表示 B，即

$$B = -\frac{\beta^2 + \xi^2}{2i\xi\beta}A = \frac{2i\alpha\xi}{\beta^2 + \xi^2}A \tag{6-32}$$

将式（6-32）代入式（6-30），可得 Rayleigh 波振型为

$$\hat{u}_x(y) = Ai\left(\xi e^{-\alpha y} - \frac{\beta^2 + \xi^2}{2\xi}e^{-\beta y}\right)$$

$$\hat{u}_y(y) = A\left(-\alpha e^{-\alpha y} + \frac{\beta^2 + \xi^2}{2\beta}e^{-\beta y}\right)$$
(6-33)

有关 Rayleigh 波质点运动的仿真模拟如图 6-1 所示。

6.3 SH 板波

SH 波质点在水平面内做剪切运动。坐标轴定义如图 6-3 所示，y 轴垂直放置，x 轴和 z 轴定义为水平面，x 轴指向波传播方向，z 轴垂直于波传播方向。

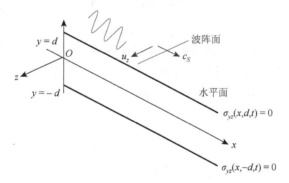

图 6-3 SH 波坐标轴定义及其质点运动

6.3.1 SH 波方程

SH 波质点沿 z 轴运动，波传播方向沿 x 轴，该质点运动只有 u_z 分量，表达式为

$$u_z(x,y,t) = h(y)e^{i(\xi x - \omega t)} \tag{6-34}$$

其中，第一部分代表整个板厚度的驻波 $h(y)$；第二部分 $e^{i(\xi x - \omega t)}$ 代表沿 x 方向传播的波。

假设问题与 z 无关，即

$$\frac{\partial}{\partial z} \equiv 0 \quad （与 z 无关） \tag{6-35}$$

该质点位移满足波动方程，即

$$\nabla^2 u_z = \frac{1}{c_S^2}\ddot{u}_z \tag{6-36}$$

根据拉普拉斯算子 ∇^2 的定义，且质点运动不随 z 变化，则式（6-36）可表示为

$$\left(\frac{\partial^2}{\partial x^2} + \frac{\partial^2}{\partial y^2}\right)u_z = \frac{1}{c_S^2}\ddot{u}_z \tag{6-37}$$

式（6-34）关于 x、y、t 的二阶导数分别为

$$\frac{\partial^2 u_z}{\partial x^2} = (i\xi)^2 h(y)\mathrm{e}^{i(\xi x-\omega t)}$$

$$\frac{\partial^2 u_z}{\partial y^2} = h''(y)\mathrm{e}^{i(\xi x-\omega t)} \tag{6-38}$$

$$\ddot{u}_z = (-i\omega)^2 h(y)\mathrm{e}^{i(\xi x-\omega t)}$$

将式（6-38）代入式（6-37）并且两边同时除以 $\mathrm{e}^{i(\xi x-\omega t)}$，得

$$(i\xi)^2 h(y) + h''(y) = \frac{(-i\omega)^2}{c_S^2}h(y) \tag{6-39}$$

设

$$\eta^2 = \frac{\omega^2}{c_S^2} - \xi^2 \tag{6-40}$$

将式（6-40）代入式（6-39），得

$$h''(y) + \eta^2 h(y) = 0 \tag{6-41}$$

式（6-41）的通解为

$$h(y) = C_1 \sin\eta y + C_2 \cos\eta y \tag{6-42}$$

将式（6-42）代入式（6-34），得其通解为

$$u_z(x,y,t) = (C_1 \sin\eta y + C_2 \cos\eta y)\mathrm{e}^{i(\xi x-\omega t)} \tag{6-43}$$

6.3.2 边界条件

在板上下表面牵引力为零的边界条件为

$$\sigma_{yz}(x,y,t)\big|_{y=\pm d} = 0 \tag{6-44}$$

根据式（5-530）给出的 z 不变 SH 波的剪切应力，即

$$\sigma_{yz} = \mu\frac{\partial u_z}{\partial y} \tag{6-45}$$

将式（6-43）代入式（6-45），得

$$\sigma_{yz} = \mu\eta(C_1 \cos\eta y - C_2 \sin\eta y)\mathrm{e}^{i(\xi x-\omega t)} \tag{6-46}$$

将式（6-46）代入式（6-44），得

$$C_1 \cos\eta(+d) - C_2 \sin\eta(+d) = 0$$
$$C_1 \cos\eta(-d) - C_2 \sin\eta(-d) = 0 \tag{6-47}$$

或

$$C_1 \cos\eta d - C_2 \sin\eta d = 0$$
$$C_1 \cos\eta d + C_2 \sin\eta d = 0 \tag{6-48}$$

如果该系数行列式为零，则齐次线性方程式（6-48）有非平凡解，即

$$\begin{vmatrix} \cos\eta d & -\sin\eta d \\ \cos\eta d & \sin\eta d \end{vmatrix} = 0 \tag{6-49}$$

由行列式（6-49）可得特征方程为

$$\sin\eta d \cos\eta d = 0 \tag{6-50}$$

当 $\sin\eta d$ 和 $\cos\eta d$ 任意一个为零时，式（6-50）为零。$\sin\eta d$ 的解将导致 SH 波的对称模式（S 模式），$\cos\eta d$ 的解将导致 SH 波的反对称模式（A 模式）。下面分别分析这两种情况。

（1）对称 SH 波模式

考虑特征方程对应于对称模式，对称 SH 波（S 模式），即

$$\sin\eta d = 0 \tag{6-51}$$

式（6-51）的根为

$$\eta^{S}d = 0, \pi, 2\pi, \cdots, (2n)\frac{\pi}{2}, \quad n = 0, 1, \cdots \tag{6-52}$$

式（6-52）所给出的 $\eta^{S}d$ 值是对称模式的特征值，这些特征值都满足：

$$\sin\eta^{S}d = 0 \ \text{和} \ \cos\eta^{S}d = \pm1 \tag{6-53}$$

将式（6-53）代入线性方程组式（6-48）得 $C_1=0$。因此通解（6-43）可表示为

$$u_z^{S}(x,y,t) = C_2 \cos\eta y \, e^{i(\xi x - \omega t)} \ \text{对称 SH 波（S 模式）} \tag{6-54}$$

其中，$\pm$ 号放在常数 C_2 中，该函数式（6-54）是关于变量 y 的偶函数，它表示关于板中性层对称的运动。第一、二、三对称 SH 波模式的草图（S0、S1 和 S2）如图 6-4 所示。

（2）反对称 SH 波模式

考虑特征方程对应于反对称模式，反对称 SH 波（A 模式），即

$$\cos\eta d = 0 \tag{6-55}$$

式（6-55）的根为

$$\eta^{A}d = \frac{\pi}{2}, 3\frac{\pi}{2}, 5\frac{\pi}{2}, \cdots, (2n+1)\frac{\pi}{2}, \quad n = 0, 1, \cdots \tag{6-56}$$

式（6-56）所给出的 $\eta^{A}d$ 值是反对称模式的特征值，这些特征值都满足：

$$\cos\eta^{A}d = 0 \ \text{和} \ \sin\eta^{A}d = \pm1 \tag{6-57}$$

式（6-57）代入线性方程组（6-48）得 $C_2=0$，因此通解（6-43）可写为

$$u_z^{A}(x,y,t) = C_1 \sin\eta y \, e^{i(\xi x - \omega t)} \ \text{反对称 SH 波（A 模式）} \tag{6-58}$$

其中±号放在常数 C_1 中，显然，该函数式（6-58）是关于变量 y 的奇函数，即它表示一种关于板中性层反对称的运动。第一、第二、第三反对称 SH 波模式的草图（A0、A1 和 A2）如图 6-5 所示。

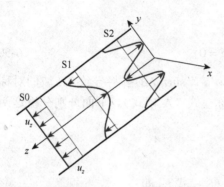 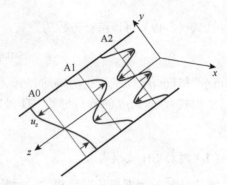

图 6-4　SH 波的第一、二、三对称模式图　　　　　图 6-5　SH 波的第一、二、三反对称模式图

6.3.3　SH 波的频散

本节研究 SH 波的频散特性，包括波速度（相速度）的频散和群速度的频散。

（1）波速频散曲线

根据式（6-40），即

$$\eta^2 = \frac{\omega^2}{c_S^2} - \xi^2 \tag{6-59}$$

其中，$\xi = \omega / c$，c 是波速，代入式（6-59），得

$$\eta^2 = \frac{\omega^2}{c_S^2} - \frac{\omega^2}{c^2} \tag{6-60}$$

将式（6-60）化为 c 的表达式，得

$$c^2(\omega) = c_S^2 \frac{\omega^2}{\omega^2 - c_S^2 \eta^2}, \quad \text{即,} \quad c(\omega) = c_S \frac{\omega}{\sqrt{\omega^2 - c_S^2 \eta^2}} \tag{6-61}$$

式（6-61）可表达为特征值式（6-52）和式（6-56）的形式，即

$$c(\omega) = \frac{c_S}{\sqrt{1 - (\eta d)^2 \left(\dfrac{c_S}{\omega d}\right)^2}} \tag{6-62}$$

通过代入相应特征值，可得到每个 SH 波模式的波速频散曲线解析表达式。表 6-1 给出了前三个对称和反对称 SH 波模式的波速频散公式，公式的曲线如图 6-6a 所示。第一对称 SH 波模式 S0 不发生频散，因为它的特征值是零（$\eta^{S0} d = 0$），因此，由式（6-62）可得 $c^{S0}(\omega) = c_S$。

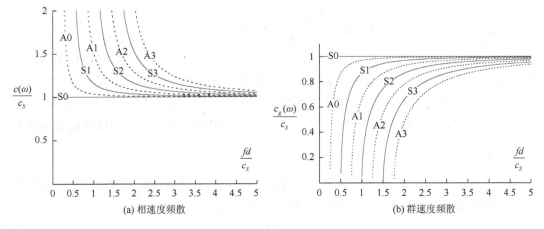

(a) 相速度频散　　　　　　　　　　　　　　(b) 群速度频散

图 6-6　SH 波模式的频散曲线

图 6-6a 反映了 SH 波波速的渐近特性，若 $\omega \to \infty$，则 $c \to c_S$。由式（6-62）也可看出，当 $\omega \to \infty$ 时，平方根下的第二项趋于零。

表 6-1　SH 波频散函数

模式	特征值	波速频散公式	ω_{cr}	群速度频散公式
S0	0	$c^{S0}(\omega) = c_S$	0	—
A0	$\dfrac{\pi}{2}$	$c^{A0}(\omega) = \dfrac{c_S}{\sqrt{1 - \left(\dfrac{\pi}{2}\right)^2 \left(\dfrac{c_S}{\omega d}\right)^2}}$	$\dfrac{\pi}{2}\dfrac{c_S}{d}$	$c_g^{A0}(\omega) = c_S \sqrt{1 - \left(\dfrac{\pi}{2}\right)^2 \left(\dfrac{c_S}{\omega d}\right)^2}$
S1	$2\dfrac{\pi}{2}$	$c^{S1}(\omega) = \dfrac{c_S}{\sqrt{1 - \pi^2 \left(\dfrac{c_S}{\omega d}\right)^2}}$	$\pi\dfrac{c_S}{d}$	$c_g^{S1}(\omega) = c_S \sqrt{1 - \pi^2 \left(\dfrac{c_S}{\omega d}\right)^2}$
A1	$3\dfrac{\pi}{2}$	$c^{A1}(\omega) = \dfrac{c_S}{\sqrt{1 - \left(3\dfrac{\pi}{2}\right)^2 \left(\dfrac{c_S}{\omega d}\right)^2}}$	$3\dfrac{\pi}{2}\dfrac{c_S}{d}$	$c_g^{A1}(\omega) = c_S \sqrt{1 - \left(3\dfrac{\pi}{2}\right)^2 \left(\dfrac{c_S}{\omega d}\right)^2}$
S2	$4\dfrac{\pi}{2}$	$c^{S2}(\omega) = \dfrac{c_S}{\sqrt{1 - (2\pi)^2 \left(\dfrac{c_S}{\omega d}\right)^2}}$	$2\pi\dfrac{c_S}{d}$	$c_g^{S2}(\omega) = c_S \sqrt{1 - (2\pi)^2 \left(\dfrac{c_S}{\omega d}\right)^2}$
A2	$5\dfrac{\pi}{2}$	$c^{A2}(\omega) = \dfrac{c_S}{\sqrt{1 - \left(5\dfrac{\pi}{2}\right)^2 \left(\dfrac{c_S}{\omega d}\right)^2}}$	$5\dfrac{\pi}{2}\dfrac{c_S}{d}$	$c_g^{A2}(\omega) = c_S \sqrt{1 - \left(5\dfrac{\pi}{2}\right)^2 \left(\dfrac{c_S}{\omega d}\right)^2}$
…	…	…	…	…

（2）截止频率

低频时并不是所有 SH 波的模式都存在。观察式（6-62）不难发现，当 ω 减小，平方根下的值可能为负。这种情况下，波速为虚数，临界条件为

$$1 - (\eta d)^2 \left(\frac{c_S}{\omega d} \right)^2 = 0, \quad 即 \omega_{cr} = \frac{c_S}{d}(\eta d) \tag{6-63}$$

表 6-1 也给出了 ω_{cr} 的值。式（6-63）给出的临界频率表明，最低频率时存在特定的模式，因为第一模式 S0 有特征值为零（ $\eta^{S0} d = 0$ ），此时式（6-63）给出的相应临界频率也为零（ $\omega_{cr}^{S0} = 0$ ），这表示 SH 波的 S0 模式在所有频率下都存在。但是其他模式却不是这样的，它们只在当频率高于临界频率时才存在。当频率低于临界频率时，波的这些模式不存在。

（3）虚波数的意义：消散波

前一节说明了每个 SH 波模式都有临界频率，低于这个频率时，波速公式结果为虚数。本节研究虚波速有什么意义。根据式（6-59），即

$$\eta^2 = \frac{\omega^2}{c_S^2} - \xi^2 \tag{6-64}$$

整理式（6-64）可得波数表达式为

$$\xi = \sqrt{\frac{\omega^2}{c_S^2} - \eta^2} = \frac{\omega}{c_S} \sqrt{1 - (\eta d)^2 \left(\frac{c_S}{\omega d} \right)^2} \tag{6-65}$$

结合式（6-63），式（6-65）可改写为

$$\xi = \frac{\omega}{c_S} \sqrt{1 - \left(\frac{\omega_{cr}}{\omega} \right)^2} \tag{6-66}$$

从式（6-66）可以看出，当 $\omega < \omega_{cr}$ 时，平方根下的值为负，波数即为虚数，即

$$当 \omega < \omega_{cr} 时，\quad \xi = i\xi^* \tag{6-67}$$

其中，ξ^* 是实数。为了更好地理解式（6-67），把它代入通解表达式（6-34）中得

$$u_z(x, y, t) = h(y)e^{i(\xi x - \omega t)} = h(y)e^{i(i\xi^* x)} e^{-i\omega t} \tag{6-68}$$

即

$$u_z(x, y, t) = [h(y)e^{-\xi^* x}] e^{-i\omega t} \tag{6-69}$$

式（6-69）描述了一种消散波，它的幅度是衰减的而且仅在靠近激发源处存在，之前就遇到了针对梁弯曲波的消散波。消散波的空间特性就是非谐波，它在 x 方向上有一个衰减指数。另一方面，式（6-34）描述的传播波在 x 方向上都是谐波，即它们是空间谐波。描述完整的激励响应波应同时考虑传播波和消散波。

（4）群速度频散曲线

根据群速度的定义，它是角频率关于波数的导数，即

$$c_g = \frac{d\omega}{d\xi} \tag{6-70}$$

由式（6-40），得

$$\eta^2 = \frac{\omega^2}{c_S^2} - \xi^2 \tag{6-71}$$

经整理，得

$$\omega^2 = c_S^2(\xi^2 + \eta^2) \tag{6-72}$$

式（6-72）两边同时求导，得

$$2\omega\frac{\mathrm{d}\omega}{\mathrm{d}\xi} = c_S^2(2\xi) \tag{6-73}$$

简化式（6-73），并利用定义 $\xi = \omega/c$，得

$$\frac{\mathrm{d}\omega}{\mathrm{d}\xi} = \frac{c_S^2\xi}{\omega} = \frac{c_S^2}{c} \tag{6-74}$$

将式（6-74）代入式（6-70）可得 SH 波的群速度为

$$c_g = \frac{c_S^2}{c} \tag{6-75}$$

观察 SH 波的群速度，将波速表达式（6-62）代入式（6-75），得

$$c_g(\omega) = c_S\sqrt{1 - (\eta d)^2\left(\frac{c_S}{\omega d}\right)^2} \tag{6-76}$$

通过代入相应特征值，可以得到每个 SH 波模式的群速度频散曲线解析表达式。表 6-1 给出了 SH 波前三个对称和反对称模式的群速度频散公式，曲线如图 6-6b 所示。第一对称 SH 波模式 S0 不发生频散，因为它的特征值是零（$\eta^{s0}d = 0$），并且由式（6-76）可得 $c_g^{s0}(\omega) = c_S$。

图 6-6b 还反映了 SH 波群速度的渐近特性，若 $\omega \to \infty$，则 $c_g \to c_S$。由式（6-76）也可看出，当 $\omega \to \infty$ 时，平方根下的第二项趋于零。

6.4　Lamb 波

Lamb 波，又名板波，是一种在两个平行的自由表面（如板的上表面和下表面）传播的超声波。Lamb 波以两种基本类型，对称和反对称模式存在。对于每个传播类型，存在对应于 Rayleigh-Lamb 方程解的一定数目的模式。对称模式指 S0、S1、S2···，反对称模式指 A0、A1、A2···。对称 Lamb 波 S0 模式类似于轴向波，如图 6-7a 所示，反对称 Lamb 波 A0 类似于弯曲波，如图 6-7b 所示。在低频率时，对称 Lamb 波 S0 接近轴向板波的特性，反对称 Lamb 波 A0 接近弯曲板波的特性。Lamb 波是显著频散的，并且它们的速度取决于频率和板厚的乘积。波速频散曲线由 Rayleigh-Lamb 方程解获得。在给定频率和厚度的乘积时，对于每个 Rayleigh-Lamb 方程的解，都会发现一个相应的 Lamb 波速和相应的 Lamb 波模式。下面将给出 Lamb 波方程推导以及相应解的详细求解过程。

(a) 对称S0模式　　　　　　　　　　　　　　　(b) 反对称A0模式

图 6-7　Lamb 波仿真模拟

6.4.1　Lamb 波方程

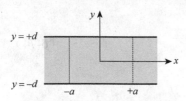

本节将给出 Lamb 波方程的推导，先是考虑在厚度为 $h=2d$ 的板中传播的直波峰 Lamb 波，如图 6-8 所示。直波峰假设 z 不变，第 5 章表明 z 不变问题可以分成两种独立的情况：①SH 波，②P+SV 波。SH 波的情况已在上一节说明，这里将说明 P+SV 波在板中的情况，即假设 P 波和 SV 波同时存在于板中。通过该板上下表面的多次反射及相互干涉，P 波和 SV 波合成 Lamb 波，其中包括厚度 y 方向上的（Lamb 波模式）驻波，类似 x 方向的行波。

图 6-8　在厚度 $h=2d$ 的板中沿 x 方向传播的直波峰 Lamb 波

第 5 章已经确定了可以用 Φ 和 H_z 两个势函数来描述 P+SV 波，它们满足波动方程，即

$$c_P^2 \nabla^2 \Phi = \ddot{\Phi}$$
$$c_S^2 \nabla^2 H_z = \ddot{H}_z$$

（6-77）

其中，$c_P^2 = (\lambda + 2\mu)/\rho$，$c_S^2 = \mu/\rho$，分别表示压力（纵）波速和剪切（横）波速，$\lambda$ 和 μ 是拉梅常数，ρ 是质量密度。为了简化符号，可忽略 H_z 的下标 z，只写作 H。因此，展开式（6-77）的拉普拉斯算子可得

$$\frac{\partial^2 \Phi}{\partial x^2} + \frac{\partial^2 \Phi}{\partial y^2} = \frac{1}{c_P^2}\ddot{\Phi}$$

$$\frac{\partial^2 H}{\partial x^2} + \frac{\partial^2 H}{\partial y^2} = \frac{1}{c_S^2}\ddot{H}$$

（6-78）

式（6-78）必须在该板的自由上下表面受零应力的边界条件下才可解，即

$$\sigma_{yy}\mid_{y=\pm d}=0, \quad \sigma_{xy}\mid_{y=\pm d}=0$$

（6-79）

对于在 x 方向的谐波传播 $\mathrm{e}^{i(\xi x - \omega t)}$，势函数 Φ 和 H 有如下形式：

$$\Phi = f(y)\mathrm{e}^{i(\xi x - \omega t)}, \quad H = ih(y)\mathrm{e}^{i(\xi x - \omega t)},$$

（6-80）

注意因子 i 使得势函数 H 和 Φ 成正交关系，它们相应的求导如下：

$$\ddot{\Phi} = -\omega^2\Phi, \quad \frac{\partial \Phi}{\partial x} = i\xi\Phi, \quad \frac{\partial^2 \Phi}{\partial x^2} = -\xi^2\Phi$$

$$\ddot{H} = -\omega^2 H, \quad \frac{\partial H}{\partial x} = i\xi H, \quad \frac{\partial^2 H}{\partial x^2} = -\xi^2 H$$

（6-81）

将式（6-80）和式（6-81）代入式（6-78），化简约去 $\mathrm{e}^{i(\xi x - \omega t)}$ 可得

$$f''(y) + \left(\frac{\omega^2}{c_P^2} - \xi^2\right)f(y) = 0$$

$$h''(y) + \left(\frac{\omega^2}{c_S^2} - \xi^2\right)h(y) = 0$$

（6-82）

设

$$\eta_P^2 = \frac{\omega^2}{c_P^2} - \xi^2, \quad \eta_S^2 = \frac{\omega^2}{c_S^2} - \xi^2 \tag{6-83}$$

将式（6-83）代入式（6-82），得

$$f''(y) + \eta_P^2 f(y) = 0$$
$$h''(y) + \eta_S^2 h(y) = 0 \tag{6-84}$$

式（6-84）的谐波解形式为

$$f(y) = A_1 \sin \eta_P y + A_2 \cos \eta_P y$$
$$h(y) = B_1 \sin \eta_S y + B_2 \cos \eta_S y \tag{6-85}$$

其中，系数 A_1、A_2、B_1、B_2 可由边界条件式（6-79）确定。要满足这一点需要用势函数 Φ 和 H 来表达应力 σ_{yy} 和 σ_{xy}。将式（6-80）转化成用 f 和 h 的方程式（6-85）来表达，并施加边界条件式（6-79），就可以得到一个有 4 个未知数 A_1、A_2、B_1、B_2 的 4 个代数方程组，解该代数方程组就可以得到 A_1、A_2、B_1、B_2。再代入式（6-85），就可以得到方程 $f(y)$ 和 $h(y)$，再把这个结果代入式（6-80）就可以得到所求势函数。为了方便求解，可计算式（6-85）的导数，即

$$f' = A_1 \eta_P \cos \eta_P y - A_2 \eta_P \sin \eta_P y \qquad h' = B_1 \eta_S \cos \eta_S y - B_2 \eta_S \sin \eta_S y$$
$$f'' = -A_1 \eta_P^2 \sin \eta_P y - A_2 \eta_P^2 \cos \eta_P y = -\eta_P^2 f, \quad h'' = -B_1 \eta_S^2 \sin \eta_S y - B_2 \eta_S^2 \cos \eta_S y = -\eta_S^2 h \tag{6-86}$$

式（5-536）给出了用势函数表示 z 方向不变的应力，即

$$\sigma_{xx} = (\lambda + 2\mu) \frac{\partial^2 \Phi}{\partial x^2} + \lambda \frac{\partial^2 \Phi}{\partial y^2} + 2\mu \frac{\partial^2 H}{\partial x \partial y}$$

$$\sigma_{yy} = \lambda \frac{\partial^2 \Phi}{\partial x^2} + (\lambda + 2\mu) \frac{\partial^2 \Phi}{\partial y^2} - 2\mu \frac{\partial^2 H}{\partial x \partial y} \tag{6-87}$$

$$\sigma_{xy} = \mu \left(2 \frac{\partial^2 \Phi}{\partial x \partial y} - \frac{\partial^2 H}{\partial x^2} + \frac{\partial^2 H}{\partial y^2} \right)$$

式（6-87）中，为了简化，省略了 H_z 的下标 z，将式（6-80）和式（6-81）代入式（6-87），得

$$\sigma_{xx} = (\lambda + 2\mu)(i\xi)^2 f + \lambda f'' + 2\mu(i\xi) i h'$$
$$\sigma_{yy} = \lambda(i\xi)^2 f + (\lambda + 2\mu) f'' - 2\mu(i\xi) i h' \tag{6-88}$$
$$\sigma_{xy} = \mu[2(i\xi) f' - (i\xi)^2 i h + i h'']$$

其中，自变量 x、t 与 $e^{i(\xi x - \omega t)}$ 的相关性为简单起见被省略了，这是隐含的。f'' 和 h'' 的函数式（6-86）代入式（6-88）并展开 $(i\xi)^2$，整理后可得

$$\sigma_{xx} = -[(\lambda + 2\mu)\xi^2 + \lambda\eta_P^2]f - 2\mu\xi h'$$
$$\sigma_{yy} = -[\lambda\xi^2 + (\lambda + 2\mu)\eta_P^2]f + 2\mu\xi h' \tag{6-89}$$
$$\sigma_{xy} = i\mu[2\xi f' + (\xi^2 - \eta_S^2)h]$$

式（6-89）可以利用下列恒等式简化：

$$(\lambda + 2\mu)\xi^2 + \lambda\eta_P^2 = \mu(\xi^2 + \eta_S^2 - 2\eta_P^2) \tag{6-90}$$
$$\lambda\xi^2 + (\lambda + 2\mu)\eta_P^2 = \mu(\eta_S^2 - \xi^2)$$

式（6-90）的恒等式可用式（6-83）证明，即

$$(\lambda + 2\mu)\xi^2 + \lambda\eta_P^2 = (\lambda + 2\mu)(\xi^2 + \eta_P^2) - 2\mu\eta_P^2 \tag{6-91}$$
$$= (\lambda + 2\mu)\frac{\omega^2}{c_P^2} - 2\mu\eta_P^2 = \mu\frac{\omega^2}{c_S^2} - 2\mu\eta_P^2 = \mu(\xi^2 + \eta_S^2 - 2\eta_P^2)$$

$$\lambda\xi^2 + (\lambda + 2\mu)\eta_P^2 = (\lambda + 2\mu)(\xi^2 + \eta_P^2) - 2\mu\xi^2 \tag{6-92}$$
$$= (\lambda + 2\mu)\frac{\omega^2}{c_P^2} - 2\mu\xi^2 = \mu\frac{\omega^2}{c_S^2} - 2\mu\xi^2 = \mu(\eta_S^2 + \xi^2 - 2\xi^2) = \mu(\eta_S^2 - \xi^2)$$

将式（6-90）代入式（6-89），两边同时除以 μ 整理后可得

$$\frac{\sigma_{xx}}{\mu} = -(\xi^2 + \eta_S^2 - 2\eta_P^2)f - 2\xi h'$$

$$\frac{\sigma_{yy}}{\mu} = (\xi^2 - \eta_S^2)f + 2\xi h' \tag{6-93}$$

$$\frac{\sigma_{xy}}{i\mu} = 2\xi f' + (\xi^2 - \eta_S^2)h$$

将式（6-85）和式（6-86）代入式（6-93），得

$$\frac{\sigma_{xx}}{\mu} = -(\xi^2 + \eta_S^2 - 2\eta_P^2)(A_1 \sin\eta_P y + A_2 \cos\eta_P y) - 2\xi(B_1\eta_S \cos\eta_S y - B_2\eta_S \sin\eta_S y)$$

$$\frac{\sigma_{yy}}{\mu} = (\xi^2 - \eta_S^2)(A_1 \sin\eta_P y + A_2 \cos\eta_P y) + 2\xi(B_1\eta_S \cos\eta_S y - B_2\eta_S \sin\eta_S y) \tag{6-94}$$

$$\frac{\sigma_{xy}}{i\mu} = 2\xi(A_1\eta_P \cos\eta_P y - A_2\eta_P \sin\eta_P y) + (\xi^2 - \eta_S^2)(B_1 \sin\eta_S y + B_2 \cos\eta_S y)$$

将式（6-94）代入边界条件式（6-79），得

$$\sigma_{yy}(d) = 0: \quad (\xi^2 - \eta_S^2)(A_1 \sin\eta_P d + A_2 \cos\eta_P d) + 2\xi(B_1\eta_S \cos\eta_S d - B_2\eta_S \sin\eta_S d) = 0 \tag{6-95}$$

$$\sigma_{yy}(-d) = 0: \quad (\xi^2 - \eta_S^2)(-A_1 \sin\eta_P d + A_2 \cos\eta_P d) + 2\xi(B_1\eta_S \cos\eta_S d + B_2\eta_S \sin\eta_S d) = 0 \tag{6-96}$$

$$\sigma_{xy}(d) = 0: \quad 2\xi(A_1\eta_P \cos\eta_P d - A_2\eta_P \sin\eta_P d) + (\xi^2 - \eta_S^2)(B_1 \sin\eta_S d + B_2 \cos\eta_S d) = 0 \tag{6-97}$$

$$\sigma_{xy}(-d) = 0: \quad 2\xi(A_1\eta_P \cos\eta_P d + A_2\eta_P \sin\eta_P d) + (\xi^2 - \eta_S^2)(-B_1 \sin\eta_S d + B_2 \cos\eta_S d) = 0 \tag{6-98}$$

Lamb 波问题可以简化为求解式（6-95）~式（6-98），解出常数 A_1、A_2、B_1、B_2 后，再代入式（6-86）求 $f(y)$ 和 $h(y)$ 的方程，之后再代入式（6-80）求势函数 Φ 和 H。一旦确定了 Φ 和 H，就可以求解位移 u_x、u_y，应力 σ_{xx}、σ_{yy}、σ_{xy} 以及其他因变量。

6.4.2　Lamb 波方程的解和频散曲线

式（6-95）~式（6-98）是一个有 4 个未知数 A_1、A_2、B_1、B_2 的 4 个代数方程组，这个 4×4 方程组可以简化为两个 2×2 方程组，其中一组对应对称运动，另一组对应反对称运动。

（1）Lamb 波方程的对称解

将 σ_{yy} 的函数式（6-95）和式（6-96）相加以及 σ_{xy} 的函数式（6-97）和式（6-98）相减可得

$$A_2(\xi^2-\eta_S^2)\cos\eta_P d + B_1 2\xi\eta_S\cos\eta_S d = 0 \qquad \text{（对称运动）} \qquad (6\text{-}99)$$
$$-A_2 2\xi\eta_P\sin\eta_P d + B_1(\xi^2-\eta_S^2)\sin\eta_S d = 0$$

式（6-99）描述一种关于中性层对称的质点运动，当且仅当行列式为零时，这个齐次线性方程组的解才存在，即

$$D_S = \begin{vmatrix} (\xi^2-\eta_S^2)\cos\eta_P d & 2\xi\eta_S\cos\eta_S d \\ -2\xi\eta_P\sin\eta_P d & (\xi^2-\eta_S^2)\sin\eta_S d \end{vmatrix} = 0 \qquad (6\text{-}100)$$

或

$$D_S = (\xi^2-\eta_S^2)^2\cos\eta_P d\sin\eta_S d + 4\xi^2\eta_P\eta_S\sin\eta_P d\cos\eta_S d = 0 \qquad (6\text{-}101)$$

式（6-101）是对称模式的 Rayleigh-Lamb 方程，一种经常使用的对称 Rayleigh-Lamb 方程形式是

$$\frac{\tan\eta_P d}{\tan\eta_S d} = -\frac{(\xi^2-\eta_S^2)^2}{4\xi^2\eta_P\eta_S} \qquad \text{（对称 Rayleigh-Lamb 方程）} \qquad (6\text{-}102)$$

这种超越方程的解不易求得，因为 η_P 和 η_S 还取决于 ξ。式（6-102）的数值解可得对称模式的特征值 ξ_0^S、ξ_1^S、$\xi_2^S\cdots$，这些是对称 Lamb 波模式的波数。根据关系式 $c=\omega/\xi$ 可得波速的频散表达式，这是一个有关频厚积 fd 的函数，频率 $f=\omega/2\pi$，d 是板厚度的一半。对于给定的频厚积 fd，会存在一系列 Lamb 波模式。当 fd 值很低时，只有最低的对称波数 ξ_0^S 以及相应的 Lamb 波模式 S0 存在。

通常情况下，式（6-102）的根是复数。但是，目前只关注实根（传播波）和虚根（消散波），为了求出这些根的值，可利用替换式 $\bar{\xi}=\xi d$，$\Omega=\omega d/c_S=2\pi fd/c_S$，即

$$\xi = \frac{\bar{\xi}}{d}, \quad \omega = \frac{\Omega c_S}{d} \qquad (6\text{-}103)$$

将式（6-103）代入式（6-83）得

$$\eta_P^2 = \frac{\Omega^2 c_S^2}{c_P^2 d^2} - \frac{\bar{\xi}^2}{d^2}, \quad \eta_S^2 = \frac{\Omega^2 c_S^2}{c_S^2 d^2} - \frac{\bar{\xi}^2}{d^2} \qquad (6\text{-}104)$$

定义无量纲波数

$$\bar{\eta}_P^2 = \eta_P^2 d^2 = \frac{\Omega^2 c_S^2}{c_P^2} - \bar{\xi}^2 = \frac{\Omega^2}{k^2} - \bar{\xi}^2, \quad \bar{\eta}_S^2 = \eta_S^2 d^2 = \Omega^2 - \bar{\xi}^2 \qquad (6\text{-}105)$$

其中，$k=c_P/c_S$，有

$$\eta_P = \frac{\bar{\eta}_P}{d}, \quad \eta_S = \frac{\bar{\eta}_S}{d}, \quad \xi^2\eta_P\eta_S = \frac{\bar{\xi}^2}{d^2}\frac{\bar{\eta}_P}{d}\frac{\bar{\eta}_S}{d} = \frac{\bar{\xi}^2\bar{\eta}_P\bar{\eta}_S}{d^4} \qquad (6\text{-}106)$$

利用式（6-103）和式（6-106）将式（6-101）改写成无量纲的形式，即

$$D_S = \left(\frac{\bar{\xi}^2}{d^2} - \frac{\bar{\eta}_S^2}{d^2}\right)^2\cos\bar{\eta}_P\sin\bar{\eta}_S + 4\frac{\bar{\xi}^2\bar{\eta}_P\bar{\eta}_S}{d^4}\sin\bar{\eta}_P\cos\bar{\eta}_S = 0 \qquad (6\text{-}107)$$

$$\bar{D}_S = D_S d^4 = (\bar{\xi}^2 - \bar{\eta}_S^2)^2 \cos\bar{\eta}_P \sin\bar{\eta}_S + 4\bar{\xi}^2 \bar{\eta}_P \bar{\eta}_S \sin\bar{\eta}_P \cos\bar{\eta}_S = 0 \qquad (6\text{-}108)$$

求式（6-108）当 $\bar{\xi}=0$ 时的根 Ω，作为非线性插值的初始点。为此先计算

$$\bar{\eta}_P^2|_{\bar{\xi}=0} = \frac{\Omega^2}{k^2}, \quad \bar{\eta}_S^2|_{\bar{\xi}=0} = \Omega^2 \qquad (6\text{-}109)$$

将式（6-109）代入式（6-108），得

$$\bar{D}_S|_{\bar{\xi}=0} = [(\bar{\xi}^2 - \bar{\eta}_S^2)^2 \cos\bar{\eta}_P \sin\bar{\eta}_S + 4\bar{\xi}^2 \bar{\eta}_P \bar{\eta}_S \sin\bar{\eta}_P \cos\bar{\eta}_S]_{\bar{\xi}=0}$$
$$= [\bar{\eta}_S^4 \cos\bar{\eta}_P \sin\bar{\eta}_S]_{\bar{\xi}=0} = \Omega^4 \cos\frac{\Omega}{k} \sin\Omega = 0 \qquad (6\text{-}110)$$

式（6-110）表明

$$\cos\frac{\Omega}{k} = 0 \quad \text{或} \quad \sin\Omega = 0 \qquad (6\text{-}111)$$

式（6-111）的根就是当 $\bar{\xi}=0$ 时的 Ω 值。将式（6-111）的根作为插值初始点，继续分别在 $\mathrm{Re}\,\bar{\xi}$ 和 $\mathrm{Im}\,\bar{\xi}$ 方向上取小增量 $\Delta\bar{\xi}$，从而覆盖一系列 $\bar{\xi}$ 值。对于每一个 $\bar{\xi}$ 值，使用从先前 $\bar{\xi}$ 值得到的解作为预估，并用非线性插值来确定对应的 Ω 值，直到覆盖整个有用的区域，如图 6-9 所示。最后可以用平滑插值函数绘制一条经过相似点的连续曲线。

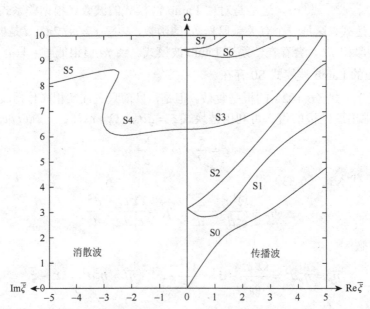

图 6-9 对称 Rayleigh-Lamb 方程 $\Omega\bar{\xi}$ 根的轨迹 $\bar{\xi} = \xi d$，$\Omega = \omega d / c_S$，泊松比 $\nu = 0.33$，假设 $\bar{\xi}$ 不是实数（传播波）就是纯虚数（消散波）

求得无量纲根 Ω、$\bar{\xi}$ 后，利用式（6-103）和关系式 $c = \omega / \xi$、$f = \omega / 2\pi$ 求得相应的波速 c 和频厚积 fd 并绘制 c 关于 fd 变化的图，即得频散曲线。图 6-10 给出了对称 Lamb 波模式波速频散的曲线图。

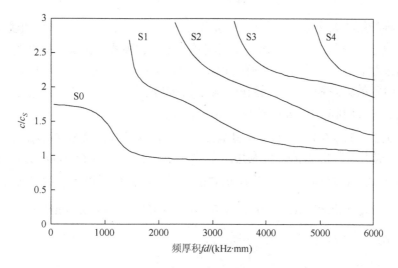

图 6-10　对称 Lamb 波波速频散曲线

对于每一个特征值 ξ^S，齐次方程组式（6-99）的解符合

$$
\begin{aligned}
A_2 &= -2\xi\eta_S\cos\eta_S d \\
B_1 &= (\xi^2 - \eta_S^2)\cos\eta_P d
\end{aligned}
\tag{6-112}
$$

式（6-112）的系数 A_2、B_1 有一个不确定度，即它们可以按任意常数 C 放大或缩小。

（2）Lamb 波方程的反对称解

将 σ_{yy} 的函数式（6-95）和式（6-96）相减以及 σ_{xy} 的函数式（6-97）和式（6-98）相加可得

$$
\begin{aligned}
A_1(\xi^2 - \eta_S^2)\sin\eta_P d - B_2 2\xi\eta_S\sin\eta_S d &= 0 \\
A_1 2\xi\eta_P\cos\eta_P d + B_2(\xi^2 - \eta_S^2)\cos\eta_S d &= 0
\end{aligned}
\quad\text{（反对称模式）}
\tag{6-113}
$$

式（6-113）表明一种关于中性层反对称的质点运动，当且仅当行列式为零时，这个齐次线性方程组的解才存在，即

$$
D_{\mathrm{A}} = \begin{vmatrix} (\xi^2 - \eta_S^2)\sin\eta_P d & -2\xi\eta_S\sin\eta_S d \\ 2\xi\eta_P\cos\eta_P d & (\xi^2 - \eta_S^2)\cos\eta_S d \end{vmatrix} = 0
\tag{6-114}
$$

或

$$
D_{\mathrm{A}} = (\xi^2 - \eta_S^2)^2\sin\eta_P d\cos\eta_S d + 4\xi^4\eta_P\eta_S\cos\eta_P d\sin\eta_S d = 0
\tag{6-115}
$$

式（6-115）是反对称模式的 Rayleigh-Lamb 方程，一种经典的反对称 Rayleigh-Lamb 方程形式是

$$
\frac{\tan\eta_P d}{\tan\eta_S d} = -\frac{4\xi^2\eta_P\eta_S}{(\xi^2 - \eta_S^2)^2}
\quad\text{（反对称 Rayleigh-Lamb 方程）}
\tag{6-116}
$$

这种超越方程的解不易求得，因为 η_P 和 η_S 还取决于 ξ。式（6-116）的数值解可得反对称模式的特征值 ξ_0^A、ξ_1^A、$\xi_2^A \cdots$，这些是反对称 Lamb 波模式的波数。根据关系式 $c = \omega / \xi$ 可得波速的频散表达式，这是一个有关频厚积 fd 的函数，频率 $f = \omega / 2\pi$，d 是板厚度的一半。对于给定的频厚积 fd，会存在一系列 Lamb 波模式。当 fd 值很低时，只有最低的反对称波数 ξ_0^A 以及相应的 Lamb 波模式 A0 存在。

通常情况下，式（6-116）的根是复数。但是，目前只关注实根（传播波）和虚根（衰减波），为了求出这些根的值，可利用之前的替换式 $\overline{\xi} = \xi d$ 和 $\Omega = \omega d / c_S = 2\pi fd / c_S$ 并按式（6-103）～式（6-111）分析对称模式的过程（注：方程采用无量纲形式）：

$$\overline{D}_A = D_A d^4 = (\overline{\xi}^2 - \overline{\eta}_S^2)^2 \sin\overline{\eta}_P \cos\overline{\eta}_S + 4\overline{\xi}^2 \overline{\eta}_P \overline{\eta}_S \cos\overline{\eta}_P \sin\overline{\eta}_S = 0 \qquad (6\text{-}117)$$

当 $\overline{\xi} = 0$ 时，式（6-117）可简化为

$$
\begin{aligned}
\overline{D}_A \mid_{\overline{\xi}=0} &= [(\overline{\xi}^2 - \overline{\eta}_S^2)^2 \sin\overline{\eta}_P \cos\overline{\eta}_S + 4\overline{\xi}^2 \overline{\eta}_P \overline{\eta}_S \cos\overline{\eta}_P \sin\overline{\eta}_S]_{\overline{\xi}=0} \\
&= (\overline{\eta}_S^4 \sin\overline{\eta}_P \cos\overline{\eta}_S)_{\overline{\xi}=0} = \Omega^4 \sin\frac{\Omega}{k} \cos\Omega = 0
\end{aligned}
\qquad (6\text{-}118)
$$

同样，解出当 $\overline{\xi} = 0$ 时的 Ω 为

$$\sin\frac{\Omega}{k} = 0 \quad \text{或} \quad \cos\Omega = 0 \qquad (6\text{-}119)$$

图 6-11 给出了反对称 Rayleigh-Lamb 方程通过这种方法得到的根 Ω、$\overline{\xi}$ 的轨迹。图 6-12 给出了反对称 Lamb 波模式波速频散曲线图。

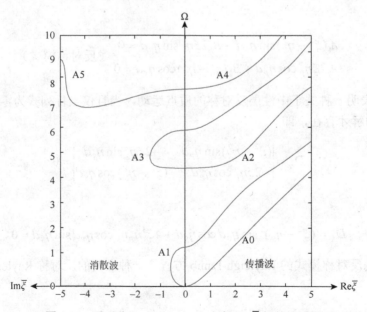

图 6-11　反对称 Rayleigh-Lamb 方程 Ω-$\overline{\xi}$ 根的轨迹图

$\overline{\xi} = \xi d$，$\Omega = \omega d / c_S$，泊松比 $\nu = 0.33$，假设 $\overline{\xi}$ 不是实数（传播波）就是纯虚数（消散波）

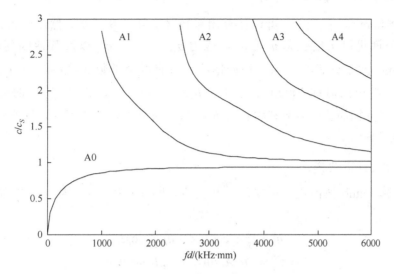

图 6-12　反对称 Lamb 波波速频散曲线

对于每一个特征值 ξ^A，齐次方程组（6-113）符合解

$$A_1 = 2\xi\eta_S \sin\eta_S d$$
$$B_2 = (\xi^2 - \eta_S^2)\sin\eta_P d \qquad (6\text{-}120)$$

式（6-120）的系数 A_1、B_2 有一个不确定度，即它们可以按任意常数 C 放大或缩小。

6.4.3　Lamb 波模式

式（5-526）给出的位移方程用势函数来表示 z 方向位移不变，即

$$u_x = \frac{\partial\Phi}{\partial x} + \frac{\partial H}{\partial y}$$
$$u_y = \frac{\partial\Phi}{\partial y} - \frac{\partial H}{\partial x} \qquad (6\text{-}121)$$

式中，H_z 的下标 z 被省略了，将式（6-80）、式（6-81）、式（6-85）代入式（6-121）得到用常数 A_1、A_2、B_1、B_2 表示的位移，即

$$u_x = i\xi(A_1 \sin\eta_P y + A_2 \cos\eta_P y) + i\eta_S(B_1 \cos\eta_S y - B_2 \sin\eta_S y)$$
$$u_y = \eta_P(A_1 \cos\eta_P y - A_2 \sin\eta_P y) + \xi(B_1 \sin\eta_S y + B_2 \cos\eta_S y) \qquad (6\text{-}122)$$

其中，自变量 x、t 与 $e^{i(\xi x - \omega t)}$ 的相关性为简单起见省略，这是隐含的。由 u_x 的因子 i 可知位移是正交的，根据式（6-94），即

$$\sigma_{xx} = -\mu[(\xi^2 + \eta_S^2 - 2\eta_P^2)(A_1 \sin\eta_P y + A_2 \cos\eta_P y) + 2\xi\eta_S(B_1 \cos\eta_S y - B_2 \sin\eta_S y)]$$
$$\sigma_{yy} = \mu[(\xi^2 - \eta_S^2)(A_1 \sin\eta_P y + A_2 \cos\eta_P y) + 2\xi\eta_S(B_1 \cos\eta_S y - B_2 \sin\eta_S y)] \qquad (6\text{-}123)$$
$$\sigma_{xy} = i\mu[2\xi\eta_P(A_1 \cos\eta_P y - A_2 \sin\eta_P y) + (\xi^2 - \eta_S^2)(B_1 \sin\eta_S y + B_2 \cos\eta_S y)]$$

对于每一个 Lamb 波波数 ξ，可以计算出系数 A_1、A_2、B_1、B_2，然后代入式（6-122）、式（6-123）就可以求出位移 u_x、u_y，应力 σ_{xx}、σ_{yy}、σ_{xy} 以及其他因变量。对称和反对称 Lamb 波是分离的，因此每种情况下只有两个常数非零：其中 A_2、B_1 对应波数 ξ_0^S、ξ_1^S、$\xi_2^S\cdots$ 的对称 Lamb 波，A_1、B_2 对应波数 ξ_0^A、ξ_1^A、$\xi_2^A\cdots$ 的反对称 Lamb 波，这使运算更加简化。接下来将计算对称与反对称 Lamb 波模式，即求相应的位移、应力、应变等。

（1）对称 Lamb 波模式

对于对称 Lamb 波模式，系数 A_1、B_2 为零，即 $A_1 = B_2 = 0$，因此，式（6-122）可以简化为

$$u_x^S = i\xi A_2 \cos\eta_P y + i\eta_S B_1 \cos\eta_S y$$
$$u_y^S = -\eta_P A_2 \sin\eta_P y + \xi B_1 \sin\eta_S y \tag{6-124}$$

将式（6-112）给出的 A_2、B_1 代入式（6-124），得

$$u_x^S = i\xi(-2\xi\eta_S \cos\eta_S d)\cos\eta_P y + i\eta_S(\xi^2 - \eta_S^2)\cos\eta_P d \cos\eta_S y$$
$$u_y^S = -\eta_P(-2\xi\eta_S \cos\eta_S d)\sin\eta_P y + \xi(\xi^2 - \eta_S^2)\cos\eta_P d \sin\eta_S y \tag{6-125}$$

整理后，式（6-125）可化为

$$u_x^S = -2i\xi^2\eta_S \cos\eta_S d \cos\eta_P y + i\eta_S(\xi^2 - \eta_S^2)\cos\eta_P d \cos\eta_S y$$
$$u_y^S = 2\xi\eta_P\eta_S \cos\eta_S d \sin\eta_P y + \xi(\xi^2 - \eta_S^2)\cos\eta_P d \sin\eta_S y \tag{6-126}$$

式（6-126）描述的模式并不是标准化的，它们可以按任意常数放大或缩小。引入含有变量 x、t 的公因数 $e^{i(\xi x - \omega t)}$ 以及一个任意的模式幅度 C^S 可以得到完整的沿 x 方向传播的直波峰对称 Lamb 波位移表达式，即

$$u_x^S(x,y,t) = -iC^S[2\xi^2\eta_S \cos\eta_S d \cos\eta_P y - \eta_S(\xi^2 - \eta_S^2)\cos\eta_P d \cos\eta_S y]e^{i(\xi x - \omega t)}$$
$$u_y^S(x,y,t) = C^S\xi[2\eta_P\eta_S \cos\eta_S d \sin\eta_P y + (\xi^2 - \eta_S^2)\cos\eta_P d \sin\eta_S y]e^{i(\xi x - \omega t)} \tag{6-127}$$

模式幅度 C^S 可以由模式正交条件确定。式（6-126）表明，x 方向的位移 u_x 随 y 而对称变化，而 y 方向的位移 u_y 随 y 反对称变化，这一特性和图 6-13 描绘的沿板厚方向的对称质点运动一致。

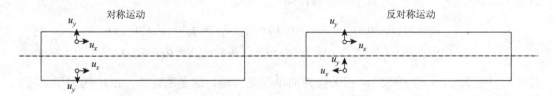

图 6-13　沿板厚方向的对称和反对称质点运动

沿厚度方向的 Lamb 波模式形状随频率的变化而变化。图 6-14 给出了个别频率和模式下的对称 Lamb 波模式的仿真模拟结果。当 $fd \to 0$ 时，S0 模式类似常规轴向板波沿厚度方向的变化情况，即沿板厚方向为常值。

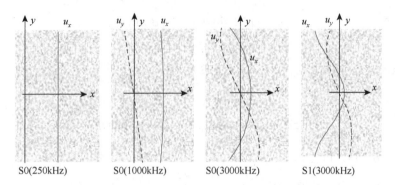

图 6-14 个别频率下在 1mm 铝板中沿板厚方向的 Lamb 波 S0、S1 模式位移场

对称 Lamb 波模式的应力可由将 $A_1 = B_2 = 0$ 代入式（6-123）得到

$$\sigma_{xx}^{S} = -\mu[(\xi^2 + \eta_S^2 - 2\eta_P^2)A_2\cos\eta_P y + 2\xi\eta_S B_1\cos\eta_S y]$$
$$\sigma_{yy}^{S} = \mu[(\xi^2 - \eta_S^2)A_2\cos\eta_P y + 2\xi\eta_S B_1\cos\eta_S y] \qquad (6\text{-}128)$$
$$\sigma_{xy}^{S} = i\mu[2\xi\eta_P(-A_2\sin\eta_P y) + (\xi^2 - \eta_S^2)B_1\sin\eta_S y]$$

将式（6-112）给出的 A_2、B_1 代入式（6-128），得

$$\sigma_{xx}^{S} = -\mu[(\xi^2 + \eta_S^2 - 2\eta_P^2)(-2\xi\eta_S\cos\eta_S d)\cos\eta_P y + 2\xi\eta_S(\xi^2 - \eta_S^2)\cos\eta_P d\cos\eta_S y]$$
$$\sigma_{yy}^{S} = \mu[(\xi^2 - \eta_S^2)(-2\xi\eta_S\cos\eta_S d)\cos\eta_P y + 2\xi\eta_S(\xi^2 - \eta_S^2)\cos\eta_P d\cos\eta_S y] \qquad (6\text{-}129)$$
$$\sigma_{xy}^{S} = i\mu[2\xi\eta_P(-2\xi\eta_S\cos\eta_S d)(-\sin\eta_P y) + (\xi^2 - \eta_S^2)(\xi^2 - \eta_S^2)\cos\eta_P d\sin\eta_S y]$$

整理后，式（6-129）可化为

$$\sigma_{xx}^{S} = 2\mu\xi\eta_S[(\xi^2 + \eta_S^2 - 2\eta_P^2)\cos\eta_S d\cos\eta_P y - (\xi^2 - \eta_S^2)\cos\eta_P d\cos\eta_S y]$$
$$\sigma_{yy}^{S} = -2\mu\xi\eta_S(\xi^2 - \eta_S^2)(\cos\eta_S d\cos\eta_P y - \cos\eta_P d\cos\eta_S y) \qquad (6\text{-}130)$$
$$\sigma_{xy}^{S} = i\mu[4\xi^2\eta_P\eta_S\cos\eta_S d\sin\eta_P y + (\xi^2 - \eta_S^2)^2\cos\eta_P d\sin\eta_S y]$$

引入含有变量 x、t 的公因数 $e^{i(\xi x - \omega t)}$ 以及一个任意的模式幅度 C^{S}，得到完整的沿 x 方向传播的直波峰对称 Lamb 波应力表达式，即

$$\sigma_{xx}^{S}(x,y,t) = 2C^{S}\mu\xi\eta_S[(\xi^2 + \eta_S^2 - 2\eta_P^2)\cos\eta_S d\cos\eta_P y - (\xi^2 - \eta_S^2)\cos\eta_P d\cos\eta_S y]e^{i(\xi x - \omega t)}$$
$$\sigma_{yy}^{S}(x,y,t) = -2C^{S}[\mu\xi\eta_S(\xi^2 - \eta_S^2)(\cos\eta_S d\cos\eta_P y - \cos\eta_P d\cos\eta_S y)]e^{i(\xi x - \omega t)} \qquad (6\text{-}131)$$
$$\sigma_{xy}^{S}(x,y,t) = iC^{S}\mu[4\xi^2\eta_P\eta_S\cos\eta_S d\sin\eta_P y + (\xi^2 - \eta_S^2)^2\cos\eta_P d\sin\eta_S y]e^{i(\xi x - \omega t)}$$

将式（6-127）、式（6-131）中的波数 ξ 取相应对称 Lamb 波模式的值 ξ_0^{S}、ξ_1^{S}、ξ_2^{S}…。模式幅度 C^{S} 可归一化，或者通过取值使得在整个厚度的最大振幅不超过 1，又或者由每个波数 ξ_0^{S}、ξ_1^{S}、ξ_2^{S}…的模式正交条件确定。

（2）反对称 Lamb 波模式

对于反对称 Lamb 波模式，系数 A_2、B_1 为零，即 $A_2 = B_1 = 0$，式（6-122）简化为

$$u_x^A = i\xi A_1 \sin\eta_P y - i\eta_S B_2 \sin\eta_S y$$
$$u_y^A = \eta_P A_1 \cos\eta_P y + \xi B_2 \cos\eta_S y$$
（6-132）

将式（6-120）给出的 A_1、B_2 代入式（6-132），得

$$u_x^A = i\xi 2\xi\eta_S \sin\eta_S d \sin\eta_P y - i\eta_S(\xi^2 - \eta_S^2)\sin\eta_P d \sin\eta_S y$$
$$u_y^A = \eta_P 2\xi\eta_S \sin\eta_S d \cos\eta_P y + \xi(\xi^2 - \eta_S^2)\sin\eta_P d \cos\eta_S y$$
（6-133）

整理后，式（6-133）可化为

$$u_x^A = 2i\xi^2\eta_S \sin\eta_S d \sin\eta_P y - i\eta_S(\xi^2 - \eta_S^2)\sin\eta_P d \sin\eta_S y$$
$$u_y^A = 2\xi\eta_P\eta_S \sin\eta_S d \cos\eta_P y + \xi(\xi^2 - \eta_S^2)\sin\eta_P d \cos\eta_S y$$
（6-134）

式（6-134）描述的模式并不是标准化的，即它们可以按任意常数放大或缩小。引入含有变量 x、t 的公因数 $e^{i(\xi x-\omega t)}$ 以及一个任意的模式幅度 C^A 就可以得到完整的沿 x 方向传播的直波峰反对称 Lamb 波位移表达式，即

$$u_x^A = iC^A\eta_S[2\xi^2 \sin\eta_S d \sin\eta_P y - (\xi^2 - \eta_S^2)\sin\eta_P d \sin\eta_S y]e^{i(\xi x-\omega t)}$$
$$u_y^A = C^A\xi[2\eta_P\eta_S \sin\eta_S d \cos\eta_P y + (\xi^2 - \eta_S^2)\sin\eta_P d \cos\eta_S y]e^{i(\xi x-\omega t)}$$
（6-135）

模式幅度 C^A 必须由模式正交条件确定。式（6-135）表明，x 方向的位移 u_x 随 y 而反对称变化，而 y 方向的位移 u_y 随 y 变化而对称变化，这一特性和图 6-13 描绘的沿板厚方向的反对称质点运动一致。沿厚度方向的 Lamb 波模式形状随频率的变化而变化。图 6-15 给出了个别频率和模式下的反对称 Lamb 波模式的仿真模拟。当 $fd \to 0$ 时，A0 模式类似常规弯曲板波沿厚度方向的变化情况，即沿板厚方向为线性变化。

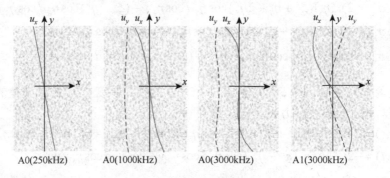

图 6-15　个别频率下在 1mm 铝板中沿板厚方向的 Lamb 波 A0、A1 模式位移场

将 $A_2 = B_1 = 0$ 代入式（6-123）可得到反对称 Lamb 波模式的应力

$$\sigma_{xx}^A = -\mu[(\xi^2 + \eta_S^2 - 2\eta_P^2)A_1 \sin\eta_P y + 2\xi\eta_S(-B_2 \sin\eta_S y)]$$
$$\sigma_{yy}^A = \mu[(\xi^2 - \eta_S^2)A_1 \sin\eta_P y + 2\xi\eta_S(-B_2 \sin\eta_S y)]$$
$$\sigma_{xy}^A = i\mu[2\xi\eta_P A_1 \cos\eta_P y + (\xi^2 - \eta_S^2)B_2 \cos\eta_S y]$$
（6-136）

将式（6-120）给出的 A_1、B_2 代入式（6-136）得

$$\sigma_{xx}^A = -\mu[(\xi^2 + \eta_S^2 - 2\eta_P^2)2\xi\eta_S \sin\eta_S d \sin\eta_P y - 2\xi\eta_S(\xi^2 - \eta_S^2)\sin\eta_P d \sin\eta_S y]$$

$$\sigma_{yy}^A = \mu[(\xi^2 - \eta_S^2)2\xi\eta_S \sin\eta_S d \sin\eta_P y + 2\xi\eta_S(\xi^2 - \eta_S^2)\sin\eta_P d(-\sin\eta_S y)] \qquad (6\text{-}137)$$

$$\sigma_{xy}^A = i\mu[2\xi\eta_P 2\xi\eta_S \sin\eta_S d \cos\eta_P y + (\xi^2 - \eta_S^2)(\xi^2 - \eta_S^2)\sin\eta_P d \cos\eta_S y]$$

整理后，式（6-137）可化为

$$\sigma_{xx}^A = -2\mu\xi\eta_S[(\xi^2 + \eta_S^2 - 2\eta_P^2)\sin\eta_S d \sin\eta_P y - (\xi^2 - \eta_S^2)\sin\eta_P d \sin\eta_S y]$$

$$\sigma_{yy}^A = 2\mu\xi\eta_S(\xi^2 - \eta_S^2)(\sin\eta_S d \sin\eta_P y - \sin\eta_P d \sin\eta_S y) \qquad (6\text{-}138)$$

$$\sigma_{xy}^A = i\mu[4\xi^2\eta_P\eta_S \sin\eta_S d \cos\eta_P y + (\xi^2 - \eta_S^2)^2 \sin\eta_P d \cos\eta_S y]$$

引入含有变量 x、t 的公因数 $e^{i(\xi x - \omega t)}$ 和一个任意的模式幅度 C^A，可得到完整的沿 x 方向传播的直波峰反对称 Lamb 波应力表达式，即

$$\sigma_{xx}^A(x,y,t) = -2C^A\xi\eta_S[(\xi^2 + \eta_S^2 - 2\eta_P^2)\sin\eta_S d \sin\eta_P y - (\xi^2 - \eta_S^2)\sin\eta_P d \sin\eta_S y]e^{i(\xi x - \omega t)}$$

$$\sigma_{yy}^A(x,y,t) = 2C^A[\mu\xi\eta_S(\xi^2 - \eta_S^2)(\sin\eta_S d \sin\eta_P y - \sin\eta_P d \sin\eta_S y)]e^{i(\xi x - \omega t)}$$

$$\sigma_{xy}^A(x,y,t) = iC^A\mu[4\xi^2\eta_P\eta_S \sin\eta_S d \cos\eta_P y + (\xi^2 - \eta_S^2)^2 \sin\eta_P d \cos\eta_S y]e^{i(\xi x - \omega t)} \qquad (6\text{-}139)$$

式（6-135）、式（6-139）中的波数 ξ 取相应反对称 Lamb 波模式的值 ξ_0^A、ξ_1^A、ξ_2^A ···。模式幅度 C^A 可归一化，或者可以通过取值使得在整个厚度的最大振幅不超过 1，又或者可由每个波数 ξ_0^A、ξ_1^A、ξ_2^A ···的模式正交条件确定。

6.4.4 Lamb 波的群速度

Lamb 波的另一个重要属性是群速度频散曲线。与后文实验所述一致，当监测 Lamb 波波包传播时，Lamb 波的群速度就显得很重要。群速度 c_g 可由相速度 c 通过如下关系式推导出：

$$c_g = c^2 \left[c - fd \frac{\partial c}{\partial(fd)} \right]^{-1} \qquad (6\text{-}140)$$

式（6-140）可由式（5-525）及替换式 $\omega / \partial\omega = f / \partial f = (fd) / \partial(fd)$ 得到，即

$$c_g = c^2 \left(c - \omega \frac{\partial c}{\partial\omega} \right)^{-1} = c^2 \left[c - fd \frac{\partial c}{\partial(fd)} \right]^{-1} \qquad (6\text{-}141)$$

式（6-140）采用相速度 c 关于频厚积 fd 的偏导，这个偏导可由波速频散曲线计算得出。对于数值计算应用，该偏导可由有限差分法代替，即

$$\frac{\partial c}{\partial(fd)} \cong \frac{\Delta c}{\Delta(fd)} \qquad (6\text{-}142)$$

图 6-16 给出了对称和反对称 Lamb 波模式群速度频散曲线。

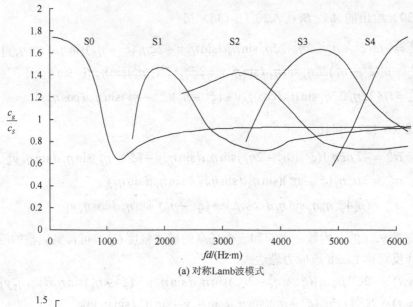

(a) 对称Lamb波模式

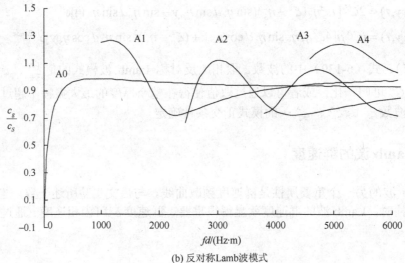

(b) 反对称Lamb波模式

图 6-16　群速度频散曲线

6.4.5　小结

常规的薄板内，轴向和弯曲波假设在整个板的厚度内有一定的位移场（恒定的轴向波、线性的弯曲波），但这样的位移场简化违背了板上下表面无应力的边界条件。如果考虑零应力边界条件并且进行准确解析求解，就会得到 Lamb 波。Lamb 波模式代表了沿板厚度方向的驻波和沿板长度方向的行波。对应于超越 Rayleigh-Lamb 方程根的若干 Lamb 波模式是存在的，每一个波模式都有不同的波速、不同的波长和沿板厚方向的不同驻波模式。板厚方向的 Lamb 波驻波模式随频率的变化而变化，低频时最基本的 Lamb 波 S0 和 A0 模式很接近常规的轴向和弯曲板波。Lamb 波是频散的，即波速随频率变化而变化，如图 6-10 和图 6-12 所示。

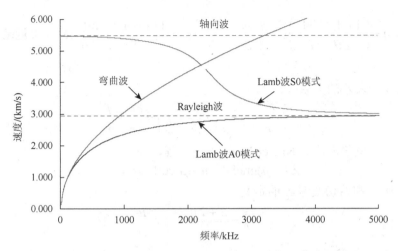

图 6-17 1mm 厚的铝板中各波波速随频率的变化关系图

图 6-17 给出了 Lamb 波 S0 和 A0 模式、轴向板波、弯曲板波以及 Rayleigh 波在 1mm 厚的铝板中的波速频散曲线。它反映了低频时弯曲板波和 Lamb 波 A0 模式的相似性。但是，随着频率增大，两条曲线分开，这表明常规的弯曲板波和 Lamb 波 A0 模式只有低频近似。类似地，常规的轴向板波和 Lamb 波 S0 模式只有低频近似。低频时，轴向板波的波速和 Lamb 波 S0 模式十分接近，而高频时区别很大。在频散曲线的另一端，Rayleigh 波和 Lamb 波 S0 和 A0 模式有高频近似。如图 6-17 所示，当频率很高时，S0 和 A0 的波速曲线合并并且逼近同一个值，这个值就是 Rayleigh 波波速。高频时，Lamb 波质点运动受限于自由表面附近，因而类似所述 Rayleigh 波。

Lamb 波可以有 1-D 传播（直波峰 Lamb 波）或者 2-D 传播（环形峰 Lamb 波）。常规的传感器产生直波峰 Lamb 波。这可以通过用楔形耦合产生的调制脉冲或用梳形耦合产生的敲击模式在板上进行倾斜冲击产生。环形峰 Lamb 波不易被常规的传感器激发产生，但是，环形峰 Lamb 波易被 PWAS 传感器激发产生。环形峰 Lamb 波具有全向效应且能产生 2-D Lamb 波传播的环形图。本节介绍了直波峰 Lamb 波，环形峰 Lamb 波在下节讨论。

6.5 环形峰 Lamb 波

考虑厚为 $2d$ 的薄板，以及在 r 方向上传播的环形波阵面，如图 6-18 所示。

用柱面坐标系来研究环形峰 Lamb 波，附录 B 给出了用柱面坐标系表达的下列公式：

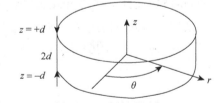

图 6-18 在 r 方向上无限延伸的厚为 $2d$ 的薄板的柱面坐标系

$$\boldsymbol{u} = u_r \boldsymbol{e}_r + u_\theta \boldsymbol{e}_\theta + u_z \boldsymbol{e}_z \quad (位移矢量) \quad (6\text{-}143)$$

$$\mathrm{grad}\, \phi = \nabla \phi = \frac{\partial \phi}{\partial r} \boldsymbol{e}_r + \frac{1}{r}\frac{\partial \phi}{\partial \theta} \boldsymbol{e}_\theta + \frac{\partial \phi}{\partial z} \boldsymbol{e}_z \quad (标量函数\, \phi\, 的梯度) \quad (6\text{-}144)$$

$$\mathrm{div}\, \boldsymbol{A} = \nabla \cdot \boldsymbol{A} = \frac{1}{r}\frac{\partial}{\partial r}(rA_r) + \frac{1}{r}\frac{\partial}{\partial \theta} A_\theta + \frac{\partial}{\partial z} A_z \quad (矢量函数\, \boldsymbol{A}\, 散度) \quad (6\text{-}145)$$

$$\text{curl } A = \nabla \times A = \left(\frac{1}{r} \frac{\partial A_z}{\partial \theta} - \frac{\partial A_\theta}{\partial z} \right) e_r + \left(\frac{\partial A_r}{\partial z} - \frac{\partial A_z}{\partial r} \right) e_\theta + \frac{1}{r} \left(\frac{\partial (rA_\theta)}{\partial r} - \frac{\partial A_r}{\partial \theta} \right) e_z \quad \text{(矢量函数 } A \text{ 旋度)}$$

$$\tag{6-146}$$

下面是用极坐标表示的关系式：

$$\frac{1}{r} \frac{\partial}{\partial r}(rf) = \frac{1}{r} \left(r\frac{\partial}{\partial r} + f \right) = \frac{\partial f}{\partial r} + \frac{f}{r} \tag{6-147}$$

根据用矢量形式位移表达的 Navier-Lamé 基本方程，即

$$(\lambda + 2\mu)\text{grad div } u - \mu \text{ curl curl } u = \rho \ddot{u} \tag{6-148}$$

根据压力波速 c_P 和剪切波速 c_S 的定义：

$$c_P^2 = \frac{\lambda + 2\mu}{\rho}, \quad c_S^2 = \frac{\mu}{\rho} \tag{6-149}$$

将式（6-149）代入式（148），得

$$c_P^2 \text{ grad div} u - c_S^2 \text{ curl curl } u = \ddot{u} \tag{6-150}$$

根据式（5-489）、式（5-490）用 Helmholz 势函数 Φ 和 H 表示位移的表达式，即

$$u = \text{grad } \Phi + \text{curl } H, \text{div } H = 0 \tag{6-151}$$

将式（6-151）代入式（6-150），经化简后得

$$c_P^2 \text{ div grad } \Phi - \ddot{\Phi} = 0$$
$$c_S^2 \text{ curl curl } H + \ddot{H} = 0 \tag{6-152}$$

式（6-152）的证明如下：

将式（6-151）代入式（6-150）展开后，得：

$$c_P^2 \text{ grad div}(\text{grad } \Phi + \text{curl } H) - c_S^2 \text{ curl curl}(\text{grad } \Phi + \text{curl } H) = \text{grad } \ddot{\Phi} + \text{curl } \ddot{H} \tag{6-153}$$

将式（6-153）展开并利用恒等式 curl grad $\Phi = 0$ 和 div curl $A = 0$（附录 B 和本章参考文献 [8] 第 127 页），得

$$c_P^2 \text{ grad div grad } \Phi + c_P^2 \text{ grad } (\cancel{\text{div curl } H})$$
$$-c_S^2 \text{ curl } (\cancel{\text{curl grad } \Phi}) - c_S^2 \text{ curl curl curl } H = \text{grad } \ddot{\Phi} + \text{curl } \ddot{H} \tag{6-154}$$

式（6-154）展开整理得 grad$(c_P^2 \text{ div grad } \Phi - \ddot{\Phi})$ − curl$(c_S^2 \text{ curl curl } H + \ddot{H}) = 0$，对任意 Φ 和 H 恒成立，由此可得式（6-152）。证明完毕。

式（6-152）的解必须满足板上下表面的零应力边界条件，即

$$\sigma_{zz} \mid_{z=\pm d} = 0, \sigma_{rz} \mid_{z=\pm d} = 0 \tag{6-155}$$

6.5.1 环形峰 Lamb 波方程

环形峰 Lamb 波是轴向对称的，它不随圆周角度发生变化，即 $\partial / \partial \theta = 0$。对于环形峰 Lamb 波，质点位移没有切向分量，即 $u_\theta = 0$。概括为

$$u_\theta = 0, \quad \frac{\partial}{\partial \theta} = 0 \tag{6-156}$$

将式（6-156）代入式（6-143）～式（6-146），得

$$\boldsymbol{u} = u_r \boldsymbol{e}_r + u_z \boldsymbol{e}_z \quad （环形峰 Lamb 波位移） \tag{6-157}$$

$$\text{grad } \phi = \frac{\partial \phi}{\partial r} \boldsymbol{e}_r + \frac{\partial \phi}{\partial z} \boldsymbol{e}_z \quad （轴对称梯度） \tag{6-158}$$

$$\text{div } \boldsymbol{A} = \frac{1}{r} \frac{\partial}{\partial r}(rA_r) + \frac{\partial}{\partial z} A_z \quad （轴对称散度） \tag{6-159}$$

$$\text{curl } \boldsymbol{A} = -\frac{\partial A_\theta}{\partial z} \boldsymbol{e}_r + \left(\frac{\partial A_r}{\partial z} - \frac{\partial A_z}{\partial r} \right) \boldsymbol{e}_\theta + \frac{1}{r}\left[\frac{\partial (rA_\theta)}{\partial r} \right] \boldsymbol{e}_z \quad （轴对称旋度） \tag{6-160}$$

将式（6-158）、式（6-159）代入式（6-151），得

$$\boldsymbol{u} = \text{grad } \Phi + \text{curl } \boldsymbol{H} \quad \rightarrow \quad \begin{aligned} u_r &= \frac{\partial \Phi}{\partial r} - \frac{\partial \mathrm{H}_\theta}{\partial z} \\ u_\theta &= \frac{\partial \mathrm{H}_r}{\partial z} - \frac{\partial \mathrm{H}_z}{\partial r} = 0 \\ u_z &= \frac{\partial \Phi}{\partial z} + \frac{1}{r}\frac{\partial (r\mathrm{H}_\theta)}{\partial r} \end{aligned} \tag{6-161}$$

注意：式（6-161）仅需要两个势函数 Φ 和 H_θ 就可以定义位移 u_r 和 u_z。根据式（6-152）可知，势函数 Φ 与压力波速 c_P 有关，势函数 H_θ 与剪切波速 c_S 有关。由于只关注 Lamb 波位移 u_r 和 u_z，故只需要求得 Φ 和 H_θ 而没必要求 H_r 和 H_z，因此，后面的推导可以省略下标 θ 仅写为 H，可以简化符号并不会引入歧义。

6.5.2　环形峰 Lamb 波的压力势函数

根据式（6-152）的第一行，即

$$c_P^2 \text{ div grad } \Phi - \ddot{\Phi} = 0 \tag{6-162}$$

将式（6-158）、式（6-159）代入式（6-162）得

$$\frac{1}{r} \frac{\partial}{\partial r}\left(r \frac{\partial \Phi}{\partial r} \right) + \frac{\partial^2 \Phi}{\partial z^2} - \frac{1}{c_P^2} \ddot{\Phi} = 0 \tag{6-163}$$

假设 Φ 是关于 t 和 z 的谐波，即

$$\ddot{\Phi} = -\omega^2 \Phi \quad （关于 t 的谐波） \tag{6-164}$$

$$\frac{\partial^2 \Phi}{\partial z^2} = -\zeta_P^2 \Phi \quad （关于 z 的谐波） \tag{6-165}$$

将式（6-164）、式（6-165）代入式（6-163）经整理得

$$\frac{1}{r} \frac{\partial}{\partial r}\left(r \frac{\partial \Phi}{\partial r} \right) + \left(\frac{\omega^2}{c_P^2} - \zeta_P^2 \right) \Phi = 0 \tag{6-166}$$

设

$$\xi_P^2 = \frac{\omega^2}{c_P^2} - \zeta_P^2 \tag{6-167}$$

将式（6-167）代入式（6-166）整理后得

$$r^2 \frac{\partial^2 \Phi}{\partial r^2} + r \frac{\partial \Phi}{\partial r} + r^2 \xi_P^2 \Phi = 0 \tag{6-168}$$

或

$$(\xi_P r)^2 \frac{\partial^2 \Phi}{\partial(\xi_P r)^2} + (\xi_P r)\frac{\partial \Phi}{\partial(\xi_P r)} + (\xi_P r)^2 \Phi = 0 \qquad (6\text{-}169)$$

式（6-169）是 0 阶 Bessel 函数（$\nu = 0$），可通过变量 $x = \xi_P r$ 替换验证，即

$$x^2 \frac{\partial^2 \Phi}{\partial x^2} + x\frac{\partial \Phi}{\partial x} + (x^2 - \nu^2)\Phi = 0, \quad \nu = 0 \qquad (6\text{-}170)$$

式（6-170）的解是驻波的 Bessel 函数 $J_0(x)$ 和传播波的 Hankel 函数 $H_0^{(1)}$ [详见驻波的表达式（4-211）和传播波的表达式（5-539）]。根据本章参考文献[5]第 458～460 页所述，本节使用 J_0 来推导解而将 $H_0^{(1)}$ 放到最后来强调解的传播波特性。

鉴于 Φ 既要满足 Bessel 函数 $x = \xi_P r$，同时又是关于 t 和 z 的谐波，其通解形式可表述为

$$\Phi(r,z,t) = f(z)J_0(\xi_P r)\mathrm{e}^{-i\omega t} \qquad (6\text{-}171)$$

其中，$f(z)$ 是关于 z 的谐波，即

$$f(z) = A_1 \sin \zeta_P z + A_2 \cos \zeta_P z \qquad (6\text{-}172)$$

注意 ξ_P 是 x 方向上的波数，而 ζ_P 是 z 方向上的波数。

6.5.3　环形峰 Lamb 波的剪切势函数

根据式（6-152）的第二行，即

$$c_S^2 \,\mathrm{curl}\,\mathrm{curl}\,\boldsymbol{H} + \ddot{\boldsymbol{H}} = 0 \qquad (6\text{-}173)$$

把 $\mathrm{curl}\,\mathrm{curl}\,\boldsymbol{H}$ 记为 $\mathrm{curl}\,\boldsymbol{A}$，即 $\boldsymbol{A} = \mathrm{curl}\,\boldsymbol{H}$，利用式（6-160），可写为

$$\boldsymbol{A} = \mathrm{curl}\,\boldsymbol{H} = -\frac{\partial \mathrm{H}_\theta}{\partial z}\boldsymbol{e}_r + \left(\frac{\partial \mathrm{H}_r}{\partial z} - \frac{\partial \mathrm{H}_z}{\partial r}\right)\boldsymbol{e}_\theta + \frac{1}{r}\left[\frac{\partial(r\mathrm{H}_\theta)}{\partial r}\right]\boldsymbol{e}_z \qquad (6\text{-}174)$$

$$A_r = -\frac{\partial \mathrm{H}_\theta}{\partial z}, \quad A_\theta = 0, \quad A_z = \frac{1}{r}\left[\frac{\partial(r\mathrm{H}_\theta)}{\partial r}\right]$$

$$\mathrm{curl}\,\mathrm{curl}\,\boldsymbol{H} = \mathrm{curl}\,\boldsymbol{A} = -\frac{\partial A_\theta}{\partial z}\boldsymbol{e}_r + \left(\frac{\partial A_r}{\partial z} - \frac{\partial A_z}{\partial r}\right)\boldsymbol{e}_\theta + \frac{1}{r}\left[\frac{\partial(rA_\theta)}{\partial r}\right]\boldsymbol{e}_z$$

$$= -\frac{\partial 0}{\partial z}\boldsymbol{e}_r + \left\{-\frac{\partial^2 \mathrm{H}_\theta}{\partial z^2} - \frac{\partial}{\partial r}\left[\frac{1}{r}\frac{\partial(r\mathrm{H}_\theta)}{\partial r}\right]\right\}\boldsymbol{e}_\theta + \frac{1}{r}\left[\frac{\partial(r\cdot 0)}{\partial r}\right]\boldsymbol{e}_z \qquad (6\text{-}175)$$

$$= -\left\{\frac{\partial^2 \mathrm{H}_\theta}{\partial z^2} + \frac{\partial}{\partial r}\left[\frac{1}{r}\frac{\partial(r\mathrm{H}_\theta)}{\partial r}\right]\right\}\boldsymbol{e}_\theta$$

将式（6-175）代入式（6-173），仅保留 $\boldsymbol{e}_\theta$ 的非零标量方程系数，即

$$-c_S^2\left\{\frac{\partial^2 \mathrm{H}_\theta}{\partial z^2} + \frac{\partial}{\partial r}\left[\frac{1}{r}\frac{\partial(r\mathrm{H}_\theta)}{\partial r}\right]\right\} + \ddot{\mathrm{H}}_\theta = 0 \qquad (6\text{-}176)$$

鉴于式（6-176）只和 H_θ 有关，可以省略其下标，式（6-176）经整理后可以简化为

$$\frac{\partial}{\partial r}\left[\frac{1}{r}\frac{\partial(r\mathrm{H})}{\partial r}\right] + \frac{\partial^2 \mathrm{H}}{\partial z^2} - \frac{1}{c_S^2}\ddot{\mathrm{H}} = 0 \qquad (6\text{-}177)$$

假设

$$\ddot{H} = -\omega^2 H \quad (\text{关于 } t \text{ 的谐波}) \tag{6-178}$$

$$\frac{\partial^2 H}{\partial z^2} = -\zeta_s^2 H \quad (\text{关于 } z \text{ 的谐波}) \tag{6-179}$$

将式（6-178）、式（6-179）代入式（6-177）经整理得

$$\frac{\partial}{\partial r}\left[\frac{1}{r}\frac{\partial(rH)}{\partial r}\right] + \left(\frac{\omega^2}{c_s^2} - \zeta_s^2\right)H = 0 \tag{6-180}$$

设

$$\xi_s^2 = \frac{\omega^2}{c_s^2} - \zeta_s^2 \tag{6-181}$$

将式（6-181）代入式（6-180），得

$$\frac{\partial}{\partial r}\left[\frac{1}{r}\frac{\partial(rH)}{\partial r}\right] + \xi_s^2 H = 0 \tag{6-182}$$

结合式（6-147）、式（6-182）可得

$$\frac{\partial}{\partial r}\left[\frac{1}{r}\frac{\partial(rH)}{\partial r}\right] = \frac{\partial}{\partial r}\left(\frac{\partial H}{\partial r} + \frac{H}{r}\right) = \frac{\partial^2 H}{\partial r^2} + \frac{1}{r}\frac{\partial H}{\partial r} - \frac{1}{r^2}H \tag{6-183}$$

将式（6-183）代入式（6-182）经整理后得

$$r^2\frac{\partial^2 H}{\partial r^2} + r\frac{\partial H}{\partial r} - H + r^2\xi_s^2 H = 0 \tag{6-184}$$

或

$$(\xi_s r)^2 \frac{\partial^2 H}{\partial(\xi_s r)^2} + (\xi_s r)\frac{\partial H}{\partial(\xi_s r)} + [(\xi_s r)^2 - 1]H = 0 \tag{6-185}$$

式（6-185）是 1 阶 Bessel 函数，可通过变量 $x = \xi_s r$ 替换验证，即

$$x^2\frac{\partial^2 H}{\partial x^2} + x\frac{\partial H}{\partial x} + (x^2 - \nu^2)H = 0, \quad \nu = 1 \tag{6-186}$$

式（6-186）的解是驻波的 Bessel 函数 $J_1(x)$ 和传播波的 Hankel 函数 $H_1^{(1)}$。[详见驻波的表达式（4-40）和传播波的表达式（5-364）]。根据本章参考文献[5]第 458～460 页所述，本节将使用 J_1 来推导解而将 $H_1^{(1)}$ 放到最后来强调解的传播波特性。

鉴于 H 既要满足 Bessel 函数，$x = \xi_s r$ 同时又是关于 t 和 z 的谐波，其通解可表述为

$$H(r, z, t) = h(z)J_1(\xi_s r)e^{-i\omega t} \tag{6-187}$$

其中，$h(z)$ 是关于 z 的谐波，即

$$H(z) = B_1\sin\zeta_s z + B_2\cos\zeta_s z \tag{6-188}$$

要注意 ξ_s 是 x 方向上的波数，ζ_s 是 z 方向上的波数。

6.5.4 相干条件

式（6-172）的常数 A_1、A_2 和式（6-188）的常数 B_1、B_2 可由施加在板的上表面和下

表面的零应力边界条件得到，该条件由式（6-79）给出。为此，压力波和剪切波的径向特性必须一直是相干的，当且仅当式（6-167）、式（6-181）所得径向波数 ξ_P、ξ_S 相等，即

$$\xi_P = \xi_S = \xi \quad \rightarrow \quad \frac{\omega^2}{c_P^2} - \zeta_P^2 = \frac{\omega^2}{c_S^2} - \zeta_S^2 = \xi^2 \tag{6-189}$$

结合式（6-189），可用波数 ξ 来表达压力和剪切势函数，即

$$\Phi(r,z,t) = f(z) J_0(\xi r) e^{-i\omega t} \quad （压力势函数） \tag{6-190}$$

$$H(r,z,t) = h(z) J_1(\xi r) e^{-i\omega t} \quad （剪切势函数） \tag{6-191}$$

其中，$f(z)$、$h(z)$ 由式（6-172）、（6-188）给出，ζ_P、ζ_S 定义为

$$\zeta_P^2 = \frac{\omega^2}{c_P^2} - \xi^2, \quad \zeta_S^2 = \frac{\omega^2}{c_S^2} - \xi^2 \tag{6-192}$$

6.5.5　用势函数表示的位移和应力

根据式（6-161）用势函数表达的位移 u_r、u_z，即

$$
\begin{aligned}
u_r &= \frac{\partial \Phi}{\partial r} - \frac{\partial H}{\partial z} \\
u_z &= \frac{\partial \Phi}{\partial z} + \frac{1}{r} \frac{\partial (rH)}{\partial r}
\end{aligned}
\tag{6-193}
$$

注意：H_θ 的下缀 θ 被简化省略了，势函数 Φ 和 H 分别由式（6-190）、式（6-191）给出。将式（6-190）、式（6-191）代入式（6-193）得用 $f(z)$、$h(z)$ 和 Bessel 函数 $J_0(\xi r)$、$J_1(\xi r)$ 表示位移的形式。为了方便微分，根据附录 A 给出的几个有用的关于 Bessel 函数 $J_0(\xi r)$、$J_1(\xi r)$ 的关系式，即

$$\frac{dJ_0}{dr} = -\xi J_1, \quad \frac{dJ_1}{dr} = \xi J_0 - \frac{1}{r} J_1, \quad \frac{1}{r} \frac{d(rJ_1)}{dr} = \xi J_0, \quad \frac{d}{dr}\left(\frac{1}{r} \frac{d(rJ_1)}{dr} \right) = -\xi^2 J_1 \tag{6-194}$$

结合式（6-194），Φ 和 H 的推导变为

$$
\begin{aligned}
\Phi &= f J_0 & H &= h J_1 \\
\frac{\partial \Phi}{\partial r} &= f \frac{\partial J_0}{\partial r} = -\xi f J_1 & \frac{1}{r} \frac{\partial (rH)}{\partial r} &= h \left[\frac{1}{r} \frac{\partial (rJ_1)}{\partial r} \right] = \xi h J_0 \\
\frac{\partial^2 \Phi}{\partial r^2} &= -\xi f \left(\xi J_0 - \frac{J_1}{r} \right) & \frac{\partial}{\partial r} \left[\frac{1}{r} \frac{\partial (rH)}{\partial r} \right] &= -\xi^2 h J_1 \\
\frac{\partial \Phi}{\partial z} &= f' J_0 & \frac{\partial H}{\partial z} &= h' J_1 \\
\frac{\partial^2 \Phi}{\partial r \partial z} &= -\xi f' J_1 & \frac{\partial}{\partial z} \left[\frac{1}{r} \frac{\partial (rH)}{\partial r} \right] &= \xi h' J_0 \\
\frac{\partial^2 \Phi}{\partial z^2} &= f'' J_0 = -\zeta_P^2 f J_0 & \frac{\partial^2 H}{\partial z^2} &= h'' J_1 = -\zeta_S^2 h J_1
\end{aligned}
\tag{6-195}
$$

式（6-195）代入式（6-193）得

$$u_r = \frac{\partial \Phi}{\partial r} - \frac{\partial \mathrm{H}}{\partial z} = -(\xi f + h')J_1$$

$$u_z = \frac{\partial \Phi}{\partial z} + \frac{1}{r}\frac{\partial (r\mathrm{H})}{\partial r} = (f' + \xi h)J_0$$

（6-196）

（1）膨胀计算

根据附录 B 圆柱坐标的应力表达式：

$$\begin{aligned}
\sigma_{rr} &= \lambda\Delta + 2\mu\varepsilon_{rr} & \sigma_{r\theta} &= 2\mu\varepsilon_{r\theta} \\
\sigma_{\theta\theta} &= \lambda\Delta + 2\mu\varepsilon_{\theta\theta} & \sigma_{\theta z} &= 2\mu\varepsilon_{\theta z} \\
\sigma_{zz} &= \lambda\Delta + 2\mu\varepsilon_{zz} & \sigma_{rz} &= 2\mu\varepsilon_{rz}
\end{aligned}$$

（6-197）

其中，Δ 是膨胀应变，为

$$\Delta = \mathrm{div}\,\boldsymbol{u}$$

（6-198）

式（6-151）代入式（6-198）并利用 div curl $\boldsymbol{A}$=0 的特性可得

$$\Delta = \mathrm{div}\,\boldsymbol{u} = \mathrm{div}(\mathrm{grad}\,\Phi + \mathrm{curl}\,\boldsymbol{H}) = \mathrm{div}\,\mathrm{grad}\,\Phi + \cancel{\mathrm{div}\,\mathrm{curl}\,\boldsymbol{H}} = \mathrm{div}\,\mathrm{grad}\,\Phi \quad (6\text{-}199)$$

式（6-152）表明 $c_P^2\,\mathrm{div}\,\mathrm{grad}\,\Phi - \ddot{\Phi}=0$，而式（6-164）表明 $\ddot{\Phi} = -\omega^2\Phi$。将式（6-152）、式（6-164）、将式（6-189）代入式（6-199）得

$$\Delta = -\frac{\omega^2}{c_P^2}\Phi = -(\xi^2 + \zeta_P^2)\Phi$$

（6-200）

将式（6-190）代入式（6-200）得

$$\Delta = -(\xi^2 + \zeta_P^2)f(z)J_0(\xi r)$$

（6-201）

其中与时间 t 有关的因子 $\mathrm{e}^{-i\omega t}$ 省略。

（2）应变计算

应变 ε_{rr}、$\varepsilon_{\theta\theta}$、$\varepsilon_{zz}$、$\varepsilon_{r\theta}$、$\varepsilon_{\theta z}$、$\varepsilon_{rz}$ 可由附录 B 给出的定义计算，即

$$\begin{aligned}
\varepsilon_{rr} &= \frac{\partial u_r}{\partial r} & \varepsilon_{r\theta} &= \frac{1}{r}\frac{\partial u_r}{\partial \theta} + \frac{\partial u_\theta}{\partial r} - \frac{u_\theta}{r} \\
\varepsilon_{\theta\theta} &= \frac{1}{r}\frac{\partial u_\theta}{\partial \theta} + \frac{u_r}{r} \quad\text{和}\quad & \varepsilon_{\theta z} &= \frac{1}{2}\left(\frac{\partial u_\theta}{\partial z} + \frac{1}{r}\frac{\partial u_z}{\partial \theta}\right) \\
\varepsilon_{zz} &= \frac{\partial u_z}{\partial z} & \varepsilon_{rz} &= \frac{1}{2}\left(\frac{\partial u_z}{\partial r} + \frac{\partial u_r}{\partial z}\right)
\end{aligned}$$

（6-202）

对于环形峰 Lamb 波，$\partial / \partial \theta = 0$，$u_\theta = 0$，式（6-202）变为

$$\begin{aligned}
\varepsilon_{rr} &= \frac{\partial u_r}{\partial r} & \varepsilon_{r\theta} &= 0 \\
\varepsilon_{\theta\theta} &= \frac{u_r}{r} & \varepsilon_{\theta z} &= 0 \\
\varepsilon_{zz} &= \frac{\partial u_z}{\partial z} & \varepsilon_{rz} &= \frac{1}{2}\left(\frac{\partial u_z}{\partial r} + \frac{\partial u_r}{\partial z}\right)
\end{aligned}$$

（6-203）

将式（6-161）代入式（6-203）得用势函数表示的应变，即

$$\varepsilon_{rr} = \frac{\partial u_r}{\partial r} = \frac{\partial}{\partial r}\left(\frac{\partial \Phi}{\partial r} - \frac{\partial H}{\partial z}\right) = \frac{\partial^2 \Phi}{\partial r^2} - \frac{\partial^2 H}{\partial r \partial z} \tag{6-204}$$

$$\varepsilon_{\theta\theta} = \frac{u_r}{r} = \frac{1}{r}\frac{\partial \Phi}{\partial r} - \frac{1}{r}\frac{\partial H}{\partial z} \tag{6-205}$$

$$\varepsilon_{zz} = \frac{\partial u_z}{\partial z} = \frac{\partial}{\partial r}\left[\frac{\partial \Phi}{\partial z} + \frac{1}{r}\frac{\partial(rH)}{\partial r}\right] = \frac{\partial^2 \Phi}{\partial z^2} + \frac{1}{r}\frac{\partial^2(rH)}{\partial z \partial r} \tag{6-206}$$

$$2\varepsilon_{rz} = \frac{\partial u_z}{\partial r} + \frac{\partial u_r}{\partial z} = \frac{\partial}{\partial r}\left[\frac{\partial \Phi}{\partial z} + \frac{1}{r}\frac{\partial(rH)}{\partial r}\right] + \frac{\partial}{\partial z}\left[\frac{\partial \Phi}{\partial r} - \frac{\partial H}{\partial z}\right]$$

$$= \frac{\partial^2 \Phi}{\partial r \partial z} + \frac{\partial}{\partial r}\left[\frac{1}{r}\frac{\partial(rH)}{\partial r}\right] + \frac{\partial^2 \Phi}{\partial r \partial z} - \frac{\partial^2 H}{\partial z^2} = 2\frac{\partial^2 \Phi}{\partial r \partial z} + \frac{\partial}{\partial r}\left[\frac{1}{r}\frac{\partial(rH)}{\partial r}\right] - \frac{\partial^2 H}{\partial z^2} \tag{6-207}$$

将式（6-196）代入式（6-203），并利用式（6-194）可得用径向 Bessel 函数 J_0、J_1 和沿板厚方向的方程 f、h 表示的应变，即

$$\varepsilon_{rr} = \frac{\partial u_r}{\partial r} = -(\xi f + h')\frac{\mathrm{d}J_1}{\mathrm{d}r} = -(\xi f + h')\left(\xi J_0 - \frac{J_1}{r}\right) \tag{6-208}$$

$$\varepsilon_{\theta\theta} = \frac{u_r}{r} = -(\xi f + h')\frac{J_1}{r} \tag{6-209}$$

$$\varepsilon_{zz} = \frac{\partial u_z}{\partial z} = (f'' + \xi h')J_0 = (-\zeta_P^2 f + \xi h')J_0 \tag{6-210}$$

$$2\varepsilon_{rz} = \frac{\partial u_z}{\partial r} + \frac{\partial u_r}{\partial z} = (f' + \xi h)\frac{\mathrm{d}J_0}{\mathrm{d}r} - (\xi f' + h'')J_1$$

$$= -(f' + \xi h)\xi J_1 - (\xi f' + \zeta_S^2 h)J_1 = -[2\xi f' + (\xi^2 - \zeta_S^2)h]J_1 \tag{6-211}$$

（3）用势函数表示的应力计算

将式（6-200）～式（6-207）代入式（6-197）得到用势函数表示的应力，即

$$\sigma_{rr} = \lambda\Delta + 2\mu\varepsilon_{rr} = -\lambda\frac{\omega^2}{c_P^2}\Phi + 2\mu\left(\frac{\partial^2 \Phi}{\partial r^2} - \frac{\partial^2 H}{\partial r \partial z}\right) \tag{6-212}$$

$$\sigma_{\theta\theta} = \lambda\Delta + 2\mu\varepsilon_{\theta\theta} = -\lambda\frac{\omega^2}{c_P^2}\Phi + 2\mu\left(\frac{1}{r}\frac{\partial \Phi}{\partial r} - \frac{1}{r}\frac{\partial H}{\partial z}\right) \tag{6-213}$$

$$\sigma_{zz} = \lambda\Delta + 2\mu\varepsilon_{\theta\theta} = -\lambda\frac{\omega^2}{c_P^2}\Phi + 2\mu\left[\frac{\partial^2 \Phi}{\partial z^2} + \frac{1}{r}\frac{\partial^2(rH)}{\partial z \partial r}\right]$$

$$= -\lambda\frac{\omega^2}{c_P^2}\Phi + 2\mu\frac{\partial^2 \Phi}{\partial z^2} + 2\mu\frac{1}{r}\frac{\partial^2(rH)}{\partial z \partial r} \tag{6-214}$$

$$\sigma_{r\theta} = 2\mu\varepsilon_{r\theta} = 0, \quad \sigma_{\theta z} = 2\mu\varepsilon_{\theta z} = 0 \tag{6-215}$$

$$\sigma_{rz} = 2\mu\varepsilon_{rz} = \mu\left\{2\frac{\partial^2 \Phi}{\partial r \partial z} + \frac{\partial}{\partial r}\left[\frac{1}{r}\frac{\partial(rH)}{\partial r}\right] - \frac{\partial^2 H}{\partial z^2}\right\} \tag{6-216}$$

（4）用未知数 A_1、A_2、B_1、B_2 表示的应力计算

根据式（6-90）的恒等式：

$$(\lambda + 2\mu)\xi^2 + \lambda\zeta_P^2 = \mu(\xi^2 + \eta_S^2 - 2\zeta_P^2)$$
$$\lambda\xi^2 + (\lambda + 2\mu)\zeta_P^2 = \mu(\zeta_S^2 - \xi^2)$$

(6-217)

将式（6-201）、式（6-208）～式（6-211）代入式（6-197），并利用式（6-217）得

$$\sigma_{rr} = \lambda\Delta + 2\mu\varepsilon_{rr} = -\lambda\left(\xi^2 + \zeta_P^2\right)fJ_0 - 2\mu\left(\xi f + h'\right)\left(\xi J_0 - \frac{J_1}{r}\right)$$

$$= -\lambda\left(\xi^2 + \zeta_P^2\right)fJ_0 - 2\mu\xi f\left(\xi J_0 - \frac{J_1}{r}\right) - 2\mu h'\left(\xi J_0 - \frac{J_1}{r}\right)$$

$$= -\lambda\left(\xi^2 + \zeta_P^2\right)fJ_0 - 2\mu\xi f\xi J_0 + 2\mu\xi f\frac{J_1}{r} - 2\mu h'\left(\xi J_0 - \frac{J_1}{r}\right)$$　　(6-218)

$$= \left\{-\left[(\lambda + 2\mu)\xi^2 + \lambda\zeta_P^2\right]fJ_0 + 2\mu\xi f\frac{J_1}{r}\right\} - 2\mu h'\left(\xi J_0 - \frac{J_1}{r}\right)$$

$$= -\mu f\left[\left(\xi^2 + \zeta_S^2 - 2\zeta_P^2\right)J_0 + 2\xi\frac{J_1}{r}\right] - 2\mu h'\left(\xi J_0 - \frac{J_1}{r}\right)$$

经整理，式（6-218）变为

$$\sigma_{rr} = -\mu[(\xi^2 + \zeta_S^2 - 2\zeta_P^2)f + 2\xi h']J_0 + 2\mu(-\xi f + h')\frac{J_1}{r}$$

(6-219)

类似地有

$$\sigma_{\theta\theta} = \lambda\Delta + 2\mu\varepsilon_{\theta\theta} = -\lambda(\xi^2 + \zeta_P^2)fJ_0 - 2\mu(\xi f + h')\frac{J_1}{r}$$

$$= -\lambda(\xi^2 + \zeta_P^2)fJ_0 - 2\mu\xi f\frac{J_1}{r} - 2\mu h'\frac{J_1}{r}$$　　(6-220)

$$= -f\left[\lambda(\xi^2 + \zeta_P^2)J_0 + 2\mu\xi\frac{J_1}{r}\right] - 2\mu h'\frac{J_1}{r}$$

$$\sigma_{zz} = \lambda\Delta + 2\mu\varepsilon_{zz} = -\lambda(\xi^2 + \zeta_P^2)fJ_0 + 2\mu(-\zeta_P^2 f + \xi h')J_0$$
$$= [-(\lambda(\xi^2 + \zeta_P^2) + 2\mu\zeta_P^2)f + 2\mu\xi h']J_0 = [-(\lambda\xi^2 + (\lambda + 2\mu)\zeta_P^2)f + 2\mu\xi h']J_0$$　　(6-221)
$$= \mu[(\xi^2 - \zeta_S^2)f + 2\xi h']J_0$$

$$\sigma_{r\theta} = \sigma_{\theta z} = 0$$

(6-222)

$$\sigma_{rz} = -\mu[2\xi f' + (\xi^2 - \zeta_S^2)h]J_1$$

(6-223)

根据式（6-172）和式（6-188）定义的 f 和 h，并计算它们的导数，即

$$f = A_1\sin\zeta_P z + A_2\cos\zeta_P z \qquad h = B_1\sin\zeta_S z + B_2\cos\zeta_S z$$
$$f' = A_1\zeta_P\cos\zeta_P z - A_2\zeta_P\sin\zeta_P z \qquad h' = B_1\zeta_S\cos\zeta_S z - B_2\zeta_S\sin\zeta_S z$$　　(6-224)
$$f'' = -\zeta_P^2 f \qquad h'' = -\zeta_S^2 h$$

式（6-224）代入式（6-221）、式（6-223）得

$$\frac{\sigma_{zz}}{\mu J_0} = (\xi^2 - \zeta_S^2)f + 2\xi h'$$

(6-225)

$$= (\xi^2 - \zeta_S^2)(A_1\sin\zeta_P z + A_2\cos\zeta_P z) + 2\xi(B_1\zeta_S\cos\zeta_S z - B_2\zeta_S\sin\zeta_S z)$$

$$\frac{\sigma_{rz}}{\mu J_1} = -2\xi f' - (\xi^2 - \zeta_S^2)h$$ 　　　　　　　　　　　　　（6-226）
$$= -2\xi(A_1\zeta_P\cos\zeta_P z - A_2\zeta_P\sin\zeta_P z) - (\xi^2 - \zeta_S^2)(B_1\sin\zeta_S z + B_2\cos\zeta_S z)$$

式（6-225）、式（6-226）表明应力 σ_{zz}、σ_{rz} 只取决于各自的 Bessel 函数，并因此能用相对容易的常数 A_1、A_2、B_1、B_2 表示。应力 σ_{rr}、$\sigma_{\theta\theta}$ 的情况则没这么简单，因为它们同时含有两个 Bessel 函数 J_0 和 J_1 与势函数 f、h 的乘积。因此，本节对 σ_{rr}、$\sigma_{\theta\theta}$ 的表达式不作详述。

6.5.6　Lamb 波方程的解

根据式（6-155）边界条件，即
$$\sigma_{zz}\mid_{z=\pm d} = 0, \quad \sigma_{rz}\mid_{z=\pm d} = 0$$ 　　　　　　　　　（6-227）
将式（6-225）、式（6-226）代入式（6-227）得
$$\sigma_{zz}(d) = 0 \rightarrow (\xi^2 - \zeta_S^2)(A_1\sin\zeta_P d + A_2\cos\zeta_P d) + 2\xi(B_1\zeta_S\cos\zeta_S d - B_2\zeta_S\sin\zeta_S d)$$ （6-228）
$$\sigma_{zz}(-d) = 0 \rightarrow (\xi^2 - \zeta_S^2)(-A_1\sin\zeta_P d + A_2\cos\zeta_P d) + 2\xi(B_1\zeta_S\cos\zeta_S d + B_2\zeta_S\sin\zeta_S d)$$ （6-229）
$$\sigma_{rz}(d) = 0 \rightarrow 2\xi(A_1\zeta_P\cos\zeta_P d - A_2\zeta_P\sin\zeta_P d) + (\xi^2 - \zeta_S^2)(B_1\sin\zeta_S d + B_2\cos\zeta_S d)$$ （6-230）
$$\sigma_{rz}(-d) = 0 \rightarrow 2\xi(A_1\zeta_P\cos\zeta_P d + A_2\zeta_P\sin\zeta_P d) + (\xi^2 - \zeta_S^2)(-B_1\sin\zeta_S d + B_2\cos\zeta_S d)$$ （6-231）
Lamb 波问题简化为求解式（6-228）～式（6-231），求得常数 A_1、A_2、B_1、B_2 后代入式（6-172）、式（6-188），从而求得方程 $f(z)$、$h(z)$，再代入式（6-190）、式（6-191）得势函数 Φ、H。确定了势函数 Φ、H，就可以求位移 u_r、u_z，应力 σ_{rr}、σ_{zz}、σ_{rz} 以及其他任意要求解的因变量。式（6-228）～式（6-231）代表了一个有 4 个未知数 A_1、A_2、B_1、B_2 的 4 个代数方程组，但是后面会说明，这个 4×4 方程组可以简化为两个 2×2 方程组，其中一组对应对称运动，另一组对应反对称运动。

（1）Lamb 波方程的对称解

将 σ_{zz} 的函数式（6-228）和式（6-229）相加，σ_{rz} 的函数式（6-230）和式（6-231）相减，得
$$\begin{aligned} A_2(\xi^2 - \zeta_S^2)\cos\zeta_P d + B_1 2\xi\zeta_S\cos\zeta_S d &= 0 \\ -A_2 2\xi\zeta_P\sin\zeta_P d + B_1(\xi^2 - \zeta_S^2)\sin\zeta_S d &= 0 \end{aligned}$$ （对称运动）　（6-232）
式（6-232）表明一种关于中性层对称的质点运动，当且仅当行列式为零时，这个齐次线性方程组的解才存在，即
$$D_S = \begin{vmatrix} (\xi^2 - \zeta_S^2)\cos\zeta_P d & 2\xi\zeta_S\cos\zeta_S d \\ -2\xi\zeta_P\sin\zeta_P d & (\xi^2 - \zeta_S^2)\sin\zeta_S d \end{vmatrix} = 0$$ 　　　（6-233）
或
$$D_S = (\xi^2 - \zeta_S^2)^2\cos\zeta_P d\sin\zeta_S d + 4\xi^2\zeta_P\zeta_S\sin\zeta_P d\cos\zeta_S d = 0$$ （6-234）
式（6-234）是对称模式的 Rayleigh-Lamb 方程，一种常用对称 Rayleigh-Lamb 方程的形式是

$$\frac{\tan \zeta_P d}{\tan \zeta_S d} = -\frac{(\xi^2 - \zeta_S^2)^2}{4\xi^2 \zeta_P \zeta_S} \tag{6-235}$$

这种超越方程的解不易求得，因为 ζ_P 和 ζ_S 还取决于 ξ。式（6-102）的数值解可得对称模式的特征值 ξ_0^S、ξ_1^S、$\xi_2^S \cdots$，这些是对称 Lamb 波模式的波数。根据关系式 $c = \omega / \xi$ 可得波速的频散表达式，这是一个有关频厚积 fd 的函数，频率 $f = \omega / 2\pi$，d 是板厚度的一半。对于给定的频厚积 fd，会存在一系列 Lamb 波模式。当 fd 值很低时，只有最低的对称波数 ξ_0^S 以及相应的 Lamb 波模式 S0 存在。图 6-10 给出了对称 Lamb 波模式波速频散曲线图。

对于每一个特征值 ξ^S，齐次方程组（6-232）符合解

$$\begin{aligned} A_2 &= -2\xi \eta_S \cos \eta_S d \\ B_1 &= (\xi^2 - \eta_S^2) \cos \eta_P d \end{aligned} \tag{6-236}$$

式（6-236）的系数 A_2、B_1 有一个不确定度，即它们可以按任意常数 C 放大或缩小。

（2）Lamb 波方程的反对称解

将 σ_{zz} 的函数式（6-228）和式（6-229）相减，σ_{rz} 的函数式（6-230）和式（6-231）相加，得

$$\begin{aligned} A_1(\xi^2 - \zeta_S^2) \sin \zeta_P d - B_2 2\xi \zeta_S \sin \zeta_S d &= 0 \\ A_1 2\xi \zeta_P \cos \zeta_P d + B_2 (\xi^2 - \zeta_S^2) \cos \zeta_S d &= 0 \end{aligned} \tag{6-237}$$

式（6-237）表明一种关于中性层反对称的质点运动，当且仅当行列式为零时，这个齐次线性方程组的解才存在，即

$$D_A = \begin{vmatrix} (\xi^2 - \zeta_S^2) \sin \zeta_P d & -2\xi \zeta_S \sin \zeta_S d \\ 2\xi \zeta_P \cos \zeta_P d & (\xi^2 - \zeta_S^2) \cos \zeta_S d \end{vmatrix} = 0 \tag{6-238}$$

或

$$D_A = (\xi^2 - \zeta_S^2)^2 \sin \zeta_P d \cos \zeta_S d + 4\xi^4 \zeta_P \zeta_S \cos \zeta_P d \sin \zeta_S d = 0 \tag{6-239}$$

这是反对称模式的 Rayleigh-Lamb 方程，一种常用反对称 Rayleigh-Lamb 方程的形式是

$$\frac{\tan \zeta_P d}{\tan \zeta_S d} = -\frac{4\xi^2 \zeta_P \zeta_S}{(\xi^2 - \zeta_S^2)^2} \tag{6-240}$$

这种超越方程的解不易求得，因为 ζ_P 和 ζ_S 还取决于 ξ。式（6-240）的数值解可得反对称模式的特征值 ξ_0^A、ξ_1^A、$\xi_2^A \cdots$，这些是反对称 Lamb 波模式的波数。根据关系式 $c = \omega / \xi$ 可得波速的频散表达式，这是一个有关频厚积 fd 的函数，频率 $f = \omega / 2\pi$，d 是板厚度的一半。对于给定的频厚积 fd，会存在一系列 Lamb 波模式。当 fd 值很低时，只有最低的反对称波数 ξ_0^A 以及相应的 Lamb 波模式 A0 存在。图 6-12 给出了反对称 Lamb 波模式波速频散曲线图。

对于每一个特征值 ξ^A，齐次方程组（6-237）符合解

$$\begin{aligned} A_1 &= 2\xi \eta_S \sin \eta_S d \\ B_2 &= (\xi^2 - \eta_S^2) \sin \eta_P d \end{aligned} \tag{6-241}$$

式（6-241）的系数 A_1、B_2 有一个不确定度，即它们可以按任意常数 C 放大或缩小。

6.5.7 环形峰 Lamb 波模式

根据式（6-196）给出的用势函数表示位移的形式，即

$$u_r = -(\xi f + h')J_1$$
$$u_z = (f' + \xi h)J_0 \tag{6-242}$$

其中与时间 t 有关的因子 $e^{-i\omega t}$ 省略未写出。式（6-224）代入式（6-242）得用常数 A_1、A_2、B_1、B_2 表示位移的方程为

$$u_r = -[\xi(A_1 \sin\zeta_P z + A_2 \cos\zeta_P z) + (B_1\zeta_S \cos\zeta_S z - B_2\zeta_S \sin\zeta_S z)]J_1$$
$$u_z = [(A_1\zeta_P \cos\zeta_P z - A_2\zeta_P \sin\zeta_P z) + \xi(B_1 \sin\zeta_S z + B_2 \cos\zeta_S z)]J_0 \tag{6-243}$$

根据式（6-225）、式（6-226）用常数 A_1、A_2、B_1、B_2 表示应力 σ_{zz}、σ_{rz}，即

$$\sigma_{zz} = \mu[(\xi^2 - \zeta_S^2)(A_1 \sin\zeta_P z + A_2 \cos\zeta_P z) + 2\xi(B_1\zeta_S \cos\zeta_S z - B_2\zeta_S \sin\zeta_S z)]J_0$$
$$\sigma_{rz} = -\mu[2\xi(A_1\zeta_P \cos\zeta_P z - A_2\zeta_P \sin\zeta_P z) + (\xi^2 - \zeta_S^2)(B_1 \sin\zeta_S z + B_2 \cos\zeta_S z)]J_1 \tag{6-244}$$

注意，因为 Bessel 函数 J_0、J_1 是正交的，所以位移 u_r、u_z 和应力 σ_{zz}、σ_{rz} 也相互正交。对于每一个 Lamb 波波数 ξ，可以计算出系数 A_1、A_2、B_1、B_2，然后代入式（6-243）、式（6-244）从而求得位移 u_r、u_z 和应力 σ_{zz}、σ_{rz}。对于应力 σ_{rr}、$\sigma_{\theta\theta}$ 和其他任意要求解的因变量，先计算出势函数 f、h，然后把它们由式（6-224）得出的导数代入式（6-219）～式（6-223）。

对称和反对称 Lamb 波是分离的，因此每种情况下只有两个常数是非零的：其中 A_2、B_1 对应波数 ξ_0^S、ξ_1^S、ξ_2^S…的对称 Lamb 波；A_1、B_2 对应波数 ξ_0^A、ξ_1^A、ξ_2^A…的反对称 Lamb 波，这使得运算任务更加简化。下文分别计算对称与反对称 Lamb 波模式。

（1）对称环形峰 Lamb 波模式

对于对称 Lamb 波模式，系数 A_1、B_2 为零，即 $A_1 = B_2 = 0$，因此式（6-243）、式（6-244）可以简化为

$$u_r^S = -[\xi(A_2 \cos\zeta_P z) + (B_1\zeta_S \cos\zeta_S z)]J_1$$
$$u_z^S = [(-A_2\zeta_P \sin\zeta_P z) + \xi(B_1 \sin\zeta_S z)]J_0 \tag{6-245}$$

$$\sigma_{zz}^S = \mu[(\xi^2 - \zeta_S^2)A_2 \cos\zeta_P z + 2\xi B_1\zeta_S \cos\zeta_S z]J_0$$
$$\sigma_{rz}^S = -\mu[2\xi(-A_2\zeta_P \sin\zeta_P z) + (\xi^2 - \zeta_S^2)B_1 \sin\zeta_S z]J_1 \tag{6-246}$$

由式（6-236）给出的 A_2、B_1 代入式（6-245）、式（6-246）得

$$u_r^S = -[\xi(-2\xi\zeta_S \cos\zeta_S d \cos\zeta_P z) + (\xi^2 - \zeta_S^2)\cos\zeta_P d\zeta_S \cos\zeta_S z]J_1$$
$$u_z^S = [(-2\xi\zeta_S \cos\zeta_S d)(-\zeta_P \sin\zeta_P z) + \xi(\xi^2 - \zeta_S^2)\cos\zeta_P d \sin\zeta_S z]J_0 \tag{6-247}$$

$$\sigma_{zz}^S = \mu[(\xi^2 - \zeta_S^2)(-2\xi\zeta_S \cos\zeta_S d)\cos\zeta_P z + 2\xi\zeta_S(\xi^2 - \zeta_S^2)\cos\zeta_P d \cos\zeta_S z]J_0$$
$$\sigma_{rz}^S = -\mu[2\xi(-2\xi\zeta_S \cos\zeta_S d)(-\zeta_P \sin\zeta_P z) + (\xi^2 - \zeta_S^2)(\xi^2 - \zeta_S^2)\cos\zeta_P d \sin\zeta_S z]J_1 \tag{6-248}$$

展开整理后，式（6-247）、式（6-248）变为

$$u_r^S = [2\xi^2\zeta_S\cos\zeta_S d\cos\zeta_P z - \zeta_S(\xi^2-\zeta_S^2)\cos\zeta_P d\cos\zeta_S z]J_1 \tag{6-249}$$

$$u_z^S = \xi[2\zeta_P\zeta_S\cos\zeta_S d\sin\zeta_P z + (\xi^2-\zeta_S^2)\cos\zeta_P d\sin\zeta_S z]J_0$$

$$\sigma_{zz}^S = -2\mu\xi\zeta_S(\xi^2-\zeta_S^2)(\cos\zeta_S d\cos\zeta_P z - \cos\zeta_P d\cos\zeta_S z)J_0 \tag{6-250}$$

$$\sigma_{rz}^S = -\mu[4\xi^2\zeta_P\zeta_S\cos\zeta_S d\sin\zeta_P z + (\xi^2-\zeta_S^2)^2\cos\zeta_P d\sin\zeta_S z]J_1$$

注意式（6-249）、式（6-250）描述的模式并不是标准化的，即它们可以按任意常数放大或缩小。为了适合表述传播波，引入含有变量 t 的公因数 $e^{-i\omega t}$ 以及一个任意的模式幅度 C^S 并且将 J_0、J_0 变换为 $H_0^{(1)}$、$H_1^{(1)}$，得到完整的环形峰对称 Lamb 波表达式，即

$$u_r^S(r,z,t) = C^S[2\xi^2\zeta_S\cos\zeta_S d\cos\zeta_P z - \zeta_S(\xi^2-\zeta_S^2)\cos\zeta_P d\cos\zeta_S z]H_1^{(1)}(\xi r)e^{-i\omega t} \tag{6-251}$$

$$u_z^S(r,z,t) = C^S\xi[2\zeta_P\zeta_S\cos\zeta_S d\sin\zeta_P z + (\xi^2-\zeta_S^2)\cos\zeta_P d\sin\zeta_S z]H_0^{(1)}(\xi r)e^{-i\omega t}$$

$$\sigma_{zz}^S(r,z,t) = -2C^S[\mu\xi\zeta_S(\xi^2-\zeta_S^2)(\cos\zeta_S d\cos\zeta_P z - \cos\zeta_P d\cos\zeta_S z)]H_0^{(1)}(\xi r)e^{-i\omega t} \tag{6-252}$$

$$\sigma_{rz}^S(r,z,t) = -C^S\mu[4\xi^2\zeta_P\zeta_S\cos\zeta_S d\sin\zeta_P z + (\xi^2-\zeta_S^2)^2\cos\zeta_P d\sin\zeta_S z]H_1^{(1)}(\xi r)e^{-i\omega t}$$

上式中，括号内的表达式与式（6-127）、式（6-131）给出的直波峰 Lamb 波表达式一致，u_r^S、u_z^S 对应 u_x^S、u_y^S，σ_{zz}^S、σ_{rz}^S 对应 σ_{yy}^S、σ_{xy}^S。因子 $-i$ 使得直波峰时的 u_x^S 与 u_y^S 正交，但是环形峰时的 u_r^S 中没有包含该因子，因为通过 Hankel 函数 $H_0^{(1)}$、$H_1^{(1)}$ 和 u_r、u_z 本质上成正交关系。同理可比较 σ_{zz}^S、σ_{rz}^S 与 σ_{yy}^S、σ_{xy}^S。

式（6-251）、式（6-252）的径向波数 ξ 取相应对称 Lamb 波模式的值 ξ_0^S、ξ_1^S、$\xi_2^S\cdots$。模式幅度 C^S 可归一化，或者可以通过取值使得在整个厚度的最大振幅不超过 1，又或者可由每个波数 ξ_0^S、ξ_1^S、$\xi_2^S\cdots$ 的模式正交条件确定。

式（6-251）表明 r 方向的位移 u_r 随 z 变化而对称变化，而 z 方向的位移 u_z 随 z 变化而反对称变化，这一特性和图 6-13 描绘的沿板厚方向的对称质点运动一致。沿厚度方向的 Lamb 波模式形状随频率的变化而变化。图 6-14 给出了个别频率和模式下的对称 Lamb 波模式的仿真模拟。当 $fd\rightarrow 0$ 时，S0 模式类似常规轴向板波沿厚度方向的变化情况，即沿板厚方向为常值。

（2）反对称环形峰 Lamb 波模式

对于反对称 Lamb 波模式，系数 A_2、B_1 为零，即 $A_2 = B_1 = 0$，因此式（6-243）、式（6-244）可以简化为

$$u_r^A = -[\xi A_1\sin\zeta_P z + (-B_2\zeta_S\sin\zeta_S z)]J_1 \tag{6-253}$$

$$u_z^A = (A_1\zeta_P\cos\zeta_P z + \xi B_2\cos\zeta_S z)J_0$$

$$\sigma_{zz}^A = \mu[(\xi^2-\zeta_S^2)A_1\sin\zeta_P z + 2\xi(-B_2\zeta_S\sin\zeta_S z)]J_0 \tag{6-254}$$

$$\sigma_{rz}^A = -\mu[2\xi A_1\zeta_P\cos\zeta_P z + (\xi^2-\zeta_S^2)B_2\cos\zeta_S z]J_1$$

由式（6-241）给出的 A_1、B_2 代入式（6-253）、式（6-254）得

$$u_r^A = -\left\{\xi(-2\xi\zeta_S\sin\zeta_S d)\sin\zeta_P z + [-(\xi^2-\zeta_S^2)\sin\zeta_P d](-\zeta_S\sin\zeta_S z)\right\}J_1 \tag{6-255}$$

$$u_z^A = \left\{-2\xi\zeta_S\sin\zeta_S d\zeta_P\cos\zeta_P z + \xi[-(\xi^2-\zeta_S^2)\sin\zeta_P d]\cos\zeta_S z\right\}J_0$$

$$\sigma_{zz}^{A} = \mu\{(\xi^2 - \zeta_S^2)(-2\xi\zeta_S \sin\zeta_S d)\sin\zeta_P z + [2\xi(\xi^2 - \zeta_S^2)\sin\zeta_P d]\zeta_S \sin\zeta_S z\}J_0$$

$$\sigma_{rz}^{A} = -\mu\{2\xi(-2\xi\zeta_S \sin\zeta_S d)\zeta_P \cos\zeta_P z + (\xi^2 - \zeta_S^2)[-(\xi^2 - \zeta_S^2)\sin\zeta_P d]\cos\zeta_S z\}J_1 \qquad (6\text{-}256)$$

展开整理后，式（6-255）、式（6-256）变为

$$u_r^{A} = \zeta_S[2\xi^2 \sin\zeta_S d \sin\zeta_P z - (\xi^2 - \zeta_S^2)\sin\zeta_P d \sin\zeta_S z]J_1$$

$$u_z^{A} = -\xi[2\zeta_P\zeta_S \sin\zeta_S d \cos\zeta_P z + (\xi^2 - \zeta_S^2)\sin\zeta_P d \cos\zeta_S z]J_0 \qquad (6\text{-}257)$$

$$\sigma_{zz}^{A} = -2\mu\xi\zeta_S(\xi^2 - \zeta_S^2)(\sin\zeta_S d \sin\zeta_P z - \sin\zeta_P d \sin\zeta_S z)J_0$$

$$\sigma_{rz}^{A} = \mu[4\xi^2\zeta_P\zeta_S \sin\zeta_S d \cos\zeta_P z + (\xi^2 - \zeta_S^2)^2 \sin\zeta_P d \cos\zeta_S z]J_1 \qquad (6\text{-}258)$$

注意式（6-257）、式（6-258）描述的模式并不是标准化的，即它们可以按任意常数放大或缩小。为了适合表述传播波，引入含有变量 t 的公因数 $e^{-i\omega t}$ 以及一个任意的模式幅度 $-C^A$，将 J_0、J_1 变换为 $H_0^{(1)}$、$H_1^{(1)}$，得到完整的环形峰反对称 Lamb 波表达式，即

$$u_r^{A}(r,z,t) = -C^A\zeta_S[2\xi^2 \sin\zeta_S d \sin\zeta_P z - (\xi^2 - \zeta_S^2)\sin\zeta_P d \sin\zeta_S z]H_1^{(1)}(\xi r)e^{-i\omega t}$$

$$u_z^{A}(r,z,t) = C^A\xi[2\zeta_P\zeta_S \sin\zeta_S d \cos\zeta_P z + (\xi^2 - \zeta_S^2)\sin\zeta_P d \cos\zeta_S z]H_0^{(1)}(\xi r)e^{-i\omega t} \qquad (6\text{-}259)$$

$$\sigma_{zz}^{A}(r,z,t) = 2C^A[\mu\xi\zeta_S(\xi^2 - \zeta_S^2)(\sin\zeta_S d \sin\zeta_P z - \sin\zeta_P d \sin\zeta_S z)]H_0^{(1)}(\xi r)e^{-i\omega t}$$

$$\sigma_{rz}^{A}(r,z,t) = -C^A\mu[4\xi^2\zeta_P\zeta_S \sin\zeta_S d \cos\zeta_P z + (\xi^2 - \zeta_S^2)^2 \sin\zeta_P d \cos\zeta_S z]H_1^{(1)}(\xi r)e^{-i\omega t} \qquad (6\text{-}260)$$

在式（6-259）、式（6-260）中，括号内的表达式与式（6-135）、式（6-139）给出的直波峰 Lamb 波表达式是一致的，u_r^{A}、u_z^{A} 对应 u_x^{A}、u_y^{A}，σ_{zz}^{A}、σ_{rz}^{A} 对应 σ_{yy}^{A}、σ_{xy}^{A}。因子 i 使得直波峰时 u_x^{A} 与 u_y^{A} 正交，但是环形峰时 u_r^{A} 中没有包含该因子，因为通过 Hankel 函数 $H_0^{(1)}$、$H_1^{(1)}$，u_r、u_z 本质上也成正交关系。同理可比较 σ_{zz}^{A}、σ_{rz}^{A} 与 σ_{yy}^{A}、σ_{xy}^{A}。

式（6-259）、式（6-260）中的径向波数 ξ 取相应反对称 Lamb 波模式的值 ξ_0^{A}、ξ_1^{A}、ξ_2^{A}…。模式幅度 C^A 可归一化，或者通过取值使得在整个厚度的最大振幅不超过 1，又或者由每个波数 ξ_0^{A}、ξ_1^{A}、ξ_2^{A}…的模式正交条件确定。

式（6-259）表明 r 方向的位移 u_r 随 z 变化而对称变化，而 z 方向的位移 u_z 随 z 变化而反对称变化，这一特性和图 6-13 描绘的沿板厚方向的反对称质点运动一致。沿厚度方向的 Lamb 波模式的形状随频率的变化而变化。图 6-15 给出了个别频率和模式下的反对称 Lamb 波模式的仿真模拟。当 $fd \to 0$ 时，A0 模式类似常规弯曲板波沿厚度方向的变化情况，即沿板厚方向为线性变化。

6.5.8 环形峰 Lamb 波的渐近特性

与直波峰 Lamb 波遵循的三角函数不同，环形峰 Lamb 波遵循 Hankel 函数。但是，当 r 很大时，Hankel 函数趋向于复杂的指数函数，附录 A 给出

$$H_{0\infty}^{(1)}(\xi r) = \lim_{r\to\infty} H_0^{(1)}(\xi r) = (e^{-i\pi/4}\sqrt{2/\pi\xi})\frac{1}{\sqrt{r}}e^{i\xi r}$$

$$H_{1\infty}^{(1)}(\xi r) = \lim_{r\to\infty} H_1^{(1)}(\xi r) = -i(e^{-i\pi/4}\sqrt{2/\pi\xi})\frac{1}{\sqrt{r}}e^{i\xi r} = -iH_{0\infty}^{(1)}(\xi r) \qquad (6\text{-}261)$$

式（6-261）表明当 $r \to \infty$ 时，Hankel 函数变为 ξr 的周期函数。式（6-261）还表明，当 ξr

很大时，环形峰 Lamb 波将类似直波峰 Lamb 波。实际上，将式（6-261）代入式（6-251）、式（6-252）、式（6-259）、式（6-260），并将常数 $e^{-i\pi/4}\sqrt{2/\pi\xi}$ 收入幅度常数 C^S、C^A 可得如下结果：

对于对称运动，式（6-251）、式（6-252）中当 $r\to\infty$ 时的渐近特性为

$$u_r^S(r,z,t)|_{r\to\infty} = -iC^S[2\xi^2\zeta_S\cos\zeta_S d\cos\zeta_P z - \zeta_S(\xi^2-\zeta_S^2)\cos\zeta_P d\cos\zeta_S z]\frac{1}{\sqrt{r}}e^{i(\xi r-\omega t)} \tag{6-262}$$

$$u_z^S(r,z,t)|_{r\to\infty} = C^S\xi[2\zeta_P\zeta_S\cos\zeta_S d\sin\zeta_P z + (\xi^2-\zeta_S^2)\cos\zeta_P d\sin\zeta_S z]\frac{1}{\sqrt{r}}e^{i(\xi r-\omega t)}$$

$$\sigma_{zz}^S(r,z,t)|_{r\to\infty} = -2C^S[\mu\xi\zeta_S(\xi^2-\zeta_S^2)(\cos\zeta_S d\cos\zeta_P z - \cos\zeta_P d\cos\zeta_S z)]\frac{1}{\sqrt{r}}e^{i(\xi r-\omega t)} \tag{6-263}$$

$$\sigma_{rz}^S(r,z,t)|_{r\to\infty} = iC^S\mu[4\xi^2\zeta_P\zeta_S\cos\zeta_S d\sin\zeta_P z + (\xi^2-\zeta_S^2)^2\cos\zeta_P d\sin\zeta_S z]\frac{1}{\sqrt{r}}e^{i(\xi r-\omega t)}$$

对于反对称运动，式（6-259）、式（6-260）中当 $r\to\infty$ 时的渐近特性为

$$u_r^A(r,z,t)|_{r\to\infty} = iC^A\zeta_S[2\xi^2\sin\zeta_S d\sin\zeta_P z - (\xi^2-\zeta_S^2)\sin\zeta_P d\sin\zeta_S z]\frac{1}{\sqrt{r}}e^{i(\xi r-\omega t)} \tag{6-264}$$

$$u_z^A(r,z,t)|_{r\to\infty} = C^A\xi[2\zeta_P\zeta_S\sin\zeta_S d\cos\zeta_P z + (\xi^2-\zeta_S^2)\sin\zeta_P d\cos\zeta_S z]\frac{1}{\sqrt{r}}e^{i(\xi r-\omega t)}$$

$$\sigma_{zz}^A(r,z,t)|_{r\to\infty} = 2C^A[\mu\xi\zeta_S(\xi^2-\zeta_S^2)(\sin\zeta_S d\sin\zeta_P z - \sin\zeta_P d\sin\zeta_S z)]\frac{1}{\sqrt{r}}e^{i(\xi r-\omega t)} \tag{6-265}$$

$$\sigma_{rz}^A(r,z,t)|_{r\to\infty} = iC^A\mu[4\xi^2\zeta_P\zeta_S\sin\zeta_S d\cos\zeta_P z + (\xi^2-\zeta_S^2)^2\sin\zeta_P d\cos\zeta_S z]\frac{1}{\sqrt{r}}e^{i(\xi r-\omega t)}$$

很明显，式（6-262）～式（6-265）与式（6-127）、式（6-131）、式（6-135）、式（6-139）除了因子 $1/\sqrt{r}$ 以外都一致。因子 $1/\sqrt{r}$ 表明由于环形波阵面的几何传播导致幅度的逐渐衰减。

径向和环向应力 σ_{rr}、$\sigma_{\theta\theta}$ 的渐近特性可由式（6-219）、式（6-220）当 $r\to\infty$ 时的极限推导得

$$\sigma_{rr}|_{r\to\infty} = \lim_{r\to\infty}\left\{-\mu f\left[(\xi^2+\zeta_S^2-2\zeta_P^2)J_0 + 2\xi\frac{J_1}{r}\right] - 2\mu h'\left(\xi J_0 - \frac{J_1}{r}\right)\right\}$$

$$= \mu[-(\xi^2+\zeta_S^2-2\zeta_P^2)f - 2\xi h']J_{0\infty} \tag{6-266}$$

$$\sigma_{\theta\theta}|_{r\to\infty} = \lim_{r\to\infty}\left\{-f\left[\lambda(\xi^2+\zeta_P^2)J_0 + 2\mu\xi\frac{J_1}{r}\right] - 2\mu h'\frac{J_1}{r}\right\} = -\lambda(\xi^2+\zeta_P^2)fJ_{0\infty}$$

比较式（6-266）和式（6-93）的第一行，发现取决于势函数 $f(z)$、$h(z)$ 的部分是一致的。因此，可由直波峰 Lamb 波 σ_{xx} 表达式推导环形峰 Lamb 波 σ_{rr} 的渐近特性表达式。为了适合表述传播波，可将 $J_{0\infty}$ 变换为 $H_{0\infty}^{(1)}$ 得

$$\sigma_{rr}^S|_{r\to\infty} = 2C^S\mu\xi\zeta_S\{(\xi^2+\zeta_S^2-2\zeta_P^2)[\cos\zeta_S d\cos\zeta_P z - (\xi^2-\zeta_S^2)\cos\zeta_P d\cos\zeta_S z]\}\frac{1}{\sqrt{r}}e^{i(\xi r-\omega t)}$$

$$\sigma_{rr}^A|_{r\to\infty} = -2C^A\mu\xi\zeta_S[(\xi^2+\zeta_S^2-2\zeta_P^2)\sin\zeta_S d\sin\zeta_P z - (\xi^2-\zeta_S^2)\sin\zeta_P d\sin\zeta_S z]\frac{1}{\sqrt{r}}e^{i(\xi r-\omega t)}$$

$$\tag{6-267}$$

6.5.9　小结

环形峰 Lamb 波的特性由 Bessel 函数决定，而直波峰 Lamb 波由谐波函数决定。虽然有这一点不同，但是由直波峰 Lamb 波引申出来的 Rayleigh-Lamb 频率方程也可应用于环形峰 Lamb 波，因此环形峰 Lamb 波的波速和群速度与直波峰 Lamb 波相同。

原点附近，环形峰 Lamb 波沿径向距离快速变化，但是距离原点几个波长后，环形峰 Lamb 波的特性迅速稳定。三个振荡周期后，环形峰 Lamb 波的可见波长变为直波峰 Lamb 波的 0.1% 以内。距离原点很远时，环形峰 Lamb 波的特性接近直波峰 Lamb 波特性，但是幅度受因子 $1/\sqrt{r}$ 影响，这反映了环形峰波阵面的几何扩展。

6.6　板中导波的概述

在平板中，超声导波的传播如同 Lamb 波和 SH 波。Lamb 波是垂直偏振的，而 SH 波是水平偏振的。Lamb 波和 SH 波都可以是相对于所述板的中心平面对称或反对称。前面的章节分析了 SH 波和 Lamb 波。本章提出一种统一方法，表明 Lamb 波和 SH 波都源于同一单一方程组。相关注释遵循前面章节所介绍的直波峰 z 不变的 3-D 波理论。

考虑上下表面自由的板，$y = \pm d$，如图 6-19 所示。

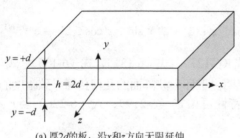
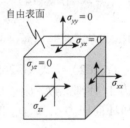

(a) 厚 2d 的板，沿 x 和 z 方向无限延伸　　　　(b) 从板中提取的自由单元体

图 6-19　板示意图

各向同性弹性介质的运动方程为

$$\mu \nabla^2 \boldsymbol{u} + (\lambda + \mu) \nabla (\nabla \cdot \boldsymbol{u}) = \rho \frac{\partial^2 \boldsymbol{u}}{\partial t^2} \tag{6-268}$$

其中，λ 和 μ 是拉梅常数；ρ 是质量密度；$\boldsymbol{u}$ 是位移矢量。假设是直波峰 Lamb 波，因此问题转变为 z 不变问题，位移矢量表达为

$$\boldsymbol{u} = \nabla \Phi + \nabla \times \boldsymbol{H} \tag{6-269}$$

其中，Φ 和 $\boldsymbol{H}$ 分别是标量势函数和矢量势函数，表达式为

$$\Phi = f(y) e^{i(\xi x - \omega t)}, \quad \boldsymbol{H} = [h_x(y)\boldsymbol{i} + h_y(y)\boldsymbol{j} + h_z(y)\boldsymbol{k}] e^{i(\xi x - \omega t)} \tag{6-270}$$

其中，ω 是角频率；ξ 是波数；c 是波速，$c = \omega / \xi$。如第 5 章所述，势函数满足波动方程：

$$\nabla^2 \Phi = \frac{1}{c_P^2} \frac{\partial^2 \Phi}{\partial t^2}, \quad \nabla^2 \boldsymbol{H} = \frac{1}{c_S^2} \frac{\partial^2 \boldsymbol{H}}{\partial t^2} \quad \text{和} \quad \nabla \cdot \boldsymbol{H} = 0 \tag{6-271}$$

式（6-270）代入式（6-271）得

$$f'' - \xi^2 f = -\omega^2 f / c_P^2$$
$$h_x'' - \xi^2 h_x = -\omega^2 h_x / c_S^2$$
$$h_y'' - \xi^2 h_y = -\omega^2 h_y / c_S^2 \qquad (6\text{-}272)$$
$$h_z'' - \xi^2 h_z = -\omega^2 h_z / c_S^2$$

其中，$c_P^2 = (\lambda + 2\mu) / \rho$，$c_S^2 = \mu / \rho$，分别表示压力（纵）波速和剪切（横）波速。式（6-272）的解的形式为

$$\Phi = (A\cos\alpha y + B\sin\alpha y)\mathrm{e}^{i(\xi x - \omega t)}$$
$$H_x = (C\cos\beta y + D\sin\beta y)\mathrm{e}^{i(\xi x - \omega t)}$$
$$H_y = (E\cos\beta y + F\sin\beta y)\mathrm{e}^{i(\xi x - \omega t)} \qquad (6\text{-}273)$$
$$H_z = (G\cos\beta y + H\sin\beta y)\mathrm{e}^{i(\xi x - \omega t)}$$

其中，$\alpha^2 = \omega^2 / c_P^2 - \xi^2$；$\beta^2 = \omega^2 / c_S^2 - \xi^2$。系数 $A \sim H$ 由板上下表面应力自由边界条件和唯一条件 $\dfrac{\partial H_x}{\partial x} + \dfrac{\partial H_y}{\partial y} = 0$ 确定，经整理后可得

$$\begin{bmatrix} -c_3\sin\alpha d & c_4\sin\beta d & 0 & 0 & 0 & 0 & 0 & 0 \\ c_1\cos\alpha d & c_2\cos\beta d & 0 & 0 & 0 & 0 & 0 & 0 \\ 0 & 0 & c_1\sin\alpha d & -c_2\sin\beta d & 0 & 0 & 0 & 0 \\ 0 & 0 & c_3\cos\alpha d & c_4\cos\beta d & 0 & 0 & 0 & 0 \\ 0 & 0 & 0 & 0 & -c_5\sin\beta d & \beta^2\sin\beta d & 0 & 0 \\ 0 & 0 & 0 & 0 & -\beta\sin\beta d & i\xi\sin\beta d & 0 & 0 \\ 0 & 0 & 0 & 0 & 0 & 0 & \beta^2\cos\beta d & c_5\cos\beta d \\ 0 & 0 & 0 & 0 & 0 & 0 & i\xi\cos\beta d & \beta\cos\beta d \end{bmatrix}\begin{pmatrix} A \\ H \\ B \\ G \\ E \\ D \\ C \\ F \end{pmatrix} = 0$$

$$(6\text{-}274)$$

其中，$c_1 = (\lambda + 2\mu)\alpha^2 + \lambda\xi^2$；$c_2 = 2i\mu\xi\beta$；$c_3 = 2i\xi\alpha$；$c_4 = \xi^2 - \beta^2$；$c_5 = i\xi\beta$。当系数矩阵的行列式为零时，齐次式（6-274）可得非平凡解，从而可得基本方程。观察式（6-274）可以发现，行列式可以分解为 4 个小行列式的乘积，对应于各自的系数对（A，H）、（B，G）、（E，D）、（C，F）。前两对分别对应对称和反对称 Lamb 波，后两对分别对应对称和反对称 SH 波。对称和反对称 Lamb 波的特征方程又称为 Rayleigh-Lamb 方程。通过数值求解这些隐含的超越方程确定所允许导波的解。对于特征方程的每个解，可以确定波数 ξ 的一个特定值，从而求得波速 c。波速随频率的变化如图 6-20 所示，其中 a、b 表示 Lamb 波，c 表示 SH 波。频厚积较低时，只有两种 Lamb 波形式存在：S0，一种类似纵波的对称 Lamb 波；A0，一种类似弯曲波的反对称 Lamb 波。频厚积较高时，一系列 Lamb 波存在，如 S0、S1、S2…和 A0、A1、A2…。当频率很高时，Lamb 波 S0 和 A0 模式合并为 Rayleigh 波，从而局限在板的上下表面。Lamb 波是显著频散的（波速随频率变化），但是频厚积较低的 S0 模式表现出较低的频散特性。SH 波除了 S0 模式以外均具备频散特性。对于环形峰波，可用极坐标进行同样的分析。

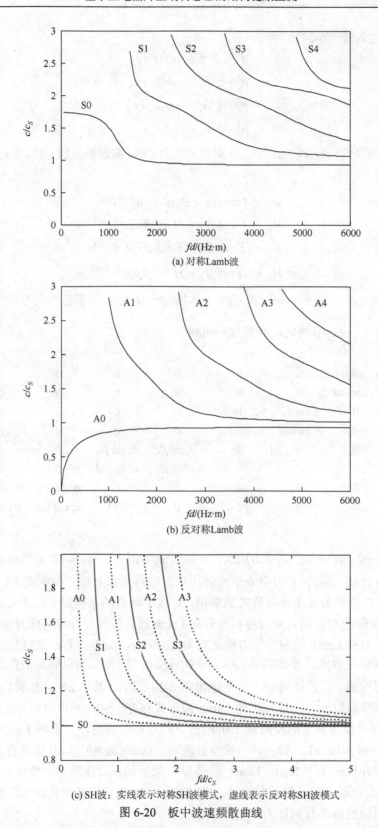

(a) 对称Lamb波

(b) 反对称Lamb波

(c) SH波：实线表示对称SH波模式，虚线表示反对称SH波模式

图 6-20　板中波速频散曲线

6.7　管和壳中的导波

导波能保持在薄壁墙结构中传播很远的距离。此外，导波还可以在弯曲的薄壁内传播。这些特性使得它们非常适合用于飞机、导弹、压力容器、油罐、管道等的超声波检查。导波在圆柱壳内传播的研究可以被认为是导波在空心圆柱体内传播的极限情况。相对于其半径，当空心圆筒壁厚减小时，它就逐渐接近薄壁圆柱壳的情况。研究者研究了波在实心和空心圆柱体内的传播。Love[9]研究波在各向同性实心圆柱体内的传播，结果表明三种类型的解都是可能的：①纵向；②弯曲；③扭转。在高频时，这些解中的每一个都是多模式且频散的。Meitzler[10]认为在某些条件下，实心圆柱体，如金属丝内传播的各种类型波之间存在模式耦合。Zemenek[11]完成了有关这些现象的综合数值模拟和实验测试。

Gazis[12]开展了空心圆柱内波传播的深入研究。他通过分析辅以数值模拟研究，从而得到了非线性代数方程组和波速频散曲线对应的数值解。研究表明，管和管道的超声波无损检测有重要应用前景。Silk 和 Bainton[13]发现空心圆柱体中的超声波和平板中 Lamb 波之间的等价关系，并用它们来检测热交换器管道的裂纹。Rose 等人[14]用管中导波找到在核蒸汽发生器管道中的裂纹。Alleyne 等人[15]用导波来检测化工厂管道中出现的裂纹和腐蚀。

6.7.1　圆柱壳中导波方程的推导

导波在圆柱壳中传播的数学模型描述由本章参考文献[12]～[14]给出。图 6-21 表示了坐标和特征尺寸，a 和 b 是管的内外径，h 是管厚度。变量 r、θ、z 分别是径向、周向和纵向坐标。建模形式不变，从各向同性弹性介质运动方程开始，有

$$\mu\nabla^2\boldsymbol{u}+(\lambda+\mu)\nabla(\nabla\cdot\boldsymbol{u})=\rho\frac{\partial^2\boldsymbol{u}}{\partial t^2} \qquad (6\text{-}275)$$

其中，$\boldsymbol{u}$ 是矢量位移；ρ 是密度；λ 和 μ 是拉梅常数。矢量 $\boldsymbol{u}$ 可由膨胀标量势函数 ϕ 和等量矢量势函数 $\boldsymbol{H}$ 表达为

$$\boldsymbol{u}=\nabla\phi+\nabla\times\boldsymbol{H} \qquad (6\text{-}276)$$

$$\nabla\cdot\boldsymbol{H}=0 \qquad (6\text{-}277)$$

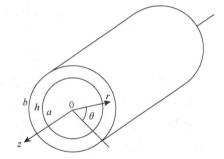

图 6-21　研究导波传播的空心圆柱的参考坐标和特征尺寸

对于自由运动，当势函数 ϕ 和 $\boldsymbol{H}$ 满足波动方程时，运动位移方程成立，即

$$c_P^2\nabla^2\phi=\frac{\partial^2\phi}{\partial t^2} \qquad (6\text{-}278)$$

$$c_S^2\nabla^2\boldsymbol{H}=\frac{\partial^2\boldsymbol{H}}{\partial t^2} \qquad (6\text{-}279)$$

其中，$c_P^2=(\lambda+2\mu)/\rho$，$c_S^2=\mu/\rho$，分别表示压力（纵）波速和剪切（横）波速。用圆

柱坐标表示势函数和波动方程为

$$\phi = f(r)\cos n\theta\cos(\omega t + \xi z)$$
$$H_r = g_r(r)\sin n\theta\sin(\omega t + \xi z)$$
$$H_\theta = g_\theta(r)\cos n\theta\sin(\omega t + \xi z)$$
$$H_z = g_z(r)\sin n\theta\cos(\omega t + \xi z)$$

（6-280）

假设波数为 ξ 的波沿 z 轴运动。将式（6-280）代入式（6-278）和式（6-279）得

$$(\Delta + \omega^2 / c_P^2)\phi = 0$$
$$(\Delta + \omega^2 / c_S^2)H_z = 0$$
$$(\Delta - 1/r^2 + \omega^2 / c_S^2)H_r - (2/r^2)(\partial H_\theta / \partial\theta) = 0$$
$$(\Delta - 1/r^2 + \omega^2 / c_S^2)H_\theta + (2/r^2)(\partial H_r / \partial\theta) = 0$$

（6-281）

其中，$\Delta = \nabla^2$ 是拉普拉斯算子，引入下列注释：

$$\alpha^2 = \omega^2 / c_P^2 - \xi^2, \quad \beta^2 = \omega^2 / c_S^2 - \xi^2$$

（6-282）

6.7.2　圆柱壳内导波的通解

通解表示为 Bessel 函数 J 和 Y 或有参数 $\alpha_1 r = |\alpha r|$ 和 $\beta_1 r = |\beta r|$ 的改进后的 Bessel 函数 I 和 K。式（6-282）确定 α 和 β 可以是实数或虚数。通解形式为

$$f = AZ_n(\alpha_1 r) + BW_n(\alpha_1 r)$$
$$g_3 = A_3 Z_n(\beta_1 r) + B_3 W_n(\beta_1 r)$$
$$g_1 = \frac{1}{2}(g_r - g_\theta) = A_1 Z_{n+1}(\beta_1 r) + B_1 W_{n+1}(\beta_1 r)$$
$$g_2 = \frac{1}{2}(g_r + g_\theta) = A_2 Z_{n-1}(\beta_1 r) + B_2 W_{n-1}(\beta_1 r)$$

（6-283）

为了简洁起见，Z 表示 J 或 I 的 Bessel 函数，W 表示 Y 或 K 的 Bessel 函数。因此，该势函数可以表达为未知数 A、B、A_1、B_1、A_2、B_2、A_3、B_3 的形式。其中有两个未知数利用等量势的规范不变性可以消除掉，应变位移和应力-应变关系可用于表达势函数形式的应力，加上自由边界条件为

$$\sigma_{rr} = \sigma_{rz} = \sigma_{r\theta} = 0, \quad \text{当} r = a \text{或} r = b \text{时}$$

（6-284）

可得一个有 6 个未知数的 6 个齐次线性方程组。为了得到非平凡解，方程组行列式为零，即

$$|c_{ij}| = 0, \quad i, j = 1, \cdots, 6$$

（6-285）

式（6-285）中系数 c_{ij} 有复杂的代数表达式，此处不详述，保留特征方程的形式，即

$$\Omega_n(a, b, \lambda, \mu, fd, c) = 0$$

（6-286）

其中，a 和 b 代表管的内外径；λ 和 μ 是拉梅常数。通过数值求解这些隐含的超越方程确定导波的可能解。

6.7.3　圆柱壳内的导波模式

可能存在于空心圆柱体的导波有三种基本系列[12]：

①纵向轴对称模式，L（0，m），m=0，1，2，…；

②扭转轴对称模式，T（0，m），m=0，1，2，…；

③弯曲非轴向对称模式，F（n，m），n=0，1，2，…，m=0，1，2，…。

　　每个系列都有有限数量的模式存在。对于给定的频厚积，这些模式的相速度 c 代表隐含超越方程（6-286）的可能解。指标 m 代表沿管壁的振型节点数量，因此称为厚度模式数。指标 n 决定了由导波模式产生的场随圆柱体横截面角坐标 θ 的变化而产生变化。对于 F 模式，每个场分量认为是 $\sin(n\theta)$ 或 $\cos(n\theta)$ 的函数。还可以观察到，F（n，m）可以表示把管子整体弯曲时的振型。图 6-22 给出了 m 和 n 模式数的含义示意图，显然，n=1 时的圆周模式数从 F（n，m）系列中产生了管的纵向弯曲波。圆周模式数 n=0 对应于 L（0，m）和 T（0，m）系列。

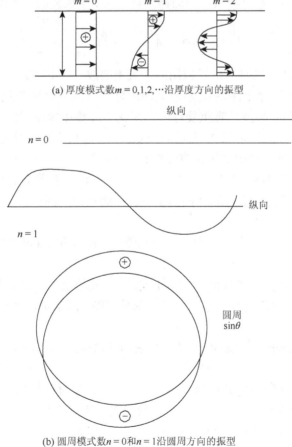

(a) 厚度模式数 m = 0,1,2,… 沿厚度方向的振型

(b) 圆周模式数 n = 0 和 n = 1 沿圆周方向的振型

图 6-22　m 和 n 模式数的含义

纵向和扭转模式也称为轴对称或 $n=0$ 模式。这些轴对称模式更适用于长管的缺陷检测，因为声波在管中是均匀穿透的。其中纵向模式容易采用超声传感器产生，且有很好的环形裂纹定位功能。虽然扭转模式难以用常规传感器产生，但是它更适合轴向裂纹和腐蚀的定位。

6.7.4　小结

本节讨论了在薄壁圆柱壳内的导波，对空心圆柱体内波传播的数学分析模型进行了阐述并给出了它的通解。结果表明，通解适用于这三个波类型：

① 纵向轴对称模式，L（0，m），$m=0$，1，2，…；

② 扭转轴对称模式，T（0，m），$m=0$，1，2，…；

③ 弯曲非轴向对称模式，F（n，m），$n=0$，1，2，…，$m=0$，1，2，…。

研究发现，薄壁圆柱体内的导波类似平板中的 Lamb 波。考察微分方程的变量比值 h/r 和 h/λ，不难发现，对于扁壳（h/r 和 h/λ 均 $\ll 1$），纵向模式类似 Lamb 波模式，而扭转模式类似 SH 波模式。实际上，还可以表述为 L（0，1）模式对应 Lamb 波 A0 模式，而 L（0，2）模式对应 Lamb 波 S0 模式。弯曲模式是不同于平板波的一种特殊管波模式。

6.8　总　　结

本章介绍了 SHM 领域具有广泛应用的一类重要波——导波。导波之所以对 SHM 非常重要，是因为它们能够在结构中传播较远的距离却只损失少量的能量，从而可以在某个点实现大面积的 SHM。导波具有重要性质，那就是能够在薄壁墙结构内传播，且能传播很远的距离。此外，导波还可以在弯曲薄壁内传播。这些特性使得它们非常适合于飞机、导弹、压力容器、油罐、管道等的超声波检查。

本章从 Rayleigh 波开始讨论，即 SAW。Rayleigh 波是在具有自由表面的固体中发现的。Rayleigh 表面波的传播靠近固体的自由表面，而不深入固体内部。因此，Rayleigh 波也被称为表面导波。

本章讨论了板内导波。在平板中，超声导波以 SH 波和 Lamb 波形式传播。Lamb 波与板表面相垂直，而 SH 波与板表面相平行。

本章先讨论了一种简单的导波，即 SH 波。SH 波的质点运动方向与平板表面平行而与波的传播方向垂直。SH 波有对称和反对称两种类型。除了最基本模式，SH 波模式都是频散的。

紧接着讨论了 Lamb 波，Lamb 波是更复杂的导向板波。Lamb 波有两种基本类型：对称 Lamb 波（S0、S1、S2…）和反对称 Lamb 波（A0、A1、A2…）。两种 Lamb 波类型都是显著频散的。对于任何给定的频厚积 fd，可能存在大量对称与反对称 Lamb 波。fd 值越高，可以测定的同时存在的 Lamb 波模式数量越大。当频厚积 fd 相对较小时，就只有基本的对称与反对称 Lamb 波模式（S0 和 A0）存在。当频厚积 fd 接近零时，S0 和 A0 模式退化为基本的轴向和弯曲板波模式，这已在第 5 章中探讨。另一个极端是如果 $fd \to \infty$，Lamb 波 S0 和 A0 模式退化为局限于板表面的 Rayleigh 波。

在其他薄壁结构中也存在导波，如棒、管和壳。虽然导波传播的基本物理原理仍然适用，但是对它们的研究更复杂。为了说明这一点，本章简要说明了在圆柱壳内的导波。它表明频散的纵向（轴向）、弯曲和扭转多模式导波可以同时存在于这样的结构。

由于导波的多模式特性，其在 SHM 领域的应用比较复杂。虽然导波从一个位置传播远距离的能力十分有利于 SHM 应用，但由于补偿多模式和频散特性所需要的特殊激励、更复杂的信号处理及复杂辨识，其优点有所抵消。相关内容在后面的章节里介绍。

6.9 问题和练习

1. 简要解释 Lamb 波 S0 和 A0 模式与板中轴向和弯曲波的异同。

2. 板中的导波可以是 Lamb 波或 SH 波。这些波类型中的每一个都是多模式的，请问哪一种波模式是不频散的？

参 考 文 献

第7章 压电晶片主动传感器

7.1 引 言

压电晶片主动传感器（PWAS）是基于压电效应工作的一种价格低廉的传感器，PWAS 耦合了力（机械）和电（应变 S_{ij}、机械应力 T_{kl}、电场 E_k、电位移 D_j）的效应，用压电张量方程表示为

$$S_{ij} = s_{ijkl}^E T_{kl} + d_{kij} E_k \quad （应变） \tag{7-1}$$

$$D_j = d_{jkl} T_{kl} + \varepsilon_{jk}^T E_k \quad （电位移） \tag{7-2}$$

式中，s_{ijkl}^E 是无外加电场情况（$E = 0$）下材料的柔度系数；ε_{jk}^T 是 PWAS 不受应力作用（$T = 0$）时的介电常数；d_{kij} 是压电常数，代表力电耦合效应（详见第 2 章）。

如图 7-1 所示，PWAS 小且外形不突出，PWAS 基于 d_{31} 耦合面内应变和纵向电场。一个直径为 7mm、厚度为 0.2mm 的 PWAS，重量仅为 78mg。由于每个 PWAS 的价格不到 10 美元，不比传统高质量电阻应变片的价格高，但 PWAS 性能却远远好于传统电阻应变片，因为它是一种主动传感器，可以随时探询结构的信息，而电阻应变片是一种被动传感器，只能被动获取结构信息。此外，PWAS 可以适用于几百 KHz 以上的高频信号应用，PWAS 既可以用作在结构中产生振动和弹性波的驱动器，也可以用作传感器。如图 7-1c 所示，通过分析 PWAS 采集到的振动和波传播信号，可以在结构健康监测过程中探测到损伤的发生、位置以及严重程度。

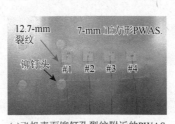
(a)飞机表面铆钉孔裂纹附近的PWAS

(b)涡轮叶片上的PWAS

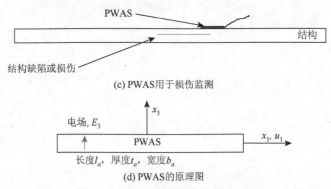
(c) PWAS用于损伤监测

(d) PWAS的原理图

图 7-1 安装在不同结构上的 PWAS

　　粘贴在结构表面的 PWAS 耦合了其自身面内应变和结构表面的应变（"伸长"或"收缩"运动）。若建立如图 7-1d 所示的 1-D 模型，假设 PWAS 的变形只在一个方向，仅保留 31 方向的力电耦合项 d_{31}，式（7-1）、式（7-2）表示的压电关系可以简化为

$$S_1 = s_{11}^E T_1 + d_{31} E_3 \quad （应变） \tag{7-3}$$

$$D_3 = d_{31} T_1 + \varepsilon_{33}^T E_3 \quad （电位移） \tag{7-4}$$

式中，S_1 是应变；T_1 是应力；D_3 是电位移（压电元件表面每单位面积产生的电荷数）；s_{11}^E 是零电场时的柔度系数；ε_{33}^T 是零应力下的介电常数；E_3 是电场；d_{31} 是受激应变系数，即单位电场下的机械应变。表 7-1 所示是这些常数的典型值。

表 7-1　PWAS 压电性质（APC-850）

性质	符号	值
柔度系数，面内	s_{11}^E	15.30×10^{-12} Pa^{-1}
柔度系数，厚度已知	s_{33}^E	17.30×10^{-12} Pa^{-1}
介电常数	ε_{33}^T	$\varepsilon_{33}^T = 1750\, \varepsilon_0$
厚度已知的受激应变	d_{33}	400×10^{12} m / V
面内受激应变	d_{31}	-175×10^{-12} m / V
平行于电场的耦合系数	k_{33}	0.72
垂直于电场的耦合系数	k_{31}	0.36
泊松比	v	0.35
密度	ρ	7700 kg / m^3
声速	c	2900 m / s

注：真空介电常数 $\varepsilon_0 = 8.85 \times 10^{-12}$ F / m。

　　式（7-3）表示驱动方程，PWAS 在电场激励 E_3 作用下会产生应变 S_1，但该机械应变 S_1 会被应力 T_1 通过弹性柔度系数 s_{11}^E 改变。式（7-4）表示传感方程，即对 PWAS 施加应力 T_1 会产生电位移 D_3（即每单位面积上的电荷），但电位移响应会受电场 E_3 通过介电常数 ε_{33}^T 改变。后续章节讨论 PWAS 传感器最基本的驱动与传感方程，并详细介绍 PWAS 与结构和弹性波间的相互作用关系。

7.2　PWAS 驱动器

　　PWAS 可以用作驱动器，在结构中激发出弹性波和振动，直接将电能转化为机械能。在 SHM 中，PWAS 作为驱动器在被监测结构上激励产生高频振动和弹性波。

7.2.1　PWAS 的电激励

　　交变幅值为 V 的交流电压施加在 PWAS 电极上时，随着交变周期，会在 PWAS 中产

生流入、流出的电荷。由此产生的电流 I 在高频下可以变得很大，因为 $I \approx i\omega CV$。PWAS 驱动器具有高带宽，实际应用时，其高频有效带宽仅受电源所能提供交流电流的能力限制，下面给出推导过程。

使用隐含 $\cos \omega t = \mathrm{Re}(e^{i\omega t})$ 的复数表达，所施加的交流电压为

$$V(t) = \hat{V}e^{i\omega t} \tag{7-5}$$

式中，$\hat{V}$ 是复电压幅值，PWAS 的厚度为 t_a，上下两个电极面积都是 $A = b_a l_a$（如果 PWAS 是直径为 $2r_a$ 的圆，则 $A = \pi r_a^2$）。PWAS 驱动器自身的电容可以根据下式求得：

$$C = \varepsilon_{33}^T \frac{A}{t_a} \tag{7-6}$$

在机电共振区域之外，PWAS 的导纳和阻抗主要由其电容响应决定，即

$$\Upsilon \approx i\omega C, \; Z = 1/\Upsilon \approx 1/i\omega C \tag{7-7}$$

电流用电压 V 和导纳 Υ 的乘积给出

$$I = \Upsilon V \approx i\omega CV \tag{7-8}$$

由式（7-8）可以看出，对于给定输入电压 $V = \mathrm{const}$，电流会随着电压成比例增加，因此当电源不能提供 PWAS 驱动器所需电流的功率时，就存在电压上限。图 7-2 所示就是这种情况，直径 7mm、厚 0.2mm 的 APC-850 PWAS 由 Agilent 33120A 信号发生器激励，所需电压为峰峰值 20V（Vpp）。在大约 200kHz 时，此电压可以维持，超过这个频率后，在 PWAS 两极测得的电压值就开始减小。高频时外加电压减小的原因是交变循环时，在 PWAS 两极电流反转前信号发生器作为电流源不能给 PWAS 电容提供足够的电荷，这种缺点可以通过高带宽功率放大器来改善。

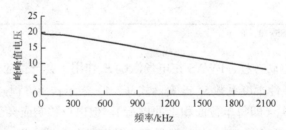

图 7-2　直径 7mm、厚 2mm 的 APC-850 PWAS 电压随频率升高而降低

7.2.2　偏置电压激励 PWAS

用于 PWAS 的压电材料对所施加激励电压有限制条件，即该电压不能影响它本来具有的极化状态。压电材料生产商按直流和交流工作条件分别给出了这些限制条件的参考值，采用每单位厚度上的电压给出，即电场。表 7-2 中所给出 APC 材料的参考值表明，APC-850 压电陶瓷可以承受 $-4\,\mathrm{V}/\mathrm{mil} \approx 150\,\mathrm{V}/\mathrm{mm}$ 的交流电场以及 $+15\,\mathrm{V}/\mathrm{mil} \approx 600\,\mathrm{V}/\mathrm{mm}$ 的直流电场[1]。对 0.2mm 厚的 PWAS 传感器来说，实际的电压限制值是

1　1 mil=1inch/1000。

$$V_{\min} = -155 \text{ V/ mm} \times 0.2 \text{ mm} \approx -30 \text{ V} \tag{7-9}$$

$$V_{\max} = 600 \text{ V/ mm} \times 0.2 \text{ mm} \approx 120 \text{ V} \tag{7-10}$$

为了实现 PWAS 全工作范围，需要在直流偏置的基础上施加交流激励，此时所施加的电压将会在中间位置处（直流偏置电压 V_0 处）以幅值 $\hat{V}$ 发生振荡，即

$$V(t) = V_0 + \hat{V} \cos \omega t \tag{7-11}$$

表 7-2　APC 压电陶瓷材料每单位厚度上的电压参考值

材料	直流操作	交流操作（PP 无偏置）	最小值	最大值
APC 850	15 V / mil = ~600 V / mm	8 V / mil = ~300 V / mm	−4 V / mil= ~ −150 V / mm	15 V / mil = ~600 V / mm
APC 850B	11 V / mil	6 V / mil	−3 V / mil	11 V / mil
APC 855	10 V / mil	5 V / mil	−2.5 V / mil	10 V / mil
APC 840	18 V / mil	9 V / mil	−4.5 V / mil	18 V / mil
APC 880	20 V / mil	10 V / mil	−5 V / mil	20 V / mil

采用这种办法，从 $V_{\min} \approx -30 \text{ V} \sim V_{\max} \approx 120 \text{ V}$ 的动态范围可以用电压 $V(t) = 45 \pm 75 \text{ V}$ 覆盖，所以式（7-11）可以写成 $V_0 = 45 \text{ V}$，$\hat{V} = 75 \text{ V}$，图 7-3 所示为整个范围内电压的动态变化。

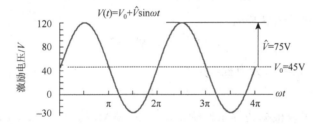

图 7-3　偏置电压 $V_0 = 45$ V 和动态幅值 $\hat{V} = 75$ V 条件下，0.2mm 厚 PWAS 的动态变化范围

7.2.3　PWAS 驱动器的伸长和位移

PWAS 产生压电受激应变 S_{ISA}，从式（7-3）中有关电的部分可得

$$S_{\text{ISA}} = d_{31} E_3 \quad (\text{ISA 应变}) \tag{7-12}$$

ISA 表示受激应变驱动，并且

$$E_3(t) = -\frac{V(t)}{t_a}, \ \hat{E}_3 = -\frac{\hat{V}}{t_a}, \ E_3(t) = \hat{E}_3 \text{e}^{i\omega t} \tag{7-13}$$

在准静态自由边界条件下，PWAS 处于零应力状态，即 $T_1 = 0$。在这种状态下，PWAS 上的应变 S_1 应该等于受激应变 S_{ISA}，在 $a = l / 2$ 处，PWAS 的末端位移是 $u_1(\pm a) = \pm \frac{1}{2} u_{\text{ISA}}$，并且

$$u_{\text{ISA}} = S_{\text{ISA}} l_a = d_{31} E_3 l_a \quad (\text{受激应变位移}) \qquad (7\text{-}14)$$

安装在结构上的 PWAS 通常不处于零应力状态，因为压电材料的伸长受到结构刚度的约束。在钉扎力模型中[1]，结构的刚度等效为 PWAS 边缘的弹性边界条件，用 k_{str} 表示整个结构刚度对 PWAS 驱动器的影响，根据图 7-4 所示有

$$k_{\text{total}} = [(2k_{\text{str}})^{-1} + (2k_{\text{str}})^{-1}]^{-1} = k_{\text{str}} \qquad (7\text{-}15)$$

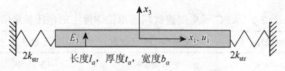

图 7-4　结构刚度 k_{str} 约束的 PWAS

在准静态条件下，惯性加速度的影响可以忽略，从牛顿运动定律可以推出 $T_1' = 0$。式（7-3）关于 x_1 求导得

$$S_1' = s_{11}^E T_1' \qquad (7\text{-}16)$$

其中，$S_1' = \mathrm{d}S_1 / \mathrm{d}x_1$。式（7-16）中的应变梯度 S_1' 仅取决于应力梯度 T_1'，不取决于电场 E_3，因为沿 PWAS 的电场是个常值，并且它的梯度也是零，即 $E_3' = 0$。因此可以假定结构和 PWAS 的相互作用被 PWAS 的边缘端部约束，沿 PWAS 的长度方向没有应力变化，即 $T_1' = 0$，$-a < x < +a$，因此式（7-16）表明 $S_1' = 0$，即

$$S_1' = 0 \text{，因为 } T_1' = 0 \text{，} -a < x < +a \qquad (7\text{-}17)$$

根据位移应变关系和它的导数为

$$S_1 = u_1' \text{，} \quad S_1' = u_1'' \qquad (7\text{-}18)$$

式（7-18）是关于 x 的常微分方程，解为

$$u(x) = A_1 x + A_0 \qquad (7\text{-}19)$$

其中，常数 A_1、A_0 可以根据边界条件确定，即在 PWAS 的边缘（$x = \pm a$，$a = l_a / 2$），应力的合力 $T_1 b_a t_a$ 和弹簧反作用力 $2k_{\text{str}} u_1$ 之间处于平衡状态，表示为

$$btT_1(+a) = -2k_{\text{str}} u_1(+a)$$
$$\qquad (7\text{-}20)$$
$$btT_1(-a) = +2k_{\text{str}} u_1(-a)$$

注意式（7-20）中正负号的选择是为了和传统符号定义一致。在式（7-3）中提取出 T_1 并代替式（7-20）中的对应项，然后利用式（7-18）的结果，整理上述过程得

$$u_1'(+a) = -2k_{\text{str}} \frac{s_{11}^E}{bt} u_1(+a) + d_{31} E_3$$
$$\qquad (7\text{-}21)$$
$$u_1'(-a) = +2k_{\text{str}} \frac{s_{11}^E}{bt} u_1(-a) + d_{31} E_3$$

引入 PWAS 的刚度为

---

1 针扎力模型以及 PWAS 和结构间的剪切滞在第 8 章给出。

$$k_{\text{PWAS}} = \frac{A_a}{s_{11}^E l_a} = \frac{b_a t_a}{s_{11}^E l_a} \quad \text{(PWAS 刚度)} \tag{7-22}$$

刚度比为

$$r = \frac{k_{\text{str}}}{k_{\text{PWAS}}} \quad \text{(刚度比)} \tag{7-23}$$

把式（7-22）、式（7-23）代入式（7-21）的结果中得

$$u_1'(+a) + \frac{r}{a} u_1(+a) = d_{31} E_3$$
$$u_1'(-a) - \frac{r}{a} u_1(-a) = d_{31} E_3 \tag{7-24}$$

把常微分方程的通解式（7-19）代入式（7-24）中得

$$A_1 + \frac{r}{a}(A_1 a + A_0) = d_{31} E_3$$
$$A_1 - \frac{r}{a}(-A_1 a + A_0) = d_{31} E_3 \tag{7-25}$$

式（7-25）中两式相减得

$$A_0 = 0 \tag{7-26}$$

式（7-25）中两式相加得

$$A_1(1 + r) = d_{31} E_3 \tag{7-27}$$

把式（7-27）的结果代入式（7-19）中得

$$u_1(x) = \frac{1}{1+r}(d_{31} E_3 l_a)\frac{x}{l_a} \tag{7-28}$$

在式（7-28）中，已知式（7-14）为 $u_{\text{ISA}} = d_{31} E_3 l_a$，因此可以把式（7-28）写成

$$u_1(x) = \frac{1}{1+r} u_{\text{ISA}} \frac{x}{l_a} \tag{7-29}$$

从式（7-29）可以看出，结构刚度减小了 PWAS 的位移，因为部分诱导位移 u_{ISA} 在 PWAS 内部可压缩状态中消失了。当刚度比 r 趋向于零时，式（7-29）接近于 PWAS 处于自由边界条件的式（7-14）。

可以证明（本章参考文献[1]第 445～447 页）在准静态条件下，$r=1$ 时可以实现 PWAS 和结构之间的最大能量传递，即此时满足刚度匹配条件。

对于式（7-11）给出的施加偏置电压的电激励，对应的受激应变是

$$u_1(t) = (u_1)_0 + \hat{u}_1 \cos \omega t \tag{7-30}$$

式中，$(u_1)_0$ 是偏置位置；$\hat{u}_1$ 是动态位移。注意，在施加偏置电压的动态条件下，总动态位移在偏置点的两边平分成两部分，这样正负行程相等。因此动态下（动态冲程）有效最大位移经常是静态下（静态冲程）有效最大位移的一半。如式（7-29）所示，位移减少是由结构刚度和 PWAS 压缩变形造成的，这也同样适用于式（7-30）。

导出式(7-29)和式(7-30)的分析同样是在准静态条件假设下进行的,但在使用 PWAS 的 SHM 过程中,准静态假设可能不成立,因此在使用 PWAS 的 SHM 中,PWAS 的动力学特征、PWAS 的共振以及其他动态过程也需要纳入考虑,如后续章节所述。

7.3 PWAS 应力和应变测量

因为 PWAS 直接将机械应变和应力能转换为电能,所以它可用于测量应力和应变。由于生成电压与应变率成正比,这类传感器在高频下具有优势。PWAS 也可以用于低频和准静态测量,但是由于电荷泄露,其效能有可能降低。本节主要讨论用 PWAS 传感器进行静态应变的测量,之后讨论动态应变测量。

假设 PWAS 被粘贴在结构的表面,如图 7-1 所示,同时假设 PWAS 和结构之间理想粘接,这种情况下 PWAS 感受到的应变和结构产生的应变相同。PWAS 厚度是 t_a,上下电极面积是 $A = b_a l_a$。对 PWAS 施加垂直平面应力 T_3 或者面内应变 S_1,PWAS 产生的电荷 Q 将会通过输入电容为 C_e 的仪器测量,如图 7-5 所示。

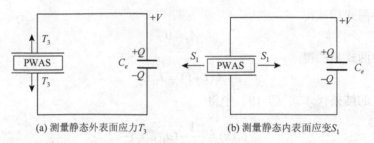

(a) 测量静态外表面应力T_3 (b) 测量静态内表面应变S_1

图 7-5   PWAS 和电容为 C_e 的测量仪器相连接的示意图

7.3.1 静态应力测量

PWAS 可用于测量垂直平面应力 T_3(如果测量施加的压力 p_0,那么 $T_3 = -p_0$)。1-D 假设下,在方向 3 上,由通式(7-2)可以得

$$D_3 = d_{33}T_3 + \varepsilon_{33}^T E_3 \tag{7-31}$$

PWAS 电极产生的电荷为

$$Q = D_3 A \tag{7-32}$$

电荷 Q 被移动到测量仪器的输入电容 C_e 中,在测量仪器中,电压 V 和输入电容 C_e 的关系为

$$Q = C_e V \tag{7-33}$$

合并式(7-32)和式(7-33)得

$$D_3 = \frac{Q}{A} = \frac{C_e}{A}V \tag{7-34}$$

在 PWAS 中,电场 E_3 和电压 V 的关系为

$$E_3 = -\frac{V}{t_a} \tag{7-35}$$

把式（7-34）、式（7-35）代入（7-31）中得

$$\frac{C_e}{A} V = d_{33} T_3 + \varepsilon_{33}^T \left(-\frac{V}{t_a} \right) \tag{7-36}$$

整理式（7-36）变成

$$V \left(C_e + \varepsilon_{33}^T \frac{A}{t_a} \right) = A d_{33} T_3 \tag{7-37}$$

把式（7-6）代入式（7-36）并整理可得

$$(C_e + C) V = A d_{33} T_3 \tag{7-38}$$

对于式（7-38）可以得到电压 V 关于所施加的应力 T_3 和测量仪器输入电容 C_e 为参数的表达式，即

$$V(T_3; C_e) = \frac{A d_{33}}{C_e + C} T_3 \tag{7-39}$$

式（7-39）表明，测量仪器具有较低输入电容值 C_e 时，对 PWAS 施加应力 T_3，通常可以获得更大的电压值 V，这意味着要尽可能获取具有较低输入电容的测量仪器。然而，PWAS 产生电压值的大小受自身内部电容值 C 的限制，把测量仪器的输入电容值 C_e 减小到低于 PWAS 内部电容值 C 并不会带来更多益处。

7.3.2　静态应变测量

测量应变时，希望找到电压 V 关于所施加面内应变 S_1 的方程。根据式（7-3）和式（7-4）有

$$S_1 = s_{11}^E T_1 + d_{31} E_3 \tag{7-40}$$

$$D_3 = d_{31} T_1 + \varepsilon_{33}^T E_3 \tag{7-41}$$

合并式（7-40）和式（7-41），并消掉 T_1 可以得到

$$d_{31} S_1 - s_{11}^E D_3 = (d_{31}^2 - s_{11}^E \varepsilon_{33}^T) E_3 \tag{7-42}$$

把式（7-34）和式（7-35）代入式（7-42）中，可以得到

$$d_{31} S_1 - s_{11}^E \frac{C_e}{A} V = (d_{31}^2 - s_{11}^E \varepsilon_{33}^T) \left(-\frac{V}{t_a} \right) = (1 - k_{31}^2) s_{11}^E \varepsilon_{33}^T \frac{V}{t_a} \tag{7-43}$$

其中，k_{31} 是 PWAS 材料的机电耦合系数，定义为

$$k_{31}^2 = \frac{d_{31}^2}{s_{11}^E \varepsilon_{33}^T} \quad （机电耦合系数） \tag{7-44}$$

整理式（7-43）得

$$d_{31} \frac{A}{s_{11}^E} S_1 = C_e V + (1 - k_{31}^2) \varepsilon_{33}^T \frac{A}{t_a} V = [C_e + (1 - k_{31}^2) C] V \tag{7-45}$$

其中，C 就是式（7-6）中给出的 PWAS 的电容。对于上式的结果，式（7-45）给出了以

所施加的应变和测量仪器输入电容值 C_e 为参数的电压方程表达式为

$$V(S_1;C_e) = \frac{1}{C_e + (1-k_{31}^2)C} \frac{Ad_{31}}{s_{11}^E} S_1 \tag{7-46}$$

式（7-46）表明，测量仪器具有较低输入电容值 C_e 时，对 PWAS 施加应变 S_1，通常可以获得更大的电压值 V，这意味着要尽可能获取具有低输入电容和高阻抗的测量仪器。然而，PWAS 产生的电压值受自身内部电容值 C 的限制，把测量仪器的电容值 C_e 减小到低于 PWAS 内部电容值 C 并不会产生更多益处。

7.3.3　动态应力测量

动态测量时，假设测量仪器的输入阻抗是 Z_e，导纳是 Υ_e（$\Upsilon_e = 1/Z_e$），忽略 PWAS 的动态特性，即假设工作频率远低于 PWAS 的共振频率（相对于 PWAS 几百 kHz 的共振频率，工作频率只有几百～几千 Hz）。

图 7-6a 表明如何使用 PWAS 测量瞬态或动态面外应力 $T_3(t)$，例如测量施加在 PWAS 上的压力 $p_0(t)$，则 $T_3(t) = -p_0(t)$。若要得到关于施加应力 $T_3(t)$ 的函数表示测出的电压 $V(t)$，时域谐波经常被假设为以下形式[1]：

$$T_3(t) = \hat{T}_3 e^{i\omega t}, \quad V(t) = \hat{V} e^{i\omega t} \tag{7-47}$$

其中，$\hat{T}_3$、$\hat{V}$ 是复数幅值。

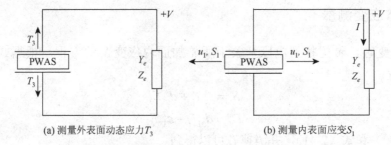

(a) 测量外表面动态应力 T_3　　　　　　(b) 测量内表面应变 S_1

图 7-6　PWAS 连接在输入阻抗 Z_e、导纳 Υ_e（$\Upsilon_e = \frac{1}{Z_e}$）的测量设备上的示意图

对式（7-31）关于时间求导得

$$\dot{D}_3 = d_{33}\dot{T}_3 + \varepsilon_{33}^T \dot{E}_3 \tag{7-48}$$

电路中电流用电位移关于时间的导数 $\dot{D}_3$ 和电极的面积 A 的乘积表示为

$$I = \dot{D}_3 A \tag{7-49}$$

对式（7-35）关于时间求导得

$$\dot{E}_3 = -\frac{\dot{V}}{t_a} \tag{7-50}$$

1　如果施加的应力不是时域谐波，可以通过傅里叶级数将其分解成时域谐波分量。

假设测量仪器的输入导纳为 Υ_e（设备的导纳 Υ_e 是一个复数，主要由三部分构成：电容部分 $i\omega C_e$；寄生电阻电导 $G_e = 1/R_e$；电感部分 $1/i\omega L_e$）。电压 V 和测量仪器导纳 Υ_e 的关系为

$$I = \Upsilon_e V \tag{7-51}$$

联立式（7-49）和式（7-51）给出

$$\dot{D}_3 = \frac{I}{A} = \frac{\Upsilon_e}{A}V \tag{7-52}$$

把式（7-50）、式（7-52）代入式（7-48）可以得

$$\frac{\Upsilon_e V}{A} = d_{33}\dot{T}_3 + \varepsilon_{33}^T\left(-\frac{\dot{V}}{t_a}\right) \tag{7-53}$$

整理式（7-53）得

$$\Upsilon_e V + \frac{\varepsilon_{33}^T A}{t_a}\dot{V} = d_{33}\dot{T}_3 A \tag{7-54}$$

根据式（7-6）给出的有关 PWAS 电容 C 的表达式，把式（7-6）代入式（7-54）中得

$$\Upsilon_e V + C\dot{V} = Ad_{33}\dot{T}_3 \tag{7-55}$$

式（7-55）是关于 $V(t)$ 的常微分方程。式（7-47）对时间的导数为

$$\dot{V}(t) = i\omega \hat{V}e^{i\omega t} = i\omega V(t) \tag{7-56}$$

把式（7-56）代入式（7-55）中得

$$(\Upsilon_e + i\omega C)V = Ad_{33}\dot{T}_3 \tag{7-57}$$

无约束 PWAS 传感器的导纳定义为

$$\Upsilon = i\omega C \tag{7-58}$$

将式（7-58）代入式（7-57）中，可以解出以所施加应力速度 $\dot{T}_3$ 和测量仪器导纳 Υ_e 为参数的电压方程表达式，即

$$V(t,T_3;\Upsilon_e) = \frac{Ad_{33}}{\Upsilon_e + \Upsilon}\dot{T}_3(t) \tag{7-59}$$

式（7-59）表明，给定应力速度 $\dot{T}_3$，具有较低导纳值 Υ_e 的测量仪器通常可以保证获得较大的电压值 V，这意味着要尽可能获取具有低输入导纳（高阻抗）的测量仪器。然而，上述结论受到 PWAS 内部导纳 Υ 的限制，把测量仪器的输入导纳 Υ_e 值减小到低于 PWAS 自身导纳值 Υ 将不会带来更多的益处。

因为所施加的应力 $T_3(t)$ 是任意的，所以式（7-59）具有一般意义。如果只关注某个确切的单一频率 ω，则 $T_3(t) = \hat{T}_3 e^{i\omega t}$ 和 $\dot{T}_3(t) = i\omega\hat{T}_3 e^{i\omega t}$，在此假设条件下，式（7-59）可以简化成谐波电压幅值 $\hat{V}$ 关于谐波应力幅值 $\hat{T}_3$ 的表达式：

$$\hat{V}(\hat{T}_3;\Upsilon_e) = \frac{Ad_{33}}{\Upsilon_e + \Upsilon}i\omega\hat{T}_3 \tag{7-60}$$

对于导纳是 $\Upsilon_e = i\omega C_e$ 的无损耗测量仪器，式（7-60）可以简化为

$$\hat{V}(\hat{T}_3; C_e) = \frac{Ad_{33}}{C_e + C}\hat{T}_3 \quad （无损测量仪器 \quad \Upsilon_e = i\omega C_e） \tag{7-61}$$

注意，动态条件下导出的式（7-61）与静态条件下导出的式（7-39）之间具有相似性，但实际测量仪器并不是单纯电容类输入导纳，因为仪器经常存在一些电阻损耗和电感耦合。同样，PWAS 实际上也经常会有内部损耗，尤其是在高频下更加严重，因此从式（7-60）简化到式（7-61）不一定可行。

7.3.4　动态应变测量

图 7-6b 所示是对动态应变的测量，我们想找到以时变面内应变 $S_1(t)$ 为变量的函数表示电压 $V(t)$。相关本构方程为

$$S_1 = s_{11}^E T_1 + d_{31}E_3 \tag{7-62}$$

$$D_3 = d_{31}T_1 + \varepsilon_{33}^T E_3 \tag{7-63}$$

式（7-62）、式（7-63）关于时间求导得

$$\dot{S}_1 = s_{11}^E \dot{T}_1 + d_{31}\dot{E}_3 \tag{7-64}$$

$$\dot{D}_3 = d_{31}\dot{T}_1 + \varepsilon_{33}^T \dot{E}_3 \tag{7-65}$$

在式（7-64）和式（7-65）之间消去 $\dot{T}_1$ 得

$$d_{31}\dot{S}_1 - s_{11}^E \dot{D}_3 = (d_{31}^2 - s_{11}^E \varepsilon_{33}^T)\dot{E}_3 \tag{7-66}$$

将式（7-50）、式（7-52）代入式（7-66），结合式（7-44）可得

$$d_{31}\dot{S}_1 - s_{11}^E \frac{\Upsilon_e}{A}V = (d_{31}^2 - s_{11}^E \varepsilon_{33}^T)\left(-\frac{\dot{V}}{t_a}\right) = (1 - k_{31}^2)s_{11}^E \varepsilon_{33}^T \frac{\dot{V}}{t_a} \tag{7-67}$$

整理上式，式（7-67）变为

$$d_{31}\frac{A}{s_{11}^E}\dot{S}_1 = \Upsilon_e V + (1 - k_{31}^2)\varepsilon_{33}^T \frac{A}{t_a}\dot{V} = \Upsilon_e V + (1 - k_{31}^2)C\dot{V} \tag{7-68}$$

其中，C 是 PWAS 的自由电容，与式（7-6）中的定义一致，注意式（7-68）是关于电压 $V(t)$ 的常微分方程。把式（7-56）、式（7-58）代入式（7-68）可得

$$d_{31}\frac{A}{s_{11}^E}\dot{S}_1 = [\Upsilon_e + (1 - k_{31}^2)i\omega C]V = [\Upsilon_e + (1 - k_{31}^2)\Upsilon]V \tag{7-69}$$

根据上式结果，利用式（7-58）、式（7-69）可以给出以施加应变速度 $\dot{S}_1(t)$ 和测量仪器导纳值 Υ_e 为参数的电压 $V(t)$ 的表达式：

$$V(t, \dot{S}_1; \Upsilon_e) = \frac{1}{\Upsilon_e + (1 - k_{31}^2)\Upsilon}\frac{d_{31}A}{s_{11}^E}\dot{S}_1(t) \tag{7-70}$$

类似式（7-59），式（7-70）表明给定应变速度 $\dot{S}_1$，具有较低导纳值 Υ_e 的测量仪器通常会获得更大的电压值 V，这意味着要尽可能获取具有低输入导纳（高阻抗）的测量仪器。然而，上述结论受到 PWAS 内部导纳值 Υ 的限制，把测量仪器导纳 Υ_e 值减小到低于 PWAS 自身 Υ 值以下并不一定有利。

因为所施加的输入应变 $S_1(t)$ 是任意的，所以式（7-70）具有一般性。如果只关注某个

确切的单一频率 ω，则 $S_1(t) = \hat{S}_1 e^{i\omega t}$，$\dot{S}_1(t) = i\omega \hat{S}_1 e^{i\omega t}$，在此假设条件下，式（7-70）可以简化为关于谐波应变幅值 $\hat{S}_1$ 的电压幅值 $\hat{V}$ 的表达式：

$$\hat{V}(\hat{S}_1; \Upsilon_e) = \frac{1}{\Upsilon_e + (1 - k_{31}^2)\Upsilon} \frac{d_{31}A}{s_{11}^E} \hat{S}_1 \tag{7-71}$$

对于无损测量仪器，$\Upsilon_e = i\omega C_e$，根据式（7-58），式（7-71）可以简化为

$$\hat{V}(\hat{S}_1; \Upsilon_e) = \frac{1}{C_e + (1 - k_{31}^2)C} \frac{d_{31}A}{s_{11}^E} \hat{S}_1 \quad （无损测量仪器 \Upsilon_e = i\omega C_e） \tag{7-72}$$

注意，这里动态情况下导出的式（7-72）与在静态情况下导出的式（7-46）之间具有相似性。但是实际测量仪器没有单纯电容类型的输出导纳，因为仪器经常存在一些电阻损耗和电感耦合。同样，实际上 PWAS 也经常会有内部损耗，在高频下尤其严重。由于上述原因，从式（7-71）简化到式（7-72）不一定总是可行。

7.4 厚度对 PWAS 激励与传感的影响

厚度对 PWAS 的激励和传感具有重要影响。

7.4.1 PWAS 激励的厚度影响

为了分析厚度对 PWAS 激励的影响，根据式（7-29）得

$$u_1(x) = \frac{1}{1 + r} u_{\text{ISA}} \frac{x}{l} \tag{7-73}$$

其中，u_{SIA} 是压电受激位移，由式（7-14）给出

$$u_{\text{ISA}} = S_{\text{ISA}} l = d_{31} E_3 l \quad （压电受激位移） \tag{7-74}$$

式（7-13）中电场 E_3 和施加电压 V 的关系为

$$E_3 = -\frac{V}{t_a} \tag{7-75}$$

分析式（7-73）～式（7-75）可得，如果给定压电材料参数 d_{31}、ε_{33}^T，给定电压 V，PWAS 驱动器产生的应变和位移将会随着 PWAS 厚度 t_a 的减小成比例地增加。但减小 PWAS 厚度 t_a 也会导致 PWAS 电容 $C = \varepsilon_{33}^T A / t_a$ 增大，因此导致电源所提供的激励电流 $I = i\omega C = i\omega \varepsilon_{33}^T A / t_a$ 也相应增大。换句话说，PWAS 用作激励时，高频下如果电源能够提供所需电流时，更希望使用较薄而不是较厚的 PWAS。

7.4.2 PWAS 传感的厚度影响

应力传感时，根据式（7-39）得

$$V(T_3; C_e) = \frac{Ad_{33}}{C_e + C} T_3 \tag{7-76}$$

假设测量仪器具有非常大的输入阻抗，因为 $Z_e = 1/i\omega C_e$，假设 $Z_e \to \infty$，测量仪器的输入

电容 C_e 将会消失，即 $C_e \rightarrow 0$。在这种情况下，式（7-76）变为

$$V(T_3) = V(T_3; C_e)\big|_{C_e \rightarrow 0} = \frac{Ad_{33}}{C} T_3 \tag{7-77}$$

根据式（7-6）给出的电容计算公式为

$$C = \varepsilon_{33}^T \frac{A}{t_a} \tag{7-78}$$

把式（7-78）代入式（7-77）中得

$$V(T_3) = \frac{Ad_{33}}{C} T_3 = \frac{\cancel{A}d_{33}}{\varepsilon_{33}^T \frac{\cancel{A}}{t_a}} T_3 = t_a \frac{d_{33}}{\varepsilon_{33}^T} T_3 \quad （应力测量） \tag{7-79}$$

应变测量时，根据式（7-46）得

$$V(S_1; C_e) = \frac{1}{C_e + (1 - k_{31}^2)C} \frac{Ad_{31}}{s_{11}^E} S_1 \tag{7-80}$$

对于高阻抗测量仪器（$C_e \rightarrow 0$），式（7-80）变为

$$V(S_1) = \frac{1}{(1 - k_{31}^2)C} \frac{Ad_{31}}{s_{11}^E} S_1 \tag{7-81}$$

把式（7-78）代入式（7-81）可得

$$V(S_1) = \frac{1}{(1 - k_{31}^2)\varepsilon_{33}^T \frac{\cancel{A}}{t_a}} \frac{\cancel{A}d_{31}}{s_{11}^E} S_1 = t_a \frac{k_{31}^2}{(1 - k_{31}^2)} \frac{1}{d_{31}} S_1 \quad （应变测量） \tag{7-82}$$

式（7-79）、式（7-82）表明，给定压电材料参数 d_{31}、ε_{33}^T、s_{11}^E、k_{31}，对 PWAS 施加应力 T_1 或应变 S_1 时，PWAS 产生的电压会随着 PWAS 厚度 t_a 成比例增大，换句话说，PWAS 用做传感时，更希望使用较厚而不是较薄的 PWAS。

7.5　基于 PWAS 的振动传感

为了给出 PWAS 的振动应变测量能力，进行不锈钢梁的振动实验。梁长 $L = 300\text{mm}$，宽 $b = 19.2\text{mm}$，厚 $h = 3.23\text{mm}$，密度 $\rho = 8030 \text{ kg/m}^3$，弹性模量 $E = 195\text{GPa}$。梁理论上的固有频率是 $f_1^{\text{theory}} = 28.6\text{Hz}$，$f_2^{\text{theory}} = 179\text{Hz}$，$f_3^{\text{theory}} = 501\text{Hz}$，如图 7-7a 所示，梁用夹具固定成悬臂梁形式。使用三个不同压电材料制成且厚度不同的 PWAS：①厚 28μm 的 PVDF-PWAS；②厚 110μm 的 PVDF-PWAS；③厚 200μm 的 PZT-PWAS，三个 PWAS 具有相同的面内几何尺寸，即 7mm×7mm 的正方形。PZT 和 PVDF 压电材料的性质列在表 7-3 中，PVDF-PWAS 从 Measurement Specialties 传感器部生产的压电薄膜片中切出。实验同时使用了一个常规电阻应变片。四个传感器都被布置在距离悬臂梁根部相同距离的位置上，两个在悬臂梁上表面，两个在下表面，如图 7-7b、c 所示。一台四通道 Tektronix TDS5034B 示波器用于记录传感器输出信号。应变片通过 Vishay 应变仪连接在通道 1（CH1）上，其他三个 PWAS 直接连在示波器的通道 CH2、CH3、CH4。

(b) PVDF-PWAS

(c) PZT-PWAS和应变片

(a) 实验装置

图 7-7 悬臂梁上的传感器布置

表 7-3 PZT 与 PVDF 的性质与 BaTiO₃ 比较

性质	单位	PZT	BaTiO₃	PVDF
密度	10^3 kg/m³	7.5	5.7	1.78
相对介电常数 $\varepsilon/\varepsilon_0$	/	1200	1700	12
d_{31}	10^{-12} C/N	110	78	23
g_{31}	10^{-3} Vm/N	10	5	216
k_{31}	%at 1 kHz	30	21	12
声阻抗	10^6 kg/(m²·s)	30	30	27

实验中，悬臂梁自由端下移约 10mm，然后突然释放使其自由振动，图 7-8 给出了示波器在实验中采集到的信号波形。图 7-9 所示是对所采集信号进行傅里叶变换后所得到的悬臂梁固有频率 $f_1^{\mathrm{exp}} = 29.7\,\mathrm{Hz}$、$f_2^{\mathrm{exp}} = 181\,\mathrm{Hz}$、$f_3^{\mathrm{exp}} = 501\,\mathrm{Hz}$。分析图 7-8 和图 7-9 可以发现，PZT-PWAS 得到的电压最大，但对高频成分响应不明显。PVDF-PWAS 的高频响应更好，如图 7-9 所示，但电压较低。电阻应变片只对低频有响应。传感器测出的频率和波峰幅值的具体数据列在表 7-4 中。

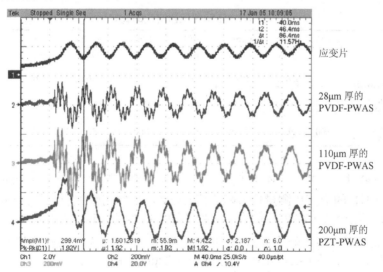

图 7-8 应变片、PVDF-PWAS 和 PZT-PWAS 记录的振动信号

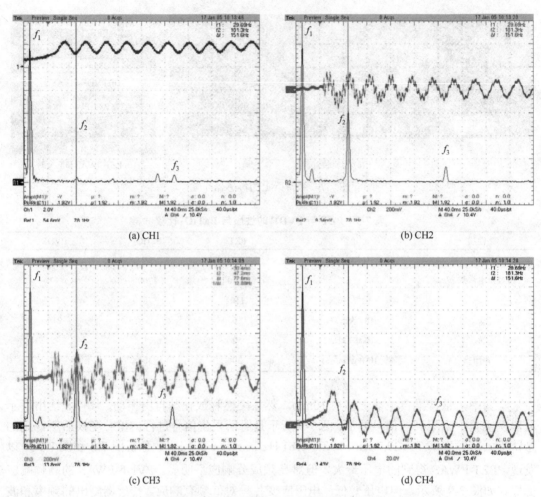

图 7-9　传感器所记录的振动信号和幅值谱（傅里叶变换）

表 7-4　不同传感器响应的比较

通道	传感器	V_{pp}/V	f_1/Hz	A_1/mV	f_1/Hz	A_2/mV	A_2/A_1/%	f_3/Hz	A_3/mV	A_3/A_1/%
CH1	应变片	1.320	29.69	327.40	182.8	12	3.66	509.4	20	6.10
CH2	28μm PVDF-PWAS	0.332	29.69	55.64	181.3	28.75	51.67	501.6	6.16	11.07
CH3	110μm PVDF-PWAS	0.508	29.69	82.50	181.3	45.65	55.33	501.6	11	13.33
CH4	200μm PZT-PWAS	30.800	29.69	8568	181.3	800	9.337	502.5	100	0.44

根据 Vishay P3 应变仪的标定常数（0～2.5V 对应应变为 –320～+320με ）和如图 7-8 所示的通道 CH1 的应变片测量信号峰峰值 1.32V，可知实验中所测得振动应变的峰峰值大约是 338με。结合式（7-72），假设示波器的输入电容是 3nF，使用振动应变峰峰值可以给出 PWAS 传感器产生的峰峰值信号，预测值列在表 7-5 中并与实验值相比较。预测值与实际值一致性较好的是 PZT-PWAS 和较薄的（28μm）PVDF-PWAS，较厚的（110μm）PVDF-PWAS 的预测值与实验值的一致性较差。

表 7-5　PWAS 响应的比较

	PZT-PWAS/V	110μmPVDF-PWAS/V	28μmPVDF-PWAS/V
理论值	30.00	0.361	0.346
实验值	30.80	0.508	0.332
相对误差/%	2.67	40.700	−4.040

7.6　基于 PWAS 的波传感

通过长杆试件中由轴向冲击所产生的轴向波来研究 PWAS 对应变波的传感能力，实验设置的原理示意图如图 7-10 所示。

长 $L = 2.5\text{m}$（98in）、直径 $D = 6.35\text{mm}$（0.25in）、用 6061-T6 铝合金制成的长杆用细尼龙线悬挂于三个位置，使其处于自由无约束状态。采用直径为 16mm 的钢球冲击杆的一端，钢球作用在杆的轴线方向，产生轴向波，轴向波在杆的首尾两端来回多次反射。杆上贴有一个 BLH 半导体应变片和三个 PWAS，BLH 半导体应变片灵敏度高，动态响应好，将其安装在距离杆左端 58.4mm（20in）的位置。PWAS 是从 Measurement Specialties 传感器部生产的三种不同厚度压电薄膜片（28μm、52μm、110μm）中切出的边长为 7mm 正方形 PVDF，PVDF-PWAS 安装在距离杆右端 50.8mm（20in）的位置。BLH 应变片通过信号调节器连接在示波器的通道 1（CH1）上，PVDF-PWAS 被直接连在通道 CH2、CH3、CH4 上。

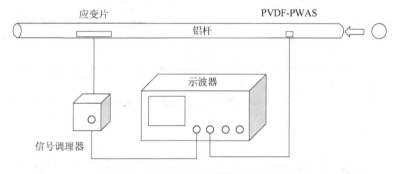

图 7-10　杆冲击波传播实验的实验设置

图 7-11 所示是应变波在杆内的传播过程。当钢球在时间 T_0 冲击杆时，会在杆内产生从右向左传播的压力波，压力波到达 PVDF-PWAS 的时间是 T_1，然后在时间 T_1' 到达 BLH 应变片。当压力波传播到杆左自由端处时发生应力反转，并作为张力波反射，因此从杆右端传递到左端的压力波将会在杆件左端反射回张力波，并开始向杆右端传播。张力波在时间 T_2' 到达 BLH 应变片，然后在时间 T_2 到达 PVDT-PWAS。张力波将会在杆的右自由端处发生应力反转从而又作为压力波反射，从杆右端传到左端。两个相邻正或负脉冲的传播距离是 $2L$，L 是杆长度。

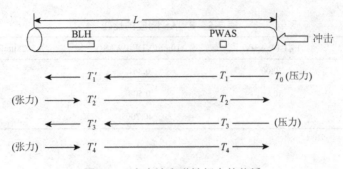

图 7-11　应力波在弹性杆中的传播

图 7-12 所示是 BLH 应变片和 PVDF-PWAS 记录的信号，每隔 200μs 的时间记录设置使得示波器可以显示波脉冲的多次传递周期，有三个明显特征：①压力峰值（T_1，T_1'，T_3，T_3'）；②拉力峰值（T_2，T_2'，T_4，T_4'）；③波沿杆长度传播且未达传感器时的无信号区间。压力波在 PWAS 上产生正波峰（例如 T_1），但在 BLH 应变片上产生负波峰（例如 T_1'）。应变片上的负波峰是正确的，因为压力波在杆上产生负应力和应变。PWAS 上的正波峰也是正确的，因为式（7-70）中压电常数 d_{31} 是负的。脉冲在杆中来回传播的速度可以根据各个峰间的传播时间估算，实验得到的波速为 $c_{\mathrm{exp}} = 4860\mathrm{m/s}$，6061 杆材的弹性模量是 $E = 69\mathrm{GPa}$，密度是 $\rho = 2700\mathrm{kg/m}^3$，因此理论波速 $c = \sqrt{E/\rho} = 5055\mathrm{m/s}$，与理论波速相比，3.8%的相对误差是合理的。

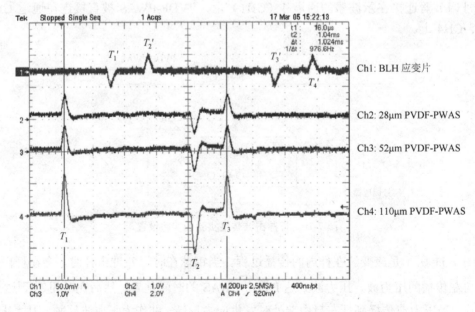

图 7-12　传感器记录的自由边界条件下杆的冲击响应

如图 7-13 所示是每隔 20μs 设置下记录到的数据，可以获得初始脉冲的更多细节。可以观察到，厚度较大的 PWAS 有更大的内部导纳，因此产生的信号更强（CH4 在 2V/div，而 CH2 在 1V/div，并且幅值更小）。

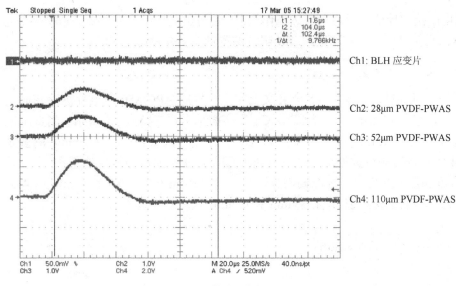

图 7-13　传感器记录的冲击响应

7.7　PWAS 的安装与质量检查

在 SHM 过程中，PWAS 的正确安装是获得质量高、一致性好的测量结果的关键，有两方面很重要：①用于 PWAS 制造的压电陶瓷片的一致性；②在 PWAS 安装过程中将 PWAS 较好地粘贴在被监测结构上。

7.7.1　PWAS 制造中压电陶瓷片的筛查

选用 American Piezo Ceramics 公司一批 25 个 APC850 晶片（该晶片是边长 7mm 的正方形，厚 0.2mm，上下两个表面各镀有银制电极）用于实验测量和统计评估。首先了解厂家所给出的晶片力学和电学参数，然后开展测试，基本 APC850 PZT 材料参数列在表 7-1 中。

表 7-6 是厂家在其网站上给出的晶片几何公差情况，其他参数的误差范围是：谐振频率 ±5%，电容 ±20%，d_{33} 常数 ±20%。

表 7-6　生产厂家 APC 公司（www.americanpiezo.com）给出的压电晶片制造公差

尺寸	值	标准公差
晶片长度或宽度	<13 mm	±0.13 mm
各部分厚度	0.20～0.49 mm	±0.025 mm

为了研究其质量，选取如下指标进行测量：①几何尺寸；②电容；③机电阻抗和导纳谱。

首先测量晶片几何尺寸，当其分散性小且误差在接受范围内时，有助于建立研究者的信心。电容用于检查生产过程中材料的电气一致性，这是一个很重要的指标，但也容易忽略。机电阻抗和导纳谱的测量虽然工作量大，但更加具有综合性并能获取更多信息。本节主要讨论几何尺寸和电容测量，E/M 阻抗的测量在第 9 章讨论。

（1）几何尺寸测量

采用一批高精度仪器对 25 个名义上完全一样的 APC-850 压电片进行几何尺寸的测量，其中，采用 Mitutoyo 公司 CD 6″ CS 数字游标卡尺（精度 0.01mm）测量压电片的长度和宽度，采用 Mitutoyo 公司 MCD1″ CE 数字千分尺（精度 0.001mm）测量厚度。如图 7-14 所示，对测得数据进行统计分析发现，这些数据遵循较好的正态（高斯）分布。长度/宽度和厚度的均值与标准偏差分别是 6.9478 mm ± 0.5% 和 0.2239 mm ± 1.4%，长度/宽度和厚度各自的标称值分别是 7mm 和 0.2mm。

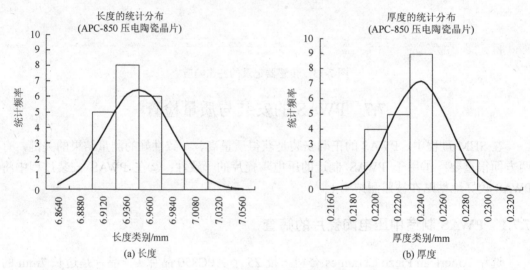

图 7-14　几何尺寸的概率分布

（2）电容测量

电容测量采用的是分辨率为 1pF 的 BK Precision® Tool Kit™ 27040 数字表进行测量，直接将 PWAS 放置在金属支撑平板上，负极探针连接金属平板，正极探针放置在 PWAS 的上表面电极。当测量仪器读数稳定在某个值时，记录读数，至少记录 6 次读数并取平均值作为最终测量结果，优化此过程，直到获得稳定读数。如图 7-15 所示，统计测量结果，可以得到电容为 $C = 3.276\text{nF} \pm 3.8\%$。

7.7.2　PWAS 安装指南

健康监测过程中很重要的环节是在结构上安装传感器，该环节对结构健康监测结果影响很大，找到可靠和重复性好的 PWAS 安装方法对获得一致的监测结果非常关键。

（1）胶

PWAS 安装过程中，胶对 PWAS 在结构上的粘贴发挥决定作用，胶层厚度和刚度显

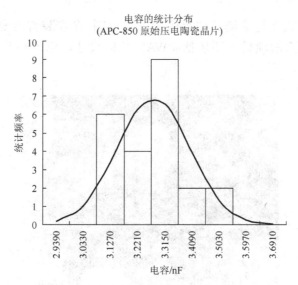

图 7-15　APC-850 压电晶片电容的统计分布（均值=3.276nF，STD=±3.8%）

著影响 PWAS 对结构进行激励和获得结构信息的能力。氰基丙烯酸酯（例如 Vishay Micro-Measurements Group 公司的 M-Bond 200[2]）等快干胶使用方便且非常适用于短期实验，但是其性能可能会随着环境暴露时间的延长而退化。如果需要长期暴露在环境中，其他类型的胶（例如环氧树脂胶 AE-10，AE-15[2]）更加适合。

环氧树脂胶 M-Bond AE-10 是 100%固体环氧胶，具有两种组分，为了获得这种胶的最佳性能，需要仔细阅读厂家提供的说明书并按说明进行操作。说明书 B-137 条指出，在+75℉（+24℃）时，固化时间为 6h 可以获得 6%的使用寿命延长，该温度下固化时间延长到 24～48h，则可以获得大约 10%的使用寿命延长。为了充分混合两种组分，在有刻度的容器中准确加入 10 单位 10 号固化剂，然后把这些固化剂添加到有 AE 树脂的广口瓶中，使用塑料棒搅拌并充分混合 5min，混合后胶的可用时间是 15～20min，使用后将容器丢弃。

研究人员提出使用导电环氧树脂胶。ITW Chemtronics 公司的电路用导电环氧树脂有两个组分：A 和 B。导电环氧树脂胶的表面处理和常规的环氧树脂胶相同，清理干净粘贴位置表面后，混合等量的"A"部分和"B"部分，至少充分混合 2min，并且在充分混合后 5min 之内用于已清理干净的结构表面，在高于+75℉或室温下 4h 便可以固化。为了加快固化时间，同时获得最大的导电性和附着性，可以加热粘接处至 150～250℉，持续 10min，之后使其自然冷却。高频应用时，胶层的导电性要求不是必需的，因为 PWAS 和结构的耦合是电容性而不是电阻性，薄的胶层厚度应该只产生很小的伴随电容，对 PWAS 和结构间的相互作用不会产生显著的影响。

（2）表面处理和 PWAS 的安装

如图 7-16 所示，采用标准的应变片安装工具包及其安装流程[2]，PWAS 的安装步骤与应变片的安装步骤类似，仅考虑构成 PWAS 的压电材料刚度和脆性，修改部分步骤[2]。这些调整包括传感器的拿取、清洁和固化时按压力度的要求[3]。图 7-17

给出了将 PWAS 粘接在待监测结构上的步骤流程图。在安装前需要对所选取的 PWAS 进行质量检查，检查的项目主要包括 PWAS 几何尺寸、电容和动态特性（E/M 导纳或阻抗谱）的测量。

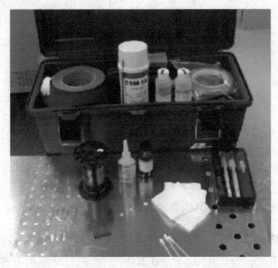

图 7-16　Vishay Micro-Measurements 公司的应变仪安装工具包和相应的安装程序

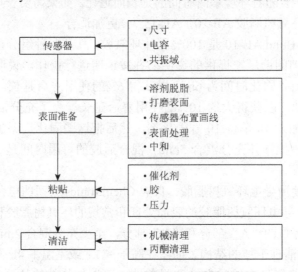

图 7-17　PWAS 传感器安装步骤的流程图

　　为了确保 PWAS 准确地安装在结构上，需要对结构表面进行适当的处理。用 CSM-1 脱脂剂除去结构表面的油渍、有机污染物等，接着打磨结构表面去除涂层、油漆、碎屑、氧化物等，该过程需要根据结构表面粗糙度的不同选择合适的水磨砂纸进行打磨。很多情况下，需要划线来标出 PWAS 的布置位置和方向。对于传统应变片，本章参考文献[2]建议结构表面上的参考线或者划线应该能在结构表面擦除，而不应留下痕迹，本文采用和应变片相同的划线方法来安装 PWAS。金属试件利用画图铅笔便可以获得较好的划线。

　　结构表面的处理采用 A 型调节剂和棉签或者纱布进行[2]。表面处理的最后一步是使用中和剂处理结构表面，为 M-Bond 200 提供最合适的碱性环境。此时将 5A 型 M-Prep 中和剂涂在结构表面，使用棉签擦洗，最后采用海绵纱布把结构粘贴传感器部位表面擦干[2]。

在 PWAS 粘接过程中，要特别注意 PWAS 的拿取，因为压电陶瓷材料较脆、易碎，如果粘接前拿取不当，很容易损坏（一旦粘接在结构上，PWAS 将具有较好的韧性），需要特别注意尺寸大于 10mm 的 PWAS 取放。建议 PWAS 一直存放在泡沫存放装置中，直到需要时再取出粘贴在结构上，同时建议使用取放胶带。

氰基丙烯酸酯型 M-Bond 200 胶使用时需要催化剂，催化剂要被均匀涂在传感器与结构粘贴表面上。当催化剂涂层变干后（通常需要 1～5min），在划线设计好的粘贴位置上滴一滴 M-Bond 200 胶，使用棉签对齐事先画好的划线，调整传感器并粘贴在结构上，这个过程应该在滴完胶之后很快完成。当传感器对齐划线后，用一层薄薄的（2～5mm）橡胶膜隔开传感器和压在其上的力钳，力钳提供合适的压力确保传感器可以较好地粘接在结构上并在结构和传感器间形成薄胶层。对于金属试件，氰基丙烯酸酯胶层远小于 PWAS 自身厚度，故而胶层影响在分析过程中可以忽略。据观察，室温下传感器和结构达到充分粘接大约需要持续固化 3h，更好的粘接固化效果出现在 24h 之后。

安装完传感器后，溢出胶可用精细的机械工具去除，也可以使用化学方法，如丙酮等去除。使用丙酮清洗时需要格外注意防止丙酮泄漏到传感器边缘，这可能导致传感器脱胶。

（3）安装后的质量检查与 PWAS 自诊断

传感器安装完成后，对照自由状态下 PWAS 的电容，应该再次测量传感器电容并检查与安装前是否一致。PWAS 的上部电极与金属衬底结构间的绝缘性也应该用电导率仪进行检查。如果电导或电容中有一个不对，胶的溢出可能是罪魁祸首，此时应该小心擦除溢出的胶并重复检查电容，直到与原来记录的一致为止。如果不能达到上述要求，此时安装的 PWAS 应该移除，然后重复前面的安装顺序重新安装一个新的 PWAS。

在健康监测和损伤诊断系统中，粘贴或者嵌入结构的 PWAS 对系统能否达到预期作用扮演着重要角色，传感器的完整性和传感器与结构交界面的一致性是实验能否成功的关键因素。通常希望 PWAS 一旦放置或嵌入到结构上，其性能在整个健康监测过程中保持一致。对于真实结构，结构健康监测过程将持续很长时间甚至可以跨越数年，在此期间将出现不同的工作条件和加载情况，因此 PWAS 必须拥有现场自我诊断的能力。PWAS 应该定期扫描来确定自身的完整性，同时也应该在任何损伤诊断周期之前进行自我检查。为了确保结构健康监测过程按预期进展，采用 PWAS 自我诊断方法来评估传感器的完整性是必要的。对于 PWAS，自我诊断方法可以轻松地通过 E/M 技术来实现，这种自我诊断方法的工作方式如下。

前期的初步实验已表明，阻抗的电抗部分（虚部，ImZ）是表征传感器完整性的一个好指标。实际上 PWAS 主要是电容性器件，其阻抗主要由电抗部分构成，即 $1/i\omega C$。在结构健康监测开始前所记录的 PWAS 参数可以作为基准与现在的读数进行对比，并据此确定 PWAS 是否有缺陷，在对比过程中使用 PWAS 复数阻抗的虚部 $1/i\omega C$。图 7-18 对比了完好粘贴的 PWAS 和脱黏状态下 PWAS 的 ImZ 谱，对于脱黏 PWAS，ImZ 谱上出现了自由振动响应，同时与结构耦合的共振响应消失征，这些明显特征可用于 PWAS 的自诊断。

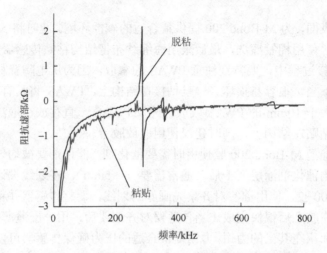

图 7-18 当 PWAS 脱黏时在 267kHz 附近出现新的自由振动响应

7.8 PWAS 的耐久性和存活能力

很多研究已经对 PWAS 在环境因素影响、大应变和疲劳周期载荷下的耐久性与存活能力进行了评估，本节介绍部分研究成果。本文采用下述方式研究 PWAS 的耐久性和存活能力：温箱中温度循环变化、室外暴露在大气环境中（日晒、雨淋、湿度、冷冻溶解等）、置于水和维护液中（液压油或润滑油脂）。研究自由 PWAS 和粘贴在铝合金板上的 PWAS，采用机电阻抗（E/M）方法研究 PWAS 的性能，该方法详见第 9 章。对于自由 PWAS，E/M 阻抗的实部代表其自由振动谱，对于已经粘贴的 PWAS，E/M 阻抗的实部直接反映了 PWAS 粘贴位置点的振动谱。

7.8.1 温度循环的影响

温度循环测试时，自由和粘贴在结构上的 PWAS 均放置在温箱中，并暴露在 100～175℉变化的温度环境中。如图 7-19b 所示，温度循环变化过程从 100℉缓慢上升到 175℉，然后在 175℉处停留 5min，再从 175℉缓慢下降到 100℉，在 100℉处停留 5min。实验初期的数据表现出一段 "趋于平稳" 的现象，即在前几个周期内部分幅值会下降，随后变化逐步减小。总共进行了 1700 个周期的实验，如图 7-20 所示，自由 PWAS 经历温箱中 1700 个温度循环后，E/M 阻抗谱没有明显的变化。粘贴在结构上的 PWAS 在温箱中仅在 1400 个周期内保持 E/M 阻抗谱不发生明显变化。1500～1600 个循环后，阻抗谱出现了微小改变，1700个循环后，阻抗谱出现了明显改变，这是因为 PWAS 与结构的粘贴已经失效，更进一步利用原子 350 声学扫描显微镜[1]研究表明，PWAS 和基底已经分离了。因此可以得出结论，失效不是因为压电材料的失效，而是由于 PWAS 和基底间分离引起，这种失效是 PWAS 和基底间不断重复的热膨胀差异所造成。

---

1 该实验是和 Cincinnati 大学的 Peter Nagy 教授合作完成，Peter Nagy 教授的实验室拥有声学扫描显微镜。

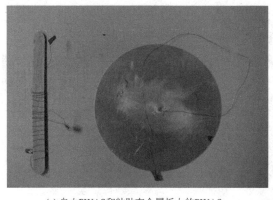

(a) 自由PWAS和粘贴在金属板上的PWAS

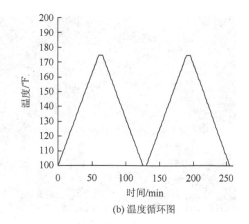

(b) 温度循环图

图 7-19　两种不同状态的 PWAS 和温度循环图

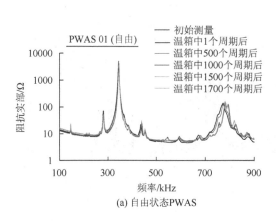

(a) 自由状态PWAS

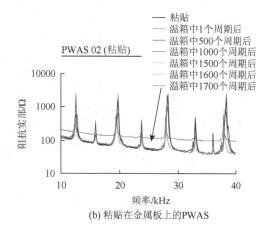

(b) 粘贴在金属板上的PWAS

图 7-20　PWAS 暴露在温度循环中的 E/M 阻抗谱（后附彩图）

7.8.2　室外环境影响

在这项研究中，如图 7-21a 所示，自由 PWAS 和粘贴在结构上的 PWAS 被暴露在室外环境长达数年，实验针对几种胶和保护涂层进行考察，列在表 7-7 中，所测量的是 E/M 阻抗谱。实验初期数据出现了一段"趋于平稳"的现象，即在前几个周期内，部分信号幅值会下降，随后变化逐步减小，自此之后，E/M 阻抗谱在测量过程中基本保持一致。如图 7-21b 所示，测试持续超过 70 周，其间对 PWAS 导线接头有过细小的维修。除了样品 PWAS-22，PWAS 的 E/M 阻抗谱没有发现明显变化，样品使用了氰基丙烯酸树脂快干胶，而且没有保护涂层。PWAS-22 样品的 E/M 阻抗谱的演变过程如图 7-21c 所示，第 42 周前没有记录到明显变化，51 周时可以观察到微小改变，主峰值下降了一点，而且可以发现更多的小峰，54 周时可以观察到更多改变，63 周时可以观察到明显的变化，主峰下降很多，更多的小峰出现。在光学显微镜下，压电陶瓷制成的 PWAS 上可以看到一条裂纹，位于 PWAS 对角线的右下角，这个现象或许可以用来解释其 E/M 阻抗谱的变化。

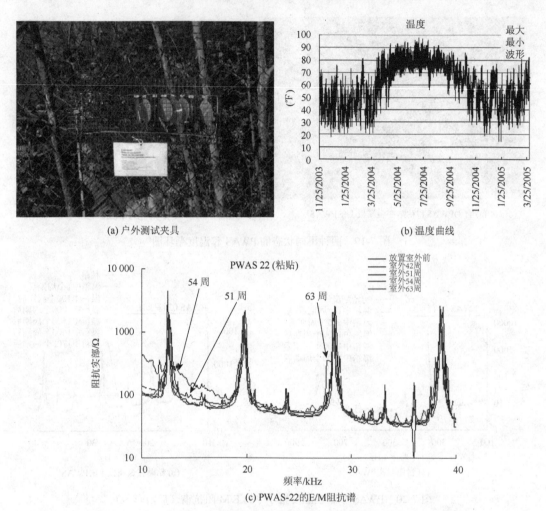

(a) 户外测试夹具　　　　　　　　　　(b) 温度曲线

(c) PWAS-22的E/M阻抗谱

图 7-21　　PWAS 在室外环境中的测试

表 7-7　　将 PWAS 安装在圆板试样上进行环境测试

保护层	加催化剂的 M-Bond200	M-BondAE-10 环氧树脂胶
无保护层	PWAS-22	PWAS-33
M-Coat A-聚氨酯	PWAS-23	PWAS-34
M-Coat C-硅胶	PWAS-27	PWAS-35
M-Coat D-腈纶	PWAS-28	PWAS-36

7.8.3　液体浸泡影响

对 PWAS 进行液体浸泡测试的目的是确定 PWAS 浸泡在水或者不同维护液中其性能如何变化。用于这次实验中的样品是自由状态下直径 5mm 的 PWAS，厂家已经在上面焊接了两根导线。如图 7-22 所示，PWAS 试样浸泡在装有液体的塑料杯中，用于浸泡测试的液体类型有：①蒸馏水；②盐溶液；③MIL-PRF-83282 合成碳氢化合物液压油；④MIL-PRF-87257 合成碳氢化合物液压油；⑤MIL-PRF-5606 矿物质液压油；⑥MIL-PRF-7808 L 涡轮发动机合成航空润滑油（3 级）；⑥煤油。

(a) 测试容器　　　　　(b)直径5mm的
PWAS样品

图 7-22 PWAS 浸液测试

测试超过 425 天（60 周），除了浸泡在盐溶液中的试件，其他试件的 E/M 阻抗谱都没有观察到明显变化。浸泡在盐溶液中的 PWAS 仅仅完好保存了 85 天左右（15 周），浸泡到第 85 天所获取的 E/M 阻抗谱明显不同于先前，PWAS 的失效原因是导线焊接点的脱落，因为盐溶液具有腐蚀性。

在另一个测试中[4]，PWAS 粘贴在铝板上，然后将其暴露在由腐蚀电池和浓度为 3.5% 的 NaCl 溶液构成的腐蚀环境中进行电化学腐蚀，实验共使用了两个样品，其中一个未受保护，另一个覆盖有陶瓷保护涂料，在 8 个腐蚀周期后都没有发现阻抗谱有明显改变。

7.8.4 大应变和周期疲劳载荷

本节探讨 PWAS 在大应变和疲劳周期载荷条件下的表现。

在大应变实验中使用了如图 7-23a 所示的试件，试件由厚度 1mm 的 2014 T3 铝板制成。实验中对试件施加拉力，并进行应变控制，共使用了两个试件，第一个被加载到 500 微应变，另一个被加载到失效。每隔 200 个微应变测量一次，在零应变时记录的阻抗作为基准，记录阻抗值直至 PWAS 开始失效。当加载到 3000 个微应变时，所记录的 PWAS 值（阻抗值）开始出现微小的变化，如图 7-24a 所示，加载到 6000 个微应变后，E/M 阻抗的变化非常大。最后在拉伸到大约 7200 微应变时，PWAS 失效，如图 7-24b 所示，PWAS 的失效形式是出现横向裂纹。

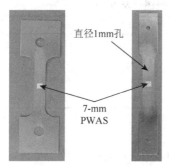

(a) 大应变测试试件 (b) 疲劳周期载荷测试试件　　　　(c) 实验装置

图 7-23 大应变和疲劳周期载荷测试

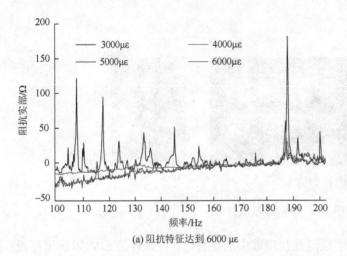

(a) 阻抗特征达到 6000 με

(b) 在 7200 με 时 PWAS 裂纹的微观图像

图 7-24　大应变测试（后附彩图）

在疲劳周期载荷实验中使用了如图 7-23b 所示试件，试件由厚度 1mm 的 2024 T3 铝板制成。用 M-Bond 200 氰基丙烯酸盐胶将边长 7mm 的正方形 PWAS 粘贴在试件上，

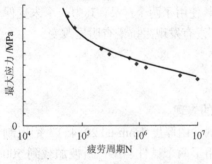

图 7-25　PWAS 疲劳测试中所确定的 S-N 曲线

在试件上钻一个 1mm 直径的孔作为应力集中点并定位疲劳损伤。使用表 7-8 中所列的 5 个试件，对试件加载疲劳循环载荷，调节平均载荷和幅值，使铝基底在 10 万～1000 万次循环的各种循环周期数下发生失效，如图 7-25 和表 7-8 所示。在测试开始时及预先设定的循环间隔处获得基准阻抗值，测量阻抗时，周期加载测试停止，但依然保持平均载荷。在开始的 30000～40000 周期中，PWAS 阻抗出现平稳细微的变化，超过这些周期后，PWAS 阻抗几乎不变，直到金属试件最终在疲劳周期载荷下损坏。

试件失效总是发生在直径 1mm 的应力集中孔处，在所有金属试件的疲劳失效中，PWAS 都没有发生损坏。

表 7-8　PWAS 疲劳测试样品概述（R=0.1）

	PWAS-F1	PWAS-F2	PWAS-F3	PWAS-F4	PWAS-F5
最大载荷	2140N	1560N	1335N	1156N	1067N
最小载荷	210N	156N	134N	116N	107N
平均载荷	1157N	858N	734N	636N	587N
样品失效循环数	178kc	670kc	1.3Mc	6.25Mc	12.2Mc

7.9　PWAS 在 SHM 中的典型应用

PWAS 不同于传统超声传感器，因为：①PWAS 通过胶接和结构紧密耦合，但常规超声传感器只能通过凝胶、水或者空气与结构松散地耦合；②PWAS 是非谐振器件，可以选择调谐出不同导波模式，但传统超声传感器是单一谐振器；③PWAS 很小，很轻，且不贵，可以大量布置在结构上，传统超声传感器则无法实现，因为体积较大并且比较贵。

　　在薄壁结构中激发 Lamb 波可以检测出结构的异常现象，例如裂纹、腐蚀、分层和其他损伤。

　　对于在结构中传播的导波（Lamb 波），PWAS 既可以作为驱动器，又可以作为传感器。通过电信号激励，PWAS 可以在薄壁结构中激发出 Lamb 波，所激发的 Lamb 波在结构中传播并在结构的边界、不连续处、损伤处等发生反射或散射，反射或者散射后的 Lamb 波被 PWAS 接收并被转换成电信号。

　　利用 PWAS 可以实现：①高带宽应力和应变传感器；②高带宽波发生器和接收器；③共振器；④利用机电（E/M）阻抗方法实现的嵌入式模态传感器。根据应用类型，PWAS 可以：①使用脉冲回波法、一发一收法和相控阵法主动检测远场损伤；②使用高频 E/M 阻抗法和厚度测量模式主动感知近场损伤；③通过检测低速冲击和裂纹尖端扩展的声发射被动检测损伤发生，如图 7-26 所示。PWAS 和传统超声探头相比最主要的优势在于尺寸小、质量轻、外形不突出和价格低，尽管 PWAS 尺寸很小，但 PWAS 能够代替很多传统超声探头功能。

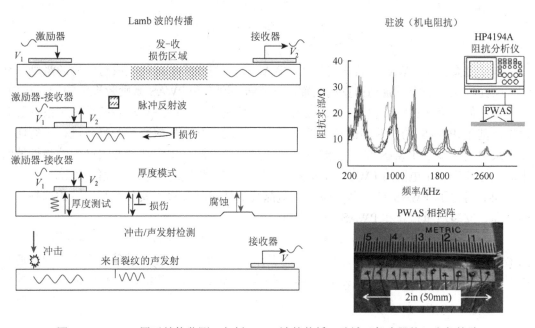

图 7-26　PWAS 用于结构监测，包括 Lamb 波的传播、驻波（机电阻抗）和相控阵

　　作为高带宽应力应变传感器，PWAS 可以直接将机械能转换为电能，转换常数近乎与信号频率呈线性关系，在 kHz 传感范围内，信号的幅度可以轻易达到几百个 mV 数量级。传感过程不需要调节放大器装置，可以直接将 PWAS 连接到高阻抗测量设备上，如数字示波器。

　　作为高带宽波发生器，PWAS 直接将电能转化为机械能，因此可以在基底结构中引入振动和波动。作为嵌入式波动、振动发生器，PWAS 工作表现良好，高频波动和振动可以仅在 10V 的低电压下被轻易地激发，这种传感和激励的双重特性很匹配其"主动传感器"的名称。

作为共振器，PWAS 可以在电激励下直接产生机械共振，因此仅仅利用 PWAS 和函数发生器这样的简单组合就能构建非常准确的频率标准。共振频率只取决于波速（这是一种材料常数）和几何尺寸，通过精细加工 PWAS 尺寸，可以得到准确的频率值。

作为嵌入式模态传感器，PWAS 可以直接测量其支撑结构的高频模态频谱，这是通过机电阻抗法得到的，通过测量 PWAS 端面机电阻抗实部的情况可以获得支撑结构的机械阻抗。该方法的高频特性已被验证可以在上百 kHz 以上实现，这是传统模态测试技术所不及的。所以 PWAS 是进行高频模态测量分析的首选。

以上 PWAS 的功能将在接下来的几章中进行阐述，本文将从基本共振方程开始，然后向其他功能逐一推进，如 Lamb 波的激发接收器（例如嵌入式超声传感器）和高频模态传感器。理论推导将以逐步推进的形式展开，并且介绍其中间步骤，以使读者能重复这些理论推导并且将其拓展到适合的他们自己的特定应用中。为了支撑这些理论推导并证明其预测，本书给出了实验结果。本书也给出了实验设置和所开展测量的详细介绍，其目的是为了给读者提供复现这些发现的条件，并且使其可以拓展这些理论来解决实际问题。

7.10 总　　结

本章主要介绍 PWAS。首先讨论了 PWAS 如何将激励电压转换成对结构的激励，介绍了所允许施加的极限激励和直流偏置，以及结构刚度和 PWAS 激励效果间的相互作用。讨论了如何使用 PWAS 进行应变和应力传感，分别针对准静态和动态条件两种条件展开讨论。基于 PWAS 的振动测试是在悬臂梁上给出的，与常规应变片的测量进行了对比。接下来讨论了基于 PWAS 的弹性波测量，通过实验检测杆中由端部冲击产生的弹性波给出，压电陶瓷和压电薄膜 PWAS 与传统应变片和半导体应变片进行了性能对比。

随后讨论了 PWAS 的安装，包括压电晶片的选取与筛查、安装准则、胶的选择、表面处理、安装质量检查和 PWAS 的自诊断。

本章最后研究了 PWAS 的耐久性和存活性，同时研究了自由 PWAS 和粘贴在结构上的 PWAS，分析了温度循环、户外环境、工作液、大应变、疲劳周期载荷等影响。通常情况下，PWAS 在测量中都能存活下来。分析了 PWAS 的失效情况，并讨论了可能的失效原因。

7.11　问题和练习

1. 考虑如下 PWAS：长度 $l = 7\text{mm}$，宽度 $b = 1.65\text{mm}$，厚度 $t = 0.2\text{mm}$，材料性质如表 7-1 所示。①求 PWAS 的自由电容 C；②计算施加应变 $s_1 = -1000\mu\varepsilon$ 时，用输入电容为 $C_e = 1\text{pF}$ 的测量仪器测得的 PWAS 两端电压 V；③当 $s_1 = -1000\mu\varepsilon$，画出仪器的输入电容分别是 $C_e = 0.1,\cdots,10\text{nF}$ 时测量电压的变化；（C_e 轴使用对数坐标）④画出应变变化

$s_1 = 0, \cdots, -1000\mu\varepsilon$ 时的电压变化；对于不同 C_e 值（0.1nF、1nF、10nF），画出 V vs S_1 的地毯图；⑤拓展到动态应变，计算动态应变幅值为 $\hat{S}_1 = 1000\mu\varepsilon$，频率为 $f = 1000\text{kHz}$ 时的电压 V 值（取 $C_e = 1\text{pF}$）。

2. 考虑如下 PWAS：长度 $l = 7\text{mm}$，宽度 $b = 1.65\text{mm}$，厚度 $t = 0.2\text{mm}$，材料性质如表 7-1 所示。①计算杨氏模量 Υ^E 的近似值，以 GPa 为单位。哪一种常见材料的杨氏模量与这个值相近？②施加电压 $V = 100\text{V}$ 时，计算电场 E_3。给出 E_3 单位是 kV/mm 时的表达式；③计算同时施加应力 $T_1 = -1\text{MPa}$ 和电压 $V = -100\text{V}$ 时的应变 S_1；④当 $T_1 = 0$、-2.5、-5、-7.5、-10MPa 时，在同一张图上，画出 S_1 随电压 V 的变化；⑤当 $V = 0$、25、50、75、100V 时，在同一张图中，给出 S_1 随应力 T_1 的变化。

参 考 文 献

第 8 章　PWAS 与被监测结构的耦合

8.1　引　言

PWAS 作为嵌入式超声传感器，既可作弹性波的激励器又可作传感器。PWAS 将其平面拉伸和压缩与结构表面弹性波的平面弹性应变相耦合。平面 PWAS 运动由施加的激励电压通过 d_{31} 压电效应激励。PWAS 作为超声传感器与传统超声波传感器有本质的不同。传统的超声波传感器通过发射脉冲波作用于结构，并施加振动压力于结构表面。PWAS 通过表面收缩或拉伸变形作用于结构，并与结构表面应变相耦合。由于 PWAS 粘贴于结构表面，则 PWAS 与结构之间的应变传递仅受胶层的剪切滞效应影响，相比于通过凝胶耦合的传统超声波传感器，这种方式的耦合使 PWAS 在传递和接收超声 Lamb 波和 Rayleigh 波方面，有更高的效率和测试一致性。长宽比较大的矩形 PWAS 可以产生单一方向的波，圆形 PWAS 可以产生全方向的波，且以圆形波阵面向外传播，如图 8-1 所示。全方向的波也可以由正方形 PWAS 产生，只是在 PWAS 附近，产生的波有一定程度的不规则，但在足够远处，由正方形 PWAS 和圆形 PWAS 产生的波几乎完全相同。

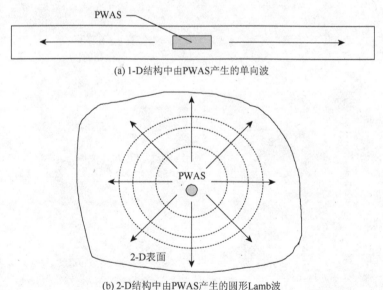

(a) 1-D结构中由PWAS产生的单向波

(b) 2-D结构中由PWAS产生的圆形Lamb波

图 8-1　结构中由 PWAS 产生的弹性波

本章分析表面粘贴的 PWAS 如何通过胶粘剂与结构耦合，并对 1-D 线性 PWAS 及 2-D 圆形 PWAS 进行剪切层分析，推导剪切滞分布的封闭解。本章还分别建立 1-D 和 2-D 情况下，用于简化分析的有效钉扎力模型和有效线力模型，由于剪切层内的传输损耗，通常会得到一个比实际 PWAS 尺寸小的有效 PWAS 尺寸。本章讨论理想粘贴条件下，即剪切层非常薄或非常硬时的情况。分析可知，在理想粘贴条件下，有效 PWAS 尺寸和实际 PWAS 尺寸相同，因此后面章节中会证明点力和线力近似值的有效性。

8.2　1-D 剪切层耦合分析

PWAS 和结构间的激励和传感是通过胶层传递的，胶层相当于剪切层，胶层中的力学效应通过剪切效应传递。

8.2.1　PWAS 和结构间的耦合

图 8-2 表示厚度为 t、单位宽度 $d=1$m、弹性模量为 E 的薄壁结构，其上表面贴有厚度为 t_a、弹性模量为 E_a 的 PWAS，胶层厚度为 t_b，剪切强度为 G_b。PWAS 的长为 l_a，长的一半记为 $a=l_a/2$，结构厚度的一半记为 $d=t/2$。注意，分析 Oxy 平面内有运动约束时，每单位宽度的情况，此假设对应于长度为 l_a 的无限宽条形 PWAS 贴于无限大结构的情况。平面应变影响可忽略，但也可以通过引入 $1-v^2$ 修正。此外还需注意，本文的分析中没有考虑 PWAS 端部出现的应力集中和应力奇异点影响，只关注 PWAS 和结构耦合的总体效应。

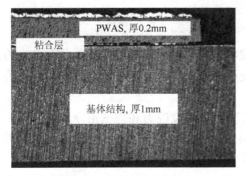
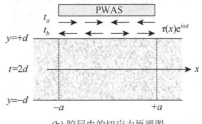

(a) 粘贴于1mm厚薄板上的PWAS的显微照片，其有一非常薄的胶层

(b) 胶层内的切应力原理图

图 8-2　PWAS 和结构间的相互作用

施加电压 V，PWAS 产生诱导应变 $\varepsilon_{\mathrm{ISA}}$，其表达式为

$$\varepsilon_{\mathrm{ISA}} = -d_{31}\frac{V}{t_a} \qquad (8\text{-}1)$$

诱导应变通过胶层内的切应力 τ 传递到结构。对于谐波变化的激励，切应力可表示为 $\tau(x,t) = \tau(x)\mathrm{e}^{i\omega t}$。

PWAS 的变形通过胶层传递到结构，胶层主要受剪切方向的力。由长度 $\mathrm{d}x$ 无限小的 PWAS、胶层和薄壁结构的自由体受力图可推出以下等式：

$$t_a\frac{\mathrm{d}\sigma_a}{\mathrm{d}x} - \tau = 0 \quad (\text{PWAS}) \qquad (8\text{-}2)$$

$$t\frac{\mathrm{d}\sigma}{\mathrm{d}x} + \alpha\tau = 0 \quad (\text{结构}) \qquad (8\text{-}3)$$

式（8-2）、式（8-3）的证明由对称和反对称分析结果叠加得到，见式（8-4）～式（8-16）。式（8-3）中的系数 α 取决于板厚度方向上的应力、应变和位移分布。在静态和低频动态条件下，可以利用与简单轴向和弯曲运动相关的常用假设，如：轴向运动时，沿厚度方向位移为常数，弯曲运动时，沿厚度方向位移线性变化，在这种假设下，$\alpha = 4$。对于高频运动，板厚度方向上的位移场形式较复杂，与 Lamb 波模式有关。本章只分析静态和低频动态条件，下面分析这种情况，并最终推导出式（8-3）中 $\alpha = 4$。施加于上表面的切应力 τ 分为对称和反对称成份：$(\tau/2, \tau/2)$ 和 $(\tau/2, -\tau/2)$，分别施加于上、下表面，如图 8-3 所示。

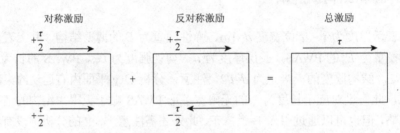

图 8-3　板厚度内的对称和不对称粒子运动

上表面：$\tau_S\big|_{y=d} + \tau_A\big|_{y=d} = \dfrac{\tau}{2} + \dfrac{\tau}{2} = \tau$，下表面：$\tau_S\big|_{y=-d} + \tau_A\big|_{y=-d} = \dfrac{\tau}{2} - \dfrac{\tau}{2} = 0$。

在静态和低频动态条件下，假设：①对称情况下，假设沿厚度方向为均匀的应力应变分布；②反对称情况下，假设沿厚度方向为线性的应力应变分布。

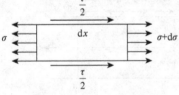

图 8-4　沿板厚度方向的
对称应力分布

对称情况下，假设应力和应变沿厚度方向为常数，如图 8-4 所示。这与纯轴向运动相一致。由于假设在厚度方向上应力是均匀的，则应力分布可以表示为

$$\sigma(y) = \sigma_S \qquad (8\text{-}4)$$

其中，σ_S 为板上表面应力值，下标 S 表示"对称（symmetric）"。

合力由沿厚度方向的应力积分得到，由于应力分布是对称的，则合力是每单位宽度的轴力：

$$N = \int_{-t/2}^{t/2} \sigma(y)\mathrm{d}y = \int_{-t/2}^{t/2} \sigma_S\mathrm{d}y = t\sigma_S \qquad (8\text{-}5)$$

平板表面 $\mathrm{d}x$ 长度上由切应力引起的力为

$$\mathrm{d}N_\tau = 2\frac{\tau}{2}\mathrm{d}x = \tau\mathrm{d}x \qquad (8\text{-}6)$$

因此，图 8-4 中微元的力平衡关系为

$$\not{N} + \mathrm{d}N + \mathrm{d}N_\tau - \not{N} = 0 \qquad (8\text{-}7)$$

将式（8-5）、式（8-6）代入式（8-7）并整理得

$$t\frac{\mathrm{d}\sigma_S}{\mathrm{d}x} + \tau = 0 \qquad (8\text{-}8)$$

式（8-8）可以改写为以下形式

$$t\frac{\mathrm{d}\sigma_{\mathrm{S}}}{\mathrm{d}x} + \alpha_{\mathrm{S}}\tau = 0 \qquad (8\text{-}9)$$

其中，$\alpha_{\mathrm{S}} = 1$。

反对称情况下，假设应力和应变沿厚度方向为线性变化，如图 8-5 所示，这与纯弯曲运动一致。由于假设在厚度方向上，应力是线性变化的，则应力分布可以表示为

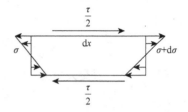

$$\sigma(y) = \frac{y}{t/2}\sigma_{\mathrm{A}} \qquad (8\text{-}10)$$

其中，σ_{A} 为上表面的应力值；下标 A 表示"反对称（antisymmetric）"。合力由沿厚度方向的应力积分得到。由于应力分布是反对称的，则合力是每单位宽度上的弯矩，即

图 8-5　沿板厚度方向反
对称应力分布

$$M = \int_{-t/2}^{t/2}\sigma(y)y\mathrm{d}y = \int_{-t/2}^{t/2}\frac{y}{t/2}\sigma_{\mathrm{A}}y\mathrm{d}y = \sigma_{\mathrm{A}}\frac{1}{t/2}\int_{-t/2}^{t/2}y^2\mathrm{d}y = \sigma_{\mathrm{A}}\frac{t^2}{6} \qquad (8\text{-}11)$$

平板上、下表面 $\mathrm{d}x$ 长度上由切应力引起的弯矩为

$$\mathrm{d}M_\tau = t\frac{\tau}{2}\mathrm{d}x \qquad (8\text{-}12)$$

因此，图 8-5 中微元的力平衡关系为

$$\cancel{M} + \mathrm{d}M + \mathrm{d}M_\tau - \cancel{M} = 0 \qquad (8\text{-}13)$$

将式（8-11）、式（8-12）代入式（8-13）得

$$\frac{t^2}{6}\mathrm{d}\sigma_{\mathrm{A}} + \tau\frac{t}{2}\mathrm{d}x = 0 \qquad (8\text{-}14)$$

化简上式得

$$t\frac{\mathrm{d}\sigma_{\mathrm{A}}}{\mathrm{d}x} + 3\tau = 0 \qquad (8\text{-}15)$$

式（8-15）可写为

$$t\frac{\mathrm{d}\sigma_{\mathrm{A}}}{\mathrm{d}x} + \alpha_{\mathrm{A}}\tau = 0 \qquad (8\text{-}16)$$

其中，$\alpha_{\mathrm{A}} = 3$。

8.2.2　剪切滞解

由 $\sigma = \sigma_{\mathrm{S}} + \sigma_{\mathrm{A}}$ 及 $\alpha = \alpha_{\mathrm{S}} + \alpha_{\mathrm{A}} = 4$，（Lamb 模式下，应力和应变分布更复杂，模式不同，则 α 值不同，且取决于频厚积。），剪切滞的解推导如下：

已知式（8-2）、式（8-3），即

$$t_a \sigma_a' - \tau = 0 \quad \text{(PWAS)} \tag{8-17}$$

$$t\sigma' + \alpha\tau = 0 \quad \text{(结构)} \tag{8-18}$$

PWAS、胶层和结构的应变位移方程分别为

$$\varepsilon_a = u_a' \quad \text{(PWAS)} \tag{8-19}$$

$$\gamma = \frac{u_a - u}{t_b} \quad \text{(胶层)} \tag{8-20}$$

$$\varepsilon = u' \quad \text{(结构)} \tag{8-21}$$

其中，应力应变关系为

$$\sigma_a = E_a (\varepsilon_a - \varepsilon_{\text{ISA}}) \quad \text{(PWAS)} \tag{8-22}$$

$$\tau = G_b \gamma \quad \text{(胶层)} \tag{8-23}$$

$$\sigma = E\varepsilon \quad \text{(结构)} \tag{8-24}$$

其中，诱导应变 ε_{ISA} 由式（8-1）给出。对式（8-22）、式（8-24）关于 x 求导，并代入式（8-17）、式（8-18）得

$$t_a E_a \varepsilon_a' - \tau = 0 \tag{8-25}$$

$$tE\varepsilon' + \alpha\tau = 0 \tag{8-26}$$

将式（8-19）、式（8-21）代入式（8-25）并整理可得

$$u_a'' = \frac{1}{E_a t_a} \tau \tag{8-27}$$

$$u'' = -\frac{\alpha}{Et} \tau \tag{8-28}$$

由式（8-27）减式（8-28）得

$$u_a'' - u'' = \left(\frac{1}{E_a t_a} + \frac{\alpha}{Et} \right) \tau \tag{8-29}$$

由式（8-23）减式（8-20）并整理可得

$$u_a - u = \frac{t_b}{G_b} \tau \tag{8-30}$$

将式（8-30）代入式（8-29）并整理可得

$$\tau'' - \frac{G_b}{E_a} \frac{1}{t_b t_a} \left(\frac{\alpha E_a t_a + Et}{Et} \right) \tau = 0 \tag{8-31}$$

记

$$\psi = \frac{Et}{E_a t_a} \quad \text{(相对刚度系数)} \tag{8-32}$$

$$\Gamma^2 = \frac{G_b}{E_a} \frac{1}{t_b t_a} \frac{\alpha + \psi}{\psi} \quad \text{(剪切滞参数)} \tag{8-33}$$

将式（8-32）、式（8-33）代入式（8-31）得剪切滞方程为

$$\tau''(x) - \Gamma^2 \tau(x) = 0 \tag{8-34}$$

式（8-34）的通解为 $\tau(x) = C_1 \sinh\Gamma x + C_2 \cosh\Gamma x$（本章参考文献[1]第 51 页）。但是，对称分量 $C_2 = 0$，因此，仅保留 $\sinh\Gamma x$ 项，写为

$$\tau(x) = C \sinh \Gamma x \tag{8-35}$$

常数 C 由 $x = \pm a$ 处的边界条件确定，即

$$\begin{cases} \sigma_a(\pm a) = 0 \\ \sigma(\pm a) = 0 \end{cases} \tag{8-36}$$

将式（8-22）、式（8-24）代入式（8-36）并整理可得

$$\begin{cases} \varepsilon_a(\pm a) = \varepsilon_{\text{ISA}} \\ \varepsilon(\pm a) = 0 \end{cases} \tag{8-37}$$

利用式（8-19）、式（8-21）可将式（8-37）表示的边界条件表示为由位移表示的形式，即

$$\begin{cases} u_a'(\pm a) = \varepsilon_{\text{ISA}} \\ u'(\pm a) = 0 \end{cases} \tag{8-38}$$

上式相减得

$$u_a'(\pm a) - u'(\pm a) = \varepsilon_{\text{ISA}} \tag{8-39}$$

对式（8-30）求导并代入式（8-39），整理可得由界面切应力 $\tau(x)$ 表示的边界条件，即

$$\tau'(\pm a) = \frac{G_b}{t_b}[u_a'(\pm a) - u'(\pm a)] = \frac{G_b}{t_b}\varepsilon_{\text{ISA}} \tag{8-40}$$

将式（8-35）代入式（8-40）可得

$$C\Gamma \cosh \Gamma a = \frac{G_b}{t_b}\varepsilon_{\text{ISA}} \tag{8-41}$$

解上式得

$$C = \frac{G_b}{t_b} \frac{1}{\Gamma \cosh \Gamma a} \varepsilon_{\text{ISA}} \tag{8-42}$$

将式（8-42）代入式（8-35）并利用式（8-33）还原 Crawley 和 deLuis 的解[2]，即

$$\tau(x) = \frac{G_b \varepsilon_{\text{ISA}} a}{t_b} \frac{\sinh \Gamma x}{\Gamma a \cosh \Gamma a} = \frac{t_a}{a} \frac{\psi}{\alpha + \psi} E_a \varepsilon_{\text{ISA}} \left(\Gamma a \frac{\sinh \Gamma x}{\cosh \Gamma a} \right) \tag{8-43}$$

式（8-35）、式（8-43）的剪切滞解可用于求解其他变量。例如，将式（8-35）代入式（8-27）可得 u_a 的微分方程，即

$$u_a'' = \frac{1}{E_a t_a} C \sinh \Gamma x \tag{8-44}$$

积分得

$$u_a(x) = B_0 + B_1 x + \frac{1}{E_a t_a} \frac{C}{\Gamma^2} \sinh \Gamma x \tag{8-45}$$

其中，C 由式（8-42）给出；对称分量 $B_0=0$；常数 B_1 由边界条件式（8-38）得到，即

$$u_a'(x) = B_1 + \frac{1}{E_a t_a}\frac{C}{\Gamma^2}\Gamma\cosh\Gamma a = \varepsilon_{\mathrm{ISA}} \tag{8-46}$$

将式（8-42）代入并求解式（8-46）得

$$B_1 = \varepsilon_{\mathrm{ISA}} - \frac{1}{E_a t_a}\frac{C}{\Gamma^2}\Gamma\cosh\Gamma a \tag{8-47}$$

将式（8-33）、式（8-42）代入式（8-47）得

$$B_1 = \varepsilon_{\mathrm{ISA}} - \frac{1}{E_a t_a}\frac{C}{\Gamma^2}\Gamma\cosh\Gamma a = \varepsilon_{\mathrm{ISA}} - \frac{1}{E_a t_a}\frac{1}{\Gamma^2}\frac{G_b}{t_b}\varepsilon_{\mathrm{ISA}} = \varepsilon_{\mathrm{ISA}} - \frac{\psi}{\alpha+\psi}\varepsilon_{\mathrm{ISA}} = \frac{\alpha}{\alpha+\psi}\varepsilon_{\mathrm{ISA}} \tag{8-48}$$

将式（8-48）代入（8-45）并利用式（8-33）、式（8-42）可得

$$u_a(x) = \frac{\alpha}{\alpha+\psi}\varepsilon_{\mathrm{ISA}}x + \frac{\psi}{\alpha+\psi}\frac{\sinh\Gamma x}{\Gamma\cosh\Gamma a}\varepsilon_{\mathrm{ISA}} = \frac{\alpha}{\alpha+\psi}\varepsilon_{\mathrm{ISA}}a\left(\frac{x}{a}+\frac{\psi}{\alpha}\frac{\sinh\Gamma x}{\Gamma a\cosh\Gamma a}\right) \tag{8-49}$$

式（8-49）对 x 求导可得 PWAS 的应变，即

$$\varepsilon_a(x) = u_a'(x) = \frac{\alpha}{\alpha+\psi}\varepsilon_{\mathrm{ISA}}a\left(\frac{1}{a}+\frac{\psi}{\alpha}\frac{\Gamma\cosh\Gamma x}{\Gamma a\cosh\Gamma a}\right) = \frac{\alpha}{\alpha+\psi}\varepsilon_{\mathrm{ISA}}\left(1+\frac{\psi}{\alpha}\frac{\cosh\Gamma x}{\cosh\Gamma a}\right) \tag{8-50}$$

同理可求其他未知参数，得

$$\varepsilon_a(x) = \frac{\alpha}{\alpha+\psi}\varepsilon_{\mathrm{ISA}}\left(1+\frac{\psi}{\alpha}\frac{\cosh\Gamma x}{\cosh\Gamma a}\right) \quad （\text{PWAS激励应变}） \tag{8-51}$$

$$\sigma_a(x) = -\frac{\psi}{\alpha+\psi}E_a\varepsilon_{\mathrm{ISA}}\left(1-\frac{\cosh\Gamma x}{\cosh\Gamma a}\right) \quad （\text{PWAS的应力}） \tag{8-52}$$

$$u_a(x) = \frac{\alpha}{\alpha+\psi}\varepsilon_{\mathrm{ISA}}a\left[\frac{x}{a}+\frac{\psi}{\alpha}\frac{\sinh\Gamma x}{(\Gamma a)\cosh\Gamma a}\right] \quad （\text{PWAS的位移}） \tag{8-53}$$

$$\tau(x) = \frac{t_a}{a}\frac{\psi}{\alpha+\psi}E_a\varepsilon_{\mathrm{ISA}}\left(\Gamma a\frac{\sinh\Gamma x}{\cosh\Gamma a}\right) \quad （\text{胶层界面切应力}） \tag{8-54}$$

$$\varepsilon(x) = \frac{\alpha}{\alpha+\psi}\varepsilon_{\mathrm{ISA}}\left(1-\frac{\cosh\Gamma x}{\cosh\Gamma a}\right) \quad （\text{结构表面的应变}） \tag{8-55}$$

$$\sigma(x) = \frac{\alpha}{\alpha+\psi}E\varepsilon_{\mathrm{ISA}}\left(1-\frac{\cosh\Gamma x}{\cosh\Gamma a}\right) \quad （\text{结构应力}） \tag{8-56}$$

$$u(x) = \frac{\alpha}{\alpha+\psi}\varepsilon_{\mathrm{ISA}}a\left[\frac{x}{a}-\frac{\sinh\Gamma x}{(\Gamma a)\cosh\Gamma a}\right] \quad （\text{结构表面的位移}） \tag{8-57}$$

上述等式适用于 $x\in[-a,\ +a]$。在 $[-a,\ +a]$ 区间外，应变和应力变量等于零，位移为常值。注意式（8-51）、式（8-52）表明 $\sigma_a \neq E_a\varepsilon_a$，这与式（8-22）一致。剪切滞参数对于确定 PWAS 尺寸上的 ε_a、ε、τ 的分布非常重要，即 $x\in[-a,\ +a]$ 范围内参数。PWAS 的影响通过胶层内的界面切应力传到结构。胶层内切应力较小时，PWAS 的应变逐步传递到结构，而切应力值较大时，应变传递很快。由于 PWAS 的端部无应力，则两端用应变代替，并且切应力越大，其变化越剧烈。当 Γa 值很大时，剪切传递过程主要集中于 PWAS 的两端。

举例说明上述等式，使用 APC-850 PWAS，E_a=63GPa，t_a=0.2mm，l_a=7mm，贴于铝制薄壁结构，结构的 E=70GPa，t=1mm。（也考虑 t=2mm 的情况。）利用不同厚度的氰基丙烯酸酯胶粘剂（G_b=2GPa）粘贴，胶层厚度分别为 t_b=1μm、10μm、100μm。材料 APC-850 的压电常数为 d_{31}=−175mm/kV。施加的电压为 10V。图 8-6a 表示结构和 PWAS 的应变分布，图 8-6b 表示切应力分布。Γa 的取值范围为 16～58。

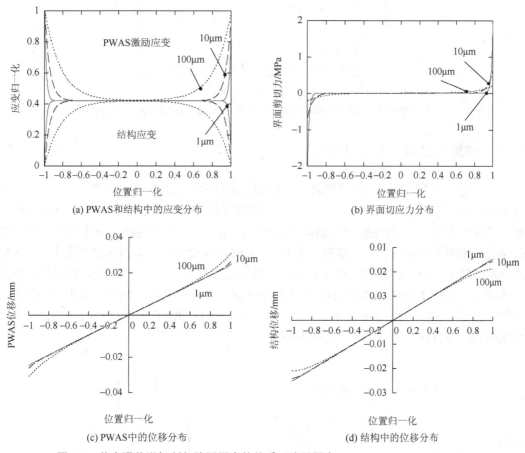

图 8-6   剪力滞传递机制与胶层厚度的关系（胶层厚度 t_b=1μm，10μm，100μm）

由图 8-6 可以看出，剪切滞参数对确定 PWAS 的跨度 $x\in[-a, +a]$ 内的 ε_a、ε、τ 分布有重要作用。PWAS 的影响通过胶层内的界面切应力传到结构。胶层内切应力较小时，PWAS 的应变逐步传递到结构，而切应力值较大时，应变传递很快。由于 PWAS 的端部无应力，则两端用应变代替，并且切应力越大，其应变变化越剧烈。由式（8-33）知，胶层较厚时，Γa 值较小，即在 PWAS 跨度内应力应变传递较慢，如图 8-6 中的 "100μm" 曲线所示，而胶层较薄时，应力应变传递较快，如图 8-6 中的 "1μm" 曲线所示，且基本集中于两端。

另一值得关注的方面是最大界面切应力。由图 8-6b 知，最大界面切应力发生在两端。需要注意的是，PWAS 两端的最大切应力值可能超过粘贴强度并导致失效。图 8-7 表示 PWAS 的厚度 t_a=0.2mm、激励电压为 10V 时，界面切应力和胶层厚度的关系。显然，最大界面切应力没有超过 2.5MPa，比胶层剪切强度约低一个数量级。

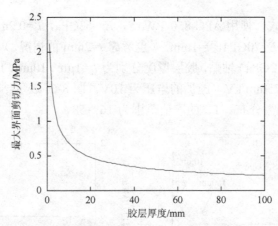

图 8-7　最大界面切应力与胶层厚度的关系：PWAS 的厚度 $t_a = 0.2mm$ ，所受激励为 10V 时

8.2.3　理想粘贴解：钉扎力模型

从上述章节中可知，胶层较厚时，在 PWAS 跨度内应力应变传递较慢，如图 8-6 中的 "100μm" 曲线所示。胶层较薄时，应力应变传递较快，如图 8-6 中的 "1μm" 曲线所示。剪切滞分析表明，Γa 随粘贴厚度的减小而增大，切应力的传递逐渐集中于 PWAS 激励器两端某一无限小范围内。极限情况，即 $\Gamma a \to \infty$ 时，假设所有载荷的传递都发生在 PWAS 激励器的端部。由此引出理想粘贴的概念（即钉扎力模型）。这种情况下，假设所有载荷的传递都发生在 PWAS 激励器的端部无限小区域内，且假设诱导应变由施加于两端的一对集中力 F_a 构成，如图 8-8 所示。此外还需注意，分析中没有考虑 PWAS 端部出现的应力集中和应力奇异点影响，只关注 PWAS 和结构耦合的总体效应。

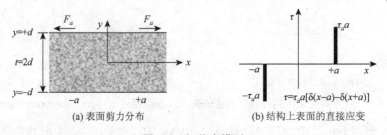

(a) 表面剪力分布　　　　　(b) 结构上表面的直接应变

图 8-8　钉扎力模型

图 8-8 所示情况的数学表示可借助于单位冲激函数 $\delta(x)$，其满足条件：

$$\int_{-\infty}^{+\infty} \delta(x)\mathrm{d}x = 1 \quad （单位冲激函数）\tag{8-58}$$

单位冲激函数有局部化性质：

$$\int_{-\infty}^{+\infty} f(x)\delta(x-x_0)\mathrm{d}x = f(x_0) \quad （单位冲激函数局部化性质）\tag{8-59}$$

单位冲激函数是单位阶跃函数的导数，即

$$\delta(x) = H'(x) \tag{8-60}$$

根据以上假设，式（8-51）～式（8-57）可简写为

$$\varepsilon_a(x) = \frac{\alpha}{\alpha + \psi} \varepsilon_{\text{ISA}}[H(x+a) - H(x-a)] \quad (\text{PWAS 的激励应变}) \tag{8-61}$$

$$\sigma_a(x) = -\frac{\psi}{\alpha + \psi} \varepsilon_{\text{ISA}}[H(x+a) - H(x-a)] \quad (\text{PWAS 的应力}) \tag{8-62}$$

$$u_a(x) = \frac{\alpha}{\alpha + \psi} \varepsilon_{\text{ISA}} x[H(x+a) - H(x-a)] \quad (\text{PWAS 的位移}) \tag{8-63}$$

$$\tau(x) = \frac{\psi}{\alpha + \psi} t_a E_a \varepsilon_{\text{ISA}}[-\delta(x+a) + \delta(x-a)] \quad (\text{胶层界面切应力}) \tag{8-64}$$

$$F(x) = \frac{\psi}{\alpha + \psi} t_a E_a \varepsilon_{\text{ISA}}[-H(x+a) + H(x-a)] \quad (\text{胶层界面剪力}) \tag{8-65}$$

$$\varepsilon(x) = \frac{\alpha}{\alpha + \psi} \varepsilon_{\text{ISA}}[H(x+a) - H(x-a)] \quad (\text{结构表面的应变}) \tag{8-66}$$

$$\sigma(x) = \frac{\alpha}{\alpha + \psi} E \varepsilon_{\text{ISA}}[H(x+a) - H(x-a)] \quad (\text{结构表面的应力}) \tag{8-67}$$

$$u(x) = \frac{\alpha}{\alpha + \psi} \varepsilon_{\text{ISA}} x[H(x+a) - H(x-a)] \quad (\text{结构表面的位移}) \tag{8-68}$$

其中，$H(x)$ 和 $\delta(x)$ 分别表示单位阶跃函数和单位冲激函数。注意在理想粘贴假设下，PWAS 的应变和结构表面应变相等。但是由式（8-22）可知两者应力仍不同。式（8-64）、式（8-65）可简写为

$$\tau(x) = a\tau_a[-\delta(x+a) + \delta(x-a)] \quad (\text{理想粘贴时的切应力分布}) \tag{8-69}$$

$$F(x) = F_a[H(x+a) - H(x-a)] \quad (\text{胶层界面剪力}) \tag{8-70}$$

其中

$$\tau_a = \frac{\psi}{\alpha + \psi} \frac{t_a}{a} E_a \varepsilon_{\text{ISA}} \quad (\text{理想粘贴条件下的切应力}) \tag{8-71}$$

$$F_a = a\tau_a \quad (\text{单位宽度的钉扎力}) \tag{8-72}$$

式（8-72）表示由 PWAS 施加于结构的钉扎力 $F_a = a\tau_a$，这些力作用于 PWAS 的两端，如图 8-8a 所示。钉扎力模型便于求 PWAS-结构相互作用一阶近似简单解。注意这种极端情况下，PWAS 两端的切应力非常大。

理想粘贴假设下（钉扎力模型），轴力和弯矩分别为

$$N_a = F_a \quad (\text{每单位宽度的轴力}) \tag{8-73}$$

$$M_a = F_a d = F_a \frac{t}{2} \quad (\text{每单位宽度的弯矩}) \tag{8-74}$$

由式（8-73）、式（8-74）表示的轴力和弯矩表明了理想粘贴条件下 PWAS 对结构的激励。

8.2.4　非理想粘贴时的有效钉扎力

利用有效切应力概念，理想粘贴条件下建立的钉扎力方程也可用于非理想粘贴条件，如图 8-9 所示。

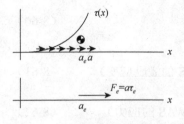

图 8-9　有效切应力概念示意图

设每单位宽度的有效钉扎力为 $F_e = a\tau_e$，通过单位冲激函数 $\delta(x-a_e)$ 作用于 a_e，其与分布切应力 $\tau(x)$ 等效，即

$$F_e \delta(x-a_e) \Leftrightarrow \tau(x), \quad F_e = a\tau_e \quad (\text{有效线力}) \quad (8-75)$$

"等效"表明对分布模型和钉扎力模型的 $\tau(x)$ 和 $x\tau(x)$ 积分相等。由此可以确定有效切应力 $F_e = a\tau_e$ 的大小和 a_e 的位置。为简化积分，简写为

$$(a\tau_e)\delta(x-a_e) \Leftrightarrow \tau(x) \quad (8-76)$$

对式（8-76）积分，并整理得

$$\tau_e = \frac{1}{a}\int_0^\infty \tau(x)\mathrm{d}x \quad (\text{有效切应力}) \quad (8-77)$$

$$a_e = \frac{\displaystyle\int_0^\infty \tau(x)x\mathrm{d}x}{\displaystyle\int_0^\infty \tau(x)\mathrm{d}x} \quad (\text{有效切应力作用位置}) \quad (8-78)$$

式（8-77）、式（8-78）的证明：为计算 τ_e，对式（8-76）两边积分，并使积分相等，即

$$\int_0^\infty (a\tau_e)\delta(x-a_e)\mathrm{d}x = \int_0^\infty \tau(x)\mathrm{d}x \quad (8-79)$$

又

$$\int_0^\infty (a\tau_e)\delta(x-a_e)\mathrm{d}x = a\tau_e \quad (8-80)$$

将式（8-79）代入式（8-80）得到式（8-77）。为计算 a_e，将式（8-76）乘以 x 并积分，即

$$\int_0^\infty (a\tau_e)\delta(x-a_e)x\mathrm{d}x = \int_0^\infty \tau(x)x\mathrm{d}x \quad (8-81)$$

利用式（8-59）及 $f(x) = a\tau_e x$ 得

$$\int_0^\infty (a\tau_e)\delta(x-a_e)x\mathrm{d}x = (a\tau_e)a_e \quad (8-82)$$

将式（8-82）代入（8-81）可得（8-78）。证明完毕。

将剪切滞模型代入式（8-77）、式（8-78）可得封闭解，由式（8-54）得

$$\tau(x) = \begin{cases} C\Gamma a\dfrac{\sinh\Gamma x}{\cosh\Gamma a}, |x|\leqslant a \\ 0, \text{其他} \end{cases} \quad \text{其中}\, C = \frac{\psi}{\alpha+\psi}\frac{t_a}{a}E_a\varepsilon_{\mathrm{ISA}} \quad (8-83)$$

将式（8-83）代入式（8-77），并整理可得

$$\tau_e = C\left(1-\frac{1}{\cosh\Gamma a}\right) \quad (\text{有效切应力}) \quad (8-84)$$

将式（8-83）代入式（8-78），并整理可得

$$a_e = a\left(\frac{1-\dfrac{\sinh\Gamma a}{\Gamma a\cosh\Gamma a}}{1-\dfrac{1}{\cosh\Gamma a}}\right) \quad (\text{有效切应力的作用位置}) \quad (8-85)$$

渐进性：当粘贴层非常薄（$t_b \to 0$）或非常硬（$G_b \to \infty$），或既薄且硬时，剪切滞常数（$\Gamma \to \infty$）变得非常大，且有效值 τ_e、a_e 趋近于理想粘贴时的值 τ_a、a。由式（8-71）给出的理想粘贴条件下的切应力为

$$\tau_a = \frac{\psi}{\alpha + \psi}\frac{t_a}{a}E_a\varepsilon_{ISA} \quad (\text{理想粘贴条件下的切应力}) \tag{8-86}$$

将 $\Gamma \to \infty$ 代入式（8-84）、式（8-85）得

$$\lim_{\Gamma \to \infty}\tau_e = C\lim_{\Gamma \to \infty}\left(1 - \frac{1}{\cosh\Gamma a}\right) = C\left(1 - \lim_{\Gamma \to \infty}\frac{1}{\cosh\Gamma a}\right) = C = \frac{\psi}{\alpha + \psi}\frac{t_a}{a}E_a\varepsilon_{ISA} = \tau_a \tag{8-87}$$

$$\lim_{\Gamma \to \infty}a_e = a\lim_{\Gamma \to \infty}\left(\frac{1 - \dfrac{\sinh\Gamma a}{\Gamma a\cosh\Gamma a}}{1 - \dfrac{1}{\cosh\Gamma a}}\right) = a\left(\frac{1 - \lim_{\Gamma \to \infty}\dfrac{\sinh\Gamma a}{\Gamma a\cosh\Gamma a}}{1 - \lim_{\Gamma \to \infty}\dfrac{1}{\cosh\Gamma a}}\right) = a \tag{8-88}$$

8.3　矩形 PWAS 的 2-D 剪切滞分析

8.3.1　矩形 PWAS 方程

当矩形 PWAS 贴于 x 和 y 方向都无限大的平板上时，8-2 节中介绍的 1-D 剪切滞分析可扩展到 2-D，如图 8-10a 所示。PWAS 的平面尺寸为 $l_x = 2a_x$，$l_y = 2a_y$，如图 8-10a、b 所示。同时，假设在 z 方向没有直接应力（平面应力分析），即 $\sigma_z = 0$。由于压电效应，PWAS 沿各个方向的伸长均为 ε_{ISA}，并在平板的上表面分别引起 x 和 y 方向上的切应力 τ_{xz} 和 τ_{yz}，如图 8-10c 所示。

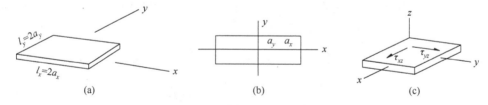

图 8-10　2-D 无限大平板上的矩形 PWAS

表面牵引力 τ_{xz}，τ_{yz} 和内部应力 σ_x，σ_y 的平衡为

$$\begin{cases} t_a\dfrac{\partial\sigma_x^a}{\partial x} - \tau_{xz} = 0 \\ t_a\dfrac{\partial\sigma_y^a}{\partial y} - \tau_{yz} = 0 \end{cases} \quad (\text{PWAS}) \tag{8-89}$$

$$\begin{cases} t\dfrac{\partial\sigma_x}{\partial x} + \alpha\tau_{xz} = 0 \\ t\dfrac{\partial\sigma_y}{\partial y} + \alpha\tau_{yz} = 0 \end{cases} \quad (\text{结构}) \tag{8-90}$$

其中，$\alpha = 4$。式（8-89）、式（8-90）对应于 1-D 分析中的式（8-2）、式（8-3）。胶层内的切应力为

$$\begin{cases} \tau_{xz} = G_b \dfrac{u_x^a - u_x}{t_b} \\ \tau_{yz} = G_b \dfrac{u_y^a - u_y}{t_b} \end{cases} \quad （胶层） \tag{8-91}$$

式（8-91）对应于 1-D 分析中的式（8-20）、式（8-23）。为进行 2-D 分析，回顾平面应力弹性方程：

$$\begin{cases} \varepsilon_x^a = \dfrac{\sigma_x^a}{E_a} - \nu_a \dfrac{\sigma_y^a}{E_a} + \varepsilon_{\text{ISA}} \\ \varepsilon_y^a = -\nu_a \dfrac{\sigma_x^a}{E_a} + \dfrac{\sigma_y^a}{E_a} + \varepsilon_{\text{ISA}} \end{cases} \quad （PWAS） \tag{8-92}$$

$$\begin{cases} \varepsilon_x = \dfrac{\sigma_x}{E} - \nu \dfrac{\sigma_y}{E} \\ \varepsilon_y = -\nu \dfrac{\sigma_x}{E} + \dfrac{\sigma_y}{E} \end{cases} \quad （结构） \tag{8-93}$$

解方程式（8-92）、式（8-93）得

$$\begin{cases} \sigma_x^a = \dfrac{E_a}{1-\nu_a^2}(\varepsilon_x^a + \nu_a \varepsilon_y^a) - \dfrac{E_a(1+\nu_a)}{1-\nu_a^2}\varepsilon_{\text{ISA}} \\ \sigma_y^a = \dfrac{E_a}{1-\nu_a^2}(\nu_a \varepsilon_x^a + \varepsilon_y^a) - \dfrac{E_a(1+\nu_a)}{1-\nu_a^2}\varepsilon_{\text{ISA}} \end{cases} \quad （PWAS） \tag{8-94}$$

$$\begin{cases} \sigma_x = \dfrac{E}{1-\nu^2}(\varepsilon_x + \nu \varepsilon_y) \\ \sigma_y = \dfrac{E}{1-\nu^2}(\nu \varepsilon_x + \varepsilon_y) \end{cases} \quad （结构） \tag{8-95}$$

应变位移关系为

$$\begin{cases} \varepsilon_x^a = \dfrac{\partial u_x^a}{\partial x} \\ \varepsilon_y^a = \dfrac{\partial u_y^a}{\partial y} \end{cases} \quad （PWAS） \tag{8-96}$$

$$\begin{cases} \varepsilon_x = \dfrac{\partial u_x}{\partial x} \\ \varepsilon_y = \dfrac{\partial u_y}{\partial y} \end{cases} \quad （结构） \tag{8-97}$$

将式（8-96）、式（8-97）代入式（8-94）、式（8-95）得

$$\begin{cases} \sigma_x^a = \dfrac{E_a}{1-v_a^2}\left(\dfrac{\partial u_x^a}{\partial x}+v_a\dfrac{\partial u_y^a}{\partial y}\right)-\dfrac{E_a(1+v_a)}{1-v_a^2}\varepsilon_{\text{ISA}} \\[4mm] \sigma_y^a = \dfrac{E_a}{1-v_a^2}\left(v_a\dfrac{\partial u_x^a}{\partial x}+\dfrac{\partial u_y^a}{\partial y}\right)-\dfrac{E_a(1+v_a)}{1-v_a^2}\varepsilon_{\text{ISA}} \end{cases} \text{（PWAS）} \tag{8-98}$$

$$\begin{cases} \sigma_x = \dfrac{E}{1-v^2}\left(\dfrac{\partial u_x}{\partial x}+v\dfrac{\partial u_y}{\partial y}\right) \\[4mm] \sigma_y = \dfrac{E}{1-v^2}\left(v\dfrac{\partial u_x}{\partial x}+\dfrac{\partial u_y}{\partial y}\right) \end{cases} \text{（结构）} \tag{8-99}$$

2-D 边界条件为

$$\begin{cases} \sigma_x^a(\pm a_x,|y|\le a_y)=0 \\ \sigma_y^a(|x|\le a_x,\pm a_y)=0 \end{cases} \text{（PWAS）} \tag{8-100}$$

$$\begin{cases} \sigma_x(\pm a_x,|y|\le a_y)=0 \\ \sigma_y(|x|\le a_x,\pm a_y)=0 \end{cases} \text{（结构）} \tag{8-101}$$

2-D 剪切滞分析是一个没有直接解析解的耦合问题。但在确定假设下，可以推导出近似解。

8.3.2　2-D 剪切滞分析的近似解

2-D 剪切滞分析的近似解可由以下过程推导得出：引入分离变量并假设位移和应力仅沿各自所在的方向变化，即

$$\begin{cases} u_x^a = u_x^a(x) \\ u_y^a = u_y^a(y) \end{cases}\text{（PWAS）},\quad \begin{cases} u_x = u_x(x) \\ u_y = u_y(y) \end{cases}\text{（结构）},\quad \begin{cases} \tau_{xz}=\tau_x(x) \\ \tau_{yz}=\tau_y(y) \end{cases}\text{（胶层）} \tag{8-102}$$

将式（8-102）代入式（8-89）～式（8-99），则可用只含一个变量（x 或 y）的函数代替某些含两个变量（x 和 y）的函数，并且用常微分代替某些偏微分，即

$$\begin{cases} t_a\dfrac{\partial \sigma_x^a}{\partial x}-\tau_x(x)=0 \\[3mm] t_a\dfrac{\partial \sigma_y^a}{\partial y}-\tau_y(y)=0 \end{cases} \text{（PWAS）} \tag{8-103}$$

$$\begin{cases} t\dfrac{\partial \sigma_x}{\partial x}+\alpha\tau_x(x)=0 \\[3mm] t\dfrac{\partial \sigma_y}{\partial y}+\alpha\tau_y(y)=0 \end{cases} \text{（结构）} \tag{8-104}$$

$$\begin{cases} \tau_x(x)=G_b\dfrac{u_x^a(x)-u_x(x)}{t_b} \\[4mm] \tau_y(y)=G_b\dfrac{u_y^a(y)-u_y(y)}{t_b} \end{cases} \text{（胶层）} \tag{8-105}$$

$$\begin{cases} \varepsilon_x^a(x) = \dfrac{\mathrm{d}u_x^a(x)}{\mathrm{d}x} \\ \varepsilon_y^a(y) = \dfrac{\mathrm{d}u_y^a(y)}{\mathrm{d}y} \end{cases} \text{（PWAS）} \tag{8-106}$$

$$\begin{cases} \varepsilon_x(x) = \dfrac{\mathrm{d}u_x(x)}{\mathrm{d}x} \\ \varepsilon_y(y) = \dfrac{\mathrm{d}u_y(y)}{\mathrm{d}y} \end{cases} \text{（结构）} \tag{8-107}$$

$$\begin{cases} \sigma_x^a = \dfrac{E_a}{1-v_a^2}\left(\dfrac{\mathrm{d}u_x^a}{\mathrm{d}x} + v_a\dfrac{\mathrm{d}u_y^a}{\mathrm{d}y}\right) - \dfrac{E_a(1+v_a)}{1-v_a^2}\varepsilon_{\mathrm{ISA}} \\ \sigma_y^a = \dfrac{E_a}{1-v_a^2}\left(v_a\dfrac{\mathrm{d}u_x^a}{\mathrm{d}x} + \dfrac{\mathrm{d}u_y^a}{\mathrm{d}y}\right) - \dfrac{E_a(1+v_a)}{1-v_a^2}\varepsilon_{\mathrm{ISA}} \end{cases} \text{（PWAS）} \tag{8-108}$$

$$\begin{cases} \sigma_x = \dfrac{E}{1-v^2}\left(\dfrac{\mathrm{d}u_x}{\mathrm{d}x} + v\dfrac{\mathrm{d}u_y}{\mathrm{d}y}\right) \\ \sigma_y = \dfrac{E}{1-v^2}\left(v\dfrac{\mathrm{d}u_x}{\mathrm{d}x} + \dfrac{\mathrm{d}u_y}{\mathrm{d}y}\right) \end{cases} \text{（结构）} \tag{8-109}$$

式（8-108）、式（8-109）中 σ_x^a、σ_x 关于 x 的导数和 σ_y^a、σ_y 关于 y 的导数分别为

$$\begin{cases} \dfrac{\partial \sigma_x^a}{\partial x} = \dfrac{E_a}{1-v_a^2}\dfrac{\mathrm{d}^2 u_x^a}{\mathrm{d}x^2} \\ \dfrac{\partial \sigma_y^a}{\partial y} = \dfrac{E_a}{1-v_a^2}\dfrac{\mathrm{d}^2 u_y^a}{\mathrm{d}y^2} \end{cases} \text{（PWAS）} \tag{8-110}$$

$$\begin{cases} \dfrac{\partial \sigma_x}{\partial x} = \dfrac{E}{1-v^2}\dfrac{\mathrm{d}^2 u_x}{\mathrm{d}x^2} \\ \dfrac{\partial \sigma_y}{\partial y} = \dfrac{E}{1-v^2}\dfrac{\mathrm{d}^2 u_y}{\mathrm{d}y^2} \end{cases} \text{（结构）} \tag{8-111}$$

将式（8-110）、式（8-111）代入式（8-103）、式（8-104）得

$$\begin{cases} t_a\dfrac{E_a}{1-v_a^2}\dfrac{\mathrm{d}^2 u_x^a}{\mathrm{d}x^2} - \tau_x(x) = 0 \\ t_a\dfrac{E_a}{1-v_a^2}\dfrac{\mathrm{d}^2 u_y^a}{\mathrm{d}y^2} - \tau_y(y) = 0 \end{cases} \text{（PWAS）} \tag{8-112}$$

$$\begin{cases} t\dfrac{E}{1-v^2}\dfrac{\mathrm{d}^2 u_x}{\mathrm{d}x^2} + \alpha\tau_x(x) = 0 \\ t\dfrac{E}{1-v^2}\dfrac{\mathrm{d}^2 u_y}{\mathrm{d}y^2} + \alpha\tau_y(y) = 0 \end{cases} \text{（结构）} \tag{8-113}$$

将式（8-112）减式（8-113），并整理得

$$
\begin{cases}
\dfrac{\mathrm{d}^2 u_x^a}{\mathrm{d}x^2} - \dfrac{\mathrm{d}^2 u_x}{\mathrm{d}x^2} = \left(\dfrac{1-v_a^2}{E_a t_a} + \alpha \dfrac{1-v^2}{Et} \right) \tau_x(x) \\[4mm]
\dfrac{\mathrm{d}^2 u_y^a}{\mathrm{d}y^2} - \dfrac{\mathrm{d}^2 u_y}{\mathrm{d}y^2} = \left(\dfrac{1-v_a^2}{E_a t_a} + \alpha \dfrac{1-v^2}{Et} \right) \tau_y(y)
\end{cases}
\tag{8-114}
$$

对式（8-105）求二阶导数，并整理得

$$
\begin{cases}
\dfrac{\mathrm{d}^2 u_x^a}{\mathrm{d}x^2} - \dfrac{\mathrm{d}^2 u_x}{\mathrm{d}x^2} = \dfrac{t_b}{G_b} \dfrac{\mathrm{d}^2 \tau_x}{\mathrm{d}x^2} \\[4mm]
\dfrac{\mathrm{d}^2 u_y^a}{\mathrm{d}y^2} - \dfrac{\mathrm{d}^2 u_y}{\mathrm{d}y^2} = \dfrac{t_b}{G_b} \dfrac{\mathrm{d}^2 \tau_y}{\mathrm{d}y^2}
\end{cases}
\tag{8-115}
$$

抵消式（8-114）、式（8-115）的位移项，得到独立求解 τ_x、τ_y 的两个非耦合常微分方程，即

$$
\begin{cases}
\dfrac{t_b}{G_b} \dfrac{\mathrm{d}^2 \tau_x}{\mathrm{d}x^2} - \left(\dfrac{1-v_a^2}{E_a t_a} + \alpha \dfrac{1-v^2}{Et} \right) \tau_x = 0 \\[4mm]
\dfrac{t_b}{G_b} \dfrac{\mathrm{d}^2 \tau_y}{\mathrm{d}y^2} - \left(\dfrac{1-v_a^2}{E_a t_a} + \alpha \dfrac{1-v^2}{Et} \right) \tau_y = 0
\end{cases}
\tag{8-116}
$$

定义 2-D 剪切滞参数 Γ 为

$$
\Gamma^2 = \frac{G_b}{t_b} \left(\frac{1-v_a^2}{E_a t_a} + \alpha \frac{1-v^2}{Et} \right) \quad \text{（2-D 剪切滞参数）}
\tag{8-117}
$$

将式（8-117）代入式（8-116）可得到各个方向上的剪切滞方程，即

$$
\begin{cases}
\tau_x''(x) - \Gamma^2 \tau_x(x) = 0 \\
\tau_y''(y) - \Gamma^2 \tau_y(y) = 0
\end{cases}
\tag{8-118}
$$

式（8-118）和 8.2.2 节中 1-D 分析的剪切滞方程式（8-34）相同，因此，可以应用 8.2.2 节中给出的 1-D 求解过程，如式（8-35）～式（8-50）所述。为得到 1-D 和 2-D 一对一相似的剪切滞解，引入 2-D 相对硬度系数，表达式为

$$
\psi = \frac{Et}{1-v^2} \bigg/ \frac{E_a t_a}{1-v_a^2} \quad \text{（2-D 相对硬度系数）}
\tag{8-119}
$$

将式（8-119）代入式（8-119）可将 2-D 剪切滞参数写为

$$
\Gamma^2 = \frac{G_b}{t_b} \frac{1-v_a^2}{E_a t_a} \frac{\alpha+\psi}{\psi} \quad \text{（2-D 剪切滞参数）}
\tag{8-120}
$$

注意，由式（8-120）定义的 2-D 剪切滞参数与 PWAS 的平面尺寸 $l_x=2a_x$、$l_y=2a_y$ 无关。式（8-118）的解和式（8-35），即 1-D 方程的解，有相同的形式为

$$
\begin{cases}
\tau_x(x) = \dfrac{t_a}{a_x} \dfrac{\psi}{\alpha+\psi} \dfrac{1-\nu_a}{1-\nu_a^2} E_a \varepsilon_{\mathrm{ISA}} \left(\Gamma a_x \dfrac{\sinh \Gamma x}{\cosh \Gamma a_x} \right) \\[4mm]
\tau_y(y) = \dfrac{t_a}{a_y} \dfrac{\psi}{\alpha+\psi} \dfrac{1-\nu_a}{1-\nu_a^2} E_a \varepsilon_{\mathrm{ISA}} \left(\Gamma a_y \dfrac{\sinh \Gamma y}{\cosh \Gamma a_y} \right)
\end{cases}, |x| \leqslant a_x, |y| \leqslant a_y \qquad (8\text{-}121)
$$

式（8-121）中，分母中的因子 $1-\nu_a^2$ 说明了由式（8-94）、（8-95）表示的应力应变间的 2-D 耦合，而分子中的因子 $1-\nu_a$ 说明了由式（8-94）表示的沿 x 和 y 方向同时施加激励应变 $\varepsilon_{\mathrm{ISA}}$。

讨论：上述分析只是对真实完全耦合的 2-D 分析的近似。这种近似分析的局限性在于式（8-102）中分离变量假设与边界条件式（8-100）、式（8-101）相矛盾，如 x 方向上的边界条件中附加的 y 变量，反之亦然。

8.3.3　平面应变条件下条状 PWAS 的扩展剪切滞分析

利用平面应变假设，可推出另一个近似解。这种情况下，假设条状 PWAS 在 x 方向长为 $l=2a$，在 y 方向无限长。由压电效应引起的伸长 $\varepsilon_{\mathrm{ISA}}$ 仅沿 x 方向。将 y 看作不变量，即

$$
\frac{\partial f}{\partial y} = 0, u_y = 0, u_y^a = 0 \qquad (8\text{-}122)
$$

其中，f 可以是任意变量的类函数。因此

$$
\begin{aligned}
u_x^a(x,y) \to u_x^a(x) = u_a(x) \\
u_x(x,y) \to u_x(x) = u(x)
\end{aligned} \quad \text{（仅沿 x 方向伸长）} \qquad (8\text{-}123)
$$

因为压电效应只引起沿 x 方向的伸长 $\varepsilon_{\mathrm{ISA}}$，则将式（8-92）表示为

$$
\begin{cases}
\varepsilon_x^a = \dfrac{\sigma_x^a}{E_a} - \nu_a \dfrac{\sigma_y^a}{E_a} + \varepsilon_{\mathrm{ISA}} \\[4mm]
\varepsilon_y^a = -\nu_a \dfrac{\sigma_x^a}{E_a} + \dfrac{\sigma_y^a}{E_a}
\end{cases} \quad \text{（PWAS）} \qquad (8\text{-}124)
$$

解方程式（8-124）得

$$
\begin{cases}
\sigma_x^a = \dfrac{E_a}{1-\nu_a^2}(\varepsilon_x^a + \nu_a \varepsilon_y^a) - \dfrac{E_a}{1-\nu_a^2} \varepsilon_{\mathrm{ISA}} \\[4mm]
\sigma_y^a = \dfrac{E_a}{1-\nu_a^2}(\nu_a \varepsilon_x^a + \varepsilon_y^a) - \dfrac{\nu_a E_a}{1-\nu_a^2} \varepsilon_{\mathrm{ISA}}
\end{cases} \quad \text{（PWAS）} \qquad (8\text{-}125)
$$

利用式（8-122）、式（8-123），将式（8-96）、式（8-97）表示的应变位移关系表示为

$$
\begin{cases}
\varepsilon_x^a = u_a'(x) \\
\varepsilon_y^a = 0
\end{cases} \quad \text{（PWAS）} \qquad (8\text{-}126)
$$

$$
\begin{cases}
\varepsilon_x = u' \\
\varepsilon_y = 0
\end{cases} \quad \text{（结构）} \qquad (8\text{-}127)
$$

将式（8-126）、式（8-127）代入式（8-125）、式（8-95）得

$$\begin{cases} \sigma_x^a = \dfrac{E_a}{1-v_a^2}u_a' - \dfrac{E_a}{1-v_a^2}\varepsilon_{\mathrm{ISA}} \\[3mm] \sigma_y^a = \dfrac{v_a E_a}{1-v_a^2}u_a' - \dfrac{v_a E_a}{1-v_a^2}\varepsilon_{\mathrm{ISA}} \end{cases} \quad (\text{PWAS}) \tag{8-128}$$

$$\begin{cases} \sigma_x = \dfrac{E}{1-v^2}u' \\[3mm] \sigma_y = \dfrac{vE}{1-v^2}u' \end{cases} \quad (\text{结构}) \tag{8-129}$$

仅关注式（8-128）、式（8-129）中 x 分量，记

$$\sigma_a(x) = \sigma_x^a(x,y) \quad (\text{PWAS}) \tag{8-130}$$

$$\sigma(x) = \sigma_x(x,y) \quad (\text{PWAS}) \tag{8-131}$$

将式（8-130）、式（8-131）代入式（8-128）、式（8-129）得

$$\sigma_a = \frac{E_a}{1-v_a^2}u_a' - \frac{E_a}{1-v_a^2}\varepsilon_{\mathrm{ISA}} \quad (\text{PWAS}) \tag{8-132}$$

$$\sigma = \frac{E}{1-v^2}u' \quad (\text{结构}) \tag{8-133}$$

所考虑的表面牵引力为

$$\tau(x) = \tau_{xz}(x) \tag{8-134}$$

将式（8-130）、式（8-131）、式（8-134）代入式（8-89）、式（8-90）、式（8-91）得

$$t_a\sigma_a' - \tau = 0 \quad (\text{PWAS}) \tag{8-135}$$

$$t\sigma' + \alpha\tau = 0 \quad (\text{结构}) \tag{8-136}$$

$$\tau = G_b\frac{u_a - u}{t_b} \quad (\text{胶层}) \tag{8-137}$$

边界条件式（8-100）、式（8-101）简化为

$$\sigma_a(\pm a) = 0 \quad (\text{PWAS}) \tag{8-138}$$

$$\sigma(\pm a) = 0 \quad (\text{结构}) \tag{8-139}$$

对式（8-132）、式（8-133）求导并整理得

$$u_a'' = \frac{1-v_a^2}{E_a}\sigma_a' \quad (\text{PWAS}) \tag{8-140}$$

$$u'' = \frac{1-v^2}{E}\sigma' \quad (\text{结构}) \tag{8-141}$$

将式（8-140）、式（8-141）代入式（8-135）、式（8-136）并整理得

$$u_a'' = \frac{1-v_a^2}{E_a t_a}\tau \quad (\text{PWAS}) \tag{8-142}$$

$$u'' = -\alpha\frac{1-v^2}{Et}\tau \quad (\text{结构}) \tag{8-143}$$

用式（8-142）减式（8-143）得

$$u_a'' - u'' = \left(\frac{1-v_a^2}{E_a t_a} + \alpha \frac{1-v^2}{Et}\right)\tau \qquad (8\text{-}144)$$

对式（8-137）求二阶导数，并整理得

$$u_a'' - u'' = \frac{t_b}{G_b}\tau'' \qquad (8\text{-}145)$$

抵消式（8-144）、式（8-145）中的 $u_a'' - u''$ 项得

$$\tau'' - \frac{G_b}{t_b}\left(\frac{1-v_a^2}{t_a E_a} + \alpha \frac{1-v^2}{tE}\right)\tau = 0 \qquad (8\text{-}146)$$

利用式（8-117）表示的 2-D 剪切滞参数 Γ，即

$$\Gamma^2 = \frac{G_b}{t_b}\left(\frac{1-v_a^2}{E_a t_a} + \alpha \frac{1-v^2}{Et}\right) \quad (\text{2-D 剪切滞参数}) \qquad (8\text{-}147)$$

将式（8-147）代入（8-146）得到常见的剪切滞方程，即

$$\tau''(x) - \Gamma^2 \tau(x) = 0 \qquad (8\text{-}148)$$

式（8-148）和 8.2.2 节中 1-D 分析的剪切滞方程式（8-34）相同，因此，可以应用 8.2.2 节中给出的 1-D 求解过程，如式（8-35）～式（8-50）所述。为得到 1-D 和 2-D 一对一相似的剪切滞解，已有 2-D 相对硬度系数，即

$$\psi = \frac{Et}{1-v^2}\bigg/ \frac{E_a t_a}{1-v_a^2} \quad (\text{2-D 相对硬度系数}) \qquad (8\text{-}149)$$

将式（8-149）代入（8-147）可得 2-D 剪切滞参数为

$$\Gamma^2 = \frac{G_b}{t_b}\frac{1-v_a^2}{E_a t_a}\frac{\alpha+\psi}{\psi} \quad (\text{2-D 剪切滞参数}) \qquad (8\text{-}150)$$

式（8-150）是式（8-33）的扩展分析代替项。边界条件式（8-138）、式（8-139）与 1-D 分析中的式（8-36）相同。因此，由相同的求解过程可得

$$\tau(x) = \frac{t_a}{a}\frac{\psi}{\alpha+\psi}\frac{E_a}{1-v_a^2}\varepsilon_{ISA}\left(\Gamma a \frac{\sinh\Gamma x}{\cosh\Gamma a}\right), \ |x| \leqslant a \qquad (8\text{-}151)$$

式（8-151）与 1-D 分析中的式（8-43）间的唯一不同是引起平面应变效应的因子 $1-v_a^2$。将 E_a 替换为 $E_a/(1-v_a^2)$，并利用式（8-149）、式（8-150）表示的 ψ、Γ，则可以直接利用式（8-51）～式（8-57）给出的求解过程。

对于 y 方向长为 $l=2a$，x 方向无限长的条状 PWAS，可利用相同的分析过程，只是方向变为沿 y 方向。

8.3.4　矩形 PWAS 的有效线力模型和理想粘贴分析

利用有效线力模型，如图 8-11 所示，则 8.2.3 节和 8.2.4 节中用于 1-D 剪切滞分析的钉扎力模型可以扩展到 2-D 分析。由单位冲激函数描述的线力模型，与剪切滞

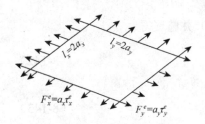

图 8-11　矩形 PWAS 的线力模型

应力有相同的全局效应，即

$$\begin{cases} F_x^e \delta(x - a_x^e) \Leftrightarrow \tau_x(x) \\ F_y^e \delta(y - a_y^e) \Leftrightarrow \tau_y(y) \end{cases}, \quad \begin{cases} F_x^e \Leftrightarrow a\tau_x^e \\ F_y^e \Leftrightarrow a\tau_y^e \end{cases} \tag{8-152}$$

其中

$$\begin{cases} \tau_x(x) = C_x \Gamma a_x \dfrac{\sinh \Gamma x}{\cosh \Gamma a_x} \\ \tau_y(y) = C_y \Gamma a_y \dfrac{\sinh \Gamma y}{\cosh \Gamma a_y} \end{cases}, \quad |x| \leqslant a_x, \quad |y| \leqslant a_y, \quad \begin{cases} C_x = \dfrac{t_a}{a_x} \dfrac{\psi}{\alpha + \psi} \dfrac{1 - \nu_a}{1 - \nu_a^2} E_a \varepsilon_{\mathrm{ISA}} \\ C_y = \dfrac{t_a}{a_y} \dfrac{\psi}{\alpha + \psi} \dfrac{1 - \nu_a}{1 - \nu_a^2} E_a \varepsilon_{\mathrm{ISA}} \end{cases} \tag{8-153}$$

"等效"表明分布模型和线力模型分别对 $\tau_x(x)$、$\tau_y(y)$ 和 $x\tau_x(x)$、$y\tau_y(y)$ 的积分相等。由此可确定有效剪力的大小 $F_x^e = a_x \tau_x^e$、$F_y^e = a_y \tau_y^e$，以及 x 和 y 方向上作用位置 a_x^e、a_y^e。为简化积分，表示为

$$\begin{cases} (a\tau_x^e) \delta(x - a_x^e) \Leftrightarrow \tau_x(x) \\ (a\tau_y^e) \delta(y - a_y^e) \Leftrightarrow \tau_y(y) \end{cases} \tag{8-154}$$

类似于式（8-76），对式（8-154）积分并整理得

$$\begin{cases} \tau_x^e = \dfrac{1}{a_x} \displaystyle\int_0^\infty \tau_x(x) \mathrm{d}x \\ \tau_y^e = \dfrac{1}{a_y} \displaystyle\int_0^\infty \tau_y(y) \mathrm{d}y \end{cases} \quad \text{（有效切应力）} \tag{8-155}$$

$$\begin{cases} a_x^e = \dfrac{\displaystyle\int_0^\infty \tau_x(x) x \mathrm{d}x}{\displaystyle\int_0^\infty \tau_x(x) \mathrm{d}x} \\ a_y^e = \dfrac{\displaystyle\int_0^\infty \tau_y(y) y \mathrm{d}y}{\displaystyle\int_0^\infty \tau_y(y) \mathrm{d}y} \end{cases} \quad \text{（有效切应力的作用位置）} \tag{8-156}$$

类似 1-D 分析中对式（8-84）、式（8-85）的求导，有

$$\tau_x^e = C_x \left(1 - \dfrac{1}{\cosh \Gamma a_x}\right), \quad \tau_y^e = C_y \left(1 - \dfrac{1}{\cosh \Gamma a_y}\right) \quad \text{（有效切应力）} \tag{8-157}$$

$$a_x^e = a_x \left(\dfrac{1 - \dfrac{\sinh \Gamma a_x}{\Gamma a_x \cosh \Gamma a_x}}{1 - \dfrac{1}{\cosh \Gamma a_x}}\right), \quad a_y^e = a_y \left(\dfrac{1 - \dfrac{\sinh \Gamma a_y}{\Gamma a_y \cosh \Gamma a_y}}{1 - \dfrac{1}{\cosh \Gamma a_y}}\right) \quad \text{（有效切应力的作用位置）}$$

$$\tag{8-158}$$

渐进性：当胶层非常薄（$t_b \to 0$）或非常硬（$G_b \to \infty$），或既薄且硬时，剪切滞常数变得非常大（$\Gamma \to \infty$），且有效值（τ_x^e，τ_y^e，a_x^e，a_y^e）趋近于理想粘贴时的值（τ_x^a，τ_y^a，a_x，a_y），即

$$\begin{cases} \tau_x^a = \dfrac{t_a}{a_x}\dfrac{\psi}{\alpha+\psi}\dfrac{1-\nu_a}{1-\nu_a^2}E_a\varepsilon_{\mathrm{ISA}} \\[4mm] \tau_y^a = \dfrac{t_a}{a_y}\dfrac{\psi}{\alpha+\psi}\dfrac{1-\nu_a}{1-\nu_a^2}E_a\varepsilon_{\mathrm{ISA}} \end{cases} \quad （理想粘贴时的切应力） \tag{8-159}$$

利用单位冲激函数 $\delta(x)$、$\delta(y)$ 和单位阶跃函数 $H(x)$、$H(y)$，可将线力模型简写为

$$\begin{cases} \tau_{xz}(x,y) = a_x\tau_x^e[-\delta(x+a_x)+\delta(x-a_x)][H(y+a_y)-H(y-a_y)] \\[2mm] \tau_{yz}(x,y) = a_y\tau_y^e[-\delta(y+a_y)+\delta(y-a_y)][H(x+a_x)-H(x-a_x)] \end{cases} \quad （线力模型）\tag{8-160}$$

8.4　圆形 PWAS 的剪切层分析

8.4.1　柱坐标系下的圆形 PWAS 方程

设圆形 PWAS，半径为 a，厚度为 t，如图 8-12 所示。在压电激励下，沿各个方向都有诱导应变 $\varepsilon_{\mathrm{ISA}}$。这是个轴对称问题，即 $\partial(\cdot)/\partial\theta = 0$，且没有周向位移，即 $u_\theta = 0$。因为仅有径向位移 u_r，可以简化符号，去掉下标 r，用 u 代替 u_r。则极坐标下应变位移关系简化为

$$\begin{cases} \varepsilon_r = \dfrac{\partial u_r}{\partial r} \\[4mm] \varepsilon_\theta = \dfrac{1}{r}\dfrac{\partial u_\theta}{\partial\theta} + \dfrac{u_r}{r} \end{cases} \rightarrow \begin{cases} \varepsilon_r = u' \\[4mm] \varepsilon_\theta = \dfrac{u}{r} \end{cases} \tag{8-161}$$

注意，尽管周向位移为零，即 $u_\theta = 0$，但周向应变 ε_θ 不为零，即周向应力 σ_θ 不为零。

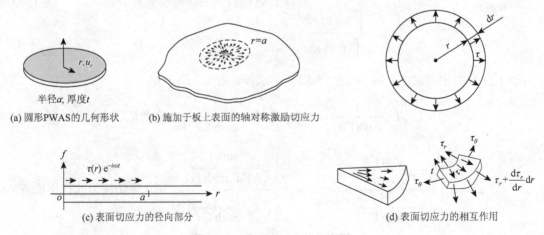

(a) 圆形PWAS的几何形状　　(b) 施加于板上表面的轴对称激励切应力

(c) 表面切应力的径向部分　　　　　　　(d) 表面切应力的相互作用

图 8-12　圆形 PWAS 的示意图

图 8-12d 表示切应力相互作用，切应力 τ 沿正方向作用于结构，并产生激励，反作用力沿负方向作用于 PWAS。PWAS 上微元的平衡为

$$\frac{\mathrm{d}\sigma_r^a}{\mathrm{d}r} + \frac{\sigma_r^a - \sigma_\theta^a}{r} = \frac{\tau}{t_a} \quad \text{(PWAS)} \tag{8-162}$$

结构上微元的平衡为

$$\frac{\mathrm{d}\sigma_r}{\mathrm{d}r} + \frac{\sigma_r - \sigma_\theta}{r} = -\alpha \frac{\tau}{t} \quad \text{(结构)} \tag{8-163}$$

式（8-162）、式（8-163）对应于 1-D 中的式（8-17）、式（8-18）。

柱坐标系下，PWAS 和结构的应力应变关系为

$$\begin{cases} \sigma_r^a = \dfrac{E_a}{1-v_a^2}(\varepsilon_r^a + v_a \varepsilon_\theta^a) - \dfrac{E_a(1+v_a)}{1-v_a^2}\varepsilon_{\mathrm{ISA}} \\[3mm] \sigma_\theta^a = \dfrac{E_a}{1-v_a^2}(v_a \varepsilon_r^a + \varepsilon_\theta^a) - \dfrac{E_a(1+v_a)}{1-v_a^2}\varepsilon_{\mathrm{ISA}} \end{cases} \quad \text{(PWAS)} \tag{8-164}$$

$$\begin{cases} \sigma_r = \dfrac{E}{1-v^2}(\varepsilon_r + v\varepsilon_\theta) \\[3mm] \sigma_\theta = \dfrac{E}{1-v^2}(v\varepsilon_r + \varepsilon_\theta) \end{cases} \quad \text{(结构)} \tag{8-165}$$

将式（8-161）代入式（8-164）、式（8-165）得

$$\begin{cases} \sigma_r^a = \dfrac{E_a}{1-v_a^2}\left(u_a' + v_a \dfrac{u_a}{r}\right) - \dfrac{(1+v_a)}{1-v_a^2}E_a \varepsilon_{\mathrm{ISA}} \\[3mm] \sigma_\theta^a = \dfrac{E_a}{1-v_a^2}\left(v_a u_a' + \dfrac{u_a}{r}\right) - \dfrac{(1+v_a)}{1-v_a^2}E_a \varepsilon_{\mathrm{ISA}} \end{cases} \quad \text{(PWAS)} \tag{8-166}$$

$$\begin{cases} \sigma_r = \dfrac{E}{1-v^2}\left(u' + v\dfrac{u}{r}\right) \\[3mm] \sigma_\theta = \dfrac{E}{1-v^2}\left(vu' + \dfrac{u}{r}\right) \end{cases} \quad \text{(结构)} \tag{8-167}$$

胶层内的应力应变关系为

$$\tau = G_b \frac{u_a - u}{t_b} \quad \text{(胶层)} \tag{8-168}$$

将式（8-166）、式（8-167）代入式（8-162）、式（8-163）得

$$u_a'' + \frac{u_a'}{r} - \frac{u_a}{r^2} = \frac{1-v_a^2}{E_a}\frac{\tau}{t_a} \quad \text{(PWAS)} \tag{8-169}$$

$$u'' + \frac{u'}{r} - \frac{u}{r^2} = -\alpha \frac{1-v^2}{E}\frac{\tau}{t} \quad \text{(结构)} \tag{8-170}$$

证明：用式（8-167）中的第一行减第二行得

$$\sigma_r - \sigma_\theta = \frac{E(1-v)}{1-v^2}\left(u' - \frac{u}{r}\right) \quad \text{(结构)} \tag{8-171}$$

对式（8-167）中的 σ_r 求导得

$$\frac{\mathrm{d}\sigma_r}{\mathrm{d}r} = \frac{E}{1-v^2}\left[u'' + v\left(-\frac{u}{r^2} + \frac{u'}{r}\right)\right] \quad \text{(结构)} \tag{8-172}$$

将式（8-171）、式（8-172）代入式（8-163）得

$$\frac{E}{1-v^2}\left[u''+v\left(-\frac{u}{r^2}+\frac{u'}{r}\right)\right]+\frac{E(1-v)}{1-v^2}\left(\frac{u'}{r}-\frac{u}{r^2}\right)=-\alpha\frac{\tau}{t} \tag{8-173}$$

或

$$u''+v\left(-\frac{u}{r^2}+\frac{u'}{r}\right)+(1-v)\frac{u'}{r}-(1-v)\frac{u}{r^2}=-\alpha\frac{1-v^2}{E}\frac{\tau}{t} \tag{8-174}$$

化简式（8-174）得式（8-170）。类似可得式（8-169）。证明完毕。

式（8-169）减式（8-170）得

$$(u_a''-u'')+\frac{(u_a'-u')}{r}-\frac{(u_a-u)}{r^2}=\left(\frac{1-v_a^2}{E_at_a}+\alpha\frac{1-v^2}{Et}\right)\tau \quad\text{（PWAS）} \tag{8-175}$$

由式（8-168）得

$$u_a-u=\frac{t_b}{G_b}\tau \quad\text{（胶层）} \tag{8-176}$$

将式（8-176）代入式（8-175），并整理得

$$\tau''+\frac{\tau'}{r}-\frac{\tau}{r^2}=\frac{G_b}{t_b}\left(\frac{1-v_a^2}{E_at_a}+\alpha\frac{1-v^2}{Et}\right)\tau \tag{8-177}$$

式（8-117）、式（8-120）给出了 2-D 剪切滞参数 Γ，式（8-119）给出了 2-D 相对硬度系数 ψ，即

$$\Gamma^2=\frac{G_b}{t_b}\left(\frac{1-v_a^2}{E_at_a}+\alpha\frac{1-v^2}{Et}\right)=\frac{G_b}{t_b}\frac{1-v_a^2}{E_at_a}\frac{\alpha+\psi}{\psi} \quad\text{（2-D 剪切滞参数）} \tag{8-178}$$

$$\psi=\frac{Et}{1-v^2}\bigg/\frac{E_at_a}{1-v_a^2} \quad\text{（2-D 相对硬度系数）} \tag{8-179}$$

将式（8-178）代入式（8-177）得

$$\tau''+\frac{1}{r}\tau'-\frac{1}{r^2}\tau=\Gamma^2\tau \tag{8-180}$$

整理式（8-180）可得关于变量 $z=\Gamma r$ 的一阶改进 Bessel 方程，即

$$z^2\frac{\mathrm{d}^2\tau}{\mathrm{d}z^2}+z\frac{\mathrm{d}\tau}{\mathrm{d}z}-(z^2+1)\tau=0 \tag{8-181}$$

证明：将式（8-180）乘 r^2 并整理得

$$r^2\tau''+r\tau'-(r^2\Gamma^2+1)\tau=0 \tag{8-182}$$

$$z=\Gamma r \qquad \frac{1}{r}=\Gamma\frac{1}{z} \qquad r\frac{\mathrm{d}\tau}{\mathrm{d}r}=r\Gamma\frac{\mathrm{d}\tau}{\mathrm{d}z}=z\frac{\mathrm{d}\tau}{\mathrm{d}z}$$

$$\mathrm{d}z=\Gamma\mathrm{d}r \qquad \frac{\mathrm{d}}{\mathrm{d}r}=\Gamma\frac{\mathrm{d}}{\mathrm{d}z} \qquad r^2\frac{\mathrm{d}^2\tau}{\mathrm{d}r^2}=r^2\Gamma^2\frac{\mathrm{d}^2\tau}{\mathrm{d}z^2}=z^2\frac{\mathrm{d}^2\tau}{\mathrm{d}z^2} \tag{8-183}$$

将式（8-183）代入式（8-182）可得式（8-181），是一阶改进 Bessel 方程的标准形式
（附录 A 及本章参考文献[3]第 374 页 9.6.1 节）。证明完毕。

式（8-181）解的形式为

$$\tau(r)=CI_1(\Gamma r),\quad r\leqslant a \tag{8-184}$$

其中，I_1 是一阶改进 Bessel 方程。如图 8-13 所示，式（8-184）中的常数 C 由 $r=a$ 处的边界条件确定，即

$$\sigma_r^a(a) = 0 \quad (\text{圆形 PWAS 的自由边条件}) \tag{8-185}$$

$$\sigma_r(r \geq a) = 0 \quad (\text{板外载荷为零}) \tag{8-186}$$

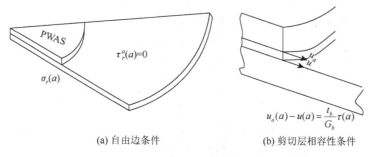

(a) 自由边条件　　　　　　　(b) 剪切层相容性条件

图 8-13　圆形 PWAS 的边界条件

将式（8-166）、式（8-167）代入式（8-185）、式（8-186），并整理得

$$u_a'(a) + v_a \frac{u_a(a)}{r} = (1 + v_a)\varepsilon_{\text{ISA}} \quad (\text{PWAS 的边界条件}) \tag{8-187}$$

$$u' + v\frac{u}{a} = 0 \quad (\text{结构的边界条件}) \tag{8-188}$$

显然，为得到自由边边界条件，需要找到的 $u_a(r)$、$u(r)$ 解。

为找到 $u_a(r)$ 解，将式（8-184）代入式（8-169），得

$$u_a'' + \frac{u_a'}{r} - \frac{u_a}{r^2} = \frac{1-v_a^2}{E_a}\frac{1}{t_a}CI_1(\Gamma r) \quad (\text{PWAS}) \tag{8-189}$$

式（8-189）的解需满足自由边边界条件式（8-187）和原点的轴对称条件，即

$$u_a(0) = 0 \quad (\text{原点的轴对称条件}) \tag{8-190}$$

式（8-189）的全解是一个通解加一个特解（本章参考文献[1]第 80 页），即 $u_a = u_a^c + u_a^p$，其中，通解 u_a^c 是齐次方程的解，而特解 u_a^p 是满足完全非齐次方程的一个解。本文讨论的情况中，式（8-189）的齐次方程部分为

$$u_a'' + \frac{u_a'}{r} - \frac{u_a}{r^2} = 0 \quad (\text{齐次方程}) \tag{8-191}$$

式（8-191）是零阶改进 Bessel 方程（附录 B 及本章参考文献[3]第 374 页），式（8-191）的通解为

$$u_a^c(r) = \cancel{C_1}I_0(r) + \cancel{C_2}K_0(r) + D_a r = D_a r \quad (\text{齐次方程}) \tag{8-192}$$

其中，I_0、K_0 是零阶改进 Bessel 函数；C_1、C_2、D_a 是任意条件。但是，在原点 $r=0$ 的物理参数使 C_1、C_2 都等于零，仅剩一次项 $D_a r$。

证明：①改进的 Bessel 函数 $K_0(r)$ 在原点无穷大，即 $K_0 \xrightarrow{r\to 0} \infty$，在物理实际中是不可能的，因此 $C_2=0$；改进的 Bessel 函数 $I_0(r)$ 在原点值为 1，即 $I_0(0)=1$，这使 $u'_a=1$，$u''_a=0$，与式（8-191）矛盾，因此 $C_1=0$；②线性函数 $u_a=r$ 满足齐次方程（8-191），因为 $u'_a=1$，$u''_a=0$，代入式（8-191）得到 $u''_a + \dfrac{u'_a}{r} - \dfrac{u_a}{r^2} = 0_a + \dfrac{1}{r} - \dfrac{r}{r^2} = 0$。证明完毕。

式（8-189）的特解与方程右边取相同的形式，即

$$u_a^p(r) = B_a I_1(\Gamma r) \tag{8-193}$$

其中

$$B_a = \frac{1-v_a^2}{E_a t_a}\frac{1}{\Gamma^2}C \tag{8-194}$$

证明：将式（8-193）代入式（8-189）得

$$B_a\left[\frac{\mathrm{d}^2 I_1(\Gamma r)}{\mathrm{d}r^2} + \frac{1}{r}\frac{\mathrm{d}I_1(\Gamma r)}{\mathrm{d}r} - \frac{I_1(\Gamma r)}{r^2}\right] = \frac{1-v_a^2}{E_a}\frac{1}{t_a}CI_1(\Gamma r) \tag{8-195}$$

$I_1(\Gamma r)$ 满足式（8-180），即

$$\frac{\mathrm{d}^2 I_1(\Gamma r)}{\mathrm{d}r^2} + \frac{1}{r}\frac{\mathrm{d}I_1(\Gamma r)}{\mathrm{d}r} - \frac{I_1(\Gamma r)}{r^2} = \Gamma^2 I_1(\Gamma r) \tag{8-196}$$

将式（8-196）代入（式 8-195）得式（8-194）。证明完毕。

将式（8-192）、式（8-193）、式（8-194）相加得 PWAS 径向位移的全解，即

$$u_a(r) = B_a I_1(\Gamma r) + D_a r = \frac{1-v_a^2}{E_a}\frac{1}{t_a}\frac{1}{\Gamma^2}CI_1(\Gamma r) + D_a r \tag{8-197}$$

类似地，可得到结构的径向位移为

$$u(r) = BI_1(\Gamma r) + Dr = -\alpha\frac{1-v^2}{E}\frac{1}{t}\frac{1}{\Gamma^2}CI_1(\Gamma r) + Dr \tag{8-198}$$

$$B = -\alpha\frac{1-v^2}{Et}\frac{1}{\Gamma^2}C \tag{8-199}$$

将 $u_a(r)$、$u(r)$ 的解式（8-197）、式（8-198）代入边界条件式（8-187）、式（8-188）来确定未知数 C、D_a、D。将式（8-197）、式（8-198）代入式（8-187）、式（8-188）的左边得

$$u'_a(a) + v_a\frac{u_a}{a} = B_a\left(\Gamma I_0 - \frac{1-v_a}{a}I_1\right) + D_a(1+v_a) \quad \text{在}r=a\text{处} \tag{8-200}$$

$$u' + v\frac{u}{a} = B\left(\Gamma I_0 - \frac{1-v}{a}I_1\right) + D(1+v) \quad \text{在}r=a\text{处} \tag{8-201}$$

证明：根据附录 A，写出

$$I'_1(z) = I_0(z) - \frac{I_1(z)}{z} \tag{8-202}$$

结合式（8-183）、式（8-202）得

$$\frac{\mathrm{d}I_1(\Gamma r)}{\mathrm{d}r} = \Gamma I'_1 = \Gamma I_0 - \Gamma\frac{I_1}{\Gamma r} = \Gamma I_0 - \frac{I_1}{r} \tag{8-203}$$

$$u_a' + v_a \frac{u_a}{r} = B_a \frac{\mathrm{d}I_1}{\mathrm{d}r} + \frac{v_a}{r} B_a I_1 + D_a + v_a \frac{D_a \cancel{r}}{\cancel{r}}$$

$$= B_a \left(\Gamma I_0 - \frac{1}{r} I_1 + \frac{v_a}{r} I_1 \right) + D_a (1 + v_a) \tag{8-204}$$

$$= B_a \left(\Gamma I_0 - \frac{1 - v_a}{r} I_1 \right) + D_a (1 + v_a)$$

式（8-200）得证，类似地，可证式（8-201）。

将式（8-200）、式（8-201）代入式（8-187）、式（8-188）得

$$B_a \left(\Gamma I_0 - \frac{1 - v_a}{a} I_1 \right) + D_a (1 + v_a) = (1 + v_a) \varepsilon_{\text{ISA}} \tag{8-205}$$

$$B \left(\Gamma I_0 - \frac{1 - v}{a} I_1 \right) + D(1 + v) = 0 \tag{8-206}$$

式（8-206）中解出由 B 表示的 D，再利用式（8-199）将 D 用 C 表示，即

$$D = -\frac{1}{(1 + v)} \left(\Gamma I_0 - \frac{1 - v}{a} I_1 \right) B = \alpha \frac{1}{(1 + v)} \left(\Gamma I_0 - \frac{1 - v}{a} I_1 \right) \frac{1 - v^2}{Et} \frac{1}{\Gamma^2} C \tag{8-207}$$

将 $u_a(r)$、$u(r)$ 代入剪切层满足的式（8-176）可得 D 和 D_a 的关系，即

$$u_a - u = (B_a - B) I_1 + (D_a - D) = \frac{t_b}{G_b} C I_1 \tag{8-208}$$

整理式（8-208）并利用式（8-178）、式（8-194）、式（8-199）得

$$D_a = D = \alpha \frac{1}{(1 + v)} \left(\Gamma I_0 - \frac{1 - v}{a} I_1 \right) \frac{1 - v^2}{Et} \frac{1}{\Gamma^2} C \tag{8-209}$$

证明：利用式（8-194）、式（8-199）写出

$$B_a - B = \left(\frac{1 - v_a^2}{E_a} \frac{1}{t_a} + \alpha \frac{1 - v^2}{E} \frac{1}{t} \right) \frac{1}{\Gamma^2} C \tag{8-210}$$

利用式（8-178）将式（8-210）写为

$$B_a - B = \frac{t_b}{G_b} C \tag{8-211}$$

将式（8-211）、式（8-211）代入式（8-208）得

$$\frac{t_b}{\cancel{G_b}} C I_1 + (D_a - D) = \frac{t_b}{\cancel{G_b}} C I_1 \tag{8-212}$$

由式（8-212）可得式（8-209）。证明完毕。

将式（8-194）、式（8-209）代入式（8-205）得

$$\frac{1 - v_a^2}{E_a t_a} \frac{1}{\Gamma^2} C \left(\Gamma I_0 - \frac{1 - v_a}{a} I_1 \right) + \alpha \frac{1}{(1 + v)} \left(\Gamma I_0 - \frac{1 - v}{a} I_1 \right) \frac{1 - v^2}{Et} \frac{1}{\Gamma^2} C (1 + v_a) = (1 + v_a) \varepsilon_{\text{ISA}} \tag{8-213}$$

或

$$\left[\frac{1 + v_a}{E_a t_a} \left(\Gamma I_0 - \frac{1 - v_a}{a} I_1 \right) + \alpha \left(\Gamma I_0 - \frac{1 - v}{a} I_1 \right) \frac{1 - v}{Et} \right] \frac{1}{\Gamma^2} C = \varepsilon_{\text{ISA}} \tag{8-214}$$

整理可得

$$\left\{\Gamma I_0\left(\frac{1+v_a}{E_a t_a}+\alpha\frac{1-v}{Et}\right)-\left[\frac{(1-v_a)^2}{E_a t_a}+\alpha\frac{(1-v)^2}{Et}\right]\frac{I_1}{a}\right\}\frac{1}{\Gamma^2}C=\varepsilon_{\text{ISA}} \qquad (8\text{-}215)$$

解式（8-215）得

$$C=\left\{\Gamma I_0(\Gamma a)\left(\frac{1+v_a}{E_a t_a}+\alpha\frac{1-v}{Et}\right)-\left[\frac{(1-v_a)^2}{E_a t_a}+\alpha\frac{(1-v)^2}{Et}\right]\frac{I_1(\Gamma a)}{a}\right\}^{-1}\Gamma^2\varepsilon_{\text{ISA}} \quad (8\text{-}216)$$

因此，式（8-184）改写为

$$\tau(r)=\Gamma^2\varepsilon_{\text{ISA}}\left\{\Gamma I_0(\Gamma a)\left(\frac{1+v_a}{E_a t_a}+\alpha\frac{1-v}{Et}\right)-\left[\frac{(1-v_a)^2}{E_a t_a}+\alpha\frac{(1-v)^2}{Et}\right]\frac{I_1(\Gamma a)}{a}\right\}^{-1}I_1(\Gamma r)$$

$$(8\text{-}217)$$

8.4.2　圆形 PWAS 的有效线力模型和理想粘贴分析

利用圆形线力模型，则 8.2.3 节和 8.2.4 节中用于 1-D 剪切滞分析的钉扎力模型可以扩展到圆形 PWAS 分析中，如图 8-14 所示。图 8-14a 中作用于圆周 $2\pi a$、强度为 $F_e=a\tau_e$ 的圆形线力和图 8-14b 中作用于整个 PWAS 区域的切应力 $\tau(r)$ 积分的作用等效。用 δ 函数 $\delta(r)$ 表示有效切应力为

$$F_e\frac{a}{r}\delta(r-a_e),\ F_e=a\tau_e \quad （有效线力） \qquad (8\text{-}218)$$

为简化积分，将有效切应力写为

$$a^2\tau_e\frac{\delta(r-a_e)}{r} \quad （有效切应力） \qquad (8\text{-}219)$$

积分为

$$\int a^2\tau_e\frac{\delta(r-a_e)}{r}\mathrm{d}A=\int\tau\mathrm{d}A \qquad (8\text{-}220)$$

式（8-220）的左边积分得

$$\int a^2\tau_e\frac{\delta(r-a_e)}{r}\mathrm{d}A=\int_0^\infty\int_0^{2\pi}a^2\tau_e\frac{\delta(r-a_e)}{r}r\mathrm{d}r\mathrm{d}\theta=2\pi a^2\tau_e \qquad (8\text{-}221)$$

式（8-220）的右边为

$$\int_0^\infty\int_0^{2\pi}\tau(r)r\mathrm{d}r\mathrm{d}\theta=2\pi\int_0^\infty\tau(r)r\mathrm{d}r \qquad (8\text{-}222)$$

将式（8-221）、式（8-222）代入式（8-220）得

$$\tau_e=\frac{1}{a^2}\int_0^a\tau(r)r\mathrm{d}r \qquad (8\text{-}223)$$

式（8-223）的积分从 0 到 a，因为切应力 $\tau(r)$ 只在 $r\leqslant a$ 非零，如图 8-14c 所示。有效切应力 τ_e 的作用位置 a_e 为

$$a_e=\frac{\int_0^a\tau(r)r^2\mathrm{d}r}{\int_0^a\tau(r)r\mathrm{d}r} \qquad (8\text{-}224)$$

式（8-184）给出由改进的 Bessel 函数表示的 $\tau(r)$，即

$$\tau(r) = CI_1(\Gamma r), \qquad r \leqslant a \qquad (8\text{-}225)$$

其中，常数 C 由式（8-216）给出。将式（8-184）代入式（8-223）、式（8-224）得

$$\tau_e = \frac{C}{a^2}\int_0^a I_1(\Gamma r)r\mathrm{d}r, \quad a_e = \frac{\displaystyle\int_0^a I_1(\Gamma r)r^2\mathrm{d}r}{\displaystyle\int_0^a I_1(\Gamma r)r\mathrm{d}r} \qquad (8\text{-}226)$$

注意，$\displaystyle\int_0^a I_1(\Gamma r)r^2\mathrm{d}r$ 的封闭解存在，因为

$$\int_0^a I_1(z)z^2\mathrm{d}z = z^2 I_0(z) - 2z I_1(z) \qquad (8\text{-}227)$$

式（8-227）可以简单地通过求导证明。$\displaystyle\int_0^a I_1(\Gamma r)r\mathrm{d}r$ 的积分没有封闭解。

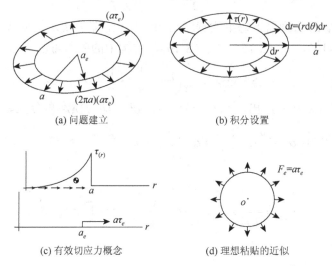

(a) 问题建立　　　　　　　　　(b) 积分设置

(c) 有效切应力概念　　　　　　(d) 理想粘贴的近似

图 8-14　圆形 PWAS 的有效剪切激励

渐进性：当胶层非常薄（$t_b \to 0$）或非常硬（$G_b \to \infty$），或既薄且硬时，剪切滞常数变得非常大（$\Gamma \to \infty$），且有效值趋近于理想粘贴时的值，即

$$\begin{cases} \tau_e \underset{\Gamma \to \infty}{\longrightarrow} \tau_a = \dfrac{1}{a^2}\lim_{\Gamma \to \infty}C\int_0^a I_1(\Gamma r)r\mathrm{d}r \\[2mm] a_e \underset{\Gamma \to \infty}{\longrightarrow} a \\[2mm] F_e = a\tau_e \underset{\Gamma \to \infty}{\longrightarrow} F_a = a\tau_a \\[2mm] \tau(r) \underset{\Gamma \to \infty}{\longrightarrow} F_a\dfrac{a}{r}\delta(r-a) = a^2\tau_a\dfrac{\delta(r-a)}{r} \end{cases} \qquad (\text{理想粘贴条件}) \qquad (8\text{-}228)$$

8.5　PWAS 与结构间的能量传递

本书利用剪切滞模型和钉扎力模型研究 PWAS 与结构间的能量传递。

8.5.1　基于剪切滞模型的能量传递分析

由压电效应产生的机械能一部分转移到结构，一部分储存在 PWAS 激励器中，后者是由于 PWAS 激励器的硬度不是无限大。首先，本节分析能量是如何传递到结构中的，然后计算有多少能量以内压的形式储存在 PWAS 激励器中。所有讨论中宽度均为单位宽度。

传递到结构的能量既可用结构中的弹性能计算，也可用胶层切应力对结构表面做的功计算，这两种方法是等价的。

（1）结构中的弹性能

结构中的弹性能用积分表示为

$$W_{\text{str}} = \int_V \frac{1}{2} \sigma \varepsilon \mathrm{d}V = \int_V \frac{1}{2} \frac{\sigma^2}{E} \mathrm{d}V \tag{8-229}$$

积分体积 V 取 PWAS 激励器下每单位宽度结构的体积，即 $V = l_a t$。根据式（8-4）、式（8-8）、式（8-9）、式（8-10）、式（8-15）、式（8-16），结构中的应力可以写为

$$\bar{\sigma}(x, y) = \frac{1}{\alpha}\left(\alpha_{\text{S}} + \frac{y}{d}\alpha_{\text{A}}\right)\sigma(x) \tag{8-230}$$

其中，$\sigma(x)$ 由式（8-56）给出，且 $\alpha_{\text{S}} = 1$，$\alpha_{\text{A}} = 3$，均为模态再分配系数。除以 α 使得 $\bar{\sigma}(x, d) = \sigma(x)$，因为 $\left(\alpha_{\text{S}} + \frac{y}{d}\alpha_{\text{A}}\right)\bigg|_{y=d} = \alpha_{\text{S}} + \alpha_{\text{A}} = \alpha$。将式（8-230）代入式（8-229），整理得

$$W_{\text{str}} = \frac{1}{2} \frac{1}{E} \frac{1}{\alpha^2}\left[\int_{-d}^{+d}\left(\alpha_{\text{S}} + \frac{y}{d}\alpha_{\text{A}}\right)^2 \mathrm{d}y\right]\int_{-a}^{+a}\sigma^2(x)\mathrm{d}x \tag{8-231}$$

关于 y 的积分为

$$\int_{-d}^{+d}\left(\alpha_{\text{S}} + \frac{y}{d}\alpha_{\text{A}}\right)^2 \mathrm{d}y = \int_{-d}^{+d}\left(\alpha_{\text{S}}^2 + 2\alpha_{\text{S}}\alpha_{\text{A}}\frac{y}{d} + \alpha_{\text{A}}^2\frac{y^2}{d^2}\right)\mathrm{d}y = \left(\alpha_{\text{S}}^2 y + 2\alpha_{\text{S}}\alpha_{\text{A}}\frac{y^2}{2d} + \alpha_{\text{A}}^2\frac{y^3}{3d^2}\right)\bigg|_{-d}^{+d}$$

$$= \alpha_{\text{S}}^2 2d + 0 + \alpha_{\text{A}}^2\frac{2d^3}{3d^2} = 2d\left(\alpha_{\text{S}}^2 + \alpha_{\text{A}}^2\frac{1}{3}\right) \tag{8-232}$$

由 $\alpha_{\text{S}} = 1$、$\alpha_{\text{A}} = 3$、$t = 2d$，式（8-232）化为

$$\int_{-d}^{+d}\left(\alpha_{\text{S}} + \frac{y}{d}\alpha_{\text{A}}\right)^2 \mathrm{d}y = t\left(1^2 + 3^2\frac{1}{3}\right) = 4t = \alpha t \tag{8-233}$$

关于 x 的积分可利用式（8-56）得到

$$\int_{-a}^{+a}\sigma^2(x)\mathrm{d}x = \int_{-a}^{+a}\left[\frac{\alpha}{\alpha + \psi}E\varepsilon_{\text{ISA}}\left(1 - \frac{\cosh\Gamma x}{\cosh\Gamma a}\right)\right]^2\mathrm{d}x = \frac{\alpha^2}{(\alpha + \psi)^2}E^2\varepsilon_{\text{ISA}}^2\int_{-a}^{+a}\left(1 - \frac{\cosh\Gamma x}{\cosh\Gamma a}\right)^2\mathrm{d}x \tag{8-234}$$

将式（8-233）、式（8-234）代入式（8-231）得

$$W_{str} = \frac{1}{2}\frac{1}{E}\frac{1}{\alpha^2}\alpha t\frac{\alpha^2}{(\alpha+\psi)^2}E\varepsilon_{ISA}^2\int_{-a}^{+a}\left(1-\frac{\cosh\Gamma x}{\cosh\Gamma a}\right)^2 dx$$

$$= \frac{1}{2}\frac{\alpha}{(\alpha+\psi)^2}Et\varepsilon_{ISA}^2\int_{-a}^{+a}\left(1-\frac{\cosh\Gamma x}{\cosh\Gamma a}\right)^2 dx$$

(8-235)

式（8-235）中积分计算得

$$\int_{-a}^{+a}\left(1-\frac{\cosh\Gamma x}{\cosh\Gamma a}\right)^2 dx = l_a I(\Gamma a)$$

(8-236)

其中

$$I(\Gamma a) = 1 - \frac{3}{2}\frac{\sinh\Gamma a}{\Gamma a\cosh\Gamma a} + \frac{1}{2}\frac{1}{(\cosh\Gamma a)^2}\quad\text{（粘贴效率因子）}$$

(8-237)

当 Γa 取值很大时，函数 $I(\Gamma a)$ 的值趋近于 1，如图 8-15 所示。此函数给出了粘贴效率的评估方法。在初步研究中，$I(\Gamma a)$ 的值取 90%～97%。

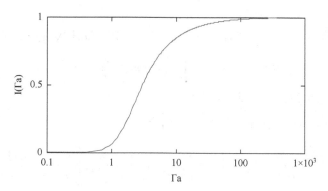

图 8-15　粘贴能量效率随 Γa 的变化

将式（8-236）代入式（8-235）得

$$W_{str} = \frac{1}{2}\frac{\alpha}{(\alpha+\psi)^2}E\varepsilon_{ISA}^2 l_a t I(\Gamma a)$$

(8-238)

利用式（8-32），即 $\psi = Et/E_a t_a$，则式（8-238）变为

$$W_{str} = \frac{\alpha\psi}{(\alpha+\psi)^2}\left(\frac{1}{2}E_a\varepsilon_{ISA}^2 t_a l_a\right)I(\Gamma a)\quad\text{（单位宽度的结构中的能量）}$$

(8-239)

其中，$\frac{1}{2}E_a\varepsilon_{ISA}^2 t_a l_a$ 项表示由压电效应产生的总诱导应变能；系数 $\alpha\psi/(\alpha+\psi)^2$ 表示有多少能量传递到了结构中。

另一种可用来计算结构中能量的方法是

$$W_{str} = \int_V \frac{1}{2}[(\sigma\varepsilon)_{axial} + (\sigma\varepsilon)_{flexural}]dV$$

(8-240)

积分体积 V 取 PWAS 激励器下每单位宽度结构的体积，即 $V=l_a t$。根据式（8-4）、式（8-8）、式（8-9），式（8-10）、式（8-15）、式（8-16），轴向和弯曲应力应变表示为

$$\sigma_{\text{axial}}(x,y) = \frac{\alpha_{\text{S}}}{\alpha}\sigma(x), \quad \varepsilon_{\text{axial}}(x,y) = \frac{\alpha_{\text{S}}}{\alpha}\varepsilon(x) \tag{8-241}$$

$$\sigma_{\text{flexural}}(x,y) = \frac{\alpha_{\text{A}}}{\alpha}\frac{y}{d}\sigma(x), \quad \varepsilon_{\text{flexural}}(x,y) = \frac{\alpha_{\text{A}}}{\alpha}\frac{y}{d}\varepsilon(x) \tag{8-242}$$

$$W_{\text{str}} = \int_V \frac{1}{2}[(\sigma\varepsilon)_{\text{axial}} + (\sigma\varepsilon)_{\text{flexural}}]\mathrm{d}V = \frac{1}{2}\frac{1}{\alpha^2}\int_{-d}^{+d}\left(\alpha_{\text{S}}^2 + \frac{y^2}{d^2}\alpha_{\text{A}}^2\right)\mathrm{d}y\int_{-a}^{+a}\sigma(x)\varepsilon(x)\mathrm{d}x$$

$$= \frac{1}{2}\frac{t}{\alpha^2}\left(\alpha_{\text{S}}^2 + \frac{\alpha_{\text{A}}^2}{3}\right)\int_{-a}^{+a}\sigma(x)\varepsilon(x)\mathrm{d}x = \frac{1}{2}\frac{t}{\alpha}\int_{-a}^{+a}\sigma(x)\varepsilon(x)\mathrm{d}x \tag{8-243}$$

将式（8-55）、式（8-56）代入式（8-243）得

$$W_{\text{str}} = \frac{1}{2}\frac{t}{\alpha}\int_{-a}^{+a}\sigma(x)\varepsilon(x)\mathrm{d}x = \frac{1}{2}\frac{\alpha}{(\alpha+\psi)^2}Et\varepsilon_{\text{ISA}}\int_{-a}^{+a}\left(1 - \frac{\cosh\Gamma x}{\cosh\Gamma a}\right)^2\mathrm{d}x \tag{8-244}$$

式（8-244）与式（8-235）相同，表明两种计算结构中能量的方法是等价的。

（2）结构表面切应力做的功

考虑每单位宽度上，由切应力 $\tau(x)$ 作用于结构上，位移为 $u(x)$ 时所做的功为

$$W_{ss} = \int_{-a}^{+a}\frac{1}{2}\tau(x)u(x)\mathrm{d}x \tag{8-245}$$

将式（8-54）、式（8-57）代入式（8-245）得

$$W_{\text{ss}} = \int_{-a}^{+a}\frac{1}{2}\tau(x)u(x)\mathrm{d}x$$

$$= \frac{1}{2}\int_{-a}^{+a}\frac{t_a}{a}\frac{\psi}{\alpha+\psi}E_a\varepsilon_{\text{ISA}}\left(\Gamma a\frac{\sinh\Gamma x}{\cosh\Gamma a}\right)\frac{\alpha}{\alpha+\psi}\varepsilon_{\text{ISA}}a\left[\frac{x}{a} - \frac{\sinh\Gamma x}{(\Gamma a)\cosh\Gamma a}\right]\mathrm{d}x \tag{8-246}$$

$$= \frac{1}{2}\frac{\alpha\psi}{(\alpha+\psi)^2}E_a t_a\varepsilon_{\text{ISA}}^2\int_{-a}^{+a}\left(\Gamma a\frac{\sinh\Gamma x}{\cosh\Gamma a}\right)\left[\frac{x}{a} - \frac{\sinh\Gamma x}{(\Gamma a)\cosh\Gamma a}\right]\mathrm{d}x$$

式（8-246）中的积分计算为

$$\int_{-a}^{+a}\left(\Gamma a\frac{\sinh\Gamma x}{\cosh\Gamma a}\right)\left[\frac{x}{a} - \frac{\sinh\Gamma x}{(\Gamma a)\cosh\Gamma a}\right]\mathrm{d}x = l_a I(\Gamma a) \tag{8-247}$$

其中，$I(\Gamma a)$ 由式（8-237）给出，因此式（8-246）写为

$$W_{\text{ss}} = \int_{-a}^{+a}\frac{1}{2}\tau(x)u(x)\mathrm{d}x = \frac{\alpha\psi}{(\alpha+\psi)^2}\left(\frac{1}{2}E_a\varepsilon_{\text{ISA}}^2 t_a l_a\right)I(\Gamma a) \quad \text{（每单位宽度上切应力做的功）}$$

$$\tag{8-248}$$

注意，式（8-248）与式（8-239）相同，表示结构中的能量[式（8-239）]是由表面应力做功产生的[式（8-248）]。

（3）PWAS 激励器中剩余弹性能

由于可压缩性而保留在每单位宽度 PWAS 激励器中的弹性能为

$$W_a = \int_{V_a}\frac{1}{2}\frac{\sigma_a^2}{E_a}\mathrm{d}V \tag{8-249}$$

每单位宽度上，积分体积为 $V_a=l_a t_a$。将式（8-52）给出的 σ_a 的表达式代入式（8-249）得

$$W_a = \int_{V_a} \frac{1}{2} \frac{\sigma_a^2}{E_a} \mathrm{d}V = \frac{1}{2E_a} t_a \int_{-a}^{+a} \left[\frac{\psi}{\alpha+\psi} E_a \varepsilon_{\mathrm{ISA}} \left(1 - \frac{\cosh \Gamma x}{\cosh \Gamma a} \right) \right]^2 \mathrm{d}x$$

$$= \left(\frac{\psi}{\alpha+\psi} \right)^2 \frac{1}{2E_a} t_a E_a^2 \varepsilon_{\mathrm{ISA}}^2 \int_{-a}^{+a} \left(1 - \frac{\cosh \Gamma x}{\cosh \Gamma a} \right)^2 \mathrm{d}x$$

（8-250）

式（8-250）可进一步化简为

$$W_a = \frac{\psi^2}{(\alpha+\psi)^2} \left(\frac{1}{2} E_a \varepsilon_{\mathrm{ISA}}^2 \right) t_a \int_{-a}^{+a} \left(1 - \frac{\cosh \Gamma x}{\cosh \Gamma a} \right)^2 \mathrm{d}x$$

（单位宽度 PWAS 中的能量）

$$= \frac{\psi^2}{(\alpha+\psi)^2} \left(\frac{1}{2} E_a \varepsilon_{\mathrm{ISA}}^2 t_a l_a \right) I(\Gamma a)$$

（8-251）

其中，$I(\Gamma a)$ 由式（8-237）给出；$\frac{1}{2} E_a \varepsilon_{\mathrm{ISA}}^2 t_a l_a$ 表示由压电效应产生的总诱导应变能；系数 $\psi^2/(\alpha+\psi)^2$ 表示有多少能量以弹性压缩能形式储存在 PWAS 激励器中，而不能传递到结构。

（4）胶层中的弹性能

储存在胶层中的弹性能表示为

$$W_b = \int_{W_b} \frac{1}{2} \frac{\tau^2}{G_b} \mathrm{d}V$$

（8-252）

每单位宽度中，积分体积为 $V_b=l_a t_b$。将由式（8-54）表示的 τ 代入式（8-252）得

$$W_b = \int_{V_b} \frac{1}{2} \frac{\tau^2}{G_b} \mathrm{d}V = \frac{1}{2} \frac{t_b}{G_b} \int_{-a}^{+a} \tau^2 \mathrm{d}x = \frac{1}{2} \frac{t_b}{G_b} \int_{-a}^{+a} \left[\frac{t_a}{a} \frac{\psi}{\alpha+\psi} E_a \varepsilon_{\mathrm{ISA}} \left(\Gamma a \frac{\sinh \Gamma x}{\cosh \Gamma a} \right) \right]^2 \mathrm{d}x$$

$$= \frac{1}{2} \frac{t_b}{G_b} \frac{t_a^2}{a^2} \left(\frac{\psi}{\alpha+\psi} \right)^2 E_a^2 \varepsilon_{\mathrm{ISA}}^2 \Gamma^2 a^2 \frac{1}{(\cosh \Gamma a)^2} \int_{-a}^{+a} (\sinh \Gamma x)^2 \mathrm{d}x$$

（8-253）

式（8-254）可用式（8-33）简化，即

$$W_b = \frac{t_b}{G_b} t_a^2 \Gamma^2 \left(\frac{\psi}{\alpha+\psi} \right)^2 \frac{1}{2} E_a^2 \varepsilon_{\mathrm{ISA}}^2 \frac{1}{(\cosh \Gamma a)^2} \int_{-a}^{+a} (\sinh \Gamma x)^2 \mathrm{d}x$$

$$= \frac{t_b}{G_b} t_a^2 \frac{G_b}{E_a} \frac{1}{t_a t_b} \frac{\alpha+\psi}{\psi} \left(\frac{\psi}{\alpha+\psi} \right)^2 \frac{1}{2} E_a^2 \varepsilon_{\mathrm{ISA}}^2 \frac{1}{(\cosh \Gamma a)^2} \int_{-a}^{+a} (\sinh \Gamma x)^2 \mathrm{d}x$$ （8-254）

$$= \frac{\psi}{\alpha+\psi} \frac{1}{2} E_a \varepsilon_{\mathrm{ISA}}^2 t_a \frac{1}{(\cosh \Gamma a)^2} \int_{-a}^{+a} (\sinh \Gamma x)^2 \mathrm{d}x$$

其中

$$\int (\sinh \Gamma x)^2 \mathrm{d}x = \frac{1}{4\Gamma} \sinh 2\Gamma x - \frac{x}{2} + C$$

（8-255）

因此

$$\int_{-a}^{+a} (\sinh \Gamma x)^2 \,dx = \left(\frac{1}{4\Gamma} \sinh 2\Gamma x - \frac{x}{2} + C \right) \bigg|_{-a}^{+a} = \frac{2}{4\Gamma} \sinh 2\Gamma a - \frac{2a}{2} = \frac{1}{2\Gamma} \sinh 2\Gamma a - a \quad (8\text{-}256)$$

将式（8-256）代入式（8-254）得

$$W_b = \frac{\psi}{\alpha + \psi} \frac{1}{2} E_a \varepsilon_{\text{ISA}}^2 t_a \frac{1}{(\cosh \Gamma a)^2} \left(\frac{a}{2\Gamma a} \sinh 2\Gamma a - a \right)$$

$$= \frac{\psi}{\alpha + \psi} \frac{1}{2} E_a \varepsilon_{\text{ISA}}^2 t_a l_a \frac{1}{2} \frac{1}{(\cosh \Gamma a)^2} \left(\frac{\sinh 2\Gamma a}{2\Gamma a} - 1 \right) \quad (8\text{-}257)$$

定义函数

$$I_b(\Gamma a) = \frac{1}{2} \frac{1}{(\cosh \Gamma a)^2} \left(\frac{\sinh 2\Gamma a}{2\Gamma a} - 1 \right) \quad (8\text{-}258)$$

将式（8-258）代入式（8-257）得

$$W_b = \frac{\psi}{\alpha + \psi} \frac{1}{2} E_a \varepsilon_{\text{ISA}}^2 t_a l_a I_b(\Gamma a) \quad (8\text{-}259)$$

如图 8-16 所示，当 Γa 的值非常小或非常大时，$I_b(\Gamma a)$ 的值趋近于零；当 $\Gamma a \approx 1.6$ 时，$I_b(\Gamma a)$ 的值趋近于峰值。

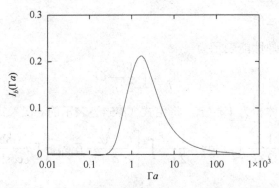

图 8-16　胶层内保留的能量函数 $I_b(\Gamma a)$ 随 Γa 的变化

8.5.2　基于钉扎力模型的能量传递分析

因为钉扎力模型是一个应力应变均为常值的模型，所以储存在激励器中和传递到结构中的能量的计算将更简单。

已经得到式（8-71）、式（8-72）、式（8-73）、式（8-74），即

$$\tau_a = \frac{\psi}{\alpha + \psi} \frac{t_a}{a} E_a \varepsilon_{\text{ISA}} \quad \text{（理想粘贴条件下的切应力）} \quad (8\text{-}260)$$

$$F_a = a\tau_a \quad \text{（每单位宽度的钉扎力）} \quad (8\text{-}261)$$

$$N_a = F_a \quad \text{（每单位宽度的轴力）} \quad (8\text{-}262)$$

$$M_a = F_a d = F_a \frac{t}{2} \quad \text{（每单位宽度的力矩）} \quad (8\text{-}263)$$

（1）结构中的弹性能

受轴力 N_a 和弯矩 M_a 的梁结构中储存的能量简化为

$$W_{str} = \frac{1}{2}\frac{N_a^2 l_a}{EA} + \frac{1}{2}\frac{M_a^2 l_a}{EI} \tag{8-264}$$

其中，A 为截面积；I 表示横截面的惯性矩。

$$A = t, \quad I = \frac{t^3}{12} \quad （假设为单位宽度） \tag{8-265}$$

将式（8-261）、式（8-262）、式（8-263）、式（8-265）代入式（8-264）得

$$W_{str} = \frac{1}{2}l_a\frac{(a\tau_a)^2}{Et} + \frac{1}{2}l_a\frac{\left(a\tau_a\frac{t}{2}\right)^2}{E\frac{t^3}{12}} = \frac{1}{2}l_a\frac{(a\tau_a)^2}{Et} + \frac{3}{2}l_a\frac{(a\tau_a)^2}{Et} = \frac{1}{2}l_a\frac{(a\tau_a)^2}{Et}(1+3)$$

$$= \alpha l_a\frac{1}{2}\frac{(a\tau_a)^2}{Et} \tag{8-266}$$

根据由式（8-260）给出的 τ_a 的定义，可以得到

$$W_{str} = \alpha l_a\frac{1}{2}\frac{(a\tau_a)^2}{Et} = \alpha l_a\frac{1}{2}\frac{a^2}{Et}\left(\frac{\psi}{\alpha+\psi}\frac{t_a}{a}E_a\varepsilon_{ISA}\right)^2 = \alpha l_a\frac{1}{2}\frac{a^2}{a^2}\frac{E_a t_a}{Et}\left(\frac{\psi}{\alpha+\psi}\right)^2 E_a\varepsilon_{ISA}^2 t_a \tag{8-267}$$

利用式（8-32），即 $\psi = Et/E_a t_a$，将式（8-267）改写为

$$W_{str} = \frac{\alpha\psi}{(\alpha+\psi)^2}\left(\frac{1}{2}E_a\varepsilon_{ISA}^2 t_a l_a\right) \quad （单位宽度的结构中的能量） \tag{8-268}$$

（2）结构表面切应力做的功

根据理想粘贴条件假设（钉扎力模型），仅在 PWAS 的两端存在 PWAS 和结构之间的剪力传递。因此，结构表面切应力做的功可以简写为

$$W_{ss} = \frac{1}{2}F_a u \tag{8-269}$$

其中，u 表示结构上表面的总伸长，即

$$u = N_a\frac{l_a}{EA} + M_a\frac{l_a}{EI}\frac{t}{2} \tag{8-270}$$

将式（8-261）、式（8-262）、式（8-263）、式（8-265）代入式（8-270）得

$$u = (a\tau_a)\frac{l_a}{Et} + \left(a\tau_a\frac{t}{2}\right)\frac{l_a}{E\frac{t^3}{12}}\frac{t}{2} = (a\tau_a)\frac{l_a}{Et} + 3(a\tau_a)\frac{l_a}{Et} = (1+3)\frac{a\tau_a l_a}{Et} = \alpha\frac{a\tau_a l_a}{Et} \tag{8-271}$$

将式（8-261）、式（8-262）、式（8-271）代入式（8-269）得

$$W_{ss} = \frac{1}{2}(a\tau_a)\left(\alpha\frac{a\tau_a l_a}{Et}\right) = \frac{1}{2}\alpha a^2\frac{l_a}{Et}\tau_a^2 = \frac{1}{2}\alpha a^2\frac{l_a}{Et}\left(\frac{\psi}{\alpha+\psi}\frac{t_a}{a}E_a\varepsilon_{ISA}\right)^2$$

$$= \frac{1}{2}\alpha\frac{E_a t_a}{Et}\left(\frac{\psi}{\alpha+\psi}\right)^2\varepsilon_{ISA}^2 E_a t_a l_a \tag{8-272}$$

利用式（8-32），即 $\psi = Et/E_a t_a$，将式（8-272）改写为

$$W_{ss} = \frac{\alpha\psi}{(\alpha+\psi)^2}\left(\frac{1}{2}E_a\varepsilon_{ISA}^2 t_a l_a\right) \quad \text{（单位宽度上切应力做的功）} \tag{8-273}$$

注意，式（8-273）和式（8-268）相同，结构中的能量[式（8-268）]通过表面应力做功[式（8-273）]得到。

（3）PWAS 激励器中剩余弹性能

由于可压缩性而保留在每单位宽度 PWAS 激励器中的弹性能表示为

$$W_a = \frac{1}{2}\frac{F_a^2 l_a}{E_a A_a} \tag{8-274}$$

其中，A_a 为 PWAS 激励器的截面积，即

$$A_a = t_a \quad \text{（假设为单位宽度）} \tag{8-275}$$

将式（8-261）、式（8-275）代入式（8-264）得

$$W_a = \frac{1}{2}\frac{F_a^2 l_a}{E_a A_a} = \frac{1}{2}\frac{(a\tau_a)^2 l_a}{E_a t_a} \tag{8-276}$$

将式（8-260）代入式（8-277）得

$$W_a = \frac{1}{2}\frac{(a\tau_a)^2 l_a}{E_a t_a} = \frac{1}{2}a^2\frac{1}{E_a t_a}\left(\frac{\psi}{\alpha+\psi}\frac{t_a}{a}E_a\varepsilon_{ISA}\right)^2 l_a \tag{8-277}$$

化简式（8-277）得

$$W_a = \frac{\psi^2}{(\alpha+\psi)^2}\frac{1}{2}E_a\varepsilon_{ISA}^2 t_a l_a \quad \text{（单位宽度 PWAS 中的能量）} \tag{8-278}$$

其中，$\frac{1}{2}E_a\varepsilon_{ISA}^2 t_a l_a$ 项表示由压电效应产生的总诱导应变能；系数 $\psi^2/(\alpha+\psi)^2$ 表示有多少能量以弹性压缩能的形式储存在 PWAS 激励器中，而不能传递到结构。

（4）抵抗激励器诱导应变 ε_{ISA} 的反作用力 F_a 做的功

PWAS 激励器由于压电效应而伸长，而结构反作用力 F_a 会抵抗伸长应变 ε_{ISA}，此过程做的功为

$$W_r = \frac{1}{2}F_a\varepsilon_{ISA}l_a \tag{8-279}$$

将式（8-261）代入式（8-279）得

$$W_r = \frac{1}{2}a\tau_a\varepsilon_{ISA}l_a \tag{8-280}$$

将式（8-260）代入式（8-280）得

$$W_r = \frac{1}{2}a\left(\frac{\psi}{\alpha+\psi}\frac{t_a}{a}E_a\varepsilon_{ISA}\right)\varepsilon_{ISA}l_a = \frac{\psi}{\alpha+\psi}\frac{1}{2}E_a\varepsilon_{ISA}^2 t_a l_a \quad \text{（单位宽度上 } F_a \text{ 做的功）} \tag{8-281}$$

（5）能量平衡分析

结构中储存的能量，加上由于其自身可压缩性而保留在 PWAS 中的能量，应该与激励器施加的结构反作用力做的功平衡，即 $W_{\mathrm{str}} + W_a = W_r$。事实上，式（8-268）与式（8-278）相加可得式（8-281），即

$$W_{\mathrm{str}} + W_a = \frac{\alpha\psi}{(\alpha+\psi)^2}\left(\frac{1}{2}E_a\varepsilon_{\mathrm{ISA}}^2 t_a l_a\right) + \frac{\psi^2}{(\alpha+\psi)^2}\frac{1}{2}E_a\varepsilon_{\mathrm{ISA}}^2 t_a l_a = \left[\frac{\alpha\psi}{(\alpha+\psi)^2} + \frac{\psi^2}{(\alpha+\psi)^2}\right]\frac{1}{2}E_a\varepsilon_{\mathrm{ISA}}^2 t_a l_a$$

$$= \frac{(\alpha+\psi)\psi}{(\alpha+\psi)^2}\frac{1}{2}E_a\varepsilon_{\mathrm{ISA}}^2 t_a l_a = \frac{\psi}{(\alpha+\psi)}\frac{1}{2}E_a\varepsilon_{\mathrm{ISA}}^2 t_a l_a = W_r$$

$$(8\text{-}282)$$

（6）与剪切滞解的比较

比较理想粘贴条件下的结果[式（8-268）、式（8-273）、式（8-278）]和相应的剪切滞解结果[式（8-239）、式（8-248）、式（8-251）]可知除剪切滞方程中的粘贴效率系数 $I(\Gamma a)$ 外，这些等式是分别相同的。当 $\Gamma a \to \infty$ 时，$I(\Gamma a) \to 1$ 强调了理想粘贴条件是剪切滞解的极限情况。

8.5.3　最佳能量传递条件

已知由于 PWAS 激励器的可压缩性，由压电效应产生的能量一部分会储存在 PWAS 中，而不能全部传递到结构，即

$$W_{\mathrm{str}} = \frac{\alpha\psi}{(\alpha+\psi)^2}\left(\frac{1}{2}E_a\varepsilon_{\mathrm{ISA}}^2 t_a l_a\right) = \frac{\alpha\psi}{(\alpha+\psi)^2}W_{\mathrm{ISA}} \quad \text{（传递到结构中的能量）} \quad (8\text{-}283)$$

$$W_a = \frac{\psi^2}{(\alpha+\psi)^2}\left(\frac{1}{2}E_a\varepsilon_{\mathrm{ISA}}^2 t_a l_a\right) = \frac{\psi^2}{(\alpha+\psi)^2}W_{\mathrm{ISA}} \quad \text{（储存在 PWAS 中的能量）} \quad (8\text{-}284)$$

其中，W_{ISA} 表示由于压电效应，PWAS 中产生的诱导应变激励能，即

$$W_{\mathrm{ISA}} = \frac{1}{2}E_a\varepsilon_{\mathrm{ISA}}^2 t_a l_a \quad \text{（PWAS 中的诱导应变激励能）} \quad (8\text{-}285)$$

引出问题：是否存在最佳条件使能量尽可能多的传递到结构中？图 8-17 表示当 $\alpha=4$ 时，传递到结构中的能量与参数 ψ 之间的关系，图中能量通过 W_{ISA} 进行了归一化。可以看出，当 $\psi=4$ 时，即当参数 ψ 等于参数 α 时，能量传递达到最大值。用 r 表示表观刚度比，即

$$r = \frac{\psi}{a} = \frac{Et/\alpha}{E_a t_a} \quad (8\text{-}286)$$

注意，在准静态情况下，当 $r=1$ 时能量传递达到最大，这表明了刚度匹配原理——PWAS 的刚度 $E_a t_a$ 要和 PWAS 作用处的结构刚度 Et/α 相匹配。在刚度匹配条件下，结构中的能量和 PWAS 中的能量相等，并且等于最大可传递能量。

$$W_{\max} = \frac{1}{4}\left(\frac{1}{2}E_a \varepsilon_{\mathrm{ISA}}^2 t_a l_a\right) = \frac{1}{4}W_{\mathrm{ISA}} \quad (\text{最大可传递能量}) \tag{8-287}$$

$r=1$ 表示准静态条件下的最大能量传递条件。在动态条件下，由于以下几个因素，应对其进行改进：①惯性载荷将使结构表观刚度随频率变化；②模态共振会影响表观刚度，其在每个模态下都通过最小值；③在超声频率下，结构表观刚度取决于在特定频率下共振的 Lamb 模式；④Lamb 模式下，与频率相关的厚度方向上的位移分布也会影响结构表观刚度。

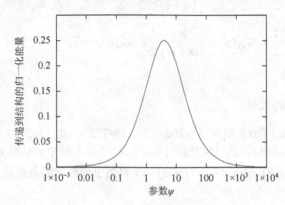

图 8-17　传递到结构中的能量与参数 ψ 的关系：该图利用因子 $W_{\mathrm{ISA}} = \frac{1}{2}E_a \varepsilon_{\mathrm{ISA}}^2 t_a l_a$ 4 标准化

刚度匹配原理相当于电子电路设计中为达到最大能量传递条件的阻抗匹配原理。

8.5.4　利用等效功原理确定 τ_a

确定 τ_a 的另一种方法是利用等效功原理，即证明由力 $F_a = a\tau_a$ 在结构位移上做的功等于由 PWAS 传递到结构的诱导应变能。

利用等效功原理，可以推出式（8-71）中假设的 τ_a 表达式。式（8-272）给出了理想粘贴条件下，结构表面切应力做的功，即

$$W_{\mathrm{ss}} = \frac{1}{2}(a\tau_a)\left(\alpha\frac{a\tau_a l_a}{Et}\right) = \frac{1}{2}\frac{\alpha l_a a^2}{Et}\tau_a^2 \tag{8-288}$$

式（8-248）给出了在剪切滞模型分析中结构表面切应力做的功，即

$$W_{\mathrm{ss}} = \int_{-a}^{+a}\frac{1}{2}\tau(x)u(x)dx = \frac{\alpha\psi}{(\alpha+\psi)^2}\left(\frac{1}{2}E_a \varepsilon_{\mathrm{ISA}}^2 t_a l_a\right)I(\Gamma a) \tag{8-289}$$

在 $\Gamma a \to \infty$ 时，$I(\Gamma a) \to 1$ 的假设下，比较式（8-288）和式（8-289）得

$$W_{\mathrm{ss}} = \frac{1}{2}\frac{\alpha l_a a^2}{Et}\tau_a^2 = \frac{\alpha\psi}{(\alpha+\psi)^2}\left(\frac{1}{2}E_a \varepsilon_{\mathrm{ISA}}^2 t_a l_a\right) \tag{8-290}$$

解式（8-290），同时利用式（8-32）得

$$\tau_a^2 = \frac{\psi^2}{(\alpha+\psi)^2}\frac{(E_a t_a)^2}{a^2}\varepsilon_{\mathrm{ISA}}^2 \tag{8-291}$$

整理式（8-291）可得式（8-71），即

$$\tau_a = \frac{\psi}{\alpha + \psi} \frac{t_a}{a} E_a \varepsilon_{\mathrm{ISA}} \tag{8-292}$$

其中，式（8-289）、式（8-290）中的 $\frac{1}{2} E_a \varepsilon_{\mathrm{ISA}}^2 t_a l_a$ 项表示单位宽度上压电效应产生的总诱导应变能，即式（8-285）。其中，一部分诱导应变能传递到结构，而剩余部分由于可压缩性储存在 PWAS 中。上述分析简单证明了由钉扎力 $F_a = a\tau_a$ 在结构位移上做的功等于由 PWAS 传递到结构的诱导应变能。

8.6 总 结

本章分析了表面粘贴 PWAS 激励器是如何通过粘贴剂与结构耦合的。对 1-D 线性 PWAS 激励器和 2-D 圆形 PWAS 激励器进行了剪切层分析，推导出了剪切滞分布的封闭解。分别对 1-D 和 2-D 情况建立了可用于简化分析的有效钉扎力模型和有效线力模型，由于剪切层中的传递损失，这些模型得到的有效 PWAS 尺寸通常比实际 PWAS 尺寸小。此外，本章研究了理想粘贴条件，即剪切层非常薄、非常硬或即薄且硬的情况，结果表明在理想粘贴条件下，有效 PWAS 尺寸和实际 PWAS 尺寸相等，因此也证明了后一章节中用到的钉扎力和线力近似值是有效的。

8.7 问题和练习

1. 假设有一条形 PWAS 激励器粘贴于薄壁铝制结构。PWAS：E_a=63GPa，t_a=0.2mm，l_a=7mm，d_{31}=−175mm/kV；薄壁铝制结构：E=70GPa，t=2mm；胶层：G_b=2GPa，t=100μm；施加的电压为 V=10V。

求解：①计算胶层中切应力的剪切滞分布，并作图；②确定最大切应力的大小及其作用位置；③为使最大切应力增大两倍，所需的胶层厚度为多少，并给出新的最大切应力值；④确定有效 PWAS 尺寸及其占实际 PWAS 尺寸的比例；⑤为使有效 PWAS 尺寸占实际 PWAS 尺寸的比例控制在 5%以内，所需的胶层厚度为多少，并给出新的有效 PWAS 尺寸。

2. 假设有一圆形 PWAS 激励器粘贴于薄壁铝制结构。PWAS：E_a=63GPa，t_a=0.2mm，d_{31}=−175mm/kV，直径 $2a$=7mm；薄壁铝制结构：E=70GPa，t=2mm；胶层 G_b=2GPa，t=100μm；施加的电压为 V=10V。

求解：①计算胶层中径向和周向切应力的剪切滞分布，并作图；②确定最大切应力的大小及其作用位置；③为使最大切应力增大两倍，所需的胶层厚度为多少，并给出新的最大切应力值；④确定有效 PWAS 尺寸及其占实际 PWAS 尺寸的比例；⑤为使有效 PWAS 尺寸占实际 PWAS 尺寸的比例控制在 5%以内，所需的胶层厚度为多少，并给出新的有效 PWAS 尺寸。

3. 已知解式（8-43）、式（8-17）～式（8-24）推导式（8-51）～式（8-57）。

4. 证明式（8-236）、式（8-237）中的积分。

5. 证明式（8-247）中的积分可得到式（8-237）中的函数 $I(\Gamma a)$。

参 考 文 献

第 9 章　PWAS 谐振器

9.1　引　言

本章讨论 PWAS 谐振器。首先讨论线性 PWAS 谐振器,对线性 PWAS 谐振器的机械响应和电响应做详细的 1-D 分析,并分析其共振情况。求解机电阻抗和导纳的封闭解,并与实验数据比较。其次讨论圆形 PWAS 谐振器,详细的 2-D 分析将在柱坐标系下完成,以获得机电响应。根据 Bessel 函数,将推导轴对称封闭式解,并分析相关圆形 PWAS 谐振器的共振响应。

本章研究基于耦合场(多物理场)有限元法的数值仿真方法,分析矩形和圆形 PWAS 谐振器,同时与实验数据进行比较。

本章最后部分将讨论受约束 PWAS 谐振器的响应。在 PWAS 边界,应用了一种复数频率相关结构刚度的概念。通过将复数动态刚度比作为参数,推导了线性(1-D)和圆形(2-D)器件的 E/M 阻抗和导纳分析公式。有约束的 PWAS 谐振器分析将为第 10 章的结构粘贴式 PWAS 传感器的分析奠定基础,在第 10 章中基于 E/M 阻抗技术的粘贴式 PWAS 用作在线模态传感器。

9.2　1-D PWAS 谐振器

本节讨论自由 PWAS 的行为,当用交流电压激励时,自由 PWAS 可以看成是一个机电谐振器。自由 PWAS 的建模可以用于:①理解机械振动响应和复杂 PWAS 电响应之间的机电耦合;②安装于被监测结构前的 PWAS 筛选和质量控制。

考虑一个长 l_a、宽 b_a、厚 t_a 的压电晶片,经历厚度极化电场 E_3 引起的压电变形,如图 9-1 所示。电场由上下表面电极间的谐波电压 $V(t) = \hat{V}e^{i\omega t}$ 产生,假设电场在压电晶片上是均匀的。

假设长宽厚取明显不同值($t_a \ll b_a \ll l_a$),这样长度、宽度、厚度方向运动不耦合,长度方向 x_1 的运动 u_1 是主要的(1-D 假设)。因为电场 E_3 在压电晶片之间是均匀的,其微分为 0,即 $\partial E_3 / \partial x_1 = 0$。对于谐波电压激励 $V(t) = \hat{V}e^{i\omega t}$,电场有表达式 $E_3(t) = \hat{E}_3 e^{i\omega t}$,所以机械响应也是谐波形式,即 $u_1(x,t) = \hat{u}_1(x)e^{i\omega t}$,其中 $\hat{u}_1(x)$ 是和 x 有关的复振幅,并包含激励和响应之间的相位偏差。为简洁起见,采用如下符号:

$$\frac{\partial u}{\partial x_1} = u' \quad 和 \quad \frac{\partial u}{\partial t} = \dot{u} \tag{9-1}$$

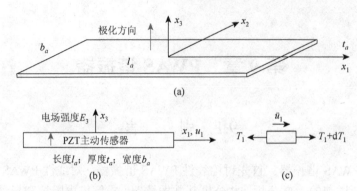

图 9-1　压电主动传感器和无限小轴单元示意图

在 1-D 假设下，本构方程得到更简化的表达：

$$S_1 = s_{11}^E T_1 + d_{31} E_3 \quad (\text{应变}) \tag{9-2}$$

$$D_3 = d_{31} T_1 + \varepsilon_{33}^T E_3 \quad (\text{电位移}) \tag{9-3}$$

式中，S_1 是应变；T_1 是应力；D_3 是电位移（单位面积上的电荷）；s_{11}^E 是零电场下的机械柔顺系数；ε_{33}^T 是零应力下的介电常数；E_3 是电场强度；d_{31} 是压电应变系数，如每单位电场下的机械应变。这些常数的典型值如表 9-1 所示。

根据牛顿运动定律和应变位移关系得

$$T_1' = \rho \ddot{u}_1 \quad (\text{牛顿运动定律}) \tag{9-4}$$

$$S_1 = u_1' \quad (\text{应变位移关系}) \tag{9-5}$$

将式（9-2）对 x 求导得

$$S_1' = s_{11}^E T_1' \tag{9-6}$$

表 9-1　压电晶片属性（APC-850）

性质	符号	数值
柔顺系数，平面内	s_{11}^E	$15.30 \times 10^{-12} \ \text{Pa}^{-1}$
柔顺系数，厚度方向	s_{33}^E	$17.30 \times 10^{-12} \ \text{Pa}^{-1}$
介电常数	ε_{33}^T	$\varepsilon_{33}^T = 1750\varepsilon_0$
厚度方向的诱导应变系数	d_{33}	$400 \times 10^{-12} \ \text{m/V}$
面内诱导应变系数	d_{31}	$-175 \times 10^{-12} \ \text{m/V}$
耦合系数，平行于电场	k_{33}	0.72
耦合系数，横向电场	k_{31}	0.36
泊松比	v	0.35
密度	ρ	$7700 \ \text{kg/m}^3$
波速	c	$2900 \ \text{m/s}$

式（9-6）中的应变梯度 S_1' 仅取决于机械应力梯度 T_1'，和电场 E_3 无关，因为电场沿着 PWAS

是常数，它的梯度为零，即 $E_3' = 0$。把式（9-4）和求导后的式（9-5）代入式（9-6）得

$$u_1'' = s_{11}^E \rho \ddot{u}_1 \tag{9-7}$$

根据 1-D 压电材料的轴向波速度为

$$c^2 = \frac{1}{\rho s_{11}^E} \quad （\text{PWAS 材料中波速}） \tag{9-8}$$

将式（9-8）代入式（9-7）得到 1-D 波方程为

$$\ddot{u}_1 = c^2 u_1'' \tag{9-9}$$

根据第 3 章式（3-170）和式（3-179），式（9-9）的通解为

$$u_1(x,t) = \hat{u}(x)\mathrm{e}^{i\omega t} \tag{9-10}$$

其中

$$\hat{u}_1(x) = C_1 \sin \gamma x + C_2 \cos \gamma x \tag{9-11}$$

以及

$$\gamma = \frac{\omega}{c} \quad （\text{波数}） \tag{9-12}$$

其中，γ 是波数，相关量是波长。$\lambda = cT = c/f$，其中 $f = \omega/2\pi$。波数和波长之间的关系为 $\gamma = 2\pi/\lambda$。常数 C_1、C_2 由边界条件决定。

9.2.1　机械响应

假设轴的原点在中点，$x \in \left(-\frac{1}{2}l_a, +\frac{1}{2}l_a\right)$ 或者 $x \in (-a, +a)$，其中 $a = l_a/2$ 是晶片的半长，应力自由边界条件 $T_1(-a) = T_1(+a) = 0$，代入式（9-2）得

$$S_1(+a) = d_{31}E_3 \tag{9-13}$$

$$S_1(-a) = d_{31}E_3 \tag{9-14}$$

将式（9-5）代入式（9-13）和式（9-14），两边同除以 $\mathrm{e}^{i\omega t}$ 简化后得

$$\hat{u}_1'(+a) = \gamma(C_1 \cos \gamma a - C_2 \sin \gamma a) = d_{31}\hat{E}_3 \tag{9-15}$$

$$\hat{u}_1'(-a) = \gamma(C_1 \cos \gamma a + C_2 \sin \gamma a) = d_{31}\hat{E}_3 \tag{9-16}$$

式（9-15）、式（9-16）相加得到一个只有 C_1 的方程为

$$\gamma C_1 \cos \gamma a = d_{31}\hat{E}_3 \tag{9-17}$$

所以

$$C_1 = \frac{d_{31}\hat{E}_3}{\gamma \cos \gamma a} \tag{9-18}$$

式（9-15）、式（9-16）相减得到一个只有 C_2 的方程为

$$\gamma C_2 \sin \gamma a = 0 \tag{9-19}$$

假设 $\sin \gamma a \neq 0$，得

$$C_2 = 0 \tag{9-20}$$

利用代数方法 Cramer 法则，可以得到 C_1、C_2 的另一种推导为

$$\begin{cases} C_1 \gamma \cos \gamma a + C_2 \gamma \sin \gamma a = d_{31} \hat{E}_3 \\ C_1 \gamma \cos \gamma a - C_2 \gamma \sin \gamma a = d_{31} \hat{E}_3 \end{cases} \tag{9-21}$$

所以

$$C_1 = \frac{\begin{vmatrix} d_{31}\hat{E}_3 & \gamma \sin \gamma a \\ d_{31}\hat{E}_3 & -\gamma \sin \gamma a \end{vmatrix}}{\begin{vmatrix} \gamma \cos \gamma a & \gamma \sin \gamma a \\ \gamma \cos \gamma a & -\gamma \sin \gamma a \end{vmatrix}} = \frac{d_{31}\hat{E}_3(-2\gamma \sin \gamma a)}{-\gamma^2 2 \sin \gamma a \cos \gamma a} = \frac{d_{31}\hat{E}_3}{\gamma \cos \gamma a} \tag{9-22}$$

和

$$C_2 = \frac{\begin{vmatrix} \gamma \cos \gamma a & d_{31}\hat{E}_3 \\ \gamma \cos \gamma a & d_{31}\hat{E}_3 \end{vmatrix}}{\begin{vmatrix} \gamma \cos \gamma a & \gamma \sin \gamma a \\ \gamma \cos \gamma a & -\gamma \sin \gamma a \end{vmatrix}} = \frac{0}{-\gamma^2 2 \sin \gamma a \cos \gamma a} = 0 \tag{9-23}$$

假设分母中的行列式不等于 0，即

$$\Delta = \begin{vmatrix} \gamma \cos \gamma a & \gamma \sin \gamma a \\ \gamma \cos \gamma a & -\gamma \sin \gamma a \end{vmatrix} \neq 0 \tag{9-24}$$

式（9-24）展开得 $\Delta = -2\gamma^2 \sin \gamma a \cos \gamma a$，所以式（9-24）隐含条件为

$$\sin \gamma a \cos \gamma a \neq 0 \tag{9-25}$$

将 C_1、C_2 代入式（9-11）得

$$\hat{u}_1(x) = \frac{d_{31}\hat{E}_3}{\gamma} \frac{\sin \gamma x}{\cos \gamma a} \tag{9-26}$$

利用式（9-5），得到应变为

$$\hat{S}_1(x) = d_{31}\hat{E}_3 \frac{\cos \gamma x}{\cos \gamma a} \tag{9-27}$$

（1）基于诱导应变 S_{ISA} 和诱导位移 u_{ISA} 的解法

引入符号：

$$S_{ISA} = d_{31}\hat{E}_3 \quad （压电诱导应变） \tag{9-28}$$

$$u_{ISA} = 2S_{ISA}a = 2d_{31}\hat{E}_3a \quad （压电诱导位移） \tag{9-29}$$

其中，ISA 表示诱导应变驱动，所以式（9-26）、式（9-27）可以写成

$$\hat{u}(x) = \frac{1}{2} \frac{u_{ISA}}{\gamma a} \frac{\sin \gamma x}{\cos \gamma a} \tag{9-30}$$

$$\hat{S}_1(x) = S_{ISA} \frac{\cos \gamma x}{\cos \gamma a} \tag{9-31}$$

在晶片中间 $x = 0$ 位置处获得最大应变幅值为

$$S_{max} = \frac{S_{ISA}}{\cos \gamma a} \tag{9-32}$$

引入符号 $\phi = \gamma a$，位移和应变方程表示为

$$\hat{u}(x) = \frac{1}{2} \frac{u_{\text{ISA}}}{\phi} \frac{\sin \gamma x}{\cos \phi} \tag{9-33}$$

$$\hat{S}_1(x) = S_{\text{ISA}} \frac{\cos \gamma x}{\cos \phi} \tag{9-34}$$

（2）尖端应变和位移

在晶片尖端，$x = \pm a$，应变和位移为

$$\hat{S}_1(\pm a) = S_{\text{ISA}} \frac{\cos \gamma a}{\cos \gamma a} = S_{\text{ISA}} \quad （间端应变） \tag{9-35}$$

$$\hat{u}(\pm a) = \pm \frac{1}{2} \frac{u_{\text{ISA}}}{\gamma a} \frac{\sin \gamma a}{\cos \gamma a} = \pm \frac{1}{2} \frac{u_{\text{ISA}}}{\gamma a} \tan \gamma a \quad （尖端位移） \tag{9-36}$$

注意：在晶片尖端，应变取精确值 S_{ISA}，这是压电诱导应变，在无应力尖端，由于没有应力，这是可以理解的。在晶片其他区域，压电诱导应变将受机械应变影响，机械应力可以通过胡克定律推导。

9.2.2　电响应

考虑在电激励下的 1-D PWAS，如图 9-2 所示。根据式（9-3）表示的电位移为

$$D_3 = d_{31} T_1 + \varepsilon_{33}^T E_3 \tag{9-37}$$

式（9-2）得到基于应变和电场的应力函数为

$$T_1 = \frac{1}{s_{11}} (S_1 - d_{31} E_3) \tag{9-38}$$

所以，电位移可表示成

$$D_3 = \frac{d_{31}}{s_{11}} (S_1 - d_{31} E_3) + \varepsilon_{33}^T E_3 \tag{9-39}$$

将式（9-5）代入上式得

$$D_3 = \frac{d_{31}}{s_{11}} u_1' - \frac{d_{31}^2}{s_{11}} E_3 + \varepsilon_{33}^T E_3 \tag{9-40}$$

$$D_3 = \varepsilon_{33}^T E_3 \left[1 - k_{31}^2 \left(1 - \frac{u_1'}{d_{31} E_3} \right) \right] \tag{9-41}$$

其中，k_{31} 是机电耦合系数，为

$$k_{31}^2 = \frac{d_{31}^2}{s_{11} \varepsilon_{33}} \tag{9-42}$$

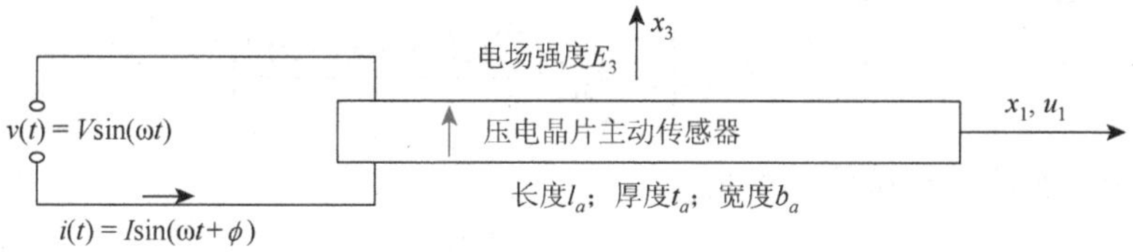

图 9-2　电激励下 1-D PWAS 原理图

式（9-41）在区域 $A=b_a l_a$ 积分得到总电荷为

$$Q = \int_A D_3 \mathrm{d}x_1 \mathrm{d}x_2 = \int_{-a}^{a} \int_{-b_a/2}^{b_a/2} D_3 \mathrm{d}x_1 \mathrm{d}x_2 = \varepsilon_{33}^T E_3 b_a \left[x - k_{31}^2 \left(x - \frac{1}{d_{31}E_3} u_1(x) \right) \right]_{-a}^{a} \quad (9\text{-}43)$$

将上限和下限代入，展开，除以 $\mathrm{e}^{i\omega t}$ 简化得

$$\hat{Q} = \varepsilon_{33}^T \hat{E}_3 b_a \left\{ 2a - k_{31}^2 \left[2a - \frac{\hat{u}_1(a) - \hat{u}_1(-a)}{d_{31}E_3} \right] \right\} \quad (9\text{-}44)$$

式（9-44）重新整理得

$$\hat{Q} = \varepsilon_{33}^T \hat{E}_3 b_a l_a \left\{ 1 - k_{31}^2 \left[1 - \frac{\hat{u}_1(a) - \hat{u}_1(-a)}{2d_{31}E_3 a} \right] \right\} \quad (9\text{-}45)$$

利用式（9-29）化简式（9-45）得

$$\hat{Q} = \varepsilon_{33}^T \hat{E}_3 \frac{b_a l_a}{t_a} t_a \left\{ 1 - k_{31}^2 \left[1 - \frac{\hat{u}_1(a) - \hat{u}_1(-a)}{u_{\mathrm{ISA}}} \right] \right\} \quad (9\text{-}46)$$

根据电容 C 的定义：

$$C = \varepsilon_{33}^T \frac{A}{t_a}, \ A = b_a l_a \quad （\text{PWAS 电容}） \quad (9\text{-}47)$$

式（9-47）代入式（9-46）得

$$\hat{Q} = C\hat{E}_3 t_a \left\{ 1 - k_{31}^2 \left[1 - \frac{\hat{u}_1(a) - \hat{u}_1(-a)}{u_{\mathrm{ISA}}} \right] \right\} \quad (9\text{-}48)$$

根据电压电场复数幅值关系，$\hat{V} = \hat{E}_3 t_a$，代入式（9-48）得

$$\hat{Q} = C\hat{V} \left\{ 1 - k_{31}^2 \left[1 - \frac{\hat{u}_1(a) - \hat{u}_1(-a)}{u_{\mathrm{ISA}}} \right] \right\} \quad (9\text{-}49)$$

电流是电荷对时间的求导，当电荷是关于时间的谐波函数时，有

$$I = \dot{Q} = i\omega Q \quad (9\text{-}50)$$

所以

$$\hat{I} = i\omega C\hat{V} \left\{ 1 - k_{31}^2 \left[1 - \frac{\hat{u}_1(a) - \hat{u}_1(-a)}{u_{\mathrm{ISA}}} \right] \right\} \quad (9\text{-}51)$$

或者，电流也可以由电位移对时间求导，然后在区域 A 上积分可得

$$I = \int_A \frac{\mathrm{d}D_3}{\mathrm{d}t} \mathrm{d}A = i\omega \int_A D_3 \mathrm{d}A \quad (9\text{-}52)$$

式（9-52）的积分和式（9-43）的积分相同。

　　导纳 Υ 是电流和电压复幅值的比值，表示为

$$\Upsilon = \frac{\hat{I}}{\hat{V}} = i\omega C \left\{ 1 - k_{31}^2 \left[1 - \frac{\hat{u}_1(a) - \hat{u}_1(-a)}{u_{\mathrm{ISA}}} \right] \right\} \quad (9\text{-}53)$$

根据式（9-30）给出的机械位移解为

$$\hat{u}(x) = \frac{1}{2} \frac{u_{\mathrm{ISA}}}{\gamma a} \frac{\sin \gamma x}{\cos \gamma a} \quad (9\text{-}54)$$

所以

$$\frac{\hat{u}_1(a) - \hat{u}_1(-a)}{u_{ISA}} = \frac{1}{2} \frac{u_{ISA}}{\gamma a} \frac{\sin \gamma a - \sin(-\gamma a)}{u_{ISA} \cos \gamma a} = \frac{1}{2} \frac{2 \sin \gamma a}{\gamma a \cos \gamma a} = \frac{\tan \gamma a}{\gamma a} \qquad (9-55)$$

式（9-55）代入式（9-53）得

$$\Upsilon = i\omega C \left[1 - k_{31}^2 \left(1 - \frac{\tan \gamma a}{\gamma a} \right) \right] \qquad (9-56)$$

为了和本章文献[1]比较，式（9-56）重新整理得

$$\Upsilon = i\omega C \left[(1 - k_{31}^2) + k_{31}^2 \frac{\tan \gamma a}{\gamma a} \right] \qquad (9-57)$$

利用符号 $z = \gamma a$，式（9-57）得

$$\Upsilon = i\omega C \left[(1 - k_{31}^2) + k_{31}^2 \frac{\tan z}{z} \right] \qquad (9-58)$$

式（9-58）与本章文献[1]（第 85 页）中的式（57）一致。

阻抗 Z 是电压和电流的复幅值之比：

$$Z = \frac{\hat{V}}{\hat{I}} = \Upsilon^{-1} \qquad (9-59)$$

所以

$$Z = \frac{1}{i\omega C} \left[1 - k_{31}^2 \left(1 - \frac{\tan \gamma a}{\gamma a} \right) \right]^{-1} \qquad (9-60)$$

利用符号 $\phi = \gamma a$，式（9-56）、式（9-60）写为

$$\Upsilon = i\omega C \left[1 - k_{31}^2 \left(1 - \frac{\tan \phi}{\phi} \right) \right] \qquad (9-61)$$

$$Z = \frac{1}{i\omega C} \left[1 - k_{31}^2 \left(1 - \frac{\tan \phi}{\phi} \right) \right]^{-1} \qquad (9-62)$$

式（9-61）、式（9-62）也可以用 $\cot \phi$ 函数表示：

$$\Upsilon = i\omega C \left[1 - k_{31}^2 \left(1 - \frac{1}{\phi \cot \phi} \right) \right] \qquad (9-63)$$

$$Z = i\omega C \left[1 - k_{31}^2 \left(1 - \frac{1}{\phi \cot \phi} \right) \right]^{-1} \qquad (9-64)$$

注意式（9-56）、式（9-60）、式（9-64）给出的导纳和阻抗均为纯虚数量。它们由纯电学量 $i\omega C$ 构成，受机械场和电场之间的压电耦合响应影响，这个耦合效应由公式中的机电耦合系数 k_{31}^2 决定。

9.2.3 共振

在先前的推导中，假设 $\sin \gamma l \neq 0$，该假设隐含着共振不会发生。如果共振发生，有两

种形式：①机电共振；②机械共振。

机械共振发生的条件与传统弹性杆发生共振的条件类似，发生在机械激励下，产生形式为机械振动的机械响应。机电共振是针对压电材料的，反映了机械场和电场之间的耦合，机电共振发生在电激励下，产生机电响应，即机械振动和电导纳和阻抗的同时变化。本节分别考虑这两种情况。

（1）机械共振

如果 PWAS 进行扫频激励，在某型频率下振动幅值很大，这就是 PWAS 谐振。为了研究机械共振，假设材料不存在压电效应，即 $d_{31}=0$。得到第 3 章中弹性杆轴向共振的结果，应力自由边界条件变为

$$\begin{cases} C_1\gamma\cos\gamma a + C_2\gamma\sin\gamma a = 0 \\ C_1\gamma\cos\gamma a - C_2\gamma\sin\gamma a = 0 \end{cases} \tag{9-65}$$

当系数行列式为 0 时，上述齐次方程组有非平凡解为

$$\Delta = \begin{vmatrix} \gamma\cos\gamma a & \gamma\sin\gamma a \\ \gamma\cos\gamma a & -\gamma\sin\gamma a \end{vmatrix} = 0 \tag{9-66}$$

扩展得

$$\Delta = -2\sin\gamma a\cos\gamma a = 0 \tag{9-67}$$

式（9-67）得特征方程为

$$\sin\gamma a\cos\gamma a = 0 \tag{9-68}$$

根据符号 $\phi=\gamma a$，所以特征方程表示为

$$\sin\phi\cos\phi = 0 \tag{9-69}$$

这个方程有两组解，一组对应 $\cos\phi=0$，另一组对应 $\sin\phi=0$。显然，第一种条件导出反对称共振，第二种条件导出对称共振。这里的术语"对称"和"反对称"与其所对应的模态振型各自是对称还是反对称相关。

1）反对称共振

反对称共振发生在 $\cos\phi=0$ 时，即 ϕ 是 $\pi/2$ 的奇数倍时，表示为

$$\cos\phi = 0 \quad \rightarrow \quad \phi=(2n-1)\frac{\pi}{2}, \; n=1,2,\cdots \tag{9-70}$$

这意味着，在反对称共振时，变量 ϕ 可以取以下值：

$$\phi^A = \frac{\pi}{2}, \; \frac{3\pi}{2}, \; \frac{5\pi}{2}, \; \cdots \tag{9-71}$$

这些值是系统的反对称特征值，上标 A 表示反对称共振。根据关系式 $\phi=\gamma a=\frac{1}{2}\gamma l_a$、$\gamma=\omega/c$、$\omega=2\pi f$，所以

$$\gamma l_a = \frac{\omega l_a}{c} = \frac{2\pi f l_a}{c}(2n-1)\pi \tag{9-72}$$

所以，反对称共振频率为

$$f_n^A = (2n-1)\frac{c}{2l_a} \tag{9-73}$$

在每一个共振频率下，式（9-65）都具有系数 C_1 和系数 C_2 的非平凡解。但是，系数 C_1 和 C_2 是只能以比例因子的形式确定。利用符号 $\phi=\gamma a$，式（9-65）表示为

$$\begin{cases} C_1\gamma\cos\phi + C_2\gamma\sin\phi = 0 \\ C_1\gamma\cos\phi - C_2\gamma\sin\phi = 0 \end{cases} \tag{9-74}$$

对于式（9-74），当 $\cos\phi = 0$ 时，常数 $C_2 = 0$，而常数 C_1 待定。通过选择 $C_1=1$ 排除不确定性。将 $C_1=1$、$C_2=0$ 代入式（9-11）得到反对称共振下的响应，也即反对称模态振型

$$U_n^A = \sin\gamma_n x \tag{9-75}$$

利用式（9-72），将模态振型表示成以下简化形式：

$$U_n^A = \sin(2n-1)\pi\frac{x}{l_a} \tag{9-76}$$

模态 A1、A2、A3 的振型如表 9-2 所示。

表 9-2　1-D 长度为 l 的压电弹性杆共振模态振型

模态	特征值	共振频率	模态振型	半波长倍数		注释
A1	$\phi_1^A = \pi/2$	$f_1^A = c/2l$		$U_1^A = \sin\pi x/l$	$l_1^A = \lambda/2$	EM
S1	$\phi_1^S = 2\pi/2$	$f_1^S = 2c/2l$		$U_1^S = \cos 2\pi x/l$	$l_1^S = 2\lambda/2$	
A2	$\phi_2^A = 3\pi/2$	$f_2^A = 3c/2l$			$l_2^A = 3\lambda/2$	EM
S2	$\phi_2^S = 4\pi/2$	$f_2^S = 4c/2l$		$U_2^S = \cos 4\pi x/l$	$l_1^S = 4\lambda/2$	
A3	$\phi_3^A = 5\pi/2$	$f_3^A = 5c/2l$		$U_3^A = \sin 5\pi x/l$	$l_3^A = 5\lambda/2$	EM
S3	$\phi_3^S = 6\pi/2$	$f_3^S = 6c/2l$		$U_3^S = \cos 6\pi x/l$	$l_3^S = 6\lambda/2$	

这些结果还可通过波长 λ 解释。根据波长定义 $\lambda=cT$，表示一个时间周期上所传播的距离。因为周期是频率的倒数，波长变为 $\lambda=c/f$。所以，式（9-72）表示为

$$l_n^A = (2n-1)\frac{\lambda}{2} \tag{9-77}$$

式（9-77）表明当 PWAS 的长度 l_a 是在 PWAS 中传播的弹性波半波长的奇数倍时，反对称共振发生。根据此关系可以构造 PWAS 在某一个频率下发生共振。

2）对称共振（$\sin\phi = 0$）

对称共振发生于 $\sin\phi = 0$ 时，即当 ϕ 是 $\pi/2$ 的偶数倍时，有

$$\sin\phi = 0 \quad \rightarrow \quad \phi = 2n\frac{\pi}{2}, \ n = 1, 2, \cdots \tag{9-78}$$

这意味着，在对称共振时，变量 ϕ 可以取如下值：

$$\phi^S = 2\frac{\pi}{2}, \ 4\frac{\pi}{2}, \ 6\frac{\pi}{2}, \ \cdots \tag{9-79}$$

这些值是系统的对称特征值，上标 S 表示对称共振。根据关系式 $\phi = \gamma a = \frac{1}{2}\gamma l_a$、$\gamma = \omega / c$、$\omega = 2\pi f$，所以

$$\gamma l_a = \frac{\omega l_a}{c} = \frac{2\pi f l_a}{c} = 2n\pi \tag{9-80}$$

所以，对称共振频率为

$$f_n^S = 2n\frac{c}{2l_a} \tag{9-81}$$

根据式（9-74），有

$$\begin{cases} C_1 \cos\phi + C_2 \sin\phi = 0 \\ C_1 \cos\phi - C_2 \sin\phi = 0 \end{cases} \tag{9-82}$$

在每一个共振频率下，式（9-65）都具有系数 C_1 和系数 C_2 的非平凡解。但是，系数 C_1 和系数 C_2 是只能以比例因子的形式确定。当 $\sin\phi = 0$ 时，常数 $C_1 = 0$，而常数 C_2 待定。通过选择 $C_2 = 1$ 排除不确定性，将 $C_1 = 0$、$C_2 = 1$ 代入式（9-11）得到对称共振响应，即对称振型为

$$U_n^S = \cos\gamma_n x \tag{9-83}$$

利用式（9-80），模态振型表示为

$$U_n^S = \cos 2n\pi \frac{x}{l_a} \tag{9-84}$$

关于这些模态振型的图形化表示，见表 9-2 中的模态 S1、S2、S3…。

以上结果的另外一个解释是根据波长 $\lambda = c/f$，所以，式（9-80）变为

$$l_n^S = 2n\frac{\lambda}{2} \tag{9-85}$$

式（9-85）表明对称共振发生于 PWAS 长度 l_a 为在 PWAS 中传播的弹性波半波长的偶数倍时。采用这个关系可以使得 PWAS 在某一个频率下发生机械共振。

（2）机电共振

式（9-61）、式（9-62）给出的导纳和阻抗表达式可整理为

$$\Upsilon = i\omega C\left[1 - k_{31}^2\left(1 - \frac{\tan\phi}{\phi}\right)\right] = i\omega C\left[(1 - k_{31}^2) + k_{31}^2\frac{\tan\phi}{\phi}\right] \tag{9-86}$$

$$Z = \frac{1}{i\omega C}\left[1 - k_{31}^2\left(1 - \frac{\tan\phi}{\phi}\right)\right]^{-1} = \frac{1}{i\omega C}\left[(1 - k_{31}^2) + k_{31}^2\frac{\tan\phi}{\phi}\right]^{-1} \tag{9-87}$$

式（9-86）、式（9-87）也可以表示成 $\cot\phi$ 的函数，即

$$\Upsilon = i\omega C\left[1 - k_{31}^2\left(1 - \frac{1}{\phi\cot\phi}\right)\right] = i\omega C\left[(1 - k_{31}^2) + k_{31}^2\frac{1}{\phi\cot\phi}\right] \tag{9-88}$$

$$Z = \frac{1}{i\omega C}\left[1 - k_{31}^2\left(1 - \frac{1}{\phi\cot\phi}\right)\right]^{-1} = \frac{1}{i\omega C}\left[(1 - k_{31}^2) + k_{31}^2\frac{1}{\phi\cot\phi}\right]^{-1} \tag{9-89}$$

考虑下列条件：①共振，当 $\Upsilon \to \infty$，即 $Z = 0$；②反共振，当 $\Upsilon = 0$，即 $Z \to \infty$。

在某一频率点施加常幅谐波电压时，器件工作在很大工作电流下的情况往往和电气共振相关。共振时，导纳变得非常大，而阻抗趋于零。当导纳很大时，常幅电压激励产生的电流也随之变得很大，如 $I = \Upsilon V$。在压电器件中，机械共振在电气共振时也变大。这种情况是因为压电材料的机电耦合将电输入的能量转移给了机械输出。因此，电驱动压电器件的电气共振是机电共振。经历电气共振的压电晶片可能发生机械退化甚至损坏。

施加常幅谐波电压时，器件工作电流几乎为零的情况下往往和电气反共振相关。反共振时，导纳为零，而阻抗变得非常大。在常幅谐波电压激励下，使器件工作电流非常小。压电器件在电气反共振时的机械响应也很小。压电晶片在电气反共振时几乎不能产生运动。

机电共振条件可以通过研究 Υ 的极点获得，即取 ϕ 的值使 $\Upsilon \to \infty$。式（9-86）表明当 $\tan\phi \to \infty$ 时，$\Upsilon \to \infty$。这种情况在 $\cos\phi \to 0$ 时发生，此时 ϕ 是 $\pi/2$ 的奇数倍，即

$$\cos\phi = 0 \quad \to \quad \phi = (2n-1)\frac{\pi}{2} \tag{9-90}$$

角度 ϕ 可以取以下值：

$$\phi^{\mathrm{EM}} = \frac{\pi}{2},\ \frac{3\pi}{2},\ \frac{5\pi}{2},\ \cdots \tag{9-91}$$

这些值是机电特征值，用上标 EM 表示。因为 $\phi = \frac{1}{2}\gamma l_a$，式（9-91）隐含有

$$\gamma l_a = \pi,\ 3\pi,\ 5\pi \tag{9-92}$$

根据定义 $\gamma = \omega/c$，$\omega = 2\pi f$，有

$$\gamma l_a = \frac{\omega l_a}{c} = \frac{2\pi f l_a}{c} = (2n-1)\pi \tag{9-93}$$

所以，机电共振频率为

$$f_n^{\mathrm{EM}} = (2n-1)\frac{c}{2l_a} \tag{9-94}$$

很显然，机电共振频率不依赖于任何电和压电属性。它们只和声波在材料中的传播速度以及几何尺寸有关。事实上，它们和表 9-2 所示的反共振频率一致。对于每一个共振频率 f_n^{EM}，角度 ϕ_n 表示为

$$\phi_n^{\mathrm{EM}} = \frac{\pi l}{c} f_n \qquad\qquad (9\text{-}95)$$

振动模态对应于表 9-2 中用 EM 标记的第 1、2、3 阶机电共振。

机电共振可以通过式（9-26）给出的机电响应分析解释，方程为

$$\hat{u}(x) = \frac{d_{31}\hat{E}_3}{\gamma}\frac{\sin\gamma x}{\cos\frac{1}{2}\gamma l_a} \qquad\qquad (9\text{-}96)$$

推导中利用关系 $a = l_a/2$。式（9-96）的极点对应电激励下的机械响应变得无限大时的频率值，例如在机电共振时。当 $\phi = \frac{1}{2}\gamma l_a$ 是 $\pi/2$ 的奇数倍时，分母中的函数 $\cos\frac{1}{2}\gamma l_a \to 0$，即

$$\phi^{\mathrm{EM}} = \frac{\pi}{2},\ \frac{3\pi}{2},\ \frac{5\pi}{2},\ \cdots \qquad\qquad (9\text{-}97)$$

随着 $\cos\frac{1}{2}\gamma l_a \to 0$，响应变得非常大，发生共振。比较式（9-97）和式（9-71），可以发现两个方程相同，说明机电共振条件和反对称机械共振条件相同，表示机电共振和机械共振的反对称模态有联系。

对这些电激励所产生的特定模态的解释蕴含在发生于压电材料里的机电耦合中。正如式（9-2）所示，电场 E_3 通过压电系数 d_{31} 直接与应变 S_1 耦合。电场在压电晶片间是均匀的，一个均匀的分布是一个对称模式，因为应变是位移关于 x 的导数，$S_1 = u_1'$，反对称模态的应变分布也是对称模式，如表 9-3 所示。因为电场和应变均为对称模式，促进了两者之间的耦合，从而激励了共振。由于这个原因，机械共振的反对称模态也是机电共振的模态。

表 9-3　对应于第 1、2、3 阶机械共振反对称模态的应变分布，应变是对称模态

模态	特征值	共振频率	应变分布	半波长倍数
A1	$\phi_1^A = \pi/2$	$f_1^A = c/2l$		$S_1^A = \cos\pi x/l \qquad l_1^A = \lambda/2$
A2	$\phi_2^A = 3\pi/2$	$f_2^A = 3c/2l$		$S_2^A = \cos 3\pi x/l \qquad l_2^A = 3\lambda/2$
A3	$\phi_3^A = 5\pi/2$	$f_3^A = 5c/2l$		$S_3^A = \cos 5\pi x/l \qquad l_3^A = 5\lambda/2$

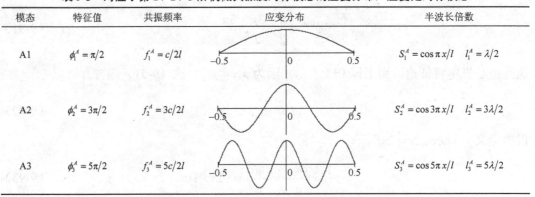

用相同的符号，可以解释为什么在对称模态机械共振频率下机电共振不会发生。对称模态有反对称应变模式，而电场仍然是对称模式。当一个对称电场尝试去激励一个反对称应变模式时，结果为零，因为左右两边有相反的符号，相互抵消。

　　总之，在发生纵向振动的压电晶片中，机电共振发生在 Υ 的极点值（Z 的零点值）处，并对应于机械共振的反对称模态。

　　机电反共振条件可以通过研究 Υ 的零点获得，即取 ϕ 值使得 $\Upsilon = 0$。因为机电反对称对应于导纳的零点（阻抗的极点），此时电流为零，$I = 0$。式（9-86）表明 $\Upsilon = 0$ 发生于

$$(1 - k_{31}^2) + k_{31}^2 \frac{\tan \phi}{\phi} = 0 \quad \rightarrow \quad \frac{\tan \phi}{\phi} = -\frac{1 - k_{31}^2}{k_{31}^2} \quad （E/M \text{ 反共振}） \tag{9-98}$$

上式是一个超越方程，没有封闭解，可以得到数值解。

　　实际上，机电共振和机电反共振间的数值差随着选取更高阶的模式而逐渐减小。表 9-4 给出了采用 $k_{31} = 0.36$ 时计算出的导纳和阻抗极点，这是压电陶瓷的常用数值。导纳极点 ϕ_Υ 和阻抗极点 ϕ_Z 只在第 1 模态时不同，到了第 4 模态，两者间的差异小于 0.1%。这在实验确定共振和反共振频率时非常重要。

表 9-4　$k_{31} = 0.36$ 时的导纳和阻抗极点

ϕ_Υ	$\pi/2$	$3\pi/2$	$5\pi/2$	$7\pi/2$	$9\pi/2$	$11\pi/2$	$\cdots$
ϕ_Z	$1.0565\pi/2$	$3.021\pi/2$	$5.005\pi/2$	$7\pi/2$	$9\pi/2$	$9\pi/2$	$\cdots$
ϕ_Z/ϕ_Υ	1.0565	1.0066	1.0024	1.0012	1.0007	1.0005	$\cdots$
$\phi_Z - \phi_\Upsilon$	5.6%	0.66%	0.24%	0.12%	0.07%	0.05%	$\cdots$

　　式（9-86）、式（9-87）可以预测导纳和阻抗函数的频率响应。注意到 $\phi = \frac{1}{2}\omega l_a \big/ c$，随着激励频率的变化，共振频率和反共振频率先后产生，导纳和阻抗经历 $+\infty \rightarrow -\infty$ 转变。在共振区外，导纳遵循线性函数 $i\omega C$ 而阻抗遵循倒数函数 $1/i\omega C$。

9.2.4　1-D E/M 导纳和阻抗公式的总结

　　动力学作用下的材料由于某些耗散机制会呈现内部发热现象。这些耗散可以通过假设复数柔顺系数和介电常数引入 PWAS 的数学模型中：

$$\overline{s}_{11}^E = s_{11}^E(1 - i\eta), \quad \overline{\varepsilon}_{33}^T = \varepsilon_{33}^T(1 - i\delta) \tag{9-99}$$

其中，变量上横线表示复数量。η、δ 随压电方程变化，但通常比较小（$\eta, \delta < 5\%$）。

　　（1）纵向振动的 E/M 导纳和阻抗公式

　　将式（9-99）代入式（9-88）、式（9-89）得到 PWAS 纵向振动的复数导纳和阻抗公式为

$$\overline{\Upsilon} = i\omega\overline{C}\left[1 - \overline{k}_{31}^2\left(1 - \frac{1}{\overline{\phi}\cot\overline{\phi}}\right)\right], \quad \overline{Z} = \frac{1}{i\omega\overline{C}}\left[1 - \overline{k}_{31}^2\left(1 - \frac{1}{\overline{\phi}\cot\overline{\phi}}\right)\right]^{-1} \tag{9-100}$$

其中

$$\bar{k}_{31}^2 = \frac{d_{31}^2}{\bar{s}_{11}^E \bar{\varepsilon}_{33}^T}, \quad \bar{C} = \bar{\varepsilon}_{33}^T \frac{b_a l_a}{t_a}, \quad \bar{c} = \sqrt{\frac{1}{\rho \bar{s}_{11}^E}}, \quad \bar{\phi} = \frac{1}{2} \frac{\omega l_a}{\bar{c}} \qquad (9\text{-}101)$$

同样可以推导宽度和厚度振动的表达式，式（9-100）可以比较实验测量和数值计算结果。

（2）宽度振动的 E/M 导纳和阻抗公式

对于宽度振动，要考虑平面应变效应，相对应的公式为[1, 2]

$$\bar{Y}_b = i\omega \bar{C}\left[1 - \bar{k}_b^2\left(1 - \frac{1}{\bar{\phi}_b \cot \bar{\phi}_b}\right)\right], \quad \bar{Z}_b = \bar{Y}_b^{-1} \quad （宽度振动） \qquad (9\text{-}102)$$

其中

$$\bar{k}_b^2 = \frac{\bar{k}_{31}^2}{1 - \bar{k}_{31}^2} \frac{1+\nu}{1-\nu}, \quad \bar{c}_b = \sqrt{\frac{1}{\rho \bar{s}_{11}^E (1-\nu^2)}}, \quad \bar{\phi}_b = \frac{1}{2} \frac{\omega b_a}{\bar{c}_b} \qquad (9\text{-}103)$$

（3）厚度振动的 E/M 导纳和阻抗公式

对于厚度振动，9.2.2 节所给出的沿着厚度方向电位移为常数的假设不再成立，因为电位移在厚度方向是变化的，相对应的公式为[1, 2]

$$\bar{Z}_t = \frac{1}{i\omega \bar{C}^*}\left(1 - \bar{k}_t^2 \frac{1}{\bar{\phi}_b \cot \bar{\phi}_b}\right), \quad \bar{Y}_t = \bar{Z}_t^{-1} \quad （宽度振动） \qquad (9\text{-}104)$$

其中

$$\bar{k}_t^2 = \frac{h_{13}^2}{\beta_{33}^S c_{33}^D}, \quad \bar{C}^* = \bar{\varepsilon}_{33}^S \frac{b_a l_a}{t_a}, \quad \bar{c}_t = \sqrt{\frac{\bar{c}_{33}^D}{\rho}}, \quad \bar{\phi}_t = \frac{1}{2} \frac{\omega t_a}{\bar{c}_t} \qquad (9\text{-}105)$$

（4）导纳和阻抗的图像

下面用图形方法确定共振和反共振频率时需采用导纳和阻抗的频率曲线。图 9-3 给出的是一个 $l_a = 7$ mm、$b_a = 1.68$ mm、$t_a = 0.2$ mm 的 APC-850 PWAS 的导纳和阻抗响应数值结果，假设弱阻尼 $\eta = \delta = 1\%$。如图 9-3a 所示，在共振和反共振区域之外，导纳和阻抗基本上表现为 $Y = i\omega C$、$Z = 1/i\omega C$。例如，导纳的虚部在共振区外呈直线分布，而实部为零。在共振和反共振区，这些基本模式叠加有共振和反共振带来的特殊模式，从而发生改变，这些模式包括虚部的之字形和实部的尖峰。导纳在共振频率附近呈现虚部的之字形和实部的尖峰，如图 9-3a 左图所示。阻抗在反共振频率附近呈现同样的特性，如图 9-3a 右图所示。

图 9-3b 是导纳和阻抗实部的对数曲线图，对数曲线图能更好地确定共振和反共振频率。表 9-5 列出了这些曲线图的频率，精确到 5 位有效数字。因为在仿真中考虑了弱阻尼，表 9-5 给出的数值和表 9-4 给出的无阻尼数值相对应。事实上，考虑三位有效数字，弱阻尼共振频率的比值和无阻尼共振频率是一样的（比值1, 3, 5,…，对应特征值 $\pi/2$, $3\pi/$

$2, 5\pi/2, \cdots$）。以上证明了导纳和阻抗实部谱峰可以测量共振和反共振频率。同样的信息可以从虚部曲线图中提取，但这个方法不是很实用。在虚部曲线图中，共振和反共振模态通过 $\Upsilon=i\omega C$, $Z=1/i\omega C$ 表示。除此之外，在共振和反共振频率，虚部部分会有符号改变，导致对数曲线图不适用，使得结果不精确。

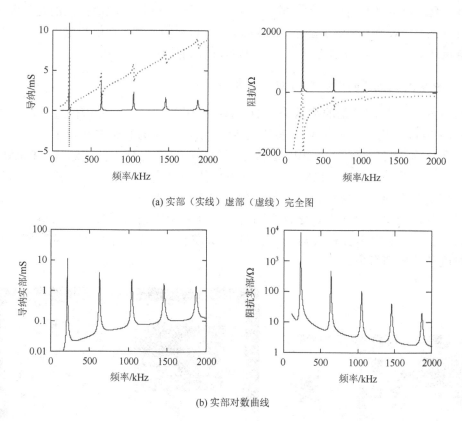

(a) 实部（实线）虚部（虚线）完全图

(b) 实部对数曲线

图 9-3　PWAS 导纳和阻抗的对数坐标仿真频率响应
（$l_a = 7$ mm, $b_a = 1.68$ mm, $t_a = 0.2$ mm, APC-850陶瓷, $\eta=\delta=1\%$）

表 9-5　PWAS 数值仿真的导纳和阻抗极点（$l_a = 7$mm, $b_a = 1.68$mm, $t_a = 0.2$mm, APC-850, $\eta = \delta=1\%$）

	模态						
	1	2	3	4	5	6	…
共振频率 f_r / kHz	207.17	621.57	1035.80	1450.20	1864.50	2278.90	…
反共振频率 f_r / kHz	218.94	625.70	1038.30	1452.00	1866.00	2280.00	…
f_Z/f_Υ	1.0568	1.0066	1.0024	1.0012	1.0008	1.0005	…
$f_{\Upsilon n}/f_{\Upsilon 1}$	1.000	3.000	5.000	7.000	9.000	11.000	…

9.2.5　实验结果

从美国压电陶瓷股份有限公司购买的一批 25 片 APC-850 小晶片（边长 7mm，厚度 0.2mm，双边银电极）用于进行实验测量和统计评估，使用供应商提供的几何和电气参数并进行测量。表 9-1 给出了基本 APC-850 PZT 材料的属性，几何和电气测量结果已在第 7 章讲述。本节重点考虑电气属性：PWAS 的固有阻抗和导纳。

（1）PWAS 谐振器的固有 E/M 阻抗和导纳

固有 E/M 阻抗和导纳的测量采用 HP 4194A 阻抗相位增益分析仪进行，如图 9-4b 所示。图 9-4a 为用于测量 PWAS 固有 E/M 阻抗和导纳的测试夹具。采用一个金属圆盘，并在角落安装一根导线，PWAS 放于螺栓中心并由探针夹持，这样，PWAS 可以自由振动。在频率 100Hz～12MHz 段对 PWAS 样品进行测试。图 9-5 给出了典型的阻抗谱。出现在 3000kHz 频率范围内的峰值和平面反共振模态有关。这些峰值中初始峰值最强，其后峰值逐渐变小。这符合高阶模态需要由更大的能量激励的事实。在常值能量激励下，高阶模态会有低幅值。在 11MHz 左右，出现一个新的独立高峰值，这和基本厚度共振模态有关。

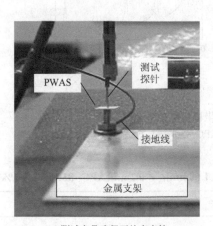 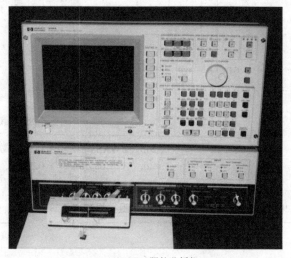

(a) 测试夹具确保无约束夹持　　　　　　　　　(b) HP 4194A阻抗分析仪

图 9-4　PWAS 频率响应的动力学测量

平面共振模态从 E/M 导纳谱中得到验证。图 9-6 是频率达到 1200kHz 的 E/M 导纳和阻抗实虚部谱图，可以清晰看出第 1、2、3 阶面内共振频率。记录相应的共振峰值，如图 9-7 所示是同一批 25 片 PWAS 试样的共振频率和共振幅值统计分布直方图。PWAS 采用 APC-850 压电陶瓷，长宽厚为 $7mm \times 7mm \times 0.2mm$。可以发现共振频率为 251kHz±1.2%，共振的导纳幅值为 67.152mS±21%，结果表明共振频率呈窄带分布，共振时幅值更分散，如图 9-7 所示。

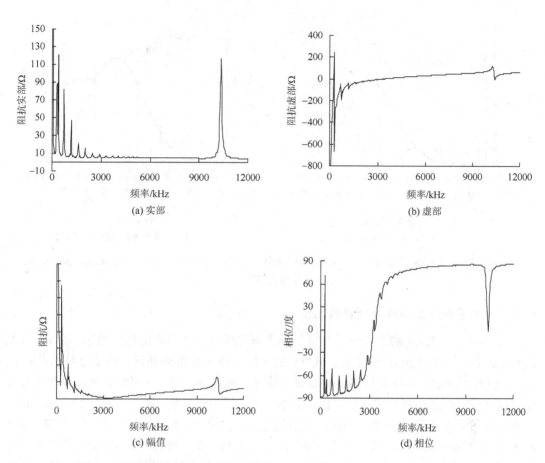

图 9-5　PWAS 的固有 E/M 阻抗（边长 7mm，厚 0.2m，APC-850 压电陶瓷）

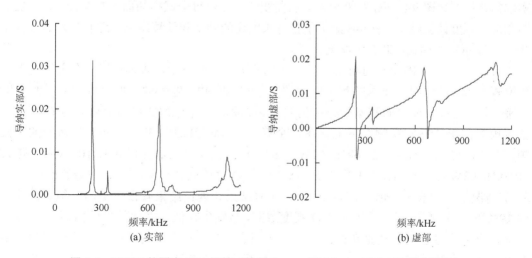

图 9-6　PWAS 的固有 E/M 导纳（边长 7mm，厚 0.2m，APC-850 压电陶瓷）

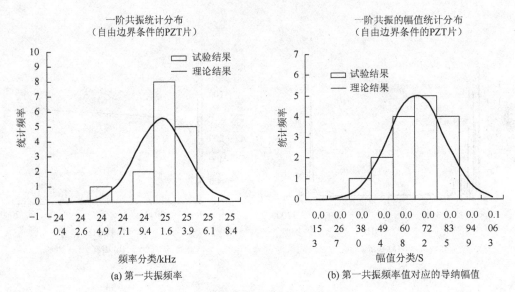

图 9-7　25 片 PWAS 样品测试第一共振频率和幅值统计直方图（边长 7mm，厚 0.2m，APC-850 压电陶瓷）

（2）测量和计算 E/M 导纳谱的比较

式（9-86）、式（9-87）能预测 E/M 阻抗和导纳响应，从而验证共振频率。长宽比 1∶ 1 的矩形 PWAS 不能由式（9-86）、式（9-87）的 1-D 分析准确建模，需要 2-D 分析。但 对于较大的长宽比，1-D 分析和实验结果应该更好地对应，因此，研究中决定逐渐改变长 宽比以观察其对理论解和实验解对比的影响。所期望的结果是：随着长宽比的增加，实验 结果将收敛于 1-D 预测结果。为此，制造长宽比分别是 1∶1、2∶1 和 4∶1 的 PWAS 样 片。从边长 7mm 的压电晶片中从宽度方向切割，先切一半，再切一半。后文采用"方形"、 "半宽"和"四分之一宽度"的说法。高至 1500kHz 频率范围内所测量和计算的 E/M 导纳 实部的叠加图如图 9-8～图 9-10 所示。从曲线图中获得每个试样的面内共振频率，从阻抗 图测量了厚度谐振频率。表 9-6 给出了各种长宽比的测量和计算结果，其中 L 表示长度模 式、W 表示宽度模式、T 表示厚度模式。

首先讨论方形 PWAS 的结果。导纳实部谱如图 9-8 所示，表 9-6 第一个主行给出其 相应频率值。试样的实际长度和宽度分别为 $l_a = 6.99mm$、$b_a = 6.56mm$，因为长度和宽度 几乎一样，对应长度方向和宽度方向的共振频率相近，在导纳曲线图中形成两个峰。1-D 分析预测在 0～1500kHz 频率带上存在 7 个峰（1L、1W、2L、2W、3L、3W、4L）。对应的共振 频率是 207.6kHz（1L）、221.6kHz（1W）、623kHz（2L）、665kHz（2W）、1038kHz（3L）、 1108kHz（3W）、1451kHz（4L），如表 9-6 所示。注意此处计算的频率是在谐波比 1∶3∶ 5∶7 情况下，如表 9-3 所示。1L 和 1W 实验结果和理论结果有很大不同，绝对误差高 达 19% 和 37%。高的正误差表示 2-D 刚度效应，常发生在低长宽比的平面内振动中，2-D 刚度效应不能通过 1-D 理论获得。在更高阶模态，2-D 刚度影响减小，理论和实验结果 误差也减小（2L 和 2W 为 7.3% 和 5.6%，3L 和 3W 为 2.3% 和 3.6%）。因此得出结论， 除了基本模式，1-D 理论甚至可以在长宽比低至 1∶1 时给出合理的近似。对于平面外

1T 厚度频率（10565kHz，0.7%误差），一致性也良好，因为该模式很少受 PWAS 的面内形状影响。

下面讨论长宽比 2∶1 的 PWAS 的结果。实际长度和宽度值分别为 6.99mm 和 3.53mm。导纳实部频谱在图 9-9 中给出，表 9-6 的第二主行中给出了相应的频率值。在 0～1500kHz 频带上，理论曲线出现 6 个峰。对于纵向振动，对应的共振频率为 207.6kHz（1L）、621.6kHz（2L）、1038kHz（3L）、1451kHz（4L），对于横向振动，为 432kHz（1W）、1307kHz（2W）。对于纵向振动，实验结果为 208kHz（1L）、597kHz（2L）、1153kHz（3L）、1491kHz（4L），对于横向振动为 432kHz（1W）和 1307kHz（2W）。对于 1L 和 1W，实验结果很精确（<2%误差），对于 2L 和 2W，误差要大一点（4.5%），对于 3L 模态，误差为 11%。除了这些可清楚识别的模式之外，实验曲线中还存在几个其他峰，这些模式由制造过程产生的边缘粗糙度引起，这种边缘粗糙度产生二次振动效应。总的来说，可以得出结论，尽管半宽度 PWAS 的长宽比（2∶1）仍然远不是正确的 1-D 情况，但是清晰的模式分离趋势和第一阶模态预测精度的明确改善都可以被观察到。

最后讨论长宽比 4∶1 的 PWAS 的结果。实际长度和宽度分别为 6.99mm 和 1.64mm。导纳实部频谱在图 9-10 中给出，而相应频率值在表 9-6 的最后一行给出。在 0～1500kHz 频带中，理论分析预测如表 9-6 中给出的五个共振频率：207.6kHz（1L）、621.6kHz（2L）、1038kHz（3L）、1451kHz（4L）和 940kHz（1W）。相应的理论曲线显示四个峰，因为具有非常接近的频率 1W 和 3L 峰，已经聚结成双峰。如图 9-10 和表 9-6 所示的实验结果与理论相当一致，特别是对于 1L、2L、3L 和 1W 共振（4%误差）。实验曲线显示在 1167kHz 出现了一个额外峰，这不是通过 1-D 分析预测的，可能是边缘粗糙度造成。总的结论是，对于 4∶1 的纵横比，实验和 1-D 理论良好吻合。

表 9-6　三种压电陶瓷动态特性结果（L=面内纵向振动，W=面内宽度振动，T=面内厚度振动）

		频率/kHz								
方形晶片 6.99mm× 6.56mm× 0.215mm	实验	257	352	670	702	1070	1150	1572	1608	10565
	计算	207.6(1L)	221.6(1W)	623 (2L)	665 (2W)	1038(3L)	1108(3W)	1453 (4L)	1551(4W)	10488(1T)
	误差	23.8%	58.8%	7.5%	5.6%	3.1%	3.8%	8.2%	3.4%	0.7%
1/2 宽晶片 6.99mm× 3.53 mm× 0.215mm	实验	208	432	597	670	821	1153	1307	1491	10567
	计算	207.6(1L)	439 (1W)	621 (2L)	—	—	1038 (3L)	1318 (2W)	1451 (4L)	10488(1T)
	误差	0.2%	-1.6%	-4.0%	—	—	11.1%	-0.8%	2.8%	0.7%
1/4 宽晶片 6.99 mm× 1.64 mm× 0.215 mm	实验	212	—	597	950	1020	—	—	1496	10905
	计算	207.6(1L)	—	621 (2L)	940 (1W)	1038(3L)	—	—	1451 (4L)	10488(1T)
	误差	2.1%	—	-4.0%	1.1%	-1.8%	—	—	3.1%	1.0%

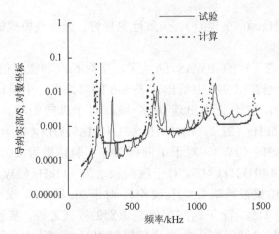

图 9-8 方形 PWAS 实验和计算导纳谱（$l_a = 6.99\text{mm}, b_a = 6.56\text{mm}, t_a = 0.215\text{mm}$
$\varepsilon_{33}^T = 15.47 \times 10^9 \text{F/m}, \; s_{11}^E = 15.3 \times 10^{-12} \text{Pa}^{-1}, \; d_{31} = -175 \times 10^{-12} \text{m/V}, \; k_{31} = 0.36$）

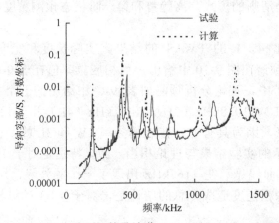

图 9-9 长宽比 2:1 PWAS 实验和计算导纳谱（$l_a = 6.99\text{mm}, b_a = 3.28\text{mm}, t_a = 0.215\text{mm}$
$\varepsilon_{33}^T = 15.47 \times 10^9 \text{F/m}, \; s_{11}^E = 15.3 \times 10^{-12} \text{Pa}^{-1}, \; d_{31} = -175 \times 10^{-12} \text{m/V}, \; k_{31} = 0.36$）

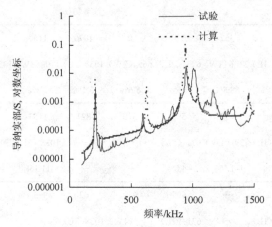

图 9-10 长宽比 4:1 PWAS 实验和计算导纳谱（$l_a = 6.99\text{mm}, b_a = 1.64\text{mm}, t_a = 0.215\text{mm}$
$\varepsilon_{33}^T = 15.47 \times 10^9 \text{F/m}, \; s_{11}^E = 15.3 \times 10^{-12} \text{Pa}^{-1}, \; d_{31} = -175 \times 10^{-12} \text{m/V}, \; k_{31} = 0.36$）

9.3　圆形 PWAS 谐振器

　　本节讨论圆形 PWAS 谐振器的行为，例如自由圆形 PWAS。考虑一个半径 a、厚度 t_a 的圆形 PWAS，由厚度方向极化电场 E_3 激励，如图 9-11 所示。

　　电场由上下表面电极施加的谐波电压 $V(t) = \hat{V}\mathrm{e}^{i\omega t}$ 产生，假设电场是均匀的，这样响应可以假设成轴对称的，这意味着圆形压电晶片将发生均匀径向和周向扩展，以角频率 ω 谐波运动。为简化符号，只考虑空间变量，所有因变量假定为时间振

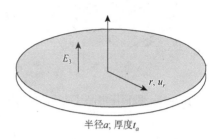

半径 a; 厚度 t_a

图 9-11　圆形 PWAS 谐振器

荡的复振幅（例如，公式中 u 实际上表示 $\hat{u}$）。均匀电场假设意味着关于 θ 的微分为零，$\partial(\cdot)/\partial\theta = 0$，以及周向位移为零，$u_\theta = 0$，所以，只有位移 u_r。极坐标下的应变位移关系简化为

$$S_{rr} = \frac{\mathrm{d}u_r}{\mathrm{d}r} \quad S_{\theta\theta} = \frac{1}{r}\frac{\partial u_\theta}{\partial\theta} + \frac{u_r}{r} \quad S_{r\theta} = \frac{1}{2}\left(\frac{1}{r}\frac{\partial u_r}{\partial\theta} + \frac{\partial u_\theta}{\partial r} - \frac{u_\theta}{r}\right) \tag{9-106}$$

$$S_{rr} = \frac{\mathrm{d}u_r}{\mathrm{d}r} \quad S_{\theta\theta} = \frac{u_r}{r} \quad S_{r\theta} = 0$$

根据极坐标下的本构方程：

$$S_{rr} = s_{rr}^E T_{rr} + s_{r\theta}^E T_{\theta\theta} + d_{3r}E_3$$
$$S_{\theta\theta} = s_{r\theta}^E T_{rr} + s_{\theta\theta}^E T_{\theta\theta} + d_{3\theta}E_3 \tag{9-107}$$
$$D_z = d_{3r}T_{rr} + d_{3\theta}T_{\theta\theta} + \varepsilon_{33}^T E_3$$

因为压电晶片假设面内各向同性，用 s_{11}^E、s_{11}^E、$-\nu s_{11}^E$ 代替 s_{rr}^E、$s_{\theta\theta}^E$、$s_{r\theta}^E$，d_{31} 代替 d_{3r}、$d_{3\theta}$ 得

$$S_{rr} = s_{11}^E T_{rr} - \nu s_{11}^E T_{\theta\theta} + d_{31}E_3$$
$$S_{\theta\theta} = -\nu s_{11}^E T_{rr} + s_{11}^E T_{\theta\theta} + d_{31}E_3 \tag{9-108}$$
$$D_z = d_{31}T_{rr} + d_{31}T_{\theta\theta} + \varepsilon_{33}^T E_3$$

其中，ν 是泊松比，定义为

$$\nu = -\frac{s_{12}^E}{s_{11}^E} \quad （泊松比） \tag{9-109}$$

反解得

$$T_{rr} = \frac{1}{s_{11}^E(1-\nu^2)}\big[(S_{rr} + \nu S_{\theta\theta}) - (1+\nu)d_{31}E_3\big]$$
$$\tag{9-110}$$
$$T_{\theta\theta} = \frac{1}{s_{11}^E(1-\nu^2)}\big[(\nu S_{rr} + S_{\theta\theta}) - (1+\nu)d_{31}E_3\big]$$

将应变位移关系式（9-106）代入，得到基于位移表达的应力为

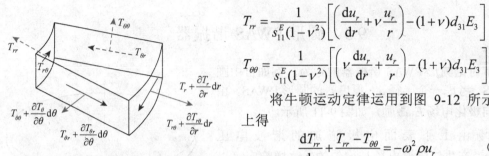

图 9-12　圆形压电晶片微元的应力图

$$T_{rr} = \frac{1}{s_{11}^E(1-\nu^2)}\left[\left(\frac{du_r}{dr}+\nu\frac{u_r}{r}\right)-(1+\nu)d_{31}E_3\right]$$

$$T_{\theta\theta} = \frac{1}{s_{11}^E(1-\nu^2)}\left[\left(\nu\frac{du_r}{dr}+\frac{u_r}{r}\right)-(1+\nu)d_{31}E_3\right] \tag{9-111}$$

将牛顿运动定律运用到图 9-12 所示的微元上得

$$\frac{dT_{rr}}{dr}+\frac{T_{rr}-T_{\theta\theta}}{r}=-\omega^2\rho u_r \tag{9-112}$$

代入应力 T_{rr}、$T_{\theta\theta}$ 得

$$\frac{dT_{rr}}{dr} = \frac{1}{s_{11}^E(1-\nu^2)}\frac{d}{dr}\left\{\left[\left(\frac{du_r}{dr}+\nu\frac{u_r}{r}\right)-(1+\nu)d_{31}E_3\right]\right\}$$

$$= \frac{1}{s_{11}^E(1-\nu^2)}\left[\frac{d^2u_r}{dr^2}+\nu\left(\frac{1}{r}\frac{du_r}{dr}-\frac{u_r}{r^2}\right)\right] \tag{9-113}$$

和

$$\frac{T_{rr}-T_{\theta\theta}}{r} = \frac{1}{s_{11}^E(1-\nu^2)}\frac{1}{r}\left(\frac{du_r}{dr}+\nu\frac{u_r}{r}-\frac{u_r}{r}-\nu\frac{du_r}{dr}\right)$$

$$= \frac{1}{s_{11}^E(1-\nu^2)}(1-\nu)\left(\frac{1}{r}\frac{du_r}{dr}-\frac{u_r}{r^2}\right) \tag{9-114}$$

相加得

$$\frac{dT_{rr}}{dr}+\frac{T_{rr}-T_{\theta\theta}}{r}=\frac{1}{s_{11}^E(1-\nu^2)}\left(\frac{d^2u_r}{dr^2}+\frac{1}{r}\frac{du_r}{dr}-\frac{u_r}{r^2}\right) \tag{9-115}$$

代入式（9-111）得到运动方程为

$$\frac{1}{s_{11}^E(1-\nu^2)}\left(\frac{d^2u_r}{dr^2}+\frac{1}{r}\frac{du_r}{dr}-\frac{u_r}{r^2}\right)=-\omega^2\rho u_r \tag{9-116}$$

利用 PWAS 面内振动波速，即

$$c_p = \sqrt{\frac{1}{\rho s_{11}^E(1-\nu^2)}} \quad （平面波速） \tag{9-117}$$

所以运动方程变成波方程得

$$\frac{d^2u_r}{dr^2}+\frac{1}{r}\frac{du_r}{dr}-\frac{u_r}{r^2}=-\frac{\omega^2}{c_p^2}u_r \tag{9-118}$$

利用波数 $\gamma=\dfrac{\omega}{c_p}$ 重新整理得

$$r^2\frac{d^2u_r}{dr^2}+r\frac{du_r}{dr}+(r^2\gamma^2-1)u_r=0 \tag{9-119}$$

利用变量变换，即

$$z=\gamma r \quad \rightarrow \quad r=\frac{1}{\gamma}z, \quad \frac{d}{dr}=\gamma\frac{d}{dz} \tag{9-120}$$

式（9-116）变成

$$z^2 \frac{\mathrm{d}^2 u_r}{\mathrm{d}z^2} + z \frac{\mathrm{d}u_r}{\mathrm{d}z} + (z^2 - 1)u_r = 0 \tag{9-121}$$

这是 1 阶的 Bessel 微分方程，Bessel 函数 J1（z）为其解。因此式（9-116）的通解为

$$u_r(r) = A J_1(\gamma r) \tag{9-122}$$

其中，常数 A 由边界条件决定。

9.3.1　机械响应

对于 $r = a$ 处的应力自由边界条件有

$$T_{rr}(a) = 0 \tag{9-123}$$

利用式（9-111），边界条件变为

$$T_{rr}(a) = \frac{1}{s_{11}^E (1-v^2)} \left[\left(\frac{\mathrm{d}u_r}{\mathrm{d}r} + v \frac{\mathrm{d}u_r}{\mathrm{d}r} \right) - (1+v)d_{31}E_3 \right] = 0 \tag{9-124}$$

得

$$\frac{\mathrm{d}u_r}{\mathrm{d}r} + v \frac{\mathrm{d}u_r}{\mathrm{d}r} - (1+v)d_{31}E_3 = 0 \tag{9-125}$$

将式（9-122）代入式（9-125）得

$$A\gamma J_1'(\gamma a) + \frac{v}{a} A J_1(\gamma a) = (1+v)d_{31}E_3 \tag{9-126}$$

根据 Bessel 函数得

$$J_1'(z) = J_0(z) - \frac{1}{z}J_1(z) \tag{9-127}$$

式（9-126）变为

$$A\left(\gamma J_0(\gamma a) - \frac{1}{a}J_1(\gamma a) + \frac{v}{a}J_1(\gamma a) \right) = (1+v)d_{31}E_3 \tag{9-128}$$

所以

$$A = \frac{(1+v)ad_{31}E_3}{\gamma a J_0(\gamma a) - (1-v)J_1(\gamma a)} \tag{9-129}$$

代入式（9-122）得到位移响应为

$$u_r(r) = d_{31}E_3 a \frac{(1+v)J_1(\gamma r)}{\gamma a J_0(\gamma a) - (1-v)J_1(\gamma a)} \tag{9-130}$$

引入符号：

$$\varepsilon_{\mathrm{ISA}} = d_{31}\hat{E}_3 \quad （压电诱导应变） \tag{9-131}$$

$$u_{\mathrm{ISA}} = d_{31}\hat{E}_3 a \quad （压电诱导位移） \tag{9-132}$$

其中，ISA 表示诱导应变激励，将式（9-132）代入式（9-130）得

$$u_r(r) = \frac{(1+v)J_1(\gamma r)}{\gamma a J_0(\gamma a) - (1-v)J_1(\gamma a)} u_{\mathrm{ISA}} \tag{9-133}$$

引入 $z = \gamma a$，式（9-133）变为

$$u_r(r) = \frac{(1+\nu)J_1(\gamma r)}{zJ_0(z) - (1-\nu)J_1(z)}u_{\text{ISA}} \qquad (9\text{-}134)$$

在晶片边缘 $r = a$ 处，式（9-133）给出边界位移为

$$u_r(a) = \frac{(1+\nu)J_1(\gamma a)}{\gamma a J_0(\gamma a) - (1-\nu)J_1(\gamma a)}u_{\text{ISA}} \quad （边界位移） \qquad (9\text{-}135)$$

9.3.2　电响应

如图 9-13 所示，考虑圆形 PWAS 在电压激励下，根据式（9-108）第三行用应力和电场表示的电位移函数：

$$D_3 = d_{31}T_{rr} + d_{31}T_{\theta\theta} + \varepsilon_{33}^T E_3 \qquad (9\text{-}136)$$

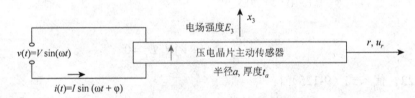

图 9-13　电激励下的圆形 PWAS 原理图

上式可以积分得到电荷和电流。积分前，将应力表达成电场的函数，这样式（9-136）电位移就只和电场有关系。为此，采用式（9-130）位移解和式（9-111）应力位移关系，式（9-136）中的应力可以合并为

$$D_3 = d_{31}\left(T_{rr} + T_{\theta\theta}\right) + \varepsilon_{33}^T E_3 \qquad (9\text{-}137)$$

根据式（9-111）得

$$\begin{aligned}
T_{rr} &= \frac{1}{s_{11}^E(1-\nu^2)}\left[\left(\frac{\mathrm{d}u_r}{\mathrm{d}r} + \nu\frac{u_r}{r}\right) - (1+\nu)d_{31}E_3\right] \\
T_{\theta\theta} &= \frac{1}{s_{11}^E(1-\nu^2)}\left[\left(\nu\frac{\mathrm{d}u_r}{\mathrm{d}r} + \frac{u_r}{r}\right) - (1+\nu)d_{31}E_3\right]
\end{aligned} \qquad (9\text{-}138)$$

相加得

$$T_{rr} + T_{\theta\theta} = \frac{1}{s_{11}^E(1-\nu^2)}(1+\nu)\left[\frac{\mathrm{d}u_r}{\mathrm{d}r} + \frac{u_r}{r} - 2d_{31}E_3\right] \qquad (9\text{-}139)$$

式（9-139）的位移量可以写为

$$\frac{\mathrm{d}u_r}{\mathrm{d}r} + \frac{u_r}{r} = \frac{1}{r}\left(r\frac{\mathrm{d}u_r}{\mathrm{d}r} + u_r\right) = \frac{1}{r}\frac{\mathrm{d}}{\mathrm{d}r}(ru_r) \qquad (9\text{-}140)$$

所以

$$T_{rr} + T_{\theta\theta} = \frac{1}{s_{11}^E(1-\nu^2)}(1+\nu)\left[\frac{1}{r}\frac{d}{dr}(ru_r) - 2d_{31}E_3\right]$$

$$= \frac{1}{s_{11}^E(1-\nu)}\left[\frac{1}{r}\frac{d}{dr}(ru_r) - 2d_{31}E_3\right] \tag{9-141}$$

将式（9-141）代入式（9-136）得

$$D_3 = d_{31}\frac{1}{s_{11}^E(1-\nu)}\left[\frac{1}{r}\frac{d}{dr}(ru_r) - 2d_{31}E_3\right] + \varepsilon_{33}^T E_3 \tag{9-142}$$

式（9-142）可以写为

$$D_3 = d_{31}\frac{2d_{31}E_3}{s_{11}^E(1-\nu)}\left[\frac{1}{2d_{31}E_3}\frac{1}{r}\frac{d}{dr}(ru_r) - 1\right] + \varepsilon_{33}^T E_3$$

$$= \varepsilon_{33}^T E_3\left\{\frac{2d_{31}^2}{s_{11}^E\varepsilon_{33}^T(1-\nu)}\left[\frac{1}{2d_{31}E_3}\frac{1}{r}\frac{d}{dr}(ru_r) - 1\right] + 1\right\} \tag{9-143}$$

式（9-143）整理得

$$D_3 = \varepsilon_{33}^T E_3\left\{1 - \frac{2d_{31}^2}{s_{11}^E\varepsilon_{33}^T(1-\nu)}\left[1 - \frac{1}{2d_{31}E_3}\frac{1}{r}\frac{d}{dr}(ru_r)\right]\right\} \tag{9-144}$$

利用平面机电耦合系数 k_p，定义为

$$k_p^2 = \frac{2d_{31}^2}{s_{11}^E\varepsilon_{33}^T(1-\nu)} \tag{9-145}$$

注意

$$k_p^2 = \frac{2k_{31}^2}{(1-\nu)} \tag{9-146}$$

将式（9-145）代入式（9-144）得

$$D_3 = \varepsilon_{33}^T E_3\left\{1 - k_p^2\left[1 - \frac{1}{2d_{31}E_3}\frac{1}{r}\frac{d}{dr}(ru_r)\right]\right\} \tag{9-147}$$

总电荷 Q 通过对电位移 D_3 在区域 $A = \pi a^2$ 积分可得

$$Q = \int_A D_3 r\mathrm{d}r\mathrm{d}\theta = 2\pi\int_0^a D_3 r\mathrm{d}r \tag{9-148}$$

将式（9-147）代入式（9-148）得

$$Q = 2\pi\int_0^a \varepsilon_{33}^T E_3\left\{1 - k_p^2\left[1 - \frac{1}{2d_{31}E_3}\frac{1}{r}\frac{d}{dr}(ru_r)\right]\right\}r\mathrm{d}r \tag{9-149}$$

所以

$$Q = \pi\varepsilon_{33}^T E_3 \left\{ (1-k_p^2)\int_0^a 2r\mathrm{d}r + k_p^2 \frac{1}{d_{31}E_3}\int_0^a \left[\frac{1}{r}\frac{\mathrm{d}}{\mathrm{d}r}(ru_r)\right]r\mathrm{d}r \right\}$$

$$= \pi\varepsilon_{33}^T E_3 \left[(1-k_p^2)r^2 \bigg|_0^a + k_p^2 \frac{1}{d_{31}E_3}(ru_r)\bigg|_0^a \right] \tag{9-150}$$

$$= \pi\varepsilon_{33}^T E_3 \left[(1-k_p^2)a^2 + k_p^2 \frac{1}{d_{31}E_3}au_r(a) \right]$$

式（9-150）整理得

$$Q = \pi a^2 \varepsilon_{33}^T E_3 \left[1-k_p^2\left(1-\frac{u_r(a)}{d_{31}E_3 a}\right) \right] \tag{9-151}$$

利用式（9-132）和 $A = \pi a^2$，重新整理式（9-151）得

$$Q = \varepsilon_{33}^T \frac{A}{t_a} E_3 t_a \left\{ 1-k_p^2\left[1-\frac{u_r(a)}{u_{\mathrm{ISA}}}\right] \right\} \tag{9-152}$$

根据电容 C 的定义：

$$C = \varepsilon_{33}^T \frac{A}{t_a}, A = \pi a^2 \quad (\text{圆形 PWAS 的电容}) \tag{9-153}$$

将式（9-153）代入式（9-152）得

$$Q = CE_3 t_a \left\{ 1-k_p^2\left[1-\frac{u_r(a)}{u_{\mathrm{ISA}}}\right] \right\} \tag{9-154}$$

根据电压与电场复幅值关系，$V = E_3 t_a$，式（9-154）变为

$$Q = CV \left\{ 1-k_p^2\left[1-\frac{u_r(a)}{u_{\mathrm{ISA}}}\right] \right\} \tag{9-155}$$

电流是电荷的时间导数，与谐波时间相关，有

$$I = \dot{Q} = i\omega Q \tag{9-156}$$

将式（9-155）代入式（9-156）得

$$Q = i\omega CV \left\{ 1-k_p^2\left[1-\frac{u_r(a)}{u_{\mathrm{ISA}}}\right] \right\} \tag{9-157}$$

导纳 $\Upsilon = I/V$，是电流和电压复幅值之比，利用式（9-157）得

$$\Upsilon = \frac{I}{V} = i\omega C \left\{ 1-k_p^2\left[1-\frac{u_r(a)}{u_{\mathrm{ISA}}}\right] \right\} \tag{9-158}$$

根据式（9-133）得到机械位移解为

$$u_r(r) = u_{\mathrm{ISA}} \frac{(1+\nu)J_1(\gamma r)}{(\gamma a)J_0(\gamma a)-(1-\nu)J_1(\gamma a)} \tag{9-159}$$

将式（9-159）代入式（9-158）得

$$\Upsilon = i\omega C \left\{ 1-k_p^2\left[1-\frac{(1+\nu)J_1(\gamma a)}{(\gamma a)J_0(\gamma a)-(1-\nu)J_1(\gamma a)}\right] \right\} \tag{9-160}$$

为与本章参考文献[1]比较，将式（9-160）整理成

$$\Upsilon = i\omega C \left[\left(1 - k_p^2\right) + k_p^2 \frac{(1+\nu)J_1(\gamma a)}{(\gamma a)J_0(\gamma a) - (1-\nu)J_1(\gamma a)} \right] \tag{9-161}$$

利用符号 $z = \gamma a$，式（9-161）变为

$$\Upsilon = i\omega C \left[\left(1 - k_p^2\right) + k_p^2 \frac{(1+\nu)J_1(z)}{(z)J_0(z) - (1-\nu)J_1(z)} \right] \tag{9-162}$$

式（9-162）与本章参考文献[1]中 102 页式（5-62）一致。

阻抗 Z 是电压和电流复幅值之比

$$Z = \frac{V}{I} = \Upsilon^{-1} \tag{9-163}$$

所以

$$Z = \frac{1}{i\omega C} \left\{ 1 - k_p^2 \left[1 - \frac{(1+\nu)J_1(\gamma a)}{(\gamma a)J_0(\gamma a) - (1-\nu)J_1(\gamma a)} \right] \right\}^{-1} \tag{9-164}$$

利用符号 $z = \gamma a$，式（9-160）、式（9-164）变为

$$\Upsilon = i\omega C \left\{ 1 - k_p^2 \left[1 - \frac{(1+\nu)J_1(z)}{(z)J_0(z) - (1-\nu)J_1(z)} \right] \right\} \tag{9-165}$$

$$Z = \frac{1}{i\omega C} \left\{ 1 - k_p^2 \left[1 - \frac{(1+\nu)J_1(z)}{(z)J_0(z) - (1-\nu)J_1(z)} \right] \right\}^{-1} \tag{9-166}$$

可以发现，式（9-165）、式（9-166）给出的导纳和阻抗是虚部量，它们由纯电学量 $i\omega C$ 构成，受机械场和电场之间的压电耦合响应影响，这个耦合效应由公式中的机电耦合系数 k_p^2 决定。

9.3.3　共振

共振有两种类型：①机械共振；②机电共振。

机械共振发生于与传统弹性圆盘中相同的条件下。它们发生在机械激励下，产生形式为机械振动的机械响应。机电共振是针对压电材料的，它们反映机械场和电场间的耦合。机电共振发生在电激励下，其将产生机电响应，即机械振动和导纳、阻抗都发生变化。本节分别考虑这两种情况。

（1）机械共振

如果对 PWAS 进行机械扫频激励，在某些频率下振动幅值会很大，这就是 PWAS 谐振。为了研究机械共振，根据第 4 章 4.4.4（2）节式（4-40），板轴对称轴向振动的一般解为

$$u_r(r) = AJ_1(\gamma r)\mathrm{e}^{i\omega t} \tag{9-167}$$

定义

$$z = \gamma a \tag{9-168}$$

板轴对称共振由式（4-48）的解给出

$$zJ_0(z) - (1-\nu)J_1(z) = 0 \rightarrow z_1, z_2, \cdots \tag{9-169}$$

当式（9-169）为零时，PWAS 响应的分母根据式（9-130）也为零，PWAS 的响应在共振时变成无约束。

对于 $\nu = 0.35$，式（9-169）的数值解为

$$\nu = 0.35, \ z = 2.079508, \ 5.398928, \ 8.577761, \cdots \tag{9-170}$$

注意，因为这些特征值依赖 ν，连续特征值和基本特征值之间的比值可以通过曲线拟合获得，用于确定泊松比。

对于每一个特征值 z_j，对应的共振频率为

$$\omega_j = \frac{c_L}{a} z_j, \ f_j = \frac{1}{2\pi} \frac{c_L}{a} z_j, \ j = 1, 2, 3, \cdots \tag{9-171}$$

模态振型可由式（9-122）利用每个特征值 z_j 对应的波数 γ_j 计算，有

$$\gamma_j = \frac{1}{a} z_j, \ j = 1, 2, 3, \cdots \tag{9-172}$$

所以，第 j 阶模态振型为

$$R_j(r) = A_j J_1(z_j r/a) \tag{9-173}$$

其中，常数 A_j 由模态归一化决定，并且和所使用的归一化方法有关。如第 4 章 4.4.2（3）节所述，一种常用的归一化过程得到的模态振型幅值由式（4-59）定义为

$$A_j = 1 / \sqrt{J_1^2(z_j) - J_0(z_j) J_2(z_j)}, \ j = 1, 2, 3, \cdots \tag{9-174}$$

其他归一化方法简单地选取 $A_j = 1$。模态振型如表 9-7 所示。

表 9-7 半径 $a = 10\text{mm}$ 压电弹性圆盘的轴对称模态振型

模态	特征值	共振频率	模态振型	
R1	$z_1 = \gamma_1 a = 2.048652$	$f_1 = \frac{1}{2\pi} z_1 \frac{c}{a}$		$R_1 = J_1(z_1 r/a)$
R2	$z_2 = \gamma_2 a = 5.389361$	$f_2 = \frac{1}{2\pi} z_2 \frac{c}{a}$		$R_2 = J_1(z_2 r/a)$
R3	$z_3 = \gamma_3 a = 8.571860$	$f_3 = \frac{1}{2\pi} z_3 \frac{c}{a}$		$R_3 = J_1(z_3 r/a)$

（2）机电共振

根据式（9-165）、式（9-166）给出的阻抗和导纳表达式，重新整理得到

$$\Upsilon = i\omega C \left\{ 1 - k_p^2 \left[1 - \frac{(1+\nu)J_1(z)}{(z)J_0(z)-(1-\nu)J_1(z)} \right] \right\} \tag{9-175}$$

$$Z = \frac{1}{i\omega C} \left\{ 1 - k_p^2 \left[1 - \frac{(1+\nu)J_1(z)}{(z)J_0(\gamma a)-(1-\nu)J_1(z)} \right] \right\}^{-1} \tag{9-176}$$

考虑以下条件：①共振，当 $\Upsilon \to \infty$ 时，$Z = 0$；②反共振，当 $\Upsilon = 0$ 时，$Z \to \infty$。

在某一频率点施加常幅谐波电压时,器件工作在很大工作电流下的情况往往和电气共振相关。共振时，导纳变得非常大，而阻抗趋于零。当导纳很大时，常幅电压激励产生的电流也随之变得很大，如 $I = \Upsilon V$。在压电器件中，机械共振在电气共振时也变大。这种情况是因为压电材料的机电耦合将电输入的能量转移给了机械输出。因此，电驱动压电器件的电气共振是机电共振。压电晶片经历电气共振后可能发生机械退化甚至损坏。

施加常幅谐波电压时，器件工作电流下几乎为零的情况往往和电气发共振相关。反共振时，导纳为零，而阻抗变得非常大。在常幅值电压激励下，使得器件工作电流非常小。压电器件在电气反共振时的机械响应也很小。压电晶片在电气反共振时几乎不能产生运动。电驱动压电器件的共振应视为机电反共振。

机电共振的条件可以通过研究 Υ 的极点获得，取 z 值使 $\Upsilon \to \infty$。Υ 的极点是分母的解。通过解方程获得

$$zJ_0(z) - (1-\nu)J_1(z) = 0 \quad （共振） \tag{9-177}$$

上式和确定机械共振的方程相同,因为本文在分析机械共振时只考虑了和电场激励耦合良好的轴对称模态，所以机电共振的频率对应于轴对称机械共振频率，如表 9-7 所示。

机电反共振条件可以通过研究 Υ 的零点获得，取 z 值使得 $\Upsilon = 0$。因为机电反对称对应于导纳的零点（阻抗的极点），此时电流为零，$I = 0$。式（9-175）表明 $\Upsilon = 0$ 时有

$$1 - k_p^2 \left[1 - \frac{(1+\nu)J_1(z)}{(z)J_0(z)-(1-\nu)J_1(z)} \right] = 0 \tag{9-178}$$

整理得

$$1 = k_p^2 \left[1 - \frac{(1+\nu)J_1(z)}{(z)J_0(z)-(1-\nu)J_1(z)} \right] \tag{9-179}$$

或者

$$zJ_0(z) - (1-\nu)J_1(z) = k_p^2 \left[zJ_0(z) - (1-\nu)J_1(z) - (1+\nu)J_1(z) \right] \tag{9-180}$$

所以，反对称共振条件为

$$\frac{zJ_0(z)}{J_1(z)} = \frac{1-\nu-2k_p^2}{(1-k_p^2)} \quad （反共振） \tag{9-181}$$

上式也是一个超越方程，没有封闭解，可获得数值解。

9.3.4　圆形 PWAS E/M 导纳和阻抗公式的总结

如式（9-99）所示，采用复数柔顺系数和介电常数可以把压电材料的阻尼影响考虑在内：

$$\bar{s}_{11}^E = s_{11}^E(1-i\eta), \quad \bar{\varepsilon}_{33}^T = \varepsilon_{33}^T(1-i\delta) \tag{9-182}$$

其中，η、δ 值随着压电方程改变，但变化非常小（$\eta,\ \delta < 5\%$）。

（1）径向振动的 E/M 导纳和阻抗公式

将式（9-182）代入式（9-165）、式（9-166），得到圆形 PWAS 径向振动的复数导纳和阻抗公式为

$$\bar{\Upsilon}(\omega) = i\omega\bar{C}\left\{1 - \bar{k}_p^2\left[1 - \frac{(1+\nu)J_1(\bar{z})}{(\bar{z})J_0(\bar{z}) - (1-\nu)J_1(\bar{z})}\right]\right\} \tag{9-183}$$

$$\bar{Z}(\omega) = \frac{1}{i\omega\bar{C}}\left\{1 - \bar{k}_p^2\left[1 - \frac{(1+\nu)J_1(\bar{z})}{(\bar{z})J_0(\bar{z}) - (1-\nu)J_1(\bar{z})}\right]\right\}^{-1} \tag{9-184}$$

其中

$$\bar{k}_p^2 = \frac{2}{(1-\nu)}\frac{d_{31}^2}{\bar{s}_{11}^E\bar{\varepsilon}_{33}^T}, \quad \bar{C} = \bar{\varepsilon}_{33}^T\frac{\pi a^2}{t_a}, \quad \bar{c}_p = \sqrt{\frac{1}{\rho\bar{s}_{11}^E(1-\nu^2)}}, \quad \bar{z} = \frac{\omega a}{\bar{c}_p} \tag{9-185}$$

（2）厚度振动的 E/M 导纳和阻抗公式

对于厚度振动，沿着厚度方向电位移恒定的假设不再成立，因为电位移在整个厚度上有变化，表示为[1, 2]

$$\bar{Z}_t = \frac{1}{i\omega\bar{C}^*}\left(1 - \bar{k}_t^2\frac{1}{\bar{\phi}_b\cot\bar{\phi}_b}\right), \quad \bar{\Upsilon}_t = \bar{Z}_t^{-1} \quad （厚度振动） \tag{9-186}$$

其中

$$\bar{k}_t^2 = \frac{h_{13}^2}{\beta_{33}^S c_{33}^D}, \quad \bar{C}^* = \bar{\varepsilon}_{33}^S\frac{\pi a^2}{t_a}, \quad \bar{c}_t = \sqrt{\frac{\bar{c}_{33}^D}{\rho}}, \quad \bar{\phi}_t = \frac{1}{2}\frac{\omega t_a}{\bar{c}_t} \tag{9-187}$$

9.3.5　实验结果

表 9-8 给出了圆形 PWAS 的实验和计算结果，图 9-14 各出了测量和计算 E/M 导纳谱的叠加图。反对称面内径向振动下圆形 PWAS 的 E/M 导纳由式（9-175）给出，图 9-14 所示为预测和测量结果的叠加图。可以清晰看到三个响应峰，相应频率（300kHz、784kHz、1247kHz，表 9-8）对应前三个面内径向模态。第四个面内频率（1697kHz）在曲线图（0～1500kHz）之外，没有画出，但它的值在表 9-8 中。实验中注意到，E/M 阻抗实部响应在 10895kHz 出现一个非常高的频率峰值，这个值可以被识别为厚度方向的面外振动。对比表 9-8 中的测量和计算结果，对于圆形 PWAS，理论和实验的一致性较好（最大误差为 2.1%）。

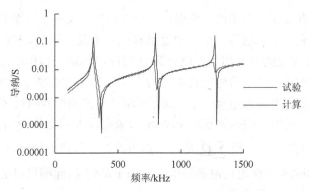

图 9-14　圆形 PWAS 实验和计算导纳谱（$d = 2a = 6.98\text{mm}$, $t_a = 0.216\text{mm}$

$s_{11}^E = 18 \times 10^{-12} \text{Pa}^{-1}, d_{31} = -175 \times 10^{-12} \text{m/V}$）

表 9-8　圆形 PWAS 动力学特征结果（$d = 2a = 6.98\text{mm}$, $t_a = 0.216\text{mm}$, $s_{11}^E = 18 \times 10^{-12} \text{Pa}^{-1}$，R=轴对称径向振动，T=面外厚度振动）

	频率 kHz				
实验	300（1R）	784（2R）	1247（3R）	1697（4R）	10895（1T）
计算	303（1R）	796（2R）	1267（3R）	1733（4R）	10690（1T）
误差	−1.0%	−1.5%	−1.6%	−2.1%	1.9%

9.4　PWAS 谐振器的耦合场分析

　　前面章节采用分析模型预测 PWAS 谐振器的机电行为以及在扫频过程中的 E/M 导纳和阻抗响应，但结果不理想，例如采用 1-D 方法近似分析方形 PWAS 谐振器。工程上，由有限元方法发展起来的分析方法可以采用小单元的离散化实现复杂结构的数值分析。FEM 方法已获得广泛应用，特别是处理复杂结构问题。虽然耦合场有限元方法最初是为热弹塑性动力学分析建立的，但现有 FEM 理论的发展已经可以提供先进的程序以处理更复杂的耦合场（多物理场）问题，例如在压电器件中的弹性场、动力学和电场的相互耦合。商业化有限元软件已经开始提供耦合场单元的选项（例如 ANSYS、ABAQUS 等）。本节探讨耦合场有限元方法如何预测 PWAS 谐振器的 E/M 阻抗谱，并将该结果与分析方法和实验结果进行比较。自由 PWAS 谐振器利用耦合场有限元方法进行建模。对 PWAS 的电极实施电压约束，并对有限元模型进行时间谐波分析，同时研究电荷随着频率的变化。依据电荷数据可以计算自由 PWAS 的电流和 E/M 阻抗。在每个频率点，计算 PWASE/M 阻抗值，记为 V/I，其中 V 是电压，I 是电流。在计算过程中，电压 V 是实际施加在 PWAS 表面电极的电压约束，电流 I 根据累积于 PWAS 表面电极上的电荷计算得到。并将数值模拟的 E/M 阻抗结果和实验数据对比。

　　为了对 PWAS 谐振器进行耦合场分析，本文采用既可以处理机械场，也可以处理电场的耦合场单元。对于耦合场压电分析，应力场和电场互相耦合，因此，一方的改变会引起另一方的改变。在本书的分析中，ABAQUS 耦合场有限元采用的是有 8 个节点的 3-D

实体单元，每个节点有 6 个自由度。当进行压电分析时，又多了一个自由度——电压，作为位移自由度的补充。节点的每一个自由度都对应一个反作用力。FX、FY、FZ 分别对应于 X、Y、Z 位移方向上的反作用力。电荷数 Q 对应电压这一自由度的反作用，利用电荷 Q 计算阻抗。交变电压 V 采用前述电自由度的方式施加在所有耦合场单元上，PWAS 表面电极上将会累积电荷，表现为电反应 Q。通过计算 V/I 便能得到阻抗 Z，其中 I 是电流值，V 是所施加的电压。电流 I 根据累积在 PWAS 表面电极上的电荷 Q 计算，$I = j\omega\sum Q_i$，其中，ω 是频率，j 是 $\sqrt{-1}$，而 $\sum Q_i$ 是总节点电荷数（节点处的电反应负载）。当交变电压激励时，自由 PWAS 表现为机电谐振器。自由 PWAS 的建模可以更好地理解机械振动响应和复杂电响应之间的机电耦合。

对方形和圆形 PWAS 进行了谐波耦合场有限元分析，如表 9-9 所示，得到了 E/M 阻抗的频率响应。在谐波分析中，在节点的上、下表面施加正弦电压激励。类似 PWAS 阻抗测量方法，激励信号扫查一个频段。当交变电压施加于 PWAS 上，相应的电流流经电极上的节点，然后传感端阻抗 Z 可通过计算 V/I 得到，其中 I 是电流，V 是所施加的电势。

表 9-9　耦合场 FEM 分析使用的自由 PWAS 模型

形状	厚度	尺寸	单元长度	单元数	结点数	材料
方形	0.2mm	7mm×7mm	0.25mm	392	675	APC 850
圆形	0.2mm	7mm直径	0.25mm	441	507	APC 850

9.4.1　矩形 PWAS 谐振器的耦合场有限元分析

此处分析所考虑的方形 PWAS 是长 7mm、宽 7mm、厚 0.2mm 的 APC-850 压电陶瓷，与 9.2.5（1）节中所讨论的类似，如图 9-4 所示。图 9-15a 给出了方形 PWAS 的有限元网格，PWAS 的数值模拟通过对称条件进行简化，从而节省大量的计算时间。对 1/4 的 PWAS 进行建模，PWAS 利用 3-D 八节点耦合场单元进行模拟，每个节点 4 个自由度（3 个位移自由度和 1 个电压自由度）。该实体耦合场单元在电压自由度被激活后可以模拟压电材料。上、下表面的节点具有电压自由度，并同一个常用的主节点耦合以模拟 PWAS 表面电极的存在。这种方法简化了计算过程，加快了计算速度。

当自由 PWAS 被电激励或机械激励时，共振在响应非常大的时候发生。共振可以分为两种类型：机电共振和机械共振。机械共振发生在传统弹性结构的相同条件下，而机电共振特指压电材料，机电共振反映了机械变量和电变量间的耦合，在电激励下发生，产生了机电响应（机械振动、电导纳和阻抗的都发生了变化）。PWAS 在特定频率的常幅谐波电压激励下，电共振与器件处于很大工作电流的状态有关。发生共振时，导纳变得非常大，而阻抗却几乎为零。导纳非常大的时候，常幅电压激励下的电流也非常大，因为 $I = \Upsilon V$。在压电器件中，电共振处的机械响应也会变得非常大，因为在压电材料的机电耦合下输入的电能转变为机械响应的能量。

图 9-16a 给出了通过耦合场有限元计算获得的 0.1～1MHz 频带内 E/M 阻抗实部的对

数变化曲线,可以看出机电反共振的峰值十分显著。

为了验证这些 E/M 阻抗的预测结果,本节采用 HP 4194A 阻抗分析仪实验获取了一个真实 PWAS 的数据,所测得的 PWAS 阻抗频率响应在图 9-16a 中给出。模拟与实验测量吻合,特别是在前四阶反共振的检测上。在更高频率下,结果的吻合度并不好,实验曲线在频率为 920kHz 附近显示了另外一个峰值,可能是生产过程中的边缘粗糙度引起的。

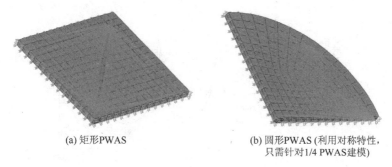

(a) 矩形PWAS　　　　　　　　　　　　(b) 圆形PWAS (利用对称特性,
　　　　　　　　　　　　　　　　　　　　只需针对1/4 PWAS建模)

图 9-15　机械和电边界条件的 PWAS 3-D 网格,所有电自由度组成电压 V(后附彩图)

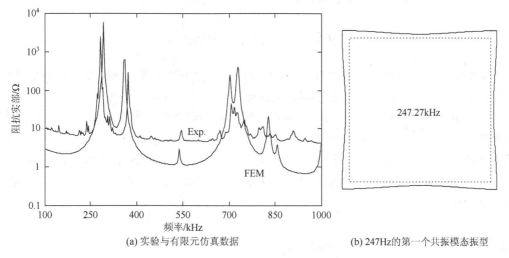

(a) 实验与有限元仿真数据　　　　　　　(b) 247Hz的第一个共振模态振型

图 9-16　方形 PWAS Z 的实部 E/M 阻抗谱的比较

9.4.2　圆形 PWAS 谐振器的耦合场有限元分析

考虑一个直径 7mm、厚 0.2mm 的圆形 PWAS。对圆形 PWAS 的 FEM 网格划分,如图 9-15b 所示。利用对称条件,PWAS 仿真将得到简化。圆形 PWAS 阻抗图如图 9-17 所示,考虑频率范围 0.1~2MHz。四个反共振峰值清晰可见,如图 9-17 所示,这些峰对应于前四个面内径向模态。

仿真的阻抗结果和利用 HP 4194A 阻抗分析仪测量的导纳进行了比较,发现两者一致。同时可以观察到在高频范围(1500~2000kHz),仿真的导纳峰值相较于实验测量结果有偏移,原因可能是有限元网格大小和谐波分析的时间步长无法满足高频率情况的计算,因此可能产生错误的结果。在进行有限元分析时,应该探索单元尺寸和高频时间步长的影响。

方形 PWAS 和圆形 PWAS 的两个例子表明,对于自由 PWAS 谐振器的 E/M 阻抗特性,耦合场有限元仿真和实验结果一致度很高,耦合场 FEM 结果优于分析结果,特别是在预测矩形 PWAS 的响应时, 如图 9-16 与图 9-8 所示。

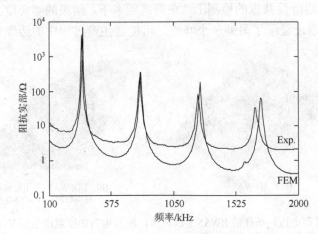

图 9-17　方形 PWAS FEM 仿真和实验阻抗频率响应实部的对比

9.5　有约束的 PWAS

对 PWAS 进行有约束分析是第 10 章中将 PWAS 作为结构模态传感器进行分析讨论的基础。固定在结构上时, PWAS 受到结构约束, 它的动力学特性会改变。

在本节中, 结构对 PWAS 的约束被考虑成未知的动态结构刚度 k_{str}。因为这种动态结构刚度是与频率相关的, 它与 PWAS 相互作用的方式也是与频率相关的, 并且可以显著改变 PWAS 的谐振。如第 10 章将介绍的, 结构动力特性比 PWAS 自身的固有动力特性作用更大。在这种情况下, PWAS E/M 阻抗特性将随结构的动力特性改变, 同时 PWAS 可以传感结构的动力学模态行为。

9.5.1　有约束 PWAS 谐振器的 1-D 分析

考虑长为 $l_a = 2a$、厚 t_a、宽 b_a, 在厚度方向极化电场为 E_3 诱导下产生纵向位移 u_1 的 PWAS。电场由上下表面电极施加的谐波电压 $V(t) = \hat{V}e^{i\omega t}$ 产生, 假设产生的电场 $\hat{E} = \hat{V}/t_a$ 和 x_1 无关 ($\partial E/\partial x_1 = 0$)。假设长度、宽度、厚度具有不同的值 ($t_a \ll b_a \ll l_a$), 因此三个方向的运动不耦合。

压电材料的本构方程为

$$S_1 = s_{11}^E T_1 + d_{31} E_3 \qquad (9-188)$$

$$D_3 = d_{31} T_1 + \varepsilon_{33}^T E_3 \qquad (9-189)$$

其中, S_1 是应变; T_1 是应力; D_3 是电位移 (单位面积的电荷); s_{11}^E 是无电场下的机械柔顺系数; ε_{33}^T 是无应力下的介电常数; d_{31} 是诱导应变系数 (单位电场强度的机械应变)。

当 PWAS 粘贴在结构上，结构以结构刚度 k_{str} 约束 PWAS 运动，在动力学条件下，结构刚度与频率有关，$k_{str}(\omega)$ 在结构共振时达到最小值，在反共振时达到最大值。因此下面对弹性约束的 PWAS 进行研究，如图 9-18 所示。在模型中，施加于 PWAS 上的总体结构刚度分成两个相等的部分施加于 PWAS 的端面，两部分的值各自为 $(2k_{str})^{-1}$，得

$$k_{total} = \left[(2k_{str})^{-1} + (2k_{str})^{-1} \right]^{-1} = k_{str} \tag{9-190}$$

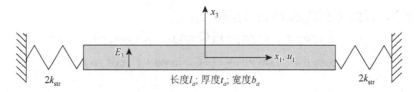

图 9-18　结构刚度 k_{str} 约束的 PWAS

施加在 PWAS 端面（$x = \pm a$）的边界条件包含应力 $T_1 b_a t_a$ 和弹簧反作用力 $2k_{str} u_1$ 间的平衡，即

$$b_a t_a T_1(+a) = -2k_{str} u_1(+a)$$
$$b_a t_a T_1(-a) = 2k_{str} u_1(-a) \tag{9-191}$$

注意到，式（9-191）中的 ± 号要与符号标准一致。根据应变位移关系有

$$S_1 = u_1^{'} \tag{9-192}$$

将式（9-188）、式（9-192）代入式（9-191）得

$$u_1^{'}(+a) = -2k_{str} \frac{s_{11}^E}{b_a t_a} u_1(+a) + d_{31} E_3$$

$$u_1^{'}(-a) = 2k_{str} \frac{s_{11}^E}{b_a t_a} u_1(-a) + d_{31} E_3 \tag{9-193}$$

利用 PWAS 刚度为

$$k_{PWAS} = \frac{A_a}{s_{11}^E l_a} = \frac{b_a t_a}{s_{11}^E l_a} \quad (\text{PWAS 刚度}) \tag{9-194}$$

刚度比为

$$r = \frac{k_{str}}{k_{PWAS}} \quad (\text{刚度比}) \tag{9-195}$$

将式（9-194）、式（9-195）代入（9-193）得

$$u_1^{'}(+a) + \frac{r}{a} u_1(+a) = d_{31} E_3$$

$$u_1^{'}(-a) - \frac{r}{a} u_1(-a) = d_{31} E_3 \tag{9-196}$$

（1）机械共振

将牛顿运动定律 $T_1^{'} = \rho \ddot{u}_1$ 和应变位移关系 $S_1 = u_1^{'}$ 代入式（9-188）得到轴向波方程得

$$\ddot{u}_1 = c_a^2 u_1^{''} \tag{9-197}$$

其中，$\dot{u} = \partial u / \partial t$；$u' = \partial u / \partial x$；$c_a^2 = 1/\rho s_{11}^E$ 是压电材料面内板波速。

式（9-197）的通解为

$$u_1(x,t) = \hat{u}_1(x)e^{i\omega t} \tag{9-198}$$

其中

$$\hat{u}_1(x) = \left(C_1 \sin \gamma x + C_2 \cos \gamma x \right) \tag{9-199}$$

变量 $\gamma = \omega/c_a$ 是波数。常数 C_1 和 C_2 由边界条件确定，将式（9-199）的通解代入式（9-196）的边界条件中，得到关于 C_1 和 C_2 的方程组为

$$\gamma a \left(C_1 \cos \gamma a - C_2 \sin \gamma a \right) + r \left(C_1 \sin \gamma a + C_2 \cos \gamma a \right) = ad_{31}\hat{E}_3 \tag{9-200}$$
$$\gamma a \left(C_1 \cos \gamma a + C_2 \sin \gamma a \right) - r \left(-C_1 \sin \gamma a + C_2 \cos \gamma a \right) = ad_{31}\hat{E}_3$$

整理得

$$\gamma a \left(\cos \gamma a + r \sin \gamma a \right) C_1 - \left(\gamma a \sin \gamma a - r \cos \gamma a \right) C_2 = ad_{31}\hat{E}_3 \tag{9-201}$$
$$\gamma a \left(\cos \gamma a + r \sin \gamma a \right) C_1 + \left(\gamma a \sin \gamma a - r \cos \gamma a \right) C_2 = ad_{31}\hat{E}_3$$

根据 $u_{\text{ISA}} = d_{31}\hat{E}_3 l_a$，$\phi = \frac{1}{2}\gamma l_a = \gamma a$，简化得到关于 C_1 和 C_2 的方程组为

$$\phi \left(\cos \phi + r \sin \phi \right) C_1 - \left(\phi \sin \phi - r \cos \phi \right) C_2 = \frac{1}{2} u_{\text{ISA}} \tag{9-202}$$
$$\gamma a \left(\cos \phi + r \sin \phi \right) C_1 + \left(\phi \sin \phi - r \cos \phi \right) C_2 = \frac{1}{2} u_{\text{ISA}}$$

假设行列式不等于 0，$\Delta \neq 0$，解可以如下得出，将第一个方程带入第二个方程得

$$2 \left(\phi \sin \phi - r \cos \phi \right) C_2 = 0 \tag{9-203}$$

所以 $C_2 = 0$。式（9-202）的两式相加得

$$2 \left(\phi \cos \phi + r \sin \phi \right) C_1 = 2 \frac{1}{2} u_{\text{ISA}} \tag{9-204}$$

所以

$$C_1 = \frac{1}{2} u_{\text{ISA}} \frac{1}{\left(\phi \cos \phi + r \sin \phi \right)}, C_2 = 0 \tag{9-205}$$

将 C_1、C_2 代入式（9-199）得

$$\hat{u}_1(x) = \frac{1}{2} u_{\text{ISA}} \frac{\sin \gamma x}{\left(\phi \cos \phi + r \sin \phi \right)} \tag{9-206}$$

代入 $\phi = \gamma a$ 得

$$\hat{u}_1(x) = \frac{1}{2} u_{\text{ISA}} \frac{\sin \gamma x}{\left(\gamma a \cos \gamma a + r \sin \gamma a \right)}, \ a = \frac{l_a}{2} \tag{9-207}$$

（2）电响应

考虑如图 9-19 所示的谐波激励下的受约束 PWAS，导纳由电流和电压复振幅之比计算，$\Upsilon = \hat{I}/\hat{V}$。先对电位移 D_3 在 PWAS 区域积分得到总电量 Q，然后关于时间求导得到电流，而电压由电场沿着 PWAS 厚度方向积分得到。推导过程如式（9-37）~式（9-53）所示。根据式（9-53），仅取决于 PWAS 尖端处的位移 $\hat{u}_1(\pm a)$，得

$$\Upsilon = \frac{\hat{I}}{\hat{V}} = i\omega C\left\{1 - k_{31}^2\left[1 - \frac{\hat{u}_1(a) - \hat{u}_1(a)}{u_{\text{ISA}}}\right]\right\} \tag{9-208}$$

图 9-19　谐波电激励下有约束 PWAS 的电响应分析原理

根据式（9-206），位移解为

$$\hat{u}_1(x) = \frac{1}{2}u_{\text{ISA}}\frac{\sin\gamma x}{(\varphi\cos\varphi + r\sin\varphi)} \tag{9-209}$$

因此，式（9-208）包含的 $\hat{u}_1(\pm a)$ 变为

$$\hat{u}_1(a) - \hat{u}_1(-a) = \frac{1}{2}u_{\text{ISA}}\frac{\sin(+\gamma a) - \sin(-\gamma a)}{(\gamma a\cos\gamma a + r\sin\gamma a)} = \frac{1}{2}u_{\text{ISA}}\cancel{2}\frac{\sin\gamma a}{\gamma a\cos\gamma a + r\sin\gamma a} \tag{9-210}$$
$$= u_{\text{ISA}}\frac{1}{r + \gamma a\cot\gamma a}$$

将式（9-210）代入式（9-208），由 $\phi = \gamma a$ 得

$$\Upsilon = \frac{\hat{I}}{\hat{V}} = i\omega C\left[1 - k_{31}^2\left(1 - \frac{1}{r + \phi\cot\phi}\right)\right] \tag{9-211}$$

阻抗 Z 是导纳的倒数，即

$$Z = \frac{\hat{V}}{\hat{I}} = \frac{1}{\Upsilon} = \frac{1}{i\omega C}\left[1 - k_{31}^2\left(1 - \frac{1}{r + \phi\cot\phi}\right)\right]^{-1} \tag{9-212}$$

得到有约束 PWAS 关于等价刚度比 r 的导纳和阻抗表达式。

在式（9-211）、式（9-212）中，结构刚度比 r 额外作用在 PWAS 共振项 $\phi\cot\phi$ 上，当对 PWAS 扫频激励时，结构刚度 k_{str} 将随着频率变化，在结构共振时为零，在结构反振时取得极值。式（9-211）、式（9-212）隐含着结构共振和 PWAS 共振由导纳和阻抗频谱决定。

（3）渐近特性

式（9-211）、式（9-212）的渐近行为分析使得我们可以重新发现前面研究已知的结果或者通过简单分析可以确定的结果，考虑渐近条件：①自由 PWAS，$r = 0$；②完全固定 PWAS，$r \to \infty$；③准静态条件下的有约束 PWAS，$\phi \to 0$。

1）自由 PWAS

自由压电晶片对应 $k_{\text{str}} = 0$、$r = 0$，在这种情况下，就又得到自由 PWAS 的导纳和阻抗表达式，随着式（9-211）、式（9-212）中 r 的变化，可以得到如下表达式：

$$\Upsilon_{\text{free}} = i\omega C \left[1 - k_{31}^2 \left(1 - \frac{1}{\phi \cot \phi} \right) \right]$$

$$Z_{\text{free}} = \frac{1}{i\omega C} \left[1 - k_{31}^2 \left(1 - \frac{1}{\phi \cot \phi} \right) \right]^{-1}$$

（9-213）

这正是前文获得的自由 PWAS 导纳和阻抗表达式：式（9-63）和式（9-64）。

2）全约束（固定）PWAS

考虑固定压电片的 $k_{\text{str}} \to \infty$，$r \to \infty$，这种情况下分母中包含 r 的分数完全消失，导纳和阻抗表达式变为

$$\Upsilon_{\text{blocked}} = i\omega C \left(1 - k_{31}^2 \right)$$

$$Z_{\text{blocked}} = \frac{1}{i\omega C} \left(1 - k_{31}^2 \right)^{-1}$$

（9-214）

上式就是参考文献中固定压电谐振器的表达式（本章参考文献[1]）。

3）准静态条件下有约束 PWAS

当振动频率很低以至于可以忽略压电片中的动力学效应时，满足准静态条件，这说明激励频率要低于第一阶固有频率。换一种说法，就是和频率有关的波长要比晶片长度大很多，$\lambda \gg l_a$，即晶片的长度很小以至于弹性波很快从一端传播到另外一端，因为没有动力学响应，所以不会引起应力应变。就波数而言，这个假设可以看成 $\gamma l_a \to 0$，因为 $\gamma = \omega/c = 2\pi/\lambda$，$\phi = \gamma l_a = \omega/c_a l_a = 2\pi l_a/\lambda = 0$。

当 $\phi \to 0$ 时，式（9-211）变为

$$
\begin{aligned}
\Upsilon &= i\omega C \left[1 - k_{31}^2 \left(1 - \frac{1}{r + \phi \cot \phi} \right) \right] \\
&= i\omega C \left[1 - k_{31}^2 \left(1 - \frac{\sin \phi}{r \sin \phi + \phi \cot \phi} \right) \right]_{\phi \to 0} \simeq i\omega C \left\{ 1 - k_{31}^2 \left[1 - \frac{\phi}{r\phi + \phi(1 - \phi^2/2)} \right] \right\} \\
&\simeq i\omega C \left[1 - k_{31}^2 \left(1 - \frac{1}{1+r} \right) \right] = i\omega C \left(1 - k_{31}^2 \frac{r}{1+r} \right)
\end{aligned}
$$

（9-215）

所以式（9-211）、式（9-212）变为

$$\Upsilon(\omega) = i\omega C \left(1 - k_{31}^2 \frac{r(\omega)}{1 + r(\omega)} \right)$$

$$Z(\omega) = \frac{1}{i\omega C} \left(1 - k_{31}^2 \frac{r(\omega)}{1 + r(\omega)} \right)^{-1}$$

（准静态） （9-216）

根据式（9-195）和 $r(\omega) = k_{\text{str}}(\omega)/k_{\text{PWAS}}$，其中 ω 与有关 r，k_{str} 已经明确给出，式（9-216）变为

$$\Upsilon(\omega) = i\omega C \left[1 - k_{31}^2 \frac{k_{\text{str}}(\omega)}{k_{\text{str}}(\omega) + k_{\text{PWAS}}} \right]$$

$$Z(\omega) = \frac{1}{i\omega C} \left[1 - k_{31}^2 \frac{k_{\text{str}}(\omega)}{k_{\text{str}}(\omega) + k_{\text{PWAS}}} \right]^{-1}$$

（准静态） （9-217）

式（9-217）可以利用 PWAS 和结构的机械阻抗进一步推导得

$$Z_{\text{PWAS}}(\omega) = i\omega k_{\text{PWAS}} \quad \text{（机械阻抗）}$$
$$Z_{\text{str}}(\omega) = i\omega k_{\text{str}}(\omega) \tag{9-218}$$

将式（9-218）代入（9-217），除以 $i\omega$ 化简得

$$\Upsilon(\omega) = i\omega C\left[1 - k_{31}^2 \frac{Z_{\text{str}}(\omega)}{Z_{\text{str}}(\omega) + Z_{\text{PWAS}}(\omega)}\right] \quad \text{（准静态）} \tag{9-219}$$

$$Z(\omega) = \frac{1}{i\omega C}\left[1 - k_{31}^2 \frac{Z_{\text{str}}(\omega)}{Z_{\text{str}}(\omega) + Z_{\text{PWAS}}(\omega)}\right]^{-1}$$

渐近特性的分析说明式（9-211）、式（9-212）阻抗和导纳表达式通用。式（9-216）包含的简单表达式可用于低频结构的分析，此时 PWAS 状态可看成准静态。但对于高频分析，PWAS 的共振是明显的，必须应用式（9-211）、式（9-212）所包含的完整表达，这些表达式涵盖了完整的频谱，同时包括结构和 PWAS 动力学特性。

（4）阻尼效应

阻尼效应既和压电材料有关也和弹性约束有关。压电材料的阻尼效应采用复数柔顺系数和介电常数表达：

$$\overline{s}_{11}^E = s_{11}^E(1 - i\eta), \quad \overline{\varepsilon}_{33}^T = \varepsilon_{33}^T(1 - i\delta) \tag{9-220}$$

其中，η、δ 值随着压电方程改变，但变化非常小（η，$\delta < 5\%$）。

弹性约束阻尼可以通过假设复数刚度 $\overline{k}_{\text{str}}$ 解释，所以刚度比也取复数，$\overline{r} = \overline{k}_{\text{str}}/\overline{k}_{\text{PWAS}}$，这个和频率相关的复数刚度比同时反映了弹性约束阻尼和传感器耗散机制。因此导纳和阻抗表达式式（9-211）、式（9-212）取复数形式为

$$\overline{\Upsilon} = i\omega\overline{C}\left[1 - \overline{k}_{31}^2\left(1 - \frac{1}{\overline{r} + \overline{\phi}\cot\overline{\phi}}\right)\right]$$

$$\overline{Z} = \frac{1}{i\omega\overline{C}}\left[1 - \overline{k}_{31}^2\left(1 - \frac{1}{\overline{r} + \overline{\phi}\cot\overline{\phi}}\right)\right]^{-1} \tag{9-221}$$

其中，$\overline{k}_{13}^2 = d_{31}^2/\overline{s}_{11}^E\overline{\varepsilon}_{33}^T$ 是复数压电耦合系数；$\overline{C} = (1 - i\delta)$；$\overline{\phi} = \phi\sqrt{1 - i\eta}$。

（5）共振

为了确定共振条件，分析式（9-202）的渐近行为为

$$\Delta = \begin{vmatrix} (\phi\cos\phi + r\sin\phi) & -(\phi\sin\phi - r\cos\phi) \\ (\phi\cos\phi + r\sin\phi) & (\phi\sin\phi - r\cos\phi) \end{vmatrix} \tag{9-222}$$

或者

$$\Delta = 2(\phi\sin\phi - r\cos\phi)(\phi\cos\phi + r\sin\phi) \tag{9-223}$$

第一个括号或者第二个括号中任意一个为零时，行列式 Δ 为零。当第一个括号为零时，式（9-206）的分母将消失，电激励下系统响应无限增大，将这种情形看作机电共振。当第二个圆括号为零时，式（9-206）不为零，机电响应不会无限增大，这种情形看作是单纯的机械共振，是不能通过这里所考虑的恒定场分布进行电激励的。因此得到以下两个共振条件：

$$\phi \cos\phi + r \sin\phi = 0 \quad \text{（机电共振）} \tag{9-224}$$

$$\phi \sin\phi - r \cos\phi = 0 \quad \text{（仅机械共振）} \tag{9-225}$$

行列式 $\Delta = 0$ 的条件也可以表达为

$$\Delta = (\phi\sin\phi - r\cos\phi)(\phi\cos\phi + r\sin\phi) = 0 \tag{9-226}$$

$$\phi^2 \cos\phi\sin\phi + r\phi(\sin^2\phi - \cos^2\phi) - r^2\sin\phi\cos\phi = 0 \tag{9-227}$$

$$(\phi^2 - r^2)\sin 2\phi - r\phi\cos 2\phi = 0 \tag{9-228}$$

$$\tan 2\phi = \frac{r\phi}{\phi^2 - r^2} \tag{9-229}$$

式（9-229）的解给出了所有的机械共振，包括机电共振。

9.5.2　有约束圆形 PWAS 谐振器 2-D 分析

为了建立圆形 PWAS 模型，考虑极坐标下的本构方程：

$$S_{rr} = s_{11}^E T_{rr} + s_{12}^E T_{\theta\theta} + d_{31}E_3$$
$$S_{\theta\theta} = s_{12}^E T_{rr} + s_{11}^E T_{\theta\theta} + d_{31}E_3 \tag{9-230}$$
$$D_z = d_{31}(T_{rr} + T_{\theta\theta}) + \varepsilon_{33}^T E_3$$

其中，S_{rr}、$S_{\theta\theta}$ 是机械应变；T_{rr}、$T_{\theta\theta}$ 是机械应力；E_3 是电场；D_z 是电位移；s_{rr}^E、$s_{r\theta}^E$ 是 $E = 0$ 时的机械柔顺系数；ε_{33}^T 是 $T = 0$ 时的介电常数；d_{31} 是压电系数，表征机电变量之间的压电耦合效应。反对称运动下，问题和 θ 无关，只在 r 方向存在空间变化，式（9-108）、式（9-136）中用 s_{11}^E、s_{11}^E、νs_{11}^E 代替 s_{rr}^E、$s_{\theta\theta}^E$、$s_{r\theta}^E$，用 d_{31} 代替 d_{3r}、$d_{3\theta}$。

（1）机械共振

正如前面式（9-110）～式（9-117）所示，应用牛顿运动定律和谐波运动假设可得到极坐标下的波方程：

$$\frac{\mathrm{d}^2 u_r}{\mathrm{d}r^2} + \frac{1}{r}\frac{\mathrm{d}u_r}{\mathrm{d}r} - \frac{u_r}{r^2} = -\frac{\omega^2}{c_p^2}u_r \tag{9-231}$$

其中

$$c_p = \sqrt{\frac{1}{\rho s_{11}^E(1-\nu^2)}} \quad \text{（波速）} \tag{9-232}$$

上述方程描述的是轴对称径向运动 PWAS 中的波速，压电材料的泊松比 ν 为

$$\nu = -s_{12}^E / s_{11}^E \tag{9-233}$$

由式（9-119）代入式（9-121）可知，式（9-213）有一个通解，其以第一类 Bessel 函数形式 J_1 表示为

$$u_r(r) = AJ_1(\gamma r) \tag{9-234}$$

其中，$\gamma = \omega / c_p$ 是波数，系数 A 由边界条件决定。

　　PWAS 安装在结构上时，其周长由动力学结构刚度弹性约束，如图 9-20 所示。在边界 $r = a$ 处，弹性边界条件为

$$T_{rr}(r_a)t_a = -k_{\mathrm{str}}(\omega)u_r(a) \qquad (9\text{-}235)$$

其中，t_a 是 PWAS 厚度。所以径向应力表示成

$$T_{rr}(a) = -\frac{k_{\mathrm{str}}(\omega)u_r(a)}{t_a} \qquad (9\text{-}236)$$

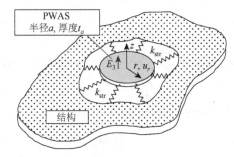

图 9-20　由结构刚度 $k_{\mathrm{str}}(\omega)$ 约束的圆形 PWAS

　　换句话说，式（9-230）给出的前两个本构方程解允许将径向应力 T_{rr} 用 S_{rr}、$S_{\theta\theta}$、E_3 表示。根据式（9-108）～式（9-111）中给出的详细推导得

$$T_{rr} = \frac{1}{s_{11}^E(1-\nu^2)}\left[\left(\frac{\mathrm{d}u_r}{\mathrm{d}r} + \nu\frac{u_r}{r}\right) - (1+\nu)d_{31}E_3\right] \qquad (9\text{-}237)$$

将式（9-234）代入式（9-237）得

$$T_{rr} = \frac{1}{s_{11}^E(1-\nu^2)}\left\{A\left[\gamma J_1'(\gamma r) + \nu\frac{J_1(\gamma r)}{r}\right] - (1+\nu)d_{31}E_3\right\} \qquad (9\text{-}238)$$

根据 Bessel 函数有

$$J_1'(z) = J_0(z) - \frac{1}{z}J_1(z) \qquad (9\text{-}239)$$

式（9-238）变为

$$
\begin{aligned}
T_{rr} &= \frac{1}{s_{11}^E(1-\nu^2)}\left(A\left\{\gamma\left[J_0(\gamma r) - \frac{1}{\gamma r}J_1(\gamma r)\right] + \nu\frac{J_1(\gamma r)}{r}\right\} - (1+\nu)d_{31}E_3\right)\\
&= \frac{1}{s_{11}^E(1-\nu^2)}\left\{A\left[\gamma J_0(\gamma r) - (1-\nu)\frac{J_1(\gamma r)}{\gamma r}\right] - (1+\nu)d_{31}E_3\right\}
\end{aligned}
\qquad (9\text{-}240)
$$

结合式（9-236）计算式（9-240）在 $r = a$ 处的值为

$$\frac{1}{s_{11}^E(1-\nu^2)}\left\{A\left[\gamma J_0(\gamma r) - (1-\nu)\frac{J_1(\gamma r)}{\gamma r}\right] - (1+\nu)d_{31}E_3\right\} = -\frac{k_{\mathrm{str}}(\omega)AJ_1(\gamma a)}{t_a} \qquad (9\text{-}241)$$

式（9-241）整理得

$$\left\{A\left[a\gamma J_0(\gamma a) - (1-\nu)J_1(\gamma a)\right] - (1+\nu)d_{31}E_3\right\} + \frac{k_{\mathrm{str}}(\omega)}{\dfrac{t_a}{as_{11}^E(1-\nu^2)}}AJ_1(\gamma a) = 0 \qquad (9\text{-}242)$$

定义圆形 PWAS 刚度为

$$k_{\mathrm{PWAS}} = \frac{t_a}{as_{11}^E(1-\nu^2)} \qquad \text{（圆形 PWAS 刚度）} \qquad (9\text{-}243)$$

定义动力学刚度比为

$$\chi(\omega) = \frac{k_{\text{str}}(\omega)}{k_{\text{PWAS}}} \quad (\text{动力学刚度比}) \tag{9-244}$$

将式（9-243）、式（9-244）代入式（9-242）得

$$A\left[a\gamma J_0(\gamma a) - (1-\nu)J_1(\gamma a)\right] - (1+\nu)d_{31}E_3 a + (1+\nu)\chi(\omega)AJ_1(\gamma a) = 0 \tag{9-245}$$

式（9-245）整理得

$$A\left\{\gamma a J_0(\gamma a) - \left[(1-\nu) - (1+\nu)\chi(\omega)\right]J_1(\gamma a)\right\} = (1+\nu)d_{31}E_3 a \tag{9-246}$$

解式（9-246），得到位移振幅 A 为

$$A = \frac{(1+\nu)d_{31}E_3 a}{\gamma a J_0(\gamma a) - \left[(1-\nu) - (1+\nu)\chi(\omega)\right]J_1(\gamma a)} \tag{9-247}$$

将式（9-247）代入式（9-234）得到机械响应为

$$u_r(r) = \frac{1+\nu}{\gamma a J_0(\gamma a) - \left[(1-\nu) - (1+\nu)\chi(\omega)\right]J_1(\gamma a)}u_{\text{ISA}}J_1(\gamma r) \tag{9-248}$$

其中，$u_{\text{ISA}} = d_{31}E_3 a$ 由式（9-132）给出。

（2）电响应

导纳由电流与电压复振幅之比计算，$\Upsilon = \hat{I}/\hat{V}$。先对电位移 D_3 在 PWAS 区域积分得到总电量 Q，然后关于时间求导得到电流，而电压由电场沿着 PWAS 厚度方向积分得到。推导过程已由式（9-137）～式（9-158）给出，此处不展开。根据式（9-158），PWAS 只与位移 $u_r(a)$ 有关，即

$$\Upsilon = I/V = i\omega C\left[(1-k_p^2) + k_p^2\frac{u_r(a)}{u_{\text{ISA}}}\right] \tag{9-249}$$

其中，$C = \varepsilon_{33}^T \pi a^2/t_a$；$V = E_3/t_a$；$k_p^2 = \dfrac{2}{1-\nu}\dfrac{d_{31}^2}{s_{11}^E \varepsilon_{33}^T}$。将 $r = a$ 代入式（9-248）得到位移 $u_r(a)$，再代入式（9-249）得

$$\Upsilon(\omega) = i\omega C\left(1 - k_p^2\left\{1 - \frac{(1+\nu)J_1(\gamma a)}{\gamma a J_0(\gamma a) - \left[(1-\nu) - (1+\nu)\chi(\omega)\right]J_1(\gamma a)}\right\}\right) \tag{9-250}$$

根据阻抗和导纳之间的倒数关系，$Z(\omega) = 1/\Upsilon(\omega)$，得

$$Z(\omega) = \frac{1}{i\omega C}\left(1 - k_p^2\left\{1 - \frac{(1+\nu)J_1(\gamma a)}{\gamma a J_0(\gamma a) - \left[(1-\nu) - (1+\nu)\chi(\omega)\right]J_1(\gamma a)}\right\}\right)^{-1} \tag{9-251}$$

式（9-251）预测了 E/M 阻抗谱。在 SHM 过程，由阻抗分析仪在嵌入式 PWAS 端处测量到，可以直接对比计算预测和实验结果。式（9-251）通过动态刚度比 $\chi(\omega) = k_{\text{str}}(\omega)/k_{\text{PWAS}}$ 反映了结构的动力学特性，结构动态刚度包含 $k_{\text{str}}(\omega)$，这由圆板动力学分析得出。

（3）渐近行为

分析式（9-250）、式（9-251）的渐近行为，可发现前面研究已获得的结果或通过简单分析容易确定的结果。为了简便分析渐近行为，利用符号 $z = \gamma a$ 得

$$\Upsilon(\omega) = i\omega C\left(1 - k_p^2\left\{1 - \frac{(1+\nu)J_1(z)}{zJ_0(z) - \left[(1-\nu) - (1+\nu)\chi(\omega)\right]J_1(z)}\right\}\right) \qquad (9\text{-}252)$$

$$Z(\omega) = \frac{1}{i\omega C}\left(1 - k_p^2\left\{1 - \frac{(1+\nu)J_1(z)}{zJ_0(z) - \left[(1-\nu) - (1+\nu)\chi(\omega)\right]J_1(z)}\right\}\right)^{-1} \qquad (9\text{-}253)$$

考虑渐进条件：①自由圆形 PWAS，$\chi = 0$；②全约束（固定）圆形 PWAS，$\chi \to \infty$；③准静态条件下有约束圆形 PWAS，$z \to 0$。

1）自由 PWAS

考虑自由压电晶片对应 $k_{str} = 0$，$\chi = 0$。在这种条件下，自由圆形 PWAS 导纳和阻抗表达式已推出，事实上，随着式（252）、式（253）式分母中 χ 的消失，得

$$\Upsilon(\omega) = i\omega C\left\{1 - k_p^2\left[1 - \frac{(1+\nu)J_1(z)}{zJ_0(z) - (1-\nu)J_1(z)}\right]\right\} \qquad (9\text{-}254)$$

$$Z(\omega) = \frac{1}{i\omega C}\left\{1 - k_p^2\left[1 - \frac{(1+\nu)J_1(z)}{zJ_0(z) - (1-\nu)J_1(z)}\right]\right\}^{-1} \qquad (9\text{-}255)$$

这正是前面所获得的自由圆形 PWAS 导纳和阻抗表达式（9-165）、式（9-166）。

2）全约束（固定）PWAS

考虑完全约束的压电晶片有 $k_{str} \to 0$，$\chi \to \infty$，在这种条件下，分母中所包含 χ 完全消失，导纳和阻抗表达式有

$$\Upsilon(\omega) = i\omega C(1 - k_p^2) \qquad (9\text{-}256)$$

$$Z(\omega) = \frac{1}{i\omega C(1 - k_p^2)} \qquad (9\text{-}257)$$

上式是文献中所给出的固定压电谐振器的表达式（本章参考文献[1]）。

3）准静态条件下有约束 PWAS

当振动频率很低以至于可以忽略压电片中的动力学效应时，满足准静态条件，这说明激励频率要低于第一阶固有频率。换一种说法，就是和频率有关的波长要比晶片长度大很多，$\lambda \gg l_a$，即晶片的长度很小以至于弹性波很快从一端传播到另外一端，因为没有动力学响应，所以不会引起应力应变。就波数而言，这个假设可以看成 $\gamma l_a \to 0$，因为 $\gamma = \omega/c = 2\pi/\lambda$，$z = \gamma a = (\omega/c)a = 2\pi a/\lambda \underset{\lambda \gg a}{\to} 0$。对于 $z \to 0$，$J_0(z)|_{z\to 0} = 1$，$J_1(z)|_{z\to 0} = z/2$，式（9-252）、式（9-253）变为

$$\Upsilon(\omega) = i\omega C \left\{ (1-k_p^2) + k_p^2 \frac{(1+\nu)J_1(z)}{zJ_0(z) - \left[(1-\nu) - (1+\nu)\chi(\omega)\right]J_1(z)} \right\}_{z \to 0}$$

$$\simeq i\omega C \left\{ (1-k_p^2) + k_p^2 \frac{(1+\nu)z/2}{z + \left[(1+\nu)\chi(\omega) - (1-\nu)\right]z/2} \right\} \qquad (9\text{-}258)$$

$$= i\omega C \left\{ (1-k_p^2) + k_p^2 \frac{(1+\nu)z/2}{\left[(1+\nu)\chi(\omega) + (1+\nu)\right]z/2} \right\}$$

式（9-258）简化得

$$\Upsilon(\omega) = i\omega C \left[(1-k_p^2) + k_p^2 \frac{1}{1+\chi(\omega)} \right] \qquad (9\text{-}259)$$

所以

$$Z(\omega) = \frac{1}{i\omega C} \left[(1-k_p^2) + k_p^2 \frac{1}{1+\chi(\omega)} \right]^{-1} \qquad (9\text{-}260)$$

式（9-259）进一步整理得

$$\Upsilon(\omega) = i\omega C \frac{(1-k_p^2)\left[1+\chi(\omega)\right] + k_p^2}{1+\chi(\omega)} = i\omega C \frac{1+\chi(\omega) - k_p^2\chi(\omega)}{1+\chi(\omega)} \qquad (9\text{-}261)$$

有

$$\Upsilon(\omega) = i\omega C \left[1 - k_p^2 \frac{\chi(\omega)}{1+\chi(\omega)} \right] \qquad (9\text{-}262)$$

$$Z(\omega) = \frac{1}{i\omega C} \left[1 - k_p^2 \frac{\chi(\omega)}{1+\chi(\omega)} \right]^{-1} \qquad (9\text{-}263)$$

式（9-262）、式（9-263）可以直接和式（9-216）关于 1-D 的分析进行比较，两组方程的相似性证明了方法的一致性。

　　渐近特性的分析说明式（9-250）、式（9-251）的阻抗和导纳表达式通用。式（9-262）、式（9-293）包含的简单表达式可用于低频结构的分析，此时 PWAS 状态可看成准静态。但对于高频分析，PWAS 的共振是明显的，必须应用式（9-250）、式（9-251）所包含的完整表达式，这些深入的表达式涵盖了所有的频谱及结构与 PWAS 的动力学特性。

　　（4）阻尼效应

　　正如前面（9-220）所示，压电材料的阻尼效应采用复数柔顺系数和介电常数表达为

$$\bar{s}_{11}^E = s_{11}^E(1-i\eta), \quad \bar{\varepsilon}_{33}^T = \varepsilon_{33}^T(1-i\delta) \qquad (9\text{-}264)$$

其中，η、δ 值随着压电方程而改化，但变化非常小（η、$\delta < 5\%$）。利用复数柔顺系数和介电常数会得到复数 PWAS 刚度 $\bar{k}_{\text{PWAS}}$。

　　弹性约束阻尼也可以类似地通过假设复数刚度 $\bar{k}_{\text{str}}$ 考虑，因此刚度比也取复数，$\bar{\chi}(\omega) = \bar{k}_{\text{str}} / \bar{k}_{\text{PWAS}}$，频率相关的复数刚度比同时反映了弹性约束阻尼和传感器耗散机制。因此，式（9-250）、（9-251）的导纳和阻抗表达式选取复数形式：

$$\Upsilon(\omega) = i\omega\overline{C}\left(1 - k_p^2\left\{1 - \frac{(1+v_a)J_1(\bar{\phi})}{\bar{\phi}J_0(\bar{\phi}) - \left[(1-v_a) - (1+v_a)\chi(\omega)\right]J_1(\bar{\phi})}\right\}\right) \qquad (9\text{-}265)$$

$$Z(\omega) = \frac{1}{i\omega\overline{C}}\left(1 - k_p^2\left\{1 - \frac{(1+v_a)J_1(\bar{\phi})}{\bar{\phi}J_0(\bar{\phi}) - \left[(1-v_a) - (1+v_a)\chi(\omega)\right]J_1(\bar{\phi})}\right\}\right)^{-1} \qquad (9\text{-}266)$$

其中，$\overline{k}_p^2 = \dfrac{2}{(1-v_a)}\dfrac{d_{31}^2}{s_{11}^E \varepsilon_{33}^T}$；$\overline{C} = (1-i\delta)C$；$\bar{\phi} = \omega r_a / \overline{c}_a$。

9.6　总　　结

本章讨论了 PWAS 谐振器。首先讨论了线性 PWAS 谐振器。然后对机械响应和电响应进行了详细的 1-D 分析，并分析其共振情况，推导了 E/M 导纳和阻抗解析解，并和实验数据进行了比较。接着讨论了圆形 PWAS 谐振器，对其机械响应和电响应在极坐标下进行了详细的 2-D 分析。推导了基于 Bessel 函数的轴对称解析解，分析了相关的共振情况，推导了 E/M 导纳和阻抗公式，并和实验数据进行了比较。对于矩形 PWAS，发现简化的 1-D 解析计算能够在高长度比条件下重现实验结果，但是在低长度比的情况下效果不理想。对于圆形 PWAS，发现解析计算和实验结果很接近。

接下来推导了基于多物理耦合场 FEM 的数值解法。分析预测了矩形和圆形 PWAS 谐振器结果，并和实验数据进行了比较。对于矩形 PWAS 谐振器，相较于简化的 1-D 解析计算法，多场有限元结果和实验数据匹配的非常好。对于圆形 PWAS，多场有限元结果以及分析计算和实验结果一致。

本章的最后一部分讨论了有约束谐振器的响应。假设了一个和频率相关的复数值结构刚度来表示 PWAS 边界条件。对于线性（1-D）和圆形（2-D）几何结构，以复值动态刚度比作为参数，推导出了 E/M 阻抗和导纳的分析公式。这些结果将在第 10 章中用于分析黏结在结构上的 PWAS 的行为，该 PWAS 将通过 E/M 阻抗技术作为原位模态传感器。

9.7　问题和练习

1. 考虑线性 PWAS，其长 $l_a = 7\,\text{mm}$、宽 $b_a = 1.65\,\text{mm}$、厚 $t_a = 0.2\,\text{mm}$。压电材料属性见表 9-1。假设内部阻尼比 $\eta = 1\%$，电损耗系数 $\delta = 1\%$。

① 计算复数柔顺系数 $\overline{s}_{11}^E$、复数介电常数 $\overline{\varepsilon}_{33}^T$、复数耦合系数 $\overline{k}_{31}$、压电材料中轴向波的实部波速和复数波速 c、$\overline{c}$，以及电容 C、$\overline{C}$。

② 若有电压 10V、100kHz 的激励，计算诱导应变 S_{ISA}、诱导位移 u_{ISA} 以及尖端位移 $\hat{u}(a)$。

③ 计算反对称轴向振动的第一、二、三阶固有共振频率，单位 kHz，并绘出图线。

④ 计算对称轴向振动的第一、二、三阶固有共振频率，单位 kHz，并绘出图线。

⑤ 分别绘制 PWAS 机电导纳在空间节点 401 处扫频范围 10~1000kHz 的实部、虚部、幅值、相位曲线图，在此图上确定前面确定的一些共振频率，阐述模态振型（对称或反对称）和模式数（例如，第二阶反对称振型的 f_2^A）。

⑥分别绘制 PWAS 复数阻抗在空间节点 401 处扫频范围 10～1000kHz 的实部、虚部、幅值、相位曲线图，确定实部阻抗峰值对应的频率。讨论这些频率如何与 PWAS 导纳的峰值以及 PWAS 传感器的面内振动的机械谐振相关。

2. 考虑圆形 PWAS，直径 $2a = 7\text{mm}$、厚为 $t_a = 0.2\text{mm}$。压电材料属性见表 9-1。假设内部阻尼比 $\eta = 1\%$，电损耗系数 $\delta = 1\%$。

①计算复数柔顺系数 $\bar{s}_{11}^E$、复数介电常数 $\bar{\varepsilon}_{33}^T$、复数平面耦合系数 $\bar{k}_{31}$、压电材料中平面轴向波的实部波速和复数波速 c_p、$\bar{c}_p$，以及电容 C、$\bar{C}$。

②若有电压 10V、100kHz 的激励，计算诱导应变 S_{ISA}、诱导位移 u_{ISA} 以及边缘位移 $u(a)$。

③计算电激励下振动的第一、二、三阶固有共振频率，单位 kHz，并绘出相应的反对称振动模态曲线。

④分别绘制圆形 PWAS 机电导纳在空间节点 401 处扫频范围 10～1000kHz 的实部、虚部、幅值、相位曲线图，在此图上确定前面确定的一些共振频率。

⑤分别绘制 PWAS 复数值阻抗在空间节点 401 处扫频范围 10～1000kHz 的实部、虚部、幅值、相位曲线图，确定实部阻抗峰值对应的频率，讨论这些频率如何与 PWAS 导纳的峰值以及 PWAS 传感器的面内振动的机械谐振相关。

参 考 文 献

第 10 章　基于 PWAS 的模态传感器高频振动 SHM
——机电阻抗法

10.1　引　言

本章介绍 PWAS 作为高频模态传感器的应用。基于机电阻抗方法,可以将 PWAS 用作高频模态传感器,该方法将基体结构的机械阻抗与 PWAS 两端所测得的电阻抗进行耦合。采用该方式,PWAS 两端所测得的 E/M 阻抗实数部分的波峰波谷谱线反映了结构的机械共振谱。

为理解 PWAS 的工作机理,应用 9.5 节中受约束 PWAS 的分析结果,约束刚度就是结构作用在与 PWAS 的接触面上的动态刚度。本章分析结构的模态,计算与频率相关的结构动态刚度,即 PWAS 所激励结构频率响应函数的逆问题。

首先分析 1-D 结构,例如简单的梁。完整的振动分析包含弯曲和轴向运动,以及结构作用于 PWAS 且与频率相关的动态刚度计算。分析简单的小尺寸梁,包括宽梁和窄梁、薄梁和厚梁,计算结构的 E/M 阻抗,并与实验结果进行比较。

然后分析 2-D 结构,例如圆心处装有圆形 PWAS 的圆板。介绍整个圆板振动模态的理论解析公式,包括弯曲及轴向运动,并将理论预测结果和一组相同试件的实验结果进行对比。

随后介绍 E/M 阻抗方法在损伤检测中的应用。介绍针对不同应用的 E/M 阻抗损伤检测实验,包括:①点焊接头的损伤检测;②胶接接头的损伤识别;③土木工程中复合材料铺层的脱黏检测。

本章最后采用有限元方法(FEM)研究复杂结构 E/M 阻抗的分析。首先,利用常规的 FEM 方法计算与频率相关的结构动态刚度;基于此,将该刚度代入理论解析公式中计算 E/M 阻抗。同时将理论预测结果与实验结果进行比较。然后研究耦合场 FEM,该方法中每个单元同时具有电和机械两个自由度。最后将耦合场 FEM 计算结果与常规 FEM 计算结果及实验结果进行对比分析。

10.1.1　E/M 阻抗方法的起源

（1）机械阻抗方法

机械阻抗方法起源于 20 世纪 70 年代末 80 年代初。该方法主要基于测量结构表面的力激励响应,这些力激励响应由常规的激振器或速度传感器垂直作用于结构表面产生。该方法也可以采用特殊的传感器,在激励结构振动的同时测量施加的正向力和产生的速度。Lange[1]在无损检测领域研究了机械阻抗方法。Cawley[2]扩展了 Lange 的研究工作,通过研究胶接薄板的振动检测局部脱黏。Cawley 首先通过特殊的传感器激励结构振动,该传感器可同时测量施加的正向力和产生的速度,其后应用 FEM 分析无脱层和有脱层平板的振动模态,并预测法线方向上激励的阻抗大小,最后通过实验测量平板不同位置法线方向上的阻抗。将反共振频率以下的阻抗幅度谱与 FEM 预测结果进行比较,并尝试与脱层情况进行关联,但数据分析中没有使用相位信息。这些研究促进机械阻抗方法进一步演变并在无损评估领域占有一席之地。该方法在层压结构的脱层及复合材料内部深 6mm 左右的分层检测方面具有一定优势。如今超声波机械阻抗分析探头及设备已很普遍。

E/M 阻抗方法与机械阻抗方法的不同之处主要表现在以下几个方面:①机械阻抗方法中所用的传感器往往体积庞大,而 E/M 阻抗方法中所用的 PWAS 体积小,且不影响结构性能;②机械阻抗方法中的传感器不能永久安装在结构上,并且检测的不同区域需要人工安装和拆卸,而 E/M 阻抗方法中所用的 PWAS 能永久安装在结构上并且能随时进行测量。

新兴的 E/M 阻抗方法与机械阻抗方法相比具有明显的优势。机械阻抗方法利用正向力进行激励,而 E/M 阻抗方法利用面内应变进行激励。机械阻抗方法中的传感器只能测量结构的机械量(如:力、速度或加速度)间接计算机械阻抗,而 E/M 阻抗方法中的 PWAS 将 E/M 阻抗作为电学量直接进行测量。当 PWAS 粘贴到结构上时,相当于对结构施加一个平行于表面的局部应变,并在其内部产生固定的弹性波。PWAS 两端的有效电阻抗一方面通过 PWAS 与结构之间的机械耦合,另一方面通过 PWAS 内部机电转换机制得到,直接反映了信号源处的结构阻抗。

(2)常规的模态分析

模态分析及结构动态识别方法已成为工程实践中的一个固定步骤。其识别的结构频率、阻尼及振型可以用于预测结构的动态响应特性,避免结构共振。该方法还可以监测结构因损伤而产生的变化[3]。

常规的模态监测[4-6]主要依赖结构激励装置和振动传感器。图 10-1 中的常规结构激励可以由激振器的谐波扫频产生,也可以通过仪表化的冲击锤产生的冲击进行激励。前者更加精确且可以聚焦于共振频率,后者更加方便且利于快速检测。振动传感器可以测量位移、速度和加速度。现行技术主要包括微小型自调理加速度计[7]和扫描激光测振仪[8]。加速度计可以布置成传感器阵列从而准确有效地测量振型,而激光测振仪可以实现非接触式测量,可广泛应用于质量敏感的结构。加速度计造价昂贵、体积庞大,且其附加质量会影响结构的动态特性,而激光测振仪测量振型时需要扫描整个结构,实验周期增加。

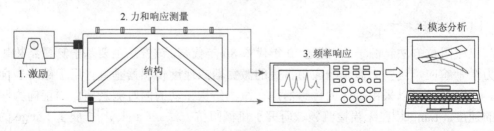

图 10-1   常规模态分析的结构识别实验原理图

10.1.2　E/M 阻抗方法的发展

商用廉价压电陶瓷元器件的普及为结构识别带来了新契机。因其固有的机电耦合特性，压电陶瓷片既可作为传感器，也可作为激励器。此外，其频带宽度比常规激振器的频带宽度大好几个数量级，甚至超过了冲击锤。小的压电陶瓷片可以永久安装在结构表面，其组成的激励-传感阵列能够在宽频带内有效地进行模态识别。Liang[9]研究了一种由表贴压电片驱动的耦合 E/M 自适应分析系统，研究的主要目的在于确定驱动器的功耗和系统的能量传递。在单自由度（1-DOF）分析时，测量粘贴在结构上的 PWAS 两端导纳，其计算公式为

$$Y(\omega) = i\omega C\left[1 - \kappa_{31}^2 \frac{Z_{str}(\omega)}{Z_{str}(\omega) + Z_A(\omega)}\right] \tag{10-1}$$

其中，C 为 PWAS 的电容；$Z_{str}(\omega)$ 为 PWAS 所测量的 1-dof 结构阻抗；$Z_A(\omega)$ 为 PWAS 的准静态阻抗。1-dof 数值实例说明 E/M 导纳能够准确反映系统的动态响应，在耦合系统共振时，E/M 导纳的实部会出现一个明显的峰值。但是，由于 PWAS 引入额外刚度，结构固有频率从 500Hz（无 PWAS 时）增大到 580Hz。Liang 还给出了曲线拟合的实验验证结果，不过并未对结构基体进行建模分析，也未对多自由度结构的阻抗 $Z_{str}(\omega)$ 进行预测。该研究的后续进展是采用半功率频宽方法去准确获取固有频率值[10]，实验在铝梁上开展，实验频率高达 7kHz。这两篇论文首次将以下内容概念化：PWAS 两端测得的 E/M 导纳反映了耦合系统动力学，永久粘贴的 PWAS 可用作结构识别传感器。但是他们均未尝试 E/M 阻抗/导纳的理论建模分析并将之与实验数据进行对比，也未对传感器校准、脱层或自诊断、一致性等问题进行讨论。

其后，研究者将 E/M 阻抗方法应用于结构健康监测领域，通过对比结构原始状态与损伤状态下的 E/M 导纳或阻抗频谱来实现结构监测。这种方法在超声频率下能高效准确获取结构因早期损伤产生的局部动力学变化（这些变化非常小，以至于难以影响全局动力学特性，因此常规低频振动方法很难检测其变化）。这种方法直接且易于实施，操作仪器仅需一台阻抗分析仪。

10.1.3　E/M 阻抗方法建模的挑战

尽管 E/M 阻抗方法在实验方面较为简单，但是其理论建模很困难，需要获得结构机械特性和 PWAS 电学特性之间复杂耦合关系的耦合场分析，由此解释结构损伤通过 PWAS 的电学阻抗频谱检测的原理。在 SHM 实施过程中，需要有理论分析方法明确地预测阻抗分析仪在 PWAS 两端所测量到的 E/M 导纳或阻抗。通过理论推导，可以深入理解该复杂现象并和大量的实验结果进行关键的对比。

基于以上需求，本章逐步推导出 PWAS 与基体结构之间的关系，给出理论解析表达式及在 PWAS 两端可获得的 E/M 导纳和阻抗数值结果，然后将这些预测结果与实验结果进行对比。本章推导消除了先前研究中对准静态传感器的限制，所得到的详细表达式可用于结构轴向和弯曲振动的建模。同时在实验测试中，尝试了自由边界情况（尽管这种情况更加难以建模）。

为了验证理论模型，选取元件试件进行了实验研究，并将 E/M 导纳和阻抗频谱与理论预测值进行对比。本文将理论建模结果与 E/M 导纳频谱直接对比，客观评估了从 PWAS

模态传感器两端所获得的 E/M 导纳响应在测量结构共振频率时的能力和局限，对比结果表明永久粘贴的 PWAS 能够可靠地用于结构识别。在高频段（超声或更高频率），PWAS 具有明显优势，而常规振动传感器在此频段则无效。

　　本章研究中所用微小轻质 PWAS 并不会影响结构的刚度，因此能够准确地测量结构动力学特性，PWAS 的刚度及质量在数量级上远小于结构本身。正因为 PWAS 的微小轻质特性，其对基体结构动力学特性的影响可以忽略，从而实现了精确的结构识别。

　　理论解析分析和实验结果之间的对比证实：PWAS 模态传感器测量的小型金属梁高频结构频谱是可靠的。理论解析分析还将拓展到 2-D PWAS 模态传感器。在本书分析过程中，选择在圆板上安装的圆形 PWAS 模态传感器，获得其封闭解，同时将理论预测结果与实验测量结果进行对比。在这些研究之后，在不同形式的真实结构上开展了一系列实验研究。

10.2　基于 PWAS 的 1-D 模态传感器

　　首先分析 1-D PWAS 模态传感器，推导过程简单且包含所有 E/M 阻抗方法的重要特性。本节推导了封闭解，并在小型金属梁上开展高频实验进行验证。随后进行耦合场 FEM 分析，并得到更为精确的结果。

10.2.1　粘贴于梁结构的 PWAS 分析

　　图 10-2a 所示为表面安装有 PWAS 的 1-D 结构，其中，PWAS 长为 l_a，位置坐标在 x_a 和 $x_a + l_a$ 之间。在激励下，PWAS 会产生大小为 $\varepsilon_{\mathrm{PWAS}}$ 的形变，这导致结构对 PWAS 产生一个大小为 F_{PWAS} 的作用力，同时 PWAS 也会对结构产生一个大小相等方向相反的反作用力，如图 10-2b 所示。该力将激励梁结构使其变化，在梁的中性轴上此力的效果可以等效于一个轴向力 f_e 和弯矩 m_e 的组合。当 PWAS 受到高频谐波信号激励时，在梁结构中激发出弹性波。弹性波从某一面传播到结构中并在梁边界发生反射，从而产生持续高频的振动。

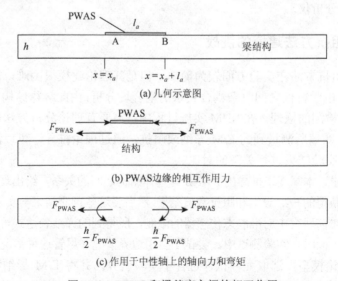

(a) 几何示意图

(b) PWAS边缘的相互作用力

(c) 作用于中性轴上的轴向力和弯矩

图 10-2　PWAS 和梁基底之间的相互作用

在稳定状态下，结构以 PWAS 激励频率进行振动。结构对 PWAS 每单位位移的响应作用力（即动态刚度，k_{str}）取决于结构的内部状态、激励频率及特定的边界条件，有

$$k_{\text{str}}(\omega) = \frac{\hat{F}_{\text{PWAS}}(\omega)}{\hat{u}_{\text{PWAS}}(\omega)} \qquad (10\text{-}2)$$

其中，$\hat{u}_{\text{PWAS}}(\omega)$ 是频率为 ω 时的位移；$\hat{F}_{\text{PWAS}}(\omega)$ 为作用力；$k_{\text{str}}(\omega)$ 为动态刚度；上标^代表时变函数的复数幅值。由于 PWAS 与整个结构相比尺寸非常小，所以式（10-2）可以看作是结构上某一点处的刚度表达式。

此处分析目的在于理解 PWAS 两端测量到的 E/M 阻抗是如何受结构对 PWAS 的动态刚度 $k_{\text{str}}(\omega)$ 影响的，实际上，动态刚度 $k_{\text{str}}(\omega)$ 约束了 PWAS 的振动。因此在这种情况下，可以利用第 9 章中推导的受约束 PWAS 解析表达式（9-221），即

$$\Upsilon(\omega) = i\omega\overline{C}\left\{1 - \overline{k}_{31}^2\left[1 - \frac{1}{\overline{\phi}\cot\overline{\phi} + \overline{r}(\omega)}\right]\right\} \quad \text{（受约束 PWAS 导纳）} \qquad (10\text{-}3)$$

$$Z = \frac{1}{i\omega\overline{C}}\left\{1 - \overline{k}_{31}^2\left[1 - \frac{1}{\overline{\phi}\cot\overline{\phi} + \overline{r}(\omega)}\right]\right\}^{-1} \quad \text{（受约束 PWAS 阻抗）} \qquad (10\text{-}4)$$

其中，$\overline{\phi} = \frac{1}{2}l_a\overline{\gamma}_{\text{PWAS}}$ 为相位角；$\overline{\gamma}_{\text{PWAS}}$ 为 PWAS 振动时的复数波数；$\overline{r}(\omega)$ 为与频率相关的复数刚度比。波数 $\overline{\gamma}_{\text{PWAS}}$ 指的是 PWAS 中驻波的波数，定义为

$$\overline{\gamma}_{\text{PWAS}} = \frac{\omega}{\overline{c}_{\text{PWAS}}} \qquad (10\text{-}5)$$

其中，$\overline{c}_{\text{PWAS}}$ 为 PWAS 内复数波速，定义为

$$\overline{c}_{\text{PWAS}}^2 = \frac{1}{\overline{s}_{11}^E \rho_{\text{PWAS}}} \quad \text{（PWAS 内的波速）} \qquad (10\text{-}6)$$

频率相关的刚度比 $\overline{r}(\omega)$ 定义为

$$\overline{r}(\omega) = \frac{\overline{k}_{\text{str}}(\omega)}{\overline{k}_{\text{PWAS}}} \qquad (10\text{-}7)$$

其中，$\overline{k}_{\text{str}}(\omega)$ 为与频率相关的结构复数动态刚度值；$\overline{k}_{\text{PWAS}}$ 为 PWAS 的复数刚度值，计算公式为

$$\overline{k}_{\text{PWAS}} = \frac{b_a t_a}{l_a \overline{s}_{11}^E} \qquad (10\text{-}8)$$

10.2.2　梁结构与 PWAS 之间的动力学作用

第 3 章推导的梁结构基本振动理论可以用于计算结构基体受 PWAS 激励的响应。但实际上，PWAS 激励与理论公式之间还是有差别的，因为其可以等效成一对自平衡的轴向

力和弯矩，两者之间存在一个微小的距离 l_a，该特性为理论分析增添了意义。

（1）激励力和弯矩的定义

作用在梁上的激励力及弯矩大小可以由 PWAS 作用力推导而来。如图 10-2 所示，在梁的中性轴上，满足 $F_{\mathrm{PWAS}}(t)=\hat{F}_{\mathrm{PWAS}}\mathrm{e}^{i\omega t}$，相应的分布式激励轴向力和弯矩表达式如下：

$$f_e(x,t)=\hat{f}_e(x)\mathrm{e}^{i\omega t}=\hat{F}_{\mathrm{PWAS}}\big[-\delta(x-x_a)+\delta(x-x_a-l_a)\big]\mathrm{e}^{i\omega t}\quad（分布式激励轴向力）\quad（10\text{-}9）$$

$$m_e(x,t)=\hat{m}_e(x)\mathrm{e}^{i\omega t}=\frac{h}{2}\hat{F}_{\mathrm{PWAS}}\big[\delta(x-x_a)-\delta(x-x_a-l_a)\big]\mathrm{e}^{i\omega t}\quad（分布式激励弯矩）\quad（10\text{-}10）$$

其中，δ 为狄拉克 δ 函数。式（10-9）和式（10-10）分别对应轴向和弯曲振动，轴向振动模态的频率往往远大于弯曲振动模态，但它们的振动频率和 PWAS 的振动频率是相称的，因此在分析中轴向和弯曲振动都考虑在内。

（2）轴向振动

由第 3 章 3.3.3 节中的运动方程式（3-273），可以推导出如下的轴向振动方程：

$$\rho A\,\ddot{u}(x,t)-EA\,u''(x,t)=\hat{f}_e(x,t)\mathrm{e}^{i\omega t}\qquad（10\text{-}11）$$

根据第 3 章 3.3.3 节式（3-278）中的模态展开方法，假设

$$u(x,t)=\sum_{j=1}^{\infty}\eta_j U_j(x)\,\mathrm{e}^{i\omega t}\qquad（10\text{-}12）$$

其中，η_j 为模态参与因子；$U_j(x)$ 为长度归一化的正交轴模态，并满足以下的关系式：

$$\int_0^l U_p U_q\mathrm{d}x=\delta_{pq}\qquad（10\text{-}13）$$

其中，δ_{pq} 为 Kronecker δ 符号，并满足当 $p=q$ 时，$\delta_{pq}=1$，其他情况下，$\delta_{pq}=0$。

对于自由边界梁，其长度归一化的轴向振型可由第 3 章 3.3.2 节中用于振动分析的式（3-256）和式（3-259）计算得出，即

$$U_j(x)=\sqrt{\frac{2}{l}}\cos\gamma_j x，\quad\gamma_j=j\frac{\pi}{l}，\quad\omega_j=j\frac{\pi}{l}\sqrt{\frac{E}{\rho}}，\quad j=1,2,3,\cdots\qquad（10\text{-}14）$$

根据第 3 章 3.3.3 节中式（3-295），模态展开的响应为

$$u(x,t)=\frac{1}{\rho A}\sum_{j=1}^{\infty}\frac{f_j}{-\omega^2+2i\zeta_j\omega_j\omega+\omega_j^2}U_j(x)\,\mathrm{e}^{i\omega t}\qquad（10\text{-}15）$$

其中，f_j 为模态激励，计算公式为

$$f_j=\int_0^l\hat{f}_e(x)U_j(x)\mathrm{d}x，\quad n=1,2,3,\cdots\qquad（10\text{-}16）$$

将式（10-9）代入式（10-16），得到

$$f_j = \int_0^l \hat{F}_{\text{PWAS}}[-\delta(x-x_a) + \delta(x-x_a-l_a)]U_j(x)\mathrm{d}x$$
$$= \hat{F}_{\text{PWAS}}[-U_j(x_a) + U_j(x_a+l_a)] \tag{10-17}$$

在求解式（10-17）时，利用狄拉克 δ 函数的定位属性，即

$$\int \delta(x-x_0)f(x)\mathrm{d}x = f(x_0) \tag{10-18}$$

将式（10-16）代入式（10-15）可以得出在 PWAS 激励下结构的轴向振动响应，即

$$u(x,t) = \frac{\hat{F}_{\text{PWAS}}}{\rho A} \sum_{j=1}^{\infty} \frac{-U_j(x_a) + U_j(x_a+l_a)}{-\omega^2 + 2i\zeta_j\omega_j\omega + \omega_j^2} U_j(x)\mathrm{e}^{i\omega t} \tag{10-19}$$

（3）弯曲振动

回顾第 3 章 3.4.3.4 节中式（3-461），在分布式弯矩激励下的梁受迫弯曲振动运动方程为

$$\rho A\,\ddot{w}(x,t) + EI\,w''''(x,t) = -m_e'(x,t) \tag{10-20}$$

根据模态展开假设

$$w(x,t) = \sum_{j=1}^{\infty} \eta_j W_j(x)\,\mathrm{e}^{i\omega t} \tag{10-21}$$

其中，$W_j(x)$ 为长度归一化的正交弯曲模态，并满足如下的关系式：

$$\int_0^l W_p W_q \mathrm{d}x = \delta_{pq} \tag{10-22}$$

对于自由边界梁，其长度归一化的弯曲振型可由第 3 章 3.4.2.1 节中用于振动分析的式（3-409）和式（3-410）计算得出，即

$$W_j(x) = \frac{1}{\sqrt{l}}\Big[\big(\cos h\gamma_j x + \cos\gamma_j x\big) - \beta_j\big(\sin h\gamma_j x + \sin\gamma_j x\big)\Big] \tag{10-23}$$

$$\gamma_j = \frac{z_j}{l}, \quad \omega_j = \gamma_j^2\sqrt{\frac{EI}{\rho A}}, \quad j=1,2,3,\cdots \tag{10-24}$$

第 3 章表 3-5 中可查到特征值 z_j 及振型因子 β_j 的数值。根据第 3 章 3.4.3.4 节中式（3-463）和式（3-464），模态展开的响应为

$$w(x,t) = \frac{1}{\rho A} \sum_{j=1}^{\infty} \frac{f_j}{-\omega^2 + 2i\zeta_j\omega_j\omega + \omega_j^2} W_j(x)\mathrm{e}^{i\omega t} \tag{10-25}$$

其中，f_j 为模态激励，计算公式为

$$f_j = \int_0^l -\hat{m}_e'(x)W_j(x)\mathrm{d}x, \quad n=1,2,3,\cdots \tag{10-26}$$

将式（10-10）代入式（10-26），得到

$$f_j = \int_0^l -\hat{m}_e'(x)W_j(x)\mathrm{d}x = -\frac{h}{2}\hat{F}_{PWAS}\int_0^l\left[\delta'(x-x_a)-\delta'(x-x_a-l_a)\right]W_j(x)\mathrm{d}x \quad (10\text{-}27)$$

式（10-27）的右边，可以通过分步积分简化为

$$\int_0^l \delta'(x-x_0)W_j\mathrm{d}x = \left[\delta(x-x_0)W_j\right]_0^l - \int_0^l \delta(x-x_0)W_j'\mathrm{d}x = -W_j'(x_0) \quad (10\text{-}28)$$

因此

$$\int_0^l [\delta'(x-x_a)-\delta'(x-x_a-l_a)]W_j\mathrm{d}x = -W_j'(x_a)+W_j'(x_a+l_a) \quad (10\text{-}29)$$

将式（10-29）代入式（10-27）可得

$$f_j = -\frac{h}{2}\hat{F}_{PWAS}[-W_j'(x_a)+W_j'(x_a+l_a)] \quad (10\text{-}30)$$

将式（10-30）代入式（10-25）可以得出在 PWAS 激励下结构的弯曲振动响应，即

$$w(x,t) = -\frac{\hat{F}_{PWAS}}{\rho A}\frac{h}{2}\sum_{j=1}^{\infty}\frac{-W_j'(x_a)+W_j'(x_a+l_a)}{-\omega^2+2i\zeta_j\omega_j\omega+\omega_j^2}W_j(x)\mathrm{e}^{i\omega t} \quad (10\text{-}31)$$

10.2.3　梁基体的动态结构刚度

为获取结构对 PWAS 的动态结构刚度，首先计算 PWAS 两端点 A 和 B 之间的伸长率。根据运动学分析，梁表面点 P 的水平位移可以由轴向位移和挠度表示：

$$u_P(t) = u(x) - \frac{h}{2}w'(x) \quad (10\text{-}32)$$

其中，u 和 w 为中性轴上的轴向位移和挠度，如图 10-3 所示。将 A 和 B 点坐标分别代入上式，并计算两点之间的距离得到

$$u_{PWAS}(t) = u_B(t) - u_A(t) = u(x_a+l_a,t) - u(x_a,t) - \frac{h}{2}[w'(x_a+l_a,t)-w'(x_a,t)] \quad (10\text{-}33)$$

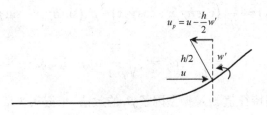

(a) 整体运动简图

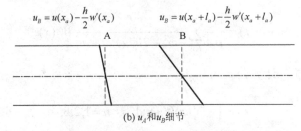

(b) u_A 和 u_B 细节

图 10-3　由轴向位移 u 和挠度 w' 叠加的总体水平位移 u_P

利用式（10-19）和式（10-31），将式（10-33）变换为

$$\hat{u}_{\text{PWAS}}(t) = \frac{\hat{F}_{\text{PWAS}}}{\rho A} \sum_{j_u=1}^{\infty} \frac{-U_{j_u}(x_a) + U_{j_u}(x_a + l_a)}{-\omega^2 + 2i\zeta_{j_u}\omega_{j_u}\omega + \omega_{j_u}^2} [U_{j_u}(x_a + l_a) - U_{j_u}(x_a)]$$

$$- \frac{h}{2}\left(-\frac{\hat{F}_{\text{PWAS}}}{\rho A}\frac{h}{2}\right) \sum_{j_w=1}^{\infty} \frac{-W'_{j_w}(x_a) + W'_{j_w}(x_a + l_a)}{-\omega^2 + 2i\zeta_{j_w}\omega_{j_w}\omega + \omega_{j_w}^2} [W'_{j_w}(x_a + l_a) - W'_{j_w}(x_a)] \tag{10-34}$$

其中，轴向和弯曲的指示和频率分别由符号 j_u、ω_{j_u} 和 j_w、ω_{j_w} 表示，整理式（10-34）得

$$\hat{u}_{\text{PWAS}}(t) = \frac{\hat{F}_{\text{PWAS}}}{\rho A} \left\{ \sum_{j_u} \frac{[U_{j_u}(x_a + l_a) - U_{j_u}(x_a)]^2}{-\omega^2 + 2i\zeta_{j_u}\omega_{j_u}\omega + \omega_{j_u}^2} + \left(\frac{h}{2}\right)^2 \sum_{j_w} \frac{[W'_{j_w}(x_a + l_a) - W'_{j_w}(x_a)]^2}{-\omega^2 + 2i\zeta_{j_w}\omega_{j_w}\omega + \omega_{j_w}^2} \right\} \tag{10-35}$$

利用 $\hat{F}_{\text{PWAS}}$ 分解式（10-35）得到由 PWAS 施加单输入单输出激励时结构的频率响应函数。当 PWAS 模态传感器微小轻质并且能够和结构保持永久连接时，这种情况类似于常规模态试验。

$$FRF(\omega) = \frac{\hat{u}_{\text{PWAS}}}{\hat{F}_{\text{PWAS}}} = \frac{1}{\rho A} \left\{ \sum_{j_u} \frac{[U_{j_u}(x_a + l_a) - U_{j_u}(x_a)]^2}{\omega_{j_u}^2 + 2i\zeta_{j_u}\omega_{j_u}\omega - \omega^2} + \left(\frac{h}{2}\right)^2 \sum_{j_w} \frac{[W'_{j_w}(x_a + l_a) - W'_{j_w}(x_a)]^2}{\omega_{j_w}^2 + 2i\zeta_{j_w}\omega_{j_w}\omega - \omega^2} \right\}$$

$$\tag{10-36}$$

为方便起见，分别写出结构的轴向 FRF 和弯曲 FRF，即

$$FRF_u(\omega) = \frac{1}{\rho A} \sum_{j_u} \frac{[U_{j_u}(x_a + l_a) - U_{j_u}(x_a)]^2}{\omega_{j_u}^2 + 2i\zeta_{j_u}\omega_{j_u}\omega - \omega^2} \tag{10-37}$$

$$FRF_w(\omega) = \frac{1}{\rho A}\left(\frac{h}{2}\right)^2 \sum_{j_w} \frac{[W'_{j_w}(x_a + l_a) - W'_{j_w}(x_a)]^2}{\omega_{j_w}^2 + 2i\zeta_{j_w}\omega_{j_w}\omega - \omega^2} \tag{10-38}$$

以上两个 FRF 可以叠加，所以整个结构的 FRF 可以简化为

$$FRF(\omega) = FRF_u(\omega) + FRF_w(\omega) \tag{10-39}$$

单输入单输出的 FRF 与由粘贴在结构上的模态传感器测到的结构动态柔顺系数相同。结构动态刚度是结构动态柔顺系数的倒数，即 FRF 的逆，式（10-39）的逆表达式为

$$\bar{k}_{\text{str}}(\omega) = FRF^{-1}(\omega) = [FRF_u(\omega) + FRF_w(\omega)]^{-1} \tag{10-40}$$

或者直接将式（10-36）取逆得到

$$\bar{k}_{\text{str}}(\omega) = \frac{\hat{F}_{\text{PWAS}}}{\hat{u}_{\text{PWAS}}} = \rho A \left\{ \sum_{j_u=N_u^{\text{low}}}^{N_u^{\text{high}}} \frac{[U_{j_u}(x_a + l_a) - U_{j_u}(x_a)]^2}{\omega_{j_u}^2 + 2i\zeta_{j_u}\omega_{j_u}\omega - \omega^2} + \left(\frac{h}{2}\right)^2 \sum_{j_w=N_w^{\text{low}}}^{N_w^{\text{high}}} \frac{[W'_{j_w}(x_a + l_a) - W'_{j_w}(x_a)]^2}{\omega_{j_w}^2 + 2i\zeta_{j_w}\omega_{j_w}\omega - \omega^2} \right\}^{-1}$$

$$\tag{10-41}$$

注意，由于式（10-36）、式（10-37）、式（10-38）中都是复数运算，结构的动态刚度 $\bar{k}_{\text{str}}$ 与频响函数一样都是复变量。式（10-41）中的 U_{j_u} 和 W_{j_w} 的求和范围分别为从 N_u^{low} 到 N_u^{high}、从 N_w^{low} 到 N_w^{high}，这是因为式（10-36）隐含着 U_{j_u} 和 W_{j_w} 的和不需从 1 到∞，其所包

含的模态和频率范围只需要覆盖有用频率范围。其中 N_u^{low}、N_u^{high} 和 N_w^{low}、N_w^{high} 分别是覆盖有用频率范围的轴向和弯曲高、低模态数。

10.2.4　梁结构上安装的 PWAS 的 E/M 阻抗

基于式（10-41）给出的结构动态刚度 $k_{\text{str}}(\omega)$ 计算方法，接下来利用第九章 9.5.1 节的式（9-221）计算一个圆形受约束 PWAS 的 E/M 阻抗。式（9-221）给出了受约束时圆形 PWAS 的 E/M 导纳 $\Upsilon(\omega)$ 以及 E/M 阻抗 $Z(\omega)$，分别为

$$\overline{\Upsilon}(\omega) = i\omega\overline{C}\left\{1 - \overline{k}_{31}^2\left[1 - \frac{1}{\overline{\phi}(\omega)\cot\overline{\phi}(\omega) + \overline{r}(\omega)}\right]\right\} \quad \text{（受约束 PWAS 导纳）} \quad (10\text{-}42)$$

$$\overline{Z}(\omega) = \frac{1}{i\omega\overline{C}}\left\{1 - \overline{k}_{31}^2\left[1 - \frac{1}{\overline{\phi}(\omega)\cot\overline{\phi}(\omega) + \overline{r}(\omega)}\right]\right\}^{-1} \quad \text{（受约束 PWAS 阻抗）} \quad (10\text{-}43)$$

其中

$$\overline{C} = \varepsilon_{33}^T\frac{b_a l_a}{t_a} \quad \text{（PWAS 的复数电容）} \quad (10\text{-}44)$$

$$\overline{k}_{13}^2 = \frac{d_{31}^2}{\overline{s}_{11}^E \overline{\varepsilon}_{33}^T} \quad \text{（PWAS 材料的复数耦合系数）} \quad (10\text{-}45)$$

$$\overline{\phi}(\omega) = \frac{l}{2}\frac{\omega}{\overline{c}_{\text{PWAS}}} \quad \text{（PWAS 材料的复数相位角）} \quad (10\text{-}46)$$

$$\overline{c}_{\text{PWAS}} = \sqrt{\frac{1}{\rho_a \overline{s}_{11}^E}} \quad \text{（PWAS 的复数波速）} \quad (10\text{-}47)$$

$$\overline{\varepsilon}_{33} = \varepsilon_{33}(1 - i\delta) \quad \text{（PWAS 材料的复数介电常数）} \quad (10\text{-}48)$$

$$\overline{s}_{11}^E = s_{11}^E(1 - i\eta) \quad \text{（PWAS 材料的复数柔顺系数）} \quad (10\text{-}49)$$

其中，机械阻尼系数 η 和电气阻尼系数 δ 都会随着压电材料 PWAS 的配方变化而改变，但是通常其值非常小（η、$\delta < 5\%$）。式（10-42）和式（10-43）中与频率相关的复数刚度比值为

$$\overline{r}(\omega) = \frac{\overline{k}_{\text{str}}(\omega)}{\overline{k}_{\text{PWAS}}} \quad (10\text{-}50)$$

其中，$\overline{k}_{\text{str}}(\omega)$ 为式（10-41）中的结构刚度；$\overline{k}_{\text{PWAS}}$ 为 PWAS 的刚度，其表达式为

$$\overline{k}_{\text{PWAS}} = \frac{b_a t_a}{l_a \overline{s}_{11}^E} \quad \text{（PWAS 复数刚度）} \quad (10\text{-}51)$$

其中，t_a、b_a、l_a 分别为 PWAS 的厚度、宽度和长度。

10.2.5　E/M 导纳、E/M 阻抗和频率响应函数之间的关系

大量的数值模拟和实验研究表明，E/M 导纳实部频谱 $\mathrm{Re}\,\Upsilon(\omega)$ 和 E/M 阻抗实部频谱 $\mathrm{Re}\,Z(\omega)$，与由频率响应函数虚部 $\mathrm{Im}\,FRF(\omega)$ 表示的粘贴有 PWAS 的机械结构振动频谱非

常类似，$\text{Re}\Upsilon(\omega)$、$\text{Re}Z(\omega)$ 频谱的峰值与 $\text{Im}FRF(\omega)$ 的共振峰值很接近。如图 10-4 中所示，一个不锈钢梁的 $\text{Im}FRF$、$\text{Re}\Upsilon$ 和 $\text{Re}Z$ 相互重叠，该梁的长 $l=100\text{mm}$、宽 $b=8\text{mm}$ 及厚 $h=2.59\text{mm}$，距离其左端 40mm 处粘贴有长为 7mm 的 PWAS。共振峰值很明显是一致的，$\text{Re}\Upsilon(\omega)$、$\text{Re}Z(\omega)$ 频谱反映了结构的动力学特性，即 $\text{Re}\Upsilon(\omega)$、$\text{Re}Z(\omega)$ 频谱的峰值与表示结构共振的 FRF 峰值一致。这种关系是 E/M 阻抗方法用于高频结构识别和结构健康监测的基础。

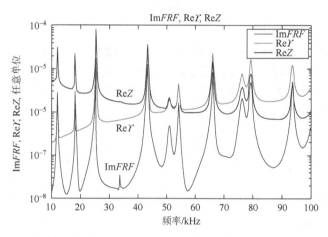

图 10-4　与共振峰对应的 $\text{Im}FRF$、$\text{Re}\Upsilon$、$\text{Re}Z$

10.2.6　数值仿真和实验结果

对上述理论分析模型进行数值仿真，预测结构识别中 PWAS 两端测得的 E/M 阻抗和导纳，随后通过实验验证。采用一组由实验室制造的不同厚度和宽度的小型钢梁试件进行实验。其中材料属性如表 10-1 所示，所有梁的长度 $l=100\text{mm}$，宽度分别为 $b_1=8\text{mm}$（窄梁）和 $b_2=19.6\text{mm}$（宽梁）两种，试件的厚度为 $h_1=2.59\text{mm}$。可以将两块试件叠加粘贴起来构成双厚度的试件，其厚度为 $h_2=5.18\text{mm}$。因此在实验中，如图 10-5 所示，一共采用了四种类型的梁结构：①窄-薄型；②窄-厚型；③宽-薄型；④宽-厚型。

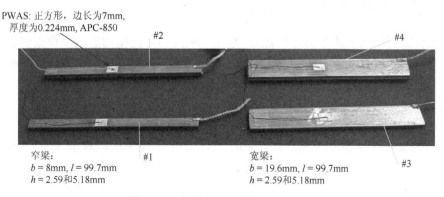

图 10-5　实验中 1-D 结构及 PWAS

表 10-1   铝和钢的典型材料属性

	铝（7075 T6）	钢（标准的 AISI 4340）
模量 E	70GPa	200GPa
泊松比	0.33	0.29
密度 ρ	2700kg/m^3	7750kg/m^3
屈服应力	500MPa	860MPa

宽梁和窄梁之间的对比主要是为了确定梁宽度对频谱的影响，而厚度变化则是为了模拟传统金属结构中的腐蚀、胶接和层压结构中的脱黏或分层。所有试件表面距离左端 $x_a = 40\text{mm}$ 处粘贴有宽度为 7mm 的正方形 PWAS（$l_a = 6.92\text{mm}$、$b_a = 6.91\text{mm}$、$t_a = 0.224\text{mm}$）。表 10-2 中给出了 PWAS 的压电材料属性。

表 10-2   压电材料（APC-850）PWAS 的属性

性质	符号	数值
平面方向柔顺系数	s_{11}^E	$15.30 \times 10^{-12}\text{Pa}^{-1}$
厚度方向柔顺系数	s_{33}^E	$17.30 \times 10^{-12}\text{Pa}^{-1}$
介电常数	ε_{33}^T	$\varepsilon_{33}^T = 1750\,\varepsilon_0$
厚度方向压电常数	d_{33}	$400 \times 10^{-12}\text{m/V}$
面内压电常数	d_{31}	$-175 \times 10^{-12}\text{m/V}$
平行于电场的耦合因子	k_{33}	0.72
垂直于电场的耦合因子	k_{31}	0.36
泊松比	υ	0.35
密度	ρ	7700kg/m^3
声速	C	2900m/s

注：$\varepsilon_0 = 8.85 \times 10^{-12}\text{F/m}$ 为真空介电常数。

数值仿真利用前面的振动分析理论，采用了轴向和弯曲振动的频率和振型的精确数值表达式，对钢梁进行了分析，阻尼系数假定为 $\zeta = 1\%$。数值计算所涵盖的模态子空间包含了感兴趣的特定频率带宽中的所有模态频率。理论分析表明，这些频率与振动分析得到的梁共振频率相同。

理论分析和实验结果如表 10-3 所示。表 10-3 中的"理论"列出了前 6 个轴向和弯曲振动的共振频率预测值。实验装置如图 10-6 所示。为了近似自由-自由边界条件，梁试件由包装泡沫支撑。实验中利用一台 HP 4194A 阻抗分析仪记录1~30 kHz 之间的 E/M 阻抗实部频谱。E/M 阻抗频谱如图 10-7 所示，从图中可以看出理论计算结果与测量结果吻合。还可以发现，对于单厚度梁的前 4 个模态，预测频率和测量频率几乎相同。对第五个模态，两者之间存在微小的差别。表 10-3 的"实验"给出了由 E/M 阻抗频谱确定的梁固有频率，值得注意的是其误差很小并且在模态分析实验所能接受的误差范围之内。当梁的厚度加倍时，频率也加倍。这和式（3-350）的理论预测是一致的，但双厚度梁的理论和实验结果之间的误差变大，这可能是由双厚度梁中所使用胶层的柔顺系数不同所造成。即便如此，实验结果仍清楚地证实了理论预测结果。梁宽度的影响可以通过对比表 10-3 中"窄梁"和"宽梁"两列实验结果获得。可以看出随着梁宽度减少，一簇频率会向高频移动，将这些簇与梁宽度方向的振动相关联，但这无法用简单的 1-D 梁理论分析。

表 10-3　不同试件理论及实验结果

| 梁#1（窄、薄） | | | 梁#2（窄、厚） | | | 梁#3（宽、薄） | | | 梁#4（宽、厚） | | |
理论/kHz	实验/kHz	Δ/%	理论/kHz	实验/kHz	Δ/%	理论/kHz	实验/kHz	Δ/%	理论/kHz	实验/kHz	Δ/%
1.396	1.390	−0.4	2.847	2.812	−1.2	1.390	1.363	−1.9	2.790	2.777	−0.5
3.850	3.795	−1.4	7.847	7.453	−5.2	3.831	3.755	−2	7.689	7.435	−3.4
7.547	7.4025	−2	15.383	13.905	−10.6	7.510	7.380	−1.7	15.074	13.925	−8.2
12.475	12.140	−2.7	—	20.650	—	12.414	12.093	−2.6	—	21.825	—
18.635	17.980	−3.6	25.430	21.787	−16.7	18.545	17.965	−3.2	24.918	22.163	−12.4
—	24.840	—	—	—	—	—	24.852	—	—	—	—
26.035	26.317	1	26.035	26.157	0.5	26.022	26.085	0.2	25.944	26.100	0.6
簇 175kHz			簇 210kHz			簇 35kHz			簇 60kHz		

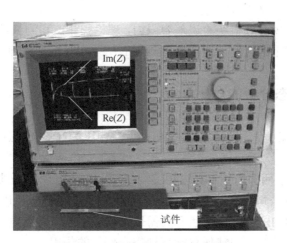

图 10-6　钢梁的动态识别实验设备

宽度方向的振动也受厚度影响，即随着厚度增大其频率变得更高。这也可以从表 10-3 中看出，其中最低频率的簇出现在宽薄试件上，而更高频率的簇出现在窄厚试件上。值得注意的是，轴向振动的第一阶模态出现在约 26kHz 处，这也解释了为什么在宽和窄的薄梁上同时出现了两个约为 25kHz 的频率值。

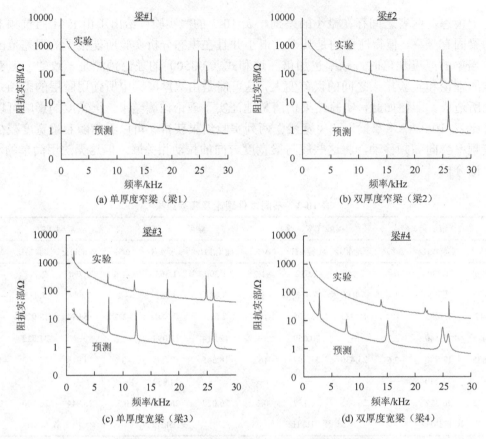

图 10-7　实验和理论预测的 E/M 阻抗频谱共振频率

　　以上结果表明在模态分析实验误差容限内，理论预测值和测量结果非常接近。由于双层厚度梁胶层引入的不均匀性，造成其上测量的结果相对不太精确。

10.2.7　与常规模态分析的对比

　　为了突出 E/M 阻抗方法与常规模态测试方法相比的优势，在这些种类的试件上应用常规模态测试方法进行动态识别。实验在与试件＃1（窄-薄梁）尺寸相同的小型钢梁上进行，该试件上安装了两只 CEA-13-240UZ-120 电阻应变片组成半桥，并连接到一台 Measurements Group 公司生产的 P-3500 应变仪上。试件在近似自由边界条件下用冲击作为激励，实验中采用 HP54601B 数字示波器采集响应信号，并在电脑上进行数字化存储。最后通过标准信号分析算法快速傅里叶变换提取信号的频谱。

　　在 FFT 频谱上，可以清楚地看到第一阶固有频率（1.387kHz），也可识别第二阶固有频率（3.789kHz），但其幅度较小。这些结果与前面采用 E/M 阻抗方法获得的理论预测值及表 10-3 中的实验结果相一致。但可能由于冲击激励中固有的带宽限制，该激励方法不能激励出表 10-3 中其它的较高频率。考虑采用另一种常规模态分析方法：扫频激励法。理论上，扫频激励方法在扫描带宽内能够获取所有的固有频率，但是由于粘贴困难以及传统激振器难以达到 kHz 频率范围,这种方法在小试件上难以实现。这也说明,研究小试件时,利用 PWAS 模态传感器的 E/M 阻抗法有常规模态分析方法所不能替代的优势。

10.2.8　基于 PWAS 的模态传感器的无损特性

实验中所用的基于 PWAS 的模态传感器非常小且对结构的动态特性无明显影响,表 10-4 给出了传感器和结构的质量及刚度。为便于比较,表 10-4 中的数值也包含了 PCB 加速度计的质量。

表 10-4　PWAS 无损特性的数值说明

对象	重量/g	结构质量的占比/%	刚度/(MN/m)	结构刚度的占比/%
PWAS	0.082	0.5%	15	1.5%
结构	16.4	N/A	1000	N/A
PCB 公司 352A10 加速度计	0.7	4.3%	N/A	N/A

表 10-4 中的数据在数值上说明了 PWAS 的微小特性,PWAS 增加的质量和刚度在 1% 的范围内(质量增加 0.5%,刚度增加 1.5%)。尽管其尺寸小,但 PWAS 能够充分实现图 10-7 中所有试件的动态结构识别,表 10-3 中给出了动态结构识别的数值结果。如果尝试采用经典模态分析方法进行相同的动态结构识别,即采用一个加速度计和一个冲击锤,加速度计附加的质量为 4.3%左右,从而会影响检测结果。这个简单例子强调了一个事实,使用 PWAS 不仅是有利的,而且在某些情况下也是不可替代的。对于如精密机械及计算机行业中的微小部件,采用 PWAS 可能是原位结构识别的唯一可行方法。

10.2.9　基于 PWAS 的模态传感器的典型应用

PWAS 和基于 E/M 阻抗响应的相关结构动力学识别方法非常适合于固有频率在 kHz 范围内的小机械零件,例如,图 10-8a 中的涡轮发动机小叶片。两个 PWAS 分别安装在叶片和根部,从所记录的 E/M 阻抗频谱上可以识别其固有频率,如图 10-8b 所示。

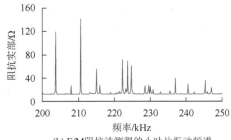

(a) 安装有PWAS的涡轮发动机叶片　　　　(b) E/M阻抗法测得的小叶片振动频谱

图 10-8　PWAS 的典型应用

10.3　基于 PWAS 的 2-D 圆形模态传感器

本节将 E/M 阻抗方法的分析扩展到 2-D PWAS 上。分析中采用可以得到封闭解的圆形 PWAS 模态传感器,理论预测的结果将与安装有圆形 PWAS 的圆形金属板上获得的实验结果进行比较。

10.3.1　圆形 PWAS 与圆板之间的作用

如图 10-9 所示,一个各向同性薄圆板在圆心处安装有 PWAS,在 PWAS 激励下同时产生轴向和弯曲运动。结构的动力学特性会影响 PWAS 响应,进而改变 PWAS 的 E/M 阻抗,即阻抗分析仪在 PWAS 两端所测得的阻抗。本节目的在于对圆形 PWAS 和结构之间的相互作用进行建模,并预测结构识别过程中 PWAS 两端测得的阻抗频谱。分析过程中同时考虑结构与 PWAS 的动力学特性。图 10-10 给出了圆形 PWAS 和结构之间作用的建模情况。假设结构对圆形 PWAS 的有效结构动态刚度为 $k_{str}(\omega)$,包含轴向和弯曲模式,要解决的问题就是如何建立线性力 F_{PWAS} 与 PWAS 圆周上对应位移 u_{PWAS} 之间的公式关系。F_{PWAS} 的单位为牛每单位长度(N/m)。在这个模型中隐含的理想粘贴条件是:PWAS 和结构之间的表面粘贴力可以考虑成集中在 PWAS 边缘的有效圆周内,即只存在径向位移和 PWAS 圆周上的线性力(类似于在 1-DPWAS-结构相互作用分析中的钉扎力模型)。

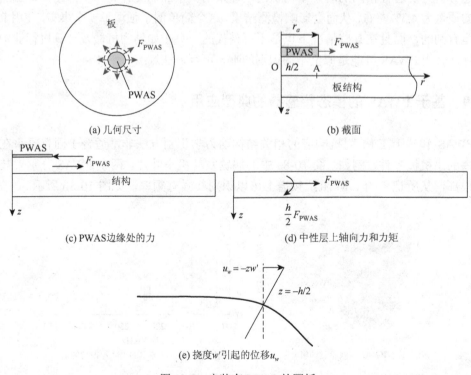

(a) 几何尺寸　　　　　　　　　　　(b) 截面

(c) PWAS边缘处的力　　　　　　　(d) 中性层上轴向力和力矩

(e) 挠度 w' 引起的位移 u_w

图 10-9　安装有 PWAS 的圆板

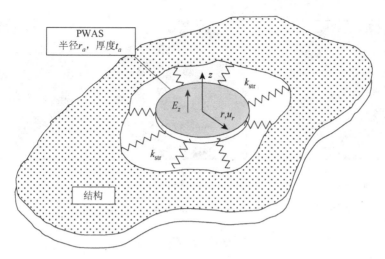

图 10-10　受结构刚度 $k_{\mathrm{str}}(\omega)$ 约束的 PWAS

板的表面受到半径为 r_a 的 PWAS 激励,中性层上线性力 $F_{\mathrm{PWAS}}(t) = \hat{F}_{\mathrm{PWAS}} \mathrm{e}^{i\omega t}$,且其作用效果可以等效为如图 10-9c 和 10-9d 所示的轴向力和弯矩,相应的分布式激励力和弯矩表达式如下:

$$f_e(r,t) = \hat{f}_e(r)\mathrm{e}^{i\omega t} = \hat{F}_{\mathrm{PWAS}}\frac{r_a}{r}\delta(r-r_a)\mathrm{e}^{i\omega t} \quad (\text{分布式激励轴向力}) \qquad (10\text{-}52)$$

$$m_e(r,t) = \hat{m}_e(r)\mathrm{e}^{i\omega t} = -\frac{h}{2}\hat{F}_{\mathrm{PWAS}}\frac{r_a}{r}\delta(r-r_a)\mathrm{e}^{i\omega t} \quad (\text{分布式激励弯矩}) \qquad (10\text{-}53)$$

注意在式(10-52)和式(10-53)中,狄拉克函数 δ 是除以 r 的,这是圆形几何学中的习惯用法,使得在一个圆周上进行积分时,总体不会因为半径的变化而改变。

10.3.2　圆板与 PWAS 作用的动力学

圆板基体结构受 PWAS 激励的响应可以从第 4 章圆板振动一般理论推导得到。但 PWAS 激励与传统教科书中的理论不同,其在板表面上形成圆形线力,该线力在板中性平面内产生一个轴向力和一个弯曲力矩,如式(10-52)和式(10-53)所示。本章利用第 4 章所推导的对称轴向和弯曲受迫振动解叠加求解。

(1)轴向振动

第 4 章 4.4.3 节中圆板在对称轴向力激励下的受迫振动解析式(4-103)为

$$u(r,t) = \frac{2}{\rho h a^2}\sum_j \frac{f_j}{-\omega^2 + 2i\zeta_j\omega\omega_j + \omega_j^2}U_j(r)\mathrm{e}^{i\omega t} \qquad (10\text{-}54)$$

其中,$U_j(r)$ 为第 4 章 4.4.2 节中由式(4-49)、式(4-51)、式(4-54)及式(4-59)计算,如图 10-11 所示的轴向振型,即

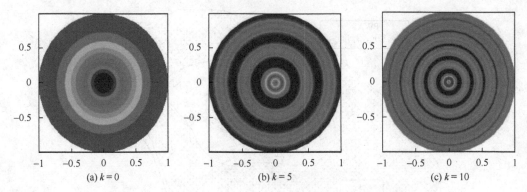

图 10-11　　自由圆板的轴向模态（k 为波节圆个数）（后附彩图）

$$U_j(r) = A_j\, J_1\big(z_j r/a\big) \tag{10-55}$$

$$A_j = 1\Big/ \sqrt{J_1^2(z_j) - J_0(z_j)J_2(z_j)} \tag{10-56}$$

$$\frac{z_j J_0(z_j)}{J_1(z_j)} = (1-v)\,, \quad j=1,2,3,\cdots \tag{10-57}$$

$$z = (\gamma a) = 2.067364,\ 5.395106,\ 8.575401,\ 11.734360\cdots \tag{10-58}$$

式（10-55）中的振型满足以下的正交关系：

$$\int_0^a U_p(r)\, U_q(r) r \mathrm{d}r = \frac{a^2}{2}\delta_{pq} \tag{10-59}$$

模态激励 f_j 为

$$f_j = \int_0^a \hat{f}_e(r) U_j(r) r \mathrm{d}r\,, \quad j=1,2,3,\cdots\ （模态激励） \tag{10-60}$$

将式（10-52）代入式（10-60）得

$$\begin{aligned}
f_j &= r_a \hat{F}_{\mathrm{PWAS}} \int_0^a \frac{\delta(r-r_a)}{\not{r}} U_j(r) \not{r} \mathrm{d}r \\
&= r_a \hat{F}_{\mathrm{PWAS}} \int_0^a \delta(r-r_a) U_j(r) \mathrm{d}r\,, \quad j=1,2,3,\cdots\ （模态激励） \\
&= r_a \hat{F}_{\mathrm{PWAS}} U_j(r_a)
\end{aligned} \tag{10-61}$$

将式（10-61）代入式（10-54）得到轴向振动响应为

$$u(r,t) = \frac{2r_a}{\rho h a^2} \hat{F}_{\mathrm{PWAS}} \sum_j \frac{U_j(r_a)}{-\omega^2 + 2i\zeta_j \omega \omega_j + \omega_j^2} U_j(r) \mathrm{e}^{i\omega t} \tag{10-62}$$

（2）弯曲振动

回顾 4.6.4 节，圆板在对称弯矩激励下的受迫振动解析式（4-264）为

$$w(r,t) = \frac{2}{\rho h a^2} \sum_j \frac{f_j}{-\omega^2 + 2i\zeta_j \omega \omega_j + \omega_j^2} W_j(r) \mathrm{e}^{i\omega t} \tag{10-63}$$

其中，$W_j(r)$ 为 4.6.3.3 节中由式（4-211）计算的，如图 10-12 所示的弯曲振型，即

$$W_j(r) = A_j \big[J_0(z_j r/a) + C_j I_0(z_j r/a) \big] \tag{10-64}$$

其中，特征值 z_j 为下面特征方程的解

$$\frac{zJ_0(z)-(1-\nu)J_1(z)}{zI_0(z)-(1-\nu)I_1(z)}+\frac{J_1(z)}{I_1(z)}=0 \rightarrow z_1,z_2,z_3,\cdots \quad (10\text{-}65)$$

当 $\nu=0.33$ 时式（10-65）的数值解为

$$z=3.011461,\ 6.205398,\ 9.370844,\ 12.525181,\cdots \quad (10\text{-}66)$$

其中，振型参数 C_j 可由式（4-210）计算得

$$C_j=-J_1(z_j)/I_1(z_j),\quad j=1,2,3,\cdots \quad (10\text{-}67)$$

其中，振型幅值 A_j 为

$$A_j=\frac{a}{\sqrt{2}}\bigg/\sqrt{\int_0^a\big[J_0(\gamma_jr)+C_jI_0(\gamma_jr)\big]^2r\mathrm{d}r}\ ,\quad j=1,2,3,\cdots \quad (10\text{-}68)$$

(a) $m=1$ 　　　　　　　　　(b) $m=4$ 　　　　　　　　　(c) $m=7$

图 10-12　自由圆板的弯曲模态（m 为波节圆的个数）（后附彩图）

式（10-64）中的振型满足以下的正交关系：

$$\int_0^aW_pW_qr\mathrm{d}r=\frac{a^2}{2}\delta_{pq}\quad（模态正交） \quad (10\text{-}69)$$

模态激励 f_j 为

$$f_j=a\hat{m}_e(a)W_j(a)-\int_0^a\hat{m}_e(r)W_j'(r)r\mathrm{d}r,\quad j=1,2,3,\cdots \quad (10\text{-}70)$$

振型导数 W_j' 可以通过对式（10-64）进行微分，并利用 Bessel 函数特性 $J_0'(x)=-J_1(x)$ 和 $I_0'(x)=I_1(x)$ 得

$$W_j'(r)=A_j\frac{\lambda_j}{a}\big[J_0'(\lambda_jr/a)+C_jI_0'(\lambda_jr/a)\big]=A_j\frac{\lambda_j}{a}\big[-J_1(\lambda_jr/a)+C_jI_1(\lambda_jr/a)\big] \quad (10\text{-}71)$$

将式（10-53）代入式（10-70）中，得

$$f_j=a\left[-\frac{h}{2}r_a\hat{F}_{\mathrm{PWAS}}\frac{\delta(r-r_a)}{r}\right]_{r=a}W_j(a)-\int_0^a\left[-\frac{h}{2}r_a\hat{F}_{\mathrm{PWAS}}\frac{\delta(r-r_a)}{r}\right]W_j'(r)r\mathrm{d}r$$

$$=\frac{h}{2}r_a\hat{F}_{\mathrm{PWAS}}\int_0^a\delta(r-r_a)W_j'(r)\mathrm{d}r=\frac{h}{2}r_a\hat{F}_{\mathrm{PWAS}}W_j'(r_a) \quad (10\text{-}72)$$

将式（10-72）代入式（10-63）得到弯曲振动响应为

$$w(r,t)=\frac{2r_a}{\rho ha^2}\frac{h}{2}\hat{F}_{\mathrm{PWAS}}\sum_j\frac{W_j'(r_a)}{-\omega^2+2i\zeta_j\omega\omega_j+\omega_j^2}W_j(r)\mathrm{e}^{i\omega t} \quad (10\text{-}73)$$

10.3.3　圆板基体的动态结构刚度

本章计算 PWAS 激励下结构响应的有效结构刚度 $k_{str}(\omega)$。根据运动学参数，圆板上表面 PWAS 边界处的径向位移 $u_{PWAS}(r_a, t)$ 可以通过圆板中性面的径向位移 $u(r_a, t)$ 和弯曲径向位移 $w'(r_a, t)$ 表示，如图 10-9e 所示，即

$$u_{PWAS}(r_a,t) = u(r_a,t) + u_w(r_a,t) = u(r_a,t) + \frac{h}{2}w'(r_a,t) \tag{10-74}$$

其中，u_w 为板表面由于板弯曲 w 引起的径向位移；坐标 r_a 对应于 PWAS 的端部。不考虑时间 $e^{i\omega t}$，式（10-74）可以写成

$$\hat{u}_{PWAS}(r_a) = \hat{u}(r_a) + \frac{h}{2}\hat{w}'(r_a) \tag{10-75}$$

将式（10-62）、式（10-73）代入式（10-75），得

$$\hat{u}_{PWAS}(r_a) = \left[\frac{2r_a}{\rho h a^2}\hat{F}_{PWAS} \sum_{j_u} \frac{U_{j_u}(r_a)}{-\omega^2 + 2i\zeta_{j_u}\omega\omega_{j_u} + \omega_{j_u}^2} U_{j_u}(r_a) \right] \\ + \frac{h}{2}\left[\frac{2}{\rho h a^2}\frac{h}{2}r_a\hat{F}_{PWAS} \sum_{j_w} \frac{W'_{j_w}(r_a)}{-\omega^2 + 2i\zeta_{j_w}\omega\omega_{j_w} + \omega_{j_w}^2} W'_{j_w}(r_a) \right] \tag{10-76}$$

其中，轴向和弯曲的指示和频率分别用 j_u、ω_{j_u} 和 j_w、ω_{j_w} 表示，式（10-76）重新整理后可表示为

$$\hat{u}_{PWAS} = \frac{2r_a\hat{F}_{PWAS}}{\rho h a^2}\left[\sum_{j_u} \frac{U_{j_u}^2(r_a)}{-\omega^2 + 2i\zeta_{j_u}\omega\omega_{j_u} + \omega_{j_u}^2} + \left(\frac{h}{2}\right)^2 \sum_{j_w} \frac{W_{j_w}'^2(r_a)}{-\omega^2 + 2i\zeta_{j_w}\omega\omega_{j_w} + \omega_{j_w}^2} \right] \tag{10-77}$$

式（10-77）两边同时除以 $\hat{F}_{PWAS}$，得到 PWAS 激励下的单输入单输出频率响应函数 FRF 为

$$FRF = \frac{\hat{u}_{PWAS}}{\hat{F}_{PWAS}} = \frac{2r_a}{\rho h a^2}\left[\sum_{j_u} \frac{U_{j_u}^2(r_a)}{-\omega^2 + 2i\zeta_{j_u}\omega\omega_{j_u} + \omega_{j_u}^2} + \left(\frac{h}{2}\right)^2 \sum_{j_w} \frac{W_{j_w}'^2(r_a)}{-\omega^2 + 2i\zeta_{j_w}\omega\omega_{j_w} + \omega_{j_w}^2} \right] \tag{10-78}$$

为了方便起见，从上式中分离出结构轴向 FRF 和弯曲 FRF，分别为

$$FRF_u(\omega) = \frac{2r_a}{\rho h a^2}\sum_{j_u} \frac{U_{j_u}^2(r_a)}{-\omega^2 + 2i\zeta_{j_u}\omega\omega_{j_u} + \omega_{j_u}^2} \tag{10-79}$$

$$FRF_w(\omega) = \frac{2r_a}{\rho h a^2}\left(\frac{h}{2}\right)^2 \sum_{j_w} \frac{W_{j_w}'^2(r_a)}{-\omega^2 + 2i\zeta_{j_w}\omega\omega_{j_w} + \omega_{j_w}^2} \tag{10-80}$$

频率响应函数是可以叠加的，因此整个结构的 FPF 可简化为

$$FRF(\omega) = FRF_u(\omega) + FRF_w(\omega) \tag{10-81}$$

单输入单输出的 FRF 与安装在结构上的 PWAS 模态传感器所测得的结构动态柔顺系数相同。结构动态刚度是结构动态柔顺系数的倒数，即 FPF 的逆，式（10-81）逆的表达式为

$$\overline{k}_{str}(\omega) = FRF^{-1}(\omega) = [FRF_u(\omega) + FRF_w(\omega)]^{-1} \tag{10-82}$$

或者将式（10-78）取逆得

$$\overline{k}_{\text{str}}(\omega) = \frac{\rho h a^2}{2r_a}\left[\sum_{j_u=N_u^{\text{low}}}^{N_u^{\text{high}}}\frac{U_{j_u}^2(r_a)}{-\omega^2+2i\zeta_{j_u}\omega\omega_{j_u}+\omega_{j_u}^2}+\left(\frac{h}{2}\right)^2\sum_{j_w=N_w^{\text{low}}}^{N_w^{\text{high}}}\frac{W_{j_w}'^2(r_a)}{-\omega^2+2i\zeta_{j_w}\omega\omega_{j_w}+\omega_{j_w}^2}\right]^{-1}$$

$$(10\text{-}83)$$

由于式（10-78）～式（10-80）中的分母都是复数，所以结构的动态刚度 $\overline{k}_{\text{str}}$ 与频响函数一样都是复变数。式（10-83）中的 U_{j_u} 和 W_{j_w} 的求和范围分别为从 N_u^{low} 到 N_u^{high}、从 N_w^{low} 到 N_w^{high}，其中 N_u^{low}、N_u^{high} 和 N_w^{low}、N_w^{high} 分别是覆盖有用频率范围的轴向和弯曲高、低模态数。

10.3.4　安装于圆板上的 PWAS 的 E/M 阻抗

基于式（10-83）给出的结构动态刚度 $k_{\text{str}}(\omega)$ 计算方法，接下来利用 9.5.2.4 节的推导结果来计算受约束圆形 PWAS 的 E/M 阻抗。9.5.2.4 节中式（9-265）、式（9-266）给出了受结构约束时，圆形 PWAS 的 E/M 导纳 $Y(\omega)$ 以及 E/M 阻抗 $Z(\omega)$，该公式为

$$Y(\omega) = i\omega\overline{C}\left(1-\overline{k}_p^2\left\{1-\frac{(1+\nu_a)J_1(\overline{\phi})}{\overline{\phi}J_0(\overline{\phi})-[(1-\nu_a)-(1+\nu_a)\overline{\chi}(\omega)]J_1(\overline{\phi})}\right\}\right) \qquad (10\text{-}84)$$

$$Z(\omega) = Y^{-1}(\omega) = \frac{1}{i\omega\overline{C}}\left(1-\overline{k}_p^2\left\{1-\frac{(1+\nu_a)J_1(\overline{\phi})}{\overline{\phi}J_0(\overline{\phi})-[(1-\nu_a)-(1+\nu_a)\overline{\chi}(\omega)]J_1(\overline{\phi})}\right\}\right)^{-1} \qquad (10\text{-}85)$$

其中

$$\overline{C} = \overline{\varepsilon}_{33}^T\frac{\pi r_a^2}{t_a} \quad (\text{PWAS 的复数电容}) \qquad (10\text{-}86)$$

$$\overline{k}_p^2 = \frac{2}{(1-\nu_a)}\frac{d_{31}^2}{\overline{s}_{11}^E\overline{\varepsilon}_{33}^T} \quad (\text{PWAS 材料的复数平面耦合系数}) \qquad (10\text{-}87)$$

$$\overline{\phi} = r_a\frac{\omega}{\overline{c}_a} \quad (\text{PWAS 材料的复数相位角}) \qquad (10\text{-}88)$$

$$\overline{c}_a = \sqrt{\frac{1}{\rho_a\overline{s}_{11}^E\left(1-\nu_a^2\right)}} \quad (\text{PWAS 的复数面内波速}) \qquad (10\text{-}89)$$

$$\overline{\varepsilon}_{33} = \varepsilon_{33}\left(1-i\delta\right) \quad (\text{PWAS 材料的复数介电常数}) \qquad (10\text{-}90)$$

$$\overline{s}_{11}^E = s_{11}^E(1-i\eta) \quad (\text{PWAS 材料的复数柔顺系数系数}) \qquad (10\text{-}91)$$

其中，ν_a 为 PWAS 材料的泊松比。机械阻尼系数 η 和电气阻尼系数 δ 随压电材料 PWAS 的配方变化而变化，但是通常其值非常小（η、$\delta < 5\%$）。式（10-84）和式（10-85）中与频率相关的复数刚度比值为

$$\overline{\chi}(\omega) = \frac{\overline{k}_{\text{str}}(\omega)}{\overline{k}_{\text{PWAS}}} \qquad (10\text{-}92)$$

其中，$\overline{k}_{\text{str}}(\omega)$ 为式（10-83）所示的结构刚度；$\overline{k}_{\text{PWAS}}$ 为 PWAS 的刚度，其表达式为

$$\overline{k}_{\text{PWAS}} = \frac{t_a}{r_a\overline{s}_{11}^E(1-\nu_a)} \quad (\text{PWAS 复数刚度}) \qquad (10\text{-}93)$$

其中，t_a 为 PWAS 的厚度。

10.3.5　数值仿真与实验结果

为了验证理论结果，在如图 10-13a 所示的一组相同尺寸铝圆盘上进行了系列实验。所用试件为航空铝材 7075 T6（材料属性见表 10-1）制造的五个标称一致的圆板。每个圆板的直径为 100mm，厚度约为 0.8mm。每个圆板的圆心处都装有 APC-850 压电材料（材料属性见表 10-2）制成的直径 7mm、厚度 0.2mm 的圆形 PWAS。实验过程中，为了近似自由-自由边界条件，试件均由包装泡沫支撑。实验中使用一台 HP4194A 阻抗分析仪记录 E/M 阻抗，记录到的 E/M 阻抗频谱如图 10-13b 所示。

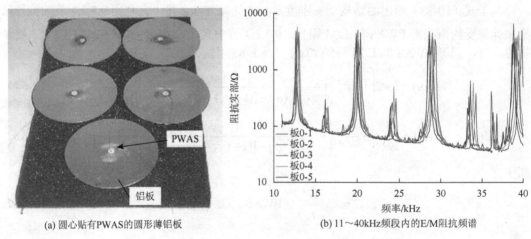

(a) 圆心贴有PWAS的圆形薄铝板　　　　　　(b) 11～40kHz频段内的E/M阻抗频谱

图 10-13　实验装置及结果（后附彩图）

从图 10-13b 中可以看出，五个试件上的 E/M 阻抗频谱差别很小，板的共振频率可从 E/M 阻抗频谱的实部识别。表 10-5 给出了共振频率和 log10 振幅两方面的统计数据。应注意共振频率只有微小的变化（1%标准偏差），而 log10 振幅的变化较大（1.2%～3.6%的标准差）。

表 10-5　安装有 PWAS 的圆板上采用 E/M 阻抗法所测得的前四个轴对称模态共振峰统计结果

频率均值/kHz	频率 STD/kHz（%）	log10-平均幅值 Log10Ω	log10-平均幅值 STD log10Ω（%）
12.856	0.121（1%）	3.680	0.069（1.8%）
20.106	0.209（1%）	3.650	0.046（1.2%）
28.908	0.303（1%）	3.615	0.064（1.7%）
39.246	0.415（1%）	3.651	0.132（3.6%）

为了验证理论建模结果，将实验获得的 $\mathrm{Re}\,Z$ 频谱与 $\mathrm{Re}\,Z$ 理论值和 FRF 频谱理论值进行对比。FRF 频谱、$\mathrm{Re}\,Z$ 和 $\mathrm{Re}\,Y$ 频谱反映了相同的结构动力学性质，即 $\mathrm{Re}\,Z$ 和 $\mathrm{Re}\,Y$ 频谱的峰值与 FRF 频谱的峰值重合，即结构共振频率。实验中，在直径为 100mm、厚度为

0.8mm 的铝盘上安装有直径为 7mm 的圆形 PWAS 传感器（$r_a = 3.5\,\mathrm{mm}$， $a = 50\,\mathrm{mm}$， $h = 0.8\,\mathrm{mm}$， $\zeta_u = 0.4\%$， $\zeta_w = 0.3\%$），利用式（10-78）、式（10-84）、式（10-85）计算其频率响应函数 FRF、$\mathrm{Re}\,Z$ 和 $\mathrm{Re}\,Y$。图 10-14a 给出了 10～40kHz 频率范围的对比结果，可以发现存在四个弯曲共振和一个轴向共振。显然机械 FRF、E/M 阻抗 $\mathrm{Re}\,Z$ 和 E/M 导纳 $\mathrm{Re}\,Y$ 具有相同的共振峰值。

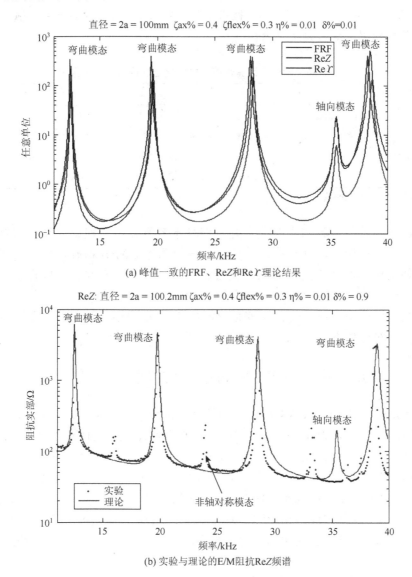

(a) 峰值一致的 FRF、$\mathrm{Re}Z$ 和 $\mathrm{Re}Y$ 理论结果

(b) 实验与理论的 E/M 阻抗 $\mathrm{Re}Z$ 频谱

图 10-14 铝板上 E/M 阻抗法结果（后附彩图）

图 10-14b 为 $\mathrm{Re}\,Z$ 理论预测值与实验测量值的对比结果。从图 10-14b 中可以看出，理论和实验 $\mathrm{Re}\,Z$ 频谱匹配良好。其中，四个弯曲模态和一个轴向模态与理论预测值吻合良好。然而实验频谱中出现了一个多余的峰值，将其归为非轴对称模态，这可能是由于 PWAS 的安装位置稍微偏离板的圆心。

表 10-6 列出了频率测量值和预测值之间的对比结果，可以发现理论预测结果和实验结果共振频率之间的误差非常小。值得注意的是，该误差始终非常小（<2%），对于大多数的模态，其误差不超过 1%，但是存在以下两种例外情况：①第一阶弯曲模态的频率有 -7.7% 的误差，这可以归因于实验误差，因为 E/M 阻抗在低频时的表现没有高频情况下好，低频情况下机械共振响应淹没在整体电响应中，因此第一弯曲模态的峰值很小；②第一阶轴向模态具有 2% 的误差，这可归因于圆板平面的轻微不完美。因此可知，式（10-85）计算的 E/M 阻抗理论值与实验结果吻合良好。

表 10-6　圆心安装有传感器的圆板上理论和实验结果

频率序号	1	2	3	4	5	6	7	8
模式	F	F	F	F	F	F	A	F
理论/kHz	0.742	3.152	7.188	12.841	20.111	29.997	35.629	39.498
实验/kHz	0.799	3.168	7.182	12.844	20.053	28.844	36.348	39.115
误差/Δ%	−7.708	−0.520	0.078	−0.023	0.288	0.528	1.978	0.970

注：F 为弯曲模态，A 为轴向模态。

虽然建模结果与实验结果匹配良好，但是本节所介绍的理论模型分析仅限于轴对称模态的分析。理论上，轴对称假设还需要假设圆形 PWAS 精确地放置在圆板的几何圆心上。如果传感器圆心没有对准，就会激发非轴对称模态并会显现在频谱上。这可以从图 10-14 观察到，实验曲线上频率为 15kHz、24kHz 及 33kHz 处的小峰值与理论曲线不匹配。这些小峰值就是由于安装 PWAS 时，其圆心与板圆心位置存在轻微偏移而引起的非轴对称模态。

10.4　基于 PWAS 的模态传感器的损伤检测

本节将介绍应用高频 PWAS 和 E/M 阻抗技术进行早期损伤诊断。基于 PWAS 的损伤诊断方法的优点在于 PWAS 的高频特性，PWAS 的振动频率要比传统模态分析传感器大好几个数量级。因此，PWAS 能够检测出高频结构振动的局部微妙变化。高频结构振动中的这种局部变化往往与早期损伤相关，但是工作在较低频率下的常规模态分析传感器并不能检测到这些变化。实验在真实试件上展开，包括点焊接头、胶接接头、土木工程结构的复合材料铺层等。这些试件存在不同类型的损伤，如裂纹、脱黏等等。E/M 阻抗方法通过比较"健康"和"损伤"频谱来检测这些损伤，下面介绍这些实验的详细情况。

10.4.1　点焊接头的损伤扩展监测

结构连接部位的健康监测是一个关键问题。在连接技术中，许多行业都对点焊技术很感兴趣。点焊技术是用于汽车车身装配的传统方法，并且已经应用在某些航空结构中。由于点焊工艺快速、简单、价格低廉，故适合汽车行业中装配线的批量生产。电阻焊工艺包括点焊、闪光焊、敲击焊、凸焊、电阻缝焊等等。这些工艺有一个共同的原理：同时在焊极两端施加电流和压力产生电阻热,实现工件表面的融合。在 1s 内,金属内经历了加热、熔化和凝固的整个过程。

本节证明了 E/M 阻抗技术能应用于点焊试件的损伤检测。所用试件为一个点焊搭接剪切试件,如图 10-15 所示。该搭接接头由不同的铝合金 7075-T6 和 2024-T3 构成,因为这两种铝合金是航空领域蒙皮桁条结构常用的材料,所以选择了这种特殊的材料组合。试件标称厚度为 2mm(80mil),宽度为 25.4mm(1in),长度为 167mm(6.5in),重叠长度为 36mm(1.5in),点焊尺寸为 9mm(0.354in)。

(1)试件及实验设置

实验中,在试件上布置了 12 个 6mm 宽(1/4in)的正方形 PWAS,如图 10-15 所示。所用 PWAS 由南卡罗来纳大学机械工程系自适应材料系统和结构实验室(LAMSS)制作。PWAS 制作材料是由 Piezo Systems 公司提供的 PZT(锆钛酸铅)单片,编号 T107-H4ENH-602。每个 PZT 单片的尺寸为 72mm×72mm(2.85in×2.85in)、厚度为 190μm(7.5mil)。首先将 PZT 片切成 6mm 宽的条状,然后采用专门方法将其切割成小正方形 PZT (6mm×6mm)。最后将小方形 PZT 用专用胶粘方式贴到 25μm(1mil)长的铜箔上。采用 Micro-Measurements 公司的应变片安装方法将组装后的传感器布置在试件上。利用导线接出传感器的正负极并进行编号。整个过程中测量传感器的电气完整性并保证前后一致,前后电气完整性不一致的次品传感器移除并重新布置。最后将试件安装到支持夹具上,夹具上安装有夹式位移传感器,由科罗拉多州莱克伍德市的 John A. Shepic 制造。利用 HP4194A 阻抗分析仪测量粘贴在试件上的 12 个 PWAS 的 E/M 阻抗特征并将其作为基准特征,测量过程中最合适的频率范围为 200~1100kHz。

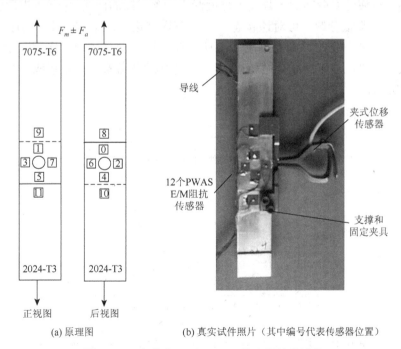

(a) 原理图　　　　　　(b) 真实试件照片(其中编号代表传感器位置)

图 10-15　安装有 12 个 PWAS 的点焊接头试件

（2）疲劳载荷和损伤萌生

将点焊搭接试件安装在 MTS810 材料测试系统上，进行应力比 $R = 0.1$ 的疲劳拉伸试验。疲劳试验中最大载荷为 2.67kN（点焊试件的典型最终破坏载荷大约为 8kN），在这种疲劳载荷下，试件的疲劳寿命不超过 45000 个周期。

在点焊搭接试件中，疲劳裂纹的扩展过程如下：点焊试件 7075-T6 材料中部的焊核/基体金属界面首先萌发表面裂纹，之后表面裂纹向焊点周边扩展，同时向铝板厚度方向扩展。裂纹穿透板后，以与中心裂纹板处贯穿裂纹相同的方式进行扩展。在本研究使用的载荷水平下，裂纹穿透钢板厚度之前需要消耗绝大多数的疲劳寿命。在某些情况下，裂纹穿透钢板厚度之前，过载断裂也可能会发生。可见光光学断层成像结果显示了断裂后点焊搭接剪切试件中部的疲劳裂纹大体形状。试验中，裂纹起始扩展中心在焊接试件的原始搭接表面上，黑线区分了过载断裂与疲劳裂纹。

基于刚度损伤相关原理对损伤进行量化和监控。长期以来，疲劳试件的刚度损失和重复（疲劳）载荷的损伤扩展之间的对应关系已研究清楚，故可建立疲劳载荷下材料刚度损失与损伤扩展间的直接关系。因此在疲劳试验中，可通过分析动态特性来估计裂纹扩展程度和结构剩余寿命。疲劳损伤可以通过观察试件的刚度随疲劳载荷循环周期的变化进行监控，故可通过载荷和刚度损失来控制疲劳损伤。通过 MTS 测力计的载荷信号和横跨放置在焊点上的钳式位移传感器的位移信号实现试件刚度的实时监测，试件及实验装置如图 10-15b 所示。载荷和位移信号采用一种疲劳裂纹扩展测试控制和数据采集程序进行处理，该程序原来用于在 da/dN-ΔK 测试中监测柔顺系数来确定裂纹长度。信号处理结果表明试件刚度与疲劳寿命间的函数关系可近似为一条连续的曲线。由于点焊疲劳寿命和点焊初始刚度分布都很分散，可对该状态下的所有数据进行简单归一化。将刚度损失和载荷循环周期瞬时值分别除以初始刚度和破坏载荷循环周期进行归一化后，分别得到"相对刚度损失"和"相对破坏载荷循环周期"。归一化后疲劳实验结果形成一个窄带分布，如图 10-16 所示。

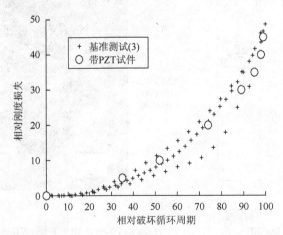

图 10-16　实验所测得相对破坏载荷循环周期与相对刚度损失关系

上述研究所形成的刚度与损伤对应关系表明试件刚度损失和累积破坏载荷循环周期（即损伤）之间可以建立一一对应关系，因此通过监测刚度损失可以监测和控制疲劳试件累积损伤。

（3）E/M 阻抗结果

基于刚度-损伤相关性理论可识别和控制疲劳试验中点焊搭接剪切试件的损伤扩展。将刚度损失和疲劳载荷循环周期瞬时值分别除以初始刚度和破坏载荷循环周期，可分别得到归一化后的"相对刚度损失"和"相对破坏载荷循环周期"。实验中，在预先设定的损伤（刚度损失）值处卸载以采集健康监测数据。在疲劳循环中，当刚度下降到初始刚度值的 95%、90%、80%、70%、65%、60%、55% 时，停止实验并采集信号，这些信号分别对应 5%、10%、20%、30%、35%、40% 和 45% 的刚度损失。

所记录的数据分成两部分：一部分来源于 PWAS＃1；另一部分则来源于其他传感器。PWAS＃1 测得的数据在测试过程出现了显著变化，而其他传感器采集的数据并没有出现显著变化。图 10-17a 给出了结构损伤扩展时 PWAS＃1 的阻抗特征叠加曲线。分析该曲线可看出，当损伤在试件中不断扩展时 E/M 阻抗特征产生显著的变化。新峰值出现在 250kHz 和 300kHz 附近，而在 400kHz 处峰值大大增加。图 10-17b 给出了相对刚度损失与均方根（root mean square，RMS）阻抗变化之间的曲线图，RMS 阻抗变化的计算式为

$$\text{RMS 阻抗变化 }\% = \left[\frac{\sum_N \left(\operatorname{Re} Z_i - \operatorname{Re} Z_i^0\right)^2}{\sum_N \left(\operatorname{Re} Z_i^0\right)^2}\right]^{1/2} \tag{10-94}$$

其中，N 是阻抗特征频谱的采样点数；上标 0 表示结构的初始（基准）状态。

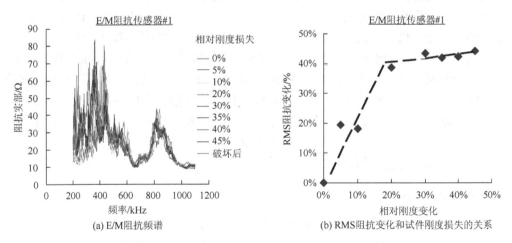

(a) E/M 阻抗频谱　　　　　(b) RMS 阻抗变化和试件刚度损失的关系

图 10-17　点焊接头试件在疲劳实验中的 E/M 阻抗结果

（4）点焊接头的损伤扩展说明

疲劳拉伸载荷下，点焊接头部位的破坏通常始于点焊接头加载侧的热影响区（heat-affected zone，HAZ）。点焊试件相对于载荷是对称的，因此有两个位置可能会产生裂纹。本文所用试件的传感器＃1 和＃4 的邻近区域都可能产生裂纹。试验后试件的检查结果表明，

裂纹在传感器#1附近的HAZ区域开始出现并在点焊接头邻近的试件表面扩展,如图10-18所示。边界条件所影响区域的大小取决于振动波长。试验在高频范围 200~1100kHz 进行,对于一个中间值频率,例如 500kHz,典型弯曲波波长大约为 5mm,因此边界条件影响的区域被限制在点焊及裂纹附近。影响区域内只有一个传感器,该传感器就是 PWAS#1,而其他传感器均在裂纹影响区域之外,故其 E/M 阻抗并没有表现明显变化。

此外观察图 10-17b,可以发现 PWAS#1 的 RMS 阻抗变化响应曲线达到 40% 后趋于平缓。对此可解释为:损伤超出 40% 时,裂纹已经扩展到该传感器邻近区域,因此裂纹对 PWAS#1 的影响减弱。同时,验证了基于 PWAS 的 E/M 阻抗技术具有良好的定位属性。

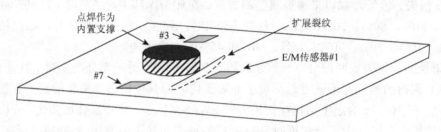

图 10-18　裂纹扩展靠近点焊部位的搭接剪切试件底部

10.4.2　胶接接头的损伤识别

胶接接头的损伤识别对很多关键结构是非常重要的。基于 E/M 阻抗技术可通过胶接接头局部振动特性的明显变化来检测脱黏。当脱黏发生时,局部结构由准整体(连接状态)变成两个不同的部分(脱黏状态),变得更薄的脱黏部分具有不同的振动频谱。由前面章节可知,质量随厚度线性变化,而抗弯刚度随厚度的变化呈三次方变化。因此随刚度与质量之比的平方根变化的弯曲振动频率将随厚度线性变化,例如厚度减少一半时,弯曲振动频率也将减少一半。由于所研究脱黏是局部的,故厚度范围不会超过几厘米甚至几毫米,相应的弯曲频率通常是在几十或几百 kHz 范围内,因此不容易被常规模态分析仪器检测到。但是,此频率范围在基于 PWAS 的 E/M 阻抗方法所能达到的频率范围内。这一事实使得基于 PWAS 的 E/M 阻抗方法特别适合用于检测早期损伤和小规模脱黏。以下给出实际应用中 E/M 阻抗方法检测脱黏的几个实例。首先介绍简单矩形胶接平板,再讨论胶接直升机桨叶和飞机壁板结构。

(1)矩形胶接板试件

通过几个简单实例了解基于 PWAS 的 E/M 阻抗方法识别脱黏的基本原理。

第一个例子中,试件为一个小矩形板试件,采用商用粘贴剂胶接两个相同板组成,如图 10-19 所示。两个 1.55mm 厚的铝板(178mm×37mm)采用环氧树脂胶 Hysol®EA9309-3NA 粘贴。通过在环氧粘贴胶层中产生一个间断模拟脱黏,胶层间断通过在两个板之间的中跨度位置放置聚酯薄膜实现,脱黏长度约为 25mm。试件上布置了 3 个 PWAS,如图 10-19a 所示。PWAS#2 放在试件脱黏区域的正上方,PWAS#1 和#3 被放置在良好胶接区域的上面。

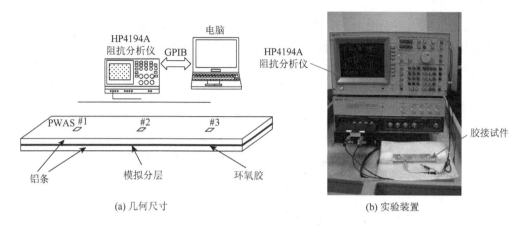

(a) 几何尺寸　　　　　　　　　　(b) 实验装置

图 10-19　胶接试件 E/M 阻抗方法实验设置

使用如图 10-19b 所示的 HP4194A 阻抗分析仪测量 3 个 PWAS 在频率为 10~100kHz 的 E/M 阻抗。3 个传感器 PWAS＃1、PWAS＃2 和 PWAS＃3 的 E/M 阻抗频谱实部如图 10-20 所示。从图中可以看出,位于良好胶接区域的 PWAS＃1 和＃3 的频率响应非常相似,事实上从图 10-20 可以看出这两个传感器的频响在共振区重叠。这表明该方法评价完好胶接时具有良好的一致性,并且只要胶接整体状态是相似的,则传感器和传感器、区域和区域之间都能得到相同的读数。

图 10-20 还表明,位于脱黏区域的 PWAS＃2 的频谱明显与另两个 PWAS 的频谱不同,可以看到在频谱上出现了新尖峰,这说明脱黏频谱中已经出现了新的共振和频移。

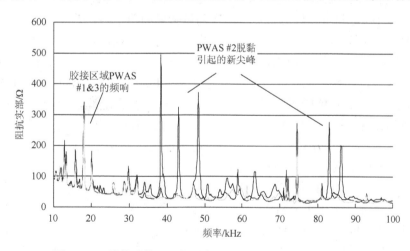

图 10-20　胶接试件不同位置上 PWAS 的 E/M 阻抗频谱结果

第二个例子是铝搭接试件。相比第一个例子中的简单矩形试件,该试件在实际胶接应用中更具有代表性。此试件由两块 2024-T3 铝合金条部分重叠胶接而成,如图 10-21 所示。两个铝条厚 1mm、长 1220mm,一个铝条宽 80mm,另一个宽 75mm。两个铝条用环氧树脂胶 Loctite Hysol®EA 9309-3NA 粘贴在一起,重叠部分长 20mm。试件上所布置 PWAS 传感器网络位置如图 10-21b 所示,PWAS 网络由 11 列($i=1,\cdots,11$)、3 行(A、B 和 C)

构成。A 行位于第一块铝板上，B 行位于胶接区域，而 C 行位于第二块铝板上。列与列之间的间隔为 100mm，A 和 B 行间距为 30mm，而 B 和 C 间距是 28mm。放在脱黏区域上的 PWAS 编号为 B3 和 B8。

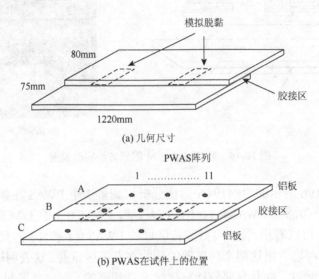

(a) 几何尺寸

(b) PWAS在试件上的位置

图 10-21　由两个铝条部分胶接的搭接试件

　　采用 HP4194A 阻抗分析仪测量粘贴在结构上的 PWAS 的 E/M 阻抗特征。经初步尝试，选定频率范围为 0.65～2MHz，主要测量 PWAS E/M 阻抗的实数部分。重复采集的数据表明阻抗频谱具有稳定和可复现的特点，两次测量结果如图 10-22 所示。

　　从图 10-22a 可以看出，铝板上 PWAS 共振频谱和胶接区域上 PWAS 共振谱明显不同，所有 PWAS 都存在这一现象，即同一行 PWAS 具有本质相似的 E/M 阻抗频谱，而不同行 PWAS 频谱明显不同。特别是胶接区域内的 PWAS 阻抗频谱间是相似的，但与布置在金属上的 PWAS 阻抗频谱明显不同。图 10-22a 比较了金属上 PWAS A6 与胶接区域内 PWAS B6 的阻抗频谱。PWAS A6 的阻抗频谱在 1MHz 附近出现了一个明显的尖峰，表明此处产生了较强的局部共振。第二个峰值出现在 1.2MHz 附近，该尖峰没有第一峰尖锐。第三个峰值出现在 1.5MHz 附近。观察胶接区域的 PWAS B6 阻抗频谱，发现 B6 的阻抗频谱并没有 A6 阻抗频谱尖锐的初始峰，而在 1.05MHz 附近出现一个相对较小的尖峰。第二个峰值出现在 1.55MHz 附近，而第三个峰值出现在 1.65MHz 附近。这些实验结果表明，结构胶接区域具有更高的共振频率，这可归因于厚度增加以及由胶层阻尼特性引起的强烈凹陷峰。胶层就像一个减振器一样能够消耗一些振动能量，从而降低了共振峰的峰值和品质因数。

　　脱黏区域的 PWAS 也出现了类似的现象。图 10-22b 给出了两个布置在胶接区域的相邻 PWAS 的 E/M 阻抗频谱对比，其中 PWAS B8 布置在脱黏区域，而 PWAS B9 布置在胶接良好区域。很明显胶接良好区域（PWAS B9）的阻抗频谱具有不太明显的高阻尼共振峰，而脱黏区域（PWAS B8）具有尖锐的共振峰，这可归因于板在胶接约束处释放的局部能量。

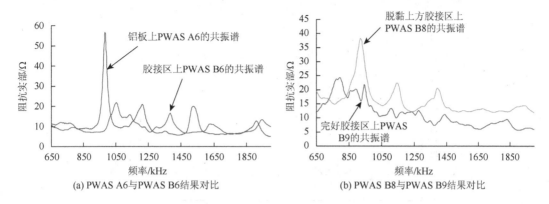

图 10-22　脱黏监测中的 E/M 阻抗频谱

（2）基于 E/M 阻抗法的空间壁板脱黏检测

实验在一块空间结构的金属壁板上开展，该试件由蒙皮（铝 7075，24in×23.5in×0.125in）、两个翼梁（铝 6061 工字梁，3in×2.5in×0.25in，长 24in）、四个加强筋（铝 6063，1in×1in×0.125in，长 18.5in）组成。蒙皮通过多个机械紧固件与两个翼梁连接，加强筋通过 Hysol EA9394 粘贴剂粘贴在蒙皮上。如图 10-23 所示，该试件上布置了若干 PWAS 传感器以检测事先设置的结构损伤，采用了基于 PWAS 的原位损伤检测方法。但本节只关注脱黏检测的结果，因此只关注布置在加强筋上的 PWAS a1、a2 和 a3 的结果，其位置如图 10-23 所示。PWAS a2 布置在将要产生脱黏的区域，而 PWAS a1 及 a3 都在原始胶接良好区域的上面。

图 10-23　典型空间结构胶接金属壁板上 PWAS 传感器的位置

基于 E/M 阻抗法检测脱黏，图 10-24 给出了 PWAS a1、a2 和 a3 的阻抗频谱。由此可以看出胶接区域内的 PWAS a1 和 a3 信号的共振谱几乎相同，而位于脱黏区域 PWAS a2 的共振谱与 a1、a3 的共振谱存在明显差异，可以看出因脱黏的存在而出现了新的强共振峰。

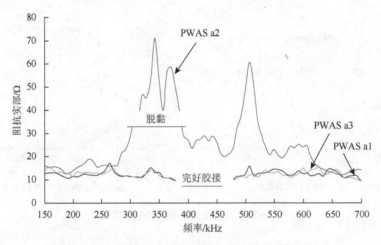

图 10-24　空间结构试件 E/M 阻抗方法的脱黏检测结果

（3）胶粘旋翼叶片结构

　　针对 Apache64H 直升机的部分叶片进行了实验验证。这些旋翼叶片由高性能结构胶接剂粘接预制金属片制造而成。叶片以往的服役经验表明，由于飞行过程中振动的存在，结构元件之间容易出现脱黏现象。在实验中，考察一个后侧旋翼叶片部分，如图 10-25 所示。在该旋翼叶片上粘贴了若干尺寸为 0.5in×0.5in 的 PWAS 来测量 E/M 阻抗，并将其作为脱黏检测的传感器，脱黏传感器粘贴方式为标准应变片粘贴方式。

图 10-25　后侧旋翼叶片关键部位实物及其传感器位置

　　采用 HP4194A 阻抗分析仪测量结构上脱黏传感器的 E/M 阻抗特性。通过初步尝试，选定的频率范围为 100～750kHz。首先在"健康"状态下测量结构的基准 E/M 频率响应，结果如图 10-26 中虚线所示，多次采集数据结果表明阻抗频谱具有稳定和可复现的特点。可以发现，200kHz 频段出现了明显变化（定义为响应峰），400kHz 和 650kHz 频段也出现了小幅度变化，这些数据作为"健康"状态下结构的基准特征，并被存储在电脑中。

　　结构中的损伤形式主要是局部脱黏，用锋利刀片在试件的边缘划破胶层制造脱黏，脱黏的长度约 0.5in，即总胶接长度的 10%左右，脱黏方向为翼展方向。图 10-26 给出了结构损伤的 E/M 阻抗频谱（实线）。与基准频谱（虚线）相比，结构损伤对应的 E/M 阻抗频谱说明：①现有尖峰的频移；②峰值幅度的增加；③新尖峰的出现。现有尖峰向低频移动，这种左移现象可以解释为脱粘导致的局部柔顺系数的增加。当两个结合面出现分离时，局部阻尼下降，故阻抗幅度随之增加，由于脱黏产生了新的局部模态，故产生了新的峰值。损伤因子（damage index，DI）可采用欧几里得范数计算：

$$DI = \sqrt{\frac{\sum_N \left[\mathrm{Re}(Z_i) - \mathrm{Re}(Z_i^0) \right]^2}{\sum_N \left[\mathrm{Re}(Z_i^0) \right]^2}} \qquad (10\text{-}95)$$

其中，N 是阻抗频谱采样点数；上标 0 为结构健康（基准）状态。DI 数据如图 10-26 所示，可以看出位置 1 处的 DI 数值（DI=39.4%）中等，而位置 3 处的 DI 数值（DI=286.1%）较高。这种差异与 E/M 阻抗曲线一致，位置 1 处测量的 DI 随频率的变化相比位置 3 处的 DI 变化较弱。进一步深入的工作需要研发功能更加完备的 E/M 阻抗脱黏传感器，这些研究应集中在：①确定 E/M 阻抗脱黏传感器的检测范围；②建立环境（温度和湿度）对 PWAS 性能的影响机制；③一方面需确定 PWAS 尺寸和驱动电压之间的关系，另一方面需确定脱黏的检测范围；④根据最小脱黏大小和最小检测距离校准脱黏传感器，建立传感器尺寸和驱动电压之间的函数关系。

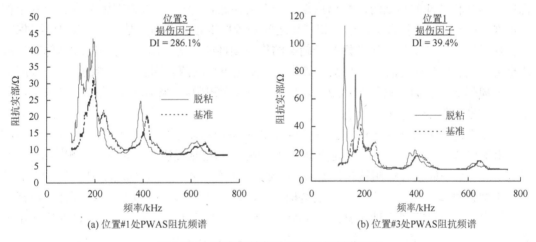

(a) 位置#1处PWAS阻抗频谱   (b) 位置#3处PWAS阻抗频谱

图 10-26 基准与脱黏后 E/M 阻抗频谱对比

10.4.3 土木工程中复合材料铺层脱黏的检测

本节探讨应用 PWAS 实现基于纤维增强聚合物（fiber-reinforced polymer，FRP）复合材料加强的钢筋混凝土（reinforced concrete，RC）SHM 原位 NDE 的能力。首先在表面覆盖 FRP 复合材料的混凝土试件上进行脱黏检测的原理实验。据实验结果可发现脱黏裂纹的存在显著影响 PWAS 两端测得的 E/M 阻抗频谱，还发现 E/M 阻抗频谱的变化取决于 PWAS 和裂纹尖端间的距离。之后，在长为 4.572m 的 RC 长梁上进行大尺寸实验，该长梁拱腹处覆盖了一个宽 51mm 的碳纤维增强复合材料（carbon-fiber-reinforced polymer，CFRP）长条进行加强。PWAS 贴在 CFRP 长条上，粘贴间距为 152mm。实验中，在梁上加载三点弯疲劳载荷，疲劳循环周期达到 807415 次。在这些疲劳实验中，碳纤维复合材料铺层约在 500000 次疲劳循环周期处开始脱黏。PWAS 能够检测无法目测的脱黏，并能通过 PWAS 的读数准确地判断脱黏损伤位置及程度。这些结果表明 PWAS 技术能很好地应用于 FRP 复合材料增强混凝土的 SHM。

（1）复合材料增强土木工程结构的 SHM

利用 FRP 复合材料铺层对结构进行修复和抗震加固是一种常用的方法，目前该技术已得到商业应用。复合材料增强技术是在传统建筑工程材料表面粘贴纤维增强聚合物薄片，其中的纤维可以是 E 型玻璃、碳、芳族聚酰胺或其聚合体。FRP 铺层可应用于湿铺过程（织物）、包含固化阶段的干铺过程（预浸料）及用作粘贴剂（预固化层压板）。许多实验和分析研究已证明外贴 FRP 材料可以提高钢筋混凝土结构性能，可改进的性能包括：增强的承载能力、刚度或延展性、循环或重复载荷下的性能以及环境耐久性。但是，任何通过外部胶接的修复，都受到修复材料与基体之间粘贴性能的限制。

导致复合材料铺层和混凝土或砖石基板之间粘贴性能退化的原因包括：①复合材料铺层本身的退化；②混凝土基体的退化；③铺层与基体间胶层性能的退化。复合材料性能退化和混凝土结构疲劳已经开展了广泛的研究（如：复合材料[11, 12]，混凝土[13, 14]），然而复合材料和基材之间的粘贴耐久性仍然是一个关键问题，突然出现大范围脱黏将会导致结构灾难性的破坏。因此复合材料铺层和基体之间的胶层退化问题仍然是一个关键因素。保证复合材料铺层和基体间连接良好对于确保结构长期性能和防止出现结构升级、维修时的破坏至关重要。复合材料铺层和混凝土基体界面变化可反映两者间胶层性能的下降，胶层退化的表现形式主要为脱黏裂纹和脱层。如果出现大面积脱黏，结构载荷的传输能力将显著下降，结构可能处于不安全状态。

E/M 阻抗方法已应用于多层复合材料结构的脱黏损伤监测[15]，例如，E/M 阻抗方法应用于土木工程等领域的 SHM[16-18]，同样也应用于 RC 结构受地震影响后的损伤检测[19]。另外有学者研究了基于低频 E/M 阻抗和传递函数的复合材料修补结构脱黏检测的有限元仿真[20]。

本节通过实验验证了钢筋混凝土结构中，PWAS 传感器能应用于 FRP 复合材料铺层脱黏检测。本节进行了两种实验：元件级试件测试和大尺寸试件测试。元件试件测试用于研究基于 E/M 阻抗频谱变化的脱黏检测方法，其中 E/M 阻抗频谱变化与脱黏裂纹尺寸变化有关。大尺寸试件实验在长为 4.572m 的 RC 长梁上进行，该长梁拱腹处覆盖一个宽 51mm 的碳纤维增强复合材料长条对其进行加强，实验中利用 E/M 阻抗方法对疲劳实验期间的脱黏裂纹进行监测。PWAS 读数与脱黏损伤位置及程度具有良好的对应关系。这些都表明 PWAS 技术能很好地应用于 FRP 复合材料增强混凝土的结构健康监测。

（2）元件级试件测试

元件级试件测试用于研究基于 E/M 阻抗频谱变化的脱黏检测方法，其中 E/M 阻抗频谱变化与脱黏裂纹尺寸变化有关。测试中使用的试件如图 10-27 所示，试件是上表面具有 FRP 复合材料铺层的混凝土，基体尺寸为 51mm×51mm×178mm，为本实验室制造，其上覆盖有商用玻璃纤维增强聚酯（glass-fiber-reinforced polyester，GFRP）制成的 FRP 铺层。复合材料铺层厚 3.2mm、宽 50mm。在混凝土制作过程中，插入了两个定位螺栓（直径 12.5mm），测试夹具将通过这些螺栓施加作用力连接试件。在铺层制作过程中，将一个加载铰链叶片插入到铺层的左端，如图 10-27b 所示。在复合材料铺层顶部距离铰链 35mm、90mm 和 145mm 处各粘贴一个 PWAS。

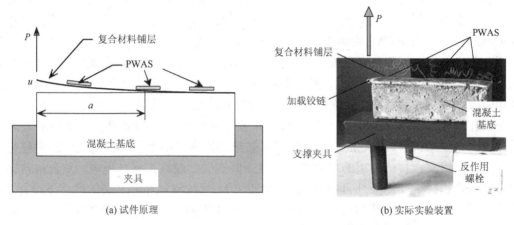

(a) 试件原理　　　　　　　　　　　　(b) 实际实验装置

图 10-27　基于 E/M 阻抗方法的脱层检测试件

　　试验中，通过复合材料铺层尖端连接的加载铰链对结构施加垂直力，并逐渐增加铰链的位移直到裂纹开始扩展。载荷采用位移控制方式，因此裂纹扩展开始时伴随着施加力的急剧下降。随后保持铰链位置不变直到裂纹不再扩展，此时记录裂纹长度，开始测量，随后恢复加载。采用这种方法，在 FRP 复合材料铺层和混凝土基体之间制作长度不断增加的脱黏裂纹，总共制作了七条长度依次增加的裂纹，如图 10-28 中裂纹 #0～#6 所示。

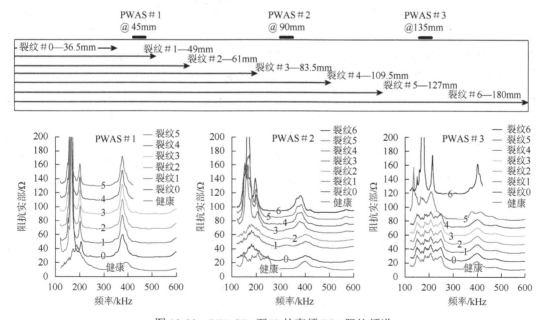

图 10-28　PWAS#1 至#3 的高频 E/M 阻抗频谱

（3）元件级试件测试中的 E/M 阻抗频谱

对应每个裂纹长度，记录了 3 个 PWAS 所测得的高频 E/M 阻抗结果，使用的频率范围是 100～600kHz。已知 PWAS 测量的 E/M 阻抗实部可以反映结构在 PWAS 位置处的机械阻抗，故数据后处理过程中画出了 E/M 阻抗实部曲线图。复合材料铺层下的裂纹扩展时，支撑条件将发生改变，这种变化反应在共振频谱变化上。图 10-28 给出了在裂纹扩展过程中 3 个 PWAS 所测 E/M 阻抗频谱曲线。最靠近加载端 PWAS＃1 的 E/M 阻抗频谱曲线最早出现变化，在图 10-28 中可以看出，PWAS＃1 的频谱曲线有两个明显的阻尼峰值，一个在 200kHz 附近，另一个在 390kHz 附近，这些峰值的阻尼来自混凝土基体和胶层。在脱黏裂纹＃0 尖端到达 PWAS＃1 位置时，该处 E/M 阻抗显著变化，而且两个共振峰幅值显著增加并向低频转移。共振峰峰值的增加与混凝土基体阻尼下降有关，说明在 PWAS＃1 附近混凝土基体不再黏结到复合材料铺层上。向低频的频移与由混凝土提供给复合材料铺层的局部支撑刚度下降有关。脱黏扩展过程中，复合材料铺层的振动方式趋向于一个局部自由板振动，由于 E/M 阻抗测试在非常高的频率下进行，振动模态高度局部化，因此对局部边界条件的变化非常敏感。随着裂纹扩展到 PWAS＃1 处，E/M 阻抗频谱的变化更大，这种情况对应于图 10-28 PWAS＃1 中的裂纹＃1。但是一旦裂纹尖端超过了 PWAS＃1 的位置，则其 E/M 阻抗频谱变化不明显，因此 PWAS＃1 上对应裂纹＃2～＃5 的频谱几乎是相同的。（PWAS＃1 没有记录到裂纹＃6，因为此时传感器已被破坏。）

为了量化损伤程度，我们简单地使用频谱与基准频谱之间的欧几里得范数作为损伤因子 DI。这个均方根差（root mean square deviation，RMSD）损伤因子计算方法如下：

$$DI = \sqrt{\frac{\sum_N \left[\mathrm{Re}(Z_i) - \mathrm{Re}(Z_i^0) \right]^2}{\sum_N \left[\mathrm{Re}(Z_i^0) \right]^2}} \tag{10-96}$$

其中，N 是频谱采样点个数；上标 0 表示基准频谱。研究过程中认为在没有任何裂纹的原始试件上所测量频谱为基准频谱。图 10-29 给出了 DI 结果，对于 PWAS＃1，在裂纹接近 PWAS 和经过 PWAS 时，其 DI 首先迅速增加，当裂纹扩展尖端超过 PWAS 位置后，其 DI 曲线趋于平稳。

PWAS＃2 和＃3 情况类似，当裂纹尖端接近 PWAS 位置时，E/M 阻抗频谱发生剧烈变化。一旦裂纹尖端超过 PWAS 位置，频谱变化趋于平缓。由 10-29b 可发现，当裂纹尖端穿过 PWAS 时，PWAS＃2 的频谱发生显著改变。图 10-28 中 PWAS＃2 频谱峰值幅度出现在 200kHz 和 390kHz 附近，同时其峰值随着裂纹长度的增加而增加。图 10-29c 的 PWAS＃3 频谱图中也可以发现类似结果。

这些试件测试结果表明，基于 PWAS 的模态传感器能检测到其位置附近的脱黏裂纹，但对距离较远的裂纹不敏感。因此在合理分布下，它们既有裂纹检测能力，又可以进行裂纹定位。当裂纹远离 PWAS 时，其测量的 E/M 阻抗频谱实际上是不变的。然而当裂纹接近 PWAS 位置时，PWAS 测得的频谱变化非常剧烈。只有采用高频振动模态才具有损伤识别和定位能力，因为高频率振动模态高度局部化，只对局部损伤敏感而对远场损伤

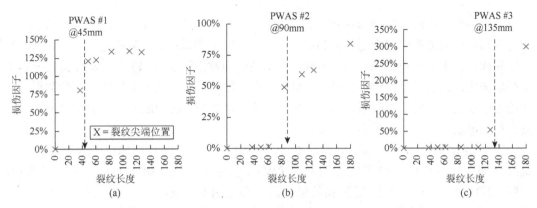

图 10-29　PWAS#1 至#3 位置处损伤因子与裂纹长度扩展关系

不敏感。PWAS 可用作高频振动模态传感器，而一些传统振动方法并不能在高频情况下工作。基于基准频谱和当前测量频谱之间的欧几里德范数得到的 RMSD 损伤因子成功量化了脱黏损伤的程度。

（4）大尺寸测试

大尺寸测试用于验证 PWAS 检测真实土木结构脱黏的能力。在南卡罗来纳大学进行了一系列试验，并对土木结构 FRP 复合材料铺层维修、改造和修复的强度和耐久性进行了评估。深入研究了能够检测 FRP 复合材料铺层和混凝土基体间脱黏的传感器技术和方法，特别针对基于 E/M 阻抗技术的 PWAS 对于脱黏的检测性能进行了研究。最后在 CFRP 长条铺层改造后的 RC 梁上进行了疲劳试验，取得了具有代表性的测试结果。

图 10-30 中，测试试件为一块拱腹处粘贴 CFRP 长条的钢筋混凝土梁，厚度为 254mm，宽为 152mm。本次测试在长 4572mm 的简支梁上进行，梁内部有 3 个#4 纵向钢筋，钢筋的直径为 12.7mm。用于改造梁的单向预成型 CFRP 长条宽为 51mm，厚度为 1.4mm[21]。CFRP 长条由其供应商指定并提供了双组份环氧胶粘贴到混凝土梁的拱腹处[21]。

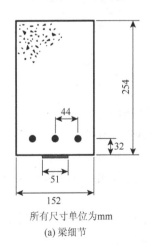

所有尺寸单位为mm

(a) 梁细节

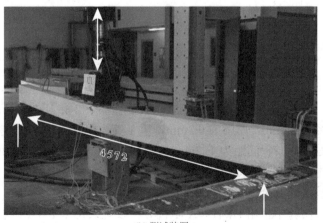

(b) 测试装置

图 10-30　加强混凝土梁试件实验装置

采用伺服控制液压驱动器在梁中跨上循环施加集中疲劳载荷，如图 10-30b 所示。选择足够高的应力值确保在合适的测试时间内出现故障。测试中，在横梁不同位置记录位移和应变读数。梁第一根钢筋在 523～600 千周期中间发生断裂，CFRP 铺层保持完好，继续循环加载，直到第二根钢筋在第 807415 周期处发生断裂，此时梁破坏。应变数据的后期处理结果表明，钢筋断裂后，CFRP 铺层应变大幅增加，这种应变的增加与钢筋断裂和复合材料铺层之间的载荷重新分配相关。

在疲劳试验中还观察到，梁拱腹的 CFRP 铺层发生了脱黏现象。在这类试件上很难准确测量脱黏程度，替代的方法是当 PWAS 读数发生变化时，通过目测发现脱黏。如图 10-31 所示，CFRP 铺层脱黏从梁中跨点附近开始，随着疲劳载荷的继续施加，开始向梁一侧支持点不对称扩展，不对称扩展偏向梁左侧端。脱黏的开始与 523 和 600 千周期内发生的内部钢筋断裂有关。第一次脱黏为一个 25mm 的脱层，600 千周期时该脱层扩展到 PWAS＃30 附近，700 千周期时扩展到 PWAS＃28 的附近。由图 10-31 可看出这些脱黏都靠近混凝土梁上的垂直裂纹，在疲劳循环周期超出 600 千周期并向最终破坏的 807415 周期增加时，脱黏继续扩展。当第二根钢筋在 807415 次循环处断裂时，CFRP 铺层与梁的左端完全脱离，但是在梁右端至梁中间的 CFRP 铺层仍然附在梁上。

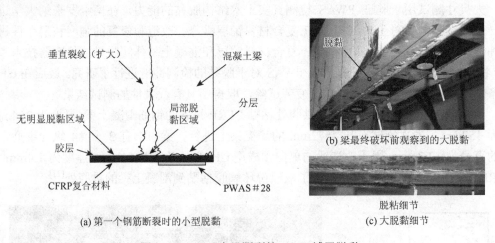

(a) 第一个钢筋断裂时的小型脱黏　　　　(c) 大脱黏细节

图 10-31　测试中目测到的 CFRP 铺层脱黏

1）PWAS 安装和监测

在 CFRP 铺层贴到 RC 梁拱腹处以后，再将 18 个 PWAS 粘贴到 CFRP 铺层上。PWAS 直径为 25mm，厚度为 0.2mm，重 1 克，即 0.035 盎司。将 PWAS 沿着拱腹对称放置于梁中心线，布置间距为 152mm，如图 10-32a 所示。最后按照 Measurements Group 公司规定的电阻应变片粘贴过程粘贴 PWAS。每个 PWAS 都接上三米长的导线，这样可以在距试件较远的安全地带进行测量。

实验中使用 HP4194A 阻抗分析仪记录每个 PWAS 的 E/M 阻抗，并采用自主编写的与 HP4194A 交互的 LabVIEW 程序进行数据采集。在所有仪器安装到位后，在循环加载周期开始前以及前两个循环之后（N=1、2）读取基准读数。因为第一个加载周期后梁上出现了一些初始（预期）裂纹并且试件梁出现下沉，故将第二个周期（$N=2$）的测量结果作为基准以便用于后续比较。

在疲劳测试期间，在 300、500、600、700、800 千周期处及最终破坏的 807 千周期处读取 E/M 阻抗数据。每采集一组数据，对每个 PWAS 阻抗数据进行处理和分析，以确定前次测试和当前测试中间是否发生变化。如果有变化，则目测试件是否开裂或分层，因为这可能与 PWAS 检测到的变化有关。目测的目的是研究一种只需通过分析 PWAS 数据就能预测 CFRP 铺层和梁基体间脱黏位置、扩展方向以及速率的方法。

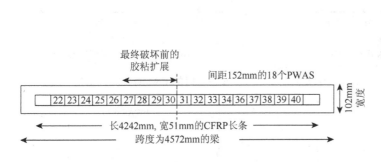

(a) 位置和编号（不按比例，PWAS#35在安装中损坏，用PWAS#36代替)　　　　　　(b) 实验装置照片

图 10-32　大尺寸测试中经 CFRP 长条铺层加强的装有 PWAS 的 RC 梁

2）大尺寸测试中的 E/M 阻抗频谱

疲劳试验结束后，对 E/M 阻抗数据进行后处理，并画出每个传感器每个阶段测得的 E/M 阻抗频谱。图 10-33 给出两种典型情况，第一种情况是图 10-33a 中的 PWAS#28 结果，该传感器在脱黏裂纹的下方，第二种情况是图 10-33b 中的 PWAS#33 结果，该传感器不靠近脱黏裂纹，其具体位置可参见图 10-32。由图 10-33a 中可以看出，当 CFRP 铺层与 RC 梁之间发生脱黏时，位于脱黏裂纹下方 PWAS#28 的 E/M 阻抗频谱发生了明显变化。图 10-33a 中频谱出现的第一个明显变化在 600 千周期左右并随着循环周期的增加而增大。该频谱约在 350kHz 处开始出现新的频谱特征。随后脱黏扩展直到大梁完全破坏，这个新频谱特征发展为一个明显的波峰。利用式（10-96）计算相应的损伤因子 DI，结果如图 10-34a 所示。该 DI 曲线呈现三个不同的部分，500 千周期内 DI 值很小，说明此时的脱黏现象并不明显，但 500 千周期处的 DI 明显较之前 DI 数值有所增加，500～800 千周期间 DI 值逐渐增加，这与 CFRP 铺层和 RC 梁基体之间的脱黏裂纹直接相关。从 800 千周期开始直到最后第 807 千周期时，梁的完全破坏，DI 值明显增加表明 CFRP 铺层与混凝土基体之间的胶层完全破坏。

对比分析远离脱黏区域的 PWAS#33 结果。如图 10-33b 所示，该传感器的 E/M 阻抗频谱没有出现新的频谱特征。由图 10-34b 可知，该传感器 DI 数值也没有出现任何明显变化。所有远离脱黏裂纹的 PWAS 结果基本都是这种情况，这表明大载荷及疲劳试验期间施加的循环载荷对 PWAS 读数的影响并不显著，间接证明了 PWAS 传感器较好的耐久性和生存能力。

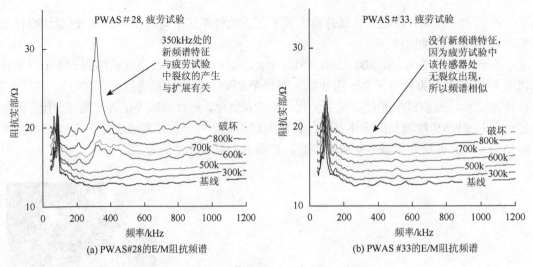

(a) PWAS#28的E/M阻抗频谱　　　　　　(b) PWAS #33的E/M阻抗频谱

图 10-33　疲劳试验中贴有 FRP 复合材料长条的梁脱黏时的 E/M 阻抗实验结果

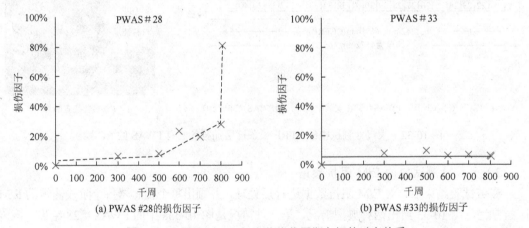

(a) PWAS #28的损伤因子　　　　　　(b) PWAS #33的损伤因子

图 10-34　RC 梁上 DI 与疲劳载荷周期之间的对应关系

（5）小结

本节系统研究了基于 E/M 阻抗技术的 PWAS 对 FRP 复合材料铺层和混凝土基体间脱黏的检测能力。整个研究分成两个阶段，首先元件级试件测试中研究了基于 E/M 阻抗频谱变化的脱黏检测方法，该方法中频谱变化与脱黏裂纹尺寸相关。测试结果表明，PWAS能够检测其附近的 FRP 脱黏但对远场损伤不敏感，因此它们具有裂纹检测和定位能力。当裂纹远离 PWAS 时，E/M 阻抗频谱实际上是不变的，然而当裂纹接近 PWAS 的位置时，E/M 阻抗频谱出现明显变化，故可检测并定位裂纹。只有采用高频振动模态才能实现PWAS 的这种检测定位能力，这是因为高频振动模态的高度局部化使 PWAS 仅对局部损伤敏感而对远场损伤不敏感。基于基准频谱和当前测量频谱之间的欧几里德范数得到的RMSD 损伤因子成功量化了脱黏损坏的程度。

大尺寸测试验证了 PWAS 检测真实土木结构脱黏的能力。在南卡罗来纳大学进行了一系列的试验，并对土木结构的 FRP 复合材料铺层维修、改造和修复的强度和耐久性进行了评估。深入研究了用于检测 FRP 复合材料铺层和结构混凝土基体间脱黏的传感器技术和方法，特别针对基于 E/M 阻抗技术的 PWAS 对于脱黏的检测性能进行了研究。最后在经 CFRP 长条铺层改造的 RC 梁上进行了疲劳试验，取得了具有代表性的测试结果。

大尺寸试验表明 PWAS 能够检测到疲劳试验中 FRP 复合材料铺层和混凝土梁基体间的脱黏裂纹扩展，也证实了 PWAS 的损伤定位能力。试验结果表明 PWAS 测得的 E/M 阻抗频谱所对应的 DI 与疲劳裂纹扩展之间存在良好的相关性。此外也证实了如果按本文所描述方法应用 PWAS 时，在大载荷、长时间循环周期下，PWAS 传感性能不会退化（如实验中验证的 807000 周期）。该技术也能在依靠目视观察到损伤之前，预测出早期损伤。

PWAS 技术用于远程脱黏扩展监测的优点是显而易见的，然而还需进一步研究这种新的裂纹检测技术，确定其全部能力和可能存在的局限性，并通过与其他脱黏裂纹检测方法的对比确定其优缺点。

10.5　基于 PWAS 的模态传感器耦合场 FEM 分析

前面章节用理论解析模型来对 PWAS 与结构间的相互作用进行建模，以此在 SHM 过程中预测 PWAS 的 E/M 阻抗响应。但对于复杂几何结构，例如许多实际工程结构，就不能仅用理论解析模型进行建模。对于复杂几何结构的分析，FEM 在工程领域得到了广泛的认可，那么在 SHM 过程中能否用这种方法来预测 PWAS 响应呢？答案是肯定的。但是 SHM 领域中的 FEM 并不像机械工程结构中的 FEM 那么简单，因为它涉及弹性力学、动力学及电场相互作用的耦合场分析，而且在分析时必须同时考虑这几种相互作用。近年来，一些商用 FEM 建模软件已经开始提供耦合场（多物理场）单元（如 ANSYS、ABAQUS 等）。本节探讨 SHM 过程中采用耦合场 FEM 预测 PWAS 两端测得的 E/M 阻抗频谱的方法。首先从简单结构模型开始分析，之后扩展到复杂的结构。

首先通过简单结构阐述耦合场 FEM 的原理和基本流程，例如 10.2 节中图 10.5 所示的贴有 PWAS 的小型金属梁。在 10.2 节的理论分析中，推导出了梁结构基于轴向和弯曲振型的动态结构刚度封闭解，如式（10-41）所示。若将 $k_{str}(\omega)$ 表达式代入 E/M 导纳和阻抗的式（10-3）和式（10-4）中，可以预测 E/M 阻抗频谱及结构共振频率。这种方法在教学实践中是可行的，但对于不存在封闭解的实际工程结构却是不切实际的，而且也不能给出实际工程结构的动态刚度预测公式。本节介绍如何用 FEM 克服这些缺点，具体有如下两种方式。

①首先使用常规的（机械）FEM 推导动态结构刚度 $k_{str}(\omega)$，这对于不存在封闭解的复杂结构非常有必要。为了实现这一点，应用代表 PWAS 作用的结构力，并在不同激励频率下预测结构在该力作用下的位移。施加的力和所得位移之间的比值就是动态结构刚度 $k_{str}(\omega)$。其后，将 FEM 得到的动态结构刚度 $k_{str}(\omega)$ 代入 E/M 导纳和阻抗的解析式（10-3）和式（10-4）中计算 E/M 导纳和阻抗频谱，以此来识别结构的共振模态。

②其次应用可直接分析结构上 PWAS 的耦合场 FEM，该方法不需要代入解析公式。在电压激励下分析 PWAS 和结构。在给定频率的激励电压下，耦合场 FEM 可以直接得到复数电流，之后通过激励电压与所得电流之间的复数比值可以计算得到 E/M 阻抗。通过

一定数目的频率采样，可以预测 E/M 导纳和阻抗频谱并以此识别结构共振。

这两种 FEM 的详细介绍如下。

10.5.1 梁与 PWAS 作用的机械 FEM 分析

本节利用机械 FEM 对表面贴有 PWAS 的简单梁结构进行分析，如图 10-35 所示。在给定频带内利用 FEM 计算动态结构刚度 $k_{str}(\omega)$，其后利用 E/M 耦合式（10-3）预测 PWAS 两端的 E/M 阻抗，并将该结果与理论解析预测值及阻抗分析仪测得的实验数据进行比较。和理论分析模型一样，假定为 1-D 问题，即力和力矩的作用在一个细长梁结构的 x 方向上，分析梁的 1-D 振动。

如图 10-35 中所示的 1-D 情况下，PWAS 和结构之间通过轴向力和弯矩相互作用。本文假定 PWAS 和结构间为理想粘接，因此 PWAS 和结构之间的相互作用仅限于 PWAS 边缘处（钉扎力模型）。由于结构上的 PWAS 所处位置偏离梁的中心线，因此 PWAS 与结构接触面之间的表面力在结构中心线上不仅产生轴向力还产生弯矩。

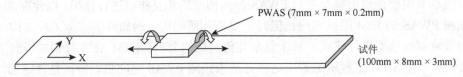

图 10-35 机械 FEM 中梁与 PWAS 间作用的模型

在 ANSYS 有限元软件中，利用如图 10-36 所示的壳单元对梁进行建模。为了模拟 PWAS 的存在，在 PWAS 对应的边界上，对结构施加谐波力和弯矩，所施加的力为单位幅度力，而弯矩可通过该单位力和梁上 PWAS 位置的实际偏差计算得到。运行 ANSYS 软件，并利用谐波分析方法获得结构的 FRF。该 FRF 与结构上 PWAS 测得的动态结构柔顺系数相同，动态结构刚度是结构柔顺系数的逆，也是 FEM 软件计算得到的 FRF 逆。由此在给定频带内，可获得动态结构刚度 $k_{str}(\omega)$ 的数值。

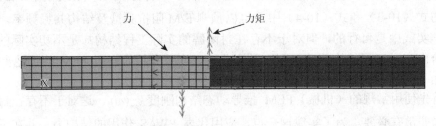

图 10-36 划分网格的结构及用于模拟 PWAS 对结构作用力的 FEM 模型

将上述动态结构刚度 $k_{str}(\omega)$ 代入式（10-4）预测 PWAS 两端的 E/M 阻抗，图 10-37 给出了 FEM 结果与理论解析解、实验结果的对比，可以清楚地看出这三者固有频率相同。而 FEM 方法的结果可以清楚地预测到实验测得的 27kHz 附近的双峰，这比理论解析解的预测效果要好。但这两种方法在非共振区域预测 E/M 阻抗幅值的效果并不好，都与实验结果相差甚远。

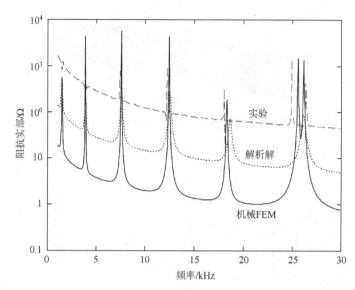

图 10-37　简单梁试件上机械 FEM、理论解析解及实验 E/M 阻抗实部频谱对比

10.5.2　梁与 PWAS 作用的耦合场 FEM 分析

上一节证明了机械 FEM 方法得出的 1-D 分析结果在一定程度上要优于理论解析解，但是该结果与实验测得的阻抗数据并不完全一致。这种机械 FEM 分析方法存在一个重要缺点，即 FEM 分析时不能模拟 PWAS 传感器的压电性能，这使其只能在近似 1-D 条件下通过简单公式来表达机械和电气耦合作用。

为克服机械 FEM 分析方法的这些缺点，本节给出了分析 PWAS 和结构之间相互作用更好的解决方案，即耦合场 FEM。该方法使用耦合场单元，这些压电 FEM 单元同时包含了弹性动力学场和电场，因此电场作用很自然地与弹性动力学相耦合，这样的仿真更符合实际。

ANSYS 软件提供了多种耦合场单元，具体有：①PLANE13，耦合场四边形固体单元；②SOLID5，耦合场砖体单元；③SOLID98，耦合场四面体单元；④PLANE223，耦合场 8 节点四边形单元；⑤SOLID226，耦合场 20 节点砖体单元；⑥SOLID227，耦合场 10 节点四面体单元。

利用每个单元的 KEYOPT 设置压电自由度、电位移和电压，使用这些单元对结构建模时，可以实现耦合场分析。使用耦合场 FEM 方法时，同样采用同前一节常规机械 FEM 分析相同的梁结构，目的在于证明使用耦合场单元的耦合场 FEM 能给出类似于机械 FEM 的可靠结果。先将耦合场 FEM 得到的仿真结果与前面的仿真结果进行比较，其次再将其与真实梁结构的实验阻抗结果进行比较。

结合压电方程，利用 SOLID5 单元对图 10-35 中的 PWAS 进行建模。该 PWAS 粘贴在如图 10-38 所示梁的上表面。仅在 PWAS 上下两表面施加电压约束，这样可等效在 PWAS 电极上施加谐波电压，谐波分析的频率范围为 10~30kHz。每个频率处 PWAS 的 E/M 阻抗 $Z(\omega)$ 为电压 V 与电流 I 的比值，其中电压 V 是施加在 PWAS 表面电极上的实际约束电势，电流 I 是对 PWAS 表面电极上的电荷进行积分得到。图 10-39 给出了计算结果。

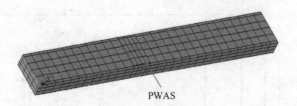

图 10-38　耦合场 FEM 分析中贴有 PWAS 的窄梁 3D 网格结构

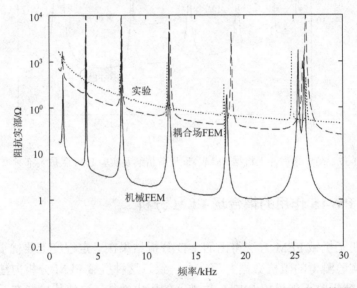

图 10-39　耦合场 FEM、机械 FEM 及实验所得 E/M 阻抗的比较图

由图 10-39 中可以看出,耦合场 FEM 仿真结果比常规 FEM 结果更接近实验阻抗数据。这两种 FEM 都可以准确预测结构共振模态,但耦合场 FEM 能更好地预测 E/M 阻抗幅度。上述结果表明耦合场 FEM 能更好地分析 PWAS 和结构间的实际相互作用,并可以成功地预测贴有 PWAS 的结构 E/M 阻抗响应。

10.5.3　小结

本节探讨了应用两种 FEM 预测贴有 PWAS 结构的 E/M 阻抗,并把两种方法的仿真结果与实验数据进行了对比分析。常规 FEM 中利用相互作用力等效 PWAS,并在不同频率下利用有限元软件计算动态结构刚度,其后把得到的刚度值代入理论解析公式中计算出 E/M 阻抗。而耦合场 FEM 将 PWAS 和结构合成一体进行分析,并对贴在结构上的 PWAS 施加不同频率的激励电压,最后由所施加的电压与电流之间的复数比值直接得到结构的 E/M 阻抗。

这两种 FEM 都能很好地预测结构的共振模态。机械 FEM 预测的共振模态结果要比理论解析预测值略好,然而机械 FEM 与理论解析方法都不能准确地预测实际 E/M 阻抗幅值。耦合场 FEM 一样可以预测共振模态,该方法得到的 E/M 阻抗预测值明显优于常规机械 FEM 方法。因此,对于一个安装在实际结构上的 PWAS 的 E/M 阻抗频谱,耦合场 FEM 能够得到更为精确的预测值。

10.6　总　　结

本章介绍了 PWAS 作为高频模态传感器的应用。基于 E/M 阻抗方法，将 PWAS 用作高频模态传感器，该方法中基体结构的机械阻抗耦合进了 PWAS 两端所测得的电阻抗。采用该方式，PWAS 两端测得的 E/M 阻抗实数部分的波峰波谷谱线反映了结构的机械共振谱。

为了理解基于 PWAS 的模态传感器的工作机理，应用了 9.5 节中的受约束 PWAS 理论模型，约束刚度就是结构作用在 PWAS 接触面处的动态刚度。本章分析了结构模态，并计算出了与频率相关的结构动态刚度，这是 PWAS 激励时结构频率响应函数的逆问题。

本章首先介绍了 1-D 结构中的理论解析方法，即简单的梁结构。该部分完整的振动分析包含了弯曲及轴向运动。其次理论推导了结构对 PWAS 的与频率相关的动态刚度，并与实验结果进行了对比。在一些简单小型梁上进行了测试和对比，如宽梁与窄梁的对比、薄梁与厚梁的对比，对比结果表明理论预测值与实验观测值匹配良好。

本章分析进一步延伸到 2-D 结构上：一块圆心处安装有圆形 PWAS 的圆板。本章对弯曲及轴向运动的振动模态进行了理论解析推导。理论预测结果与实验观测结果进行了对比，结果证实理论预测值与实验观测值匹配良好。

本章还介绍了 E/M 阻抗方法在损伤检测领域的应用，介绍了针对不同应用的 E/M 阻抗损伤检测实验，包括：①点焊接头的损伤检测；②胶接接头的损伤识别；③土木工程结构中复合材料铺层的脱黏检测。

本章最后采用 FEM 预测了复杂结构的 E/M 阻抗。首先利用常规机械 FEM 方法计算了与频率相关的动态刚度，基于此，将该刚度代入理论解析公式中计算出 E/M 阻抗。同时将该预测结果与理论解析预测结果及实验结果进行了比较。之后研究了耦合场 FEM，该方法中每个单元同时具有电和机械两个自由度。最后将耦合场 FEM 仿真结果与常规 FEM 结果及实验结果进行了对比。最终发现这两种 FEM 都能很好的预测实验测量的共振。机械 FEM 预测的结果要比理论解析预测略好，然而机械 FEM 与理论解析方法都不能准确地预测实际 E/M 阻抗幅值。耦合场 FEM 不仅可以预测共振模态，而且该方法得到的 E/M 阻抗预测值明显优于常规机械 FEM，因此对于安装在实际结构上的 PWAS 的 E/M 阻抗频谱，耦合场 FEM 能够得到更为精确的预测值。

10.7　问题和练习

1. 在一个小型梁表面贴了一个边长为 7mm 的正方形 PWAS，传感器位置距离梁的左端 40mm，即传感器的坐标 $x_a = 40$mm。其中梁的尺寸为：厚 $h_1 = 2.6$mm，宽 $b_1 = 8$mm，长 $l = 100$mm，该梁的材料属性如表 10-1 所示。PWAS 的厚度 $t_a = 0.22$mm，其材料属性如表 10-2 所示。假定其中机械阻尼系数和电损耗系数为 1%。

①利用本章推导出的 1-D 解析式来计算贴在结构上的 PWAS 导纳和阻抗响应，频率

范围为 1～30kHz；②在一张图中（以适当的比例）同时画出导纳实部频谱、阻抗实部频谱和频率响应函数虚部频谱，并简述在这些图中观察到的峰值的特征。

2. 再次利用问题 1 中的实验设置，梁的厚度加倍（$h_2 = 5.2\text{mm}$），或加大梁的宽度（$b_2 = 19.6\text{mm}$），又或者同时增加厚度和宽度。对于这些不同尺寸的梁，同样在频率范围 1～30kHz 内，使用本章中推导出的 1-D 解析表达式分别计算梁上所贴 PWAS 的导纳和阻抗响应，并讨论得到的结果。

3. 在一个圆铝板圆心处粘贴一个直径为 7mm 的圆形 PWAS。其中圆板厚 0.8mm，直径为 100mm，材料属性如表 10-1 所示。PWAS 的厚度 $t_a = 0.2\text{mm}$，其材料属性如表 10-2 所示。假定其中机械阻尼系数和电损耗系数为 1%。

①利用本章中推导出的 2-D 解析式来计算贴在结构上的 PWAS 导纳和阻抗响应，频率范围为 1～40kHz，提示：计算中使用式（10-84）和式（10-85）；②在一张图上（以适当的比例）同时画出导纳实部频谱、阻抗实部频谱和频率响应函数虚部频谱，并简述在这些图中观察到的峰值的特征。

4. 重新计算上述问题 3，但在计算结构刚度时不考虑轴向振动，讨论结果。

5. 重新计算上述问题 3，但在计算结构刚度时不考虑弯曲振动，讨论结果。

参 考 文 献

第 11 章　基于 PWAS 的波调制

11.1　引　　言

本章将研究主动结构健康监测过程中 PWAS 和结构的相互作用, 即 PWAS 和结构中传播的 Lamb 波之间的调制。PWAS 是基于应变耦合的传感器件, 它的特点是体积小, 重量轻, 成本相对较低。施加电激励时, PWAS 通过将电能转换为超声波传播的声能方式, 在结构中产生 Lamb 波。同时, PWAS 可以将超声波的声能转换回电信号。在电激励下, PWAS 发生振荡性收缩和扩张, 并通过胶层传递给结构, 从而向结构中激发出 Lamb 波。在这个过程中, 以下几个因素会影响到所激励的波形: PWAS 长度、激励频率、导波的波长等。本章将对 PWAS 与结构中 Lamb 波之间的相互作用进行建模, 结果表明通过 PWAS 进行扩张和收缩的特征尺寸与弹性波半波长之间的匹配, 有望实现波的调制。该调制尤其适用于多模式波, 如 Lamb 波。

本章采用循序渐进的方式, 从简单到复杂。为了理解 PWAS 调制机制的精髓, 首先研究两个简单的例子: ①杆中的轴向波; ②梁中的弯曲波。两个例子均表明, 利用调制的概念可以让人们找到特定的频率, 使波在该频率能被很强地激励出, 同样可以找到另外的频率使该波无法激励 (即它们被抑制了)。

本章将基于第 6 章研究的 Lamb 波理论, 继续推导 PWAS Lamb 波调制的解析解, 推导中将利用空间域傅里叶变换和复平面内的围线积分。将计算得到 PWAS 与结构相互作用的钉扎力模型的封闭解。钉扎力模型常用于近似理想粘贴的 PWAS 与结构中 Lamb 波的耦合情况, 该模型在 2-D 情况下对应的是线力模型。为了简单起见, 将这两种情况均视作 "理想粘贴"。此情况下的通式表明存在由 $\sin \gamma a$ 函数决定的特征点。波数为 γ 的 Lamb 波模式在这些特征点既可以被线性尺寸为 $2a$ 的 PWAS 优先激励出, 也可以被抑制。因为板中各个 Lamb 波模式的波数在任一给定频率处有较大差别, 容易得到优先调制出某些特定的 Lamb 波模式并抑制其他模式的方法。此方法可以进一步扩展到圆形 PWAS。

本章也将介绍 PWAS Lamb 波调制的实验验证, 将对矩形和圆形 PWAS 均进行考察, 举例说明了适用于某些 SHM 场合的 S0 模式的优化激励频率点。在对比理论和实验结果时, 将发现存在 PWAS 有效尺寸, 并在表格中给出各种几何形状的 PWAS 有效尺寸值。

本章还将研究矩形 PWAS 调制的方向特性, 这对于在所选方向上传播波而在其它方向上抑制波是十分重要的。本章将考察 5∶1 长宽比的矩形 PWAS 的方向性。

11.2　基于 PWAS 的轴向波调制

假设在 1-D 介质上加载某一对称的切向激励 $\tau(x,t) = \tau(x)\mathrm{e}^{-\mathrm{i}\omega t}$, 如图 11-1 所示。该激励可以由表面粘贴的 PWAS 产生, 并作用在介质的上下表面, 如 8.2.1 节中介绍的对称激励情况所示。将牛顿运动定律应用于一个长度为 dx，厚度为 h，单位宽度（即宽度 $b=1m$，因此 $A=hb=h$）的微元，得到的运动方程为

$$(\sigma + d\sigma - \sigma)h + \tau dx = (ph\,dx)\ddot{u} \tag{11-1}$$

经过整理和简化，式（11-1）变成

$$\frac{d\sigma}{dx} + \frac{\tau}{h} = \rho\ddot{u} \tag{11-2}$$

将 $\sigma = E\varepsilon$ 和 $\varepsilon = u'$ 代入带入式（11-2），得运动方程

$$c^2 u'' + \frac{\tau}{\rho h} = \ddot{u} \tag{11-3}$$

其中，$c^2 = E/\rho$。对于谐波激励，其响应也是谐波，即

$$u(x,t) = u(x)e^{-i\omega t} \tag{11-4}$$

将式（11-4）带入式（11-3）得到

$$u'' + \xi_0^2 u = -\frac{\tau}{Eh} \tag{11-5}$$

其中，$\xi_0 = \omega/c$ 是在 1-D 介质中的轴向波的波数。

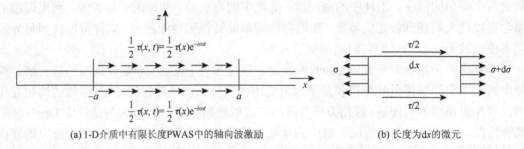

(a) 1-D介质中有限长度PWAS中的轴向波激励　　　　　　　　(b) 长度为dx的微元

图 11-1　基于 PWAS 的 1-D 介质轴向波激励

11.2.1　傅里叶波数域中的轴向解

考虑空间域傅里叶变换

$$\tilde{f}(\xi) = \mathscr{F}\{f(x)\} = \int_{-\infty}^{\infty} f(x)e^{-i\xi x}dx$$
$$f(x) = \mathscr{F}^{-1}\{\tilde{f}(\xi)\} = \frac{1}{2\pi}\int_{-\infty}^{\infty}\tilde{f}(\xi)e^{i\xi x}d\xi \tag{11-6}$$

并利用微分特性

$$\mathscr{F}\{f'\} = \tilde{f}' = i\xi\tilde{f} \tag{11-7}$$

式（11-5）的空间域傅里叶变换为

$$-\xi^2\tilde{u} + \xi_0^2\tilde{u} = -\frac{\tilde{\tau}}{Eh} \tag{11-8}$$

式（11-8）的解为

$$\tilde{u} = \frac{1}{Eh}\frac{\tilde{\tau}}{\xi^2 - \xi_0^2} \tag{11-9}$$

对应的应变 $\tilde{\varepsilon} = \tilde{u}' = i\xi\tilde{u}$ 为

$$\tilde{\varepsilon} = \frac{i}{Eh}\frac{\xi\tilde{\tau}}{\xi^2 - \xi_0^2} \tag{11-10}$$

式（11-9）表示的是傅里叶域中的解。进行空间域逆傅里叶变换得到物理域中的解

$$\varepsilon(x) = \frac{1}{2\pi}\frac{i}{Eh}\int_{-\infty}^{+\infty}\frac{\xi\tilde{\tau}(\xi)}{\xi^2 - \xi_0^2}e^{i\xi x}\mathrm{d}\xi \tag{11-11}$$

上式中 $\varepsilon(x)$ 的表达式取决于激励的具体形式 $\tau(x)$ 及其空间域傅里叶变换结果 $\tilde{\tau}(\xi)$。

11.2.2　基于留数定理求取的物理域轴向解

式（11-11）中的积分可在复波数 ξ 域中的半圆形闭曲线 C 上利用留数定理（参考文献[1]第 580 页）求解。注意到式（11-11）中的积分有二个分别对应于波数 $-\xi_0$ 和 $+\xi_0$ 的极点。在求解式（11-11）时，仅考虑指数函数中包含 $i(\xi x - \omega t)$ 的正向传播波。因此，在积分闭曲线中将保留正极点 $+\xi_0$，排除负极点 $-\xi_0$，得到的积分曲线 $C = \Gamma + (-\infty, +\infty)$，如图 11-2 所示。

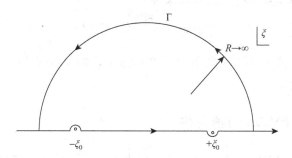

图 11-2　用于计算理想粘贴 PWAS 激励下应变解的积分闭曲线

随着积分半径变得很大，即 $R \to \infty$ 时，沿闭曲线 C 圆弧部分 Γ 的积分为零。因此，在闭曲线 C 上的积分等于沿着实 ξ 轴从 $-\infty$ 到 $+\infty$ 的积分值，即

$$\oint_C = \int_\Gamma + \int_{-\infty}^{+\infty} \tag{11-12}$$

闭曲线 C 上的积分可通过留数定理（参考文献[1]第 580～596 页）求解。留数定理指出，如果某一函数 $f(z)$ 在闭曲线 C 上除了 K 个极点 a_k，$k = 1, \cdots, K$ 外处处解析，那么闭曲线 C 上的积分等于 K 个极点上的留数乘以系数 $2\pi i$ 后的和，即

$$\oint_C f(z)\mathrm{d}z = 2\pi i\sum_{k=1}^{K}\mathrm{Res}\{f(z); a_k\} \tag{11-13}$$

在上述一般表达式中，m 级极点 a 处的留数通过下式计算

$$\mathrm{Res}\{f(z); a\} = \frac{1}{(m-1)!}\left\{\frac{\mathrm{d}^{m-1}}{\mathrm{d}z^{m-1}}\left[(z-a)^m f(z)\right]\right\}_{z=a} \tag{11-14}$$

在上面所讨论的情况下，极点较为简单，即 $m=1$，因此式（11-14）可简化为

$$\mathrm{Res}\big[f(z);a\big]=[(z-a)f(z)]_{z=a} \tag{11-15}$$

由于在闭曲线中仅保留了正极点 $+\xi_0$，式（11-13）中的求和运算只含有一项，其围线积分可用下式表示

$$\oint_C \frac{\xi\tilde{\tau}(\xi)}{\xi^2-\xi_0^2}\mathrm{e}^{i\xi x}\mathrm{d}\xi=2\pi i\mathrm{Res}\left(\frac{\xi\tilde{\tau}(\xi)}{\xi^2-\xi_0^2}\mathrm{e}^{i\xi x};\xi_0\right) \tag{11-16}$$

ξ_0 处的留数通过式（11-15）计算，即

$$\mathrm{Res}\left(\frac{\xi\tilde{\tau}(\xi)}{\xi^2-\xi_0^2}\mathrm{e}^{i\xi x};\xi_0\right)=\left((\xi-\xi_0)\frac{\xi\tilde{\tau}(\xi)}{\xi^2-\xi_0^2}\mathrm{e}^{i\xi x}\right)_{\xi=\xi_0}=\frac{\xi_0\tilde{\tau}(\xi_0)}{\xi_0+\xi_0}\mathrm{e}^{i\xi_0 x}=\frac{1}{2}\tilde{\tau}(\xi_0)\mathrm{e}^{i\xi_0 x} \tag{11-17}$$

将式（11-17）代入式（11-16），得到

$$\oint_C \frac{\xi\tilde{\tau}(\xi)}{\xi^2-\xi_0^2}\mathrm{e}^{i\xi x}\mathrm{d}\xi=2\pi i\frac{1}{2}\tilde{\tau}(\xi_0)\mathrm{e}^{i\xi_0 x} \tag{11-18}$$

将式（11-12）、式（11-18）代入式（11-11），得到

$$\varepsilon(x)=\frac{1}{2\pi}\frac{i}{Eh}2\pi i\frac{1}{2}\tilde{\tau}(\xi_0)\mathrm{e}^{i\xi_0 x}=-\frac{\tilde{\tau}(\xi_0)}{2Eh}\mathrm{e}^{i\xi_0 x} \tag{11-19}$$

清楚表明谐波时间因子 $\mathrm{e}^{-i\omega t}$ 产生的应力波解为

$$\varepsilon(x)=-\frac{\tilde{\tau}(\xi_0)}{2Eh}\mathrm{e}^{i(\xi_0 x-\omega t)} \tag{11-20}$$

需要注意的是，式（11-20）的解只在 PWAS 外，即 $x>a$ 有效，PWAS 内部的解更为复杂，此处不再讨论。

11.2.3　理想粘贴 PWAS 的轴向解

对于理想粘贴的 PWAS，在胶层中的剪切力集中于边界处，使用第 8 章 8-2-3 节中介绍的钉扎力模型。假设 PWAS 相对于原点对称，即它从 $x=-a$ 延伸到 $x=a$，如图 11-1a 所示，剪切力可表达为

$$\tau(x)=a\tau_a[\delta(x-a)-\delta(x+a)] \tag{11-21}$$

式（11-21）表示的是空间域中的矩形脉冲，其傅里叶变换结果为正弦函数，即

$$\begin{aligned}\tilde{\tau}(x)&=\int_{\infty}^{\infty}a\tau_a[\delta(x-a)-\delta(x+a)]\mathrm{e}^{-i\xi x}\mathrm{d}x\\&=a\tau_a\int_{\infty}^{+\infty}(\mathrm{e}^{-i\xi a}-\mathrm{e}^{i\xi a})\mathrm{d}x=a\tau_a(-2i\sin\xi a)\end{aligned} \tag{11-22}$$

将式（11-22）代入（11-20）得到

$$\varepsilon(x)=i\frac{a\tau_a}{Eh}(\sin\xi_0 a)\mathrm{e}^{-i(\xi_0 x-\omega t)} \tag{11-23}$$

式（11-23）给出了理想粘贴于结构表面的 PWAS 因简谐振动而在结构中产生的轴向应变响应。可明显看到该响应幅值随参数 $\xi_0 a$ 表现出正弦变化，变化曲线如图 11-3 所示。在 $\pi/2$ 奇整数倍处可看到响应峰值，即当

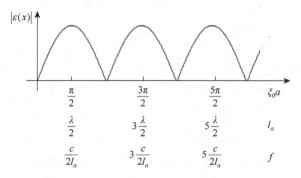

图 11-3　轴向波激励中 PWAS 和结构之间的优化匹配

$$\xi_0 a = (2n-1)\frac{\pi}{2}, \qquad n=1,2,3,\cdots \tag{11-24}$$

由于 $\xi_0 = 2\pi/\lambda$ 和 PWAS 长度 $l_a = 2a$，式（11-24）表明当 PWAS 长度为半波长的奇整数倍时将发生最大激励，即

$$l_a = (2n-1)\frac{\lambda}{2}, \qquad n=1,2,3,\cdots \tag{11-25}$$

因此，式（11-25）提供了一种通过调节 PWAS 几何尺寸，以某一波长向结构中优化激励轴向波的方法。显然，第一个调节出的几何尺寸是 PWAS 特征长度正好等于半波长，当 PWAS 特征长度为半波长的奇整数倍时也可能出现更高阶的匹配。

由于波长决定于频率，$\lambda = c/f$，同样可以想象到，对于某一给定的 PWAS，存在某些激励频率可实现优化激励。这些优化激励的频率为

$$f_n = (2n-1)\frac{c}{2l_a}, \qquad n=1,2,3,\cdots \tag{11-26}$$

11.3　基于 PWAS 的弯曲波调制

假设在 1-D 介质上加载切向激励 $\tau(x,t) = \tau(x)\mathrm{e}^{-i\omega t}$，如图 11-4 所示。该激励可以通过表面粘贴的 PWAS 产生，并作用于结构的上下表面，如在 8.2.1 节所介绍的反对称激励情况所示。剪切力施加到长度为 $\mathrm{d}x$、厚度为 h、单位宽度（$b=1\mathrm{m}$）的微元上下表面，产生的单位长度力矩为

$$m_e = -A\frac{\tau}{2} \tag{11-27}$$

其中，$A = hb = h$ 为横截面积，整理得到

$$m_e(x,t) = -\frac{A}{2}\tau(x)\mathrm{e}^{-i\omega t} \tag{11-28}$$

回顾第 3 章中的式（3-460），并考虑力矩激励 $M_e(x,t)$ 下的弯曲波一般方程，即

$$EIw'''' + pA\ddot{w} = m_e' \tag{11-29}$$

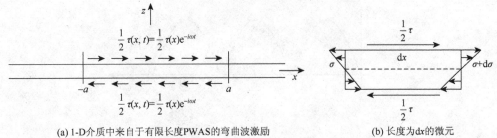

(a) 1-D介质中来自于有限长度PWAS的弯曲波激励　　　　　　　(b) 长度为dx的微元

图 11-4　基于 PWAS 的 1-D 介质弯曲波激励

对于时间谐波激励

$$w = \mathrm{e}^{-i\omega t} \tag{11-30}$$

由式（11-29）得

$$EIw'''' - w^2 pAw = \frac{A}{2}\tau' \tag{11-31}$$

除以 EI 得到

$$w'''' - w^2 \frac{pA}{EI}w = \frac{A\tau'}{2EI} \tag{11-32}$$

根据弯曲波数的定义，即

$$\xi_F^4 = \frac{pA}{EI}w^2 \tag{11-33}$$

其中

$$I = \frac{h^3}{12}, \quad A = h, \quad \frac{A}{I} = \frac{h}{\frac{h^3}{12}} = \frac{12}{h^2} \tag{11-34}$$

为了简化符号，令

$$\kappa_e'' = \frac{A\tau'}{2EI} \tag{11-35}$$

式（11-32）变为

$$w'''' - \xi_F^4 w = \kappa_e'' \tag{11-36}$$

11.3.1　傅里叶波数域中的弯曲解

对式（11-36）进行空间域傅里叶变换（11-6），并利用微分特性（11-7）得到

$$(\xi^4 - \xi_F^4)\tilde{w} = -\xi^2 \tilde{\kappa}_e \tag{11-37}$$

其中

$$\tilde{\kappa}_e = -i\frac{A\tilde{\tau}}{2\xi EI} \tag{11-38}$$

式（11-38）的证明来自于式（11-35），即

$$\frac{A\tilde{\tau}'}{2EI} = \tilde{\kappa}_e'' \quad \rightarrow \quad \frac{A(i\xi\tilde{\tau})}{2EI} = (i\xi)^2 \tilde{\kappa}_e \quad \rightarrow \quad \tilde{\kappa}_e = -i\frac{A\tilde{\tau}}{2\xi EI} \quad \text{QED} \tag{11-39}$$

式（11-37）的解为

$$\tilde{w} = \frac{-\xi^2}{\xi^4 - \xi_F^4}\tilde{\kappa}_e \tag{11-40}$$

式（11-40）为傅里叶波数域中的解，进行空间域逆傅里叶变换得到物理域中的解

$$w(x) = \frac{1}{2\pi}\int_{-\infty}^{+\infty} \frac{-\xi^2}{\xi^4 - \xi_F^4}\tilde{\kappa}_e \mathrm{e}^{i\xi x}\mathrm{d}\xi \tag{11-41}$$

11.3.2　基于留数定理求取的物理域弯曲解

式（11-41）中的积分可以用留数定理和复波数 ξ 域中的半圆形闭曲线 C 求解，如 11.2.2 节中的讨论所示。注意到式（11-41）的积分有四个对应于波数 $+\xi_F$、$-\xi_F$、$+i\xi_F$、$-i\xi_F$ 的极点，在求解式（11-41）时，仅考虑涉及 $+\xi_F$ 的正向传播波，对应的解包含了 $\mathrm{e}^{i(\xi_F x - wt)}$，$x > 0$。因此在积分闭曲线中包含正极点 $+\xi_F$，但不包含负极点 $-\xi_F$，得到的积分闭曲线 C，如图 11-5 所示。

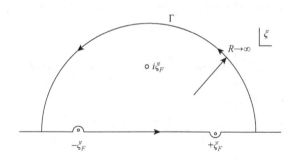

图 11-5　用于计算弯曲波解的积分闭曲线

这样的积分闭曲线也包含与消散波相关的虚数极点 $i\xi_F$。当积分半径变得很大，沿闭曲线 C 圆弧部分 Γ 的积分变为零。因此，闭曲线 C 上的积分可求解为沿着实 ξ 轴从 $-\infty$ 到 $+\infty$ 上的积分，即

$$\oint_C = \int_\Gamma + \int_{-\infty}^{+\infty} \tag{11-42}$$

根据留数定理，闭曲线 C 上的积分等于曲线内的留数之和乘以系数 $2\pi i$。因为曲线中只包含 2 个极点：$+\xi_0$ 和 $+i\xi_0$，围线积分可表示为

$$\oint_C \frac{-\xi^2\tilde{\kappa}_e \mathrm{e}^{i\xi x}}{\xi^4 - \xi_F^4}\mathrm{d}\xi = 2\pi i\left[\mathrm{Res}\left(\frac{-\xi^2\tilde{\kappa}_e \mathrm{e}^{i\xi x}}{\xi^4 - \xi_F^4}; +\xi_0\right) + \mathrm{Res}\left(\frac{-\xi^2\tilde{\kappa}_e \mathrm{e}^{i\xi x}}{\xi^4 - \xi_F^4}; +i\xi_0\right)\right] \tag{11-43}$$

根据式（11-15）计算所有留数，$+\xi_F$ 处的留数可计算为

$$\mathrm{Res}\left(\frac{\xi^2\tilde{\kappa}_e(\xi)}{\xi^4 - \xi_F^4}\mathrm{e}^{i\xi x}; +\xi_F\right) = \left((\xi - \xi_F)\frac{\xi^2\tilde{\kappa}_e(\xi)}{(\xi^2 - \xi_F^2)(\xi^2 + \xi_F^2)}\mathrm{e}^{i\xi x}\right)_{\xi = +\xi_F}$$

$$= \left(\frac{\xi^2\tilde{\kappa}_e(\xi)}{(\xi + \xi_F)(\xi^2 + \xi_F^2)}\mathrm{e}^{i\xi x}\right)_{\xi = +\xi_F} = \frac{\tilde{\kappa}_e(\xi_F)}{4\xi_F}\mathrm{e}^{i\xi_F x} \tag{11-44}$$

其中，$+i\xi_F$ 处的留数可计算为

$$\text{Res}\left[\frac{\xi^2\tilde{\kappa}_e(\xi)}{\xi^4-\xi_F^4}e^{i\xi x};+i\xi_F\right]=\left[(\xi-i\xi_F)\frac{\xi^2\tilde{\kappa}_e(\xi)}{(\xi^2+\xi_F^2)(\xi^2-\xi_F^2)}e^{i\xi x}\right]_{\xi=+i\xi_F}$$

$$=\left[\frac{\xi^2\tilde{\kappa}_e(\xi)}{(\xi+i\xi_F)(\xi^2-\xi_F^2)}e^{i\xi x}\right]_{\xi=+i\xi_F}=\frac{\tilde{\kappa}_e(i\xi_F)}{4i\xi_F}e^{-\xi_F x}$$

（11-45）

将式（11-42）～式（11-45）代入式（11-41），得

$$w(x)=i\frac{1}{2\pi}2\pi\left[\frac{\tilde{\kappa}_e(\xi_F)}{4\xi_F}e^{i\xi_F x}+\frac{\tilde{\kappa}_e(i\xi_F)}{4i\xi_F}e^{-\xi_F x}\right]$$

（11-46）

将上式中的 $\tilde{\kappa}_e$ 用式（11-38）表示，并添加时间谐波因子 $e^{-i\omega t}$，得

$$w(x,t)=\frac{A}{8EI}\frac{\tilde{\tau}(\xi_F)}{\xi_F^2}e^{i(\xi_F x-wt)}+\frac{A}{8EI}\frac{\tilde{\tau}(i\xi_F)}{i\xi_F^2}e^{-\xi_F x}e^{-i\omega t}$$

（11-47）

注意在式（11-47）中的第一项代表传播波，而第二项代表非传播的消散波，该波是沿着正 x 轴快速衰减的局部振动。仅考虑传播波，忽略式（11-47）中的消散波部分，得

$$w(x,t)=\frac{A}{8EI}\frac{\tilde{\tau}(\xi_F)}{\xi_F^2}e^{i(\xi_F x-\omega t)}\quad\text{（正向传播波）}$$

（11-48）

式（11-48）的证明

$$i\frac{\tilde{\kappa}_e(\xi_F)}{4\xi_F}=i\left[-i\frac{A}{EI}\frac{\tilde{\tau}(\xi_F)}{2\xi_F}\right]\frac{1}{4\xi_F}=\frac{A}{8EI}\frac{\tilde{\tau}(\xi_F)}{\xi_F^2}$$

（11-49）

上表面的应变波解 $\varepsilon_x(x,t)$ 根据 $\varepsilon_{xx}=u'_x$ 求取，其中 $u_x=-z\omega'$，则

$$\varepsilon_{xx}=u'_x=-zw''=-(i\xi_F)^2z\frac{A}{8EI}\frac{\tilde{\tau}(\xi_F)}{\xi_F^2}e^{i(\xi_F x-\omega t)}=z\frac{A}{8EI}\tilde{\tau}(\xi_F)e^{i(\xi_F x-\omega t)}$$

（11-50）

上表面 $z=h/2$ 处的应变波解为

$$\varepsilon_x(x,t)=\frac{h}{2}\frac{A}{8EI}\tilde{\tau}(\xi_F)e^{i(\xi_F x-\omega t)}$$

（11-51）

将式（11-34）代入式（11-51），并简化得到

$$\varepsilon_x(x,t)=\frac{3\tilde{\tau}(\xi_F)}{4Eh}e^{i(\xi_F x-\omega t)}$$

（11-52）

对比式（11-52）和式（11-20）可发现轴向和弯曲解是类似的，弯曲解比轴向解多了一个 3/2 的因子，并且轴向解和弯曲解相差一个负号，即两种解反相。

11.3.3　理想粘贴 PWAS 的弯曲解

对于理想粘贴的 PWAS，胶层中的剪切应力集中于边界处，可用钉扎力模型（11-21）及其傅里叶变换结果（11-22）表示，即

$$\tau(x)=a\tau_a\left[\delta(x-a)-\delta(x+a)\right],\quad\tilde{\tau}(\xi)=a\tau_a(-2i\sin\xi a)$$

（11-53）

将式（11-53）代入式（11-52），得到

$$\varepsilon_x(x,t) = -i\frac{3a\tau_a}{2Eh}(\sin\xi_F a)\mathrm{e}^{i(\xi_F x - \omega t)} \tag{11-54}$$

显然，该响应幅值随着参数 $\xi_F a$ 表现出正弦变化，变化曲线如图 11-6 所示。

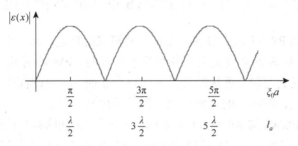

图 11-6 弯曲波激励中 PWAS 和结构之间的优化匹配

响应的波峰出现于 $\pi/2$ 的奇整数倍处，即当

$$\xi_F a = (2n-1)\frac{\pi}{2}, \quad n = 1,2,3,\cdots \tag{11-55}$$

由于 $\xi_F = 2\pi / \lambda_F$ 和 PWAS 长度 $l_a = 2a$，式（11-55）表明，当 PWAS 长度为半波长奇整数倍时将实现弯曲波的最大激励，即

$$l_a = (2n-1)\frac{\lambda_F}{2}, \quad n = 1,2,3,\cdots \tag{11-56}$$

因此，式（11-56）提供了一种通过调节 PWAS 几何尺寸以某一波长向结构中优化激励弯曲波的方法。显然，第一个调节出的几何尺寸是 PWAS 特征长度正好等于半个弯曲波的波长，更高阶的匹配可能出现于半波长的奇整数倍处。

因为波长取决于频率 $\lambda_F = c_F / f$，同样可以想象到，对于给定的 PWAS，存在优化激励的某些频率，这些优化激励频率可表示为

$$f_n = (2n-1)\frac{c_F(f_n)}{2l_a}, \quad n = 1,2,3,\cdots \tag{11-57}$$

式（11-57）中波速 c_F 也是频率的函数，这是因为弯曲波是频散的。回顾 5.4.1 节中表示 c_F 的式（5-210），即

$$c_F(\omega) = \left(\frac{Eh^2}{12\rho}\right)^{1/4}\sqrt{\omega} \tag{11-58}$$

将式（11-58）代入式（11-57）得到由结构弹性、质量和几何性质确定的优化激励频率，即

$$f_n^{\frac{1}{2}} = (2n-1)\frac{\sqrt{2\pi}}{2l_a}\left(\frac{Eh^2}{12\rho}\right)^{1/4} \tag{11-59}$$

其中，$l_a = 2a$，经整理，式（11-59）变成

$$f_n = (2n-1)^2 \frac{\pi}{2l_a^2} \sqrt{\frac{Eh^2}{12\rho}} \quad n = 1, 2, 3, \cdots \tag{11-60}$$

11.4　基于 1-D PWAS 的 Lamb 波调制

本节将研究利用 PWAS 选择性激励 Lamb 波模式的理论基础。假定某一直波峰 Lamb 波和条状 PWAS，PWAS 的宽度无限长并平行于波阵面。PWAS 在电激励下，依次将振荡性的收缩和扩张传递到胶层，再从胶层传递到结构表面。这一过程中，有几个因素会影响波的特性：胶层厚度、PWAS 的几何形状、板的厚度和材料。

图 11-7 展示了 PWAS 与 A0 和 S0 两种 Lamb 波模式之间的耦合情况。从图 11-7 中可以明显看到，当 PWAS 长度为半波长的奇数倍时，PWAS 和 Lamb 波之间会达到最大耦合。由于不同 Lamb 波模式具有不同的波长，且波长随频率变化，因此有可能在不同频率选择性激发出各种 Lamb 波模式，即利用 PWAS 调制出 Lamb 波模式。本节分析中将 PWAS 产生的表面剪应力分布作为输入，并确定出结构中的 Lamb 波响应。在这样的分析中，表面剪应力分布的选择是非常重要的。如 8.2.2 节所述，剪应力分布非均匀，在 PWAS 端部的剪应力值高。因此，本节将利用频率相关的剪力滞模型假设该剪应力分布，相应的解将基于直波峰的谐波核函数和环形波峰 Lamb 波的 Bessel 核函数，利用空间域傅里叶变换求解。

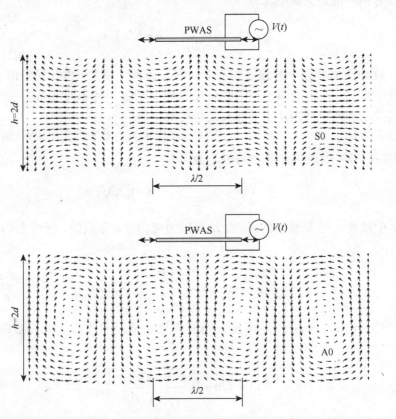

图 11-7　Lamb 波 S0 和 A0 模式的典型结构及 PWAS 与 Lamb 波的相互作用

11.4.1　非均匀边界剪应力的 Lamb 波响应

假设某一谐波剪应力边界激励施加于板上表面，如图 11-8 所示，即

$$\tau(x,t) = \tau(x)e^{-i\omega t} \tag{11-61}$$

回顾 6.4 节，表示 Lamb 波的两个标量势函数 Φ 和 H 满足波动方程，即

$$c_p^2 \nabla^2 \Phi = \ddot{\Phi}$$
$$c_s^2 \nabla^2 H = \ddot{H} \tag{11-62}$$

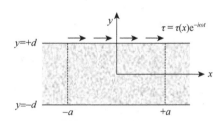

图 11-8　上表面施加谐波载荷并
粘贴有 PWAS（宽度为 $2a$）
的板结构（厚度 $h=2d$）

其中，$c_P^2 = (\lambda + 2u)/\rho$ 和 $c_S^2 = u/\rho$ 是纵向（压缩）波和横向（剪切）波的波速，λ 和 u 是拉梅常数，ρ 为质量密度。式（11-61）给出的激励是谐波，其解也是谐波。因此

$$\ddot{\Phi} = -\omega^2\Phi, \qquad \ddot{H} = -\omega^2 H \tag{11-63}$$

展开 ∇^2 运算符，并将式（11-63）代入式（11-62）得到压缩和剪切波的 Helmholtz 方程，即

$$\frac{\partial^2 \Phi}{\partial x^2} + \frac{\partial^2 \Phi}{\partial y^2} + \frac{\omega^2}{c_P^2}\Phi = 0$$
（势函数的 Helmholtz 方程）
$$\frac{\partial^2 H}{\partial x^2} + \frac{\partial^2 H}{\partial y^2} + \frac{\omega^2}{c_S^2}H = 0 \tag{11-64}$$

式（11-64）需利用板上下表面的自由应力边界条件求解，即

$$\sigma_{yy}\big|_{y=\pm d}=0, \qquad \sigma_{xy}\big|_{y=+d}=\tau, \quad \sigma_{xy}\big|_{y=-d}=0 \quad \text{（边界条件）} \tag{11-65}$$

由对 $P+SV$ 波的位移和应力表达式（5-535）、式（5-536），即

$$u_x = \frac{\partial \Phi}{\partial x} + \frac{\partial H}{\partial y} \qquad \sigma_{yy} = \lambda \frac{\partial^2 \Phi}{\partial x^2} + (\lambda + 2\mu)\frac{\partial^2 \Phi}{\partial y^2} - 2\mu \frac{\partial^2 H}{\partial x \partial y}$$
$$u_y = \frac{\partial \Phi}{\partial y} - \frac{\partial H}{\partial x} \qquad \sigma_{xy} = \mu\left(2\frac{\partial^2 \Phi}{\partial x \partial y} - \frac{\partial^2 H}{\partial x^2} + \frac{\partial^2 H}{\partial y^2}\right) \qquad \varepsilon_x = \frac{\partial u_x}{\partial x} \tag{11-66}$$

将空间域傅里叶变换式（11-6）及其微分特性（11-7）代入式（11-64）、式（11-65）和式（11-66）中，得到

$$-\xi^2 \tilde{\Phi} + \frac{d^2 \tilde{\Phi}}{dy^2} + \frac{\omega^2}{c_P^2}\tilde{\Phi} = 0$$
$$-\xi^2 \tilde{H} + \frac{d^2 \tilde{H}}{dy^2} + \frac{\omega^2}{c_S^2}\tilde{H} = 0 \tag{11-67}$$

$$u_x = i\xi\tilde{\Phi} + \frac{\mathrm{d}\tilde{H}}{\mathrm{d}y} \qquad \tilde{\sigma}_{yy} = -\lambda\xi^2\tilde{\Phi} + (\lambda + 2\mu)\frac{\partial^2\tilde{\Phi}}{\partial y^2} - 2i\mu\xi\frac{\partial\tilde{H}}{\partial y}$$

$$\tilde{u}_y = \frac{\mathrm{d}\tilde{\Phi}}{\mathrm{d}y} - i\xi\tilde{H} \qquad \tilde{\sigma}_{xy} = \mu\left(2i\xi\frac{\partial\tilde{\Phi}}{\partial y} + \xi^2\tilde{H} + \frac{\partial^2\tilde{H}}{\partial y^2}\right) \qquad \tilde{\varepsilon}_{xx} = i\xi\tilde{u}_x \tag{11-68}$$

$$\tilde{\sigma}_{yy}\big|_{y=\pm d} = 0, \qquad \tilde{\sigma}_{xy}\big|_{y=+d} = \tilde{\tau}(\xi), \qquad \tilde{\sigma}_{xy}\big|_{y=-d} = 0 \tag{11-69}$$

引入符号

$$\eta_P^2 = \frac{\omega^2}{c_P^2} - \xi^2, \qquad \eta_S^2 = \frac{\omega^2}{c_S^2} - \xi^2 \tag{11-70}$$

式（11-67）变为

$$\frac{\partial^2\tilde{\Phi}}{\partial y^2} + \eta_P^2\tilde{\Phi} = 0$$

$$\frac{\partial^2\tilde{H}}{\partial y^2} + \eta_S^2\tilde{H} = 0 \tag{11-71}$$

式（11-71）具有通解

$$\tilde{\Phi} = A_1\sin\eta_P y + A_2\cos\eta_P y, \qquad \frac{\partial^2\tilde{\Phi}}{\partial y^2} = -\eta_P^2\tilde{\Phi}$$

$$\tilde{H} = iB_1\sin\eta_S y + iB_2\cos\eta_S y, \qquad \frac{\partial^2\tilde{H}}{\partial y^2} = -\eta_S^2\tilde{H} \tag{11-72}$$

需要注意的是，为了便于后续推导，假设 H 势函数经因子 i 与 Φ 势函数正交。系数 A_1，A_2，B_1，B_2 由边界条件式（11-65）确定。将式（11-72）代入式（11-68），得

$$\tilde{\sigma}_{yy} = \mu\Big[(\xi^2 - \eta_S^2)(A_1\sin\eta_P y + A_2\cos\eta_P y) + 2\xi\eta_S(B_1\cos\eta_S y - B_2\sin\eta_S y)\Big]$$

$$\tilde{\sigma}_{xy} = \mu\Big[2i\xi\eta_P(A_1\cos\eta_P y - A_2\sin\eta_P y) + (\xi^2 - \eta_S^2)(iB_1\sin\eta_S y + iB_2\cos\eta_S y)\Big] \tag{11-73}$$

式（11-73）的证明与 6.4 节中式（6-86）～式（6-94）的证明类似，在此不再赘述。根据边界条件式（11-69）得

$$(\xi^2 - \eta_S^2)(A_1\sin\eta_P d + A_2\cos\eta_P d) + 2\xi(B_1\eta_S\cos\eta_S d - B_2\eta_S\sin\eta_S d) = 0 \tag{11-74}$$

$$(\xi^2 - \eta_S^2)(-A_1\sin\eta_P d + A_2\cos\eta_P d) + 2\xi(B_1\eta_S\cos\eta_S d + B_2\eta_S\sin\eta_S d) = 0 \tag{11-75}$$

$$2\xi(A_1\eta_P\cos\eta_P d - A_2\eta_P\sin\eta_P d) + (\xi^2 - \eta_S^2)(B_1\sin\eta_S d + B_2\cos\eta_S d) = \tilde{\tau}/i\mu \tag{11-76}$$

$$2\xi(A_1\eta_P\cos\eta_P d + A_2\eta_P\sin\eta_P d) + (\xi^2 - \eta_S^2)(-B_1\sin\eta_S d + B_2\cos\eta_S d) = 0 \tag{11-77}$$

11.4.2　傅里叶波数域中的 Lamb 波解

　　式（11-74）～式（11-77）表示关于四个未知数 A_1、A_2、B_1、B_2，由 4 个等式组成的方程组。但这样的 4×4 方程组可以简化为两个 2×2 方程组，一个对应于对称运动，另一个对应于反对称运动，如下文所述。

（1）对称解

对 σ_{yy} 的方程相加，即式（11-74）加上式（11-75），并对 σ_{xy} 的方程相减，即式（11-76）减去式（11-77），得

$$A_2(\xi^2-\eta_S^2)\cos\eta_P d + B_1 2\eta_S\cos\eta_S d = 0$$

$$-A_2 2\xi\eta_P\sin\eta_P d + B_1(\xi^2-\eta_S^2)\sin\eta_S d = \frac{\tilde{\tau}}{2i\mu} \quad \text{（对称模式）} \tag{11-78}$$

表示为如下的矩阵形式：

$$\begin{bmatrix} (\xi^2-\eta_S^2)\cos\eta_P d & 2\xi\eta_S\cos\eta_S d \\ -2\xi\eta_P\sin\eta_P d & (\xi^2-\eta_S^2)\sin\eta_S d \end{bmatrix}\begin{bmatrix} A_2 \\ B_1 \end{bmatrix} = \begin{bmatrix} 0 \\ \dfrac{\tilde{\tau}}{2i\mu} \end{bmatrix} \tag{11-79}$$

式（11-79）表示的是一个代数方程组，假设该方程组的行列式不为零以求解 A_2、B_1，即

$$D_{\mathrm{S}} = \begin{vmatrix} (\xi^2-\eta_S^2)\cos\eta_P d & 2\xi\eta_S\cos\eta_S d \\ -2\xi\eta_P\sin\eta_P d & (\xi^2-\eta_S^2)\sin\eta_S d \end{vmatrix} \neq 0 \tag{11-80}$$

式（11-79）的解为（附录 A，A9 节）

$$\begin{bmatrix} A_2 \\ B_1 \end{bmatrix} = \frac{\begin{bmatrix} (\xi^2-\eta_S^2)\sin\eta_S d & -2\xi\eta_S\cos\eta_S d \\ 2\xi\eta_P\sin\eta_P d & (\xi^2-\eta_S^2)\cos\eta_P d \end{bmatrix}\begin{bmatrix} 0 \\ \dfrac{\tilde{\tau}}{2i\mu} \end{bmatrix}}{\begin{vmatrix} (\xi^2-\eta_S^2)\cos\eta_P d & 2\xi\eta_S\cos\eta_S d \\ -2\xi\eta_P\sin\eta_P d & (\xi^2-\eta_S^2)\sin\eta_S d \end{vmatrix}} = \frac{1}{D_{\mathrm{S}}}\begin{bmatrix} -2\xi\eta_S\cos\eta_S d \\ (\xi^2-\eta_S^2)\cos\eta_P d \end{bmatrix}\frac{\tilde{\tau}}{2i\mu} \tag{11-81}$$

或者

$$A_2 = \frac{\tilde{\tau}}{2i\mu}\frac{-2\xi\eta_S\cos\eta_S d}{D_{\mathrm{S}}} \qquad B_1 = \frac{\tilde{\tau}}{2i\mu}\frac{(\xi^2-\eta_S^2)\cos\eta_P d}{D_{\mathrm{S}}} \tag{11-82}$$

$$D_{\mathrm{S}} = (\xi^2-\eta_S^2)^2\cos\eta_P d\sin\eta_S d + 4\xi^2\eta_P\eta_S\sin\eta_P d\cos\eta_S d$$

（2）反对称解

对 σ_{yy} 的方程相减，即式（11-74）减去式（11-75）；并对 σ_{xy} 的方程相加，即式（11-76）加上式（11-77），得到

$$A_1(\xi^2-\eta_S^2)\sin\eta_P d - B_2 2\xi\eta_S\sin\eta_S d = 0$$

$$A_1 2\xi\eta_P\cos\eta_P d + B_2(\xi^2-\eta_S^2)\cos\eta_S d = \frac{\tilde{\tau}}{2i\mu} \quad \text{（反对称模式）} \tag{11-83}$$

表示如下的矩阵形式：

$$\begin{bmatrix} (\xi^2-\eta_S^2)\sin\eta_P d & -2\xi\eta_S\sin\eta_S d \\ 2\xi\eta_P\cos\eta_P d & (\xi^2-\eta_S^2)\cos\eta_S d \end{bmatrix}\begin{bmatrix} A_1 \\ B_2 \end{bmatrix} = \begin{bmatrix} 0 \\ \dfrac{\tilde{\tau}}{2i\mu} \end{bmatrix} \tag{11-84}$$

式（11-84）表示的是一个代数方程组。假定该方程组的行列式不为零以求解 A_1、B_2，即

$$D_A = \begin{vmatrix} (\xi^2 - \eta_S^2)\sin\eta_P d & -2\xi\eta_S \sin\eta_S d \\ 2\xi\eta_P \cos\eta_P d & (\xi^2 - \eta_S^2)\cos\eta_S d \end{vmatrix} \neq 0 \qquad (11\text{-}85)$$

式（11-84）的解为（附录 A，A9 节）

$$\begin{bmatrix} A_1 \\ B_2 \end{bmatrix} = \frac{\begin{bmatrix} (\xi^2 - \eta_S^2)\cos\eta_S d & 2\xi\eta_S \sin\eta_S d \\ -2\xi\eta_P \cos\eta_P d & (\xi^2 - \eta_S^2)\sin\eta_P d \end{bmatrix}\begin{bmatrix} 0 \\ \dfrac{\tilde{\tau}}{2i\mu} \end{bmatrix}}{\begin{vmatrix} (\xi^2 - \eta_S^2)\sin\eta_P d & -2\xi\eta_S \sin\eta_S d \\ 2\xi\eta_P \cos\eta_P d & (\xi^2 - \eta_S^2)\cos\eta_S d \end{vmatrix}} = \frac{1}{D_A}\begin{bmatrix} 2\xi\eta_S \sin\eta_S d \\ (\xi^2 - \eta_S^2)\sin\eta_P d \end{bmatrix}\frac{\tilde{\tau}}{2i\mu} \quad (11\text{-}86)$$

或者

$$A_1 = \frac{\tilde{\tau}}{2i\mu}\frac{2\xi\eta_S \sin\eta_S d}{D_A} \qquad B_2 = \frac{\tilde{\tau}}{2i\mu}\frac{(\xi^2 - \eta_S^2)\sin\eta_P d}{D_A} \qquad (11\text{-}87)$$

$$D_A = (\xi^2 - \eta_S^2)^2 \sin\eta_P d\cos\eta_S d + 4\xi^2\eta_P\eta_S \cos\eta_P d\sin\eta_S d$$

（3）波数域中的全解

全解是对称解和反对称解的叠加。将式（11-72）代入式（11-68）得到由系数 A_1、A_2、B_1、B_2 表示的波数域位移、应力和应变表达式，且这些系数均为波数 ξ 的函数。考虑板上表面的正应变，即 $\varepsilon_x = \varepsilon_{xx}\big|_{y=d}$。由式（11-68）并写为

$$\tilde{\varepsilon}_{xx} = i\xi\tilde{u}_x = i\xi\left(i\xi\tilde{\Phi} + \frac{\mathrm{d}\tilde{H}}{\mathrm{d}y}\right) = -\xi^2\tilde{\Phi} + i\xi\frac{\mathrm{d}\tilde{H}}{\mathrm{d}y} \qquad (11\text{-}88)$$

将式（11-72）代入式（11-88）得到

$$\begin{aligned} \tilde{\varepsilon}_{xx} &= -\xi^2(A_1\sin\eta_P y + A_2\cos\eta_P y) + i\xi(\eta_S iB_1\cos\eta_S y - \eta_S iB_2\sin\eta_S y) \\ &= -\xi^2(A_1\sin\eta_P y + A_2\cos\eta_P y) - \xi\eta_S(B_1\cos\eta_S y - B_2\sin\eta_S y) \end{aligned} \qquad (11\text{-}89)$$

在板上表面 $y=d$ 处，式（11-89）的值为

$$\tilde{\varepsilon}_x = \tilde{\varepsilon}_{xx}\big|_{y=d} = -\xi^2(A_1\sin\eta_P d + A_2\cos\eta_P d) - \xi\eta_S(B_1\cos\eta_S d - B_2\sin\eta_S d) \quad (11\text{-}90)$$

将式（11-82）、式（11-87）代入式（11-90），得到

$$\begin{aligned} -\left(\frac{\tilde{\tau}}{2i\mu}\right)^{-1}\tilde{\varepsilon}_x = &\xi^2\left(\frac{2\xi\eta_S \sin\eta_S d}{D_A}\sin\eta_P d + \frac{-2\xi\eta_S \cos\eta_S d}{D_S}\cos\eta_P d\right) \\ &+ \xi\eta_S\left[\frac{(\xi^2 - \eta_S^2)\cos\eta_P d}{D_S}\cos\eta_S d - \frac{(\xi^2 - \eta_S^2)\sin\eta_P d}{D_A}\sin\eta_S d\right] \end{aligned} \qquad (11\text{-}91)$$

经过整理，式（11-91）变成

$$-\left(\frac{\tilde{\tau}}{2i\mu}\right)^{-1}\tilde{\varepsilon}_x = \frac{\xi}{D_S}\Big[\xi(-2\xi\eta_S\cos\eta_S d)\cos\eta_P d + \eta_S(\xi^2-\eta_S^2)\cos\eta_P d\cos\eta_S d\Big]$$

$$+\frac{\xi}{D_A}\Big[\xi 2\xi\eta_S\sin\eta_S d\sin\eta_P d - \eta_S(\xi^2-\eta_S^2)\sin\eta_P d\sin\eta_S d\Big] \tag{11-92}$$

或者

$$-\left(\frac{\tilde{\tau}}{2i\mu}\right)^{-1}\tilde{\varepsilon}_x = -\frac{\xi}{D_S}(\xi^2+\eta_S^2)\eta_S\cos\eta_P d\cos\eta_S d + \frac{\xi}{D_A}(\xi^2+\eta_S^2)\eta_S\sin\eta_P d\sin\eta_S d \tag{11-93}$$

定义

$$N_S = \xi\eta_S(\xi^2+\eta_S^2)\cos\eta_P d\cos\eta_S d$$
$$N_A = -\xi\eta_S(\xi^2+\eta_S^2)\sin\eta_P d\sin\eta_S d \tag{11-94}$$

将式（11-94）代入式（11-93）得到板上表面 $y=d$ 处的傅里叶波数域应变表达式为

$$\tilde{\varepsilon}_x = -i\frac{\tilde{\tau}}{2\mu}\left(\frac{N_S}{D_S}+\frac{N_A}{D_A}\right) \tag{11-95}$$

11.4.3　基于留数定理求取的物理域 Lamb 波解

对式（11-95）进行傅里叶逆变换，得到物理域中的应变波解，即

$$\varepsilon_x(x) = \frac{1}{2\pi}\frac{-i}{2\mu}\int_{-\infty}^{\infty}\left(\frac{\tilde{\tau}N_S}{D_S}+\frac{\tilde{\tau}N_A}{D_A}\right)e^{i\xi x}\mathrm{d}\xi \tag{11-96}$$

式（11-96）中的积分在 D_S 和 D_A 的根处奇异。方程

$$D_S = 0$$
$$D_A = 0 \tag{11-97}$$

正是第 6 章 6.4 节中讨论的对称和反对称模式的 Rayleigh-Lamb 方程。它们具有如下对应于 Lamb 波传播模式的实数根。

$$\pm\xi_0^S,\pm\xi_1^S,\pm\xi_2^S,\cdots$$
$$\pm\xi_0^A,\pm\xi_1^A,\pm\xi_2^A,\cdots \tag{11-98}$$

其中，正根对应于正向传播波，而负根对应于后向传播波。除了式（11-98）中列出的实数根，式（11-97）也具有虚数根，如图 11-9 所示。式（11-97）的虚数根对应于非传播的消散波，在此不予考虑。

根据 11.2.2 节讨论的思路，利用由复 ξ 平面上半部分的圆弧和实数轴组成的积分闭曲线，如图 11-10 所示，通过留数定理计算式（11-96）中的积分。由于仅考虑对应于正波数的正向传播波，积分闭曲线不包括式（11-98）中列出的负波数。由式（11-12）可知，闭曲线 C 上的积分即为式（11-96）中的积分，并根据式（11-13）等于留数之和，即

$$\int_{-\infty}^{\infty}\left(\frac{\tilde{\tau}N_S}{D_S}+\frac{\tilde{\tau}N_A}{D_A}\right)e^{i\xi x}\mathrm{d}\xi = \oint_C\left(\frac{\tilde{\tau}N_S}{D_S}+\frac{\tilde{\tau}N_A}{D_A}\right)e^{i\xi x}\mathrm{d}\xi = 2\pi i\sum_{\xi_k}\mathrm{Res}\{\xi_k\} \tag{11-99}$$

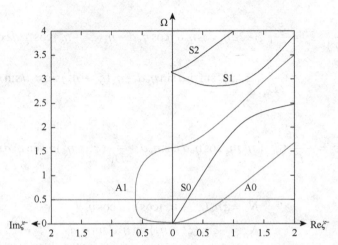

图 11-9 对称 Rayleigh-Lamb 方程中根 Ω 和 $\bar{\xi}$ 的轨迹图。图中横线确定了仅存在两个传播模式（A0 和 S0）和一个消散模式（A1）的低频条件

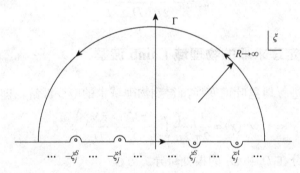

图 11-10 用于通过留数定理计算逆傅里叶变换的积分闭曲线，其包含了正波数的留数而忽略了负波数的留数

式（11-99）中的求和运算包含频率分析范围内存在的所有对称和反对称的正实波数 ξ_k，如式（11-98）所示。将式（11-99）代入到式（11-96）得到

$$\varepsilon_x(x) = \frac{1}{2\mu} \frac{-i}{2\pi} 2\pi i \sum_{\xi_k} \mathrm{Res}\{\xi_k\} = \frac{1}{2\mu} \sum_{\xi_k} \mathrm{Res}\{\xi_k\} \qquad (11\text{-}100)$$

为了计算式（11-100）中的留数，使用如下性质（参考文献[1]第 581 页）：

如果 $f(z) = \dfrac{N(z)}{D(z)}$ 和 $z = a$ 是简单的极点，那么 $\mathrm{Res}(a) = \dfrac{N(a)}{D'(a)}$，其中 $D'(a) = \dfrac{\mathrm{d}D}{\mathrm{d}z}\Big|_{z=a}$

$$(11\text{-}101)$$

将式（11-101）代入式（11-100），并添加谐波时间相关因子，得到板上表面的应变波值，即

$$\varepsilon_x(x,t) = \frac{1}{2\mu} \sum_{j=0}^{J_S} \frac{\tilde{\tau}(\xi_j^S) N_S(\xi_j^S)}{D_S'(\xi_j^S)} e^{i(\xi_j^S x - \omega t)} + \frac{1}{2\mu} \sum_{j=0}^{J_A} \frac{\tilde{\tau}(\xi_j^A) N_A(\xi_j^A)}{D_A'(\xi_j^A)} e^{i(\xi_j^A x - \omega t)} \qquad (11\text{-}102)$$

其中，上标 S 和 A 分别表示对称和反对称的 Lamb 波模式。对于给定板中的某一确定 ω，具有 $j = 0,1,\cdots,J_S$ 个 Lamb 波对称模式和 $j = 0,1,\cdots,,J_A$ 个 Lamb 波反对称模式。表达式 D_S' 和

D_A' 为 D_S 和 D_A 在相应极点 ξ_j 处关于 ξ 的导数。

进行关于 x 的积分（即除以 $i\xi$）得到板上表面的位移波解 u_x，即

$$u_x(x,t) = \frac{1}{2\mu}\sum_{j=0}^{J_S}\frac{1}{i\xi_j^S}\frac{\tilde{\tau}(\xi_j^S)N_S(\xi_j^S)}{D_S'(\xi_j^S)}e^{i(\xi_j^S x - \omega t)} + \frac{1}{2\mu}\sum_{j=0}^{J_A}\frac{1}{i\xi_j^A}\frac{\tilde{\tau}(\xi_j^A)N_A(\xi_j^A)}{D_A'(\xi_j^A)}e^{i(\xi_j^A x - \omega t)} \quad （11\text{-}103）$$

以同样的方式也可以推导出板上表面垂直方向的位移波解 $u_y(x,t)$，该解可用于对比激光扫描测振仪的测量结果。

11.4.4　低超声频率下的 Lamb 波特性

在低超声频率下（$fd \to 0$），图 11-9 显示只存在两个传播的 Lamb 波模式，S0 和 A0（也存在消散波模式 A1）。在这种情况下，式（11-102）仅有两个对应于传播波的项，即

$$\varepsilon_x(x,t) = \frac{1}{2\mu}\frac{\tilde{\tau}(\xi_0^S)N_S(\xi_0^S)}{D_S'(\xi_0^S)}e^{i(\xi_0^S x - \omega t)} + \frac{1}{2\mu}\frac{\tilde{\tau}(\xi_0^A)N_A(\xi_0^A)}{D_A'(\xi_0^A)}e^{i(\xi_0^A x - \omega t)} \quad （低频率）\quad （11\text{-}104）$$

相应的位移表达式为

$$u_x(x,t) = \frac{1}{2\mu}\frac{1}{i\xi_0^S}\frac{\tilde{\tau}(\xi_0^S)N_S(\xi_0^S)}{D_S'(\xi_0^S)}e^{i(\xi_0^S x - \omega t)} + \frac{1}{2\mu}\frac{1}{i\xi_0^A}\frac{\tilde{\tau}(\xi_0^A)N_A(\xi_0^A)}{D_A'(\xi_0^A)}e^{i(\xi_0^A x - \omega t)} \quad （低频率）\quad （11\text{-}105）$$

随着频率-厚度的乘积 fd 接近于零（$fd \to 0$），S0 和 A0 模式的特性将分别逼近 11.2.2 节和 11.3.2 节讨论的轴向波和弯曲波的特性。从式（11-20）和（11-52）的对比性讨论得知，弯曲解是轴向解的 3/2 倍。该结论应能通过 $fd \to 0$ 时，式（11-104）中对应于 S0 和 A0 模式部分的特性得以验证，即应该得到

$$\frac{N_A(\xi_0^A)}{D_A'(\xi_0^A)}\Bigg/\frac{N_S(\xi_0^S)}{D_S'(\xi_0^S)} \quad \underset{fd\to 0}{\to} \quad \frac{3}{2} \quad （11\text{-}106）$$

图 11-11 即为式（11-106）表示的曲线。当 $fd \to 0$ 时，可看到式（11-106）表示的比例值确实逼近极限值 3/2，因为该比例值在 $fd = 1\text{kHz·mm}$ 为 1.491，在 $fd = 0.5\text{kHz·mm}$ 为 1.5001。

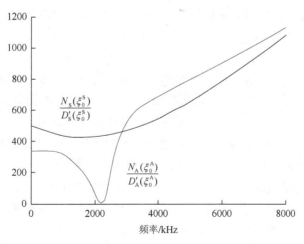

图 11-11　在 1mm 厚（$d = 0.5$mm）2024 铝板上的 $\dfrac{N_S(\xi_0^S)}{D_S'(\xi_0^S)}$ 和 $\dfrac{N_A(\xi_0^A)}{D_A'(\xi_0^A)}$ 曲线

11.4.5　理想粘贴情况下的 Lamb 波调制

在理想粘贴情况下，胶层的剪应力集中于端部，可用钉扎力模型（11-21）及其傅里叶变换结果式（11-22），即

$$\tau(x) = a\tau_a\left[\delta(x-a) - \delta(x+a)\right], \qquad \tilde{\tau} = a\tau_a(-2i\sin\xi a) \qquad (11\text{-}107)$$

将式（11-107）分别代入式（11-102）和式（11-103），得到

$$\varepsilon_x(x,t) = -i\frac{a\tau_a}{\mu}\sum_{j=0}^{J_S}(\sin\xi_j^S a)\frac{N_S(\xi_j^S)}{D_S'(\xi_j^S)}e^{i(\xi_j^S x-\omega t)} - i\frac{a\tau_a}{\mu}\sum_{j=0}^{J_A}(\sin\xi_j^A a)\frac{N_A(\xi_j^A)}{D_A'(\xi_j^A)}e^{i(\xi_j^A x-\omega t)} \qquad (11\text{-}108)$$

$$u_x(x,t) = -\frac{a^2\tau_a}{\mu}\sum_{j=0}^{J_S}\frac{\sin\xi_j^S a}{\xi_j^S a}\frac{N_S(\xi_j^S)}{D_S'(\xi_j^S)}e^{i(\xi_j^S x-\omega t)} - \frac{a^2\tau_a}{\mu}\sum_{j=0}^{J_A}\frac{\sin\xi_j^A a}{\xi_j^A a}\frac{N_A(\xi_j^A)}{D_A'(\xi_j^A)}e^{i(\xi_j^A x-\omega t)} \qquad (11\text{-}109)$$

式（11-108）、式（11-109）也可适用于剪应力 τ 按照 $\tau(x)$ 随 x 变化这种不太理想粘贴的情况，此时只需要将式中 τ_a 和 a 分别替换为有效值 τ_e 和 a_e。

低频下，只有两种传播的 Lamb 波模式 S0 和 A0 存在，式（11-108）和式（11-109）只有两项，即

$$\varepsilon_x(x,t) = -i\frac{a\tau_a}{\mu}(\sin\xi_0^S a)\frac{N_S(\xi_0^S)}{D_S'(\xi_0^S)}e^{i(\xi_0^S x-\omega t)} - i\frac{a\tau_a}{\mu}(\sin\xi_0^A a)\frac{N_A(\xi_0^A)}{D_A'(\xi_0^A)}e^{i(\xi_0^A x-\omega t)}\quad\text{（低频）}\quad (11\text{-}110)$$

$$u_x(x,t) = -\frac{a^2\tau_a}{\mu}\frac{\sin\xi_0^S a}{\xi_0^S a}\frac{N_S(\xi_0^S)}{D_S'(\xi_0^S)}e^{i(\xi_0^S x-\omega t)} - \frac{a^2\tau_a}{\mu}\frac{\sin\xi_0^A a}{\xi_0^A a}\frac{N_A(\xi_0^A)}{D_A'(\xi_0^A)}e^{i(\xi_0^A x-\omega t)}\quad\text{（低频）}\quad (11\text{-}111)$$

式（11-108）～式（11-111）包含调制函数式

$$F_\varepsilon(\xi a) = \sin\xi a \quad\text{（应变调制函数）} \qquad (11\text{-}112)$$

$$F_u(\xi a) = \frac{\sin\xi a}{\xi a} \quad\text{（位移调制函数）} \qquad (11\text{-}113)$$

因为 $\xi(\omega) = \omega/c(\omega)$，$\omega = 2\pi f$，上述调制函数与频率 f 相关，调制函数式（11-112）和式（11-113）在 PWAS 长度 $l_a = 2a$ 等于半波长 $\lambda/2 = \pi/\xi$ 的奇数倍时达到最大值，而在 PWAS 长度等于半波长的偶数倍时达到最小值。当同时存在波长互异的多个 Lamb 波模式时，将会演变为这种最大值和最小值的复杂变化模式。但仍能确定某些频率使得相应 Lamb 波响应以某些模式为主，而这些模式就是通过所谓的模式调制优先激励出。除了波长调制，另一个因子，即板上表面的相对模式振幅也需考虑，该因子的数值大小由函数 N_S/D_S'，N_A/D_A' 确定。可以预见，对于某一给定频率，某些模式可能具有很小的表面振幅，而其他模式的表面振幅则较大。因此，Lamb 波调制中两个重要的设计因素为：

①每个 Lamb 波模式所对应的 $|\sin\xi a|$ 随频率的变化关系；

②每个 Lamb 波模式的表面应变相对幅值随频率的变化情况。

为便于说明，图 11-12 给出了 0～1000kHz 范围内 S0 和 A0 模式的调制曲线。图 11-12 表明，在某些频率，如图 11-12a 中的 200kHz 附近，A0 模式的幅值经过零点，而 S0 模式的幅值仍然很高，即调制出 S0 模式而抑制 A0 模式。在其他频率，如图 11-12a 中 80kHz 附近，A0 模式的幅值很大，而 S0 模式的幅值非常小。

从图 11-12 中也能明显看到 Lamb 波应变响应和位移响应之间的差异。例如，Lamb 波在不同频率处的应变响应极大值，图 11-12a 变化很小，而相应的位移响应极大值则随频率急剧降低。这是因为应变响应按照 sin 函数关系 $\sin \xi^s a$ 变化，而位移响应的变化关系则是 sinc 函数 $\sin \xi^s a / \xi^s a$。sinc 函数在原点有一个最大值，然后随着自变量的增大迅速减小。这表明在较高频率下，应变波比位移波更有可能激发出高的振幅。由于 PWAS 是应变耦合器件，而常规的超声传感器是位移耦合器件，在高频导波 SHM 中使用 PWAS 将具有明显优势。

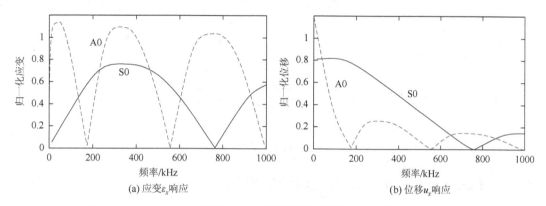

(a) 应变 ε_x 响应　　　　　　　　　(b) 位移 u_x 响应

图 11-12　7mm PWAS 激励下 1mm 厚铝板上表面的 Lamb 波响应预测结果

图 11-13 为频率-波数域中 PWAS Lamb 波调制的简化示意图。式（11-110）中的正弦函数 $\sin \xi a$ 在 $\xi a = \pi/2$，即 $\xi a/\pi = 0.5$ 时等于 1。图 11-13 中的频率-波数频散曲线表明在 $\xi a/\pi = 0.5$ 处的垂直线和 A0、S0、A1、S1、S2 的频散曲线相交于某些点，这些点对应于递增的频率 Ω_{A_0}、Ω_{S_0}、Ω_{A_1}、Ω_{S_1}、Ω_{S_2}。它们对应于利用 PWAS 调制出 A0、S0、A1、S1 和 S2 模式的频率，因为在这些频率处，相应的 $\sin \xi a$ 项达到最大值。其他方面应该考虑：①给定频率下，也激励出其它模式，但其幅值较小；②除了 $\sin \xi a$，式（11-110）包含了影响 Lamb 波模式激励的其它因子。

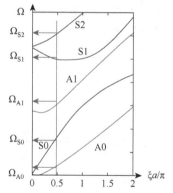

图 11-13　频率-波数域中 PWAS 的 Lamb 波调制

11.5　基于圆形 PWAS 的 Lamb 波调制

圆形 PWAS 的 Lamb 波调制分析与条状 PWAS 的情况类似，只是直角坐标替换为圆柱坐标。因此，将不使用傅里叶变换，而使用 Hankel 变换，并且结果表达式中将含有 Bessel 函数和 Hankel 函数而不是三角函数。为了本节叙述的流畅性，某些数学证明和详细推导将放到 11.6 节中。

假设某个圆形 PWAS 粘贴到各向同性无限大板的上表面，如图 11-14a 所示。该 PWAS

提供图 11-14b 所示的轴对称剪应力。剪应力的径向分布为 $\tau(r,t)=\tau(r)\mathrm{e}^{-i\omega t}$ （图 11-14c）。

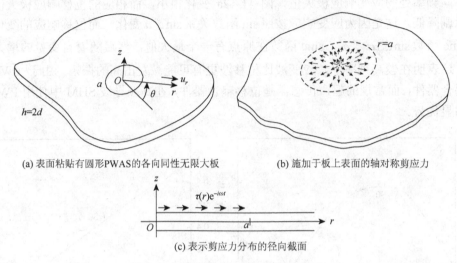

(a) 表面粘贴有圆形PWAS的各向同性无限大板 　　　(b) 施加于板上表面的轴对称剪应力

(c) 表示剪应力分布的径向截面

图 11-14　圆形 PWAS 产生的驱动力

11.5.1　Lamb 波和圆形 PWAS 之间的相互作用

回顾第 6 章，在轴对称圆柱坐标中研究各向同性板中的环形波峰 Lamb 波问题，如图 11-14a 所示，其中 $u_\theta=0$，$\partial/\partial\theta=0$。这样，Lamb 波问题可用满足如下波动方程的两个势函数 Φ 和 H 来描述：

$$\frac{1}{r}\frac{\partial}{\partial r}\left(r\frac{\partial\Phi}{\partial r}\right)+\frac{\partial^2\Phi}{\partial z^2}-\frac{1}{c_P^2}\ddot{\Phi}=0$$

$$\frac{\partial}{\partial r}\left[\frac{1}{r}\left(\frac{\partial(rH)}{\partial r}\right)\right]+\frac{\partial^2 H}{\partial z^2}-\frac{1}{c_S^2}\ddot{H}=0 \tag{11-114}$$

式（11-114）满足边界条件

$$\sigma_{zz}\big|_{z=\pm d}=0,\quad \sigma_{rz}\big|_{z=+d}=\tau(r,t),\quad \sigma_{rz}\big|_{z=-d}=0 \tag{11-115}$$

因为激励 $\tau(r,t)=\tau(r)\mathrm{e}^{-i\omega t}$ 是关于 t 的谐波，那么势函数也是关于 t 的谐波，即

$$\ddot{\Phi}=-\omega^2\Phi,\ \ddot{H}=-\omega^2 H \ （关于 t 的谐波） \tag{11-116}$$

将式（11-116）代入式（11-114）得到关于压缩和剪切势函数的 Helmholtz 等式，即

$$\frac{1}{r}\frac{\partial}{\partial r}\left(r\frac{\partial\Phi}{\partial r}\right)+\frac{\partial^2\Phi}{\partial z^2}+\frac{\omega^2}{c_P^2}\ddot{\Phi}=0 \ （压缩势函数的 Helmholtz 等式） \tag{11-117}$$

$$\frac{\partial}{\partial r}\left\{\frac{1}{r}\left[\frac{\partial(rH)}{\partial r}\right]\right\}+\frac{\partial^2 H}{\partial z^2}+\frac{\omega^2}{c_S^2}H=0 \ （剪切势函数的 Helmholtz 等式） \tag{11-118}$$

由 ν 阶 Hankel 变换（附录 B 和参考文献[2]第 626 页），即

$$\left[\tilde{f}(\xi)\right]_{J_\nu}=\int_0^\infty rf(r)J_\nu(\xi r)\mathrm{d}r$$

$$f(r)=\int_0^\infty \xi\left[\tilde{f}(\xi)\right]_{J_\nu}J_\nu(\xi r)\mathrm{d}\xi \tag{11-119}$$

其中，$f(r)$ 为通用函数。如 11.6 节所述，分别对式（11-117）和式（11-118）进行 0 阶和 1 阶的 Hankel 变换，得到

$$-\xi^2 \tilde{\Phi}_{J_0} + \frac{\partial^2 \tilde{\Phi}_{J_0}}{\partial z^2} + \frac{\omega^2}{c_P^2} \tilde{\Phi}_{J_0} = 0$$

$$-\xi^2 \tilde{H}_{J_1} + \frac{\partial^2 \tilde{H}_{J_1}}{\partial z^2} + \frac{\omega^2}{c_S^2} \tilde{H}_{J_1} = 0 \tag{11-120}$$

其中，$\tilde{\Phi}_{J_0}$ 和 $\tilde{H}_{J_1}$ 分别为关于 Φ 的 0 阶 Hankel 变换和关于 H 的 1 阶 Hankel 变换，即

$$\tilde{\Phi}_{J_0} = \int_0^\infty r\Phi(r)J_0(\xi r)\mathrm{d}r$$

$$\tilde{H}_{J_1} = \int_0^\infty rH(r)J_1(\xi r)\mathrm{d}r \tag{11-121}$$

式（11-120）可以整理为

$$\frac{\partial^2 \tilde{\Phi}}{\partial z^2} + \left(\frac{\omega^2}{c_P^2} - \xi^2\right)\tilde{\Phi} = 0$$

$$\frac{\partial^2 \tilde{H}}{\partial z^2} + \left(\frac{\omega^2}{c_S^2} - \xi^2\right)\tilde{H} = 0 \tag{11-122}$$

简便起见，式（11-122）中的 $\tilde{\Phi}$ 和 $\tilde{H}$ 省略了下标 J_0 和 J_1。由式（11-70）定义的变量符号，即

$$\varsigma_P^2 = \frac{\omega^2}{c_P^2} - \xi^2, \qquad \varsigma_S^2 = \frac{\omega^2}{c_S^2} - \xi^2 \tag{11-123}$$

将式（11-123）代入式（11-122），得到

$$\frac{\partial^2 \tilde{\Phi}}{\partial z^2} + \varsigma_P^2 \tilde{\Phi} = 0$$

$$\frac{\partial^2 \tilde{H}}{\partial z^2} + \varsigma_S^2 \tilde{H} = 0 \tag{11-124}$$

式（11-124）可利用经 Hankel 变换的边界条件式（11-15）求解，即

$$(\tilde{\sigma}_{zz})_{J_0}\big|_{z=\pm d} = 0, \quad (\tilde{\sigma}_{rz})_{J_1}\big|_{z=+d} = \tilde{\tau}_{J_1}, \quad (\tilde{\sigma}_{rz})_{J_1}\big|_{z=-d} = 0 \tag{11-125}$$

其中，$(\tilde{\sigma}_{zz})_{J_0}$ 是关于 σ_{zz} 的 0 阶 Hankel 变换，$(\tilde{\sigma}_{rz})_{J_1}$ 和 $\tilde{\tau}_{J_1}$ 分别是关于 σ_{rz} 和 τ 的 1 阶 Hankel 变换，即

$$(\tilde{\sigma}_{zz})_{J_0} = \int_0^\infty r\sigma_{zz}J_0(\xi r)\mathrm{d}r$$

$$(\tilde{\sigma}_{rz})_{J_1} = \int_0^\infty r\sigma_{rz}J_1(\xi r)\mathrm{d}r \tag{11-126}$$

$$\tilde{\tau}_{J_1} = \int_0^\infty r\tau J_1(\xi r)\mathrm{d}r$$

式（11-126）中的应力 $(\tilde{\sigma}_{zz})_{J_0}$ 和 $(\tilde{\sigma}_{rz})_{J_1}$ 可用势函数 $(\tilde{\Phi})_{J_0}$ 和 $(\tilde{H})_{J_1}$ 表示为

$$(\tilde{\sigma}_{zz})_{J_0} = \int_0^\infty r\sigma_{zz}J_0(\xi r)\mathrm{d}r = -\lambda\frac{\omega^2}{c_P^2}\tilde{\Phi}_{J_0} + 2\mu\frac{\partial^2\tilde{\Phi}_{J_0}}{\partial z^2} + 2\mu\xi\frac{\partial\tilde{H}_{J_1}}{\partial z} \quad （11\text{-}127）$$

$$(\tilde{\sigma}_{rz})_{J_1} = \int_0^\infty r\sigma_{rz}J_1(\xi r)\mathrm{d}r = -2\mu\xi\frac{\partial\tilde{\Phi}_{J_0}}{\partial z} - \xi^2\mu\tilde{H}_{J_1} - \mu\frac{\partial^2\tilde{H}_{J_1}}{\partial^2 z} \quad （11\text{-}128）$$

对证明式（11-127）和式（11-128）感兴趣的读者可以查看 11.6.1.3 节中的式（11-200）和（11-206）。Hankel 变换的阶数在式（11-127）和式（11-128）中通过 J_0 和 J_1 的下标明确指出。为了简便，在后续推导中将忽略这些下标，并按照类似于式（11-127）和式（11-128）的方式隐含给出。

式（11-124）具有通解

$$\begin{aligned}\tilde{\Phi} &= A_1\sin\varsigma_P z + A_2\cos\varsigma_P z\\ \tilde{H} &= B_1\sin\varsigma_S z + B_2\cos\varsigma_S z\end{aligned} \quad （11\text{-}129）$$

将式（11-129）代入式（11-127）、式（11-128），可将应力用常数 A_1、A_2、B_1、B_2 表示为

$$\tilde{\sigma}_{zz} = \mu(\xi^2 - \varsigma_S^2)(A_1\sin\varsigma_P z + A_2\cos\varsigma_P z) + 2\mu\xi(B_1\varsigma_S\cos\varsigma_S z - B_2\varsigma_S\sin\varsigma_S z) \quad （11\text{-}130）$$

$$\tilde{\sigma}_{rz} = -2\mu\xi(A_1\varsigma_P\cos\varsigma_P z - A_2\varsigma_P\sin\varsigma_P z) - \mu(\xi^2 - \varsigma_S^2)(B_1\sin\varsigma_S z + B_2\cos\varsigma_S z) \quad （11\text{-}131）$$

对证明式（11-130）和式（11-131）感兴趣的读者可以查找 11.6.1 节中的式（11-213）和式（11-214）。将边界条件（11-215）代入应力表达式（11-130）和式（11-131），得到

$$\left.\frac{\tilde{\sigma}_{zz}}{\mu}\right|_{z=+d} = (\xi^2 - \varsigma_S^2)(A_1\sin\varsigma_P d + A_2\cos\varsigma_P d) + 2\xi(B_1\varsigma_S\cos\varsigma_S d - B_2\varsigma_S\sin\varsigma_S d) = 0 \quad （11\text{-}132）$$

$$\left.\frac{\tilde{\sigma}_{zz}}{\mu}\right|_{z=-d} = (\xi^2 - \varsigma_S^2)(-A_1\sin\varsigma_P d + A_2\cos\varsigma_P d) + 2\xi(B_1\varsigma_S\cos\varsigma_S d + B_2\varsigma_S\sin\varsigma_S d) = 0 \quad （11\text{-}133）$$

$$\left.\frac{\tilde{\sigma}_{rz}}{\mu}\right|_{z=+d} = -2\xi(A_1\varsigma_P\cos\varsigma_P d - A_2\varsigma_P\sin\varsigma_P d) - (\xi^2 - \varsigma_S^2)(B_1\sin\varsigma_S d + B_2\cos\varsigma_S d) = \frac{\tilde{\tau}}{\mu} \quad （11\text{-}134）$$

$$\left.\frac{\tilde{\sigma}_{rz}}{\mu}\right|_{z=-d} = -2\xi(A_1\varsigma_P\cos\varsigma_P d + A_2\varsigma_P\sin\varsigma_P d) - (\xi^2 - \varsigma_S^2)(-B_1\sin\varsigma_S d + B_2\cos\varsigma_S d) = 0 \quad （11\text{-}135）$$

11.5.2　傅里叶波数域中的环形 Lamb 波解

式（11-132）～式（11-135）为 4 个等式组成的，关于四个未知数 A_1、A_2、B_1、B_2 的代数方程组。但该 4×4 方程组可以简化为两个 2×2 方程组，一个对应于对称运动，另一个对应于反对称运动，如下文所述。

（1）对称解

对 σ_{zz} 的方程相加，即式（11-132）加上式（11-133），并对 σ_{rz} 的方程相减，即式（11-135）减去式（11-134），得到

$$A_2(\xi^2 - \varsigma_S^2)\cos\varsigma_P d + B_1 2\xi\varsigma_S \cos\varsigma_P d = 0$$

$$-A_2 2\xi\varsigma_P \sin\varsigma_P d + B_1(\xi^2 - \varsigma_S^2)\sin\varsigma_S d = -\frac{\tilde{\tau}}{2\mu} \quad (\text{对称运动}) \qquad (11\text{-}136)$$

式（11-136）对应为相对于板中界面的对称粒子运动，可写为如下的矩阵形式：

$$\begin{bmatrix} (\xi^2 - \varsigma_S^2)\cos\varsigma_P d & 2\xi\varsigma_S \cos\varsigma_S d \\ -2\xi\varsigma_P \sin\varsigma_P d & (\xi^2 - \varsigma_S^2)\sin\varsigma_S d \end{bmatrix} \begin{bmatrix} A_2 \\ B_1 \end{bmatrix} = \begin{bmatrix} 0 \\ -\dfrac{\tilde{\tau}}{2\mu} \end{bmatrix} \qquad (11\text{-}137)$$

式（11-137）与表示直波峰 Lamb 波的式（11-79）相似，两者的求解过程相同，在此不再重述。求解得到

$$A_2 = \frac{-\tilde{\tau}}{2\mu}\frac{-2\xi\varsigma_S \cos\varsigma_S d}{D_S} \qquad B_1 = \frac{-\tilde{\tau}}{2\mu}\frac{(\xi^2 - \varsigma_S^2)\cos\varsigma_P d}{D_S} \qquad (11\text{-}138)$$

$$D_S = (\xi^2 - \varsigma_S^2)^2 \cos\varsigma_P d \sin\varsigma_S d + 4\xi^2 \varsigma_P \varsigma_S \sin\varsigma_P d \cos\varsigma_S d$$

（2）反对称解

对 σ_{zz} 的方程做减法，即式（11-132）减去式（11-133），并对 σ_{rz} 的等式相加，即式（11-134）加上式（11-135），得到

$$A_1(\xi^2 - \varsigma_S^2)\sin\varsigma_P d - B_2 2\xi\varsigma_S \sin\varsigma_S d = 0$$

$$A_1 2\xi\varsigma_P \cos\varsigma_P d + B_2(\xi^2 - \varsigma_S^2)\cos\varsigma_S d = -\frac{\tilde{\tau}}{2\mu} \quad (\text{反对称运动}) \qquad (11\text{-}139)$$

等式（11-139）对应为相对于板中界面的反对称粒子运动，可写为如下的矩阵形式：

$$\begin{bmatrix} (\xi^2 - \varsigma_S^2)\sin\varsigma_P d & -2\xi\varsigma_S \sin\varsigma_S d \\ 2\xi\varsigma_P \cos\varsigma_P d & (\xi^2 - \varsigma_S^2)\cos\varsigma_S d \end{bmatrix} \begin{bmatrix} A_1 \\ B_2 \end{bmatrix} = \begin{bmatrix} 0 \\ -\dfrac{\tilde{\tau}}{2\mu} \end{bmatrix} \qquad (11\text{-}140)$$

式（11-140）与表示直波峰 Lamb 波的式（11-84）相似，两者具有相同的求解过程，在此不再重述。求解得到

$$A_1 = \frac{-\tilde{\tau}}{2\mu}\frac{2\xi\varsigma_S \sin\varsigma_S d}{D_A} \qquad B_2 = \frac{-\tilde{\tau}}{2\mu}\frac{(\xi^2 - \varsigma_S^2)\sin\varsigma_P d}{D_A} \qquad (11\text{-}141)$$

$$D_A = (\xi^2 - \varsigma_S^2)^2 \sin\varsigma_P d \cos\varsigma_S d + 4\xi^2 \varsigma_P \varsigma_S \cos\varsigma_P d \sin\varsigma_S d$$

（3）波数域中的全解

全解是对称解和反对称解的叠加。式（11-138）和式（11-141）给出了波数域中参数 A_1、A_2、B_1、B_2 的表达式，将它们代入到式（11-129）可求得势函数的波数域解，进而得到位移、应力和应变。考虑板上表面的径向位移 $u_r\big|_{z=d}$。回顾第 6 章 6.5.5 节中由势函数 Φ、H 表示的径向位移 u_r 表达式（6-193），即

$$u_r = \frac{\partial \Phi}{\partial r} - \frac{\partial H}{\partial z} \qquad (11\text{-}142)$$

对式（11-142）作 1 阶 Hankel 变换，根据 10.6.1 节中的式（11-191）得到

$$(\tilde{u}_r)_{J_1} = -\xi \tilde{\Phi}_{J_0} - \frac{\partial}{\partial z}\tilde{H}_{J_1} \tag{11-143}$$

为了简便，式（11-143）中的 $\tilde{\Phi}$ 和 $\tilde{H}$ 省略了下标 J_0 和 J_1。将 $\tilde{\Phi}$ 和 $\tilde{H}$ 的表达式（11-129）代入式（11-143），得到

$$\begin{aligned}(\tilde{u}_r)_{J_1} &= -\xi(A_1\sin\varsigma_P z + A_2\cos\varsigma_P z) - (B_1\varsigma_S\cos\varsigma_S z - B_2\varsigma_S\sin\varsigma_S z)\\&= -A_1\xi\sin\varsigma_P z - A_2\xi\cos\varsigma_P z - B_1\varsigma_S\cos\varsigma_S z + B_2\varsigma_S\sin\varsigma_S z\end{aligned} \tag{11-144}$$

将系数 A_1、A_2、B_1 和 B_2 的表达式（11-138）和式（11-141）代入式（11-144），得到

$$\begin{aligned}\left(\frac{-\tilde{\tau}}{2\mu}\right)^{-1}(\tilde{u}_r)_{J_1} &= -\frac{2\xi\varsigma_S\sin\varsigma_S d}{D_A}\xi\sin\varsigma_P z - \frac{2\xi\varsigma_S\cos\varsigma_S d}{D_S}\xi\cos\varsigma_P z\\&\quad -\frac{(\xi^2-\varsigma_S^2)\cos\varsigma_P d}{D_S}\varsigma_S\cos\varsigma_S z + \frac{(\xi^2-\varsigma_S^2)\sin\varsigma_P d}{D_A}\varsigma_S\sin\varsigma_S z\end{aligned} \tag{11-145}$$

式（11-145）在板上表面 $z=d$ 处的值为

$$\begin{aligned}\left(\frac{-\tilde{\tau}}{2\mu}\right)^{-1}(\tilde{u}_r)_{J_1} &= -\frac{2\xi\varsigma_S\sin\varsigma_S d}{D_A}\xi\sin\varsigma_P d - \frac{2\xi\varsigma_S\cos\varsigma_S d}{D_S}\xi\cos\varsigma_P d\\&\quad -\frac{(\xi^2-\varsigma_S^2)\cos\varsigma_P d}{D_S}\varsigma_S\cos\varsigma_S d + \frac{(\xi^2-\varsigma_S^2)\sin\varsigma_P d}{D_A}\varsigma_S\sin\varsigma_S d\end{aligned} \tag{11-146}$$

$$\begin{aligned}-\left(\frac{\tilde{\tau}}{2\mu}\right)^{-1}(\tilde{u}_r)_{J_1} &= \varsigma_S\frac{2\xi^2\cos\varsigma_S d\cos\varsigma_P d - (\xi^2-\varsigma_S^2)\cos\varsigma_P d\cos\varsigma_S d}{D_S}\\&\quad +\frac{(\xi^2-\varsigma_S^2)\sin\varsigma_P d\sin\varsigma_S d - 2\xi^2\sin\varsigma_S d\sin\varsigma_P d}{D_A}\varsigma_S\end{aligned} \tag{11-147}$$

将式（11-147）简化得到

$$\left(\frac{-\tilde{\tau}}{2\mu}\right)^{-1}(\tilde{u}_r)_{J_1} = \frac{\varsigma_S}{D_S}(\xi^2+\varsigma_S^2)\cos\varsigma_P d\cos\varsigma_S d - \frac{\varsigma_S}{D_A}(\xi^2+\varsigma_S^2)\sin\varsigma_P d\sin\varsigma_S d \tag{11-148}$$

由式（11-94），即

$$\begin{aligned}N_S &= \xi\eta_S(\xi^2+\eta_S^2)\cos\eta_P d\cos\eta_S d\\N_A &= -\xi\eta_S(\xi^2+\eta_S^2)\sin\eta_P d\sin\eta_S d\end{aligned} \tag{11-149}$$

将式（11-149）代入式（11-148）得到板上表面 $z=d$ 处径向位移的 Hankel 波数域表达式，即

$$(\tilde{u}_r)_{J_1} = -\frac{\tilde{\tau}}{2\mu}\frac{1}{\xi}\left(\frac{N_S}{D_S}+\frac{N_A}{D_A}\right) \tag{11-150}$$

11.5.3　基于留数定理求取的物理域环形 Lamb 波解

对式（11-150）进行逆 Hankel 变换得到物理域中的解，即在板上表面的径向位移

$$u_r(r)\big|_{z=d} = -\frac{1}{2\mu}\int_0^\infty \xi \frac{\tilde{\tau}}{\xi}\left(\frac{N_{\mathrm{S}}}{D_{\mathrm{S}}}+\frac{N_{\mathrm{A}}}{D_{\mathrm{A}}}\right)J_1(\xi r)\mathrm{d}\xi = -\frac{1}{2\mu}\int_0^\infty\left(\frac{\tilde{\tau}N_{\mathrm{S}}}{D_{\mathrm{S}}}+\frac{\tilde{\tau}N_{\mathrm{A}}}{D_{\mathrm{A}}}\right)J_1(\xi r)\mathrm{d}\xi \quad (11\text{-}151)$$

式（11-151）在 D_{S} 和 D_{A} 的根处奇异。方程

$$\begin{aligned}D_{\mathrm{S}}&=0\\D_{\mathrm{A}}&=0\end{aligned} \quad\quad (11\text{-}152)$$

正是在第 6 章讨论的关于对称与反对称模式的 Rayleigh-Lamb 方程，具有如下对应于传播 Lamb 波模式的实数根：

$$\begin{aligned}\pm\xi_0^{\mathrm{S}}&,\pm\xi_1^{\mathrm{S}},\pm\xi_2^{\mathrm{S}},\cdots\\\pm\xi_0^{\mathrm{A}}&,\pm\xi_1^{\mathrm{A}},\pm\xi_2^{\mathrm{A}},\cdots\end{aligned} \quad\quad (11\text{-}153)$$

其中，正根对应的是向外传播的波，而负根对应向内传播的波。除了式（11-153）中列出的实数根，式（11-152）也具有虚数根。式（11-152）的虚数根对应于非传播的消散波，在此不予考虑。

根据第 11.4.3 节讨论的思路，利用由复 ξ 平面上半部分的圆弧和实数轴组成的积分闭曲线，如图 11-10 所示，式（11-151）中的积分可通过留数定理计算。由于仅考虑对应于正波数的向外传播的波，积分闭曲线不包含式（11-153）中列出的负波数。需要注意的是，式（11-151）中的积分是从 0 到 $+\infty$，而 11.4.3 节中的积分则是从 $-\infty$ 到 $+\infty$，相关问题可利用围线展开方法处理[3]。将式（11-151）中的积分写为

$$I(r)=\int_0^\infty\left[\frac{\tilde{\tau}(\xi)N_{\mathrm{S}}(\xi)}{D_{\mathrm{S}}(\xi)}+\frac{\tilde{\tau}(\xi)N_{\mathrm{A}}(\xi)}{D_{\mathrm{A}}(\xi)}\right]J_1(\xi r)\mathrm{d}\xi=\int_0^\infty g(\xi)J_1(\xi r)\mathrm{d}\xi \quad (11\text{-}154)$$

其中

$$g(\xi)=\frac{\tilde{\tau}(\xi)N_{\mathrm{S}}(\xi)}{D_{\mathrm{S}}(\xi)}+\frac{\tilde{\tau}(\xi)N_{\mathrm{A}}(\xi)}{D_{\mathrm{A}}(\xi)} \quad\quad (11\text{-}155)$$

式（11-155）中的函数 $g(\xi)$ 为偶函数，即 $g(-\xi)=g(\xi)$，因此式（11-154）变为

$$I(r)=\frac{1}{2}\int_{-\infty}^\infty g(\xi)H_1^{(1)}(\xi r)\mathrm{d}\xi \quad\quad (11\text{-}156)$$

其中，$H_1^{(1)}$ 是 1 阶第一类 Hankel 函数。关于从式（11-154）～式（11-156）的证明会在后面的 11.6.4 节和 11.6.5 节中给出。式（11-156）中积分值可通过图 11-10 所示闭曲线 C 上的积分运算，并利用留数定理求取。留数定理表明闭曲线 C 上的积分等于留数之和。运算中，由于当 $R\to\infty$ 时，外半圆上的积分 Γ 为零，利用式（11-12）可将闭曲线 C 上的积分简化为从 $-\infty$ 到 $+\infty$ 的积分。因此，根据式（11-13），式（11-156）中的积分变成

$$I(r) = \frac{1}{2}\int_{\infty}^{\infty}\left(\frac{\tilde{\tau}N_{\mathrm{S}}}{D_{\mathrm{S}}} + \frac{\tilde{\tau}N_{\mathrm{A}}}{D_{\mathrm{A}}}\right)H_1^{(1)}(\xi r)\mathrm{d}\xi = \frac{1}{2}\oint_C\left(\frac{\tilde{\tau}N_{\mathrm{S}}}{D_{\mathrm{S}}} + \frac{\tilde{\tau}N_{\mathrm{A}}}{D_{\mathrm{A}}}\right)H_1^{(1)}(\xi r)\mathrm{d}\xi = \frac{1}{2}2\pi i\sum_{\xi_k}\mathrm{Re}\,s\{\xi_k\}$$

(11-157)

为了计算式（11-157）中的留数，由式（11-101）可写为

$$I(r) = \frac{1}{2}\int_{\infty}^{\infty}\left(\frac{\tilde{\tau}N_{\mathrm{S}}}{D_{\mathrm{S}}} + \frac{\tilde{\tau}N_{\mathrm{A}}}{D_{\mathrm{A}}}\right)H_1^{(1)}(\xi r)\mathrm{d}\xi$$

$$= \pi i\sum_{j=0}^{J_{\mathrm{S}}}\frac{\tilde{\tau}(\xi_j^{\mathrm{S}})N_{\mathrm{S}}(\xi_j^{\mathrm{S}})}{D_{\mathrm{S}}'(\xi_j^{\mathrm{S}})}H_1^{(1)}(\xi_j^{\mathrm{S}}r) + \pi i\sum_{j=0}^{J_{\mathrm{A}}}\frac{\tilde{\tau}(\xi_j^{\mathrm{A}})N_{\mathrm{A}}(\xi_j^{\mathrm{A}})}{D_{\mathrm{A}}'(\xi_j^{\mathrm{A}})}H_1^{(1)}(\xi_j^{\mathrm{A}}r)$$

(11-158)

将式（11-158）代入式（11-151），并添加时间相关因子 $\mathrm{e}^{-i\omega t}$，得到板上表面的径向位移，即

$$u_r(r)\big|_{z=d} = -\frac{\pi i}{2\mu}\sum_{j=0}^{J_{\mathrm{S}}}\frac{\tilde{\tau}(\xi_j^{\mathrm{S}})N_{\mathrm{S}}(\xi_j^{\mathrm{S}})}{D_{\mathrm{S}}'(\xi_j^{\mathrm{S}})}H_1^{(1)}(\xi_j^{\mathrm{S}}r)\mathrm{e}^{-i\omega t} - \frac{\pi i}{2\mu}\sum_{j=0}^{J_{\mathrm{A}}}\frac{\tilde{\tau}(\xi_j^{\mathrm{A}})N_{\mathrm{A}}(\xi_j^{\mathrm{A}})}{D_{\mathrm{A}}'(\xi_j^{\mathrm{A}})}H_1^{(1)}(\xi_j^{\mathrm{A}}r)\mathrm{e}^{-i\omega t}$$ (11-159)

其中，上标 S 和 A 分别表示对称和反对称的 Lamb 波模式。对于给定板中的某一确定 ω，具有 $j=0,1,\cdots,J_{\mathrm{S}}$ 个 Lamb 波对称模式和 $j=0,1,\cdots,J_{\mathrm{A}}$ 个 Lamb 波反对称模式。表达式 D_{S}' 和 D_{A}' 为 D_{S} 和 D_{A} 在相应极点 ξ_j 处关于 ξ 的导数。

板上表面的相应径向应变可由式（11-159）推导为

$$\varepsilon_r(r,t)\big|_{z=d} = \frac{\partial u_r(r,t)\big|_{z=d}}{\partial r}$$

(11-160)

由 Hankel 函数微分公式（在附录 A 和参考文献[4]第 361 页 9.1.27 条）

$$\frac{\mathrm{d}}{\mathrm{d}r}H_1^{(1)}(\xi r) = \xi H_0^{(1)}(\xi r) - \frac{H_1^{(1)}(\xi r)}{r}$$

(11-161)

从式（11-161）中可明显看到，式（11-160）中的径向应变有 $H_0^{(1)}$ 和 $H_1^{(1)}$ 两个部分，即

$$\varepsilon_r(r)\big|_{z=d} = -\frac{\pi i}{2\mu}\sum_{j=0}^{J_{\mathrm{S}}}\frac{\tilde{\tau}(\xi_j^{\mathrm{S}})N_{\mathrm{S}}(\xi_j^{\mathrm{S}})}{D_{\mathrm{S}}'(\xi_j^{\mathrm{S}})}\left[\xi_j^{\mathrm{S}}H_0^{(1)}(\xi_j^{\mathrm{S}}r) - \frac{H_1^{(1)}(\xi_j^{\mathrm{S}}r)}{r}\right]\mathrm{e}^{-i\omega t}$$

$$-\frac{\pi i}{2\mu}\sum_{j=0}^{J_{\mathrm{A}}}\frac{\tilde{\tau}(\xi_j^{\mathrm{A}})N_{\mathrm{A}}(\xi_j^{\mathrm{A}})}{D_{\mathrm{A}}'(\xi_j^{\mathrm{A}})}\left[\xi_j^{\mathrm{A}}H_0^{(1)}(\xi_j^{\mathrm{A}}r) - \frac{H_1^{(1)}(\xi_j^{\mathrm{A}}r)}{r}\right]\mathrm{e}^{-i\omega t}$$

(11-162)

以同样的方式可以得到 u_z 的 Hankel 变换结果，该值可用于与激光扫描测振仪测量结果的比较。

11.5.4　理想粘贴情况下的环形 Lamb 波调制

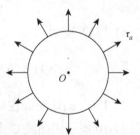

图 11-15　圆周上由理想粘贴圆形 PWAS 产生的驱动力

理想粘贴情况下，圆形 PWAS 会沿着径向膨胀和收缩，传递到胶层中的剪应力将以径向作用的水平驱动力形式集中于 PWAS 的外部边缘，如图 11-15 所示。施加到板上表面的径向剪应力可描述为

$$\tau(r) = a^2 \tau_a \frac{\delta(r-a)}{r} \qquad (11\text{-}163)$$

式（11-163）的 J_1 Hankel 变换为

$$\tilde{\tau}(\xi)_{J_1} = \int_0^\infty \not{r} \left[\tau_a a^2 \frac{1}{\not{r}} \delta(r-a) \right] J_1(\xi r) \mathrm{d}r = \tau_a a^2 \int_0^\infty \delta(r-a) J_1(\xi r) \mathrm{d}r = \tau_a a^2 J_1(\xi a) \quad (11\text{-}164)$$

将式（11-164）代入式（11-159）得到 PWAS 理想粘贴情况下，板上表面的径向位移表达式，即

$$
\begin{aligned}
u_r(r)\big|_{z=d} = & -\pi i \frac{a^2 \tau_a}{2\mu} \sum_{\xi^{\mathrm{S}}} \frac{J_1(\xi^{\mathrm{S}} a) N_{\mathrm{S}}(\xi^{\mathrm{S}})}{D_{\mathrm{S}}'(\xi^{\mathrm{S}})} H_1^{(1)}(\xi^{\mathrm{S}} r) \mathrm{e}^{-i\omega t} \\
& -\pi i \frac{a^2 \tau_a}{2\mu} \sum_{\xi^{\mathrm{A}}} \frac{J_1(\xi^{\mathrm{A}} a) N_{\mathrm{A}}(\xi^{\mathrm{A}})}{D_{\mathrm{A}}'(\xi^{\mathrm{A}})} H_1^{(1)}(\xi^{\mathrm{A}} r) \mathrm{e}^{-i\omega t}
\end{aligned}
\qquad (11\text{-}165)
$$

其中，J_1 是 1 阶第一类贝塞尔函数；$H_1^{(1)}$ 是 1 阶第一类 Hankel 函数，式中求和运算包含了频率 ω 下板中存在的所有对称 Lamb 波模式波数 ξ^{S} 和反对称模式波数 ξ^{A}。D_{S}' 和 D_{A}' 分别为 D_{S} 和 D_{A} 在相应极点 ξ^{S} 和 ξ^{A} 处关于 ξ 的导数。

板上表面的相应径向应变可以用式（11-161）对式（11-165）进行微分求得，或者将式（11-164）代入式（11-162）得到。无论采用哪种方式，均可得到

$$
\begin{aligned}
\varepsilon_r(r)\big|_{z=d} = & -\pi i \frac{a^2 \tau_a}{2\mu} \mathrm{e}^{-i\omega t} \sum_{\xi^{\mathrm{S}}} \frac{J_1(\xi^{\mathrm{S}} a) N_{\mathrm{S}}(\xi^{\mathrm{S}})}{D_{\mathrm{S}}'(\xi^{\mathrm{S}})} \left[\xi^{\mathrm{S}} H_0^{(1)}(\xi^{\mathrm{S}} r) - \frac{H_1^{(1)}(\xi^{\mathrm{S}} r)}{r} \right] \\
& -\pi i \frac{a^2 \tau_a}{2\mu} \mathrm{e}^{-i\omega t} \sum_{\xi^{\mathrm{A}}} \frac{J_1(\xi^{\mathrm{A}} a) N_{\mathrm{A}}(\xi^{\mathrm{A}})}{D_{\mathrm{A}}'(\xi^{\mathrm{A}})} \left[\xi^{\mathrm{A}} H_0^{(1)}(\xi^{\mathrm{A}} r) - \frac{H_1^{(1)}(\xi^{\mathrm{A}} r)}{r} \right]
\end{aligned}
\qquad (11\text{-}166)
$$

式（11-165）、式（11-166）的表达式也可用于剪应力 τ 按照 $\tau(x)$ 随 x 变化这种不太理想粘贴的情况，此时只需要将式中 τ_a 和 a 分别替换为有效值 τ_e 和 a_e。

11.6　圆形 PWAS 调制分析中的 Hankel 变换

本节将对 11.5 节中推导环形波峰 Lamb 波调制时使用的 Hankel 变换结果进行证明。这部分是为想要更深入了解数学推导的读者准备的。由附录 A 和参考文献[2]第 626 页定义的 v 阶 Hankel 变换，即

$$
\begin{aligned}
\left[\tilde{f}(\xi) \right]_{J_v} &= \int_0^\infty r f(r) J_v(\xi r) \mathrm{d}r \\
f(r) &= \int_0^\infty \xi \left[\tilde{f}(\xi) \right]_{J_v} J_v(\xi r) \mathrm{d}\xi
\end{aligned}
\qquad (11\text{-}167)
$$

11.6.1　Helmholtz 方程的 Hankel 变换

由式（11-117）和式（11-118）给出的压缩和剪切势函数的 Helmholtz 方程，即

$$\frac{1}{r}\frac{\partial}{\partial r}\left(r\frac{\partial \Phi}{\partial r}\right)+\frac{\partial^2 \Phi}{\partial z^2}+\frac{\omega^2}{c_p^2}\Phi=0 \tag{11-168}$$

$$\frac{\partial}{\partial r}\left\{\frac{1}{r}\left[\frac{\partial(rH)}{\partial r}\right]\right\}+\frac{\partial^2 H}{\partial z^2}+\frac{\omega^2}{c_s^2}H=0 \tag{11-169}$$

为了对式（11-168）和式（11-169）进行 Hankel 变换，首先考虑对如下定义的辅助函数 f_0 和 f_1 进行 Hankel 变换：

$$\begin{aligned} f_0 &= \frac{1}{r}\frac{\partial}{\partial r}\left(r\frac{\partial f}{\partial r}\right) \\ f_1 &= \frac{\partial}{\partial r}\left\{\frac{1}{r}\left[\frac{\partial(rf)}{\partial r}\right]\right\} \end{aligned} \tag{11-170}$$

对于 f_0，其 0 阶 Hankel 变换可写为

$$\left[\tilde{f}_0(\xi)\right]_{J_0}=\int_0^\infty r\frac{1}{r}\frac{\partial}{\partial r}\left(r\frac{\partial f}{\partial r}\right)J_0(\xi r)\mathrm{d}r=\int_0^\infty \frac{\partial}{\partial r}\left(r\frac{\partial f}{\partial r}\right)J_0(\xi r)\mathrm{d}r \tag{11-171}$$

其中，f_0 的下标 0 为了简洁而省略。为了用 $(\mathrm{d}u)v=\mathrm{d}(uv)-u(\mathrm{d}v)$ 进行分步积分，令

$$\begin{aligned} u &= \left(r\frac{\partial f}{\partial r}\right) & \frac{\mathrm{d}u}{\mathrm{d}r} &= \frac{\partial}{\partial r}\left(r\frac{\partial f}{\partial r}\right) \\ v &= J_0(\xi r) & \frac{\mathrm{d}v}{\mathrm{d}r} &= \frac{\mathrm{d}J_0(\xi r)}{\mathrm{d}r}=-\xi J_1(\xi r) \end{aligned} \tag{11-172}$$

因此，式（11-171）变为

$$\begin{aligned} \left[\tilde{f}_0(\xi)\right]_{J_0} &= \int_0^\infty \frac{\partial}{\partial r}\left(r\frac{\partial f}{\partial r}\right)J_0(\xi r)\mathrm{d}r=\left[\left(r\frac{\partial f}{\partial r}\right)J_0(\xi r)\right]_0^\infty-\int_0^\infty\left(r\frac{\partial f}{\partial r}\right)\left[-\xi J_1(\xi r)\right]\mathrm{d}r \\ &= \xi\int_0^\infty r\frac{\partial f}{\partial r}J_1(\xi r)\mathrm{d}r \end{aligned} \tag{11-173}$$

式（11-173）中的双线性表达式在 ∞ 处为零，这是因为根据物理意义可假设 $r(\partial f/\partial r)J_0$ 在 ∞ 处为零。为了再次用 $(\mathrm{d}u)v=\mathrm{d}(uv)-u(\mathrm{d}v)$ 进行分步积分，令

$$\begin{aligned} u &= f & \frac{\mathrm{d}u}{\mathrm{d}r} &= \frac{\partial f}{\partial r} \\ v &= rJ_1(\xi r) & \frac{\mathrm{d}v}{\mathrm{d}r} &= \frac{\mathrm{d}\left[rJ_1(\xi r)\right]}{\mathrm{d}r}=r\xi J_0(\xi r) \end{aligned} \tag{11-174}$$

因此

$$\int_0^\infty r\frac{\partial f}{\partial r}J_1(\xi r)\mathrm{d}r=\left[rfJ_1(\xi r)\right]_0^\infty-\int_0^\infty fr\xi J_0(\xi r)\mathrm{d}r=-\xi\int_0^\infty rfJ_0(\xi r)\mathrm{d}r=-\xi\tilde{f} \tag{11-175}$$

式（11-175）中的双线性表达式在 ∞ 处为零，这是因为根据物理意义可假设 fJ_1 在 ∞ 处为

零。由式（11-173）和式（11-175）得到

$$\widetilde{\left[\frac{1}{r}\frac{\partial}{\partial r}\left(r\frac{\partial f}{\partial r}\right)\right]}_{J_0} = \int_0^\infty r\frac{1}{r}\frac{\partial}{\partial r}\left(r\frac{\partial f}{\partial r}\right)J_0(\xi r)\mathrm{d}r = -\xi^2\tilde{f}_{J_0} \tag{11-176}$$

其中，符号 $\tilde{f}_{J_0}$ 表示函数 f 的 0 阶 Hankel 变换。将 f 变为 H，则利用式（11-176）可求得式（11-168）的 J_0 Hankel 变换，即

$$\widetilde{\left[\frac{1}{r}\frac{\partial}{\partial r}\left(r\frac{\partial\Phi}{\partial r}\right)+\frac{\partial^2\Phi}{\partial z^2}+\frac{\omega^2}{c_P^2}\Phi\right]}_{J_0} = -\xi^2\tilde{\Phi}_{J_0}+\frac{\partial^2\tilde{\Phi}_{J_0}}{\partial z^2}+\frac{\omega^2}{c_P^2}\tilde{\Phi}_{J_0}=0 \tag{11-177}$$

其中，$\tilde{\Phi}_{J_0}$ 是 Φ 的 0 阶 Hankel 变换，即

$$\tilde{\Phi}_{J_0} = \int_0^\infty r\Phi(r)J_0(\xi r)\mathrm{d}r \tag{11-178}$$

对于 f_1，其 0 阶 Hankel 变换可写为

$$\left[\tilde{f}_1(\xi)\right]_{J_1} = \int_0^\infty r\frac{\partial}{\partial r}\left[\frac{1}{r}\frac{\partial(rf)}{\partial r}\right]J_1(\xi r)\mathrm{d}r \tag{11-179}$$

其中，f_1 的下标 1 为了简洁而省略。为了利用 $(\mathrm{d}u)v = \mathrm{d}(uv) - u(\mathrm{d}v)$ 进行分步积分，令

$$\begin{aligned}u &= \frac{1}{r}\frac{\partial(rf)}{\partial r} & \frac{\mathrm{d}u}{\mathrm{d}r} &= \frac{\partial}{\partial r}\left[\frac{1}{r}\frac{\partial(rf)}{\partial r}\right]\\[2mm] v &= rJ_1(\xi r) & \frac{\mathrm{d}v}{\mathrm{d}r} &= J_1 + r\left(\xi J_0 - \frac{J_1}{r}\right) = r\xi J_0\end{aligned} \tag{11-180}$$

因此

$$\begin{aligned}\int_0^\infty r\frac{\partial}{\partial r}\left[\frac{1}{r}\frac{\partial(rf)}{\partial r}\right]J_1(\xi r)\mathrm{d}r &= \left[\frac{1}{r}\frac{\partial(rf)}{\partial r}J_1(\xi r)\right]_0^\infty - \int_0^\infty \frac{1}{r}\frac{\partial(rf)}{\partial r}r\xi J_0(\xi r)\mathrm{d}r\\[2mm] &= -\xi\int_0^\infty \frac{\partial(rf)}{\partial r}J_0(\xi r)\mathrm{d}r\end{aligned} \tag{11-181}$$

上式中的双线性表达式为零，因为 J_1 在 0 处为零，且根据物理意义可假设 $(\partial(rf)/\partial r)J_1$ 在 ∞ 处也变为零。为了再次用 $(\mathrm{d}u)v = \mathrm{d}(uv) - u(\mathrm{d}v)$ 进行分步积分，令

$$\begin{aligned}u &= rf & \frac{\mathrm{d}u}{\mathrm{d}r} &= \frac{\partial(rf)}{\partial r}\\[2mm] v &= J_0(\xi r) & \frac{\mathrm{d}v}{\mathrm{d}r} &== -\xi J_1\end{aligned} \tag{11-182}$$

因此

$$\int_0^\infty \frac{\partial(rf)}{\partial r}J_0(\xi r)\mathrm{d}r = \left[rfJ_0(\xi r)\right]_0^\infty - \int_0^\infty rf\left[-\xi J_1(\xi r)\right]\mathrm{d}r = \xi\int_0^\infty rfJ_1(\xi r)\mathrm{d}r = \xi\tilde{f}_{J_1} \tag{11-183}$$

式（11-183）中的双线性表达式在 ∞ 处为零，因为根据物理意义可假设 fJ_0 在 ∞ 处为零。将式（11-181）和式（11-183）代入式（11-179）得到

$$\overline{\frac{\partial}{\partial r}\left[\frac{1}{r}\frac{\partial(rf)}{\partial r}\right]}_{J_1} = \int_0^\infty r\frac{\partial}{\partial r}\left[\frac{1}{r}\frac{\partial(rf)}{\partial r}\right]J_1(\xi r)\mathrm{d}r = -\xi^2\tilde{f}_{J_1} \qquad (11\text{-}184)$$

其中，符号 $\tilde{f}_{J_1}$ 表示函数 f 的 1 阶 Hankel 变换。将 f 变为 H，则利用式（11-184）可求得式（11-169）的 J_1 Hankel 变换，即

$$\overline{\left\{\frac{\partial}{\partial r}\left[\frac{1}{r}\frac{\partial(rH)}{\partial r}\right]+\frac{\partial^2 H}{\partial z^2}+\frac{\omega^2}{c_S^2}H\right\}}_{J_1} = -\xi^2\tilde{H}_{J_1}+\frac{\partial^2\tilde{H}_{J_1}}{\partial z^2}+\frac{\omega^2}{c_S^2}\tilde{H}_{J_1} = 0 \qquad (11\text{-}185)$$

其中，$\tilde{H}_{J_1}$ 是 H 的 1 阶 Hankel 变换，即

$$\tilde{H}_{J_1} = \int_0^\infty rH(r)J_1(\xi r)\mathrm{d}r \qquad (11\text{-}186)$$

11.6.2 位移 u_r 的 Hankel 变换

式（11-142）给出了由势函数表示的位移 u_r，即

$$u_r = \frac{\partial\Phi}{\partial r} - \frac{\partial H}{\partial z} \qquad (11\text{-}187)$$

对式（11-187）进行 1 阶 Hankel 变换，即

$$(\tilde{u}_r)_{J_1} = \int_0^\infty r\left(\frac{\partial\Phi}{\partial r}-\frac{\partial H}{\partial z}\right)J_1(\xi r)\mathrm{d}r = \int_0^\infty r\frac{\partial\Phi}{\partial r}J_1(\xi r)\mathrm{d}r - \frac{\partial}{\partial z}\int_0^\infty rHJ_1(\xi r)\mathrm{d}r \qquad (11\text{-}188)$$

式（11-188）中的第一个积分可利用 $(\mathrm{d}u)v = \mathrm{d}(uv) - u(\mathrm{d}v)$ 形式的分步积分求得，令

$$\begin{aligned} u &= \Phi & \frac{\mathrm{d}u}{\mathrm{d}r} &= \frac{\partial\Phi}{\partial r} \\ v &= rJ_1(\xi r) & \frac{\mathrm{d}v}{\mathrm{d}r} &= J_1 + r\left(\xi J_0 - \frac{J_1}{r}\right) = r\xi J_0 \end{aligned} \qquad (11\text{-}189)$$

因此

$$\int_0^\infty r\frac{\partial\Phi}{\partial r}J_1(\xi r)\mathrm{d}r\int_0^\infty r\frac{\partial\Phi}{\partial r}J_1(\xi r)\mathrm{d}r = \left[\Phi rJ_1(\xi r)\right]_0^\infty - \xi\int_0^\infty r\Phi J_0(\xi r)\mathrm{d}r = -\xi\tilde{\Phi}_{J_0} \qquad (11\text{-}190)$$

式（11-188）中的第二个积分可按如下方式处理。由 $\tilde{H}_{J_1}$（H 的 J_1 Hankel 变换）的表达式（11-186），并注意到式（11-188）中的第二个积分实为 $\tilde{H}_{J_1}$。将式（11-186）、式（11-190）代入式（11-188）得到

$$(\tilde{u}_r)_{J_1} = -\xi\tilde{\Phi}_{J_0} - \frac{\partial}{\partial z}\tilde{H}_{J_1} \qquad (11\text{-}191)$$

11.6.3　应力 σ_{zz} 和 σ_{rz} 的 Hankel 变换

回顾 6.5 节，式（6-214）和式（6-216）分别给出了应力 σ_{zz} 和 σ_{rz} 的势函数表达式，即

$$\sigma_{zz} = -\lambda \frac{\omega^2}{c_P^2} \Phi + 2\mu \frac{\partial^2 \Phi}{\partial z^2} + 2\mu \frac{1}{r} \frac{\partial^2 (rH)}{\partial z \partial r} \qquad (11\text{-}192)$$

$$\sigma_{rz} = 2\mu \varepsilon_{rz} = \mu \left\{ 2 \frac{\partial^2 \Phi}{\partial r \partial z} + \frac{\partial}{\partial r} \left[\frac{1}{r} \frac{\partial (rH)}{\partial r} \right] - \frac{\partial^2 H}{\partial z^2} \right\} \qquad (11\text{-}193)$$

式（11-192）的 0 阶 Hankel 变换为

$$(\tilde{\sigma}_{zz})_{J_0} = \int_0^\infty r \sigma_{zz} J_0(\xi r) \mathrm{d}r = \int_0^\infty r \left[-\lambda \frac{\omega^2}{c_P^2} \Phi + 2\mu \frac{\partial^2 \Phi}{\partial z^2} + 2\mu \frac{1}{r} \frac{\partial^2 (rH)}{\partial z \partial r} \right] J_0(\xi r) \mathrm{d}r \quad (11\text{-}194)$$

$$\begin{aligned}
&\int_0^\infty r \left[-\lambda \frac{\omega^2}{c_P^2} \Phi + 2\mu \frac{\partial^2 \Phi}{\partial z^2} + 2\mu \frac{1}{r} \frac{\partial^2 (rH)}{\partial z \partial r} \right] J_0(\xi r) \mathrm{d}r \\
&= -\lambda \frac{\omega^2}{c_P^2} \int_0^\infty r \Phi J_0(\xi r) \mathrm{d}r + 2\mu \frac{\partial^2}{\partial z^2} \int_0^\infty r \Phi J_0(\xi r) \mathrm{d}r + 2\mu \frac{\partial}{\partial z} \int_0^\infty \frac{\partial (rH)}{\partial r} J_0(\xi r) \mathrm{d}r
\end{aligned} \qquad (11\text{-}195)$$

式（11-195）含有 Φ 的项可解为 Φ 的 0 阶 Hankel 变换，即

$$\tilde{\Phi}_{J_0} = \int_0^\infty r \Phi(r) J_0(\xi r) \mathrm{d}r \qquad (11\text{-}196)$$

式（11-195）含有 H 的项可用 $(\mathrm{d}u)v = \mathrm{d}(uv) - u(\mathrm{d}v)$ 形式的分步积分得到

$$\begin{aligned}
u = rH(r) \qquad & \frac{\mathrm{d}u}{\mathrm{d}r} = \frac{\partial [rH(r)]}{\partial r} \\
v = J_0(\xi r) \qquad & \frac{\mathrm{d}v}{\mathrm{d}r} = -\xi J_1(\xi r)
\end{aligned} \qquad (11\text{-}197)$$

$$\begin{aligned}
\int_0^\infty \frac{\partial [rH(r)]}{\partial r} J_0(\xi r) \mathrm{d}r &= \left[rH(r) J_0(\xi r) \right]_0^\infty - \int_0^\infty rH(r) \left[-\xi J_1(\xi r) \right] \mathrm{d}r \\
&= \xi \int_0^\infty rH(r) J_1(\xi r) \mathrm{d}r = -\xi \tilde{H}_{J_1}
\end{aligned} \qquad (11\text{-}198)$$

其中，$\tilde{H}_{J_1}$ 是 H 的 1 阶 Hankel 变换，即

$$\tilde{H}_{J_1} = \int_0^\infty rH(r) J_1(\xi r) \mathrm{d}r \qquad (11\text{-}199)$$

将式（11-196）、式（11-198）代入式（11-195）得到

$$(\tilde{\sigma}_{zz})_{J_0} = \int_0^\infty r \sigma_{zz} J_0(\xi r) \mathrm{d}r = -\lambda \frac{\omega^2}{c_P^2} \tilde{\Phi}_{J_0} + 2\mu \frac{\partial^2}{\partial z^2} \tilde{\Phi}_{J_0} + 2\mu \xi \frac{\partial}{\partial z} \tilde{H}_{J_1} \qquad (11\text{-}200)$$

式（11-193）的 1 阶 Hankel 变换为

$$(\tilde{\sigma}_{rz})_{J_1} = \int_0^\infty r\sigma_{rz}J_1(\xi r)\mathrm{d}r = \mu\int_0^\infty r\left\{2\frac{\partial^2\Phi}{\partial r\partial z}+\frac{\partial}{\partial r}\left[\frac{1}{r}\frac{\partial(rH)}{\partial r}\right]-\frac{\partial^2 H}{\partial z^2}\right\}J_1(\xi r)\mathrm{d}r$$

$$= \mu\int_0^\infty 2r\frac{\partial^2\Phi}{\partial r\partial z}J_1(\xi r)\mathrm{d}r + \mu\int_0^\infty r\frac{\partial}{\partial r}\left[\frac{1}{r}\frac{\partial(rH)}{\partial r}\right]J_1(\xi r)\mathrm{d}r + \mu\int_0^\infty r\left(-\frac{\partial^2 H}{\partial z^2}\right)J_1(\xi r)\mathrm{d}r$$

$$= 2\mu\int_0^\infty r\frac{\partial\Phi}{\partial r}J_1(\xi r)\mathrm{d}r + \int_0^\infty r\frac{\partial}{\partial r}\left[\frac{1}{r}\frac{\partial(rH)}{\partial r}\right]J_1(\xi r)\mathrm{d}r - \mu\frac{\partial^2}{\partial z^2}\int_0^\infty rHJ_1(\xi r)\mathrm{d}r$$

$$(11\text{-}201)$$

式（11-201）中的第一项可以用 $(\mathrm{d}u)v = \mathrm{d}(uv)-u(\mathrm{d}v)$ 的分步积分得到

$$u = \Phi \qquad \frac{\mathrm{d}u}{\mathrm{d}r}=\frac{\partial\Phi}{\partial r}$$
$$v = rJ_1 \qquad \frac{\mathrm{d}v}{\mathrm{d}r}=J_1+r\frac{\mathrm{d}J_1}{\mathrm{d}r}=r\left(\frac{J_1}{r}+\frac{\mathrm{d}J_1}{\mathrm{d}r}\right)=r\xi J_0$$

$$(11\text{-}202)$$

$$\int_0^\infty r\frac{\partial\Phi}{\partial r}J_1(\xi r)\mathrm{d}r = \left[\Phi rJ_1\right]_0^\infty - \int_0^\infty \Phi r\xi J_0(\xi r)\mathrm{d}r = -\xi\int_0^\infty r\Phi J_0(\xi r)\mathrm{d}r = -\xi\tilde\Phi_{J_0} \quad (11\text{-}203)$$

式（11-201）中的第二项对应为式（11-184），即

$$\int_0^\infty r\frac{\partial}{\partial r}\left[\frac{1}{r}\frac{\partial(rH)}{\partial r}\right]J_1(\xi r)\mathrm{d}r = -\xi^2\tilde{H}_{J_1} \qquad (11\text{-}204)$$

式（11-201）中的最后一项可直接求取为 Hankel 变换 $\tilde{H}_{J_1}$。因此，式（11-201）变成

$$(\tilde{\sigma}_{rz})_{J_1} = -2\mu\frac{\partial}{\partial z}\int_0^\infty r\frac{\partial\Phi}{\partial r}J_1(\xi r)\mathrm{d}r + \mu\int_0^\infty r\frac{\partial}{\partial r}\left[\frac{1}{r}\frac{\partial(rH)}{\partial r}\right]J_1(\xi r)\mathrm{d}r - \mu\frac{\partial^2}{\partial z^2}\int_0^\infty rHJ_1(\xi r)\mathrm{d}r \quad (11\text{-}205)$$

或者

$$(\tilde{\sigma}_{rz})_{J_1} = \int_0^\infty r\sigma_{rz}J_1(\xi r)\mathrm{d}r = -2\mu\xi\frac{\partial}{\partial z}\tilde\Phi_{J_0} - \xi^2\mu\tilde{H}_{J_1} - \mu\frac{\partial^2}{\partial^2 z}\tilde{H}_{J_1} \qquad (11\text{-}206)$$

注意各个 Hankel 变换的阶数分别由式（11-200）、式（11-206）中 J_0 和 J_1 的下标确定。简便起见，在后续推导中将忽略这些下标。由式（11-129），即

$$\tilde\Phi = A_1\sin\varsigma_P z + A_2\cos\varsigma_P z$$
$$\tilde{H} = B_1\sin\varsigma_S z + B_2\cos\varsigma_S z$$

$$(11\text{-}207)$$

$$\frac{\partial\tilde\Phi}{\partial z}=A_1\varsigma_P\cos\varsigma_P z - A_2\varsigma_P\sin\varsigma_P z, \qquad \frac{\partial^2\tilde\Phi}{\partial z^2}=-\varsigma_P^2\tilde\Phi$$
$$\frac{\partial\tilde{H}}{\partial z}=B_1\varsigma_S\cos\varsigma_S z - B_2\varsigma_S\sin\varsigma_S z, \qquad \frac{\partial^2\tilde{H}}{\partial z^2}=-\varsigma_S^2\tilde{H}$$

$$(11\text{-}208)$$

将式（11-208）代入式（11-200）得到

$$\tilde\sigma_{zz} = -\lambda\frac{\omega^2}{c_P^2}\tilde\Phi + 2\mu(-\eta_P^2)\tilde\Phi + 2\mu\xi\frac{\partial}{\partial z}\tilde{H} = -\left(\lambda\frac{\omega^2}{c_P^2}\tilde\Phi + 2\mu\varsigma_P^2\right)\tilde\Phi + 2\mu\xi\frac{\partial\tilde{H}}{\partial z} \quad (11\text{-}209)$$

由等式

$$\lambda \frac{\omega^2}{c_P^2} \tilde{\Phi} + 2\mu \varsigma_P^2 = \lambda(\varsigma_P^2 + \xi^2) + 2\mu \varsigma_P^2 = \lambda \xi^2 + (\lambda + 2\mu)\varsigma_P^2 = \mu(\varsigma_S^2 - \xi^2) \quad （11-210）$$

将式（11-210）代入式（11-209）得到

$$\tilde{\sigma}_{zz} = \mu(\xi^2 - \varsigma_S^2)\tilde{\Phi} + 2\mu \xi \frac{\partial \tilde{H}}{\partial z} \quad （11-211）$$

将式（11-208）代入式（11-206）得到

$$\tilde{\sigma}_{rz} = 2\mu \frac{\partial}{\partial z}\tilde{\Phi} - \xi^2 \mu \tilde{H} = -2\mu \xi \frac{\partial \tilde{\Phi}}{\partial z} - \mu(\xi^2 - \varsigma_S^2)\tilde{H} \quad （11-212）$$

将式（11-207）、式（11-208）分别代入式（11-211）、式（11-212）得到

$$\tilde{\sigma}_{zz} = \mu(\xi^2 - \varsigma_S^2)(A_1 \sin \varsigma_P z + A_2 \cos \varsigma_P z) + 2\mu \xi(B_1 \varsigma_S \cos \varsigma_S z - B_2 \varsigma_S \sin \varsigma_S z) \quad （11-213）$$

$$\tilde{\sigma}_{rz} = -2\mu \xi(A_1 \varsigma_P \cos \varsigma_P z - A_2 \varsigma_P \sin \varsigma_P z) - \mu(\xi^2 - \varsigma_S^2)(B_1 \sin \varsigma_S z + B_2 \cos \varsigma_S z) \quad （11-214）$$

11.6.4 围线展开方法

围线展开方法[3]在通过留数定理计算 Hankel 变换积分时是非常有用的，考虑积分

$$I_v(r) = \int_0^\infty g(\xi) J_v(\xi r) d\xi \quad （11-215）$$

其中，函数 $g(\xi)$ 为通用函数。利用留数定理计算式（11-215）时，通常使用复 ξ 平面上半部分的圆弧和实数轴组成的积分闭曲线，如图 11-10 所示。但是，式（11-215）的积分区间是 $0 \sim +\infty$，而不是图 11-10 中积分闭曲线所示的 $-\infty \sim +\infty$。因此，为了利用该积分闭曲线，需将式（11-215）的积分区间扩展为 $-\infty \sim +\infty$。为此，由 Hankel 函数表示的 Bessel 函数 J_v 表达式（附录 A 和参考文献[5]10-4-4 条），即

$$J_v(z) = \frac{1}{2}\left[H_v^{(1)}(z) + H_v^{(2)}(z)\right] \quad （11-216）$$

将式（11-216）代入式（11-215）得到

$$I_v(r) = \int_0^\infty g(\xi) J_v(\xi r) d\xi = \frac{1}{2}\int_0^\infty g(\xi) H_v^{(1)}(\xi r) d\xi + \frac{1}{2}\int_0^\infty g(\xi) H_v^{(2)}(\xi r) d\xi \quad （11-217）$$

式（11-217）中的第二个积分可写为

$$\int_0^\infty g(\xi) H_v^{(2)}(\xi r) d\xi = \int_{-\infty}^0 g(-\xi) H_v^{(2)}(-\xi r) d\xi \quad （11-218）$$

式（11-218）的证明

$$\int_0^\infty g(\xi) H_v^{(2)}(\xi r) d\xi = -\int_0^{-\infty} g(-\xi') H_v^{(2)}(-\xi' r) d\xi'$$
$$\xi = -\xi' \quad （11-219）$$
$$d\xi = -d\xi'$$

或者

$$\int_\infty^0 g(-\xi')H_v^{(2)}(-\xi'r)\mathrm{d}\xi' = \int_\infty^0 g(-\xi)H_v^{(2)}(-\xi r)\mathrm{d}\xi$$

$$\xi' = \xi \qquad\qquad\qquad \text{QED} \qquad (11\text{-}220)$$

$$\mathrm{d}\xi' = \mathrm{d}\xi$$

由 Hankel 函数第一类和第二类之间的关系（附录 A 和参考文献[6]中的式 21.8.7），即

$$H_v^{(2)}(\mathrm{e}^{-i\pi}x) = -\mathrm{e}^{iv\pi}H_v^{(1)}(x) \qquad (11\text{-}221)$$

或者

$$H_v^{(2)}(-x) = (-1)^{v+1}H_v^{(1)}(x) \qquad (11\text{-}222)$$

将式（11-222）代入式（11-218）得到

$$\int_\infty^0 g(-\xi)H_v^{(2)}(-\xi r)\mathrm{d}\xi = (-1)^{n+1}\int_\infty^0 g(-\xi)H_v^{(1)}(\xi r)\mathrm{d}\xi \qquad (11\text{-}223)$$

将式（11-223）代入式（11-217）得到

$$I_v(r) = \frac{1}{2}\int_0^\infty g(\xi)H_v^{(1)}(\xi r)\mathrm{d}\xi + \frac{1}{2}(-1)^{v+1}\int_\infty^0 g(-\xi)H_v^{(1)}(\xi r)\mathrm{d}\xi \qquad (11\text{-}224)$$

对于 $v=0$，$(-1)^{v+1}=(-1)^1=-1$，式（11-224）变为

$$I_0(r) = \frac{1}{2}\int_0^\infty g(\xi)H_0^{(1)}(\xi r)\mathrm{d}\xi - \frac{1}{2}\int_\infty^0 g(-\xi)H_0^{(1)}(\xi r)\mathrm{d}\xi \qquad (11\text{-}225)$$

如果函数 $g(\xi)$ 是奇函数，即 $g(-\xi)=-g(\xi)$，那么式（11-225）变成

$$I_0(r) = \frac{1}{2}\int_0^\infty g(\xi)H_0^{(1)}(\xi r)\mathrm{d}\xi + \frac{1}{2}\int_\infty^0 g(\xi)H_0^{(1)}(\xi r)\mathrm{d}\xi = \frac{1}{2}\int_\infty^\infty g(\xi)H_0^{(1)}(\xi r)\mathrm{d}\xi \quad (11\text{-}226)$$

对于 $v=0$，$(-1)^{v+1}=(-1)^2=1$，式（11-224）变为

$$I_1(r) = \frac{1}{2}\int_0^\infty g(\xi)H_1^{(1)}(\xi r)\mathrm{d}\xi + \frac{1}{2}\int_\infty^0 g(-\xi)H_1^{(1)}(\xi r)\mathrm{d}\xi \qquad (11\text{-}227)$$

如果函数 $g(\xi)$ 是偶函数，即 $g(-\xi)=g(\xi)$，那么式（11-227）变成

$$I_1(r) = \frac{1}{2}\int_0^\infty g(\xi)H_1^{(1)}(\xi r)\mathrm{d}\xi + \frac{1}{2}\int_\infty^0 g(\xi)H_n^{(1)}(\xi r)\mathrm{d}\xi = \frac{1}{2}\int_\infty^\infty g(\xi)H_1^{(1)}(\xi r)\mathrm{d}\xi \quad (11\text{-}228)$$

式（11-226）、式（11-228）展示了在某种条件下，式（11-215）中 $0\sim+\infty$ 的积分怎么转变为图 11-10 中闭曲线所需的 $-\infty\sim+\infty$ 积分。

11.6.5　$u_r(r)$ 求取中所用 $g(\xi)$ 的偶函数特性

定义函数：

$$g(\xi) = \frac{\tilde{\tau}(\xi)N_S(\xi)}{D_S(\xi)} + \frac{\tilde{\tau}(\xi)N_A(\xi)}{D_A(\xi)} \qquad (11\text{-}229)$$

需证明式（11-225）中的函数 $g(\xi)$ 是偶函数，即

$$g(-\xi) = g(\xi) \tag{11-230}$$

由 J_1 贝塞尔函数的奇函数特性（附录 A 和参考文献[4]中的 9.1.10 条）

$$J_1(-\xi) = -J_1(\xi) \tag{11-231}$$

由式（11-126）将 $\tilde{\tau}$ 定义为 τ 的 J_1 Hankel 变换，即

$$\tilde{\tau} = \int_0^\infty r\tau J_1(\xi r)\mathrm{d}r \tag{11-232}$$

用式（11-231）可证明 $\tilde{\tau}(-\xi) = -\tilde{\tau}(\xi)$，即

$$\tilde{\tau}(-\xi) = \int_0^\infty r\tau(r)J_1(-\xi r)\mathrm{d}r = -\int_0^\infty r\tau(r)J_1(\xi r)\mathrm{d}r = -\tilde{\tau}(\xi) \tag{11-233}$$

由式（11-126）、式（11-138）、式（11-141）和式（11-149），并可证明得到

$$
\begin{aligned}
D_{\mathrm{S}}(-\xi) &= \left[(-\xi)^2 - \varsigma_S^2\right]^2 \cos\varsigma_P d \sin\varsigma_S d + 4(-\xi)^2 \varsigma_P \varsigma_S \sin\varsigma_P d \cos\varsigma_S d = D_{\mathrm{S}}(\xi) \\
D_{\mathrm{A}}(-\xi) &= \left[(-\xi)^2 - \varsigma_S^2\right]^2 \sin\varsigma_P d \cos\varsigma_S d + 4(-\xi)^2 \varsigma_P \varsigma_S \cos\varsigma_P d \sin\varsigma_S d = D_{\mathrm{A}}(\xi) \\
N_{\mathrm{S}}(-\xi) &= (-\xi)\eta_S\left[(-\xi)^2 + \eta_S^2\right] \cos\eta_P d \cos\eta_S d = -N_{\mathrm{S}}(\xi) \\
N_{\mathrm{A}}(-\xi) &= -(-\xi)\eta_S\left[(-\xi)^2 + \eta_S^2\right] \sin\eta_P d \sin\eta_S d = -N_{\mathrm{A}}(\xi)
\end{aligned}
\tag{11-234}
$$

将式（11-233）、（11-234）带入式（11-229）可证明式（11-230），即

$$
\begin{aligned}
g(-\xi) &= \frac{\tilde{\tau}(-\xi)N_{\mathrm{S}}(-\xi)}{D_{\mathrm{S}}(-\xi)} + \frac{\tilde{\tau}(-\xi)N_{\mathrm{A}}(-\xi)}{D_{\mathrm{A}}(-\xi)} = \frac{[-\tilde{\tau}(\xi)][-N_{\mathrm{S}}(\xi)]}{D_{\mathrm{S}}(\xi)} + \frac{[-\tilde{\tau}(\xi)][-N_{\mathrm{A}}(\xi)]}{D_{\mathrm{A}}(-\xi)} \\
&= \frac{\tilde{\tau}(\xi)N_{\mathrm{S}}(\xi)}{D_{\mathrm{S}}(\xi)} + \frac{\tilde{\tau}(\xi)N_{\mathrm{A}}(\xi)}{D_{\mathrm{A}}(\xi)} = g(\xi)
\end{aligned}
\tag{11-235}
$$

11.7 PWAS Lamb 波调制的实验验证

式（11-108）、式（11-159）、式（11-160）已编写为 MATLAB 程序，由该程序可得到给定 PWAS 长度、材料特性、材料厚度和频率范围下结构中的调制曲线。为了验证上述结论并确认理论预测结果，进行了实验，下文中将对理论预测结果和实验值进行比较。

11.7.1 初始 Lamb 模式调制结果

在早期实验中，考察了激励频率对于所激发波的振幅影响，实验设备如图 11-16 所示。

理论预测的实验验证结果如图 11-17 所示。可发现，在低频率（例如 10kHz）下，弯曲波的激励效果比轴向波强得多。然而，当频率增加到 150kHz 以上时，弯曲波的激励效果下降，而轴向波则显著增强。这些变化趋势如图 11-17a 所示。轴向波（S0）

的优化激励频率点为 300～400kHz。该实验测量结果较好地验证了理论预测结果，理论预测结果表明，在所述优化激励频率下，Lamb 波 A0 模式被抑制而 S0 模式占主导，如图 11-17b 所示。系统性考察可准确再现轴向（S0）和弯曲（A0）模式下的群速度频散曲线，进而确定每种 Lamb 波模式的优化激励频率。该板中，在 70kHz 频率附近可优化激励出反对称（A0 模式）Lamb 波，而在 300kHz 频率附近则实现对称（S0 模式）Lamb 波的优化激励。在后续章节中的一发一收和脉冲回波实验中采用了 300kHz 的激发频率，从而仅激励出该频率处频散较弱的对称（S0 模式）Lamb 波。该 S_0 模式优化频率点对于嵌入式 PWAS 超声波尤为重要，在此频率下，S0 模式具有非常小的频散，并能成功用于脉冲回波方法。这些研究结果表明通过 PWAS 激励 Lamb 波有望实现模式调制。

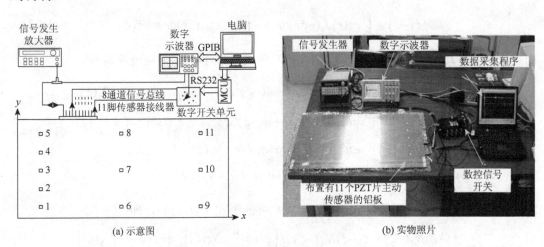

图 11-16　验证 PWAS Lamb 波调制的实验设备

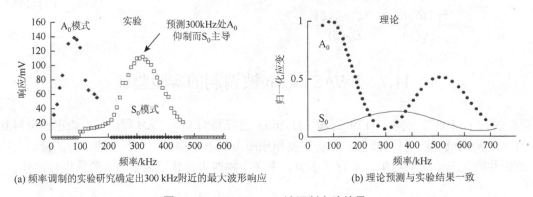

图 11-17　PWAS Lamb 波调制实验结果

11.7.2　基于方形和圆形 PWAS 的薄板调制实验

本节开展了深入的广泛以对比理论预测结果和实验结果，在粘贴有方形、圆形和长方形 PWAS 的铝板上进行了实验。对高达 700kHz 频率下的调制结果进行了考察，研究了板厚为 1.07mm 和 3.15mm 的情况。较薄的板中在所考察的频率范围内只存在两种 Lamb 波模式 A0 和 S0，而在较厚的板中还会存在第三种 Lamb 波模式 A1。实验设备除了功率放大器，剩下部分和图 11-16 所示的设备类似。信号由函数发生器（惠普 33120A）产生，并经功率放大器（Krohn Hite Model 7602）加载到作为激励的 PWAS 上。作为传感器的 PWAS 接收到的信号用数据采集设备（Tektronix TDS5034B）测量。激励信号为 3 波峰的汉宁窗正弦调制信号。3 个实验所使用的铝板为：①厚为 1.07mm，面积为 1222mm×1063mm 的 2024-T3 铝合金板；②厚为 3.175mm，面积为 505mm×503mm 的 6061-T8 铝合金板；③厚为 3.15mm，面积为 1209mm×1209mm 的 2024-T3 铝合金板。

　　每个实验中使用两个相距 250mm 的 PWAS，一个用作激励，另一个作为传感器。信号频率以 20kHz 的步长从 10kHz 扫查到 700kHz。在这个频率范围内，1.07mm 厚的板中只存在 S0 和 A0 模式，而厚度为 3.175mm 和 3.15mm 的板中存在 S0、A0 和 A1 模式。每个频率下，确定并记录对称 S0 模式和反对称 A0、A1 模式 Lamb 波的振幅和飞行时间。根据这些记录数据可计算出每个模式的群速度。

（1）薄板中的方形 PWAS 调制结果

　　图 11-18 给出了粘贴于厚为 1.07mm 的 2024-T3 铝合金板的 7mm 正方形 PWAS 的实验结果。如图 11-18a 所示实验结果表明严重频散的 A0 模式 Lamb 波在 210kHz 附近被抑制。在该频率下，只有 S0 模式被激励出。这对于脉冲回波的研究非常有利，因为频厚积 fd 较低时的 S0 模式频散小。另一方面，A0 模式在大约 60kHz 处可实现较强激励，而此频率下的 S0 模式非常微弱。

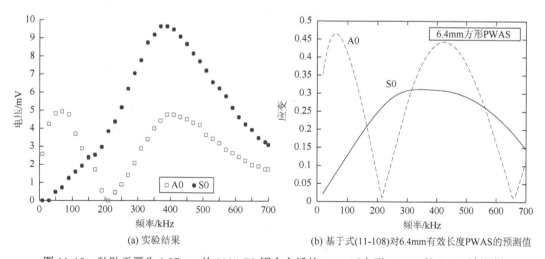

(a) 实验结果　　　　　　　　(b) 基于式(11-108)对6.4mm有效长度PWAS的预测值

图 11-18　粘贴于厚为 1.07mm 的 2024-T3 铝合金板的 7mm 正方形 PWAS 的 Lamb 波调制

　　这些实验结果均基于式（11-108）。为了使理论与实验之间正确匹配，将 PWAS 有效长度设为 6.4mm，如图 11-18b 所示。实际 PWAS 长度和有效 PWAS 长度之间的差异归因于 PWAS 边缘处剪应力传递/扩散效应。需要注意的是，理论预测在 425kHz 时实现 S0 模式的最强激励，该频率下的 A0 模式也达到第二强的激励，这一预测结果通过实验得到了验证。

（2）薄板中的圆形 PWAS 调制结果

圆形 PWAS 的结果如图 11-19 所示，图 11-19a 中的实验结果表明严重频散的 A0 模式 Lamb 波在 300kHz 附近被抑制。在该频率处，只有 S0 模式被激励出。由于较低频厚积 fd 下的 S0 模式频散小，这对于脉冲回波的研究非常有利。另一方面，A0 模式在大约 50kHz 处可实现较强激励。这些实验结果可利用式（11-108）并估计 PWAS 有效长度为 6.4mm 的情况下得到再现，如图 11-19b。实际结果和有效 PWAS 长度之间的差异则是由于 PWAS 边缘处的剪应力传递/扩散效应造成。

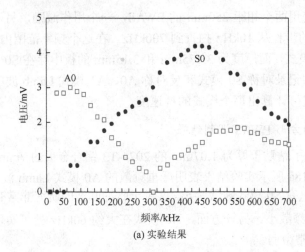

(a) 实验结果

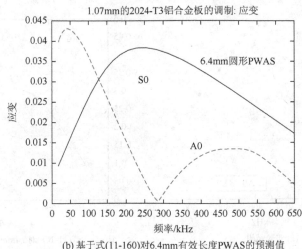

(b) 基于式(11-160)对6.4mm有效长度PWAS的预测值

图 11-19   粘贴于厚为 1.07mm 的 2024-T3 铝合金板的 7mm 圆形 PWAS 的 Lamb 波调制

值得注意的是，对于 7mm 的方形 PWAS，S0 模式的优化激励频率点大约出现在 210kHz，而对于 7mm 的圆形 PWAS，S0 模式的优化激励频率点出现在 300kHz 附近。另一方面，两种情况下的 A0 模式优化激励频率点都出现在 50kHz 附近。这两种优化频率点之间的差别可以归因于这些因素：①式（11-108）和式（11-160）所用的假设不同；②矩形 PWAS 的拐角效应。同样值得注意的是，两种情况下尽管存在着这些差异，但是 PWAS 的有效长度是相同的（6.4mm）。

11.7.3 基于方向和圆形 PWAS 的厚板调制实验

（1）厚板中的方形 PWAS 调制结果

图 11-20 给出了粘贴于 3.15mm 厚 2024-T3 铝合金板的 7mm 正方形 PWAS 的实验结果。实验结果如图 11-20a 所示，A0 模式 Lamb 波在约 350kHz 处被部分抑制。该频率处 S0 模式得到优先激励。然而，因为较高的频厚积 fd，S0 模式在该频率处已变得频散。并且，A0 模式在该频率处只是被部分抑制，所以仍出现在信号中。由于这些原因，厚板中 S0 模式的优化激励频率点没有上节所述薄板中的优化励频率点那么有效。另一方面，A0 模式在约 100kHz 处可实现较强激励，同样也伴随其他模式的激励，S0 模式。另外，第三个 Lamb 波模式，A1 模式在 500kHz 以上的较高频率处被激励出来。这三个实验观察结果表明，在厚板中利用 PWAS 激励 Lamb 波比在薄板中复杂。这些实验结果可利用式 （11-108），并将 PWAS 长度等效为 6.4mm 得以复现，如图 11-20b 所示。

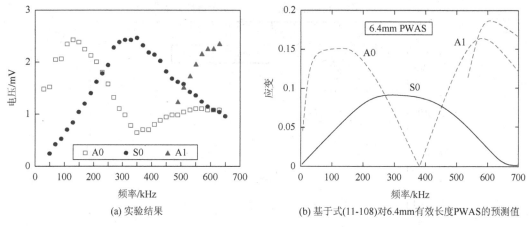

(a) 实验结果   (b) 基于式(11-108)对6.4mm有效长度PWAS的预测值

图 11-20 粘贴于厚为 3.15mm 的 2024-T3 铝合金板的 7mm 正方形 PWAS 的 Lamb 波调制:

（2）厚板中的圆形 PWAS 调制结果

厚板中圆形 PWAS 的结果如图 11-21 所示。该实验结果表明，A0 模式 Lamb 波在约 420kHz 处被部分抑制，S0 模式在此频率处的激励效果比 S0 模式强。然而，因为较高的频厚积 fd，S0 模式在该频率处已变得频散。而且，注意到 A0 模式只是在该频率处被部分抑制，并仍出现在信号中。由于这些原因，厚板中 S0 模式的优化激励频率点没有上节所述薄板中的优化励频率点那么有效。另一方面，A0 模式在约 150kHz 处可实现较强激励，同样也伴随激励出其他模式，S0 模式。另外，第三个 Lamb 波模式，A1 模式在 450kHz 以上的较高频率处被激励出。这三个实验观察结果表明，在厚板中利用 PWAS 激励 Lamb 波比在薄板中复杂。这些实验结果可利用式 （11-160），并将 PWAS 长度等效为 7mm 得以复现，如图 11-21b 所示。

值得注意的是，厚板情况下，对于 7-mm 的方形 PWAS 和圆形 PWAS，A0 模式

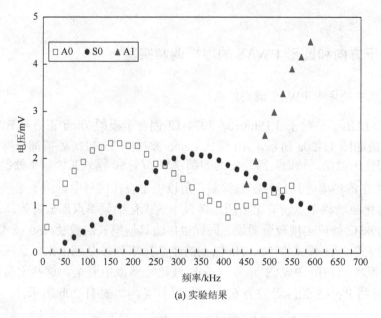

(a) 实验结果

3.15mm的2024-T3铝合金板的调制: 应变

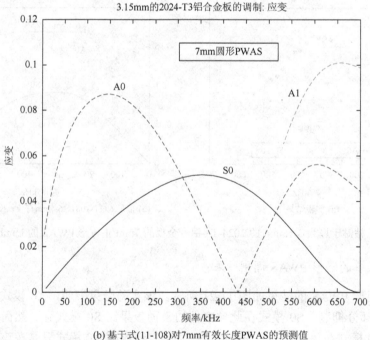

(b) 基于式(11-108)对7mm有效长度PWAS的预测值

图 11-21　粘贴于 3.15mm 厚 2024-T3 铝合金板的 7mm 圆形 PWAS 的 Lamb 波调制

分别在 350kHz 和 420kHz 处被部分抑制,这两个抑制 A0 模式的频率点在薄板情况下相差更大。另一方面,方形 PWAS 的 A0 模式优化激励频率为 100kHz 时,而圆形 PWAS 的 A0 模式优化激励频率为 150kHz,这与薄板的情况差别很大,因为薄板中 A0 模式的优化激励频率点几乎都为 50kHz。这些实验观察结果表明,由于 Lamb 波特征方程的严重非线性特性,简单的尺度原则不再适用,需要全面分析以实现精确预测。

（3）厚板的影响

在 500～600kHz 频段，两种厚板都存在三种模式：S0、A0 和 A1 模式。前文研究表明这三种模式的速度接近，并且 S0 模式和 A1 模式均频散，那么这些模式的波会彼此相邻，使得一个波的尾端和下一个波的始端发生重叠干扰，混叠效应开始显现。

图 11-22 显示三种模式的叠加情况。在 550kHz 附近频率下的 3.15mm 厚铝合金板中，A0 模式非频散，而 S0 模式和 A1 模式频散（其群速度变化曲线的斜率接近 45°），相应波包发生扩展。这三种模式的波速足够接近，导致发生混叠，使得确定它们的速度和幅值变得困难。图 11-23 给出了两种频率下这三种模式的波形图，值得注意的是，模式叠加导致了波幅的削减和增强。当频率为 450kHz 时，能够确定 S0 模式的位置和幅值，而 A0 和 A1 模式的位置和幅值则由于 S0 模式的尾端与这两个模式的混叠难以确定。频率为 570kHz 时的情况更好些，此时可以确定 S0 模式和第二个波的位置和幅值。由于在频率变化过程中无法跟踪波的变动情况，所以第二个波有可能是 A0 或 A1 模式，但无法具体确定是哪种模式。第三个波则由于和其他两个模式尾部的混叠，很难确定它的位置和幅值。

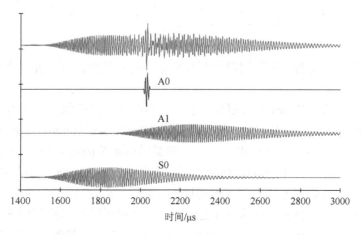

图 11-22　频厚积 fd 中间值下的 Lamb 波混叠情况：频散的 S0 模式，非频散的 A0 模式和频散的 A1 模式

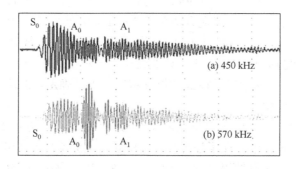

图 11-23　示波器显示的波形传播情况：（a）频率为 450KHz，群速度：S0 4691m/s；A0 3167m/s；（b）频率为 570KHz，群速度：S0 3833m/s；A0 3149m/s

上述现象在尺寸为 504mm×501mm 的小板中更为明显。当频率超过 450kHz 时，很

难确定三种波的位置，实际观察值与理论预测值差别较大，而且信号被边界反射干扰。图 11-24a 比较了 270kHz 正弦调制波在两个不同尺寸 3.15mm 厚的板中传播情况，小板中的边界反射影响更明显，已影响到波速较慢的 A0 模式波包。当频率为 570kHz 时，如图 11-24b 所示，边界反射信号的混叠使得三种模式波的位置和幅值难以确认。

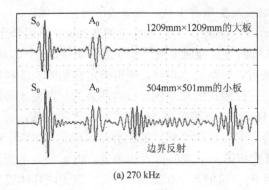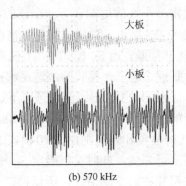

(a) 270 kHz　　　　　　　　　　(b) 570 kHz

图 11-24　大板和边界反射严重的小板中 Lamb 波传播的对比

11.7.4　小结

PWAS 调制实验表明，在不同厚度和尺寸的各向同性板上可选择性调制出各种 Lamb 波模式。

首先，在厚度为 1.07mm 的薄铝合金板上，用两种不同形状的 PWAS（圆形和方形）进行了 Lamb 波调制的仿真和实验。板的尺寸（1200mm×1200mm）足够大以防接收到的信号和边界反射发生混叠。板厚也足够小，在激励频率范围内（10～700kHz）只存在两个 Lamb 波基本模式（S0 和 A0）。结果表明，方形和圆形 PWAS 传感器特性相似，但调制频率不同。测得的群速度和调制结果与理论预测值一致。

其次，在厚度为 3.15mm 的厚铝合金板上，用两种不同形状的 PWAS（圆形和方形）开展了 Lamb 波调制的仿真和实验。该板足够大以防止接收到的信号与边界反射发生混叠。由于板厚度增加，当频率超过 450kHz 时，第三种 Lamb 波模式 A1 出现了。

当频率低于 450kHz 时，只出现有两个基本的 Lamb 波模式（S0 和 A0），此时厚板中的实验结果和薄板中的一样简单，S0 和 A0 的速度值一直测量到 450kHz，测量值与理论预测值相符。方形和圆形 PWAS 的实际调制结果也与理论结果一致。当频率超过 450kHz 时，第三种模式 A1 的出现使每种模式的位置和幅值难以确定，但这三种模式的调制曲线变化趋势仍与预测结果相同。

在 3.15mm 厚的小尺寸板（500mm×500mm）中还进行了方形 PWAS 的调制实验。由于板的尺寸更小，实验中出现了边界反射。但是，当频率低于 450kHz 时，S0 和 A0 模式的速度和调制的实验测量结果与理论预测值一致。当频率高于 450kHz 时，边界和第三种模式引起的信号混叠影响不可忽略，使实验变得复杂，尤其使 S0 模式的位置和幅值确认变得困难。

在实验中注意到，当有效 PWAS 尺寸小于真实值时，实验结果与理论预测值才能优化吻合。调节 PWAS 实际长度是必要的，因为在理论研究中，假设 PWAS 产生的应力在其边缘处传递给结构，这意味着，从一般意义上讲，整个 PWAS 表面对于将激励传递给结构的效能并不是处处相同的。尤其发现，当 PWAS 越小，PWAS 中无效部分的相对尺寸越大。表 11-1 给出了 PWAS 的真实尺寸和有效尺寸，列出了 PWAS 中能将驱动力传递到结构的有效部分相对于真实尺寸的比例，以及剩下无效部分的比例。另外下节讨论的矩形 PWAS 具有和表 11-1 所列的相似参数。

表 11-1　在各向同性板中进行 Lamb 波调制的实际和有效 PWAS 大小

实际 PWAS 大小	有效 PWAS 大小	有效 PWAS	无效 PWAS
5mm	4.5mm	90%	10%
7mm	6.4mm	91.4%	8.6%
25mm	24.8mm	99.2%	0.8%

11.8　矩形 PWAS 的方向性

PWAS 可以有不同的几何形状，到目前为止，已经研究了圆形或正方形的 PWAS。本节将研究大长宽比的矩形 PWAS，如图 11-25a 所示为 5∶1 长宽比的 PWAS，研究表明矩形 PWAS 的大长宽比将在 Lamb 波和 PWAS 之间引入非常有趣的方向性调制效果。

11.8.1　矩形 PWAS Lamb 波调制的实验装置

本节介绍所开展的验证矩形 PWAS 激励波传播特性的实验。图 11-25 给出了粘贴于 2024-T3 铝板（尺寸为 1220mm×1064mm）中的矩形 PWAS，测试大长宽比的矩形 PWAS 传感器以验证 Lamb 波调制的方向性。三个矩形 PWAS 按照图 11-25b 所示的方式布置，这些 PWAS（厂商为 Steiner & Martin）的大小为 25mm×5mm，厚度为 0.15mm。PWAS P1 作为激励，而 PWAS P2 和 P3 作为传感器，进行了两组实验：①从 P1 向 P2 激励；②从 P1 向 P3 激励。在第一种实验条件下考察了纵向调制，而在第二种实验条件下对横向调制进行了探究。因为长度和宽度相差很大（比例为 5∶1），可以预见两种调制特性差别很大。

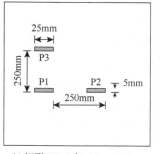

(a) 长宽比5∶1的矩形PWAS　　　(b) 矩形PWAS在1.07mm 2024-T3 铝板中的几何分布

图 11-25　矩形 PWAS Lamb 波调制实验中的传感器及其布置情况

图 11-26 给出了纵向调制的结果，由于 PWAS 相对较长，调制频率相对较低，因此频率范围限制为 250kHz 以下，实验中减小频率步长以便更好地考察。图 11-26a 为实验结果，A0 模式调制曲线的的三个波谷大概出现在 80kHz、135kHz 和 175kHz 处，而峰值点则在 45kHz 附近。另一方面，S0 模式的峰值点位于 110kHz 左右。该实验现象可以用式（11-108），并将 PWAS 长度等效为 24.8mm 相对较好地复现，如图 11-26b 所示。唯一无法满意复现的是 A0 模式调制曲线的第三个波谷。

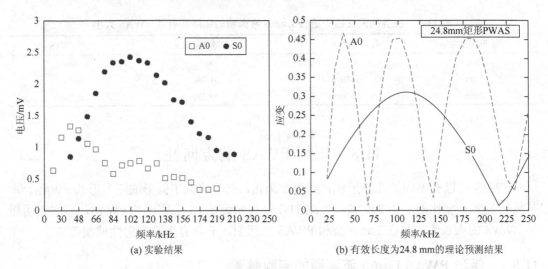

(a) 实验结果　　　　　　　　　　　　　　(b) 有效长度为24.8 mm的理论预测结果

图 11-26　利用 1.07mm 2024-T3 铝合金板中的 25mm×5mm 矩形 PWAS 进行的 Lamb 波纵向调制

图 11-27 为横向调制结果。由于宽度相对较小，可预见到调制频率相对较高。图 11-27a 表明 A0 模式的一个频率抑制点在 530kHz 附近，此频率点处，S0 模式占主导，且在相应频厚积 fd 下近似于非频散。另一方面，A0 模式则在约 100kHz 处占主导。该实验现象可以用式（11-108），并将 PWAS 长度等效为 4.5mm 很好地复现。

11.8.2　矩形 PWAS 的方向性调制研究

上一节中，研究了矩形方向上的 PWAS Lamb 波调制，并发现纵向调制在较低频率处产生多个调制曲线峰值点，而横向调制则在较高频率处产生较少的峰值点。本节将探讨矩形 PWAS 所激励 Lamb 波传播的方向性。实验装置如图 11-28 所示，包含了位于中心的一个矩形 PWAS 和沿四分之一圆弧布置的 6 个圆形 PWAS。矩形 PWAS 用作激励，其平面尺寸为 25mm×5mm，厚度为 0.15mm。6 个圆形 PWAS 用作传感器，选择圆形 PWAS 是为了确保其传感性能与方向无关，以消除测量偏差。圆形 PWAS 的直径为 7mm，厚度为 0.2mm。以垂直于矩形 PWAS 激励的长度方向作为参考，这些圆形 PWAS 分别粘贴到板中 0°、22.5°、45°、67.5°、78.3°和 90°的角度上。在板中实验区域之外的上下两面贴有橡皮泥条以抑制边界反射。橡皮泥粘性高，可吸收波的能量，从而防止 Lamb 波从实验区域传播出去，并被板边界反射。

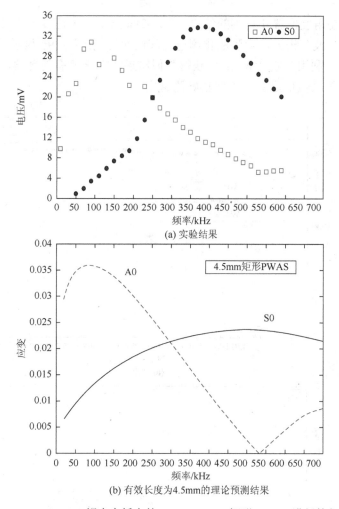

(a) 实验结果

(b) 有效长度为4.5mm的理论预测结果

图 11-27　利用 1.07mm 2024-T3 铝合金板中的 25mm×5mm 矩形 PWAS 进行的 Lamb 波横向调制

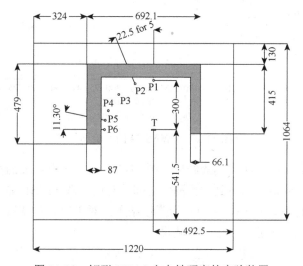

图 11-28　矩形 PWAS 方向性研究的实验装置

　　图 11-29 为在角度位置 4 得到的结果。图 11-29a 给出了群速度的实验测量结果与利用上节介绍的 Lamb 波分析方法得到的预测值之间的对比。图 11-29b 显示了各种 Lamb 波模式的信号幅值图。利用其它 PWAS 可获得类似结果，对于所有传感器，测得的速度与理论值一致，并且信号幅值足够高以便较好测量出。

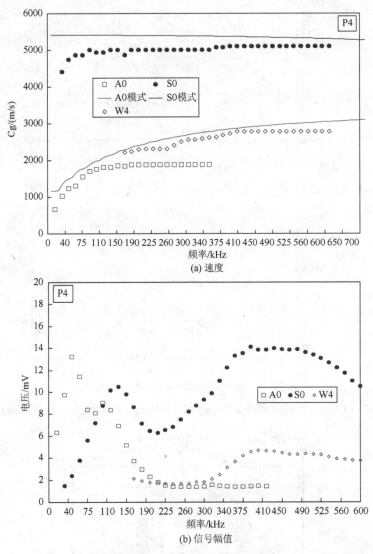

(a) 速度

(b) 信号幅值

图 11-29　PWAS P4 的实验结果

　　图 11-29 为在角度位置 4 得到的结果。图 11-29a 给出了群速度的实验测量结果与利用上节介绍的 Lamb 波分析方法得到的预测值之间的对比。图 11-29b 显示了各种 Lamb 波模式的信号幅值图。利用其他 PWAS 可获得类似结果，对于所有传感器，测得的速度与理论值一致，并且信号幅值足够高以便较好测量出。

　　在对所有 PWAS 进行测量后，以垂直于矩形 PWAS 长度方向之间的夹角 θ 作为自变量，绘制了不同频率下的信号幅值，对称（S0）和反对称（A0）模式均考虑在内，得到如图 11-30

和图 11-31 所示的图形。图 11-30 显示了频率范围为 15～600kHz 的 S0 模式方向特性。低频时，S0 模式没有展现出方向性，波阵面为圆形。当频率超出 105kHz 时，波阵面的振幅在 $\theta = 0°$ 方向上变高，并且方向性随着频率升高而增强。图 11-31 显示了频率范围为 15-600kHz 的 A0 模式方向特性，A0 模式在低频下表现出的方向性比在频率较高时更强。两种模式的波幅达到最大时的传播方向均几乎为 0° 方向。

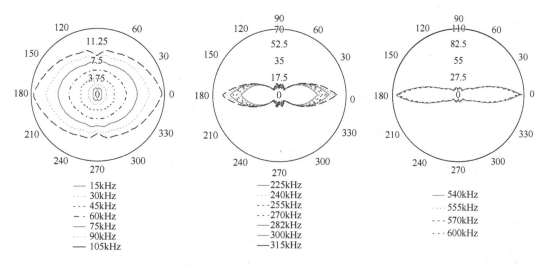

图 11-30　不同频率下表明矩形 PWAS 方向性的 S0 模式幅值

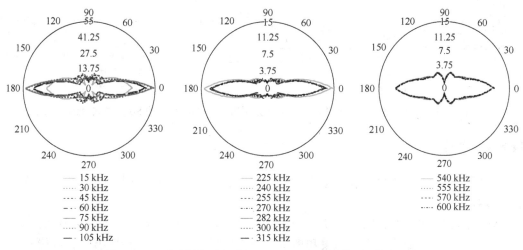

图 11-31　不同频率下表明矩形 PWAS 方向性的 A0 模式幅值

　　使用在这些实验中获得的数据，确认了波数与传播角度 θ 之间的相关性。图 11-32 表明，A0 和 S0 模式 Lamb 波的波数随频率的变化情况在所有角度位置几乎相同，不依赖于角位置 θ。这就证实了理论假设：尽管 PWAS 激励具有高度不均衡的长宽比，但其激励出的 Lamb 波在各个方向传播的波数相同。

　　根据波数和频率数据，可以得到幅值调制曲线。为了便于说明，图 11-33 给出了 S0 模式的调制曲线。

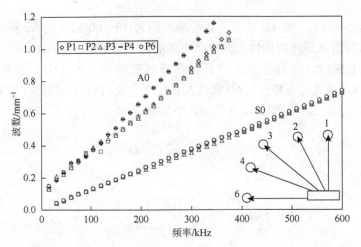

图 11-32　不同角度下反对称和对称模式的波数与频率之间的关系

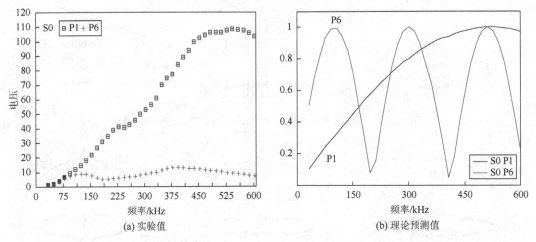

(a) 实验值　　　　　　　　　　　　　　(b) 理论预测值

图 11-33　矩形 PWAS 在 P1 和 P6 方向（分别为 90° 和 0°）上的 S0 波模式调制结果

11.8.3　小结

　　矩形 PWAS 调制的实验结果表明，可在各向同性板中不同方向上对各个 Lamb 波模式进行调制。

　　在矩形 PWAS（P1、P2）的实验中，数据比先前实验更难采集，相关信号幅值太小，需进行放大。尽管如此，实验结果和理论预测值相符，而且有可能找到最大 S0 模式幅值所对应的优化激励频率点。

　　实验中注意到，当有效 PWAS 尺寸小于实际尺寸时，实验结果与理论预测值才能达到最佳吻合。调节 PWAS 实际长度是必要的，因为在理论研究中，假设 PWAS 产生的应力在其边缘处传递给结构。这意味着，从一般情况来看，整个 PWAS 表面对于将激励传递给结构的效能并不是处处相同的。矩形 PWAS 的有效尺寸已在上节中的表 11-1 中列出。一般来说，尺寸越大，真实和有效 PWAS 尺寸之间的差异百分比越小。因此，长度维度（25mm）上的有效尺寸是实际尺寸的 99.2%，而宽度维度

（5mm）上的有效尺寸只有实际尺寸的 90%。根据该现象可确定出 PWAS 边缘附近存在固定大小"无效"区这一简单模型。从一般意义上讲，该模型与第 8 章中剪滞模型是一致的。

11.9　总　　结

本章讨论了主动结构健康监测过程中 PWAS 和结构的相互作用，即 PWAS 和结构中传播的 Lamb 波之间的调制。PWAS 是应变耦合的传感器，其体积小，重量轻，成本相对较低。施加电激励时，PWAS 通过将电能转换为超声波传播的声能方式，在结构中产生 Lamb 波。同时，PWAS 也可以将超声波的声能转换回电信号。在电激励下，PWAS 发生振荡性的收缩和扩张，并通过胶层传递给结构，从而向结构中激发出 Lamb 波。在这一过程中，有几个因素会影响所产生波的特性。本章首先回顾了 PWAS 激励和结构之间传递的载荷概念。然后，对 PWAS 和结构中产生的 Lamb 波之间的相互作用进行了建模，结果表明了 Lamb 波模式调制的可能性。该调制尤其适用于多模式波，如 Lamb 波。

本章采取了循序渐进的方式，从简单到复杂。为了理解 PWAS 调制机制的精髓，首先研究了两个简单的例子：①杆中的轴向波；②梁中的弯曲波。两个例子均表明，利用调制的概念可以让人们找到特定的频率，使波在该频率处能被很强地激励出，同样可以找到另外的频率使该波无法激励（即它们被抑制了）。

本章基于第 6 章研究的 Lamb 波理论，继续推导了 PWAS Lamb 波调制的全解析解。推导中利用了空间域傅里叶变换和复平面内的围线积分。利用 PWAS 和结构相互作用的钉扎力模型，求取了 PWAS 和结构理想粘贴情况下的封闭解。推导出的通式表明存在由 $\sin \gamma a$ 函数决定的特征点。波数为 γ 的 Lamb 波模式在这些特征点既可以被线性尺寸为 $2a$ 的 PWAS 优先激励出，也可以被抑制。因为板中各个 Lamb 波模式的波数在任一给定频率处有较大差别，容易得到优先调制出某些特定的 Lamb 波模式并抑制其他模式的方法。

本章介绍了 PWAS Lamb 波调制的实验验证，对矩形和圆形 PWAS 均进行了考察，举例说明了适用于某些 SHM 场合的 S0 模式的优化激励频率点。在对比理论和实验结果时，发现存在 PWAS 有效尺寸，并在表格中给出各种几何形状的 PWAS 有效尺寸值。

本章还研究了矩形 PWAS 调制的方向特性，这对于在所选方向上传播波而在其他方向上抑制波是十分重要的。最后考察了 5∶1 长宽比的矩形 PWAS 传感器的方向性。

11.10　问题和练习

1. 假设一个长度 $l = 7$ mm、宽度 $b = 1.65$ mm、厚度 $t = 0.2$ mm 的 PWAS，材料特性在表 11-2 中列出。该 PWAS 粘贴到 1mm 厚的铝条上，铝条的材料特性如表 11-3 所示。PWAS 的长度沿着铝条纵向。

①计算 PWAS 在铝条中调制出轴向波的前三个频率值；②当 PWAS 长度沿着铝条横向时，再次计算这三个频率值。

2. 假设一个长度 $l=7\,\text{mm}$、宽度 $b=1.65\text{mm}$、厚度 $t=0.2\text{mm}$ 的 PWAS，材料特性在表 11-2 中列出。该 PWAS 粘贴到 1mm 厚的铝条上，铝条的材料特性如表 11-3 所示。PWAS 的长度沿着铝条纵向。

①计算 PWAS 在铝条中调制出弯曲波的前三个频率值；②当 PWAS 长度沿着铝条横向时，再次计算这三个频率值；③讨论该题的结果和上题中计算出的轴向波调制结果的不同点，解释说明①和②的结果。

3. 假设一个宽度 $b=1.65\text{mm}$、厚度 $t=0.2\text{mm}$ 的 PWAS，材料特性在表 11-2 中列出。该 PWAS 粘贴到 1mm 厚的铝条上，铝条的材料特性如表 11-3 所示。PWAS 的长度沿着铝条纵向。

①计算 10kHz 下在铝条中调制出弯曲波的最小 PWAS 长度 l；②计算 10kHz 下在铝条中抑制弯曲波产生的最小 PWAS 长度 l；③计算 100kHz 下在铝条中调制出轴向波的 PWAS 长度 l；④计算 100kHz 下在铝条中抑制轴向波产生的 PWAS 长度 l。

表 11-2　压电片特性（APC-850）

特性	符号	值
面内方向的柔度	s_{11}^{E}	$15.30\times10^{-12}\,\text{Pa}^{-1}$
厚度方向的柔度	s_{33}^{E}	$17.30\times10^{-12}\,\text{Pa}^{-1}$
介电常数	ε_{33}^{T}	$\varepsilon_{33}^{T}=1750\varepsilon_0$
厚度方向引起的应变常数	d_{33}	$400\times10^{-12}\,\text{m/V}$
面内引起的应变常数	d_{31}	$-175\times10^{-12}\,\text{m/V}$
平行于电场的耦合因子	k_{33}	0.72
横穿过电场的耦合因子	k_{31}	0.36
泊松比	v	0.35
密度	p	7700kg/m^3
声速	c	2900m/s

注：$\varepsilon_0=8.85\times10^{-12}\,\text{F/m}$ 是自由空间的介电常数。

表 11-3　铝和钢的典型材料特性

	铝（7075 T6）	钢（AISI 4340 标准）
弹性模量，E	70GPa	200Pa
泊松比，v	0.33	0.29
密度，ρ	2700kg/m³	7750kg/m³
屈服应力，Y	500MPa	860MPa
截面半径，r	10mm	8mm

参 考 文 献

第 12 章　基于 PWAS 的导波 SHM

12.1　引　　言

本章介绍采用 PWAS 基于导波实现结构损伤检测的方法。PWAS 技术的应用以大量传统无损检测（NDI）、无损测试（NDT）和无损评估（NDE）所积累的知识为基础。不同的是前者运用小体积并且可以永久粘贴在结构上的 PWAS，后者运用体积较大、价格昂贵的超声传感器。因此，前者属于前沿新技术：嵌入式超声无损评估技术。该技术可以推动需求日益迫切的检测系统与结构的集成，以确定结构的健康状态并预测剩余寿命。

PWAS 使得嵌入式超声 NDE 这一新技术的出现成为可能。由于 PWAS 和传统 NDE 传感器在使用上有本质性的区别（如前面章节所述），所以发展嵌入式超声 NDE 技术还依赖于新的超声检测与识别技术的发展。本章将介绍相关内容，重点探讨完善嵌入式超声 NDE 技术的新研究方向。

在回顾传统 NDE 超声检测方法后，本章给出金属长条薄板的简单 1-D 模型和基于 PWAS 产生导波的实验，PWAS 既是信号激励器又是信号接收器。在运用有限元法（finite-element method，FEM）建立模型时，本章介绍了两种模型：①传统有限元来处理结构和 PWAS 之间的耦合；②耦合场有限元，在单一集成模型中处理结构和 PWAS。该节简单介绍在大型铁轨试件上进行的一发一收试验，由于试件较大，Rayleigh 声表面波会被激发、传输并被检测。

本章第 3 节讨论基于 PWAS 的金属薄板中的 2-D 波动试验。本节从一发一收试验开始，在介绍了实验设置之后，对一发一收的实验结果进行讨论。然后介绍脉冲回波实验。通过分析 PWAS 接收到的反射波信号受多种反射的影响情况，讨论利用低功耗器件经 PWAS 耦合产生的导波在薄板结构中所能传播的距离。

本章第 4、5 节主要介绍 PWAS 嵌入式 NDE 技术。第 4 节讨论一发一收嵌入式 NDE，第 5 节讨论脉冲回波嵌入式 NDE。嵌入式一发一收方法的讨论结合金属结构穿透性疲劳裂纹和复合材料或者其他连接结构中的分层和脱黏损伤的检测进行。嵌入式脉冲回波方法则结合金属结构和复合材料结构进行介绍。本章给出金属和复合材料结构的例子，讨论的范围从简单外形的试件，到全尺寸飞行器结构壁板试验件。基于这种方式，可以先理解简单试件中基于 PWAS 的损伤检测技术原理，然后认识如何将该损伤检测技术应用于实际典型的复杂结构中。

本章第 6 节主要介绍时间反转法。这是一种源自单模式压力波时间反转特性的新方法。时间反转法最初应用于水下超声和肾结石医疗等领域。该小节讨论薄壁结构中的多模 Lamb 导波的时间反转。时间反转方法实现的前提是损伤引起的非线性因素会阻碍原来信号的时间反转重构过程，因此时间反转重构信号中出现的不规则波形意味着结构中可能出现了损伤。该小节主要介绍时间反转理论在多模式 Lamb 导波情况下的应用，同时分析时间反转过程受波场多模式特性的影响。本章将应用第十一章所发展的 PWAS Lamb 调制概念优化时间反转过程，最后将理论预测结果和验证性试验结果进行详细的比较。

本章最后介绍 PWAS 作为被动传感器声的发射信号检测，结构冲击（impact detection，ID）和裂纹扩展都有可能产生声发射（acoustic emission，AE）信号。

12.1.1　超声无损检测

很多关键结构的局部损伤和初始故障都可以用 NDI、NDE 和 NDT 技术识别，其中超声 NDI 是一项成熟并且在工程领域应用了几十年的技术[1]。

超声 NDI 方法基于弹性波在材料中的传播和反射识别由损伤和缺陷所导致的波场扰动。超声测试要测量的量包括：飞行时间（time of flight，TOF）（波的传播和延迟）、路径长度、频率、相角、幅值、声阻抗、波反射角（反射和衍射）等。传统的超声检测方法包括脉冲回波法、一发一收法（或脉冲传播）和脉冲共振法[2]。压电超声探头安装于结构的表面向材料内部激发超声波，传感器与结构之间采用特殊的耦合剂以保障好的接触效果。依据所采用的传感器类型和在结构表面的入射情况，结构中所激发的波可以是 P 型波、S 型波或混合波。P 型波适合结构沿厚度方向的检测，它能有效发现沿着声波方向的异常现象。一发一收方法则通过分析散射波的频散和衰减发现损伤。

对于厚度方向的检测，声波只在材料中传播一小部分路径，为实现大面积的检测，通常传感器会以机械方式沿结构表面移动，扫查和辨识整个结构。薄壁结构（如飞行器的壳结构、储油罐、大型的管道等）的检测非常耗时，因为它需要在很大的区域内进行沿厚度方向仔细的 C 扫描。如果操作不当，可能会遗漏重要的裂纹。如果缺陷或裂纹所在截面垂直于结构表面，沿厚度方向的 P 型波方法就可能检测不到损伤。一种可以提高薄壁结构检测效率的方法是采用导波（如 Lamb 波）代替传统的 P 型波。在某些损伤的检测上，导波方法已展示出良好的结果。对薄壁结构，如钣金结构、机身、大型容器、管道等的检测，采用 Lamb 波导波方法可能更合适。先进的超声方法基于 Rayleigh 波、Lamb 波和 Love 波的激发、传播和接收。通过传统超声传感器和楔形耦合器可以产生上述类型的波，只要耦合器的角度足够大，可以触发模式转换。此外，梳状传感器可以产生 Lamb 波[1, 2]。导波常用于检测金属和复合材料中的裂纹、杂质和脱黏等损伤。Lamb 波适用于板壳类结构，Rayleigh 波在检测大型结构的表面裂纹方面更有优势。

（1）NDE 和损伤检查中的导波方法

在有限固体介质中，弹性波以两种基本模型传播：压力（pressure，P）波和剪切（shear，S）波，第 5 章已进行讨论。如果介质有界，波会在边界处产生反射，并且产生更复杂的波模式。导波有一个有趣的特点就是可以保持在波导中传播较远的距离。Lamb 波是薄板中传播的导波，Rayleigh 波则是在结构表面传播的导波。导波既可以存在于固体和空心圆柱体内，也可以存在于板壳结构中。在层状材料中传播的波是 Love 波，而 Stoneley 波则传播在材料的界面处。导波研究的历史已长达一个世纪[3-7]，有关 Lamb 波的分析见本章文献[8-12]。

第 6 章中已知导波能以较少的幅值损失在板壳结构中传播相对远的距离。导波提供了基于少量安装传感器就可实现大面积检测的能力。近些年，利用 Lamb 波进行 NDE 和损伤检测的论文层出不穷[13]。早在 20 世纪 60 年代，研究者就认识到 Lamb 波和 Rayleigh 波在 NDE 的应用上优于 P 型波[1, 8, 14-15]。针对核蒸汽发动机管道、老龄飞行器结构和溅射成型制造的模具结构[16-17]，已有便携式超声导波装备。采用超声传感器角探头获得了很好的灵敏度，并可以应用于发现薄壁结构中的裂纹、分层、脱黏[18]。相比传统的超声检测方法，导波所具备的潜在检测优势主要表现在以下方面：①可应用于不同的结构形式和分布；②多模式特征；③对不同缺陷敏感；④传播距离远；⑤可以沿曲面传播，能到达隐藏或者埋入的部位。

利用导波检测飞机金属结构还有一些问题亟待解决[19-20]，包括 Lamb 波模式的选择、变厚度蒙皮的影响、密封剂和涂层的影响、双蒙皮系统中的传播及飞机结构连接处的传播。文献表明导波在结构监测方面有很大的潜力。只要能消除频散，变厚度蒙皮的长距离传播也问题不大，但密封层会造成导波严重衰减。结构紧固件对导波的影响目前尚未研究清楚。

导波技术为昂贵的飞机结构损伤检测提供了新思路。采用 Lamb 波一发一收方法对结构腐蚀损伤的检测表明，A1 模式 Lamb 波穿过腐蚀区域后，会出现幅值降低和 TOF 变长的现象[21]。相关实验监测了 Lamb 波对铆钉和其他紧固件腐蚀情况。疲劳试验中也有应用一发一收的方法，用于在疲劳实验中对飞机铆接接头试件的损伤扩展进行监测[22]，TOF 的变化对应了疲劳实验中所出现的微观裂纹和宏观裂纹。利用回波脉冲法通过模式转换可以检测管道腐蚀[23]。超声 Lamb 波和常规超声方法可以对薄钢板进行缺陷检测[24]。常规超声设备由安装在扫描臂上的楔形发射器和喷水口接收器组成，应用它们基于 S0 模式可检测薄板中的缺陷[25]。运用信号处理方法可以确定波达时间并确定缺陷位置，文献给出了不同大小（2～3.5in）和不同倾角（0～45°）的模拟裂纹的检测结果。声-超声波进一步发展了这个研究方向[26]。

（2）结构损伤处 Lamb 导波的散射

由于 Lamb 波产生的应力贯穿整个板厚度，所以能诊断整个板厚度方向的状况，这意味着 Lamb 波可以发现起始于结构表面的缺陷，也可以发现结构内部的损伤。如第 6 章所述，Lamb 波往往以多种模式在板中传播，当波与损伤作用会产生模式转换。因此接收信号往往包含超过一种模式的波，各种模式的占比取决于波在损伤和其他阻抗改变部位所发生的模式转换。当发生模式转换时，对结构横截面形状的考虑是非常重要的。如果形状是对称的，只有与入射波同族的波才有携带部分散射能量的能力，如反对称入射波的反射波往往是反对称，而不是对称的。同样，对称模式波的反射波往往是对称的，而不是反对称的。入射波模式和转换后的模式必须满足能量守恒定律。总的能量等于入射时波所携带的能量，在模式转换时，各模式的波能量此消彼长。

Lamb 波测试的关键问题是测量多模式散射信号中每个模式的幅值。进行 Lamb 波测试前，须先确定运用何种模式和频厚区域。在不同频厚区域下，不同模式的缺陷灵敏度是一个重要参数，以决定针对某特定损伤的最佳测试方案。低频下 S0 模式在受流体载荷的板中具有低频散和低能量损失的特性，此外 S0 模式下的应力沿板厚度方向几乎是一致的，因此其对损伤的灵敏度与损伤在厚度方向的位置无关。

Lamb 波测试比传统 NDE 更复杂的原因是其对于给定的频率都至少存在两种波模式，一种对称波和一种反对称波。在高频情况下，则会出现更多模式。所有接收信号都包含一种以上的模式，不同模式的比例由于损伤和阻抗改变处所发生的模式转换而发生改变。Lamb 波具有频散特性，导致波形状会随着传播路径的距离改变。这使得信号的读取变得困难并产生信噪比问题，如果频散情况十分严重，信号包络线内的峰值振幅会随传播距离增加而减小。因为上述原因，模型辅助 NDE 方法尝试在实验前运用软件进行不同类型损伤的仿真，便于指导实验信号的解读。模型辅助 NDE 方法的关键是 Lamb 波在损伤处的散射模型。

（3）结构损伤处的 Lamb 波散射建模

已有很多研究者运用各种板波理论和数值方法对 Lamb 波在损伤、缺陷处的散射问题进行了研究，包括有限元法、有限差分法（finite difference method，FDM）、边界元法（boundary element method，BEM）。大部分研究针对圆孔或者矩形损伤[27-29, 31-33]。对于复杂形状的缺陷，为了分析部件中超声波在缺陷处所发生的多反射和衍射，FDM、FEM、BEM 等数值分析方法是唯一可行的方法。

1）解析方法

应用平面 Mindlin 板理论[34]研究了波在铆钉[27]和通孔[28]处的散射问题，研究了孔对平面入射波的 Lamb 波场散射幅度的影响。研究表明孔的大小会影响旁瓣的数量、主瓣的幅值和方向。该研究推广到部分穿透孔的散射问题[29]。3-D 展开法也可以用于散射问题研究。孔外侧的波场和孔内壁下面的波场可以展开为 Lamb 波模式和水平极化剪切模式，在展开中同时包含传播模式和短时消散模式。应用孔边无应力边界条件和孔洞下面的连续性条件，采用一组正交映射函数将边界条件进行变换，推导了展开系数的线性系统方程。另一种可选的方法是基于最低阶板拉伸和弯曲理论，这种方法在相对较低频段有效，所以用该方法可以对 3-D 展开结果进行验证。对比两种方法在板上不同区域的波长预测结果，可以发现在低频段，两者拟合度好，随着频率的增加，简化板模型得到的结果不再可靠。弯曲 Mindlin 板理论[30]可以研究剪切变形和转动惯量的影响，与修正后的 Timoshenko 板理论相似[31]。运动方程限制了变形只能有 3 个自由度，这是通过平均沿板厚度方向的弹力精确方程得到。最新的研究工作利用简正模式展开法（normal mode expansion，NME）针对不规则形状的通孔[32]和平底孔[33]情况下 Lamb 波的散射进行了建模分析。

2）数值方法

FEM 广泛应用于结构损伤对导波的散射预测。为了研究损伤对 Lamb 波的影响，评估不同模式在不同频厚区域的灵敏度，本章文献[35]采用 FEM 数值分析研究了有无缺陷情况下板中 Lamb 波的传递和散射，以了解 Lamb 波和损伤的相互作用并确定对特定损伤的最佳测试方案。传感器为安装在钢板中的楔形传感器，假设在 x-y 平面内满足平面应变条件。裂纹是无限长的矩形裂纹（宽度为零），波为直波峰的 Lamb 波，裂纹与波传播方向正交。对不同宽度裂纹的 FEM 分析结果表明，只要裂纹宽度与波长相比足够小，传播和反射的幅值对裂纹的宽度就不敏感，裂纹深度和板厚度的比值（$h/2d$）是主要影响因素[35]。

进一步研究 S0 模式[36]，对于 NDE 而言，低频 S0 模式 Lamb 波有很多优点，因为在承受流体载荷的板中，S0 模式表现出低频散和低能量损耗的特点。此外，板厚方向的 S0 应力几乎均匀，因此检测灵敏度不依赖缺陷在厚度方向的位置。在板的中间层检测平面位移可以保证只有对称的 S0 波可被检测到，因为不对称的 A0 波在中间层的面内位移为零。基于 FEM 仿真的结果和实验结果拟合度很高。由裂纹两边反射产生的反射干涉是一个重要现象，这会导致反射波是裂纹宽度的函数，从而产生周期性波动，表示出分布均匀的峰值和谷值。这一反射函数决定于波长-裂纹宽度比和频厚积影响[36]。

BEM 是另一种常用的研究 Lamb 波在缺陷处散射的数值模拟方法。基于 BEM 方法将解析内部弹性动力学边界值问题简化为混合边界积分方程，并结合简正模式展开法对 Lamb 波传播建模，研究半无限自由边界钢板上的 Lamb 波多模式转换[37]。考虑 Lamb 波以单一模式从边界 Γ_1 沿 x_1 方向入射传播。第 p 个模式的入射位移场可以采用幅值 α^p、归一化的位移模式函数以及第 p 个波数 k^p 表示，即

$$u^I = \alpha^p \begin{Bmatrix} \overline{u}_{x_1}^p \\ \overline{u}_{x_2}^p \end{Bmatrix} e^{ik^p x_1} \tag{12-1}$$

第 p 个入射波模式所产生的反向散射场包含由入射波频率决定的在 Γ_2 处发生模式转换所得到的 N 个独立 Lamb 波简正模式，它们在 Γ_1 处的叠加表示所产生的反射场为

$$u^R = \sum_{n=1}^{N} \beta_n \begin{Bmatrix} \overline{u}_{x_1}^n \\ \overline{u}_{x_2}^n \end{Bmatrix} e^{-ik_n x_1} \tag{12-2}$$

式中，β_n 是第 n 个反射波模式的未知幅值。Γ_1 处总位移场可以表征为入射场和反射场的叠加，即

$$u = u^I + u^R \tag{12-3}$$

式（12-3）可以改写成在 Γ_1 边界上 k 个模态节点的离散化方程组。运用同样的步骤可以计算整个边界的牵引力，通过代入总位移场得到 $2k$ 个在波导 Γ_1 左截面边界处的位移边界牵引力和位移的关系。一旦未知的反射波幅值被确定，就可以推导每一个反向反射模式的边界反射系数。将此方法应用在半无限大钢板的自由边界多模式反射波问题，首先考虑作为单独入射模式下的 A0 和 A1 模式之间的模式转换。因为只有与入射模式同族的波才可以从关于水平中性面对称的散射体上获取散射能量，因此在这种情况下 S0 模式发生反射的可能性很小。A0 和 A1 反射系数随频率变化的研究考虑两种情况：

①A0 入射；②A1 入射。总的来说，每一个入射 A0 和其转化的 A1 模式反射系数的变化都具有相反的趋势，这是因为要满足能量守恒，在模式转换中，不同模式相互交换能量，而总的入射能量不变。这种行为取决于不同模式对于入射模式和反射条件敏感度的不同。

在入射 S0 和 S1 模式时，在这个频率范围内有三种可能的散射模式会发生相互作用：S0，S1 和 S2。不可能产生任何反对称模式的变化，如 A0 和 A1，其原因前面已经解释过。研究表明与入射 S0 模式发生作用的主要是 S2 而非 S1。S1 的反射系数稳定在 0.2。主要的模式转换仅发生在 S0 和 S2 之间及满足能量转换要求和其相关的其他变化模式。与其他情况不同，S1 与 S0 及其转换模式 S2 几乎无关，在整个频率范围内，入射的 S1 模式几乎一直占主导部分，只产生少量的 S0 和 S2 转换。因此，S1 模式的波相较其他模式的波更少受到入射频率变化的影响。显然 S1 模式很少受到模式转换过程中出现的其他模式的影响。

混合边界元法（hybrid boundary element method，HBEM）主要用于研究具有厚度变化宽高比为 s/h 的板接头处的模式转换问题[38]。对于关于中性面对称的接头，研究表明在 $fd = 2.0$ MHz·mm 的频厚积下，不管宽高比 s/h 是多少，接头可以通过几乎没有能量损失的 S0 模式。这是因为中性面的对称性排除了对称波 S0 转换成不对称的波（A0、A1 等）的可能性。当 s/h 的比值大于 2 时，模式转换的现象可以忽略不计。在不对称的厚度变化情况下，从厚地方入射的 S0 波所发生的模式转换与板接头的厚度变化斜率成比例。

至此，在已讨论的方法中，由入射波与板内的散射体相互作用所产生的 Lamb 波散射系数可以采用 FEM 或 BEM，同时结合简正模式展开法直接确定。另一种方法是模式激励法，通过在有限大板的两端采用适当的边界条件，同时激励所有的 Lamb 波模式[39]。所激励的 Lamb 波模式组成一系列方程组，通过求解这些方程组可以得到所有 Lamb 波模式的散射系数。研究表明，由于散射是垂直对称的，所以对称模式和反对称模式的波不会发生耦合。在 A1 模式（$wh/c_T = \pi/2$）和 S1 模式（$wh/c_T = 2.715$）截止频率以下的频率段中，散射系数 $|r_{A0}^{A0}|$ 和 $|r_{S0}^{S0}|$ 具有单位绝对值，这时各自只有一个模式存在。这些仿真结果与本章参考文献[38]的 HBEM 结果相匹配。

（4）传统超声方法检测脱黏和分层

航空和汽车工程中胶结部件的超声检测受到越来越多的关注，导波 NDE 方法尤其得到关注。导波应用于检测胶结效果有两个优势：①该方法不需要直接布置在胶结部位；②比 P 型波更易于实现快速查询检测。Lamb 波从胶结的一块板中激励，传播通过胶结区，在另一块胶结板中被接收。通过比较接头两侧激励和接收波形之间的差别可以实现检测。

导波检测胶结和扩散接合接头的研究表明，Lamb 波对材料种类和胶结层厚度十分敏感[40]。波音 737 飞机胶结重叠拼接接头的检测就运用了可以发射和接收 Lamb 波的双弹簧跳跃探头[41]（double spring hopping probe，DSHP）。研究表明此方法可用于脱黏的检测。在胶接处，Lamb 波以"波泄漏"的方式从结合处一侧传至另一侧。考虑以下两种情况：

①胶结处脱黏时，胶结处不再传递导波，因此接收信号的损耗代表脱黏；②撕裂脱黏或者腐蚀可由接收信号的幅值增加观测到，这是因为在撕裂处没有信号泄漏。DSHP 手持设备也可以检测严重的腐蚀损伤。基于一发一收方法的激光激励 Lamb 波用可以发现层状结构中的脱粘和分层现象[42]。研究表明 A0 模式 Lamb 波形对于多层材料中的脱黏和分层损伤敏感。运用谱元素法（spectral element，SE）和局部相互作用模拟方法（local interaction simulation approach，LISA）可以对波在扩散连接模型中的传播进行数值研究[43]，其仿真结果已被相关实验验证。本章参考文献[44-46]报道了运用 Lamb 波检测胶结损伤的研究。在航空工业中，为了延长老龄飞机的使用寿命，经常运用小补丁对机身进行修补，Lamb 波也可用于检测复合材料修补处的脱黏问题[47]。

　　夹层结构的特征是夹芯-蒙皮厚度比高及夹心与蒙皮之间差异较大的声阻抗。已有研究运用超声 NDE 方法实现夹层结构脱黏损伤检测。夹层结构中 Lamb 波的传播主要考虑成泄漏 Lamb 波。采用传统楔形传感器和一发一收方式对含冲击损伤的复合材料夹层结构的泄漏 Lamb 波的实验表明[48]，如果选择合适的 Lamb 波模式和频率，蒙皮和夹芯之间的分层可以被有效检测。所选择的表面激发 Lamb 波模式必须具有足够的能量，以使得波能量可以泄漏进夹芯。很多研究案例中，由于能量依然全部停留在蒙皮中，导致许多误报。对特定结构，通过计算和/或仔细的实验可获得检测中所要采用的正确相速度值和频率值。然而，蒙皮性质、厚度及夹芯与蒙皮的胶结总会带来敏感的变化。因此，相速度-频率的调整十分重要。

　　在调整过程中强制控制能量泄漏的发生，如果接收到的信号几乎为零，则表明结构无损伤。如果调整没有导致接收信号幅值减少，则表明结构可能粘连不佳或夹芯损坏。同时，不能只依赖观察接收信号是否为零来评判，必须不断调整频率以保证找到能通过合理能量的频率点。如果无论在哪种情况下，能量都不能穿透，那么表层结构一定严重损坏了。至于蒙皮-夹芯脱黏情况，可能会出现以下情况[48]：①胶结完好，能量会泄漏进夹芯，从而导致低幅值信号；②胶结不好，超声能量不会泄漏进夹芯，会接收到较大幅值的信号。

（5）管道、隧道和缆线的 Lamb 波损伤检测

　　长且连续结构中的裂纹可以很方便地应用导波进行检测，如管道、隧道和电缆，其应用优点显而易见。如果采用传统厚度穿透检测方法进行精密的检测需被测结构面积较大，而且为了测试到管道外表面，测试前这些管道的外保护层必须在测试时清除，测试完毕又需要重新装上。而采用导波方法，探头可以安装在管道的某一固定位置，附近较长的区域就可以被检测，只需去除探头安装位置的保护层。可以用来检测管道的特殊导波探头有：①环绕管道的梳状排列探头[23]；②可产生 SH 波的、由便携线圈与固定在结构上的镍箔所实现的电磁耦合传感器[49, 50]。

　　不同类型的导波可用于检测管道、隧道和电缆中的不同缺陷。核蒸汽发电机管道中由于环形裂纹所造成的发射可以用纵波检测[51]。为区分环形裂纹和腐蚀，可运用对称和反对称的管波模式特性来检测[23]。对于环形裂纹，研究表明波的反射系数与圆周程度成比例[23]。因此，对半壁厚长度的裂纹，如果其圆周长度是管道半径的一半（16%的周长），

其反射系数大约为 5%（−26dB）。此检测敏感度（40dB 信号与固有噪声比）在很多应用中都成立。电磁耦合 SH 波传感器所产生的扭转管波可用于检测纵向裂纹[52]。轴向波可用来检测钢筋和悬索中的裂纹[53]。

12.1.2　SHM 和嵌入式超声 NDE

SHM 的目的是通过永久安装于结构上的传感器网络数据长期监测结构并评估其健康状况。SHM 既可以是被动的，也可以是主动的。被动 SHM 指采用被动传感器长期监测结构，并将数据输入结构模型来评判。被动 SHM 的监测案例包括：载荷、应力、环境条件和裂纹的声发射等。被动 SHM 只"侦听"结构而不能与之作用。被动 SHM 系统可以采用多种传感器混合来监测，如声发射传感器、应变片、光纤应变计、丝式裂纹计和腐蚀环境传感器[54, 55]。但如果将传感器既用作传感器也用作驱动器，而不只是"侦听"，就能提高 SHM 系统的使用可靠性[56]。主动 SHM 采用主动传感器问询结构以发现损伤的出现并且评估其程度和深度。主动 SHM 方法采用主动传感器，如 PWAS，向结构中激发并接受超声 Lamb 波以确定裂纹、分层、脱黏及腐蚀损伤。

在超声 NDE 中，往往通过模式转换产生 Lamb 波。超声压力波包可以通过采用一个较大的传感器通过一个具有斜角的楔形耦合器给薄壁结构施加冲击产生。在合适的角度下，根据 Snell 定律（折射定律），波在交接面处发生模式转换，同时在薄壁结构中产生压力波和剪切波。这些波相互干涉，增强或削弱，从而产生 Lamb 波。通过改变楔形角度和激励频率可以调制不同的 Lamb 波模式[19, 41]。另一种 NDE 方法是采用梳状传感器激励 Lamb 波，这种情况下要求梳齿距离与要产生的 Lamb 波模式的半波长相匹配。楔形传感器和梳状探头都相对尺寸较大且价格昂贵。如果作为 SHM 的一部分在飞机结构内部大量使用，其费用和重量将大幅增加，这是明显的缺点。因此，主动 SHM 需要使用相比传统超声探头更小、更轻且更低廉的传感器。这样的传感器可以在结构中以网络或阵列的形式永久安装布置，并根据需要查询结构状态。主动 SHM 是一个"嵌入式超声 NDE"，可以根据需要随时使用。主动 SHM 和嵌入式超声 NDE 得以实现都依赖于PWAS。

PWAS 能像传统 NDE 传感器一样与结构进行"交流"。因此，主动 SHM 又可以看作嵌入式超声 NDE，即运用可以永久安装于结构中，并能根据需要查询结构的一种 NDE 方法。嵌入式 NDE 是一种将传统超声 NDE 方法发展应用于主动 SHM 系统的新兴技术。从嵌入式无损检测（embedded NDE, e-NDE）的角度看待主动 SHM，则已发展的 NDE 领域的技术可以进一步应用于 SHM 应用中。

12.2　1-D 建模与实验

本节研究 1-D 情况下的波传播，通过简单的分析增进理解。选择长且窄的薄金属长条作为试件，试件上安置 5 对 PWAS。首先运用 FEM 技术对布置有 PWAS 的试件进行建模，然后进行实验，最后将预测的结果与测量结果进行比较。

12.2.1　1-D 长条试件的描述

研究中所用的 1-D 长条试件由厚度为 1.6mm 的航空级 2024 铝合金制成。试件长914mm，宽 14mm。PWAS（边长 7mm，厚 0.2mm）成对（即在长条试件厚度两侧）安装在 5 个位置（A～E），如图 12-1 和表 12-1 所示。选择两面安装方式是为了激励出对称模式和反对称模式的波形，这样既能激励出轴向波也能激励出弯曲波。

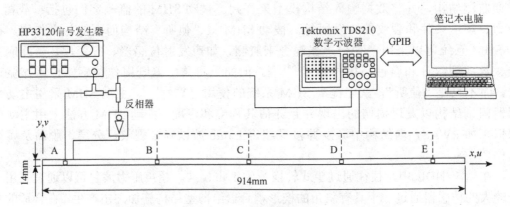

图 12-1　由航空级 2024 铝合金制成的 1-D 长条试件

表 12-1　长条状试件上压电传感器的位置坐标

传感器编号	A	B	C	D	E
x /mm	57	257	457	657	857
y /mm	7	7	7	7	7

12.2.2　长条状试件上波传播的传统 FEM 分析

运用商用 FEM 软件 ANSYS 对波传播的过程进行数值仿真。采用 4 节点壳单元（SHELL63）划分窄带试件，单元节点处有 6 个自由度。每个壳单元都有弯曲特性和膜特性。将结构离散为 3976 个单元，试件宽度方向分成 4 部分，如图 12-2 所示。运用 FEM模型可仿真结构缺陷，如对长度为 $2a$ 的穿透裂纹。此类裂纹可以运用节点力释放法进行仿真模拟。图 12-2 表示所模拟的沿着中心线方向、横向布置于长条试件上的裂纹，裂纹的长度由释放力的节点数所决定。为提高模拟裂纹的分辨率，裂纹局部网格划分如图 12-2 所示。

进行了两种弹性波传播的仿真：弯曲波和轴向波。为了获得激励信号，在 FEM 建模时将激励信号设置成与实验中 PWAS 产生的信号相同。首先，将对应试件上 PWAS 布置

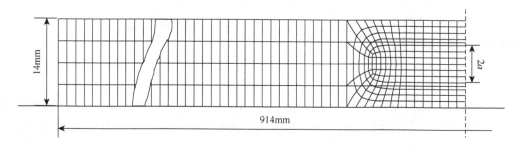

图 12-2　长条试验件的有限元网格划分

位置的有限元单元选出，图 12-1 中 A～E。据此，在 FEM 模型中指定与 PWAS 位置相对应的区域。为了激励波，在这些节点上施加谐波位移，定义 PWAS 主动区域的外形。为和实际物理现象保持一致，节点上所施加的位移表示 PWAS 相反端的位移，因为位移都反向施加在节点上。这样可以保证网络对结构的作用是自平衡的。如要激励轴向波，则施加节点位移；如要激励弯曲波，则施加节点转动。弹性波的检测原理与波激励的原理一样，关注的变量是 PWAS 两端的位移差别。对轴向波是 Δu，对弯曲波是 $\Delta w'$。

（1）激励信号

研究所用的激励信号是一种平滑调制波包，该信号是加汉宁窗的中心频率为 f 的调制脉冲信号，汉宁窗表示为

$$x(t) = \frac{1}{2}\left[1 - \cos\left(\frac{2\pi t}{T_H}\right)\right],\ t \in \left[0,\ T_H\right] \tag{12-4}$$

调制脉冲信号的波峰数 N_B 与汉宁窗的长度匹配，即

$$T_H = N_B / f \tag{12-5}$$

选择调制脉冲信号是为了激励出连续单频波。这点非常重要，尤其在处理频散波时（弯曲波、Lamb 波）。使用汉宁窗是为了减少原始脉冲信号在开始和截止突变时引入其他频率成分的问题。采用这些手段是为了尽可能降低频散，便于理解弹性波传播特性。图 12-3 表示 10kHz 原始脉冲信号和平滑后的脉冲信号的对比及它们的傅里叶变换对比。虽然两脉冲信号具有相同 10kHz 的中心频率，但没有加窗的脉冲信号会产生较多的低于或者高于中心频率的旁瓣，如图 12-3a，而加窗后的脉冲信号没有产生明显的旁瓣，如图 12-3b。

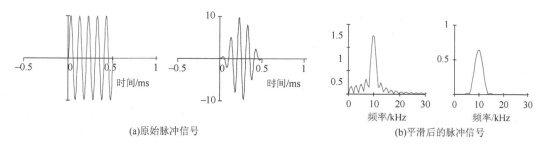

(a)原始脉冲信号　　　　　　　　　　(b)平滑后的脉冲信号

图 12-3　10kHz 5 波峰脉冲激励

平滑调制脉冲信号采用数值合成方法生成，并储存在电脑中作为激励信号。FEM 分析和实验中都会采用该信号。

（2）轴向波的仿真

图 12-4 表示的是在长条试件左端面，采用 100kHz 5 波峰汉宁加窗调制脉冲激励的轴向波 FEM 仿真结果。图中显示了拉伸和压缩的模式（平面运动），波传播时间为 50 μs。图 12-4a 给了整体图，图 12-4b 给出试件左侧 1/4 部分的放大细节图。可以看到波峰数大于激励波峰数，即 5 波峰，这是因为入射波会和试件最左端的反射波相互干涉。

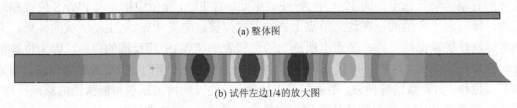

(a) 整体图

(b) 试件左边1/4的放大图

图 12-4　长条试件中轴向波有限元仿真

图 12-5 表示的是 A～E 被 PWAS 接收到的信号，很容易看出在试件中波是怎么从 A 传播到 E 的，然后在最右端反射回 A，这个过程不断重复。还可以看到，最开始可以清晰地辨别出 5 波峰调制脉冲激励，随着波的传播和多次反射，其一致性逐渐消失并且出现频散现象，这种一致性的丧失可能是由仿真误差的累积造成。

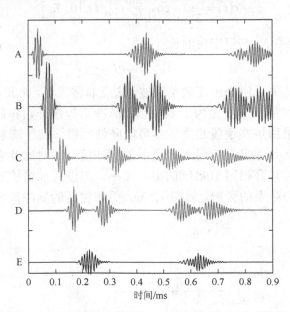

时间/ms

图 12-5　PWAS 接受到的 A～E 轴向波有限元仿真信号

图 12-6 所示为用于损伤检测的脉冲回波法 FEM 仿真结果。放在左端的 PWAS 激励 100kHz 5 波峰的汉宁加窗轴向波脉冲，并接收弹性波响应。在没有裂纹的长条试件中，如图 12-6a，会出现初始信号和最右端反射回来的信号。如果在试件中间仿真长 8mm 厚

度穿透型裂纹，则会出现从裂纹处的反射信号，如图 12-6b。随着裂纹扩展，反射信号的幅值增加，如图 12-6c。

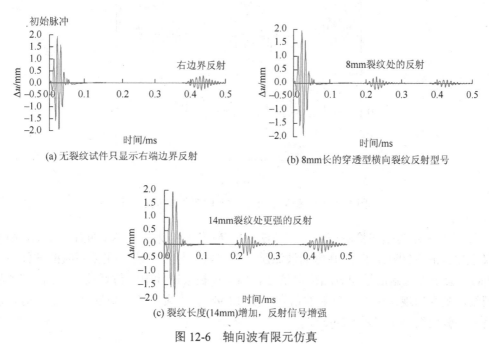

(a) 无裂纹试件只显示右端边界反射

(b) 8mm 长的穿透型横向裂纹反射型号

(c) 裂纹长度(14mm)增加，反射信号增强

图 12-6　轴向波有限元仿真

（3）弯曲波的仿真

图 12-7 所示是长条试件左端采用汉宁加窗的 100kHz 5 波峰激励时弯曲波的 FEM 仿真结果。弯曲波的波峰值和波谷值都很明显。波传播时间为 99.3 μs。图 12-7a 为整体图，图 12-7b 给出试件左边 1/4 部分的放大图。可以看出波峰数量大于 5，大于激励信号的波峰数量，这是因为频散效应以及入射波和长条试件左端的反射波的相互干涉。

(a) 整体图　　　　　　　　　　　　　　(b) 试件左边四分之一段

图 12-7　弯曲波脉冲回波方法有限元仿真（后附彩图）

图 12-8 所示为 PWAS A～E 接收到的 10kHz 激励信号。很容易看出波从 PWAS 位置 A 传播到位置 E，然后再从最右端反射回 A，一直重复这个过程。同样，最开始可以清晰地辨别 5 波峰脉冲激励信号，但由于波的频散特性，信号会迅速衰减。随着波的传播和多次反射，波的一致性降低，会发生频散现象。这种一致性的丧失可能由仿真误差的累积造成。

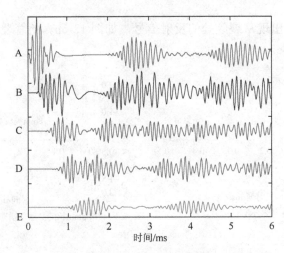

图 12-8　传感器 A～E 接收到的弯曲波仿真信号

图 12-9 所示为损伤检测用脉冲回波法的 FEM 仿真结果。PWAS 布置在左端,用来产生汉宁加窗的 100kHz 5 波峰弯曲波激励,并接收弹性波响应。在无裂纹的试件中(图 12-9a),会出现原始信号和右端反射信号。如果在长条试件中间仿真长 8mm 的穿透型横向裂纹,则会出现从裂纹处反射的信号(图 12-9b)。当裂纹长度扩展到 14mm 时,反射波信号的幅值会增加(图 12-9c)。

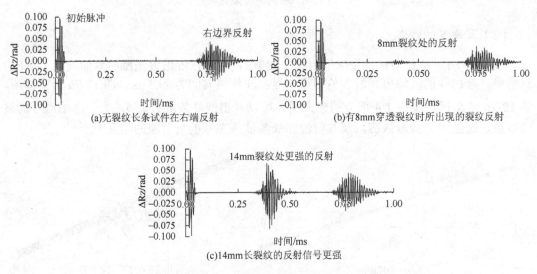

图 12-9　弯曲波脉冲回波方法有限元仿真

(4)轴向波和弯曲波仿真结果对比

通过图 12-6 和图 12-9 的对比可以看出轴向波和弯曲波脉冲回波方法的主要区别。图 12-6a 和图 12-9a 表明,在薄长条试件中,100kHz 的弯曲波波速大约是轴向波的一半,因为同样是 914mm 距离,弯曲波传播所用的时间几乎是轴向波 2 倍。此外图 12-9a 所示的弯曲反射波显示了频散特征,而图 12-6a 所示的轴向反射波则一致性较好。这一点与第 6

章中所讨论 A0 和 S0 模式的频散曲线一致，在此频厚积下，A0 模式的弯曲波比 S0 模式的轴向波更容易频散。图 12-6b 和图 12-9b 表明，对于具有同样裂纹尺寸的非穿透裂纹（如 8mm），轴向反射波比弯曲反射波更强。此外，图 12-6c 和图 12-9c 也表明，对于长裂纹（如 14mm）来说，弯曲波的反射比轴向波反射多。这些分析说明轴向波和弯曲波在恰当的损伤检测情况下各有优点，都值得进一步研究。对于基于脉冲回波方法的裂纹检测，必须选择合适的 Lamb 波模式。

（5）高频激励的重要性

以上仅给出一个频率（100kHz）的结果，研究过程中对 10～100kHz 进行了仿真。研究发现，低频域更容易进行仿真，因为低频信号波长较长，可以覆盖仿真所划分的几个有限单元，所以每个单元的变形程度减小。因此低频时，可以用大的单元或者粗的网格和较少的计算。为采用脉冲回波法实现损伤检测，波包的时间跨度必须远远小于波反射回来的时间。观察到，在低频（如 10kHz）入射信号结束前，反射信号就已经开始出现，这明显不利于损伤检测。因此，高频激励很重要。由于频率增加，波长减小，为了更好地模拟波的传播过程需要采用更好的有限元网络，这将相应地增加计算量。几次尝试后，折中选择 100kHz 的频率。基于该频率，成功仿真了弯曲波和轴向波模式，且成功识别了距离源信号近至 100mm 的损伤所产生的反射，越靠近损伤需要采用越高的频率。

（6）PWAS 耦合波的耦合场 FEM 分析

前面章节采用 FEM 方法对轴向波和弯曲波如何在长条试件中传播进行了仿真。但此分析基于包含弹性动力场的传统 FEM 方程。仿真通过在长条试件 PWAS 位置施加激励位移和旋转模拟激励波信号，因此可以预测 PWAS 处的弹性动力学响应。分析中并未考虑压电换能器的压电响应，而是基于 PWAS 的压电性质，假设此弹性动力波的力学响应可以转换为电响应。

本节使用耦合场有限元进行更复杂的分析。一些商业软件（比如 ANSYS、ABAQUS 等）都提供了可选的耦合场（多物理场）单元。本节将介绍如何将耦合场有限元应用于 SHM 过程中粘贴于结构上的 PWAS。因为耦合场单元同时考虑了弹性动力场和电场，本章将说明该分析方法可预测结构中波激励下的 PWAS 电响应及 PWAS 电激励下的结构波响应。

在应用耦合场有限元分析时，采用耦合场单元对 PWAS 建模，并采用同实验中相同的长条试件和相同的 PWAS 布置（图 12-1）。分析中用 ABAQUS 多场固体单元建立 PWAS 模型，并布置在传统有限元建模的长条试件上。图 12-10 所示为部分试件情况。固体 PWAS 模型的底面贴在长条状试件表面，因此运动和力可以在两种模型间传递。采用典型激励 PWAS，并考察其对结构中波运动的电响应，研究中使用 5 波峰平滑调制脉冲激励。该方法和传统有限元方法的主要区别是，该方法的激励电压直接加载在 PWAS 的上表面电极，其下表面电极接地。因此仿真的是 PWAS 在实际应用中工作方式。

图 12-10　长条试件建模和 PWAS 耦合场有限元模型

图 12-11 表示的是 PWAS 上 A～E 所接受的电信号，其设置如图 12-1 示。可以观察到当用电信号去激励 PWAS 时，所激励出的波包含轴向模式和弯曲模式，波包比前几节讨论的单模式激励更加复杂。

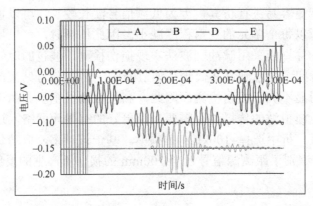

图 12-11　长条基于耦合场单元的一发一收方法有限元仿真（后附彩图）

裂纹对波传播的影响也进行了仿真。同前述采用传统 FEM 方法的分析一样，在试件中间设置裂纹，然后进行一发一收和脉冲回波方法的仿真，这次可以直接仿真长条试件上不同位置 PWAS 所接收到的电信号（图 12-12）。图 12-12 表明裂纹的存在确实影响波的传导，而且裂纹处的反射信号也可以作为电信号直接检测出来。

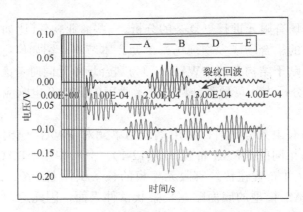

图 12-12　长条试件上一发一收法的裂纹检测耦合场有限元仿真（后附彩图）

这些简单例子已阐明了如何应用耦合场 FEM 方法对长条金属试件进行波传播仿真，在此过程中 PWAS 既作为弹性波的激励器，也作为信号接收器。为了避免大量计算工作，书中采用的例子都很简单,但这种简单例子所应用的方法可推广应用在更大、更复杂的试件以及 SHM 所应用的全尺寸结构中。

12.2.3　长条试件中的 PWAS 波实验

实验设置如图 12-1 所示,包括一台 HP 33120A 信号发生器、一台 Tektronix TDS 210 电子示波器和一台通过 GPIB 接口连接的上位机电脑。HP 33120A 信号发生器用于产生 3~5 波峰的常幅调制脉冲。Tektronix TDS 210 电子示波器通过 GPIB 接口连接上位机电脑,用于数据采集。5 对传感器布置在 A~E 位置,如图 12-1 所示。PWAS 布置在试件的上下表面。由信号发生器产生峰峰(peak-to-peak,pp)值为 10V 的脉冲信号直接激励 PWAS。产生激励信号时,每对传感器可只激励其中一个(单边激励),也可同时激励(双边激励)。实验中采用了上下表面的面内和面外耦合激励方式。为产生面外激励,信号被分路并经运算放大电路施加。通过面内和面外信号的激励,可以控制某种形式的波(轴向、弯曲)的增强和减弱,因此可以单独研究它们的性质。5 对 PWAS 中的一对 PWAS(A~E)用于激励,其他 PWAS 都用于接收信号。采用轮询的方式研究了不同激励-接收位置组合下的情况。

图 12-13 所示为研究中所获得的典型信号。每张图中,信号 A 代表位置 A 处 PWAS 的激励信号,而 B~E 分别代表 B~E 位置处 PWAS 接收到的信号。激励信号为 10Vpp 的三波峰常幅调制脉冲,接收信号在 100mVpp 的范围内。

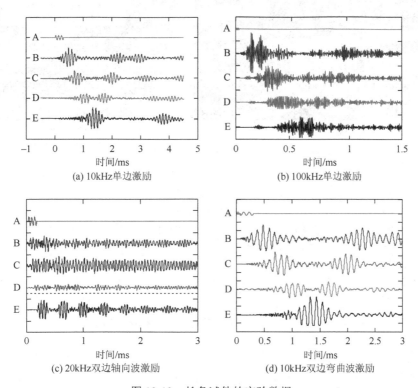

(a) 10kHz单边激励　　　　　　　　　(b) 100kHz单边激励

(c) 20kHz双边轴向波激励　　　　　　(d) 10kHz双边弯曲波激励

图 12-13　长条试件的实验数据

图 12-13a 所示为位置 A 处 PWAS 上表面施加 10kHz 激励信号的结果，可以发现两种波被同时激励（弯曲波和轴向波）。弯曲波以相对轴向波更低的速度传播，但比轴向波信号更强。更仔细地观察还会发现，以 E 处信号为例，小幅值的轴向波包比主要的弯曲波包更早到达。图中还表示了波在试件中传播和在边界处来回反射的过程。图 12-13b 所示为频率 100kHz 的波出现了同样的现象。此时主要弯曲波前面小幅值轴向波的清晰波包可以更容易地分辨出。因为在此频率下轴向波更强，它们可以在 B～E 所有 PWAS 位置被分辨出来。图 12-13c 给出了在位置 A 处传感器上下表面同时施加 20kHz 面内激励的结果，这时激励出了对称波。对称激励下，只能产生轴向波。它们速度高并且在试件端面多次反射。图 12-13d 所示为在 A 处对同一对 PWAS 施加 10kHz 面外激励的结果，此时可以获得反对称波并只可以产生弯曲波。弯曲波传导速度较慢，但信号幅值比轴向波大。弯曲波来回传播和在试件端面的反射更加明显。通过这些图，每种波包的 TOF 可以被观测、记录并按同距离的关系画图，并基于线性拟合获得波包的群速度。

12.2.4　轨道中的 PWAS Rayleigh 波

为了验证应用 PWAS 在大型结构中激发和接收 Rayleigh 波的可行性，本节在轨道试件中做了小尺度的演示实验，如图 12-14 所示。

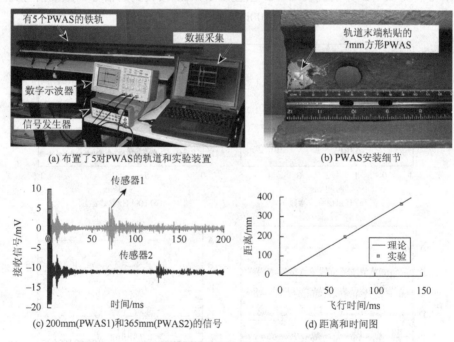

(a) 布置了5对PWAS的轨道和实验装置　　　　　　(b) PWAS安装细节

(c) 200mm(PWAS1)和365mm(PWAS2)的信号　　　　(d) 距离和时间图

图 12-14　应用 PWAS 在轨道中激发和接收表面 Rayleigh 波

一段 1.5m（约 5 英尺）的铁轨试件上布置了 5 个 PWAS。每个都采用边长 7mm 的正方形压电晶片（0.2mm 厚）粘贴在轨道表面。在试件一端激励频率为 300kHz 的超声波信号，在另一端和中间部位接收信号。图 12-14c 表示波从一个 PWAS 传出，在另外两个 PWAS

处被接收的过程。这些波都是声表面波（Rayleigh 波）并且可以在轨道中以很小的幅值衰减传播很远距离。从图 12-14c 可以看出 TOF 和传播距离成正比。第 6 章提到，Rayleigh 波的波速可以通过公式 $c_R = \sqrt{G/\rho}\,(0.87 + 1.12\upsilon)/(1+\upsilon)$ 计算，其中 G 是剪切模量，ρ 是特定的密度。对于碳钢材料，波速 $c_R = 2.9\,\text{km/s}$。图 12-14d 表示的是通过公式理论计算及由 PWAS 1 和 2 实验得到的 Rayleigh 波距离和时间的关系。实验结果和理论结果吻合度很高，证实了我们的研究。如果裂纹存在，将会接收到反射信号。如果腐蚀存在，Rayleigh 波波速会发生改变。

基于 PWAS 的 Rayleigh 波方法完全是无损的，因为超声导波由表面布置的传感器激发，这可以在现有铁轨上布置而完全不影响铁轨的使用。而传统轴向波超声传感器必须布置入铁轨，这显然是不可行的。基于 PWAS 的概念具有鲁棒性，因为超薄的传感器带来的外形凸起，很容易被保护以避免环境带来的破坏。传统超声传感器由于需要交叉耦合楔块以获得表面压力模式转换，通常体积大且突出。

12.2.5　单元小结

1-D 试件上基于 PWAS 嵌入式超声的研究主要有以下发现：①成功运用壳单元和时间积分在长条薄试件上进行了波传导和反射的 FEM 仿真，研究了轴向波和弯曲波；②对基于脉冲回波法和嵌入式超声硬件的结构裂纹检测在高达 100kHz 的频率范围内成功地进行了有限元仿真；③采用在窄长条试件上不同位置布置的 PWAS 对，成功进行了嵌入式超声波实验，轴向波和弯曲波的激励和传感得到了验证；④成功确定了波包的群速度；实验数据的误差在理论预测的 5.6% 以内，由于材料和制造的几何尺寸误差，以及波包频散，这个误差可以理解；实验证实了弯曲（A0）和轴向（S0）Lamb 波模式的群速度散射曲线；⑤在轨道试件上激发并检测了 Rayleigh 表面波，表明 PWAS 可以被成功应用于大型结构。

然而，1-D 试件上实验也表明在高频会出现一些问题。当频率增长，波长变小，长窄条试件边界效应（边界反射）变得很严重。这些边界反射明显改变波的传播，造成信号混叠。因此很有必要将实验试件从长条试件改成尺寸大的板试件，这样边界反射可以很好地从激励信号中区分出来。正如下节所述，大板中的实验将获得更令人满意的结果并更好地理解相关现象。

12.3　2-D PWAS 波传播实验

本节介绍在薄金属板上进行的基于 PWAS 的波传播实验，包括一发一收和脉冲回波实验。

12.3.1　2-D 波传播的实验设置

为了理解和标定基于 PWAS 的 2-D Lamb 波的激励和接收，在 $t = 1.6\,\text{mm}$ 厚的薄金属

板上开展了一系列实验。试验件由 2024-Al 制成，尺寸为 914mm×504mm 。试件上布置
了由 11 个 7mm×7mm PWAS 组成的稀疏阵列，如图 12-15 和表 12-2a、b 所示。

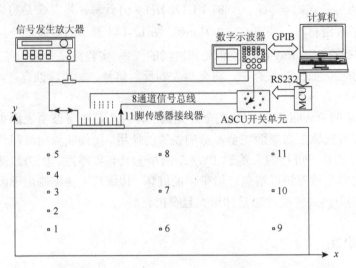

图 12-15　2-DLamb 波 PWAS 的实验设置

　　PWAS 采用细绝缘线连接至一个 16 通道的信号总线和两个 8 芯接头，如图 12-16 所
示。HP33120A 信号发生器用来产生激励峰峰值为 10Vpp 的 300kHz 平滑调制脉冲，脉冲
重复产生的频率为 10Hz。该信号被接至 PWAS 11，由其在整个板中激励弹性波包信号。
Tekronix TDS210 双通道示波器与信号发生器同步，用于接收所有 PWAS 接收到的信号。
数字控制的开关单元及基于 LabVIEW 的数据采集软件用于采集数据。Motorola
MC68HC11 微控制器作为单独备用的嵌入式控制器。

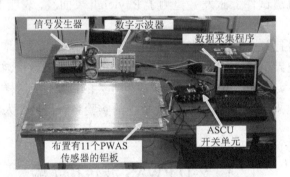

图 12-16　矩形薄板上波传导实验设置

表 12-2（a）　矩形板上 PWAS 传感器的位置

传感器编号	1	2	3	4	5	6	7	8	9	10	11
x /mm	100	100	100	100	100	450	450	450	800	800	800
y /mm	100	175	250	325	400	100	250	400	100	250	400

表 12-2（b）　PWAS 材料（APC-850）的压电性质

性质	符号	值
柔顺系数（板内）	s_{11}^{E}	15.30×0^{-12} Pa^{-1}
柔顺系数（厚度方向）	s_{33}^{E}	17.30×10^{-12} Pa^{-1}
介电常数	ε_{33}^{T}	$\varepsilon_{33}^{T}=1750\varepsilon_0$
厚度方向的受激应变系数	d_{33}	400×10^{-12} m/V
板内的受激应变系数	d_{31}	-175×10^{-12} m/V
耦合因子，与电场平行	$k_{33}Z$	0.72
耦合因子，与电场垂直	$k_{33}Z$	0.36
泊松比	υ	0.35
密度	ρ	7700kg/m^3
声速	c	2900m/s

12.3.2　2-D 一发一收 PWAS 实验

图 12-17a 给出了一组研究中测量的典型信号。第一行表示的是 PWAS 11 作为激励器的情况。可以看到所有信号都有个"初始"波包，这是由于导线的电磁耦合造成的。波形中的波包由板的边界反射产生，其 TOF 位置由 PWAS 到各个反射边的距离决定。每行的信号对应于 PWAS 1～10 所接收到的信号。每个 PWAS 接收信号的 TOF 值都对应激励器与传感器之间的距离。波的传播特征具有很好的一致性。

对原始信号采用窄带信号相关处理，再进行包络检测，可以精确识别每个波包的准确 TOF。如果画出 TOF 与 PWAS 激励与传感距离的关系，该关系可以用直线很好地拟合（99.99%，R^2 相关系数），如图 12-17b。直线的斜率是群速度，大小为 5.461km/s。对此实验中所采用的铝板,S0 模式的理论群速度是 5.440km/s。速度的测量精度很高（误差为 0.3%）。

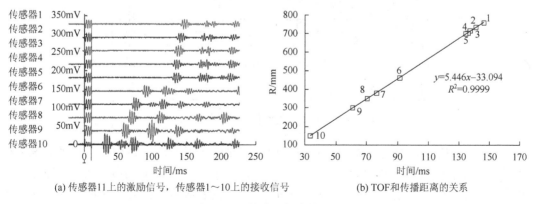

(a) 传感器11上的激励信号，传感器1～10上的接收信号　　(b) TOF和传播距离的关系

图 12-17　传感器接收信号图

实验表明了采用尺寸小、价格低并且外形不突出的 PWAS 传感器在金属薄板中激发弹性波的可行性。高频 Lamb 波的激励和接收具有较宽的频率范围（10～600kHz），通过这种方法激励得到的弹性波非常清晰，且距离-TOF 的相关系数可以达到99.99%，群速度与理论预测值也非常吻合。

12.3.3　基于 PWAS 的 2-D 脉冲回波实验

在简单试件上进行的脉冲回波实验可以帮助理解基于 PWAS 的 Lamb 波收发机制，以及在试件边界处多重反射所产生的多重反射波的特点。采用多重反射分析，可以评估波可传播的范围。研究表明其传播范围超过 2.5m，对于采用低电压来驱动的小尺寸器件而言，其效果很显著。

（1）PWAS 获取的波反射信号

当 PWAS 在矩形板试件中用作激励器和接收器时，会观察到波的多反射特征，如图 12-17a 所示。本节通过分析理解这些多反射特征，每个信号后续波包表示这些反射。信号中第一个波包后面的波包都代表了板边界的反射。要实现结构损伤的脉冲回波检测，首先应掌握反射波包特征。研究中建立了每个波包的 TOF 和其传播距离（路径长度）的关系。TOF 的确定是直接的，但是实际距离的确定则和很多因素有关。因为弹性波在 2-D 板中以圆形波阵面传播，它们会在所有边界反射并继续传播，直至完全衰减。研究中，采用 AutoCAD 画图软件辅助分析和计算实际路径长度，如图 12-18 所示。

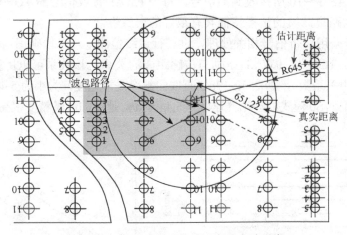

图 12-18　确定反射波传播距离的方法示意

图 12-18 所示是板及其与四边和四角相关的镜面反射情况，得到包含 9 种情况的板平面图。为了辨别某一特定波包所对应的反射路径，研究中将其 TOF 乘以波速以获得第一个路径长度评估值。例如图 12-8 中所示，PWAS 6 接收到的反射传播距离可估计为645 mm。然后，以 PWAS 11 为中心，以估计距离的一半为半径画圆，该圆与 PWAS 6

的一个反射图相交或者相近。采用这种方法可以辨识 PWAS 6 反射的反射图是否真实。下一步，采用 AutoCAD 软件的"距离"工具测量辨识出的 PWAS 图与 PWAS 接收单元之间的真实距离（路径长度）。在图 12-18 中，这个真实距离是 651.22mm。采用这种方法可以确定所有 PWAS 的反射波包路径长度，就可以得到 TOF 和路径长度的关系图，如图 12-19 所示。除了一个较大误差点以外，TOF 与路径长度的关系表现出很好的线性，因此也验证了反射分析的有效性。

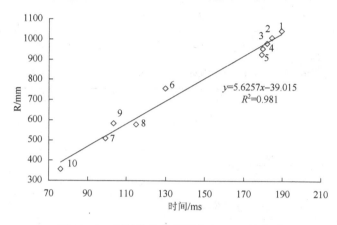

图 12-19　反射信号传播距离和 TOF 的关系

（2）脉冲回波反射的分析

下一步是理解信号中后续波包的反射特点。这些波包出现在第一个波包之后，代表波在板边界反射后产生的波包。在分析中，需要建立每个特定波包的 TOF 和其传播距离（路径长度）之间的关系。TOF 可以直接确定，但真实传播距离的确定涉及许多因素，需要仔细考虑，据此我们能够进行脉冲回波法的分析。接收了初始激励信号后，PWAS 11 还将接收板边界产生并传回的后续反射信号。这些后续波包被记录下来以进行脉冲回波方法分析。图 12-20a 给出了 PWAS 11 所记录的数据。信号中包含激励信号（初始波包）和一定数量的脉冲回波波包。激励信号产生的波包会经历多次边界反射，如图 12-20b 所示。这些反射波包的真实路径长度如表 12-3 所示。从表中可以注意到，反射路径 $R1$ 和 $R2$ 非常接近，因此在图 12-20a 所示的脉冲回波信号中可以看到它们的混叠。另一个重要的地方是可以看到 $R4$ 有两种可能的反射路径：R_{4a} 和 R_{4b}，两者的距离一样，因此这两种反射信号同时到达，形成如图 12-20a 所示的一个反射波包，其强度几乎是相邻波包的两倍。图 12-20c 所示是每个反射波包 TOF 与其路径长度的关系图，其直线拟合的精度很好（$R^2 = 99.99\%$）。其对应的群速度是 5.389km/s，与理论值 5.440km/s 只有 1% 的误差。

利用 PWAS 11 的双重功能：①激励弹性波（初始波包）；②获取板边界所发生的反射并传回的信号，成功地验证了脉冲回波法，表 12-3 和图 12-20。实验得到了很好的线性关系（$R^2 = 99.99\%$）。

同样重要的是，多重反射分析允许我们去估计 PWAS 可以工作的范围。图 12-20c 中所画的最后一个点是 $R8$，这个点所对应的传播距离已经超过 2000mm。从图 12-20c 中还可以看出，$R8$ 的反射仍然很强，依旧可以很好地分辨。其他的反射比 $R8$ 更容易分辨。基于这些观察，我们估计这些小尺寸的 PWAS 在 10Vpp 的激励电压下，其工作范围至少是 2.5m。当然，如果激励电压更高，其工作范围将更大。

表 12-3　　PWAS 11 脉冲回波信号的分析

波包	R_1	R_2	R_3	R_4	R_5	R_6	R_7	R_8
TOF/μs	43.8	48.8	152.8	194.4	233.2	302.8	343.2	380.8
长度/mm	104	114	400	504	608	800	914	1008

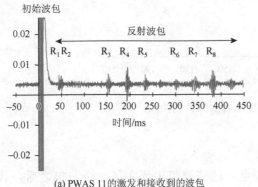

(a) PWAS 11的激发和接收到的波包

(b) 每个波包路径的示意图

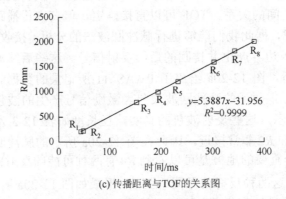

(c) 传播距离与TOF的关系图

图 12-20　脉冲回波法的反射分析数据

12.4　基于 PWAS 的嵌入式一发一收超声检测

采用一发一收方法可以检测传感器和激励器之间结构所发生的变化，具体来说就是通过与健康状态对比导波的幅值、相位、离散情况和 TOF，从而实现检测。由于材料刚度及厚度的微小改变会显著影响导波模式（如 A0 Lamb 波），所以本方法很适用。典型应用包括：①金属结构的腐蚀检测；②复合材料的损伤扩展检测；③胶接接头的脱黏检测；④层合复合材料的分层检测等到。一发一收法方法也可以通过检测裂纹散射波识别裂纹的出现。

12.4.1　基于 PWAS 传感器的嵌入式一发一收超声检测的概念

一发一收法是基于 Lamb 经过损伤区域后产生的变化来检测损伤的。此方法成对使用传感器，一个作为激励器，另一个作为传感器。如图 12-21 所示，嵌入式一发一收方法中，传感器要么永久粘贴在结构表面，要么嵌入复合材料层间。早期嵌入式一发一收 NDE 方法利用 SAW[1] 技术。Culshaw 及其同事采用超声 Lamb 波，以压电传感器作为激励器、光纤传感器用作接收器来检测复合材料损伤[57-59]，应用了传统超声传感器、叉指压电传感器及简单的 PWAS。需要注意的是，尽管压电传感器结构很简单，但是得到了很好的效果。

在嵌入式 NDE 应用中，叉指 PVDF[2] 传感器被发展用于激励和检测 Lamb 波[60-61]。这些传感器能够在金属试件中激励出固定方向的波，但其工作频率固定，由叉指间距决定。Chang 及其同事首先提出可以同时采用压电陶瓷晶体圆片作为 Lamb 波激励器和传感器[62-63]。在复合材料板中可以布置压电传感器阵列，其中一些用作弹性波产生器件，另外一些作为结构响应检测器件，通过带宽 0～2kHz 的结构响应信号幅值的差异来实现损伤检测。基于波传播的损伤检测准则后来得到迅速发展[64-67]。网络化的压电片被买入一种介质膜，称作"智能夹层"[60]，通过采用其中一个压电片激发出可控的诊断信号，邻近的压电片会接收到该信号。

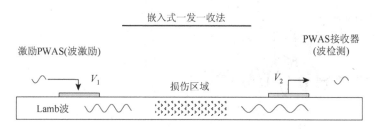

图 12-21　基于一发一收的嵌入式超声损伤检测技术

12.4.2　基于嵌入式一发一收的金属结构裂纹检测

金属结构中的裂纹会垂直于结构壁表面扩展，完全成形的裂纹会穿透整个厚度并撕裂金属材料，这种裂纹也叫穿透型裂纹。传统 NDE 中，金属结构裂纹由超声或电涡流探头进行测量，只有逐点检测能力，裂纹检测往往需要繁琐的手动扫查。嵌入式一发一收检测方法的目的是采用由某一点激励、在不同位置接收的导波方法实

1　SAW=surface acoustic wave. SAW 设备在雷达应用中的延迟线路已经被广泛地研究。

2　PVDF=polyvinylidene difluoride，一种压电聚合物。

现金属结构的裂纹检测。通过对导波信号形状、幅值、相位的变化分析可以指示裂纹的存在和扩展情况。

本章参考文献[68]采用一发一收方法检测金属板的裂纹，采用的是直径为 12mm 的压电片，如图 12-22 所示。

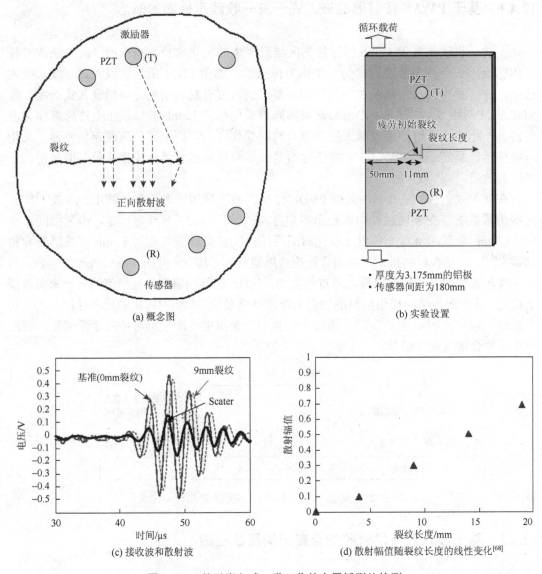

(a) 概念图　　　　　　　　　　　　　　　　(b) 实验设置

(c) 接收波和散射波　　　　　(d) 散射幅值随裂纹长度的线性变化[68]

图 12-22　基于嵌入式一发一收的金属板裂纹检测

在激励器（T）上施加中心频率为 300kHz 的 5 波峰平滑脉冲调制信号在板中激发环形 Lamb 波，传感器（R）用来接收受裂纹出现影响后的波。随着循环载荷的增加，裂纹也将扩展。不同长度下都进行测试，以 0 裂纹长度时的读数为基准，当前接收的波和基准波之间的区别定义为散射波，可以看出散射波的幅值随着裂纹长度线性增大。

同样的一发一收方法也可以应用于检测金属试件搭接上的多位置裂纹损伤[68]。搭接处有两排铆钉，铆钉直接为 4.8mm，每排 19 个，如图 12-23 所示。一行 18 个激励器（T）用来产生 S0 模式 Lamb 波，两行 18 个传感器（R）接收信号。疲劳试验采用常幅循环载荷加载以加速裂纹扩展。可以观察到不同部位的多位置裂纹损伤的扩展。试验暂停了 7 次来评估裂纹的扩展（4、6.5、8、10、12、14 万个循环周期下）。最后的失效发生在 16 万个周期时。没有可行的目测方法，本采用传统 NDE 方法（超声穿透型扫查和电涡流探头）和嵌入式一发一收 NDE 来评估裂纹扩展过程，基于中心频率为 420kHz 的 S0 Lamb 波的累计 TOF 定义损伤因子。

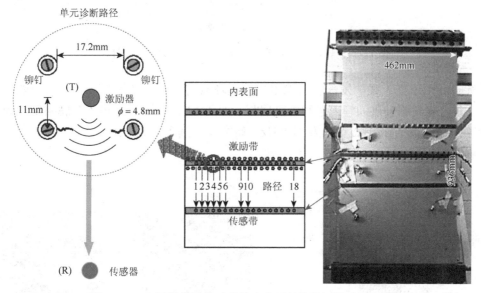

图 12-23　金属搭接接头试件的多位置损伤检测试验设置[68]

图 12-24 所示是在裂纹长度大于 5～8mm 嵌入式方法与传统超声和电涡流方法相比的检测概率，圆圈代表嵌入式一发一收 NDE，三角代表电涡流 NDE。为获得 POD，将传统 NDE 方法监测的不同裂纹长度按从大到小的顺序排序，并与嵌入式一发一收方法进行对比，有

$$POD = \frac{SC}{M+1-N} \qquad (12\text{-}6)$$

式中，SC 是一发一收方法记录的裂纹数量总和；M 是传统 NDE 记录的总和；N 是记录的次数。一发一收方法也可以应用于检测采用环氧树脂硼修复的金属试件疲劳裂纹扩展，对于比 4～8mm 大的裂纹，检测效果较好[68]。

12.4.3　基于嵌入式一发一收的脱黏损伤检测

胶接接头具有广泛应用，但是其长期耐受性和可靠性还未研究清楚。因此，胶接接头的可靠在线 SHM 方法的发展得到了广泛关注。

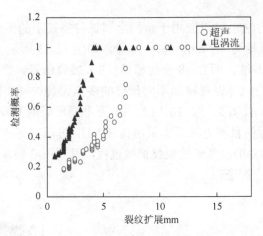

图 12-24　传统方法与嵌入式一发一收方法的 POD 对比[68]

　　有研究采用嵌入式一发一收技术用来检测环氧树脂硼修补块修补金属结构裂纹的脱黏[68]。复合材料修补层间埋入了智能夹层[60]，如图 12-25 所示。采用了对脱黏处较为敏感 A0 模式 Lamb 波，其中心频率为 320kHz。研究发现基于 A0 散射能量的损伤因子可以准确检测脱黏损伤。

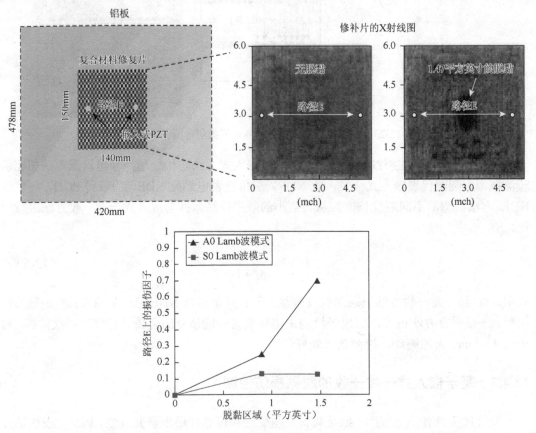

图 12-25　嵌入式一发一收技术检测金属结构中复合材料修补块的脱黏[68]

　　嵌入式一发一收方法也可以检测无人机中机翼蒙皮和翼梁胶接质量[69]。有两种基于导波监测胶接的方法：一种是横跨胶结处，一侧激励波，另一侧接收波；另一种是在胶结区域激励并接收，如图 12-26a 所示。针对前一种方法，有文献深入讨论了两块金属板搭接形成接头的情况[70,71]，如图 12-26b 所示，考虑了导波通过胶接部分时从胶接一边泄漏到胶接另一边时的情况。波进入和离开胶接部分会产生模式转换，造成波传播的复杂性，这是因为单层板的频散特性不同于多叠加板的特性。

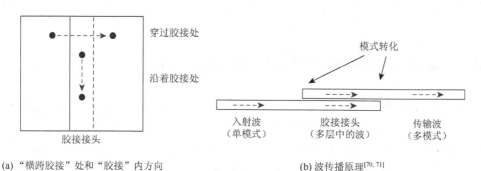

(a) "横跨胶接"处和"胶接"内方向　　　　　　　　　(b) 波传播原理[70,71]

图 12-26　一发一收方法检测脱黏

　　在剪切搭接接头的情况下，基于矩阵方法，黏接叠加处的频散行为可通过 3 层黏结状态来建立多层波传播模型。粘接叠加处的模式转换是单层板（胶接体）相比多层结构（粘接叠加处）的不同频散特性的结果。研究了两铝板间的 3 种不同接口[70,71]：全固化环氧树脂层，固化不完全环氧层和滑动界面层。实验是基于测量通过胶结层的、从一个黏结处传递到另一个黏结处的声学能量进行。通过黏结处的有效能量传递表明好的粘接效果，脱黏会导致传递能量的急剧下降，不良固化会导致弱一些的信号衰减。研究表明，在胶接外缘的面内位移占主导地位的 Lamb 波模式对不良固化粘接最为敏感，因为后者不利于剪切波的有效传播。

12.5　基于 PWAS 的嵌入式脉冲回波超声检测

　　传统 NDE 中，脉冲回波法一般用于厚度方向的检测。对于大面积检测，这种厚度方向的检测需要手动或以机械方式移动传感器以覆盖整个待测区域，其过程耗时费力。显然，导波脉冲回波方法更有可行性，因为在单个检测位置上就能达到较广的检测范围。

　　嵌入式脉冲回波法遵循传统的 Lamb 波 NDE 原理，将粘接于结构中的 PWAS 用作 Lamb 波激励和传感器。PWAS 发出 Lamb 波，并在裂纹处被部分反射，这时仍用同一个 PWAS 作为传感器接收相应的回波信号，如图 12-27 所示。该方法成功实现的关键是选用低频散的 Lamb 波。这种低频散的波，如 S0 模式，可通过 Lamb 波模式调制方法选择性激励出[72]。

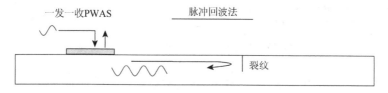

图 12-27　基于脉冲回波法的嵌入式超声损伤检测原理

12.5.1　基于嵌入式脉冲回波的铝梁裂纹检测

通过梳状电极的压电片激励出导波，可检测铝梁切槽产生的相应回波[73]。该方法基于 SAW 技术，激励出的导波半波长等于梳状电极间距。按照正比于电极间距的规则，调节梳状电极各电极激励的相位延迟，以增强激发出的导波信号。对于信号检测，则使用半波长宽度的单电极探头。

12.5.2　基于嵌入式脉冲回波的复合材料梁裂纹检测

基于嵌入式脉冲回波法,研究利用低频 A0 模式 Lamb 波对复合材料梁进行分层检测[74]。图 12-28a 给出了实验装置。梁中布置有矩形 PWAS（20mm×5mm），其长度方向沿着梁轴向，以确保在梁纵向上优先激励出低频 Lamb 波。使用两个 PWAS 分别作为激励器和传感器，激励信号为 15kHz 的 5.5 波峰汉宁窗正弦调制信号。图 12-28b 为梁在初始状态下采集到的传感信号，可明显看到直达波和梁端部产生的反射波。随后，用刀片在复合材料梁中制造一个分层损伤，其尺寸逐渐增大，如图 12-28c 所示。分层裂纹产生了一个额外回波，如图 12-28d 所示。该研究随后应用于 2-D 复合材料板中[75]。

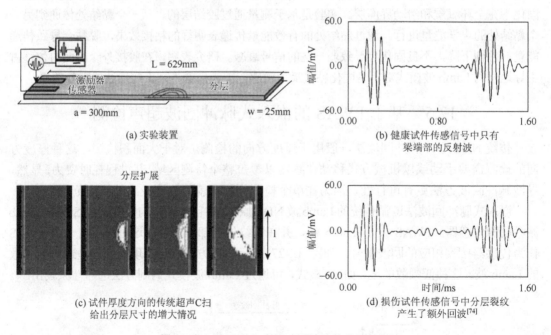

(a) 实验装置

(b) 健康试件传感信号中只有
梁端部的反射波

(c) 试件厚度方向的传统超声C扫
给出分层尺寸的增大情况

(d) 损伤试件传感信号中分层裂纹
产生了额外回波[74]

图 12-28　基于嵌入式脉冲回波法的分层检测

在复合材料夹层结构中，低频下的频散曲线与自由板中因夹芯导致较高衰减的情况类似。利用嵌入式脉冲回波法检测玻璃纤维蒙皮夹层板中泡沫夹芯的损伤[65]，损伤模拟为泡沫夹芯中的孔洞，并使用低频 A0 模式 Lamb 波（10kHz 和 20kHz）。研究结果表明，损伤位置和程度可经回波分析推断出，而无需损伤板的解析模型，该方法随后用于真实冲击损伤检测[76]。较高频率的 S0 模式可用来检测低速冲击引起的夹层结构蒙皮和夹芯间的脱黏损伤[77]。图 12-29 对比给出了原始和冲击损伤后 CFRP 夹层梁中的传感信号，可以清楚看到脱黏引起的额外回波。

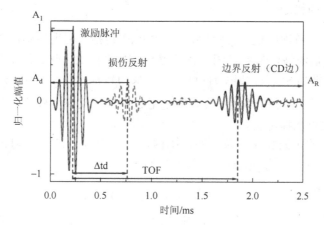

图 12-29　原始和冲击损伤后 CFRP 夹层梁中传感信号的对比[77]

12.6　PWAS 时间反转方法

时间反转方法的发展和一发一收法密切相关[78]。激励产生的信号经传播介质影响后，被传感器接收。如果将接收到的传感信号时域翻转，再从传感器发送回激励，那么介质的影响也被反转了，这种反转的效果对于频散 Lamb 波极其显著。一系列实验[79, 80]表明某些 Lamb 波模式的频散可通过时间反转方法几乎得到完全补偿。反射波的时间反转概念也被用于传统超声传感器线阵中，以实现 Rayleigh 波和 Lamb 波的聚焦激发[81]。已证明这种时间反转方法对于复杂难测介质的超声成像非常有效[82]。

在 SHM 领域，时间反转方法已被报道用于铝板[83]和复合材料板[84, 85]的损伤监测。这种损伤监测方法的主要假设是"波的时间可逆性从根本上是基于系统的线性互惠性，如果在波的传播路径上存在因波散射产生的干扰源，这种线性互惠性和时间可逆性会被打破。因此，通过对比原始输入信号和时反重构信号之间的差异就可以检测损伤"。该方法无需像其他 SHM 方法那样依赖基准数据，还可以利用小波信号的激励和处理技术来增强多模式 Lamb 波的时间反转效果。

Lamb 波时间反转方法作为一种无参考损伤监测技术，极具吸引力。该方法无需先验参考数据，可快速监测出某些类型的损伤。但由于 Lamb 波在任一频率下至少存在两种模式，再加上这些模式的频散特性，这种方法将会变得非常复杂，Lamb 波时间反转法理论仍处于发展中。

本节将基于 Rayleigh-Lamb 波动方程的精确解，提出板类结构中 Lamb 波时间反转的理论模型。首先将研究该理论模型以预测板中单模式和双模式 Lamb 波的时间反转结果，并通过实验验证所提出的理论模型。此外，还将介绍 Lamb 波时间反转的时不变性。

12.6.1　PWAS Lamb 波时间反转理论

（1）时间反转的概念

时间反转的概念首次出现于文献[86]，具体操作包括：利用传感器接收入射波，采集相应的波信号，然后将波信号通过同一传感器反向传播回去，此时传感器作为激励器。经过时间反转操作，波信号 $g(t)$ 会以 $g(-t)$ 的形式反向传播，该过程就像是用模拟式磁带录音机将磁带从结尾往开头进行倒播，或者像是用数字记录仪将信号序列中的最后一个采样点变为第一个采样点回播出去。

在绝热条件下的声波和超声波频率范围内，密度为 $\rho(r)$ 的非均匀传播介质中，压缩率为 $\kappa(r)$ 的声压场可描述为 $p(r,t)$，并满足方程

$$(L_r + L_t)p(r,t) = 0$$
$$L_r = \nabla \cdot \left(\frac{1}{\rho(r)} \nabla \right), L_t = -\kappa(r)\partial_{tt} \qquad （12-7）$$

上式对于时间反转处理是不变的，这是因为 L_t 仅包含时间的二阶导数（即时域自共轭），并且交换声源和传感器的位置不会改变声压场[87]，L_r 满足空间互惠性。

在非耗散介质中，式（12-7）可保证对于声源发出的每组声波，（至少理论上）会存在另一组声波能精确沿着原路反回传播至声源。该结论仍将成立，即使传播介质非均匀，并存在可能引起波的反射、散射和折射的密度和压缩率变化。如果是点状声源，这将使声波聚焦回声源，而不管介质如何复杂[88]。

通过所谓的时间反转镜（time reversal mirrors，TRM）技术可产生上述聚焦的波，并重构出原始声源。TRM 方法包含两个步骤[86]：第一步，声源 $f(t)$ 发出压力波，该波进行传播并因非均匀介质产生波形畸变，镜阵列的第 i 个阵元作为传感器，接收传播至此阵元处的波并将波信号提供给计算机；第二步，第 i 个阵元作为激励，将先前接收到的波信号以时域翻转的形式 $g(-t)$ 激发回去。阵列中所有阵元同时同步执行这两步操作。根据式（12-7）的时不变原则，原始声波得到重建，但该重建的波是反向传播的，并沿原先波的路径反向传回声源处。在经过介质的传播过程中，TRM 发出的波将会消除自身的波形畸变，在原始声源处聚焦为 $f(-t)$。因此，通过时间反转处理，先前发出的波信号 $f(t)$ 将重新聚焦回声源处，并重构为 $f(-t)$。时间反转方法的这两个性质已被用于多个应力波应用领域，如水声学、通信、室内声学、超声医学成像和医疗等[88]。

（2）Lamb 波的时间反转

由于 Lamb 波的复杂性和多模式特性，时间反转的概念在 Lamb 波领域相对较新，只有一些研究者进行了探究。时间反转方法（TRM）被研究用于 NDE 中，即在给定距离上

发出某一频散的 Lamb 波,可获得具有更高信噪比(signal-to-noise ratio,SNR)和空间分辨率的 TRM 重构波[89]。TRM 可用于聚焦 Lamb 波能量,检测板中的缺陷和损伤。该方法表明时间反转过程可再压缩频散的波,提高检测的空间分辨率,并使实验数据解释变得容易[79,80,90]。最近,研究者们正基于 Lamb 波 TRM 试图发展一种无参考 SHM 技术[85,91]。该技术利用时间反转过程的重构特性,即在声源之外的另一个位置采集传播过来的波信号,然后将其时间翻转后反向激发回去,从而在声源处重构出原始波。这种方法的关键假设是,当声源和 TRM 之间的波传播路径上存在损伤时,前向传播的波可能会发生模式转换、散射和/或反射,从而破坏时间反转重构过程。如果重构波形相比于原始波形发生异变,则意味着结构中存在损伤。该方法仅与自身信号进行对比,无需结构的先验状态信息,所以是无参考的。在某典型实验中,将一个钢块放置于结构中表面粘接的两个 PWAS A 和 B 之间[85]。没有钢块时,重构波形和原始波形几乎相同。放置钢块后,重构波形则不同于原始波形。因此,通过比较重构波形和初始波形就能检测出结构损伤。

虽然已对 Lamb 波时间反转技术进行了实验探索,并证明该技术能有效检测某些类型的损伤,但 Lamb 波时间反转理论尚未充分研究。研究者基于 Mindlin 板弯曲波理论研究了弯曲板波的时间反转[83],这对于中低频的 A0 模式 Lamb 波是较好的近似研究。然而,该研究既没有考虑其他 Lamb 波常见模式,如 S0 模式,也没有考虑多模式 Lamb 波,如 S0+A0 这种混合模式。此外,这些初步研究还未考虑 PWAS 和结构之间的相互作用。

本节将提出基于 PWAS 的 Lamb 波时间反转解析模型。为了验证这一理论模型,将开展单模式(S0 或 A0 模式)和双模式(S0+A0 模式)Lamb 波的时间反转数值和实验研究。对 Lamb 波时间反转的时不变性也将进行讨论。

(3)Lamb 波激励信号

如前几章所述,Lamb 波一般是频散的。长距离传播后,不同频率的波将相互分离,使波形发生畸变,给信号分析带来难度。使用有限带宽的输入信号可以减轻但无法完全消除这种频散问题。在本书研究中,Lamb 波激励信号为汉宁窗调制的频率为 f 的正弦信号,如图 12-30a、b 所示。汉宁窗可表示为

$$h(t) = 0.5\left[1 - \cos\left(2\pi/T_H\right)\right], \, t \in \left[0, \, T_H\right] \tag{12-8}$$

正弦调制信号的波峰数(N_B)和汉宁窗长度的关系为

$$T_H = N_B/f \tag{12-9}$$

因此,正弦调制信号可表示为

$$x(t) = h(t) \cdot \sin\left(2\pi ft\right), \, t \in \left[0, \, T_H\right] \tag{12-10}$$

300 kHz 的正弦调制信号如图 12-30 所示。加窗正弦调制信号将信号能量集中在 300 kHz 的激励频率处,如图 12-30c 中的幅度谱所示。理论上,这就可以使 Lamb 波选择在频散曲线上的某个点上进行激励,而该点处的 Lamb 波群速度与频率无关或几乎无关。然而,如图 12-30c 所示,信号幅度谱因汉宁窗旁带发生严重扩散。因此,容易得到如下重要的结论:当使用有限长度的波包时,不可能将有限持续时间的输入信号能量集中于单个频率上,这归因于不确定性原理。该原理表明信号带宽反比于信号持续时间,所以对于波峰数 N_B 的正弦调制激励信号,频率越高,持续时间越短,频谱主瓣宽度(频谱扩散)

越宽。为了将正弦调制信号的能量集中于窄频带内，调制信号的波峰数应随着信号频率的升高而增大。

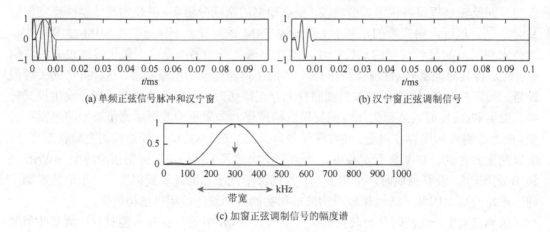

(a) 单频正弦信号脉冲和汉宁窗　　　　　　　　　　　(b) 汉宁窗正弦调制信号

(c) 加窗正弦调制信号的幅度谱

图 12-30　300kHz 的汉宁窗正弦调制信号

12.6.2　PWAS Lamb 波时间反转的建模

金属薄板中的 Lamb 波时间反转可以通过以下两步建模：①在 PWAS 1 上加载正弦调制激励信号 V_{tb}，在 PWAS 2 处采集前向传播的 Lamb 波 V_{fd}；②从 PWAS 2 向 PWAS 1 激发时域翻转的 Lamb 波传感信号 V_{tr}，则 PWAS 1 接收到的回传波为重构的 Lamb 波 V_{rc}。

根据图 12-31 所示的原理框图编写了时间反转的仿真程序，仿真中使用了傅里叶变换（Fourier transform，FFT）和逆傅里叶变换（inverse Fourier transform，IFFT）。下标 tb、fd、tr 和 rc 分别代表正弦调制信号、前向传播波、时间反转波和重构波。如图 12-31 所示，正弦调制信号 V_{tb} 和重构波 V_{rc} 之间的关系可以通过傅里叶变换表示，即

$$V_{rc}(t) = IFFT\{V_{tr}(\omega)\cdot G(\omega)\} = IFFT\{V_{tb}(-\omega)\cdot |G(\omega)|^2\} \tag{12-11}$$

其中，函数 $G(\omega)$ 是频率相关的结构传递函数，该函数会影响波在介质中的传播情况。在某些简化情况下，如下所述，可求得传递函数 $G(\omega)$ 的解析式，以简化并加快仿真。例如，第 8 章中式（11-108）表明，理想粘接 PWAS 激励下的各项同性板中，Lamb 波具有应变封闭解为

$$\varepsilon_x(x,\,t)\big|_{y=d} = -i\frac{a\tau_a}{\mu}\sum_{\xi^S}(\sin\xi^S a)\frac{N_S}{D_S'(\xi^S)}e^{i(\xi^S x-\omega t)} - i\frac{a\tau_a}{\mu}\sum_{\xi^A}(\sin\xi^A a)\frac{N_A(\xi^A)}{D_A'(\xi^A)}e^{i(\xi^A x-\omega t)} \tag{12-12}$$

（1）双模式 Lamb 波（A0 和 S0）的时间反转仿真

为了问题分析的简便，假设某频厚积下传播的 Lamb 波中只存在两种模式：A0 和 S0。在这种情况下，可根据式（12-12）将结构传递函数 $G(\omega)$ 写为

$$G(\omega) = S(\omega)e^{i\xi^S x} + A(\omega)e^{i\xi^A x} \tag{12-13}$$

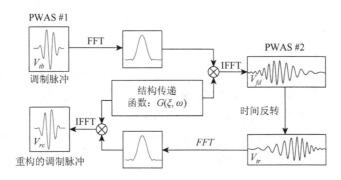

图 12-31 Lamb 波时间反转的流程框图

其中，$S(\omega)$ 和 $A(\omega)$ 为对应于 S0 和 A0 Lamb 波模式的函数，即

$$S(\omega) = -i\frac{a\tau_0}{\mu}\sin(\xi^S a)N_S(\xi^S)/D_S'(\xi^S) \qquad (12\text{-}14)$$

$$A(\omega) = -i\frac{a\tau_0}{\mu}\sin(\xi^A a)N_A(\xi^A)/D_A'(\xi^A) \qquad (12\text{-}15)$$

因此

$$\left|G(\omega)\right|^2 = \left|S(\omega)\right|^2 + \left|A(\omega)\right|^2 + S(\omega)A^*(\omega)e^{i(\xi^S-\xi^A)x} + S^*(\omega)A(\omega)e^{-i(\xi^S-\xi^A)x} \qquad (12\text{-}16)$$

其中，符号 * 表示复共轭；$\left|S(\omega)\right|^2$ 和 $\left|A(\omega)\right|^2$ 为频率相关的实数。将式（12-16）代入式（12-11），式（12-16）右边的前两项将在时域重构波 V_{cr} 中共同产生一个波包，其他两项（第三和第四项）则分别产生两个额外的波包，并相对于第一个波包对称分布。这两个额外波包的位置可以通过傅里叶变换的左向和右向时移性质预测出。

对式（12-13）所示的双模式 Lamb 波解析模型进行时间反转处理，仿真得到重构的波，如图 12-32 所示，仿真中选用了 1mm 厚铝板和 210kHz 的 3.5 波峰正弦调制激励信号。正如将式（12-16）代入式（12-11）时所预测的那样，在重构波中可看到 3 个波包。因此，对包含两种模式 A0 和 S0 的 Lamb 波进行时间反转，重构波 V_{cr} 中包含了 3 个波包。尽管该情况下的输入信号是非时不变的，但如果 $\left|S(\omega)\right|^2 + \left|A(\omega)\right|^2$ 在正弦调制激励信号的频率范围内为常数，重构波中的主波包仍与原始正弦调制激励信号的波形匹配。该理论分析解释了本章参考文献[91]中时间反转重构信号的主波包两侧出现旁瓣波包的实验现象。

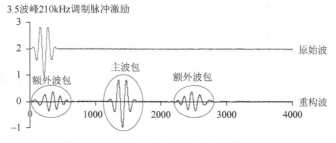

图 12-32 双模式 Lamb 波时间反转仿真

（2）单模式 Lamb 波的时间反转仿真

如果激励出单模式 Lamb 波，上节所述的复杂时间反转情况将得以缓解。对于单模式 Lamb 波，$G(\omega)$ 可得到明显简化，TRM 重构结果中只有一个波包。例如，利用上一章介绍的 PWAS Lamb 波模式调制技术激励出 A0 单模式 Lamb 波。虽然由于正弦调制激励信号的频谱扩散，这在实际试验中可能无法确切实现，但可望达到 A0 模式占主导的近似效果。如果 A0 模式为主，则函数 $G(\omega)$ 变为

$$G(\omega) = A(\omega)e^{i\xi^S x} \tag{12-17}$$

将式（12-17）代入式（12-11），得到

$$V_{rc}(t) = IFFT\left\{V_{tb}(-\omega) \cdot \left|A(\omega)\right|^2\right\} \tag{12-18}$$

式（12-18）表明单模式 Lamb 波情况下，重构波 V_{rc} 的相位谱和时域翻转的正弦调制信号 $V_{tb}(-t)$ 相同，而两者的幅度谱相差一个频率相关系数 $\left|A(\omega)\right|^2$。对于窄带激励，$\left|A(\omega)\right|^2$ 可近似为常数，所以式（12-18）变为

$$V_{rc}(t) = Const \cdot IFFT\left[V_{tb}(-\omega)\right] = Const \cdot V_{tb}(-t) \tag{12-19}$$

式（12-19）表明，重构波 V_{rc} 与时域翻转的正弦调制激励信号 V_{tb} 相似。如果正弦调制激励信号是对称的，即 $V_{tb}(t) = V_{tb}(-t)$，那么重构波 V_{rc} 与原始正弦调制激励信号完全相同，两者可直接进行对比。

因此，可证明 A0 单模式 Lamb 波是时间可逆的，没有出现图 12-32 中的额外旁瓣波包，该推论在激励信号带宽足够窄，调制出的 A0 模式占主导的情况下均成立。显然，对于 S0 单模式 Lamb 波，也能得到类似的结论。同样只要激励信号带宽足够窄，该 S0 单模式 Lamb 波也是时间可逆的。

12.6.3　PWASLamb 波时间反转的数值和实验验证

为了验证上节所提出的 Lamb 波时间反转理论，开展了数值和实验研究。

（1）实验设备

图 12-33a 为 Lamb 波时间反转研究的实验设备，包括 HP 33120 信号发生器，Tektronix 5430B 示波器和计算机。使用了两个试件，一个是1524mm×1524mm×1mm 的铝板，板中布置有两个相距 400mm 的直径为 7mm 的圆形 PWAS，如图 12-33b 所示。另一试件是1060mm×300mm×3mm 的铝板，板中布置有两个相距 300mm 的边长为 7mm 的方形 PWAS，如图 12-33c 所示。两个试件中的 PWAS 传感器对均工作于一发一收模式。在试件四周都贴有橡胶泥，以消除边界反射，保持信号不受干扰。

(a) 时间反转实验装置

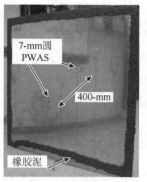

(b) 1524mm×1524mm×1mm
2024-T3铝板，布置有两个
相距400mm的直径为7mm
的圆形传感器

(c) 1060mm×300mm×3mm
2024-T3铝板，布置有
两个相距300mm的边长为
7mm的方形传感器

图 12-33　时间反转的实验装置和试件

（2）试件中的 PWAS 模式调制

为了确定单模式或多模式 Lamb 波的调制频率，在每个试件中进行 PWAS 模式调制实验。其中一个 PWAS 上加载汉宁窗正弦调制激励信号，并按照 20kHz 的步长，进行 10～700kHz 的扫频，并用另一个 PWAS 测量对称和反对称模式的幅频响应。

图 12-34 和图 12-35 分别给出了布置有 7mm 圆形 PWAS 的 1mm 铝板和布置有 7mm 方形 PWAS 的 3mm 铝板中的模式调制结果。注意到基于式（12-12）预测的归一化应变曲线（左）与测得的应变曲线（右）均表现出 sine 函数的变化趋势，如第 11 章关于 PWAS 调制所讨论的那样。两个试件中的 A0 模式在低频时均占主导，S0 模式的幅值随着频率上升而增大。S0 和 A0 模式在约 210kHz 频率处的幅值相当，当频率继续上升时，S0 模式幅值继续增大，并超过 A0 模式。在集成有 7mm 圆形 PWAS 的 1mm 铝板中，S0 模式在 300kHz 时占主导，而在另一个集成有 7mm 方形 PWAS 的 3mm 铝板中，S0 模式在 350kHz 时为主。

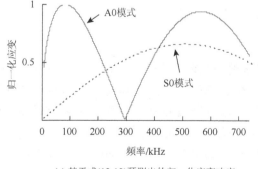

(a) 基于式(12-12)预测出的归一化应变响应

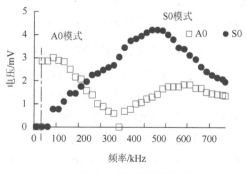

(b) 电压单位表示的实验值

图 12-34　7mm 圆形 PWAS 激励下 1mm 厚 2024-T3 铝板中的 Lamb 波响应

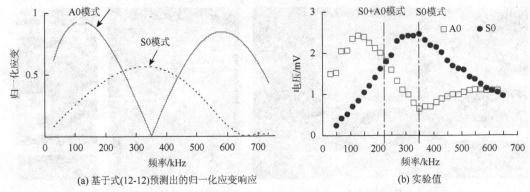

(a) 基于式(12-12)预测出的归一化应变响应　　　　　　(b) 实验值

图 12-35　7mm 方形 PWAS 激励下 1mm 厚 2024-T3 铝板中的 Lamb 波响应

（3）PWAS Lamb 波时间反转结果

时间反转可按以下的两个步骤进行。

①前向波的产生：信号发生器在 PWAS 激励上加载正弦调制信号，向板中激发出 Lamb 波，另一个 PWAS 与示波器连接以采集板中的前向波。

②时间反转和正弦调制信号的重构：将 PWAS 接收到的信号进行时域翻转，然后下载到信号发生器的存储器中，从 PWAS 发送回原先的 PWAS 激励器。整个实验通过 LabVIEW 程序自动完成。

根据如图 12-31 所示的流程框图可数值分析 Lamb 波模式三种组合情况下的时间反转情况，其中函数 $G(\omega)$ 由式（12-13）给出。

（4）A0 模式 Lamb 波的时间反转

图 12-36 给出了 A0 模式 Lamb 波时间反转中的归一化数值仿真波形及其实验结果。Lamb 波激励信号是中心频率为 36kHz 的 3 波峰正弦调制信号，如图 12-36a 所示。A0 模式在此频率下占主导，所以采集到的前向波在传播 400mm 后，主要包含 A0 模式的波包，而 S0 模式的波包被抑制，如图 12-36b 所示。实验信号有时会有信号激励时产生的的电磁（electromagnetic，EM）耦合波包，该波包与讨论无关，可忽略。将前向波时域翻转（图 12-36c）并重新激发回去，频散的 A0 模式波包得到再压缩，如图 12-36d 所示，可看到实验得到的重构波形与原始正弦调制激励信号类似。

（5）S0 模式 Lamb 波的时间反转

该实验采用中心频率为 350kHz 对称的 3.5 波峰正弦调制信号（图 12-37a）在板中激励出 S0 模式 Lamb 波。如图 12-35 所示，S0 模式在 350kHz 达到最大幅值，而 A0 模式幅值最小。但由于 350kHz 的 3.5 波峰正弦调制激励信号具有一定的频谱扩散，故能轻微激励出 A0 模式的 Lamb 波，这可在板中传播了 300mm 的前向波中明显观察到，如图 12-37b 所示。将前向波时域翻转（图 12-37c）并重新激发回去，得到图 12-37d 所示的归一化重构波。尽管存在多余的波，重构波中的主波包仍与原始激励波形相匹配。

（6）S0+A0 模式 Lamb 波的时间反转

将对称 3.5 波峰正弦调制信号的中心频率调节为 210kHz，可在板中产生 S0 和 A0 模

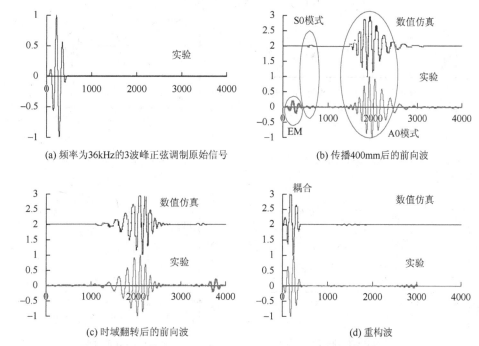

(a) 频率为36kHz的3波峰正弦调制原始信号

(b) 传播400mm后的前向波

(c) 时域翻转后的前向波

(d) 重构波

图 12-36 A0 模式 Lamb 波时间反转中的数值仿真和实验测量波形

式的 Lamb 波,如图 12-38a、b 所示。正如上节预测的那样,重构波中会出现 3 个波包。其中,第一个和第三个波包对称分布于第二个波包,中间的波包与原始正弦调制激励波形相匹配,如图 12-38d 所示

图 12-36、图 12-37 和图 12-38 表明时间反转中的数值仿真波形和实验测量波形一致,这意味着 PWAS Lamb 波时间反转理论可以准确预测实验结果。

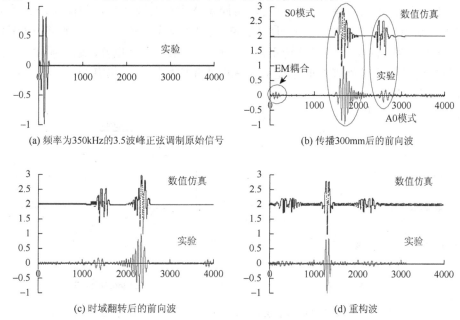

(a) 频率为350kHz的3.5波峰正弦调制原始信号

(b) 传播300mm后的前向波

(c) 时域翻转后的前向波

(d) 重构波

图 12-37 S0 模式 Lamb 波时间反转中的数值仿真和实验测量波形

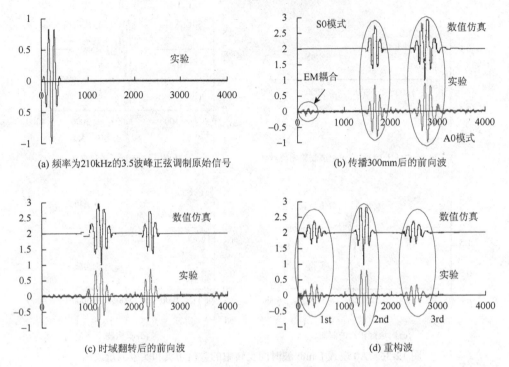

(a) 频率为210kHz的3.5波峰正弦调制原始信号　　　(b) 传播300mm后的前向波

(c) 时域翻转后的前向波　　　　　　　　(d) 重构波

图 12-38　双模式 Lamb 波时间反转中的数值仿真和实验测量波形

（7）Lamb 波时间反转法的时不变性

　　本小节将考察 TRM 重构波的时不变特性。如果重构波形和初始波形相同，那么该过程是时不变的。对于单模式 Lamb 波的时间反转，输入波可被重构出，如图 12-36 和图 12-37 所示。为了判断是否为时不变，将原始和重构的波重叠，如图 12-39 所示（虚线和实线分别为原始波和重构波）。图 12-39a 为 A0 模式的重叠结果，而图 12-39b 给出了 S0 模式的结果。注意到时间反转重构波和原始波几乎完全重叠，这说明单模式 Lamb 波激励信号的时间反转处理是时不变的（重构波和原始波之间仍有微小差异，这可能是由数值误差产生的）。

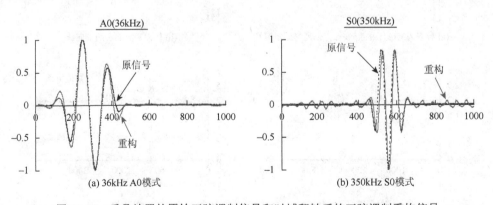

(a) 36kHz A0模式　　　　　　　　　(b) 350kHz S0模式

图 12-39　重叠放置的原始正弦调制信号和时域翻转后的正弦调制重构信号

　　对于双模式 Lamb 波（210kHz）的时间反转，重构波含有 3 个波包而原始波只有一个。这意味着多模式 Lamb 波激励信号的 TRM 过程不再是时不变的。然而，初始波仍可重构为重构波中的中间波包。图 12-40 给出了重叠放置的原始和重构波，其吻合度很高（重构波和原始波之间仍有微小差异，这可能是由数值误差产生的）。

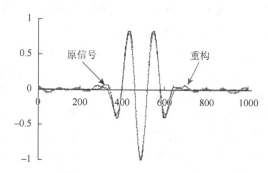

图 12-40　重叠放置的原始正弦调制信号和时域翻转后的正弦调制重构信号：210kHz，S0+A0 模式

　　重构波与原始波的差异随着正弦调制信号波峰数的增加，即随着正弦调制信号带宽的减小而降低。这从函数 $G(\omega)$ 频域特性的角度很容易理解，随着频域带宽减小，函数 $G(\omega)$ 几乎变为常数。利用均方根误差对两种波的差异程度进行了定量化研究，相似度计算为

$$Similarity(i, j) = 1 - RMSD = 1 - \sqrt{\sum_N (A_i - A_j)^2 \Big/ \sum_N (A_j)^2} \qquad （12\text{-}20）$$

其中，N 为波形的点数；i，j 表示参加比较的两个波形。该方法对比两组波形数据的幅值，并根据式（12-20）将得到的标量值分布于 0～1（即从"不相关"到"相同"）。

　　表 12-4 给出了 A0 模式、S0 模式和 S0+A0 模式时间反转中重构的正弦调制信号与原始正弦调制信号之间的相似度值。相似度随着正弦调制信号波峰数的增加而提高。对于 A0 模式的时间反转，当正弦调制信号的波峰数从 3 增加到 6 时，相似度从 80.3% 增加到 88.5%。对于 S0+A0 模式和 S0 模式的时间反转，正弦调制信号的波峰数从 3.5 增加到 6.5 时，其相似度均随之增加。比较 S0+A0 模式和 S0 模式的情况可发现，在相同的正弦调制信号波峰数下，S0+A0 模式总是比 S0 模式具有更高的相似度，这是因为实验中 S0+A0 模式比 S0 模式的激励频率低，具有更窄的带宽。因此，为了在时间反转中实现对某 Lamb 波模式的更好重构，可选用中心频率较低和波峰数较多的正弦调制激励信号。

表 12-4　重构的正弦调制信号与原始正弦调制信号之间的相似度

频率	36kHz（A0）				210kHz（S0+A0）				350kHz（S0）			
波峰数	3	4	5	6	3.5	4.5	5.5	6.5	3.5	4.5	5.5	6.5
相似度	80.3	84.7	87.5	88.5	86.9	89.0	89.8	90.5	54.0	66.4	73.7	86.3

12.6.4　多模式 Lamb 波时间反转的 PWAS 调制效果

图 12-34 所示的调制曲线中，A0 模式和 S0 模式在 500kHz 附近幅值接近。因此，两种 Lamb 波模式可被 500kHz 的正弦调制信号同时激励出，其时间反转重构波中有两个大的旁瓣波包分布于左右两边，如图 12-41 所示。在 290kHz 处可激励出 S0 单模式，当 S0 模式占主导时，重构波形更好，并具有更小的旁瓣波包，如图 12-42 所示。然而，从图 12-42 中可看到重建的主波包左右两边仍有一些小的残余波包。产生这些残余波包的原因是 16 波峰正弦调制信号为有限带宽的，因此除了占主导的 S0 模式，A0 模式也被轻微激励出。为了消除残余波包，应使用更多波峰数，即带宽更窄的正弦调制激励信号，但这样会增加信号的持续时间，使其时域分辨率下降。如果采用低频激励（如 30kHz），会发现 A0 模式占主导而 S0 模式非常微弱。而且，在这些较低的频率处，16 波峰正弦调制信号的带宽比在高频带下的情况更小。因此，TRM 重构波变得更为清楚，如图 12-43 所示。30kHz 测试信号的时间反转重构效果很好：A0 模式占主导，窄带激励信号通过时间反转被完美重构，实际未观察到残余波包。

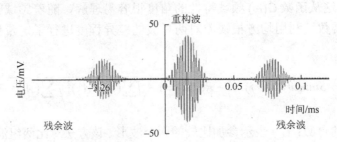

图 12-41　由于多模式 Lamb 波的存在，利用中心频率为 500kHz 的正弦调制信号进行非调制时间反转重构的结果中存在较强的残余波

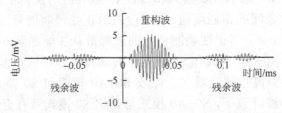

图 12-42　经 Lamb 波 S0 模式调制的时间反转结果：由于正弦调制信号的旁带频率会产生微弱的 A0 模式成分，在中心频率为 290kHz 的 16 波峰正弦调制重构信号中仍存在很小的残余波包

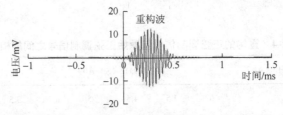

图 12-43　经 Lamb 波 A0 模式调制的时间反转结果：对中心频率为 290kHz 的 16 波峰正弦调制信号的重构信号中未出现残余波包

仿真中的另一个重要任务是考察不同激励频率下时间反转中的重构波和残余波包之间的相对幅值。图 12-44 给出了宽频范围（10～1100kHz）内重构波包和残余波包的幅值。可以看出，对于某一固定波峰数的激励信号（此处为 16 波峰正弦调制信号），残余波包的幅值随着激励频率而变化，该幅值在某些频率调制点处达到局部最小和局部最大。因此，可利用频率调制技术选择最优的激励频率，以提高 Lamb 波信号的时间反转重构效果。通过这种 Lamb 波模式调制方法，可在时间反转损伤监测中获得更准确的损伤指示参数。例如，对于此处仿真中的 7mm PWAS 和 1mm 厚的铝板，从图 12-44 中可看出 30kHz、300kHz、750kHz 和 1010kHz 是用于时间反转损伤监测的最佳激励频率。

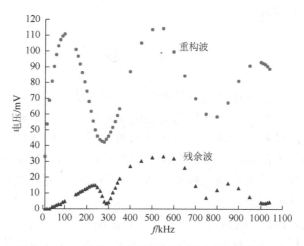

图 12-44　10～1100kHz 频带内对 16 波峰正弦调制信号进行时间反转得到的重建波和残余波的最大幅值

12.6.5　单元小结

作为一种无参考 SHM 技术，Lamb 波时间反转方法已通过实验证明了无需参考数据就能检测板结构中某些类型损伤的能力。然而，与 3-D 压力波的时间反转不同，Lamb 波时间反转由于 Lamb 波的频散和多模特性变得非常复杂，因此 Lamb 波的时间反转理论尚未充分研究。本节主要介绍了 PWAS SHM 中 Lamb 波时间反转理论研究的一些初步成果。在理解 PWAS 传感器和结构中 Lamb 波之间耦合作用的基础上，提出了时间反转模型。研究发现，Lamb 波只在某些情况下是严格时间可逆的。主要结论如下。

①单模式 Lamb 波（如 S0 模式或 A0 模式）的窄带正弦调制信号是时间可逆的。单模式 Lamb 波的时间可逆性随着正弦调制信号带宽的降低而提高，而单模式 Lamb 波可通过 PWAS Lamb 波频率调制获得。

②双模式 Lamb 波信号的时间反转会产生 3 个波包而不是单个波包。其中，只有一个是真正的时间反转重构波包，与原始信号相似，另外两个是对多模式 Lamb 波进行时间反转时产生的残余波包。换言之，时间反转不变性只对单模式 Lamb 波成立，而对包含多个

模式的 Lamb 波信号不再成立。

为了验证理论模型得到的预测结果，进行了两组实验。分别使用了布置有 7mm 圆形或方形 PWAS 的 1mm 和 3mm 厚的板。结果表明该模型可以很好地预测实验结果。实验发现，在 3mm 板中使用 7mm 方形 PWAS 对 S0 调制波（350kHz，图 12-35b）进行时间反转的结果很好，在 1mm 板中利用 7mm 圆形 PWAS 也能得到较理想的 A0 调制波（36kHz，图 12-34b）时间反转结果。而在存在两种 Lamb 波模式的频率调制范围外（210kHz，图 12-35b），时间反转处理除了产生主波包，还有额外的旁瓣波包。

虽然为了验证 PWAS Lamb 波时间反转理论，上述结论是在原始健康试件中得到的，但容易看出，通过 PWAS Lamb 波调制技术，单模式 Lamb 波时间反转方法无需先验信息便可检测薄壁结构的损伤。

12.7　偏　移　技　术

偏移技术是一种源于地球物理声学的信号处理方法。在地球物理勘查中，先在地球表面引发一个小的爆炸，爆炸产生的波在地球内部及其表面传播。用地震检波仪记录初始爆炸产生的波以及从地球内部各种非均匀地质反射而来的波。偏移技术将实验中记录的波场移动（"偏移"）至地球内部反射体的实际空间位置，以实现对地下反射体的成像。该过程通过将波动方程看作基于惠更斯原理的时变边界值问题进行系统求解，从而反向传播所记录的波。

偏移技术已运用于板中的损伤监测[92, 93]，并在铝板中进行了有限差分仿真和实验。其中，基于 Mindlin 板理论对反对称板波建模，并利用有限差分算法计算得到波的传播解，这种有限差分法通过将损伤散射波反向偏移，从而识别出损伤的位置和程度。研究者基于偏移技术和 PWAS 稀疏线阵进行了裂纹损伤检测。在金属板中以 25mm（1 英寸）的间隔横向布置 9 个圆形 PWAS，并按照轮循方式将这些 PWAS 依次作为反对称板波的激励和传感器。在距传感器 150mm（6 英寸）处开一个穿透的弧形裂缝（宽为 1.1mm，半径为 12.5mm）来模拟损伤。某个激励器发出的波阵面经损伤散射后，传播至各传感器并采集为数字信号。处理这些实验数据时，偏移的时间步长设置为与 A/D 转换器的采样间隔相同。在每个时间步，将接收到的波向损伤位置偏移（后向传播）。对每个时间剖面进行偏移可得到对应于该单个激励器的成像结果，叠加（堆叠）各激励器所对应的成像结果可获得增强的损伤成像结果，这就是叠前偏移方法。或者，先将对应的成像结果（对每个信号同步）叠加，再偏移，这是叠后偏移方法。叠后偏移方法计算量小，而叠前偏移方法可提高信噪比。

12.8　基于 PWAS 的被动声波传感器

到目前为止，PWAS 均用作弹性波的主动激励器和传感器。实际上，PWAS 同样可以作为弹性波的被动传感器使用。本节考察两种应用情况：①基于 PWAS 的冲击监测；②基于 PWAS 的声发射检测。

12.8.1　基于 PWAS 传感器的冲击检测

基于 PWAS 的复合材料冲击监测已通过实验证明（本章参考文献[64，94]）。实验采用图 12-16 所示的 PWAS 网络检测铝板的低速外物冲击。从 50mm 的高度抛落一个小钢珠（0.16g），并用 PWAS1、5、7 和 9 采集相应的冲击信号，如图 12-45a 所示。图 12-45b 给出了各传感器采集的信号。这些信号相对于示波器触发时间的 TOF 值分别为 $t_1 = 126\mu s$、$t_5 = 160\mu s$、$t_7 = -27\mu s$、$t_9 = 185\mu s$。

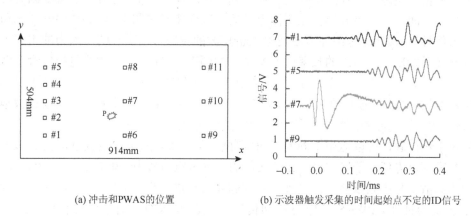

(a) 冲击和PWAS的位置　　　　　　(b) 示波器触发采集的时间起始点不定的ID信号

图 12-45　冲击检测实验（冲击事件为 50mm 高度落下的 0.16g 钢珠，PWAS 的冲击的位置如表 12-5 所示）

可用表 12-5 列出的距离和 TOF 数据计算冲击位置。假设冲击位置为 (x, y)，则距离、群速和 TOF 的关系可由下面的非线性联立方程组表示：

$$(x_i - x)^2 + (y_i - y)^2 = \left[c(t_i + t_0)\right]^2, \; i = 1, \cdots, 4 \qquad （12-21）$$

上式是包含 4 个未知数由 4 个非线性方程组成的方程组，可通过误差最小化算法求解。这 4 个未知数分别为冲击位置 (x, y)、波速 c 和触发延迟时间 t_0。研究了两种求解方法：①全局误差最小化；②局部误差最小化，发现局部误差最小化得到的结果稍好，而全局误差最小化对预测初值的鲁棒性更强。计算确定的冲击位置为 $x_{impact} = 402.5mm$，$y_{impact} = 189.6mm$，相对于实际冲击位置 (400mm, 200mm) 的误差分别为 0.6% 和 5.2%。这种冲击检测方法需要解决两个重要问题：①波达时间的正确估计；②Lamb 波的频散特性。

表 12-5　PWAS 传感器的位置 (x, y) 以及距离声发射和冲击位置的径向距离 r，需要注意的是飞行时间（TOF）调整了 76.4μs 以补偿示波器的触发延迟

传感器	位置			TOF/μs
	x	y	z	
1	100	100	316	126
5	100	400	361	160

传感器	位置			TOF/μs
	x	y	z	
7	450	250	71	−27
9	800	100	412	185
重构的 ID 事件	402.5	189.6	N/A	—
真实的 AE/ID 事件	400	200	N/A	N/A

　　数值分析发现冲击位置的误差很容易受到波达时间估计值 t_i 影响，这主要因为难以准确估计波达时间，尤其当波形存在缓慢上升的幅度变化时（图 12-45b 中 PWAS 5 和 9 接收的冲击信号），该现象是由冲击激发出 Lamb 波的频散特性引起的。因为冲击属于宽带宽的事件（激发出某一范围的频率而不是单一的频率），冲击产生的波包中包含了多种频率成分，并以不同的波速传播，因此冲击产生的波包频散扩展得特别快（对比 PWAS 7 和 PWAS 9 接收的冲击信号）。例如，PWAS 7 接收的信号（靠近冲击点）为紧凑的波包，而 PWAS 5 和 9（远离冲击点）接收的信号频散扩展得更严重。

　　针对上述问题，可以运用不同的 TOF 判断准则，如能量峰值的到达时间。该能量峰值的判断准则可方便于诸如 PWAS 7 接收的紧凑波包信号中，但在类似于 PWAS 5 和 9 接收到的频散信号中难以使用。这种频散问题还有待进一步研究解决。

　　上述实验证明，PWAS 可作为被动传感器检测低速冲击引起的弹性波。高灵敏度 PWAS 的应用很方便，因为高达 ±1.5V 的传感信号可直接连接数字示波器采集，而无需任何信号调节或前置放大。实验中展示了如何通过数据处理确定相对准确的冲击位置。

12.8.2　基于 PWAS 的声发射检测

　　声发射信号常通过昂贵笨重的专用声发射传感器采集[95-97]，为此研究者对复合材料中基于 PWAS 检测声发射信号的可行性进行了研究[94]。本节为了考察 PWAS 检测金属结构声发射信号的能力，在图 12-16 给出的集成有 PWAS 网络的矩形板试件中开展了实验。在位置 P（$x_p = 400mm$，$y_p = 200mm$）模拟产生 AE 事件，如图 12-45a 所示。与其他研究者的方法类似[97]，通过试件表面的铅笔断芯模拟声发射（0.5mm 的 HB 铅笔芯）。表 12-5 列出了 PWAS 的位置以及它们距离声发射位置的轴向距离。

　　图 12-46 所示的是 PWAS 1、5、7、9 接收到的模拟声发射信号（为了显示方便，信号通过纵向平移隔开）。对于距离声发射位置最近的 PWAS 7（$r_7 = 71mm$），其信号最强，而且包含了对应于 S0（轴向）波和 A0（弯曲）波的高频和低频成分。弯曲（A0）波传播速度较低，但比轴向（S0）波的幅值高。其他 PWAS 接收的信号变化情况类似，虽然由于距离声发射源较远，信号幅值较小。这些实验结果表明，PWAS 可用于声发射信号检测中。这些传感器的灵敏度非常显著，其信号幅值高达 ±1.5V，可直接连接数字示波器采集，而无需信号调节或前置放大。

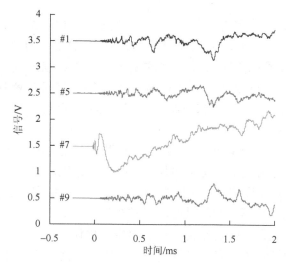

图 12-46 PWAS 接收到的模拟声发射（AE）事件产生的 AE 信号

12.9 总 结

本章主要介绍了基于 PWAS 的导波 SHM 方法。PWAS 技术的应用是以传统 NDI 和 NDE 所积累的大量知识为基础的。不同的是前者运用小体积并且可以永久粘贴在结构上的 PWAS。因此，前者属于前沿新技术：嵌入式超声无损评估技术（e-NDE）。该技术可以推动需求日益迫切的检测系统与结构的集成，以确定结构的健康状态并预测剩余寿命。

PWAS 使得嵌入式超声 NDE 这一新兴技术的出现成为可能。由于 PWAS 和传统 NDE 传感器在使用上有本质性的区别，所以发展嵌入式超声 NDE 技术还依赖于新的超声检测与识别技术的发展。本章对相关内容进行了介绍，并重点探讨了完善嵌入式超声 NDE 技术的新研究方向。

回顾了传统 NDE 超声检测方法后，本章介绍了金属长条薄板的简单 1-D 模型和 PWAS 产生导波的传播和检测实验。在 FEM 建模中采用了：①传统有限元；②耦合场有限元。研究发现建模和实验分析的结果高度吻合。该节还介绍并简单讨论了大型铁轨试件中的一发一收试验，由于试件较大，Rayleigh 表面声波被激发、传输并被检测出。

本章第 3 节介绍了基于 PWAS 的金属薄板 2-D 波动试验。本节从一发一收试验开始，在介绍了实验设置之后，给出了一发一收的实验结果。结果显示一发一收实验很好再现出 Lamb 波速度和群速度频散曲线的理论计算值。然后介绍了脉冲回波实验，对 PWAS 接收到的反射波信号进行了多重反射分析。研究证明，利用低功耗器件经 PWAS 耦合产生的导波在薄板结构中所能传播较远距离（7mm PWAS 在 10Vpp 激励下产生的导波能传播超过 2000mm）。

本章第 4、5 节主要介绍了 PWAS 嵌入式 NDE 技术。第 4 节讨论了一发一收嵌入式 NDE，第 5 节讨论了脉冲回波嵌入式 NDE。给出了金属和复合材料结构中的例子，讨论的结构形式从简单外形的试件，到全尺寸飞行器结构壁板试验件。通过这种循序渐进的方式，先理解简单试件中基于 PWAS 的损伤检测技术原理，然后认识如何将该损伤检测技术应用于实际典型的复杂结构中。嵌入式一发一收方法的讨论结合了金属结构中的穿透性疲劳裂纹检测，以及复合材料或者其它连接结构中的分层和脱黏损伤检测进行。嵌入式脉冲回波方法则结合金属结构和复合材料结构进行了介绍。

本章第 6 节介绍了时间反转方法，这是一种源自单模式压力波时间反转特性的新方法。时间反转法最初应用于水下超声和肾结石医疗等领域。该节主要讨论了薄壁结构中的多模式 Lamb 波的时间反转，将时间反转方法作为一种损伤检测技术，该技术基于损伤引起的非线性因素会破坏原始信号时间反转重构过程这一假设。因此，时间反转重构信号中出现的波形畸变则意味着结构中可能出现了损伤。该节介绍了多模式 Lamb 波的时间反转理论，分析了波场的多模式特性是如何影响时间反转处理的，然后将上一章提出的 PWAS Lamb 调制概念用于优化时间反转处理，最后将理论预测结果和试验结果进行了详细比较。

本章最后介绍了采用 PWAS 作为被动传感器检测结构冲击和裂纹扩展产生的声发射信号。

尽管嵌入式超声 NDE 技术已经取得了很大发展，仍有大量研究有待开展。为了提高该项新兴技术的认可度，需要细化理论分析和校准实验方面的工作。为了将嵌入式 NDE 技术用于在役结构，还有一些难题需要克服，特别是被测结构操作与服役环境变化的问题亟待解决。NDE 技术通过实测信号与参考信号的模式对比来诊断损伤。这种简单的模式对比容易受到诸如温度和湿度等操作环境不同引起的非期望信号变化的影响。此外，还需完成大量工作使 PWAS 和相关硬件达到服役的要求。尽管如此，基于 PWAS 的嵌入式 NDE 概念具有良好的 SHM 应用前景。

12.10 问题和练习

1. 考虑一个长度 l=57mm、宽度 b=1.65mm、厚度 t=0.2mm 的 PWAS，材料属性如表 12-2 中所示。PWAS 粘接于厚为 1mm、长为 1000mm 的铝条一端，铝条的 E=70GPa，ρ = 2.7g/cc。PWAS 长度方向沿着铝条，并用 3.5 波峰的正弦调制信号激励。①计算使 S0 模式占主导的第一个激励频率；②假设频率调整为①计算出的频率值，计算波包传播至试件的另一端并反射回来的时间，简述波的模式；③假设穿透裂纹的反射点距离 PWAS 400mm 处，重新②中的计算，简单描述波的模式；④综合考虑②和③所述的两种反射情况，并假设试件端部和裂纹处反射波的能量相同，简单描述波的模式并进行讨论。

2. 考虑一个长度 l=57mm、宽度 b=1.65mm、厚度 t=0.2mm 的 PWAS，材料属性如表 12-2 中所示。PWAS 粘接于厚为 1mm、长为 1000mm 的铝条一端，铝条的 E=70GPa，ρ = 2.7g/cc。PWAS 长度方向沿着铝条，并用 3.5 波峰的正弦调制信号激励。①计算使 A0 模式占主导的第一个激励频率；②假设频率调整为①计算出的频率值，计算波包传播至试件的另一端并反射回来的时间，简述波的模式；③假设穿透裂纹的反射点距离 PWAS 400mm 处，重新②中的计算，简单描述波的模式；④综合考虑②和③所述的两种反射情况，并假设试件端部和裂纹处反射波的能量相同，简单描述波的模式并进行讨论。

3. 解释时间反转方法的原理。简述将时间反转方法应用于 Lamb 波时会遇到什么问题，这些问题如何解决。

4. 描述如何应用导波和 PWAS 传感器检测板中的冲击位置：①阐述所用的方法；②列出主要的难点并给出可能的解决方案。

参 考 文 献

第 13 章　基于 PWAS 的在线相控阵方法

13.1　引　言

相控阵技术已广泛应用于雷达、声呐、地震探测、海洋探测和医学成像等领域。相控阵是将一组传感器按特定空间位置布置的阵列，每个阵元的相对相位不同，从而使得阵列的有效传播模式可以在希望的方向增强，而在其他方向抑制。相控阵方法可以让雷达和声呐系统具备"电子"扫描地平线的能力，而不需要任何机械操作。如图 13-1a 所示，旋转盘式雷达可以被静止的相控阵板所取代，如图 13-1b 所示。

(a) 旋转盘式雷达　　　　　　　　　　(b) 早期相控阵板[1]

图 13-1　雷达实例

相控阵可同时作为波激励器和波传感器使用。当相控阵处于发射模式时，不同方向上阵列激发信号的相对幅值决定了阵列的辐射方向模式，因此相控阵可用于指向固定的方向，也可以迅速地在不同方向或者海拔上扫描。

传感器阵列也可作为空间滤波器使用，除了特定方向上的波，其他都会被衰减。波束成型是指一大类阵列处理算法，这类算法是将阵列信号响应或信号激励聚焦于一个特定方向。波束是阵列方向上的主瓣，波束成型可应用于阵列信号激励、响应接收或者两者同时。波束成型方法可看作将阵列空间滤波器指向特定方向，这与传统旋转盘式雷达通过旋转控制其波束在某个希望方向上是相似的，但相控阵的波束控制是通过算法实现而非通过物理方法。波束成型方法一般对于传感器信号进行同样的操作而不管声源数目和波场里的噪声特征。

本章使用 PWAS 面向结构健康监测实现相控阵方法。首先回顾了传统 NDE 领域内的相控阵概念，特别关注了基于导波原理的相控阵方法。在回顾了当前发展状态后，本章介绍 PWAS 相控阵原理。首先介绍 1-D 线阵，这是最简单的 PWAS 相控阵，且给出嵌入式超声结构雷达（embedded ultrasonic structural radar，EUSR）的概念。此方法提出了波束成型激励、波束成型响应和相控阵脉冲回波等概念，并给出了 EUSR 原理的实现方法以及该方法的实验验证和校正。本章还进行了 1-D PWAS 线阵的全面实验研究，例如，不同损伤类型的 EUSR 检测、弯曲板上的检测和疲劳周期载荷实验中的裂纹扩展成像。

本章详细地研究了 PWAS 相控阵波束成型优化方法,考察了 r/d 和 d/λ 比值、阵元数目 M 和转向角 ϕ_0 对方法的影响。讨论了不均匀 PWAS 相控阵,其中每个阵元作用占有不同的加权。研究了二项式和 Dolph-Chebyshev 阵列,并与均匀线阵相比较,认识了阵列指向性与检测方向范围间的平衡性。开展并有比较地讨论了基于不均匀 PWAS 线阵的实验研究。

本章进一步给出了一般 PWAS 相控阵算法方程。该方程给出了延时累加方法,可同时适用于远场和近场。本章剩余部分的主要讨论 2-D PWAS 阵列的研究。首先通过仿真分析研究了 2-D 阵列布置效果,所研究的 2-D 阵列包括十字阵、矩形网格阵、矩形环阵、圆形环阵和圆形网格阵,分析比较了它们的波束成型特性。随后发展了基于矩形网格阵实现超声结构雷达的方法,采用了 2-D-EUSR 算法。首先利用仿真数据对该算法进行了测试,然后进行了实验研究。比较研究了 4×8 矩形 PWAS 阵列和 8×8 方形 PWAS 阵列,验证了 2-D PWAS 阵列的 360° 全方位扫描特征。

本章最后部分介绍了基于傅里叶变换的相控阵分析。该方法没有前文采用的“从头开始”的方法直观,但基于空间频率的多维傅里叶变换分析方法能很好地解释上述相控阵技术的许多特征。最后举例解释了空间采样率理论、有限孔径采样和空间假频和旁瓣现象。

13.2　传统超声 NDE 中的相控阵

由于相控阵原理技术具有很多优点,因此应用到超声检测中[2-4]。相对传统的超声传感器,相控阵具有高的检测速度、灵活的数据处理、优化的分辨率、不需要机械移动的扫描能力和动态波束控制和聚焦等优点[5]。对向后散射的超声信号进行分析,可以实现成像。利用相控阵,超声信号的波阵面可以聚焦于一个特定位置或者一个特定方向,大面积的检测则可以通过电子扫查和重聚焦来实现而不需要物理上操作传感器。在超声检测中,损伤可以看做是结构局部阻抗的变化,可以从结构中所传播的超声回波中诊断出来。然而相对于声呐和医学相控阵来说,超声无损检测相控阵技术还存在一些特别需要注意的问题:①固体中波的传播速度远大于液体和组织中波的传播速度;②由于波的频散特性和多模式特性,波的传播更加复杂。因此,超声相控阵的实现所需要的电子学更加复杂。

13.2.1　体波超声相控阵

现有超声相控阵技术往往利用在材料表面施加法线方向的冲击所产生的压力波,这样的相控阵已在厚试件和厚板的侧向检测中展现出明显的优势,其电子束扫描和聚焦使得检测效率得到明显优化。

通过依次以微小的时间差激励阵列传感器中的每个阵元,超声波阵面会聚焦或被控制在某特定方向上,因此大面积检测就可以通过电子操控和重聚焦来实现,而不需要物理上操控传感器。

厚板以及厚板侧向检测的不同相控阵传感器如图 13-2 所示[6]。超声相控阵检测技术的原理与雷达、声呐、地震学、海洋学以及医学成像中的相控阵技术原理类似,这些应用领域的共同术语，例如"相控阵"，表明它们源自同一基本原理。

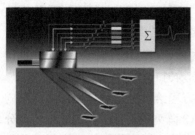

图 13-2　相控阵技术的原理示意

超声相控阵使用多个超声阵元和电子时间延迟构建相长干涉形成波束，这与雷达、声呐以及其他波物理应用领域内的相控阵技术类似。然而超声波应用下，波的波长更短并受制于模式转换和其他超声波相关复杂性影响。基于相控阵传感器的超声检测具有很多优点[2, 3]，相对于传统超声 NDE，通过电子控制、扫描和聚焦波束的相控阵无损检测技术有如下重要的技术优点[7]：①允许快速地覆盖待检测部件；②控制超声传感器的方向可以最大化地实现缺陷检测；③在仅有少量信息的情况下，方向扫描对检测有利；④允许依据待检测缺陷位置优化电子聚焦波束形状和尺寸进而优化缺陷检测。

总的来说，相控阵的应用可以减少检测时间并最大化地实现缺陷检测。当使用超声相控阵时，除了阵列本身，典型的参数设置还包括检测角度、焦距、扫描模式等，参数的设置需要耗费一定的时间。

13.2.2　导波超声相控阵

参考文献[8]介绍了一种基于高频导波相控阵聚焦对管道进行无损检测的方法，采用的是传统相控阵传感器。这种相控阵聚焦方法提高了信号信噪比及对管道网络中小损伤的灵敏度。通过使用相控阵并激发多种非对称模式波，实现了具有角度波束轮廓的波束聚焦。控制叠加过程以实现管道内部或沿管道的任何位置的聚焦，该方法能够快速扫描整个管道并能检测出面积小于 1%的横截面损伤，并通过所激发的导波在非弯头区域实现整个直管部分的检测。

有报道采用传统楔形超声传感器和特制电路实现基于 Lamb 波相控阵的薄板检测方法[9]，实现了 Lamb 波波束的操控和聚焦。该方法在航空结构、导弹、压力容器、油箱和管道等大面积超声检测领域中具有很好地应用潜力。

永久粘贴的超声导波阵列可用于长期监测结构的完整性[10]。采用 32 个传感器组成等间距的直径为 70mm 的环形阵列，传感器是直径 5mm、厚 2mm 的压电片，并带有质量块。阵列用于导波的激励和接收。激励信号为中心频率 160kHz 的 5 波峰脉冲调制信号，激励 A0 模式。阵列采用紧凑形式以更有利于快速和有效地大面积检测，采用电池供电和无线数据传输方式。

另外一种激发 Lamb 波的方法是梳状传感器，由 1-D 线性超声传感器阵列组成，可依次激励[5, 11-13]。采用该种方法，所激发的波集中在阵列轴成一线的窄波束内。控制梳状传感器的阵元间距和激励频率可以选择合适的导波模式应用于不同的场合。

尽管现有 NDE 相控阵很有前景，但其所使用的传统超声传感器尺寸大且昂贵，使得这些技术不适用于结构健康监测。NDE 相控阵使用时需要考虑三方面因素：①尺寸和重量；②费用；③操作原理。传统超声传感器是谐振器件，由压电振荡片、保护层和阻尼块组成。激励时，它们产生高频振荡并对所接触的表面产生垂直撞击。如果要产生倾斜入射波，就需要采用楔块。由于其内在复杂性，传统超声传感器相对尺寸大且昂贵。要将足够数量的传统超声传感器永久布置在航空结构上以实现 SHM 系统并实现所需要区域的检测是不切实际的且花费巨大。但如果有另一种传感器，尺寸小且便宜，那么该方法就可行。本章所讨论的相控阵是采用小且不突出的 PWAS 作为阵元激励和接收所传播 Lamb 波，介绍基于 PWAS 的 Lamb 波相控阵原理。首先介绍 1-D 的 PWAS 相控阵，然后介绍各种形状的 2-D-PWAS 相控阵。

13.3　1-D 线性 PWAS 相控阵

13.3.1　线性相控阵原理

阵列由一定数量的阵元组成，通常阵元尺寸一致并按照等间距布置在一条线上。相控阵激励的波模式是各个阵元所激励波的叠加。按照一定的顺序及时间差激励阵列传感器的各个阵元，那么超声波波阵面可以聚焦或控制在某个特定方向上，这样，大区域的检测就可以通过电子操控和重聚焦实现而不需要操作阵列传感器。本章从最简单的 PWAS 相控阵开始分析，也就是 1-D 线性相控阵。

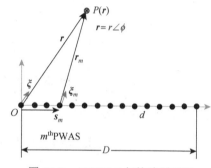

图 13-3　M-PWAS 相控阵原理图

考虑如图 13-3 所示线性 PWAS 阵列，阵列由 M 个阵元组成，$m=0, 1, \cdots, M\text{-}1$，阵元间距为等间距 d。则第 m 个 PWAS 阵元的位置可用 s_m 表示为

$$s_m = mde_x \tag{13-1}$$

式中，e_x 为沿 x 轴的单位向量，即沿着阵列方向。假设目标在 P 点，其位置向量为 $r = r\xi$。目标位置向量与水平轴的倾斜角为 ϕ。阵列中每个 PWAS 都是全方向的声源，可以激发如图 13-4 所示的脉冲 $s_T(t)$。脉冲以波速 c 传播至目标 P 处，第 m 个 PWAS 与目标 P 的向量为 $r_m = r_m\xi_m$，在目标 P 处接收的第 m 个 PWAS 的信号为

$$y_m(t) = \frac{1}{\sqrt{r}} s_T\left(t - \frac{r_m}{c}\right), \; m = 0,1,\cdots,M-1 \tag{13-2}$$

式中，$r_m = |r_m|$ 为第 m 个 PWAS 与目标 P 的距离；$1/\sqrt{r}$ 因子表示由于全方向 2-D 传播而导致的波幅值衰减，通过波阵面的能量守恒假设确定，那么目标 P 处得到的所有 PWAS 声源激发的信号叠加为

$$s_P(t) = \sum_{m=0}^{M-1} y_m(t) = \frac{1}{\sqrt{r}} \sum_{m=0}^{M-1} s_T\left(t - \frac{r_m}{c}\right) \tag{13-3}$$

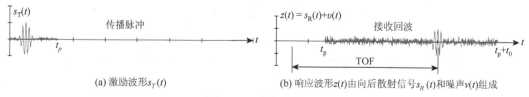

(a) 激励波形 $s_T(t)$　　　　　　(b) 响应波形 $z(t)$ 由向后散射信号 $s_R(t)$ 和噪声 $v(t)$ 组成

图 13-4　脉冲回波方法

（1）远场平行波近似理论

若目标 P 距 PWAS 阵列很远，则可应用远场平行波近似理论，如图 13-5 所示。近似理论的基本假设是声源足够远，使所有阵元至目标的位置向量和原点至目标 P 的位置向量平行，即

$$r_m \| r, \; m = 0, 1, \cdots, M-1 \tag{13-4}$$

式（13-4）意味着 $\xi_m = \xi$，则

$$\xi = e_x \cos\phi + e_y \sin\phi, \; r = r\xi = e_x r \cos\phi + e_y r \sin\phi \tag{13-5}$$

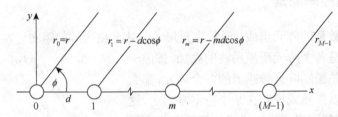

图 13-5　M 个 PWAS 传感器间距为 d 的均匀线阵

因此 $\xi_m = \xi$ 表示为

$$\xi_m = \xi = e_x \cos\phi + e_y \sin\phi, \; r_m = r_m\xi = e_x r_m \cos\phi + e_y r_m \sin\phi \tag{13-6}$$

在这些假设下，式（13-3）中的距离 r_m 可通过向量运算得到。首先将位置向量 r_m 与 PWAS 阵元位置向量 s_m 求和。根据图 13-3，可得

$$r = r_m + s_m \tag{13-7}$$

式（13-7）在目标方向 ξ 上的投影经重新整理为

$$r_m \cdot \xi = r \cdot \xi - s_m \cdot \xi \tag{13-8}$$

将式（13-1）、式（13-5）和式（13-6）代入式（13-8）得

$$r_m = r - md e_x \cdot \xi = r - md \cos\phi \tag{13-9}$$

从式（13-9）可得对于第 m 个 PWAS，其至目标 P 的距离小于 $m(d\cos\phi)$。将式（13-9）代入式（13-3）得

$$
\begin{aligned}
s_P(t) &= \frac{1}{\sqrt{r}} \sum_{m=0}^{M-1} s_T\left(t - \frac{r_m}{c}\right) = \frac{1}{\sqrt{r}} \sum_{m=0}^{M-1} s_T\left(t - \frac{r - md\cos\phi}{c}\right) \\
&= \frac{1}{\sqrt{r}} \sum_{m=0}^{M-1} s_T\left(t - \frac{r}{c} + m\frac{d\cos\phi}{c}\right)
\end{aligned}
\tag{13-10}
$$

式中，r/c 是目标 P 与参考阵元 PWAS（$m=0$）的距离所造成的时间延迟。从式（13-10）可得，若所有 PWAS 同时激励，那么从第 m 个 PWAS 传播至目标 P 的信号更快，提前的时间为

$$\delta_m(\phi) = m\frac{d\cos\phi}{c} \tag{13-11}$$

将式（13-11）代入式（13-10）得

$$s_P(t) = \frac{1}{\sqrt{r}}\sum_{m=0}^{M-1} s_T\left[t - \frac{r}{c} + \delta_m(\phi)\right] \tag{13-12}$$

（2）延时激励

假设 PWAS 不是同时激励，而是有一定的延时，Δ_m，$m = 0,1,\cdots,M-1$。利用式（13-10），通过恰当地选择每个阵元的时延来实现阵列聚焦和波束成型。那么从第 m 个 PWAS 传播至目标 P 的信号为

$$y_m(t) = \frac{1}{\sqrt{r}} s_T\left(t - \frac{r_m}{c} - \Delta_m\right), \quad m = 0,1,\cdots,M-1 \tag{13-13}$$

式中，Δ_m 为第 m 个阵元的时延。式（13-12）变为

$$s_P(t) = \frac{1}{\sqrt{r}}\sum_{m=0}^{M-1} s_T\left[t - \frac{r}{c} + \delta_m(\phi) - \Delta_m\right] \tag{13-14}$$

（3）激励波束成型

波束成型是基于全方向阵列阵元激励波的相长干涉实现的，通过使阵列中所有阵元的波同时到达目标 P 处，就可实现相长干涉。根据式（13-14），要实现此目标，须以一定的时延 Δ_m 分别激励阵列中的阵元，从而抵消各阵元波到达时间差 $\delta_m(\phi)$，即

$$\Delta_m = \delta_m(\phi) \tag{13-15}$$

将式（13-15）代入式（13-14）得

$$s_P(t) = \frac{1}{\sqrt{r}}\sum_{m=0}^{M-1} s_T\left(t - \frac{r}{c}\right) = \frac{1}{\sqrt{r}} s_T\left(t - \frac{r}{c}\right)\sum_{m=0}^{M-1} 1 = M\frac{1}{\sqrt{r}} s_T\left(t - \frac{r}{c}\right) \tag{13-16}$$

式中，因子 M 源自 M 次激励总和。式（13-16）表明，相比接收单个 PWAS 的信号，在方向 ϕ 上目标 P 处接收的阵列响应信号增强了 M 倍，因此可在方向 ϕ 上实现波束成型。

若目标方向 ϕ 未知，则需要考虑通过调整阵元的时延改变波束成型的角度 ϕ 从而覆盖整个空间。将式（13-11）代入式（13-15）得到对于每个给定 ϕ 的时延表征为

$$\Delta_m = m\frac{d}{c}\cos\phi, \quad m = 0,1,\cdots,M-1 \tag{13-17}$$

由于函数 $\cos\phi$ 关于水平轴对称，根据式（13-17）得到的时延 Δ_m 将产生两个方向上的波束成型，ϕ 和 $-\phi$。由于传统雷达装置在空间旋转的角度范围为 $0\sim180°$，因而 $\pm\phi$ 不确定性对于传统雷达来说不是问题。但是线性 PWAS 相控阵 SHM 应用通常将阵列布置在大区域的中心，这种情况下，角度 ϕ 范围是 $0\sim360°$。式（13-17）中的 $\pm\phi$ 不确定性会限制实际范围为 $0\sim180°$，例如，方向 $\phi=53°$ 上的波束成型图有两个对称的主瓣，分别在 $\phi=53°$ 和 $\phi=-53°$，如图 13-6 所示。

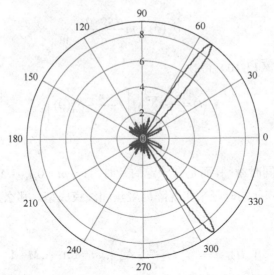

图 13-6　9 阵元 PWAS 相控阵在 $\phi=53°$ 上的波束成型图

（4）响应波束成型

响应波束成型的原理与激励波束成型的原理正好相反，若在方向 ϕ 有全方向声源 P 点，那么第 m 个传感器接收的信号将快 $m(d\cos\phi)/c$，因此通过阵元各自的时延 $\Delta_m(\phi)=m(d\cos\phi)/c$，即可使信号同时到达所有传感器。

（5）相控阵脉冲回波

假设目标在方向 ϕ 和距离 R 的位置。通过改变式（13-17）的时延 Δ_m，增大 ϕ 逐渐扫查，可以实现激励波束成型。当 $\phi=\phi_0$ 时，接收到回波，回波形成的过程如下。根据式（13-16），在目标 P 接收的激励波束成型信号 s_P 是单个信号 s_T 的 M 倍增强，即

$$s_P(t)=\frac{M}{\sqrt{R}}s_T\left(t-\frac{R}{c}\right) \tag{13-18}$$

目标 P 处，信号以散射系数 A 向后散射。后向散射源由于全方向辐射，幅值以 $1/\sqrt{r}$ 因子衰减，时延为 $\delta_m(\phi)$。因此，阵列中第 m 个传感器接收的信号为

$$y_m^R(t)=\frac{1}{\sqrt{R}}A\frac{M}{\sqrt{R}}s_T\left[t-\frac{2R}{c}+\delta_m(\phi_0)\right],\ m=0,1\cdots,M-1 \tag{13-19}$$

式中，$\delta_m(\phi_0)=m(d\cos\phi_0)/c$。传感器应用时延 $\Delta_m(\phi_0)=m(d\cos\phi_0)/c$ 聚集所有传感器的信号得到阵列响应信号 s_R，即

$$s_R(t)=\frac{AM}{R}\sum_{m=0}^{M-1}s_T\left[t-\frac{2R}{c}+\delta_m(\phi_0)-\Delta_m(\phi_0)\right] \tag{13-20}$$

由于 $\Delta_m(\phi_0)=\delta_m(\phi_0)=m(d\cos\phi_0)/c$，接收的信号会相长干涉。根据式（13-20），接收信号有 M 倍增强，即

$$s_R(t)=\frac{AM^2}{R}s_T\left(t-\frac{2R}{c}\right) \tag{13-21}$$

相对于激励信号 $s_T(t)$，响应信号 $s_R(t)$ 的时延为

$$\tau = \frac{2R}{c} \qquad (13\text{-}22)$$

根据 $s_R(t)$ 可测量时延 τ，进而计算目标距离 $R = c\tau/2$。

（6）基于调谐 PWAS 相控阵的损伤检测

一旦建立了 PWAS 相控阵的波束控制和聚焦，内部缺陷和损伤的检测就可利用脉冲回波方法实现，如图 13-4 所示。由持续间为 t_p 的平滑窗组成的脉冲被激励并传播至目标。目标反射信号产生回波，回波被 PWAS 相控阵检测到。分析 $(t_p, t_p + t_0)$ 期间的相控阵信号，可识别到时延 τ，其表征波传播至目标由反射回来的飞行时间（TOF），知道了飞行时间和波速即可得到目标的位置。

基于多模式导波的 PWAS 相控阵在薄壁结构中最重要的现象是 PWAS Lamb 波调谐原理，这已经在第 11 章中介绍。PWAS Lamb 波调谐原理允许同时考虑 PWAS 的大小及激励频率，以激励出合适的频散程度最低的单模式 Lamb 波。下文中，假设这样的调谐是可能的，并可激励出最小频散 Lamb 波，因此图 13-4 所示情况就可实现，而不用考虑 Lamb 波普遍的多模式频散特性。

13.3.2 嵌入式超声结构雷达

嵌入式超声结构雷达（EUSR）采用 PWAS 相控阵雷达原理和超声导波扫描薄壁结构，以实现大面积表面检测裂纹和腐蚀[14]。在 EUSR 概念中，导波通过结构表面安装的 PWAS 产生，PWAS 在结构表面的面内运动同结构中 Lamb 波的面内运动相耦合。Lamb 波在薄壁结构内传播并以很小的衰减传播很长的距离。因此相对于相控阵原点的目标位置可通过径向位置 R 和方向角 ϕ 来描述。下面介绍 EUSR 工作原理，考虑如图 13-5 所示的 PWAS 阵列。PWAS 阵列的每个阵元都可作为激励器和传感器使用。本章设计了循环改变 PWAS 使用的方法，采集结构上传感器阵列对所有激励信号的响应。应用 EUSR 原理，对每个信号添加合适的时延使它们聚焦到方向 ϕ 上。当 ϕ 从 0 到 180°改变时，即形成虚拟扫描波束，可以扫查大区域结构。

如第 6 章中所述，Lamb 波存在一定数目的频散模式，但通过第 11 章介绍的 PWAS 调谐方法，可以控制激励一个特定的 Lamb 波模式，其波长 $\lambda = c/F_c$，F_c 为载波频率，c 为对应 Lamb 波模式的波速。通常选择很低频散的 Lamb 波模式调谐，这样便可假设一个准常量波速 c，因此，PWAS 产生的平滑调制脉冲信号可表示为

$$s_T(t) = s_0(t)\cos 2\pi F_c t, \ 0 < t < t_p \qquad (13\text{-}23)$$

式中，$s_0(t)$ 为载波频率 F_c 在 0 至 t_p 的短历时平滑窗，如图 13-4 所示。在传统相控阵雷达中，假设均匀的 M 个 PWAS 线性阵列，每个 PWAS 都可逐点作为激励器和传感器使用。阵列中 PWAS 的间距为 d，而 d 须远小于远距离点 P 的距离 r，由于 $d \ll r$，传感器与 P 点的连线可以看成是相互平行的，角度为 ϕ，如图 13-5 所示。

接下来介绍 EUSR 信号激励和接收的实际实现方法。循环使用时，每个 PWAS 作为

激励器激励一次，反射的信号会被所有 PWAS 接收。激励器工作在脉冲回波模式，也就是同时作为激励器和传感器使用，其他 PWAS 作为被动传感器使用。这样就产生了一个 $M \times M$ 矩阵的阵元信号，如表 13-1 所示。根据式（13-11）、式（13-14）和式（13-15）表示的波束成型原理，对应的响应信号合成为波束成型响应。控制时延 Δ_j 使得扫查波束在某个方向 ϕ_0。合成波束的传感器响应 $w_i(t)$ 采用和激励波束合成时相同的时延 Δ_j，也被接收合成为方向 ϕ_0 上的聚焦波束，包含于总接收信号 $s_R(t)$ 中。若直接应用该方法，首先需要知道目标方向 ϕ_0，一般应用中目标角度未知，需要采用逆算法确定。因此采用 ϕ_0 方向的阵列单位时延 $\delta_0(\phi_0)=(d\cos\phi_0)/c$，将响应信号表示为参数 ϕ_0 的函数（当时延介于固定采样间隔之间时，可采用样条插值方法更准确地实现）。

表 13-1　主动传感器阵列循环激励产生的 $M \times M$ 矩阵的阵元信号

		激励器				合成波束
		T_0	T_1		T_{M-1}	
传感器	R_0	$p_{0,0}(t)$	$p_{0,1}(t)$	$\cdots$	$p_{0,M-1}(t)$	$w_0(t)$
	R_1	$p_{1,0}(t)$	$p_{1,1}(t)$	$\cdots$	$p_{1,M-1}(t)$	$w_1(t)$
	R_2	$p_{2,0}(t)$	$p_{2,1}(t)$	$\cdots$	$p_{2,M-1}(t)$	$w_2(t)$
	$\cdots$	$\cdots$	$\cdots$	$\cdots$	$\cdots$	$\cdots$
	R_{M-1}	$p_{M-1,0}(t)$	$p_{M-1,1}(t)$	$\cdots$	$p_{M-1,M-1}(t)$	$w_{M-1}(t)$

通过方向扫查技术，调整波束角度 ϕ_0，当得到的信号能量最大时即可得到目标方向的粗略估计，即

$$\max E_R(\phi_0),\ E_R(\phi_0) = \int_p^{p+t_0} \left| s_R(t,\phi_0) \right|^2 \mathrm{d}t \tag{13-24}$$

获得目标方向 ϕ_0 粗略估计后，实际往返飞行时间 τ_{TOF} 可以通过优化估计技术，即响应信号与激励信号间的相关性，为

$$y(\tau) = \int_p^{p+t_0} s_R(t) s_T(t-\tau) \mathrm{d}t \tag{13-25}$$

这样，当 $y(\tau)$ 最大时即可得到对应的往返飞行时间 $\tau_{\mathrm{TOF}} = 2R/c$。因此估计的目标距离为

$$R_{\exp} = c \frac{\tau_{\mathrm{TOF}}}{2} \tag{13-26}$$

当目标处于远场，即平行波假设成立时，该方法效果良好。当目标处于近场或中间区域内，将会使用更为复杂的基于三角测量的自聚焦方法，该方法是被动传感器目标定位方法的改进。自聚焦方法修改每个合成波束响应 $w_i(t)$ 的时延，当找到每个响应的聚焦点，即每个传感器所记录的缺陷位置回波时，总响应信号最大。

13.3.3　EUSR 系统设计和实验验证

EUSR 系统由三大模块组成：①PWAS 阵列；②数据采集模块；③信号处理模块，系

统原理图如图 13-7a 所示。EUSR 原理样机已在南卡罗莱纳大学主动材料与智能结构实验室研制，以验证其可行性和功能。

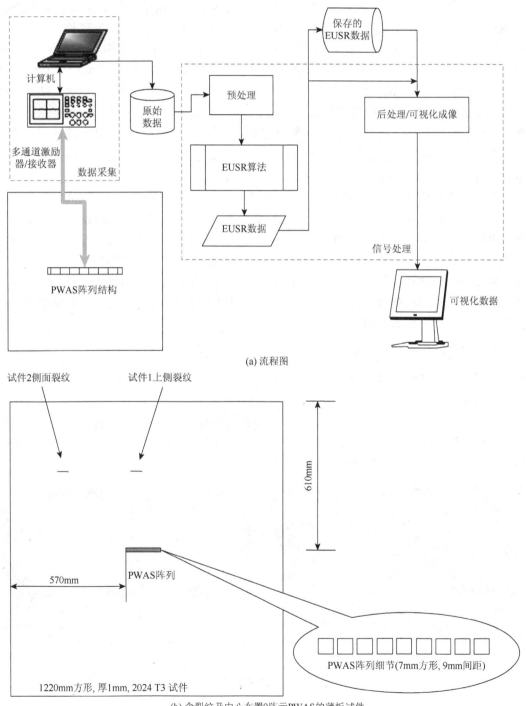

(a) 流程图

(b) 含裂纹及中心布置9阵元PWAS的薄板试件

图 13-7　EUSR 实现的验证

（1）实验设置

实验中共有三个试件，都是 1220mm 的方形航空级 2024 T3 铝覆盖金属板，厚度 1mm。其中一个试件（试件 0）是健康的，用于获取基准信号。其他两个试件上预制了模拟裂纹，裂纹被预制在板中心与其上边缘的直线中心位置，如图 13-7b 所示，裂纹长 19mm，宽 0.127mm。试件 1 上，裂纹布置于相控阵的上方一侧，坐标为（0, 0.305m），即 R=305mm，ϕ_0=90°。试件 2 上，裂纹相对于相控阵布置于上外方，坐标为（−0.305m，0.305m），即相对于 PWAS 阵列参考点 R=409mm，ϕ_0=136.3°。PWAS 阵列由 9 个边长 7mm、厚 0.2mm 的方形压电片（美国压电陶瓷有限公司，APC-850）呈直线布置在板中心。传感器布置间距为 $d = \lambda/2$，其中 $\lambda = c/f$ 为导波在薄壁结构上传播时的波长。对于 S0 模式的第一优化激励频率为 300kHz，对应波速为 c=5.440km/s，波长为 $\lambda = 18$mm，因此，PWAS 的阵元间距选择为 d=9mm，如图 13-7b 所示。

数据采集模块包括 HP 33120A 任意波形发生器、泰克 TDS210 数字示波器、便携计算机和通用接口总线。HP 33120A 任意波形发生器产生中心频率为 300kHz 的汉宁窗调制脉冲激励信号，其重复率为 10Hz。在此信号激励下，PWAS 阵列阵元激发 Lamb 波波包并在整个板内全方向传播（环形波阵面）。泰克 TDS210 数字示波器与波形发生器同步采集 PWAS 阵列的响应信号。示波器一个通道连接激励器 PWAS，另外的通道则连接通过数控开关单元控制的剩余阵元。采用 LabVIEW 程序以控制信号通道切换，记录数字示波器的数据，并产生原始数据文件。实验装置如图 13-8 所示。

（2）EUSR 数据处理算法的实现

信号处理模块读取原始数据文件并使用 EUSR 原理分析处理。虽然 EUSR 原理的计算量并未增多，但每个信号的大量数据点使得计算耗费一定的时间。因此，先将 EUSR 数据保存在计算机上以供后续处理，该方法允许其他程序访问 EUSR 数据。基于 EUSR 原理，最终的数据文件是参数 ϕ 定义的不同角度结构的响应信号集，换句话说，它们表示沿角度 ϕ 增大方向，EUSR 扫描波束的响应信号。

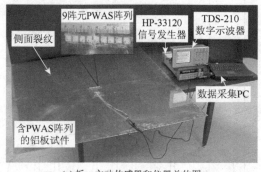

(a) 板、主动传感器和仪器总体图

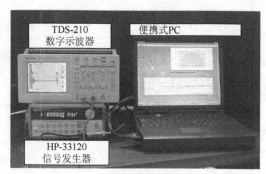

(b) 仪器和数据采集程序

图 13-8　EUSR 实验装置

处理后，时域信号转换成 2-D 空间域信号，根据 Lamb 波波速 c 和 $r = ct$，EUSR 信号就从电压-时间域转换成电压-距离域。在角度 ϕ 下采集的检测信号标绘在 2-D 板的角度

ϕ 上。由于角度 ϕ 以某固定增量由 0 增加至 180°，图像覆盖了半个空间。这些图像直接映射了被扫查结构的 3-D 曲面，3-D 曲面的 z 值代表了位置 (x, y) 上的被检测信号，如图 13-9 所示。若给 z 值赋予灰度值或者颜色值，3-D 图则可以投影到 2-D 平面上，平面上每个点的颜色表征了反射信号强度。

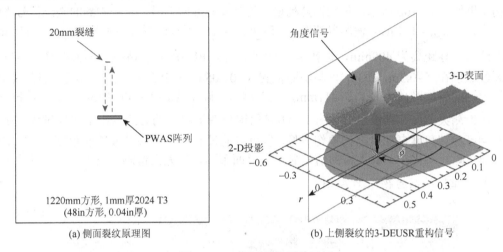

(a) 侧面裂纹原理图　　　　(b) 上侧裂纹的3-DEUSR重构信号

图 13-9　EUSR 信号重构示例

（3）实验结果

图 13-10 所示显示了上侧裂纹（图 13-10a）和侧面裂纹（图 13-10b）两个试件的 EUSR 损伤成像结果。实验基于群速度将 EUSR 数据从时间域转换到空间域，这样可以形象化地显示反射源位置。绘图网格以米为单位，阴影区代表了扫描曲面，信号幅值由颜色/灰度强度表示，裂纹位置可以很容易地由颜色/灰度值的变化来确定。图 13-10a 给出了上侧裂纹试件的结果，较暗颜色的小区域代表了扫描波束中途遇到裂纹而产生的高幅值回波（反射波）。从图中坐标可观察该区域的位置在 90° 方向，距板中心大约 0.3m，仔细分析重构信号的往返飞行时间 $\tau_{\text{TOF,Broadside}} = 112.4\mu\text{s}$，对应的径向位置为 $R_{\text{Broadside}} = 305.7\text{mm}$。与上侧裂纹在试件上的实际位置相比（$\phi_0 = 90°$，$R=305\text{mm}$）仅有 0.2% 的误差，EUSR 结果上的暗区域较好地估计了模拟裂纹。类似地，图 13-10b 给出了侧面裂纹试件的结果。

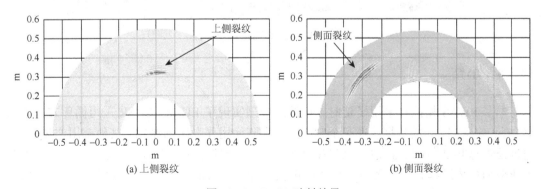

(a) 上侧裂纹　　　　　　　　(b) 侧面裂纹

图 13-10　EUSR 映射结果

图 13-10 显示实验成功检测到了试件 1 中的上侧裂纹和试件 2 中的侧面裂纹。由于试件 2 上的裂纹相对于波束轴有一定的倾角，因而裂纹的直接反射远离传感器阵列，从而给检测带来了挑战。仅记录了裂纹尖端在弹性波场中造成的不连续所引起的第二反向散射信号，这些信号可被 EUSR 方法中所具有的干涉原理检测出来。侧面裂纹实验的 EUSR 信号重构结果如图 13-10b 所示，传感器阵列记录的是反向散射信号，所识别到的裂纹信号飞行时间为 $\tau_{\mathrm{TOF,Offside}} = 151\ \mu s$，使用群速度 c_g =5.440mm/μs，可求得裂纹距离为 $R_{\mathrm{Offside}} = 411$mm。而裂纹的实际距离为 409mm，也就是 0.4%的误差，EUSR 方法精度看上去很好。显然侧面裂纹定位在（−0.3m，0.3m），与实际位置（−0.305m，0.305m）符合。从所构建的回波分析得到的裂纹距离为 R_{Offside} =411mm，仅有 0.4%的误差。图 13-9 和图 13-10 都表明 EUSR 方法的检测灵敏度和精度良好。图 13-11 采用用户图形界面的方式给出了实现过程，在界面右侧可旋转角度自动对结构损伤成像，也可以通过旋钮手工调节波束的角度。在特定波束方向（此处 ϕ_0 =36°）上重构的信号显示在界面下面。在无损检测术语中，2-D 图像对应于 C 扫，重构的信号相当于 A 扫。

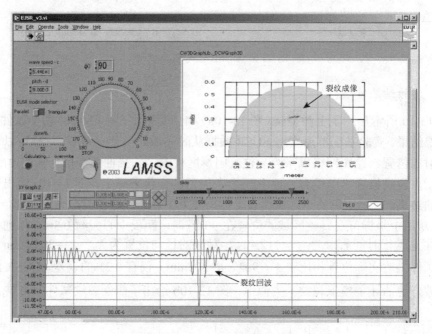

图 13-11　EUSR 图形用户界面

13.3.4　小结

本节 PWAS 相控阵采用了延时累加波束成型实现了 EUSR。EUSR 采用循环方式获取 M 阵元 PWAS 阵列的数据，在某个时间，一个阵元用作激励器激励，其他都用作传感器。通过处理总共 M^2 组信号数据，EUSR 采用后信号处理方式实现虚拟波束扫描。EUSR 波束成型和扫描过程并不需要以往传统超声相控阵系统所需的复杂装置或多通道电子电路。基于 PWAS 相控阵 EUSR 的实现仅需要一个函数发生器、数字示波器、开关装置和计算机。EUSR 对接收信号通过嵌入式超声结构雷达（EUSR）算法的后处理获取测试板上裂纹的直接成像结果。所获得图像类似于超声 NDE 中的 C 扫描，不同之处在于此图像通过在某一位置采用聚焦 Lamb 波波束扫查获得。

13.4　线性 PWAS 阵列的进一步实验

13.4.1　EUSR 检测特性研究

为了验证前述的 1-D 线阵 EUSR 算法的检测功能，本节开展了进一步实验研究。实验装置与上节描述一样，不同之处在于采用的 PWAS 传感器包含 8 个 7mm 圆形压电片，如图 13-12 所示。

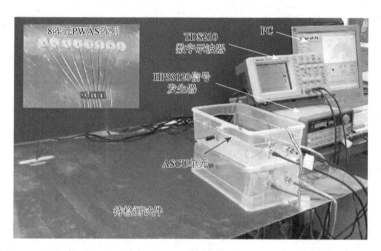

图 13-12　基于 8 阵元 PWAS 的 EUSR 实验验证装置

为使得 Lamb 波的模式最少且增强信号，实验前进行了频率扫查，选择 282kHz 的激励频率以最大化地激励低频散的 S0 模式。以循环方式采集数据，共获得 M^2 组数据，其中 M 为阵列中阵元数目。EUSR 算法对原始数据处理并将扫描波束映射到 2-D/3-D 图像上以进一步进行结构损伤诊断。

（1）上侧单孔损伤

为验证 EUSR-PWAS 相控阵检测小损伤的性能，在 90°方向距离阵列 315mm 处布置渐增的孔损伤进行实验。孔尺寸由 0.5mm 增至 1.0mm、1.57mm 和 2.0mm，这由可用的钻头尺寸所决定。实验结果表明 EUSR 算法并不能检测出尺寸很小的损伤，如 0.5mm 和 1.0mm。由于孔损伤可近似看作完美的波散射源，这种情况并不意外。1.57mm 孔成功检测到，如图 13-13b 所示。随着穿孔直径的增大，缺陷的成像也越大，如图 13-14b 所示。但对于更大直径的穿孔，成像中缺陷的增大是不成比例的，因为反向散射量与穿孔半径不成比例。

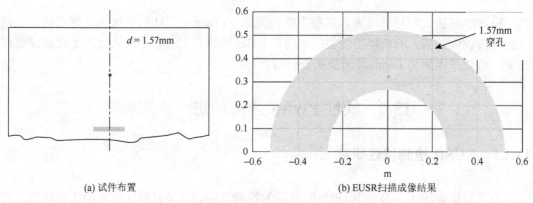

(a) 试件布置　　　　　　　　　　(b) EUSR扫描成像结果

图 13-13　1.57mm 孔损伤的 EUSR 检测

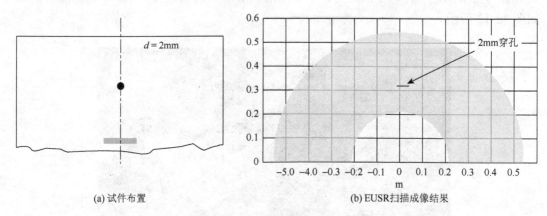

(a) 试件布置　　　　　　　　　　(b) EUSR扫描成像结果

图 13-14　2mm 孔损伤的 EUSR 检测

（2）水平上侧裂纹

在 90°方向、距离阵列 315mm 处模拟了一个长 19mm、宽 0.127mm 的裂纹。实验装置与上述实验中的类似，不同之处在于采用了 8 个 7mm 直径的 PWAS 组成阵列，而不是上述实验中 9 阵元 7mm 的 PWAS 方形阵列。图 13-15b 所示为实验所得 EUSR 扫描成像结果，无论损伤角度（90°）和与阵列的距离（0.3m，即 300mm）都能准确定位。

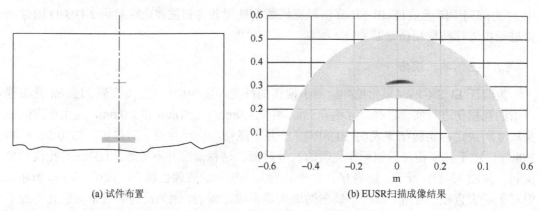

(a) 试件布置　　　　　　　　　　(b) EUSR扫描成像结果

图 13-15　单侧面水平裂纹的 EUSR 检测

（3）斜上侧裂纹

本实验还研究了裂纹角度的影响，若裂纹与阵列不平行，那么裂纹的镜面反射将不会返回阵列反而远离阵列，如图 13-16a 所示。阵列所接收的信号仅是裂纹在弹性波场中不连续后向散射引起。图 13-16b 给出了裂纹与水平方向成 30°倾角时的 EUSR 扫描成像结果。与图 13-15b 中水平裂纹成像结果不同，可明显看出裂纹是倾斜的，但图像中的倾斜度不能准确表明是 30°斜角。只能定性地显示是一条倾斜裂纹，而不能定量化地估计，因为裂纹的镜面反射不能到达阵列，阵列采集的信号很微弱，因而需要先进信号处理方法，这将在下一章中介绍。

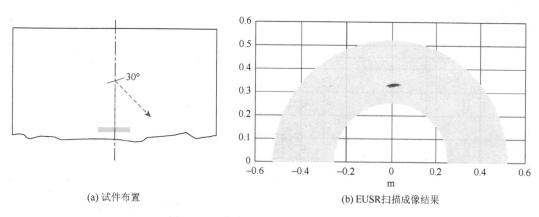

(a) 试件布置　　　　　　　　　(b) EUSR扫描成像结果

图 13-16　单上侧倾斜裂纹的 EUSR 检测

（4）单侧面水平裂纹

图 13-17a 所示为角度 137°、距离 305mm 的侧面裂纹，图 13-17b 为对应的 EUSR 扫描成像结果（与前文类似，由 8 个圆形 PWAS 组成相控阵）。

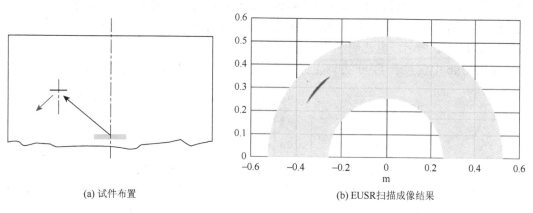

(a) 试件布置　　　　　　　　　(b) EUSR扫描成像结果

图 13-17　单侧面水平裂纹的 EUSR 检测

与上侧裂纹情况不同，侧面裂纹的方向并不垂直于扫描波束，它的镜面反射并不返回阵列反而远离阵列，如图 13-17a 所示。阵列所接收的信号仅是由裂纹在弹性波场中所造成的不连续的向后散射，仅有少量信号能量能被阵列接收。但成像结果仍正确显示了阵列至裂纹的径向距离（大约 300mm），同时也能估计裂纹的角度为 137°。该实验验证了基于 PWAS 相控阵技术可产生不同方向的扫描波束。

（5）双水平侧面裂纹

下一个实验试件上有两个侧面裂纹，分别在 67° 和 117° 方向上，如图 13-18a 所示。对应的 EUSR 成像结果如图 13-18b 所示。成像结果显示，两条裂纹可以准确成像且定位结果与实际位置相近。该实验验证了 EUSR-PWAS 相控阵方法具有检测结构多损伤的能力。

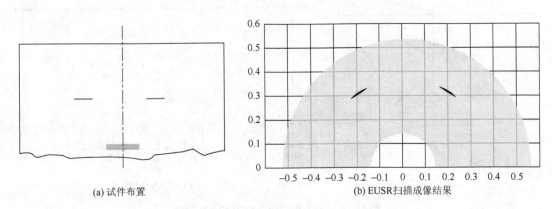

(a) 试件布置　　　　　　　　　　(b) EUSR扫描成像结果

图 13-18　双垂直侧面裂纹的 EUSR 检测

（6）同一直线上三条平行裂纹

进一步开展了一组更具挑战性的实验，在试件上预制了三条裂纹，分别在 67°、90° 和 117° 方向上，如图 13-19a 所示。由于中间的裂纹作为一个强反射源直接将它的镜面反射返回到了阵列，而两侧裂纹作为弱散射源，其镜面反射远离阵列，因而此实验具有挑战性。正因如此，中间裂纹产生的强信号淹没两侧裂纹的弱信号在意料之中。对应的 EUSR 成像如图 13-19b 所示，也证明了这一悲观预测。

图 13-19b 中仅显示了 90° 方向上的单个强响应信号，代表了上侧中间裂纹的反射信

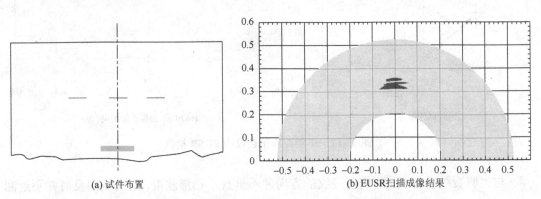

(a) 试件布置　　　　　　　　　　(b) EUSR扫描成像结果

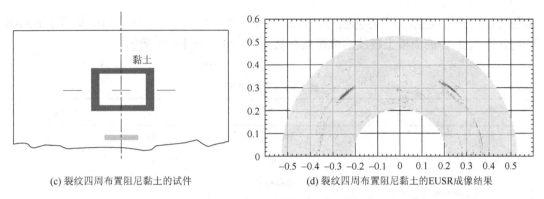

(c) 裂纹四周布置阻尼黏土的试件　　　　　　(d) 裂纹四周布置阻尼黏土的EUSR成像结果

图 13-19　三条水平裂纹的 EUSR 检测

号，这表明上侧裂纹反射信号过强以至于淹没了两侧裂纹的散射信号。为了验证这个假设，在中间裂纹的四周布置了振动衰减材料（阻尼黏土）来隔绝它的影响，此时就能显示出侧面裂纹的散射信号，如图 13-19d 所示。

隔绝了中间裂纹后，阵列无法接收到反射信号，图 13-19d 显示出了侧面裂纹的散射信号，这验证了侧面裂纹的散射信号会被中间裂纹的反射信号淹没的假设。但使用阻尼黏土对强反射源的隔绝又能显示出其余两个反射源，因此侧面裂纹就可成功成像。类似的隔绝效果也可通过先进信号处理实现。

13.4.2　曲面壁板的 EUSR-PWAS 实验

本章已考虑了平板中传播的导波，也就是 Lamb 波。但正如在第 6 章中所述，导波也能在管道和壳体上传播，在曲率半径远大于壁厚的扁壳上传播的导波与 Lamb 波非常类似。因此，上面章节所介绍的 EUSR-PWAS 相控阵方法应该也能够很好地应用于扁壳。为了验证这一点，实验在曲面壁板上进行，实验装置与前面介绍的平板 EUSR 实验一致。

为了研究曲率的效应，使用钢丝绳和拉紧螺钉将薄铝板临时弯成了圆柱形，所实现的曲率和原板长相关，其弯成曲面后会造成弦的缩短。弯曲后，原板长 L 变成了圆形弧，缩短的钢丝绳变成了弦 c，原始长度 L 与弦长 c 的差用 ΔL 表示。弦长 c 公式计算为

$$c = 2R\sin\frac{L}{2R} \tag{13-27}$$

则曲率半径也计算为

$$R = \frac{L - \Delta L}{2\sin\dfrac{L}{2R}} \tag{13-28}$$

通过式（13-28）计算得到的曲率值如表 13-2 所示。实验中，缩短的 ΔL 分别有 5mm、10mm、15mm 和 20mm，对应的曲率 R 分别是 3.90m、2.75m、2.24m 和 1.95m。这些曲

率分布在两个方向上，一个方向弦与 PWAS 阵列平行（方向 1），另一个方向弦垂直于 PWAS 阵列（方向 2）。曲面板上裂纹的成像结果如图 13-20 和图 13-21 所示。

表 13-2　　试件曲率

	R	c	$\Delta L = L - c$
	100.00E+3	1219.99	
	50.00E+3	1219.97	
	20.00E+3	1219.81	
	10.00E+3	1219.24	
	8.80E+3	1219.02	1
	5.00E+3	1216.98	
	3.90E+3	1215.03	5
	2.75E+3	1210.02	10
	2.24E+3	1204.98	15
	2.00E+3	1201.17	
	1.95E+3	1200.20	20
	1.00E+3	1145.73	

$$\sin\frac{L}{2R} = \frac{c}{2R}$$

$$c = 2R \cdot \sin\frac{L}{2R}$$

注：L=1220，单位为 mm。

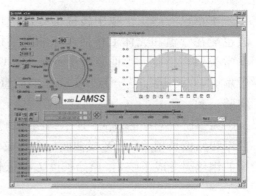

(a) 弯曲试件　　　　　　　　　(b) EUSR算法的裂纹成像和裂纹回波

图 13-20　　方向 1 上高曲率（R=1.95m）的裂纹检测

13.4.3　基于 PWAS 相控阵的裂纹扩展在线直接成像

前面章节已介绍了 PWAS 阵列如何结合 EUSR 算法基于导波（S0 模式 Lamb 波）聚焦扫查实现大型板中模拟裂纹检测。尽管实验成功，但在实际工程应用中该方法可能不容易实现，有两方面原因：①裂纹是模拟的，也就是机器预制的裂缝，虽然

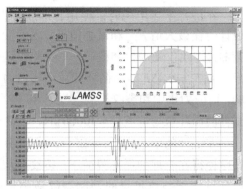

(a) 弯曲试件　　　　　　　　　　(b) EUSR算法的裂纹成像和裂纹回波

图 13-21　方向 2 上高曲率（R=1.95m）的裂纹检测弯曲试件图

很窄，但依然是裂缝；②实验在可控环境下进行，没有实际应用中可能遇到的振动及其他干扰。

为了克服这些限制，引入这些问题开展了进一步实验。本节给出疲劳实验中基于 PWAS 相控阵的在线裂纹扩展成像结果。这种情形与实际结构健康监测的情形很相近，因为所监测的裂纹是实际疲劳裂纹，数据采集也是在疲劳实验环境下进行的，也就是噪声大的振动环境中。实验仍然成功，表明使用永久粘贴在试件上的 PWAS 相控阵有可能实现裂纹扩展的在线直接成像，这些成像结果与使用渗液法和数字摄像机光学测量的裂纹尺寸一一对应，获得了较好的一致性。下面介绍实验具体细节。

（1）实验试件设计

设计实验试件使得裂纹以可控的增长速率扩展。在所设计的实验中，采用矩形试件，其中心设置有裂纹。针对这样的试件，模式 I 载荷下的应力强度因子如下所示：

$$K_I = \beta\sigma\sqrt{\pi a} \qquad (13\text{-}29)$$

式中，σ 为拉伸应力；a 为裂纹长度的一半，且 $\beta = K_I/K_0$。对于各种各样的几何试件，参数 β 可数值计算确定，也能在文献中找到，如第 1 章中图 1-3 所示。本实验中，使用的试件为 1mm 厚的 2024 T3 铝板，尺寸为 600mm×700mm（24in×28in）。试件通过装载夹具加载，夹具上有 17 个 16mm 的圆孔，布置成两排，孔间距为 50mm，行间距为 38mm，如图 13-22 所示。载荷孔的出现对试件的设计提出了特殊要求（由于实验室已存在载荷夹具，因此试件的设计需要适应已有的载荷孔）。载荷孔会降低试件的强度，需要同时考虑两个强度方面和一个断裂方面的因素：①孔所能承受的强度；②孔与试件连接边界间的剪切强度；③孔边应力集中不应该加速疲劳裂纹。

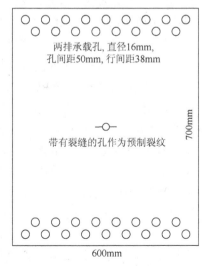

图 13-22　评估裂纹增长率参数的试件 VG-0

在进行上述考虑时，使用标准航空设计准则指导金属接头的设计[16]，循环疲劳载荷设计为在最大值 F_{max} 和最小值 F_{min} 之间变化。因为试件由薄金属片制成，受压力时会产生弯曲，因此仅施加拉伸载荷。本实验中选择 $R=0.1$（$R=F_{min}/F_{max}$），这样循环载荷的交变部分是 $F_a = 0.45F_{max}$，循环载荷平均值为 $F_m = 0.55F_{max}$。考虑①和②两种强度仅受 F_{max} 影响，而应力集中和裂纹扩展③受 F_a 和 F_m 两者影响。计算后，在保证承载孔安全的情况下，试件的循环载荷取 $F_{max} = 30000$ kN、$R=0.1$ 的范围。

在试件的中心，人工制造了一个孔并在两端制造切缝作为初始裂纹。计算初始裂纹的长度使得在合理的循环载荷下，裂纹会从预制裂纹处扩展。采用保证承载孔安全的循环载荷计算便于裂纹扩展的预制裂纹最小长度。这些分析后，确定了预制裂纹 $2a=50$mm 足够实现裂纹强度因子 $\Delta K = 7.5\mathrm{Mpa}\sqrt{\mathrm{m}}$，根据第一章中的 Paris 规则，裂纹将以合理的速率扩展。

（2）实验结果

实验分为两个阶段。第一个阶段的实验目标是确定初始裂纹长度和载荷条件以保证裂纹形成及可控的裂纹增长速度；第二个阶段实验的目的是验证基于 PWAS 相控阵 EUSR 算法能够实现裂纹扩展的在线直接成像。实验的第一阶段给第二阶段提供了基础，后者需要利用前者所确定的裂纹增长参数。

1）阶段 1 实验：无 PWAS 的疲劳实验

阶段 1 实验在试件 VG-0 上进行，没有粘贴 PWAS 传感器，如图 13-22 所示，试件 VG-0 为 1mm 厚的 2024T3 铝板制成。试件尺寸为 600mm×700mm（24in×28in），试件中部人工制造了一个带缺口的孔，孔的直径为 6.4mm（1/4in），预制裂纹总长度为 53.8mm（2.12in）。试件放置在 MTS810 试验机上，如图 13-23a 所示。施加的循环载荷为 $F_{max} = 17800$ N（4000 lbf）和 $F_{min} = 1780$ N（400 lbf），即 $R=0.1$，总循环次数为 35 万次，频率为 10Hz。裂纹长度通过附在数显卡尺上的显微镜定期（每 20 千循环次数）测量，图 13-24 中所示的裂纹扩展结果与 Paris 规则类似，由图可以看出裂纹在 30 万次循环次后加速增长，这与 Paris 规则一致。实验结束时，裂纹已从最初的 54mm 达到最终的大约 210mm。对应的应力强度因子是 $K_{initial} \cong 7.5\mathrm{MPa}\sqrt{\mathrm{m}}$ 和 $K_{final} \cong 15.3\mathrm{MPa}\sqrt{\mathrm{m}}$。

2）阶段 2 实验：有 PWAS 的疲劳实验

对第二个试件，使用永久布置的 PWAS 传感器相控阵在线监测疲劳裂纹，该试件命名为 VG-1，如图 13-25 所示。试件与无 PWAS 疲劳实验的 VG-0 试件相似，即 600mm×700mm 的 1mm 厚的 2024 T3 铝板，并在两端各有两排承载孔。试件 VG-1 与试件 VG-0 有以下不同：①预制裂纹由试件中心移到一边，与中心距离约 180mm；②使用特有预制裂纹方法，不再是中心圆孔，而是窄裂缝，更像实际裂纹；③10 阵元的 PWAS 阵列布置在试件的中心。

预制裂纹长 30mm、宽 125μm。10 PWAS 阵列通过切割两个 25mm×5mm 的矩形压电片制成，晶片厚度为 200μm，晶片两面都有电极。首先在距板边缘 340mm（13.4in）处粘贴矩形 PWAS，然后使用切割工具切断晶片以获得 10 PWAS 的相控阵，每个阵元为边长大

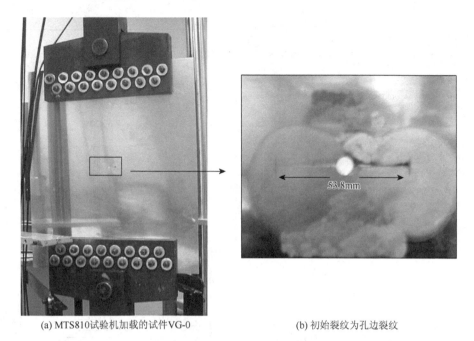

(a) MTS810试验机加载的试件VG-0　　　　　　(b) 初始裂纹为孔边裂纹

图 13-23　无 PWAS 的疲劳测试实验装置

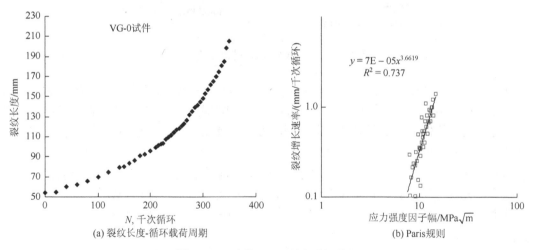

(a) 裂纹长度-循环载荷周期　　　　　　(b) Paris规则

图 13-24　试件 VG-0 裂纹增长结果

约 5mm（0.2in）的方形，从右往左依次命名为 PWAS 00 至 PWAS 09。仪器装置如图 13-25b 所示，包括 HP 33120 信号发生器、TDS210 数字示波器（作为数采装置使用）和计算机。

这些仪器用来实现基于 PWAS 相控阵的 Lamb 波 EUSR 波束控制并对结构直接成像。本实验中，阵列中传感器数目为 10，即从 PWAS 00 至 PWAS 09。M^2 个阵列阵元信号的循环激励采集是实现 EUSR 算法的基本过程之一，测量过程如图 13-25b 所示。函数发生器合成 3 周期 372kHz 脉冲激励信号（这是激励 Lamb 波 S0 模式的 PWAS 优化激励频率）。调制脉冲信号通过激励阵列中一个 PWAS 阵元在结构中激发出 Lamb 波 S0 模式波包，该

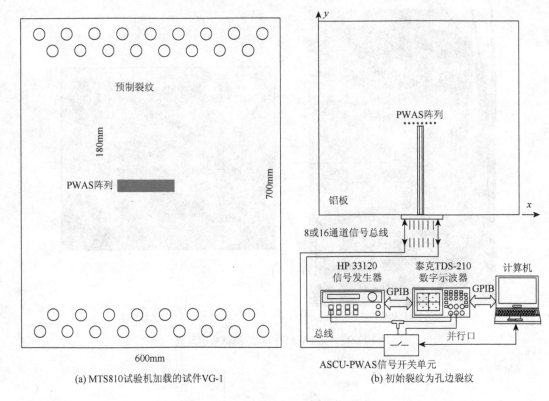

(a) MTS810试验机加载的试件VG-1　　　　　　　(b) 初始裂纹为孔边裂纹

图 13-25　有 PWAS 的疲劳测试实验装置

波包传播至板内并在板边界处反射。反射回的 Lamb 波波包被 PWAS 阵列接收，并转换成电信号。数字示波器采集阵列中每个 PWAS 传感器所接收的信号，包括激励器接收的信号。为了减少仪器使用，采集过程通过循环方式仅使用一个采集通道，这产生了 M^2 阵元信号矩阵中的一列 M 阵元信号。在完成一次 PWAS 激励及信号采集后，循环使用其余的 PWAS 传感器重复该过程。显然人工完成该循环数据采集是冗繁的，如果能够实现自动化可以节省大量时间，因此实验中使用了自动化信号采集单元 ASCU-PWAS。为了使加载孔和板边界的反射最小，采用阻尼黏土制作"吸波边界"放置在 PWAS 和裂纹区域四周，如图 13-26 所示。

　　3）振动疲劳载荷下 PWAS 数据采集的验证

　　本实验的第一个任务是验证实验方法，需要解决两个问题：①试件承受循环疲劳载荷加载所引起的强振动时，永久粘贴的 PWAS 能否采集到有用信号；②PWAS 在疲劳载荷循环下是否与试件脱黏。

　　第一个问题至关重要，其带来的不利因素是相比于循环载荷引起的振动所产生的噪声信号，所激发出的 Lamb 波信号很弱。初步实验表明 Lamb 波信号淹没在了振动噪声信号中。然而，噪声频率（10～100Hz）不在 Lamb 波频率带宽（300～400kHz）内，因此可使用高通滤波器抑制噪声，以获得有用的 Lamb 波信号。高通滤波器的截止频率为 1kHz，滤波前后的信号对比如图 13-27 所示。疲劳载荷下所采集的相控阵中 PWAS 00 和 PWAS 05 的脉冲回波经滤波后的信号图如图 13-27 所示，由裂纹反射的信号可清楚地辨认，证明了

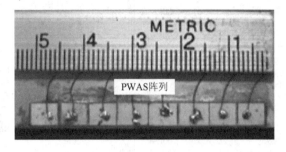

(a) 试件VG-1的总体图　　　　　　　　(b) PWAS相控阵细节

图 13-26　基于 PWAS 相控阵的疲劳裂纹检测实验装置

试件在疲劳试验机上依然可进行数据采集。

第二个问题是 PWAS 在疲劳测试过程中的寿命。第 7 章介绍了应用合适的粘贴方法，使得狗骨形疲劳试件上的 PWAS 在应力集中的情况下仍能工作到试件失效，在 12M 循环次数下能够存活。本实验中使用同样的粘贴方法：AE-10 粘合剂对应的表面处理和固化方法。

为了验证疲劳载荷下 PWAS 的存活能力，一开始选择减小的循环载荷水平仅产生无关紧要的裂纹，减小的循环载荷为 $F_{max} = 17800\,N$（4000 lbf）和 $F_{min} = 1780\,N$（400 lbf），即 R=0.1。由于预制裂纹长度为 $2a$=25mm，对应的应力强度因子为 $\Delta K \cong 5.8MPa\sqrt{m}$。PWAS 信号读取方法如下：首先读取一组基准信号，然后将试件装夹到拉伸试验机上，获得静载下试件的第二组基准信号。随后对试件进行 15 万次循环加载，每 1 万次循环读取一次裂纹长度。图 13-28 所示第一部分为所产出的裂纹尺寸。由图 13-28 可以看出，这一阶段并没有产生裂纹增长。无裂纹增长时，对比了基准信号与疲劳循环载荷中的扫查信号，EUSR 成像结果没有区别，因此说明该粘贴方法可以应用且在疲劳测试过程中 PWAS 没有脱黏。

4）循环载荷基于 PWAS 相控阵的裂纹扩展在线成像

该疲劳实验的目的在于确定基于 PWAS 相控阵的 EUSR 算法能否在疲劳载荷下在线检测和定量化裂纹扩展。为实现该目标，实验继续测试试件 VG-1，并增大循环载荷水平为 $F_{max} = 35600\,N$（8000 lbf）和 $F_{min} = 3560\,N$（800 lbf），即 R=0.1。大约每 2 万次循环读取一次裂纹尺寸。该情况下，裂纹迅速地由 25mm 在 85 千循环次数时达到了 143mm，如图 13-28 所示。疲劳实验总循环次数为 23.5 万次，其中 15 万次循环为低载荷水平且无裂纹增长，8.5 万次循环为高载荷水平且有快速地裂纹增长。

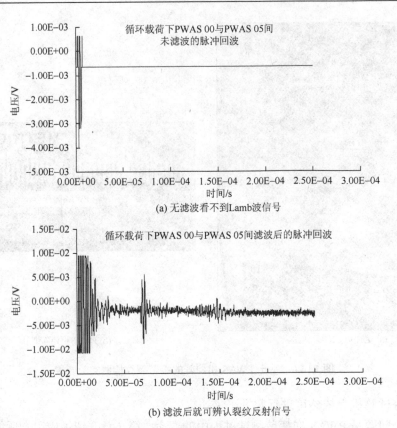

(a) 无滤波看不到Lamb波信号

(b) 滤波后就可辨认裂纹反射信号

图 13-27　PWAS 信号采集的高通滤波器

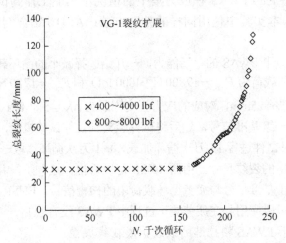

图 13-28　布置有 PWAS 相控阵的试件 VG-1 裂纹扩展历程

　　在裂纹增长过程中有所选择地间隔采集 PWAS 相控阵的超声信号，采集两种载荷条件：①动载下，即试验机施加循环载荷的情况下；②静载下，即试验机保持在平均载荷。当裂纹增长变快时，缩短连续两次采集之间的间隔。使用 EUSR 算法进行了基于 PWAS 相控阵的超声 Lamb 波裂纹扩展成像，同时数字摄像机记录了实际裂纹的光学图像，与 EUSR 成像一致。

图 13-28 所示的裂纹增长与 Paris 规则类似，由图中可得裂纹在 22 万次循环后加速增长，这与 Paris 规则一致。实验结束时，裂纹由初始的 25mm 增长到 143mm。对应的应力强度因子为 $\Delta K_{\text{initial}} \cong 11.6\text{MPa}\sqrt{\text{m}}$ 和 $\Delta K_{\text{final}} \cong 25.3\text{MPa}\sqrt{\text{m}}$ 。

采用 EUSR 算法和相关软件程序处理 PWAS 相控阵数据并对裂纹成像，结果如图 13-29 所示，给出了疲劳测试中试件 VG-1 上裂纹的扩展过程。上面一组图片为数字摄像机拍摄的裂纹光学图像，下面图像为基于 PWAS 相控阵的 EUSR 裂纹成像，显然两者是一致的。

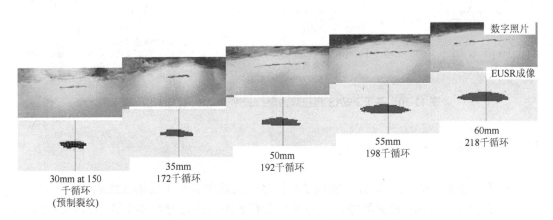

图 13-29　光学和 EUSR 扫查成像的比较

采用 EUSR 图形用户界面也可进行裂纹尺寸的估计。可在图形用户界面上设置阈值和角度 δ 及 θ，裂纹边缘位置首先由图中方位分度盘粗略获取，当方位分度盘以某个角度控制合成波束找到了目标，并接收到了反射信号，A 扫图像就会显示反射回波。通过选择阈值，可以调整 δ 及 θ 角度，将其分别对应 EUSR 用户图形界面上裂纹图像的左、右端，即可基于几何学简单地计算出裂纹的长度，即

$$2a_{\text{EUSR}} = l(\tan\delta + \tan\theta) \tag{13-30}$$

本实验中，阵列与裂纹间的距离为 $l=180\text{mm}$，因此可在不同循环次数下计算 EUSR 算法估计的裂纹长度。

若干 EUSR 成像结果与对应的光学裂纹图像如图 13-29 所示。直到 20 万次循环时，EUSR 的裂纹长度成像都是准确的，当超过 20 万次循环后，EUSR 裂纹长度成像与 20 万次循环时的 EUSR 成像并没有大的变化，这是由于相控阵的孔径效应导致，如图 13-30 所示。当裂纹在 PWAS 正前方时，裂纹反射信号很强，当裂纹增长超过阵列长度时，反射信号变弱且成像中的裂纹长度不能清晰地辨认，如图 13-30 所示。若当裂纹长度大于 PWAS 阵列长度而阈值不变时，EUSR 裂纹成像将保持在同样的长度，该现象解释如下：想象 PWAS 阵列为某人在他们眼前看目标，人可以看见在他们面前的目标，而不能清晰地看到侧面目标。尽管人不能清晰地看到目标，但依然能识别到目标，这与 PWAS 阵列类似，PWAS 阵列以合适的阈值能对侧面的裂纹成像但不能定量估计裂纹长度。

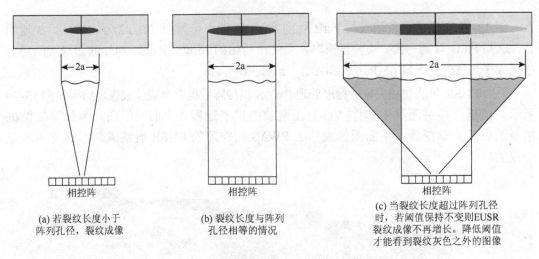

(a) 若裂纹长度小于
阵列孔径，裂纹成像

(b) 裂纹长度与阵列
孔径相等的情况

(c) 当裂纹长度超过阵列孔径
时，若阈值保持不变则EUSR
裂纹成像不再增长。降低阈值
才能看到裂纹灰色之外的图像

图 13-30　基于 PWAS 相控阵的裂纹长度 EUSR 成像的孔径效应

13.4.4　小结

本节利用 PWAS 相控阵技术实现了实际疲劳实验中裂纹扩展的在线成像，说明了该方法可以克服振动环境相关的噪声问题并采集有效的回波信号。基于这些信号的 EUSR 裂纹扩展成像与数字摄像机测量的裂纹光学图像一致性良好。同时也证明了永久粘贴的 PWAS 相控阵在疲劳载荷下没有脱黏或功能失效，所布置的永久粘贴的 PWAS 相控阵成功监测了循环疲劳载荷下裂纹长度。实验表明基于 PWAS 相控阵的 EUSR 算法实现了裂纹扩展的在线直接成像。

13.5　PWAS 相控阵波束成型的优化

本节介绍 1-D 线性阵列波束成型的改进和优化方法。

13.5.1　相控阵的波束成型问题

通过合理地对阵列中的阵元施加一定的加权和延时来获得所希望的方向灵敏度并提升阵列增益，可实现波束成型的性能优化。文献[17]给出了进一步的相控阵波束成型和信号处理方法，其他研究者也在该领域进行了拓展性的研究[18-20]。有很多方法可实现相控阵波束成型，包括：①单延时-累加的传统波束成型方法；②假设干扰已知的无控制波束成型；③最优波束成型。

当波束接近阵列，即在 0°或 180°附近时，主瓣的质量降低。在许多应用中，使用 16 阵元阵列来保证良好的指向性，波束的指向性随着 d/λ 值的增大而提高，但当 d/λ 超过 1/2 时，栅瓣开始产生，栅瓣的数量随着 d/λ 值的增大而增加。

通过调整某些参数即可实现相控阵波束成型的优化：①传感器数目 M；②传感器间

距 d；③d/λ 比值；④阵列加权。一旦这些参数固定，主瓣的宽度、栅瓣尺寸及位置和旁瓣量级也确定了。对于线性相控阵，波束成型优化的对象包括：①最小化主瓣宽度；②消除栅瓣；③抑制旁瓣量级。

角度 θ_s 同样影响线性相控阵的波束成型，存在最大角度 θ_{gr}，此时控制波束不会产生不利的栅瓣。实际上，d/λ 比值对主瓣的可控性和宽度都有影响，当 $d \ll \lambda$ 时，栅瓣遭到抑制但其指向性很弱，表现为宽主瓣。若 $\lambda \ll d$，在特定方向上的指向性很强，但额外的栅瓣使得主瓣变得模糊，最终波束不再容易控制。常用调整方法有：①转向角 θ_s，主瓣的宽度随着 θ_s 变化而变化，栅瓣在一定 θ_s 范围内产生；②阵元数 M，增大阵元数将提高指向性，使用更多的阵元将实现更尖锐的主瓣；③阵元间距 d，大多数相控阵设计中，阵元间距为波长的一半，即 $d = 0.5\lambda$；④阵列孔径 $D = (M-1)d$，若孔径长度 D 保持不变，那么主瓣的宽度也保持不变。

增大阵元数 M 的作用是使主瓣尖锐，这似乎是提高波束控制质量最安全的方法，然而，这也会导致阵列孔径 $D = (M-1)d$ 随之增大。如果又希望孔径小以减小阵列附近的盲区，这种情况下，可以减小 d 的值并增加阵元数来填补孔径，这时需要增大波的频率使得波长 λ 减小从而保持 d/λ 比值接近 0.5，这是一种保证阵列相对轻和紧凑且具有良好控制特性的设计。总结线性相控阵的设计策略如下：①优先增大阵元数 M，不仅可以提高波束控制质量而且可以抑制旁瓣量级并增加可调控的角度，还可保证在 d 小于临界值时不会产生栅瓣；②若 M 增大而 d 保持不变，则孔径 D 会增大，此时阵列近场性能衰退，导致较大的盲区并减少了可检测区域；③通过改进阵元数、阵元间距和载波频率而不改变孔径尺寸或近场长度也可实现同样的阵列性能；④依据 SHM 检测的种类所需要的近场长度来确定孔径 D，小的阵列会有短的近场长度，因此会扩大检测区域。

下面章节将研究这些参数对 PWAS 相控阵的单独影响，研究是为了更好地理解如何控制这些因素，从而实现 SHM 应用中 PWAS 相控阵的最优化设计。为进行比较，给出并讨论了数值仿真实例。

13.5.2　1-D 线性 PWAS 阵列的参数化波束成型公式

为了进行参数化研究并实现相控阵优化，首先推导了参数化波束成型公式。由 M 个传感器以间距 d 组成的一个线性均匀 PWAS 相控阵如图 13-31 所示。

阵列孔径为

$$D = (M-1)d \qquad (13\text{-}31)$$

以阵列中心为坐标轴的原点，那么第 m 个阵元的位置向量为

$$s_m = s_m e_x = d\left(m - \frac{M-1}{2}\right)e_x \qquad (13\text{-}32)$$

向量 r_m 为

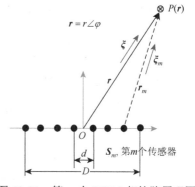

图 13-31　第 m 个 PWAS 相控阵原理图

$$r_m = r - s_m \tag{13-33}$$

假设单周期、单位幅值的波从原点处的 PWAS 放射状地传播，在 P 点（r）处的波阵面可表示为

$$f(r,t) = \frac{1}{\sqrt{r}} e^{j(\omega t - k \cdot r)} \tag{13-34}$$

式中，k 为波数，$k = \xi \omega / c$；ω 为波的频率；$r = |r|$。对于 M 阵元线阵，将式（13-34）应用于阵元 $m, m = 0, 1, \cdots, M-1$，如图 13-31 所示。假设第 m 阵元的位置向量为 s_m，而从第 m 阵元至目标 P 处的方向矢量定义为 ξ_m，表示为

$$\xi = \frac{r}{r}, \; r = |r|, \; k = \frac{\omega}{c} \xi \tag{13-35}$$

$$r_m = r - s_m, \; r_m = |r_m|, \; \xi_m = \frac{r_m}{|r_m|}, \; k_m = \frac{\omega}{c} \xi_m \tag{13-36}$$

式中，k_m 为波在方向 ξ_m 上传播时的波数。从第 m 阵元传播至 P 点（r），$r = r \angle \phi$ 的波阵面可写为

$$f(r_m,t) = \frac{1}{\sqrt{r_m}} e^{j(\omega t - k_m \cdot r_m)} \tag{13-37}$$

通过叠加可获得所有阵元到达目标 P（r）处的波阵面。若每个声源有不同的加权 w_m，可得到叠加式为

$$z(r,t) = \sum_{m=0}^{M-1} w_m f(r_m,t) = \sum_{m=0}^{M-1} w_m \frac{1}{\sqrt{r_m}} e^{j(\omega t - k_m \cdot r_m)} \tag{13-38}$$

式（13-37）可写为

$$f(r_m,t) = \frac{1}{\sqrt{r} \sqrt{r_m/r}} e^{j(\omega t - k \cdot r + k \cdot r - k_m \cdot r_m)} = \frac{1}{\sqrt{r}} e^{j(\omega t - k \cdot r)} \frac{1}{\sqrt{r_m/r}} e^{j(k \cdot r - k_m \cdot r_m)}$$
$$= f(r,t) \frac{1}{\sqrt{r_m/r}} e^{j(k \cdot r - k_m \cdot r_m)} \tag{13-39}$$

根据式（13-35）和式（13-36）有，

$$k \cdot r = k \cdot r \xi = r \frac{\omega}{c} \xi \cdot \xi = r \frac{\omega}{c}, \; k_m \cdot r_m = k_m \cdot r_m \xi = r_m \frac{\omega}{c} \xi_m \cdot \xi_m = r_m \frac{\omega}{c} \tag{13-40}$$

将式（13-40）代入式（13-34）得

$$f(r,t) = \frac{1}{\sqrt{r}} e^{i(\omega t - k \cdot r)} = \frac{1}{\sqrt{r}} e^{\left(\omega t - \omega \frac{r}{c}\right)} = \frac{1}{\sqrt{r}} e^{i\omega \left(t - \frac{r}{c}\right)} = f\left(t - \frac{r}{c}\right) \tag{13-41}$$

将式（13-40）、式（13-41）代入式（13-39）得

$$f(r_m,t) = f\left(t - \frac{r}{c}\right) \frac{1}{\sqrt{r_m/r}} e^{j\omega \frac{r - r_m}{c}} \tag{13-42}$$

将式（13-42）代入式（13-38）得到总的波为

$$z(r,t) = f\left(t - \frac{r}{c}\right) \sum_{m=0}^{M-1} w_m \frac{1}{\sqrt{r_m/r}} e^{j\omega \frac{r - r_m}{c}} \tag{13-43}$$

式（13-43）的第一个乘数表示原点处激发的波，独立于阵元，可以使用此波作为参考计算相控阵阵元发出波的时间延迟。式（13-43）的第二个乘数控制了阵列的波束成型，该项可通过频率、波速与波长之间的关系将 r_m 简化成 r，即

$$\bar{r}_m = \frac{r_m}{r}, \quad \frac{\omega}{c} = \frac{2\pi}{cT} = \frac{2\pi}{\lambda} \tag{13-44}$$

利用式（13-44），式（13-43）中的指数变为

$$\omega\left(\frac{r - r_m}{c}\right) = \frac{\omega}{c}r\left(1 - \frac{r_m}{r}\right) = \frac{2\pi}{\lambda}r\left(1 - \frac{r_m}{r}\right) = \frac{2\pi}{\lambda}r(1 - \bar{r}_m) \tag{13-45}$$

定义波束成型函数为

$$BF(\boldsymbol{w}, M) = \frac{1}{M}\sum_{m=0}^{M-1}\frac{w_m}{\sqrt{\bar{r}_m}}\mathrm{e}^{j\frac{2\pi}{\lambda}r(1-\bar{r}_m)} \tag{13-46}$$

式中，$\boldsymbol{w}$ 为加权向量，表示为

$$\boldsymbol{w} = \left\{w_0, w_1, \cdots, w_{M-1}\right\} \tag{13-47}$$

因此，式（13-43）可写成 M 倍原始信号与波束成型函数的乘积，即

$$z(\boldsymbol{r}, t) = Mf\left(t - \frac{r}{c}\right)BF(\boldsymbol{w}, M) \tag{13-48}$$

为了研究间距 d、波长 λ 和目标距离 r 的相互影响，引进了两个新参数，d/λ 和 r/d，因此波束成型函数变为

$$BF\left(\boldsymbol{w}, M, \frac{d}{\lambda}, \frac{r}{d}\right) = \frac{1}{M}\sum_{m=0}^{M-1}\frac{w_m}{\sqrt{\bar{r}_m}}\mathrm{e}^{j2\pi\frac{rd}{\lambda d}(1-\bar{r}_m)} \tag{13-49}$$

对于远场情况有

$$\boldsymbol{r}_m \| \boldsymbol{r}, \ r - r_m = s_m\cos\phi, \ \bar{r}_m = r/r_m \approx 1 \tag{13-50}$$

将式（13-32）、式（13-50）代入式（13-49）得到远场波束成型函数，即

$$BF\left(\boldsymbol{w}, M, \frac{d}{\lambda}\right) = \frac{1}{M}\sum_{m=0}^{M-1}w_m\mathrm{e}^{j2\pi\frac{d}{\lambda}\left(m - \frac{M-1}{2}\right)\cos\phi} \quad (\text{远场波束成型函数}) \tag{13-51}$$

从式（13-51）可显然看出，远场波束成型函数与 r/d 无关。式（13-49）和式（13-50）的波束成型函数在 $\phi = 90°$ 时取得最大值，即在垂直方向上。这是线性阵列固有的波束成型。一个 $w_m = 1$、$d/\lambda = 0.5$、$r/d = 10$ 的 8 阵元线阵的固有波束成型如图 13-32 实线所示，需要注意的是，波束的最大值出现在 90° 上。

如果施加延时，则可控制波束在所希望的角度 ϕ_0 上。当施加延时 $\delta_m(\phi_0)$ 时，波束成型函数为

$$BF\left(\boldsymbol{w}, M, \frac{d}{\lambda}, \frac{r}{d}, \phi_0\right) = \frac{1}{M}\sum_{m=0}^{M-1}\frac{w_m}{\sqrt{\bar{r}_m}}\mathrm{e}^{j2\pi\frac{rd}{\lambda d}[1-\bar{r}_m-\delta_m(\phi_0)]} \tag{13-52}$$

当选择如下的延时 $\delta_m(\phi_0)$ 时，式（13-52）的波束成型函数会在方向 ϕ_0 上达到最大值

$$\delta_m(\phi_0) = 1 - \bar{r}_m(\phi_0) = 1 - \frac{|r(\phi_0) - s_m|}{|r(\phi_0)|} \tag{13-53}$$

从 0° 到 180° 改变 ϕ_0 的值，就可得到扫描波束，仿真的 $\phi_0 = 45°$ 的波束如图 13-32 所示。

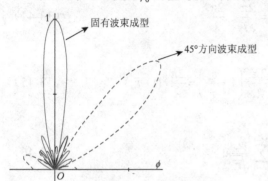

图 13-32　$w_m = 1$，$d/\lambda = 0.5$，$r/d = 10$ 的 8 阵元线阵的固有波束成型和 45° 波束

利用式 (13-52)，可进行 PWAS 相控阵优化研究。在特定方向 ϕ_0 上的波束受以下几个参数影响：①相邻 PWAS 阵元间距 d；②PWAS 阵元数 M；③方位角 ϕ_0；④加权系数 w_m，$m = 0, 1, \cdots, M-1$。

这些参数中，间距 d 受波长 λ 影响，由于 $\lambda = c/f$，当波长 λ 随频率变化而变化时，d/λ 比值也随之变化。对于近场三角波束成型，还需要考虑一个额外的参数，r/d 比值，于是，参数 d 的影响可由 d/λ 和 r/d 比值表征。如果所有的加权系数都相等（w_m 为常量），即所有的 PWAS 阵元都是均匀的激励，这种类型的相控阵称为均匀阵列，否则就称为非均匀阵列。本节首先使用波束成型算法来解释这些参数如何影响均匀 PWAS 相控阵的波束成型，接着介绍通过加权系数的方法来改进波束成型。

13.5.3　均匀 PWAS 相控阵的研究

考虑间距为 d 且加权系数相等的 M 阵元均匀 PWAS 阵列，$w_m = 1$，$m = 0, 1, \cdots, M-1$。对此均匀 PWAS 相控阵，考虑如下个参数：①r/d 比值；②d/λ 比值；③阵列中阵元数 M；④方位角 ϕ_0。

（1）r/d 比值的影响

反射源接近或者远离阵列时波束成型算法也发生改变，利用天线理论的概念[21]，定义远场区域为

$$R_{\text{far}} > 2D^2/\lambda \quad (\text{远场}) \tag{13-54}$$

式中，D 为阵列孔径；λ 为激励的波长。近场区域定义为

$$0.62\sqrt{D^3/\lambda} < R_{\text{near}} < 2D^2/\lambda \quad (\text{近场}) \tag{13-55}$$

在 $R \leqslant 0.62\sqrt{D^3/\lambda}$ 区域内，相控阵理论不再有效，但可以采用其他损伤检测方法，如第十章介绍的 PWAS 机电阻抗方法。

r/d 比值的大小决定了目标是在阵列的近场还是远场，若目标处于近场，需要准确的三角算法，否则使用平行波近似理论。为了更好地优化 r/d 比值，用阵列孔径 $D = (M-1)d$ 替代 d，式 (13-55) 和式 (13-54) 可表示为 r/D 相关的函数

$$0.62\sqrt{\frac{D}{\lambda}} < \left(\frac{r}{D}\right)_{\text{near}} \leqslant 2\frac{D}{\lambda} \tag{13-56}$$

$$\left(\frac{r}{D}\right)_{\text{far}} > 2\frac{D}{\lambda} \tag{13-57}$$

　　这表明，对于一个特定间距为半波长的 8 PWAS 阵列，其近场范围为 $1.16D < r \leqslant 7D$，而远场在 $r > 7D$ 的区域外。当 r/D 值分别取 1、2、5、7、10 时，对应 120°方向的阵列仿真波束成型如图 13-33 所示。

　　由图 13-33 可得，当目标接近阵列时（r/D =1），不存在方向性的波束成型（虚线），但当目标远离阵列时（r/D =2），方向性的波束成型开始形成，当达到远场条件时（r/D =5），波束成型变得更好。远场情况适用于平行波近似理论，因而 r/D 的影响消失，r/D =7 和 r/D =10 时的情况并没有什么不同。

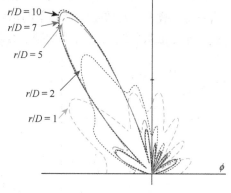

图 13-33　间距 0.5λ 的 8 PWAS 相控阵在 120°不同 r/D 比值下的波束成型

　　（2）d/λ 比值影响

　　d/λ 比值的研究说明了阵元间距对波束成型的影响。8 PWAS 相控阵在 120°时，不同 d/λ 比值下的仿真波束成型结果如图 13-34 所示。比较图 13-34a 中的波束可发现，随着 d/λ 增大，波束变得越来越窄，但旁瓣数量也随之增多。对于更大的 d/λ 值，可实现窄波束宽度（更好的灵敏度和指向性），但也受到很多旁瓣干扰。

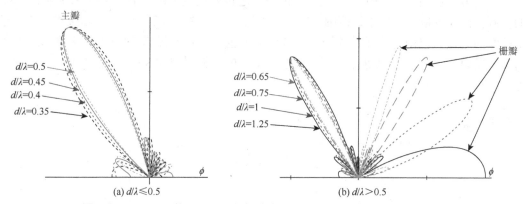

(a) $d/\lambda \leqslant 0.5$　　　　　(b) $d/\lambda > 0.5$

图 13-34　r/D=10 的 8 PWAS 相控阵在 120°不同 d/λ 比值下的波束成型

　　对于 d/λ =0.75 或更大的波束成型，如图 13-34b 所示，在所希望的 120°主瓣旁边出现了其他强干扰瓣，称为栅瓣，它们由空间虚频造成[17]。栅瓣具有与主瓣一样大的量级，因为栅瓣会导致错误的扫查结果，因而避免栅瓣是必需的。根据空间采样定理，间距 d 必须小于等于半波长（$d/\lambda \leqslant 0.5$）以避免空间虚假频率，否则会出现栅瓣。在实际实现时，频率调谐也已经验证了这条规则。验证实验中采用了 300kHz 的频率，d/λ 取值为 0.44（d=8mm，c=5440m/s），于是没有栅瓣出现。

阵元间距对波束成型影响的研究表明，不考虑副作用的话，更大的间距会有更好的波束指向性和更大的旁瓣，但根据空间采样定理，阵元间距不可能无限增大。

（3）PWAS 阵列阵元数 M 的影响

阵元数是另一个影响波束成型的因素。图 13-35 说明了如何通过不同 M 值改进波束成型，即 $M=8$ 和 $M=16$。相对 8 PWAS 阵列来说，16 PWAS 阵列具有更窄的主瓣和稍强的旁瓣。增大阵元数是一种简单的增强波束成型而较少大旁瓣的方法，但实际应用中，更多的阵元带来引线问题而且受制于有限的安装空间。

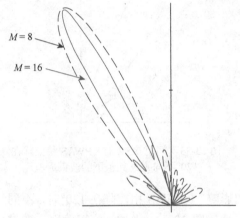

图 13-35　$r/D=10$，$d/\lambda=0.5$ 的相控阵在 120° 不同 M 值下的波束成型

（4）方位角 ϕ_0 的影响

方位角 ϕ_0（波束方向）是另外一个影响波束成型的因素。图 13-36a、b 分别为 8 阵元阵列和 16 阵元阵列在 0°、30°、60°、90°、120° 和 150° 方向上的波束成型结果。从图 13-36 整体看，最佳波束出现在 $\phi_0=90°$ 方向上，具有细长和聚焦的波束。随着角度移至 90° 两旁时，波束成型开始变坏。在 0° 和 180° 方向上，波束成型失效，在 180° 上的瓣称为后瓣。当方向增大为 30～60° 时，后瓣缩小并且主瓣更具有指向性。120～150° 的波束成型对称于 60° 和 30° 之间的垂直中心线。当主瓣靠近 180° 时（例如 150°），后瓣开始又一

次增大。方向性主瓣在 180° 又一次完全消失，这说明线性 PWAS 阵列不具备完整的 180° 的检测范围，而是一个更小的范围。$M=16$ 的情况如图 13-36b 所示，这些结果进一步验证了前面的结论。但由于阵元数的增大，波束成型也有一定的提高。比较 $M=8$ 和 $M=16$ 的结果可发现，更大的 M 带来更宽的检测区域，8 PWAS 阵列在 30° 时就没有指向性波束，而 16 PWAS 阵列则有。

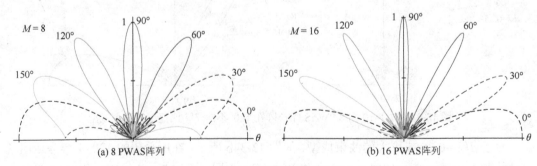

(a) 8 PWAS 阵列　　　　　　　　　(b) 16 PWAS阵列

图 13-36　$r/D=10$，$d/\lambda=0.5$ 的相控阵在不同方位角的波束成型

13.5.4　非均匀 PWAS 相控阵的研究

本节介绍对阵列阵元施加不同的激励，即非均匀 PWAS 阵列的波束成型。不同的激

励上乘以不同的加权系数 w_m，根据式（13-52），即

$$BF\left(w, M, \frac{d}{\lambda}, \frac{r}{d}, \phi_0\right) = \frac{1}{M} \sum_{m=0}^{M-1} \frac{w_m}{\sqrt{\bar{r}_m}} e^{j2\pi \frac{rd}{\lambda d}[1-\bar{r}_m-\delta_m(\phi_0)]} \tag{13-58}$$

两种广泛使用的加权系数分布是二项式分布和切比雪夫分布。接下来介绍非均匀激励幅值对阵列波束成型的影响。

（1）双向阵

通过对表达式 $(1+x)^{M-1}$ 的二项式展开可获得双向阵的加权系数 w_m，即

$$(1+x)^{M-1} = 1 + (M-1)x + \frac{(M-1)(M-2)}{2!}x^2 + \frac{(M-1)(M-2)(M-3)}{3!}x^3 + \cdots \tag{13-59}$$

级数的正系数作为 M-PWAS 阵列的相对幅值加权 w_m，这样的非均匀阵列称为双向阵。对 $M=8$ 时，对应的幅值加权系数为 $\{1,7,21,35,35,21,7,1\}$。双向阵在不同 d/λ 下的仿真波束成型如图 13-37a 所示，更大的 d/λ 值伴随更薄的主瓣，意味着更好的分辨率/指向性。由图 13-37a 可看出双向阵的波束成型没有旁瓣，准确地说这是双向阵最重要的特征。图 13-37b 是与均匀阵列（$d/\lambda = 0.5$）的波束成型的对比，尽管双向阵有更宽的主瓣，但其没有旁瓣，在不希望的方向上对信号有更好的抑制效果。

然而当指向性波束成型离开 90°，例如 $\phi_0 = 45°$，双向阵的缺点开始显现。图 13-37c 显示在 $\phi_0 = 45°$ 方向上双向阵的波束成型已经恶化，而相等的均匀阵列依然有好的指向性波束。另外，当波束不在垂直方向时双向阵的无旁瓣优点也消失了。相比均匀阵列，双向阵的检测区域更小，而且逐渐远离正前方时，旁瓣开始出现。

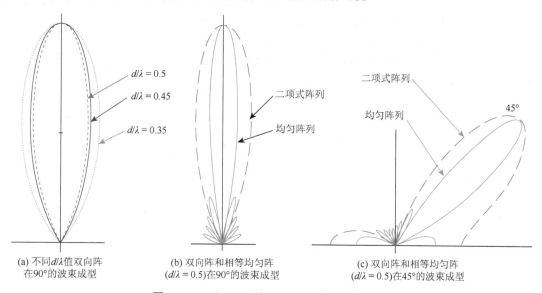

(a) 不同 d/λ 值双向阵　　　(b) 双向阵和相等均匀阵　　　(c) 双向阵和相等均匀阵
在 90° 的波束成型　　　　（$d/\lambda = 0.5$）在 90° 的波束成型　　　（$d/\lambda = 0.5$）在 45° 的波束成型

图 13-37　$r/D = 10$ 的 8PWAS 双向阵波束成型

（2）切比雪夫阵列

尽管双向阵具有在 90° 方向上无旁瓣的独有特征，但也带来更大的波束宽度和更

小的检测区域。另外可用的非均匀阵是利用切比雪夫分布的切比雪夫阵列，通过分派旁瓣水平，即主瓣量级与第一旁瓣量级的比值，可以推导出切比雪夫阵列的加权系数[21]。为建立一个旁瓣水平为 1/20 的 8 PWAS 切比雪夫阵列，对应的非均匀系数 w_m 为 $\{0.357, 0.485, 0.706, 0.89, 1, 1, 0.89, 0.706, 0.485, 0.357\}$。$r/D$ =10，d/λ =0.5 的切比雪夫阵列在 90° 和 45° 方向上的波束成型如图 13-38a 所示，由图可看出旁瓣得到了很好地抑制。所有 3 种阵列在 90° 方向的波束成型如图 13-38b 所示，从旁瓣水平来看，双向阵具有最小的旁瓣（无旁瓣），然后是切比雪夫阵列，但均匀阵列具有最高的旁瓣水平。从主瓣宽度（指向性）来看，均匀阵列具有最窄的主瓣，切比雪夫的稍宽一点，而双向阵具有最大的宽度。

45° 方向上的波束成型如图 13-38c 所示。该方向上，切比雪夫阵列依然有低旁瓣和指向性的波束。总的来讲，切比雪夫阵列是一种折中旁瓣水平和主瓣宽度的好方法，在抑制旁瓣的同时依然保持斜角方向上的指向性。

（3）非均匀阵列加权的 EUSR 实验

从前面的仿真结果来看，相比于均匀阵列，切比雪夫阵列具有几乎一样的主瓣宽度，同时它的旁瓣更小。双向阵具有低得多的旁瓣，但随之而来的是增大了的主瓣宽度。利用前面基于 8 PWAS 均匀阵列采集的上侧裂纹试件实验数据，可实现基于非均匀阵列的加权 EUSR 算法。图 13-39a 给出了阈值转换之前的均匀阵列 EUSR 成像，图像中出现了环形阴影。回顾图 13-38b 所示的波束成型仿真结果，可认为这是旁瓣效应导致的阴影。而不管是切比雪夫阵列还是双向阵，对应的加权 EUSR 算法都有更好的成像（即阴影得到了消除或减小），两种非均匀阵列的扫查结果分别如图 13-39b、c 所示。

意料之中，两个图像中的旁瓣效应立即得到了抑制。图 13-39c 中所示的双向阵图像中的裂纹强度和传播比图 13-39a 中均匀阵列宽得多，这进一步验证了在 3 种阵列中，双向阵具有最大的主瓣宽度。

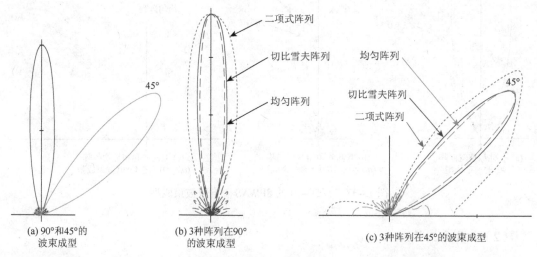

(a) 90°和45°的波束成型　　　(b) 3种阵列在90°的波束成型　　　(c) 3种阵列在45°的波束成型

图 13-38　r/D =10，d/λ =0.5 的 8PWAS 切比雪夫阵列波束成型

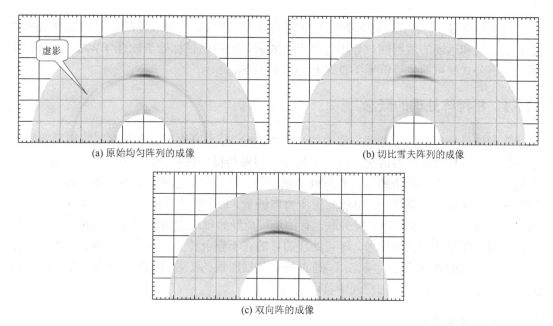

(a) 原始均匀阵列的成像　　　　　　　　(b) 切比雪夫阵列的成像

(c) 双向阵的成像

图 13-39　基于 8PWAS 非均匀阵列的加权 EUSR 算法的裂纹检测

13.5.5　小结

本节研究了线性 PWAS 阵列的波束成型特征。相关参数可用于控制阵列波束成型，它们是：d/λ 比值，r/d 比值，阵元数 M，方位角 ϕ_0 和加权系数 w_m。得到的主要结论如下：①更大的 d/λ 比值对应更窄的主瓣宽度，但需要满足空间采样定理，即 $d/\lambda \leqslant 0.5$，否则将出现栅瓣；②更大的 r/d 比值对应近场范围内更好的波束成型；③更大的阵元数 M 有更窄的主瓣，但旁瓣水平会增大并带来引线问题；④加权可以改进波束成型，但会影响主瓣宽度、旁瓣和检测区域。

线性阵列的有效检测区域小于 180°，实际范围由阵元数和加权决定。实验方面，研究和实现了两种非均匀 PWAS 阵列：①切比雪夫阵列；②双向阵。两种阵列都基于加权 EUSR 算法实现。实验结果与仿真结果一致：①从主瓣宽度（指向性）来看，均匀阵列具有最窄的主瓣，切比雪夫的稍宽一点，而双向阵具有最大的宽度；②从旁瓣水平来看，当间距为半波长时，双向阵在 90°方向具有最小的旁瓣（无旁瓣），而切比雪夫阵列具有可调整的旁瓣水平。

13.6　PWAS 相控阵的通用公式

很多应用中，1-D 相控阵算法采用平行波近似理论，该假设极大地简化了波束成型的计算。但该假设只有在目标远离相控阵时才有效，若扫描区域不够远，平行波近似理论造成的误差就不可忽略，最后导致方法失效。因而需要一种不依赖于平行波近似理论的通用相控阵算法，可以同时适用于近场和远场，接下来介绍该通用的算法。另外该算法不局限于简单的 1-D 线性阵列，相控阵阵元可采取任意位置的布置。

在下述推导中，首先回顾阵列信号处理的假设，进而提出一般性的延时累加算法并讨论其在近场和远场的适用性。导出该通用公式后，证明当目标处于线性 PWAS 相控阵远场时，该公式就可简化等价于 1-D 平行波理论的解。

13.6.1　相控阵处理的概念

阵列信号处理是信号处理方法中的一个特殊分支，主要处理几个传感器或激励器同时激励和接收波传播信号的情况，阵列处理系统对波传播场进行空间采样。在很多应用中，空间位置上布置的一组传感器用作阵列测量波传播场，包括电磁波、声波和地震波等。这些传感器可作为换能器使用，将场能量变为电能量。每个传感器的输出至少通过一个转换因子（增益）与所在波场的位置关联，有的还可能经时域或空间域的滤波，阵列采集这些波形组成一组复杂的输出信号。阵列处理的目的在于整合传感器输出以实现：①相比单传感器输出增强的阵列信号信噪比；②通过确定传播能量的源数目、源位置和其激发的波形来描述周边环境；③跟踪在空间中移动的能量源。

（1）波传播假设

阵列处理是基于前面讨论的 PWAS-Lamb 波传播和调谐特性实现的，因而有如下假设。

①PWAS 是全方向的，即在所有方向具有相同的激励和响应灵敏度。PWAS 声源的辐射可以通过环形波阵面描述。当远离声源时，随着波阵面曲率减小其接近于平面波的情况，因此在远场可使用平面波模式，应用平行波近似假设，但平行波近似假设在近场并不适用。

②传播的波为单模式脉冲信号，因而其可以用一个简单的函数 $f(t-\boldsymbol{\alpha}\cdot\boldsymbol{x})$ 来表示，函数中使用时空关系 $t-\boldsymbol{\alpha}\cdot\boldsymbol{x}$，其中 $\boldsymbol{\alpha}=k/\omega$，当脉冲信号的频率带宽不够窄时，将会出现频散现象，需要测量群速度，若频散效应很严重，则需要特殊的信号处理方法。

③波的传播方向可由波数向量 $\boldsymbol{k}$ 和减缓向量 $\boldsymbol{\alpha}$ 表示，$\boldsymbol{\alpha}=k/\omega$。

④可应用叠加原理，该原理允许几个传播波同时出现，由每个阵元单独产生波的相长干涉或相消干涉是相控阵的基本原理。

⑤在相控阵原理中使用了弹性介质的均匀、线性和无损的假设，然而相控阵技术也可用于不满足所有假设的媒介中（例如复合材料）。

（2）阵列求和效应

当信号在阵列中叠加时，信号得到增强，阵列信号的增强很容易解释。作最简单的假设，第 m 个传感器接收的信号 $y_m(t)$ 包含了对所有传感器假设相同的信号 $s(t)$ 和不同传感器之间的随机噪声 $N_m(t)$，即

$$y_m(t)=s(t)+N_m(t) \tag{13-60}$$

通过叠加所有 M 个传感器接收的信号可得

$$z(t)=\sum_{m=0}^{M-1}y_m(t)=Ms(t)+\sum_{m=0}^{M-1}N_m(t) \tag{13-61}$$

式（13-61）表示信号 $s(t)$ 得到 M 倍放大，随机噪声相互叠加。随机噪声的叠加往往由于相互抵消而导致噪声减小，这样就实现了信噪比的提高。在相控阵中，由于使用延时来构建波束成型，此过程更加复杂，但式（13-61）描述的基本噪声消减依然有效。

13.6.2　延时累加波束成型

延时累加波束成型是相控阵技术的基础。尽管目前提出了很多相控阵算法，由于其简单易行，基本的延时累加方法依然广泛使用。当传播的波阵面到达阵列孔径时，阵列中的阵元被激发并产生正比于所接收波阵面的电信号。对阵列中每个阵元各自的信号输出施加一定的延时，并使信号叠加，如式（13-61）所示。这种叠加使得信号增强，噪声消减。延时保证了阵列中各阵元信号正确地叠加，使叠加具有积极效应，同时也保证了在特定方向上信号得到增强，当然延时与从声源至阵元的波达时刻差直接相关。对于 1-D 线阵和服从平行波近似理论的远场声源，可相对容易地计算出延时，如式（13-17）所示。对于 2-D 阵列和任意位置的声源，分析更加复杂，下文具体展开介绍。

（1）通用延时累加原理

考虑通用几何阵列如图 13-40 所示。可通过加权系数 w_m 改进阵元信号的输出，从而增强波束形状并减少旁瓣。以加权阵列中心为坐标轴的原点，即原点定义为

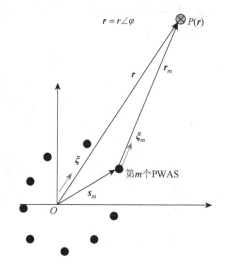

$$\sum w_m s_m = \mathbf{0} \qquad (13\text{-}62)$$

如图 13-40 所示，假设目标 P 的位置向量为 $\mathbf{r}$，相控阵第 m 个阵元的位置为 $\mathbf{s}_m$，目标 P 与第 m 个阵元之间的向量为 $\mathbf{r}_m$，定义 $\boldsymbol{\xi}$ 为 $\mathbf{r}$ 方向上的单位向量，$\boldsymbol{\xi}_m$ 为 $\mathbf{r}_m$ 方向上的单位向量。

假设 PWAS 调谐后，结构上的 Lamb 波以低频散波速 c 的 Lamb 波占主导（调谐过程见第 11 章），假设脉冲信号 $f(t)$ 施加在原点 O 处的 PWAS 源。波阵面迅速地以波速 c 从声源处传播开来，在 $P(\mathbf{r})$ 处的波阵面可表示为

$$f(\mathbf{r},t) = \frac{1}{\sqrt{r}} f\left(t - \frac{r}{c}\right) \qquad (13\text{-}63)$$

图 13-40　第 m 个 PWAS($\mathbf{s}_m$)和反射源 P($\mathbf{r}$)的几何示意图

式中，$r = |\mathbf{r}|$，从第 m 阵元传播至点 $P(\mathbf{r})$ 的波为

$$y_m(t) = f(\mathbf{r}_m, t) = \frac{1}{\sqrt{r_m}} f\left(t - \frac{r_m}{c}\right) \qquad (13\text{-}64)$$

式（13-64）经重新整理后为

$$y_m(t) = f(\mathbf{r}_m, t) = \frac{1}{\sqrt{r}\sqrt{r_m/r}} f\left(t - \frac{r - r + r_m}{c}\right) = \frac{1}{\sqrt{r}} \frac{1}{\sqrt{r_m/r}} f\left(t - \frac{r}{c} + \frac{r - r_m}{c}\right) \qquad (13\text{-}65)$$

延时累加波束成型包括两步骤：①施加延时 Δ_m 和加权系数 w_m 到第 m 个 PWAS 的输

出：②叠加所有 M 个 PWAS 的输出信号。该过程表示为

$$z(t) = \sum_{m=0}^{M-1} w_m y_m(t - \Delta_m) \qquad (13\text{-}66)$$

将式（13-65）代入（13-66）得

$$z(t;\boldsymbol{r}) = \sum_{m=0}^{M-1} w_m y_m(t - \Delta_m) = \sum_{m=0}^{M-1} \frac{1}{\sqrt{r}} \frac{w_m}{\sqrt{r_m/r}} f\left(t - \frac{r}{c} + \frac{r - r_m}{c} - \Delta_m\right) \qquad (13\text{-}67)$$

可选择一定延时 Δ_m，使得阵列的输出波束在空间特定的点 $P(\boldsymbol{r}_P)$ 增强和聚焦。例如，选择延时使式（13-67）中的后两项为零，则所有阵元的信号将同相地到达 $P(\boldsymbol{r}_P)$ 处，这样信号就得到 M 倍的增强，即如果

$$\Delta_m = \frac{r_P - r_m}{c} \qquad (13\text{-}68)$$

那么

$$z(t;\boldsymbol{r}_P) = \sum_{m=0}^{M-1} \frac{1}{\sqrt{r_P}} \frac{w_m}{\sqrt{r_m/r_P}} f\left(t - \frac{r_P}{c} + \frac{r_P - r_m}{c} - \Delta_m\right) = \sum_{m=0}^{M-1} \frac{1}{\sqrt{r_P}} \frac{w_m}{\sqrt{r_m/r_P}} f\left(t - \frac{r_P}{c}\right)$$

$$= \frac{1}{\sqrt{r_P}} f\left(t - \frac{r_P}{c}\right) \sum_{m=0}^{M-1} \frac{w_m}{\sqrt{r_m/r_P}} \qquad (13\text{-}69)$$

进一步调整加权系数 w_m 来补偿 r_m 与 r_P 的差，即 $w_m = \sqrt{r_m/r_P}$，这样就得到准确 M 倍信号的增强，即

$$\sum_{m=0}^{M-1} \frac{w_m}{\sqrt{r_m/r_P}} = \sum_{m=0}^{M-1} 1 = M \quad 当 \quad w_m = \sqrt{r_m/r_P} \qquad (13\text{-}70)$$

将式（13-70）代入式（13-69）得到全聚焦信号为

$$z(t)\big|_{P(r_P)} = \frac{M}{\sqrt{r_0}} f\left(t - \frac{r_P}{c}\right) \quad 当 \quad w_m = \sqrt{r_m/r_P}, \quad \Delta_m = \frac{r_P - r_m}{c} \qquad (13\text{-}71)$$

同样可以通过这样的方式选择加权系数 w_m 来增强波束形状和减少旁瓣。这样，式（13-66）的延时累加原理就说明了位置 $s_m\,(m=0, \cdots, M-1)$ 的 M 阵元阵列如何选择加权系数 w_m 从而使得波阵面在特定点 $P(\boldsymbol{r}_P)$ 处聚焦。

（2）远场和近场

根据反射源处于近场还是远场，波束成型原理也有所改变。利用天线理论概念[21]，定义远场区域为

$$R_{\text{far field}} > 2D^2/\lambda \quad （远场） \qquad (13\text{-}72)$$

式中，D 为阵列孔径；λ 为激励信号的波长。近场区域定义为

$$0.62\sqrt{D^3/\lambda} < R_{\text{near field}} \leqslant 2D^2/\lambda \quad （近场） \qquad (13\text{-}73)$$

在更近的 $R \leqslant 0.62\sqrt{D^3/\lambda}$ 区域内，相控阵失效，但可采用其他的损伤检测方法，例如第 10 章介绍的 PWAS-E/M 阻抗技术。

若目标 $P(\boldsymbol{r}_P)$ 接近阵列，即图 13-41a 所示的近场，所传播的波阵面是弯曲的（环形

波阵面），至目标的波向线方向 $\boldsymbol{\xi}_m$ 取决于每个阵元的位置 $\boldsymbol{s}_m$。这种情形下，需要分配给图 13-41a 中每个阵元以不同的单位向量 $\boldsymbol{\xi}_m$，$m=0, 1, \cdots, M{-}1$，通用的延时累加式（13-67）、式（13-68）和式（13-71）可以使用。

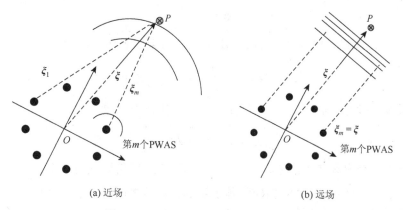

(a) 近场　　　　　　　　　　　(b) 远场

图 13-41　阵列近场和远场的波束成型

但若目标 $P(\boldsymbol{r})$ 处于远场，即远离阵列，所产生的传播波场就接近于平面波，如图 13-41b 所示。因此阵列中阵元激发的波传播方向可近似平行，即

$$\boldsymbol{r}_0 \| \boldsymbol{r}_1 \| \cdots \| \boldsymbol{r}_{M-1} \| \boldsymbol{r}_P \qquad （远场）$$
$$\boldsymbol{\xi}_0 \approx \boldsymbol{\xi}_1 \cdots \approx \boldsymbol{\xi}_{M-1} \approx \boldsymbol{\xi}_P \tag{13-74}$$

如上式成立，可通过向量减法和投影计算路径差 $r_P - r_m$，即

$$\boldsymbol{r}_P - \boldsymbol{r}_m = \boldsymbol{s}_m \qquad （向量减法） \tag{13-75}$$
$$\boldsymbol{\xi}_0 \cdot (\boldsymbol{r}_P - \boldsymbol{r}_m) = \boldsymbol{\xi}_0 \cdot \boldsymbol{s}_m \qquad （向量投影） \tag{13-76}$$

式（13-76）的左侧变为

$$\boldsymbol{\xi} \cdot (\boldsymbol{r}_P - \boldsymbol{r}_m) = \boldsymbol{\xi} \cdot \boldsymbol{r}_P - \boldsymbol{\xi} \cdot \boldsymbol{r}_m \approx \boldsymbol{\xi} \cdot r_P \boldsymbol{\xi} - \boldsymbol{\xi} \cdot r_m \boldsymbol{\xi} = r_P - r_m \tag{13-77}$$

将式（13-77）代入式（13-76）得

$$r_P - r_m \approx \boldsymbol{\xi}_P \cdot \boldsymbol{s}_m \tag{13-78}$$

另一方面，所有位置向量到达远场目标的长度可近似一样，表示为

$$r_m / r_P \approx 1 \tag{13-79}$$

将式（13-78）、式（13-79）代入式（13-67），得到远场平行波近似理论下的延时累加式，即

$$
\begin{aligned}
z(t)_{r_P \to \infty} &= \sum_{m=0}^{M-1} \frac{1}{\sqrt{r_P}} \frac{w_m}{\sqrt{r_m/r_P}} f\left(t - \frac{r_P}{c} + \frac{r_P - r_m}{c} - \Delta_m \right)_{r_m \| r_P} \\
&= \sum_{m=0}^{M-1} \frac{w_m}{\sqrt{r_P}} f\left(t - \frac{r_P}{c} + \frac{\boldsymbol{\xi}_P \cdot \boldsymbol{s}_m}{c} - \Delta_m \right)
\end{aligned}
\tag{13-80}
$$

假设目标 P($\boldsymbol{r}$) 处于远场 ϕ_0 方向上，则

$$\boldsymbol{\xi}_P(\phi_0) = \boldsymbol{e}_x \cos\phi_0 + \boldsymbol{e}_y \sin\phi_0 \tag{13-81}$$

将式（13-81）代入式（13-80）得到与 ϕ_0 参数相关的合成信号 z，即

$$z(t;\phi_0) = \frac{1}{\sqrt{r_P}} \sum_{m=0}^{M-1} w_m f\left(t - \frac{r_P}{c} + \frac{\xi_P(\phi_0) \cdot s_m}{c} - \Delta_m\right) \quad (\text{远场}) \qquad (13\text{-}82)$$

选择合适的延时 Δ_m 消去式（13-82）中的后两项，即

$$\Delta_m(\phi_0) = \frac{\xi_P(\phi_0) \cdot s_m}{c} \qquad (13\text{-}83)$$

将式（13-83）代入式（13-82），可得到 ϕ_0 方向上波束的表达式，即

$$z(t)_{\phi_0 \text{ beam}} = \frac{1}{\sqrt{r}} f\left(t - \frac{r_P}{c}\right) \sum_{m=0}^{M-1} w_m \qquad (13\text{-}84)$$

若将加权系数 w_m 取 1，w_m=1，那么得到 M 倍增强的信号，即

$$z(t)_{\phi_0 \text{ beam}} = \frac{M}{\sqrt{r}} f\left(t - \frac{r_P}{c}\right) \qquad (13\text{-}85)$$

这样，相对于单个声源产生的波，在 ϕ_0 方向上得到了 M 倍增强的波束。

后续章节介绍任意 PWAS 相控阵基于近场全波传播路径的谐波波束成型公式，然后使用平行波近似理论简化远场公式。

13.6.3 2-D PWAS 相控阵波束成型公式

重新考虑 M 阵元的 PWAS 相控阵，如图 13-40a 所示，阵元位置为 s_m，m=0, 1, $\cdots$, M–1。坐标的原点为阵列的中心，见式（13-62）。假设频率为 ω 的单位幅值谐波从原点 O 处的 PWAS 声源发出，波阵面传播速度为 c。在 P(r) 处的波阵面表示为

$$f(r,t) = \frac{1}{\sqrt{r}} e^{j(\omega t - k \cdot r)} \qquad (13\text{-}86)$$

式中，k 为波数，$k = \xi \omega / c$；$r = |r|$。对各个阵元 m，r_m 为第 m 个阵元至目标 P(r) 的向量，对应的 ξ_m 表示 m 阵元至目标的方向，如图 13-40a 所示。有如下的关系式：

$$\xi = \frac{r}{r}, r = |r|, r = r\angle\phi \qquad (13\text{-}87)$$

$$r_m = r - s_m, r_m = |r_m|, \xi_m = \frac{r_m}{|r_m|}, m = 0, 1, \cdots, M-1 \qquad (13\text{-}88)$$

假设同时激励阵列中的所有 PWAS 阵元，从第 m 阵元传播至 P 点（r），$r = r\angle\phi$ 的波阵面可表示为

$$f(r_m,t) = \frac{1}{\sqrt{r_m}} e^{j(\omega t - k_m \cdot r_m)} \qquad (13\text{-}89)$$

通过叠加可获得从所有阵元发出并达到目标 $P(r)$ 的总波阵面，若每个声源有不同的加权 w_m，可得到叠加式为

$$z(r,t) = \sum_{m=0}^{M-1} w_m f(r_m,t) = \sum_{m=0}^{M-1} w_m \frac{1}{\sqrt{r_m}} e^{j(\omega t - k_m \cdot r_m)} \qquad (13\text{-}90)$$

式（13-90）中信号称为相控阵的合成波，式（13-90）可用于研究近场和远场条件。在近场条件下，采用准确的传播路径，即三角算法；在远场条件下，研究平行波近似理论。两

种条件都适用于任意相控阵类型。最后，通过研究表明当应用任意阵列于等间距线阵时，平行波近似理论可以简化为 1-D 线阵算法。

（1）近场：准确传播路径分析（三角算法）

通用情况下，波束成型式中使用准确传播路径，式（13-89）可表示为

$$f(\pmb{r}_m,t)=\frac{1}{\sqrt{r}\sqrt{r_m/r}}\mathrm{e}^{j(\omega t-\pmb{k}\cdot\pmb{r}+\pmb{k}\cdot\pmb{r}-\pmb{k}_m\cdot\pmb{r}_m)}=\frac{1}{\sqrt{r}}\mathrm{e}^{j(\omega t-\pmb{k}\cdot\pmb{r})}\frac{1}{\sqrt{r_m/r}}\mathrm{e}^{j(\pmb{k}\cdot\pmb{r}-\pmb{k}_m\cdot\pmb{r}_m)}$$

$$=f(\pmb{r},t)\frac{1}{\sqrt{r_m/r}}\mathrm{e}^{j(\pmb{k}\cdot\pmb{r}-\pmb{k}_m\cdot\pmb{r}_m)} \tag{13-91}$$

根据式（13-87）、式（13-88），有

$$\pmb{k}\cdot\pmb{r}=\pmb{k}\cdot r\pmb{\xi}=r\frac{\omega}{c}\pmb{\xi}\cdot\pmb{\xi}=r\frac{\omega}{c},\quad \pmb{k}_m\cdot\pmb{r}_m=\pmb{k}_m\cdot r_m\pmb{\xi}_m=r_m\frac{\omega}{c}\pmb{\xi}_m\cdot\pmb{\xi}_m=r_m\frac{\omega}{c} \tag{13-92}$$

将式（13-92）代入式（13-86）得

$$f(\pmb{r},t)=\frac{1}{\sqrt{r}}\mathrm{e}^{i(\omega t-\pmb{k}\cdot\pmb{r})}=\frac{1}{\sqrt{r}}\mathrm{e}^{i\left(\omega t-\omega\frac{r}{c}\right)}=\frac{1}{\sqrt{r}}\mathrm{e}^{i\omega\left(t-\frac{r}{c}\right)}=f\left(t-\frac{r}{c}\right) \tag{13-93}$$

将式（13-92）、式（13-93）代入式（13-91）得

$$f(\pmb{r}_m,t)=f(\pmb{r},t)\frac{1}{\sqrt{r_m/r}}\mathrm{e}^{j(\pmb{k}\cdot\pmb{r}-\pmb{k}_m\cdot\pmb{r}_m)}=f\left(t-\frac{r}{c}\right)\frac{1}{\sqrt{r_m/r}}\mathrm{e}^{j\omega\frac{r-r_m}{c}} \tag{13-94}$$

将式（13-94）代入式（13-90）得到合成波 $z(\pmb{r},t)$ 为

$$z(\pmb{r},t)=f\left(t-\frac{r}{c}\right)\sum_{m=0}^{M-1}w_m\frac{1}{\sqrt{r_m/r}}\mathrm{e}^{j\omega\frac{r-r_m}{c}} \tag{13-95}$$

式（13-95）可看成两个项的乘积。第一项为 $f(t-r/c)$，不依赖阵元的位置、加权系数以及目标的位置，该项代表了原点处单个 PWAS 传感器产生的独立信号，可以将该项单独考虑。第二项依赖阵元的位置、加权系数以及目标的位置。因此，若改变阵列结构时，该项也随之变化，若目标改变，它也会变化。定义第二项为波束成型函数（用 BF 表示）。与式（13-95）一致，波束成型函数为

$$BF(\pmb{w},\pmb{r}^*,\pmb{r})=\sum_{m=0}^{M-1}w_m\frac{1}{\sqrt{r_m/r}}\mathrm{e}^{j\omega\frac{r-r_m}{c}} \quad（波束成型函数） \tag{13-96}$$

式中，$\pmb{w}=\{w_0,w_1,\cdots,w_{M-1}\}$；$\pmb{r}^*=\{r_0,r_1,\cdots,r_{M-1}\}$。如果施加延时 Δ_m，可控制阵列输出在空间特定点 $\mathrm{P}(\pmb{r}_P)$，$\pmb{r}_P=r_P\angle\phi$ 增强和聚焦。式（13-96）的波束成型函数也可表示为

$$BF(\pmb{w},\pmb{r}^*,\pmb{r}_P)=\sum_{m=0}^{M-1}w_m\frac{1}{\sqrt{r_m/r_P}}\mathrm{e}^{j\omega\left(\frac{r_P-r_m}{c}-\Delta_m\right)} \tag{13-97}$$

如果使式（13-97）中的指数项等于 1，即当指数项上的指数等于零时，波束成型函数 $BF(w,\bar{r})$ 取得最大值，即

$$\mathrm{e}^{j\omega\left(\frac{r_P-r_m}{c}-\Delta_m\right)}=1 \quad 在 \quad \frac{r_P-r_m}{c}-\Delta_m=0 \tag{13-98}$$

为了实现式（13-98），需要对 PWAS 相控阵的各个阵元施加时延：

$$\Delta_m = \frac{r - r_m}{c}, \ m = 0, 1, \cdots, M - 1 \tag{13-99}$$

施加式（13-99）中的时延时，特定点 P（r_p）的波束成型函数取得最大值，其值为

$$BF(w, \overline{r}, r_p) = \sum_{m=0}^{M-1} w_m \frac{1}{\sqrt{r_m / r_p}} \tag{13-100}$$

从式（13-100）可以看出，通过调整加权系数 w_m 可进一步控制对波束成型函数在空间特定点 P(r_p)的聚焦。利用此特性可补偿 PWAS 阵元不同位置的影响，即通过

$$w_m = \sqrt{r_m / r} \tag{13-101}$$

使用式（13-101）在空间上希望的点 P（r_p）处，波束成型函数的值达到 M，即

$$BF(w, \overline{r}, r_p) = \sum_{m=0}^{M-1} 1 = M \tag{13-102}$$

将式（13-102）代入式（13-95）得到 M-PWAS 阵列在 P 点优化条件下的合成波为

$$z(r_p, t) = Mf\left(t - \frac{r}{c} \right) \tag{13-103}$$

可以看出，合成波 $z(r, t)$ 相比原点处单个 PWAS 阵元发出的信号 $f(t - r/c)$ 增强了 M 倍。

上述内容表明，通过合适的时延和加权，相控阵可聚焦于给出方向 ϕ_0 和距离 r_p 的空间 P（r_p）处。相比于简化的平行波理论，准确算法可同时聚焦于方向角 ϕ_0 和目标距离 r_p。因此准确算法不依赖常见的平行波近似理论，可用于平行波算法失效的近场，但准确算法的实现更加复杂，需要更多的计算量。

（2）远场：平行波近似（平行算法）

前文推导了 PWAS 相控阵的通用波束成型公式，该公式准确但需要更多的计算量。当目标在远场并适用于平行波假设时，可以简化该算法，从而减少计算量。如果目标离阵列足够远，那么从阵元发出并传播到目标的波向线可以看成是平行的，因此单位向量 $\boldsymbol{\xi}_m$ 变成近似相等，即

$$\boldsymbol{\xi}_m \approx \boldsymbol{\xi}, \ m = 0, 1, \cdots, M - 1 \tag{13-104}$$

在这些条件下，式（13-87）和式（13-88）变为

$$\boldsymbol{k}_m \approx \boldsymbol{\xi} \frac{\omega}{c} = \boldsymbol{k}, \ \sqrt{r_m} \approx \sqrt{r}, \ m = 0, 1, \cdots, M - 1 \tag{13-105}$$

于是，式（13-94）中 r_m / r 可看做约等于 1，$r - r_m$ 变为

$$r - r_m \approx \boldsymbol{\xi} \cdot \boldsymbol{s}_m \tag{13-106}$$

由于 $r - r_m = s_m$，有 $\boldsymbol{\xi} \cdot (r - r_m) \approx \boldsymbol{\xi} \cdot \boldsymbol{s}_m$ 和 $\boldsymbol{\xi} \cdot (r - r_m) \approx \boldsymbol{\xi} \cdot \boldsymbol{r} - \boldsymbol{\xi} \cdot \boldsymbol{r}_m \approx \boldsymbol{\xi} \cdot r\boldsymbol{\xi} - \boldsymbol{\xi} \cdot r_m \boldsymbol{\xi} = r - r_m$。将式（13-106）代入式（13-94）得

$$f(r_m, t) \approx f\left(t - \frac{r}{c} \right) \mathrm{e}^{j\frac{\omega}{c}(\boldsymbol{\xi} \cdot \boldsymbol{s}_m)} \tag{13-107}$$

为了产生由单位向量 $\boldsymbol{\xi}_0 = \boldsymbol{e}_x \cos\phi_0 + \boldsymbol{e}_y \sin\phi_0$ 定义的方向 ϕ_0 上的波束成型，施加时延 $\Delta_m(\phi_0)$ 和加权系数 w_m，则波束成型函数变为

$$BF(\boldsymbol{w},\boldsymbol{s},\phi_0)=\sum_{m=0}^{M-1}w_m \mathrm{e}^{j\frac{\omega}{c}[\xi\cdot s_m-\Delta_m(\phi_0)]} \tag{13-108}$$

式中，$\boldsymbol{s}=\{s_0,s_1,\cdots,s_{M-1}\}$。为了产生由单位向量 $\boldsymbol{\xi}_0=\boldsymbol{e}_x\cos\phi_0+\boldsymbol{e}_y\sin\phi_0$ 定义的方向 ϕ_0 上的波束成型，选择时延使得特定方向 $\boldsymbol{\xi}_0$ 上指数项等于 1，即

$$\boldsymbol{\xi}_0\cdot s_m-\Delta_m(\phi_0)=0$$

$$\Delta_m(\phi_0)=\frac{\boldsymbol{\xi}_0\cdot s_m}{c}\quad\rightarrow\quad \mathrm{e}^{j\frac{\omega}{c}[\xi_0\cdot s_m-\Delta_m(\phi_0)]}=1 \tag{13-109}$$

若选择单位加权，即 $w_m=1$，波束成型函数值达到 M，并且相对于单独参考信号 $f(\boldsymbol{r},t)$，合成信号 $z(\boldsymbol{r},t)$ 得到了 M 倍增强。也可选择不同的加权系数从而优化不同角度上的波束成型形状。但正如前文所述，式（13-108）仅在远场假设有效的情况下才成立，而 13.6.3 节中介绍的通用性等式则不受此限制，可适用于任何场合而无须在意目标的位置。

13.7　2-D 平面 PWAS 相控阵研究

在 13.3 节、13.4 节和 13.5 节中，介绍了 PWAS 传感器组成的 1-D 线阵，通过 Lamb 波的大面积扫查和成像成功地检测了裂纹。然而，1-D 线阵依然存在一些问题，例如：①当角度在 0°或 180°附近时，波束成型的性能衰退；②半平面镜面效应，不能分辨出目标在阵列上方和目标在阵列下方的区别，如图 13-42 所示。

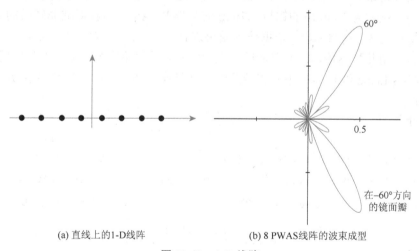

(a) 直线上的1-D线阵　　　　　　(b) 8 PWAS线阵的波束成型

图 13-42　1-D 线阵

第一个问题可以通过不同的阵列优化技术缓解，第二个问题是 1-D 线阵固有的基本特性，难以通过阵列优化来克服。由于其固有几何限制，1-D 线阵的波束成型关于阵列本身对称，如图 13-42b 所示，图中有一个指向 60°的主瓣，对称地在-60°也出现了一个镜面主瓣，这种固有的镜面对称特性导致其检测区域限制在 180°内。

13.7.1　目的和背景

克服上述 1-D 线阵的固有问题是采用 2-D 阵列设计，不同于将阵元放置在直线上，

也可将传感器按十字形、矩形环、圆环、矩形网格和圆形网格等布置，这就实现了 2-D 平面阵列。平面阵列不仅提供了更多可用于控制和优化波束成型和阵列性能的参数，而且更通用同时能提供更好的低旁瓣波束成型。最重要的是 2-D 平面阵列能够实现 360°全范围扫查并建立结构健康监测试件的完整成像。

2-D 平面阵列的概念并不新颖，实际上它在雷达和声呐相控阵中已得到了广泛的研究[21]。近年来被引入嵌入式 NDE 的应用中。例如，文献[22]使用电磁声换能器（EMAT）研究了两种圆形阵，类型 I 由填充满的晶片组成，类型 II 仅包含单个的环。5mm 厚铝板上的 S0 模式和相对于阵列 3 点钟方向的理想反射源的仿真结果表明，类型 I 阵列有相对好的结果，而类型 II 阵列有许多大的旁瓣。但可采用去卷积方法来消除旁瓣，从而使得类型 II 阵列的性能与类型 I 阵列相当。针对类型 II 阵列进行了实验，实验装置由安装在金属板上的两个同心环阵列组成，一组用于激励，一组用于响应。通过在板上粘贴小钢片模拟损伤，采用阵列检测，并将实验结果与仿真作了比较。尽管仿真研究表明去卷积方法可以消除旁瓣，但实验结果显示它的实际效果有限，并且依然存在很多旁瓣。其他文献也介绍了基于此 EMAT 圆环阵的进一步实验研究[10, 23]，圆形环阵列永久粘贴在尺寸为 2.45m×1.25m、厚为 5mm 铝板上并通过半径为 15mm 的穿孔模拟损伤。

本节首先对几种 2-D 平面相控阵（十字阵、矩形环阵、圆环阵、矩形网格阵和圆形网格阵等）波束成型模式进行仿真，研究它们的波束成型模式并评估其在 SHM 领域的应用前景。仿真分析采用前面讨论的通用公式，并假设损伤处于远场，平行波假设理论适用。仿真实验中，试件为 1mm 厚的铝板，7mm 的圆形 PWAS 阵列获得准非频散的 S0 模式，对应的传播速度为 c=5440m/s。依据仿真结果选择一种最适于实现的阵列类型，所选择的阵列类型将采用几种变体，给出实际试件上的实验，并讨论实验结果。本节最后简单总结了基于 PWAS-Lamb 波和 2-D 平面相控阵的结构健康监测研究的主要理论和实验结果。

13.7.2　十字阵

十字阵的布置如图 13-43a 所示，十字阵可看作是两个垂直的线阵。实验采用笛卡儿坐标系，阵元沿 x 轴和 y 轴的间距分别是 d_x 和 d_y。对于 x 方向有 M 个 PWAS、y 方向上有 N 个 PWAS 的十字阵，x 方向上第 m 个阵元及 y 方向上第 n 个阵元的位置可表示为

$$m \text{ 阵元：} \left\{ \left(m - \frac{M-1}{2} \right) d_x, 0 \right\} \tag{13-110}$$

$$n \text{ 阵元：} \left\{ 0, \left(n - \frac{N-1}{2} \right) d_y \right\} \tag{13-111}$$

每个方向均有 9 PWAS 阵元的十字阵（$M = N = 9$）在不同方向上的波束成型结果如图 13-43b 所示。在 20°和 60°所希望的角度上形成了特定指向波束，但存在明显的旁瓣。但在 0°和 90°时，在相反方向会出现复制的波束（0°波束对应 180°，90°波束对应 270°）。因此应用十字阵时，360°全范围波束成型是有条件限制的，沿着阵列轴的方向，例如 0°、90°、180°和 270°，总会出现复制波束。

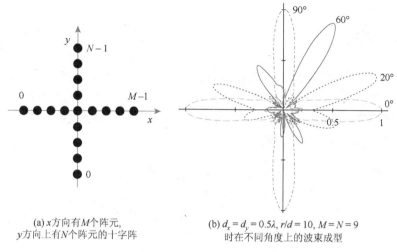

(a) x方向有M个阵元，
y方向上有N个阵元的十字阵

(b) $d_x = d_y = 0.5\lambda$, $r/d = 10$, $M = N = 9$
时在不同角度上的波束成型

图 13-43　十字阵设计

13.7.3　矩形网格阵

矩形网格阵通过排列线阵构成，如图 13-44a 所示。实验采用笛卡儿坐标系，阵元沿 x 轴和 y 轴的间距分别是 d_x 和 d_y。对于 $M \times N$ 的矩形 PWAS 阵列，(m, n) 阵元的坐标为

$$\left[\left(m - \frac{M-1}{2}\right)d_x, \left(n - \frac{N-1}{2}\right)d_y\right] \tag{13-112}$$

8×8 PWAS 阵列在不同方向上的波束成型如图 13-44b 所示。该阵列在所有希望的角度上（0°、20°、80°、150°、260°和 330°）都有特定指向性波束，并且旁瓣较低。仿真结果显示矩形阵能够实现 360° 全范围损伤检测。

当 M 或者 N 减到 1 时，矩形阵简化为 1-D 线阵。当 $N=1$ 时，20° 和 80° 方向上波束成型如图 13-44c 所示。主瓣关于 0°/180°（x 方向）对称。

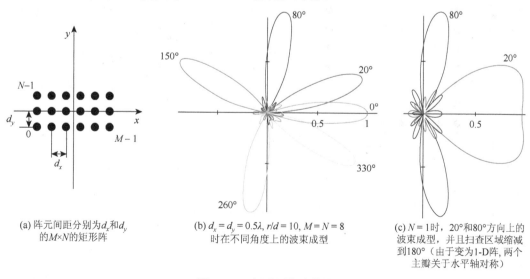

(a) 阵元间距分别为d_x和d_y
的$M \times N$的矩形阵

(b) $d_x = d_y = 0.5\lambda$, $r/d = 10$, $M = N = 8$
时在不同角度上的波束成型

(c) $N = 1$时，20°和80°方向上的
波束成型，并且扫查区域缩减
到180°（由于变为1-D阵，两个
主瓣关于水平轴对称）

图 13-44　矩形网格阵设计

13.7.4　矩形环阵

矩形网格阵在 360°全范围都具有良好的指向性。但是构建矩形网格阵，需要大量 PWAS 来覆盖网格节点，导致引线和数据采集很复杂。矩形环阵可以替代矩形网格阵，仅使用网格外围的阵元，如图 13-45a 所示。对于 x 方向有 M 个 PWAS、y 方向上有 N 个 PWAS 的矩形环阵列，(m, n) 阵元的坐标为

$$\begin{array}{ll}
\text{边 (1)} & \left[\left(-\dfrac{M-1}{2}\right)d_x,\left(n-\dfrac{N-1}{2}\right)d_y\right] \\[3mm]
\text{边 (2)} & \left[\left(m-\dfrac{M-1}{2}\right)d_x,\left(N-\dfrac{N-1}{2}\right)d_y\right] \\[3mm]
\text{边 (3)} & \left[\left(m-\dfrac{M-1}{2}\right)d_x,\left(-\dfrac{N-1}{2}\right)d_y\right] \\[3mm]
\text{边 (4)} & \left[\left(M-\dfrac{M-1}{2}\right)d_x,\left(n-\dfrac{N-1}{2}\right)d_y\right]
\end{array} \qquad (13\text{-}113)$$

每边各有 8 个 PWAS 阵元(共 28 阵元)的矩形环阵的波束成型模式如图 13-45b 所示。可以看出，在 360°全范围都可以获得良好指向性的波束。相比较图 13-44b 中 8×8 矩形网格阵，矩形环阵保持了好的主瓣，但出现了更多的旁瓣。

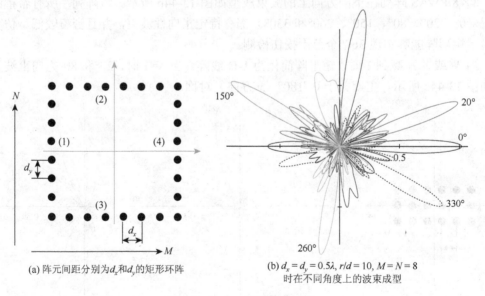

(a) 阵元间距分别为d_x和d_y的矩形环阵　　　(b) $d_x = d_y = 0.5\lambda, r/d = 10, M = N = 8$
时在不同角度上的波束成型

图 13-45　2-D 矩形环阵设计

13.7.5　环形网格阵

环形网格阵由一组同心的环形阵组成，如图 13-46a 所示。相邻环之间的间距（径向

间距）定义为 d_r，同一环中相邻阵元的间距（圆周间距）定义为 d_c，阵元编号从最里层开始向外增加。在同一环中，编号从 $+x$ 正方向（即 0°）开始，第 n 环的半径 R_n 为

$$R_n = nd_r, n = 0, 1, 2 \cdots (N-1) \tag{13-114}$$

第 n 环上的阵元数 M_n 可由 $2\pi nd_r/d_c$ 取整确定，即

$$M_n = \left\lceil \frac{2\pi nd_r}{d_c} \right\rceil, n = 0, 1, 2 \cdots (N-1) \tag{13-115}$$

式中顶函数 $\lceil x \rceil$ 定义为

$$\lceil x \rceil = \inf \{ n \in Z \,|\, x \leqslant n \} \tag{13-116}$$

5 环同心圆阵在不同方向上的波束成型模式如图 13-46b 所示。每环上阵元数为 $\{1, 7, 13, 19, 26\}$，共需要 66 个 PWAS。将这些结果与图 13-44b 中的 8×8 矩形网格阵作比较，可以发现两种阵列都在 360° 全范围有良好的指向性及类似的波束成型性能，但环形网格阵的旁瓣水平似乎更高。

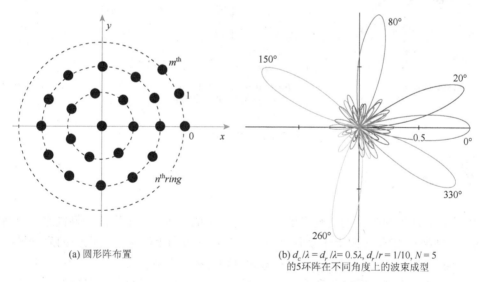

(a) 圆形阵布置　　　　　　　(b) $d_c/\lambda = d_r/\lambda = 0.5\lambda$, $d_r/r = 1/10$, $N = 5$
的5环阵在不同角度上的波束成型

图 13-46　66 阵元圆形网格阵

13.7.6　圆环阵

通过沿圆形均匀布置 PWAS 阵元可获得圆环阵，如图 13-47a 所示。实验采用极坐标系，那么 M-PWAS 圆环阵的第 m 个阵元的坐标为

$$(x, y) = (R\cos\theta_m, R\sin\theta_m) \tag{13-117}$$

式中

$$R = \frac{Md}{2\pi}, \quad \theta_m = m\frac{2\pi}{M} \tag{13-118}$$

由 64 个 PWAS 阵元组成,间距为 $d = 0.5\lambda$ 的圆环阵的波束成型模式如图 13-47b 所示。将这些结果与图 13-44b 中的 $8×8$ 矩形网格阵作比较,圆环阵具有更好的主瓣（更好的指向性）和更强的旁瓣。此外圆环阵的直径为 163mm,而矩形网格阵的斜角长为 80mm,即相等长度的矩形网格阵更加紧凑。图 13-47 所示为当 $M = 2$ 时,圆环阵可简化为经典的双极子阵,如图 13-47c 所示。

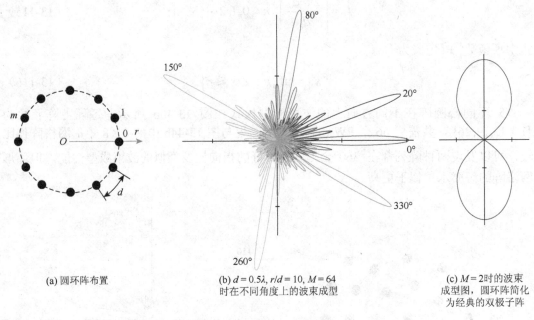

(a) 圆环阵布置　　　　　　(b) $d = 0.5\lambda, r/d = 10, M = 64$　　　　(c) $M = 2$时的波束
　　　　　　　　　　　　　时在不同角度上的波束成型　　　　成型图,圆环阵简化
　　　　　　　　　　　　　　　　　　　　　　　　　　为经典的双极子阵

图 13-47　2-D 圆环阵设计

13.7.7　小结

本节对 2-D 平面阵列的研究表明,在所有分析的阵列中,十字阵的性能最差,因为在 0°、90°、180° 和 270° 方向上十字阵是盲点。在这些方向上,因为有很强的后瓣导致十字阵不能分辨前和后,因此实际情况中不考虑这种阵列。本节研究了其他四种阵列（矩形网格阵、矩形环阵、圆形网格阵和圆环阵）,它们都有各自对应的优点和缺点,因此具体选择哪种阵列很大程度上取决于使用者的偏好和可用的制造设备。下面章节集中研究不同 M/N 比值的矩形网格阵。

13.8　2-D 嵌入式超声结构雷达

本节介绍由原始 EUSR 发展而来的 2-D 嵌入式超声结构雷达(2-D-EUSR)。原始 EUSR 算法采用 1-D PWAS 阵列,本节使用 2-D 平面 PWAS 阵列实现 2-D-EUSR[24]。尽管此处结果是基于矩形网格 PWAS 相控阵得到,但这些结果也适用于其他阵列类型（矩形环阵、圆环阵和圆形网格阵）。本节讨论的基准裂纹检测情况如图 13-48 所示。

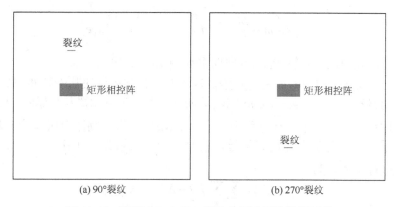

(a) 90°裂纹　　　　　　　　　　　(b) 270°裂纹

图 13-48　研究 2-D-EUSR 算法的标准裂纹检测试件

13.8.1　$N \times M$ 矩形阵 EUSR 算法

相比 1-D-EUSR 算法的实现，2-D 分析的实现需要定义 2-D 阵列的"前面"和"后面"，即需要制定一定的规则，以特定顺序激励阵元。1-D 情况中，编号由左向右开始（确定了前面），延伸至 2-D 情况，编号规则依然是由左向右，然后由后向前，如图 13-49a 所示。通过此方法确定了阵列的前面。若确定了 0°方向（阵列前面），$N \times M$ 矩形阵的编号从左下角开始，如箭头显示从左至右增大。图 13-49a 所示是对 8×8 矩阵的规定情况。

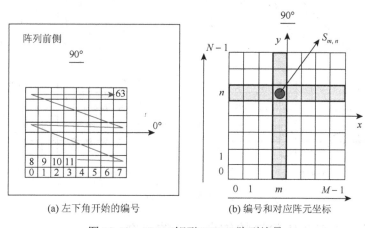

(a) 左下角开始的编号　　　　　　　(b) 编号和对应阵元坐标

图 13-49　$N \times M$ 矩形 PWAS 阵列编号

2-D 矩形网格阵列可看作是 N 个线阵一个接一个的排列，相等于 $N \times M$ 矩阵。每行中有 M 个阵元，共有 N 行，即一个 N 行 M 列的矩阵。为了辨认每个阵元，同时需要行（x 方向）和列（y 方向）上的信息。和前文类似，以阵列中心为坐标轴原点，因此阵列中（n，m）位置的阵元，即第 n 行和 m 列，如图 13-50 所示，它的 x 和 y 坐标为

$$[x, y] = \left[\left(m - \frac{M-1}{2} \right) d_x, \left(n - \frac{N-1}{2} \right) d_y \right] \tag{13-119}$$

式中，d_x 和 d_y 分别是 x 方向和 y 方向上的阵元间距，因此第（n，m）阵元的位置向量 $s_{n,m}$ 为

$$s_{n,m} = \left(m - \frac{M-1}{2}\right)d_x \boldsymbol{e}_x + \left(n - \frac{N-1}{2}\right)d_y \boldsymbol{e}_y \tag{13-120}$$

阵列阵元的几何图和目标 $P(\boldsymbol{r})$ 方向向量如图 13-50a 所示。

一旦获取了数据，EUSR 算法就开始执行。由于 EUSR 算法基于脉冲回波方法，因而需要区分驱动器和传感器，编号 (n_1, m_1) 和 (n_2, m_2) 分别表示驱动器和传感器。和原始 EUSR 算法的开始过程一样，一个循环过程中，一个 PWAS 作为激励器而所有的 PWAS 作为传感器使用。采用正确时延叠加这些信号，信号就会得到增强，在 ϕ_0 方向上激励和接收的延时和叠加过程可表示为

$$z(\phi_0) = \sum_T \sum_R f(t - \Delta_{T,\phi_0} - \Delta_{R,\phi_0}) \tag{13-121}$$

应用编号，式（13-121）变为

$$z(\phi_0) = \sum_{n_1=0}^{N-1} \sum_{m_1=0}^{M-1} \left\{ \sum_{n_2=0}^{N-1} \sum_{m_2=0}^{M-1} f\left[t - \Delta_{(n_1,m_1),\phi_0} - \Delta_{(n_2,m_2),\phi_0} \right] \right\} \tag{13-122}$$

对于 2-D 矩形阵，2-D-EUSR 算法参数必须包括行列数和 x 方向 y 方向上间距。

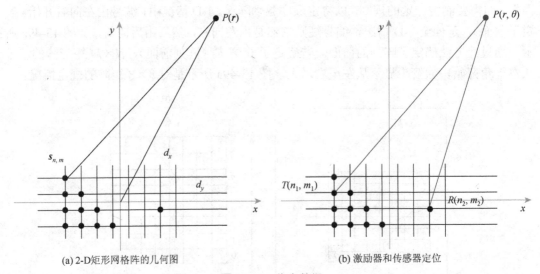

(a) 2-D矩形网格阵的几何图　　　　　　　　　　　(b) 激励器和传感器定位

图 13-50　仿真数据

13.8.2　测试 2-D-EUSR 算法的仿真数据的建立

2-D-EUSR 算法应用于实际实验数据前，应采用仿真数据验证其有效性。为此，建立了一组仿真脉冲回波信号，可表征图 13-48 所示的基准实例。

根据波传播和反射的一般理论，离声源距离 R 处的纯净单模式波阵面为

$$f(r = R) = \frac{1}{\sqrt{R}} f[t - \delta(R,c)] \tag{13-123}$$

式中，$\delta(R,c)$ 是根据传播距离 R 和波传播速度 c 确定的固有时延；$1/\sqrt{R}$ 表示在 2-D 圆形波阵面传播时的波衰减，波幅值的衰减与传播距离 R 的平方根成反比，这样波阵面能量保持不变。使用式（13-123），假设采用 4×8 矩形网格阵接收信号检测位置在 (r, θ) 的理

想反射源，如图 13-50b 所示。采用理想反射源时，假设到达反射源的能量可全部返回至阵列，该假设与实际不完全相符，因为裂纹实际上是方向性镜面反射源，但该假设对我们的研究很有用，可以只考虑时延的计算和操作。激励频率 f、波传播速度 c、采样间隔 Δt 和数据点数 N_{data} 是自定义的输入。采用的激励信号为与 1-D 阵列研究一样的 3 周期脉冲调制信号，由于使用峰值确定飞行时间，将激励信号左移 t_0，使得激励信号从峰峰值开始。

仿真采用如下参数：间距 d（d/λ 确定）、x 方向上的阵元数（M 列）和 y 方向上的阵元数（N 行），这些参数表征特殊的阵列排列。反射源（模拟损伤）位置在 $P(r,\theta)$。在波的传播过程中，信号由激励阵元传播至反射源的传播中首先发生衰减，以后由反射源传播至阵列传感器的过程中再一次衰减。激励器的位置为 (n_1, m_1)，传感器的位置为 (n_2, m_2)，根据阵列中位置阵元坐标可知，它们之间的距离如下表示（所有距离相对于距离 r 归一化）：

$$\boldsymbol{R} = \cos\theta\boldsymbol{i} + \sin\theta\boldsymbol{j} \quad （反射源位置） \tag{13-124}$$

$$\boldsymbol{s}(n,m) = \left(n - \frac{M-1}{2}\right)d\boldsymbol{i} + \left(m - \frac{N-1}{2}\right)d\boldsymbol{j} \quad （阵元位置） \tag{13-125}$$

阵元与反射源间的距离为

$$dist(n,m) = \left|\boldsymbol{R} - \boldsymbol{s}_{(n,m)}\right| \tag{13-126}$$

因此时延为

$$\Delta(n,m) = \frac{dist(n,m)}{c} \tag{13-127}$$

从激励器 $T(m_1, n_1)$ 发出、到达传感器 $R(m_2, n_2)$ 的总时延为

$$\Delta = \Delta(n_1, m_1) + \Delta(n_2, m_2) \tag{13-128}$$

考虑到反射源可同时看成是激励器，可计算接收回阵列的信号为

$$R(t) = \begin{cases} T(t) + \dfrac{1}{\sqrt{dist(n_1,m_1)}}\dfrac{1}{\sqrt{dist(n_2,m_2)}}T(t-\Delta) & 若 m_1 = m_2, \ n_1 = n_2 \\[3mm] \dfrac{1}{\sqrt{dist(n_1,m_1)}}\dfrac{1}{\sqrt{dist(n_2,m_2)}}T(t-\Delta) & 其他 \end{cases} \tag{13-129}$$

式中，$T(t)$ 为激励信号。

利用式（13-123）和式（13-129）建立了一组采用循环激励-传感方法的信号，可应用于 EUSR 算法，这组信号采用与后面数据采集一样的格式保存，可保证仿真数据在 EUSR 算法里直接使用。

13.8.3 基于顺序控制的快速裂纹数据产生

图 13-49 给出了如何根据目标，选择阵列中阵元的正确工作顺序来控制阵列成型方向。图 13-49 表征了位于阵列北面（90°方向）的裂纹是如何通过正确安排阵元工作顺序

加以辨识的。现在介绍如何使用同样的规则来产生一组数据以表征在阵列南面（270°方向）的目标，这是关于阵列 x 轴翻转的情况。

该方法如图 13-51 所示，给出了阵元激励顺序的编号规则。首先，原 1-D 阵列的编号由左向右开始，从而确定线阵的前面，但这种方法不能区分阵列的前面和后面，在 1-D 线阵中没有什么应用效果。如果在 2-D 矩形网格阵中应用，首先仍采用从左往右的编号方法，但在第 2 次时采用从阵列后向前的方式。这就产生了编号方法 1，如图 13-51a、b 所示。该方法给出了 90°方向的裂纹目标，即在阵列前面。

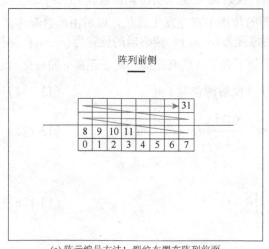

(a) 阵元编号方法1, 裂纹布置在阵列前面

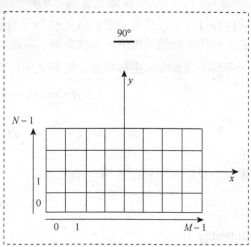

(b) 方法1的编号规则

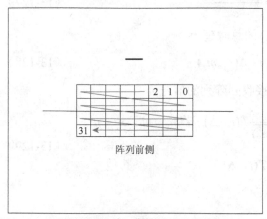

(c) 阵元编号方法2, 裂纹布置在阵列后面

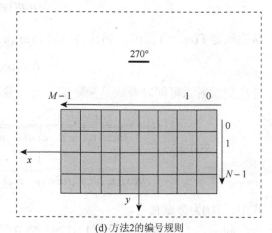

(d) 方法2的编号规则

图 13-51　从单信号数据中产生两组测试数据的阵元编号方法

阵元编号的第二个方法（方法 2）是从阵列前面开始，采用从右往左然后由前往后的方法。方法 2 如图 13-51c、d 所示。该方法使得裂纹在阵列后面，即 270°方法。根据方法 2 重新对信号编号，可以产生一组目标在阵列后面的仿真数据。第二组数据的产生并不需要额外的数值计算，仅仅通过重新编号实现。两组不同的数据可用来验证 2-D-EUSR 算法可以识别在 90°和 270°方向的目标，而这不是 1-D 线阵能实现的。

13.8.4　基于仿真数据的 2-D-EUSR 算法测试

在研究基于仿真数据的 2-D-EUSR 算法测试结果之前,首先回顾有关波束成型研究的结果。研究结果表明如果采用行数和列数相等（即 $N=M$）的矩形网格阵,那么 360°全方向的波束成型都很好,并且旁瓣和后瓣小。那么如果 $N \neq M$ 会怎样呢? 如果 $N \neq M$,对称性就被打破,严重的后瓣效应开始显现。图 13-52a 给出了 $N=1/2\,M(N=4, M=8)$ 矩形网格阵的这种情况。可以注意到,在这种阵列布置下,正如图 13-52b 中 90°时的情况,波束成型有相当大的后瓣,后瓣幅度大约为主瓣幅度的 1/3 。根据对称性,可以推测在 270°也有 1 : 3 的比例。图 13-52a 表明,实际上 360°方向上都会有很强的后瓣。由此可见,尽管矩形网格阵在 360°全方向都有良好的主瓣,但当 $N \neq M$ 时会导致不可忽略的后瓣。

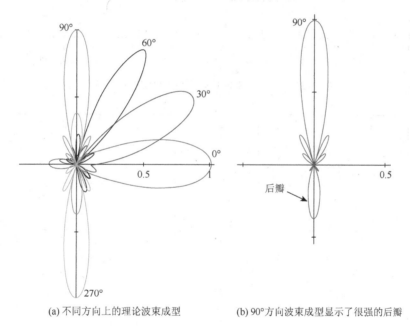

(a) 不同方向上的理论波束成型　　　　　　　　(b) 90°方向波束成型显示了很强的后瓣

图 13-52　4×8 矩形阵的波束成型

现在研究前文所讨论的应用 2-D-EUSR 算法分析 2-D 仿真数据的结果。这些结果以 360°扫查重构图像的形式显示在图 13-53 中。图 13-53a 为裂纹目标在阵列前面的图像,可以看出,最强的缺陷出现在 90°方向,即实际裂纹存在的方向。同时一个虚像（错误缺陷）出现在 270°方向,关于阵列的水平轴对称。此虚像由后瓣效应导致。图 13-53b 显示了当目标在 270°方向具有同样的效应,这种情形下,虚像由于后瓣效应出现在 90°方向。

然而由于主瓣比后瓣大很多,后瓣导致的虚像效应可通过阈值消除。通过设定一个在后瓣水平之上、主瓣水平之下的阈值,可以清理图像并去除虚像（低于阈值的值强制为零）。在应用阈值后,清除了虚像缺陷的结果如图 13-54a 所示。现在就可容易辨认仿真试件上的单个裂纹。270°的数据去除 90°的虚像有同样的结果，如图 13-53b 所示。在应用阈值后，图像变得清晰并能正确地识别 270°上的单个裂纹，如图 13-54b 所示。

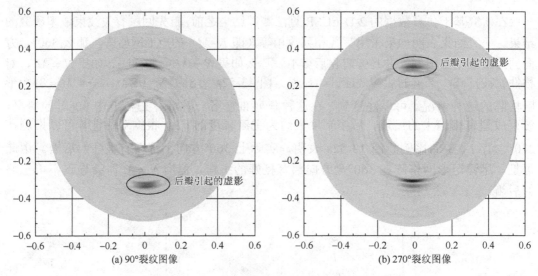

(a) 90°裂纹图像　　　　　　　　　　　　(b) 270°裂纹图像

图 13-53　2-D 4×8 矩形阵 EUSR 算法的原始成像

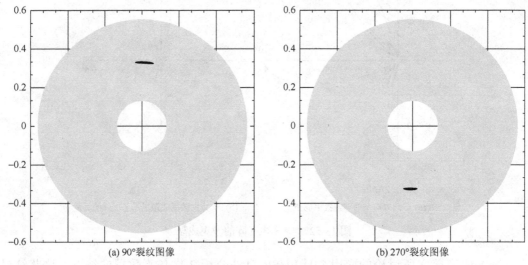

(a) 90°裂纹图像　　　　　　　　　　　　(b) 270°裂纹图像

图 13-54　应用阈值后的 4×8 矩形阵 EUSR 算法成像

13.9　基于矩形 PWAS 阵列的损伤检测实验

为了验证 2-D-EUSR 算法的损伤检测能力，使用了两组矩形 PWAS 阵列（4×8 阵列和 8×8 阵列）。4×8 PWAS 阵列用于在铝板上检测处于阵列前面并平行于阵列的裂纹，这样的裂纹可看成是镜面反射源，能将回波信号直接返回阵列。

8×8 PWAS 阵列用于检测更困难的情况，裂纹同样布置在阵列前面，但倾斜为 45°。该斜裂纹使得镜面反射信号远离阵列，从而导致缺陷检测难度的增大。8×8 PWAS 阵列检测的是裂纹尖端的二次散射信号。

13.9.1　基于 4×8 PWAS 阵列的损伤检测

一个 4×8 矩形阵列,含 32 个 PWAS 阵元,安装在 1mm 厚的 2024 T3 铝合金板的中心。相控阵采用 0.2mm 厚的 PZT 板制成,分割成 4×8 个小片。阵列中每个阵元为 7mm 的方形 PWAS,阵元间距为 d=8mm。方形铝板尺寸为 1220mm(4ft)。所检测的损伤为 20mm 长的贯穿模拟裂纹(裂缝 0.125mm)。裂纹放置在阵列前面 90°方向,如图 13-55a 所示。实验装置如图 13-55b 所示,由产生激励信号的 HP 33210 函数发生器和采集响应信号的 TDS 数字示波器组成。一台便携式计算机通过 GPIB 接口控制函数发生器和数字示波器的数据采集。一台计算机控制的自动化信号采集单元(ASCU)用于切换激励阵元和传感阵元并采集阵列传感阵元的信号。南卡罗莱纳大学主动材料与智能结构实验室(LAMSS)设计和制造了 ASCU 装置。激励信号为中心频率为 285kHz 的 3 周期脉冲调整信号。中心频率 285kHz 通过调谐过程确定,以最大化地获得准非频散的 S0 Lamb 波模式信号,同时最小化高频散的 A0 Lamb 波模式信号。

相对于需要同时发射所有信号的复杂装置,2-D-EUSR 方法通过简单的装置和循环过程采集数据。每次阵列中一个激励器激发信号,所有阵元作为传感器采集反射信号。在循环过程中,所有阵元轮回作为激励器使用,组合所有阵元间的激励-传感即可实现循环模式。在此过程中的任一时刻,阵列中一个激励器激发信号,所有阵元作为传感器采集反射信号。数据采集到的 $(4×8)^2$=32×32=1024 阵元信号以矩阵形式保存在计算机的大数据存储器里。数据采集过程服从前面介绍的编号规则,数据保存在单个 Excel 数据文件中。在阵列接入 ASCU 接口后(即 N 和 M 值分别代表了行数及每行中的阵元数),ASCU 系统以 $n=0,\cdots,N-1$ 和 $m=0,\cdots,M-1$ 的顺序扫查激励器和传感器。对每个激励器,Excel 数据页连续模块的方式组织,在每个激励器模块中,传感信号以连续列的形式排列。这样,2-D-EUSR 算法可作为后处理方法处理所存储的信号矩阵。2-D-EUSR 算法应用相控阵原

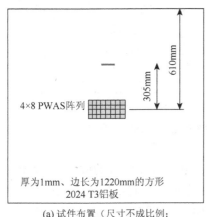
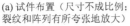

(a) 试件布置(尺寸不成比例;
裂纹和阵列有所夸张地放大)

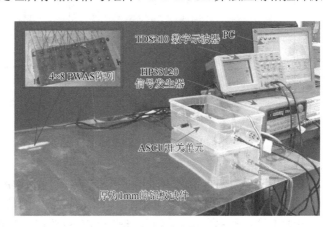

(b) 实验室实验装置

图 13-55　基于 4×8 矩形 PWAS 阵列的 360°全范围裂纹检测

理获得试件 360°全场的扫描图像。2-D-EUSR 算法通过对 PC 存储的阵元信号施加时延来虚拟实现相控阵过程。通过这种虚拟信号相位改变，2-D-EUSR 算法实现了 360°全方向的自动波束扫描并对扫描试件进行了成像。除了是采用 Lamb 波沿板内，而不是采用沿板厚度方向上的压力波进行成像，该成像等价于 C 扫。成像中，结构损伤清晰地以较暗区域出现（彩色图像也可实现）。另外，2-D-EUSR 算法也可提供在某选择的方向上的 A 扫（信号-时间图像）。

13.9.2　基于 4×8 PWAS 阵列的 2-D EUSR 成像结果讨论

本节讨论使用实验数据的 2-D EUSR 成像结果，对比了实验数据的成像结果与仿真数据的成像结果，对比的目的在于理解实验误差导致的成像伪影，而这是相控阵方法所固有的。

图 13-56 为两种情况下采用 4×8 PWAS 阵列检测 90°方向上裂纹的成像：a 为仿真数据；b 为实验数据。显然，相比于图 13-56a 中的仿真数据，图 13-56b 中的实验数据噪声更大，这在意料之中。然而，理论和实验数据在镜像位置（即 270°）出现了虚像缺陷。虚像为 4×8 矩阵的缺点。镜面虚像是由于矩形阵在 x 方向和 y 方向上不等的阵元数而导致固有的后瓣造成的，与图 13-52 中的波束成型研究所述相同。

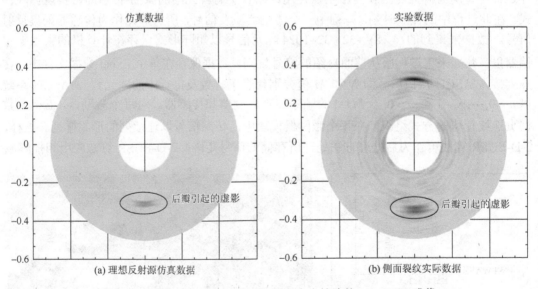

图 13-56　4×8 PWAS 阵列检测 90°方向上缺陷的 2-D EUSR 成像

图 13-57 为两种情况下采用 4×8 PWAS 阵列检测 270°方向上裂纹的成像：a 为仿真数据；b 为实验数据。显然，相比于图 13-57a 中的仿真数据，图 13-57b 中的实验数据噪声更大，这在意料之中。然而，理论和实验数据在镜像位置（即 90°）出现了虚像缺陷。虚像为 4×8 矩阵的缺点。镜面幻像是由于矩形阵在 x 方向和 y 方向上不等的阵元数而导致固有的后瓣造成的，如图 13-52 所示。

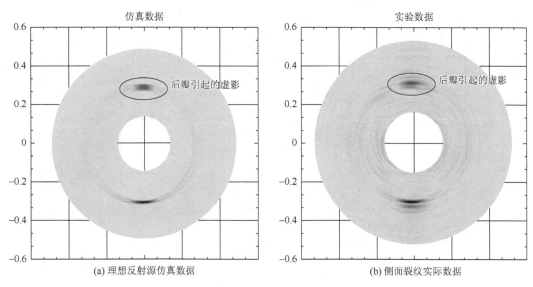

图 13-57　4×8 PWAS 阵列检测 270°方向上缺陷的 2-D EUSR 成像

然而，图 13-56 和图 13-57 中的成像可应用阈值法处理。在应用阈值法之后，后瓣效应导致的虚像被清除，并能够分别在 90°和 270°正确地识别裂纹损伤的位置，如图 13-58a、b 所示。

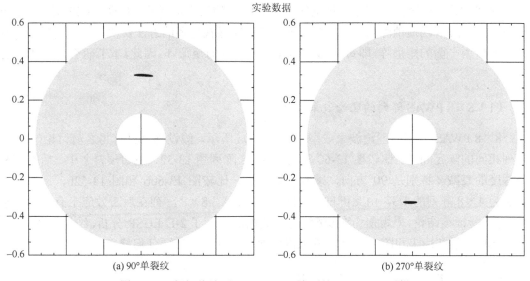

图 13-58　经阈值法后 4×8 PWAS 阵列的 2-D EUSR 成像

13.9.3　基于 4×8 PWAS 阵列的侧面裂纹检测

采用与线性 PWAS 阵列类似的试件布置来验证 4×8 PWAS 阵列检测侧面裂纹的能力。假设裂纹的方向在 120°。初步分析的结果如图 13-59a 所示。显然可见，成像正确地显示了裂纹位置，但也出现了关于水平轴对称的干扰虚像。虚像为 4×8 矩阵的缺点。虚像可应用阈值法成功地消除，如图 13-59b 所示。

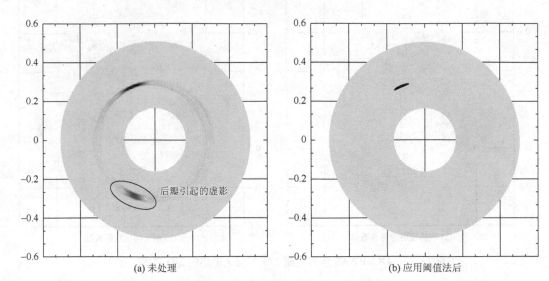

(a) 未处理　　　　　　　　　　　　　　　　　　(b) 应用阈值法后

图 13-59　120°仿真裂纹的 2-D 损伤检测

13.9.4　基于 8×8 PWAS 阵列的损伤检测

前文讨论的问题是由于不平衡的矩形阵有明显的后瓣造成的，如图 13-52 所示。通过应用阈值法可成功地消除后瓣。同时，研究者正在寻找更多的方法解决该问题，其中一种方法是使用平衡的矩形阵，即每行与每列阵元数相等的矩形阵。因此，本节研究 8×8 PWAS 阵列。

（1）8×8 PWAS 阵列的理论波束成型

8×8 PWAS 阵列的理论波束成型如图 13-60a 所示。假设阵列具有与之前讨论的 4×8 阵列相同的阵元间距。比较图 13-60 和对应 4×8 阵列图 13-52，正如预料之中，后瓣有相当程度的衰减。特别是 90°方向，衰减特别明显：比较图 13-60b 和图 13-52b，后瓣幅度至少为 4×8 阵列的 1/3。由此可见，相比 4×8 阵列，8×8 阵列在后瓣效应上有明显的衰减。为了验证该结论，采用损伤在 90°的仿真数据的进行了 2-D EUSR 分析。结果如图 13-61 所示。比较图 13-61 和图 13-53a，成像得到改善，几乎不需要任何修整。

（2）基于 8×8PWAS 阵列的实验损伤检测

为了验证前文给出的令人鼓舞的理论结果，进行了 8×8 PWAS 阵列的实验。8×8 阵列由 7mm 直径的 PWAS 阵元构成，如图 13-62b 所示。实验试件为同样的 1mm 厚 2024 T3 铝合金板。检测的损伤为 90°方向上的 20mm 模拟裂纹。然而，模拟裂纹与水平轴有 45°倾角，如图 13-62a 所示。因为裂纹的镜面反射不会返回阵列而会偏离阵列，裂纹的倾角使问题更加复杂。激励频率设置为 300kHz，对应于 7mm 的 PWAS 阵元的频率调谐。

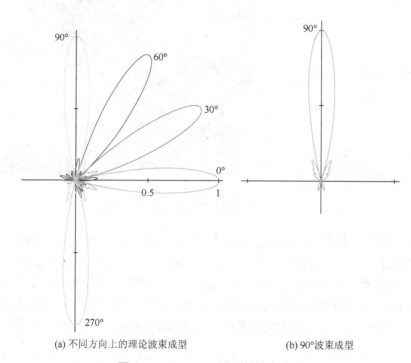

(a) 不同方向上的理论波束成型　　　　　　　　　(b) 90°波束成型

图 13-60　2-D 8×8 阵列的波束成型

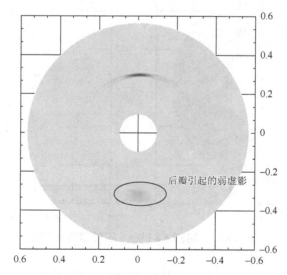

图 13-61　基于 8×8 PWAS 阵列和 90°方向仿真数据的
2-D EUSR 图像显示了强损伤缺陷和很弱的镜面幻

（3）2-D-EUSR 映射成像

基于 8×8 PWAS 阵列的 2-D EUSR 扫查结果和损伤成像如图 13-63 所示。采用 2-D EUSR 成像技术的原始成像结果如图 13-63a 所示。可以明显地看出裂纹在阵列的 90°

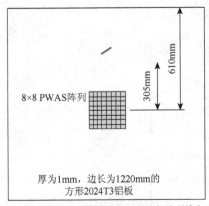

(a) 试件布置（尺寸不成比例；裂纹与阵列放大）

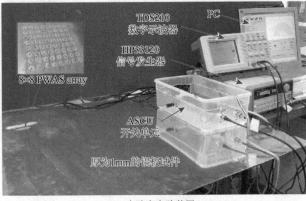

(b) 实验室实验装置

图 13-62　基于 8×8 PWAS 阵列的 360°全范围裂纹检测

方向。并且在 360°全范围中，其他方向上没有虚像。然而，相比于图 13-56b 中采用 4×8 阵列获得的成像结果，该成像噪声更大。成像结果噪声更大是由于该实验中 45°裂纹产生的回波比 4×8 阵列中水平裂纹的回波小很多造成的。水平裂纹回波来自镜面反射，而 45°裂纹回波来自散射。应用阈值法消除噪声，得到了更清晰的成像结果，如图 13-63b 所示，消除了背景噪声。另外一个原因是裂纹的倾角使得最强的反射在 95°，在裂纹中心位置的左侧。

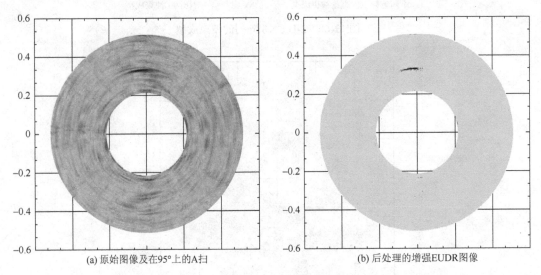

(a) 原始图像及在95°上的A扫　　　　　　　　(b) 后处理的增强EUDR图像

图 13-63　2-D 8×8 PWAS 阵列 EUSR 图像

13.10　基于傅里叶变换的相控阵分析

到目前为止，PWAS 相控阵的分析都是在时域上通过在空间定义的激励器-传感器阵列上施加简单延时并进行累加。然而，通过傅里叶变换可进一步深入理解相控阵函数，对相控阵方法的基本原理有更好的理解。本节首先回顾时空域傅里叶变换的基本原理，并将傅里叶变换应用于空间孔径上的波传播研究，进一步研究了采用空间采样孔径进行波信号的采样，这些是相控阵几何学的基础。

13.10.1　空间-频率分析

（1）傅里叶变换

首先简短回顾傅里叶变换原理，傅里叶变换定义和性质见附件 A。

假设定义在 $(-\infty, +\infty)$ 上的信号 $x(t)$，傅里叶变换定义为

$$X(\omega) = \int_{-\infty}^{+\infty} x(t)\mathrm{e}^{-j\omega t}\mathrm{d}t \tag{13-130}$$

傅里叶逆变换定义为

$$x(t) = \frac{1}{2\pi}\int_{-\infty}^{+\infty}X(\omega)\mathrm{e}^{j\omega t}\mathrm{d}\omega \tag{13-131}$$

如图 13-64a 所示的矩形脉冲 $p_T(t)$，在时域上定义为

$$p_T(t) = \begin{cases} 1, & -T/2 \leqslant t \leqslant T/2 \\ 0, & \text{其他} \end{cases}$$

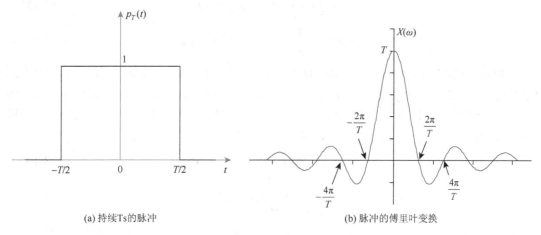

(a) 持续Ts的脉冲　　　　　　　　　　(b) 脉冲的傅里叶变换

图 13-64　矩形脉冲及其傅里叶变换

其傅里叶变换为辛格函数，$\mathrm{sinc}(x) = \sin\pi x/\pi x$，即

$$X(\omega) = T\mathrm{sinc}\frac{\omega}{2\pi/T} \tag{13-132}$$

信号的频谱如图 13-64b 所示，可以发现函数 $\mathrm{sinc}(x)$ 在 $x=0$ 时等于 1，在 $x = \pm 1, \pm 2, \cdots$ 时等于 0，于是，$X(\omega=0)=T$，而当 $\omega = \pm 2\pi/T, \pm 4\pi/T, \cdots$ 时，$X(\omega)$ 等于 0。

对于采样信号（即连续信号的离散化），信号 $x(t)$ 经采样后为 $x_s(n\Delta t)$，式中 Δt 为采样间隔，$n = 0,1,\cdots,N$，N 为采样点数。采样可看成是脉冲 $p(t) = \sum_{n=-\infty}^{\infty}\delta(t-n\Delta t)$ 的叠加，即

$$x_s(t) = x(t)p(t) = \sum_{n=-\infty}^{\infty}x(t)\delta(t-n\Delta t) = \sum_{n=-\infty}^{\infty}x(n\Delta t)\delta(t-n\Delta t) \tag{13-133}$$

定义 $\omega_s = 2\pi/\Delta t$ 为采样角频率。如附件 A 所示,脉冲序列 $p(t)$ 可写成傅里叶级数的形式

$$p(t) = \sum_{n=-\infty}^{\infty} c_k e^{jn\omega_s t} = \sum_{n=-\infty}^{\infty} \frac{1}{\Delta t} e^{jn\omega_s t} \ , \quad \text{因此}$$

$$x_s(t) = x(t)p(t) = \sum_{n=-\infty}^{\infty} \frac{1}{\Delta t} x(t) e^{jk\omega_s} \tag{13-134}$$

利用傅里叶变换在时域上与复指数的乘积性质,采样信号的傅里叶变换为

$$X_s(\omega) = \frac{1}{\Delta t} \sum_{n=-\infty}^{\infty} X(\omega - n\omega_s) \tag{13-135}$$

（2）多维傅里叶变换：波数-频率域

本节首先简单回顾多维傅里叶变换。假设在 N 维空间上的函数 $f(\mathbf{r}) = f(r_1, r_2, \cdots, r_N)$,每个变量 r_i 范围为 $-\infty \sim +\infty$,对每个维数采用谐波 $e^{j\xi_i r_i}$ 应用傅里叶变换,该过程可表示为

$$F(\boldsymbol{\xi}) = \int \mathbf{r} f(\mathbf{r}) e^{-j\boldsymbol{\xi} \cdot \mathbf{r}} \mathrm{d}\mathbf{r} \tag{13-136}$$

式中, $\boldsymbol{\xi} \cdot \mathbf{r} = \xi_1 r_1 + \xi_2 r_2 + \cdots + \xi_N r_N$, $e^{-j\boldsymbol{\xi} \cdot \mathbf{r}} = e^{-j(\xi_1 r_1 + \xi_2 r_2 + \cdots + \xi_N r_N)}$, $\mathrm{d}\mathbf{r} = \{\mathrm{d}r_1 \mathrm{d}r_2 \cdots \mathrm{d}r_N\}$。于是 N 维信号的傅里叶变换及逆变换为

$$F(\boldsymbol{\xi}) = \int \cdots \int_{-\infty}^{+\infty} f(\mathbf{r}) e^{-j\boldsymbol{\xi} \cdot \mathbf{r}} \mathrm{d}\mathbf{r} \tag{13-137}$$

$$f(\mathbf{r}) = \frac{1}{(2\pi)^N} \int \cdots \int_{-\infty}^{+\infty} F(\boldsymbol{\xi}) e^{j\boldsymbol{\xi} \cdot \mathbf{r}} \mathrm{d}\boldsymbol{\xi} \tag{13-138}$$

如果函数为空间-时间信号,即 $f(\mathbf{r}, t)$, $\mathbf{r}$ 表示空间维数, t 表示时间,那么通过 $\mathbf{k}$ 表示对应空间变量 $\mathbf{r}$ 的变换变量,通过 ω 表示对应时间变量 t 的变换变量,通常 $\mathbf{k}$ 命名为波数或者空间频率,而 ω 称为频率或者瞬时频率,则 $(\mathbf{k}, \omega)$ 称为波数-频率域。时空傅里叶变换及其逆变换波数-频率域傅里叶变换表示为

$$F(\mathbf{k}, \omega) = \int \mathbf{r} \int_t f(\mathbf{r}, t) e^{-j(\omega t - \mathbf{k} \cdot \mathbf{r})} \mathrm{d}t \mathrm{d}\mathbf{r} \tag{13-139}$$

$$f(\mathbf{r}, t) = \frac{1}{(2\pi)^4} \int \mathbf{k} \int_\omega F(\mathbf{k}, \omega) e^{j(\omega t - \mathbf{k} \cdot \mathbf{r})} \mathrm{d}\omega \mathrm{d}\mathbf{k} \tag{13-140}$$

该变换中的基本谐波函数为 $e^{j(\omega t - \mathbf{k} \cdot \mathbf{r})}$,这是平面波。对于固定时间 t_0 和常量相位 θ_0, $\mathbf{k} \cdot \mathbf{r} = \omega t_0 - \theta_0$ 称为波阵面,定义 $\mathbf{k}$ 方向上的单位向量为

$$\boldsymbol{\xi} = \mathbf{k}/|\mathbf{k}| \tag{13-141}$$

单位向量 $\boldsymbol{\xi}$ 正交于波阵面,称为波传播方向。平行波阵面波峰之间的间距为波长距离 λ,表示为

$$\lambda = 2\pi/|\mathbf{k}| \tag{13-142}$$

（3）单模式平面波的空间-频率变换

首先定义单周期单模式平面波为

$$f(\mathbf{r}, t) = e^{j(\omega_0 t - \mathbf{k}_0 \cdot \mathbf{r})} \tag{13-143}$$

式中, ω_0 为瞬时频率（与瞬时周期相关, $\omega_0 = 2\pi/T_0$）; $\mathbf{k}_0$ 为波数向量。当 $k_0 = |\mathbf{k}_0|$,波长

为 $\lambda_0 = 2\pi / |\boldsymbol{k}_0|$，信号的空间-频率变换为

$$
\begin{aligned}
F(\boldsymbol{k},\omega) &= \int_{\boldsymbol{r}} \int_t \mathrm{e}^{j(\omega_0 t - \boldsymbol{k}_0 \cdot \boldsymbol{r})} \mathrm{e}^{-j(\omega t - \boldsymbol{k}\cdot\boldsymbol{r})} \mathrm{d}\boldsymbol{r}\mathrm{d}t \\
&= \int_{\boldsymbol{r}} \int_t \mathrm{e}^{[-j(\omega-\omega_0)t + j(\boldsymbol{k}-\boldsymbol{k}_0)\cdot\boldsymbol{r}]} \mathrm{d}\boldsymbol{r}\mathrm{d}t \\
&= \int_{\boldsymbol{r}} \mathrm{e}^{j(\boldsymbol{k}-\boldsymbol{k}_0)\cdot\boldsymbol{r}} \mathrm{d}\boldsymbol{r} \int_t \mathrm{e}^{-j(\omega-\omega_0)t}\mathrm{d}t \\
&= \int_{\boldsymbol{r}} \mathrm{e}^{-j\boldsymbol{k}_0\cdot\boldsymbol{r}} \mathrm{e}^{j\boldsymbol{k}\cdot\boldsymbol{r}} \mathrm{d}\boldsymbol{r} \int_t \mathrm{e}^{j\omega_0 t}\mathrm{e}^{-j\omega t}\mathrm{d}t
\end{aligned}
\tag{13-144}
$$

采用常规的傅里叶变换对 $\mathrm{e}^{j\omega_0 t} \leftrightarrow \delta(\omega-\omega_0)$，式（13-144）变为

$$
F(\boldsymbol{k},\omega) = \delta(\boldsymbol{k}-\boldsymbol{k}_0)\delta(\omega-\omega_0)
\tag{13-145}
$$

考虑波在特定方向 $\boldsymbol{\xi}_0$ 上传播，即

$$
f(\boldsymbol{r},t) = f\left(t - \frac{\boldsymbol{\xi}_0 \cdot \boldsymbol{r}}{c}\right)
\tag{13-146}
$$

定义传播波的减缓向量 $\boldsymbol{\alpha}_0$ 为

$$
\boldsymbol{\alpha}_0 = \boldsymbol{\xi}_0 / c
\tag{13-147}
$$

因此，式（13-146）变为

$$
f(\boldsymbol{r},t) = f(t - \boldsymbol{\alpha}_0 \cdot \boldsymbol{r})
\tag{13-148}
$$

类似地，波的波数-频率谱为

$$
\begin{aligned}
F(\boldsymbol{k},\omega) &= \int_{\boldsymbol{r}} \int_t \mathrm{e}^{j\omega_0(t - \boldsymbol{\alpha}_0 \cdot \boldsymbol{r})} \mathrm{e}^{-j(\omega t - \boldsymbol{k}\cdot\boldsymbol{r})} \mathrm{d}\boldsymbol{r}\mathrm{d}t \\
&= \int_{\boldsymbol{r}} \int_t \mathrm{e}^{j(\boldsymbol{k}-\omega_0\boldsymbol{\alpha}_0)\cdot\boldsymbol{r}} \mathrm{e}^{-j(\omega-\omega_0)t} \mathrm{d}\boldsymbol{r}\mathrm{d}t \\
&= \delta(\omega-\omega_0)\delta(\boldsymbol{k}-\omega_0\boldsymbol{\alpha}_0)
\end{aligned}
\tag{13-149}
$$

式（13-149）中，第一个乘数 $\delta(\omega-\omega_0)$ 为原始信号 $f(t)$ 的傅里叶变换，即 $f(t) \leftrightarrow F(\omega)$，$F(\omega) = \delta(\omega-\omega_0)\sqrt{b^2-4ac}$，于是，式（13-149）可表示为

$$
F(\boldsymbol{k},\omega) = F(\omega)\delta(\boldsymbol{k}-\omega_0\boldsymbol{\alpha}_0)
\tag{13-150}
$$

上式表示在波数-频率域，波 $f(t - \boldsymbol{\alpha}_0 \cdot \boldsymbol{r})$ 沿着 $\boldsymbol{k} = \omega_0\boldsymbol{\alpha}_0$ 方向能量保持恒定[1]。

（4）波数-频率域滤波

在信号处理领域，滤波器的作用是抑制不需要的频率成分（即阻滞频率）同时保持其余频率成分（通带频率）。将此概念延伸到空间-时间域，可实现时空滤波来保留特定瞬时频率内或特定方向上的信号成分，而滤除噪声和其余方向上的信号成分。将此概念延伸到波数-频率域，将输入信号 $F(\boldsymbol{k},\omega)$ 与时空滤波器相乘，得到波数-频率域响应 $H(\boldsymbol{k},\omega)$，该过程产生了修正的输出波数-频率谱 $Z(\boldsymbol{k},\omega)$，即

$$
Z(\boldsymbol{k},\omega) = H(\boldsymbol{k},\omega)F(\boldsymbol{k},\omega)
\tag{13-151}
$$

此过程的原理如图 13-65 所示，输出谱 $Z(\boldsymbol{k},\omega)$ 对应时空信号 $z(\boldsymbol{x},t)$，可通过傅里叶逆变换重构。时空滤波器

图 13-65　经波数-频率滤波器 $H(\boldsymbol{k},\omega)$ 的空间瞬时滤波

---

1 狄拉克函数 $\delta(\xi)$，当 $\xi=0$ 时函数值取 1，即 $\delta(0)=1$；当 ξ 取其它值时，函数值为零，即 $\delta(\xi)=0$，$\xi \neq 0$。因此当 $\boldsymbol{k}=\omega_0\boldsymbol{\alpha}_0$ 时，$\delta(\boldsymbol{k}-\omega_0\boldsymbol{\alpha}_0)=1$。

的概念包括了本章所讨论的方向性阵列信号处理。

13.10.2　孔径和阵列

空间和时间上波的传播可能有所不同。研究中设计了一些波传感来收集特定方向上波传播的能量，因此具有一定的空间分布。能量在整个空间上分布，传感器则聚焦于特定方向，这类传感器具有指向性。对应地，在波场里接收所有方向信号的传感器具有全方向性。在有限空间区域上接收信号能量的传感器称为孔径传感器。传感器阵列由一组定向性或非定向性传感器组合在一起产生单一输出信号。传感器阵列可看成是采样的或离散化的孔径传感器。下面从孔径传感器开始讨论，这是理解相控阵方法的傅里叶描述的第一步。

（1）连续有限孔径

空间信号 $f(x,t)$ 的有限孔径效应可通过孔径函数 $w(x)$ 表示，孔径函数有两大性质：①孔径的尺寸和形状；②由孔径导致的波场相对加权。

孔径加权函数可实现孔径区域和其外部区域的传感器加权表征。从信号处理来看，孔径加权函数可看作是滤波器，被用来消除不感兴趣的其他区域信号。空间域的连续有限孔径类似于连续有限时间的脉冲信号，例如考虑覆盖区域 $|x| \leqslant R$ 的孔径，孔径的形状和尺寸已知，即半径为 R 的圆，对于该传感器的孔径加权函数可简单表示为

$$w(x) = \begin{cases} 1, & |x| \leqslant R \\ 0, & \text{其他} \end{cases} \tag{13-152}$$

若通过有限孔径来观察场，传感器输出变为

$$z(x,t) = w(x)f(x,t) \tag{13-153}$$

空间-时间域的对应关系可通过频域上的卷积表示[1]，即

$$Z(k,\omega) = CW(k) * F(k,\omega) \tag{13-154}$$

式中，C 为常量；$Z(k,\omega)$、$W(k)$ 和 $F(k,\omega)$ 通过对应的空间-时间傅里叶变换给出，即

$$W(k) = \int x w(x) e^{jkx} dx \tag{13-155}$$

$$F(k,\omega) = \int x \int_t f(x,t) e^{-j(\omega t - kx)} dx \tag{13-156}$$

将式（13-155）和式（13-156）代入式（13-154）得

$$Z(k,\omega) = \int l W(l) * F(k-l,\omega) dl \tag{13-157}$$

首先考虑单个平面波 $s(t)$ 在特定方向上传播，减缓向量为 α_0，即 $f(r,t) = s(t - \alpha_0 \cdot r)$。根据式（13-150），传播场的波数-频率谱为

$$F(k,\omega) = S(\omega)\delta(k - \omega\alpha_0) \tag{13-158}$$

式中，$S(\omega)$ 为源信号 $s(t)$ 的傅里叶变换；$\delta(k)$ 为空间脉冲函数。将式（13-158）代入式

---

1 卷积性质：时域信号的乘积相当于信号在频域上的卷积，即 $x(t)y(t) = \dfrac{1}{2\pi}X(\omega) * Y(\omega)$。具体细节见附件A。

（13-157）得

$$
\begin{aligned}
Z(\boldsymbol{k},\omega) &= \int lW(l)*S(\omega)\delta(\boldsymbol{k}-\boldsymbol{l}-\omega\boldsymbol{\alpha}_0)\mathrm{d}l \\
&= S(\omega)\int lW(l)*\delta(\boldsymbol{k}-\omega\boldsymbol{\alpha}_0-\boldsymbol{l})\mathrm{d}l \\
&= S(\omega)W(\boldsymbol{k}-\omega\boldsymbol{\alpha}_0)
\end{aligned}
\tag{13-159}
$$

式（13-159）表明，当 $\boldsymbol{k}=\omega\boldsymbol{\alpha}_0$ 时，有 $Z(\omega\boldsymbol{\alpha}_0,\omega)=S(\omega)W(\boldsymbol{0})$，沿着这个波数-频率空间的特定路径，输出谱等于信号谱按常量倍数 $W(\boldsymbol{0})$ 放大，这是 $W(\boldsymbol{k})$ 在原点的值。这种情况下，原始信号谱 $S(\omega)$ 的信息都通过了孔径输出。对于 $\boldsymbol{k}$ 其他值，谱 $S(\omega)$ 会乘以与频率相关的增益 $W(\boldsymbol{k}-\omega\boldsymbol{\alpha}_0)$，该频率相关的增益会改变原信号谱频率成分的相对强度和相位，从而有效滤除该频率成分。

若原始信号为多种平面波的叠加，即 $f(\boldsymbol{x},t)=\sum_i s_i(t-\boldsymbol{\alpha}_{0,i}\cdot\boldsymbol{x})$，那么对应的空间-时间谱为 $F(\boldsymbol{k},\omega)=\sum_i S_i(\omega)\delta(\boldsymbol{k}-\omega\boldsymbol{\alpha}_{0,i})$。在应用孔径函数之后，输出谱变为 $Z(\boldsymbol{k},\omega)=\sum_i S_i(\omega)W(\boldsymbol{k}-\omega\boldsymbol{\alpha}_{0,i})$。当 $\boldsymbol{k}=\omega\boldsymbol{\alpha}_{0,j}$，$j$ 为其中一个传播信号的编号，对应的输出谱可表示为

$$
Z(\omega\boldsymbol{\alpha}_{0,j},\omega)=S_j(\omega)W(\boldsymbol{0})+\sum_{i,i\ne j}S_i(\omega)W\big[\omega(\boldsymbol{\alpha}_{0,j}-\boldsymbol{\alpha}_{0,i})\big]
\tag{13-160}
$$

从式（13-160）可看出，如果有办法将孔径平滑函数谱 $W(\boldsymbol{k})$ 设计成相比 $W(\boldsymbol{0})$ 较小的情况，这样的孔径就可看成是空间滤波器，滤波器在由减缓向量 $\boldsymbol{\alpha}_{0,j}$ 所确定的方向上通过信号，在其他方向上抑制信号。

（2）1-D 线性孔径

本节介绍最简单的有限连续孔径，即 1-D 线性孔径，其仅在 x 轴方向、有限长度 D 内非零，如图 13-66a 所示。由于孔径仅沿着 x 轴存在，孔径函数仅仅与 k_x 相关。简化的 1-D 孔径函数为

$$
w(x)=
\begin{cases}
1, & |x|\leqslant D/2 \\
0, & \text{其他}
\end{cases}
\tag{13-161}
$$

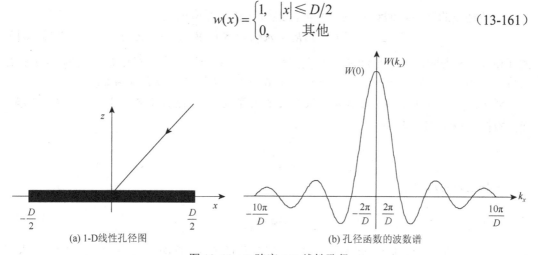

(a) 1-D 线性孔径图　　　　　　　　　　(b) 孔径函数的波数谱

图 13-66　D 跨度 1-D 线性孔径

可以看出孔径仅仅对场中的 x 变量敏感。式（13-132）给出了按照辛格函数定义的、持续时间为 T 的矩形脉冲的频谱，类似地，线性孔径的空间傅里叶变换也可使用辛格函数表示

$$W(k_x) = D\operatorname{sinc}\left(\frac{k_x}{2\pi/D}\right) \tag{13-162}$$

或者

$$W(k_x) = D\frac{\sin\pi\dfrac{k_x}{2\pi/D}}{\pi\dfrac{k_x}{2\pi/D}} = \frac{\sin(k_x D/2)}{k_x/2} \tag{13-163}$$

式（13-163）表明，孔径函数谱仅依赖波数 k_x 和最大孔径长度 D，对应谱如图 13-66b 所示。

根据辛格函数的性质，1-D 线性孔径的特征总结如下。

①主瓣：在点 $k_x = 0$，孔径函数达到最大值 $W(0)$，$W(0) = D$，称为主瓣的高度，可以看出主瓣高度完全由孔径尺寸决定。

②旁瓣：孔径函数具有无限数量的低幅度旁瓣，当 $k_x = \pm 2\pi/D, \pm 4\pi/D, \cdots$ 时，孔径函数为零。

③SLL：最大旁瓣高度与主瓣高度的比值称为旁瓣水平（SLL），表征孔径具有抑制不希望信号和聚焦特定传播波的能力。通过区分孔径函数，可确定最大旁瓣位置和高度。对应跨度 D 的 1-D 线性孔径，最大旁瓣出现在 $k_x \approx 8.9868/D$ 或者 $2.86\pi/D$ 点上，该点上的 $|W(k_x)|$ 值为 $0.2172D$，对应的 $SLL = 0.2172$。可以看出，该比值是常量，与孔径长度 D 无关，这意味着改变孔径尺寸不会提高孔径的滤波性能。

④分辨率：正如之前所述，孔径函数可看成是空间滤波器，主瓣作为通带，旁瓣作为阻带，空间分辨率是能区分两个平面波的最小空间测量值。瑞利规则给出了分辨率的经典定义[1]，分辨率等于孔径函数为零时的最小的波数。如图 13-66b 所示的谱表明，当 $k_x = \pm 2\pi/D$ 时，即为主瓣宽度 $4\pi/D$ 的一半时，孔径函数为零，所以主瓣的宽度决定了孔径区分传播波的能力。假设有两个平面波经过孔径，对应的谱为

$$Z(k_x, \omega) = S_1(\omega)W(k_x - \omega\boldsymbol{\alpha}_{0,1}) + S_2(\omega)W(k_x - \omega\boldsymbol{\alpha}_{0,2}) \tag{13-164}$$

式（13-164）表明，每个平面波都会在波数-频率谱上产生一个孔径函数。根据 1-D 孔径的特性，当 $k_x = \pm 2\pi/D, \pm 4\pi/D, \cdots$ 时孔径函数为零，并且主瓣宽度为 $4\pi/D$。

对于所传播的平面波，波数 $\boldsymbol{k}$ 与波长 λ 的关系为 $\boldsymbol{k} = 2\pi\boldsymbol{\xi}/\lambda$，$\boldsymbol{\xi}$ 为 $\boldsymbol{k}$ 的单位方向向量。通过有限差分近似，有

$$\Delta\boldsymbol{k} = \frac{2\pi\Delta\boldsymbol{\xi}}{\lambda}$$

由于 $|k_x| = \pm 2\pi/D$，则

$$\Delta\boldsymbol{\xi} = \frac{\lambda}{D} \tag{13-165}$$

式（13-165）所示为方向分辨率 $\Delta\boldsymbol{\xi}$，即两相邻孔径函数的间距，如图 13-67 所示，取决

---

1 当两个非相干平面波以略微不同的方向传播时，如果其中一个孔径函数的主瓣峰落在另外一个孔径函数的第一个零点，它们可以被分辨出来。

于波长和孔径跨度。

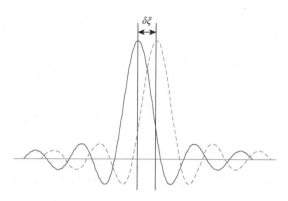

图 13-67　区分两个传播波的孔径分辨率

（3）空间采样

相比孔径，阵列由多个传感器组成，分别采样周围空间中的信号，每个传感器可以是独立的孔径或者全方向传感器。从接收角度看，阵列也可以看成是一组传感器，各自空间采样声源波场。

若信号 $f(x,t)$（空间和时间相关的函数）沿 x 轴以空间采样间隔 d 被采样，可得到一系列的瞬时信号 $\{y_m(t_0)\} = \{f(md,t_0)\}, -\infty < m < +\infty$（$t_0$ 为特定时刻）。空间采样函数为

$$P(x) = \sum_{m=-\infty}^{+\infty} \delta(x - md) \tag{13-166}$$

采样信号通过将原始信号乘以采样函数获得，即

$$f_s(x,t_0) = f(x,t_0)P(x) = \sum_{m=-\infty}^{+\infty} f(md,t_0)\delta(x - md) \tag{13-167}$$

类似于采样瞬时信号，空间采样保证原始信号 $f(x,t_0)$ 可以正确地由一系列采样点 $\{y_m(t_0)\}$ 重构，根据 Shannon 采样定理，信号 $f(x,t_0)$ 应该没有奈奎斯特波数 $k_{NQ} = \pi/d$ 以上的波数成分。若原始信号具有波数带宽 k_B，空间采样间隔 d 必须满足 $d \leqslant \pi/k_B$，此条件下，原始信号可认为由其空间采样很好表示，即

$$f(x,t_0) \approx f_s(x,t_0) = \sum_{m=-\infty}^{+\infty} f(md,t_0)\delta(x - md) \tag{13-168}$$

根据傅里叶变换特性，空间采样信号的傅里叶变换为

$$F_s(k,t_0) = \frac{1}{d}\sum_{m=-\infty}^{+\infty} F(k - mk_s, t_0) \tag{13-169}$$

式中，$F(k,t_0)$ 为原始信号的空间傅里叶变换；k_s 为空间采样频率，$k_s = 2\pi/d$。式（13-169）表明，采样信号的波数谱是周期性的，波数周期为 k_s，只要原始信号是具有波数带宽的，这就不存在问题。

若信号 $f(x,t_0)$ 不具备 k_{NQ} 之下的带宽特性，由于空间谱 $F_s(k,t_0)$ 是周期性的，周期为 k_s，就会出现欠采样或者混叠现象，如图 13-68 所示。空间采样理论可总结为：若连续空

间信号具有 k_{NQ} 之下的带宽截止频率 k_B，只要间距 d 小于 π/k_B 就能实现信息无损的采样。

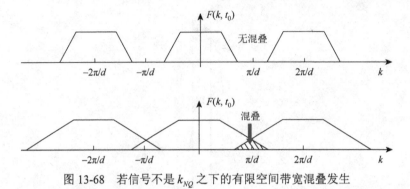

图 13-68　若信号不是 k_{NQ} 之下的有限空间带宽混叠发生

（4）阵列和有限连续采样孔径

由独立布置的传感器所组成的阵列对波场进行空间离散位置上的采样，本节分析 1-D 线阵所测量的传播波 $f(x,t)$ 的波场。该阵列构造成空间采样一个 1-D 有限孔径，由沿 x 方向间距为 d 的 M 个等间距布置的传感器组成。根据定义，原始信号 $f(x,t)$ 的波数-频率谱为

$$F(k,\omega)=\int_{-\infty}^{+\infty}\int_{-\infty}^{+\infty}f(x,t)\exp[-j(\omega t-kx)]\mathrm{d}x\mathrm{d}t \qquad (13\text{-}170)$$

阵列每隔距离 d 采样波场，得到采样信号 $\{y_m(t)\}=\{f(md,t)\}$ 的波数-频率谱为

$$F_s(k,\omega)=\int_{-\infty}^{+\infty}\int_{m=-\infty}^{+\infty}y_m(t)\exp[-j(\omega t-kx)]\mathrm{d}t \qquad (13\text{-}171)$$

根据式（13-169），空间采样信号的谱为

$$F_s(k,\omega)=\frac{1}{d}\sum_{m=-\infty}^{+\infty}F\left(k-m\frac{2\pi}{d},\omega\right) \qquad (13\text{-}172)$$

根据式（13-153），输出信号 $z(x,t)$ 等于 $w(x)$ 和 $f(x,t)$ 的乘积。根据卷积理论，得到输出波数-频率谱为

$$Z(k,\omega)=F(k,\omega)W(k)=\frac{d}{2\pi}\int_{-\pi/d}^{\pi/d}F(k^*,\omega)W(k-k^*)\mathrm{d}k^* \qquad (13\text{-}173)$$

式中，$W(k)$ 为采样孔径函数 (w_m) 的波数-频率谱，即

$$W(k)=\sum_m w_m\mathrm{e}^{jkmd} \qquad (13\text{-}174)$$

函数 $\{w_m\}$ 称为离散孔径函数。将式（13-172）代入式（13-173），式（13-173）可表示为

$$Z(k,\omega)=\frac{1}{2\pi}\int_{-\pi/d}^{\pi/d}\left[\sum_{m=-\infty}^{+\infty}F\left(k^*-m\frac{2\pi}{d}\right)\right]W(k-k^*)\mathrm{d}k^* \qquad (13\text{-}175)$$

因此，$Z(k,\omega)$ 为谱 $F(k,\omega)$ 经窗函数平滑的结果，$W(k)$ 为平滑窗。当间距 d 相对空间带宽太大时会出现混叠。

（5）M 阵元的 1-D 线阵特性

对于 M 阵元组成的 1-D 线阵，孔径函数 $w_m(x)$ 为

$$w_m(x)=\begin{cases} 1, & |m| \leqslant M_{1/2} \\ 0, & |m| > M_{1/2} \end{cases} \tag{13-176}$$

当 M 为偶数，$M_{1/2}$ 等于 $M/2$，当 M 为奇数时，$M_{1/2}$ 等于 $(M-1)/2$。空间场中的谱为

$$W(k) = \sum_{|m| \leqslant M_{1/2}} 1 \cdot \mathrm{e}^{jkmd} = \frac{\sin\dfrac{1}{2}Mkd}{\sin\dfrac{1}{2}kd} \tag{13-177}$$

为了得到式（13-177），可使用下式：

$$\sum_{n=0}^{N-1} r^n = \frac{1-r^N}{1-r} \text{ 和 } \sum_{n=0}^{N-1} \mathrm{e}^{inx} = \frac{\sin\left(\dfrac{1}{2}Nx\right)}{\sin\left(\dfrac{1}{2}x\right)} \mathrm{e}^{ix(N-1)/2} \tag{13-178}$$

有

$$\sum_{n=-N}^{N} \mathrm{e}^{inx} = \frac{\sin\left(\dfrac{1}{2}Nx\right)}{\sin\left(\dfrac{1}{2}x\right)} \tag{13-179}$$

$W(k)$ 函数的幅度 $|W(k)|$ 波形如图 13-69 所示。图 13-69 显示，$W(k)$ 每隔 $2\pi/d$ 重复一次连续孔径的孔径函数。比较图 13-69 与图 13-66b，线阵的孔径函数是变量 k 的周期函数，周期为 $2\pi/d$。对于有限连续孔径，则不是如此。

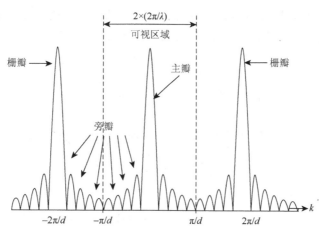

图 13-69　线阵的孔径函数幅度谱

　　观察图 13-69 可以发现，每个周期都有一个主瓣和许多旁瓣。主瓣位置在 $m(2\pi/d), m = 0, \pm1, \pm2, \cdots$ 并具有高度 $W(0)$。在 x 轴正方向上，当 $k = 2\pi/Md$ 时，$W(k)$ 为零。于是主瓣宽度为 $4\pi/Md$。当 M 或 d 增大时，主瓣宽度随之减小，回顾 13.10.2 小节中的分辨率分析，当 M 或 d 增大时，分辨率随之提高。

　　为了避免混叠，信号波数 k 必须小于或等于 π/d，由于 $k = \omega/c$，d 与 ω 需满足如下的关系以避免混叠：

$$d \leqslant \frac{\pi c}{\omega} \tag{13-180}$$

从波长 λ 来看（$\lambda = c/f$ 和 $\omega = 2\pi f$），可得到传感器间距 d 和波长 λ 的关系为

$$d \leqslant \frac{\lambda}{2} \tag{13-181}$$

　　因此，只要传感器间距小于或等于波长一半就可以避免空间混叠。尽管间距 d 增大会带来更窄的主瓣宽度和高分辨率，但间距 d 不可能无限地放大，因为 d 大于 $\lambda/2$ 就会导致混叠。

（6）栅瓣

　　前文分析中，线阵的波数-频率谱是 $2\pi/d$ 周期性的，如图 13-69 所示，主瓣在 $2\pi/d$ 整数倍，即 $\pm2\pi/d$ 位置时重复，这些瓣称为栅瓣。栅瓣与主瓣有同样的幅度，因此栅瓣空间频率上传播的信号不能与主瓣空间频率的传播信号区分开来。

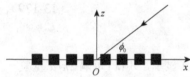

图 13-70　斜入射 ϕ_0 波和间距 d，阵元数 M 的 1-D 线阵

　　类似于 13.10.2 节中 1-D 有限连续孔径，考虑沿 x 方向、间距为 d 的 M 个传感器组成的阵列，如图 13-70 所示。阵列孔径函数为 $W(k_x)$，$k_x = k_0 \cos(\phi_0) = \dfrac{2\pi}{\lambda_0} \cos\phi_0$。

$W(k_x)$ 以 $2\pi/d$ 为周期，因而栅瓣出现在周期的整数倍位置，如 $\pm2\pi/d, \pm4\pi/d$ 等。对于角度为 ϕ_0 的斜入射波，我们想发现对应于 $2\pi/d$ 位置上第一个栅瓣的角度 ϕ_{gr}。

　　定义

$$k_{gr} = \frac{2\pi}{d} = -\frac{2\pi}{\lambda_0}\cos\phi_0 \rightarrow \cos\phi_{gr} = -\frac{d}{\lambda_0}$$

由于谐波函数的幅度在范围 $[-1,1]$ 内，可得到物理上的限制为

$$\frac{d}{\lambda_0} \leqslant 1 \tag{13-182}$$

　　对于 $d = \lambda$ 时的上限，对应的入射角 ϕ_{gr} 为 180°，即沿 x 轴反方向，主瓣的倾角为 90°，沿 z 方向，这意味着来自 x 和 z 方向的信号得到同样的空间响应，即来自两个方向的信号是不能区分的。

由于 $k_x = 2\pi\cos\phi_0/\lambda_0$ 和 $|\cos\phi_0| \leqslant 1$，有 $k_x \leqslant \pm 2\pi/\lambda_0$，对于给定波长 λ_0，其真实入射角为 $-90° \sim 90°$，该区域称为可见区域。根据无混叠条件，波长必须满足 $\lambda \geqslant 2d$，若 $d < \lambda < 2d$，尽管没有栅瓣，空间场仍会出现欠采样或混叠现象。

13.11　总　　结

本章利用 PWAS 实现了基于相控阵的在线主动 SHM 应用。本章首先综述了传统无损检测技术中的相控阵概念，特别阐述了基于导波的相控阵方法。在回顾了相控阵技术研究进展后，本章开始介绍 PWAS 相控阵原理，首先是最简单的 PWAS 相控阵，线阵和嵌入式超声结构雷达（EUSR）概念，并研究了激励波束成型、响应波束成型和相控阵脉冲回波概念。本章还给出了 EUSR 算法的实现方法及其实验验证。本章进一步深入开展了线性 PWAS 阵列的实验研究，例如不同缺陷类型的 EUSR 的检测研究，包括曲面板损伤实验、疲劳循环载荷实验中的裂纹扩展在线直接成像。

详细研究了 PWAS 相控阵波束成型的优化方法。研究了 r/d 比值、d/λ 比值、阵元数 M 和方位角 ϕ_0 对波束成型的影响。讨论了每个阵元独立加权的非均匀 PWAS 相控阵，相对于均匀阵列，研究了二项式和切比雪夫阵列，并在指向性和方位角范围之间进行了折衷，给出并比较讨论了非均匀 PWAS 阵列的实际实验情况。

接下来介绍了 PWAS 相控阵的通用公式，该通用公式提出通用性延时累加算法可应用于远场（平行波）和近场情况。本章节的剩余部分主要介绍 2-D PWAS 阵列的研究。首先，通过数值仿真研究了 2-D 阵列，考虑了十字阵、矩形网格阵、矩形环阵、圆环阵和圆形网格 PWAS 阵列，研究了它们各自的波束成型特性。随后提出了基于矩形网格 PWAS 阵列的 2-D EUSR 算法实现方法，该算法首先在仿真数据上进行了测试，然后是实验数据。比较研究了 4×8 矩形 PWAS 阵列和 8×8 方形 PWAS 阵列，验证了 2-D PWAS 相控阵的 360° 全方向扫查特性。

本章最后部分主要介绍了基于傅里叶变换的相控阵分析方法。该方法没有之前采用的从头开始介绍的方法直观，但使用空间-频率多维傅里叶变换的傅里叶分析方法验证了前面所讨论的相控阵特性，举例说明了空间采样理论、有限孔径采样和空间混叠及栅瓣。

13.12　问题和练习

1. 能够成功结合 PWAS 相控阵和薄壁结构中多模式导波最重要的现象是什么？

2. ①使用直线波阵面假设，10mm PWAS 制成的 PWAS 相控阵粘贴在 1mm 厚铝板（E=72.4GPa，ρ=2780kg/m3，υ=0.33），计算最优相控阵间距。②求该阵列采用的激励频率。

3. 概述 1-D 和 2-D PWAS 相控阵的使用优点和缺点。

4. 假设在 1mm 厚铝板（E=72.4GPa，ρ=2780kg/m3，υ=0.33）上使用 PWAS 相控阵

调谐 300kHz 产生 S0 模式。阵列包含 8 阵元，间距为 d。PWAS 相控阵用于检测远场损伤。计算阵列时延使得阵列波束在 40°方向。

5. 什么是栅瓣以及为何出现栅瓣？

6. 描述空间混叠效应并给出数值举例。

参 考 文 献

第14章　基于 PWAS 的 SHM 信号处理与模式识别

14.1　引　　言

本章探讨结构健康监测（SHM）过程中很重要的两个方面：信号处理和损伤识别/模式识别算法。SHM 领域的研究涵盖信号处理、谱分析、数据处理和分析、模式识别及决策方法的各个方面。本章对其中一些方法进行综述，包括最新进展和基本方法，并给出一些特例。但由于本章篇幅限制，无法涵盖所有方面。

本章重点介绍两种主要信号处理算法：短时傅里叶变换（short-term Fourier transform，STFT）和小波变换（wavelet transform，WT），这两种方法都属于时频分析这一大类方法。借助这两种方法可以更深入地理解信号频谱随时间的变化，并基于此从信号中提取与 SHM 相关的部分（或带宽）信号。很多情况下，信号处理可用作预处理或后处理以提高前述章节所介绍 SHM 方法的有效性。

本章将基于谱特征分析（如谐振频率、谐振峰）讨论损伤识别/模式识别过程。已有足够的算法可根据结构损伤状态对谱数据进行分类。一个基本的分类问题是区分"损伤"和"健康"的结构。更先进方法则可以通过损伤程度及损伤定位来评估结构损伤的扩展，进而分类结构健康状态。本章将采用机电（electromechanical，E/M）阻抗法作为案例，该方法可以直接评定结构的高频模态谱，相比传统模态分析得到的低频模态谱，E/M 阻抗方法对局部早期损伤更敏感。本章将探讨 SHM 过程中和损伤识别相关的一些问题，包括：①研究主动结构健康监测中的损伤因子；②基于可控的实验对这些损伤因子进行测试和标定；③研究新损伤因子应用于全尺寸结构健康监测项目时的标准化问题。

由于本书的篇幅限制，本章不能够详细全面地介绍所有相关知识。因此对本章知识感兴趣的读者可以参阅相关专业文献。通过关键字搜索可以获得大量的信息，一些关键字建议如下（按字母排序）：贝叶斯网络（Bayesian networks）、损伤诊断和剩余寿命预测（damage diagnosis and remaining life prognosis）、损伤程度（damage severity method）、故障诊断（fault diagnostic schemes）、模糊逻辑（fuzzy logic）、遗传算法（genetic algorithms）、分层诊断和预测（hierarchical diagnosis and prognosis）、混合方法（hybrid methods）、独立分量分析（independent component analysis）、反插值法（inverse interpolation method）、知识推理（knowledge-based reasoning）、机器学习和人工智能（machine learning and artificial intelligence）、匹配损伤处理（matched damage processing）、匹配场处理（matched field processing）、神经网络（neural networks）、异常检测方法（novelty detection method）、概率方法（probabilistic methods）、统计方法（statistical methods）、支持向量机（support vector machine method）等。

14.2　损伤识别理论及进展

信号处理和模式识别是 SHM 过程中的基本步骤。如前面章节所述，PWAS 既能用于传播波方法，也能用于驻波方法。传播波方法和超声 NDE 方法类似，主要形式有：一发一收、脉冲回波、相控阵、厚度模式等。它们都需要从相当复杂的超声信号中提取由损伤造成的信号变化。为达到成功检测的目的，必须选择好的信号处理算法及信号去噪算法。驻波方法类似于模态分析方法，依赖于振动频谱和模态参数（谐振频率、峰值、模态阻尼等）。传统的模态测试和分析是在相对较低的频率进行的（Hz、几百 Hz、或者相当低的kHz 范围内）。在该频段内，模态测试分析是对结构的整体振动特征进行分析，对于不造成全局参数发生显著改变的局部变化，该方法相当不敏感。而更高频率的模态分析（如几百 kHz 及以上）则可以通过 PWAS 结构健康监测方法中的 E/M 阻抗方法实现，这种方法对结构中的局部变化敏感，同时能够检测结构局部的早期损伤。模态测试和 E/M 阻抗谱方法都需要用于分析的频率谱图，从而检测结构状态的变化。这些方法的物理基础可以理解为结构损伤，例如金属结构中的疲劳裂纹和复合材料中的脱层，都会造成局部结构特性变化，例如刚度、阻尼以及/或者质量[1, 2]。由于上述变化，结构的动态特征（固有频率、模态、模态阻尼等）会发生改变。因此结构的初始动态特性和损伤后的动态特性之间的差别可用于检测损伤以及诊断损伤的位置和程度。

损伤识别算法按照损伤的程度和/或位置将 SHM 数据进行分类（例如健康、轻微损伤、严重损伤等）。许多情况下，将结构健康和受损后的阻抗谱进行对比可以发现明显的不同，也就是说"通过裸眼都可以分辨"，但是构建分类算法自动实现该过程并不容易。

损伤识别算法对于 SHM 系统的实际应用非常重要。在 SHM 过程中，成功地损伤识别也需要考虑温度、湿度或者结构完整性对结构自身参数的影响，这些影响也会反映在观测数据中[3]。损伤识别算法多种多样，从非常简单到非常复杂，对已有文献进行综述，得到 SHM 中评估结构状态的算法有以下几类：①损伤因子方法（RMSD、MAPD、Cov、CCD）；②基于谱特征的损伤检测算法；③统计方法（群分类、回归分析、异常检测）；④模式识别方法；⑤神经网络（NN、PNN、SVM）。

至今，该领域中合适的损伤因子以及损伤识别算法仍有待深入研究。

14.2.1　损伤因子

最简单的损伤识别算法是基于损伤因子（damage metric）的方法，也称为"damage index"、"damage indicator"、"DI"。该方法将整个信号代入某个公式中得到一个标量，也就是一个数，该标量作为结构损伤程度的一种测度。在基于谱分析的 SHM 中，损伤因子通过比较"健康谱"和"损伤谱"得到，损伤因子能够识别出这两种谱由于损伤所导致的差异。好的损伤因子应当只表征由于损伤而造成的谱特征改变，而忽略由于正常操作条件导致的变化（例如大量试件之间的统计差异，以及温度、压力、环境振动等造成的预期变化）。理想情况下，损伤因子可以用于评估振动谱或者 E/M 阻抗谱，从而指示损伤的存在、位置以及严重程度。针对结构健康监测方法的实际应用，研究合适的损伤因子以及损伤识别算法仍然是个有待深入的问题。

迄今为止，已经提出和尝试的损伤因子中最常用的有：均方根偏差、平均绝对百分比偏差（mean absolute percentage deviation，MAPD）、协方差（covariance，Cov）以及互相关系数偏差（correlation coefficient deviation，CCD）。上述损伤因子的数学表达式如下：

$$RMSD = \sqrt{\frac{\sum\limits_{N}(S_i - S_i^0)^2}{\sum\limits_{N}(S_i^0)^2}} \tag{14-1}$$

$$MAPD = \sum_{N}\left|\frac{S_i - S_i^0}{S_i^0}\right| \tag{14-2}$$

$$Cov = \frac{1}{N-1}\sum_{N}(S_i - \bar{S})(S_i^0 - \bar{S}^0) \tag{14-3}$$

$$CCD = 1 - \frac{\sum\limits_{N}(S_i - \bar{S})(S_i^0 - \bar{S}^0)}{\sqrt{\sum\limits_{N}(S_i - \bar{S})^2\sum\limits_{N}(S_i^0 - \bar{S}^0)^2}} \tag{14-4}$$

其中，N 为谱中分量的个数；S_i 表示谱中第 i 个分量；上标 0 表示结构健康状态；$\bar{S}$ 和 $\bar{S}^0$ 表示均值。

由式（14-1）～式（14-4）最后得到的都是一个标量，也就是损伤因子，其表征了两个相比较的谱间的关系。因此谱中谐振频率偏移、谱峰分裂以及出现新的谐振点都将改变损伤因子的值，从而表征损伤的出现。通过式（14-1）～式（14-4）计算损伤因子的好处在于不用对谱进行预处理，从测量设备获取的数据可以直接用于计算损伤因子。

RMSD 是最早的损伤因子之一，而且现在也被广泛使用[4]。尽管 RMSD 简单易用，但是其存在一个本质问题：和损伤无关的扰动（如温度变化）会使谱图上下波动，直接影响损伤因子的大小，而且对这些扰动造成的影响进行补偿并不容易，甚至是不可能的。经过尝试，其他基于统计量的损伤因子（绝对百分偏差、协方差、互相关系数偏差等等）也不能缓解该问题[5-7]。Ho 和 Ewins[8]提出了一种数值计算损伤因子的方法，其使用有限元模型从振型曲率得到损伤因子曲线，然后考虑观测噪声、振型空间分辨率以及损伤位置等相关扰动的影响，验证结果表明该方法虽可以检测损伤，但是也存在不能识别损伤的情况。Lecce 等[6]将压电晶片用于飞机结构损伤检测，通过 9×9 传感器阵列的频响函数（frequency response function，FRF）进行损伤识别，文中基于健康谱和损伤谱在 0～5000Hz 的绝对误差作为全局损伤因子。

尽管损伤因子简单易用，但其存在很多问题，因此仍需进一步研究噪声和环境影响不敏感的 E/M 阻抗损伤因子算法。

14.2.2　基于谱特征的损伤检测

损伤识别过程中，可以只考虑谱的重要特征，而不是整个谱。可以在结构振动响应频谱上定义可用于损伤识别的特征，例如谐振峰值、谐振频率、模态阻尼、模态振型等。更一般的情况下，应当使用特征提取方法提取响应频谱的特征，其涉及特征提取和数据压缩。这些方法从测量得到的振动响应信号中识别损伤敏感的特征[3]。将振动响应信号压缩为小尺寸的特征向量可将问题限制容易处理的范围内，这是有必要的。结构振动响应频谱由谐振峰、谐振频率、模态阻尼、模态振型等特征定义，这些特征可以用于损伤识别。例如一个 5 层的钢制框架结构，可以通过前 5 阶结构固有频率训练得到损伤-频率互相关矩阵，然后根据固有频率和振型的变化识别损伤的存在和位置[9]。在新墨西哥州格兰德河 I-40 桥的实验中，Fritzen 和 Bohle[2]应用实验数据进行了基于模态分析的损伤检测。该实验中，通过布置在 26 个位置的加速度感器采集了结构在 2～12Hz 范围内模态的观测数据。实验中，初始的切口（长 600mm，宽 10mm）逐渐扩展直至穿透了整个桥的大梁，但只有当该切口几乎穿透大梁时才被检测出来，表明了通过低频模态分析方法检测初始损伤的困难。

14.2.3　损伤检测的统计方法

统计建模方法或许可以用于量化由于损伤存在而造成的数据特征变化[1]，以区分运行和环境条件扰动下的变化。在 SHM 应用中，基于统计建模的特征判别通过分析特征空间中的概率分布来决定结构的损伤状态[3]。当数据特征的变化足够大时，可应用统计建模方法量化这些变化。此外这些方法可以用于区分由损伤导致的特征变化以及由变化的服役条件和环境所造成的变化。文献[3]提出了三类统计建模算法：群分类、回归分析和异常检测。正确的算法依赖于其有监督的以及无监督的学习能力，后者涉及统计过程控制、主元分析以及线性或二次判别[3]。

下文给出了一些统计方法的示例，Todoroki 等 [10]提出了一种健康监测系统方案，通过对连续获取的应变片数据进行统计建模来估计损伤概率。Hickinbotham 和 Austin[11]使用出现频次法对应变片获取的飞行数据进行异常检测，基于高斯混合模型，可以识别异常的传感器数据，但是很大部分正常的飞行被误判为异常。Sohn 和 Farrar[12]研究了基于统计过程控制和投影技术的损伤检测方法，基于线性以及二次判别，主元分析等投影方法压缩了特征向量，同时自回归模型用于拟合观测到的时间序列。Jin 等 [13]将随机系统不变谱分析方法应用于基于振动的高速路桥梁结构健康监测。Ying 等 [14]使用随机最优耦合控制理论研究邻近高层建筑结构的地震响应消能减震，其响应评价准则通过结构响应的 RMSD 和目标响应的 RMSD 之间的相对误差计算。Ni 等 [15]研究了斜拉桥主动控制的可行性。通过随机地震响应分析和控制算法使得 RMSD 位移响应最小。

实际的损伤情况总是伴随着非线性和/或非平稳的结构响应，需要采用合适的分析方法处理这些问题。基于杜芬振子模型的非线性振动数据，Worden[16]对比研究了两种损伤识别算法，第一种方法基于低频（0～250Hz）频响函数传递率进行异常检测，第二种方法通过提取频率和振型以及损伤因子实现损伤识别。

14.2.4　损伤识别的模式识别方法

结构状态的变化同样可以采用特征提取方法和模式识别方法分析所提取特征的分布来判定[3]。在人工智能领域，自动模式识别具有非常重要的地位[17]。早期的自动化学分类（例如 DENDRAL 质谱分析仪[18]）以及医疗诊断推理（例如 MYCIN 细菌诊断专家系统[19]）

---

1 14.6 节给出了更多关于特征提取算法的介绍。

的成功推动了该领域的发展。图 14-1 给出了 SHM 应用中模式识别过程的典型步骤：传感器将物理状态转换为测量信号、预处理器消除信号中不需要或者损坏的信息、通过特征提取方法计算分类所需要的特征，最后使用分类器判定所分析模式的类别，即达到模式识别的目的。

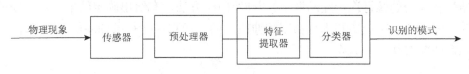

图 14-1　基于特征提取的模式识别过程示意

14.2.5　损伤识别的神经网络方法

神经网络（neural networks，NN），也可以表示为"Neural Nets"，是一种模仿神经系统功能的生物启发式算法。在统计自适应信号处理[20-22]的基础上，自动模式识别的研究主要集中于人工神经网络[23-29]，目前有大量的软件支持人工神经网络的使用[30-32]1。

神经网络用于结构损伤识别的形式多样，有的神经网络直接使用振动谱或者 E/M 阻抗谱，有的使用谱特征。文献[16]通过多层感知器（multilayer perceptron，MLP）、径向基函数（radial basis function，RBF）以及遗传算法构成的神经网络对存在滞回响应的杜芬振子非线性时间响应进行了建模。

在其他的研究中，神经网络用于识别压缩频响函数的特定模式，从而达到损伤检测的目的，其中主元分析（principal-component analysis，PCA）用于对频响函数的压缩[33]。

针对桥梁拉索的监测，文献[34]根据测量得到的拉索振动频率，使用自联想多层前馈感知器神经网络进行异常检测。该神经网络被训练后，可用于在输出层重构输入层给定的模式，但由于输入模式需要通过隐含层，而隐含层节点数比输入层（瓶颈层）的节点少，因此神经网络只能学习模式的重要特征。异常数据的识别通过提取欧几里得范数定义的损伤因子进行。

文献[35]的悬索桥损伤检测应用了一种改进的神经网络。此外，自适应概率神经网络（probabilistic neural networks，PNN）应用于悬索桥的损伤检测[15]，该方法中的概率神经网络通过 Parzan 窗评估方法实现贝叶斯决策分析。

文献[36]采用含 3 个隐含层的自联想神经网络实现环境条件变化下被测结构的损伤检测，目标输出和神经网络输出之间的欧式距离被定义为损伤因子，简化分析模型的分析验证了上述方法，该模型分析的是一个计算机硬盘存储装置[36]。

文献[37]根据时域参数估计，使用多层前馈神经网络实现了结构损伤识别。

文献[38]研究了神经系统，用于基于嵌入式压电元件的结构健康监测，文中探讨了使用压电陶瓷纤维和传感器总线接口模块将人工神经元以硬件连线的方式集成到被监测结构。

文献[39，40]从理论和实验两方面，应用神经网络分析高频 E/M 阻抗谱以实现损伤识

---

1 14.5 节介绍了神经网络构建。

别、定位和量化。在解析仿真中，基于谐振频率的三阶归一化方法被用于 E/M 阻抗谱，首先识别特定谐振频率对损伤位置的灵敏度，其次计算每个位置上频率随损伤程度的变化，以后计算每个损伤程度对应的归一化相对频率变化。尽管通过解析模型和仿真损伤可以成功地构建和训练单层和两层神经网络，但当将该模型应用于实际实验时（一个 4 跨的螺栓结构和 3 跨的螺钉连接空间框架），神经网络方法没有给出确定结果，数据处理变回到更简单的方法：①损伤和未损伤阻抗曲线之间的面积；②每条曲线的 RMSD；③损伤和未损伤曲线的互相关系数。

14.3　从傅里叶变换到短时傅里叶变换

传统傅里叶变换采用无限个不同频率的正弦和余弦函数作为基函数将平稳信号分解成不同频率分量。如附录 A 所示，傅里叶变换和傅里叶逆变换的数学表达式分别如下所示：

$$X(\omega) = \int_{-\infty}^{+\infty} x(t)\mathrm{e}^{-j\omega t}\mathrm{d}t \qquad (14\text{-}5)$$

$$x(t) = \frac{1}{2\pi}\int_{-\infty}^{+\infty} X(\omega)\mathrm{e}^{j\omega t}\mathrm{d}\omega \qquad (14\text{-}6)$$

傅里叶变换得到的频谱可以确定平稳信号中存在哪些频率成分，其统计特征参数随时间不变。但是对于统计特征参数随着时间变化的非平稳信号，傅里叶变换不能给出信号中的频率成分如何随时间变化。STFT 的基本理论由傅里叶变换发展而来，它将非平稳信号分割成许多小信号段（假设信号在一小段上是平稳或者准平稳的），然后对每一小信号段进行傅里叶变换，从而确定每个小段上的频率成分，如图 14-2 所示。所有小段傅里叶变换的集合表征了频谱随时间的变化[41]。

将非平稳信号分成许多小段需要采用加窗技术，下文详细介绍加窗方法。

图 14-2　加窗处理和短时傅里叶变换

14.3.1　短时傅里叶变换和时频谱

假设信号 $s(t)$，为了研究 t_0 时刻的信号特性，对该信号进行加窗处理，这个窗用函数用 $w(t)$ 表示，其中心为 t_0。通过加窗处理可以得到如下信号：

$$s_w(t, t_0) = s(t)w(t - t_0) \qquad (14\text{-}7)$$

该信号是固定时刻 t_0 和时间变量 t 的函数。

信号 $s_w(t)$ 相应的傅里叶变换为

$$S_w(t_0, \omega) = \frac{1}{2\pi} \int e^{-j\omega t} s_w(t, t_0) \mathrm{d}t = \frac{1}{2\pi} \int e^{-j\omega t} s(t) w(t - t_0) \mathrm{d}t \qquad (14\text{-}8)$$

时刻 t_0 的能量谱密度为

$$P_{ST}(t_0, \omega) = |S_w(\omega)|^2 = \left| \frac{1}{2\pi} \int e^{-j\omega t} s(t) w(t - t_0) \mathrm{d}t \right|^2 \qquad (14\text{-}9)$$

对于不同的时刻，都可以得到不同的谱，所有的谱组成了信号的时频分布 P_{ST}，也称为时频谱，式（14-8）称为短时傅里叶变换，因为只有 t_0 时刻附近的信号被用于分析。

14.3.2 短时傅里叶变换中的不确定性原理

如上文所述，短时傅里叶变换将原信号分成许多小平稳信号段，然后对每个信号段进行傅里叶变换从而得到频谱时域信息。但是由于小信号段自身频带很宽，同时其频谱和原信号特性并无太大联系，因此原信号不能被分得很细。不确定性原理表明，信号时域上标准差和频域上标准差（即时间分辨率和频率分辨率）的内积是一个有限值[41]，频率分辨率增大（减小）的同时，时域分辨率会减小（增大），反之亦然。不确定性原理可以由下式表示：

$$\Delta\omega \cdot \Delta t \geqslant \frac{1}{2} \qquad (14\text{-}10)$$

对式（14-7）中的信号段进行归一化，同时重命名 $s(t)$ 为 $x(t)$，得

$$\overline{x}_w(t) = \frac{x_w(t)}{\sqrt{\dfrac{1}{T} \int_T |x_w(t)|^2 \mathrm{d}t}} = \frac{x(t) w(t - t_0)}{\sqrt{\dfrac{1}{T} \int_T |x(t) w(t - t_0)|^2 \mathrm{d}t}} \qquad (14\text{-}11)$$

其中，T 为窗宽，该归一化信号的傅里叶变换为

$$\overline{X}_w(\omega) = \frac{1}{2\pi} \int e^{-j\omega t} \overline{x}_w(t) \mathrm{d}t \qquad (14\text{-}12)$$

式中，函数 $\overline{X}_w(\omega)$ 表征 t_0 时刻的谱，则信号 $\overline{x}_w(t)$ 的平均时间和持续时间为

$$\langle \hat{t} \rangle = \int t |\overline{x}_w(t)|^2 \mathrm{d}t \qquad (14\text{-}13)$$

$$T_{t_0}^2 = \int (t - \langle \hat{t} \rangle)^2 |\overline{x}_w(t)|^2 \mathrm{d}t \qquad (14\text{-}14)$$

类似地，平均频率和带宽为

$$\langle \hat{\omega} \rangle = \int \omega |\overline{X}_w(\omega)|^2 \mathrm{d}\omega \qquad (14\text{-}15)$$

$$B_{t_0}^2 = \int (\omega - \langle \hat{\omega} \rangle)^2 |\overline{X}_w(\omega)|^2 \mathrm{d}\omega \qquad (14\text{-}16)$$

将式（14-14）和式（14-16）代入不确定性原理式（14-10）中得

$$B_{t_0} T_{t_0} \geqslant \frac{1}{2} \qquad (14\text{-}17)$$

上式为短时傅里叶变换的不确定性原理，是时刻 t_0、信号 $x(t)$ 和窗函数 $w(t)$ 的函数。式（14-17）所示的不确定性原理只对短时傅里叶变换过程有限制，对原信号没有要求，因为

对原信号进行了加窗处理，所以原信号的不确定性原理不发生改变[41]。

如果将原信号划分成很小的信号段，则信号段会丢失与原信号的联系，因此不能正确地表征原信号特性，这是因为对无限短的信号段，其带宽是无限大的，即如果窗宽 $T_t \to 0$ 意味着 $B_t \to \infty$。

14.3.3 短时傅里叶变换的窗函数

由于窗函数被用于分割信号，因此窗函数的特性直接影响信号的短时傅里叶变换结果，因此必须选择合适的窗函数以得到有意义的短时傅里叶变换。根据定义，窗函数是一个在特定区间外函数值为零的函数，例如，区间内函数值为常数，区间外函数值为零的窗函数称之为矩形窗，如图 14-3a 所示。当一个信号乘上一个窗函数，得到的乘积在区间外也是为零，也就是说，剩下的信号是从窗中"看"到的部分。窗函数被广泛应用于谱分析和滤波器设计。

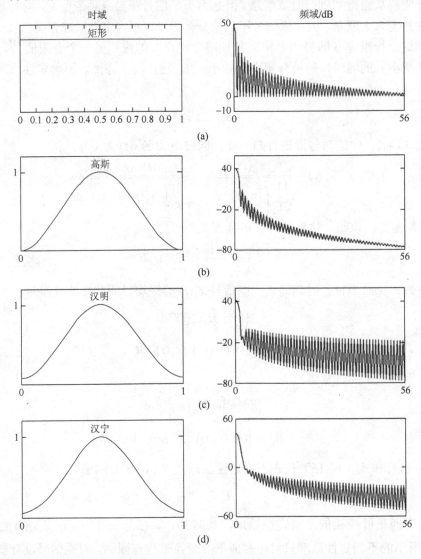

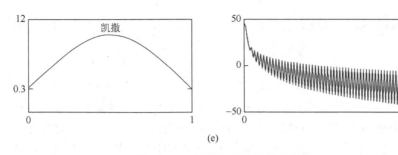

(e)

图 14-3　常用的窗函数及其频谱

　　矩形窗非常容易实现，并且对于信号幅值相近的信号具有很好的分辨率，但是并不适用于不同幅值的信号。这种特性有时被称为"低动态范围"。由于矩形窗两端会突然变化，其存在严重的频谱泄露问题，如图 14-3a 所示。图 14-3 还给出了其他一些常用的高分辨率或者分辨率适中的窗函数及其窗宽为 $\tau=1$ 时的频谱。相应的数学表达式为：①矩形窗 $w(t)=1$, $0 \leqslant t \leqslant \tau$；②高斯窗 $w(t)=\mathrm{e}^{-\frac{1}{2}\left(\frac{t-\tau/2}{\sigma\tau/2}\right)}$, $\sigma \leqslant 0.5$, $0 \leqslant t \leqslant \tau$；③汉明窗 $w(t)=0.53836-$ $0.46164\cos\left(\frac{2\pi t}{\tau}\right)$, $0 \leqslant t \leqslant \tau$；④汉宁窗 $w(t)=0.5\left[1-\cos\left(2\pi\frac{t}{\tau}\right)\right]$, $0 \leqslant t \leqslant \tau$；⑤凯撒窗 $w(t)=$ $I_0\left[\pi\alpha\sqrt{1-\left(\frac{2t}{\tau-1}\right)^2}\right]$, $0 \leqslant t \leqslant \tau$。

　　总的来说，加窗处理通过将原信号 $x(t)$ 和一个峰值在 t_0 且在有限时间长度 τ 内迅速衰减的窗函数 $w(t)$ 相乘，使得时间区间 $[t_0-\tau/2, t_0+\tau/2]$ 内的信号增强，区间外的信号抑制。

14.3.4　基于短时傅里叶变换的时频分析

　　STFT 和傅里叶变换具有直接的联系，这使得它容易被理解和实现。STFT 采用固定长度的窗函数在整个信号上滑动，并对每个窗函数截取的信号进行傅里叶变换，给出信号的时间-频率分布。进行 STFT 时，两个参数会影响所截取信号段的平稳特性。

　　①当对原信号进行加窗时，需要保证每个截取的信号段是平稳或者准平稳的，这样才能对该信号段进行傅里叶变换。一方面，窗应当足够窄以满足窗内准平稳的条件，另一方面当窗太窄时，式（14-10）所示的不确定性原理会在频谱中引入不存在的高频成分，因此如何确定窗的大小（时间区间）τ？

　　②当从一个窗移动到下一个窗时，应当保证步长不能太大以至于略过信号的重要部分，同时也应当避免步长选得太小，以至于得到一个如不确定性准则所述的宽带频谱，因此如何确定窗移动的步长 $\mathrm{d}\tau$？

　　使用 MATLAB 进行 STFT 的对比实验，在程序中可以选择窗的类型（矩形窗、汉明窗、汉宁窗、凯撒窗）、窗宽和步长，其中窗宽通过下式定义：

$$窗宽 = \frac{输入信号长度}{用户控制} \qquad (14\text{-}18)$$

式中，"用户控制"是用户设定的整数，步长是每次窗移动的数据点个数，步长控制为

$$步长 = \frac{窗宽}{用户控制} = \frac{输入信号长度}{(用户控制)^2} \tag{14-19}$$

如图 14-4a 所示，通过简单的 MATLAB 程序对薄板试件中典型的脉冲回波信号进行分析，以说明窗宽 τ 和移动步长 $d\tau$ 对 STFT 谱图的影响。信号激励频率为 333kHz，采用窗宽 $\tau = 0.0512ms$ 的汉宁窗，移动步长为 $d\tau = 0.0032ms$，得到时频谱如图 14-4b 所示。

图 14-5 给出了窗类型、窗宽 τ、步长 $d\tau$ 等对 STFT 结果的影响。图 14-5a 为矩形窗得到的结果，从频域上看，由于矩形窗函数旁瓣导致的频谱泄露问题使频率分辨率较低。

图 14-5b 中所示的时谱图采用与图 14-5a 相同的矩形窗，但更大的窗宽 $\tau = 0.0128ms$ 分析得到。可以看到两个谱都能正确给出时间域上表示波包的黑点，同时能正确地表征信号频率集中在激励频率 330kHz 左右。但对比两图，如图 14-5b 所示的较大步长没有如图 14-4b 得到小步长的结果平滑，即图 14-5b 得到的谱图非常不连续。同时图 14-4b 中，也可以看到分别在 0.2ms 和 0.4ms 处的两个最强波包附近其他较弱的波包。

采用更大的窗宽 $\tau = 0.1024ms$ 得到的结果如图 14-5c 所示，其步长与图 14-5b 中相同。可以看到更大的窗宽对应更高的频率分辨率（和图 14-5b 相比，点的频率宽度更小），但是点的时间宽度更大，时频谱中原信号的时域信息不能正确表示，不仅仅是时间分辨率变小，较弱波包的信息也丢失了。

因此，窗类型、窗宽以及窗移动步长都会影响 STFT 的结果，窗宽和移动步长越小，可以体现更多的局部细节。但是如果窗宽太小（如一个窗只有几个采样点），将得到很宽的谱，而且计算时间也会变长。

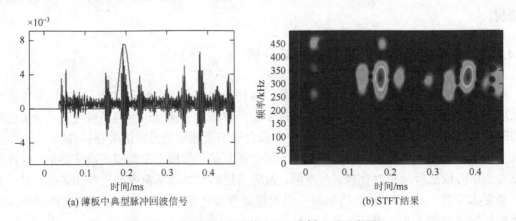

(a) 薄板中典型脉冲回波信号　　　　　　　　　(b) STFT结果

图 14-4　脉冲反射信号的 STFT 分析（后附彩图）

图 14-6 所示为汉宁加窗 STFT 的结果，信号分辨率得到了增强并包含了一个小的脉冲。为了达到增强分辨率的目的，对原始的信号进行了补零的预处理，默认的"用户控制"值为 16。图 14-6b 给出了 STFT 结果的等高线图，在时间-频率平面内，每个点的谱值和等高线对应。可以看到，时间-频率平面中最强的响应信号大部分出现在 330kHz 左右以及图 14-6a 所示的波包峰值（局部极大值）的对应时间处，上述结果进一步表明了 STFT 表征时域和频域信息的能力，是分析非平稳信号的一种有用方法。

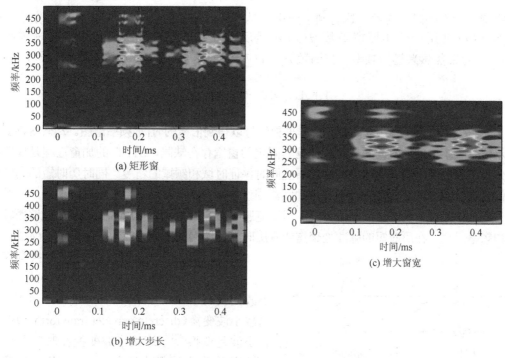

图 14-5　不同参数下 STFT 时频谱（后附彩图）

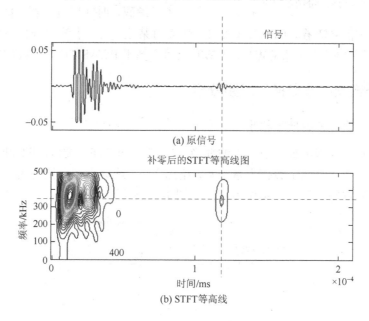

图 14-6　STFT 分析

14.3.5　短频逆傅里叶变换

短频逆傅里叶变换（short-frequency inverse Fourier transform，SFIFT）是 STFT 在频域的反变换。通过 STFT 可以分析信号在 t_0 时刻附近的频率特性，相反，通过 SFIFT 可以研究特定频率的时域特性（这有利于应用于具有频散现象的导波）。SFIFT 可以在信号的频谱 $W(\omega)$ 使用一个频域窗函数 $H(\omega)$，然后进行傅里叶逆变换得到相应的时域信号 $x_w(t)$。为聚焦感兴趣的频率，窗函数 $H(\omega)$ 应较窄或者相应的时域窗函数 $h(t)$ 应较宽[41]。

14.4　小波分析

上一节中讨论了使用 STFT 分析非平稳信号以得到信号的时间-频率谱图。尽管 STFT 能表示信号频率特性随时间的变化，但是其固定的窗宽存在缺陷，STFT 的加窗过程是权衡时域分辨率和频域分辨率的结果，因此不能同时保证时域和频域的精度。同时历时短的高频脉冲信号难以被 STFT 检测到，但在脉冲回波损伤检测算法中又经常要使用脉冲信号。本节介绍另外一种时频分析方法，小波分析，用于克服 STFT 的缺点。众所周知，小波能够跟踪时间和频率信息，在历时短的脉冲处聚焦或者历时长的缓慢振荡处缩放，如图 14-7 所示。

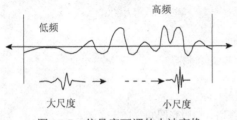

图 14-7　信号窗可调的小波变换

作为数学中的一个新领域，小波变换有许多不同的应用。小波变换有三种不同的形式：连续小波变换（continuous wavelet transform，CWT）、离散小波变换（discrete wavelet transform，DWT）和小波包变换[42]。连续小波变换在时频分析领域被广泛采用，离散小波变换广泛应用于图像压缩、子带编码、时间序列分析，如去噪。小波包变换可用于观察信号随着时间的频率变化，然而对某些信号，小波包分析也可能会得到很差的结果。本书主要着眼于将 CWT 和 DWT 应用于基于 PWAS 的结构健康监测信号处理。

14.4.1　基于连续小波变换的时频分析

（1）连续小波变换的数学推导

除了使用不同的基函数，连续小波变换（CWT）同 STFT 类似。FT 和 STFT 以无限个不同频率的正弦和余弦函数作为基函数，相比之下，连续小波变换使用称为母小波的基函数的伸缩和平移得到的函数集作为基，如图 14-8 所示。

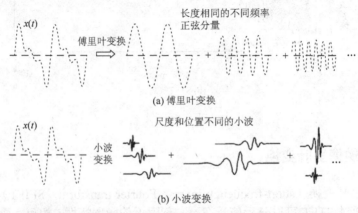

（a）傅里叶变换

（b）小波变换

图 14-8　分别采用傅里叶变换和小波变换对信号进行分析

使用母小波函数 $\psi(t)$ 对信号 $x(t)$ 进行连续小波变换得

$$WT(a,\ \tau) = \frac{1}{\sqrt{|a|}} \int x(t)\psi^* \left(\frac{t-\tau}{a}\right) \mathrm{d}t \qquad (14\text{-}20)$$

式中，$\psi(t)$ 为母小波函数；*表示复共轭。"小波" 这个名字意味着一个有限时间长度内的小波包，而正弦和余弦函数则均匀出现在整个时间轴上。式中参数 a 称为尺度因子（或者伸缩因子），τ 是小波关于信号的平移因子（或时移因子）。引入因子 $1/\sqrt{|a|}$ 用于不同尺度下的能量归一化。如果将母小波 $\psi(t)$ 看作一个带通滤波器的冲激响应，式（14-20）表明可以通过带通滤波器分析的的方式来理解连续小波变换。

①连续小波变换是信号 $x(t)$ 与伸缩平移后的小波 $\psi[(t-\tau)/a]/\sqrt{a}$ 作内积或互相关，其中互相关是信号与伸缩平移后的小波间相似性的度量。

②对于固定尺度 a，连续小波变换是信号 $x(t)$ 和时间反转小波 $\psi[(-t)/a]/\sqrt{a}$ 的卷积，换言之，连续小波变换是冲激响应为 $\psi[(-t)/a]/\sqrt{a}$ 的滤波器的输出。因此，式（14-20）可以变为信号和伸缩后的时间反转小波（其中包含-t 项）的卷积：

$$WT(a,\ \tau) = \frac{1}{\sqrt{|a|}} x(t) * \psi^* \left(-\frac{t}{a}\right) \qquad (14\text{-}21)$$

③当尺度因子增加，相应的带通滤波器中心频率和带宽会增加。

得到的幅值平方 $|CWT(a,\tau)|^2$ 在时间-频率域上的表示称为尺度谱，如下所示：

$$|WT(a,\ \tau)|^2 = \frac{1}{|a|} \left| \int x(t)\psi^* \left(\frac{t-\tau}{a}\right) \mathrm{d}t \right|^2 \qquad (14\text{-}22)$$

（2）母小波

对于小波分析，首先需要确定所使用的母小波。许多函数都可以作为母小波，实际上，如果一个函数连续、非零，当 t 趋向于无穷大时，函数值迅速减小为 0 或者在长度为 τ 的区间外都为零，那么该函数就可以作为母小波。换句话说，如果平方可积的函数 $\psi(t)$ 满足容许性条件，就可以作为母小波[43]：

$$\int \frac{|\Psi(\omega)|^2}{|\omega|} \mathrm{d}\omega < +\infty \qquad (14\text{-}23)$$

其中，$\Psi(\omega)$ 是函数 $\psi(t)$ 的傅里叶变换。容许性条件意味着 $\psi(t)$ 的傅里叶变换在频率为零处为 0，即

$$|\Psi(\omega)|^2_{\omega=0} = 0 \qquad (14\text{-}24)$$

上式意味着小波一定拥有像带通滤波器一样的谱。

式（14-24）所示的性质同样意味着小波在时域的均值一定为 0，即

$$\int \psi(t)\mathrm{d}t = 0 \qquad (14\text{-}25)$$

因此小波一定是振荡的波形，换言之，$\psi(t)$ 由一个波包组成（这也是引入名称 "小波"

的原因）。一般来说，小波是一种局部波形，在其时域位置外迅速衰减为 0（相比之下，傅里叶变换中的正弦波则会在整个时域上振荡）。

小波的另外一个条件就是正则性，即小波随着尺度因子 a 的减小而迅速衰减。正则性条件表明小波函数应当同时在时域和频域具有平滑和聚焦特性。对于正则性条件的解释很复杂，读者可以查阅基于消失矩理论的解释[44]。

本书的应用中，需要分析的信号是一般的非平稳信号，因此可以采用常用的小波进行分析，本书主要从 MATLAB 仿真工具中的小波函数里面选择分析小波。

与 STFT 中的矩形窗类似，最简单的母小波是方波，称为 Haar 小波，如图 14-9a 所示，但由于该小波在其两端突变，不能很好地近似连续信号。

Morlet 小波是时频分析中最常用的小波[42]。该小波在时域和频域都是一个调制的高斯函数，因此得到的小波变换系数能够正确地反映信号在每个尺度和平移位置的特性。图 14-10 给出了 Morlet 小波及其频谱，下面的章节中将使用 Morlet 小波进行时频分析。同时图 14-9 也给出了一些其他常用的小波，例如 Daubechies 小波、Coiflet 小波和 Symlet 小波。

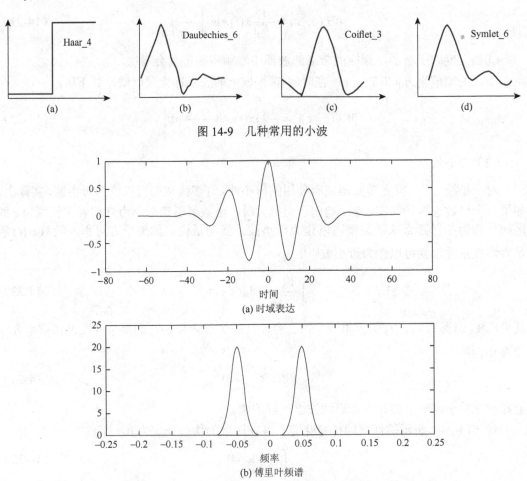

图 14-9　几种常用的小波

(a) 时域表达

(b) 傅里叶频谱

图 14-10　Morlet 小波

（3）CWT 的时间-频率分辨率

与 STFT 不同的是，CWT 的时间-频率分辨率和尺度因子相关，CWT 在不同的尺度（频率）下调整小波的长度，自适应分析信号的局部信息。但式（14-10）所示的不确定性原理依然成立，在小尺度（高频）下，时间分辨率高但是频率分辨率差，原因在于该小波在时域局部化特性好，在频域局部化特性差。类似地，在大尺度（低频）下，频率分辨率高，但是时域分辨率差。通过可调整的"窗"，CWT 可以得到比 STFT 更好的时间-频率表征结果。

（4）CWT 实现及与 STFT 的对比

对于处理非平稳反射信号及识别缺陷回波，CWT 优于 STFT。在 MATLAB 软件中使用 CWT 得到的时间-尺度和幅值的谱图，称为尺度谱。然而尺度谱并不能直接用于时频分析。本书改用频率而不是尺度因子，得到时间-频率谱图，尺度因子和频率的关系为

$$f = \frac{小波中心频率}{尺度因子 \times 采样间隔} \tag{14-26}$$

本书编写了图形用户界面（graphical user interface，GUI）用于比较信号以及信号处理方法。该 GUI 中用户可选择的参数包括母小波和尺度因子。图 14-11 中的示例为传感器阵列中传感器 1 激励，传感器 8 采集得到的信号，以及 CWT 分析得到的结果，该结果以等高线图的形式呈现。尺度谱的幅值对应到等高线图中不同的封闭曲线，同时这些线的密度表征该处的强度。密度大的地方幅值较大，密度小的地方，幅值较小。可以看到，信号大部分能量都集中在 340kHz 频率附近，同样在时间 0.13ms 以及尺度 23 处可以看到一个小的反射波，这个尺度对应频率 340kHz。

对于所关注的特定频率，对应尺度因子（频率）下获得的小波系数可以恢复得到时域信号，这种方式被称为 CWT 滤波。图 14-11c 给出了以激励频率 343kHz 为中心频率的滤波结果。

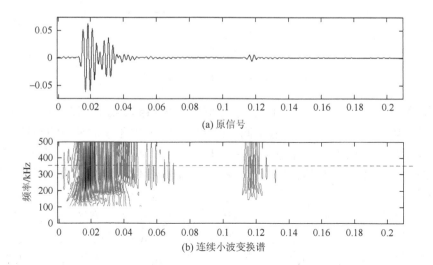

(a) 原信号

(b) 连续小波变换谱

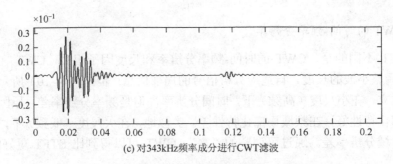

(c) 对343kHz频率成分进行CWT滤波

图 14-11   对接收信号进行连续小波变换（后附彩图）

为了理解 CWT 相对于 STFT 的优势，图 14-12 重新给出了图 14-6 所示的脉冲信号 STFT 分析结果。

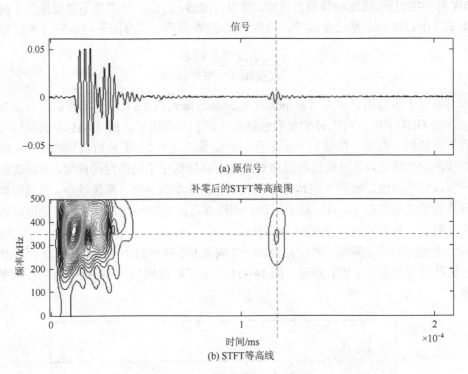

(a) 原信号

(b) STFT等高线

图 14-12   STFT 分析（后附彩图）

可以看到 STFT 和 CWT 有一个共同点，它们都能得到 2-D 的时间-频率分析谱图。但是 STFT 和 CWT 在几个方面存在着不同，最基本的区别在于小波使用的是长度可调窗，比 STFT 中长度固定的窗更具优势（回溯 STFT 采用滑动固定长度的窗进行分析），CWT 中窗的长度是一个变量。在具有高频分量的信号局部区域，如图 14-11a 所示的第一个波包处，窗将会变短，但在具有低频分量的信号局部区域，如图 14-11a 中间小的反射波，窗将会变长。相比之下，STFT 对于频率变化较大的信号不能得到最佳结果。在 CWT 中，窗宽根据局部的频率尺度，通过算法进行调整。此外，CWT 能够提取特定尺度因子下（关注的频率所对应的尺度因子）的小波系数，有利于监测用于评估结构状态的重要频率分量。

总的来说，STFT 和 WT 的相同点在于它们都能得到 2-D 的时间-频率分析谱图。它们的差别在于，STFT 通过滑动固定长度的窗来处理信号，以得到时间-频率谱图。也就是说，通过中心在时间轴某处且长度固定的窗，对原信号进行加权，然后对加权后的信号进行傅里叶变换。之后窗的中心移动到下一个时刻并重复这个过程，从而获得信号的时间和频率信息。然而对于 CWT，区别在于窗的长度不同，每个窗的长度可以根据小波尺度因子进行调整，最后得到的是一个时间-尺度因子谱图而不是时间-频率谱图。

其他的区别在于 STFT 是基于傅里叶变换，傅里叶变换是信号分解为时间无穷的各种频率的正弦信号。相比之下，小波分析将一个信号分解为一系列伸缩平移后的小波，在时间和频率域都是有限的。

CWT 的优点在于其能根据实际信号的需要调整窗宽，因此可以通过窄窗获得细节信息（高频分量），或通过宽窗获得整体信息（低频分量）。但是连续小波变换的难点在于小波函数，对于某个特定信号，难以选择正确的小波函数。此外由于小波分析更加复杂，应用小波分析需要更多的知识和经验。在许多情况下，STFT 可以更容易地进行快速的 2-D 时频分析。

14.4.2　离散小波变换和多分辨率分析

本节讨论使用小波变换进行多分辨率分析（multiresolution analysis，MRA）。理论上来说，离散小波变换提供了一种将信号分解为基本单元的工具，这种基本单元称为小波。

不同于 CWT 可以使用任意尺度和任意小波，DWT 将信号分解为相互正交的小波集合，DWT 中的正交条件是和连续小波变换最大的区别。离散小波变换中的小波通过尺度函数构建，该尺度函数必须和其离散平移后的函数正交，这与将信号表示为基本周期波形的傅里叶变换类似，不同之处在于小波是非周期的。由于小波是通过母小波伸缩平移得到，DWT 小波展开同时具有时域和频域局部化功能，使得 DWT 特别适用于分析非平稳或非周期信号。

采用母小波函数 $\psi(t)$ 可以得到一组时间-伸缩和时间-平移后的小波，称为子小波函数，表示为

$$\psi_{m,n}(t) = 2^{m/2}\psi(2^m t - n) \tag{14-27}$$

对于子小波，定义系数 $C(1/2^m, n/2^m)$ 为

$$C(1/2^m, n/2^m) = <x(t),\ \psi_{m,n}(t)> \tag{14-28}$$

式中，$<f(t),\ g(t)> = \int f(t)g(t)\mathrm{d}t$，定义为函数 $f(t)$ 和 $g(t)$ 的内积。

小波正交时，离散小波变换定义为

$$\mathrm{DWT}:\quad c_{m,n} = \int_{-\infty}^{+\infty} x(t)\psi_{m,n}(t)\mathrm{d}t \tag{14-29}$$

信号通过下式重构：

$$x(t) = \sum_m \sum_n c_{m,n}\psi_{m,n}(t) \tag{14-30}$$

基于离散小波变换可以推导得到多分辨率分析。空间 W_m 是由所有子小波 $\psi_{m,n}(t)$（$-\infty$

$< n < +\infty)$ 可合成信号 $x(t)$ 的合集，这些空间相互正交且任意信号可以由下式合成：

$$x(t) = \sum_{m=-\infty}^{+\infty} x_m(t) \tag{14-31}$$

$$x_m(t) = \sum_{n=-\infty}^{+\infty} c_{m,n} \psi_{m,n}(t) \tag{14-32}$$

另一种 MRA 的表示方式是定义空间 V_m 为由所有子小波 $\psi_{k,n}(t)\,(k<m,\ -\infty < k < +\infty)$ 可合成信号 $x(t)$ 的合集，因此

$$x(t) = \sum_{k=-\infty}^{m-1} \sum_n c_{k,n} \psi_{k,n}(t) \tag{14-33}$$

空间 V_m 相互嵌套，即 $\{0\} \subset \cdots \subset V_{-2} \subset V_{-1} \subset V_0 \subset \cdots L^2$，当 m 趋于正无穷大时，空间 V_m 为能量有限的信号空间 L^2，当 m 趋于负无穷大时，空间 V_m 缩减为 $\{0\}$。从定义可以清楚地看到 V_{m+1} 中的每个信号都是空间 V_m 和 W_m 中某个信号的和，因为

$$x(t) = \sum_{k=-\infty}^{m} \sum_n c_{k,n} \psi_{k,n}(t) = \sum_{k=-\infty}^{m-1} \sum_n c_{k,n} \psi_{k,n}(t) + \sum_n c_{k,n} \psi_{k,n}(t) \tag{14-34}$$

因此

$$V_{m+1} = V_m + W_m \tag{14-35}$$

式（14-35）表明空间 W_m 是相邻空间 V_m 和 V_{m+1} 在子空间意义上的差，空间 W_m 和 V_m 可以通过图 14-13 表示。

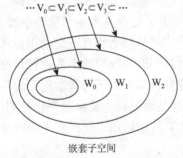

因此，多分辨率分析是在相互嵌套的子空间中进行信号处理，将在空间 V_0 中的信号 $x(t)$ 进行分解，写成如下嵌套的表达式：

$$\begin{aligned}
V_0 &= V_{-1} + W_{-1} \\
&= (V_{-2} + W_{-2}) + W_{-1} \\
&= [(V_{-3} + W_{-3}) + W_{-2}] + W_{-1} \\
&= \{[(V_{-4} + W_{-4}) + W_{-3}] + W_{-2}\} + W_{-1}
\end{aligned} \tag{14-36}$$

图 14-13　由 W_m 和 V_m 组成的子空间　　得到信号 $x(t)$ 的各种分解为

$$\begin{aligned}
x(t) &= A_1(t) + D_1(t) \\
&= (A_2(t) + D_2(t)) + D_1(t) \\
&= [(A_3(t) + D_3(t)) + D_2(t)] + D_1(t) \\
&= \{[(A_4(t) + D_4(t)) + D_3(t)] + D_2(t)\} + D_1(t)
\end{aligned} \tag{14-37}$$

其中，$D_i(t)$ 属于空间 W_{-i}，称为第 i 阶细节；$A_i(t)$ 属于空间 V_{-i}，称为第 i 阶近似。

根据多分辨率的二进制特性，即

$$\psi_{m,n}(2t) = \frac{1}{\sqrt{2}} \psi_{m+1,n}(t) \tag{14-38}$$

式中，小波函数 $\psi(t)$ 通过尺度函数 $\phi(t)$ 构建多分辨率子空间 V_m，其中子尺度函数定义为

$$\phi_{m,n}(t) = \sqrt{2^m} \phi(2^m t - n) \tag{14-39}$$

该尺度函数拥有双尺度方程特性，通过该特性得到系数为 $h_0(t)$ 的滤波器，使得

$$\phi(t) = \sum_k h_0(k)\sqrt{2}\phi(2t - k) \tag{14-40}$$

类似地，通过其他滤波器 $h_1(t)$，双尺度方程变为

$$\phi(t) = \sum_k h_1(k)\sqrt{2}\phi(2t - k) \tag{14-41}$$

（1）离散小波变换（DWT）

前面介绍的 MRA 中，离散小波变换（DWT）通过一组有限正交小波基的组合表征信号，其中小波基表示为 $\psi_{m,n}(t)$，则 DWT 表示为

$$x(t) = \sum_{m=-\infty}^{+\infty} \sum_{n=-\infty}^{+\infty} c_{m,n}\psi_{m,n}(t) \tag{14-42}$$

DWT 系数 $c_{m,n}$ 表示为

$$c_{m,n} = \int_{-\infty}^{+\infty} x(t)\psi_{m,n}^*(t)\mathrm{d}t \tag{14-43}$$

其中，小波是母小波 $\psi(t)$ 通过伸缩、平移得到的正交函数，表示为

$$\psi_{m,n}(t) = 2^{-m/2}\psi(2^{-m}t - n) \tag{14-44}$$

当 m 增加，小波以 2 的倍数按比例伸缩，当 n 增加，小波往右平移，通过这种方法构建描述信号特定尺度细节的小波 $\psi_{m,n}(t)$。当 m 减小，小波变得更精细，细节级别增加，因此 DWT 可以得到信号的多分辨率描述，对分析实际信号非常有用。

采用尺度函数 $\phi(t)$，DWT 可以采用另外一种方式表示。为了近似信号 $x(t)$，通过基 $\phi_{J,l}(t)$ 将信号投影到子空间 $V_{J,l}$，有

$$cA_0(l) = \int_{-\infty}^{+\infty} x(t)\phi_{J,l}(t)\mathrm{d}t \tag{14-45}$$

其中，投影系数 $cA_0(l)$ 为原信号 $x(t)$ 的近似。信号 $x(t)$ 可以近似恢复为

$$x(t) = \sum_l cA_0(l)\phi_{J,l}(t) \tag{14-46}$$

采用这种近似，信号属于子空间 V_J，信号可以通过子空间 V_{J-k}、W_{J-k} 和它们的基 $\phi_{J-k,n}(t)$、$\psi_{J-k,n}(t)$ 分解。尺度因子变大时，负数下标 $J-k$ 变小。假设 $k=1$，得

$$V_J = W_{J-1} + V_{J-1} \tag{14-47}$$

采用基 $\phi_{J-1,n}(t)$ 和 $\psi_{J-1,n}(t)$，信号 $x(t)$ 可以表示为

$$\begin{aligned}x(t) &= \sum_l cA_0(l)\phi_{J,l}(t) = \sum_n cA_1(n)\phi_{J-1,n}(t) + \sum_n cD_1(n)\phi_{J-1,n}(t) \\ &= A_1(t) + D_1(t)\end{aligned} \tag{14-48}$$

其中，$A_1(t)$ 和 $D_1(t)$ 分别为第 1 级的近似和细节，近似 $A_1(t)$ 同样可以通过式（14-48）所示的方式进行分解。

（2）离散小波变换算法的实际实现

小波分析中，通过基 $\phi_{m,n}(t)$ 和 $\psi_{m,n}(t)$ 将信号分解为近似分量和细节分量。近似分量是信号的大尺度、低频分量，可以用于恢复原信号，细节分量是信号的小尺度、高频分量，可以用于恢复噪声。在信号处理中，离散小波变换的技术可以采用一组滤波器加以实现，

称为滤波器组。

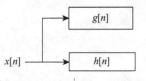

图 14-14　使用低通和高通滤波器进行离散小波变换分解

第一步将信号输入两个不同的滤波器，如图 14-14 所示。①首先将信号通过一个冲激响应为 $g[n]$ 的低通滤波器；②同时将信号输入一个高通滤波器 $h[n]$ 进行分解；③上述步骤的输出包括高通滤波器得到的细节分量系数以及低通滤波器得到的近似分量系数。由于在低通滤波器 $g[n]$ 中，信号 $x[n]$ 的一半频率被移除，根据奈奎斯特采样定理，可以丢弃一半信号采样点，因此滤波器输出是一个因子为 2 的下采样过程，如图 14-15 所示。

$$y_L[n] = \sum_{k=-\infty}^{+\infty} x[k]g[2n-k] \tag{14-49}$$

$$y_H[n] = \sum_{k=-\infty}^{+\infty} x[k]h[2n-k] \tag{14-50}$$

值得注意的是，由于只保留了每个滤波器输出结果的一半，因此该分解过程造成时间分辨率减半，而减半的时间分辨率意味着加倍的频率分辨率。

重复该分解过程以进一步增加频率分辨率，近似分量系数连续被高通和低通滤波器进行分解，并下采样。上述过程可以表示为一个二进制树，其中节点表征不同时间-频率尺度下的子空间，称作滤波器组，如图 14-16 所示。

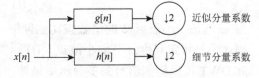

图 14-15　离散小波变换分解的下采样过程

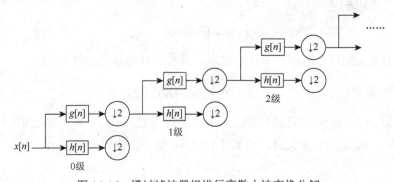

图 14-16　通过滤波器组进行离散小波变换分解

在滤波器组的每一级，信号被分解为高频和低频分量。由于分解过程的比例为 2^n，其中 n 为分解的级数，可以得到如图 14-17 所示的频域表示（给定一个 16 个采样点的信号，频率范围为 $0 \sim f_n$ 并进行三级分解）。

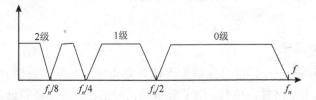

级	频率	采样点
0	$f_n/2 \sim f_n$	16
1	$f_n/4 \sim f_n/2$	8
2	$f_n/8 \sim f_n/4$	4
	$0 \sim f_n/8$	4

图 14-17　离散小波变换得到的频率范围

14.4.3　基于数字滤波器和离散小波变换的去噪

无损检测实验所获取的信号总是受到环境或观测扰动的影响，这些扰动称为噪声。对于大多数工程信号，低频分量是工程人员最关心的部分，而高频成分被认为是噪声。然而对于 NDE/SHM 中的高频导波信号，还需额外注意从噪声中分离出有用的高频成分。针对信号去噪，本文首先使用传统数字滤波器，然后介绍基于 DWT 的去噪方法。

（1）数字滤波器

在信号处理中，通常使用数字滤波器过滤或者保留信号的某一部分，数字滤波器通过频域的频响函数唯一确定，该函数是其时域响应的离散傅里叶变换。基于不同类型的 $h(t)$，数字滤波器可以分为两类：①有限冲激响应滤波器（finite-duration impulse response，FIR），其冲激响应只在有限个采样点非零；②无限冲激响应滤波器（infinite-duration impulse response，IIR），其冲激响应有无限个非零采样点。由于在差分方程中，IIR 滤波器的滤波器系数包括了反馈项，因此也称为反馈滤波器。与 FIR 滤波器相比，IIR 滤波器能使用较低阶数得到满意结果，使得需要计算和存储的滤波器参数更少，更容易设计和实现。

对于特定应用的滤波器设计，总是期望得到频率选择特性好的滤波器，其具有陡峭的截止边沿或者更短的过渡带，然而理想的陡峭边沿对应于数学上的不连续，在实际中不能实现。因此，理想滤波器的设计目的在于寻求可实现的滤波器 $H(\omega)$，其最接近理想滤波器的频率和相位响应，大多数滤波器在设计时都要有所取舍。

（2）数字滤波器去噪

最简单的滤波器是具有零相位的理想滤波器，4 种常用理想滤波器频率响应为：①低通；②高通；③带通；④带阻，如图 14-18 所示。

相应的频率响应可以表示为

$$低通\qquad H(\omega)=\begin{cases}1, & \omega < \omega_c \\ 0, & \omega \geqslant \omega_c\end{cases}\qquad(14\text{-}51)$$

$$高通\qquad H(\omega)=\begin{cases}0, & \omega < \omega_c \\ 1, & \omega \geqslant \omega_c\end{cases}\qquad(14\text{-}52)$$

$$带通\qquad H(\omega)=\begin{cases}1, & \omega_L < \omega < \omega_H \\ 0, & 其他\end{cases}\qquad(14\text{-}53)$$

$$带阻\qquad H(\omega)=\begin{cases}1, & \omega < \omega_L \ 或\ \omega > \omega_H \\ 0, & 其他\end{cases}\qquad(14\text{-}54)$$

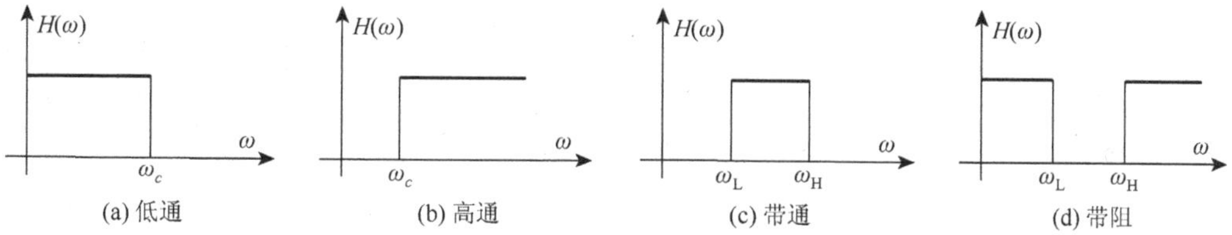

(a) 低通　　　　(b) 高通　　　　(c) 带通　　　　(d) 带阻

图 14-18　一般的理想滤波器形式

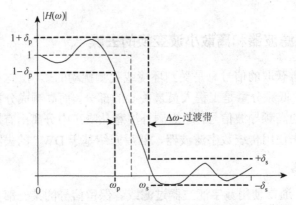

图 14-19   一种低通滤波器的频率响应

实际应用中，需要用可实现的形式来近似理想的滤波器，也就是说截止沿需要通过过渡带代替，使得频率响应从一个带平滑地过渡到另外一个带，因此截止沿被非零宽度的过渡带代替。图 14-19 所示为一个可以实现的低通滤波器，其中，ω_p 是通频带截止频率，ω_s 是阻带的截止频率，过渡带的宽度为 $\Delta\omega = \omega_s - \omega_p$。在过渡带中，期望频率响应平滑过渡，即没有波动或者过冲，这可以通过对过渡带进行约束设计实现。如图 14-19 所示，δ_p 是通频带带宽波动和最大允许误差，同时 δ_s 为阻带波动和最大允许误差。

在数字滤波器中，滤波器阶数 N 是一个用于调整最优滤波性能实现的变量。物理可实现的滤波器可以通过优化过渡带的宽度或减小通频带和阻带误差等实现。

$$H(\omega) = \frac{B(\omega)}{A(\omega)} = \mathrm{e}^{-j\omega N} \frac{\sum_{k=0}^{M} b_k \mathrm{e}^{-j\omega k}}{\sum_{k=0}^{N} a_k \mathrm{e}^{-j\omega k}} \tag{14-55}$$

式（14-55）为一个 N 阶 IIR 滤波器的频率响应 $H(\omega)$，该 IIR 滤波器阶数 N 决定了上一步需要保存并反馈计算当前输出的采样点数目。

另外，许多实际的滤波器设计只根据幅值响应约束条件确定，而对相位响应没有约束，因此滤波器设计的目标是找到某个函数滤波器（IIR 或者 FIR），其幅频响应 $H(\omega)$ 近似所给定的设计约束条件。在大多数仿真软件中，包含四种传统的滤波器函数：①Butterworth；②Chebyshev I；③Chebyshev II；④Elliptic。这些滤波器性能各不相同，各有各的特点，如表 14-1 所示。

表 14-1   典型的常用数字滤波器

滤波器类型	MATLAB 函数	简介	幅频响应
Butterworth	butter	频率响应在通频带处最大，总体单调	

续表

滤波器类型	MATLAB 函数	简介	幅频响应
Chebyshev I	Cheby1	通频带处存在波动，在阻带单调，截止沿比 Chebyshev II 型陡，但在通频带误差更大	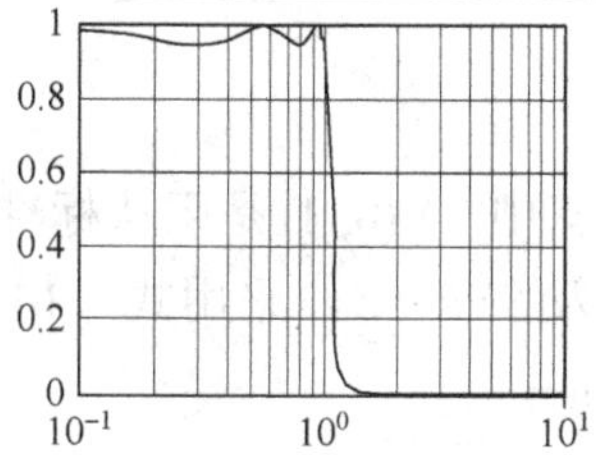
Chebyshev II	Cheby2	在通频带单调且在阻带波动，截止沿没有 Chebyshev I 型陡，但在通频带不存在波动	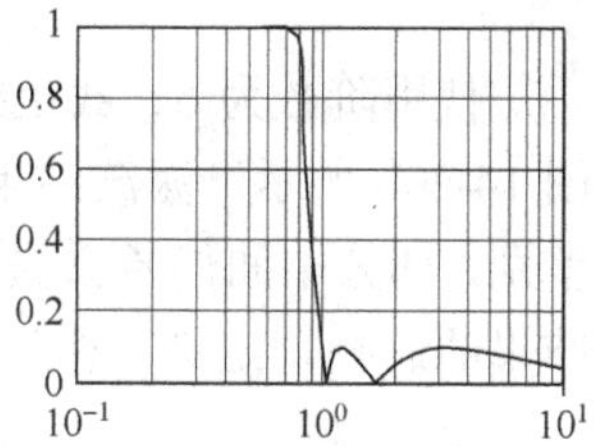
Elliptic	ellip	更陡的截止沿，但是在通频带和阻带都存在波动，Elliptic 滤波器可通过更低的滤波阶数满足给定的任意条件	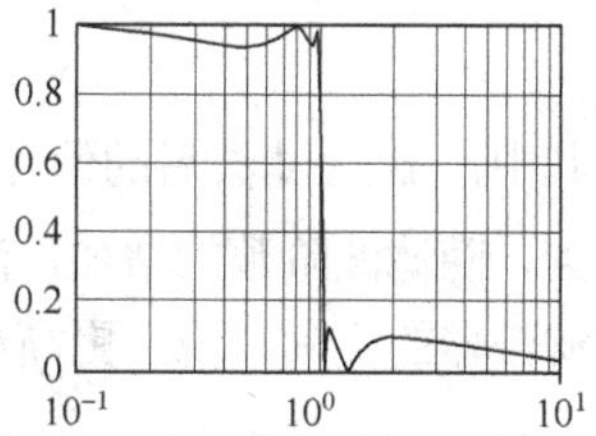

本节数字低通滤波器用于去噪研究，以移除高频噪声，其中 Chebyshev II 滤波器由于具有低通频带单调性及相对短的过渡带而被采用，其余参数，如滤波模式、截止频率及滤波器阶数在应用中进行优化调整。

为比较不同方法的降噪性能，使用文献[47]中的降噪统计数据。仿真中心频率为 2MHz 的波包信号，其采样频率为 100MHz，采样时间长度为 2μs。在给定的信噪比（SNR）下添加高斯白色噪声（Gaussian white noise，GWN），原信号为

$$x(t) = \beta e^{-\alpha(t-\tau)^2} \cos[2\pi f(t-\tau) + \phi] \tag{14-56}$$

式中，信号参数包括带宽因子 α、到达时间 τ、中心频率 f_c、相位 ϕ 和幅值 β，得到的信号能量可以简单表示为

$$E_x = \frac{\beta^2}{2} \sqrt{\frac{\pi}{2\alpha}} \tag{14-57}$$

信噪比由高斯白噪声方差 σ_v^2 决定：

$$SNR = 10\log\left(\frac{E_x}{\sigma_v^2}\right) \tag{14-58}$$

因此给定 SNR，高斯白噪声的方差为

$$\sigma_v^2 = \frac{E_x}{10^{SNR/10}} \tag{14-59}$$

通过式（14-59）计算得到特定信噪比下的零均值 GWN，然后添加到原信号中构建受到噪

声影响的信号

$$GWN(t) = \sigma N(0,\ 1) = \sqrt{\frac{\beta^2}{2} \frac{\sqrt{\frac{\pi}{2\alpha}}}{10^{\frac{SNR}{10}}}} N(0,1) \qquad (14\text{-}60)$$

其中，$N(0,\ 1)$ 是服从标准正态分布的随机数。选取 $\alpha = 25$、$\tau = 1.07\mu s$、$\phi = 0.87 rad$、$\beta = 1$ 及 $SNR = 5$，采用式（14-56）和式（14-60）仿真含噪声的原信号 $x_{Noise}(t)$，如图 14-20a 所示。

$$x_{Noise}(t) = x(t) + GWN(t) \qquad (14\text{-}61)$$

使用阶数为 6、截止频率为 3MHz 和 8MHz 的 Chebyshev type II 带通滤波器去噪，如图 14-20b 所示。滤波结果如图 14-20c 所示，可以看到滤波得到的信号和原信号有很大的差别，部分中间信号丢失，同时在波包两侧出现较大的扰动。为了讨论滤波器阶数对滤波结果的影响，定义一个误差指标为

$$\varepsilon = \frac{\sum |fx_i - x_i|}{\sum |x_i|} \qquad (14\text{-}62)$$

其中，fx 为滤波后的信号，在不同滤波阶数下计算该误差指标，如图 14-20d 所示。可以看到，随滤波阶数的增加，滤波误差减小，因此高滤波阶数可以得到更好的滤波结果。但考虑滤波器的实际实现，更高滤波器阶数的实现难度更大，因此并不能一直增加滤波器的阶数。

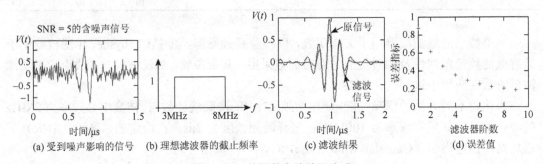

图 14-20　使用数字滤波器去噪

尽管数字滤波器相对容易实现，但是并不总能得到足够的滤波精度和灵活性，下节介绍基于小波变换的其他滤波方法。

（3）基于 DWT 的去噪方法

尽管数字滤波器是广泛应用于去噪的传统方法，但即使是 8 阶滤波器所得到的滤波信号也与原信号相去甚远，如图 14-20b 所示。众所周知，多尺度 DWT 分解是研究较多的去噪方法之一，图 14-21 所示为 EUSR 实验中获得的信号及其 DWT 去噪结果。为进一步理解 DWT 去噪，下文将再次使用式（14-61）所构造的含噪声信号，并通过 DWT 去噪。

DWT 的去噪效果受到两个参数的影响：信噪比和采样频率。信噪比和/或采样频率越高，DWT 去噪效果越好。图 14-22 给出了在各种信噪比下 DWT 的去噪结果，可以看到在高信噪比下（即信号中含有更少的噪声），DWT 可以得到较好的结果，消除

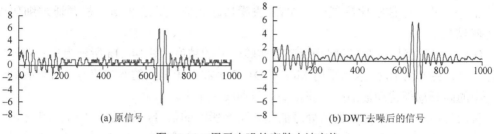

(a) 原信号　　　　　　　　　　　　　(b) DWT去噪后的信号

图 14-21　用于去噪的离散小波变换

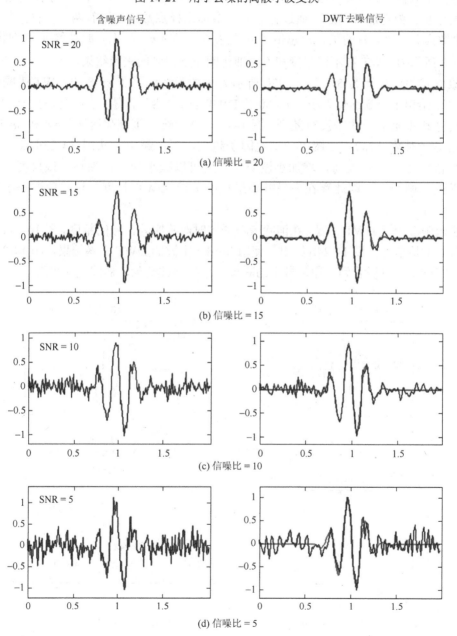

图 14-22　不同信噪比下的 DWT 去噪

了大部分噪声。当信噪比降低时，DWT 去噪质量也降低，这种情况需要通过细化以改善去噪结果。

DWT 去噪方法可以消除噪声以改善实验信号的精度，图 14-21a 所示为实验获取的部分原信号，图 14-21b 所示为采用 Morlet DWT 小波去噪得到的滤波信号，可以看到，原信号中的高频局部扰动被消除，获得的信号曲线更平滑。

再次使用前面数字滤波器所处理的受到噪声影响的信号，如式（14-61）和图 14-23a 所示。由于采样率为 100MHz，整个信号 2μs 的时间长度只有 200 个采样点，不足以进行正确的分析。为克服该问题，通过补零方式增加采样点数，在原有两个采样点间插入零值，个数为 m，则信号的采样点总数由 N 变为 $N^* = N + m(N-1)$，此处称 m 为细化因子，图 14-23 所示为 DWT 在不同尺度和不同细化因子下得到的去噪结果。

原信号的信噪比为 5，图 14-23b 所示为叠加了细化因子 $m=8$ 的 DWT 去噪信号，图 14-23c 给出了更高细化因子下 $m=50$ 的 DWT 去噪结果。值得注意的是，对于图 14-23c，理想信号和去噪信号几乎没有差别。图 14-23d 分别给出了细化因子 $m=8$ 和 $m=50$ 下的误差指标（对数坐标），由图可知细化因子越大，误差越小。从图 14-23d 还可看出，在某个特定 DWT 尺度前，增加小波变换尺度可以减小误差，当超过该尺度，去噪失效，误差急剧增加，因此存在去噪效果最优的关键 DWT 尺度，该尺度取决于细化因子 m。

实验中应用了 DWT 去噪，在消除噪声的同时改善实验信号的精度。图 14-24a 给出了实验获得的原信号，图 14-24b 给出了使用 Morlet 小波的 DWT 去噪结果，图 14-24c 为移除的噪声分量，可以看到，原信号中的高频局部扰动被消除，曲线更加平滑。

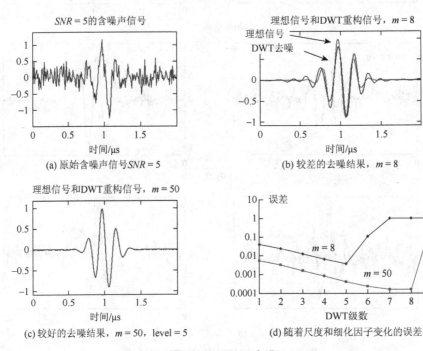

(a) 原始含噪声信号 $SNR = 5$　　　　(b) 较差的去噪结果，$m = 8$

(c) 较好的去噪结果，$m = 50$，$level = 5$　　　　(d) 随着尺度和细化因子变化的误差

图 14-23　DWT 去噪

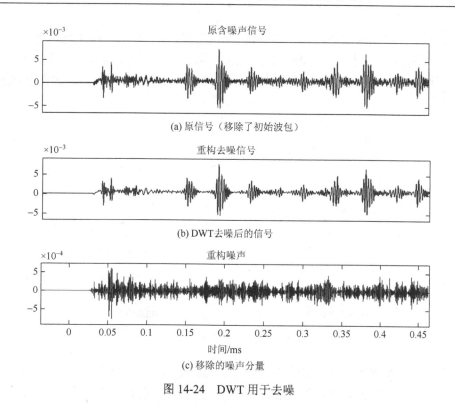

(a) 原信号（移除了初始波包）

(b) DWT去噪后的信号

(c) 移除的噪声分量

图 14-24 DWT 用于去噪

14.5 神 经 网 络

本节讨论如何应用神经网络根据损伤程度和位置对结构状态进行分类。

神经网络是仿生的人工智能算法，模仿的是生物神经系统功能。生物神经元由神经键、树突、轴突及细胞体组成。生物神经元只在被激励时响应（发出信号），类似地人工神经元基于激活或传递函数工作（也称为阈值函数）。传递函数 $g(\bullet)$ 可以是非连续的（例如对称 Heaviside 阶跃函数，也称为硬限幅函数）或者连续的（如 Logistic 弓形函数，也称为 Logsig 函数），同样可以使用线性传递函数。人工神经网络中，每个模拟神经元都可以和其他节点（神经元）通过连接加以联系。每个连接对应于一个权值，该权值决定了神经元间的影响特性和强度。神经网络为层状结构，包括输入层、输出层以及隐含层（隐含层神经元的输出在外部不可见）。由乘法、加法、传递函数组成的人工神经网络可以通过软件或者硬件电子电路实现。

14.5.1 神经网络的介绍

图 14-25 所示为生物神经元示意，由神经键、树突、轴突和细胞体组成。生物神经元只有激活时才发出信号，类似地，人工神经元通过激活或传递函数 $f(n)$ 激活，如图 14-25b 所示。传递函数 $f(n)$ 可以是非连续的（如对称 Heaviside 阶跃函数，也称为硬限幅函数）或者连续的（如 Logistic 弓形函数），也可以使用线性传递函数。人工神经网络中，每个模拟神经元都可以和其他节点（神经元）通过连接加以联系。每个连接对应于一个权值，

该权值决定了神经元间的影响特性和强度。人工神经元的输出模拟生物神经元轴突的信号。神经网络为层状结构，包括输入层、输出层和隐含层。实际应用中，人工神经网络由软件和/或硬件电子设备实现，典型的神经网络包括：①前馈神经网络；②竞争神经网络；③概率神经网络。

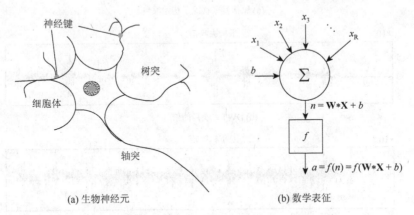

(a) 生物神经元　　　　　　　　　　　　　(b) 数学表征

图 14-25　神经网络理论

前馈神经网络直接根据网络输入计算神经元的输出，信号只单向经过一次网络，不涉及反馈，前馈神经网络能够识别数据的规律，用作模式识别器。典型的一种前馈神经网络为感知器，其数学表达如下：

$$f(n) = Heaviside(\mathbf{WX} + b) \tag{14-63}$$

式中，$f(n)$ 为输出传递函数。

当识别到模式时，感知器输出标量 1，反之输出 0，一般感知器采用非线性传递函数 $f(n)$，即基函数。相互连接的感知器组成感知器层，若干感知器层组成多层感知器（前馈）神经网络。在模式识别中，多层前馈神经网络能训练用于识别多维输入空间中的超平面分类边界。

竞争神经网络有两个特点：①其计算输入模式与已存储的原型模式之间距离的测度；②通过输出神经元间的竞争来决定哪个神经元表征的原型模式和输入更接近。

概率神经网络则是使用基函数和竞争选择理论的混合神经网络。概率神经网络使用基于高斯核（Parzan 窗）的贝叶斯决策分析，由输入层、径向基函数及竞争层组成。径向基函数取决于输入向量和表征不同输入类别的原型向量间的距离。在测试阶段，概率神经网络通过比较输入向量与事先训练得到的分类结果间的距离，选择最近的作为分类结果。概率神经网络的特点适合用于对 E/M 阻抗谱特征向量进行分类，14.5.4 节中将详细讨论概率神经网络。

14.5.2　典型神经网络

典型的神经网络有：①前馈神经网络；②反馈神经网络；③竞争神经网络；④概率神经网络，下面对这些网络进行简单介绍。

前馈神经网络直接根据网络输入计算神经元输出，信号只单向经过一次网络，不涉及反馈。前馈神经网络能够识别数据规律，可以作为模式识别器。一种典型的前馈神经网络为感知器，当识别到模式时，感知器输出标量 1，反之输出 0。感知器的数学表达式为

$y(\boldsymbol{x}) = g\left(\sum_{i=0}^{N} w_i x_i\right) = g(\boldsymbol{w}^{\mathrm{T}} \boldsymbol{x})$，其中 $g(\bullet)$ 是传递函数，x_0 通常取 $1(x_0=1)$，使权值 w_0 作为阈值，

如图 14-26a 所示。感知器如图 14-26b 所示，使用了非线性传递函数 $\phi_j(\bullet)$，也被称为基函数。

该基函数被放置在输入和加法器之间，使得 $y(\boldsymbol{x}) = g\left[\sum_{i=0}^{N} w_i \phi_i(\boldsymbol{x})\right] = \mathrm{g}[\boldsymbol{w}^T \varphi(\boldsymbol{x})]$。相互连接的

感知器组成了感知器层，若干感知器层组成了多层感知器（前馈）神经网络。在模式识别中，多层前馈神经网络能训练用于识别多维输入空间中的超平面分类边界，如图 14-27 所示。

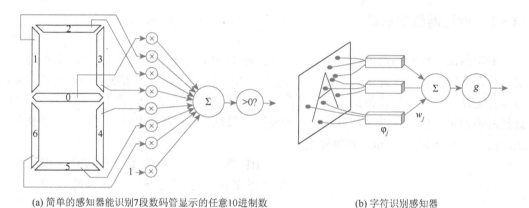

(a) 简单的感知器能识别7段数码管显示的任意10进制数　　　　(b) 字符识别感知器

图 14-26　多层感知器应用

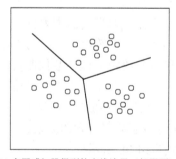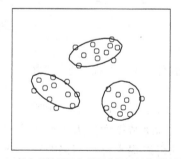

(a) 多层感知器得到的直线边界（超平面）　　　(b) 径向基神经网络得到曲线封闭的类边界

图 14-27　将特征向量分类

反馈神经网络具有输出到输入的反馈，其通过学习可以识别模式。一种典型的反馈神经网络为 Hopfield 网络，该网络可以采用电阻、电容以及反馈硬件实现，用于联想记忆和优化问题，Hopfield 网络的输出就是所识别到的模式。

竞争神经网络有两个特点：①其计算输入模式与已存储的原型模式之间距离的测度；②通过输出神经元间的竞争来决定哪个神经元表征的原型模式和输入更接近。当有新的输入时，自适应竞争神经网络将调整原型模式，因此自适应竞争神经网络通过学习将输入聚

类。一种典型的竞争神经网络为两层 Hamming 神经网络，第一层为前向神经网络，第二层为反馈神经网络，神经元通过竞争决定那个模式胜出。Hamming 神经网络的输出为一个向量，该向量只在胜出模式对应的神经元上输出为 1。

概率神经网络是使用基函数和竞争选择理论的混合神经网络，概率神经网络通过高斯核（Parzan 窗）实现贝叶斯决策分析。概率神经网络由径向基层、前馈层和竞争层组成，其中径向基函数取决于输入向量和各个原型向量 $\boldsymbol{\mu}_j$ 之间的距离，如下式所示：

$$y_k(\boldsymbol{x}) = \sum_{m=0}^{M} w_{km}\phi(\boldsymbol{x}), \ \phi_m(\boldsymbol{x}) = \exp\left(-\frac{\|\boldsymbol{x}-\boldsymbol{\mu}_m\|^2}{2\sigma_m^2}\right), \ \phi_0 = 1 \qquad (14\text{-}64)$$

概率神经网络可以在输入空间中以超球面的形式识别类的分离边界。

14.5.3　神经网络的训练

多层前馈神经网络通过后向传播（backpropagation，BP）算法进行训练，BP 算法是用于具有非线性可导传递函数的神经网络的一种通用学习算法。该方法称为后向传播是因为其首先计算最后一层权值的变化，然后通过同样计算方式依次计算上一层权值的变化，直到网络的第一层。标准 BP 算法使用梯度下降算法，BP 算法也可使用其他一些优化算法，例如 Newton-Raphson、共轭梯度法等。

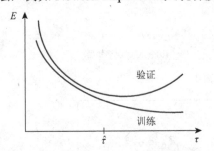

图 14-28　通过"提前停止"提高泛化能力

BP 算法的训练过程是迭代过程，训练样本集可以多次用来训练网络。在训练过程中，调整权值以获得最小的误差函数，例如均方差 $E = \frac{1}{2}\sum_n\sum_k \{y_k(\boldsymbol{x}^n; w_{kj}) - t_k^n\}$。BP 训练方法采用以下结束条件，即当输出误差低于给定收敛阈值时，训练结束。训练时间由学习率参数（也称为正则化参数）决定，该参数控制每次迭代中神经网络权值变化的大小，也控制梯度下降算法中的步长。如果步长过大，非线性影响严重，会造成梯度计算不准确，如果训练时间太长，神经网络太针对训练数据而失去了泛化能力，即其他验证数据得到的结果较差，通过"提前停止"的方法可以提高神经网络的泛化能力，如图 14-28 所示。

概率神经网络的训练包含以下两步。

第一步是无监督学习。第一步中，输入向量 $\boldsymbol{x}^n$ 被用于确定基函数参数 $\boldsymbol{\mu}_j$ 和 σ_j，可采用准确设计或自适应设计两种方法。在准确设计中，原型向量和输入训练向量相同，$\boldsymbol{\mu}_j = \boldsymbol{x}^n$，$j = n$。在自适应设计中，将输入向量聚类，选择原型向量表征不同的类。实现自适应设计的一种方式是增加额外神经元，通过增加径向基神经元直到均方差低于误差阈值，或者神经元数目达到阈值。每次迭代中，如果某个输入向量可以减小网络误差，则该输入向量用于生成一个新径向基神经元，调整径向散布参数 σ_j 使其达到输入空间的最优收敛。

第二步是有监督学习。在第二步中，基函数（矩阵 $\boldsymbol{\Phi}$）保持不变，使用 BP 算法调整线性层权值 w_{nj} 使其接近输出 $\boldsymbol{t}^n$，权值计算公式为：$\boldsymbol{W} = (\boldsymbol{\Phi}^{\dagger}\boldsymbol{T})^T$，其中 $\boldsymbol{\Phi}^{\dagger}$ 为 $\boldsymbol{\Phi}$ 的广义逆，实际应用时，该式通过奇异值分解求解，以避免矩阵 $\boldsymbol{\Phi}$ 出现问题。

图 14-29a 给出了一个简单概率神经网络的分类示例。训练向量 $\boldsymbol{x}_1$、$\boldsymbol{x}_2$、$\boldsymbol{x}_3$、$\boldsymbol{x}_4$、$\boldsymbol{x}_5$、$\boldsymbol{x}_6$、$\boldsymbol{x}_7$ 用于训练神经网络，同时定义类 1、2、3。新向量 $\boldsymbol{\alpha}$、$\boldsymbol{\beta}$、$\boldsymbol{\gamma}$ 用于验证该神经网络，验证结果表明验证向量可以被成功分类，图 14-29b 所示为概率神经网络的通用结构。

基函数优化：与多层感知器相比，径向基神经网络的主要优势在于不需要对整个神经网络进行优化就可以合理设计隐含层神经元，两种设计方法可以采用：①选择合适数量的基函数；②选择合适的基函数参数，所选择的基函数参数应当能够表征输入数据的概率密度。这样可以实现无监督的基函数参数优化，只依赖训练输入数据，而与训练目标信息无关。基函数中心 $\boldsymbol{\mu}_j$ 可以看作是训练输入向量的原型。

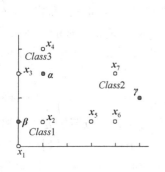

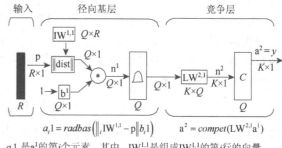

(a) 训练向量及校验向量及其分类　　　　　　(b) 概率神经网络的通用结构

图 14-29　使用概率神经网络进行分类

14.5.4　概率神经网络的详细介绍

作为解决分类问题的有效方法，概率神经网络首先由 Specht[48] 提出。与其他用于损伤识别的神经网络相比（如文献[34]），PNN 具有统计形式的传递函数且通过贝叶斯决策解决分类问题。该特性使得 PNN 的决策边界可以以渐进方式逼近贝叶斯最优决策曲面，只需要满足某些简单条件[48]，决策边界精度取决于概率密度函数的精度。

贝叶斯方法的分类过程是通过使错误分类的概率最小加以实现。SHM 过程中，多种分类往往需要考虑，在多分类问题中，每个类别都对应待评估结构的某个状态以及损伤程度，SHM 的任务是依据以特征向量表征的一组观测（特征）对结构健康状态进行分类。如果以 $\theta_A, \theta_B, \cdots, \theta_C$ 表示可能的健康状态类别，$\boldsymbol{x} = [x_1, x_2, \cdots, x_p]^T$ 为 p 维特征向量，则通过贝叶斯决策理论得

$$d(x) \in \theta_A, \quad 对于所有 K \neq A, \quad 如果 h_A l_A p_A(x) > h_K l_K p_K(x) \tag{14-65}$$

式中，$d(x)$ 是对测试向量 x 做出的决策；变量 h_A 和 $h_K = 1 - h_A$ 为类 θ_A 和类 θ_K 的先验概率；变量 l_A 对应当 $\theta \in \theta_K$ 时的错误分类 $d(x) \notin \theta_K$ 的损失函数；函数 $p_A(x)$ 和 $p_K(x)$ 分别为类 θ_A

和类 θ_K 的概率密度函数。

决策边界通过某类模式的先验概率和损失函数同另一类的先验概率和损失函数的比值定义，表示为

$$p_A(x) = C_K p_K(x), \quad \text{对于所有 } K \neq A, \quad \text{其中 } C_K = h_K l_K / h_A l_A \qquad (14\text{-}66)$$

式中，先验概率比值可以通过以前的损伤识别结果估计得到。例如 SHM 过程中获得 100 个数据向量，其中只有 5 个表征了损伤种类（ θ_A ），在此情况下先验概率 $h_A = 0.05$ ， $h_K = 0.95$ ，该先验概率比值为 19。文献[48]的概率神经网络中，先验概率比值还引入了训练模式的数目：

$$C_K^{\text{PNN}} = \frac{h_K l_K n_A}{h_A l_A n_K} \qquad (14\text{-}67)$$

式中， n_K 为类 K 的训练模式数目； n_A 为类 A 的训练模式数目。

为了实际实现上述方法，健康状态应当使用 19 个训练模式，损伤状态只使用一个训练模式，为简化多分类问题，可以假设先验概率对于所有类都相等。式（14-66）和式（14-67）所示的损失函数比值可仅由决策重要性确定，因此损失函数计算比值是主观的。本书中，损失函数认为是无偏的，因此对于所有类别取常数 C_K （ $C_K = 1$ ），则式（14-65）所示的贝叶斯决策理论可以简化为

$$d(x) \in \theta_A \quad \forall K \neq A, \quad \text{如果} h_A p_A(x) > h_K p_K(x) \qquad (14\text{-}68)$$

PNN 通过核方法近似概率密度函数，该方法由 Parzen[49]提出，可以不需要先验概率假设构建任意样本数据的概率密度函数[50]，通过核函数近似每个样本点以得到一个平滑连续的概率分布近似[51]。换句话说，使用核方法可以将模式空间（数据样本）映射到特征空间（分类），但是映射结果应当保留数据样本点的基本信息，消除原空间可能影响特征空间的冗余信息。

PNN 通常使用多变量高斯核，在原始 Specht[49]公式中，这个核函数表示为

$$p_A(x) = \frac{1}{n \cdot (2\pi)^{d/2} \sigma^d} \sum_{i=1}^{n} \exp\left[-\frac{(x - x_{Ai})^T (x - x_{Ai})}{2\sigma^2} \right] \quad \text{（多变量高斯核）} \qquad (14\text{-}69)$$

式中， i 是模式数目； x_{Ai} 为 A 类的第 i 个训练模式； n 是训练模式总数； d 是观测空间维数； σ 为散布参数。

尽管在本章中使用的是高斯核函数，其形式并不局限于高斯，例如文献[52]在概率神经网络中使用了不同种类的核函数进行了基于电涡流无损检测的损伤识别。

概率神经网络结构如图 14-30 所示，其任务是将输入模式 x 进行分类。输入层包含分布的单元，将同样的输入传递给第二层（模式）单元，模式层计算输入特征向量 x 与训练输入向量 x_{Ai} 的距离。所计算距离表示输入和目标向量的接近

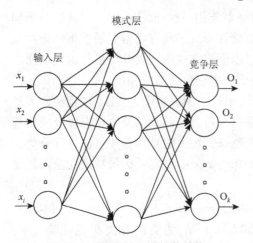

图 14-30　概率神经网络的结构

程度。该结果和阈值 b 对应相乘后输入非线性传递函数，模式层神经元的传递函数和高斯核（式 14-69）的形式类似：

$$p_A(x) = \exp(-\|x - x_{Ai}\|^2 b^2)\qquad(14\text{-}70)$$

式中，阈值 b 代表神经元灵敏度且和散布（平滑）参数成倒数关系，散布参数决定了神经元在输入空间中所引起响应的面积宽度[31]。总的来说，神经网络散布参数越大，其灵敏度越高，因为式（14-70）所示的函数越宽，能够覆盖的数据集越大，但更大的散布参数可能会导致分类错误。模式层的输出为式（14-70）估计得到的概率向量，具有高概率的神经元表征了特定类别。几乎为零概率的神经元将不会被接受，这通过竞争层实现，具有最大概率的神经元竞争层输出 1，其余输出 0，这样网络将特定的输入向量根据最大概率值归到特定类中。

文献综述结果表明将 PNN 应用于某个特定分类问题时，需要考虑：①输入数据的选择；②输入数据归一化；③训练数据的选择；④散布参数的选择。

下面对上述问题进行简单介绍。

（1）输入数据的选择

PNN 应当能够根据输入数据向量区分健康和损伤状态。最常用的是基于频域数据，在健康结构的频谱中，相应振动模态的谐振频率具有特定分布。当损伤出现时，初始分布将发生改变，且（或）新谐振频率出现，这在原频谱中是不存在的。损伤位置和初始频谱分布改变的程度及（或）新出现的谐振峰幅值和数目直接相关。尽管这种方法直截了当且在多数情况下有效，但是仍存在一些缺点。对于非常小的损伤，频谱中固有频率的改变非常小，特别是在低阶模式下，如果没有新谐振点出现，则较难分辨小损伤状态和健康状态。另一个问题是测量相对于初始状态的频率差值可能会存在模糊的情况，根据损伤特性，损伤可能造成固有频率前、后移动，因此欧式距离并不能区分这两种情况。虽然可以通过选取其他参数作为 PNN 输入加以解决，这需要对频谱进行进一步处理[53]。但是在损伤识别过程中，总希望输入数据只需要经过最少处理，同时希望通过存储在特征向量中的数据也可以监测损伤的扩展和位置，尽管存在前述限制，直接使用频域数据还是可以满足要求。

（2）输入数据归一化

输入特征向量中数值的分散程度也会对 PNN 性能造成额外影响，因为 PNN 需要计算训练和验证向量之间的距离。在分类问题中，PNN 更倾向于考虑训练和验证向量中元素值变化大的元素，而忽视元素值变化小的元素。为保证神经网络性能，输入数据应在区间 [0，1] 内归一化，下述线性变换可以用于确保输入向量中每个元素都落在按对应特征最大最小值定义的区间中：

$$x_i^{\text{new}} = \frac{x_i^{\text{old}} - \min(x_i^{\text{old}})}{\max(x_i^{\text{old}}) - \min(x_i^{\text{old}})}\qquad(14\text{-}71)$$

式中，i 为模式序号。例如，对于 5 个包含频域数据的输入向量，模式序号 i 表征所有 5 个向量中的第一个频率，换句话说，可以把 i 看做输入空间行号。如果在特定频率范围内需要高精度时，可以在式（14-71）分数前面引入一个比例因子 r_i。是否进行输入数据归一化取决于使用者、待分类问题特点和输入数据结构,但许多情况下是有助于改进分类过程的。正如马上要介绍的,不进行输入数据归一化,PNN 也能够对圆板试件损伤进行成功分类。

（3）训练数据的选择

本研究中所采用的 PNN 使用高斯核训练数据。训练数据应当能够体现特定分类问题中的最常见情况。建议对于每个类,训练样本采用模式元素最分散的输入向量,这样可以保证涵盖所有情况,否则容易出现错误分类。最好的情况是训练样本集能够表征对应特定类的结构参数概率分布。为确保服从贝叶斯决策规则,训练集大小通常根据先验概率大小确定。此外,特征向量中特征数目对于成功分类也有重要影响。下面的介绍表明,输入特征空间（训练和验证向量）维数越大,分类效果越好,例如在训练和验证向量由四个频率值组成的例子中,PNN 可以根据损伤位置成功地将模式分为 3 类,但是不能够区分小损伤结构和健康结构。如果在输入特征空间中采用六个频率,这个问题就解决了,PNN 成功地对每个损伤状态进行了分类。

（4）散布参数的选择

可以认为散布参数和概率分布中的标准差呈正比,该比例常数可以通过梯度下降算法调整,使得神经网络对于验证样本的均方误差最小[53]。但选择合适的散布参数依赖于输入数据以及在何处定义决策边界,对于 $\sigma \to \infty$,决策边界接近超平面,而对 $\sigma \to 0$,其表征为最近邻分类器。非常大的散布参数会使得估计概率密度趋于高斯,而与真实分布无关[48]。在我们的研究中,散布参数通过试探法选取。值得注意的是,相差几个数量级的散布参数的差别并不会显著影响 PNN 的性能,但可以发现该参数的取值存在一定的限制,文献[54]给出了该问题的进一步讨论。

14.6　特征提取

特征提取是降低问题维数以及分离必要和非必要信息的重要步骤,特征提取通过分离必要信息和非必要信息,去除数据集中的不必要信息,特征提取可以在很大程度上降低问题大小和维数。在谱分析中,特征向量方法认为谐振峰数目和特征在描述结构动态特性时起主要作用,这种物理特征提取方法使用了谱峰和结构谐振间的确定性关系,因此谱的描述是通过基本动态特征进行,即谐振频率、谐振峰、模态阻尼系数。通过特征提取,问题维数可以降低至少一个数量级（从 401 个点降低到少数十几个特征）。但在非常高的频率下,轻质阻尼结构具有非常高密度的谐振峰,此时维数降低并不大。为解决该问题,可以使用增量方法,逐渐增加特征向量的复杂性,以平衡细节和计算效率。例如,首先只考虑包含谐振频率的降维特征向量,然后逐渐扩充其他特征（相对幅值,阻尼因子）。示例如下,考虑图 14-31 所示的 E/M 阻抗谱,该谱包含 401 个采样点,其范围为 10~40kHz,间隔 0.075kHz。同时图中也给出了健康和损伤 E/M 阻抗谱,可以看到两个谱明显不同,但是并不能很容易地或直接地对这种差别进行量化。在不依赖特征的方法中,可以直接比较这两个谱 401 个数据点长度的输入向量（原始输入向量）,这种简单方式使得问题维数较大并计算困难，因此本书采用特征向量方法。

特征向量方法认为谐振峰数目和特征在描述结构动态特性时起主要作用，因此组成了该阻抗谱的基本特征，可以通过这些特征区分"健康"和"损伤"结构。例如在 10～40kHz 频带，图 14-31b 所示的健康谱存在 4 个主要谐振峰（12.8kHz、20.1kHz、28.9kHz、39.2kHz），以及 3 个小的峰（1.9kHz、24.5kHz、34.1kHz），通过这些特征，该问题的维数可以减少几乎两个数量级，从 401 个点减小到少于 10 个特征。对于图 14-31 所示损伤谱，可以分辨出 6 个主要谐振峰（11.6kHz、12.7kHz、15.2kHz、30.0kHz、39.1kHz）以及 6 个较小峰。虽然特征数目增加了，但是问题大小还是比不依赖特征的方法小一个数量级，在 10～50kHz 频带和 300～450kHz 频带可以得到类似结果，可以看出，E/M 阻抗方法得到的结构高频模态特征可以保证损伤检测方法能够识别早期损伤。

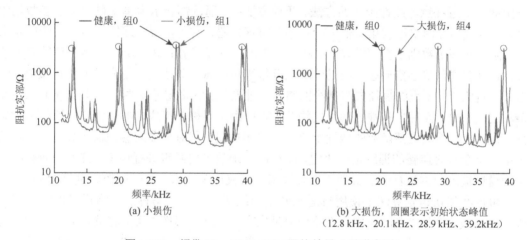

(a) 小损伤

(b) 大损伤，圆圈表示初始状态峰值
（12.8 kHz、20.1 kHz、28.9 kHz、39.2 kHz）

图 14-31 频带 10～40kHz E/M 阻抗结果（后附彩图）

14.6.1 特征提取算法

上述特征提取算法采用矩形搜索窗在频谱上从左到右滑动提取，当窗内数据局部最大点的高度与窗两端数值的差小于窗高度时，就认为找到了一个峰值点。窗高度定义为频率范围内幅度的百分比（幅度定义为最大幅值和最小幅值的差值），窗宽度定义为数据范围内数据点总数的百分比。通常越小的窗高和窗宽可以识别到越多的峰值，但太多小幅值峰值会得到长且含噪声的特征向量，这是不必要的。可以根据每个峰的能量设定阈值以优化特征向量，训练该阈值也是特征提取算法的一部分。特征向量将包含在谱中识别到的谐振频率，本文没有在特征向量中引入幅值，其原因在于幅值易存在随机误差和偏差，可能会随着环境条件变化（如温度等）。

14.6.2 特征向量的自适应长度调整

从图 14-31b 中可以明显看出，健康谱中特征数量和损伤谱中特征数量是不同的，损伤出现时可能会出现两种现象：①已有特征发生偏移；②与新振动模态和局部谐振相联系的新特征出现，比如图 14-31b 所示的主要谱峰。可以看到，初始谱特征向量维数为 $N_{pristine} = 4$，而损伤谱特征向量维数为 $N_{damage} = 6$，这启发我们考虑增加或者减少特征向量中的特征，即加长和缩短特征向量的长度，通过补零使低维特征向量扩展成高维特征向量，因此健康状态的特征向量维数变为 $N_{pristine}^* = 6$，当特征向量在新频率点更新后，重新整理可得到频率增加的序列。

14.6.3　自适应损伤检测和分类器

自适应损伤检测和分类器采用基于竞争概率分类和径向基函数的神经网络对特征向量进行处理。径向基神经网络和多层感知器在模式识别应用中类似，因为两者都提供在多维空间中逼近任意非线性函数的方法。两种方法中，逼近都表示为单变量函数的参数化组合，但两种神经网络结构相差很大[24]：①多层感知器在并行的 d-1 维超平面上的响应是常数，而径向基函数则是在同轴 d-1 维超球面上的响应是常数；②多层感知器的训练高度非线性，具有局部极小点问题，或误差函数近似平坦区域，即使是采用先进的优化策略，收敛往往也很慢，相反的是径向基神经网络学习非常快；③多层感知器具有多层权值以及复杂的连接形式，而径向基神经网络结构简单，仅由两层权值组成，第一层包含了基函数参数，第二层根据响应基函数的线性组合产生输出向量；④对于多层感知器，所有参数都是采用一个全局有监督的训练策略决定，而径向基函数采用两步进行训练，首先径向基函数单独通过输入数据进行无监督训练，其次第二层权值采用快速线性有监督训练得到。

可以在损伤识别算法中使用自适应概率神经网络[15]，概率神经网络通过多级结构健康监测分类（例如"刚刚损伤"、"损伤但是安全"、"严重损伤"等）将输入向量分为"健康"和"损伤"。径向基 PNN 既可以实现监督学习，也可以实现无监督学习：①在无监督学习中，对输入特征向量（谐振频率）的自聚类被用于确定径向基函数参数；②在有监督学习中，结构类别指定给无监督学习中所识别的径向基函数参数。

为提高 PNN 的适应能力，PNN 设计时可以对不同的特征向量分量采用独立的平滑参数，每个平滑参数都可以优化，以作为该分量重要性的衡量指标。遗传算法可以用于优化自适应 PNN 中的平滑参数，通过对若干方案的测试，找到训练数据的最佳分类方案。将训练向量重新输入给训练后的神经网络，可以建立一种奇异指标（异常指标），用作识别异常数据的阈值，该指标定义为目标输出和神经网络输出的欧式距离。

14.7　基于 E/M 阻抗的 PWAS 损伤检测算法

研究基于神经网络的两层检测算法非常重要，能促进该领域的知识进步，并有助于结构健康监测技术的实际应用和产业发展。研究的重点应该是发展、标定和测试损伤检查方法，以在主动结构健康监测中进行早期损伤的检测。

①损伤检测架构的建立是基于如下推定，早期损伤的存在会显著改变传感器附近被监测结构的高频阻抗谱；②所提出的新算法采用模式识别方法，构建了特征提取和异常检测分类器，通过对比给定谱和基准谱（健康状态），以足够的可信度回答两个主要问题：（a）

损伤是否存在？（b）损伤程度多大？③算法采用神经网络实现。

算法的研究有三个主要阶段：①使用已有数据研究和训练损伤检测算法；②从已存在的数据集中选取验证数据对该损伤检测算法进行验证；③使用新数据测试该方法。

研究和训练阶段采用已有的主动传感器数据进行，该阶段将建立损伤检测算法，包含两个不同的部分，依次处理数据。

①特征提取器：算法将进行数据压缩，从主动传感器谱信号中提取相关特征以减少输入维数，特征存储在特征向量中，是特征空间的一部分。算法所选特征将考虑结构损伤出现与结构高频动态特性间的基本联系，因此主动传感器所获得的 400 点结构谱可以削减为少量谐振相关的特征，此阶段建立的特征提取器的一个重要性质是可以实现特征空间维数的迭代扩充，该能力对于处理结构损伤出现和扩展时所引起的新谐振点是必要的。

②异常检测器和分类器：该算法通过基于竞争概率分类和径向基函数的神经网络异常检测算法处理特征向量。异常检测器将输入向量分为"健康"和"损伤"（二叉分类），分类器进一步将数据分为多级结构健康监测类别，以表示不同损伤程度（如"健康"、"损伤但是安全"、"严重损伤"等）。径向基函数的重要特性在于其能够同时进行无监督学习和有监督学习：（a）通过无监督学习发现输入向量之间的模式，并建立径向基函数参数。（b）有监督学习将类别赋予通过无监督学习识别得到的模式。

算法验证阶段将验证该损伤检测算法是否可以正确识别一组和训练数据相似的输入数据，为实现该目的，已有数据被分为训练集和验证集，首先只通过训练集对算法进行训练，然后使用验证集进行验证，并评估相对于验证数据的算法精度。

算法测试阶段使用新数据（称为测试集）验证和确认损伤检测算法，该测试集通过仿真、典型试件实验室实验以及实际结构现场试验得到，测试阶段将对算法整体性能和抗噪能力进行评估。

14.8　总　　结

本章探讨了结构健康监测（SHM）过程中相当重要的两个方面：信号处理和损伤识别/模式识别算法。SHM 领域的研究一直以来都涵盖信号处理、谱分析、数据处理和分析、模式识别及决策方法的各个方面。本章对其中一些方法进行了综述，包括最新进展和基本方法，同时给出了一些特例。但由于本章篇幅限制，无法涵盖这些内容的所有方面。

本章重点介绍了两种主要信号处理算法：短时傅里叶变换和小波变换。这两种方法都属于时频分析这一大类方法，可用于深入理解信号频谱随时间的变化，并提取与 SHM 相关的部分（或带宽）信号。许多情况下，信号处理可用作预处理或后处理以提高前述章节所介绍 SHM 方法的有效性。

本章基于谱特征分析（如谐振频率、谐振峰）讨论了损伤识别/模式识别过程，一个基本的分类问题是区分"损伤"和"健康"结构。本章讨论了一个更先进方法，该方法通过损伤程度及损伤定位来评估结构损伤的扩展，进而分类结构健康状态。本章以 E/M 阻抗法作为案例，该方法可以直接评定结构高频模态谱，相比传统模态分析得到的低频模态谱，E/M 阻抗方法对局部早期损伤更敏感。本章探讨了 SHM 过程中和损伤识别相关的若干问题，包括：①研究主动结构健康监测中的损伤因子；②基于可控实验对这些损伤因子进行测试和标定；③研究将新损伤因子应用于全尺寸结构健康监测应用时的标准化问题。

　　由于本书篇幅限制，本章不能够详细全面地介绍所有相关的知识。因此对本章知识感兴趣的读者可以参阅相关专业文献，搜索本章第 1 节介绍的关键字可以获得大量有用信息。

14.9　问题和练习

1. 传统傅里叶变换和短时傅里叶变换的主要区别是什么？
2. 短时傅里叶变换和小波变换的主要区别是什么？
3. 连续小波变换和离散小波变换的主要区别是什么？
4. 多层前馈神经网络和概率神经网络的主要区别是什么？

参 考 文 献

第 15 章　基于 PWAS 的多种 SHM 案例：实验信号中的损伤因子

15.1　引　　言

本章通过案例研究阐述 SHM 方法。

第一个案例考虑损伤程度不断增加的简单几何形状试件，几何形状简单的试件可以获得封闭解析解，据此可以预测健康试件中的 SHM 信号，并同健康试件中获得的实验数据进行对比以验证 SHM 测量方法的有效性。案例中采用 E/M 阻抗方法，SHM 方法也被用来记录试件损伤程度增加过程中的数据。多种损伤识别方法用于处理所获得的数据并进行对比，包括：①损伤因子；②统计方法；③概率神经网络。

第二个案例考虑几何形状复杂的试件，该试件是一个航空组合壁板，其构造特征与真实老龄飞机结构类似。研究中分别使用了健康和损伤的两个试件。由于复杂几何形状试件难以建模，无法实现 SHM 信号预测，因此完全采用实验方式研究。在这些试件中，对比和应用两种 SHM 测量方法：①脉冲-回波方法；②E/M 阻抗方法。两种方法用于检测相同的损伤：铆钉孔边裂纹。

15.2　案例 1：基于 E/M 阻抗的圆板损伤检测

本案例考虑第 10 章讨论的简单几何形状铝制圆板试件，该试件曾被用于验证 E/M 阻抗方法作为 SHM 测量方法的有效性。典型 E/M 阻抗数据以机电阻抗实部 ReZ 的频域曲线形式给出，正如第 10 章所示，ReZ 谱可以表示 PWAS 附近的局部高频振动谱，可真实地反映 PWAS 附近局部的结构动力学特性，因此 ReZ 谱可用于损伤检测。E/M 阻抗方法的实际应用还需要研究的一个重要问题是其损伤检测灵敏度，已知阻抗谱对结构完整性敏感，但目前这种方法可检测多远、多大的损伤还不清楚，损伤何时可以明显改变阻抗特性还不清楚，因此下面的任务是量化结构损伤对 E/M 阻抗谱的影响，采用相似试件在不同位置逐渐布置损伤实现。

15.2.1　实验设置和数据采集

（1）含模拟裂纹损伤的圆板试件

损伤检测实验在圆板上进行，以评估 E/M 阻抗方法检测裂纹的能力。自由圆板具有清晰的可再现谐振谱，损伤对谱的影响很容易观察到，因此损伤识别方法很容易实现。实验在损伤逐步增加的自由圆板[1]试件上开展，含 5 个统计组，每个组由 5 个试件组成，分

1　自由板条件通过轻质泡沫支撑实现。

别表示不同损伤状态，0 组代表健康状态。如图 15-1a 所示，试件是厚 0.8mm、直径 100mm 的圆形铝板，所有板中心布置一个直径 7mm 的 PWAS，为了评估每个组的统计变化，每个组包含 5 个相同的试件。采用 10mm 环形穿透细缝模拟结构服役产生的裂纹，如图 15-1a 所示，模拟的细缝逐渐靠近板的中心 r=45、25、15、7mm，从而得到 5 组试件（组 0～组 4）。

尝试使用如下损伤识别方法：①基于原始谱信号，采用损伤因子公式计算损伤因子；②统计方法；③基于阻抗谱特征的神经网络。

（2）E/M 阻抗测量仪器

使用 HP4194A 阻抗分析仪采集 E/M 阻抗数据，采用该阻抗分析仪沿频率轴测量 N=401 个频率点阻抗，因此整个数据集包括 3 列，每列包含 401 个数据点，分别是：①频率；②阻抗实部 ReZ；③阻抗虚部 ImZ。E/M 阻抗实验在 3 个频段进行：10～40kHz、10～150kHz 和 300～450kHz，从测量数据中提取 E/M 阻抗实部 ReZ 并绘成谱。

（3）含裂纹损伤的圆板 E/M 阻抗谱

图 15-1b 给出了在 10～40kHz 频段中的 ReZ 谱，E/M 阻抗谱实部 ReZ 是很好地描述局部结构动力学谱随损伤变化的指标，谐振频率和幅值容易分辨，同时频率偏移以及新谐振点可以被马上发现。图 15-1c 给出了测量所得到的主要谐振点频率值，针对损伤检测研究，图 15-1 所示的 5 组分为 1 个"健康"组（组 0）和 4 个"损伤"组（组 1～组 4）。同时认为随着模拟裂纹距离板中心 PWAS 传感器越来越近，损伤程度逐渐增长，因此组 1 损伤最小，组 4 损伤最大。

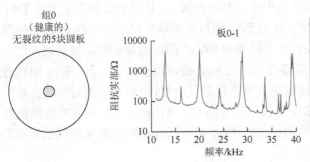

#	1	2	3	4	5
	板0_1	板0_2	板0_3	板0_4	板0_5
f_1	12885	12740	13030	12885	12740
f_2	16220	16075	16510	16148	16148
f_3	20135	19918	20425	20135	19918
f_4	24195	23978	24630	24413	24050
f_5	28980	28618	29343	28980	28618
f_6	39058	38913	39493	39493	38913

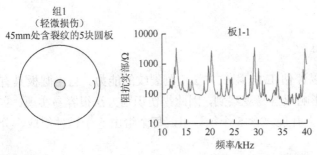

#	6	7	8	9	10
	板1_1	板1_2	板1_3	板1_4	板1_5
f_1	12958	12813	12813	12813	12813
f_2	19700	19555	19555	19483	19483
f_3	20353	20135	20063	20063	20063
f_4	28400	28183	28183	28183	28183
f_5	29270	28980	28835	28908	28835
f_6	39638	39203	39203	39203	39130

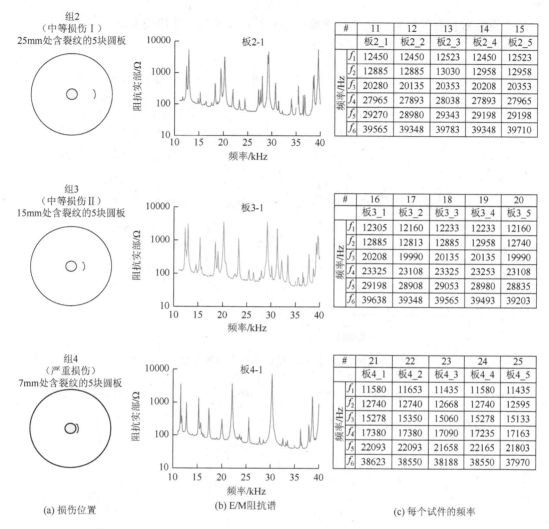

#	11	12	13	14	15
	板2_1	板2_2	板2_3	板2_4	板2_5
f_1	12450	12450	12523	12450	12523
f_2	12885	12885	13030	12958	12958
f_3	20280	20135	20353	20208	20353
f_4	27965	27893	28038	27893	27965
f_5	29270	28980	29343	29198	29198
f_6	39565	39348	39783	39348	39710

#	16	17	18	19	20
	板3_1	板3_2	板3_3	板3_4	板3_5
f_1	12305	12160	12233	12233	12160
f_2	12885	12813	12885	12958	12740
f_3	20208	19990	20135	20135	19990
f_4	23325	23108	23325	23253	23108
f_5	29198	28908	29053	28980	28835
f_6	39638	39348	39565	39493	39203

#	21	22	23	24	25
	板4_1	板4_2	板4_3	板4_4	板4_5
f_1	11580	11653	11435	11580	11435
f_2	12740	12740	12668	12740	12595
f_3	15278	15350	15060	15278	15133
f_4	17380	17380	17090	17235	17163
f_5	22093	22093	21658	22165	21803
f_6	38623	38550	38188	38550	37970

(a) 损伤位置　　　　(b) E/M阻抗谱　　　　(c) 每个试件的频率

图 15-1　基于 PWAS 和机电（E/M）阻抗方法的圆板结构损伤检测实验

图 15-2 给出了 5 个阻抗谱（组 0～组 4）的一览图，可以看出，随着板上损伤程度的增加，谐振频率的变化、谐振峰分裂以及新谐振点的出现都比较明显。随着损伤越严重，这些变化越显著，组 4 的变化最为明显，在更高的频段（10～150kHz 和 300～450kHz）也观察到了类似的现象。

（4）损伤程度对 E/M 阻抗谱的影响

图 15-3 比较了 10～40kHz 频段内"健康"和两个不同位置损伤的"损伤"谱，当损伤较轻（1 组）时，阻抗谱只是稍微变化。如图 15-3a 所示，从以下几个方面可以观察到轻微损伤：①现有谐振峰发生小移动；②出现新的低强度谐振点。当损伤加剧时（组 4），阻抗谱中的变化也更明显：①谐振峰发生大偏移；②出现新高强度谐振点；③一些谐振峰发生分裂。

在更高频段中（10～150kHz 和 300～450kHz）也可以看到类似结果，得到结论如下，一般来说随着损伤扩展会出现两种现象：①谐振频率变化；②出现新谐振点。

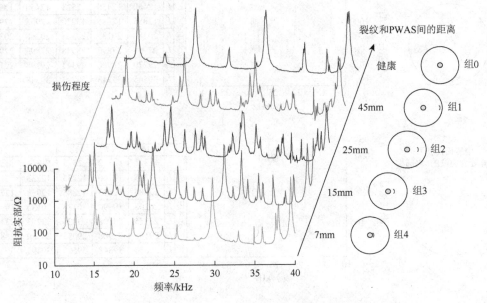

图 15-2　E/M 阻抗谱和损伤位置关系

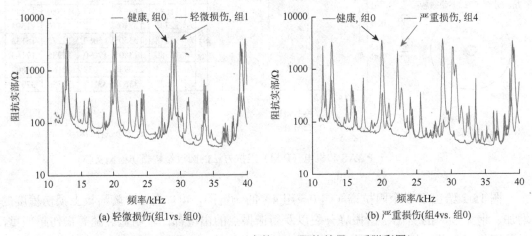

(a) 轻微损伤(组1 vs. 组0)　　　　　(b) 严重损伤(组4 vs. 组0)

图 15-3　频段 10～40kHz 中的 E/M 阻抗结果（后附彩图）

（5）高频对 E/M 阻抗数据的影响

E/M 阻抗方法的优势在于其高频特性，因此能够轻易地测量高阶谐波，相比于低阶谐波，高阶谐波对局部损伤更敏感。图 15-4 比较了 3 种高频段内的阻抗谱：10～40kHz、10～150kHz、300～450kHz，高频模态被成功地激励，正如预期的，随着频段增大模态密度增加，使得数据信息更加丰富。但是在高频频段中进行数据采集时，应当考虑频率间隔大小以保证足够的频率分辨率，如果谱分辨率较差，重要的谐波也许会无法识别。

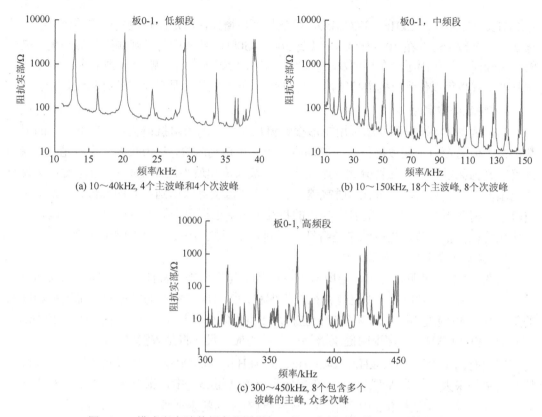

(a) 10～40kHz, 4个主波峰和4个次波峰　　　(b) 10～150kHz, 18个主波峰, 8个次波峰

(c) 300～450kHz, 8个包含多个
波峰的主峰, 众多次峰

图 15-4　模式密度随着频率范围增加（组 0 中板 1 中的 E/M 阻抗测量）

（6）E/M 阻抗数据的特征提取

有些损伤检测算法（例如损伤因子方法）处理的是整个阻抗谱，其他算法（如统计方法和神经网络）只使用阻抗谱的一些特征。许多情况下，研究者期望将完整的数据集缩减为少量且唯一表征当前结构状态的谱特征，这就引出了数据处理中的重要步骤：特征提取，即从不必要信息中分离出必要信息，以减小问题维度。在谱分析中，特征向量方法认为谐振峰数量和特征在描述结构动态特性时至关重要，通过考虑阻抗谱基本特征，即谐振峰，可以提取出与特定结构健康状态相关的重要信息，这些信息可以组成特征向量，向量中每个特征对应于一定数量的谐振频率。以图 15-1 中给出的 E/M 阻抗谱为例，在 10～40kHz 范围，每个阻抗谱包含间隔 0.075kHz 的 401 个数据点，共得到 5 个阻抗谱，对应 1 个健康和 4 个不同损伤位置。虽然阻抗谱之间的差异明显，但对这些差异进行量化并不容易，在不依赖特征的方法中，可以尝试直接比较两个数据长度为 401 的谱，这种简单方法产生大维数问题及相应的计算难度。

基于特征的方法期望通过谐振峰数量和位置来区分"健康"和"损伤"的结构。图 15-1b 中，组 0 的健康圆板阻抗谱显示了四个主谐振峰（12.8kHz、20.1kHz、28.9kHz、39.2kHz）和四个次峰（15.9kHz、24.5kHz、34.1kHz、36.35kHz），通过考虑这些特征，该问题的维数可以减少近 2 个数量级，从 401 点到少于 10 个特征。图 15-1c 给出了提取的特征 f_1 到 f_6，对含损伤板，如图 15-1b 中的组 4，可以分辨出六个主峰（11.6kHz、12.7kHz、

15.2kHz、17.4kHz、22kHz、38.6kHz），虽然特征数增加，但是问题规模仍比不依赖特征的算法少一个数量级，在 10～150kHz 以及 300～450kHz 频段中可以观测到类似结果。高频的使用确保了损伤因子能在早期发现小损伤，除了谐振频率 f_r、幅值 A_r 外，阻尼因子以及谱基准位置也可以作为阻抗谱特征，但是目前 f_r 和 A_r 被认为是最可靠的结构损伤指标。

1）特征提取算法

本研究中，特征提取算法采用矩形搜索窗从左到右遍历阻抗谱实现，当窗口中的局部数据最大值与窗口两端数据值之间的高度差小于窗口高度时，认为找到一个峰值点。窗的高度定义为频段内幅度的百分比（幅度定义为最大值和最小值的差值），窗宽度定义为数据范围内数据点总数的百分比。通常越小的窗高和窗宽可以识别越多的峰值，但太多小幅值峰值会得到不必要的、长的且含噪声的特征向量。根据每个峰能量成分，可以确定阈值以优化特征向量，数据提取结果是特征向量包含了阻抗谱中识别到的谐振频率。

2）自适应调整特征向量的长度

从图 15-1 中可明显看出，健康谱中特征数量与损伤谱中特征数量不同，当损伤出现时，可能会出现两种现象：①已有特征发生偏移；②出现与新振动模态和局部谐振相联系的新特征。例如考虑图 15-1b 阻抗谱，健康谱（组 0）有四个主导谐振峰（12.8kHz、20.1kHz、28.9kHz 和 39.2kHz），这说明健康谱特征向量的最小尺寸将是 $N_{\min}^{\text{pristine}} = 4$。但显而易见，健康谱也有四个次峰（15.9kHz、24.5kHz、34.1kHz、36.35kHz），共有八个峰，因此健康特征向量的最大尺寸为 $N_{\max}^{\text{pristine}} = 8$。在损伤阻抗谱（组 3）中，很难区分"主"和"次"峰之间的差异，事实上组 3 中全部 11 个峰都具有相同的重要性，$N_{\max}^{\text{pristine}} = 11$。

鉴于上述讨论，很明显每组特征向量长度可能会有所不同，依照接下来 15.2.4 节中所述，为了使问题保持在小维数范围内，可开始采用少量特征（例如 $N_{\max}^{\text{pristine}} = 4$），如果少量特征不能保证足够精度，再逐步增加特征数量直到最大情况（$N_{\max}^{\text{pristine}} = 11$）。而健康谱特征向量没有 11 个谐振频率，其最大特征数是 8，即 $N_{\max}^{\text{pristine}} = 8$，这种情况下，通过对健康特征向量补零使其长度达到 11，$N_{*\text{pristine}} = 11$。因此提出一种特征向量长度的自适应调整方法，通过补零实现低维特征向量到高维特征向量的扩充，当采用新频率值更新该特征向量后，重新整理得到长度增加的频率序列。

（7）温度对 E/M 阻抗数据的影响

有研究表明环境温度的变化会引起 E/M 阻抗谱的偏移，但不会造成其形状有本质变化[1, 2]。E/M 阻抗数据的偏差可能是由 PWAS 材料压电特性随温度变化所引起，文献[3, 4]认为温度变化会引起阻抗谱谐振频率的偏移。其他因素也可能重要且需要进一步研究，如湿度、冻融循环。本研究中，由于阻抗测量在实验室中室温下开展，因此忽略温度的影响。

15.2.2　基于损伤因子的损伤检测

损伤因子通过处理两个阻抗谱得到某个标量，以描述两者间的差异。损伤因子应当表征由损伤导致的谱特征变化，忽略由于正常条件带来的变化（即样本总体中的统计差异、或者温度正态偏差、压力、振动等）。

但该目标往往不容易实现，有些损伤因子已经被提出用于比较阻抗谱，以评估损伤的存在，其中最常用的是均方根偏差（RMSD）、平均绝对百分比偏差（MAPD）、协方差（Cov）以及相关系数偏差（CCD）。当应用于 E/M 阻抗谱时，RMSD、MAPD、Cov 和 CCD 的数学表达式如下所示：

$$RMSD = \sqrt{\frac{\sum_N [\mathrm{Re}(Z_i) - \mathrm{Re}(Z_i^0)]^2}{\sum_N [\mathrm{Re}(Z_i^0)]^2}} \tag{15-1}$$

$$MAPD = \sum_N \left| \frac{\mathrm{Re}(Z_i) - \mathrm{Re}(Z_i^0)}{\mathrm{Re}(Z_i^0)} \right| \tag{15-2}$$

$$Cov = \frac{1}{N-1} \sum_N [\mathrm{Re}(Z_i) - \overline{\mathrm{Re}(Z)}][\mathrm{Re}(Z_i^0) - \overline{\mathrm{Re}(Z^0)}] \tag{15-3}$$

$$CCD = 1 - \frac{\sum_N [\mathrm{Re}(Z_i) - \overline{\mathrm{Re}(Z)}][\mathrm{Re}(Z_i^0) - \overline{\mathrm{Re}(Z^0)}]}{\sqrt{\sum_N [\mathrm{Re}(Z_i) - \overline{\mathrm{Re}(Z)}]^2 \sum_N [\mathrm{Re}(Z_i^0) - \overline{\mathrm{Re}(Z^0)}]^2}} \tag{15-4}$$

式中，N 是谱中样本点数目（此处 $N = 401$）；上标 0 表示结构健康状态（基准）；$\overline{Z}$、$\overline{Z}^0$ 是平均值。

式（15-1）～式（15-4）得到的结果是标量，表示所比较阻抗谱间的差异，因此可以预计 $\mathrm{Re}(Z)$ 的变化以及新谐振点的出现可能会改变损伤因子的大小。使用式（15-1）～式（15-4）的优点在于输入阻抗谱不需要任何预处理，即从测量设备获得的数据可以直接用于计算损伤因子。

另一方面，谐振峰频移对整体统计损伤因子没有明显影响，在这种情况下，如何选择适当的频段成为关键问题。考虑某个谐振峰因为平移而落在所确定的固定频段上限或者下限外的情况，由于样本试件间的统计差异，对应这种振型的谐振峰可能不会存在于另一个试件阻抗谱中，因为它超出了所选择频段。当谐振峰密度较低时，即谱中只有少量峰，这种情况可能会明显影响损伤因子大小，为此有研究者提出应仅将整体统计损伤因子应用于高密度谐振峰频段。另一种通过整体统计损伤因子不能足够表征的现象为阻抗谱的基准偏移，这种偏移通常由于 PWAS 布置或者周围环境条件的变化引起，虽然与损伤无关，但基准偏移会改变损伤因子，需要进行适当调整。

本实验中采用通过几种整体统计损伤因子对不同组试件进行分类，实验试件在上一节中已详细描述。计算下列整体统计损伤因子：均方根偏差（RMSD）、平均绝对百分比偏差（MAPD）、协方差（Cov）、相关系数偏差（CCD）。在接下来的分析中，优先考虑相关系数偏差，而不考虑协方差损伤因子。

表 15-1 概括了 3 个频段的数据处理结果（10～40kHz、10～150kHz、300～450kHz），可以看出相比于 RMSD 或 MAPD，CCD 指标对损伤的存在更敏感。研究中可以发现用于数据分析的频段选取在这一过程中扮演了重要角色，建议选取能观察到谱峰密度最大的频段。表 15-1 列出了 3 个频段的相关系数偏差损伤因子：10～40kHz、10～150kHz、300～450kHz。可以看到在频段 10～40kHz 和 10～150kHz 中，虽然预计 CCD 损伤因子会随着

裂纹远离 PWAS 而降低，但是其变化不均匀，因此选择频段 300～450kHz 用于进一步数据分析。图 15-5 给出了 4 种损伤情况下的相关系数 CCD^7 的变化，图中给出的是损伤因子 CCD^7 随裂纹离板中心距离的变化。很明显，当裂纹远离板中心 PWAS 时，其影响减小，CCD^7 指标也减小。事实上，CCD^7 损伤因子会随裂纹位置呈线性降低，这在自动损伤评估中非常有用，随着裂纹远离 PWAS，CCD^7 损伤因子趋于线性减小。

圆板损伤位置分类的整体统计结果可以给出以下结论：①裂纹存在明显改变了 E/M 阻抗谱实部，其幅值变化也能通过整体统计损伤因子获得；②"健康"和"损伤"谱间的差异随着 PWAS 和裂纹间距离的增加而降低，阻抗谱类型和距离之间的关系在高密度谱峰的高频段更明显；③为了在健康监测过程中获得一致结果，必须使用恰当频段（通常在几百 kHz）和损伤因子。

总的来说，对于更加看重早期损伤检测能力而不是损伤检测精度的 SHM 方法，整体统计方法应该是一个好选择，这种方法快速且简单易行，因为不需要额外对观测数据进行预处理。但使用整体统计方法的 SHM 结果并非总是直观，研究者应特别注意选择恰当频段，并关注由于环境或者其他正常工作过程中的相关因素所引起的变化。

表 15-1　多种频段的 RMSD、MAPD、CCD 损伤因子数值

	频率带宽											
	10～40kHz				10～150kHz				300～450kHz			
比较组	0_1	0_2	0_3	0_4	0_1	0_2	0_3	0_4	0_1	0_2	0_3	0_4
RMSD%	122	116	94	108	144	161	109	118	93	96	102	107
MAPD%	107	89	102	180	241	259	170	183	189	115	142	242
CCD%	84	75	53	100	93	91	52	96	81	85	87	89

注：RMSD：均方根偏差；MAPD：平均绝对百分比偏差；CCD：相关系数偏差。

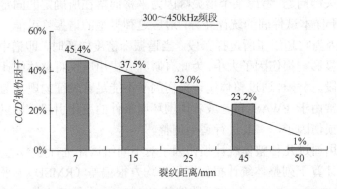

图 15-5　频段 300～450kHz 中损伤因子随裂纹和 PWAS 之间距离的变化

15.2.3　基于统计方法的损伤检测

（1）E/M 阻抗数据中的固有统计变化

在相似情况下，对数据统计变化的充分认识对于任意健康监测方法的评估和校准都非常重要。实验过程中，虽然注意专门制造"完全相同"的试件，但各个试件不可避免地存在微小变化，导致 E/M 阻抗数据的随机误差。考虑 15.2.1 节中所描述的圆板损伤实验，图 15-1 给出了实验试件及其 E/M 阻抗谱。选择 10～40kHz 频段内的谐振点用于统计数据处理，表 15-2 给出了 4 个主谐振峰值的平均值和标准差（STD）。如表 15-2 所示，谐振频率落在非常窄的区间中（1%STD），这表明实验重复性较好，但谐振幅值波动较大（10%～30%STD）。其他不同损伤的情况结果相似，图 15-6 给出了组 0（健康）在低频段（10～40kHz）的统计结果，谐振频率也落在一个非常窄的区间中，这表明实验再现性较好，但谐振频率波动范围较大。其他含损伤的情况也得到类似结果。

表 15-2　组 0（健康）中谐振峰的统计方差

平均频率/kHz	频率标准差/kHz（%）	对数平均幅值/$\log_{10}\Omega$	对数幅值标准差/$\log_{10}\Omega$（%）
12.856	0.121（1%）	3.680	0.069（1.8%）
20.106	0.209（1%）	3.650	0.046（1.2%）
28.908	0.303（1%）	3.615	0.064（1.7%）
39.246	0.415（1%）	3.651	0.132（3.6%）

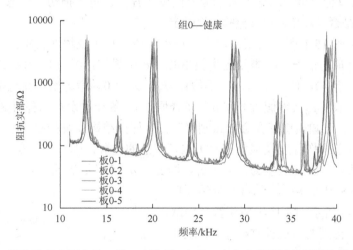

图 15-6　E/M 阻抗谱的典型变化：组 0（健康）中的 5 个完全相同试件的阻抗谱（后附彩图）

（2）基于特征统计变化的损伤检测

前面章节讨论了可用于损伤识别的 E/M 阻抗谱特征，同时指出这些特征应对由损伤造成的局部结构动力学变化敏感。每个特征都服从特定统计分布，例如谐振频率，可由数据统计样本确定，样本里阻抗谱中特定谐振频率的数值将服从某个统计分布，可提取其分布信息。了解了采用概率密度函数表征的概率分布后，就可以解决分类问题，在简单结构损伤识别时，获得的数据属于两种情况（"健康"和"损伤"），只需要确定一个分类标准就可以确定数据属于两类情况中的哪一类，换句话说，这个统计问题简化为测试"健康"假设和"损伤"假设，此情况下，当结构损伤随时间扩展或离散分布时，可采用相似性方法根据损伤尺寸或位置将数据进行分类。

采用 E/M 阻抗法可以通过分析阻抗谱直接识别局部结构动力学特性，阻抗谱给出了结构谐振点信息，因此其参数可以用于解决分类问题。为简单起见，考虑将数据分类为

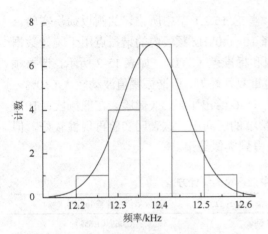

图 15-7　相同圆板中测得的谐振统计分布

"健康"和"损伤"，为了减少变量数，仅考虑谐振频率作为损伤识别特征变量。不失一般性，可以适当假设几个试件测得的某个特定谐振频率为正态分布（高斯）。为了支持这一假设，研究了 16 个"相同"圆板第三个谐振频率的统计分布。图 15-7 给出了实验数据的直方图，图中同时给出了理论正态分布曲线，由于样本直方图接近正态分布，因此可以得到结论，谐振频率总体具有正态分布。

（3）用于损伤识别的 t 检验应用

为检验统计假设，需要指定零假设和备择假设情况。健康监测过程中，假定结构处于"健康"状态，除非发现明显证据推翻这一假设[5]，因此可以把"健康"状态表示为零假设（H_0），将"损伤"状态表示为备择假设（H_a）。该假设是否合理需要通过检验加以确定。

本研究使用图 15-1 所示的试件，由 5 组板组成，每组板损伤在不同位置。在假设检验中，考虑两种损伤情况：①裂纹远离板中心（轻微损伤，组 1）；②裂纹非常接近板中心（严重损伤，组 4），健康组对应于零假设 H_0，为组 0。考虑裂纹靠近板中心的严重损伤情况，均值表示为 μ_0（零假设）和 μ（备择假设）。备择假设有三种可能情况：$\mu > \mu_0$；$\mu \neq \mu_0$；$\mu < \mu_0$。已知损伤存在会导致刚度降低，使得结构固有频率减小，但该固有频率减小的程度依赖于损伤程度及损伤相对于振型节点的位置，因其关系是非线性的，据此，假设相对于零假设的备择假设为：$\mu < \mu_0$，即 $\mu_0 - \mu > 0$ 是恰当的。

对组 0 和组 4 中 f_3 频率所获得的数据进行 t 检验，如表 15-3 所示。图 15-8 所示数据为从独立正态分布中得到的随机独立样本，t 统计量的计算公式为

$$t = \frac{(\overline{X_1} - \overline{X_2})}{\sqrt{\left(\dfrac{s_1^2}{n_1} + \dfrac{s_2^2}{n_2}\right)}} \qquad (15\text{-}5)$$

式中，$\overline{X_1}$、$\overline{X_2}$ 和 s_1^2、s_2^2 是样本大小分别为 n_1、n_2 的均值和方差。

采用 t 统计量确定每个假设检验的 p 值，p 值基于所计算出的 t 统计量所确定正态分布曲线的上侧尾面积[5]，根据双样本 t 检验计算出的 p 值，可以决定零假设被接受还是拒绝。假定Ⅰ类错误的概率 α 不超过 0.050，双样本 t 检验得到 t=18.96 且均值差为 1319Hz，这样可得到 p 值，p=0.000＜0.050，如表 15-3。这意味着 $p < \alpha$，因此零假设在概率水平 α

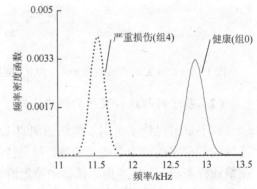

图 15-8　组 0（健康）和组 4（严重损伤）的 12.8kHz 谐振频率的概率密度函数分布

下不成立，即 $\mu < \mu_0$，因此结构是含损伤的。使用第三谐振频率作为特征，可以清楚区分"严重损伤"和"健康"状态。

表 15-3　不同频率和结构组的双样本 t 检验

组	f_3/Hz		f_4/Hz		f_5/Hz		f_6/Hz	
	平均值	P 值	平均值	P 值	平均值	P 值	平均值	P 值
0	12856	N/A	20106	N/A	28907	N/A	39246	N/A
1	12841	0.414	20135	0.601	28965	0.637	39275	0.553
2	12479	0.001	19468	0.001	27950	0.001	38506	0.010
3	12218	0.000	18482	0.000	28994	0.707	37578	0.001
4	11536	0.000	15219	0.000	30009	1.000	38376	0.003

另一种极端情况是当损伤远离板中心时，损伤对试件的影响很难区分（组 1）。这种情况下，将组 0 与组 1 进行对比，数据同样在表 15-3 中给出。假设第 I 类错误 α 的概率同样在 0.05，组 0 和组 1 的双样本 t 检验得到 $t=0.23$，均值差为 14Hz，$p=0.414$。这种情况下，$p>\alpha$，所以不能拒绝零假设，如图 15-9 所示。因此采用第三谐振频率作为结构健康特征，无法区分"轻微损伤"和"健康"状态。虽然研究结果具有一定局限，但其符合物理学解释，即轻微损伤对结构动力学的改变较小，在特定频率的实际分布中有时可能无法区分轻微损伤状态与健康状态，例如图 15-9 所示，一个远距离裂纹所造成的频率值变化很小，很难识别出来。

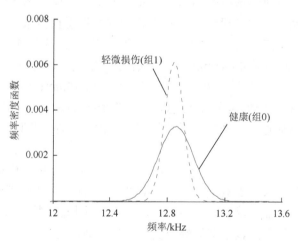

图 15-9　用于 12.8kHz 谐振的组 0（健康）和组 1（小损伤）的概率密度函数分布

上面采用 f_3 频率作为结构健康特征的过程也可以采用其他谐振频率进行重复实现，要注意的是，根据损伤位置的不同，某些谐振频率会发生明显偏移，但有些频率的偏移并不大。在决策过程中，难以考虑具有大量谐振频率的情况，因此想要从 SHM 过程中获得可靠结果，所有频移的累积效果都应考虑。目前在已有基于核统计的分析中，根据数据相关性可将数据准确地分成若干类。在基于神经网络（NN）的自动学习算法中，核方法为大数据集的分析提供了思路,这类应用中分类器通过贝叶斯决策理论解决分类问题。

15.2.4 基于概率神经网络的损伤检测

本节使用圆板试件的 E/M 阻抗实验数据对基于神经网络的损伤检测方法进行验证。提取每组 E/M 阻抗谱谐振频率构造 PNN 输入向量,通过构造特征向量,分类问题可以在特征空间中实现。虽然已有一些基于特征的分类算法,本节主要讨论 PNN 分类算法。PNN 分类算法是处理分类问题的有效工具,在第 14 章中已对 PNN 进行了详细介绍。PNN 是一种基于基函数和竞争选择理论的混合多层网络,相比于其他用于损伤识别的神经网络,PNN 具有统计形式的传递函数,并且通过贝叶斯决策解决分类问题。PNN 使用多变量高斯核进行贝叶斯决策分析,通过核方法对概率密度函数(probability density function,PDF)进行近似,该方法可以在不需要任何先验概率假设的情况下构建任何样本数据的 PDF。PNN 的分类边界是输入空间中的超球,通过核函数近似每个样本点得到连续平滑的概率分布近似,从而实现 PDF 重构,换句话说,采用核方法可以将模式空间(数据样本)映射到特征空间(分类),映射结果保留了数据样本点的基本信息,消除了会影响特征空间的冗余信息。

第 14 章中,图 14-29b 给出了采用 MATLAB 程序实现的 PNN 实例总体架构,该 PNN 由一个径向基层、一个前馈层和一个竞争层组成。PNN 包含两个训练阶段,第一阶段是无监督学习阶段,使用训练输入向量 x_n 确定基函数参数,可以采用详细设计或者自适应设计方式确定该参数。第二阶段通过监督学习调整线性层权值来逼近训练输出值。依据图 15-1 所示的 5 组圆板确定 5 种分类:①第 1 类对应组 0,无损伤(健康);②第 2 类对应组 1,损伤距离 PWAS 中心 45mm(轻微损伤);③第 3 类对应组 2,损伤距离 PWAS 中心 25mm;④第 4 类对应组 3,损伤距离 PWAS 中心 15mm;⑤第 5 类对应组 4,损伤距离 PWAS 中心 7mm(严重损伤)。注意,每个类/组包含从该类/组中 5 个完全相同的圆板上获得的 5 个输入向量,每类中向量间的变化是由于试件制作以及 E/M 阻抗数据测量中的随机因素导致。

图 15-1b 给出了每种情况下获得的 E/M 阻抗谱,特征向量由 E/M 阻抗谱中所识别的谐振频率组成。一开始只有少数频率被用于 PNN 输入向量,即健康板的 4 个主频率,但特征向量中只有少量特征不足以区分轻微损伤状态,因此增加特征向量中的特征数量,包括了只出现在损伤圆板中的较小谐振峰及其他谐振频率,虽然这些谐振频率可能不会出现在健康板中。下文将详细介绍如何应用 E/M 阻抗谱特征进行分类。

(1)4 输入 PNN

本节 PNN 研究的是健康板的 4 个主频率随着损伤出现而发生的变化,因此特征向量长度为 4。本例中,PNN 由 4 个输入、5 个神经元的模式层、5 个神经元的输出层组成。输入的数量和输入特征向量中的频率数量对应,模式层由输入/目标成对构成,输出神经元数量表示输入数据种类。表 15-4 给出了作为 PNN 输入数据的特征向量。

表 15-4 用于圆板 PNN 分类的输入数据矩阵：特征向量为 4 个谐振频率的情况（单位为 Hz）

1	2	3	4	5	6	7	8	9	10	11	12	13	14	15	16	17	18	19	20	21	22	23	24	25
第 1 类组 0（健康）					第 2 类组 1（轻微损伤）					第 3 类组 2					第 4 类组 3					第 5 类组 4（严重损伤）				
12885	12740	13030	12885	12740	12958	12813	12813	12813	12813	12450	12450	12523	12450	12523	12305	12160	12233	12233	12160	11580	11653	11435	11580	11435
20135	19918	20425	20135	19918	20353	20135	20063	20063	20063	19483	19410	19483	19410	19555	18395	18395	18540	18540	18395	15278	15350	15060	15278	15133
28980	28618	29343	28980	28618	29270	28980	28835	28908	28835	27965	27893	28038	27893	27965	29198	28908	29053	28980	28835	38623	38550	38188	38550	37970
39058	38913	39855	39493	38913	39638	39203	39203	39203	39130	38695	38333	38550	38405	38550	37753	37463	37680	37535	37463	40000	39928	39203	40000	39493

表 15-5 所示为用于训练和验证的特征及相应分类结果，进行了 4 次分析测试：I、II、III、IV。在测试 I 中，只用一个向量训练，其他 4 个向量用于验证，以后增加某些分类中训练向量的数量，并相应减少验证向量个数，因此在测试 IV 中第 1 类时，有 4 个训练向量以及一个验证向量。

表 15-5 给出 4 次测试结果，注意表 15-5 中用于训练的向量标记为字母 T，用于验证的向量标记为字母 V。神经网络的输入标记为 IN，由验证阶段输入给神经网络的特征向量组成。表 15-5 中神经网络的输出标注为 OUT，由神经网络对每个输入向量的响应组成，神经网络有 5 个可能输出响应，分别表示为数字 1、2、3、4、5，每个数字对应一类。因此如果神经网络返回响应"3"，意味着神经网络将输入识别为第 3 类。

表 15-5　圆板分类结果一览表：4 个谐振频率的情况

测试	1	2	3	4	5	6	7	8	9	10	11	12	13	14	15	16	17	18	19	20	21	22	23	24	25	
	第1类 组0（健康）					第2类 组1（轻微损伤）					第3类 组2					第4类 组3					第5类 组4（严重损伤）					
I	T	V	V	V	V	T	V	V	V	V	T	V	V	V	V	T	V	V	V	V	T	V	V	V	V	IN
	—	1	2	2	1	—	1	1	1	1	—	3	3	3	3	—	4	4	4	4	—	5	5	5	5	OUT
II	T	T	V	V	V	T	T	V	V	V	T	T	V	V	V	T	T	V	V	V	T	T	V	V	V	IN
	—	—	2	2	1	—	—	1	1	1	—	—	3	3	3	—	—	4	4	4	—	—	5	5	5	OUT
III	T	T	T	V	V	T	T	T	V	V	T	T	T	V	V	T	T	T	V	V	T	T	T	V	V	IN
	—	—	—	2	1	—	—	—	2	2	—	—	—	3	3	—	—	—	4	4	—	—	—	5	5	OUT
IV	T	T	T	T	V	T	T	T	T	V	T	T	T	T	V	T	T	T	T	V	T	T	T	T	V	IN
	—	—	—	—	2	—	—	—	—	2	—	—	—	—	3	—	—	—	—	4	—	—	—	—	5	OUT

可以看出，PNN 能成功地将表示严重损伤或中等损伤的输入数据进行分类，这意味着这些情况下，固有频率的变化足够大能够明显地区分类别。但当损伤程度较小时（第 2 类/组 1），PNN 得到了不一致结果，如测试 I 中"轻微损伤"的数据（第 2 类/组 1）被错误地归类为"健康"数据（第 1 类/组 0）4 次，而"健康"数据（第 1 类/组 0）被错误分类为"轻微损伤"（第 2 类/组 1）2 次。接下来，增加错误分类组中训练向量的数量，随着训练向量数量的增加，错误分类的次数减少（如测试 II）。但即使选用最大数量的训练数据，组 0 和组 1 之间的错误分类仍然无法避免，在测试 IV 中测试这种极端情况，也得不到正确的结果，前面章节中通过 f_3 频率的统计分析分类时也有同样情况。

造成这种情况下的原因在于，当从健康结构（第 1 类和组 0）变化到轻微损伤结构（第 2 类和组 1）时，一些固有频率并没有发生很大变化。改善这种情况最有效的方法是增加输入向量中的固有频率个数，观察是否可以得到更好的分类结果，在下文将讨论这种情况。

（2）6 输入 PNN

上节表明特征向量只有 4 个频率的小型 PNN 可能会对轻微损伤产生错误分类，对第

3、4、5 类能够得较好地分类，但是对于第 2 类（轻微损伤）有时会错误归类为第 1 类（健康）。这个错误分类问题无法通过增加训练向量数量进行修正，但特征向量长度从 4 增加到 6 时，可以解决这一问题，即特征向量中频率的个数增加到 6，这使得 PNN 有 6 个输入。可以预计，更多信息有助于 PNN 处理更加困难的分类情况，即第 2 类（轻微损伤）和第 1 类（健康）之间的分类问题。如表 15-6 所示，输入数据矩阵另外增加两行，结果如表 15-7 中所示，所有输入数据被正确地分到五个类中。进行了 5 次分析测试：Ⅰ、Ⅱ、Ⅲ、Ⅳ、Ⅴ。每次测试中，从每类中选择一个阻抗谱用于训练，其他 4 个阻抗谱用于验证。"健康"状态（第 1 类）和"损伤"状态（第 2、3、4、5 类）所得到的阻抗谱间的差异可以明显区分。另外，也可以区分对应于不同裂纹位置（组 4、3、2、1 分别对应于 r=7、15、25、45mm）的各种"损伤"组的阻抗谱间的差异。这表明，如果考虑足够多的特征，即使轻微损伤也可以准确分类，结合足够长的特征向量，PNN 可以成功地识别损伤的存在及其位置。

（3）11 输入 PNN

在进一步的研究中，考虑采用只出现在损伤板中的新谐振点扩充特征向量。到目前为止的案例讨论中，只考虑了出现在健康谱中的谐振峰。这些谐振峰的频率随着损伤程度变化而变化，这种变化足以保证基于 PNN 算法的成功分类，但含损伤结构的阻抗谱中还包含了没有出现在健康谱中的新谐振峰。这些特征对于区分健康和损伤结构发挥重要的作用，特别是对于损伤初期健康谱频率没有发生太大改变的情况。为了保证特征向量的维度一致，健康板特征向量需要补零，因此在健康结构特征向量中对应损伤引入新峰值的位置，插入零值来考虑新峰值的出现。通过这种方式，可以将特征向量扩充到恰当长度，例如在输入特征向量中使用 11 个频率来创建新 PNN。表 15-8 和表 15-9 所示为输入特征向量和分类结果，与前一节类似，每组中只使用一个向量就足以完成训练，其余向量可以用于验证，不管如何选择训练向量，PNN 都能够正确地分类数据。

总之，基于 E/M 阻抗谱的 PNN 损伤分类给出了令人鼓舞的结果。一般情况下，建议特征向量中频率数目足够多以保证 PNN 性能，图 15-10 给出了正确分类百分比与相应 PNN 输入向量中特征数目的关系。因为 PNN 方法成功地进行了分类，可以考虑将其应用于飞机结构试件损伤分类。

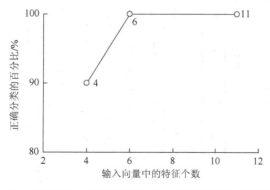

图 15-10　PNN 输入向量的特征数目 vs.正确分类数据的百分比

表 15-6　用于圆板 PNN 分类的输入数据矩阵：特征向量量为 6 个谐振频率的情况（单位为 Hz）

	第 1 类 组 0（健康）					第 2 类 组 1（轻微损伤）					第 3 类 组 2					第 4 类 组 3					第 5 类（严重损伤） 组 4（严重损伤）				
1	2	3	4	5	6	7	8	9	10	11	12	13	14	15	16	17	18	19	20	21	22	23	24	25
12885	12740	13030	12885	12740	12958	12813	12813	12813	12813	12450	12450	12523	12450	12523	12305	12160	12233	12233	12160	11580	11653	11435	11580	11435
16220	16075	16510	16148	16148	19700	19555	19555	19483	19483	12885	12885	13030	12958	12958	12885	12813	12885	12958	12740	12740	12740	12668	12740	12595
20135	19918	20425	20135	19918	20353	20135	20063	20063	20063	20280	20135	20353	20208	20353	20208	19990	20135	20135	19990	15278	15350	15060	15278	15133
24195	23978	24630	24413	24050	28400	28183	28183	28183	28183	27965	27893	28038	27893	27965	23325	23108	23325	23253	23108	17380	17380	17090	17235	17163
28980	28618	29343	28980	28618	29270	28980	28835	28908	28835	29270	28980	29343	29198	29198	29198	28908	29053	28980	28835	22093	22093	21658	22165	21803
39058	38913	39493	39493	38913	39638	39203	39203	39203	39130	39565	39348	39783	39348	39710	39638	39348	39565	39493	39203	38623	38550	38188	38550	37970

表 15-7　圆板的分类结果一览表：6 谐振频率情况

测试	1	2	3	4	5	6	7	8	9	10	11	12	13	14	15	16	17	18	19	20	21	22	23	24	25	
	第 1 类组 0（健康）					第 2 类组 1（轻微损伤）					第 3 类组 2					第 4 类组 3					第 5 类组 4（严重损伤）					
I	T	V	V	V	V	T	T	V	V	V	T	V	V	V	V	T	V	V	V	T	T	V	V	V	V	IN
	—	1	1	1	1	—	—	2	2	2	—	3	3	3	3	—	4	4	4	—	—	5	5	5	5	OUT
II	V	T	V	V	V	V	T	V	V	V	V	T	V	V	V	V	T	V	V	V	V	T	V	V	V	IN
	1	—	1	1	1	2	—	2	2	2	3	—	3	3	3	4	—	4	4	4	5	—	5	5	5	OUT
III	V	T	V	V	V	V	T	T	V	V	V	T	T	V	V	V	T	T	V	V	V	T	T	V	V	IN
	1	—	1	1	1	2	—	—	2	2	3	—	—	3	3	4	—	—	4	4	5	—	—	5	5	OUT
IV	V	V	V	T	V	V	V	V	T	V	V	V	V	T	V	V	V	V	T	V	V	V	V	T	V	IN
	1	1	1	—	1	2	2	2	—	x	3	3	3	—	3	4	4	4	—	4	5	5	5	—	5	OUT
V	V	V	V	V	T	V	V	V	V	T	V	V	V	V	T	V	V	V	V	T	V	V	V	V	T	IN
	1	1	1	1	—	2	2	2	2	—	3	3	3	3	—	4	4	4	4	—	5	5	5	5	—	OUT

注：T：训练；V：验证；0：健康；1：损伤；IN：输入 PNN；OUT：PNN 的输出；1～25：板的数目。

表15-8 用于圆板 PNN 分类的输入数据矩阵：特征向量为 11 个谐振频率的情况（单位为 Hz）

| 第1类组0（健康） | | | | 第2类组1（轻微损伤） | | | | | | 第3类组2 | | | | | 第4类组3 | | | | | 第5类组4（严重损伤） | | | | |
1	2	3	4	5	6	7	8	9	10	11	12	13	14	15	16	17	18	19	20	21	22	23	24	25
12885	12740	13030	12885	12740	12958	12813	12813	12813	12813	12450	12450	12523	12450	12523	12305	12160	12233	12233	12160	11580	11653	11435	11580	11435
16220	16075	16510	16148	16148	19700	19555	19555	19483	19483	12885	12885	13030	12958	12958	12885	12813	12885	12858	12740	12740	12740	12668	12740	12595
20135	19918	20425	20135	19918	20353	20135	20135	20063	20063	19483	19410	19483	19410	19555	15350	15205	15423	15423	15205	15278	15350	15060	15278	15133
24195	23978	24630	24413	24050	28400	28183	28183	28183	28183	20280	20135	20353	20208	20353	18540	18395	18540	18540	18395	17380	17380	17090	17235	17163
28980	28618	29343	28980	28618	29270	28980	28835	28908	28835	27965	27893	28038	27893	27965	20208	19990	20135	20135	19990	22093	22093	21658	22165	21803
33620	33330	34273	33983	33403	39638	39203	39203	39203	39130	29270	28980	29343	29198	29198	23325	23108	23325	23253	23108	30285	30140	29560	30285	29778
36375	36158	36593	36520	36158	0	0	0	0	0	30720	30575	30793	30648	30938	29198	28908	29053	28980	28835	38623	38550	38188	38550	37970
39058	38913	39493	39493	38913	0	0	0	0	0	35215	35143	35288	35143	35288	31228	30938	31010	31083	31010	0	0	0	0	0
0	0	0	0	0	0	0	0	0	0	38695	38333	38550	38405	38550	33403	34925	33258	33258	33113	0	0	0	0	0
0	0	0	0	0	0	0	0	0	0	39565	39348	39783	39348	39710	37753	37463	37680	37535	37463	0	0	0	0	0
0	0	0	0	0	0	0	0	0	0	0	0	0	0	0	39638	39348	39565	39493	39203	0	0	0	0	0

表 15-9　圆板分类结果一览表：11 个谐振频率的案例

测试		1	2	3	4	5	6	7	8	9	10	11	12	13	14	15	16	17	18	19	20	21	22	23	24	25	
		第 1 类组 0（健康）					第 2 类组 1（轻微损伤）					第 3 类组 2					第 4 类组 3					第 5 类组 4（严重损伤）					
I		T	V	V	V	V	T	V	V	V	V	T	V	V	V	V	T	V	V	V	T	T	V	V	V	V	IN
		—	1	1	1	1	—	2	2	2	2	—	3	3	3	3	—	4	4	4	4	—	5	5	5	5	OUT
II		V	T	V	V	V	V	T	V	V	V	V	T	V	V	V	V	T	V	V	V	V	T	V	V	V	IN
		1	—	1	1	1	2	—	2	2	2	3	—	3	3	3	4	—	4	4	4	5	—	5	5	5	OUT
III		V	V	T	V	V	V	V	T	V	V	V	V	T	V	V	V	V	T	V	V	V	V	T	V	V	IN
		1	1	—	1	1	2	2	—	2	2	3	3	—	3	3	4	4	—	4	4	5	5	—	5	5	OUT
IV		V	V	V	T	V	V	V	V	T	V	V	V	V	T	V	V	V	V	T	V	V	V	V	T	V	IN
		1	1	1	—	1	2	2	2	—	2	3	3	3	—	3	4	4	4	—	4	5	5	5	—	5	OUT
V		V	V	V	V	T	V	V	V	V	T	V	V	V	V	T	V	V	V	V	T	V	V	V	V	T	IN
		1	1	1	1	—	2	2	2	2	—	3	3	3	3	—	4	4	4	4	—	5	5	5	5	—	OUT

注：T: 训练；V: 验证；0: 健康；1: 损伤；IN: 输入 PNN；OUT: PNN 的输出；1~25: 板的数目。

15.2.5　小结

本节对应用于圆板损伤检测实验的 E/M 阻抗方法进行了理论和实践研究，结果表明损伤存在明显改变了 E/M 阻抗谱，其特征表现为频率偏移、谱峰分裂以及新谐振点的出现，而且阻抗谱的变化随着损伤严重程度的增加而增加。为了量化这些变化，同时根据损伤严重程度对阻抗谱进行分类，采用了三种方法：①损伤因子；②统计检验；③PNN。方法一中，E/M 阻抗谱的实部直接用于计算 RMSD、MAPD 和 CCD 损伤因子。在这些圆板实验中，损伤因子 CCD^7 在谐振峰密度很高（300~450kHz）的高频范围内具有令人满意的分类效果。

第二种和第三种方法需要使用特征提取算法处理 E/M 阻抗谱，得到的特征向量由阻抗谱中观察到的谐振峰频率组成，此后都使用谐振频率而不是整个谱。

第二种算法将统计方法应用于识别某一阻抗谱特征的变化，主要考虑了健康谱中 12.4kHz 左右的谐振频率 f_3，通过统计 t-检验可以区分"严重损伤"和"健康"状态，但 t-检验不能区分"健康"和"轻微损伤"状态。值得注意的是，某型频率也许对损伤类型不够敏感，其他频率可能更敏感，研究也表明如果所有特征都能使用，可以得到更好的分类器。

第三种算法使用 PNN 实现分类，PNN 的优点是它能够同时处理 PNN 输入向量中多个特征的影响。和前文一样，所考虑特征是从阻抗谱中提取出来的谐振频率。由于特征向量长度会影响 PNN 计算速度，因此开始只使用了包含 4 个主频率的小特征向量，结果表明只包含 4 个主谐振频率的小特征向量可以使 PNN 正确地对中等损伤和严重损伤进行分类，但是轻微损伤情况被错误分类，通过扩充输入向量长度到 6 个谐振频率可以解决该问题。此外还研究了输入向量长度的自适应调整，例如考虑由于损伤出现所造成的阻抗谱中出现的新谐振频率，这样所有损伤情况再次被正确地分类。

15.3　案例 2：老龄飞行器壁板中的损伤检测

本节采用含老化损伤（裂纹和腐蚀）、具有真实代表性的飞行器结构试件进行试验。该试件具有金属飞行器结构的典型结构特征（铆钉、拼接、筋条等），这种结构特征的存在使得结构的动力学特性复杂，导致损伤检测更加困难。

本节介绍两种 PWAS 结构健康监测方法实现这些老龄飞行器壁板的损伤检测：①基于脉冲回波模式的传播波方法；②E/M 阻抗方法。下文详细介绍两种损伤检测试验。

15.3.1　老龄飞行器壁板试件

本节设计制作了含老化损伤（裂纹和腐蚀）的代表性飞行器结构试件，试件由 1mm（0.04in）厚的 2024 T3 镀层铝合金板制作，并通过直径 4.2mm（0.166in）的沉头铆钉装配而成。图 15-11 所示为壁板试件的 CAD 图，壁板结构是金属航空结构中典型的组合式结构，其特征包含搭接接头、止裂带、帽型长桁/加强筋。

结构中预制了模拟裂纹（EDM 细切口）和模拟腐蚀损伤（铣削区域），制造如下几个试件：①健康的；②含裂纹的；③含腐蚀的，并且在试件上粘贴直径 7mm、厚 0.2mm、

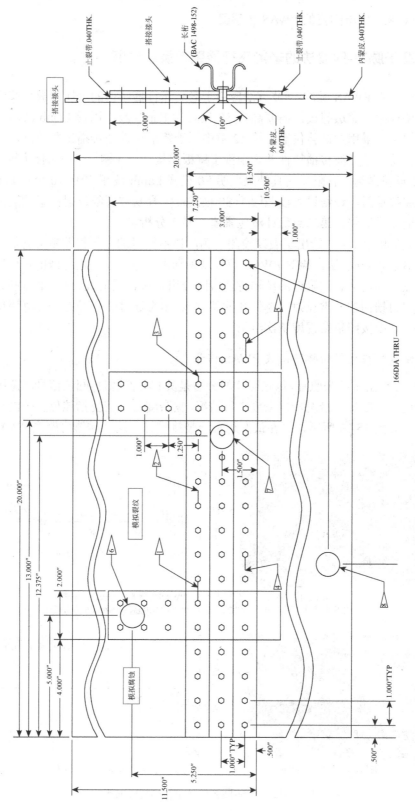

图 15-11　含模拟裂纹（极细的切口）和腐蚀（铣削区域）的老龄飞行器搭接壁板

材质为 APC-850 压电陶瓷的 PWAS 传感器。

15.3.2　基于脉冲-回波法的老龄飞行器壁板裂纹诊断

本节讨论将 PWAS 脉冲-回波方法应用于老龄飞行器结构的金属壁板裂纹检测。为检测该金属壁板中的穿透裂纹，需要高频 S0 模式的 Lamb 波，以使 Lamb 波的波长相比裂纹长度足够小，采用的试验仪器与第 12 章中用于矩形试件波传播试验的仪器类似。首先开展一些试验以验证波传播特性并识别由于壁板结构特征（铆钉、搭接接头等）导致的反射。第 12 章曾提到，有限元仿真结果表明 S0 模式 Lamb 波相比于 A0 模式 Lamb 波更容易被穿透裂纹反射，该结果可以归因于 S0 模式：①容易被裂纹反射；②频散问题更小。第一点保证信号较强，第二点保证波包紧凑，易于分析。

图 15-12 和图 15-13 给出了裂纹检测示例，该示例目的在于检测铆钉孔边模拟裂纹。通过 PWAS 脉冲-回波法，检测 PWAS 信号以识别由于裂纹出现而导致的反射回波变化。这里的难点是如何从裂纹附近的结构特征中区分出裂纹的反射波，例如来自铆钉孔的正常反射以及来自损伤的异常反射（铆钉孔的裂纹）。本文通过差信号方法分离该反射波，具体步骤在下文中按照复杂程度依次给出。

（1）结构特征反射的脉冲回波 PWAS 信号

图 15-12 给出了两张照片，每张照片的旁边是其 PWAS 脉冲-回波信号示意图。图 15-12 对比了结构复杂度最小情况和复杂度中等情况，复杂度最小情况指该位置既没有裂纹也没有铆钉孔，如图 15-2a 所示，只在最左边有一竖排铆钉。这一排铆钉距离 PWAS 200mm，

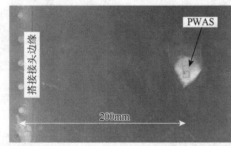
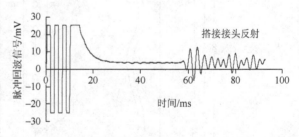

(a) 来自健康壁板中无铆钉区域的 PWAS 传感器信号表明只有板
边界的反射和明显的不连续性，例如距离 PWAS 传感器 200mm 处的搭接接头

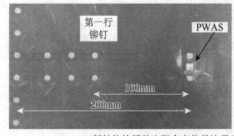
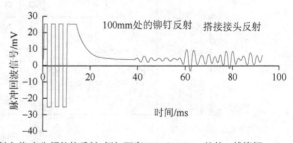

(b) 新结构特征的出现会在信号边界反射之前产生额外的反射，例如距离 PWAS 100mm 处的一排铆钉

图 15-12　脉冲-回波信号中结构特征的影响

处于搭接接头位置（事实上，搭接接头的位置在图中左侧以外处），PWAS 布置在无铆钉区域，与该区域最接近的结构特征是距离 PWAS 约 200mm 的搭接接头。

图 15-12a 右图所示为 PWAS 脉冲回波信号，信号所示为初始脉冲（中心约为 5.3μs），其后是一段无反射的波段，信号中的反射波仅在 60μs 左右出现，之后一群反射波开始到达。

图 15-12b 所示为结构复杂度中等情况，除了最左边的竖排铆钉，该结构还从搭接接头延伸出来 2 横行铆钉，其右边距离 PWAS 约 100mm。这种情况的 PWAS 脉冲回波信号如图 15-12b 右图所示，同样可以观察到结构搭接反射波在约 60μs 时开始到达，此外还可以在约 42μs 处发现铆钉的反向散射回波。相对于中心位于 5μs 的初始脉冲，该反射回波的飞行时间大约为 TOF=37μs，该飞行时间与 5.4mm/μs 的波速以及往返 200mm 的波程一致，200mm 的往返波程对应于 PWAS 到反射目标的 100mm 距离。该分析表明 42μs 处可见的早期反射波对应两横行铆钉中的前面铆钉孔的反射，这些铆钉距离 PWAS 恰好为 100mm。

（2）裂纹存在而导致的 PWAS 脉冲-回波信号变化

图 15-13 中，在第一行铆钉的第一个铆钉孔边增加一条裂纹以增加结构复杂性，图 15-13a 所示结构区域和图 15-12b 一样，图 15-13b 所示结构区域同图 15-12a 相同，但是在第一行铆钉的右边第一个铆钉孔中添加了一条模拟裂纹（12.7mm 的 EDM 极细切口），以表征含损伤结构。检测由于裂纹存在导致的脉冲-回波信号变化，如图 15-13b 右侧所示。从图中可以看到，信号特征同图 15-13a 信号特征相似，但是在 42μs 位置略微不同。理论上可以比较图 15-13b 和图 15-13a 的信号，从信号变化中检测出裂纹存在，但这种情况很难判断，因为裂纹和铆钉孔都在距离 PWAS100mm 的位置，裂纹回波与相邻铆钉孔回波混叠，得到的是混合回波。

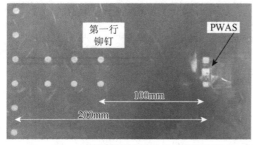 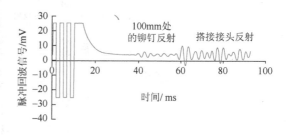

(a) 健康壁板中记录的信号表明了100mm处铆钉的反射和200mm处壁板搭接接头处的反射

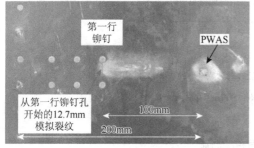 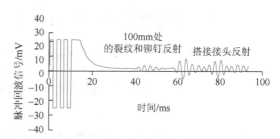

(b) 含损伤的壁板(12.7mm细裂缝模拟裂纹)记录的信号表明在100mm处
结构特征反射的变化,但由于裂纹存在,此变化很难清楚解释

图 15-13　损伤对脉冲回波信号的影响

因此这种裂纹检测比较困难，因为来自裂纹的回波与相邻铆钉的散射回波相混叠。

（3）损伤相关回波分离的差信号法

前文所述的裂纹检测难点可以通过差信号方法加以弱化，该算法在当前信号中减去基准信号实现，减法运算时应当考虑到信号的幅值和相位信息。本案例中将无裂纹壁板中所采集信号作为基准，如图 15-13a 所示。从如图 15-13b 所示当前信号中减去图 15-13a 所示的基准信号，由于裂纹存在而导致的影响就可以容易地识别出来。

图 15-14 所示为差信号方法得到的结果，首先给出健康结构对应的信号如图 15-14a 所示，其次是含损伤结构对应的信号，如图 15-14b 所示。损伤结构信号同健康结构信号并没有明显不同，虽然在 42μs 处的回波存在一些差异，但是这种差异很难立即量化。可以使用差信号方法解决该问题，图 15-14c 所示为使用信号差分方法的结果，该信号通过从图 15-14b 信号中减去图 15-14a 信号得到。图 15-14c 所示信号非常清楚地表明了由损伤单独造成的影响，在42μs 处有清晰和明显的反射信号，该信号对应距离 PWAS 100mm 处的新反射源。由于这是差信号方法，所讨论的反射源应存在于损伤结构而不存在于健康结构，即图 15-13b 左图所示的裂纹损伤。值得注意的是，裂纹反射波包非常干净，同时裂纹反射波包前面的波形也很小，因此可以得出结论，针对简单结构的裂纹检测，差信号方法具有潜力。

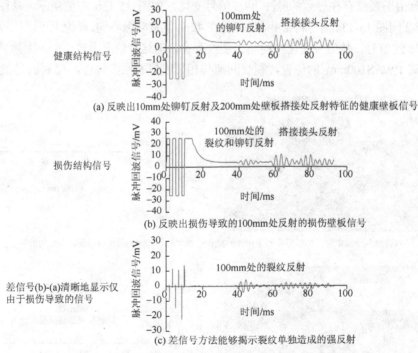

(a) 反映出10mm处铆钉反射及200mm处壁板搭接处反射特征的健康壁板信号

(b) 反映出损伤导致的100mm处反射的损伤壁板信号

(c) 差信号方法能够揭示裂纹单独造成的强反射

图 15-14　通过差信号方法提取损伤相关的脉冲-回波信号

15.3.3　基于 E/M 阻抗的老龄飞机壁板损伤检测

本节将 E/M 阻抗算法用于 15.3.2 节中所讨论的 12.7mm（0.5in）铆钉孔边模拟裂纹的

检测，考虑健康（壁板 0）和损伤（壁板 1）两个试件。

　　每个壁板上粘贴 4 个 PWAS 传感器，共 8 个，如表 15-10 所示。每块板上，中场区域（距离裂纹 100mm）布置 2 个 PWAS、近场区域（距离裂纹 10mm）布置 2 个 PWAS。可以预计，在具有相似特征（铆钉、加强筋等等）的结构附近布置的 PWAS 能够得到相似的 E/M 阻抗谱，同样也可以预计，损伤的存在会改变 PWAS 的阻抗测量结果，观察图 15-15 可以看到，PWAS S1、S2、S3、S5、S6、S7 位于健康区域，应该得到类似信号，而 S4 和 S8 在损伤区域，应该得到不同信号。

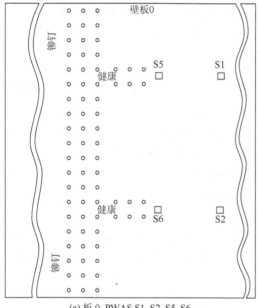 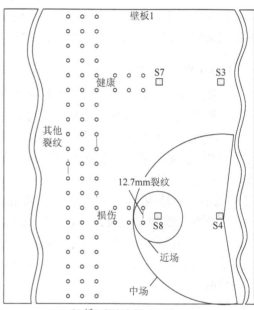

(a) 板 0, PWAS S1, S2, S5, S6　　　　　　　(b) 板1, PWAS S3, S4, S7, S8

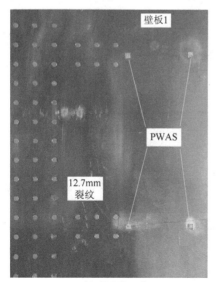 

(c) 板1的实物照片　　　　(d) 使用 HP 4194A 阻抗分析仪的 E/M 阻抗数据采集

图 15-15　老化飞机壁板试件和 PWAS 配置

表 15-10　飞机壁板中的 PWAS 位置

	壁板 0		壁板 1	
	健康的	健康的	健康的	含裂纹的
中场	S1	S2	S3	S4
近场	S5	S6	S7	S8

每个 PWAS 的高频阻抗谱在频段 200～550kHz 中采集获得，该频段内谐振峰密度较高。实验过程中，通过泡沫支撑两个飞机壁板以模拟自由边界条件，使用 HP 4194A 阻抗分析仪采集数据，并通过 GPIB 接口将数据传输到计算机，如图 15-15d 所示。

（1）PWAS 近场损伤因子分类

如图 15-15 所示，近场区域 PWAS 是 S5、S6、S7 和 S8，所有 PWAS 都布置在具有相似结构特征的试件区域，即用于连接加强筋和蒙皮板的第一排铆钉附近，如图 15-15a、b 所示。因此若无损伤，这 4 个 PWAS 将给出相似阻抗谱，但 PWAS S8 附近的结构还含有其他特征，铆钉孔边的模拟裂纹，因此可以预计 S8 会得到与 S5、S6、S7 不同的阻抗谱，该阻抗谱变化是由于铆钉孔边模拟裂纹的存在而造成。针对这一情况，称 S5、S6、S7 附近的 3 个结构区域为"健康"，称 S8 附近的结构区域为"损伤"。

在 200～550kHz 频段内采集 PWAS S5、S6、S7、S8 的 E/M 阻抗谱，图 15-16a 所示为这些阻抗谱的叠加。观察这些阻抗谱，可以看到裂纹附近的 PWAS S8 有 2 个明显不同于其他 3 个阻抗谱的特征：①更高的谐振峰密度；②在 400～450kHz 频段内有幅值较高的混合响应。

另一方面，PWAS S5、S6、S7 阻抗谱没有明显不同。为了量化这些结果，使用如下两种方法：①损伤因子分类；②概率神经网络（PNN）分类，本节讨论损伤因子分类方法。（PNN 分类在 15.3.3 节中讨论）

图 15-16b 给出了从图 15-16a 中提取得到的叠加信号曲线。很明显，"健康"状态下

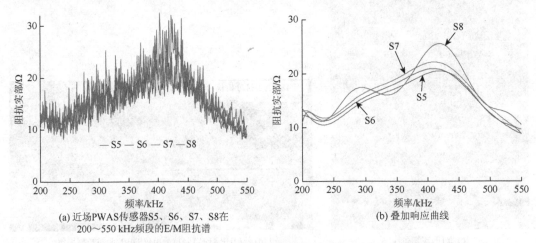

(a) 近场PWAS传感器S5、S6、S7、S8在
　　200～550 kHz频段的E/M阻抗谱

(b) 叠加响应曲线

图 15-16　近场 PWAS 的高频 E/M 阻抗谱和叠加响应曲线

（S5、S6、S7）的 DR 曲线非常相似，而"损伤"状态下，S8 的曲线明显不同。采用 14 章 14.2.1 节中定义的损伤因子 RMSD、MAPD、CCD 量化这些曲线的差异，分析结果如表 15-11 所示。

表 15-11　近场损伤状态的 RMSD、MAPD 和 CCD 损伤因子数值（S5、S6、S7=健康的，S8=损伤的）

分类 传感器	健康 vs.健康			含损伤 vs.健康		
	S5vs. S6	S5vs. S7	S6vs. S7	S5vs. S8	S6vs. S8	S7vs. S8
RMSD	4.09%	8.74%	5.71%	15.64%	14.10%	10.10%
	平均值	6.18%			13.28	
MAPD	3.75%	8.43%	5.88%	13.26%	11.89%	8.05%
	平均值	6.02%			11.07%	
CCD	0.94%	0.63%	0.07%	5.70%	7.45%	6.77%
	平均值	0.55%			6.64%	

表中给出了两组结果：①健康 vs. 健康；②损伤 vs.健康，前者用于量化同一类别，即"健康"PWAS S5、S6、S7 之间的统计差异，后者用于量化"损伤"PWAS 传感器 S8 和任一"健康"PWAS 传感器 S5、S6、S7 之间的差异，然后计算每组的平均值。由表 15-11 可以看到，"损伤"状态的 RMSD 和 MAPD 值几乎是"健康"状态的两倍，表现出较好的损伤检测能力。但 CCD 值具有更优异的检测能力，因为"损伤"状态的 CCD 值比"健康"状态高出一个数量级（6.64%vs. 0.55%），由此证明 CCD 是非常有效的损伤因子。图 15-17 中以图形方式给出了计算得到的损伤因子 RMSD、MAPD、CCD，再次证明 CCD 损伤因子具有更优异的检测能力。

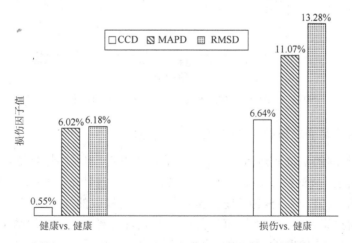

图 15-17　近场 CCD、MAPD、RMSD 损伤因子的比较（平均值，表 15-11）

（2）PWAS 中场损伤因子分类

中场范围实验用于评估 PWAS 在更大范围内检测损伤的能力。本研究中，中场定义为半径约 100mm 且仍可能实现损伤检测的区域，但是损伤的影响不如近场时 E/M 阻抗谱表现得那样明显。中场实验中，PWAS 和裂纹之间的距离是近场实验中的 10 倍，图 15-15b 所示为 PWAS 的近场和中场的相对大小。

中场 PWAS 分别是 S1、S2、S3、S4，它们距离横排铆钉组中第一个铆钉 100mm。虽然布置在不同位置，这 4 个 PWAS 的布置区域都具有相似结构特征，因此若无损伤，这 4 个 PWAS 将给出相同谱。但是 S4 周围结构并不完全相同，因为第一个铆钉孔 12.7mm 的模拟裂纹距离该 PWAS 约 100mm，如图 15-15a、b 所示，因此预计 S4 谱会有一些不同，因为 S4 不在裂纹近场区域，这种差异并不如近场实验中 S8 的观测明显，总而言之，S1、S2、S3 处于"健康"状态，S4 处于"损伤"状态。

图 15-18 所示为 S1、S2、S3、S4 的 E/M 阻抗谱，这里要注意，相比于 S1、S2、S3 的阻抗谱，PWAS S4 "损伤" 阻抗谱中某些谐振峰幅值更高。处于"健康"状态的 S1、S2、S3 阻抗谱没有观察到明显差异，但损伤导致的变化比近场实验中所观察到的小很多，而且叠加曲线中也没有观测到不同。换句话说，"健康"状态（S1、S2、S3）和"损伤"状态（S4）中观测到的叠加曲线都遵循相似通用模式，所以叠加曲线损伤因子分析不能获得有用结果。

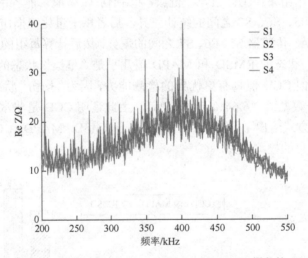

图 15-18　中场 PWAS S1、S2、S3、S4 在 200～550kHz 频段的 E/M 阻抗谱

（3）PWAS 中场和近场的 PNN 分类

为对中场范围的阻抗谱进行分类，本小节使用 PNN 算法。在 15.2.4 节圆板示例中，PNN 分析考虑的阻抗谱特征是谐振频率，特征向量通过特征提取算法获得，该算法基于搜索窗和幅值阈值，图 15-19 和表 15-12 所示为所提取的 48 个特征。图 15-19a 给出了 S1 传感器的结果，对应于"健康"状态；图 15-19b 给出了 S4 的结果，对应"损伤"状态。特征提取算法提取的谐振峰采用十字标注。可以看出"健康"状态和"损伤"状态的谐振频率是不同的，例如"健康"状态有几个超过 500kHz 的峰，而"损伤"状态在该频段不存在谐振峰。由此可以构建 4 个特征向量，其长度为 48，作为 PNN 的输入，其中 3 个向量表征"健康"状态（S1、S2、S3），第 4 个向量表征"含损伤"状态（S4）。

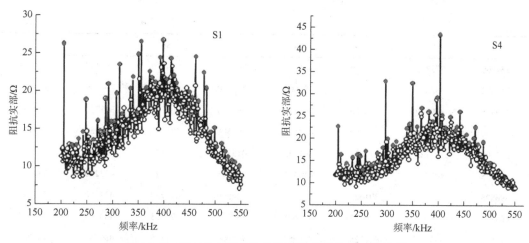

图 15-19　PWAS 中场损伤检测试验获得的 E/M 阻抗谱

表 15-12　PWAS 传感器 S1～S8 的 E/M 阻抗谱特征提取

S1	S2	S3	S4	S5	S6	S7	S8
204375	204375	204375	204375	210500	211375	207875	205250
220125	212250	209625	209625	216625	215750	216625	209625
228875	221875	220125	221000	221000	221875	228875	220125
233250	232375	227125	232375	226250	226250	233250	226250
242000	237625	237625	242000	233250	232375	241125	238500
247250	247250	247250	247250	243750	245500	249000	243750
254250	257750	252500	252500	248125	249000	258625	249000
262125	269125	262125	257750	258625	257750	265625	260375
270000	274375	269125	269125	272625	264750	270000	262125
274375	282250	280500	274375	281375	274375	279625	266500
282250	291000	284875	280500	292750	280500	291000	274375
284875	295375	290125	285750	299750	295375	305000	280500
290125	300625	295375	291000	305875	301500	312000	287500
295375	307625	301500	295375	312000	308500	317250	296250
301500	310250	305875	300625	317250	313750	328625	298875
305875	319000	312000	311125	330375	320750	337375	307625
312000	326000	317250	317250	333875	328625	348750	312875
317250	331250	322500	338250	347000	334750	354875	319000
333000	336500	328625	343500	354875	343500	364500	328625
338250	346125	333000	348750	363625	352250	370625	334750
346125	348750	338250	358375	373250	362750	375875	343500
348750	365375	343500	367125	375875	368000	381125	348750

S1	S2	S3	S4	S5	S6	S7	S8
354000	372375	348750	381125	381125	369750	386375	353125
364500	382875	354000	389000	394250	382875	394250	359250
370625	389000	366250	396875	397750	388125	397750	365375
375000	395125	371500	402125	406500	395125	408250	369750
382000	402125	377625	407375	415250	403875	414375	375875
391625	407375	383750	414375	421375	412625	422250	383750
396875	414375	391625	423125	434500	418750	431000	386375
403875	424000	396875	433625	439750	423125	433625	395125
412625	433625	402125	436250	445000	431875	439750	403000
417875	438875	406500	441500	449375	439750	455500	418750
423125	443250	415250	454625	456375	448500	460750	423125
449375	448500	419625	459875	467750	452875	466000	433625
454625	453750	427500	468625	476500	461625	476500	439750
460750	460750	432750	471250	484375	467750	490500	450250
466000	471250	438000	476500	493125	471250	498375	455500
476500	476500	447625	487000	498375	478250	504500	460750
481750	487000	460750	498375	510625	487875	510625	471250
490500	492250	466000	0	519375	497500	519375	478250
497500	508000	472125	0	531625	508875	536000	487000
501875	519375	480875	0	0	521125	544750	493125
511500	528125	490500	0	0	540375	0	497500
518500	533375	497500	0	0	0	0	502750
523750	545625	508000	0	0	0	0	514125
531625	0	523750	0	0	0	0	524625
536875	0	529875	0	0	0	0	531625
545625	0	0	0	0	0	0	539500

　　设计 PNN 将数据分成"健康"和"损伤"2 类。由于有 3 个"健康"输入向量和 1 个"损伤"输入向量，因此本研究决定使用 3 个"健康"输入向量中的 1 个用于训练，另外 3 个向量（2 个"健康"和 1 个"损伤"）用于验证。此时没有"损伤"状态的训练，因此当数据属于"健康的"状态时，PNN 能够识别，当数据不属于"健康的"状态时，PNN 将拒绝该数据，给出"非健康"状态的结果。实际情况中经常出现此类分类问题，即处于健康状态的结构响应常常已知，而损伤状态响应通常未知。PNN 研究结果表明，无论选择哪个"健康"状态特征向量作为训练数据，PNN 都能够准确地将数据分类。表 15-13 中给出了基于 PNN 分类的中场和近场损伤识别结果，使用从图 15-19 中所示阻

抗谱中提取的含有 48 个频率的特征向量。表 15-13 中，T="训练"，V="验证"，0="健康的"，1="损伤的"。此外，当使用 1 个健康特征向量训练时，PNN 能够正确识别另外两个"健康"状态（0）和"损伤"状态（1）。PWAS S1 和 S2 布置在健康壁板中，因此被识别为"健康"。但值得注意的是，布置在损伤壁板中的 PWAS S3 也被识别为"健康"，该结果是正确的，因为 PWAS S3 虽然布置在损伤壁板中，但它布置在一个距损伤较远的健康位置。最接近损伤的 PWAS 是 S4，PNN 算法虽将 PWAS S3 对应于"健康"状态，但将 PWAS S4 对应了"损伤"状态，该结果同样正确，证明了基于 PWAS 的 E/M 阻抗谱方法的损伤定位能力，由于其高频工作原理，该算法只对局部损伤敏感。

表 15-13　飞机壁板中基于概率神经网络（PNN）分类的损伤识别

向量		中场				近场				
		S1	S2	S3	S4	S5	S6	S7	S8	
测试	I	T	V	V	V	T	V	V	V	IN
		—	0	0	1	—	0	0	1	OUT
	II	V	T	V	V	V	T	V	V	IN
		0	—	0	1	0	—	0	1	OUT
	III	V	V	T	V	V	V	T	V	IN
		0	0	—	1	0	0	—	1	OUT

在成功将 PNN 算法应用于中场损伤检测后，重新尝试将 PNN 算法用于近场损伤分类。通过中场实验中的特征提取算法处理从近场中获得的原始阻抗谱，PNN 的设计、训练和验证都和中场实验类似。选择所有可能的训练向量，PNN 都能准确地将数据分类到"健康"和"损伤"状态，因此老龄飞机壁板的中场和近场损伤分类问题都能使用 PNN 算法成功解决。

另外值得注意的是，E/M 阻抗算法的损伤定位特性值得进一步研究，如图 15-15 所示，除了已讨论过的，壁板 1 还有其他几个模拟裂纹，但这些裂纹距离 PWAS 太远，超出 PWAS 的传感范围，因此这些裂纹对 PWAS 信号没有明显影响。E/M 阻抗方法的损伤定位特性对于确定结构损伤大致位置很重要，因为 E/M 阻抗算法的目的是结构健康监测，对于初级损伤预警，大致的损伤定位已经足够。损伤精确定位及其程度评估可以通过更细致的 NDE 方法进一步实现，一旦装备由于结构健康监测系统所发出的健康缺陷警告而停机，就可以应用更细致的 NDE 进一步检查。

15.3.4　小结

本案例研究了复杂几何形状试件，即结构特征与实际老龄飞机类似的飞机组合式壁板。本案例考虑了两个试件：健康试件和损伤试件。基于这两个试件，讨论和比较了两种 SHM 方法：①脉冲-回波方法；②E/M 阻抗方法。两种算法具有本质上的不同，前者是传播波方法，而后者是驻波方法，两种方法都用于检测同样损伤，即铆钉孔边裂纹。

脉冲-回波方法表明，当铆钉孔产生裂纹时会出现额外的反向散射信号，但该信号同铆钉孔的反向散射信号混叠，难以在原始信号中观察到。通过差信号方法可以改进检测算法的能力，该方法将从损伤试件中所获得的信号减去健康试件所获得的信号，因此裂纹导致的反向散射回波变得明显并且容易检测观察到。

E/M 阻抗方法表明，损伤区域的 E/M 阻抗谱相对于健康区域会发生变化。实验中，将 4 个 PWAS 模态传感器布置在裂纹近场区域，另外 4 个 PWAS 模态传感器布置在裂纹中场区域，然后采集 200～550kHz 频段内的阻抗谱。实验中采用两种信号处理算法：①损伤因子；②概率神经网络。损伤因子方法仅能用于近场情况，此时"损伤"谱的混合曲线（DR）发生明显变化，这种情况下混合曲线的 CDD 损伤因子在"健康"和"损伤"状态表现出最大的变化。PNN 方法在近场和中场都能够准确地分类，PNN 的输入是采用峰值检测算法从阻抗谱中提取的长度为 48 的特征向量组成，样本从 4 个阻抗谱（3 个"健康"和 1 个"损伤"）中加以选择的。PNN 的训练过程采用 1 个"健康"阻抗谱进行，剩下的 3 个阻抗谱用于 PNN 验证。所有的情况都可以获得正确的分类，"损伤"阻抗谱作为"非健康"阻抗谱被识别出来。总之，对于解决实际应用中基于高频阻抗谱的损伤检测所面临的复杂分类问题，PNN（适当选取分布指数）具有很大潜力。

在老龄飞机试件上开展的 SHM 试验表明，通过永久性粘贴的无损 PWAS，脉冲-回波和 E/M 阻抗方法能够成功评估早期损伤的存在，E/M 阻抗方法和传播波方法互补，使得在线结构健康监测成为可能。

15.4　总　　结

本章通过案例研究阐述了 SHM 方法。第一个案例针对简单几何形状的试件，损伤程度不断增加。该试件为圆板，中心粘贴了圆形 PWAS。几何形状简单的试件可以获得封闭解析解，据此可以预测健康试件中 SHM 信号。这些预测数据和健康试件中获得的实验数据进行了对比，以验证 SHM 测量方法的有效性。本案例中采用的是 E/M 阻抗算法，SHM 测量方法记录了试件随着损伤程度增加的数据。多种损伤识别方法被用于处理所获得的数据，并进行了对比，包括：①损伤因子；②统计方法；③概率神经网络。第一种方法直接应用于原始阻抗谱，结果表明在谐振峰密度较高的高频频段（300～450kHz），CCD[7] 损伤因子是符合要求的分类器。第二种和第三种方法主要应用于阻抗谱特征，这些特征是从阻抗谱中提取的谐振频率。其中，统计方法每次只能使用一个特征，只能识别严重损伤，而不能识别轻微损伤，PNN 方法同时可以处理多个特征，当特征向量中特征数量足够时，可以对所有损伤形式进行分类。

第二个案例为几何形状复杂试件，该试件是一个航空组合式壁板，其结构特征与真实老龄飞机结构类似。研究中分别使用了健康和损伤的两个试件。由于试件几何形状复杂，无法实现 SHM 信号预测，因此完全采用实验方式进行研究。基于这些试件，对比和应用了两种 SHM 测量方法：①脉冲-回波方法；②E/M 阻抗方法。两种方法被用来检测相同损伤，即铆钉孔边裂纹。老龄飞机试件上开展的 SHM 试验表明，通过永久性粘贴的无损

PWAS，脉冲-回波和 E/M 阻抗方法能够成功评估早期损伤的存在，E/M 阻抗方法和传播波方法互补，使得在线结构健康监测成为可能。

参 考 文 献

注 释 表

第 1 章

符号	量的名称	符号	量的名称
σ	应力	a	裂纹长度
C_{EP}	经验参数	K_c	临界应力强度因子
ΔK	应力强度因子幅	K_0	理想应力强度因子
ΔK_{TH}	阈值应力强度因子幅	R	应力比
γ_Y	裂纹尖端塑性区	Υ	屈服应力

第 2 章

符号	量的名称	符号	量的名称
S_{ij}	应变	$u_{i,j}$	位移
T_{kl}	应力	δ_{ij}	Kronecker 函数
E_k	电场	g_{ikl}	压电电压系数
D_i	电位移	c_{ijkl}^E	刚度系数
θ	温度	e_{kij}	压电应力系数
ε_{ik}^T	介电常数	ε_0	真空介电常数
d_{ikl}	压电系数	P_i	极化
α_i^E	热膨胀系数	h	压电应力系数
k	机电(磁)耦合系数	υ	泊松比
M_{kij}	电致伸缩系数	T_C	居里温度
Ec	矫顽电场	γ_{11}^E	杨氏模量
$\tilde{D}_m$	电位移温度系数	H_k	磁场密度
B_j	磁通密度	μ_{jk}^T	磁导率
I	电流	d_{iq}	压磁常数
U_e	弹性能量	U_m	磁能
U_{me}	材料中磁弹性能量	s_{pq}^E	柔顺系数

第 3 章

符号	量的名称	符号	量的名称
δ_{st}	弹性位移	Q	品质因数
k	刚度	ω_r	阻尼共振频率
f	频率	V	动能
τ	周期	T	弹性势能
C	振幅	W	外力做功
ψ	相位	P	功率
ω_n	固有频率	E	弹性模量
ζ	阻尼比	c	轴向波速
ω_d	阻尼固有频率	ω_J	固有角频率
c_{cr}	临界阻尼值	f_J	模态激励
δ	对数衰减率	λ	波长
u_{st}	静位移	ζ_J	模态阻尼比
k_{dyn}	频变动态刚度	ω_J	模态频率
$Z(\omega)$	机械阻抗	k_J	模态刚度
M	放大系数	η_J	模态参与因子
c_F	弯曲波速	A_J	比例因子
$m = \rho A$	分布质量	B_J	模态参数
c_ϕ	扭转波速	ρI_0	扭转惯性矩
GA	剪切刚度	c_S	剪切波速

第 4 章

符号	量的名称	符号	量的名称
σ	应力	ε	应变
$u(x,t)$	轴向位移	E	弹性模量
ρ	质量密度	$\ddot{u}_x$	径向加速度
υ	泊松比	c_L	纵向波速度

续表

符号	量的名称	符号	量的名称
ω	角频率	$\mathrm{d}x$	长度微元
$N(x,t)$	轴向力	h	板厚
N_r	径向力	G	扭转刚度模量
Q_x	剪切力	c	波速
$f(r,t)$	时间分布轴向力	a	半径
γ	波数	f_J	模态激励
z_j	特征值	ς_J	阻尼比
m_e	力矩	D	弯曲板刚度
w	挠度	$A_{J,P}$	振幅
V	Kelvin-Kirchhoff 边缘效应	$\hat{w}(r)$	振动响应

第 5 章

符号	量的名称	符号	量的名称
EA	轴向刚度	$V(x,t)$	剪切力
m	单位长度质量	$w(x,t)$	弯曲运动
ρ	密度	$M(x,t)$	弯矩
A	横截面积	I	惯性矩
$u(x,t)$	轴向位移	c_F	弯曲波的波速
$\mathrm{d}x$	长度微元	Δt	时域增量
$N(x,t)$	轴向力	$\Delta\omega$	频域增量
E	弹性模量	$c_g(\omega)$	群速度
ε	应变	$\psi(x,t)$	相位
σ	应力	c_{av}	平均相速度
c	波速	ω_{av}	平均频率
x^*、z^*	辅助积分变量	$\langle k \rangle$	时间平均动能
Z	声阻抗	$\langle v \rangle$	时间平均弹性势能
γ	波数	t	力向量
λ	波长	$\dot{u}$	速度向量
T	周期	ρI_0	扭转惯性矩
f	频率	GJ	扭转刚度

续表

符号	量的名称	符号	量的名称
ω	角频率	$\phi(x,t)$	扭转位移
L	杆的长度	$\tau_{xy}(x,t)$	水平剪切应力
k	每单位体积的动能	$V_y(x,t)$	合应力
v	每单位体积的弹性势能	c_s	剪切波速度
$e(x,t)$	总能量	EI	弯曲刚度
P	功率	T	透射系数
$\langle e \rangle$	时间平均能量	R	反射系数
$\langle P \rangle$	时间平均功率		

第 6 章

符号	量的名称	符号	量的名称
σ	应力	D	行列式
ε	应变	ω_{cr}	临界频率
ρ	密度	$\xi^{\bullet}$	虚波数
$\boldsymbol{u}$	位移矢量	$\hat{u}$	位移振型
c	波速；相速度	r	半径
λ, μ	拉梅常数	k	波速比
ν	泊松比	$h(y)$	驻波
Φ	标量势函数	θ	角度
H	矢量势函数	d	结构表面到中性面距离
f	频率	h	结构厚度
c_g	群速度	η, η_P, η_S	定义变量
c_P	压力波速	$\bar{\xi}, \Omega, \bar{\eta}_P, \bar{\eta}_S$	定义无量纲数
c_S	剪切波速	C	任意常数
c_R	Rayleigh 波速	e	单位矢量
ω	角频率	A	矢量函数
ξ	波数	ϕ	标量函数
a	圆柱壳内径	m	厚度模式数
b	圆柱壳外径	n	圆周模式数

第 7 章

符号	量的名称	符号	量的名称
S_{ij}	应变	s_{11}^E	平面柔顺系数
T_{kl}	应力	s_{33}^E	厚度柔顺系数
E_k	电场	s_{33}^E	介电常数
D_j	电位移	d_{33}	厚度方向压电常数
s_{jikl}^E	柔顺系数	d_{31}	面内方向压电常数
ε_{jk}^T	介电常数	K_{33}	平衡于电场的耦合系数
d_{kij}	压电常数	K_{31}	垂直于电场的耦合系数
ρ	密度	k_{str}	结构刚度
c	声速	Q	电荷
S_1	应变	C_e	输入电容
T_1	应力	A	面积
D_3	电位移	Z_e	输入阻抗
s_{11}^E	零电场区域柔顺系数	Υ_e	输入导纳
ε_{33}^T	零应力时介电常数	Z	阻抗
E_3	电场	Υ	导纳
t_a	PWAS 厚度	l_a	PWAS 长度
C	电容	b_a	PWAS 宽度
r_a	圆半径		

第 8 章

符号	量的名称	符号	量的名称
d_{31}	压电常数	τ_{yz}	y 方向上的切应力
t	结构厚度	W_{str}	结构中的弹性能
b	结构宽度	I	粘结效率因子
E	结构弹性模量	W_{ss}	结构表面切应力做功
t_a	PWAS 厚度	W_a	PWAS 中的弹性能
E_a	PWAS 弹性模量	W_b	胶层中的弹性能
t_b	胶层厚度	A	面积

续表

符号	量的名称	符号	量的名称
G_b	胶层剪切强度	W_r	反作用力做功
l_a	PWAS 长度	r	刚度比
$\varepsilon_{\mathrm{ISA}}$	诱导应变	τ_{xx}	x 方向上的切应力
τ	切应力	a_e	有效合力作用位置
V	激励电压	τ_e	有效切应力
σ	正应力	F_e	有效线力
N	拉力	F_a	钉扎力
M	弯矩	$H(x)$	单位阶跃函数
ε_a	PWAS 应变	$\delta(x)$	单位冲激函数
γ	胶层应变	a	PWAS 长度的一半
ε	结构应变	Γ	剪力滞参数
u_a	PWAS 位移	ψ	相对刚度系数
u	结构位移		

第 9 章

符号	量的名称	符号	量的名称
c	波速	C_1, C_2	待定常数
c_L	轴向波波速	c_P	压力波波速
c_S	剪切波波速	D_3	电位移
d_{31}	面内诱导应变系数	E_3	电场
$\boldsymbol{H}$	矢量势函数	i	虚数单位
I	电流	Υ	导纳
N	力	Q	电荷量
u	位移	V	电压
Z	阻抗	T	应力
$\hat{S}_1$	尖端应变	ε_{33}^T	介电常数
ω	角频率	ν	泊松比
∇	拉普拉斯算子	Φ	标量势函数
γ	波数	Δ	行列式
S_{ISA}	压电诱导应变	u_{ISA}	压电诱导位移
U_n^A	反对成模式形状	U_n^S	对称模式形状
u_r	边缘位移		

第 10 章

符号	量的名称	符号	量的名称
C	电容	$Z_{\text{str}}(\omega)$	结构阻抗
$Z_A(\omega)$	PWAS 的静态阻抗	$\hat{u}_{\text{PWAS}}(\omega)$	频率为 ω 时的复数位移
$\hat{F}_{\text{PWAS}}(\omega)$	PWAS 上复数作用力	$k_{\text{str}}(\omega)$	结构动态刚度
$\bar{\phi}$	复数相位角	$\bar{\gamma}_{\text{PWAS}}$	PWAS 振动时的驻波复数波
$\bar{r}(\omega)$	频率相关的复数刚度比	$\bar{c}_{\text{PWAS}}$	PWAS 内复数波速
$\bar{k}_{\text{str}}(\omega)$	结构复数动态刚度	$\bar{k}_{\text{PWAS}}$	PWAS 的刚度复数值
δ	狄拉克 δ 函数	η_J	模态参与因子
$U_J(x)$	长度归一化的正交轴向模态	δ_{pq}	克罗内克符号
f_J	模态励磁	$W_J(x)$	长度规范化的正交弯曲模态
u	轴向位移	w	弯曲位移
j_u	轴向指数	j_w	弯曲指数
ω_{j_u}	轴向频率	ω_{j_w}	弯曲频率
N_u^{low}	轴向最低模数	N_u^{high}	轴向最高模数
N_w^{low}	弯曲最低模数	N_w^{high}	弯曲最高模数
$Y(\omega)$	E/M 导纳	$Z(\omega)$	E/M 阻抗
η	机械阻尼比	δ	电气阻尼比
t_a	PWAS 厚度	b_a	PWAS 宽度
l_a	PWAS 长度	$\text{Re}\,Y(\omega)$	E/M 导纳实部
$\text{Re}\,Z(\omega)$	E/M 阻抗实部	$\text{Im}\,FRF(\omega)$	频率响应函数虚部
h	厚度	r_a	圆形 PWAS 半径
z_J	特征值	C_J	模态参数
A_J	模态幅值	$u_{\text{PWAS}}(r_a,t)$	圆形 PWAS 端部的径向位移
v_a	PWAS 材料的泊松比	N	采样点数

第 11 章

符号	量的名称	符号	量的名称
γ	波数	fd	频率-厚度的乘积
$\tau(x,t)$	剪切激励	$F_\varepsilon(\xi a)$	应变调制函数
$\text{d}x$	微元的长度	$F_u(\xi a)$	位移调制函数

续表

符号	量的名称	符号	量的名称
h	微元的厚度	l_a	矩形 PWAS 长度
A	微元的截面积	A0	Lamb 波基本反对称模式
ε	应变	S0	Lamb 波基本对称模式
σ	应力	ς_P	纵波相关的中间变量
u	位移	ς_S	横波相关的中间变量
ξ	波数	$\tilde{\Phi}_{J_0}$、$\tilde{\Phi}$	Φ 的 0 阶 Hankel 变换
ξ_j^S	第 j 阶对称模式的波数	$\tilde{H}_{J_1}$、$\tilde{H}$	H 的 1 阶 Hankel 变换
ξ_j^A	第 j 阶反对称模式的波数	$(\tilde{\sigma}_{zz})_{J_0}$	σ_{zz} 的 0 阶 Hankel 变换
C	积分闭合曲线	$(\tilde{\sigma}_{zz})_{J_0}$	σ_{zz} 的 0 阶 Hankel 变换
λ	波长	$(\tilde{\sigma}_{rz})_{J_1}$	σ_{rz} 的 1 阶 Hankel 变换
EI	弯曲刚度	J_1	1 阶第一类贝塞尔函数
ρ	质量密度	$u_r(r)\big|_{z=d}$	板上表面的径向位移
H、Φ	势函数	$\varepsilon_r(r)\big|_{z=d}$	板上表面的径向应变
η_P	纵波相关的中间变量	A_1、A_2	系数
η_S	横波相关中间变量	B_1、B_2	系数
c_P	纵波波速	θ	角度
c_S	横波波速	ω	角频率

第 12 章

符号	量的名称	符号	量的名称
h	裂纹深度	G	剪切模量
d	板表面到中性面的距离	ρ	密度
α^p	入射波幅值	c_R	波速
k^p	波数	$g(t)$	信号
u^I	入射波引起的位移场	$g(-t)$	时返信号
u^R	反射波引起的位移场	$\rho(\boldsymbol{r})$	密度场
β_n	反射波幅值	$\kappa(\boldsymbol{r})$	压缩率
u	总位移场	$p(\boldsymbol{r},t)$	声压场
s	纵向长	tb	正弦调制信号
h	横向长度	fd	频厚积
$_1^1 r_{A0}^{A0}$	A1 模式散射系数	tr	时间反转波

续表

符号	量的名称	符号	量的名称
$_1^1 r_{S0}^{S0}$	S1 模式散射系数	rc	重构波
a	裂纹半长	$G(\omega)$	传递函数
Δu	轴线波位移增量	f	窗化波中心频率
$\Delta w'$	弯曲波位移增量	T_H	汉宁窗截取信号长度
N_B	波峰数		

第 13 章

符号	量的名称	符号	量的名称
R	目标距离	d	阵元间距
λ	波长	ϕ	目标方位角
M	阵元数	s_m	阵元位置向量
e_x	沿 X 轴方向的单位向量	r	目标位置向量
ξ	目标方向单位向量	$y_m(t)$	目标接受 m 传感器信号
$s_T(t)$	激励信号	$s_P(t)$	目标接受的总信号
$v(t)$	噪声信号	$z(t)$	响应波形
e_y	沿 Y 轴方向的单位向量	c	波速
$\delta_m(\phi)$	阵元之间到达时刻差	Δ_m	阵元时延
A	反射系数	τ	飞行时间
F_c	中心频率	L	板长
σ	张应力	a	裂纹长度一半
K	应力强度因子	F	载荷
θ	刻度角	D	阵列孔径
k	波数	ω	角频率
BF	波束成型函数	w	加权向量
α	减缓向量		

第 14 章

符号	量的名称	符号	量的名称
FT	傅里叶变换	WT	小波变换
STFT	短时傅里叶变换	CWT	连续小波变换

续表

符号	量的名称	符号	量的名称
SFIFT	窄频傅里叶变换	DWT	离散小波变换
IIR	无限冲激响应	FIR	有限冲激响应
DI	损伤因子	MRA	多分辨率分析
S_i	谱中第 i 个分量	$\Psi(\omega)$	母小波的傅里叶变换
N	谱中分量个数	$\psi_{m,n}(t)$	子小波函数
$x(t)$	时域信号	$D_i(t)$	第 i 级细节
$X(\omega)$	时域信号的频谱	$A_i(t)$	第 i 级近似
$s(t)$	时域信号	$\phi(t)$	尺度函数
$w(t)$	窗函数	$g[n]$	数字低通滤波器
$s_w(t)$	时域加窗后的信号	$h[n]$	数字高通滤波器
$S_w(t_0,\omega)$	时域加窗后的信号频谱	ω_p	通频带截止频率
P_{ST}	能量密度谱	ω_s	阻滞的截止频率
$\bar{x}_w(t)$	窗内归一化信号	SNR	信噪比
$\bar{X}_w(\omega)$	窗内归一化频谱	GWN	白色高斯噪声
T	窗宽	$f(n)$	传递函数
$\mathrm{d}\tau$	窗移动的步长	w_i	神经元权值
$\psi(t)$	母小波函数	$\boldsymbol{W}$	权值矩阵
a	尺度因子	$\boldsymbol{x}$	输入向量
E/M	机电	μ_m	原型向量

第 15 章

符号	量的名称	符号	量的名称
N	样本点数目	$\bar{X}_i$	样本均值
H_0	零假设	s_i^2	样本方差
H_a	备择假设	α	t 检测误差
μ_0、μ	均值	$N_{max}^{pristine}$	健康特征向量最大尺寸
n	样本序号	$N_{min}^{pristine}$	健康特征向量最小尺寸
f_r	谐振频率	r	模拟裂纹到圆板中心的距离
A_r	谐振频率幅值	x_n	输入向量
$\bar{Z},\bar{Z}^0$	数据平均值		

缩 略 词

缩略词	英文全称	中文
SHM	structural health monitoring	结构健康监测
CBM	condition-based maintenance	视情维护
NDE	nondestructive evaluation	无损评估
NDI	nondestructive inspection	无损检测
PWAS	piezoelectric wafer active sensors	压电晶片主动式传感器
E/M	electromechanical	电磁
CTOD	crack tip opening displacement	裂纹尖端张开位移
ASIP	aircraft structural integrity program	飞机结构完整性大纲
POD	probability of detection	检测概率
PVDF	polyvinylidene fluoride	压电薄膜
ISA	induced-strain actuation	诱导应变驱动
MPB	morphotropic phase boundary	准同型相界
SH	shear-horizontal	水平剪切
SV	shear-vertical	垂直剪切
PDE	partial differential equation	偏微分方程
SAW	surface acoustic waves	声表面波
NDT	nondestructive testing	无损检测
FEM	finite-element method	有限元方法
TOF	time of flight	飞行时间
P waves	the pressure waves	压力波
S waves	shear waves	剪切波
FDM	finite difference method	有限差分方法
BEM	boundary element method	边界有限元
NME	normal mode expansion	简正模式展开
DSHP	double spring hopping probe	双弹簧跳跃探头
SE	spectral elements	谱元法
LISA	local interaction simulation approach	局部作用仿真法
e-NDE	embedded NDE	嵌入式 NDE
1-D	one-dimensional	一维
2-D	two-dimensional	二维
TRM	time-reversal mirrors	时间反转镜
TRM	time-reversal method	时间反转方法

缩略词	英文全称	中文
FFT	fast Fourier transform	快速傅立叶变换
IFFT	Inverse fast Fourier transform	快速傅立叶逆变换
ID	impact detection	冲击监测
AE	acoustic emission	声发射
MIA	mechanical impedance analysis	机械阻抗分析
FRF	frequency response function	频率响应函数
SISO	single-input single-output	单输入单输出
LAMSS	laboratory for adaptive material systems and structures	自适应材料系统与结构实验室
HAZ	heat-affected zone	热影响区
DI	damage index	损伤因子
RC	reinforced concrete	钢筋混凝土
FRP	fiber-reinforced polymer	纤维增强薄膜
CFRP	carbon fiber-reinforced polymer	碳纤维增强薄膜
EUSR	embedded ultrasonic structural radar	嵌入式超声结构雷达
SLL	side lobe level	旁瓣水平
RMSD	mean square deviation	均方差
MAPD	mean absolute percentage deviation	平均绝对百分比偏差
Cov	covariance	协方差
CCD	correlation coefficient deviation	相关系数偏差
FRF	frequency response function	频率响应函数
NN	neural networks	神经网络
PNN	probabilistic neural networks	概率神经网络
SFIFT	short-frequency inverse Fourier transform	短时逆傅立叶变换
CWT	continuous wavelet transform	连续小波变换
DWT	discrete wavelet transform	离散小波变换
WT	wavelet transform	小波变换
GUI	graphical user interface	图形用户界面
MRA	multiresolution analysis	多分辨率分析
FIR	finite-duration impulse response	有限脉冲响应
IIR	infinite-duration impulse response	无限脉冲响应
GWN	gaussian white noise	高斯白噪声
SNR	signal to noise ratio	信噪比
BP	back-propagation	反向传播

重 要 词 汇

英文	中文
structural health monitoring	结构健康监测
scheduled maintenance	定期维修
as-needed maintenance	按需维修
life-cycle	生命周期
remaining life	剩余寿命
design life	设计寿命
embedding SHM sensor	嵌入式结构健康监测传感器
passive SHM	被动式结构健康监测
active SHM	主动式结构健康监测
nondestructive evaluation	无损评估
piezoelectric wafer active sensor	压电晶片主动式传感器
frequency response transfer function	频响传递函数
electromechanical impedance	机电阻抗
aircraft structure integrity program	飞机结构完整性大纲
nondestructive inspection	无损检测
fatigue	疲劳
stress corrosion	应力腐蚀
corrosion-fatigue	腐蚀疲劳
fracture-containment capabilities	损伤容限
damage tolerance	损伤容限
damage	损伤
safety	安全
durability	耐久性
life management	寿命管理
deterministic analysis methods/approaches	确定性分析方法
probabilistic analysis methods/approaches	概率性分析方法
reliability	可靠性
risk	风险
residual strength	剩余强度

续表

英文	中文
fail-safe	失效安全
safe life	安全寿命
crack growth law	裂纹扩展准则
load spectra	载荷谱
probability of detection	检测概率曲线
damage-accumulation analysis	损伤累积分析
inspection intervals	检测间隔
eddy currents	涡电流
ultrasonic	超声检测
pattern-recognition	模式识别
factor of safety	安全系数
fatigue test	疲劳试验
major airframe fatigue test	主要机身疲劳试验
full-scale fatigue testing	全尺寸疲劳试验
smoothed tone burst	平滑脉冲信号
raw tone burst	原始脉冲信号
5 count	5 波峰
electroactive material	电主动材料
magnetoactive material	磁主动材料
piezoelectric ceramic	压电陶瓷
magnetostrictive compounds	磁致伸缩复合物
piezoelectricity	压电（现象）
electric field	电场
direct piezoelectric effect	正压电效应
converse piezoelectric effect	逆压电效应
electric displacement	电位移
piezoelectric coefficient	压电应变常数
piezoelectric voltage coefficient	压电电压常数
piezoelectric stress constant	压电应力常数
piezoelectric material	压电材料
sensor equation	传感方程
actuation equation	激励方程
impermittivity coefficient	倒介电常数

续表

英文	中文
permittivity coefficient	介电常数
stiffness tensor	刚度张量
polarization coefficient	极化常数
compressed matrix notation	压缩矩阵表示
piezoelectric coupling coefficients	压电耦合系数
piezoelectric equations	压电方程
In-trinsic（spontaneous）polarization	本征（自发）极化
piezoelectric wafer	压电晶片
electromechanical coupling coefficient	机电耦合系数
paraelectricity	顺电性
ferroelectricity	铁电性
pyroelectricity	热电性
permanent polarization	永久极化
perovskite	钙钛矿
crystalline structure	晶体结构
metallic cation	金属阳离子
anion	阴离子
lattice structure	晶格结构
spontaneous strain	自发应变
electric polarity	电极性
paraelectric phase	顺电相
Curie point	居里温度
ferroelectric phase	铁电相
electric dipole	电偶矩
polarization reversal	极化反转
coercive field	矫顽电场
polarization saturation	饱和极化
electric domain	电畴
paraelectric state	顺电态
ferroelectric state	铁电态
elastic wave	弹性波
particle velocity	粒子速度
d'Alembert solution	达朗贝尔解

英文	中文
harmonic solution	谐波解
acoustic impedance	声阻抗
axial wave	轴向波
standing wave	驻波
flexural wave	弯曲波
evanescent wave	消散波
group velocity	群速度
phase velocity	相速度
dispersive wave	频散波
straight-crested axial wave	直波峰轴向波
straight-crested shear wave	直波峰剪切波
circular-crested axial wave	环形波峰轴向波
straight-crested flexural wave	直波峰弯曲波
circular-crested flexural wave	环形波峰弯曲波
dispersive nature	频散特性
pressure wave	压力波
boundary conditions	边界条件
strain-displacement relation	应变-位移关系
stress-strain constitutive relation	应力-应变本构关系
forward-propagating wave	正向传播波
backward-propagating wave	反向传播波
initial conditions	初始条件
strain wave	应变波
stress wave	应力波
wave number	波数
wavelength	波长
interface condition	界面条件
displacement compatibility	位移连续性
force balance	力平衡
reflection and transmission coefficients	反射、透射系数
Euler-Bernoulli assumptions	欧拉伯努利假设
power balance	功率平衡
torsional wave	扭转波

英文	中文
shear-horizontal wave	水平剪切波
shear-vertical wave	垂直剪切波
cylindrical Coordinate	极坐标
eigen value	特征值
infinitesimal element	微元
Lame constants	拉梅常数
plate wave	板波
spherical wave	球波
cylindrical wave	柱面波
dilatational wave	膨胀波
eigenvector	特征向量
integration	积分
particle Motion	粒子运动
separation of variables solution	分离变量法
wave front	波振面
wave potentials	波势
guided wave	导波
thin-wall structure	薄壁结构
Rayleigh wave	瑞利波
surface acoustic wave	声表面波
surface-guided wave	表面导波
frequency-thickness product	频厚积
potential	位势
ordinary differential equation	常微分方程
homogeneous linear algebraic system	齐次线性代数方程组
nontrivial solutions	非零解
determinant of the coefficients	行列式系数
the characteristic equation	特征值方程
dispersion	频散
the asymptotic behavior	渐近特性
the critical frequency	临界频率
excitation	激励
traveling wave	行波

英文	中文
longitudinal	纵（波）
transverse	横（波）
mass density	质量密度
embedded ultrasonic transducer	嵌入式超声传感器
oscillatory voltage	振荡电压
adhesive bonding layer	胶层
length-to-width ratio	长宽比
shear layer	剪切层
shear lag	剪力滞
closed-form solution	封闭解
pin-force	钉扎力
line-force	线力
transmission losse	传输损耗
ideal bonding condition	理想粘贴条件
thin-wall structure	薄壁结构
elastic modulu	弹性模量
shear modulu	剪切模量
stress concentration	应力集中
stress singularity	应力奇异性
induced strain	诱导应变
relative stiffness coefficient	相对刚度系数
shear-lag parameter	剪力滞参数
interfacial shear stress	界面切应力
Dirac delta function Dirac	δ 函数，即脉冲函数
heaviside step function	单位阶跃函数
effective shear stress	有效切应力
asymptotic behavior	渐近性
surface traction	表面牵引力
circumferential displacement	周向位移
radial displacement	径向位移
modified Bessel equation of order 1	一阶改进 Bessel 方程
complementary solution	通解
particular solution	特解

续表

英文	中文
homogeneous equation	齐次方程
inhomogeneous equation	非齐次方程
mechanical energy	机械能
induced-strain energy	诱导应变能
modal repartition number	模态再分配系数
elastic energy	弹性能
reactor force	反作用力
energy balance	能量守衡
stiffness matching principle	刚度配匹原理
modal resonance	模态共振
thickness-wise	沿厚度方向
surface-mounted	表面粘贴
electric displacement	电位移
mechanical compliance	机械柔顺系数
permittivity/dielectric constant	介电常数
impedance	阻抗
admittance	导纳
gain	增益
electromotive Force	电动势
pitch-catch experiment	一发一收实验
pulse-echo experiment	脉冲发射实验
time-reversal method	时间反转法
frequency	频率
phase angle	相角
amplitude	幅值
acoustic impedance	声阻抗
coupling gel	耦合凝胶
Lamb wave	兰姆波
Love wave	洛夫波
Stoneley wave	斯通利波
comb transducer	梳型传感器
mode conversion	模式转换
scattered energy	散射能量

英文	中文
Mindlin plate theory	明德林板理论
propagating mode	传播模式
evanescent mode	消失模式
3-D expansion approach	三维展开方法
stress-free boundary condition	无应力边界条件
expansion coefficient	散射系数
flexural theories	弯曲理论
flexural Mindlin plate theory	弯曲明德林板理论
degrees of freedom	自由度
wedge transducer	楔形传感器
plain-strain condition	平面应变条件
controlling parameter	控制参数
circumferential crack	环形裂纹
strain-coupled	应变耦合
ultrasonic wave	超声波
axial wave	轴向波
flexural wave	弯曲波
space-domain Fourier transform	空间域傅里叶变换
pin-force model	钉扎力模型
line-force model	线力模型
symmetric shear excitation	对称剪切激励
Newton's law of motion	牛顿运动定律
residues theorem	留数定理
complex wavenumber domain	复波数域
forward-traveling wave	正向传播波
response amplitude	响应幅值
wavelength	波长
straight-crested Lamb wave	直波峰 Lamb 波
circular-crested Lamb wave	环形波峰 Lamb 波
strain-displacement relation	应力-位移关系
stress wave	应力波
wave number	波数
shear-horizontal wave	水平剪切波

续表

英文	中文
complete solution	通解
backward-propagating wave	反向传播波
imaginary root	虚部
frequency-thickness product	频率-厚度乘积
generic function	通解类函数
radial displacement	径向位移
odd function	奇函数
even function	偶函数
ideal-bonding	理想约束
potential	位势
dispersion	频散
excitation	激励
oscillatory voltage	振荡电压
shear layer	剪切层
shear lag	剪力滞
shear modulus	剪切模量
induced strain	诱导应变
pulse-echo method	脉冲回波方法
power amplifier	功率放大器
product value	产值
embedded ultrasonics structural radar	嵌入式超声结构雷达
phased array	相控阵
spatial filter	空间滤波器
beamforming	波束成型
pulse-echo	脉冲回波
cross-shaped array	十字阵
rectangular grid array	矩形网格阵
rectangular fence array	矩形环阵
circular ring array	圆环阵
circular grid array	圆形网格阵
main lobe	主瓣
side lobe	旁瓣
gateing lobe	栅瓣
conjugate gradients	共轭梯度
prototype	原型
mean square deviation	均方差

续表

英文	中文
mean absolute percentage deviation	平均绝对百分比偏差
covariance	协方差
correlation coefficient deviation	互相关系数偏差
frequency response function	频率响应函数
nerual network	神经网络
probabilistic neural network	概率神经网络
short-frequency inverse Fourier transform	短时傅里叶逆变换
continuous wavelet transform	连续小波变换
discrete wavelet transform	离散小波变换
graphical user interface	图形用户界面
multiresolution analysis	多尺度分析
finite-duration impulse response	有限冲击响应
infinite-duration impulse response	无限冲击响应
Gaussian white noise	高斯白噪声
signal to noise ratio	信噪比
back propagation	反向传播
genetic algorithms	遗传算法
damage metrics	损伤指标
statistical methods	统计算法
probabilistic neural net	概率神经网络
pulse-echo method	脉冲反射法
crack	裂纹
resonance frequency	谐振/共振频率
root mean square deviation	均方根差
coefficient of variation	变异系数
correlation coefficient deviation	相关系数偏差
standard deviation	标准偏差
probability distribution function	概率密度函数
signal differential method	信号差分算法
simulated crack	模拟裂纹
medium field	媒介场
near field	近场

附录 A　数学预备知识

附录 B　弹性符号和公式

彩　图